CIVIL 3D-DEUTSCHLAND

Country Kit Deutschland

Exposee

Grundlagen, Funktionalität, Hinweise, Arbeitsweisen,
Civil 3D in Deutschland, Civil 3D für Deutschland,

Dipl.-Ing. (TU) Gert Domsch
www.gert-domsch.de

Gert Domsch, Civil 3D Version 2018-2019 (Germany)

Sehr geehrter Leser,

diese Unterlage ist die Verdichtung meiner beruflichen Tätigkeit, die Verdichtung von 10 Jahren Trainer CIVIL 3D.

Im Buch werden Beispiel-Konstruktionen beschrieben. Die Ausgangsdaten stelle ich auf meiner Internetseite kostenfrei zum Download zur Verfügung.

www.gert-domsch.de

Auf dieser Seite werden auch Ergänzungen zu den beschriebenen Themen als *.pdf angeboten.

Zum Lieferumfang einer Version Civil 3D gehört ein komplettes AutoCAD und MAP 3D. Das Buch setzt voraus, dass der Leser AutoCAD komplett beherrscht. Auf Funktionen des MAP 3D geht das Buch nicht ein. Zu diesem Thema informieren Sie sich bitte auf meiner Internetseite.

Schwerpunkt des Buches ist ausschließlich Civil 3D. Das Buch bietet einen Einstieg in die Besonderheiten der hier anzuwendenden Arbeitsweise.

Mit freundlichen Grüßen

Dipl.-Ing. (TU) Gert Domsch

Inhalt

1 Kapitel, Civil 3D –Konzept

1.1 Vorwort, Begriffserklärung

"Civil_engineering" bedeutet frei nach Wikipedia „Bauingenieurwesen".

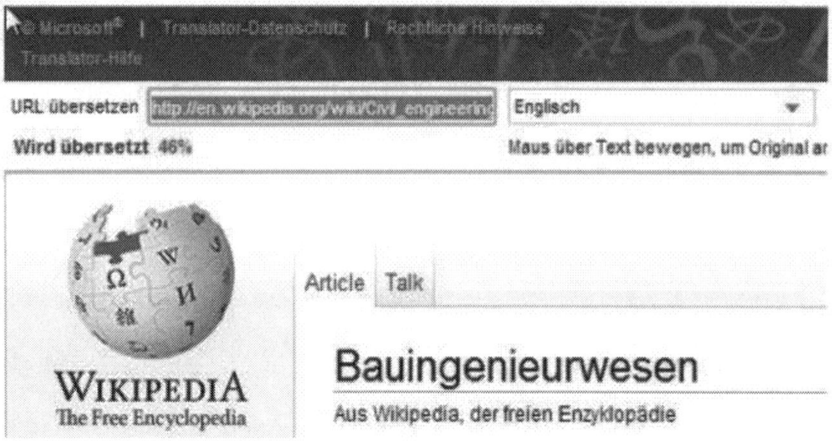

Allgemein wird gesagt, Civil 3D ist das Tiefbauprogramm von Autodesk (Tiefbau-Applikation). Persönlich bin ich der Meinung, diese Aussage fasst die Funktionalität der Software zu kurz.

CIVIL 3D ist die Verschmelzung von AutoCAD, MAP und CIVIL zu einem Tiefbau-„Bauingenieurwesen"-Software-Paket. Ein Programm-Paket für alle Bereiche des Tiefbaus bzw. Bauingenieurwesens, von der Vermessung über Straßenbau, Wasserbau, Freiflächenplanung, jede Art des Rohrleitungsbaus bis zur Absteck-Punkt-Berechnung und Massen-Berechnung aus Oberflächen, -Querprofilen oder Ausgabe von Ausschreibungs-Mengen.

1.1.1 Funktionalität „vorteilhaft"

- alle Daten und Einstellungen bleiben in einer Zeichnung (*.dwg)
- keine Konstruktions-Module, alles Funktionen werden unter einer Oberfläche ausgeführt
- Menüs ähnlich dem AutoCAD, Bedienung ähnlich dem AutoCAD
- mit offener Programmier-Schnittstelle
- kostenfrei erweiterbar auf alle weltweiten Normen und Regeln (u.a. Einheit: Meter oder Fuß, Höhenbezug: mü.NN, DHHN, DHHN-xx, mü.AA, usw.)
- für weltweit alle Standards anpassbar (Vorbereitung im jeweiligen „Country Kit")

Anschließend wir die Oberfläche nach dem Start des Programms gezeigt. Das Bild ist gültig ab Version 2014-19, Details: Seite 6 und 8. Fast alle folgenden Abbildungen stammen von der Version 2019.

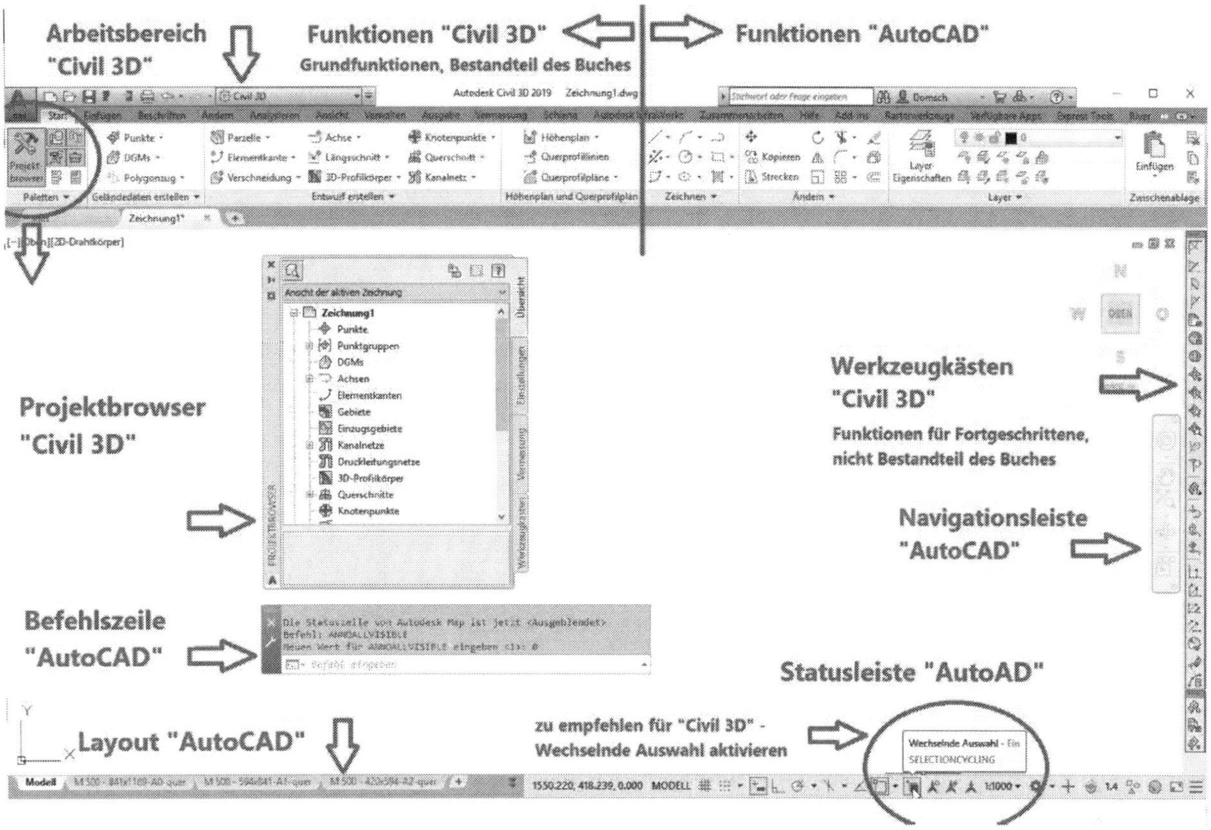

Es gibt für Ingenieurbau-Projekte die Leistungsphasen nach **HOAI.** Civil 3D kann alle Leistungsphasen abdecken, beispielhaft sind hier die Leitungsphasen aufgezählt und die Funktionen des Civil 3D genannt, die in diesem Zusammenhang zur Anwendung kommen.

Leistungsphasen nach HOAI

1. **Grundlagenermittlung**
   Import aller vorkommenden CAD-Formate (u.a.*.shp, *.dgn, *.dxf, *.dwg)
2. **Vorplanung**
   AutoCAD oder bereits Civil 3D mit 2D- und 3D-Funktion
3. **Entwurfsplanung**
   Optionale Übernahme der AutoCAD-Vorplanung für eine Civil 3D- Konstruktion mit „intelligenten Objekten". Das heißt, ist eine Straße konstruiert, mit Querprofilen und Mengenberechnung, so kann am Basis-DGM („Urgelände") die Vermessung ausgetauscht werden, die Querprofile und die Mengenberechnung aktualisiert sich automatisch neu.
4. **Genehmigungsplanung**
   Austausch von Konstruktionselementen (Bestandsvermessung, Bestands-Rohre, -Leitungen, Gradienten, Querschnitte, um die Entwurfsplanung schrittweise zur Genehmigungs- und Ausführungs-Planung zu bringen
5. **Ausführungsplanung**
   Austausch von Konstruktionselementen, um die Konstruktion zur Ausführungs-Planung zu bringen, Einarbeiten von Anschlüssen (Haus-, Hofeinfahrten, Bus-Bucht, Kreuzung). Berücksichtigung diverser Bestandsdaten (Rohre und Leitungen) durch diverse Import-Formate.
6. **Vorbereitung der Vergabe**
   Zählen, Bestimmen oder Berechnen der Konstruktions-Bestandteile durch die Zuordnung von Mengenpositionen, als Voraussetzung für die Ausschreibung. Diese Funktion kann bis zur Kosten- oder Preisberechnung geführt sein.
7. **Mitwirkung bei der Vergabe**

8. **Objektüberwachung – Bauüberwachung und Dokumentation**
9. **Objektbetreuung**

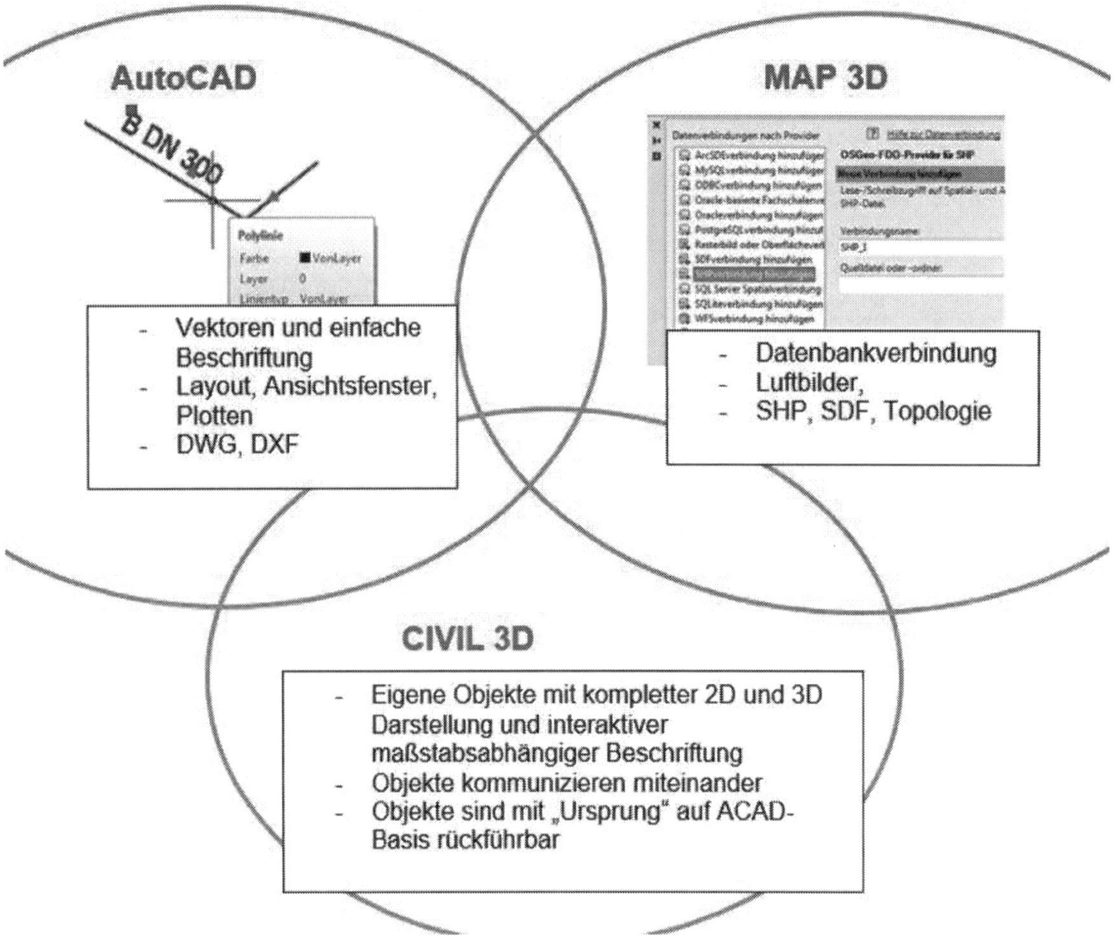

Arbeitsbereiche:

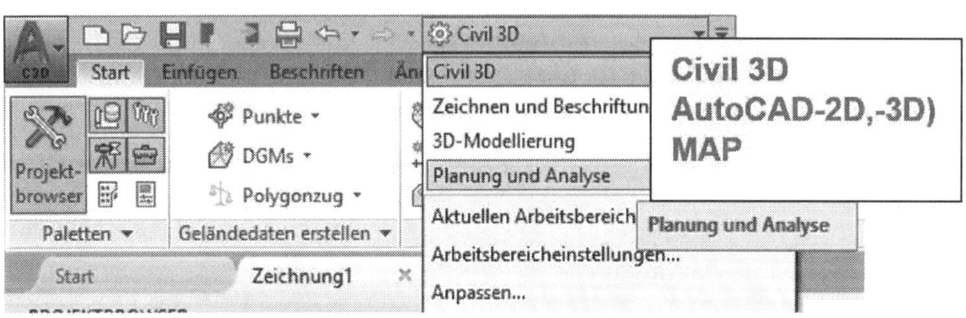

1.1.2 Funktionalität „abweichend von AutoCAD“

- Obwohl Civil 3D ein AutoCAD beinhaltet, gilt für Civil 3D NICHT die Systemvariable „_units“ (Zeichnungseinheiten). Es gilt die Systemvariable „_AeccEditDawingSettings“ (Zeichnungseinstellungen). Das heißt die „Einheit“ (Meter oder Fuß) wird mit einer anderen Systemvariablen gesteuert.
- Die Einheit „mm“ ist für Civil 3D nicht verfügbar.
- Alle Civil 3D-Objekte sind eigene, neuartige Objekte mit eigener Funktionalität (die Objekte sind technisch angepasst an die Funktion, ein Rohr ist ein „3D-Rohr“, mit realem Durchmesser und Wandung)

- Ein Civil 3D DGM ist in keinem Fall technisch vergleichbar mit AutoCAD-3D-Flächen oder AutoCAD-Applikationen-DGMs.
- Ein Civil 3D-Mengenmodell ist kein Volumenkörper
- Die Civil-Objekte sind auf keinen Fall mit Polylinien oder Blöcken aus AutoCAD vergleichbar.
- Alle Civil3D-Werkzeuge sind an die Objekte gekoppelt, Werkzeugkasten und Objekt sind einander zugeordnet.
- Die Darstellung der Civil3D-Objekte wird über Stile gesteuert. Ein Stil hat bis zu 100x mehr Einstellungs-Optionen, als es der Layer zulässt. Im Stil werden bis zu 4 Ansichten der Objekte gleichzeitig gesteuert (Lageplan, Modell-3D, Höhenplan-Längsschnitt, Querprofilplan)
- Die Beschriftung ist durchgehend an den Maßstab gekoppelt. Die Abhängigkeit der Beschriftung vom Maßstab ist nicht abschaltbar.
- Objekt- und Beschriftungseigenschaft sind ähnlich einer Datenbank an einander gekoppelt.
- Die Civil 3D -DWG ist nicht AutoCAD-kompatibel. Um eine Civil 3D DWG im AutoCAD zu verwenden, ist diese nach AutoCAD zu exportieren oder es ist gezielt Ursprung anzuwenden.
  - Civil 3D: DGM, Achse, Höhenplan

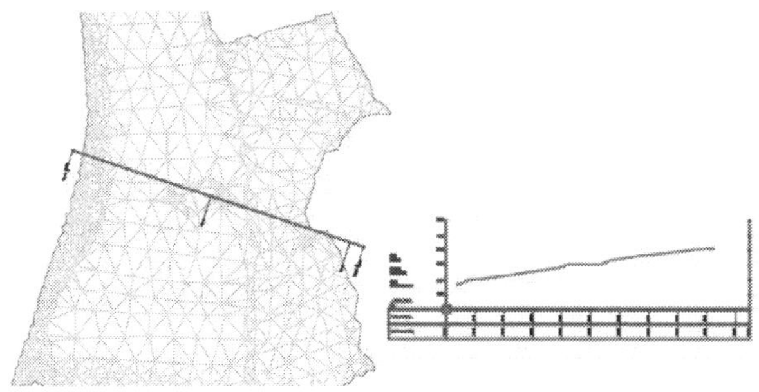

  - gleicher Bildausschnitt (oben) geöffnet im „reinen AutoCAD" (unten)

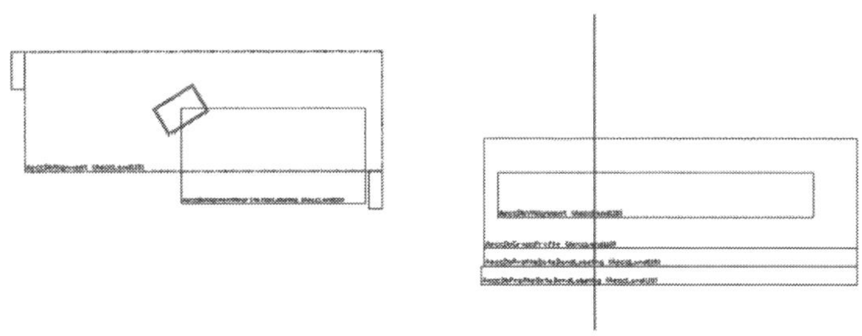

- Civil 3D ist in Deutschland effektiv nur mit dem „Country Kit Deutschland 20xx" verwendbar. In der Civil 3D-Download-Version ist das „Country Kit Deutschland" eventuell nicht enthalten! Download: www.knowledge.autodesk.com/de
- Abweichend zur „metrischen" Version wird der Höhenbezug in der „Deutschland-Version" nicht im Darstellungs-Stil (Höhenplan- oder Querprofilplan-Stil), sondern im Band-Satz (Blockaufruf) gesteuert.
- Die Übersetzung aus der „amerikanisch-englisch Begriffswelt" entspricht nicht unbedingt der „deutschen-technischen Begriffswelt" (deutsch: „Vermessungs-Code" – Civil 3D: „Beschreibungsschlüssel-Satz").
- Civil 3D ist für 64-bit programmiert. Die neue 64-bit-Welt bietet Funktionen, die bisher im deutschen Planungsablauf kaum nachgefragt werden, weil technisch solche Funktionen bisher nicht möglich waren (32-bit-Welt). Beispiel: Ein dynamischer Kreuzungsentwurf und dazu „Online-Diskussion" mit dem Auftraggeber.

- Die Einführung von Civil 3D im Büro kann zu einer Umstellung der Arbeitsweise führen. Online „Entwurfs-Diskussion" mit dem Auftraggeber anstatt Ausarbeitung mehrerer Planungs-Varianten.
- Die AutoCAD-Eigenschaften-Palette ist im CIVIL 3D eher untergeordnet. Die Projektstruktur, geladene Objekteigenschaften, Ausgabe-Funktionen und spezielle Vermessungs-Funktionen werden in einer neuen Palette dem „Projektbrowser" verwaltet (in früheren Versionen auch „Toolspace" genannt). Die Funktionen des Projektbrowsers sind unbedingt zu beachten und zu verstehen.

Projektbrowser (Information, 2. Kapitel)

1.2 CIVIL-Funktionen (Schematische Übersicht)

1.2.1 Punktdatei-Import und DGM-Erstellung (3. und 4. Kapitel)

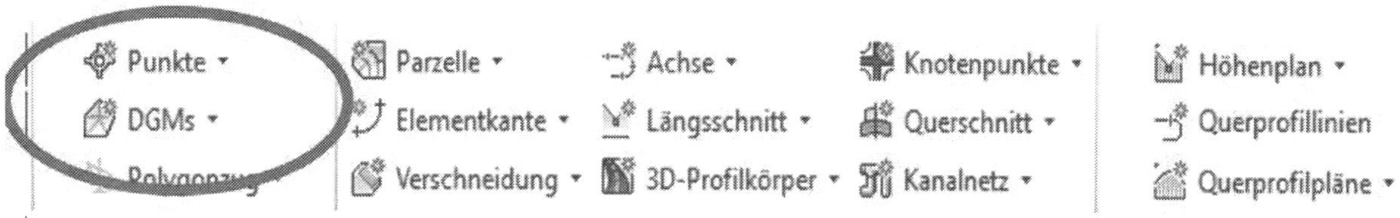

Ausgangsdaten (alle Daten mit 3D-Information sind verwendbar)

- Punktdateien (Datenmenge unbegrenzt) mit Formateditor und Symboltabelle
- 3D-Zeichnungselemente (alle AutoCAD-Zeichnungselemente mit 3D-Eigenschaften, Blöcke mit Attributen, Texte die eine Höhe beschreiben)
- Elementkanten (verbesserte 3D-Polylinie mit 3D-Bogen, ein CIVIL 3D Konstruktionselement)
- Datenbanken, Laserscan (ORACEL, SHP, DEM, LIDAR, GEOTIF, ...)
- Direktimport aus Vermessungsgeräte-Datenbanken (Leica, Trimble, Topcon)
- ReCap (ACAD-Punktwolken) *.rcp, *.rcs

Die Ausgangsdaten sind jederzeit austauschbar, kombinierbar, änderbar. Das heißt ein einfaches „Entwurfs-DGM“ kann durch Austausch der Daten zu einer Ausführungs-Planung geführt werden. Es bleibt das gleiche DGM.

- Einzelne DGMs sind zu komplexen Konstruktionen zusammenführbar

DGM (Digitales Geländemodell, „Oberfläche“)

Als Voraussetzung der Konstruktion, es ist eine geschlossene Oberfläche zu erstellen

- Dreiecksflächen-DGM (DGM-Höhen-Linien- und DGM-Punkt-Beschriftung)
- Raster-DGM (freier Rasterabstand)
- Höhenschichtlinien (farbliche Darstellung und Beschriftung)
- Analysefunktion: Benutzerdefinierte-Höhenschichtlinien, -Neigungen, -Neigungspfeile, Wasserscheiden
- 2D und 3D Flächenangabe (schräge Fläche)
- Extraktion von Konstruktionselementen (z.B. Höhenschichtlinien als Polylinien)

DGM (Mengenmodell, „Volumen“)

- dynamisches Volumenmodell, Darstellung der Menge
- dynamische Darstellung von Auf- und Abtrag, Auf- und Abtrags-Mächtigkeit
- dynamische Darstellung der „NULL-Position“, Wechsel von Auf- in Abtrag

1.2.2 Civil 3D - Konstruktion (5., 6. und 7. Kapitel)

Extrem verdichtet kann eine Civil 3D Konstruktion in drei Wegen, nach drei Konstruktions-Konzepten erfolgen oder in drei Varianten unterschieden werden. Je nach Konstruktionsziel oder Abrechnungsvariante (Mengen aus Oberflächen oder Querprofilen) ist folgendes realisierbar:

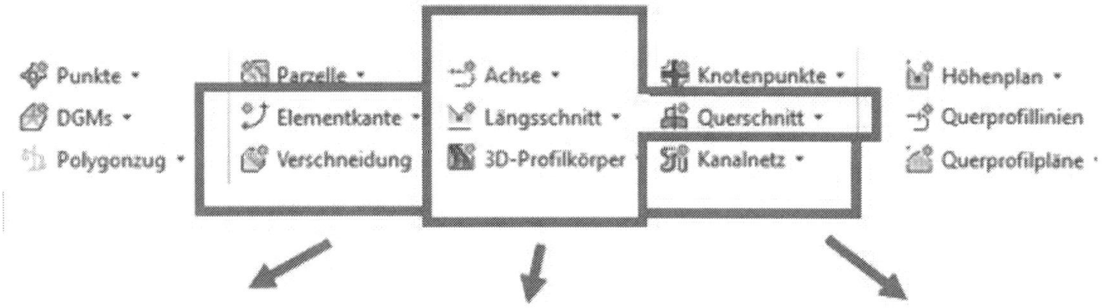

Wasserbecken, Freiflächen, Park-Platz, Baugruben, Deponie

Begriff-Vorschlag:
„unregelmäßige Baukörper"
(5.Kapitel)

Die Konstruktion erfolgt als Verschneidung
Es werden 3D-Objekte erzeugt (Flächen)

Straße, Damm, Flusslauf, jede Abrechnung in Querprofilen (DA66)

Begriff-Vorschlag:
„langgestreckte Baukörper"
(6.Kapitel)

Die Konstruktion erfolgt als 3D-Profilkörper
Es werden 3D-Objekte erzeugt (Straßen)

Übernahme von Bestandsleitungen oder Neukonstruktion, Kanalisation, Trinkwasser, Gas, Fernwärme

Begriff-Vorschlag:
„Rohre/Leitungen"
(7.Kapitel)

Es werden 3D-Objekte erzeugt (Rohre/Schächte)

Hinweise zu „unregelmäßige Baukörper":

Konstruktions-Elemente:
Elementkante, (verbesserte 3DPolylinie mit 3D-Bogen, bearbeitbar wie 2D-Polylinie)
Verschneidung (Böschungskonstruktion)
Verschneidungs-DGM
Option: Mengenausgleich (Auftrag = Abtrag)
Alle Konstruktionsdetails sind änderbar. Das Projekt wird komplett überrechnet.

Hinweise zu „langgestreckte Baukörper":

Konstruktions-Elemente:
Achse

Gradiente (Längsschnitt, Höhenplan)
Querschnitt (auch freie, eigne Querschnitte sind möglich)
3D Profilkörper (zusammengesetzte 3D-Profilkörper = Kreuzung/Kreisverkehr)
Profilkörper-DGM
Querprofile, Querprofilpläne, Absteck-Punkte
Alle Konstruktionsdetails sind änderbar. Das Projekt wird komplett überrechnet.
Ergänzung: Subassembly-Composer (Entwerfen eigner Querschnitts-Bestandteile)

Hinweise zu „Rohre/Leitungen":

Konstruktions-Elemente:
Schächte, Rohre, Einlauf- u. Auslaufbauwerke, Hydranten, Schieber, ... (entsprechend Bauteil-Katalog, maßstabsabhängig)
Übernahme von Bestandsleitungen in 3D und Neu-Konstruktion erfolgt mit „Kanal" („Druckleitung" ist in der Version 2019 nicht uneingeschränkt zu empfehlen, Besonderheiten beachten!)
Alle Konstruktionsdetails sind änderbar. Das Projekt wird komplett überrechnet.
Ergänzung:
„Komponenten-Bilder" (Bauteil-Ergänzungs-Werkzeug)
3D-Darst. mit Abbild im Höhenplan (LS) und Querprofilplan - Kollisions-, u. Abstandsprüfung
Nachfolgend aufgeführte Themen werden im Buch (noch) nicht angesprochen, sind jedoch Bestandteil von Civil 3D. Weiterführende Informationen werden unter www.gert-domsch.de angeboten.

1.3 Civil 3D Themen, jedoch (noch) nicht Bestandteil des Buches

„Darstellungs- und Beschriftungs-Stile", neue Optionen im 64-bit CAD

- Empfehlenswerte Bearbeitungsmethodik, besondere Befehle
- Komplexe Stile bearbeiten, Beispiel Code-Stil-Satz
- Komplexe Beschriftungs-Stile, Beschriftungs-Sätze
- „Anmerkungspalette", Sonderfunktionen
- „Ausdrücke", eigene Beschriftungen

Datenausgabe, -Verknüpfung, -Weitergabe

- Alle Konstruktionsbestandteile können aufgelöst - (Ursprung) oder nach AutoCAD exportiert werden, so dass eine Kompatibilität zum bisherigen CAD besteht (*.dwg, *.dxf, *.dgn, *.shp)
- Civil 3D bietet eine Objekt-Datenverknüpfung Das heißt zum Beispiel, in einer Zeichnung kann ein DGM erstellt sein. Ist dieses DGM innerhalb eines Projektordners mit anderen Zeichnungen verknüpft, so können alle Funktionen uneingeschränkt ausgeführt werden (Schnitte, Mengenberechnung, usw.). Alle Objekte (DGM, Straßenentwurf, Rohre/Leitungen) können an unterschiedlichen Arbeitsplätzen, in unterschiedlichen Zeichnungen, in einem Datenverknüpfungs-Projekt bearbeitet werden.

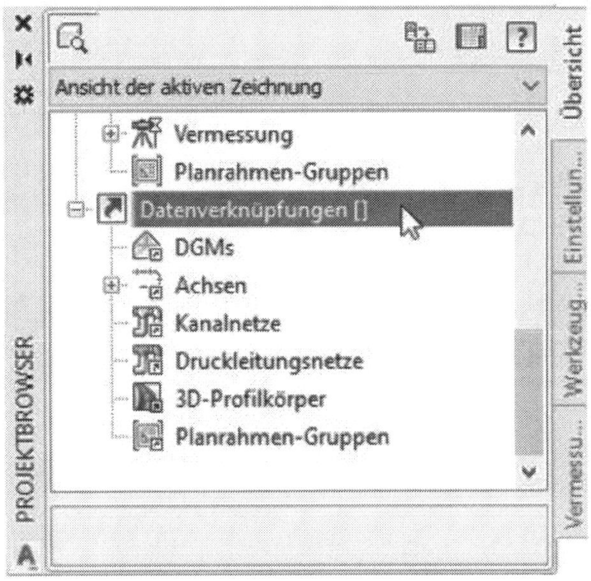

- Zusätzlich gibt es die klassischen „Absteck-Punkt-Ausgaben" (*.txt, *. xls oder *.xml) oder das LandXML-Format für alle Objekte.
- Für die Ausgabe nach deutschen Standards ist die Installation der „DACH-Extension", „ISYBAU-Translator" oder empfehlenswert. Diese Erweiterungen stehen im Download-Bereich „knowledge.autodesk.com/de") als „Productivity Pack" kostenlos zur Verfügung. Bestandteil: REB Berechnungsverfahren, einschließlich DA50, 66, 54, 58, 49, ... und IBM KA040, 021, HEC-RAS, ISYBAU *.k, *.xml (1996 – 2013)

Sonderkonstruktionen

- Sonderkonstruktionen, zusammengesetzte Profilkörper (Kreuzung, Kreisverkehr)
- Subassembly Composer (Erstellen eigener Querschnittsbestandteile)
- IPE Werkzeug (ab Version 2019, Schachtkonstruktion- und Datenübergabe aus INVENTOR

Infrastructure Design Suite XX, neu „ARCHITECTURE, ENGINEERING & CONSTRUCTION COLLECTION"

- Direkte Datenweitergabe an „Storm & Sanitary Analysis" (Kanalberechnung -, Dimensionierung von Autodesk)
- InfraWorks, Vorentwurf (weltweit 3D-Daten, für Deutschland im 30m Raster) mit Datenübergabe an Civil 3D
- Daten-Übergabe an REVIT
- GEOTECHNIC-Modul Import und Darstellung von „Bohrungen" (für eine X-, und Y-Koordinate, mit mehreren Höhen und geologischer Information
- „Rail Layout Module" (Zeichnen von Gleisachsen, Weichen und Darstellung im Lageplan)
- „River and Flood Analysis Module" Kartenerstellung von Überflutungsgebieten
- MAP-Funktionen („Planung und Analyse")

1.4 Zusammenfassung

Civil 3D beinhaltet in einem Paket, ein

- AutoCAD (einfaches Zeichnen und Plotten) und
- MAP 3D (*.shp, *.sdf, Datenbankanbindung, Import und Export) und
- Civil 3D (Straßenplanung, Wasserbau, Vermessung, Freiflächen, Baugruben einschließlich Mengenberechnung aus Oberflächen oder Querprofilen und Ausschreibungsmengen in m^2 oder Stück).

Damit sind alle Planungsphasen und alle Gewerke der Infrastrukturplanung, Tiefbauplanung oder dem Bauingenieurwesen abgedeckt.

CIVIL 3D bietet mit den neuen dynamischen Objekten im Civil 3D sowie AutoCAD und MAP 3D unter einer Oberfläche einen erheblichen Produktivitätsvorteil.

CIVIL 3D ist eine Generation weiter. CIVIL 3D ist für mich der neue Standard im Bauingenieurwesen.

Alle angesprochenen Themen sind bereits in deutscher Sprache bearbeitet und als *.pdf unter www.gert-domsch.de zum freien Download angeboten.

Der Unterschied zu diesem Buch besteht in folgendem, als Bestandteil des Buches werden Daten zum Üben und Testen angeboten. Der Leser soll parallel mitarbeiten können.

Das Buch konzentriert sich auf „Basis-Funktionen". Das Buch soll einen Einstieg vermitteln.

Der Neueinsteiger sollte das Buch lesen, testen und anwenden. Es sollte möglich sein, von der Version 2014 beginnend bis zur aktuellen Version 2019, das Buch anzuwenden. Die grundsätzlichen Aussagen sind nahezu gleich. Lediglich die Vorgängerversion 2013 hatte in der Vorlage (_AutoCAD Civil 3D 2013 Deutschland.dwt) andere Begrifflichkeiten und zum Teil andere Bezeichnungen.

2 Kapitel, Projektbrowser (Information)

2.1 Vorwort (Ziel: Information)

Das Produkt „Civil 3D" ist als eigenständiges Programm zu verstehen, das die besonderen Funktionen des Tiefbaus oder Bauingenieurwesens beinhaltet und auf eine neue Art und Weise umsetzt, die nicht mit AutoCAD zu verwechseln ist.

Das heißt nicht, dass zum Beispiel der Straßenbau neu erfunden wird!

Dass Neue ist die Art und Weise, wie die Zeichnungselemente aufgebaut sind und neu ist auch, dass die Zeichnungselemente miteinander kommunizieren oder voneinander abhängig sind. Civil 3D hat Funktionalitäten, die es so im AutoCAD nicht gibt!

Das 2. Kapitel zeigt Bilder und spricht Themen an, die der Leser in erster Linie nur registriert, wahrnimmt und akzeptiert. Civil 3D ist für den gesamten Tiefbaubereich (Bauingenieurwesen) entwickelt. Zusätzlich können alle weltweiten Anforderungen für Vermesser, Straßenbauer, Wasserbauer, Rohrleitungsbau „von Abwasser bis Fernwärme", Freiflächenplanung, usw. abgedeckt werden.

In Deutschland ist mit Installation des „Country Kit Deutschland" eine Vorlage voreingestellt, die Vorlage „_AutoCAD Civil 3D 20xx Deutschland.dwt". Diese Vorlage ist für den Neueinsteiger absolut ausreichend und hinreichend vorgerüstet. Im nächsten Kapitel (3. Kapitel) ist diese Vorlage und eine eventuelle Nachinstallation des Country Kit Deutschland näher beschrieben. Alle Konstruktionen werden auf der Basis dieser Vorlage erläutert (3. – 7. Kapitel).

Dieses Kapitel beschreibt die Funktionen des Projektbrowsers. Der Projektbrowser funktioniert absolut unabhängig vom installierten „Country Kit". Das Beherrschen, Verstehen und Reagieren auf die Signale des Projektbrowser ist eines der wichtigsten Details beim Erlernen von Civil 3D.

Es gilt zuerst den Projektbrowser mit seinen Funktionen zu verstehen!

Aufruf des Projektbrowsers

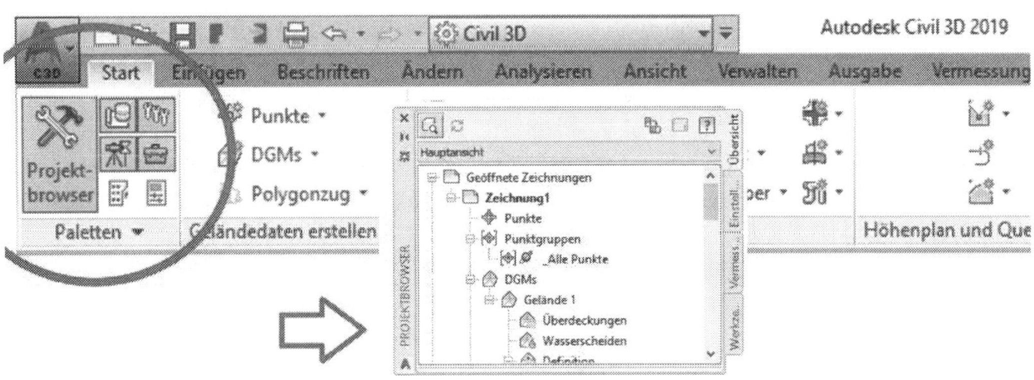

Hinweis:

Einige Civil 3D-Objekte lassen sich über die Eigenschaften-Palette bearbeiten.

Projektbrowser AutoCAD-Eigenschaften

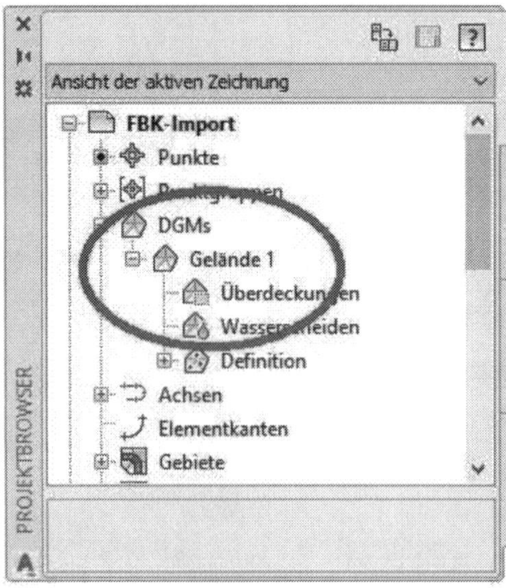

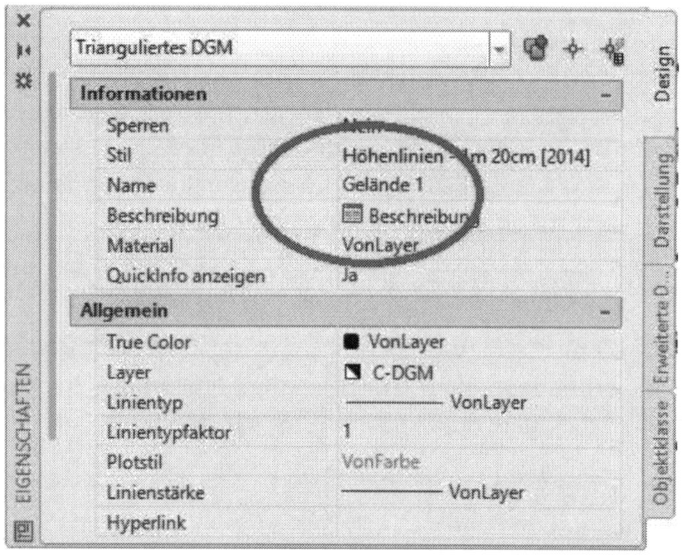

Die im AutoCAD übliche „Eigenschaften-Palette" kann von Civil 3D-Version, zu -Version immer besser die Eigenschaften der Civil 3D-Objekte anzeigen und lässt auch zum Teil eine Bearbeitung zu. Leider ist das nicht bei allen Objekten möglich und in jeder Situation empfehlenswert. Die Eigenschaften-Palette verdeutlicht nicht jeden Zusammenhang und jede Civil 3D-Besonderheit, die zum Verständnis von Civil 3D unbedingt erforderlich ist!

2.2 Projektbrowser

Civil 3D-Zeichnungen oder -Projekte enthalten eine Vielzahl von Objekten (Punkte, Achsen, DGM, Längsschnitte, Querprofile, Gebiete, Elementkanten, Verschneidung, Rohre/Leitungen Parzellen, usw.) Der Projektbrowser stellt eine Liste der Objekte, deren Zuordnung und Abhängigkeiten zueinander dar (Karte: Übersicht). Gleichzeitig zeigt der Projektbrowser die Liste der Darstellungs- und Beschriftungs-Eigenschaften an, die mit der geladenen Vorlage in der noch leeren Zeichnung vorhanden sind und später den zu konstruierenden Objekten optional zugeordnet werden können. Mit dem Laden der richtigen Vorlage kann das Zuordnen des richtigen Darstellungs-Stils ohne zusätzlichen Arbeitsaufwand für deren Einrichtung durchgeführt werden. (Karte: Einstellungen).

Das heißt, der Projektbrowser ist ein, von der landesspezifischen Version, unabhängiges Werkzeug. Der Einsteiger in die Civil3D Welt sollte den Projektbrowser benutzen, um die noch leere Zeichnung zu prüfen.

Ist die im Moment geladene Vorlage richtig für mein Projekt? Sollte ich eventuell eine andere Vorlage laden aufgrund der bei mir vorliegenden Projekt-Anforderungen?

2.2.1 Hinweise zu den Vorlagen

- verwendete Vorlage
  - geladene Eigenschaften, Karte Einstellungen (Stile)

Für Projekte in Deutschland zu empfehlen:

AutoCAD Civil 3D 2019 Deutschland.dwt" (Pfad Template)

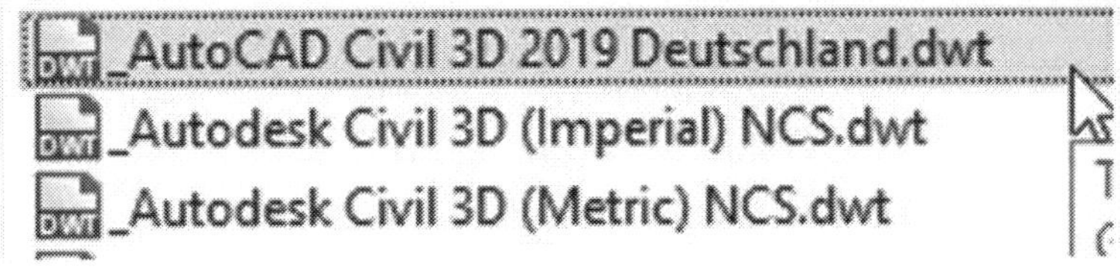

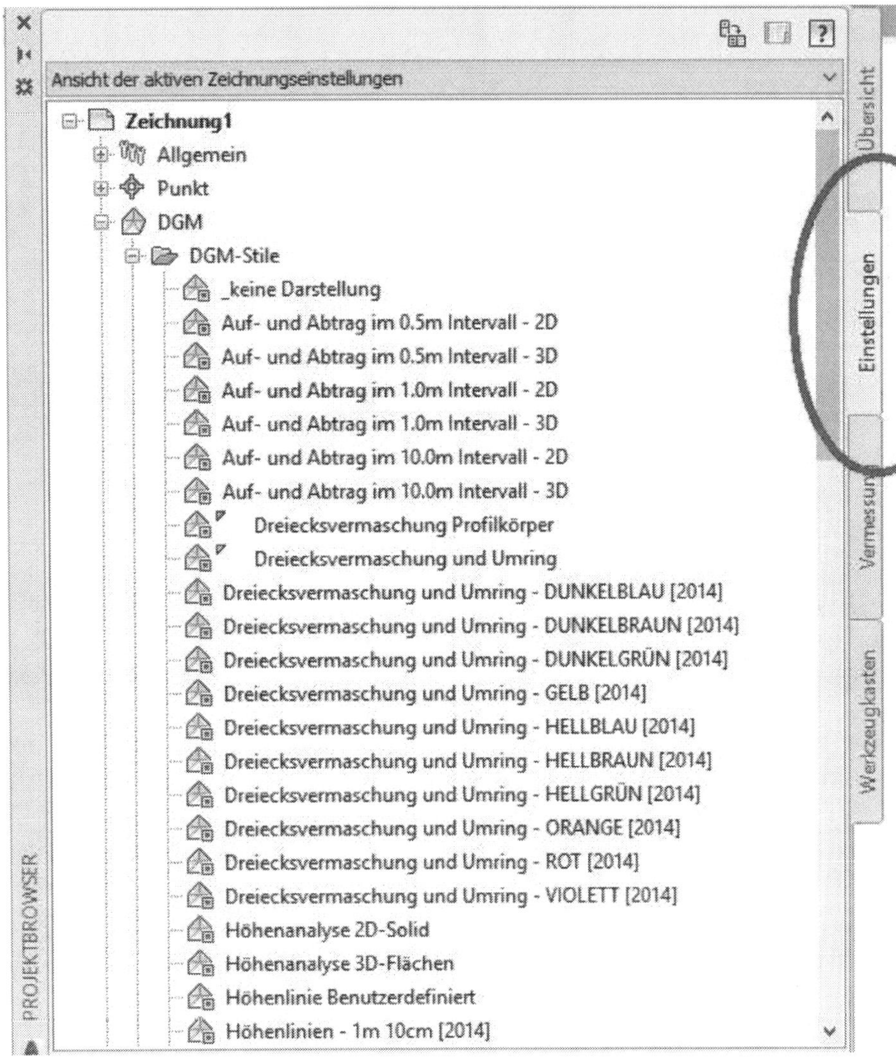

Für internationale Projekte zu empfehlen:

„_Autodesk Civil 3D (Metric) NCS.dwt“ (Pfad Template)

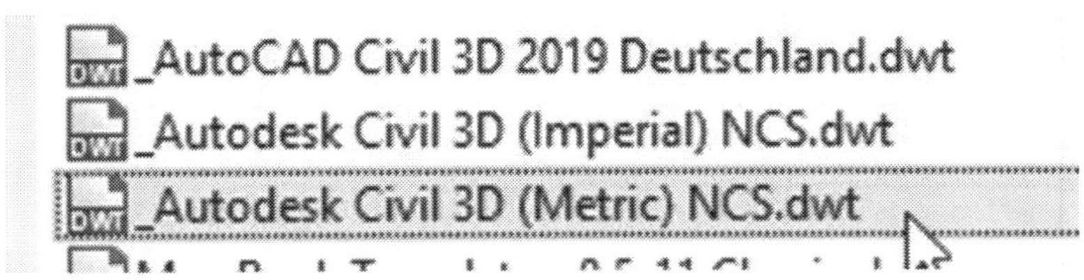

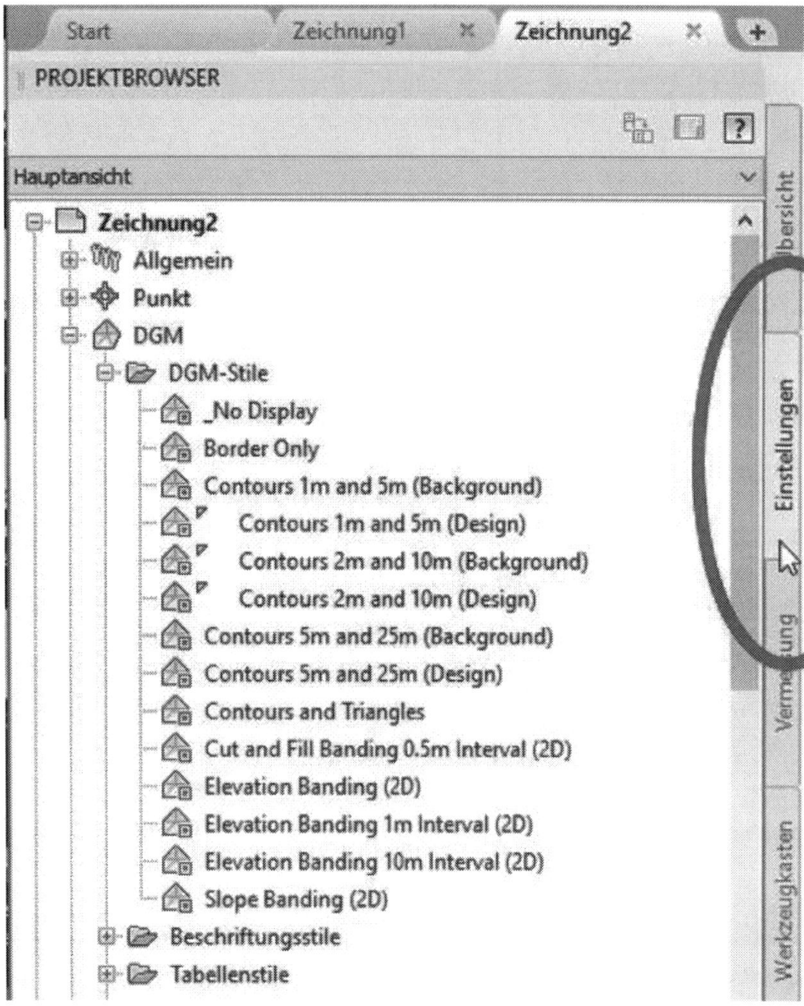

Für Civil 3D nicht zu empfehlen (Der Aufwand für Nacharbeit „Einstellungen und Erstellung der Stile" ist zu hoch!):

acad.dwt oder acadiso.dwt (Pfad Template)

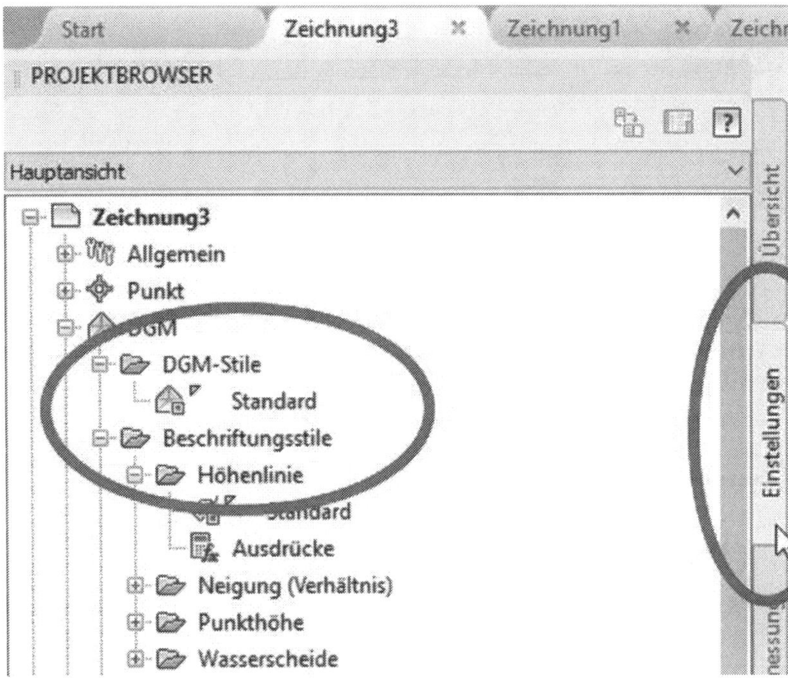

Der Projektbrowser hat weitere Aufgaben. Er hält die Verbindung zu weiteren Zeichnungen und Daten (Datenverknüpfung, Vermessung). Es können externe Programme aktiviert werden, insbesondere Ausgaben und Protokolle (Werkzeugkasten).

Der Projektbrowser bietet maximal folgende Funktionen oder Karten. Die Karten sind aktivierbar und deaktivierbar. Einzelne Karen können zu- oder ab geschalten werden.

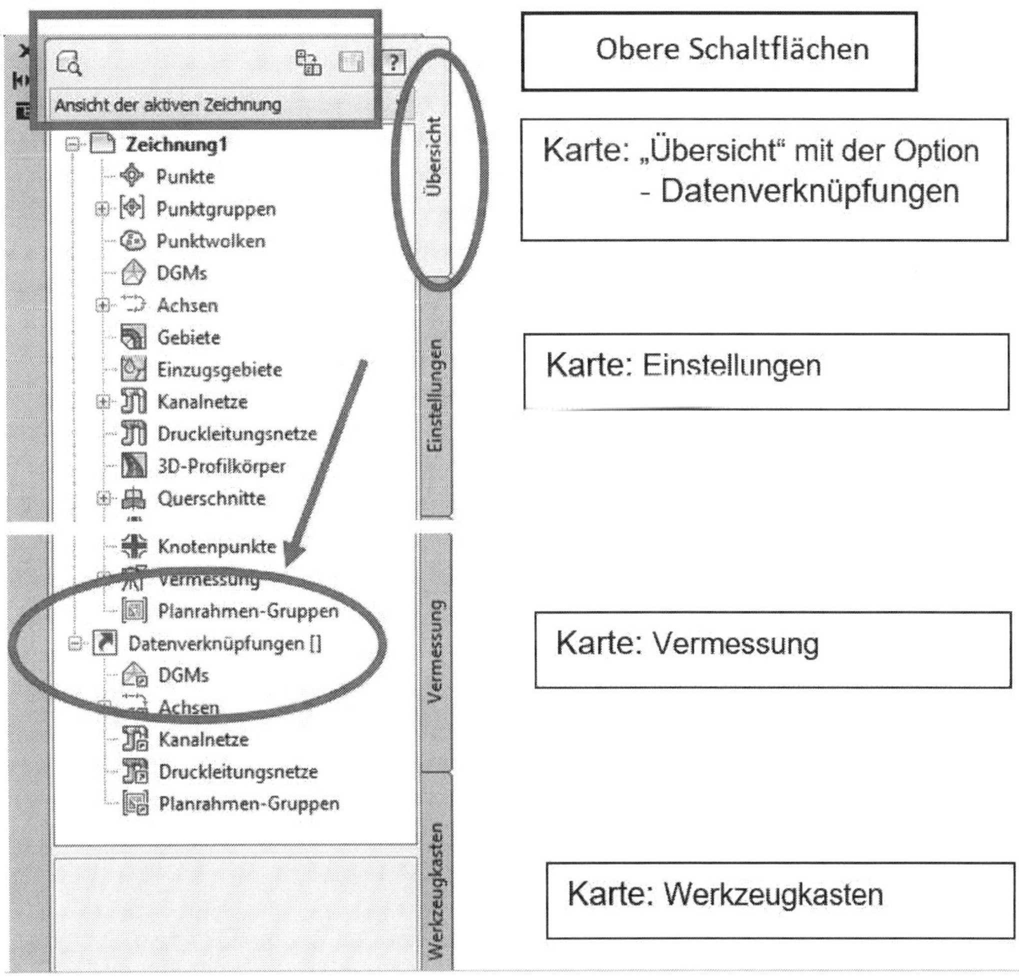

Die Aktivierung oder Deaktivierung der Karten am Projektbrowser (von „Übersicht" bis „Werkzeugkasten") erfolgt über die Schaltflächen, rechts neben der großen Schaltfläche „Projektbrowser", wie im Bild dargestellt.

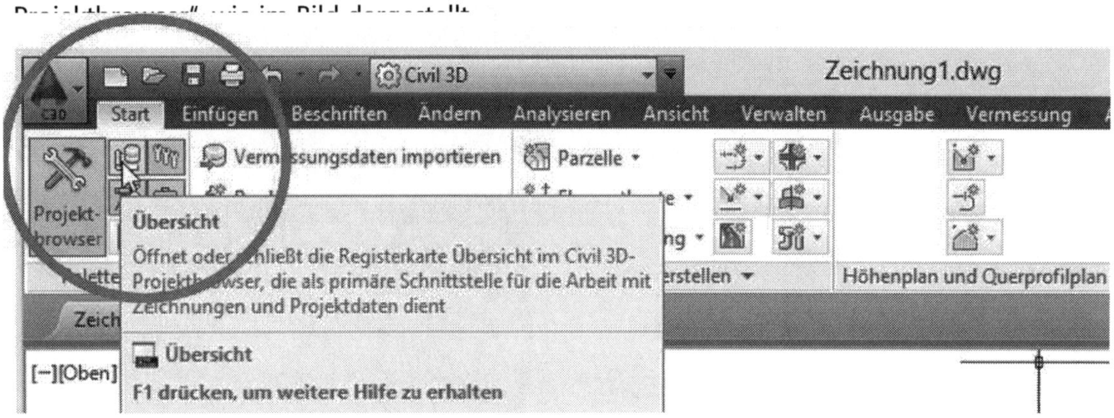

2.2.2 Schaltflächen am Projektbrowser, obere Schaltflächen

Die Element-Vorschau bietet eine Voransicht der ausgewählten Objekte, diese kann aktiviert oder deaktiviert sein.

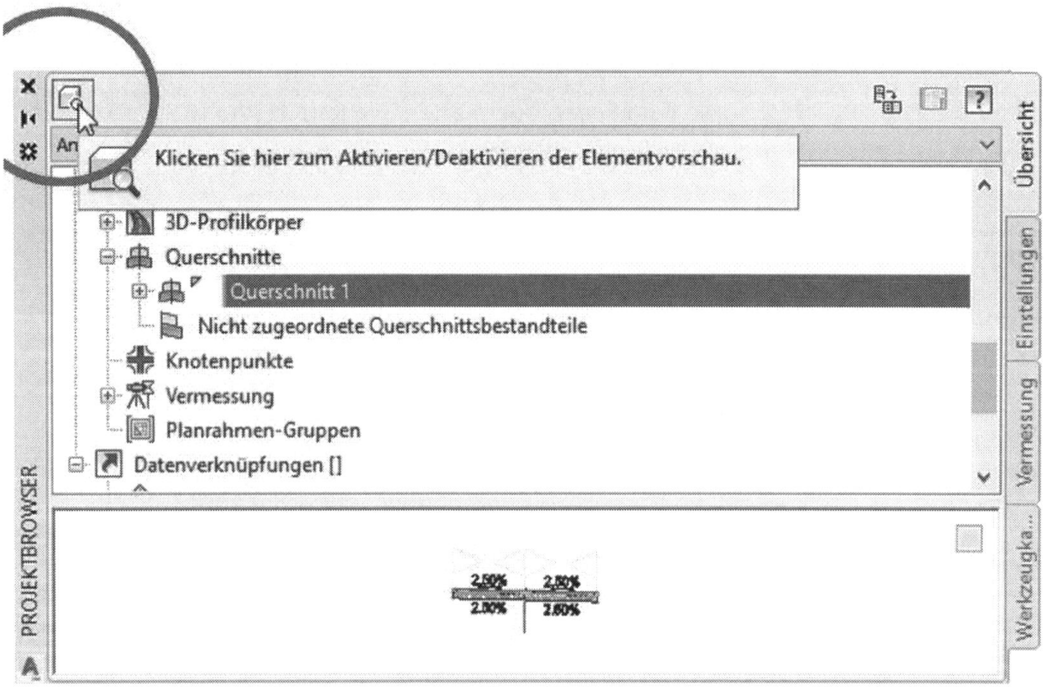

Unabhängig davon, ob die Vorschau aktiviert ist oder nicht, werden alle technischen Parameter eines Objektes in der unteren Vorschau-Fläche dargestellt.

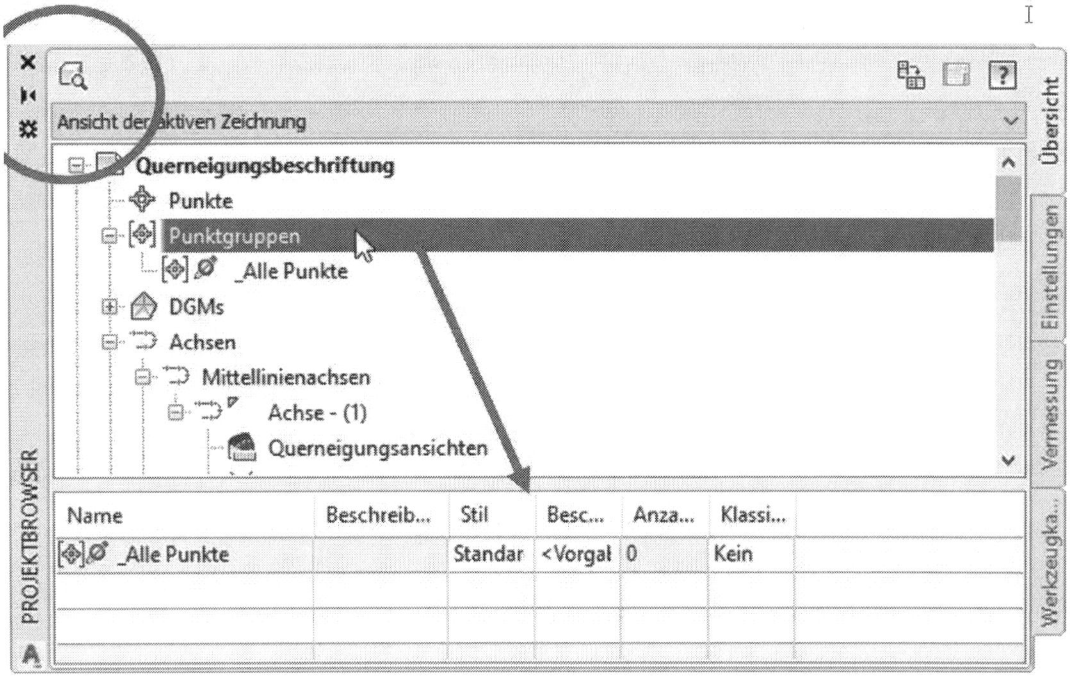

Die Darstellung der Parameter oder Vorschau kann unterhalb oder rechts der Objektliste erfolgen.

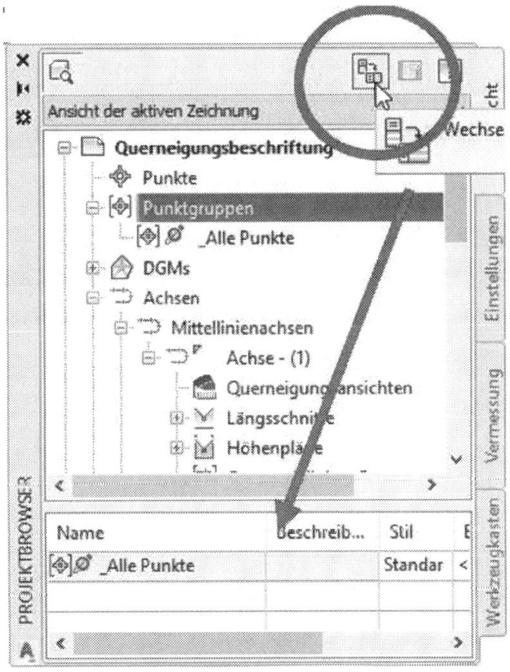

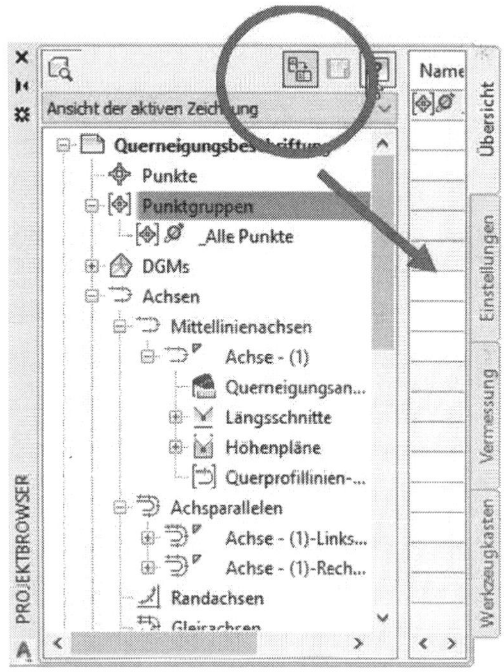

Das „Panorama-Fenster", Panorama-Anzeige, Panorama-Werkzeug ist im Civil 3D ein Editor- oder „Universal-Dokument-Fenster". Es kann Ereignisse (Fehlermeldungen, Hinweise), Berechnungsergebnisse oder Parameter der Objekte anzeigen.

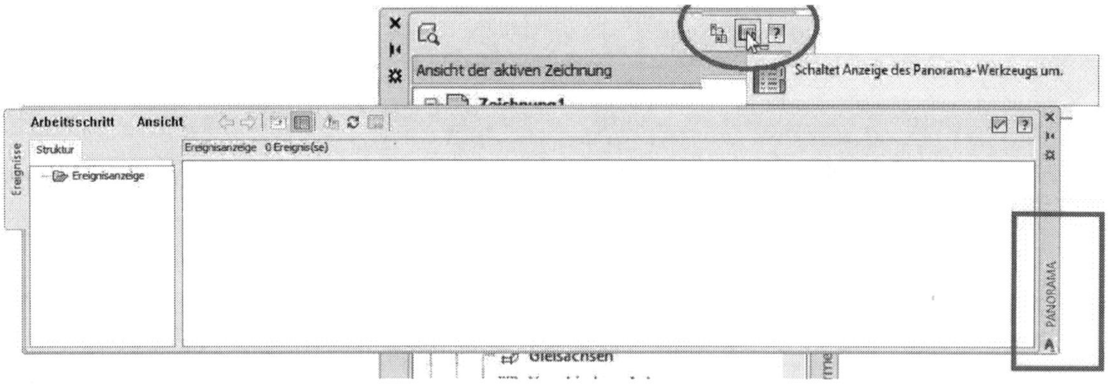

In dem Bereich der Paletten gibt es einen alternativen Schalter für die Ereignisanzeige:

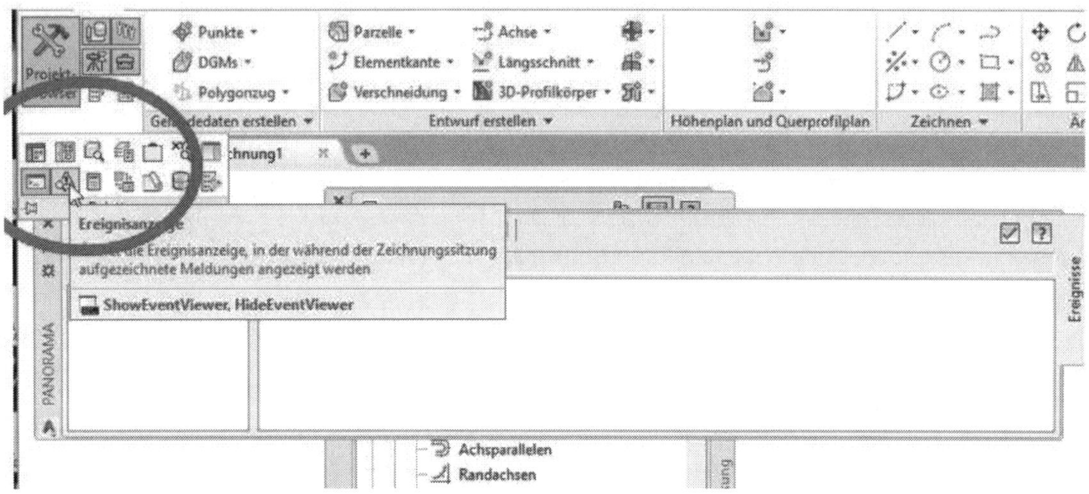

Innerhalb der Autodesk-Produkte können gleichzeitig mehrere Zeichnungen geöffnet sein. Um die Übersichtlichkeit der Objekte und deren Eigenschaften im Projektbrowser nicht zu verlieren, kann der Projektbrowser nur die Eigenschaften der „Aktiven Zeichnung“ darstellen oder den Zugriff auf die Eigenschaften aller Zeichnungen ermöglichen („Hauptansicht“).

„Ansicht der aktiven Zeichnung“

Die Einstellung ermöglicht nur den Zugriff auf die aktive Zeichnung.

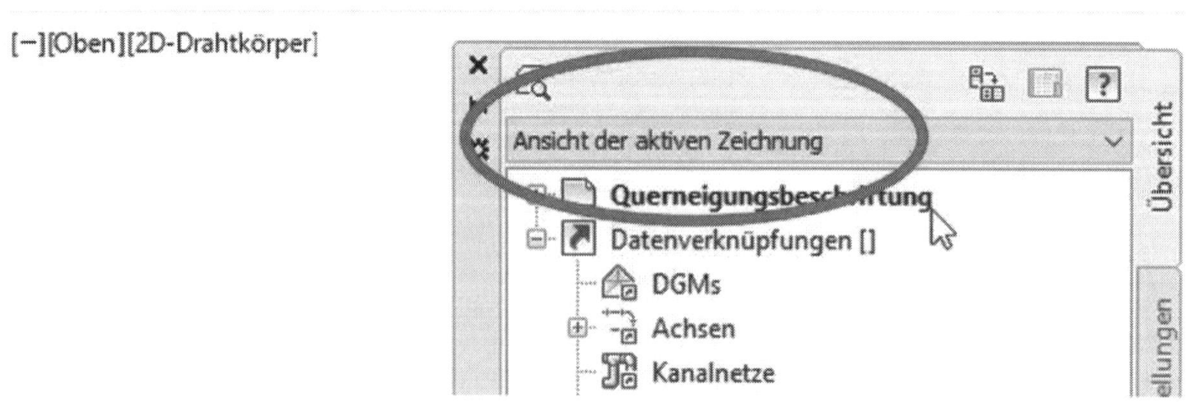

Eigenschaften aller Zeichnungen („Hauptansicht“)

Die Einstellung ermöglicht den Zugriff auf alle Zeichnungen.

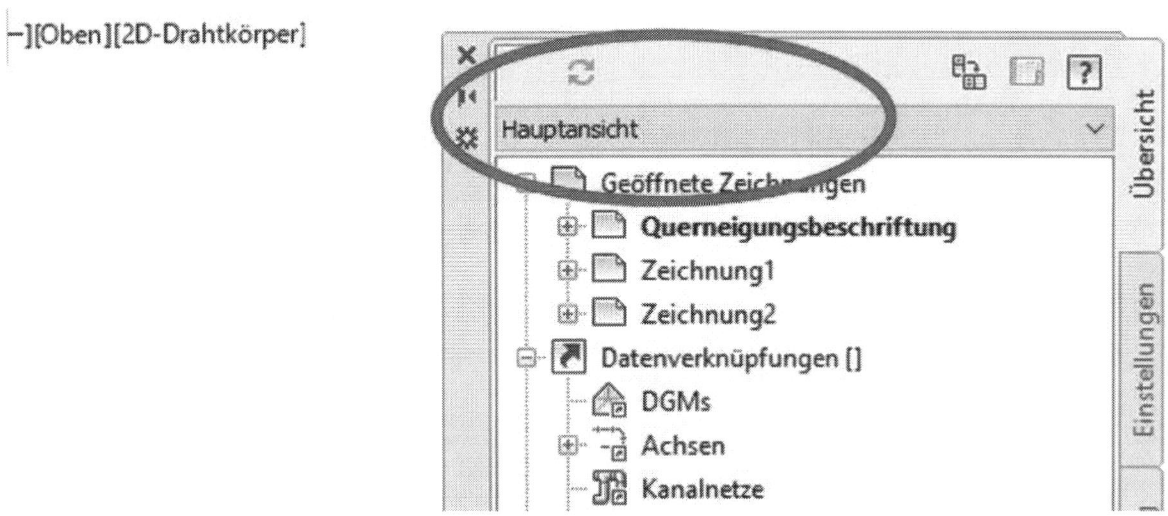

Besonderheit der Karte „Einstellungen“

Für die Karte „Einstellungen“ stehen vier Optionen zur Verfügung.

Neben dem Wechsel zwischen „Hauptansicht“ und „Ansicht der aktiven Zeichnung“ können alle Eigenschaften oder „Nur-Beschriftungsansicht“ (Die Darstellungs-Stile sind dann nicht aufgelistet!) zur Anzeige gebracht werden.

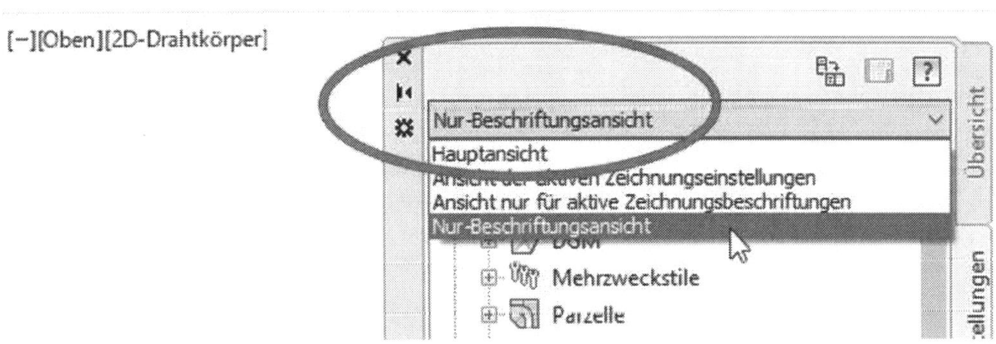

Nur-Beschriftungsansicht

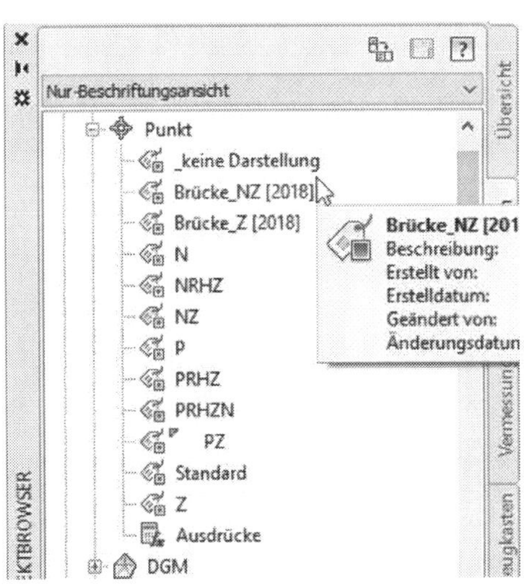

Alle Eigenschaften werden gezeigt sind wählbar

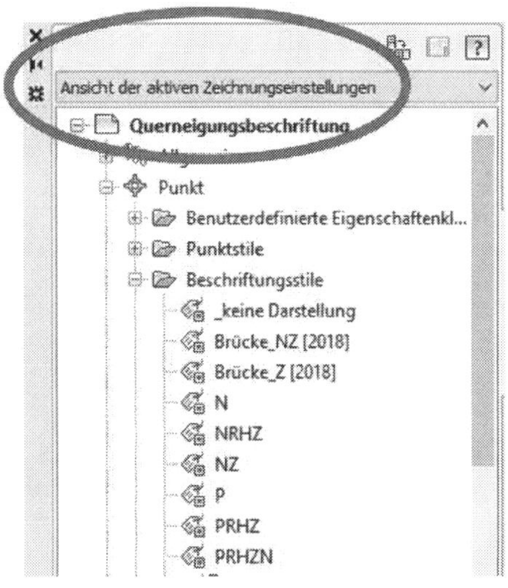

2.2.3 Karte Übersicht

In der Karte Übersicht werden die Objekte der Zeichnung dokumentiert. Bearbeitungsbefehle oder die Abfrage von Eigenschaften können im Projektbrowser gleichberechtigt zum Menü ausgeführt werden.

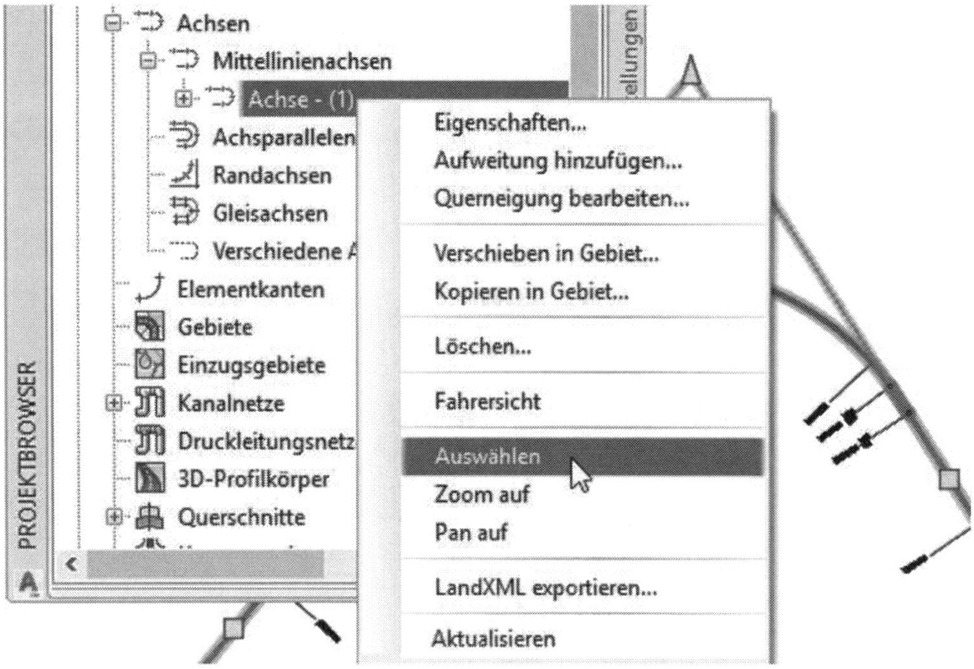

Es wird zusätzlich über die Verknüpfung von Objekten untereinander, die Aktualität oder die Sperrung informiert.

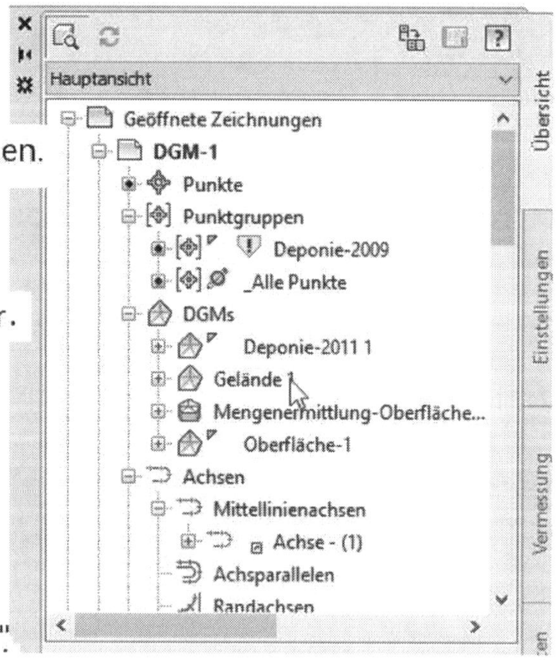

Beispiel:

Das Objekt „Gelände" ist nur erstellt und besitzt keine der folgenden Zeichen.

Es liegen Daten-Zuordnungen vor.

Das Objekt hat Unterobjekte, es wird verwendet.

Das Objekt ist nicht aktuell, "Neu erstellen" oder "Aktualisieren".

Das Objekt ist gesperrt, entsperren.

Das Objekt ist nicht Bestandteil der aktuellen Zeichnung, es ist als Datenreferenz verfügbar (geladen).

Die Funktionen zum Bearbeiten der Zeichen werden auf den nächsten Seiten gezeigt.

ZUORDNUNGS-Symbol (schwarzer Punkt)

Beispiel:

Datenzuordnung am DGM, Kategorien ohne „schwarzen Punkt" haben keine zugeordneten Objekte in der Elementvorschau, Kategorien mit „schwarzen Punkt" zeigen zugeordneten Objekte.

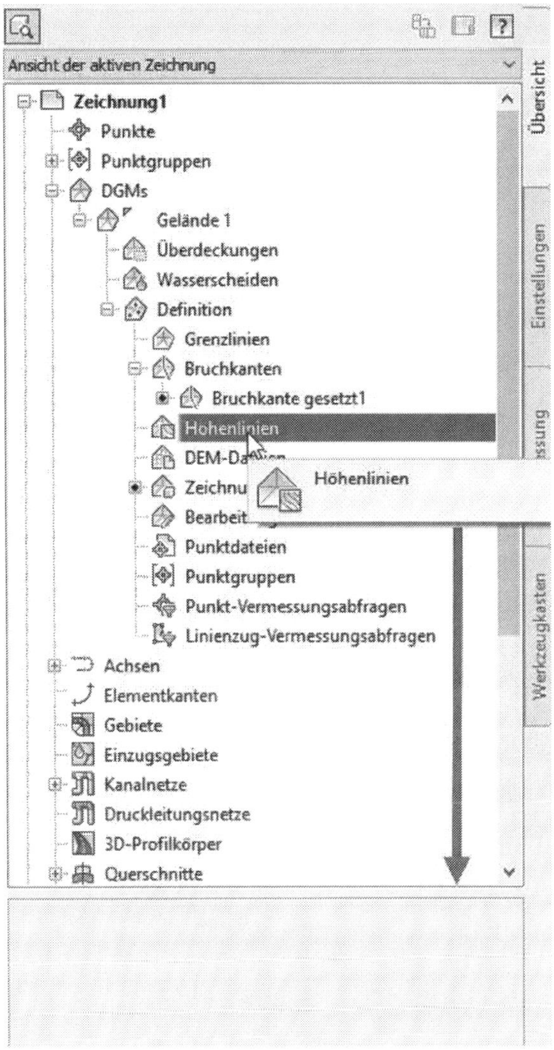

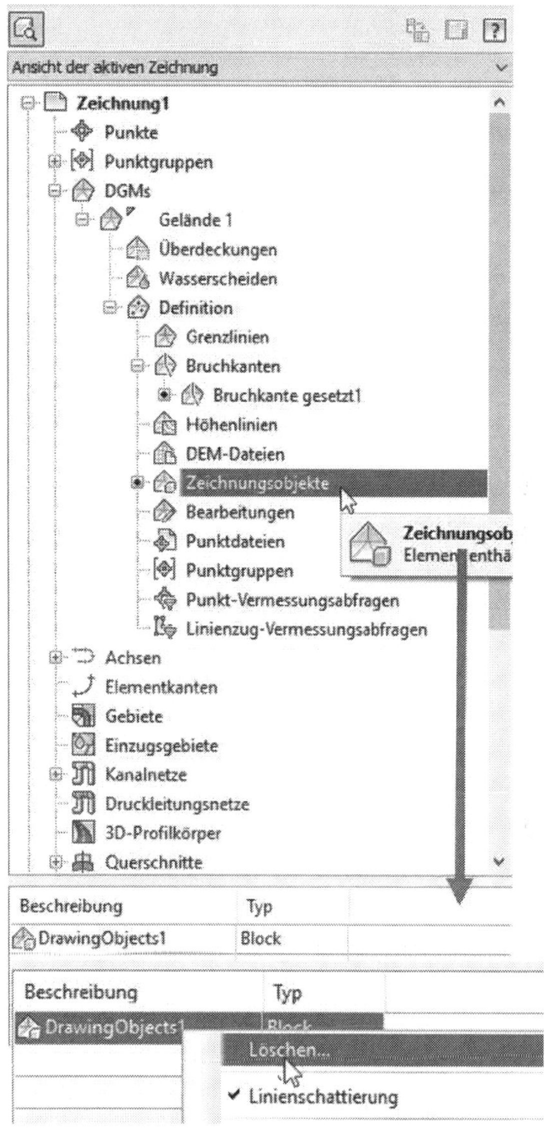

Hinweis:
Als Bestandteil der Elementvorschau können auch Funktionen ausgeführt werden (Löschen).
Der Eintrag im Feld „Name" wird Bestandteil der Spalte „Beschreibung".
(4. Kapitel, Liste von DGM-Bearbeitungs-Funktionen)

AKTUALISIERUNGS-Symbol (Ausrufezeichen)

Es gibt Funktionen zum Bearbeiten der Zeichen.

Beispiel: Aktualisieren bei Punktgruppen.

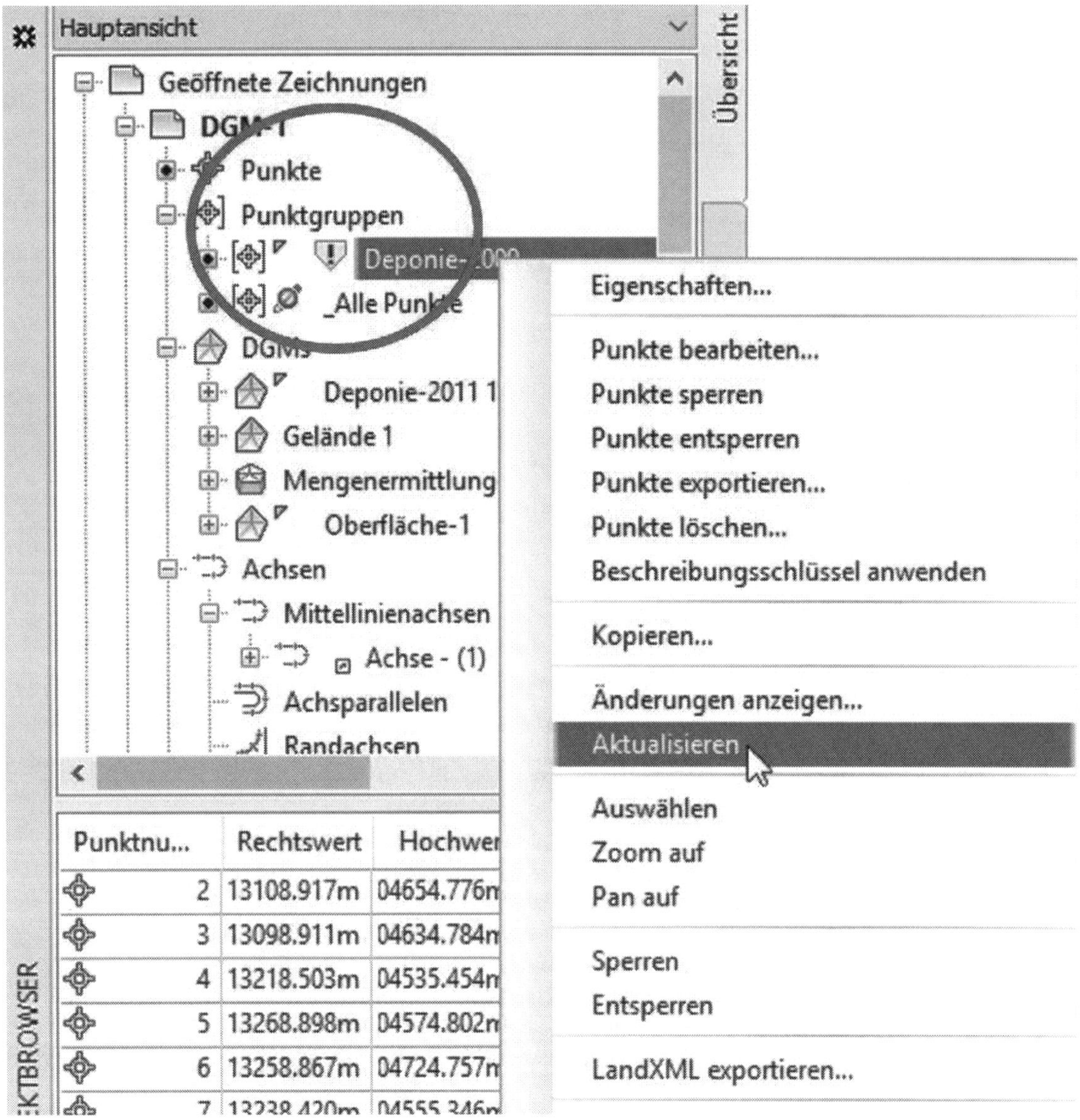

Hinweis:

Der Befehl „regen" (regenall) gilt in Civil 3D nur in Sonderfällen. Im Modellbereich wird er nur selten Wirkung zeigen, im Layout ist dieser Befehl unbedingt anzuwenden.

„Neu erstellen" oder „Neuerstellung – Automatisch"

Beispiel: DGM, Oberfläche-1

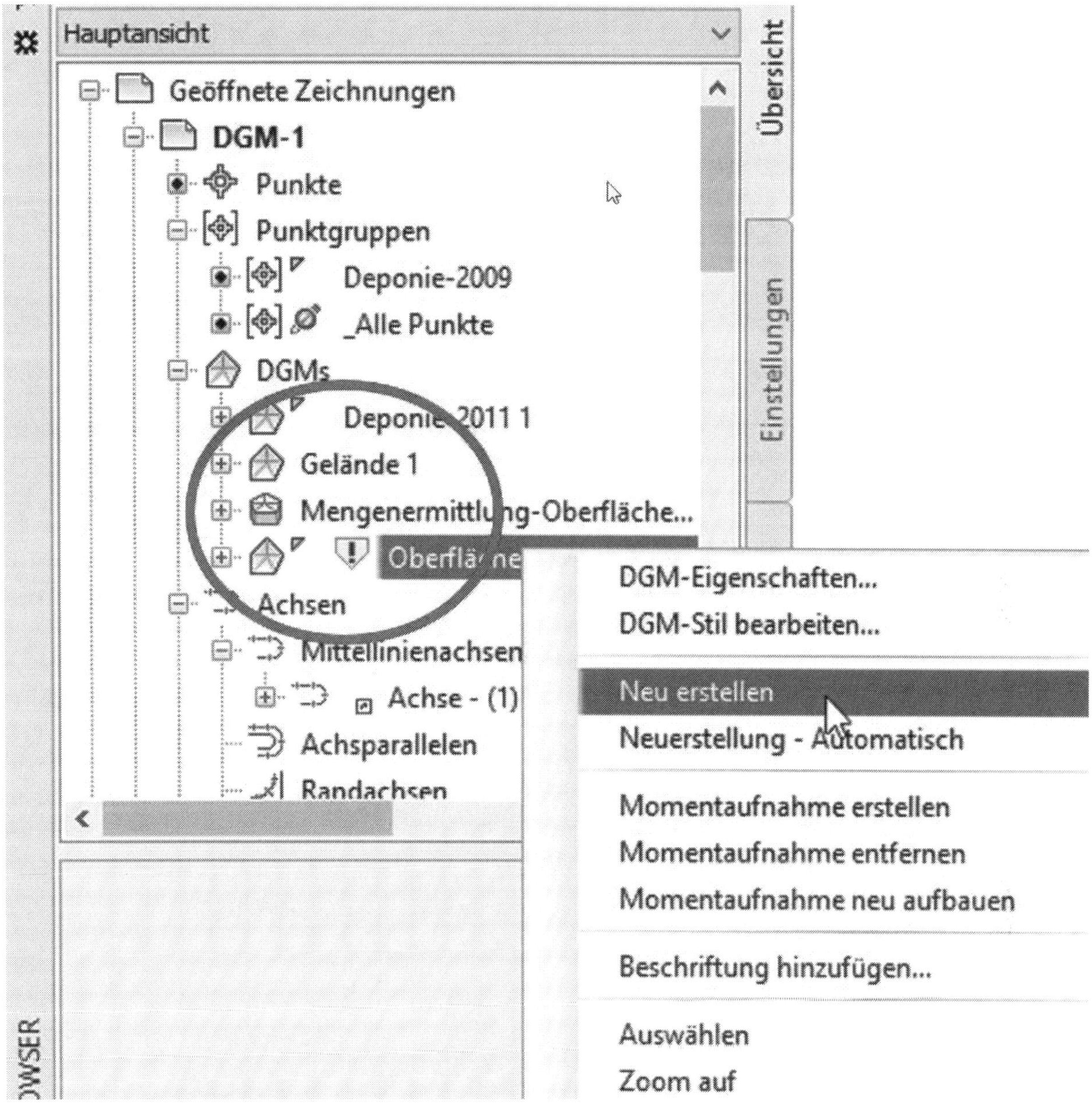

Die Funktion, die auszuführen ist, kann nicht immer ganz eindeutig beschrieben werden.

GELBES DREIECK

Das DGM, Gelände-1 hat keine Daten zugewiesen, es hat keine Unterobjekte, „es wird nicht benutzt", deshalb hat es kein gelbes Symbol.

Hinweis:

Das DGM kann gelöscht werden. Die Funktion „Löschen" ist frei.

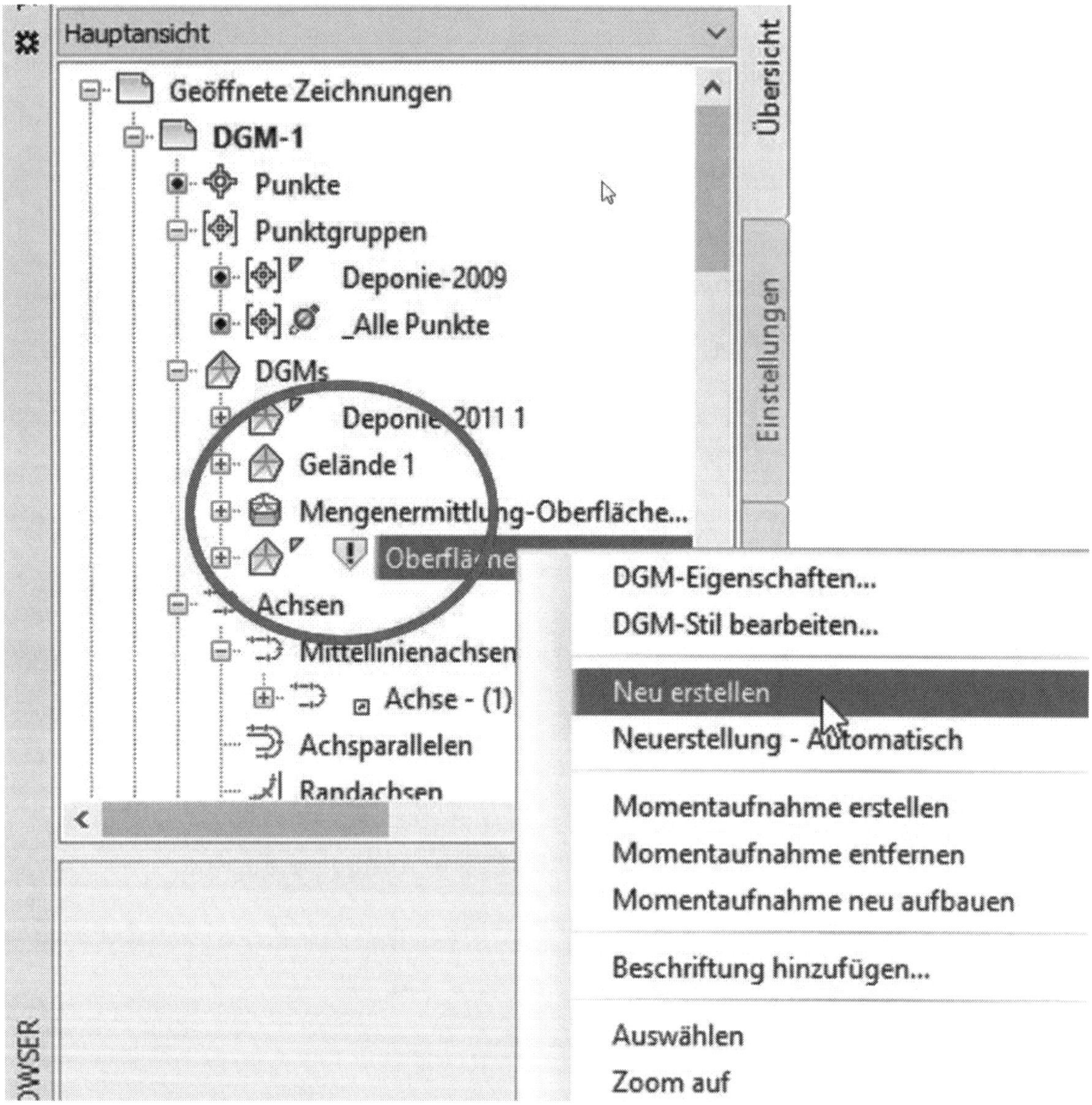

Im nächsten Bild hat das DGM, Oberfläche-1 eine Punktgruppe zugewiesen, es hat Unterobjekte, es wird benutzt, es hat ein gelbes Symbol.

Hinweis:

Die Funktion „Löschen" ist nicht verfügbar. Das Löschen ist nicht möglich. Jetzt die zur Verfügung stehende AutoCAD Funktion „Löschen" zu benutzen, ist nicht empfehlenswert.

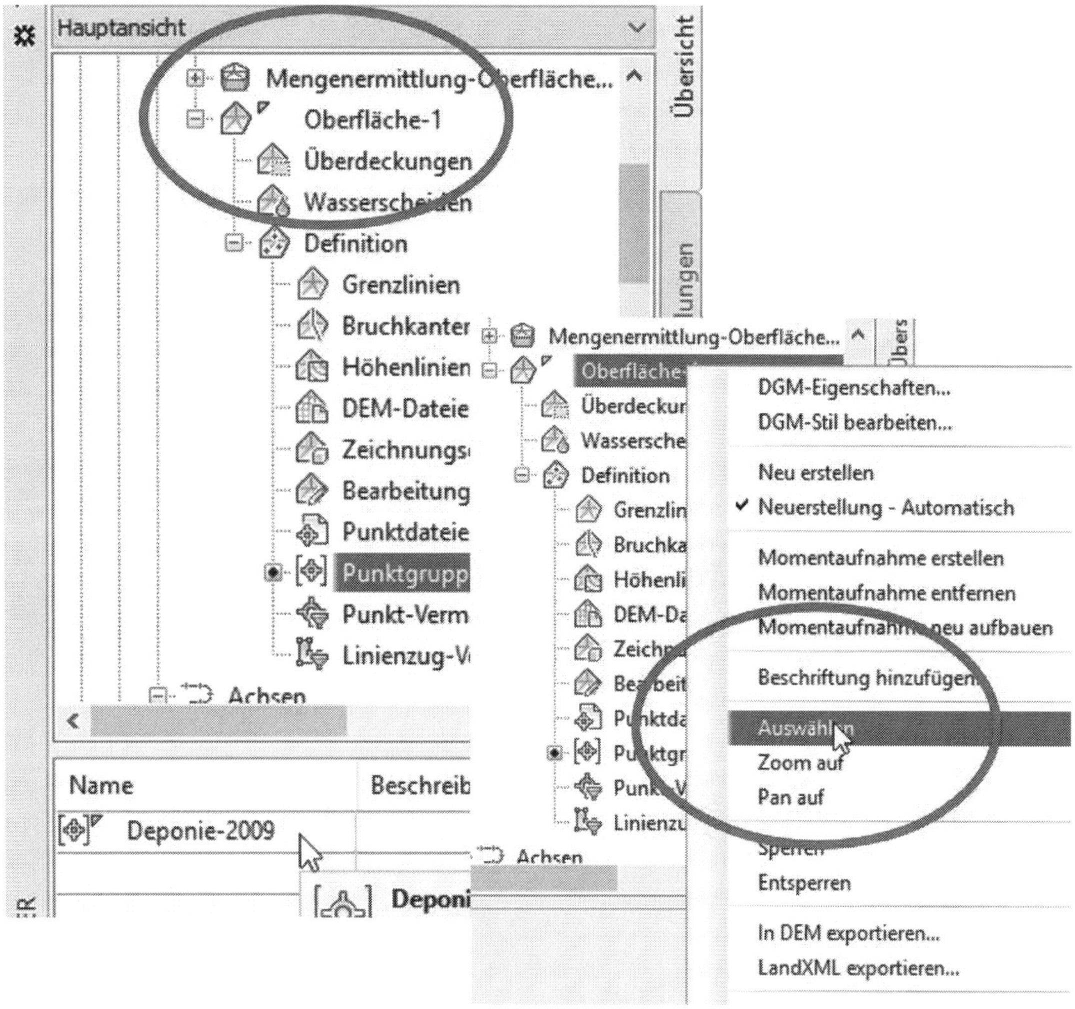

Muss das Objekt gelöscht werden, so ist zuerst das Unterobjekt zu löschen, danach verschwindet das gelbe Symbol am DGM, und dann kann das DGM gelöscht werden.

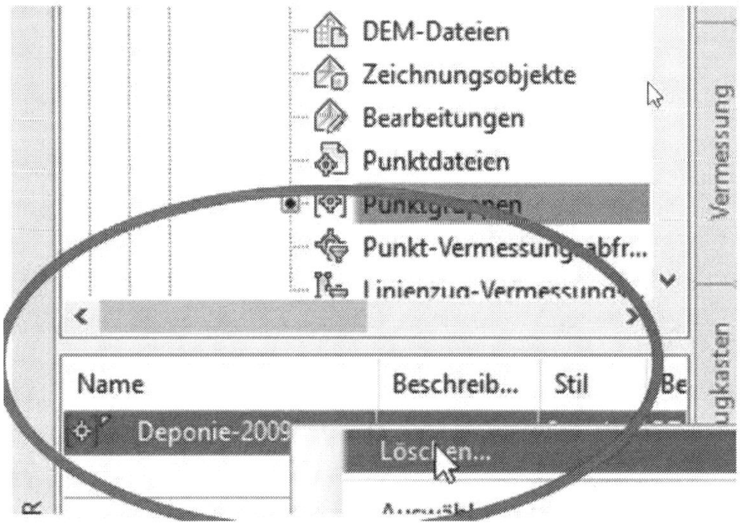

SPERRUNG-Symbol

Die Sperrung von Objekten ist eine Variante, um ein versehentliches Ändern oder Löschen ausschließen zu können. Ein Entsperren, und ein erneutes Sperren aller Objekte ist jederzeit möglich.

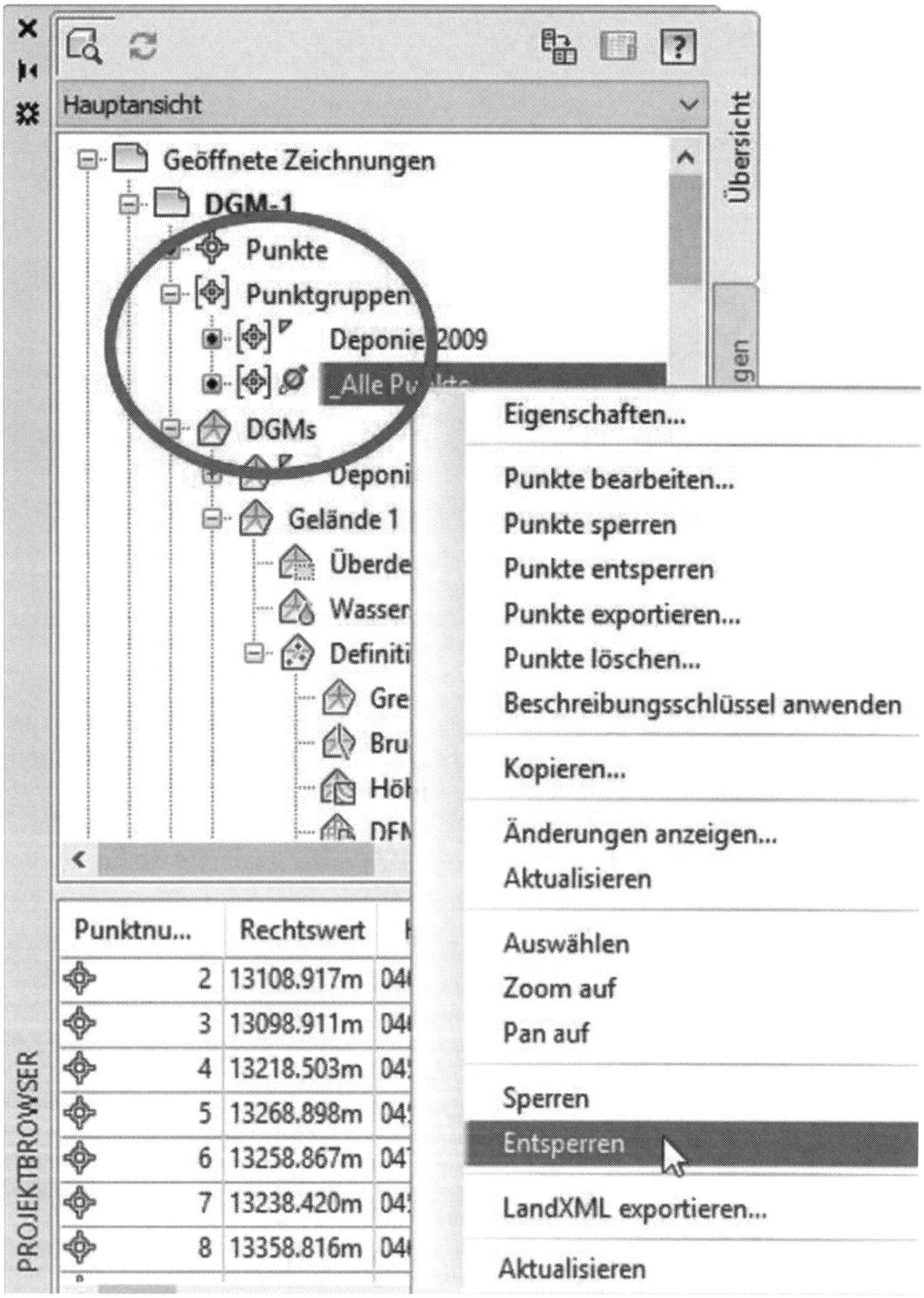

DATENVERKNÜPFUNG

Das Objekt mit diesem Zeichen ist nicht Bestandteil der geöffneten Zeichnung, es ist von einer anderen Zeichnung als Datenverknüpfung geladen.

Die Datenverknüpfung ist eine Option, um Projekte eventuell in einzelne Zeichnungen zu teilen.

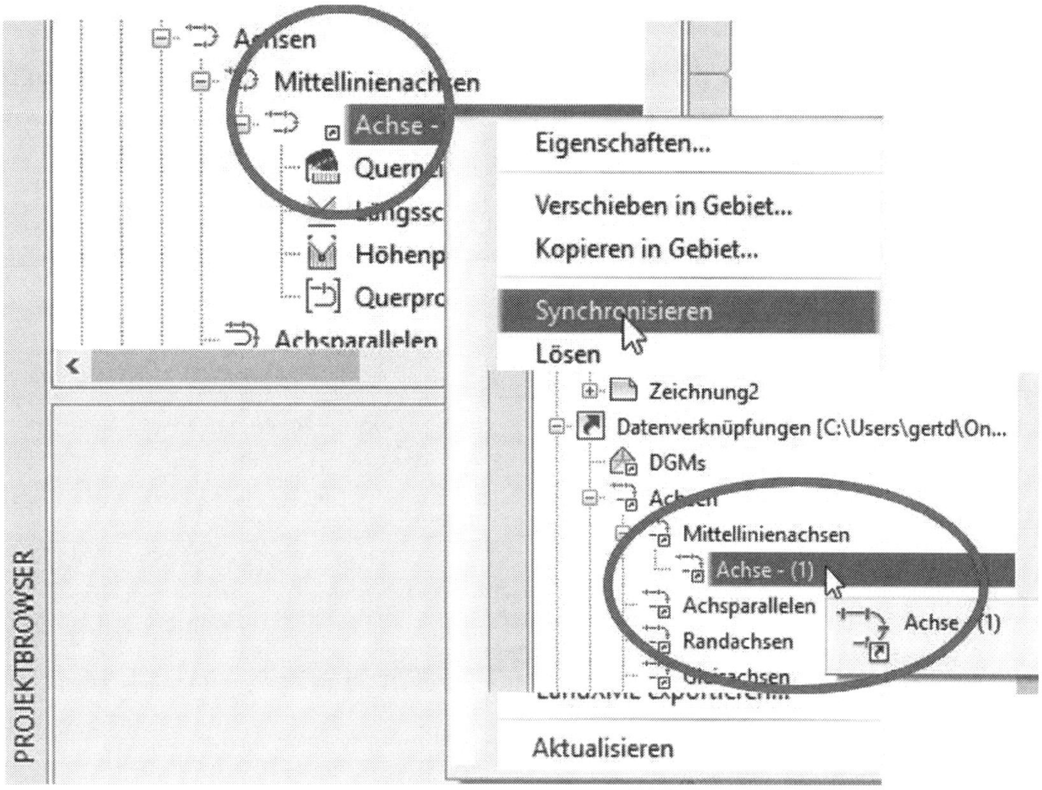

Eine Teilung von Projekten kann aufgrund der Datenmenge erforderlich sein.

Eine Projektteilung kann jedoch auch sinnvoll sein, wenn mehrere Mitarbeiter an einem Projekt arbeiten. Jedes Objekt kann von jedem Mitarbeiter geladen sein, ist und bleibt aber nur absolut einmal, als Bestandteil des Projektes, vorhanden.

2.2.4 Karte Einstellung

Die Karte „Einstellungen" dokumentiert alle geladenen Eigenschaften. Verwendete Eigenschaften werden mit einem gelben Symbol markiert.

Beispiel:

Das Objekt DGM „Oberfläche-1" wird mit grünen Dreiecken in der Zeichnung dargestellt. Der verwendete Stil ist mit dem gelben Symbol „Dreiecksvermaschung und Umring - DUNKELGRÜN" gekennzeichnet.

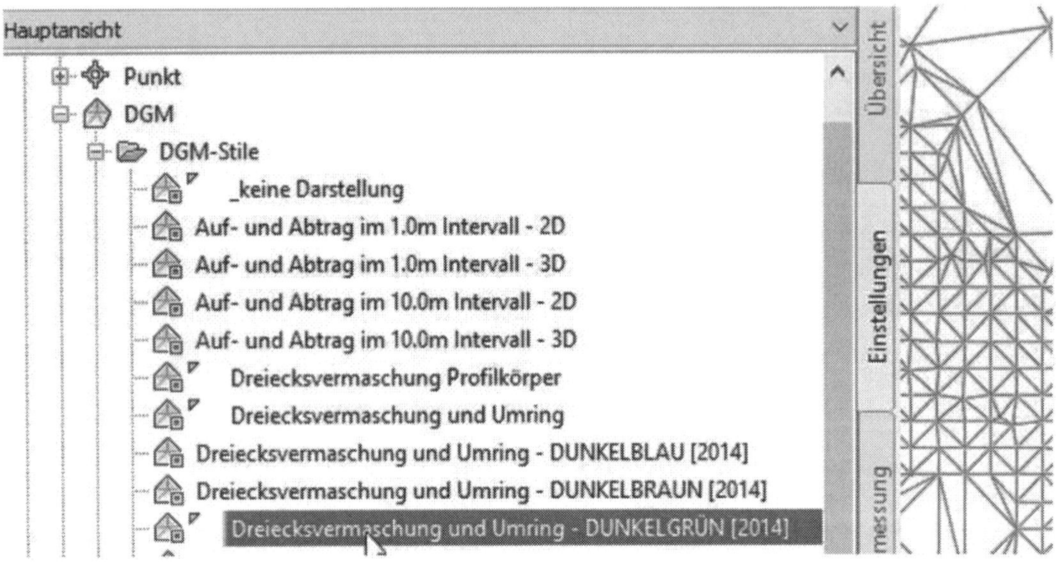

Alle Objekteigenschaften (Stile) lassen sich per „Drag&Drop" zwischen den Zeichnungen austauschen.

Die auszutauschende Eigenschaft ist am Symbol „anzufassen" (gedrückte linke Maustaste), in die neue Zeichnung zu schieben und „fallen zu lassen".

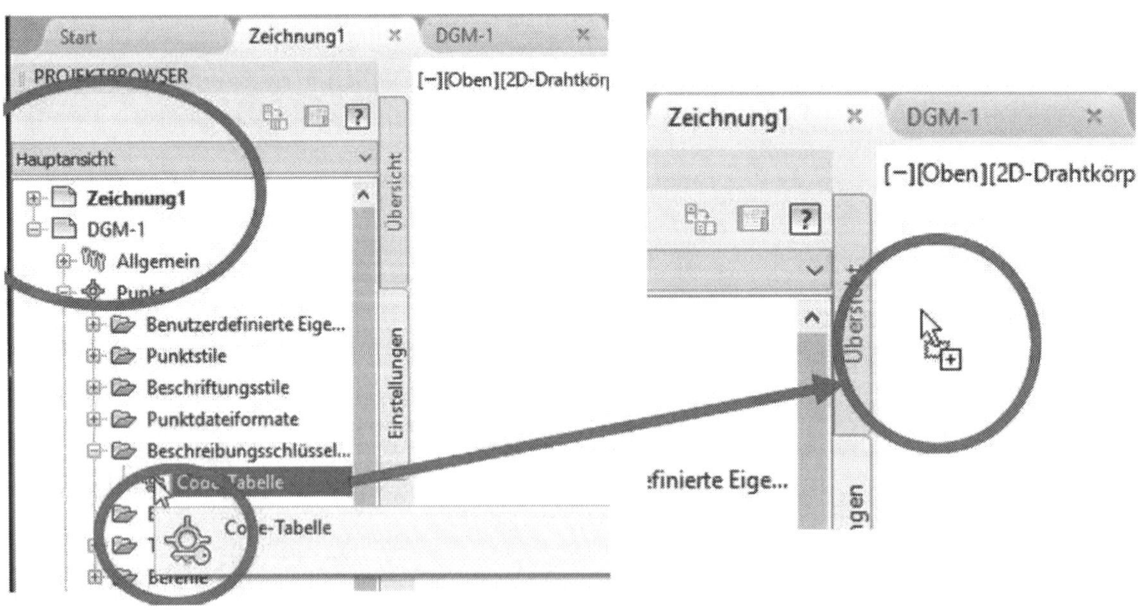

Über die Karte „Einstellungen" können zusätzlich Zeichnungseigenschaften abgefragt oder Einstellungen vorgenommen werden.

- - Name der Zeichnung, Kontextmenü, Zeichnungseinstellungen bearbeiten
  - Einheiten und Zone, Zeichnungseinheiten „Meter“, Koordinatensystem

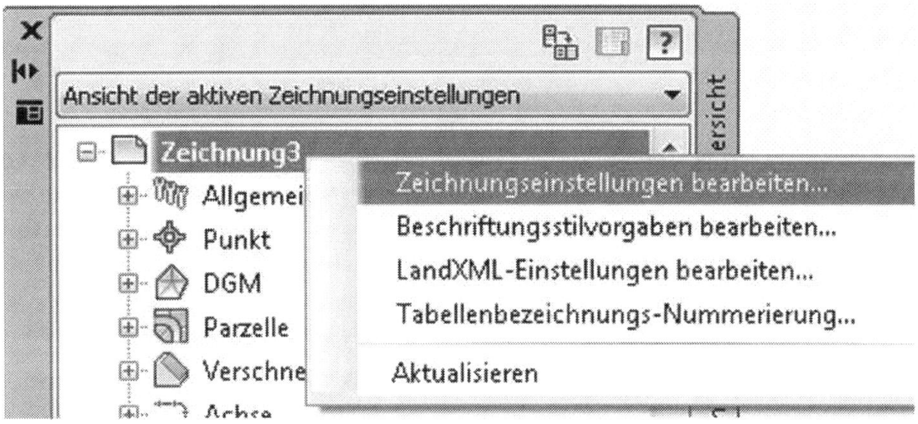

Hinweis:

Die CIVIL 3D-Einheit kann NICHT über die Variable „_units“ geändert werden. Die Vergabe der Einheit für Civil 3D erfolgt in dieser Maske (Bild unten).

Die Angabe zum Maßstab ist nur eine Wert-Voreinstellung oder -Vorgabe, dieser Wert ist auch jederzeit in der Zeichnung (Staus Leiste) änderbar.

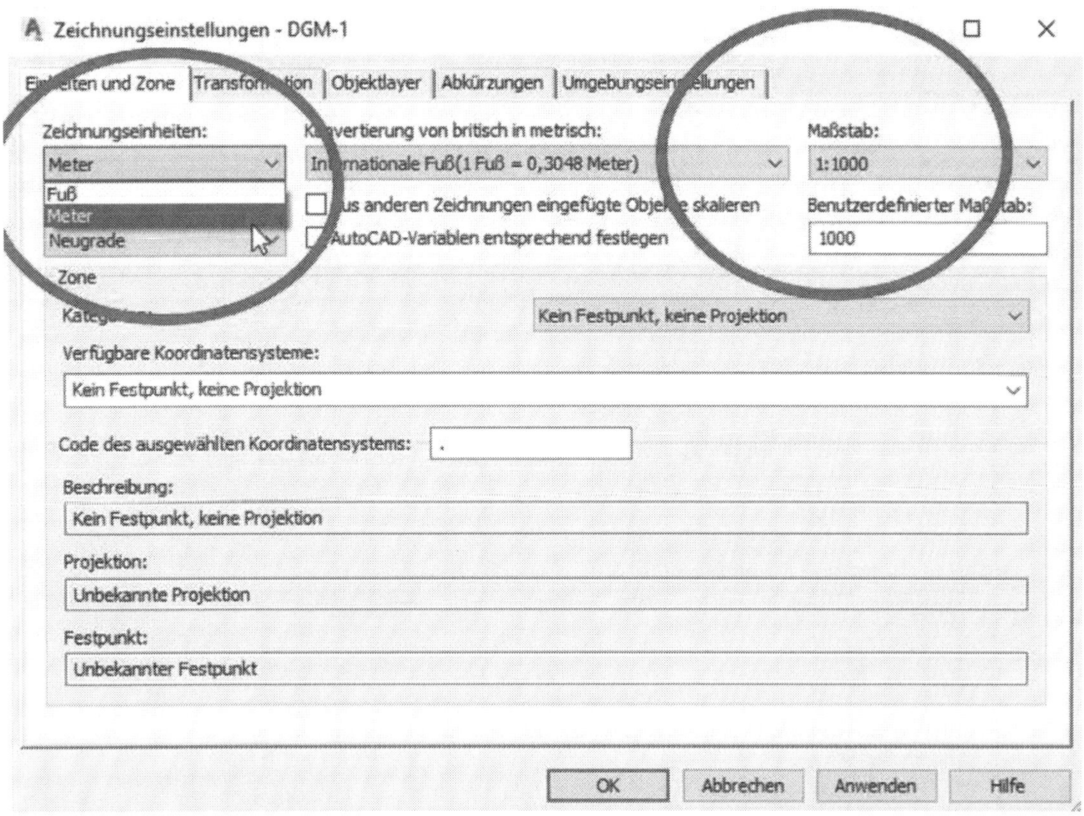

Optional ist es möglich der Zeichnung ein Koordinatensystem zu zuweisen. Alle weltweit verwendeten Koordinatensysteme stehen zur Verfügung.

Wird diese Option genutzt, so ist es auf der nachfolgenden Karte „Transformation“ möglich, Transformationsparameter einzugeben. Im Fall „Punkt-Datei-Import“ werden dann lokale Koordinaten in das gültige (aufgerufene) Koordinatensystem transformieren oder umgerechnet (3. Kapitel, Punktdatei-Import).

Auswahl des Landes:

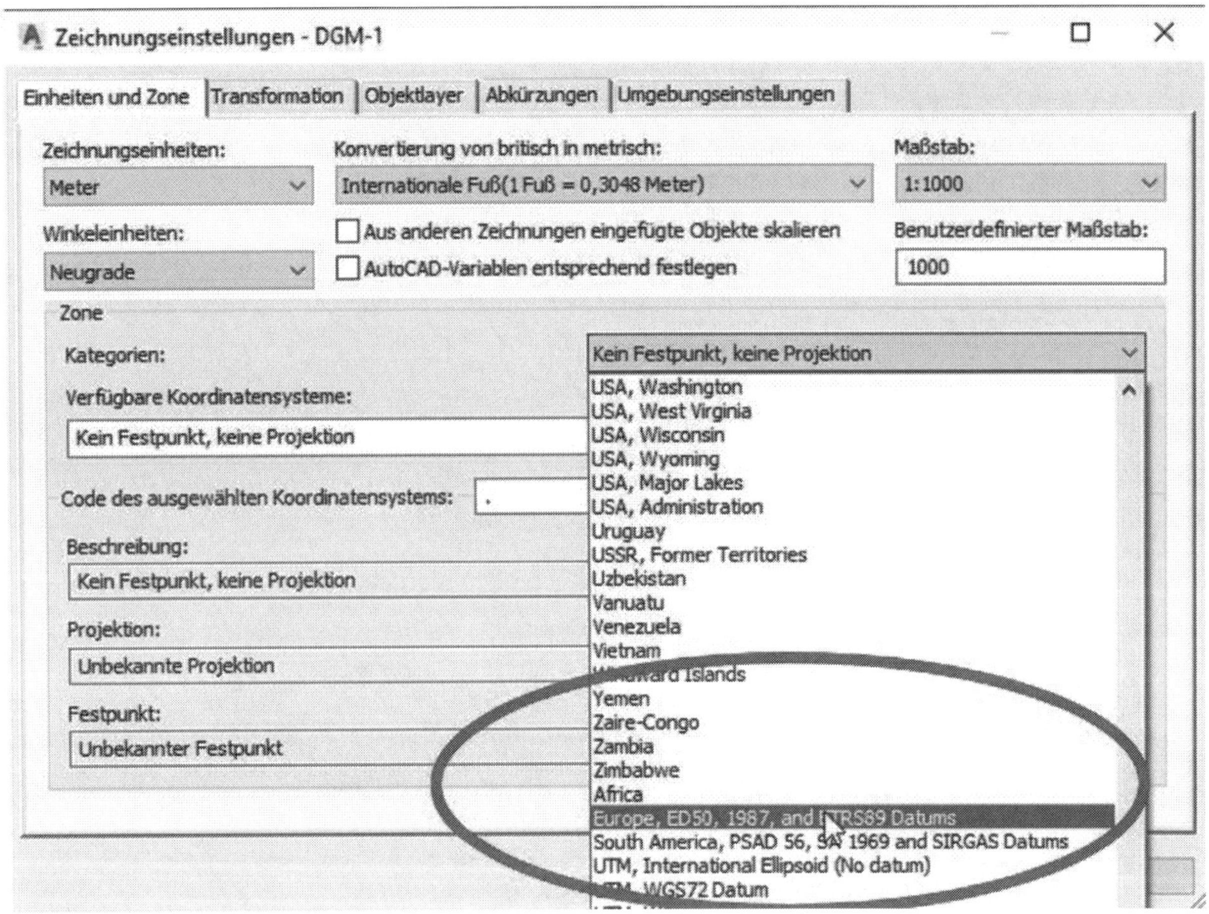

Hinweis:

Die aktuellen, für Deutschland gültigen Koordinatensysteme, werden unter „Europa" (Europe) geführt. Die Landesauswahl-Liste ist eventuell nicht alphabetisch sortiert.

Ab der Version 2019 stehen auch die neuen DB-Koordinatensysteme zur Auswahl.

- Transformation (Option)

Diese Einstellung und die Funktion-Transformation ist nur erfahrenen Vermessern oder Verm.-Ingenieuren zu empfehlen.

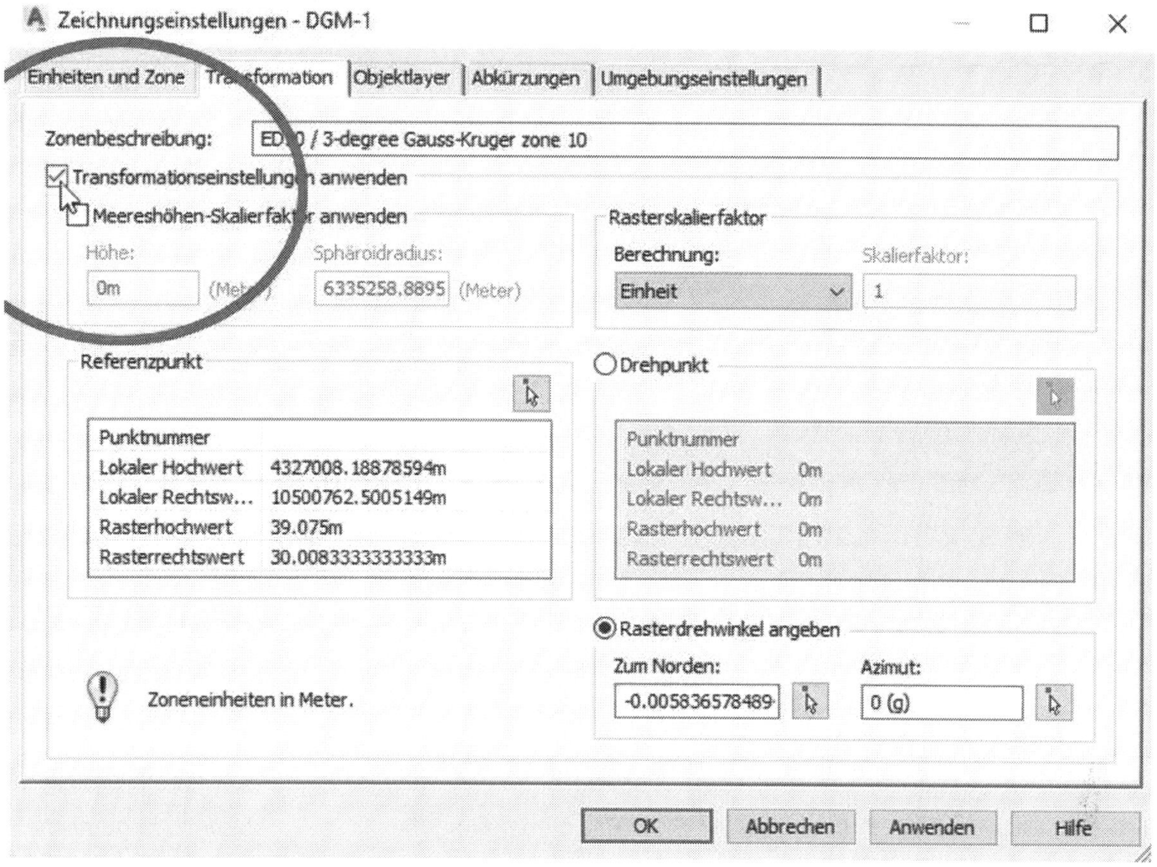

- Objektlayer, (Option) Spalte: Layer, Modifikator

Die Karte „Objektlayer" zeigt, voreingestellte Layer, die bei der Objekterstellung (Kapitel 3 – 7) den Objekten automatisch zugewiesen werden.

Beispiel:

Eine später im 6.Kapitel erstellte Achse wird automatisch auf dem Layer „C-Achse" abgelegt, wenn die Vorlage, die *„_AutoCAD Civil 3D Deutschland.dwt"* beim Start geladen ist.

Optional ist der voreigestellte Layer, um ein Präfix (nicht im Bild dargestellt), oder Suffix erweiterbar.

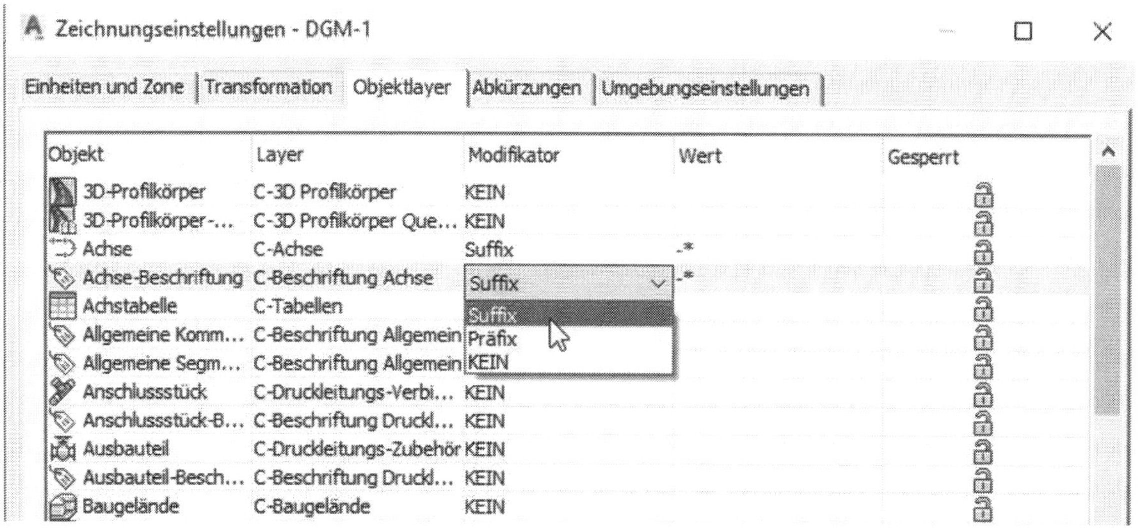

Hinweis:

Es ist nur erfahrenen Benutzern zu empfehlen die Objektlayer zu ändern. Ich persönlich empfehle jedoch den Modifikator auf „Suffix" zu setzen und in der Spalte „Wert" ein „-*" einzutragen.

Mit dieser Einstellung wird der später vergebene Objektname (Kapitel 3 – 7) zum Layer Namen ergänzend aufgenommen.

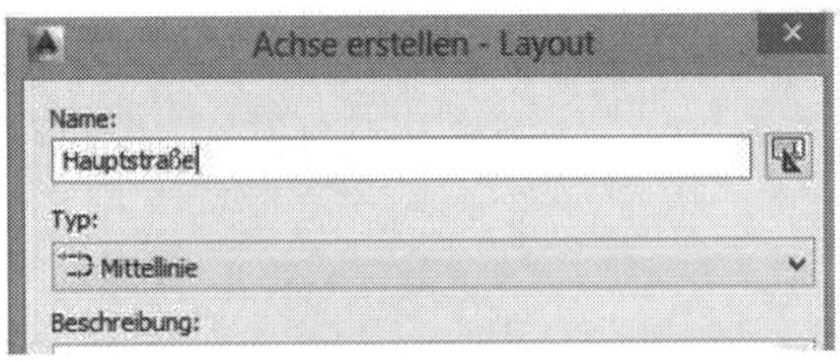

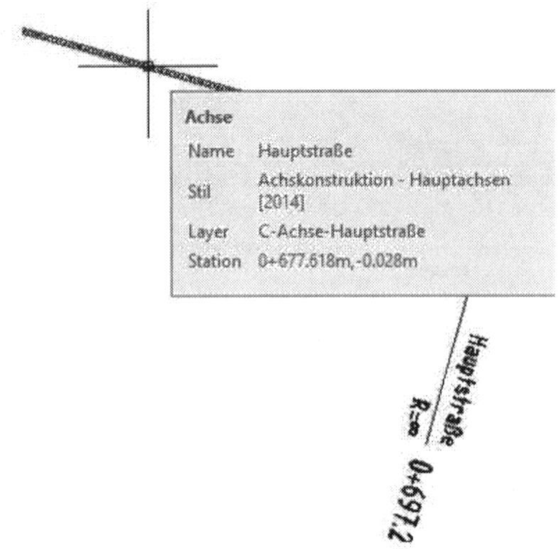

Die Achse liegt automatisch auf dem Layer „C-Achse-Hauptstraße".

- Abkürzung (Option)

Die Karte „Abkürzungen" ist nur fortgeschrittenen Anwendern zur Bearbeitung zu empfehlen. Es ist möglich eine Civil 3D-Vorlage für spezielle Projekte vorzubereiten, die nicht den klassischen deutschen Normen, sondern anderen Normen oder Regeln entsprechen sollen.

Hinweis:

In der Karte sind Rundungseinstellungen für die Achsbeschriftung eingetragen. Die Beschriftungswerte einer Achse werden aufgrund der hier eingetragenen Werte auf ganzzahlige Parameter gerundet.

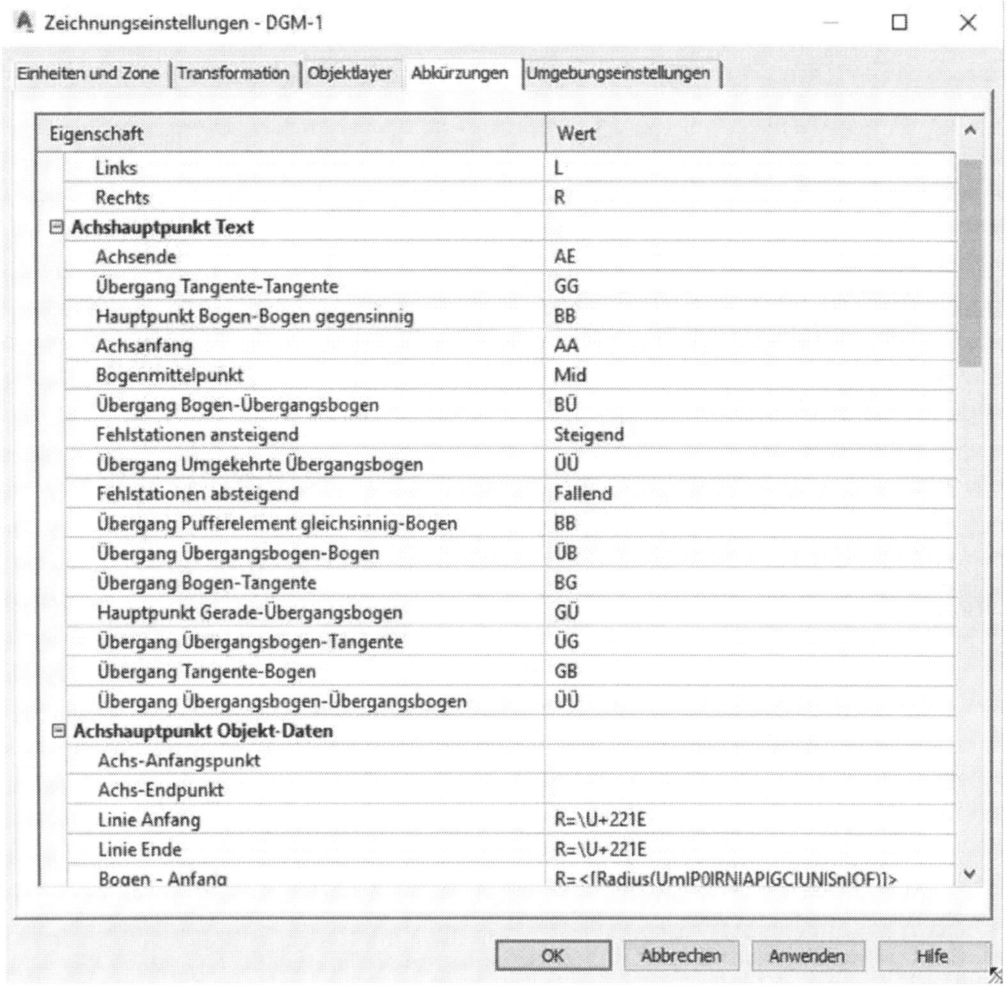

2.2.5 Karte Vermessung (optional, keine Basisinformation, nur für fortgeschrittene Anwender)

Diese Vermessungswerkzeuge dienen dem zielgerichteten Erstellen von Zeichnungen. Es werden nicht nur Linien-Verbindungen erstellt. Es werden zielgerichtet Objekte erstellt, die entweder Flächen-Informationen (Civil 3D: Parzellen) oder DGM-Informationen (Civil 3D Bruchkanten) enthalten. Die erstellten Zeichnungsobjekte passen in den funktionalen Bearbeitungs-Ablauf oder Civil 3D Funktionsumfang hinein.

Der Leser sollte diesen Abschnitt nur entgegennehmen. Zuerst sind die Kapitel 3 und 4 (DGM) zu verstehen und umzusetzen, bevor mit dem hier vorgestellten Funktionsumfang, die Übergabe der Vermessungsdaten an die Planung optimiert wird. Die hier vorgestellten Funktionen sind die Erweiterung des Punktimportes (Vermessungs-Code-Abhängiger-Punktimport) um die Funktion „Verwendung von Linien-Codes".

Moderne Vermessungsgeräte können neben dem Erfassen der Vermessungs-Punkte (x-, y-, und z-Koordinaten) nicht nur den Vermessungs-Code (Punktinformation, „Haus", „Baum", „Böschungs-Punkt", Straßeneinlauf, usw.) erfassen. Moderne Vermessungsgeräte können auch Linien-Codes parallel zum Punkt erfassen. (Straßen-Oberkante, -Unterkante, Böschungskante, Hauskante, usw.). Entsprechend der vereinbarten Linien-Codierung werden mit dieser Funktion Punkte mit Linienverbindungen versehen. Als Bestandteil dieser Funktion ist auch das Zeichnen von Bögen möglich.

Das heißt diese Funktion geht über einen Punkt-Import hinaus (3. Kapitel).

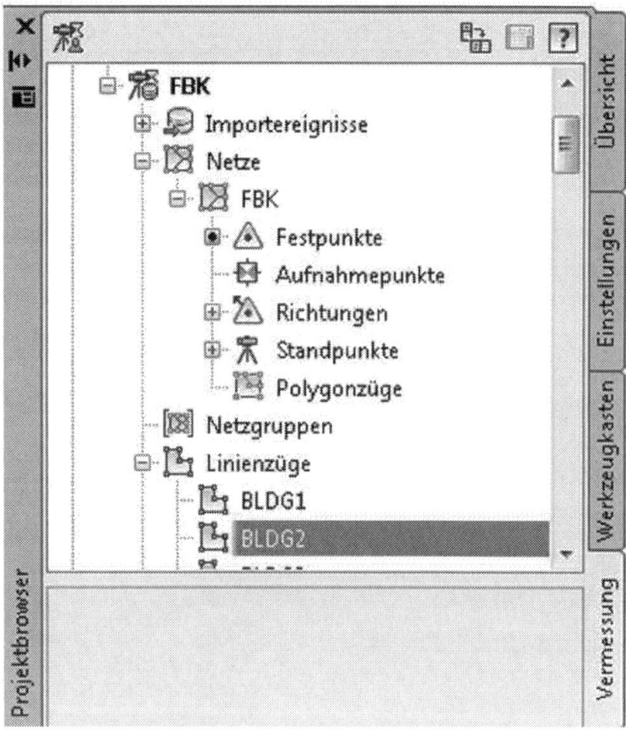

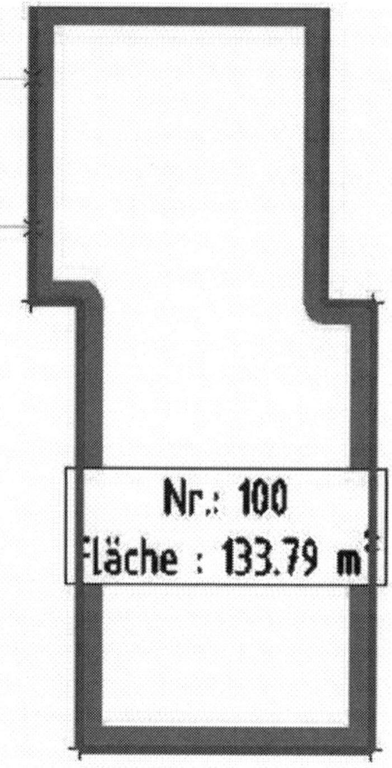

Meine Empfehlung:

Liegen Koordinaten vor, nur Koordinaten, ohne Linien-Code, Koordinatendateien mit oder ohne Vermessungssymbol (Vermessungs-Code), so ist die Punkt-Import-Funktion als Bestandteil des Civil 3D Menü ausreichend. Diese Vorgehensweise wird ausführlich im „3. Kapitel" beschrieben.

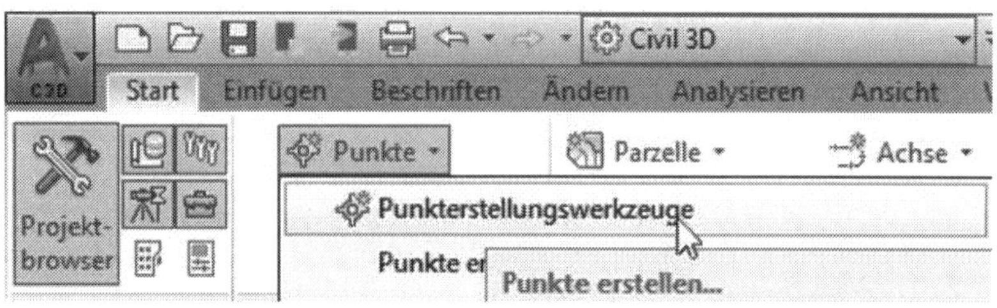

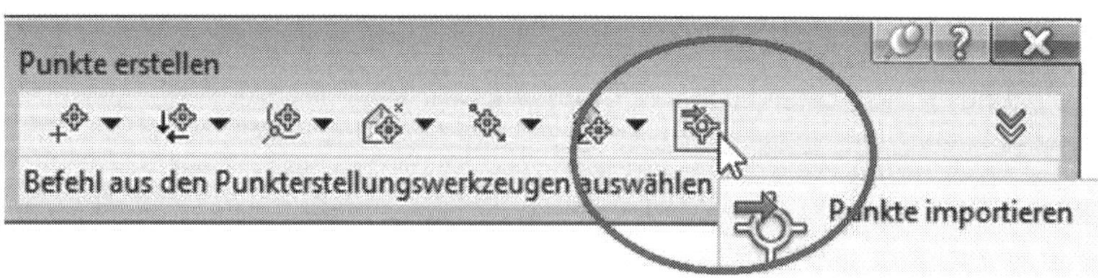

Für das teilautomatisierte Erstellen von Linien (Punktverbindungen) stehen weiter Funktionen unabhängig von der Karte „Vermessung" zur Verfügung.

Einige AutoCAD-Befehle sind im Civil 3D-Menü (Start) speziell für Civil 3D erweitert und neu auf die Civil 3D-Anforderungen abgestimmt.

Befehl Linie:

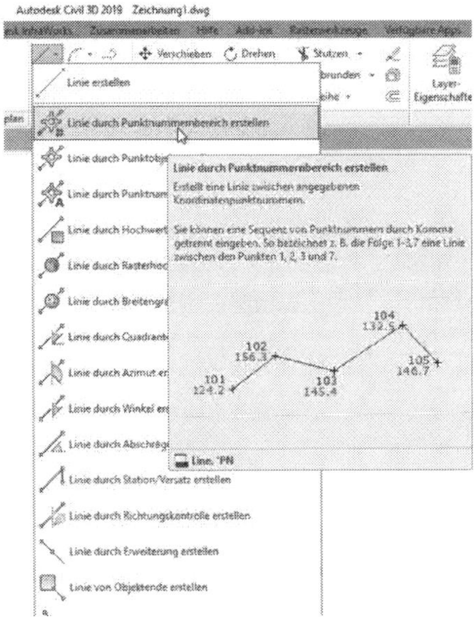

Befehl Bogen:

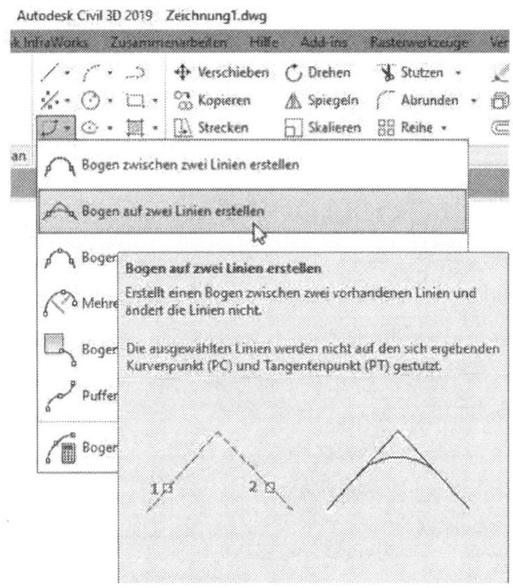

2.2.6 Civil 3D Beispieldatei, Linien-Code

Aufruf der Civil 3D-Beispieldatei mit Linien-Code (Civil 3D Übungsbeispiele)

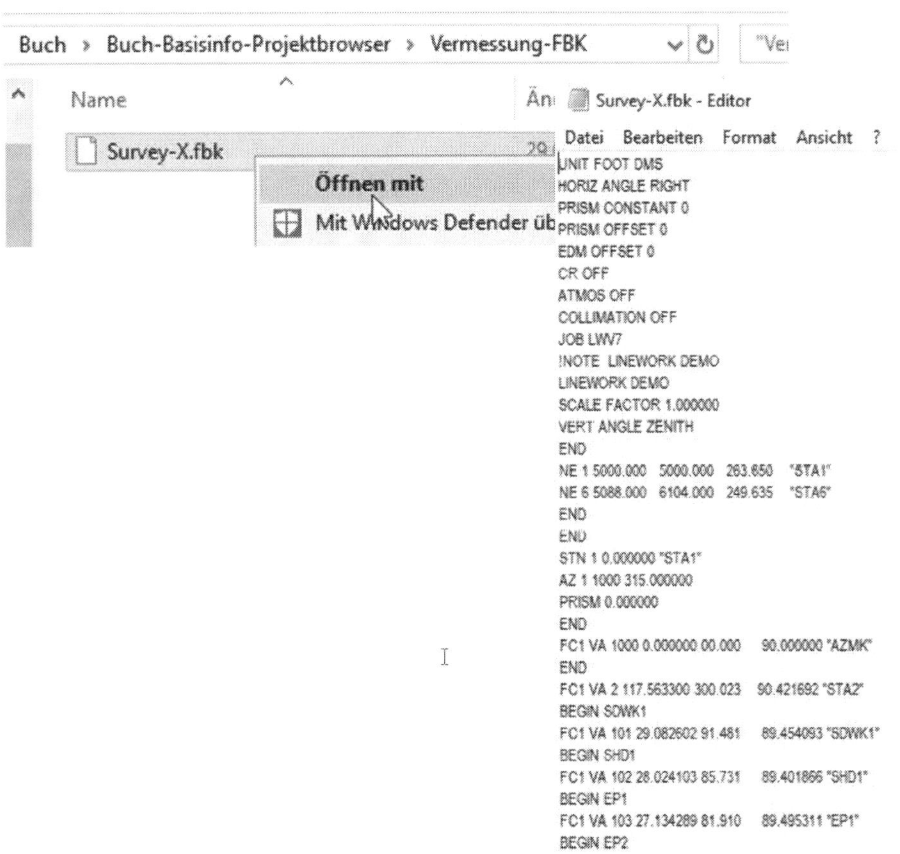

Die in Anführungszeichen geführten Werte (Beispiel: „STA2“) beschreiben Linienverbindungen, die mit der nachfolgenden Funktion „Linien“ in die Zeichnung eintragen werden. Die Eigenschaften der Linienverbindungen sind so steuerbar, dass in der Zeichnung beschriftete Flächen (Parzellen) oder Bruchkanten für ein DGM entstehen.

In diesem Teil der Beschreibung wird das Einlesen von Vermessungsdaten und das zielgerichtete Erstellen einer Zeichnung vorgestellt. Eingetragene Linien-Codes können folgende Civil 3D-Linien (-Objekte) erzeugen.

- Flächen mit teilweiser oder kompletter Schraffur und Beschriftung (Parzellen),
- Bruchkanten (DGM),
- Linienverbindungen (Vermessungslinienzüge)

Start der Funktion: Es ist eine lokale Datenbank zu erstellen. Hierbei ist die Funktion Arbeitsordner einrichten zu beachten.

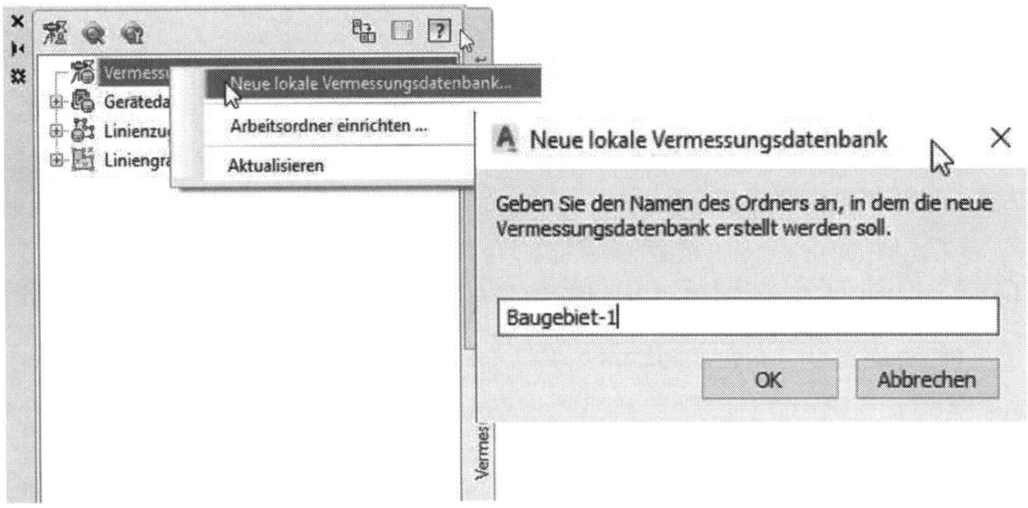

Gerätedefinition

Die Geräte-Definition ist eine zusätzliche Option. Für die meisten Fälle reicht der Aufruf des „Sample" – Gerätes aus (Beispiel-Gerät).

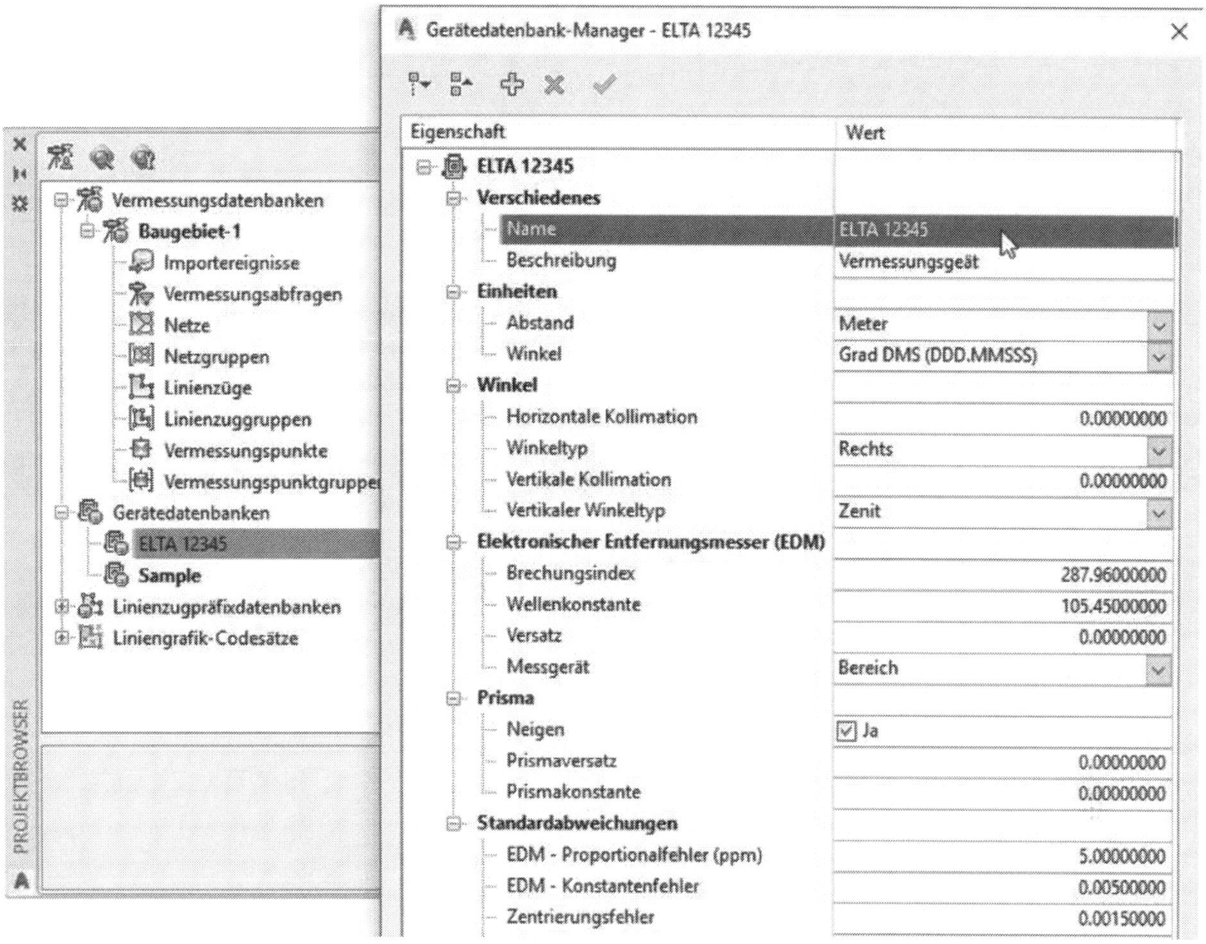

Liniencodierung und Art der Verwendung der Linien in der Zeichnung

Die „Linien-Darstellung“ (Linienzugpräfix-Datenbanken) sind unbedingt einzurichten bzw. bewusst vorzugeben. Die Vorgabe erfolgt in der Karte „Einstellungen“. Der Aufruf in der Karte „Vermessung“. Durch Autodesk ist hier keine Vorgabe möglich. Es gibt zu diesem Thema keine einheitliche „Standard-Bezeichnung“. Jedes Büro kann hier eigene Vorstellungen umsetzen.

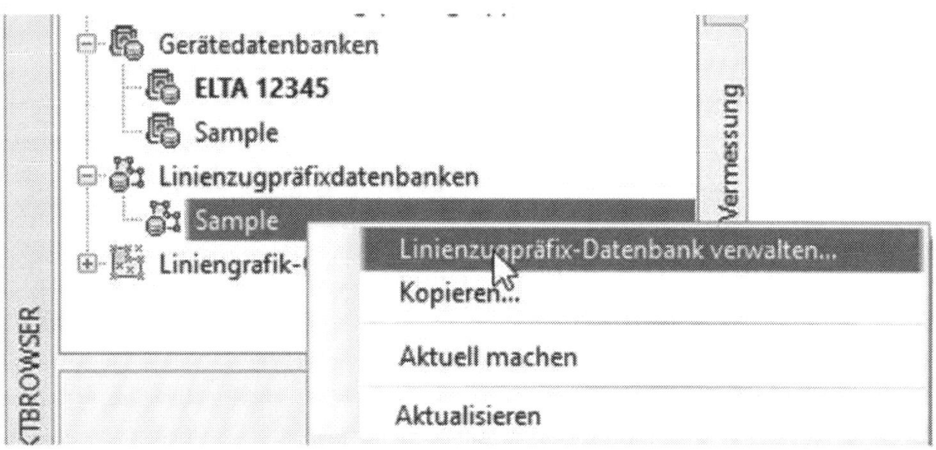

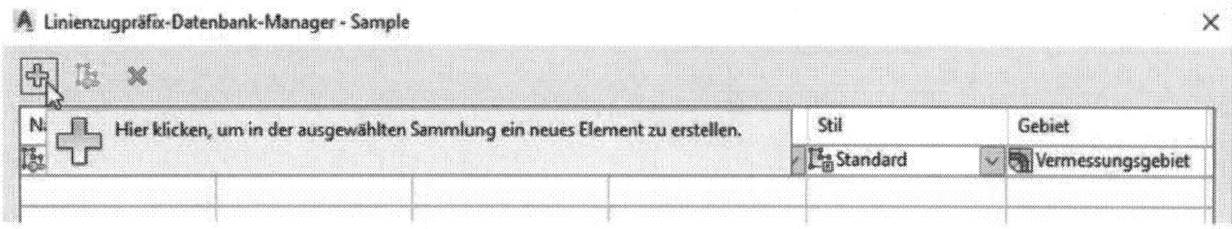

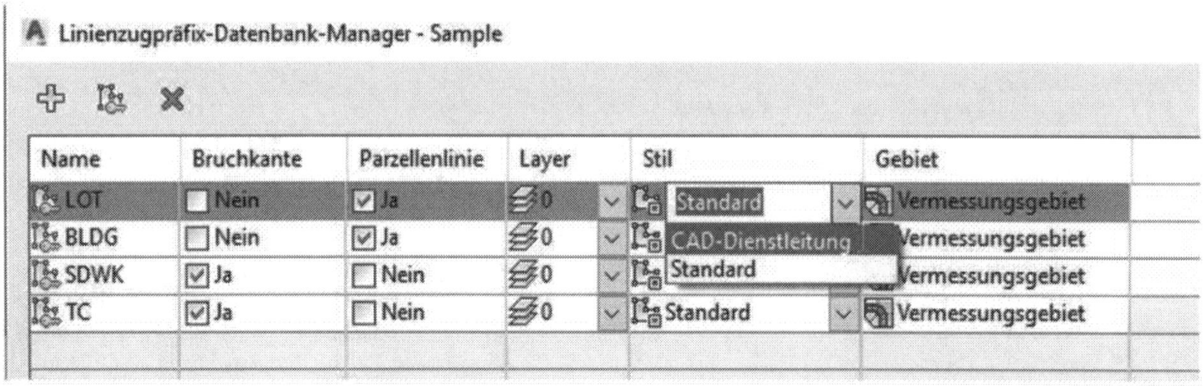

Darstellung und damit die Farbzuordnung ist Bestandteil der Karte Einstellungen.

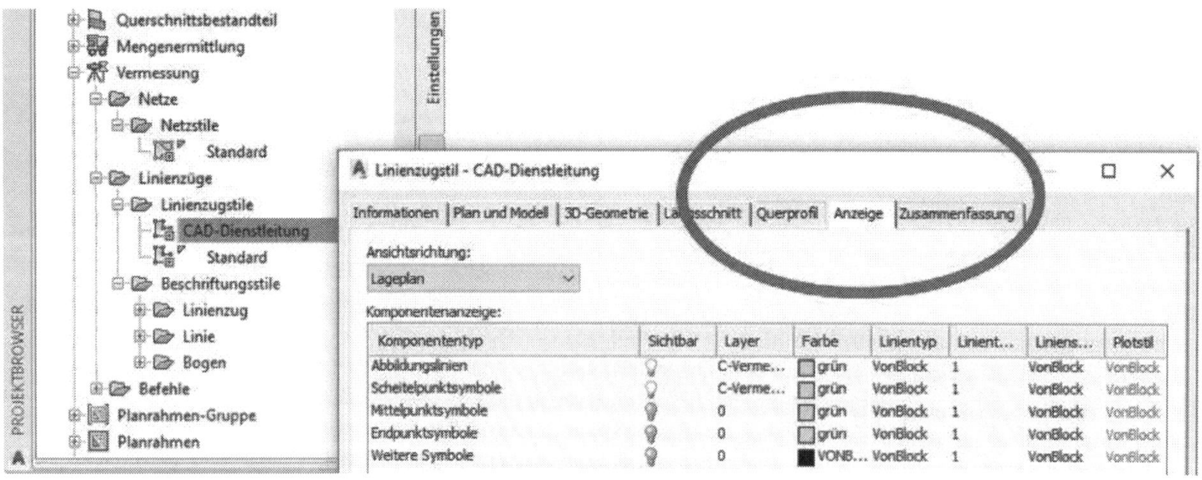

Code-Definition (Eingaben bei der Aufnahme)

Die Bezeichnungen, die die Linien-Codes steuern, Linien-Codes startet oder beendet sind frei definierbar oder änderbar.

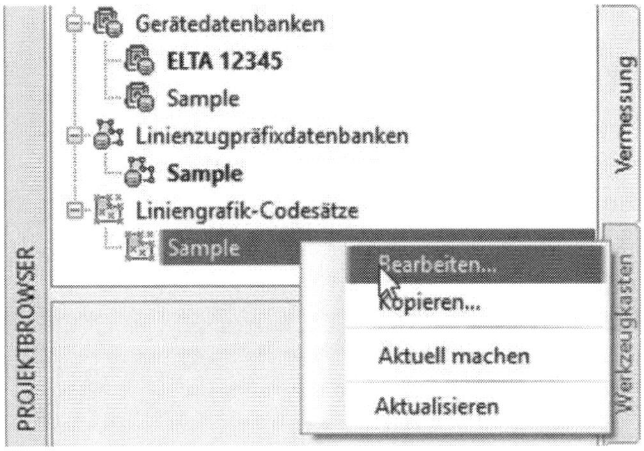

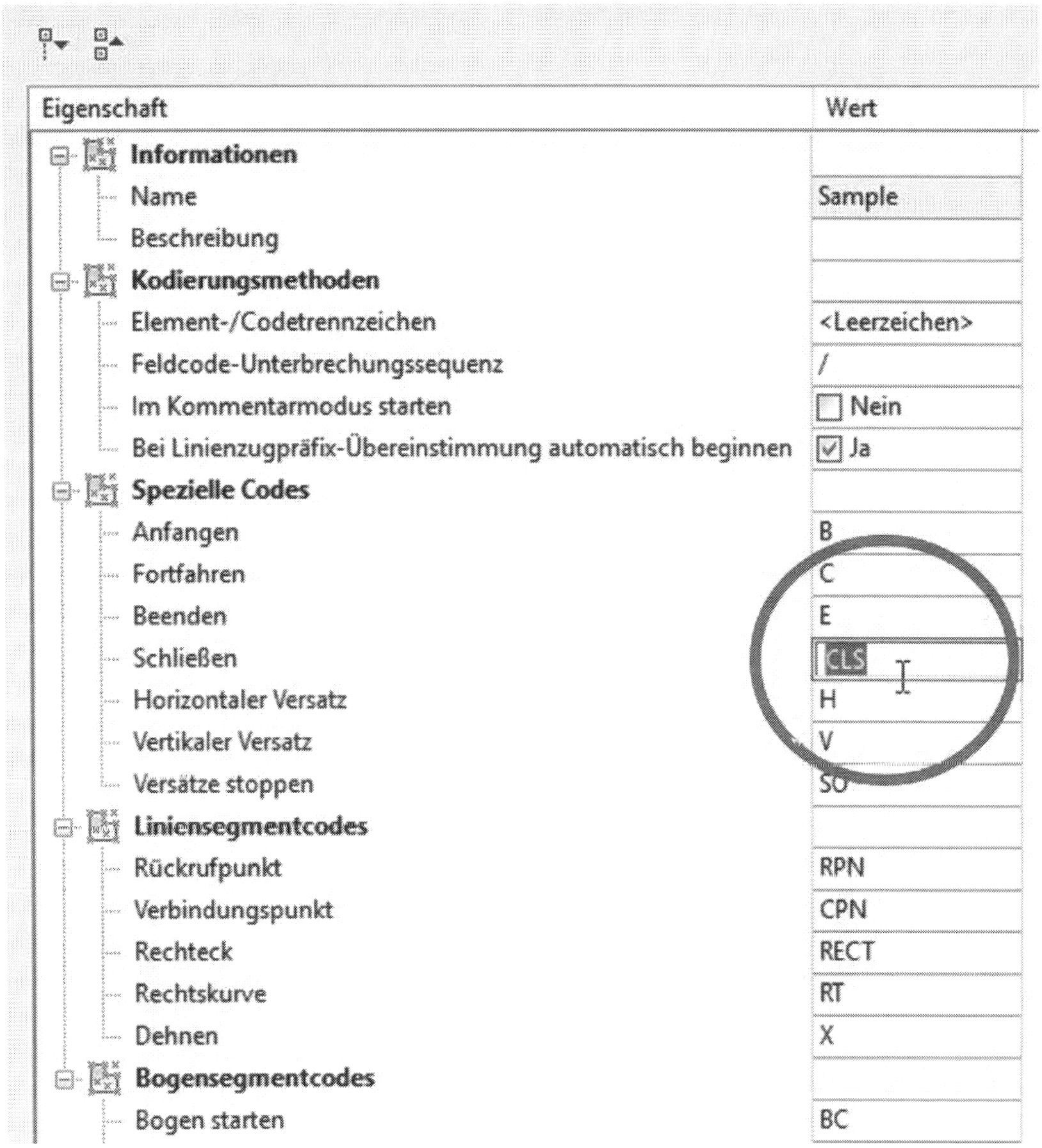

Weitere Einstellungen, Netz-Stil, Beschriftungsstil

Alle Stile, die als Bestandteil der Karte „Vermessung“ aufgerufen werden, können in der Karte „Einstellung“ vorbereitet und eingestellt sein.

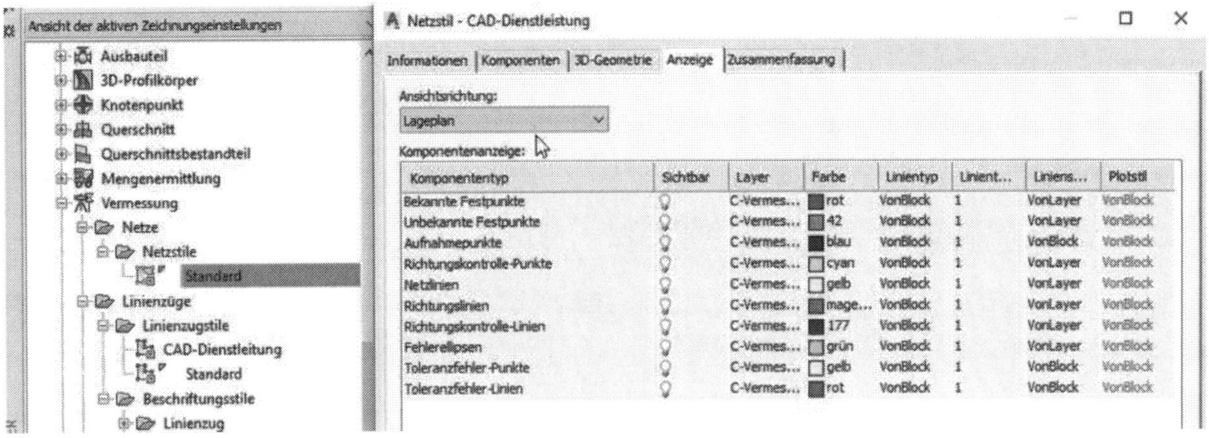

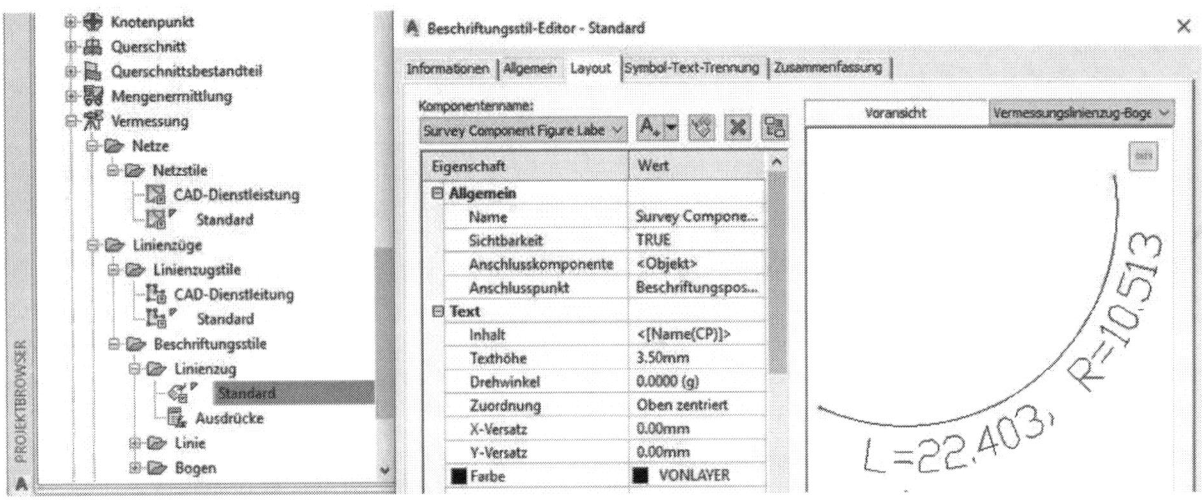

Nach dem Erstellen der Grafik kann der Bearbeiter entscheiden, welche Elemente in die Zeichnung eingefügt werden und welche Beschriftungs-Eigenschaft zugeordnet ist.

2.2.7 Vermessung, Daten importieren

Vor dem Import werden die entsprechenden Datenbanken als „Aktuell" gesetzt.

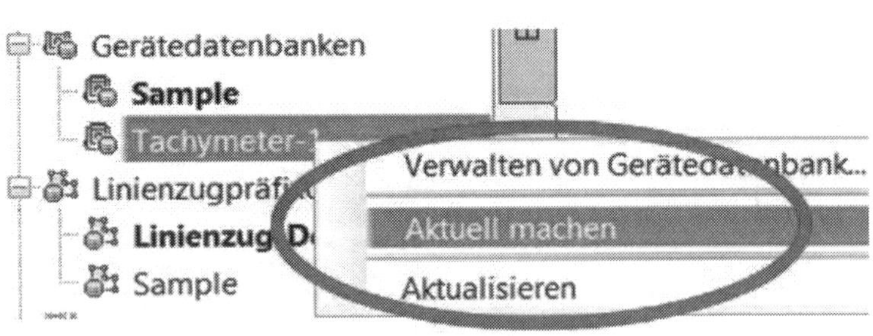

Befehlsaufruf:

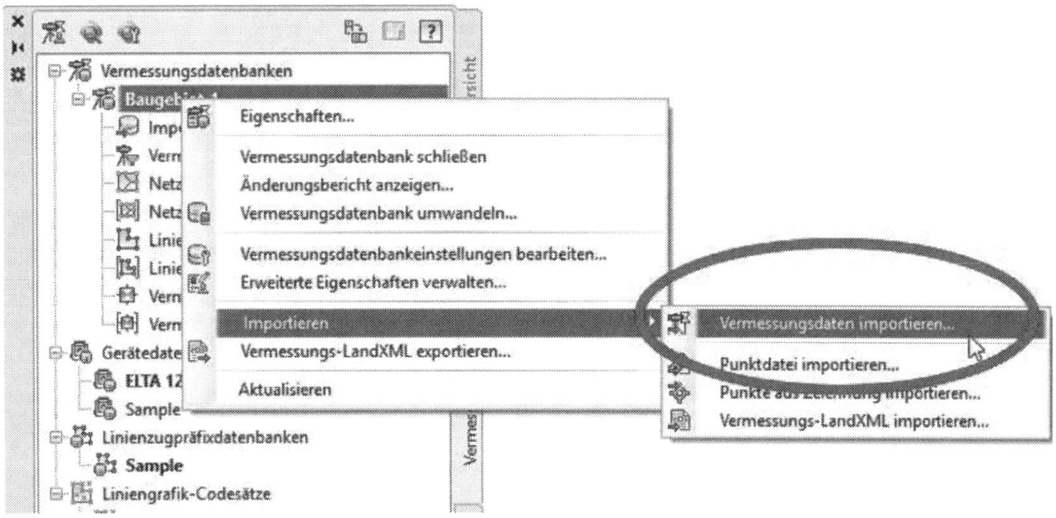

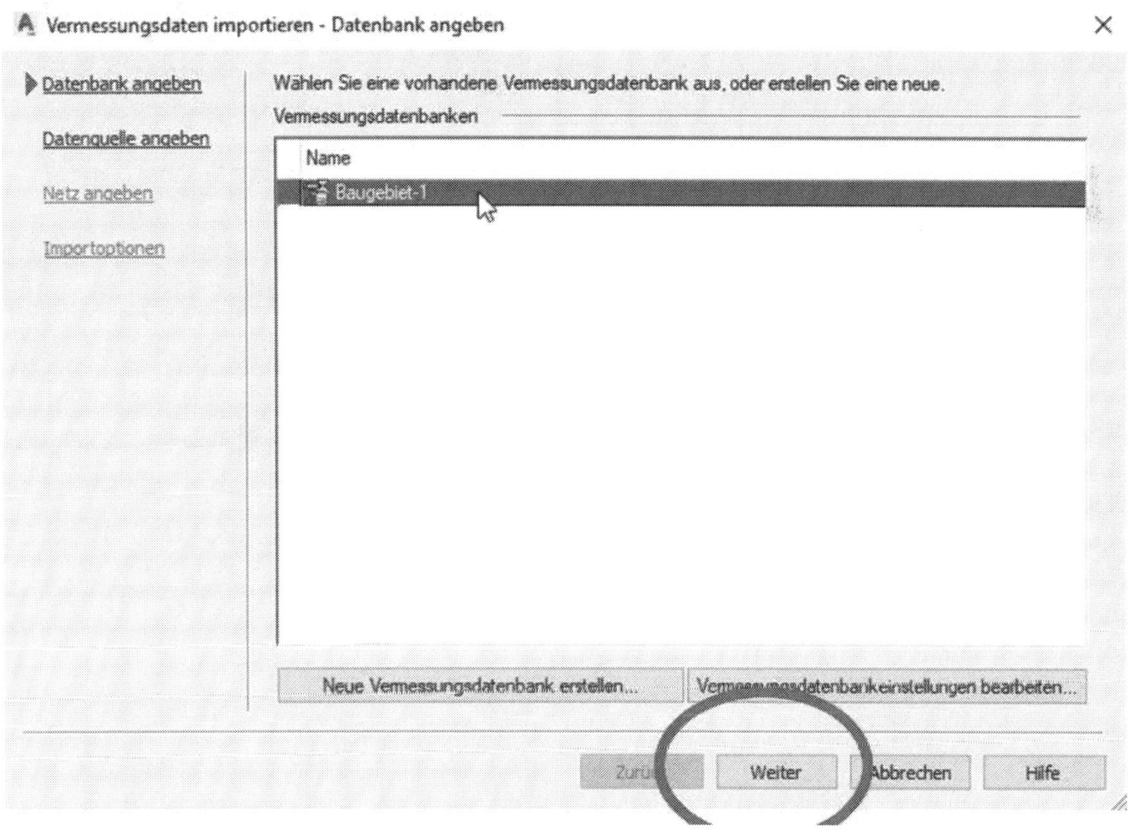

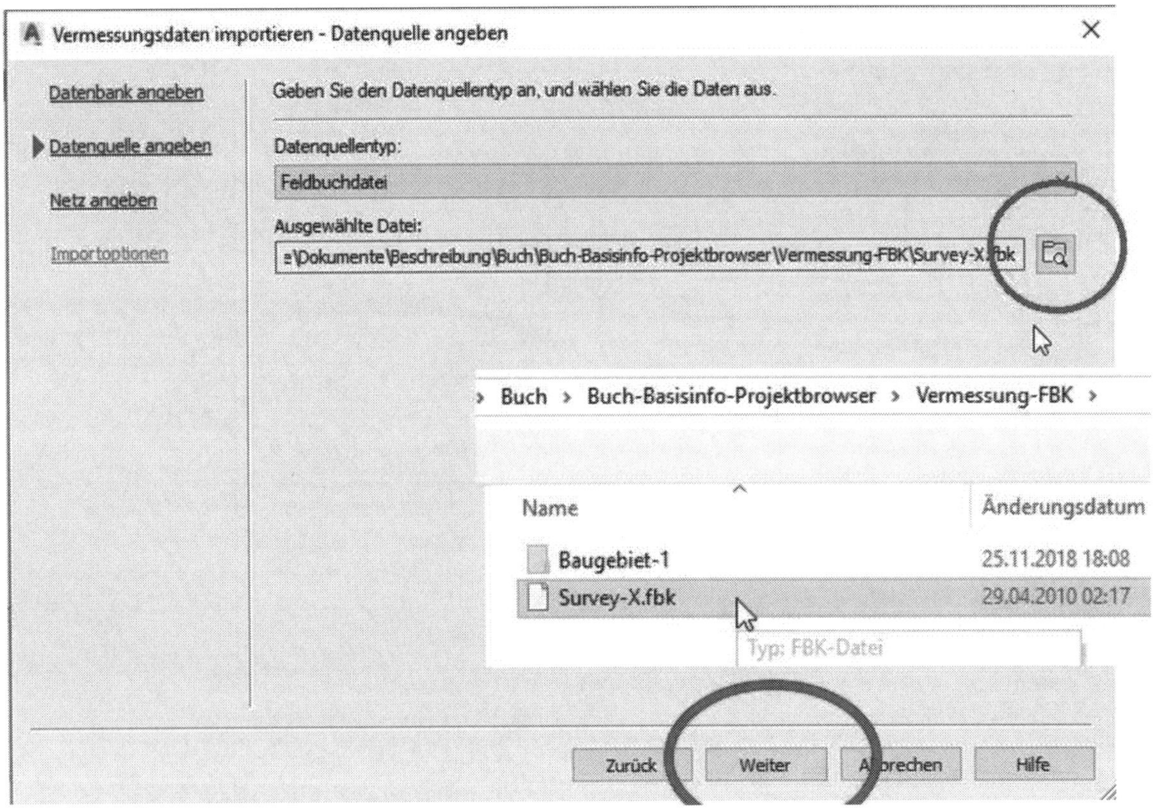
Vermessungsdaten importieren - Datenquelle angeben
Datenbank angeben
Datenquelle angeben
Netz angeben
Importoptionen
Geben Sie den Datenquellentyp an, und wählen Sie die Daten aus.
Datenquellentyp:
Feldbuchdatei
Ausgewählte Datei:
:\Dokumente\Beschreibung\Buch\Buch-Basisinfo-Projektbrowser\Vermessung-FBK\Survey-X.fbk
Buch › Buch-Basisinfo-Projektbrowser › Vermessung-FBK ›
Name
Änderungsdatum
Baugebiet-1
25.11.2018 18:08
Survey-X.fbk
29.04.2010 02:17
Typ: FBK-Datei
Zurück
Weiter
Abbrechen
Hilfe

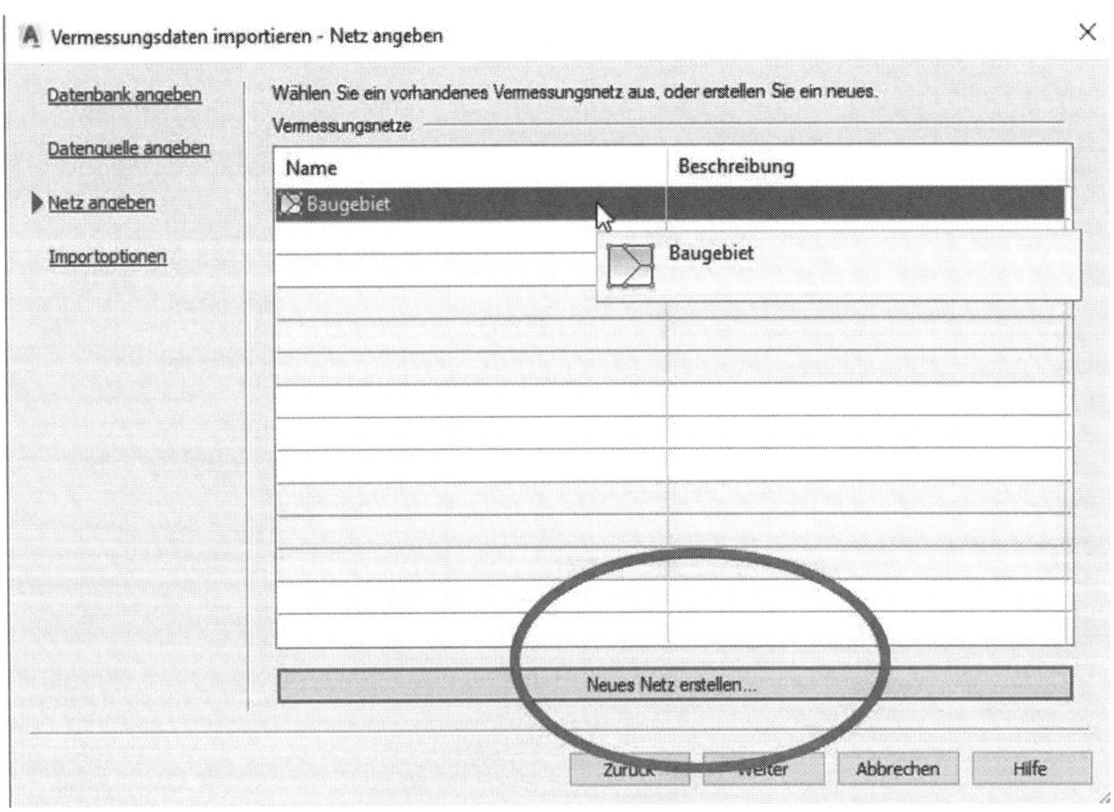
Vermessungsdaten importieren - Netz angeben
Datenbank angeben
Datenquelle angeben
Netz angeben
Importoptionen
Wählen Sie ein vorhandenes Vermessungsnetz aus, oder erstellen Sie ein neues.
Vermessungsnetze
Name
Beschreibung
Baugebiet
Baugebiet
Neues Netz erstellen...
Abbrechen
Hilfe

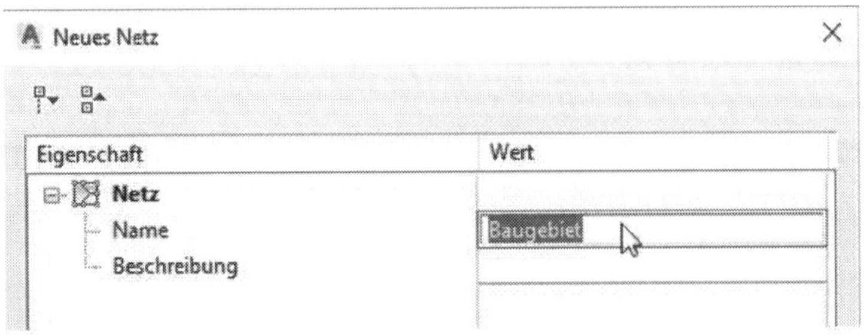
Neues Netz
Eigenschaft
Wert
Netz
Name
Baugebiet
Beschreibung

Beim Import sind die „aktuell" gesetzten Datenbanken dem Netz (der Funktion) zugeordnet.

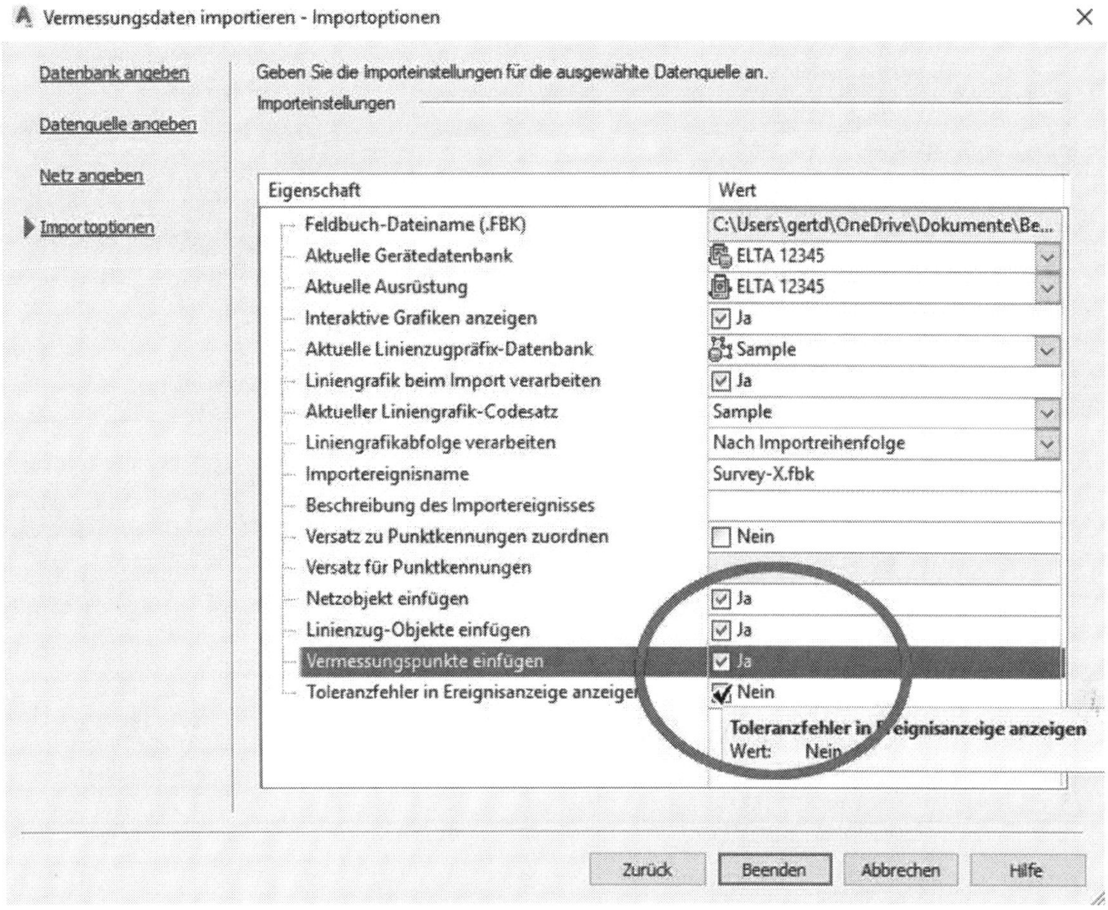


```
FC1 VA 401 52.063938 91.233      90.05526  "EP1"
FC1 VA 402 30.030724 67.511      89.57150  "EP1"
FC1 VA 403 8.451159 33.521     89.325550 "EP1"
FC1 VA 404 0.383660 23.253     89.414006 "EP1"
!NOTE  B SHD1
BEGIN SHD1
C3
FC1 VA 405 53.152693 87.656      89.56188  "SHD1"
FC1 VA 406 32.425051 64.955      89.43546  "SHD1"
FC1 VA 407 15.291946 32.556      89.05433  "SHD1"
FC1 VA 408 10.095198 21.837      89.01071  "SHD1"
!NOTE  B SDWK1
BEGIN SDWK1
C3
FC1 VA 409 55.094590 82.362      90.00400  "SDWK1"
FC1 VA 410 37.062092 61.408      89.49083  "SDWK1"
FC1 VA 411 26.063784 31.998      89.16356  "SDWK1"
FC1 VA 412 26.064968 20.997      89.16464  "SDWK1"
END
FC1 VA 413 56.123438 79.753      90.01227  "GBF/LOT2"
END
FC1 VA 414 31.280167 32.139      89.16470  "GBF/LOT2"
```

Hinweis:

Ein alternativer Start der Funktion ist auch aus dem Menü heraus möglich. Die Grundlage dazu, die Festlegung und die Bearbeitung der Linienpräfix-Datenbank und die Zuordnung der Linien-Stile bleibt Bestandteil des Projektbrowsers.

2.2.8 Ergebnisse

Aus der *.FBK Datei wurde eine komplette Zeichnung erstellt.

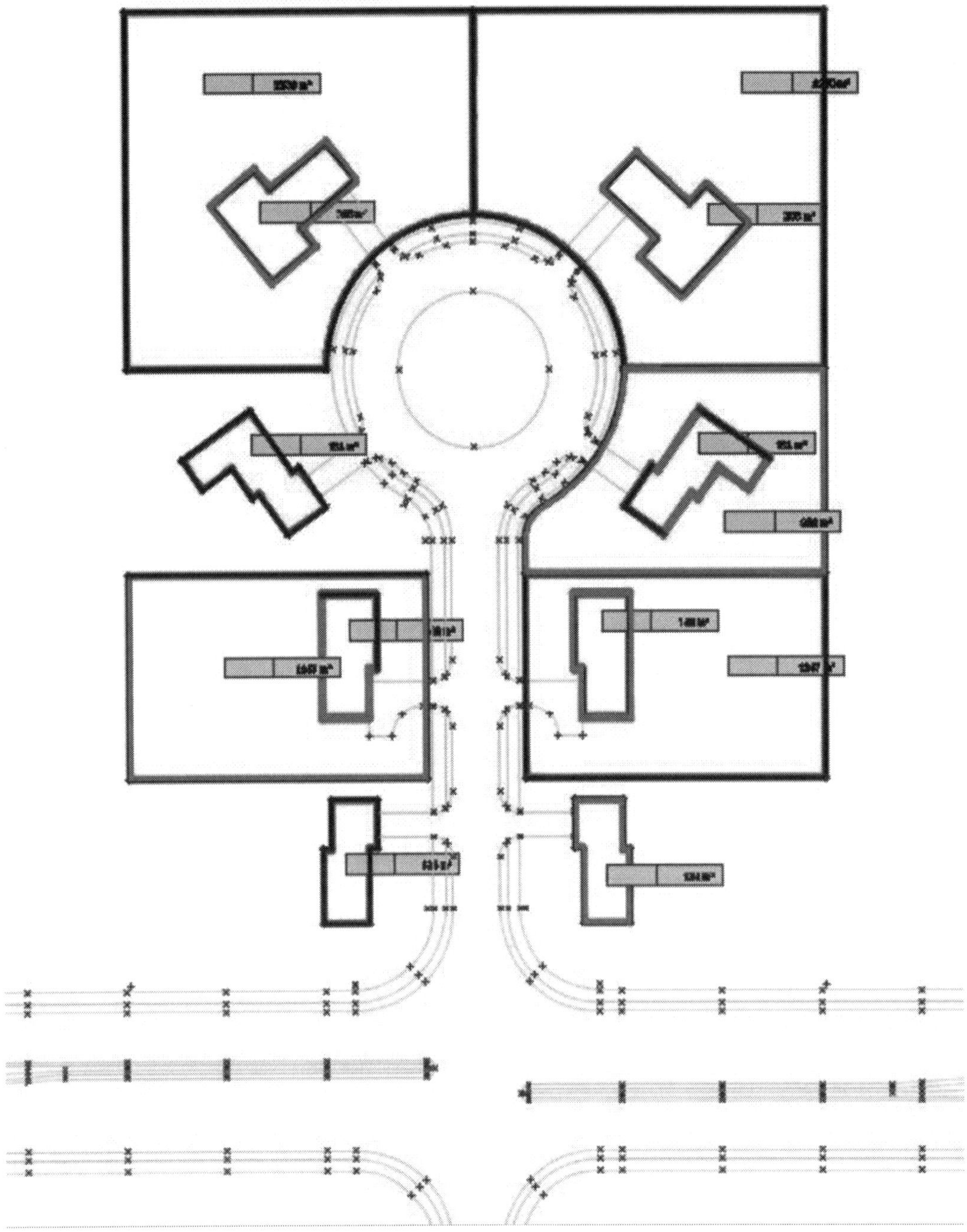

Parzellen

Die, als Parzellen zu importierenden Linien, sind als Parzellen eingefügt (beschriftete Flächen) und optional mit „Name und Fläche" oder nur mit „Fläche" beschriftet.

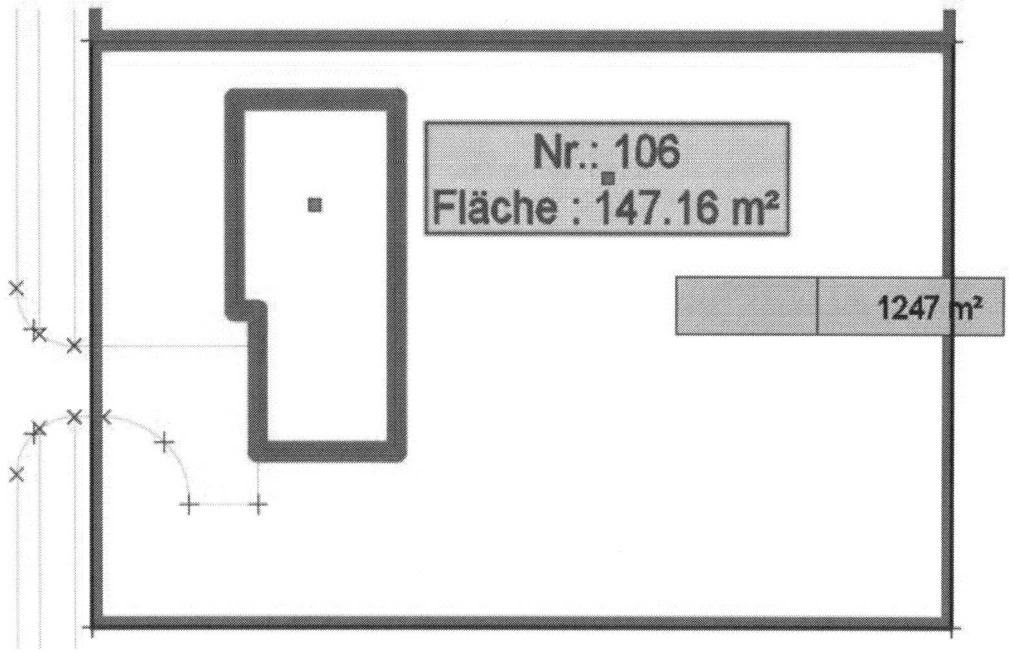

Bruchkannten

Die Bruchkannten werden in den Quick Infos „Linienzüge" genannt.

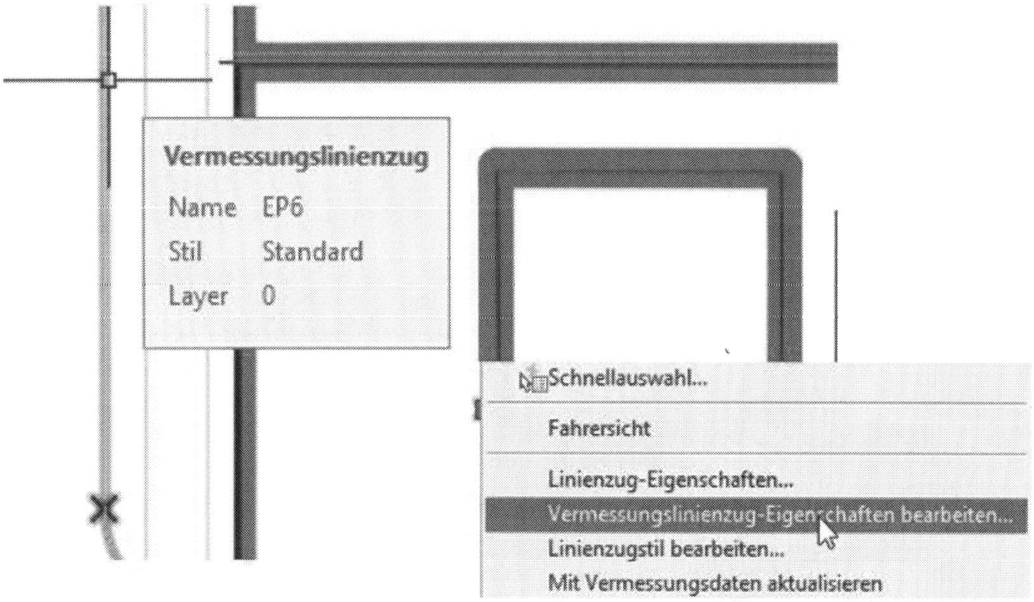

Die Eigenschaft „Bruchkannte" ist zugewiesen. Es kann ein eigenes DGM erstellt werden.

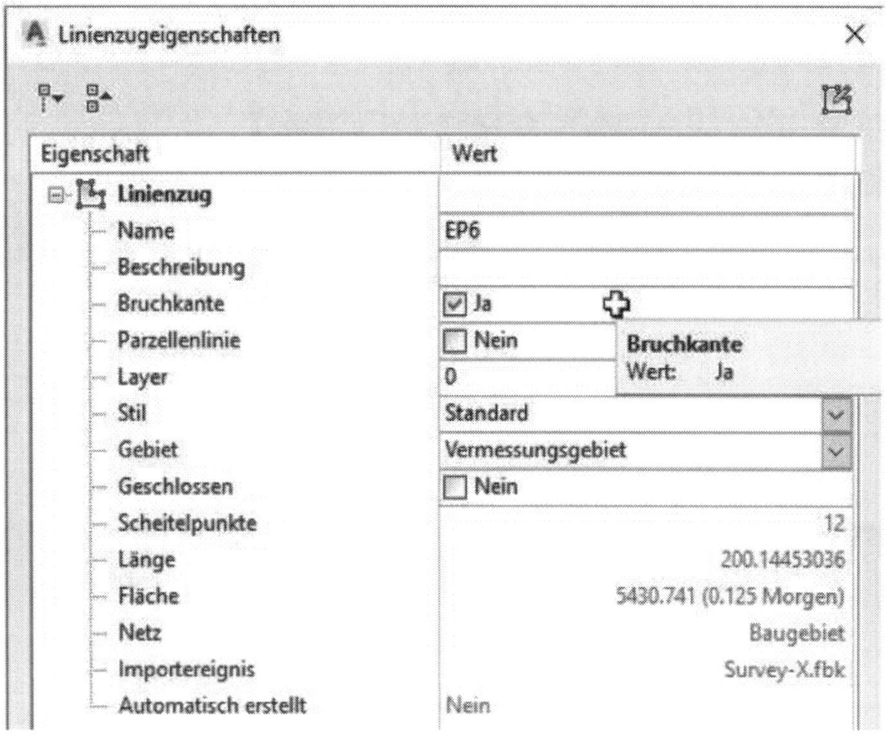

DGM erstellen

Aus allen „Bruchkanten" wird ein DGM erzeugt.

Hinweis:

Der Befehl „Bruchkanten" erstellen ist aus meiner Sicht zweideutig übersetzt. Der Begriff „DGM erstellen" hätte für mehr Klarheit bei der Funktion gesorgt.

Nachfolgend wird das DGM angelegt.

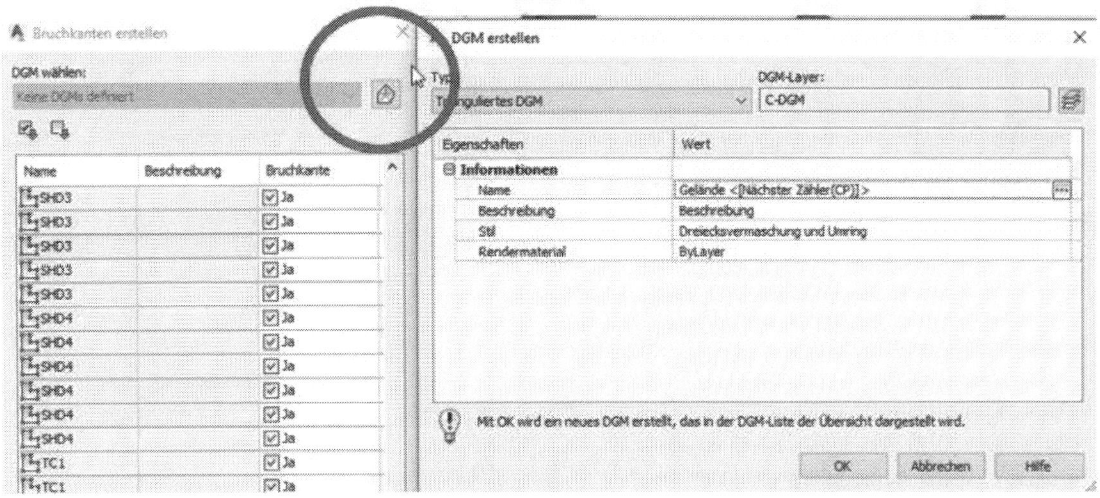

Die Bruchkannten wählt das Programm automatisch aus. Es wird ein eigner Name vergeben.

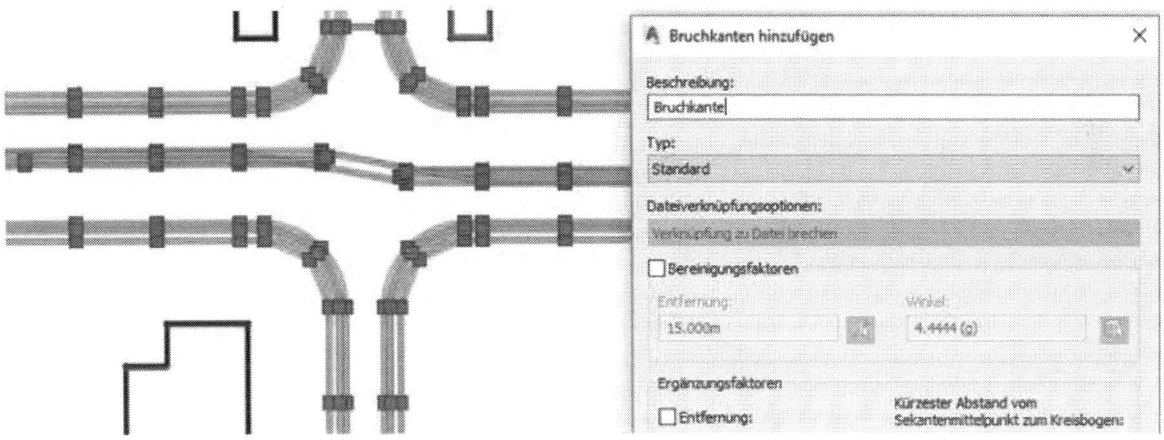

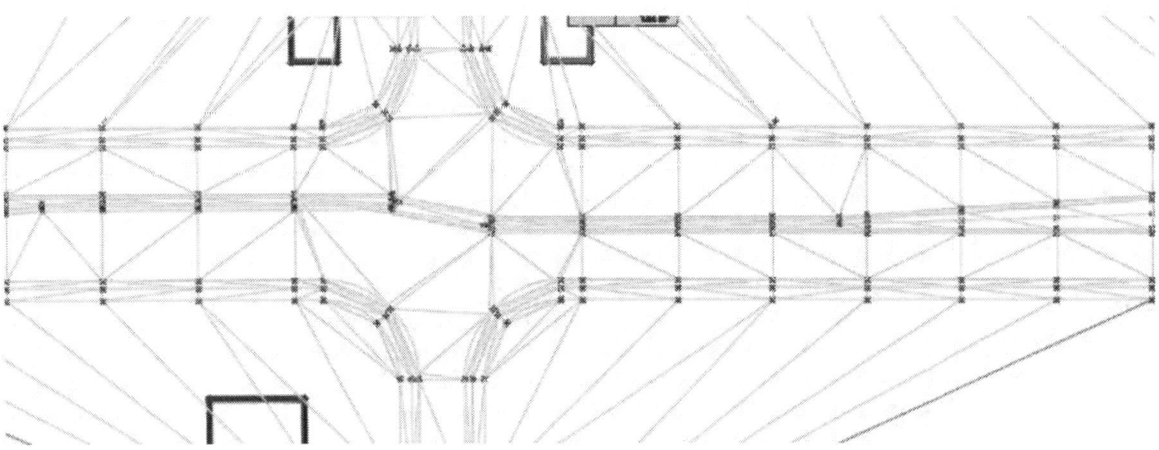

Für die folgende Darstellung wurde dem DGM ein neuer Höhenlinien-Stil zugewiesen (DGM-Eigenschaften).

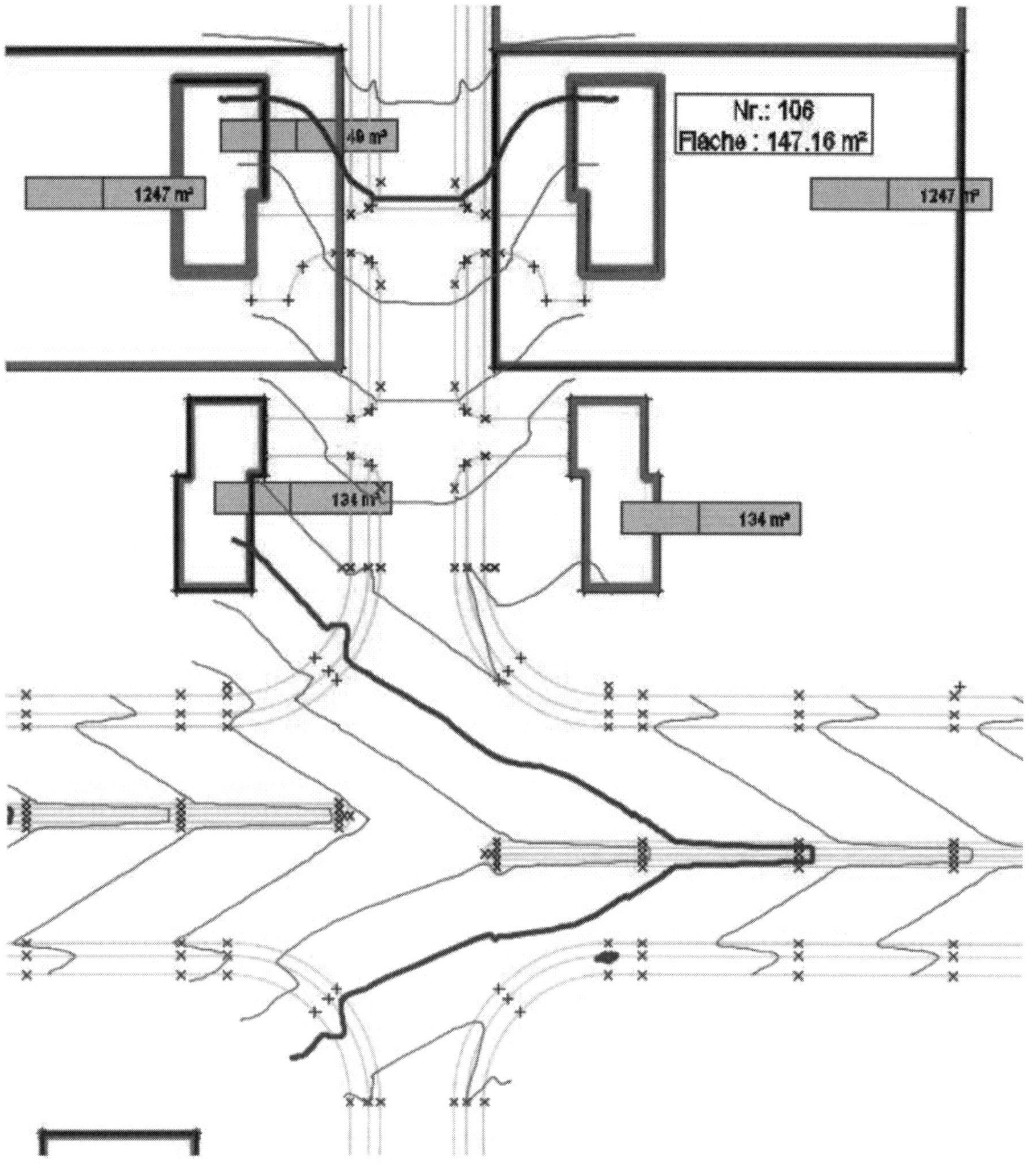

2.2.9 Werkzeugkasten, Ausgaben, optionale Funktionen

Im Werkzeugkasten werden Berichte, Export-, Importfunktionen und zusätzliche Programme, die regionale Bedeutung haben, verwaltet.

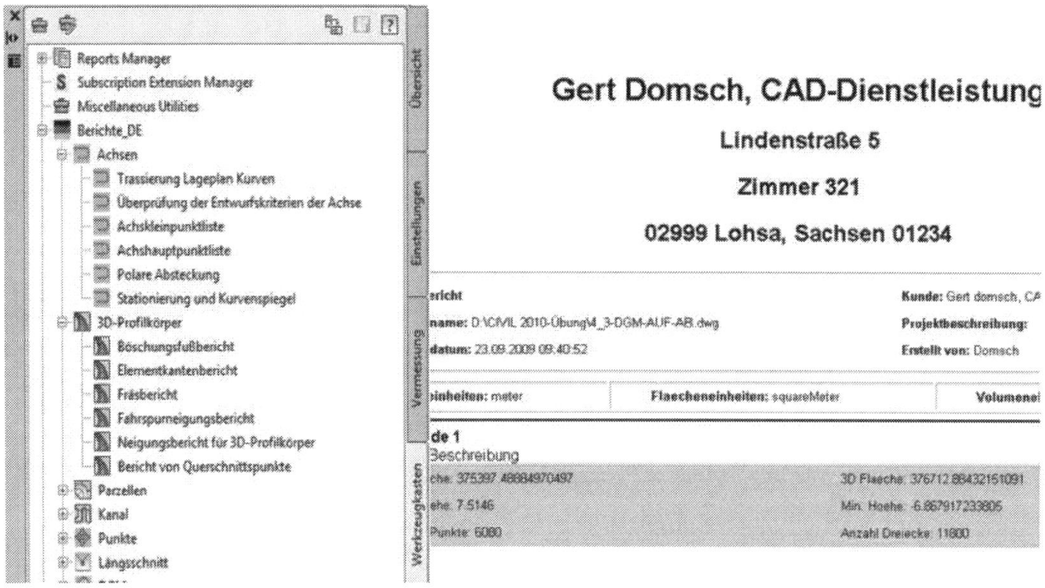

Eintrag einer Firmenadresse:

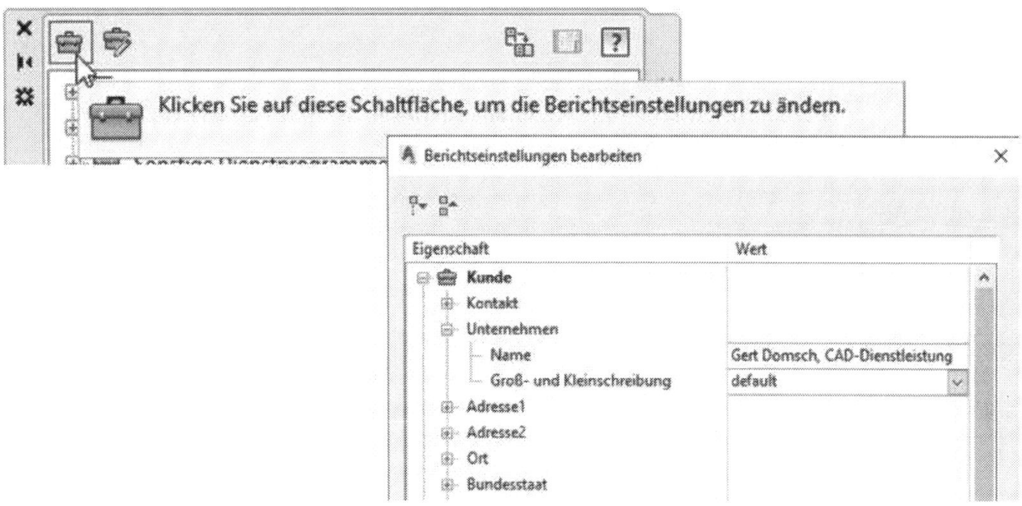

Aufruf von Steuerungsprogrammen:

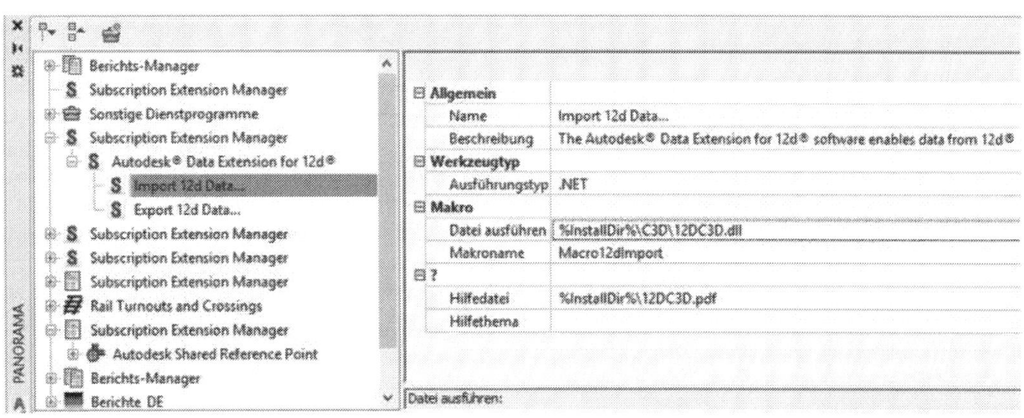

Im Werkzeugkasten können zusätzlich eigene Programme verknüpft und gestartet werden (Programme gängiger Programmiersprachen).

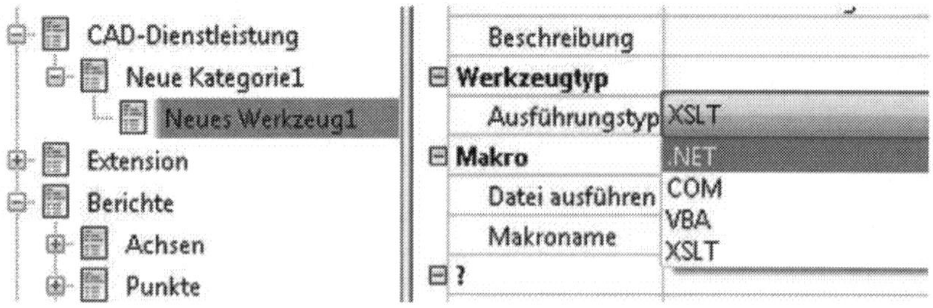

Einzelne Funktionen, wie das Zeichnen von Böschungen an beliebigen Polylinien oder das Entwerfen von Fahrbahnteilern sind nicht Bestandteil von Civil 3D, in der Standardversion.

In der Standard-Version gibt es auch keine Schnittstellen für den Import oder Export deutscher Austausch-Datenformate, wie REB oder ISYBAU. Um diesen Datenaustausch auch unter Civil 3D verfügbar zu haben, wurden im Auftrag von Autodesk Deutschland hierzu kleine Tools programmiert. Diese können als „DACH-Extension" installiert werden (DACH – Deutschland, Österreich, Schweiz).

Die Dach-Extension war bisher Bestandteil der Autodesk-Internetseite

www.knowledge.autodesk.com/de

Productivity Tools

(untergeordneter Bereich)

- DACH-Extension
- ISYBAU Translator

Für die Version 2019 finde ich diese jetzt als Bestandteil meiner Produkte unter www.autodesk.de (Anmelden, Produkte und Downloads verwalten,

Stand: 30.11.18)

Die verfügbaren Funktionen sind nahezu unbegrenzt, da der Integration keine Grenzen gesetzt sind.

Der Werkzeugkasten kann als offene Schnittstelle verstanden werden.

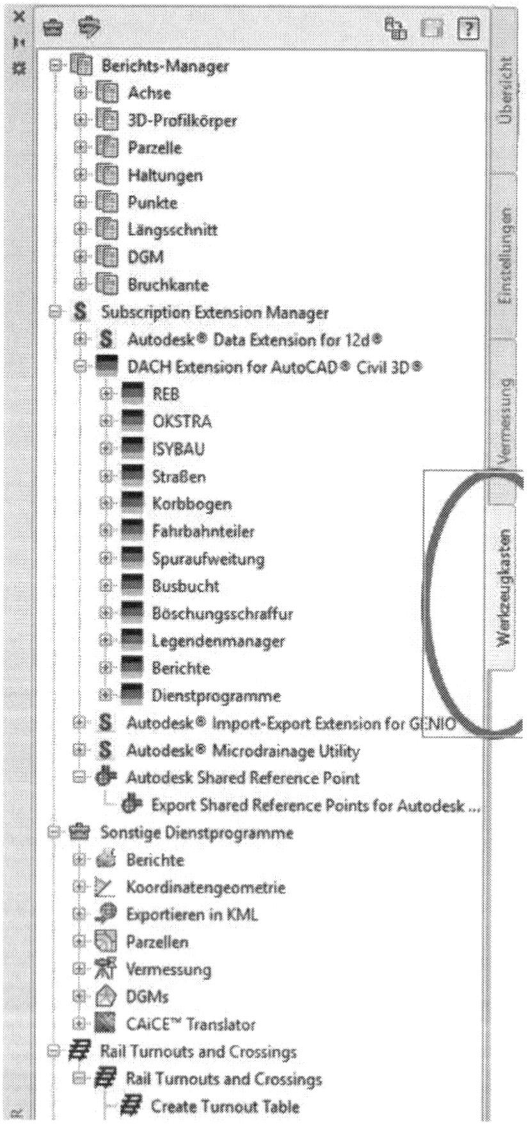

Diese Tools sind im Werkzeugkasten oder mit der Multifunktionsleiste verknüpft (Bestandteil des Menüs) und können auch von hier gestartet werden.

Menü:

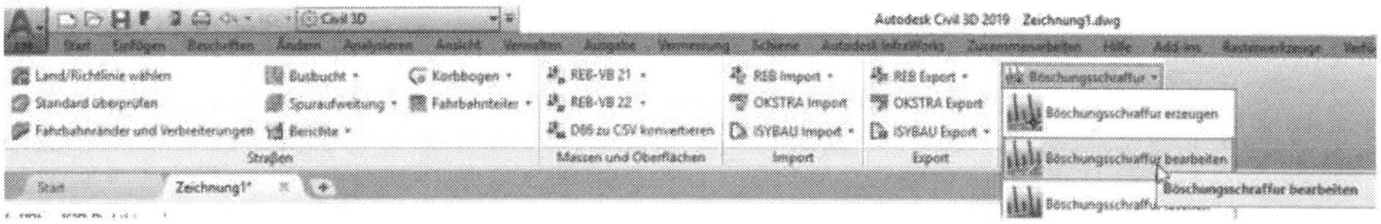

Hinweis:

Einige Zusatz-Funktionen können nach der Installation nur aus dem „Werkzeugkasten" heraus bedient werden. Es wird kein Menü angeboten.

Beispiel:

„Shared Reference Point for Autodesk Revit"

Der „Referenz-Punkt-Export" kann Revit-Konstruktionen und Civil 3D- Konstruktionen räumlich auf eine Verknüpfungspunkt abstimmen.

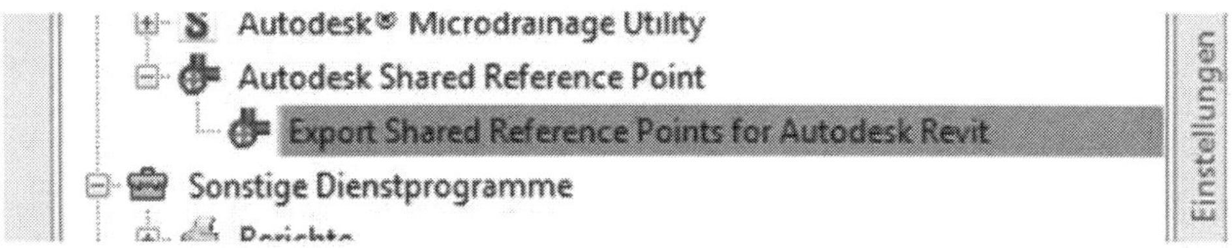

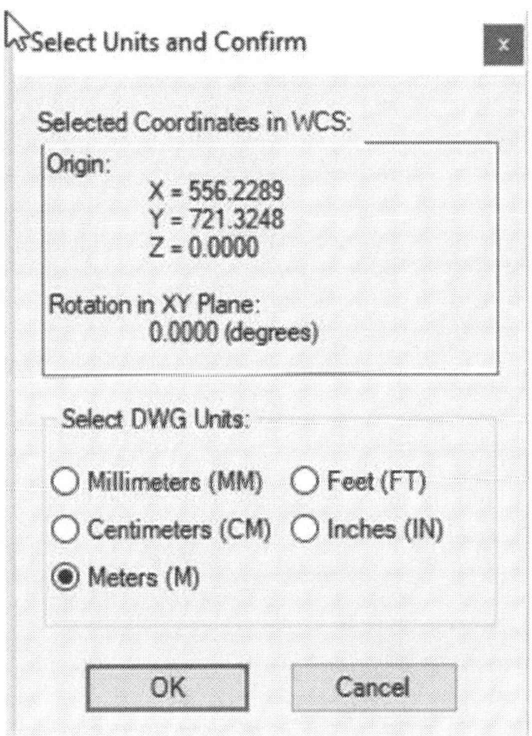

Die Übergabe dieses Punktes erfolgt als *.xml-Datei.

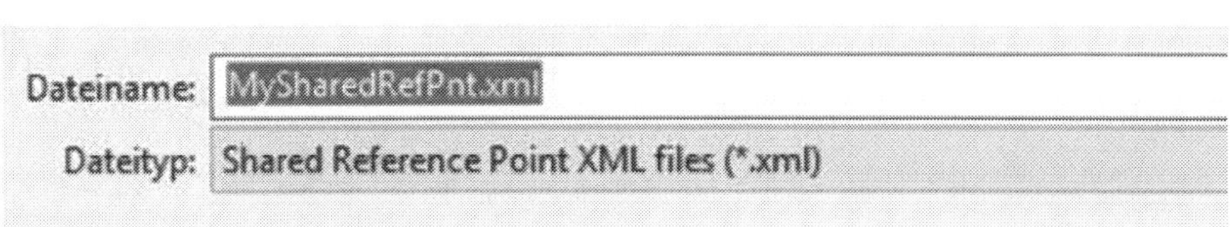

Das folgende Bild zeigt den Aufruf des Referenz-Punktes im Revit: (Verfügbarkeit in Revit nach erfolgter Installation)

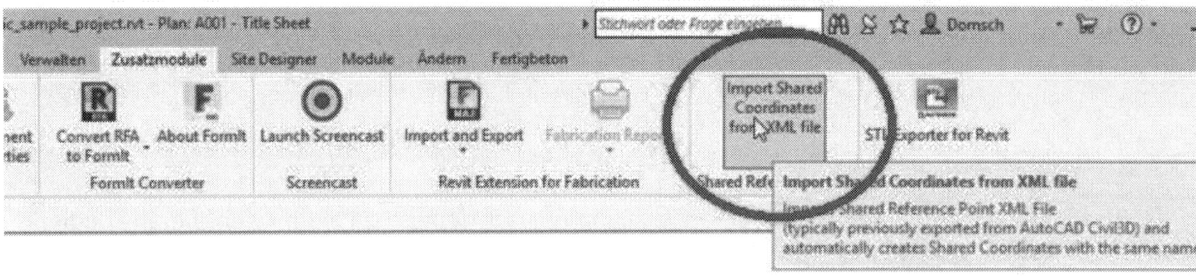

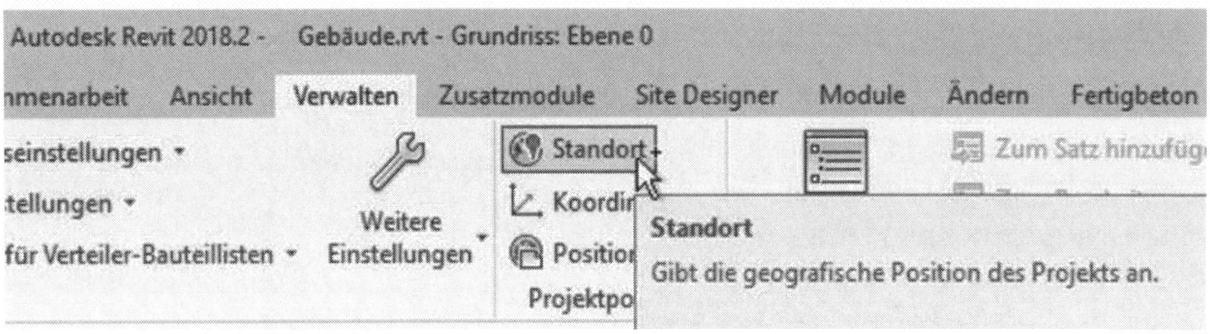

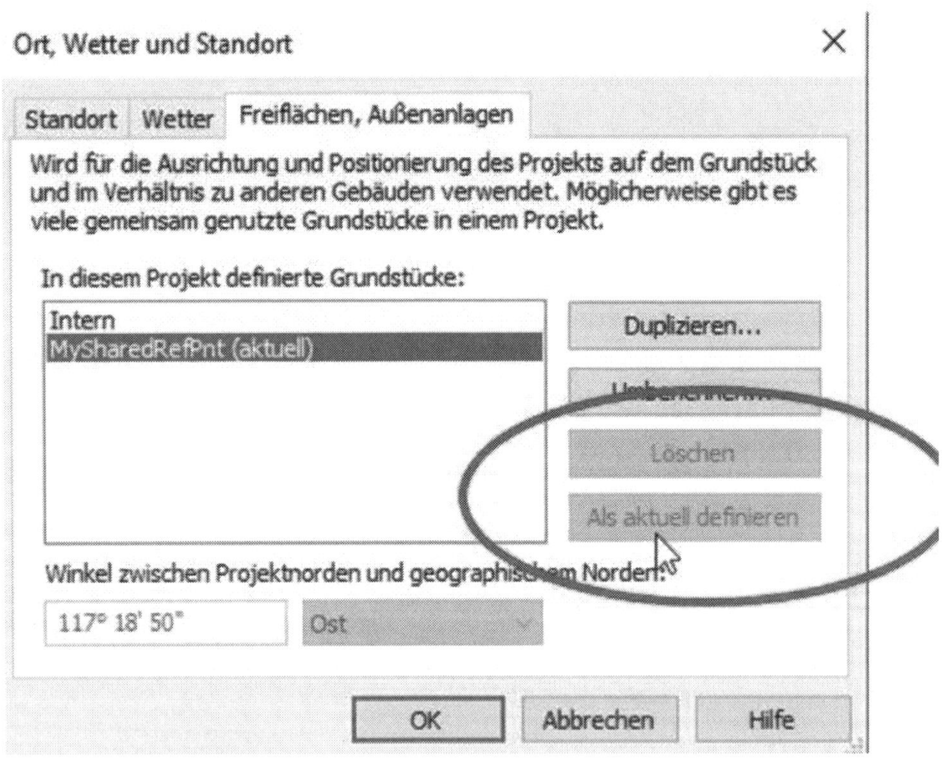

Es gibt Unterschiede bei den einzelnen Versionen. Bitte informieren sie sich auf der Internetseite von Autodesk „www.autodesk.de".

3 Kapitel, Punktdatei-Import und DGM *(*.kor,*.txt,*.asc,...)*

3.1 Vorwort

Das 3. Kapitel beschreibt Funktionen und Arbeitsweisen zum Erstellen von DGMs vorrangig aus Punkt-Dateien oder Koordinatendateien.

Neu werden diese auch als Punktwolken bezeichnet. Ich empfehle folgende Unterscheidung, Definition für Punkt-Dateien und Punktwolken.

„Punkt-Datei" (Thema dieses Kapitels)

- Koordinaten, ASCII-Format, „lesbar" Rechtswert, Hochwert, Höhe, mit und ohne Punktnummer, mit und ohne Vermessungs-Code,
- Vermessungs-Code anhängige Symbolzuweisung ist möglich
- Leezeichen-, Komma-, Semikolon, Tab-Trennzeichen, meist Datenausgabe klassischer Vermessungsgeräte (digitale Tachymeter)
- Punktanzahl überschaubar kaum mehr als 10.000, Dateigrößen meist nur mehrere 100 KB

„Punkt-Wolke" (Das Kapitel beinhaltet Hinweise, eventuell 5.Kapitel beachten!)

- ASCII-Format - „lesbar", oder binäres-Format - „nicht lesbar", LASER-Scanner (Flugzeug oder stationäre Geräte)
- Beinhaltet Rechtswert, Hochwert, Höhe und eventuell Punkt-Eigenschaften
- Punkteigenschaft beschrieben durch „Klassifizierung", „Intensität", Farbe oder Temperatur
- Punktanzahl oft mehrere Mio. Punkte, Dateigrößen oft mehrere MB

3.2 Hinweis zu großen Datenmengen (Punktwolken)

Die klassische Vermessung wird immer öfter durch neue Verfahren ergänzt. Eines der neuen Verfahren ist das Scannen mittels Laser. Das Scannen kann vom Flugzeug aus oder von einem bodennahen Gerät erfolgen. Die hier erzeugten Punktmengen können ein sehr detailliertes Abbild der Umgebung im Computer erzeugen, verlangen aber andererseits die entsprechende Hardware und Herangehensweise. Civil 3D ist auf alle diese Technologien vorbereitet. Das vorliegende Buch geht nur auf Grundlagen des Vermessungspunkt- Importes ein.

Mit den Optionen „Punktfilter"(Importfunktion für jeden x-ten Punkt), „Punktdateien" (Direkt-Import), „Datenausschluss" oder „Datenverknüpfungen" kann bei großen Punkmengen (50.000 Punkte und mehr) der Datenimport in einer akzeptablen Zeit ausgeführt, sinnvoll begrenzt oder innerhalb des Projektes geteilt (gesplittet) werden. Civil 3D hat für den Punktimport keine obere Grenze! Lediglich die vorhandene Hardware bestimmt eine eventuelle Daten-Begrenzung oder die Vorgehensweise.

Mit WIN xx, 64-bit und 16 GB RAM sind, unter Nutzung aller genannten Voraussetzungen, Punktemengen von bis zu 500.000 Punkten einschließlich kompletter Projektbearbeitung in einer Zeichnung problemlos möglich (Straßenbau, Längsschnitt, Höhenplan, Querprofil-Pläne, Mengenberechnung).

3.3 Civil 3D, Voraussetzung für Deutschland

Autodesk bietet eine landesspezifische Konfiguration für Civil 3D (Ergänzung der landespezifischen Normen). Diese Normen werden mit dem landesspezifischen „Country Kit" installiert oder bereitgestellt. Ohne diesen technischen Hintergrund bleiben viele Objekteigenschaften und teilweise Funktionen englisch!

knowledge.autodesk.com/de

Hinweis:

Menü „Deutsch" und „Country Kit – Deutschland" sind unterschiedliche Aspekte. In Österreich spricht man auch Deutsch, hat aber für den Ing.-Bau andere Richtlinien und Normen. Mit der Installation des Country Kit kann jedes Menü (Landessprache) mit jeder landesspezifischen Norm (Deutschland: DIN, RAS, RStO) kombiniert werden.

Die installierten landesspezifischen Daten (Normen) „Country Kit" werden im Verzeichnis „Programm Data" abgelegt.

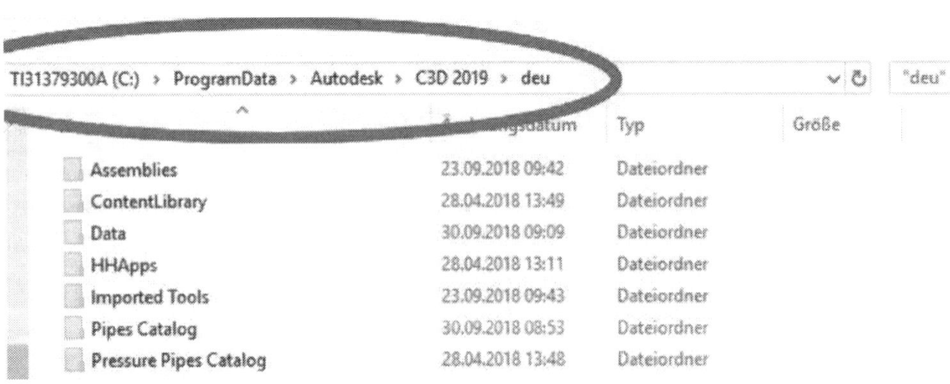

Das sichtbare Zeichen der erfolgreichen Installation des „Country Kit Deutschland" ist die Vorlage, die „_AutoCAD Civil 3D 20xx Deutschland.dwt" (... Deutschland.dwt).

Die Vorlage ist im Verzeichnis „Template" abgelegt, wenn die „Deutschland" Konfiguration („Country Kit" Deutschland) ausgeführt wurde.

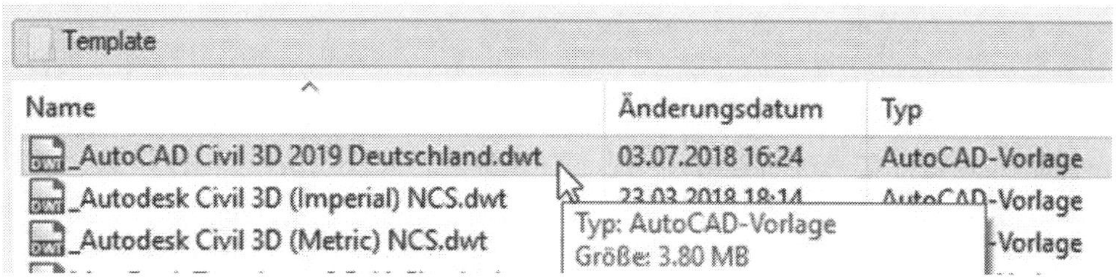

Das heißt, ohne Vorlage, ohne „Country Kit Deutschland 20xx" ist die Funktionalität von Civil 3D 20xx in Deutschland nur eingeschränkt gegeben!

Der Einsteiger sollte in Deutschland mit der deutschen Vorlage beginnen. Das Arbeiten in anderen Vorlagen (acad.dwt) oder in geöffneten Zeichnungen (auch durch AutoCAD erstellte Zeichnung) **ist nicht zu empfehlen!**

Nachfolgend werden Kontroll-Optionen beschrieben, die der Nutzer berücksichtigen sollte. Diese Kontrollen klären die Frage: **„Bin ich in der richtigen Umgebung"**!

1. Kontrollmöglichkeit

(Computer, WIN), Einstellungen, Apps&Features, Programme&Features,

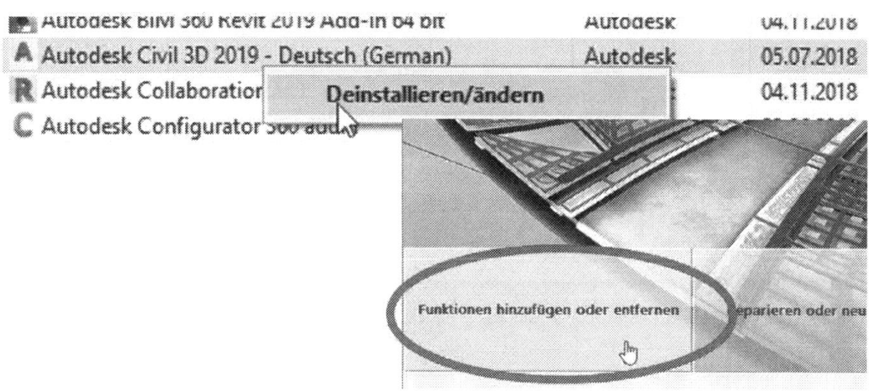

Nachfolgend abgebildete Einstellung muss verfügbar sein - und sollte „JA" zeigen.

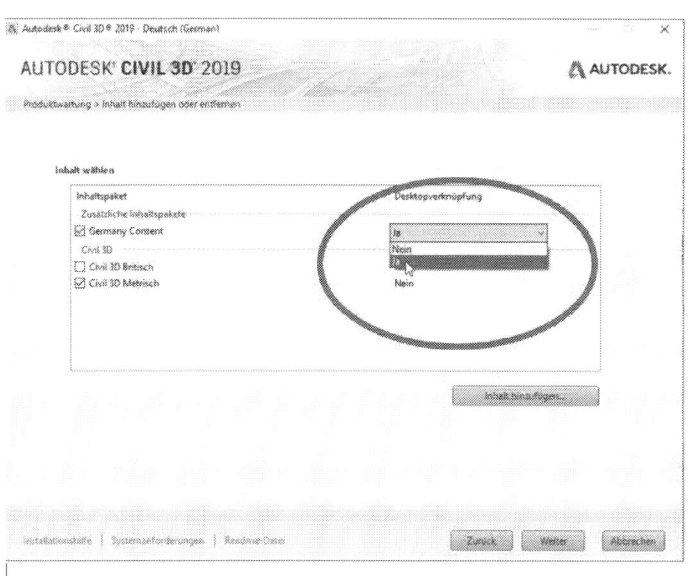

Desktop-Verknüpfung Version 2019:

Nur diese Verknüpfung startet mit der Vorlage „_AutoCAD Divil3D 20xx(19) Deutschland.dwt".

2. Kontrollmöglichkeit

Manuelles Öffnen des Template-Pfades, auswählen der Vorlage „_AutoCAD Divil3D 20xx(19) Deutschland.dwt" und starten des Projektbrowsers, Karte „Einstellungen".

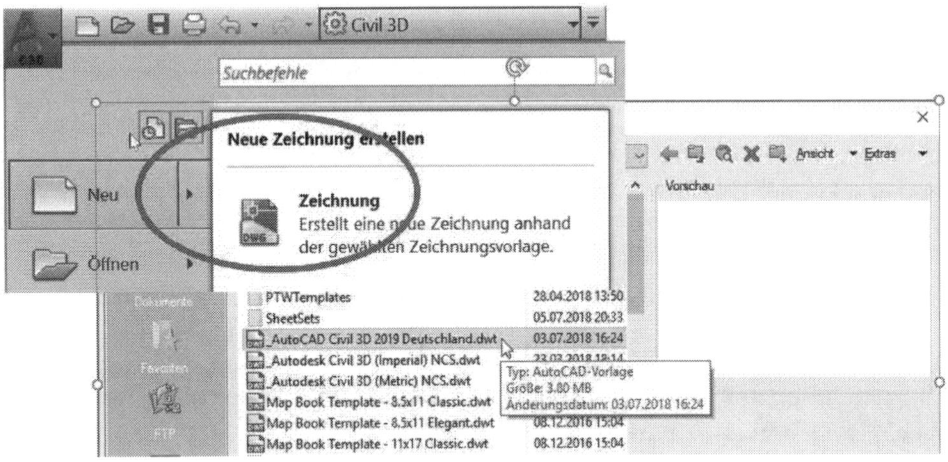

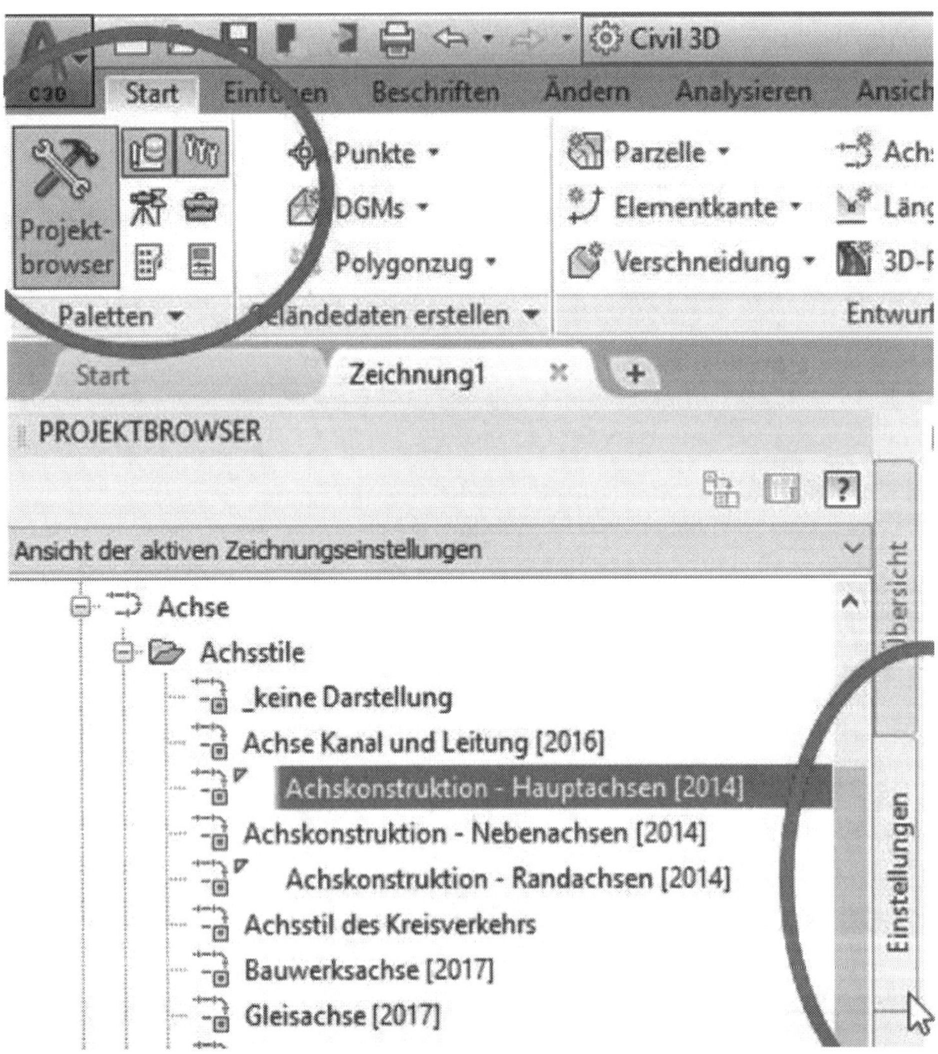

In der dt. Vorlage (_AutoCAD Civil 3D 20xx Deutschland.dwt) sind deutsche Grundeinstellungen wie deutsche Beschriftungen, deutsche Darstellungen (Darstellungs-Stile, Beschriftungs-Stile) und weitere Standards, angelehnt an die RAS, RAL2012 oder DIN enthalten.

Bei nicht beachten werden eventuell Stile mit Namen „Standard" – oder englische Stile vorgegeben. Diese Stile beinhalten englisch/amerikanische Beschriftungen und Darstellungen und sind in Deutschland nicht zu empfehlen.

In der dt. Vorlage ist die Einheit „Meter" voreingestellt. Bei nicht beachten wird eventuell in der Einheit „Fuß" gearbeitet. Die Systemvariable „_units" gilt nicht für CIVIL 3D. Diese ist hier untergeordnet! Die Einheit im Civil 3D wird über die Systemvariable „AeccEditDrawingSettings" gesteuert (2. Kapitel, Projektbrowser – Basisinfo, Karte Einstellungen)!

In der dt. Vorlage sind Objektlayer definiert. Jedem Objekt (DGM, Achse, Längsschnitt, ...) wird ein Layer zugewiesen. Bei nicht beachten werden alle Objekte auf dem Layer „NULL" abgelegt.

Hinweis (Zeichnungseigenschaften):

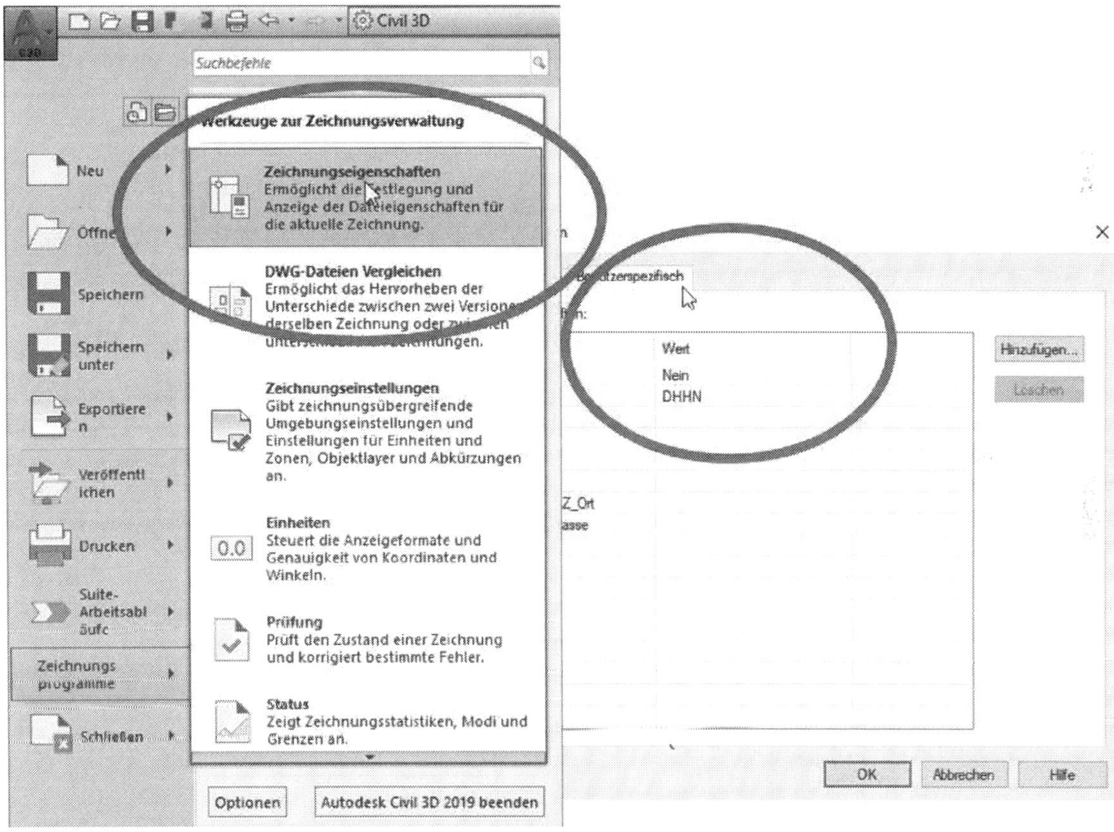

Ab der Version 2014 wird als Begriff für das Höhenbezugssystem zentral als Block eingefügt (nur Bestandteil von: _AutoCAD Civil 3D 20xx Deutschland.dwt). Das gilt für alle Höhenpläne und alle Querprofilpläne.

Ohne Vorlage ist kein deutsches Höhenbezugssystem vorgegeben, bzw. es sind englisch/amerikanische Einstellungen geladen. Hier wird das Höhenbezugssystem über einen andren Wert gesteuert!

In der deutschen Vorlage (...Deutschland.dwt) lautet das vorgegebene Höhenbezugssystem „DHHN". Der Begriff ist änderbar (jeder beliebige Begriff ist möglich). Die Begrifflichkeit hat keine Auswirkungen auf die Zeichnung oder den räumlichen Bezug.

Beispiel:

Höhenbezugssystem „mü.NN, mü.NHN, DHHN (Deutschland), mü.AA (Österreich, Süd-Tirol)"

Die unterschiedlichen Projektanforderungen führen dazu, dass eigene Stile oder Objektdarstellungen erstellt - oder ergänzt werden sollten. Diese können „Firmen bezogen" oder „Aufgabenbezogen" als neue Vorlage abgelegt sein.

3.4 Ziel: Vermessungs-Punktimport und Mengenberechnung (DGM-Funktionen)

Vom Bestand liegt eine Koordinatendatei vor, was ist zu tun? Es liegen Vermessungsdaten einer Deponie vor, variable Formatbezeichnung, ASCII-Daten.

- „Ist-Situation – Oberfläche, 2009"
- „Ausgangssituation für eine Berechnung- Jahre danach, 2011"

Mit Hilfe dieser Daten werden im **ersten Teil** „Auf- und Abtrag" berechnet und farblich dargestellt. Die Auf- und Abtrags-Bereiche werden „grün bzw. braun" markiert. Die Mächtigkeit (Schicht-Stärke) dieser Bereiche wird angeschrieben.

Im **zweiten Teil** werden Vermessungsdaten mit Vermessungs-Code (Punkt-Code) importiert. Codeabhängig wird ein Vermessungssymbol zugewiesen. Es wird der Zusammenhang Vermessungscode (Civil 3D - „Kurzbeschreibung") und Punkt-Symbol (Civil 3D - „Punkt-Stil") erläutert.

Hinweis:

Civil 3D kann auch Linien-Codes umsetzen. Wenn in den Vermessungsdaten (Koordinatendatei) Linien-Verbindungen codiert sind, kann Civil 3D Linien und Bögen zeichnen. (2. Kapitel, Projektbrowser – Basisinfo, Karte Vermessung)

3.5 Teil 1: klassischer Import, Grundlagen:

Liegen die Vermessungs-Daten nicht als Zeichnung, sondern als Vermessungspunkte oder Punktdateien vor, so sind folgenden Importvoraussetzungen zu beachten.

- Aufbau (einheitliche Formatierung, durchgehend einheitliche Trennzeichen)
- Dezimaltrennzeichen „Punkt"
- In welcher Reihenfolge sind die Werte eingetragen?
  - zuerst „Rechtswert" (im mathematischen Koordinatensystem X-Achse)?
  - danach „Hochwert" (- Y-Achse)?
- Wie sind die Werten voneinander getrennt (Leerzeichen, Tab, Komma, Semikolon)?
- Ist die festgestellte Struktur durchgängig vorhanden (von Anfang bis Ende)?
- Wie groß ist die Anzahl der zu importierenden Datensätze (Punkte) pro Punktdatei?

Je nach Voraussetzung wird das Importformat gewählt oder kann optional auch neu erstellt werden.

Kontrolle der Daten

Die zu importierenden Dateien sind immer zu kontrollieren, hinsichtlich der zuvor genannten Fragestellungen. Zur Kontrolle sind der „WIN-Standard-Editor", „WordPad" oder ähnliche Editoren zu benutzen.

Hinweis:

Zum Öffnen und eventuell Bearbeiten der Punkt-Datei ist auf keinen Fall Word oder Excel zu benutzen. Im Fall einer Änderung und Speichern dieser Datei (Beispiel: Löschen der Kopf-Zeilen) werden beim Öffnen mit dem „Editor" keine Zeilen- oder Seitenumbrüche eingetragen. Zusätzliche Zeilen- oder Seitenumbrüche kommen unter Umständen einer Zerstörung der Koordinaten-Datei gleich.

Folgendes Format liegt im Beispiel vor: (Die Darstellung im Bild erfolgt mit „WIN Standard-Editor")

Anfang der Datei — Ende der Datei

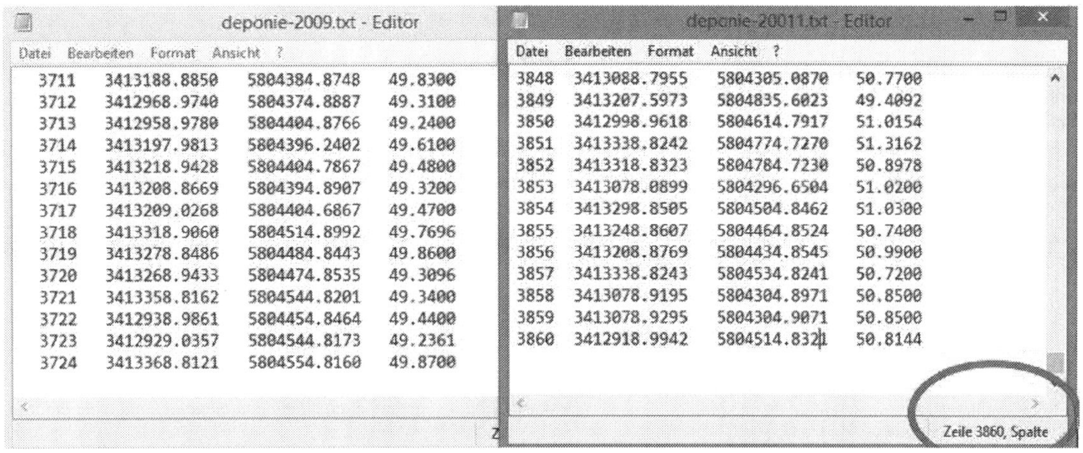

- Aufbau (ASCII- formatiert, keine Sonderzeichen, keine Tabulatoren)
- Dezimaltrennzeichen „Punkt"
  - 1. Stelle eine Punktnummer (wird in Civil 3D – P genannt),
  - 2.Stelle - „Rechtswert" (wird in Civil 3D – R genannt),
  - 3.Stelle - „Hochwert" (in Civil 3D - H),
  - 4.Stelle - „Höhe" (in Civil 3D - Z)
- Die Werten sind mit Leerzeichen voneinander getrennt
- Eine durchgängige Struktur ist vorhanden (von Anfang bis Ende)
- Anzahl der zu importierenden Datensätze ist 3860, das heißt weniger als 50.000 Datensätze (Punkte)

3.5.1 Punktimport (Import von Vermessungspunkten, COGO-Punkt)

Mit dem Befehl „Punkterstellungswerkzeuge" wird der Werkzeugkasten „Punkte erstellen" geöffnet.

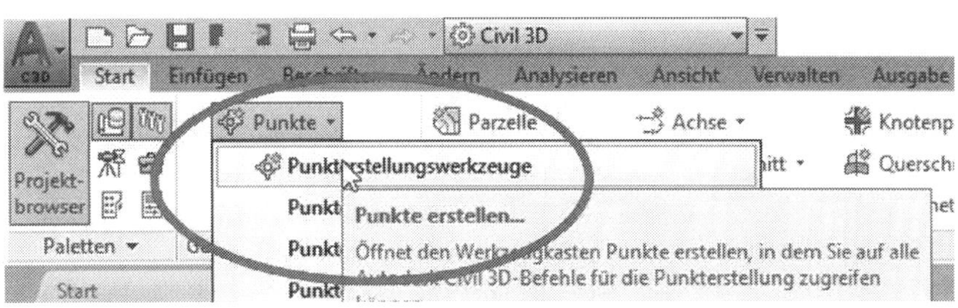

Hier finden Sie den Befehl „Punkte Importieren".

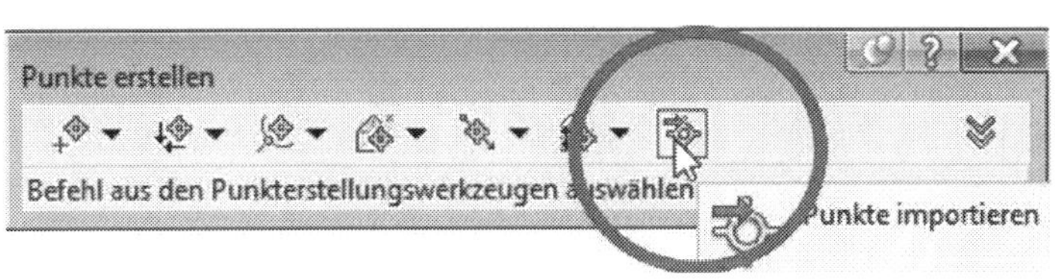

Hinweis:

Der Werkzeugkasten enthält viele Optionen, die beim Umgang mit Punkten hilfreich oder von Autodesk voreingestellt sind. In der Praxis sind diese Funktionen von großer Bedeutung. Eine Erläuterung dieser Optionen ist nicht Bestandteil der Beschreibung.

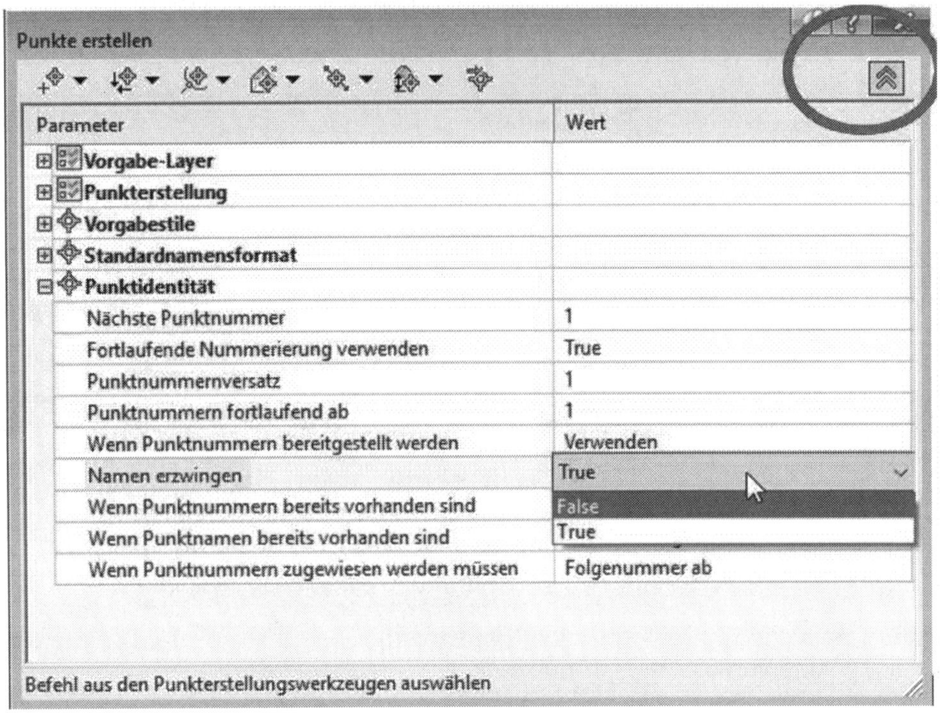

Aufruf der Import-Funktion

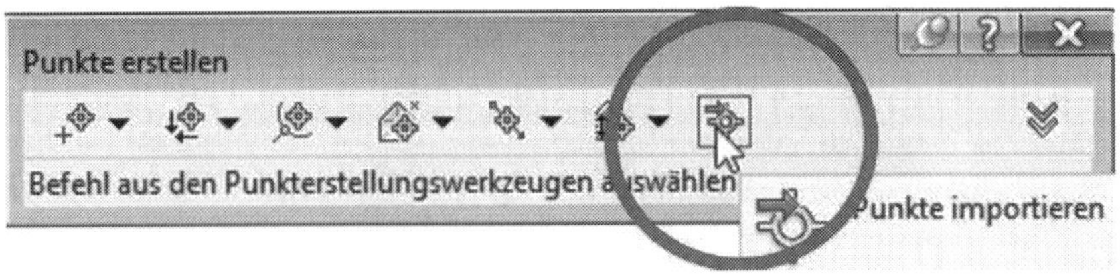

Zuerst erfolgt die Auswahl der zu importierenden Datei. Die Auswahl erfolgt mit dem „+" auf der rechten Seite. Liegen mehrere Dateien im gleichen Format vor, so können alle Dateien gleichzeitig zugeordnet sein.

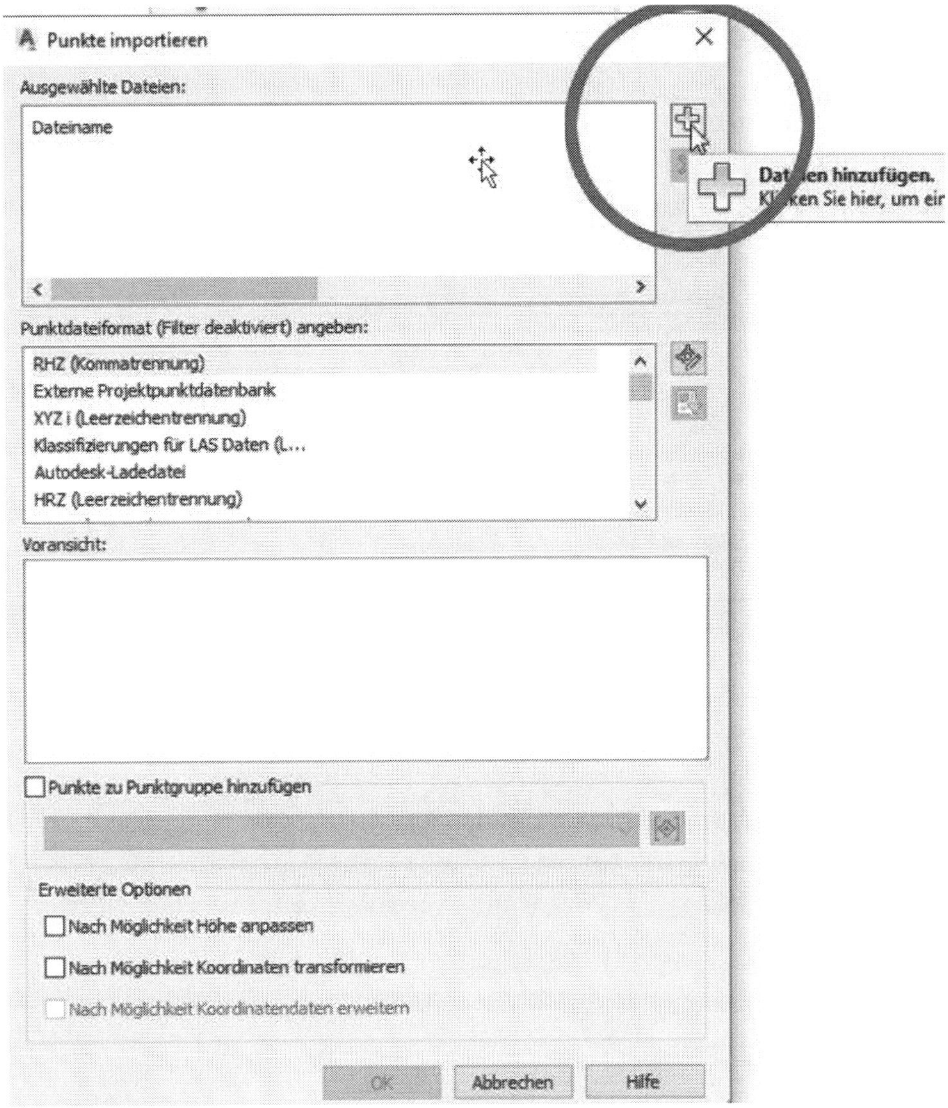

Für den Import wird die Datei „deponie-2009.txt" ausgewählt.

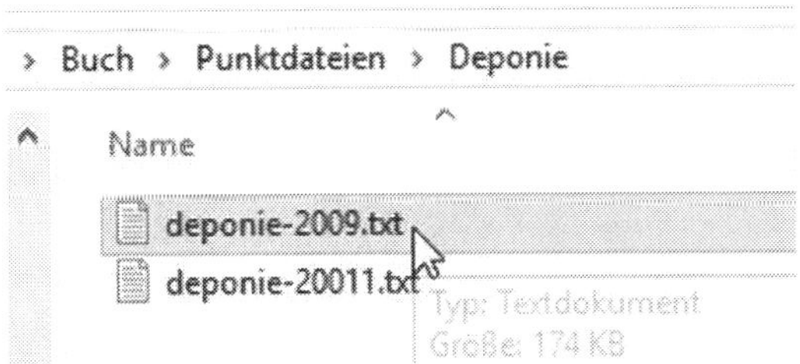

Hinweis:

Wird die Datei im entsprechenden Pfad nicht angezeigt, so ist eventuell der Dateityp auf „Alle Dateien" zu erweitern.

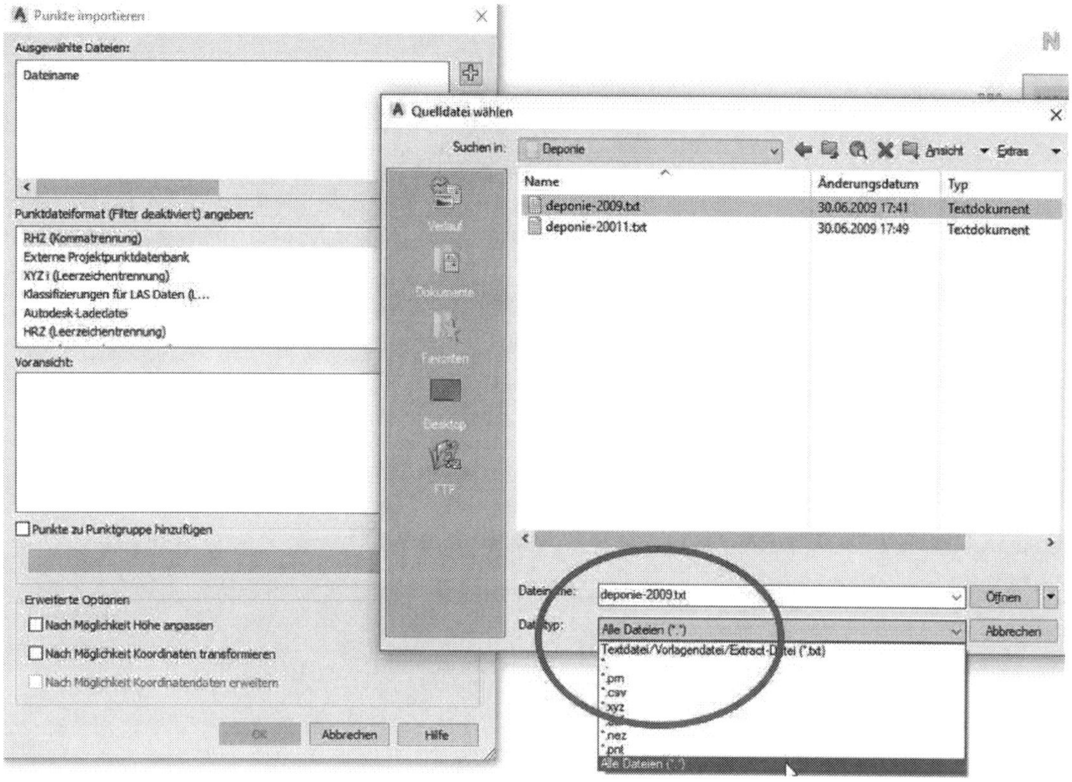

Das vom Programm vorgeschlagene Importformat muss nicht unbedingt dem Format der Datei entsprechen. Die von der Software getroffene Vorauswahl kann, wie im Bild dargestellt, falsch sein! Dem Benutzer sollte die Datei-Struktur bekannt sein, damit er hier eventuell korrigierend eingreifen kann.

Das Importformat „PRHZ- Leerzeichentrennung", dass der Punktdatei entspricht, wird ausgewählt.

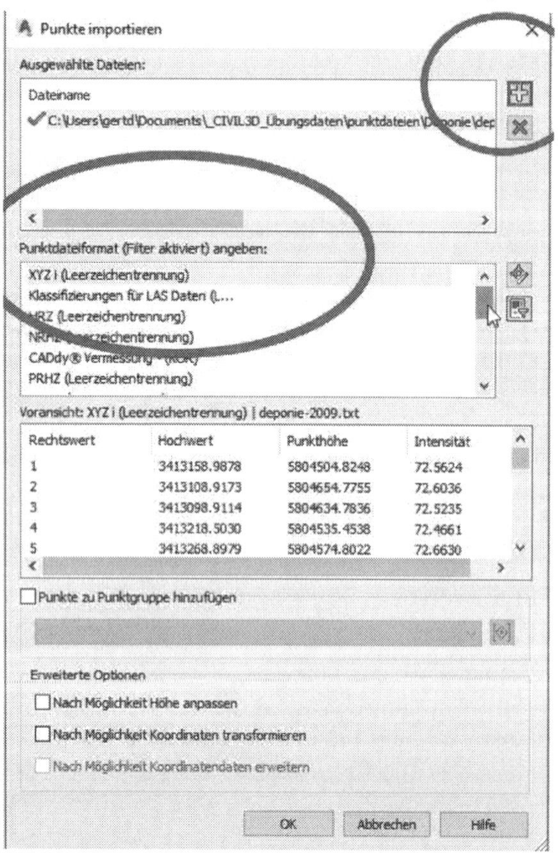

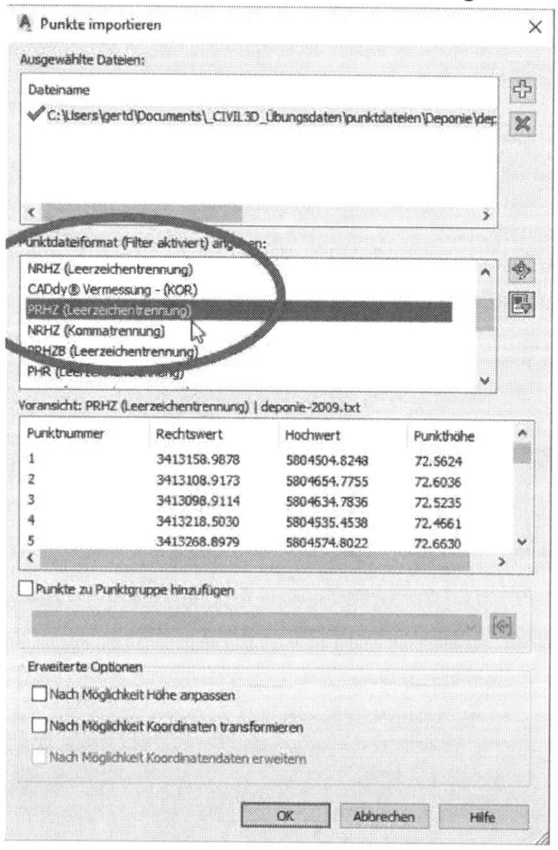

Hinweis:

Es können für einen Import gleichzeitig mehrere Dateien zugeordnet werden. Das ist nur zu empfehlen, wenn später lediglich eine Punktgruppe und nur ein DGM zu erstellen sind!

Sollen, wie in dem beschriebenen Beispiel, mehrere DGMs zu erstellen sein, so sind einzelne Importe und einzelne Punktgruppen zu empfehlen.

Bei der Formatbezeichnung kommt nur „(Leerzeichentrennung)" und „(Kommatrennung)" vor. Alle Import-Formate sind bearbeitbar. Es ist auch möglich Import-Formate für Tabulator- oder Semikolon-Trennzeichen zu haben.

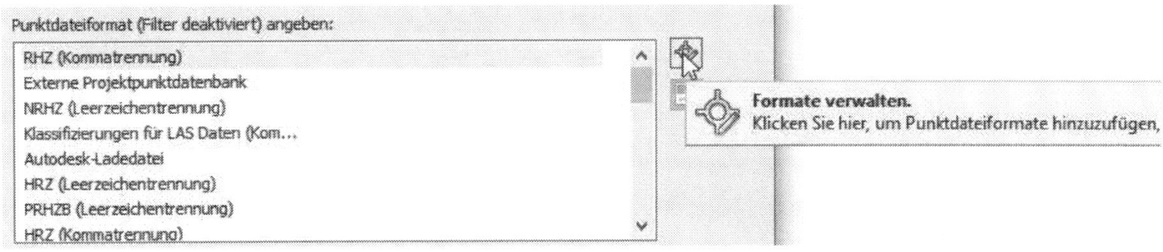

- Bedeutung der CIVIL 3D Punkt-Datenbankfelder:
  - P- Punktnummer

Es sind **nur numerische** Werte zugelassen. Sind in der Datei keine Punktnummern vorhanden, so werden diese automatisch vom Programm erzeugt.

- N- Punktname (-Bezeichnung)

„Punktname", zweite optionale **alphanumerische** Punktbezeichnung. Wenn dieses Datenbankfeld zugewiesen ist, so wird die Punktnummer automatisch vergeben, vom Programm erzeugt.

- R- Rechtswert (x-Achse)
- H- Hochwert (y-Achse)
- Z- Punkthöhe
- B Beschreibung, Punktbeschreibung

Die Punkt-Beschreibung (auch Beschreibung oder Kurzbeschreibung) entspricht dem deutschen **Vermessungs-Code**. Sind dem Feld Daten zugeordnet, so kann über den „Beschreibungsschlüsselsatz" (deutsch –Symboltabelle) die Symbolverknüpfung (Verknüpfung zum Punkt-Stil, deutsch – Punkt-Symbol) realisiert sein. Das Symbol ist Bestandteil des Punktstils. Die Kurzbeschreibung (Codierung) kann auch alphanumerisch erfolgen.

Hinweis:

Sind für den Punktimport weitere Datenbankfelder erforderlich (Beispiel: Baum-Art mit Stammdurchmesser und Baum-Alter) so ist die Datenbank um beliebig viele Datenbank-Spalten erweiterbar.

Entspricht das Import-Format in keiner Weise der Import-Datei, so kann CIVIL 3D später beim Import einen Fehler melden,

Meldung:

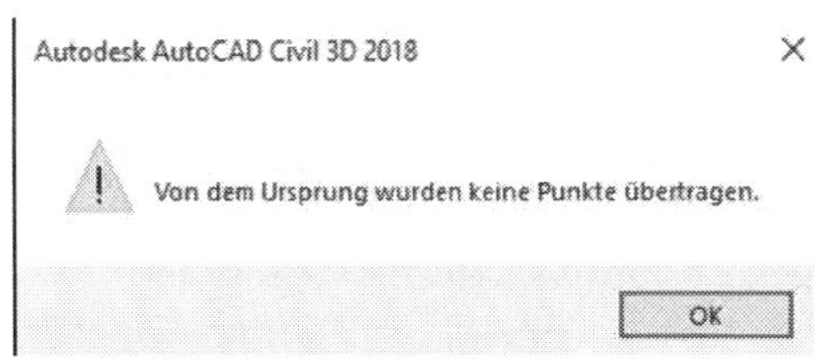

Es sind Abweichungen im Format möglich (vertauschen von Hoch- und Rechtswert). In diesem Fall wird kein Fehler gemeldet! Die Daten werden ohne Meldung, eingelesen!

Für den Punkt-Import sollte immer eine Punktgruppe erstellt oder ausgewählt werden. Die Punktgruppe dient später der eindeutigen Trennung von importierten Punkten zu den, als Folge der Planung, erzeugten Absteck-Punkten (z.B. Deckenbuch, 5. und 6. Kapitel).

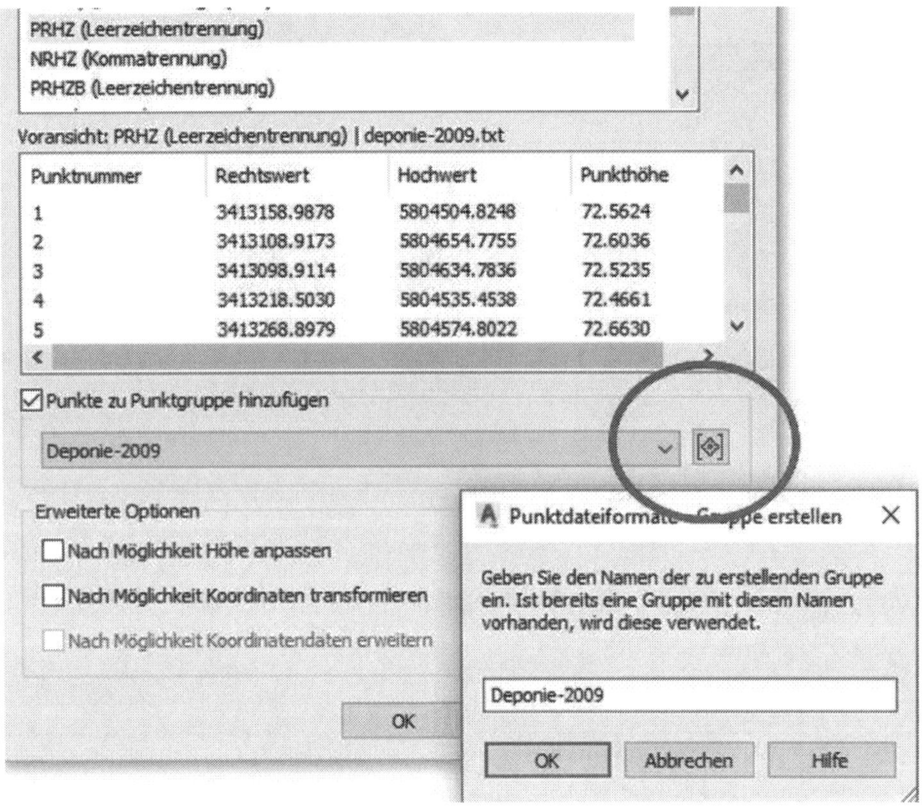

Als Punktgruppen-Name empfehle ich den Namen der Koordinaten-Datei.

Hinweis:

Bei Verwendung der „... Deutschland.dwt" ist es ohne Bedeutung, ob „Erweiterte Optionen" aktiviert werden oder nicht. In den Basiseinstellungen „AeccEditDrawingSettings" sind keine Transformations-Parameter vorgegeben!

Der Hinweis auf die erzwungene „Namenseigenschaft" kann mit folgender Einstellung und mit „OK" bestätigt werden.

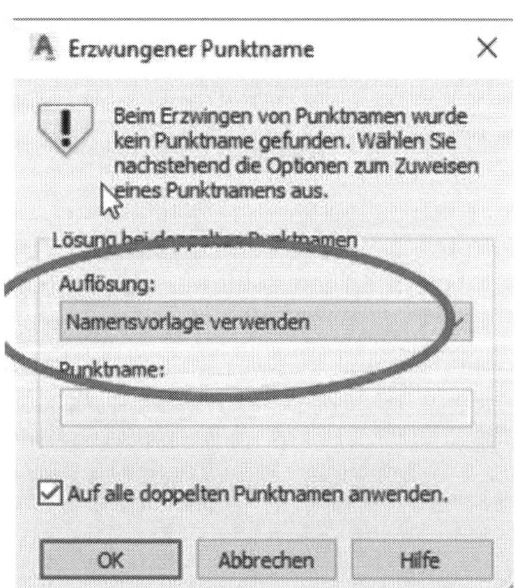

Die importierten Punkte sind entsprechend dem voreingestellten Stil in der Zeichnung dargestellt. Eventuell ist auf die Grenzen zu zoomen.

Alle Beschriftungen sind durchgehend maßstabsabhängig! In den Abbildungen wird der gleiche Bereich einmal

Im Maßstab 1:100 und Maßstab 1:500 wiedergegeben.

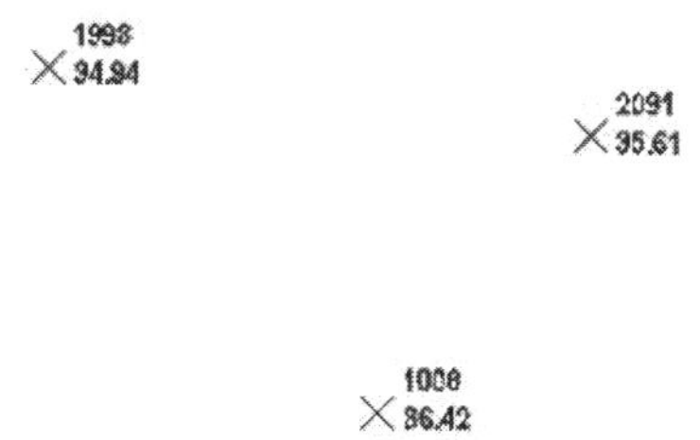

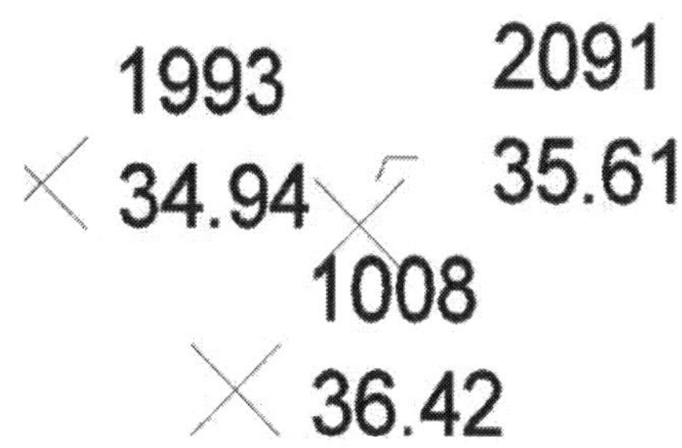

Achtung:

In der „_AutoCAD Civil 3D Deutschland.dwt" ist der Maßstab 1:1000 voreigestellt!

Die Maßstäblichkeit der Objekte im Modellbereich dient der Kontrolle, ob die Objekte in dem Maßstab und in der Lageposition zueinander, später im Layout, darstellbar sind.

Der Maßstab ist mit Sicherheit innerhalb der Projektbearbeitung mehrfach hoch und zurück zu setzen.

Die Maßstäblichkeit aller Civil 3D-Beschriftungen kann nicht abgeschalten werden!

Der zugeordnete Maßstab im Modellbereich und im Layout können unterschiedlich sein und beeinflussen sich nicht!

Die Zuordnung der Punkte zur Punktgruppe erfolgt durch den Eintrag der Punktnummer in der Punktgruppeneigenschaft. Optional ist die Auswahl aller Punkt-Eigenschaften zur Abgrenzung oder zum Erstellen neuer Punktgruppen möglich.

Auszug aus der Punktgruppeneigenschaft:

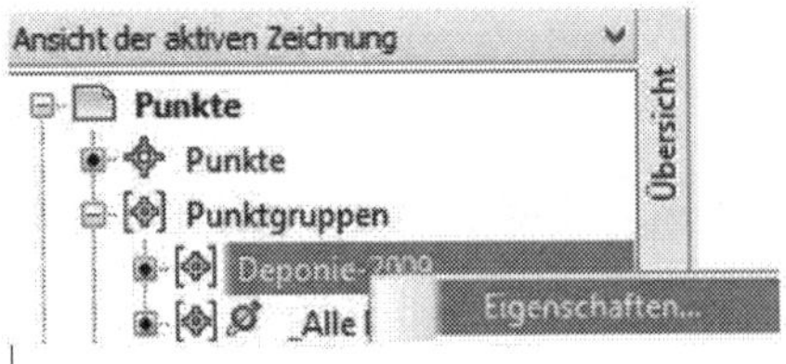

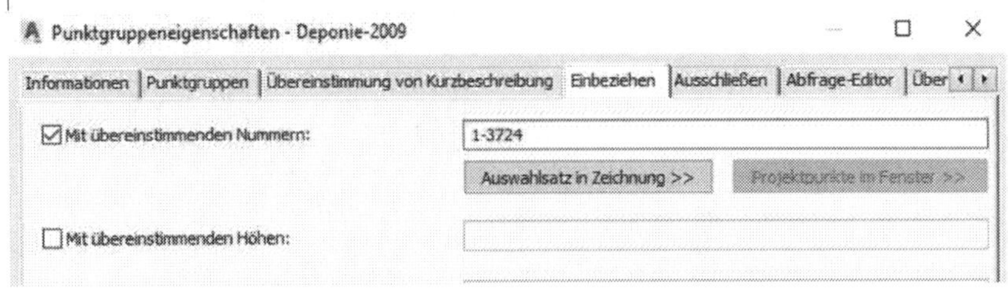

Hinweis:

Optional kann jede Datenbank-Eigenschaft zur Punkt-Beschriftung verwendet werden. Das heißt am Punkt kann auch nur „Z" beschriftet sein. Die Art der Beschriftung ist eine Punktgruppen-Eigenschaft.

Im Bild stelle ich die Höhen einmal in „rot" und einmal „grün" dar. Die farbliche Änderung der Beschriftung ist ebenfalls jederzeit möglich aber nicht Bestandteil der vorliegenden Beschreibung.

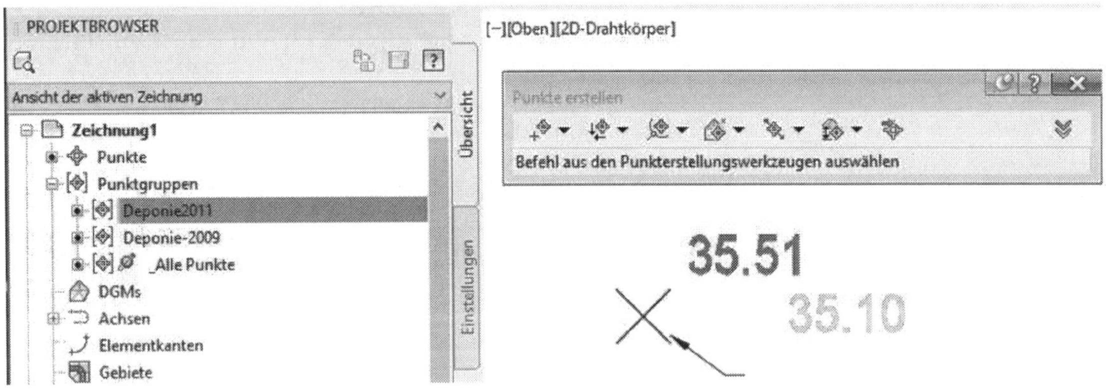

3.5.2 Erstellen des DGMs (digitales Geländemodell, 1.DGM)

Zuerst wird das DGM-Objekt erstellt (Objektdefinition).

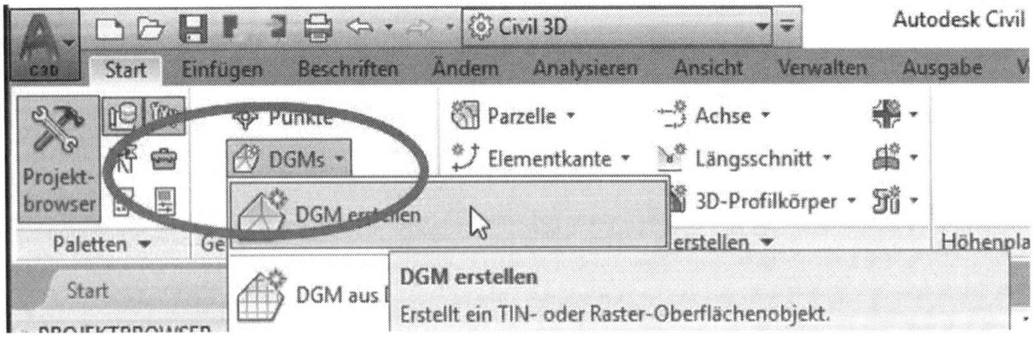

Hinweis:

Wird ein persönlicher Name vergeben, erleichtert das später die Orientierung in der Liste der Objekte (Projektbrowser).

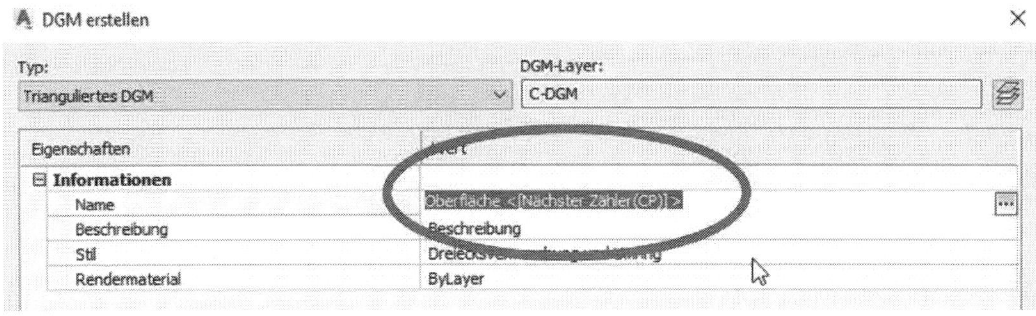

Der Stil „Dreiecksvermaschung und Umring DUNKELGRÜN (2014)" wird zur Darstellung der Ausgangssituation empfohlen. Für die Funktionalität ist der Darstellungsstil unbedeutend, für die Kontrolle und eine eventuelle Bearbeitung ist diese Auswahl von Vorteil.

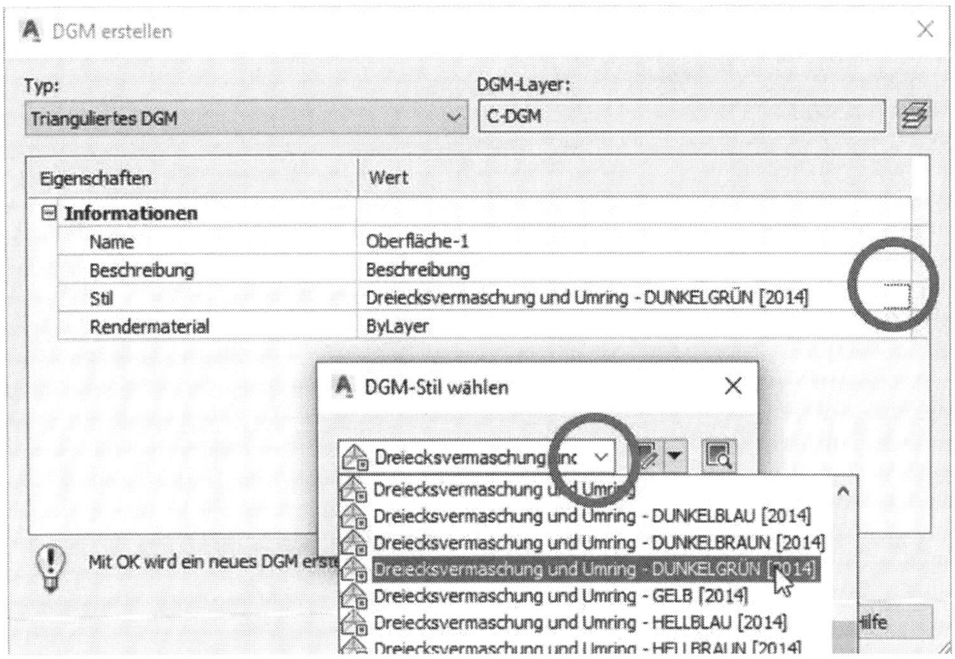

Alle weiteren Optionen wie „Beschreibung" und „Rendermaterial" sind nicht Bestandteil dieser Beschreibung. Die Definition wird mit „OK" bestätigt.

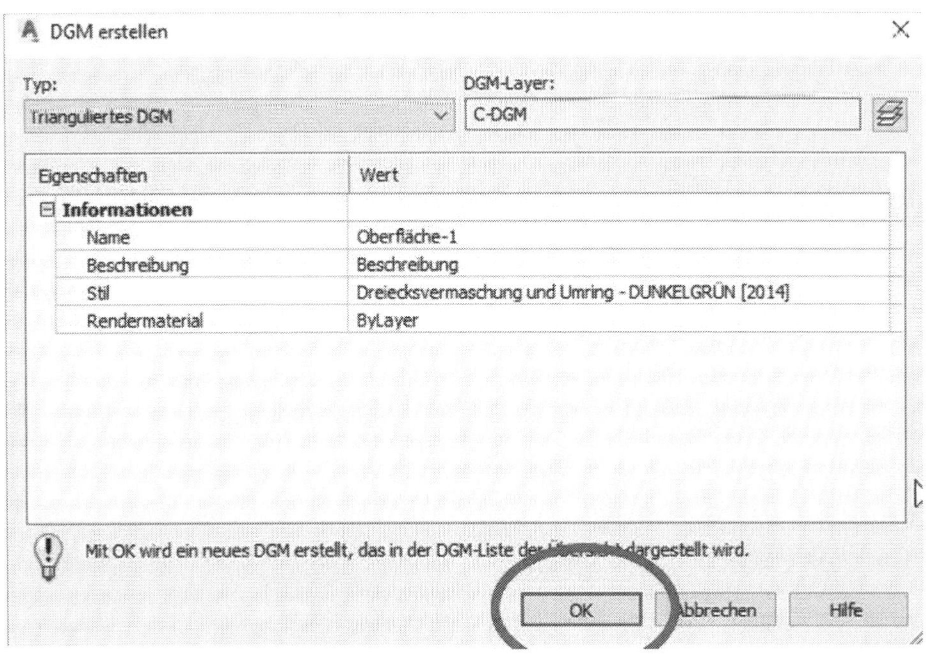

Das erstellte DGM ist Bestandteil der Objekte im Projektbrowser, Karte Übersicht, DGMs.

Im Bereich „Definition“ erfolgt die Zuweisung der Vermessungs-Daten (Punktgruppe). Der Projektbrowser gibt zur Aktualität der Objekte und zur Projektstruktur wesentliche Informationen. Diese Eigenschaften sollten bekannt sein und permanent kontrolliert werden.

Dem DGM wird die Punktgruppe zugewiesen (Deponie-2009).

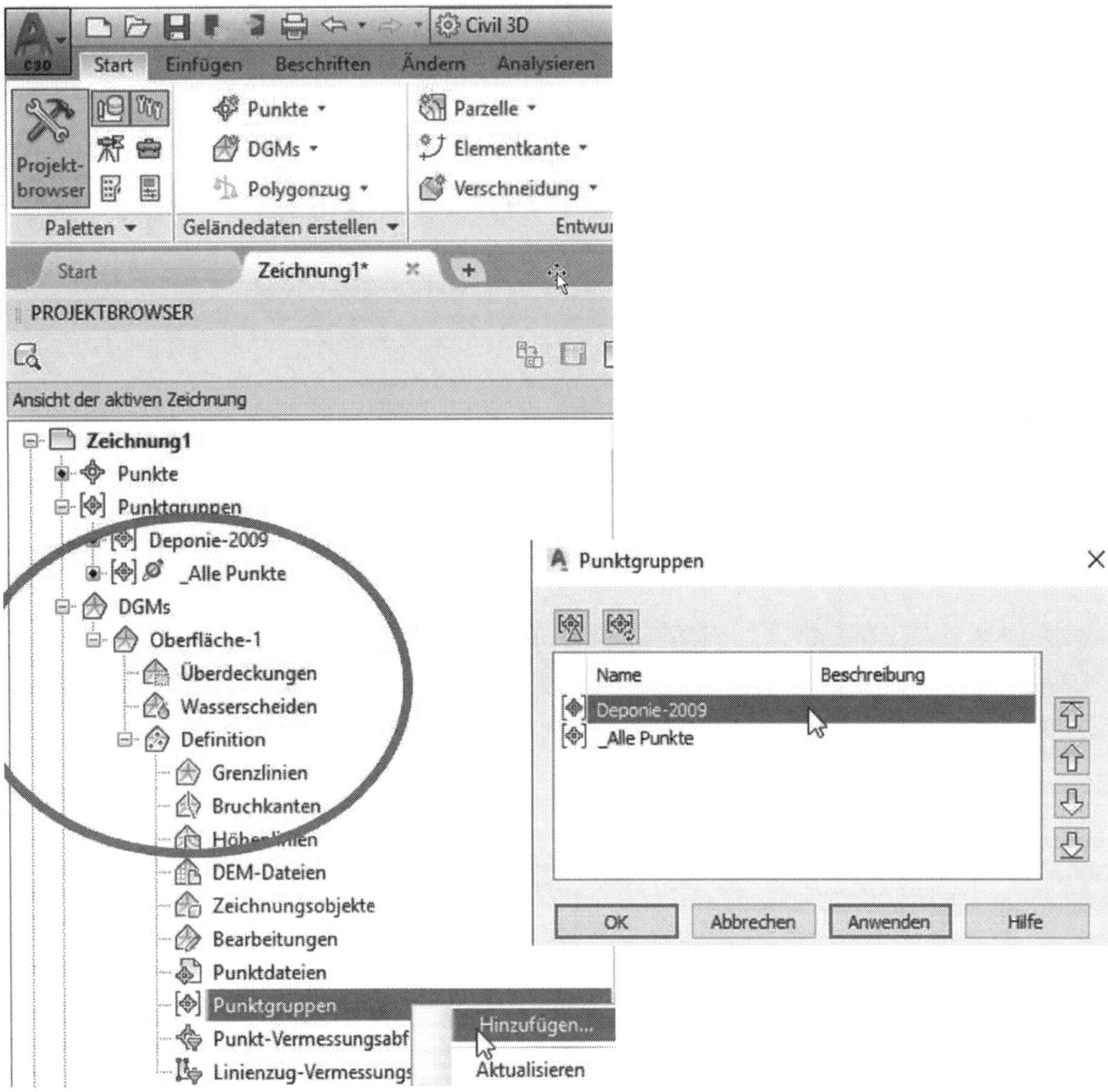

Mit der Auswahl werden die „Dreiecke“ erzeugt und das 1. DGM „Oberfläche 1“ ist erstellt und in der Zeichnung als Flächen mit grünen Linien („Dreiecken“) zu erkennen.

Hinweis:

Die Punktgruppe „_Alle Punkte“ hat eine Sonderstellung und ist nicht dem DGM zu zuweisen. Steht nur die Punktgruppe „_Alle Punkte“ zur Verfügung, so ist der Fehler beim Import zu suchen (Erstellung einer Punktgruppe).

Die Funktionen oder Eigenschaften des DGM („Überdeckung“ bis „Linienzug-Vermessungsabfragen) werden im 4. Kapitel näher erläutert. Dieses Kapitel geht gleichzeitig auf Bearbeitungsmöglichkeiten näher ein

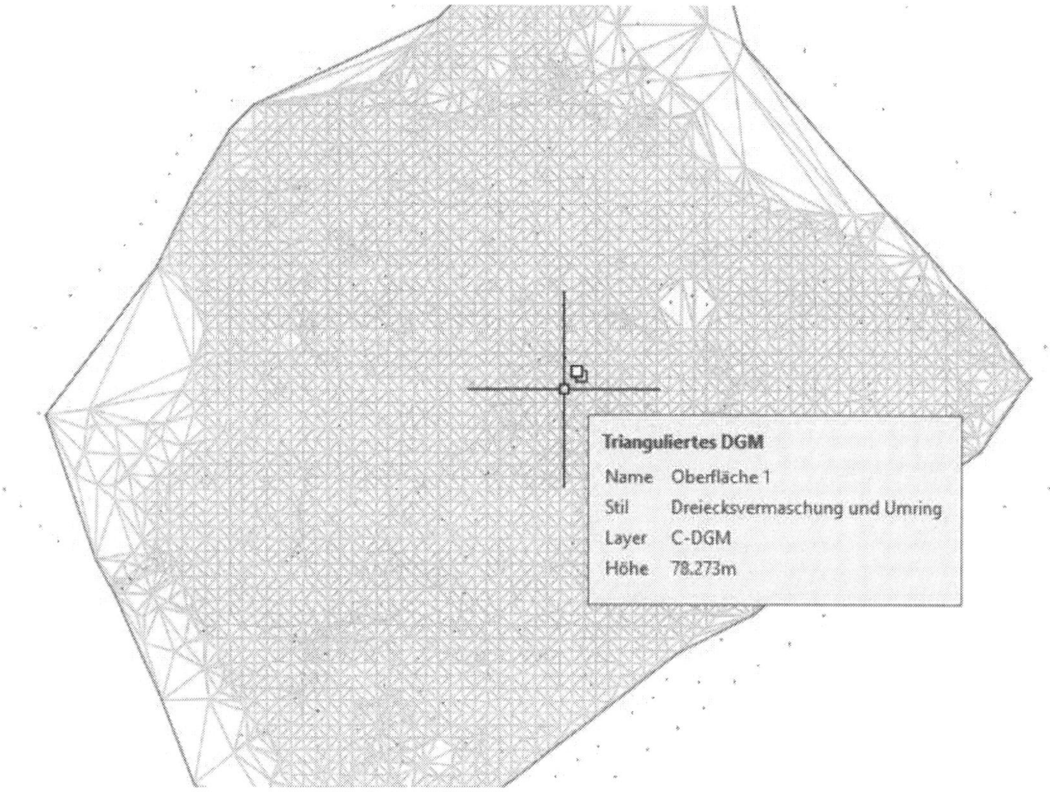

3.5.3 „2. DGM“ Erstellen

Neben dem Erstellen von DGMs aus Punktgruppen (eingelesene CIVIL 3D Punkte) kann CIVIL 3D auch DGMs „direkt“ erstellen. Ich bezeichne diese Vorgehensweise auch als „Direkt-Import“. Dabei wird der Punktimport, die Punktgruppen-Bildung und der damit verbundene Zeitaufwand umgangen. Dieser Weg ist ausdrücklich zu empfehlen, wenn die Anzahl der zu importierenden Punkte größer ist als 50.000 ist, also eine Größenordnung erreicht, bei der es unmöglich wird, einzelne Vermessungspunkte zu kontrollieren oder zu identifizieren.

Das zweite DGM wird mittels „Direkt-Import“ der Punktdatei erstellt (deponie-2011.txt). Diese Variante beginnt mit dem Erstellen des DGM-Objektes.

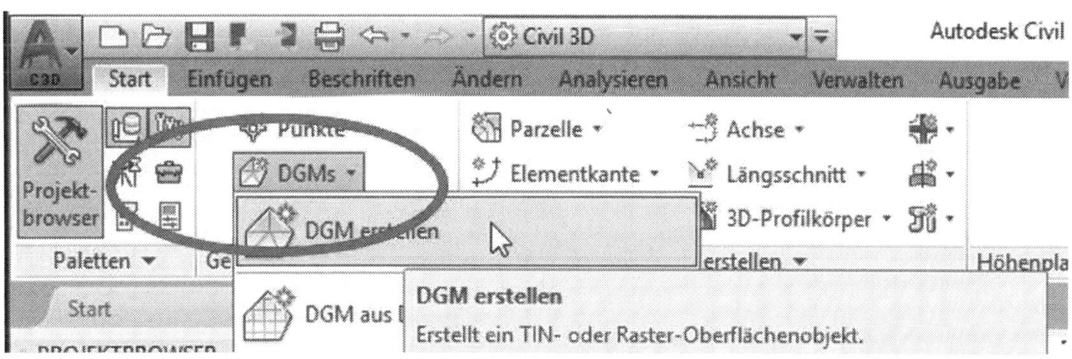

Der DGM-Name wird wiederum zielgerichtet vergeben.

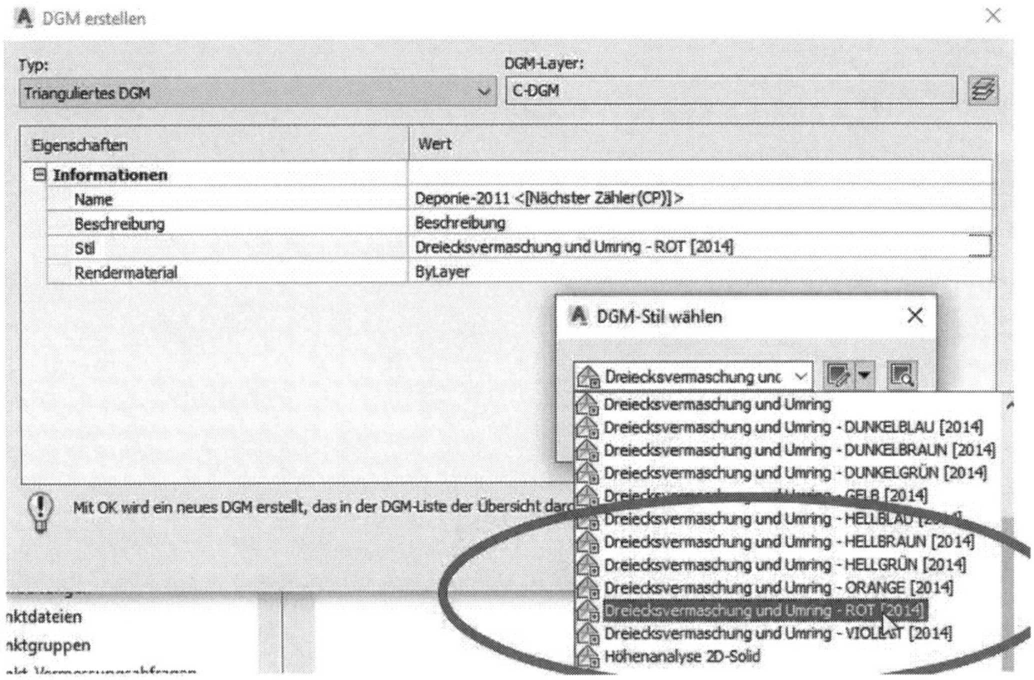

Damit das neue, 2.DGM deutlich zu erkennen ist, wird ein Darstellungs-Stil zugewiesen, dessen Farbe sich deutlich vom Bestand (Oberfläche-1) unterscheidet. Weitere Einstellungen werden nicht erläutert. Für das beschriebene Beispiel sind keine weiteren Einstellungen erforderlich.

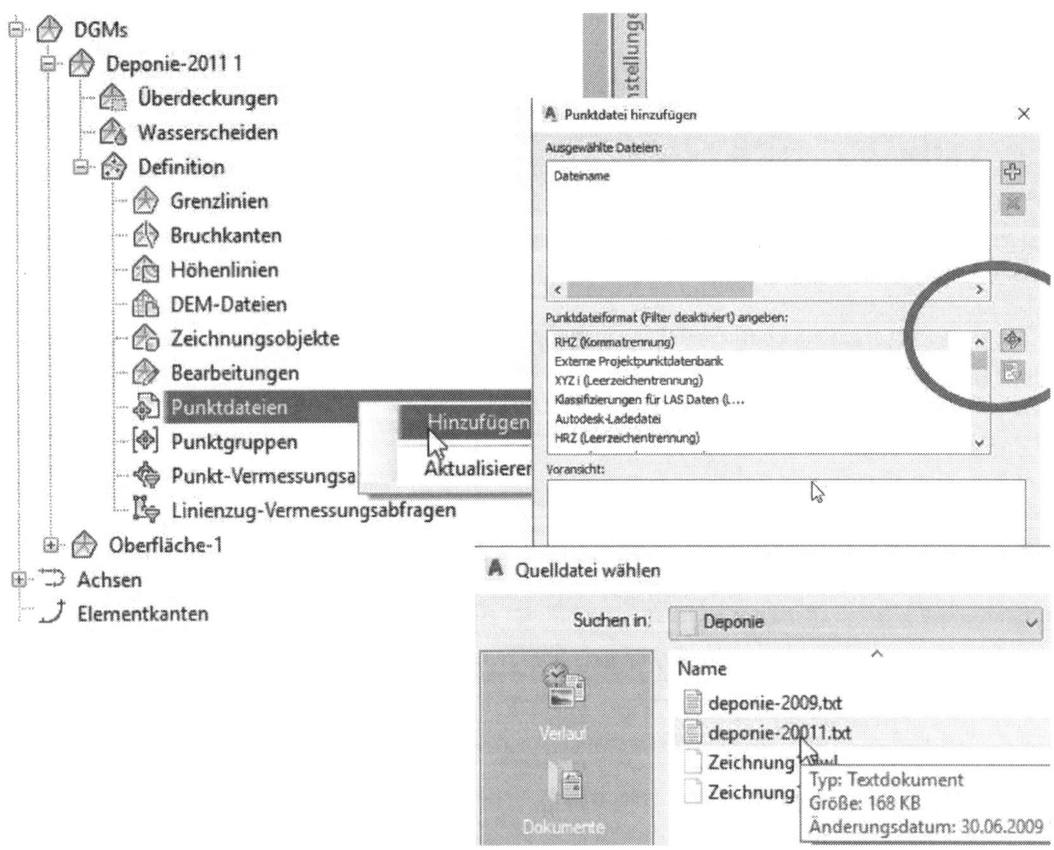

Die Punktdatei wird im Projektbrowser dem DGM unter „Punktdateien" zugewiesen.

Es stehen genau die gleichen Importformate, wie zuvor für den Punktimport erläutert, zur Verfügung. Die Bedeutung der Bezeichnung entspricht der Erläuterung aus dem Bereich „Punkt-Import". Der einzige Unterschied zum Punktimport ist die fehlende Punktgruppenzuweisung.

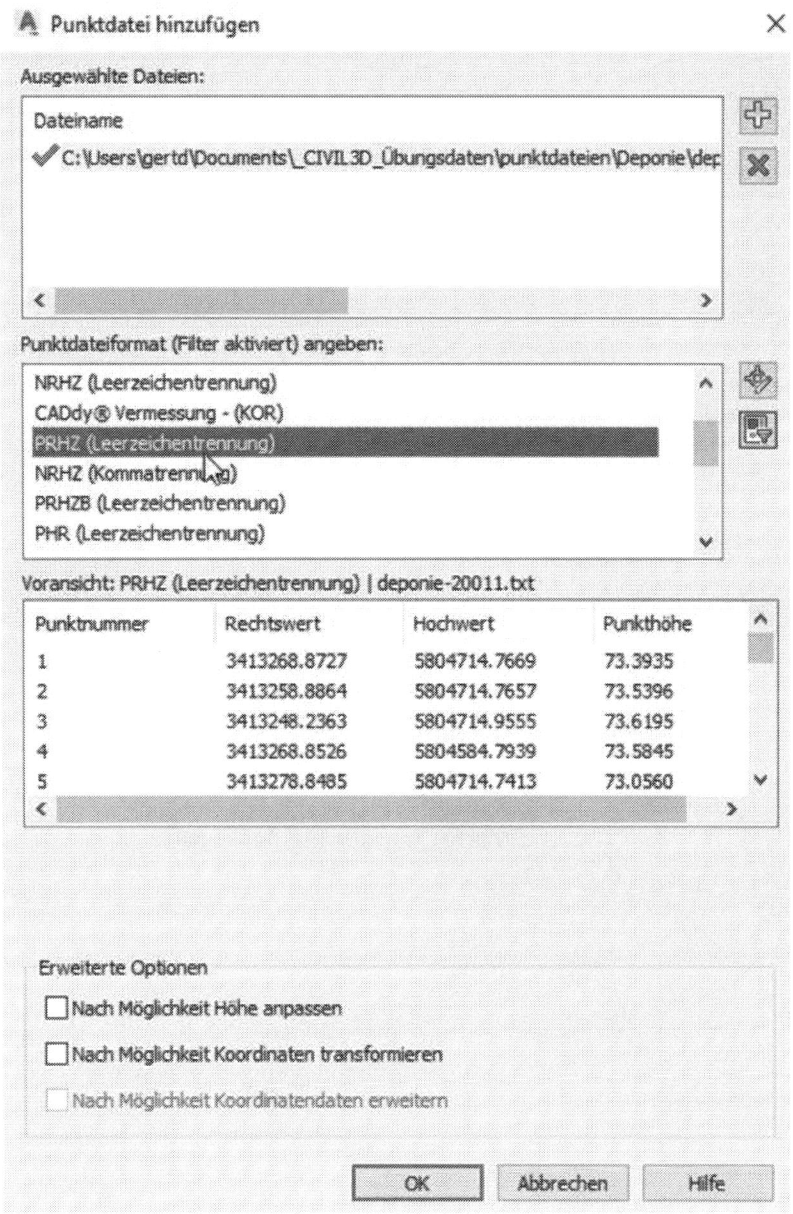

Das zweite DGM ist erstellt.

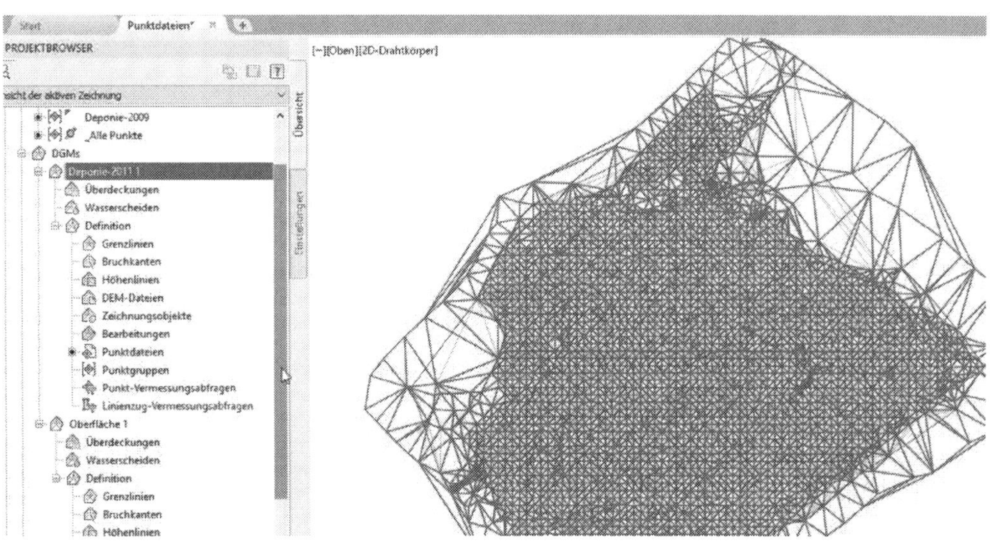

3.5.4 DGM-Kontrolle

Vor weiteren Bearbeitungsschritten ist das einzelne DGM, oder wie im vorliegenden Fall mehrere DGMs, auf eventuelle Fehler zu kontrollieren (Fehler in den Vermessungsdaten). Für eine solche Kontrolle stellt Autodesk im CIVIL 3D den Befehl „dynamischer Kontrollschnitt" zur Verfügung.

Für diesen Befehl ist eine einfache Polylinie (auch mit Stützpunkten) als Schnittlinie ausreichend. Es wird die Polylinie gezeichnet. Die Funktion ist Bestandteil des Civil 3D „Arbeitsbereiches".

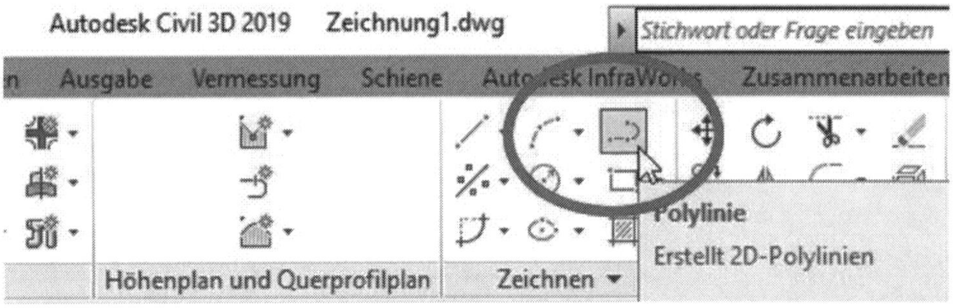

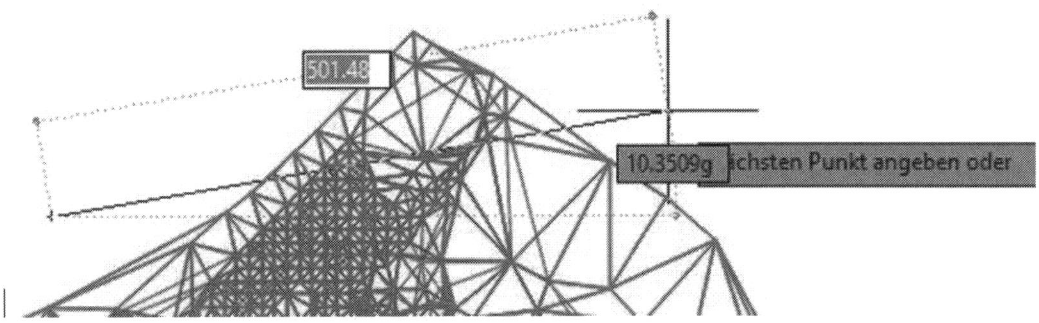

CIVIL 3D stellt im Kontext-Menü zur Polylinie den Befehl „Dynamischer Kontrollschnitt" zur Verfügung.

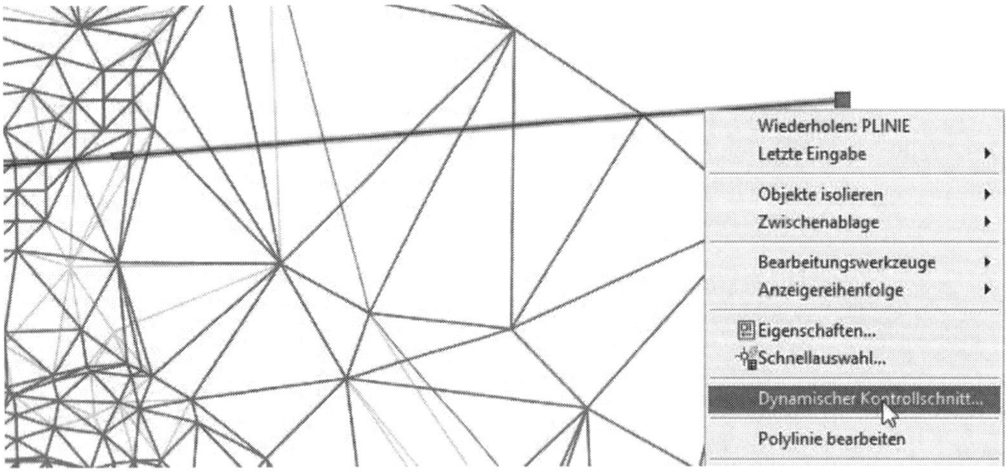

Es ist sinnvoll für die Darstellung der Schnitte (Längsschnitt), die Farben (Längsschnittstil) der einzelnen DGMs, bewußt zu wählen. Damit wird der „Dynamische Kontrollschnitt", die farbliche Darstellung der Objekte (Schnittlinien) der farblichen Darstellung im Lageplan entsprechen.

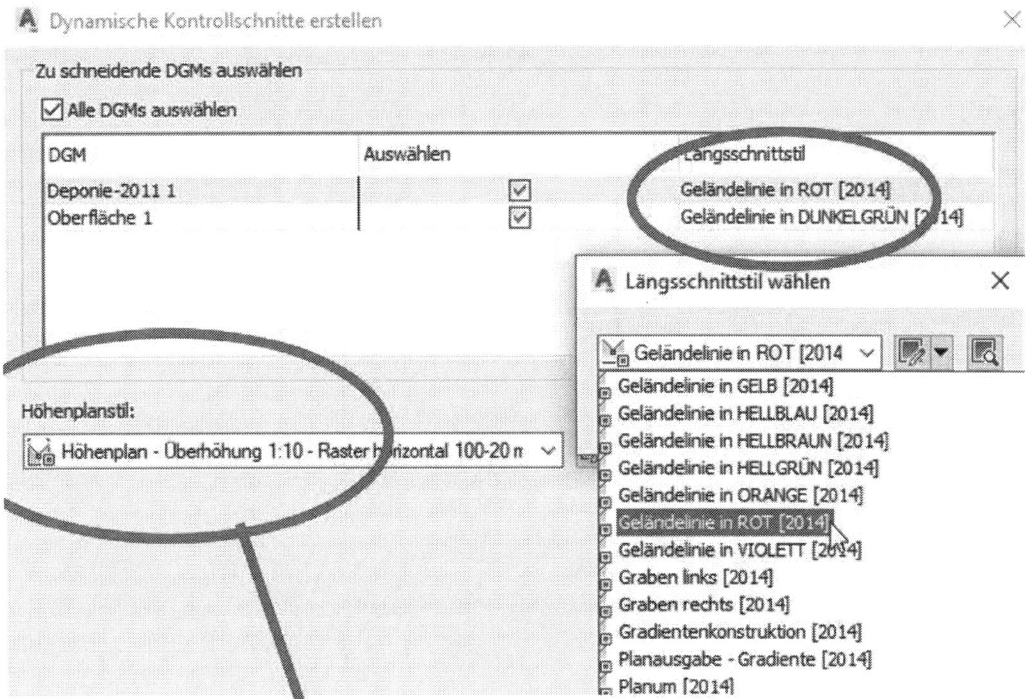

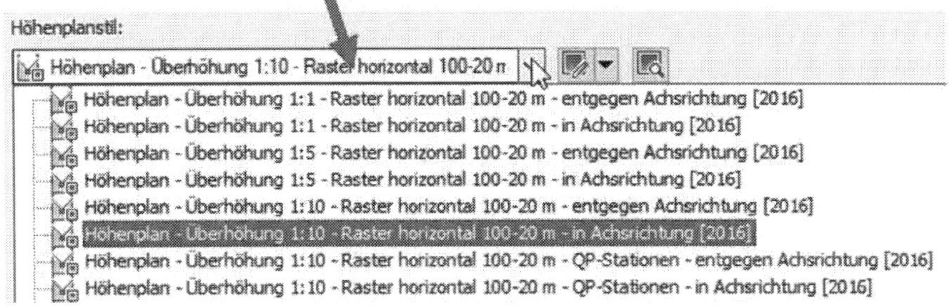

Für die Darstellung in dieser Beschreibung wird ein Überhöhungsmaßstab von 1:10 und „in Achsrichtung" gewält. In der Praxis empfihlt es sich eher eine Überhöhung von 1:1 auszuwählen. Die AutoCAD-Funktion „Messen" ist dann sinvoll verwendbar.

Dynamischer Kontrollschnitt:

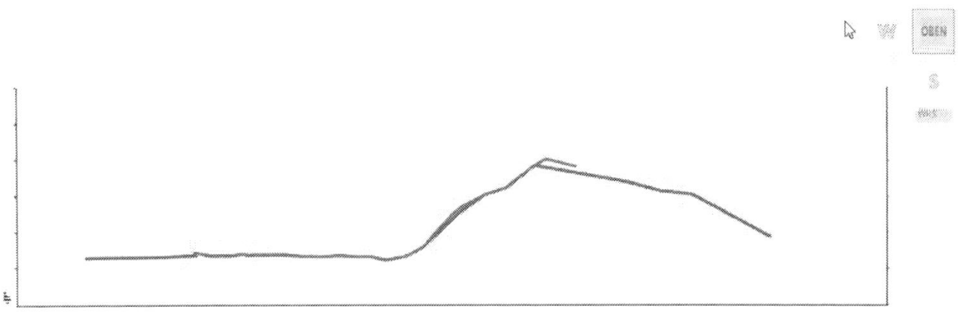

Mit jeder Lage-Änderung der Polylinie ändert sich der „Dynamische Kontrollschnitt".

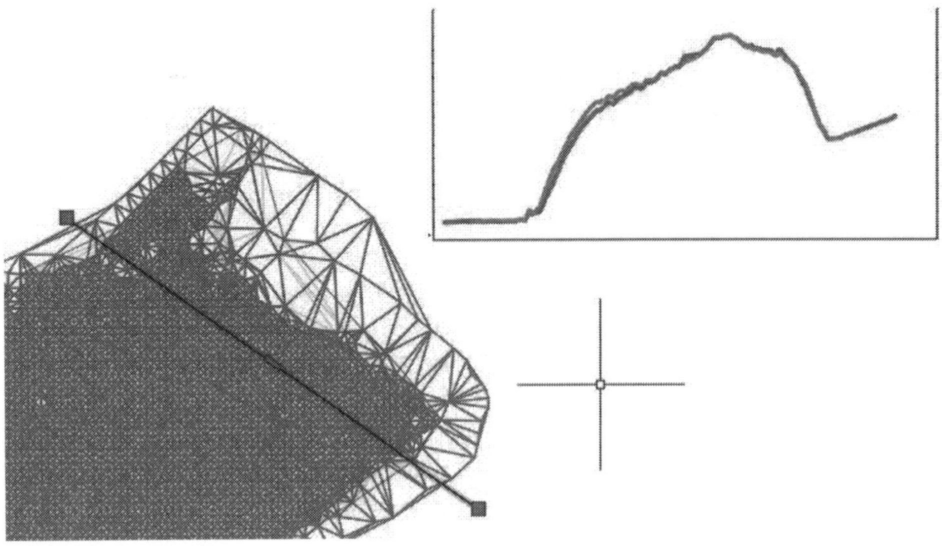

Hinweis:

Der „Dynamische Kontrollschnitt" wird automatisch, schon mit dem Speichern der Zeichnung, gelöscht.

Hinweis im „Panorama-Fenster (Ereignisanzeige)":

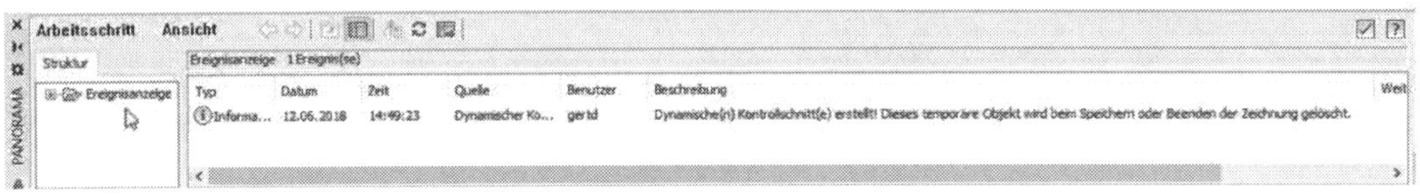

3.6 Mengenberechnung

Für die Mengenberechnung wird im Bereich „Analysieren" die Funktion „Mengen-Befehls-Navigator" ausgeführt. Es wird ein Mengenmodell erstellt.

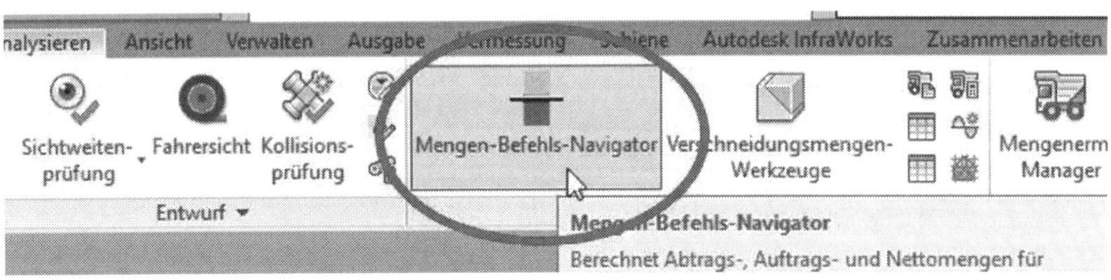

Hinweis:

Mengenmodell und Mengenoberfläche sind zwei Begriffe für das gleiche Objekt.

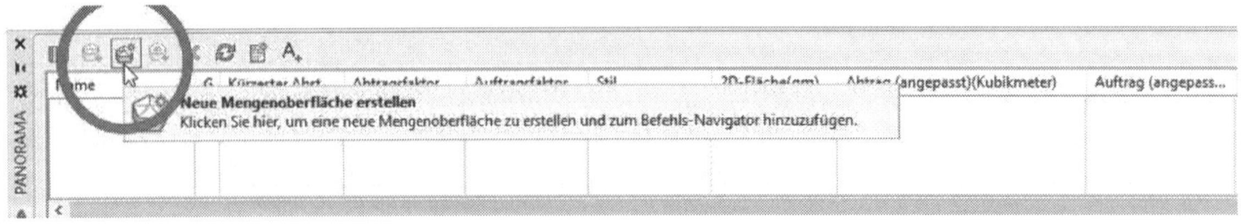

Empfehlung:

Es sollte zur besseren Unterscheidung zwischen Oberflächen-DGM und Mengenmodell, dem Mengenmodell ein spezieller Name geben werden. Mit dem Namen „Menegenermittlung-*DGM1-*DGM2" und dem Darstellungsstil „Umring" ist die Sonderfunktion klar beschrieben.

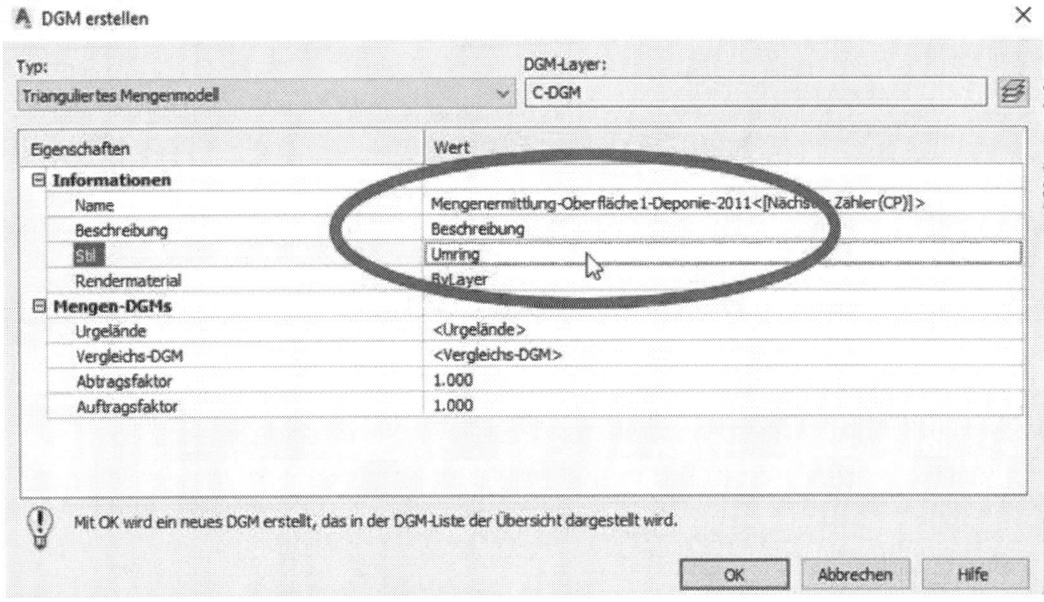

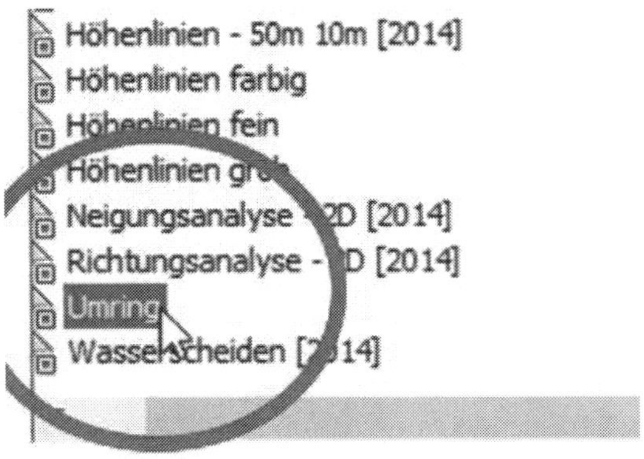

Die DGMs werden dem Mengenmodell zugewiesen.

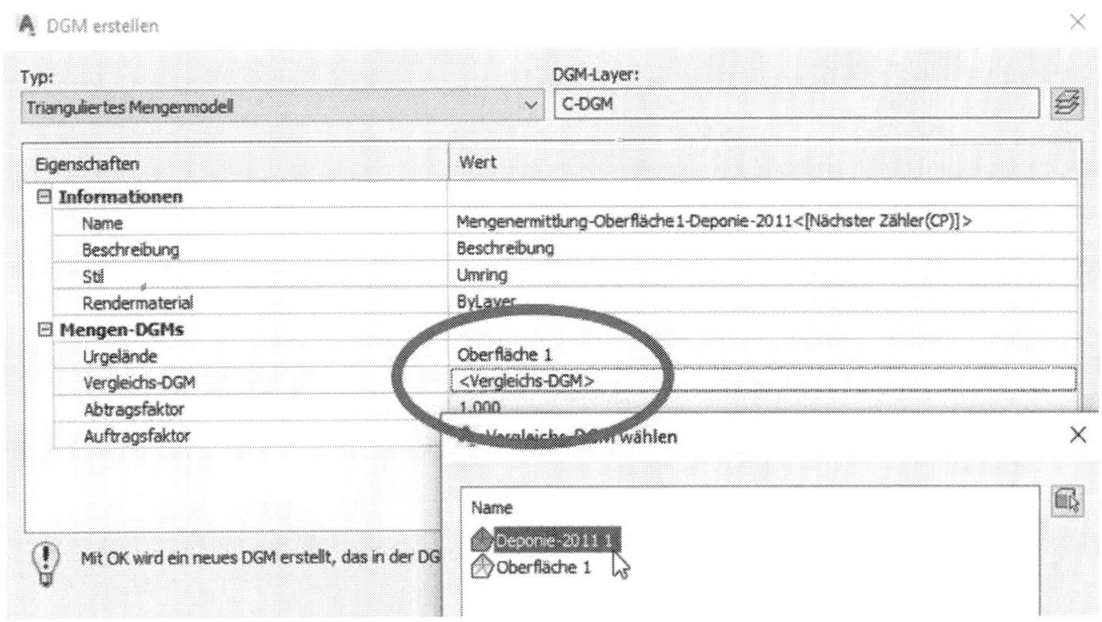

Mit der Bestätigung wird die Menge im Panaoramafenster angezeigt.

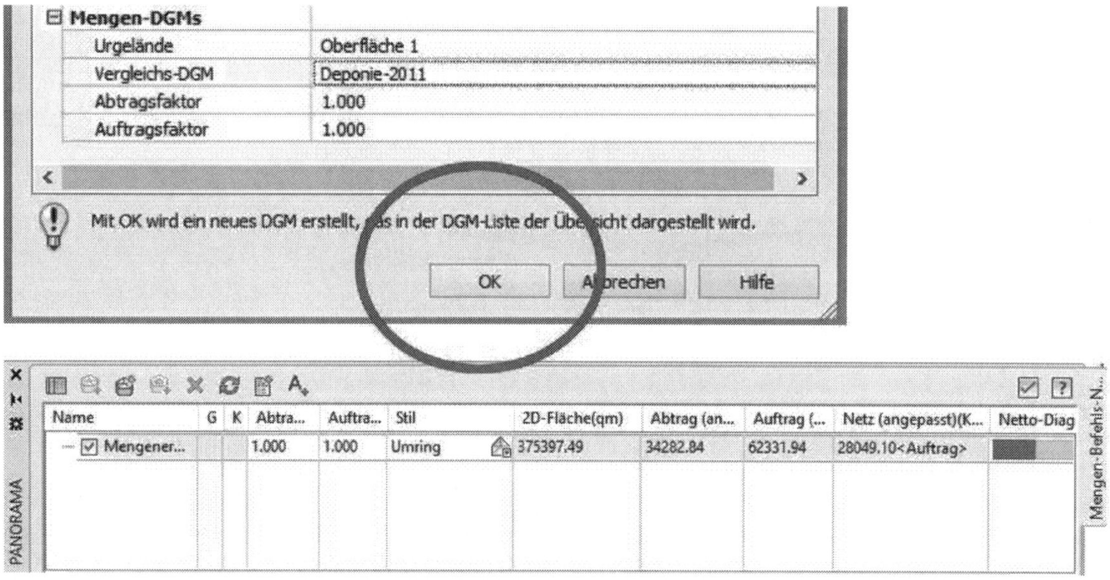

Hinweis:

Es stehen mehrere Ausgabefunktionen zur Verfügung, in der Unterlage wird nur auf folgende zwei Varianten verwiesen Werkzeugkasten und WIN-Zwischenablage.

Werkzeugkasten

Bestandteil des Projekbrowser ist die Karte „Werkzeugkasten".

Optional kann entschieden werden welche Objekte Bestandteil des Berichtes (Ausgabe) werden sollen.

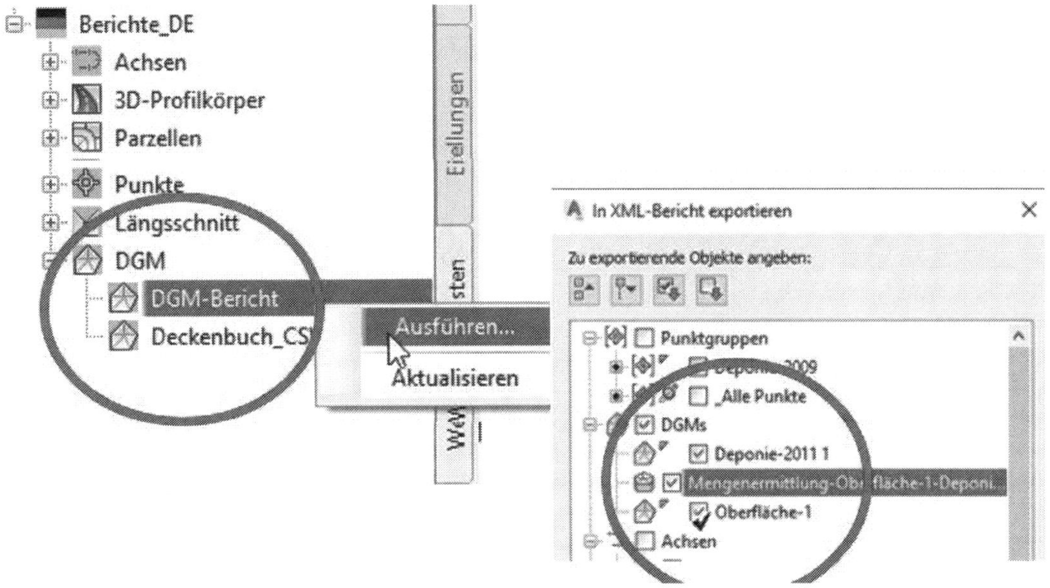

Neu in der Version 2019 sind folgende Ausgabe-Formate möglich.

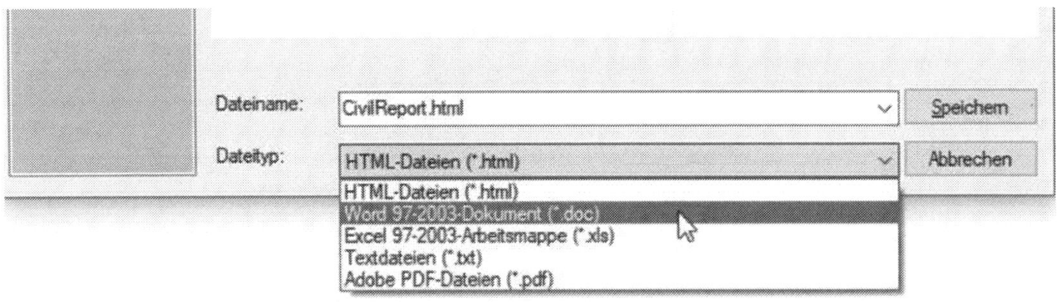

Dem Ausgabe-Protokoll ist ein firmeneigner Kopf zuordenbar.

Funktion des Projektbrowsers:

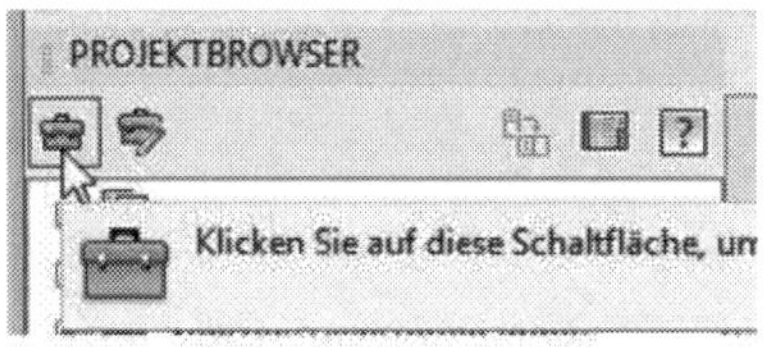

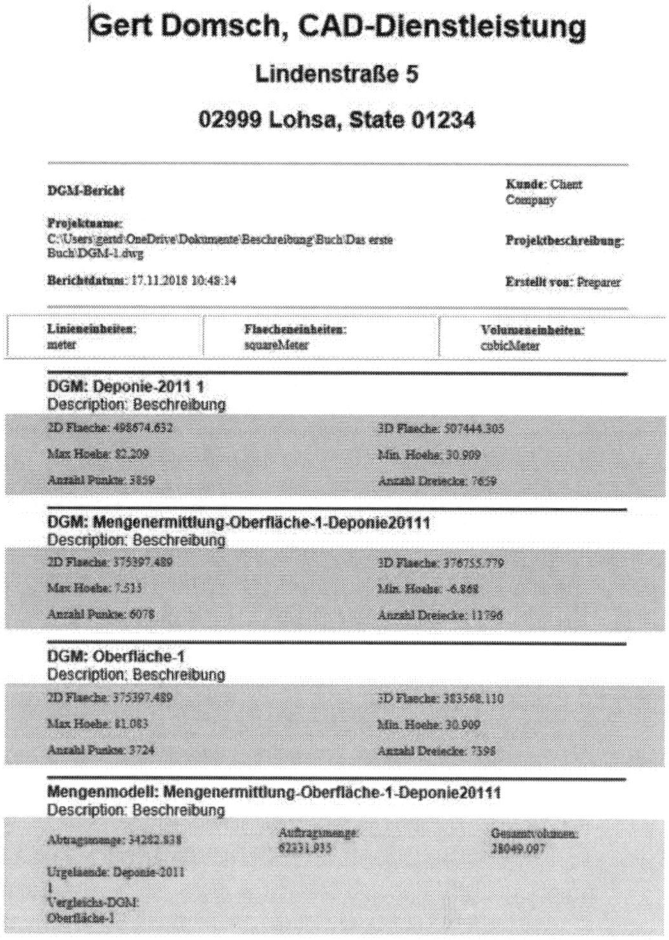

Gert Domsch, CAD-Dienstleistung

Lindenstraße 5

02999 Lohsa, State 01234

DGM-Bericht

Kunde: Client Company

Projektname:
C:\Users\gertd\OneDrive\Dokumente\Beschreibung\Buch\Das erste Buch\DGM-1.dwg

Projektbeschreibung:

Berichtdatum: 17.11.2018 10:48:14

Erstellt von: Preparer

Linieneinheiten: meter	Flaecheneinheiten: squareMeter	Volumeneinheiten: cubicMeter

DGM: Deponie-2011 1
Description: Beschreibung

2D Flaeche: 498674.632	3D Flaeche: 507444.305
Max Hoehe: 82.209	Min. Hoehe: 30.909
Anzahl Punkte: 3859	Anzahl Dreiecke: 7659

DGM: Mengenermittlung-Oberfläche-1-Deponie20111
Description: Beschreibung

2D Flaeche: 375397.489	3D Flaeche: 376755.779
Max Hoehe: 7.513	Min. Hoehe: -6.868
Anzahl Punkte: 6078	Anzahl Dreiecke: 11796

DGM: Oberfläche-1
Description: Beschreibung

2D Flaeche: 375397.489	3D Flaeche: 383568.110
Max Hoehe: 81.083	Min. Hoehe: 30.909
Anzahl Punkte: 3724	Anzahl Dreiecke: 7398

Mengenmodell: Mengenermittlung-Oberfläche-1-Deponie20111
Description: Beschreibung

Abtragsmenge: 34282.838	Auftragsmenge: 62331.935	Gesamtvolumen: 28049.097
Urgelaende: Deponie-2011 1 Vergleichs-DGM: Oberfläche-1		

WIN-Zwischenablage

Alle Werte können aus den Tabellen herauskopiert und in andere WIN-Dokumente eingefügt werden.

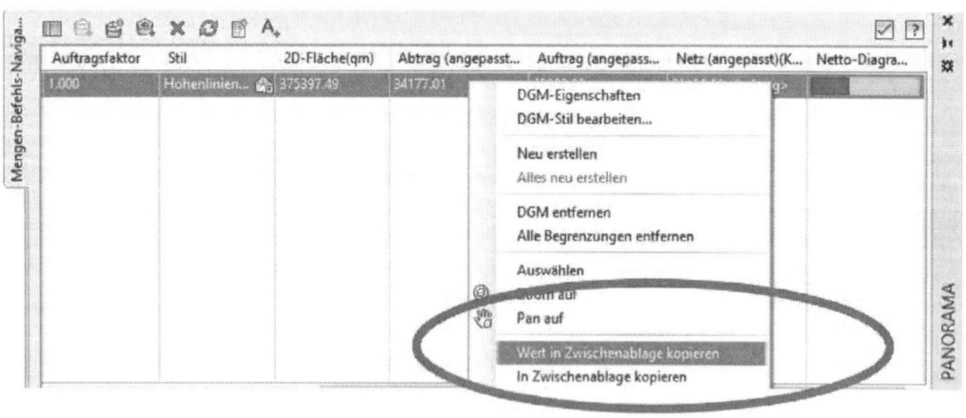

Einfügen im „Word“:

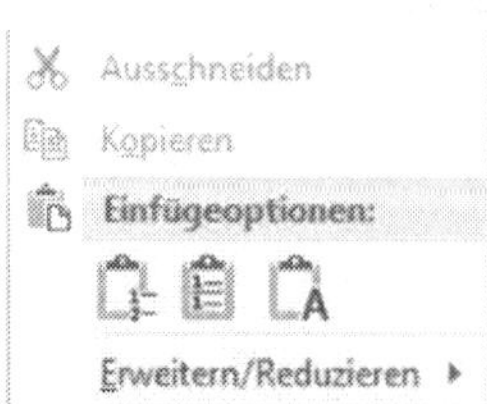

3.6.1 Darstellung von Auf- und Abtrag, Analysefunktion

Neben der Bestimmung der Mengen kann das „Mengenmodel" zur bildlichen Darstellung der Auf- und Abtrags-Bereiche verwendet werden.

Um das Mengenmodell und die farbliche Darstellung in der Zeichnung besser zu erkennen, sollte den vorhandenen Oberflächen-DGMs ein Stil zugewiesen sein, der transparent ist. Es wird der Stil „Umring" gewählt. Von allen drei DGMs (Mengenmodel und Oberflächen-DGMs) ist damit nur der äußere Rand sichtbar. Der Zugang zum Wechsel der Darstellung bei allen DGMs erfolgt über „DGM-Eigenschaften".

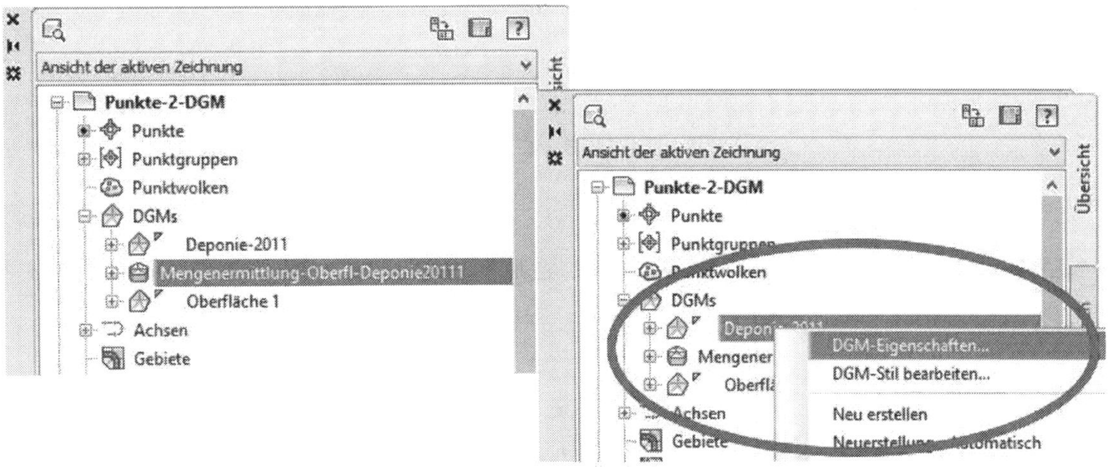

Resultat:

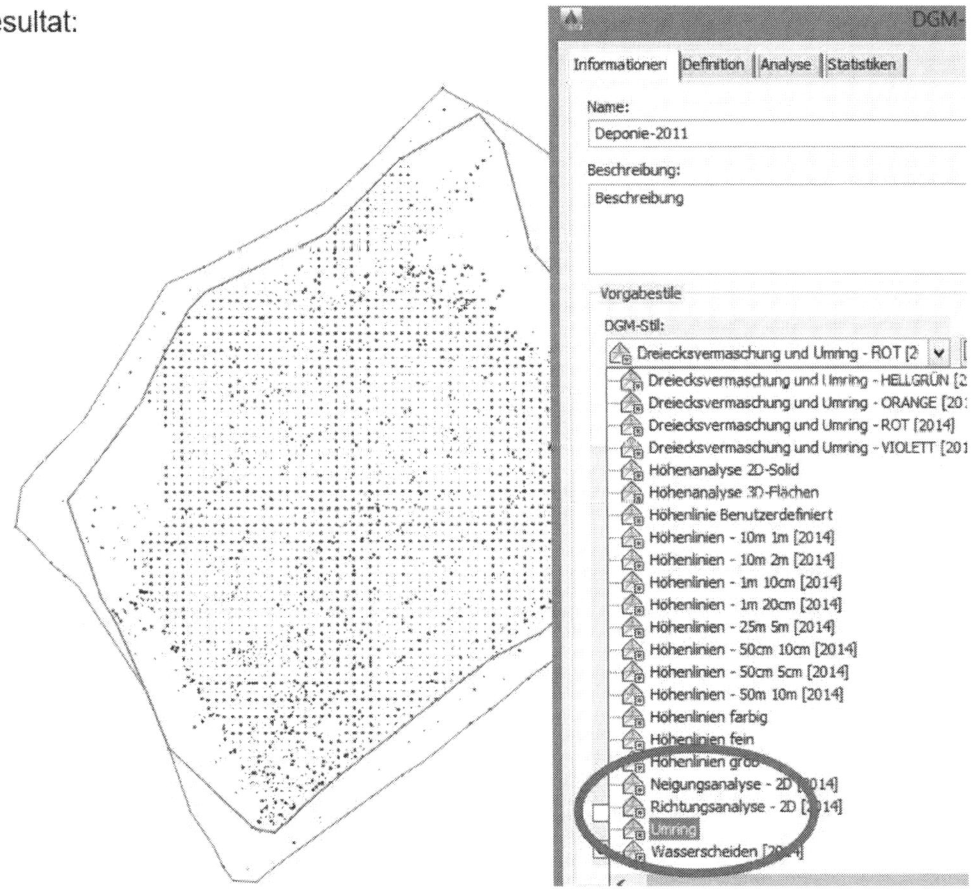

Um am Mengenmodell den Auf- und Abtrags Bereich sichtbar zu machen, ist ein geeigneter Darstellungsstil auszuwählen und ggf. zu bearbeiten.

Es wird der Darstellungsstil 2D-Solid gewählt. Dieser erzeugt höhenabhängige 2D-Solids (farbige 2D-Flächen).

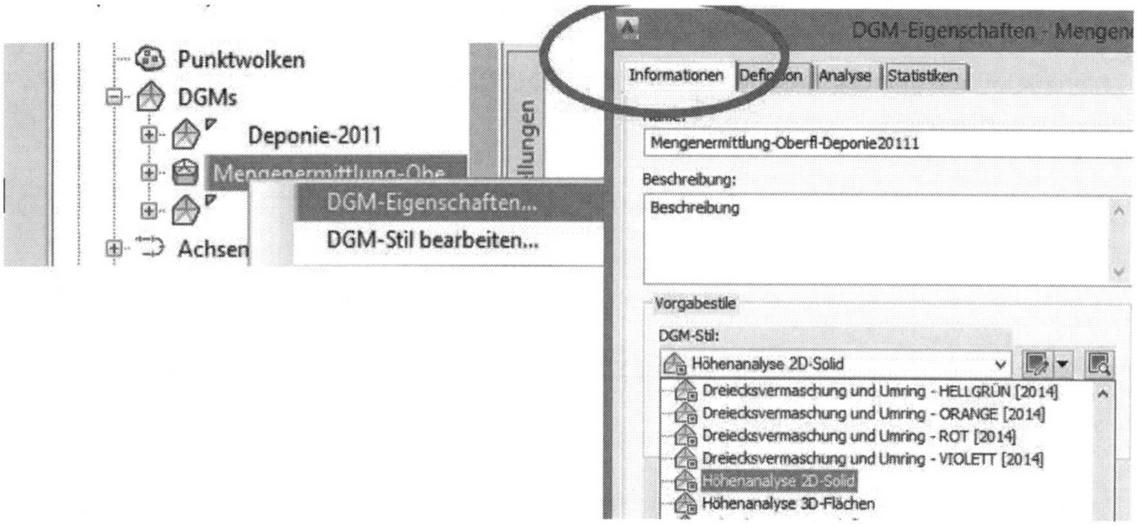

Die Maske wird nicht geschlossen. Es wird auf die Karte „Analyse" gewechselt.

Hinweis:

Das 4. Kapitel geht nochmals und eventuell etwas detailierter auf die Funktionen der Karte „Analyse" ein und erläutert auch die Karten „Definition" und „Statistiken".

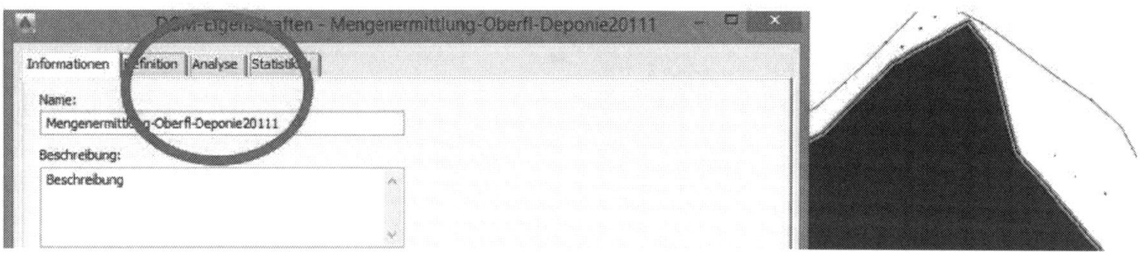

Auf der Karte „Analyse" wird der Analysetyp „Höhen" gewählt.

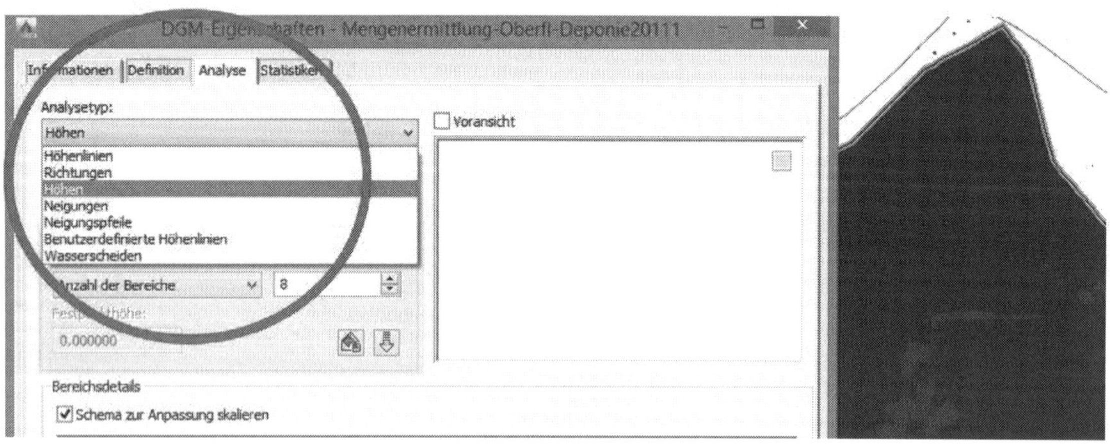

Es werden „2“ Bereiche eingetragen.

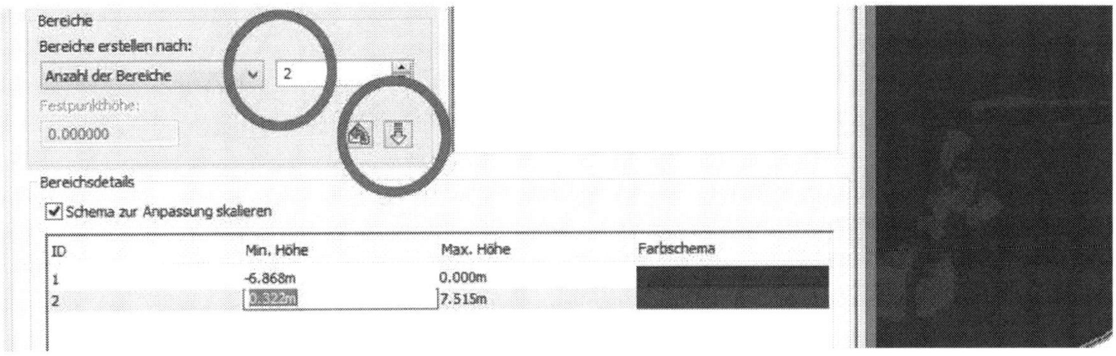

Civil 3D teilt diese Bereiche zuerst und automatisch in zwei gleich große Bereiche.

Wert und Farbe der Bereie können angepasst werden. Die vorgeschlagenen Werte, vor allem „min. Höhe“ und „max. Höhe“ sind zu kontrollieren und in unserem Fall, an der jeweiligen Grenze auf „Null“ zu setzen. Die Farben sind optional auf kontrastreiche Werte zu wechseln.

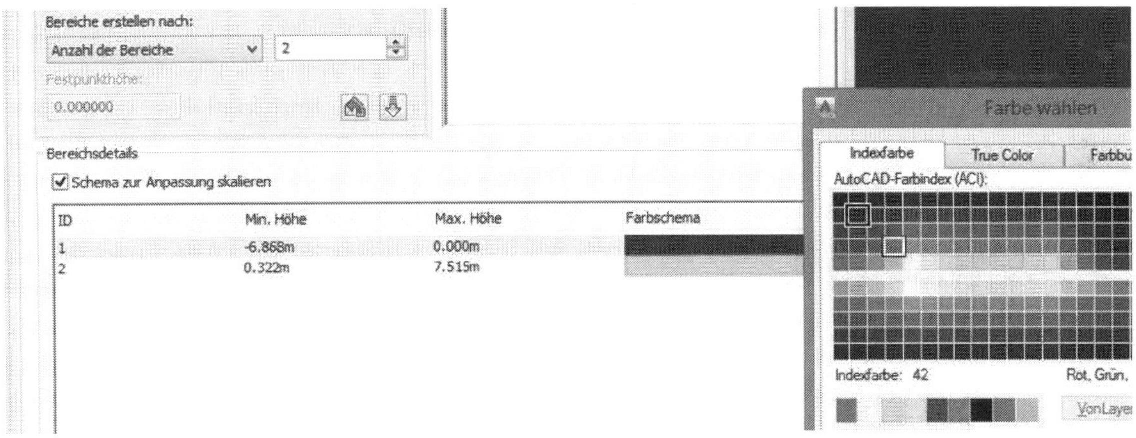

Resultat:

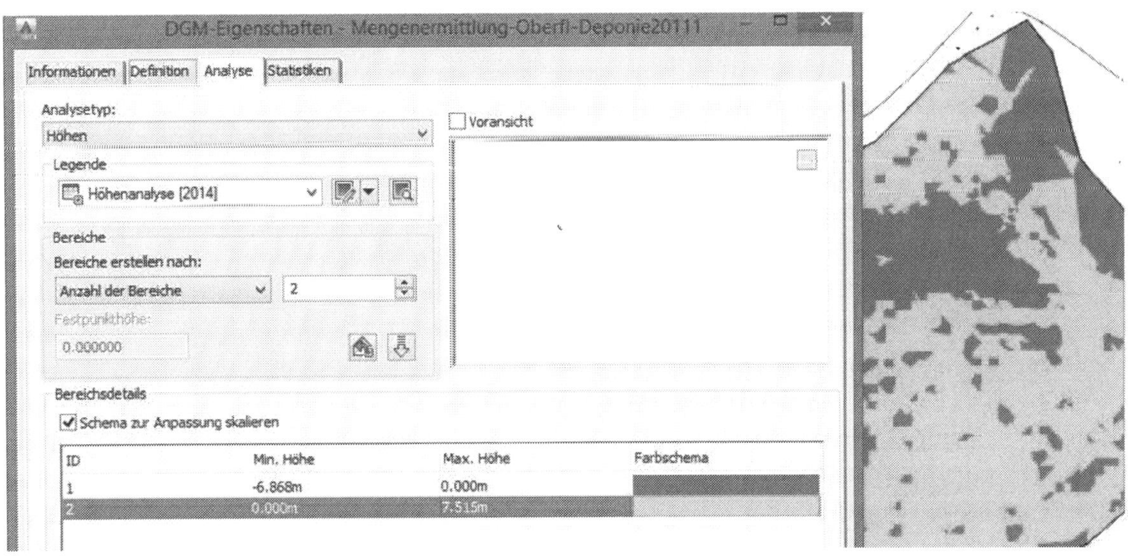

Die farbliche Darstellung wird um eine Legende ergänzt (Menü, Karte „Beschriften").

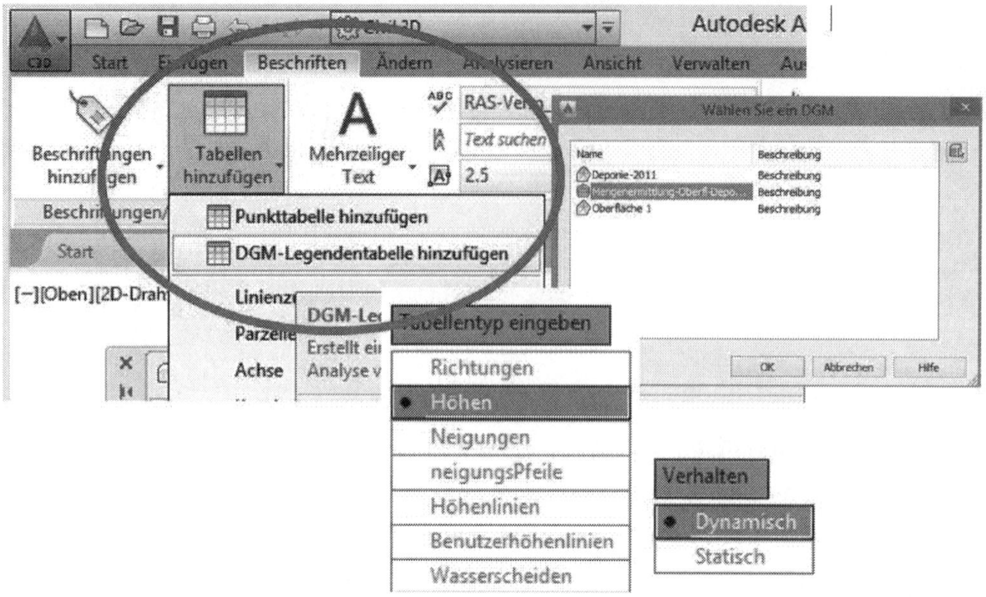

Höhentabelle						
Nummer	Min. Höhenwert	Max. Höhenwert	Farbe	Fläche 2D [m²]	Fläche 3D [m²]	Volumen [m³]
1	-6.868	0.000		65453.7	65852.3	34177.0
2	0.000	7.515		289943.8	290900.7	62302.6

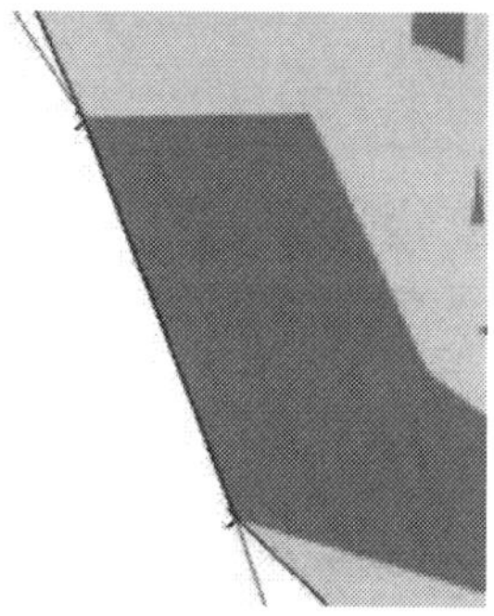

Das Mengenmodell kann zusätzlich mit der Zuweisung eines Höhenlinien-Stils Bereiche mit gleicher „Mächtigkeit" ausweisen. Das heißt es ist erkennbar, wie viel in welchem Bereich aufgetragen oder abgetragen wurde.

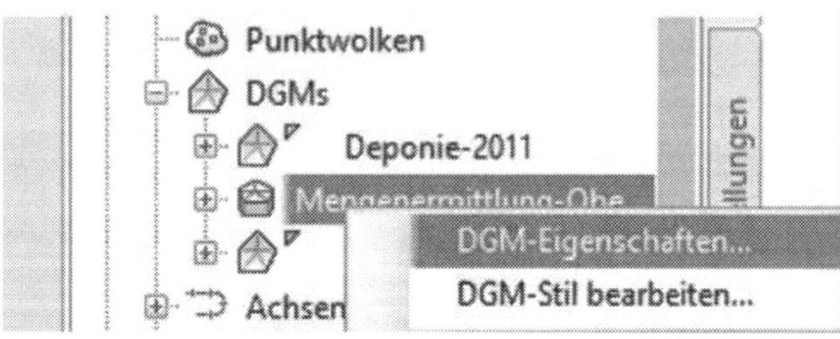

Resultat:

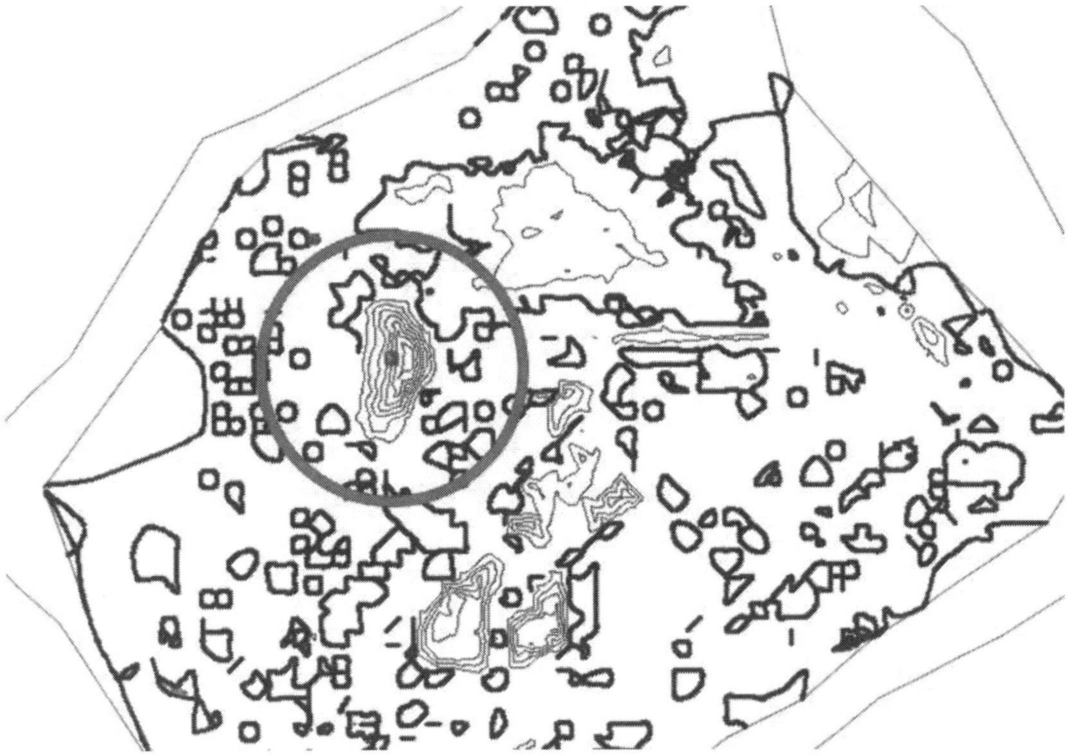

Die weiteren Erläuterungen beziehen sich auf den „rot“ markierten Bereich.

Die im Bild dargestellten Höhenlinien sind, im Fall „Mengenmodell“, Linien gleicher Mächtigkeit. Werden die Linien mit der entsprechenden Beschriftungsfunktion beschriftet, so wird die Schichtstärke angezeigt.

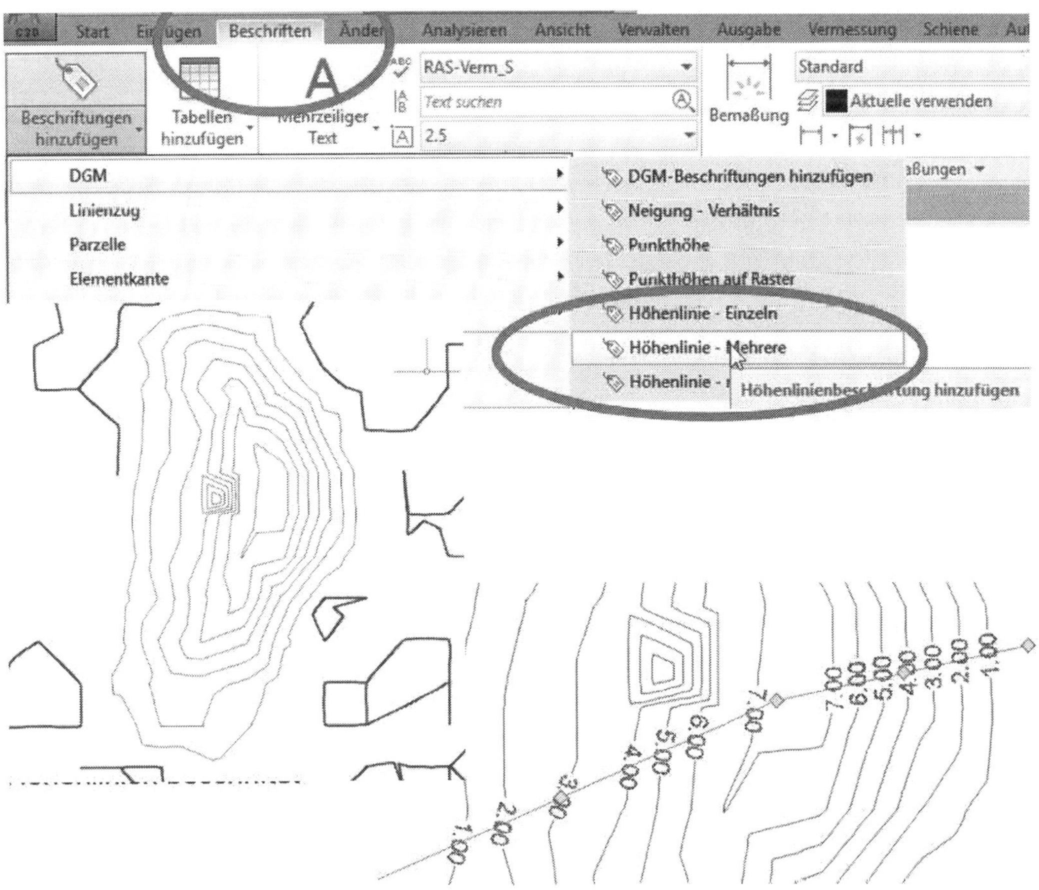

Optional stehen gleichzeitig auch beide Einstellungen parallel zur Verfügung (farbliche Darstellung und Höhenlinien mit Beschriftung der Schichtstärke).

Auftragsbereich

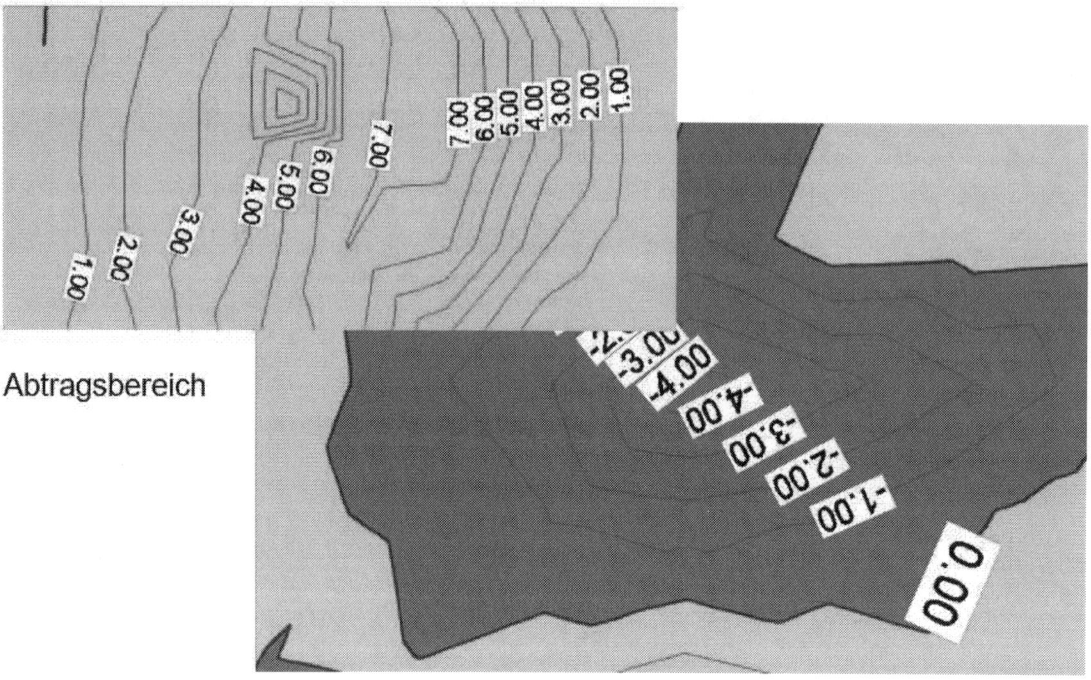

3.7 Teil 2: Vermessungsdaten mit Verm.-Code (Punkt-Code)

Im zweiten Beispiel werden nur Punkte importiert, die einen Vermessungs-Code besitzen, die eine alphanumerische Punktbezeichnung haben und bei denen ein Punktsymbol zu verwenden ist. Im Beispiel werden in erster Linie Punktsymbole verwendet, die Civil 3D bereitstellt. Ein Punktsymbol wird neu erstellt, weil es nicht in der Liste der bereitgestellten Punkt-Stile vorhanden ist (wird in der „... Deutschland.dwt" nicht bereitgestellt).

Diese Punkte werden nachfolgend in einem Layout beispielhaft dargestellt, um Optionen zu zeigen, die der Civil 3D-Punkt als Eigenschaft haben kann und um Optionen zu zeigen, die die kostenlose Programmerweiterung „DACH-Extension" besitzt.

3.7.1 Kontrolle der Daten

In der zu importierenden Datei finden wir folgendes Format (Die Darstellung im Bild erfolgt mit „WIN Standard-Editor")

Anfang der Datei

NRHZB-Leerzeichen.ASC - Editor

Datei Bearbeiten Format Ansicht ?

1	4590436.206	5432856.337	600.280	043
2	4590430.413	5432852.270	599.080	043
3	4590429.315	5432850.444	598.770	042
4	4590429.694	5432848.849	598.650	042
5	4590434.530	5432840.973	598.570	043
6	4590437.109	5432837.055	598.430	043
7	4590438.255	5432836.174	598.550	043
8	4590431.850	5432822.439	596.490	043
9	4590439.740	5432824.832	597.650	043
10	4590425.390	5432820.848	595.530	042
11	4590410.335	5432814.775	593.610	041
12	4590400.232	5432810.142	592.500	040
13	4590389.474	5432818.970	591.670	038
14	4590403.777	5432822.549	593.430	040

Ende der Datei

1303	4590216.561	5432825.091	571.380	021
1304	4590383.351	5432799.541	588.310	038
1305	4590387.267	5432797.271	588.780	038
1306	4590391.416	5432794.141	589.270	039
1307	4590395.553	5432799.807	589.500	039
1308	4590391.316	5432803.011	589.060	039
1309	4590387.055	5432805.546	588.650	[illegible]
1310	4590383.065	5432807.180	588.300	038
PP_11	4590380.843	5432807.817	588.12[illegible]	038

Zeile 1311, Spalte 10

- Aufbau (ASCII- formatiert, keine Sonderzeichen, keine Tabulatoren)
- Dezimaltrennzeichen „Punkt"
  - 1. Stelle ein **Name** (wird in Civil 3D –N genannt), Grund: der letzte Punkt hat als Punktbezeichnung alphanumerische Werte (Buchstaben)!
  - 2. Stelle - „Rechtswert" (wird in Civil 3D – R bezeichnet),
  - 3. Stelle - „Hochwert" (in Civil 3D - H),
  - 4. Stelle - „Höhe" (in Civil 3D - Z)
  - 5. Stelle - „Kurzbeschreibung" (in Civil 3D – B – „Beschreibung") deutsch „Vermessungs-Code"
- Die Werten sind mit Leerzeichen voneinander getrennt
- durchgängige Struktur vorhanden (von Anfang bis Ende)
- Anzahl der zu importierenden Datensätze pro Punktdatei weniger als 50.000 Datensätze (Punkte)

3.7.2 Import von Vermessungspunkten mit Verm.-Code

Mit dem Befehl „Punkterstellungswerkzeuge" wird der Werkzeugkasten „Punkte erstellen" geöffnet. Die Funktionalität entspricht dem Kapitel „3.4.1 Punktimport" und wird deshalb hier verkürzt wiedergegeben.

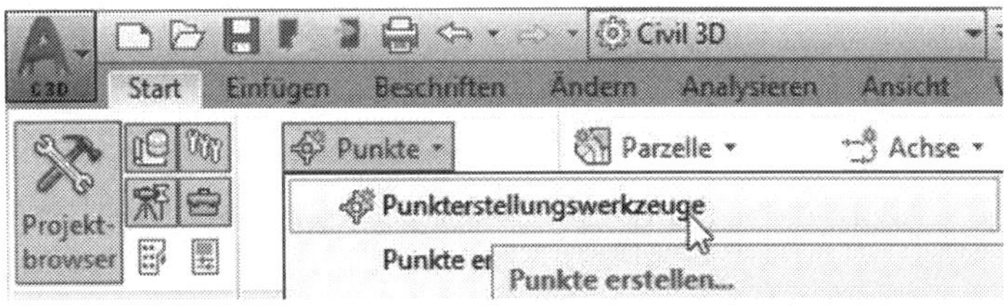

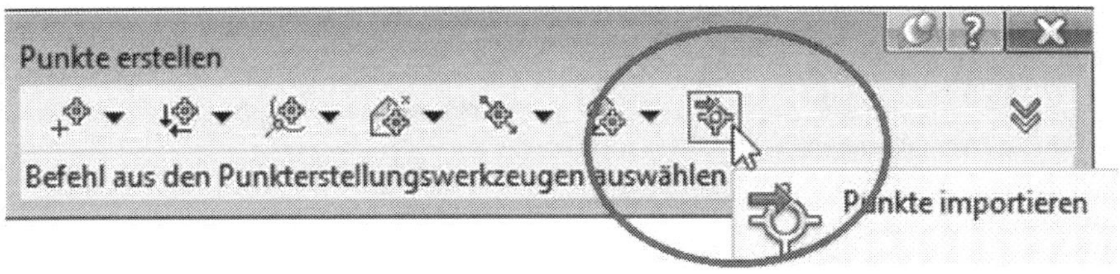

Zuerst erfolgt die Auswahl der zu importierenden Datei oder Dateien. Die Auswahl erfolgt mit dem „+" auf der rechten Seite. Es wiederholen sich die Arbeitsschritte der Dateiauswahl.

Es folgt der Formatvergleich. Das vom Programm vorgeschlagene Importformat muss nicht unbedingt dem Format der Datei entsprechen.

Das Importformat „NRHZ- Leerzeichentrennung", dass der Punktdatei entspricht, wird ausgewählt.

Import-Dialog-Feld:

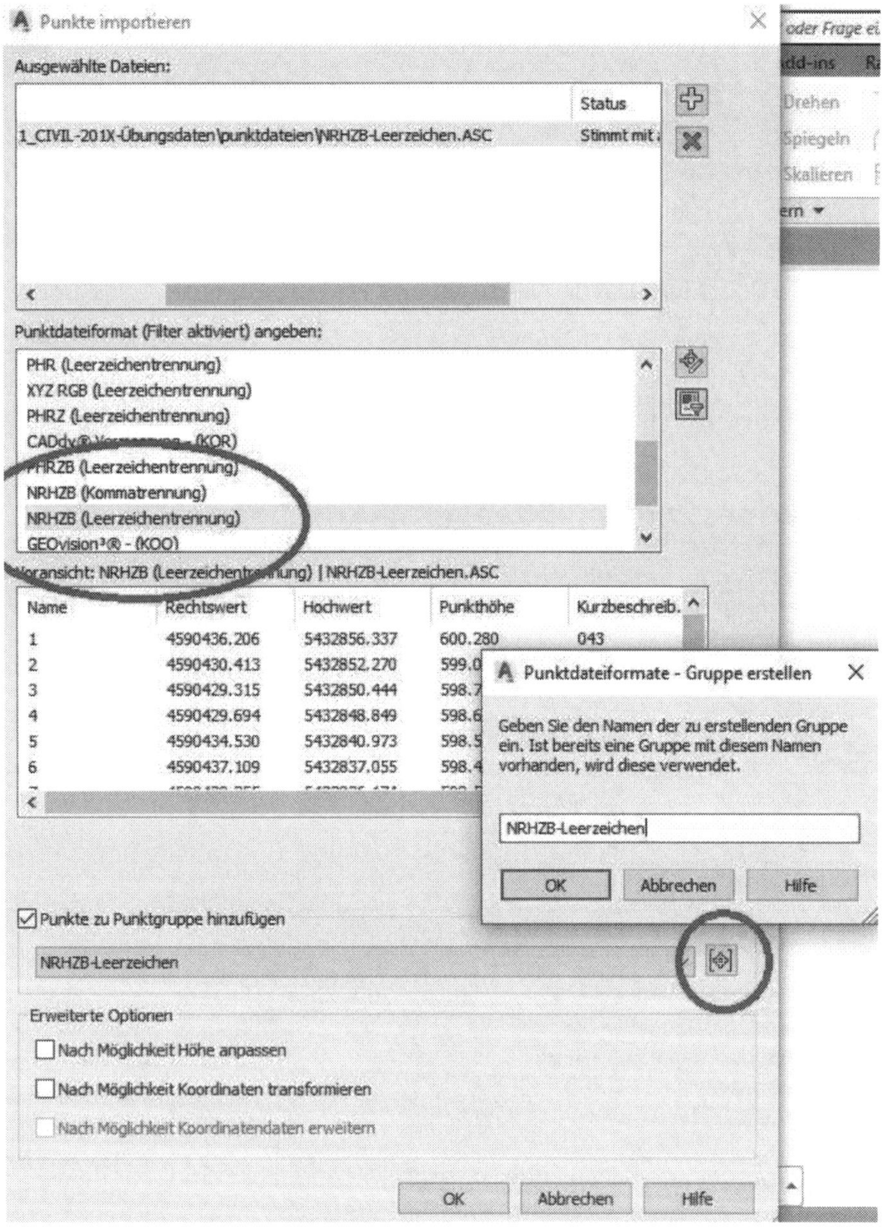

Es sollte immer eine Punktgruppe erstellt - oder ausgewählt werden. Diese dient später der eindeutigen Trennung von importierten Punkten zu den, als Folge der Planung, erzeugten Absteck-Punkten (z.B. Deckenbuch. 6. Kapitel). Als Punktgruppen-Name empfehle ich den Namen der Datei.

Die importierten Punkte sind entsprechend dem voreingestellten Stil in der Zeichnung dargestellt. Eventuell ist auf die Grenzen zu zoomen.

Alle Punkte haben ein einheitliches Symbol aus der Voreinstellung zugewiesen, obwohl der Vermessungs-Code (Kurzbeschreibung) Bestandteil der Datenbank (Punkteigenschaft) ist.

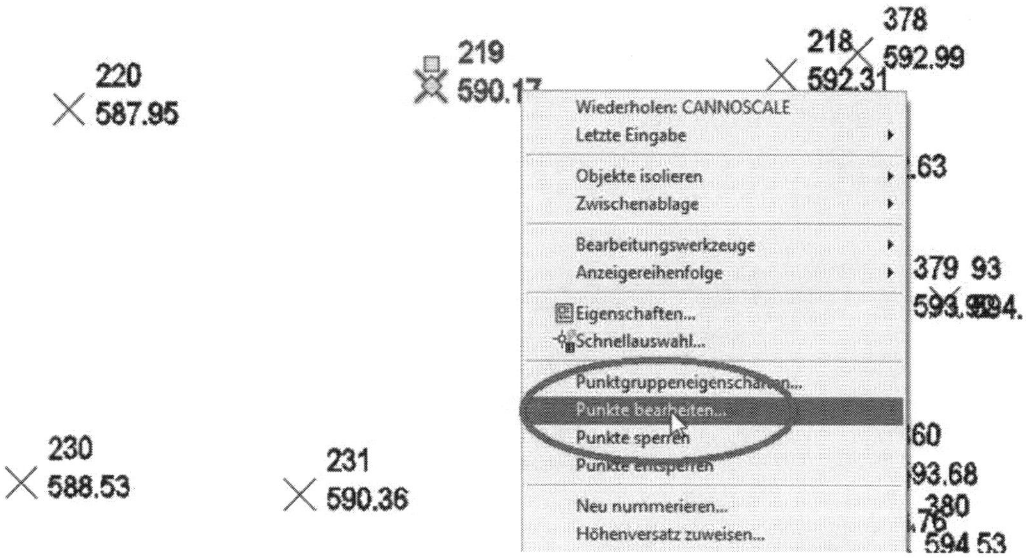

Der gewählte Punkt (219) hat den Vermessungs-Code (Kurzbeschreibung) „033". Ursache ist die fehlende Symbol-Tabelle. Die im Moment noch fehlende codeabhängige Symbolzuweisung.

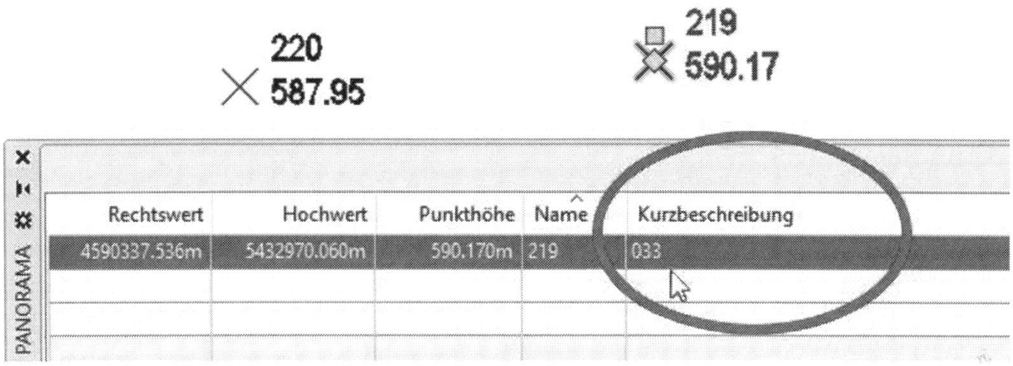

Die codeabhängige Symbolzuweisung erfolgt im Civil 3D mit dem Beschreibungsschlüssel-Satz. Die Funktion einen Beschreibungsschlüssel-Satz zu erstellen, ist Bestandteil des Projektbrowsers, Einstellungen und Punkt.

3.7.3 Vorbereitung „Beschreibungsschlüssel-Satz"

In keiner der bisherigen Civil 3D Versionen ist eine Vermessungs-Code - abhängige - Symbol-Zuweisung vorbereitet oder vorhanden (deutsch: Symboltabelle oder Code-Tabelle). Die Ursache dafür ist, dass in jedem Vermessungsbüro der verwendete Vermessungscode (Zahlenfolge) und das zugewiesene Symbol frei vergeben, also unterschiedlich gehandhabt werden.

Das heißt, Autodesk kann hier nichts vorgeben! Es gibt hierzu deutschlandweit absolut keinen Standard!

Civil 3D lässt Vermessungs-Codes (Zahlenfolge) jeglicher Form zu (3-stellig, 4-stellig, 5-stellig oder alphanumerisch). Neben dem Code (Civil 3D - Kurzbeschreibung) kann auch ein ausführlicher erläuternder Text (Civil 3D - Beschreibung) angelegt sein.

Die deutsche „Code-Tabelle" nennt man in Civil 3D „Beschreibungsschlüsselsatz". Der Beschreibungsschlüsselsatz sollte in der geladenen Vorlage (... Deutschland.dwt) geladen sein, also bereits Bestandteil der geladenen Vorlage sein. In diesem Fall werden die Symbole automatisch, bereits beim Einlesen dem Punkt zugewiesen.

Der Beschreibungsschlüsselsatz ist ein Stil. Er kann, wie alle anderen Stile per „Drag&Drop" von Zeichnung zu Zeichnung ausgetauscht oder importiert werden.

In der Beschreibung wird der „Beschreibungsschlüsselsatz nachträglich erstellt und die Symbolzuweisung wird als zusätzliche Funktion vorgestellt. Im Beispiel bekommt Beschreibungsschlüssel-Satz den Namen „Code-Tabelle".

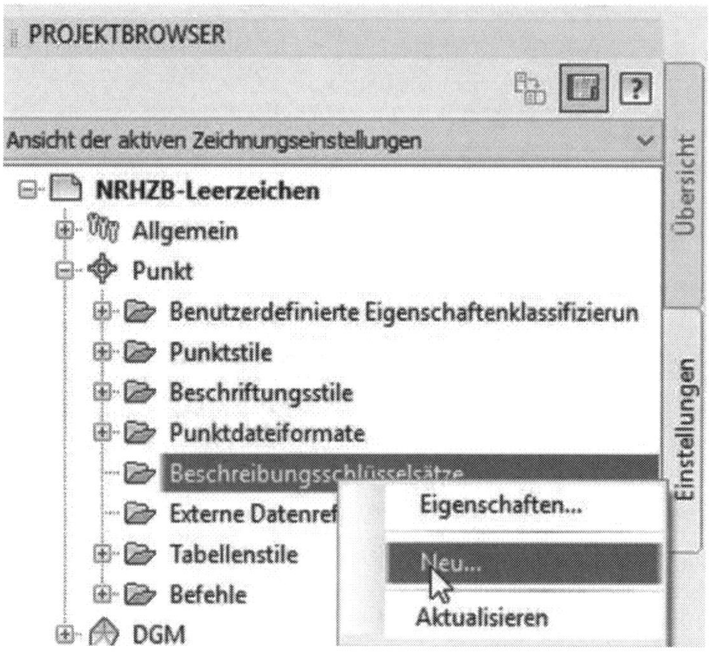

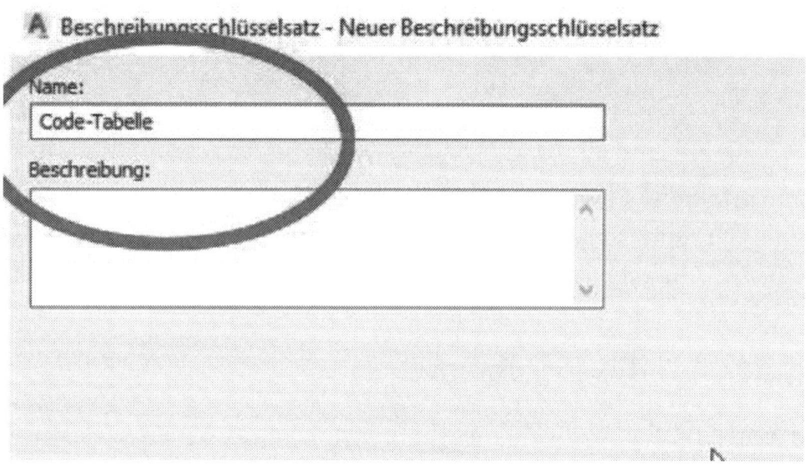

Anschließend ist die neu angelegte Code-Tabelle (Beschreibungsschlüssel-Satz) zu bearbeiten.

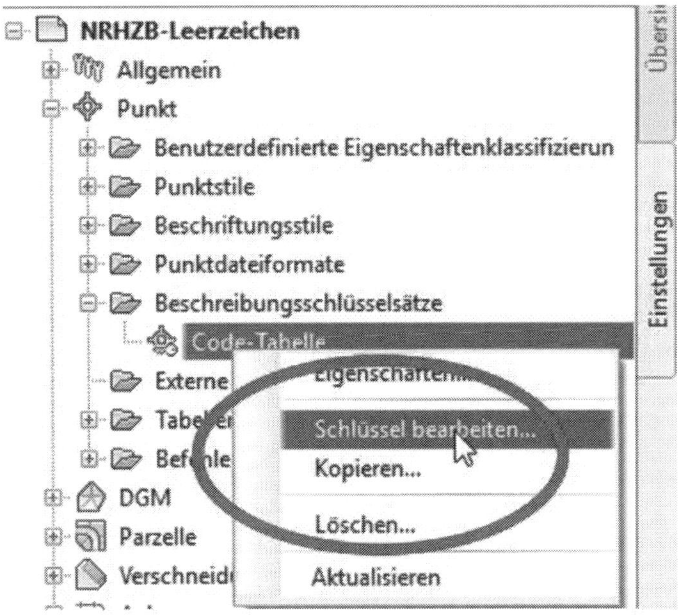

Der „Beschreibungsschlüssel" wird im Panorama-Fester geöffnet und ist hier bearbeitbar.

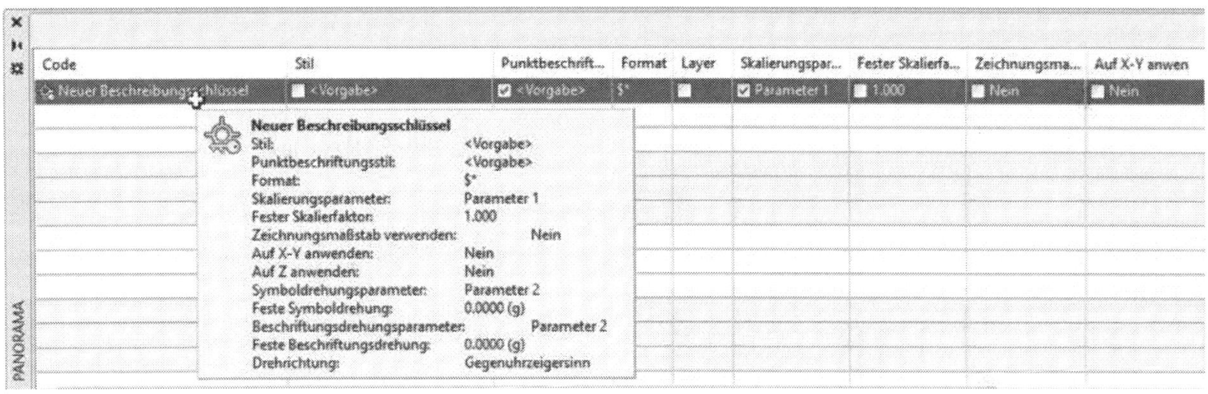

„Beschreibungsschlüssel" ist der deutsche „Vermessungs-Code". Das bedeutet, die Ziffernfolge, die im Datenbank-Feld „Kurzbeschreibung" eingetragen ist, wird einem Punkt-Stil und damit Punkt-Symbol zugewiesen.

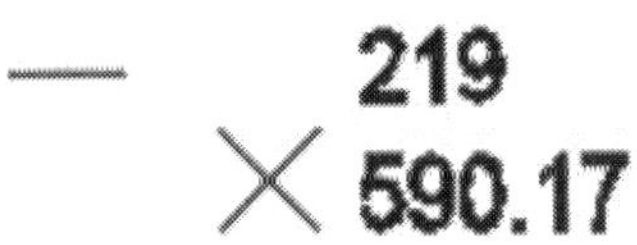

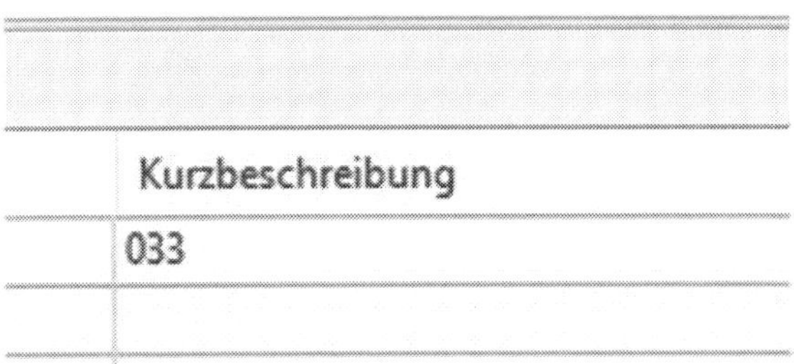

Der gezeigten Punkt 219 hat den Vermessungs-Code „033". Es wird die vorkommenden Ziffernfolgen in der Spalte „Codes" eingetragen.

Hinweis: Führende „Nullen" sind unbedingt zu beachten.

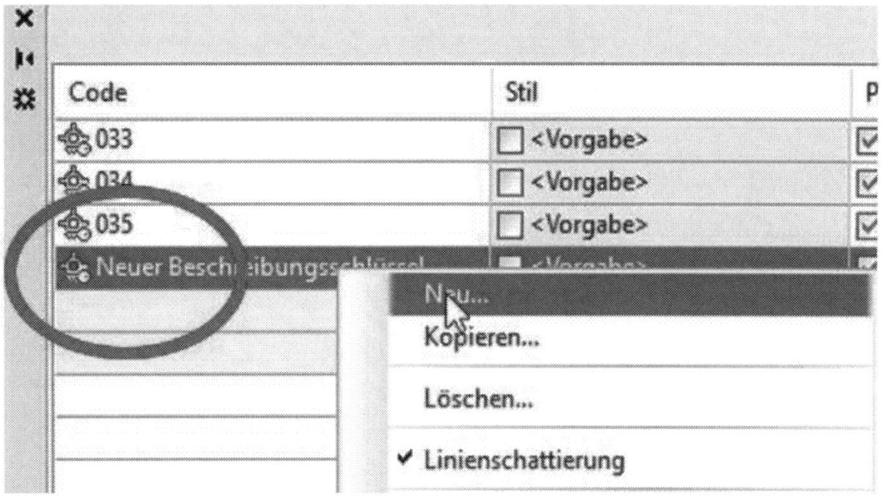

Für die Übung werden die Beschreibungsschlüssel-Sätze 033 – 040 angelegt und diese mit deutlich sichtbaren Punkt-Stilen (Symbolen) verknüpft.

Beschreibunsschlüssel (Vermessungs-Code): 033, Symbolzuordnung: Uhr

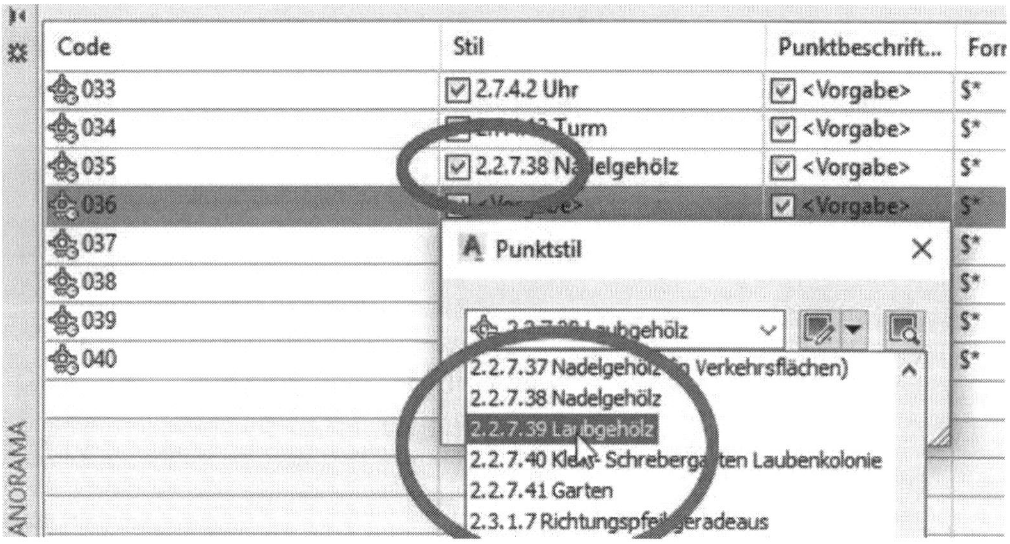

Es werden Symbole zugewiesen (Punkt-Stile), die bereits in der Vorlage (...Deutschland.wt) angelegt sind.

Optional sind weitere Einstellungen in der Tabelle möglich (Beispiel: Beschriftungs-Stil).

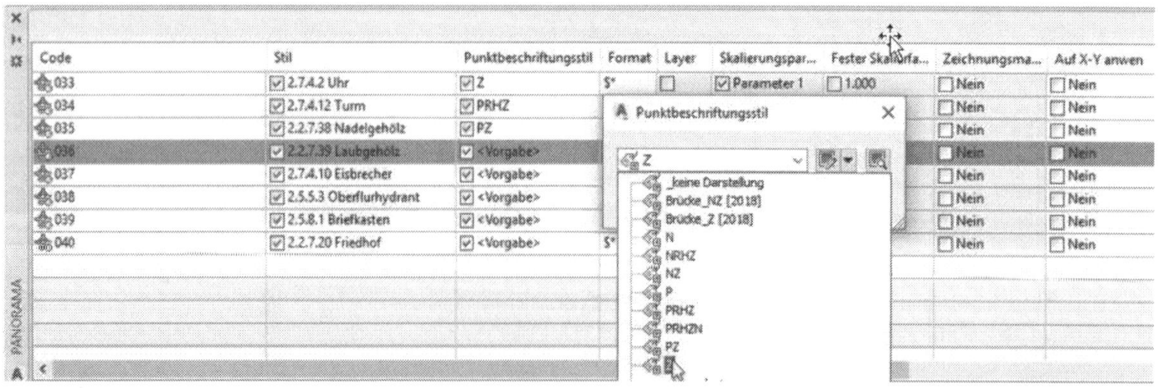

Wird der Beschreibungsschlüsselsatz, wie im vorliegenden Fall nachgereicht, so muss dieser anschließend auf die Punktgruppe angewandt werden (Projektbrowser, Übersicht, Punktgruppen).

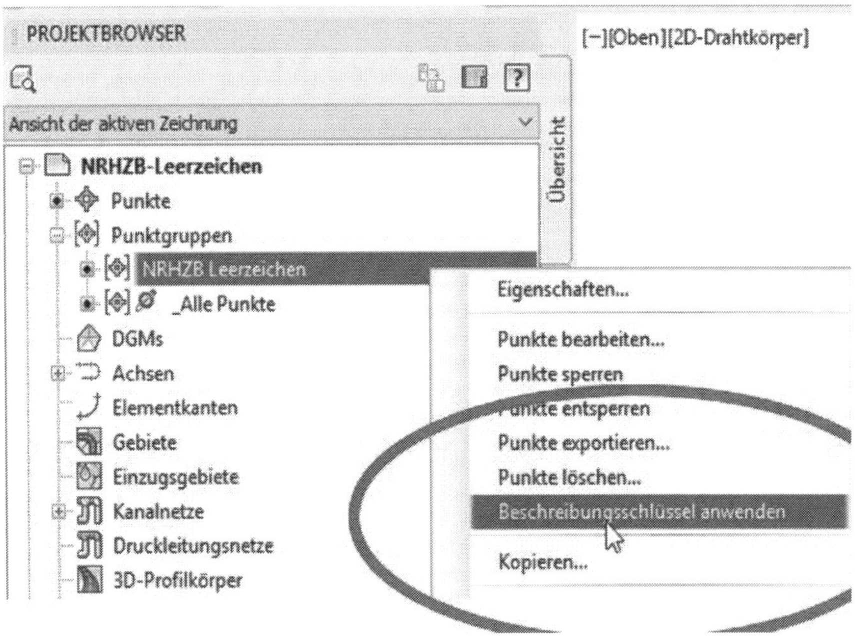

Die Tool-Tipps zeigen an, der Punkt 219 hat das Symbol „Uhr" und ist nur mit der Höhe „Z" beschriftet.

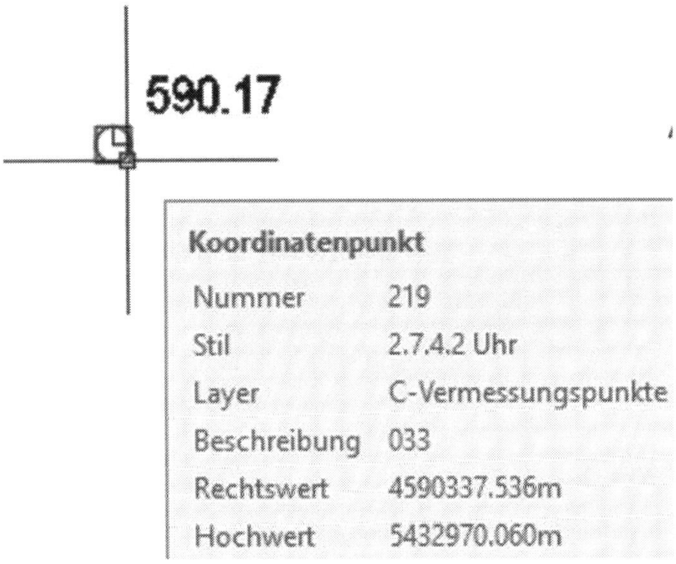

Den Punkten sind, soweit der Beschreibungs-Schlüssel erstellt ist, Symbole und Beschriftungseigenschaften zugewiesen.

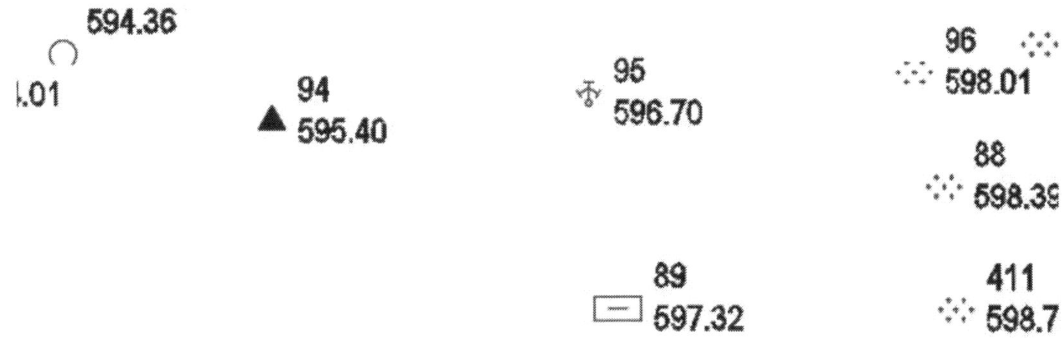

3.7.4 Eigene Symbole erstellen und zuweisen

Alle vorliegenden Symbole sind von Autodesk als Blöcke gezeichnet und den Punktstilen als Block zugewiesen. Das bedeutet, jeder manuell gezeichnete Block ist als Punktstil oder Punkt-Symbol verwendbar.

Nachfolgend wird ein Block (Symbol) „OPEL" gezeichnet und dieses Symbol einem Punktstil zugewiesen (Punkt-Stil „OPEL"). Im Beschreibungsschlüssel-Satz wird dann dem Vermessungs-Code „041" (Kurzbeschreibung) der Punktstil „Opel" zugewiesen. Alle Punkte mit „Vermessungs-Code 041" tragen dann das „OPEL-Symbol".

Zeichnen, Erstellen des Blockes „OPEL" (AutoCAD-Funktion)

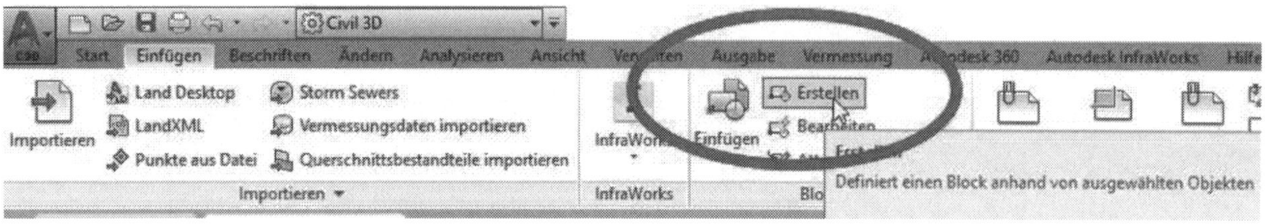

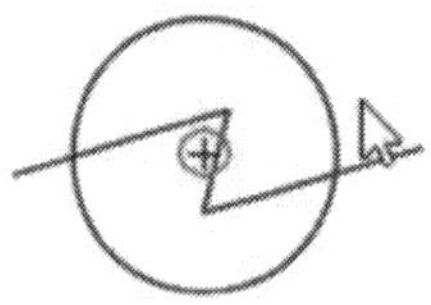

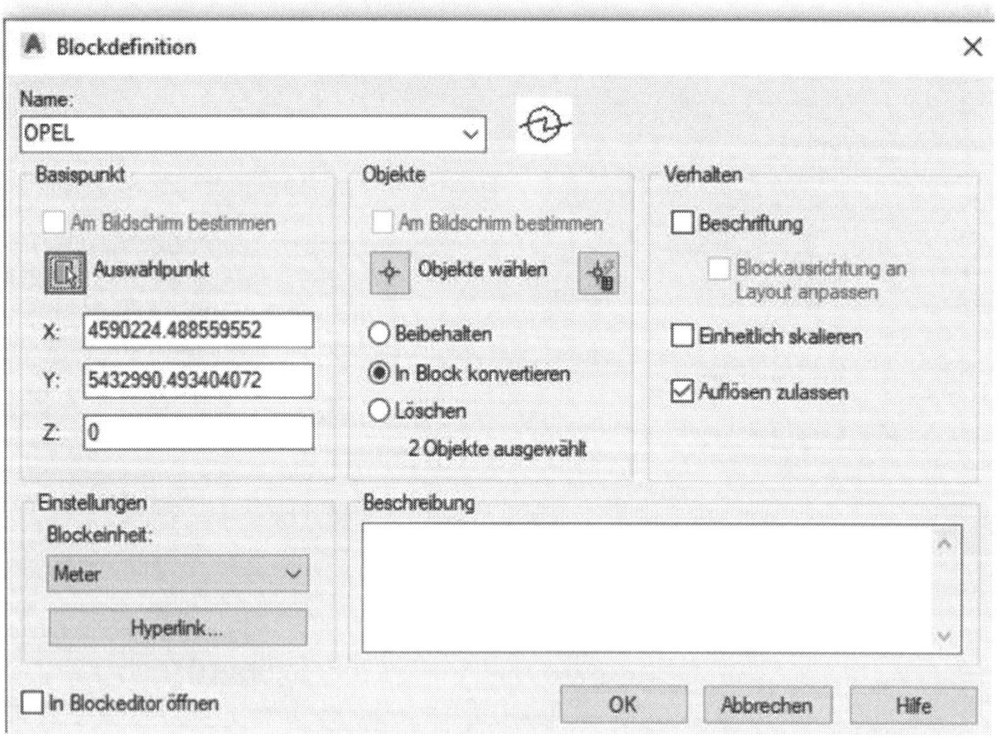

Erstellen eines Civil3D-Punktes, Punkt-Stiles mit Symbol „OPEL".

Projektbrowser, Einstellungen

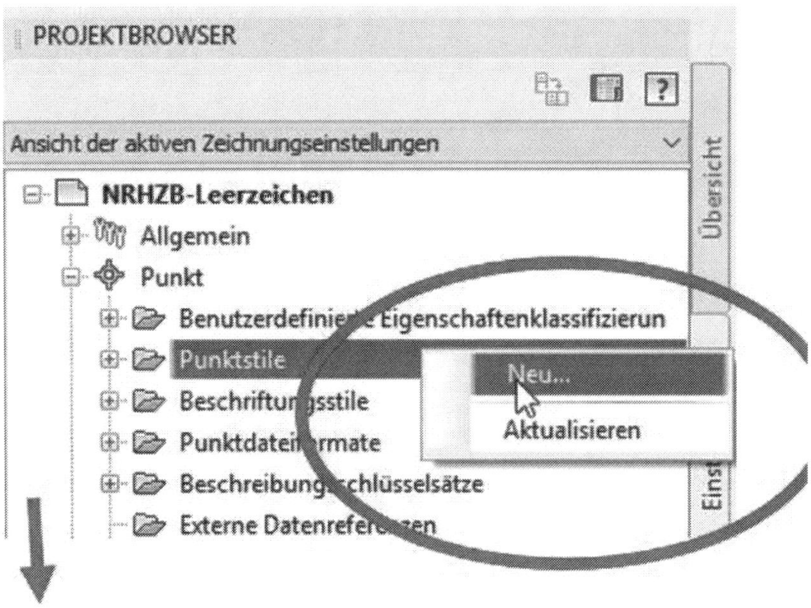

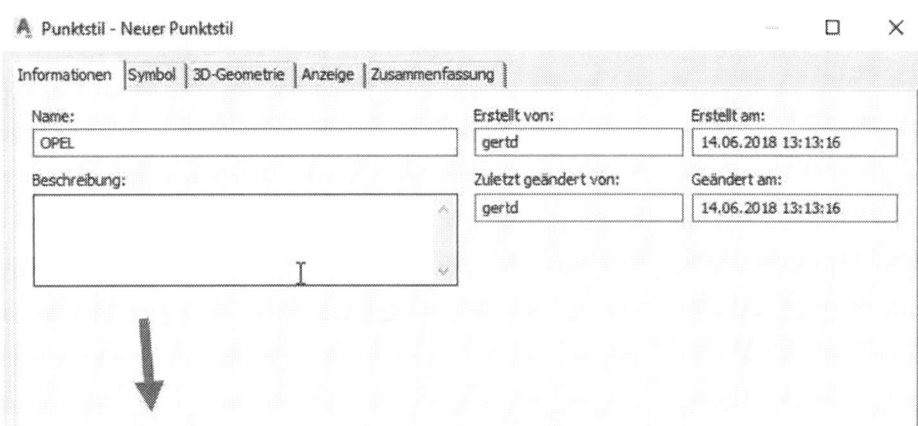

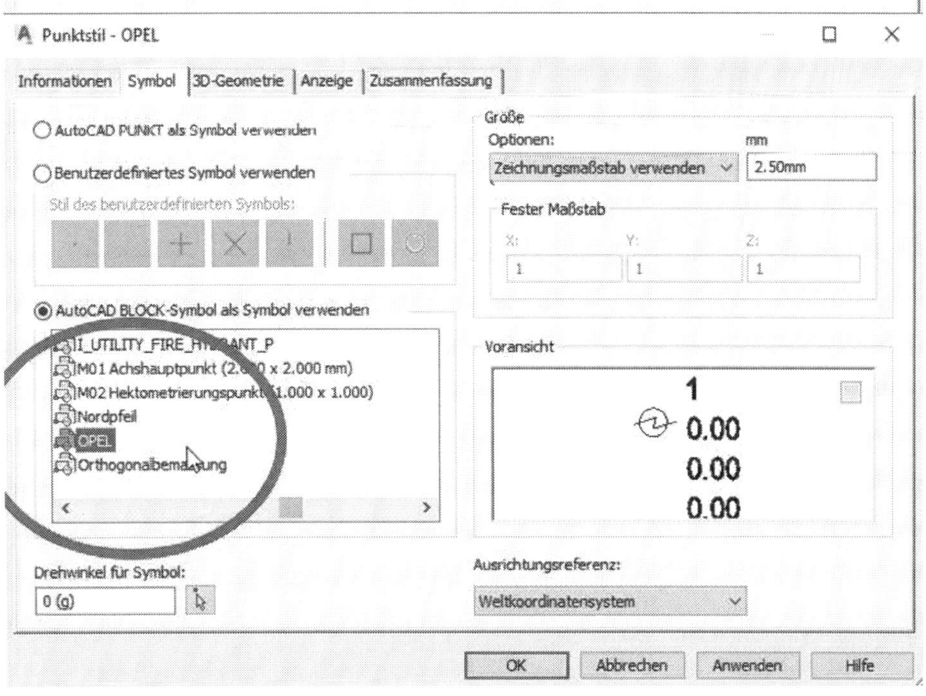

Optional können auf der Karte „Anzeige" eigene Layer zugewiesen sein.

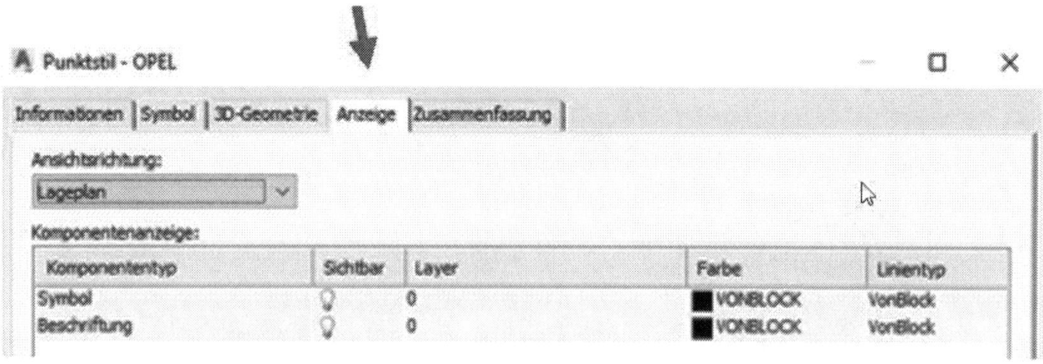

Verknüpfung Vermessungs-Code 041 (Kurzbeschreibung) mit Punktstil (Symbol) OPEL

Bearbeitungs des „Beschreibungsschlüssel-Satzes (Symboltabelle)

Projektbrowser, Einstellungen

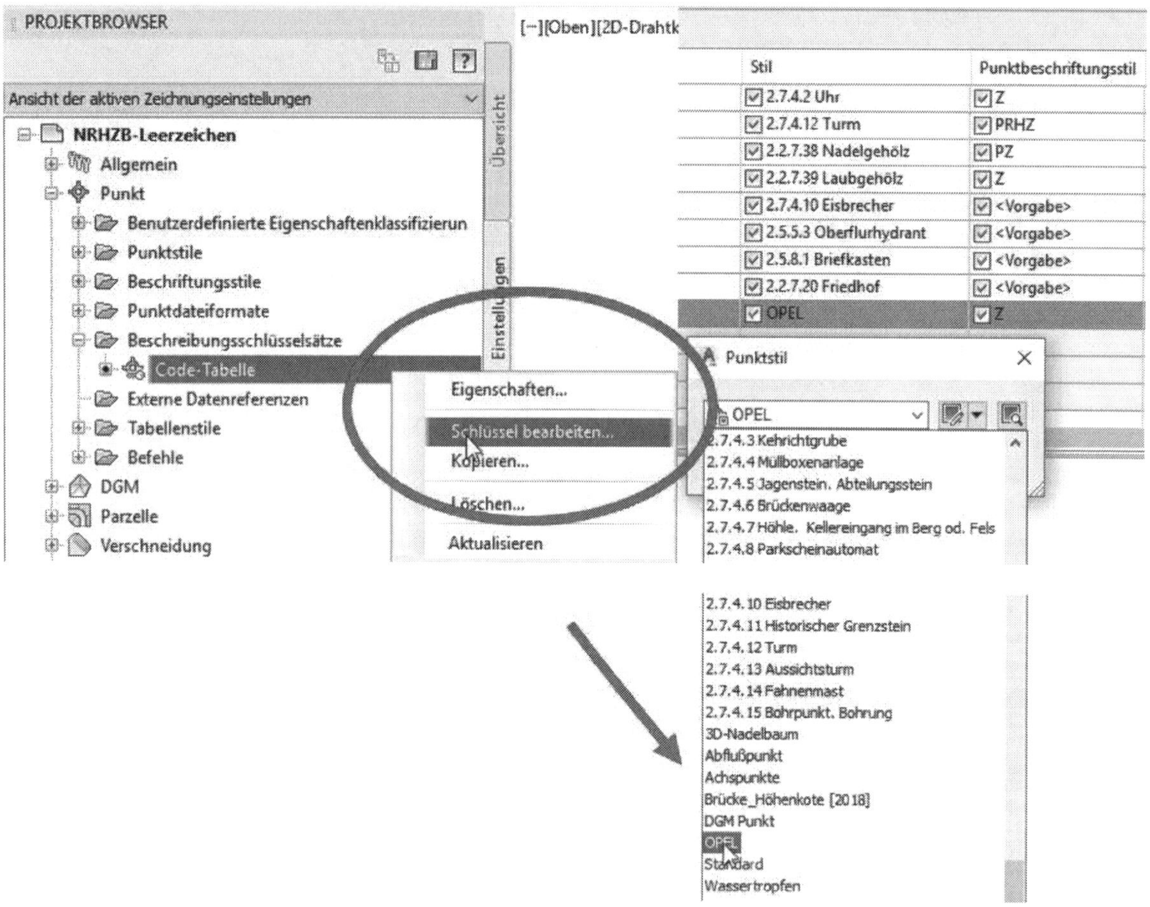

Die Bearbeitung des Beschreibungsschlüssel-Satzes ist nochmals auf die Punktgruppe anzuwenden.

Die Zeichnung enthält jetzt Punkte mit „OPEL-Symbolen", im Fall der Punkt besitzt die „Kurzbeschreibung" 041 (Vermessungs-Code).

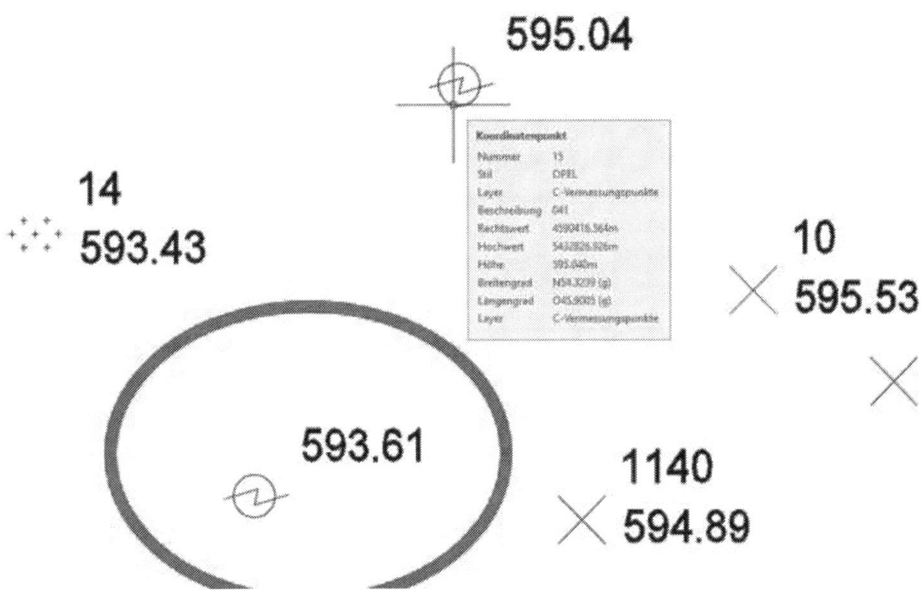

3.8 Hinweise auf Besonderheiten beim Layout

Civil 3D Objekte und damit auch Punkte und Punktbeschriftungen sind immer maßstabs-abhängig.

Maßstab 1:250:

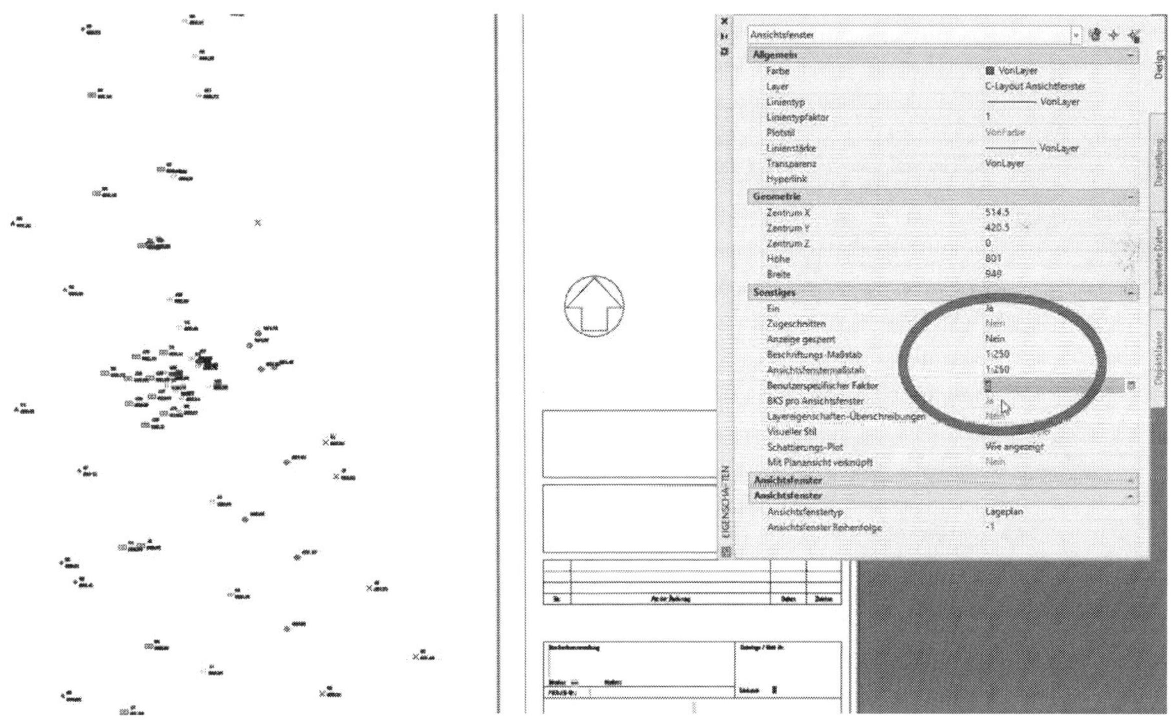

Maßstab 1:1000

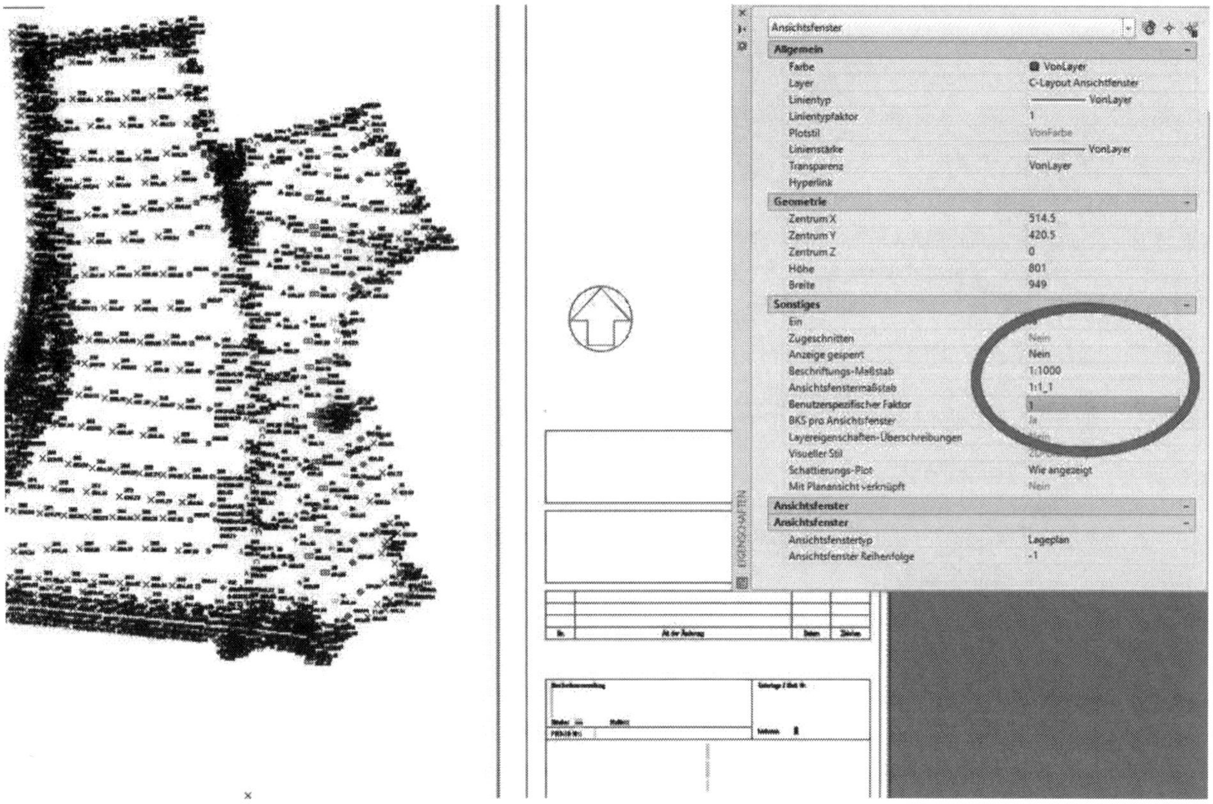

Beschriftungen können automatisch nach „Norden" (Ansicht) ausgerichtet sein, müssen aber nicht.

Die Ausrichtung ist eine Option des Punktbeschriftungs-Stils

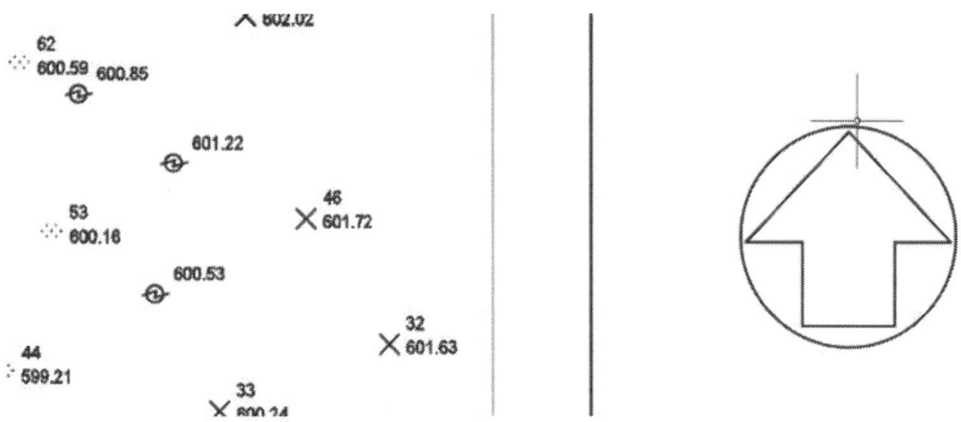

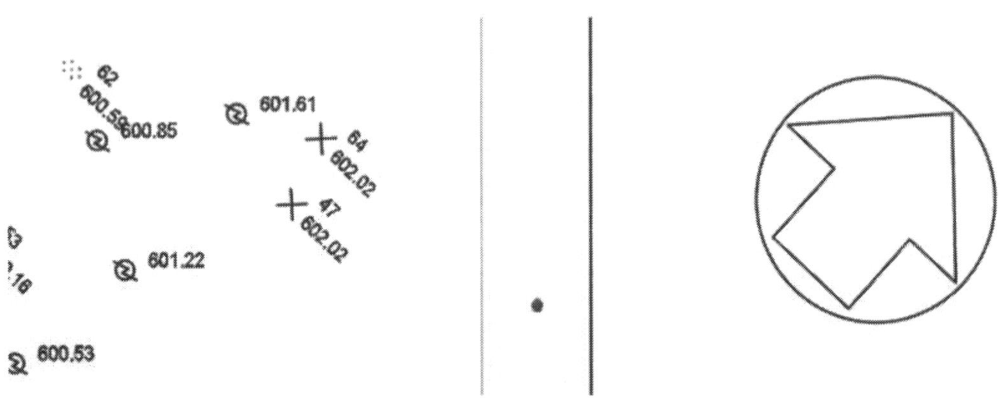

Mit Installierter „DACH-Extension“ kann der Planrahmen eine Koordinatenbeschriftung bekommen.

Menü der DACH-Extension Version 2019

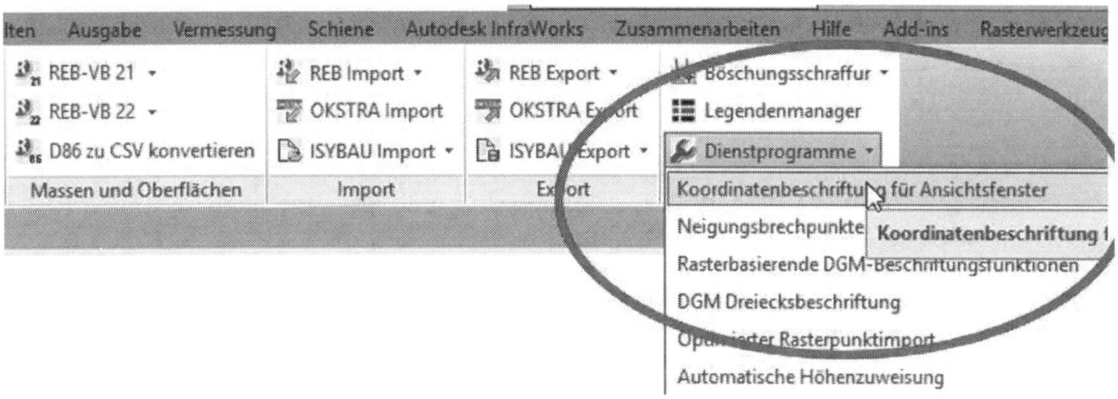

Die Funktion besitzt Optionen.

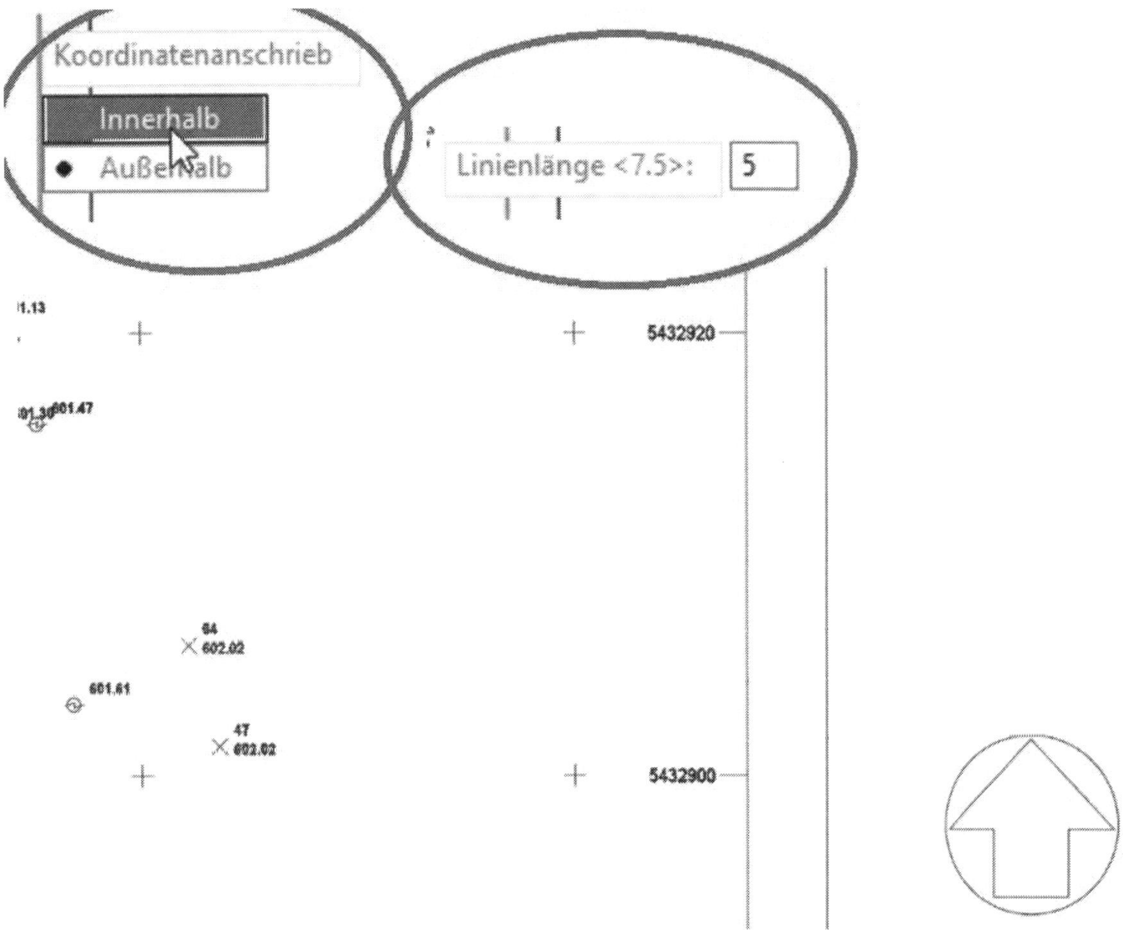

Hinweis:

Die DACH-Extension ist eine Programmerweiterung und nicht im Standard-Lieferumfang. Die DACH-Extension wird auf der Autodesk Internet-Seite www.knowledge.autodesk.com/de kostenlos zum Download angeboten (Name: Productivity Pack, enthalten sind zwei Bestandteile: DACH-Extension, ISYBAU-Translator) bis Version 2018.

Ab der Version 2019 gibt es hier Abweichungen. Die DACH-Extension ist dem Produkt zugeordnet (www.autodesk.de) (Stand 01.12.2018)

3.9 Hinweis zu LASER-Daten, DGM direkt aus Koordinaten „Punkt-Wolke"(eventuell GEO-DATEN-Server)

Alle Bundesländer der Bundesrepublik bieten Geodaten auf den entsprechenden Geodatenservern an. Diese Geodaten werden teilweise unter dem Begriff „GIS" im Internet zum Teil kostenfrei oder auch kostenpflichtig von den Landesvermessungsämtern angeboten.

Es gibt für Deutschland Geodaten, die zu den unterschiedlichsten Themen die verschiedensten Bereiche der Bundesrepublik beschreiben. Diese Daten können in Autodesk Produkten Verwendung finden, auch wenn die Formatbezeichnungen nicht immer eindeutig sind.

Die Unterlage kann nur den Hinweis geben, dass solche Daten auch einlesbar sind. Das Funktionsprinzip entspricht unter Umständen dem Kapitel „3.4.4. 2.DGM erstellen". Alle Voraussetzungen dafür sind in der Software enthalten.

Hierbei ist zu beachten, dass es bei diesem Thema keine standardisierten Vorgehensweisen oder Datenformate gibt.

Beispiel:

Das im ESRI-Umfeld vorkommende Format „GEO-tiff" kann im Autodesk-Umfeld *.dem bezeichnet sein. In beiden Fällen kann es sich jedoch um das gleiche Format handeln.

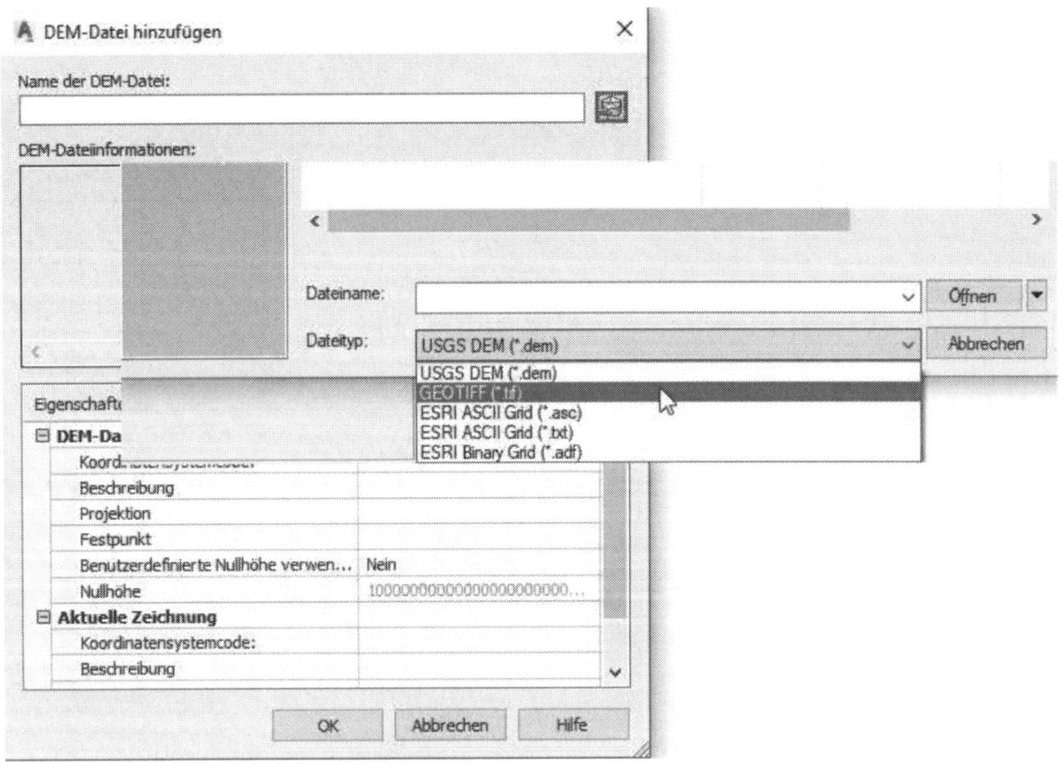

Bei diesem Thema wird auch empfohlen sich mit dem Produkt „ReCap" auseinanderzusetzen. Das Produkt kann nahezu alle auf dem Markt zum Thema LASER und LASER-SCAN vorkommenden Datenformate lesen, bearbeiten (filtern) und in das Autodesk (AutoCAD, MAP oder Civil3D-Importformat *.rcs oder *.rcp konvertieren.

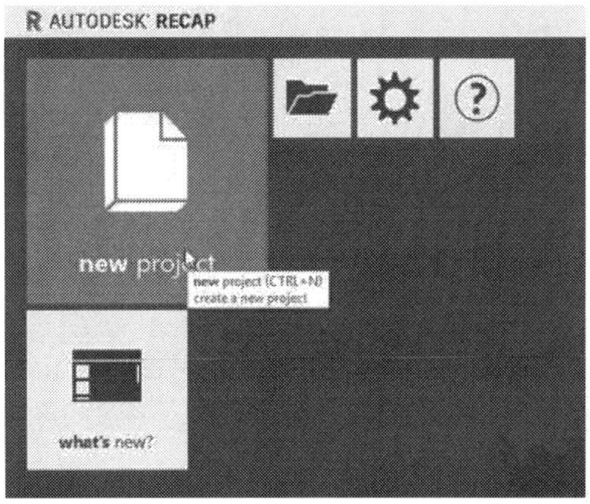

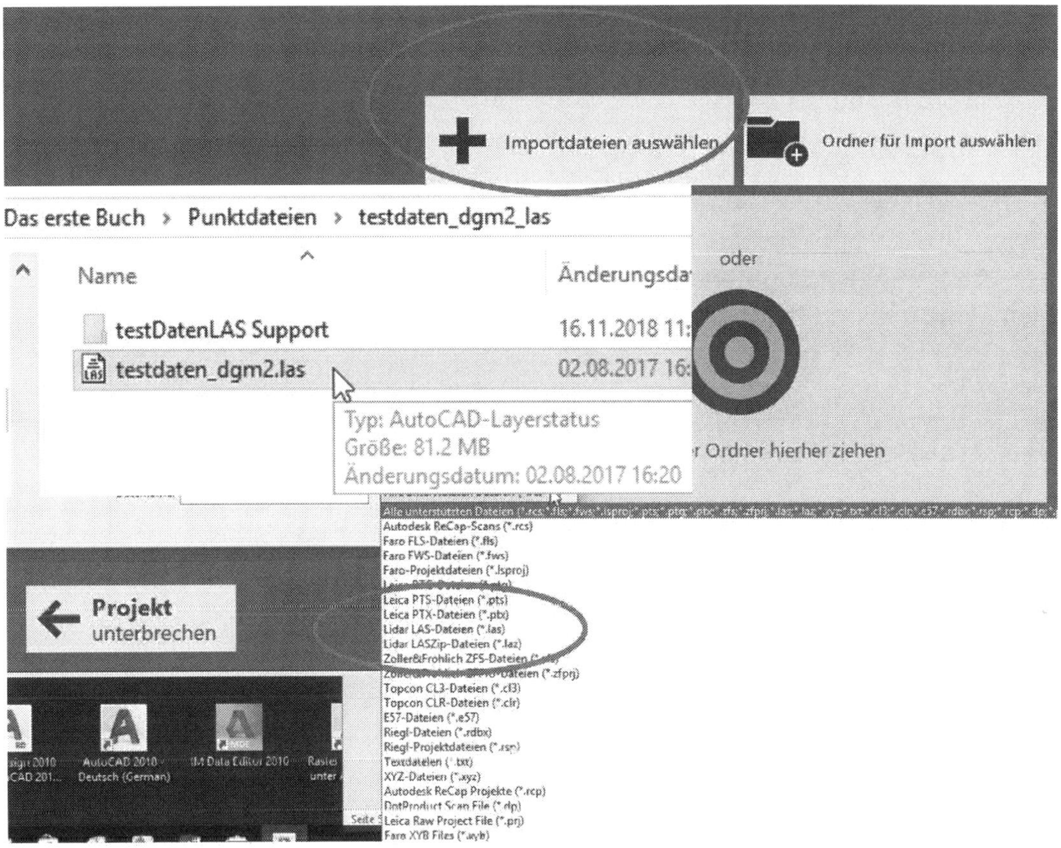

Civil 3D ist in der Lage aus der anschließenden ReCap-Ausgabe, -Export, dem *.rcp- oder *.rcs Format, DGMs zu erstellen.

4 Kapitel, DGM aus Zeichnungselementen, DGM-Eigenschaften (*.dwg, *.dxf)

4.1 Vorwort

Die Funktionalität von Civil 3D beruht auf einer Vorlage, die eventuell mit einer Datenbank vergleichbar ist. Diese Vorlage wird beim Start geladen.

Das heißt, ohne definierte Vorlage, ohne Voreinstellungen ist die Funktionalität von Civil 3D nur eingeschränkt gegeben.

In Deutschland, bei Projekten für Deutschland sollte es die „_AutoCAD Civil 3D 20xx Deutschland.dwt" sein.

Der Ablage-Ort und damit die Verwendung wird durch das County Kit Deutschland, das in die Installation einzubeziehen ist, gewährleistet. Eine eventuelle nachträgliche Installation des „Country Kit-Deutschland" (das diese Vorlage beinhaltet) und die Kontrolle der erfolgreichen Installation sind im 3. Kapitel „Punktdatei-Import und DGM; Civil 3D, Voraussetzung für Deutschland" dargelegt.

Sollte die Funktionalität, wie dort beschrieben nicht vorliegen, so fehlt höchstwahrscheinlich das „Country Kit-Deutschland". Fehlt das Country Kit Deutschland, so stehen die in diesem Kapitel beschriebenen Eigenschaften, nicht in vollem Umfang zur Verfügung.

4.2 Ziel: Wasser-Volumenberechnung in einem Becken

Eine, vom Auftraggeber gelieferte Zeichnung (*.dwg-Format), enthält offensichtlich Vermessungsdaten. Können diese verwendet werden? Wie ist vorzugehen?

4.2.1 Ausgangssituation:

In einer Zeichnung, (IST-Situation) wird ein Gelände-Aufmaß (Vermessung) geliefert. Die Daten beschreiben eine Fläche mit Wasserbecken. Der im Becken maximal erreichbare Wasserstand ist zu ermitteln. Das maximal mögliche Wasservolumen ist für dieses Wasserbecken zu berechnen (Rechteck innerhalb des rötlichen Kreises).

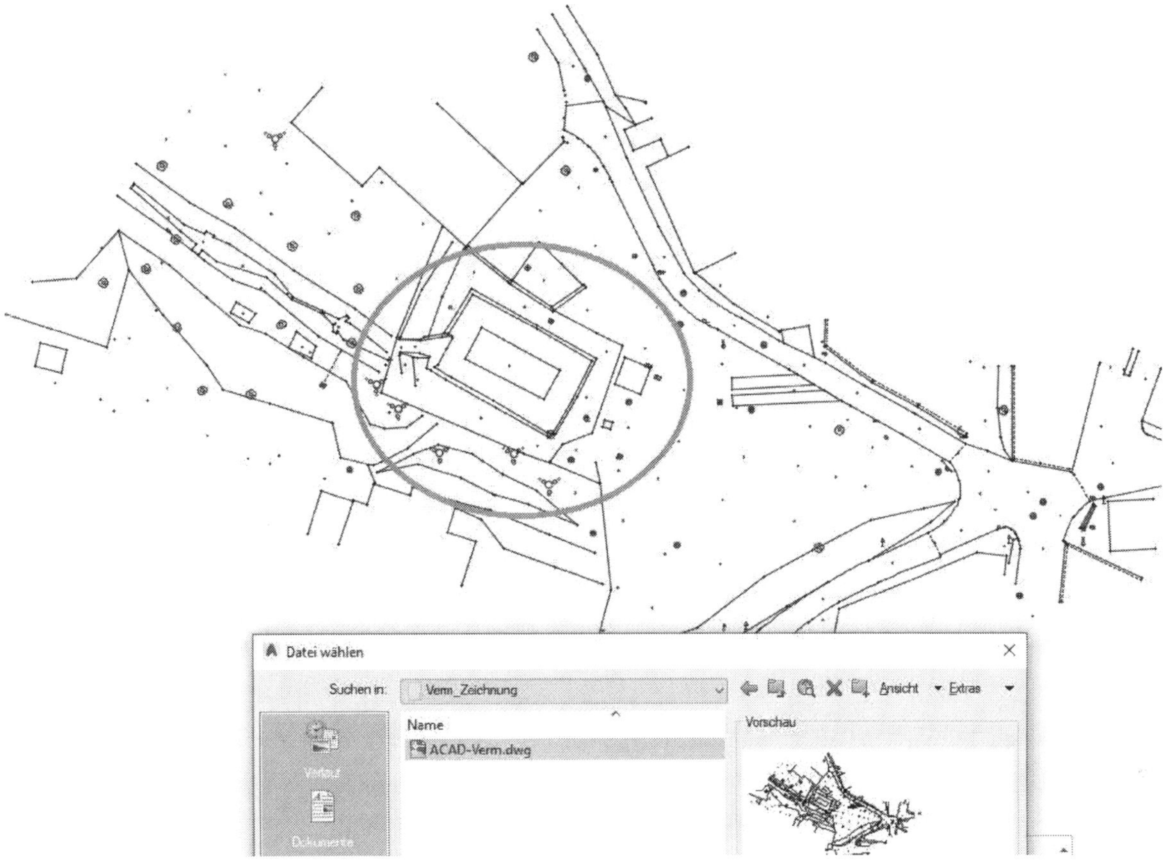

4.2.2 Kontrolle der Zeichnung

Ein Volumen errechnet sich aus X-, Y- und Z-Koordinaten (Volumen= Länge x Breite x Höhe). Das Wasservolumen kann nur berechnet werden, wenn die Zeichnung (Vermessungsdaten) auch X-, Y- und Z-Koordinaten enthält. Die Zeichnung wird nach 3D-Elementen oder 3D- Eigenschaften durchsucht.

Hinweis:

Jedes CAD 3D-Element kann als Datengrundlage im Civil 3D verwendet werden (Vermessungsinformation, Vermessungspunkt).

- Linie, Polylinie mit 3D-Eigenschaften, 3D-Polylinie
- 3D-Block, Block mit Attributen
- 3D-Flächen

Nachfolgend sind Daten-Beispiele aufgelistet, die in CAD-Zeichnungen vorkommen können und die problemlos im Civil 3D verwendbar sind. In den Bildern ist dargestellt, wo die 3D-Eigenschaft zu finden ist.

4.2.3 Ausgangssituationen, Beispiele für 3D Zeichnungs-Elemente

Beispiele für 3D-Eigenschaften

„Position Z"

Liegen in einer Zeichnung AutoCAD-Punkte oder Blöcke mit Höhen vor (Position „Z") so sind diese für ein Civil 3D-DGM verwendbar.

ACAD-Punkt

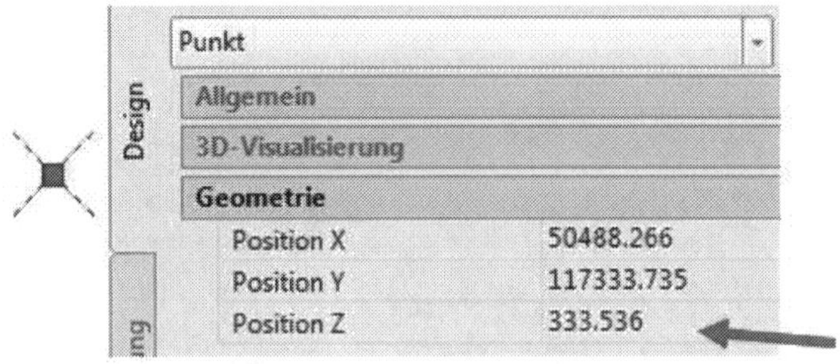

Block

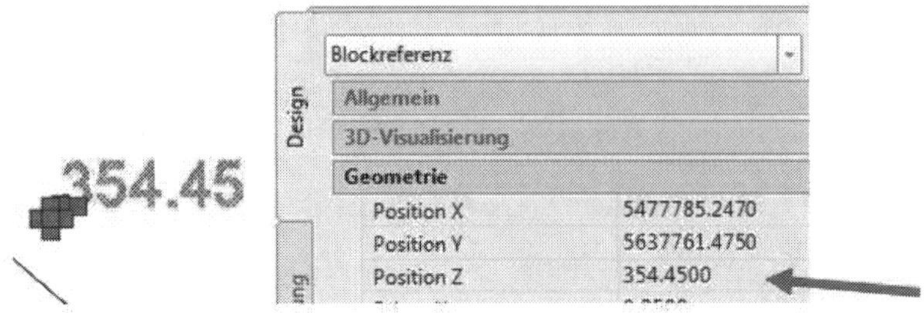

„Erhebung"

Besitzt eine Zeichnung Polylinien oder 2D-Polylinien mit Erhebung (mit sinnvollem Wert, ungleich NULL) so sind diese für ein Civil 3D-DGM verwendbar.

Polylinie,

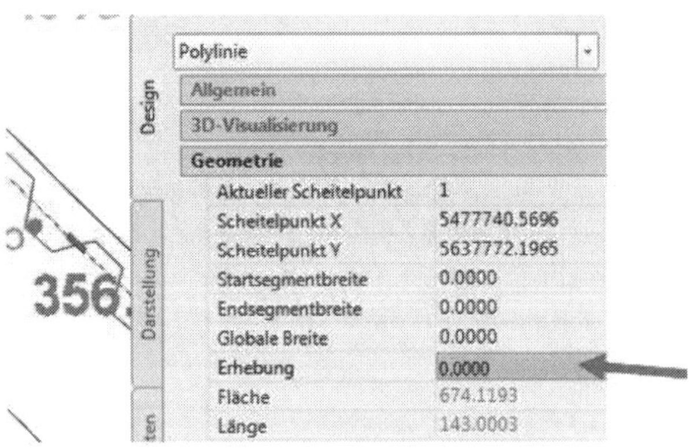

2D-Polylinie

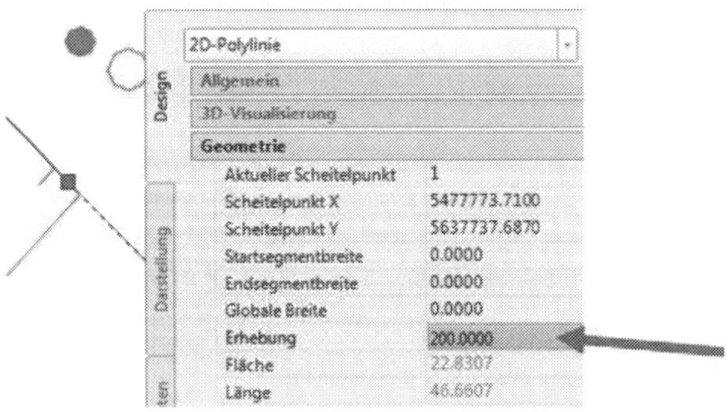

„Start Z und Ende Z"

Im Fall eine „Linie" hat im „Start Z" und „Ende Z" eine Höhe eingetragen, so ist diese für ein Civil 3D-DGM verwendbar.

Linie

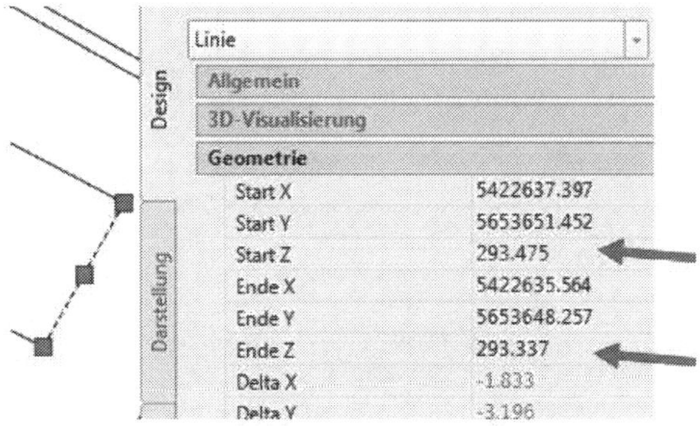

„Scheitelpunkt Z"

Hat eine 3D-Polylinie in jedem Stützpunkt eine Höhe eingetragen, so ist diese verwendbar.

3D-Polylinie

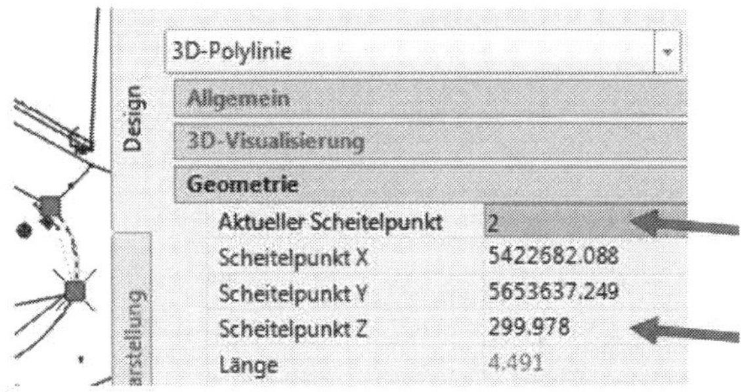

„Attribut"

Optional besteht im Civil 3D die Möglichkeit den „Inhalt" eines Block-Attributes (Höhe) als Position „Z" dem Block zu zuweisen. Damit wird der Block für ein Civil 3D-DGM verwendbar.

Block

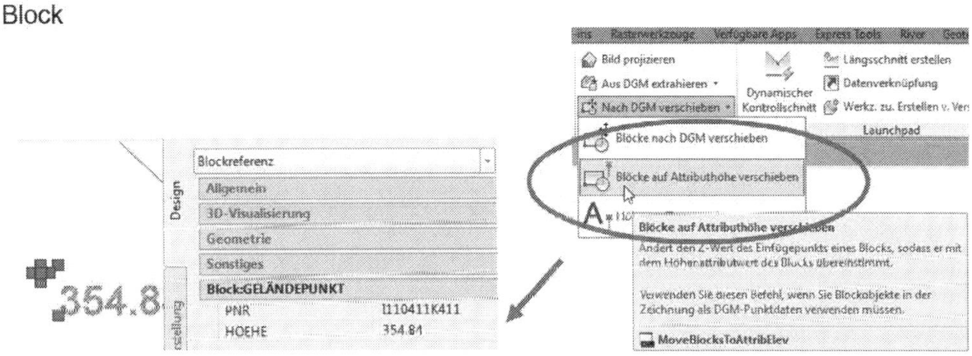

„Text"

Optional besteht im Civil 3D die Möglichkeit den „Inhalt" eines Textes als Position „Z" zu zuweisen.

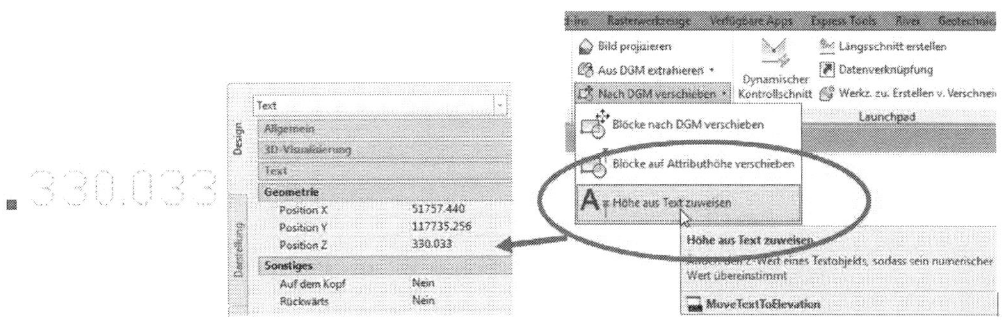

„3D-Fläche"

Verfügt eine Zeichnung über das Zeichnungselement „3D-Fläche" (DGM einer AutoCAD-Applikation,) so sind diese 3D-Flächen verwendbar.

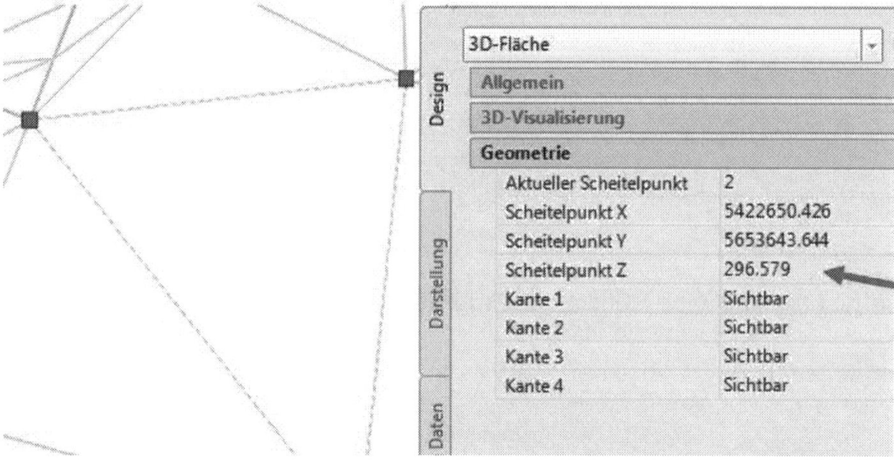

Polygonnetze

Liegt in einer Zeichnung ein Polygonnetzt vor und ist die Höhe sinnvoll und ungleich NULL, so ist es im Civil 3D als Basis für ein Civil 3D-DGM verwendbar.

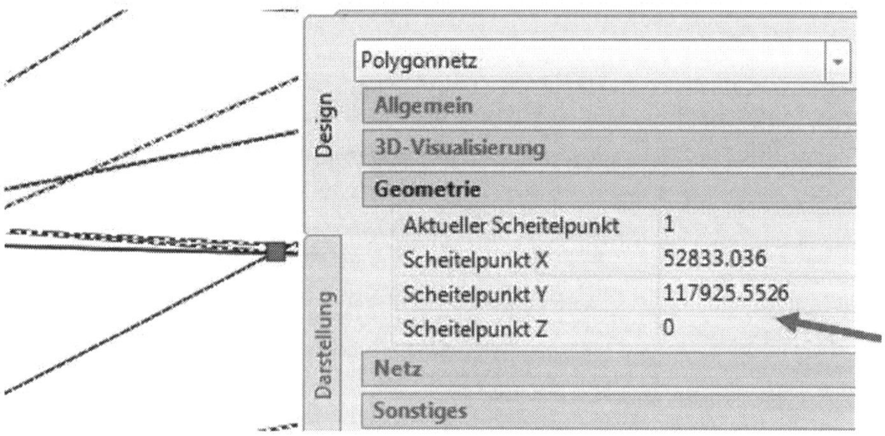

SHP-Dateien, Oracle, ArcSDE

Für nachfolgend aufgelistete Kategorien (Ausgangsdaten) ist ein eigenes DGM zu erstellen bzw. im Menü die Funktion zu starten.

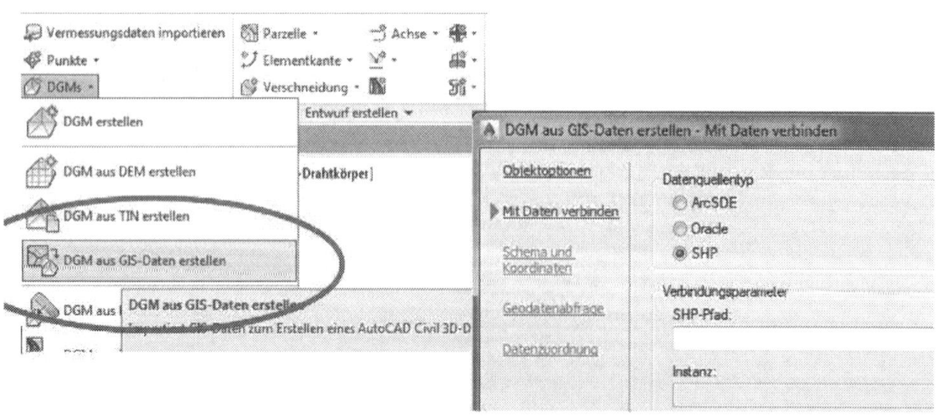

Fortsetzung Kapitel 4.2.3 Ausgangssituation:

In der vorliegenden Zeichnung (Übungsbeispiel, ACAD-Verm.dwg) sind:

Blöcke mit 3D-Eigenschaften zu finden.

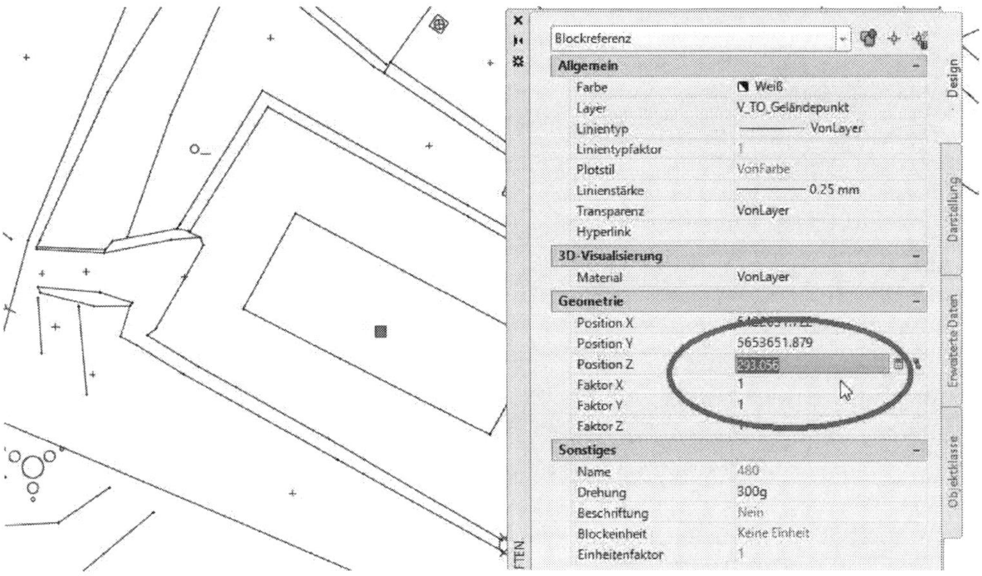

Linien mit 3D-Eigenschaften vorhanden (unterschiedliches („Start Z und „Ende Z").

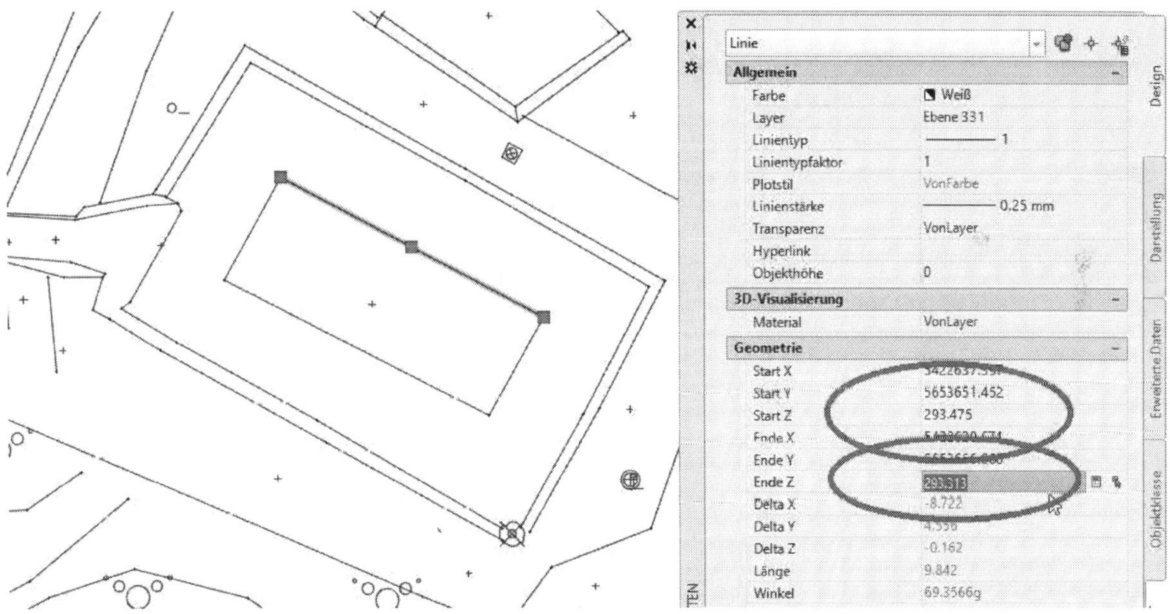

3D-Polylinien mit unterschiedlichen Höhen (Stützpunkt-Höhe) sind vorhanden.

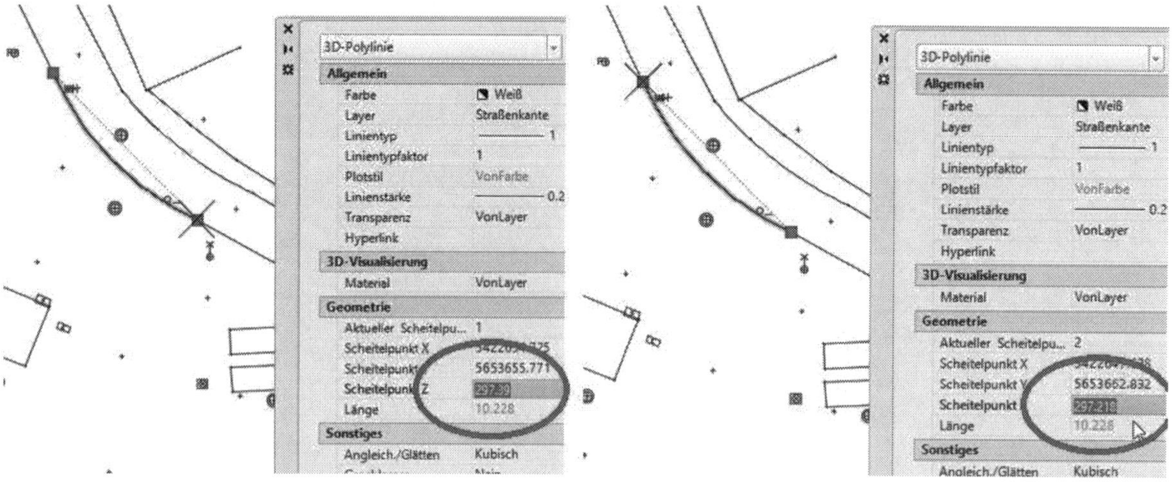

Die Zeichnungselemente mit 3D-Eigenschaften sind in die „... Deutschland.dwt" zu kopieren. Nur in dieser noch leeren Zeichnung stehen alle Einstellungen, Darstellungs- und Beschriftungsstile zur Verfügung, die für die Umsetzung der Aufgabe gebraucht werden.

Die Funktionen „Schnellauswahl", „Filter" oder „Ähnliche auswählen" (AutoCAD-Funktionsumfang) sind verwendbar. Da es sich hier um eine reine AutoCAD- Funktionalität handelt, wird nicht näher darauf eingegangen. Alle AutoCAD-Auswahlfunktionen stehen gleichberechtigt und in vollem Umfang zur Verfügung.

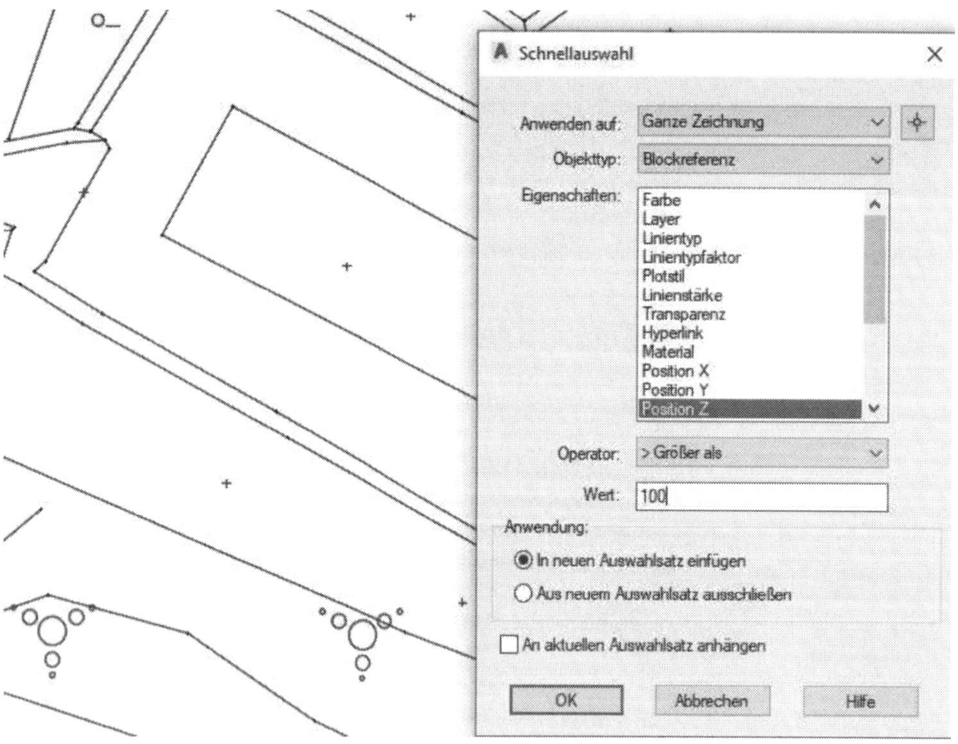

Das Bild zeigt die Auswahl aller Blöcke mit der Höhe >100 (Position Z > 100). Es sind 670 Blöcke (Vermessungspunkte) ausgewählt.

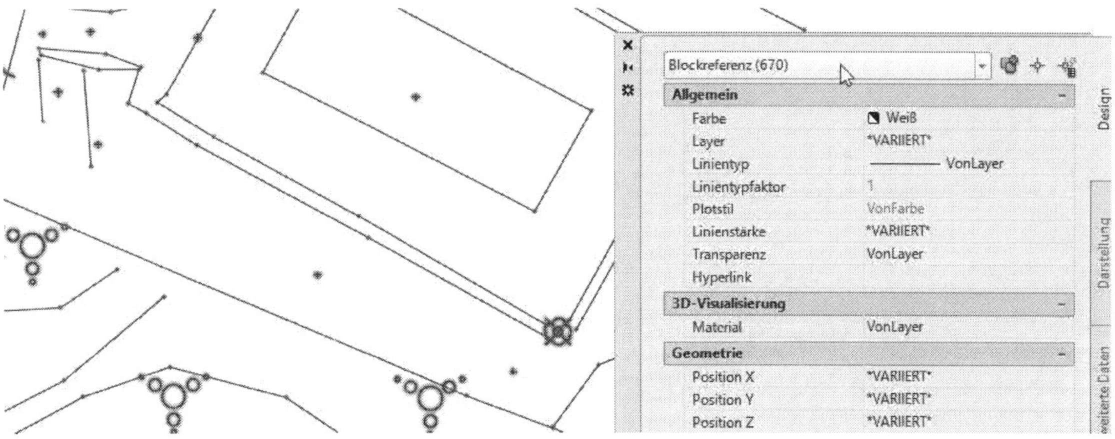

Alle 3D-Zeichnungselemente werden schrittweise ausgewählt (Blöcke, Linien, 3D-Polylinien) und in eine noch leere Zeichnung eingefügt, die mit der Civil 3D Vorlage erstellt wurde (...Deutschland.dwt).

4.2.4 Kopieren der 3D-Elemente in die Civil 3D - Vorlage

Zum Einfügen wird der AutoCAD-Befehl „Mit Original-Koordinaten einfügen" empfohlen.

Autodesk stellt mehrere Funktionen zur Verfügung, alle sind gleichberechtigt verwendbar.

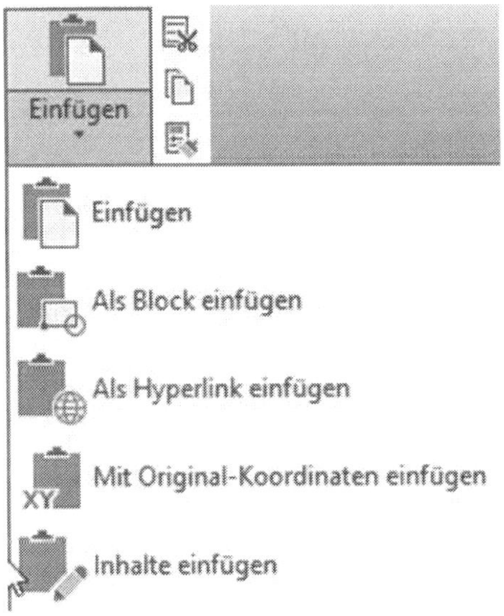

Als „leere Zeichnung" wird die „_AutoCAD Civil 3D 20xx Deutschland.dwt" verwendet. Diese Vorgehensweise gewährleitet, dass innerhalb aller nachfolgenden Funktionen auf vorbereitete Stile zugegriffen werden kann. Eine Stilbearbeitung ist dann nicht erforderlich! Eine Stilbearbeitung sollte im Projekt die Ausnahme sein!

Hinweis:

Kreuzende Linienelemente (Polylinien, Linien) führen später bei der DGM-Erstellung zu Fehler-Meldungen, die nachträglich zu bearbeiten sind. Aus diesem Grund sollten kreuzende Zeichnungselemente schon vor dem Kopieren ausgeschlossen werden, bzw. die Zeichnung auf solche kreuzenden bzw. doppelte Elemente untersucht werden.

Resultat: eingefügte Zeichnungselemente in der „_AutoCAD Civil 3D 20xx Deutschland.dwt"

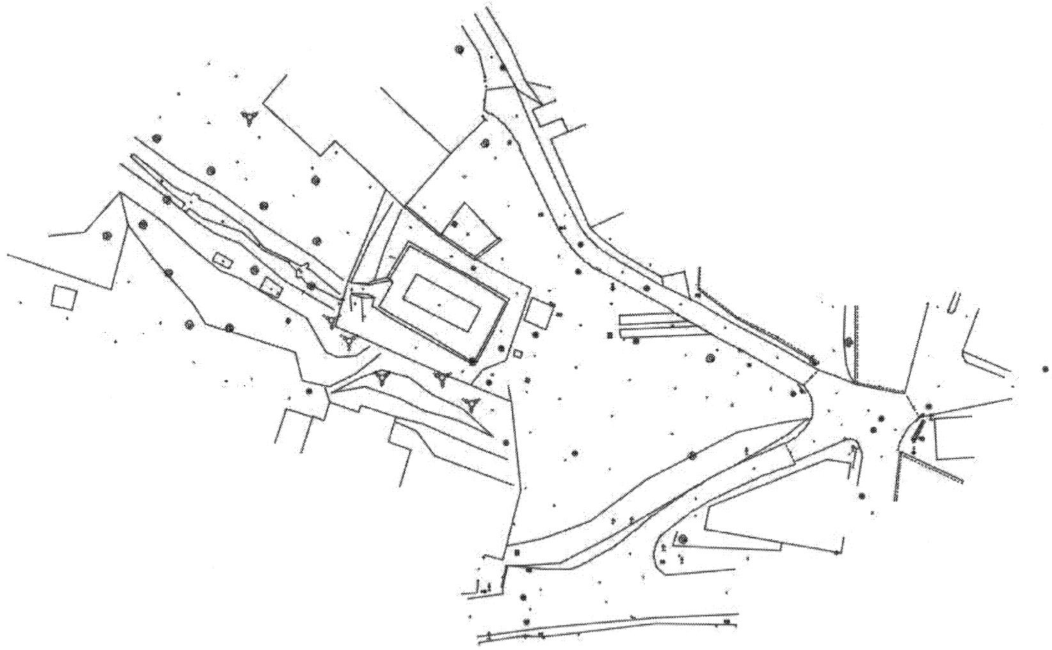

Vorteil der Vorgehensweise:

- Es werden nur die erforderlichen Elemente (min. Datenmenge) in die Civil 3D Zeichnung übernommen.
- Die Zeichnung wird auf Fehler und fachliche Richtigkeit kontrolliert.
- kreuzende Zeichnungselemente auf abweichender Höhe sind weitgehend ausgeschlossen
- doppelte Zeichnungselemente (gleiche X- und Y-Koordinate aber abweichende Höhe) sind weitgehend ausgeschlossen
- unterirdische Zeichnungselemente (Rohre, Kabel) und oberirdische Zeichnungselement (Gebäudeteile, Signalanlagen) sollten gefunden und ausgeschlossen sein (verfälschen das DGM, die spätere „Oberfläche" oder „Urgelände")

2D-Zeichnungselemente wie Liegenschaftsgrenzen, unterirdische Rohrleitungen oder Kabel sind Informationen. Information, die nicht direkt zur Konstruktion des DGM, der „Oberfläche" benötigt werden. Diese Elemente besitzen keine oder eine für das „Oberflächen-DGM" falsche Höhe. Für solche informativen Zeichnungselemente wird die AutoCAD-Funktion „X-Ref" (externe Referenz) empfohlen.

Der Leser sollte sich in der AutoCAD Hilfe zur Verwendung von externen Referenzen informieren. Im Bild ist die Zuordnung einer externen Referenz mit Hilfe der Palette für externe Referenzen dargestellt.

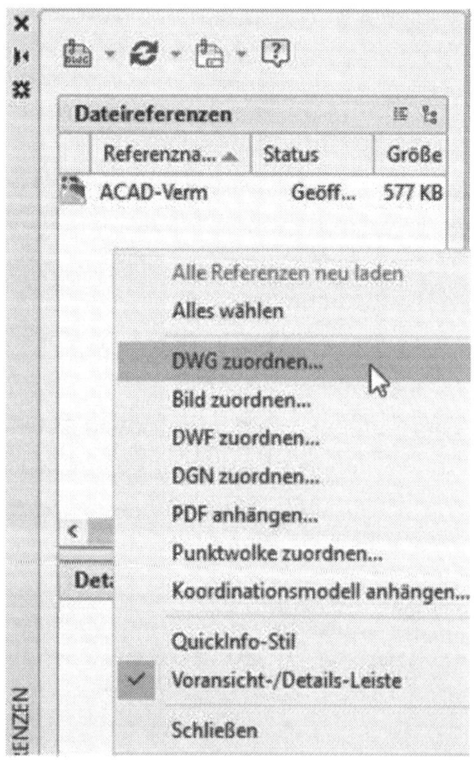

In einem der nachfolgenden Abschnitte dieses Kapitels (4.3.2 eventuelle Fehlermeldungen, empfohlene Vorgehensweise) wird die Bearbeitung von eventuell noch vorhandenen Fehlern (Beispiel: kreuzende Linien), innerhalb der kopierten- und eingefügten Daten, gezeigt.

Diese Fehler meldet das Programm erst nach dem Erstellen des DGM, weil diese erst hier zum Problem werden!

4.3 Erstellen des DGMs

Zuerst wird das DGM-Objekt erstellt.

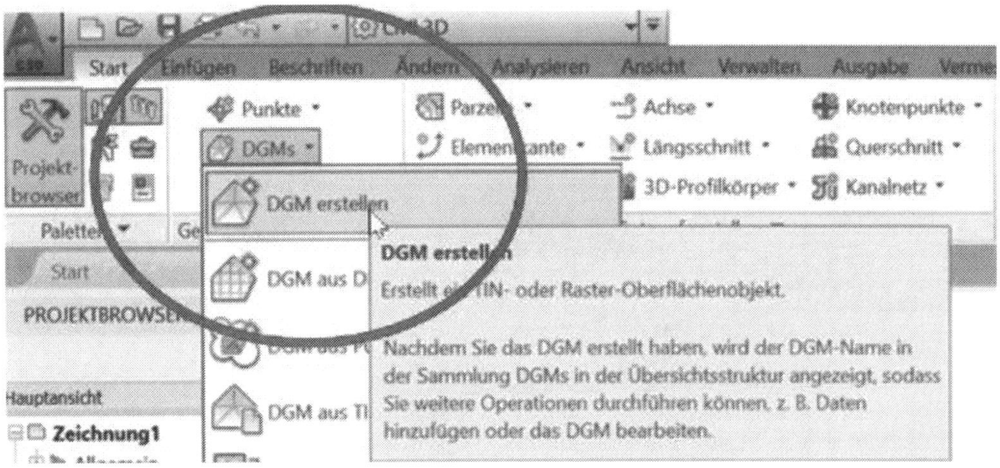

Hinweis:

Wird ein persönlicher Objekt-Name (Oberfläche) vergeben, erleichtert das später die Orientierung in der Liste der Objekte. Der Stil „Dreiecksvermaschung und Umring (DUNKELGRÜN)" ist für die Kontrolle des DGMs von Vorteil. Dieser Stil wird für das erste Erstellen eines Oberflächen-DGMs empfohlen.

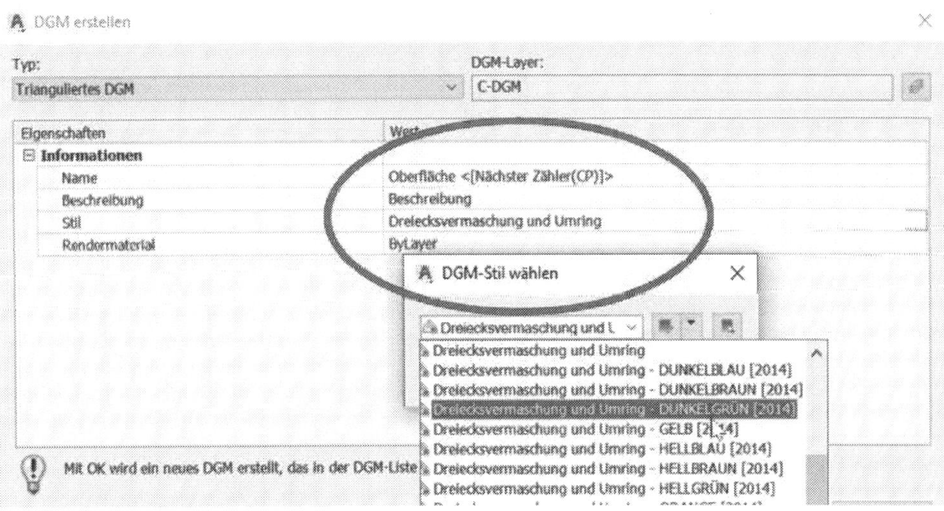

Das erstellte DGM ist Bestandteil des Projektbrowser.

Dem DGM werden im Projektbrowser Daten zugeordnet. Die eingefügten „Blöcke" fallen unter die Kategorie „Zeichnungsobjekte" und sind an dieser Stelle zu zuweisen. Eine nähere Erläuterung der einzelnen Kategorien (Definition) erfolgt im nächsten Kapitel.

Die Zuordnung der Daten über den Projektbrowser auszuführen, sollte Vorrang haben, da so gleichzeitig die Aktualität des DGMs kontrolliert werden kann.

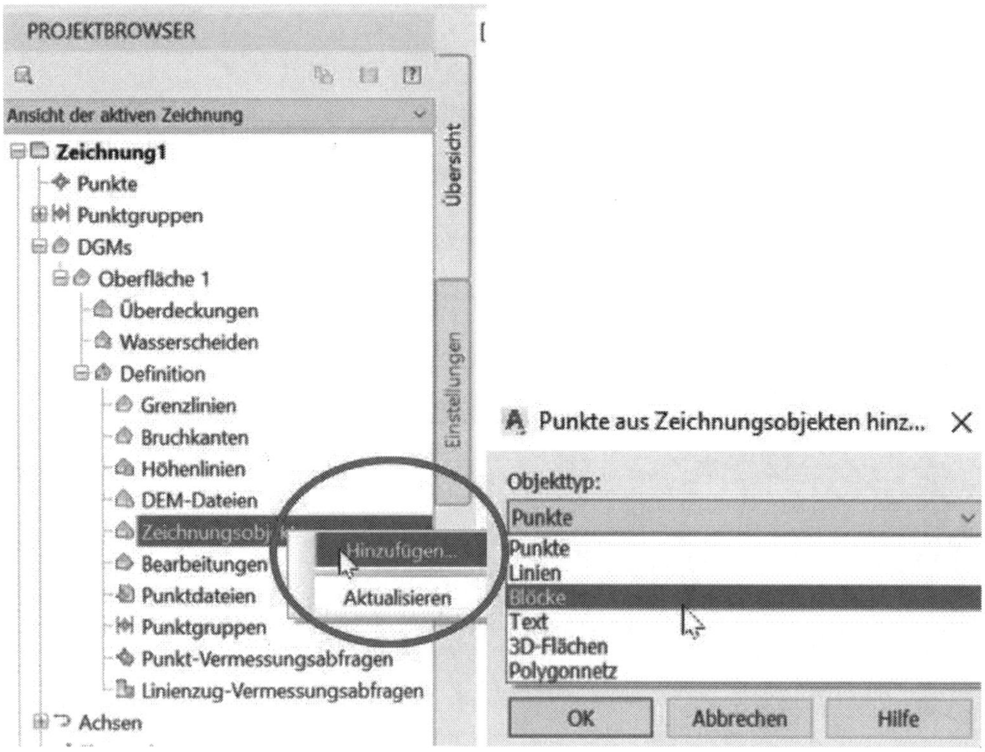

Linien (Linien und 3D-Polylinien) werden im Beispiel als Bruchkanten zugewiesen. Bruchkanten können die Dreiecksbildung positiv beeinflussen.

Dreiecke vor der Bruchkanten-Zuweisung:

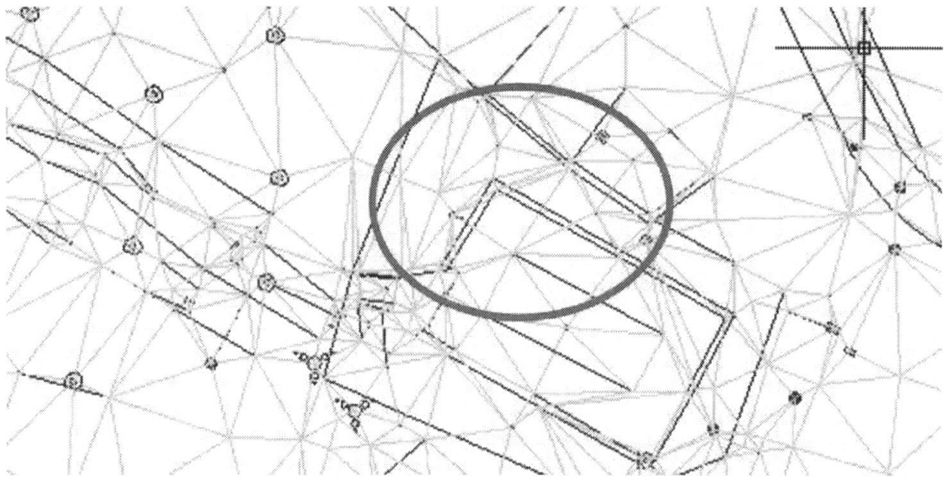

Im Bild ist der derzeitige Arbeitsstand im 3D dargestellt (visueller Stil „Schattiert", AutoCAD-Funktion)

Ein rechteckiges Wasserbecken ist noch nicht erkennbar.

Im Beispiel werden jetzt die Linien-Elemente zweimal, mit unterschiedlichen Optionen, als Bruchkanten zugewiesen.

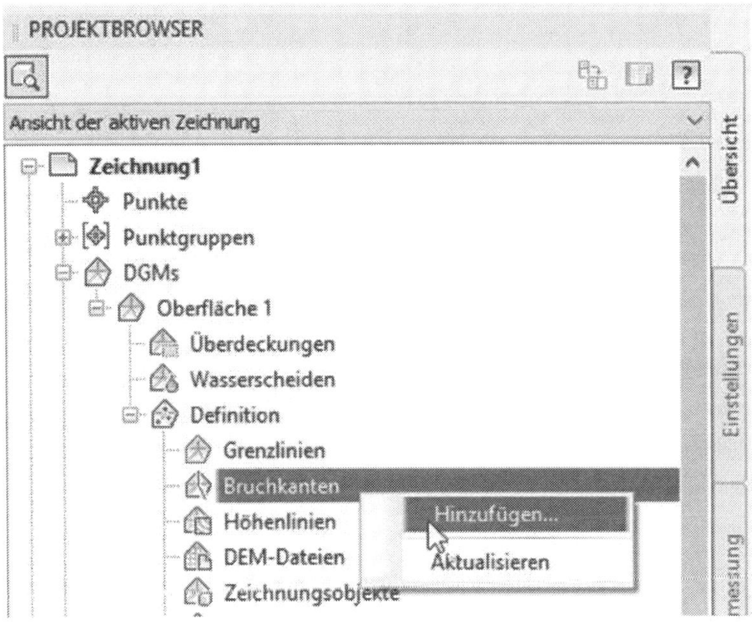

Die erste Bruchkanten-Zuweisung erfolgt ohne „Bereinigungs- oder Ergänzungsfaktoren" (Bruchkanten-Eigenschaft).

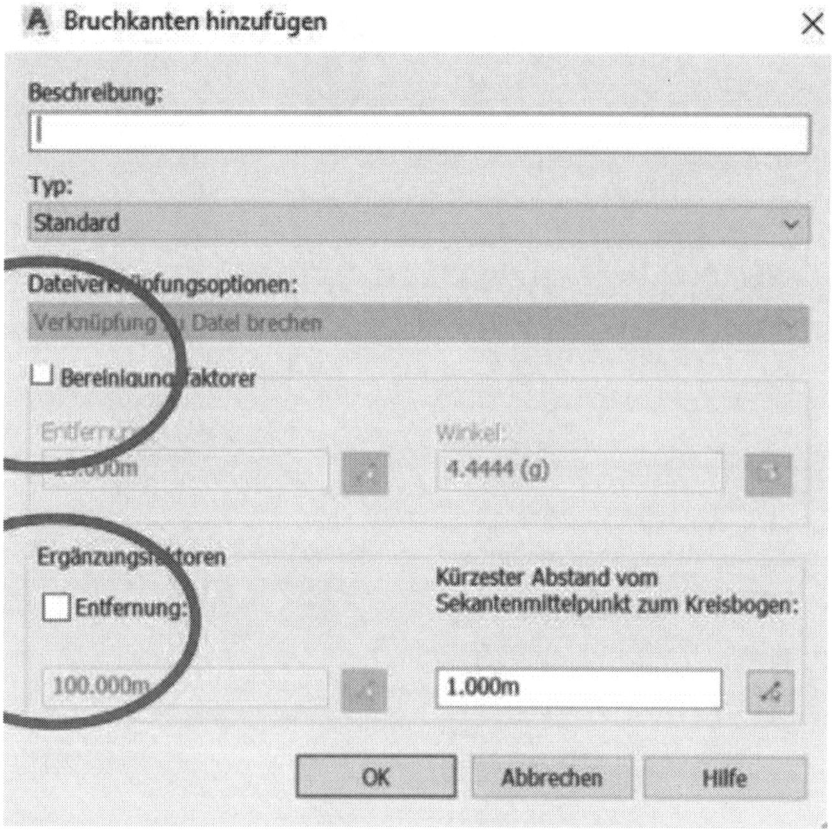

Dreiecke nach der Bruchkanten-Zuweisung:

3D-Darstellung:

Ein rechteckiges Wasserbecken ist deutlich erkennbar (visueller Stil „Schattiert", AutoCAD-Funktion).

Die Zuweisung von Elementen zum DGM, in jeder Kategorie, kann mit der Funktion „Löschen" rückgängig gemacht werden.

Hinweis:

Die Linienelemente selbst, werden dabei nicht gelöscht. Es wird nur die Zuweisung zum DGM aufgehoben!

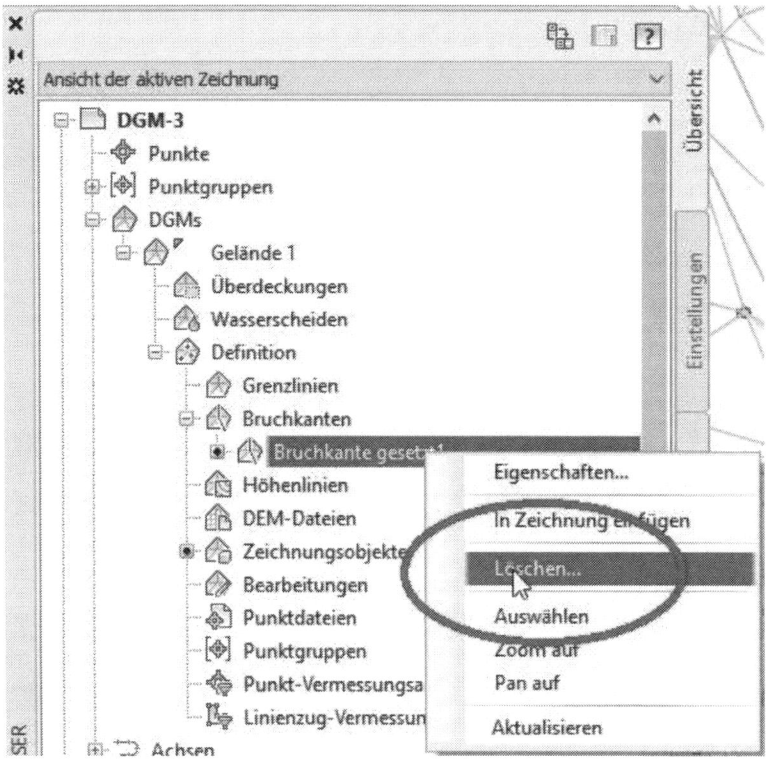

Bei der zweiten Zuweisung werden „Ergänzungsfaktoren" vorgegeben (keine Bereinigungsfaktoren).

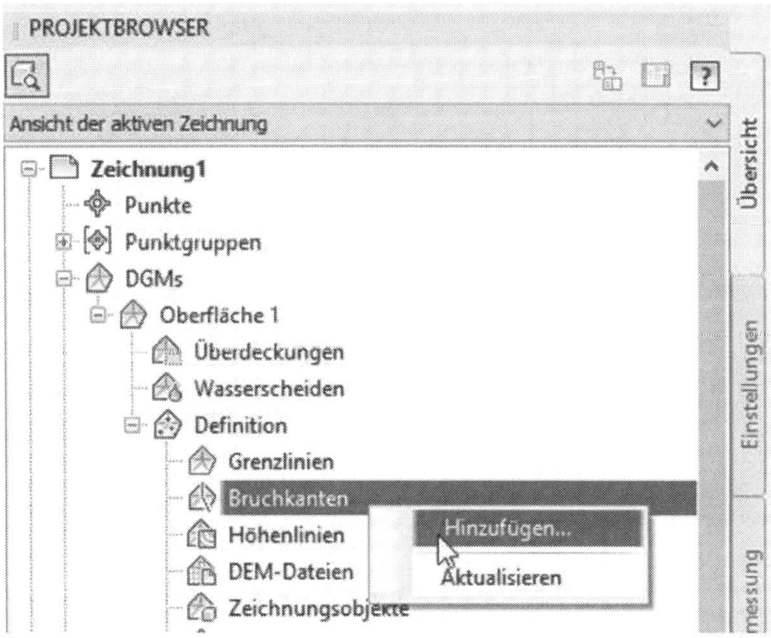

Als Bruchkanten- „Typ" bleibt „Standard" ausgewählt.

Die Option „Bereinigungsfaktoren" wird nicht benutzt. „Bereinigungsfaktoren" würde bedeuten, Stützpunkte unter einem Abstand werden entfernt (Stützpunkt-Abstand in Meter).

Die Option „Ergänzungsfaktoren" wird auf 1m gestellt. Mit „Ergänzungsfaktoren" werden Stützpunkte zusätzlich eingefügt. Die Höhe der Stützpunkte wird linear interpoliert.

Das Resultat der Einstellung sind sehr gleichmäßige, kleine Dreiecke.

Dreiecke nach der Bruchkanten-Zuweisung:

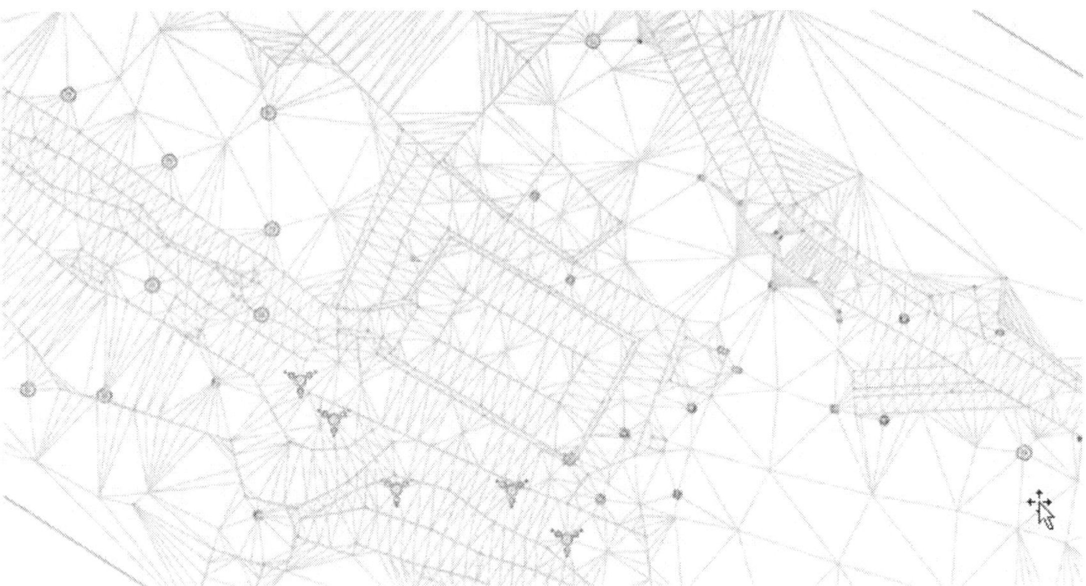

3D-Darstellung

Das Wasserbecken ist ohne rechtwinklige Ecken dargestellt! Für diese Situation wäre das fachlich falsch. Die Vermessung (Zeichnung, Ausgangssituation) zeigt rechtwinklige Ecken!

Die Option „Ergänzungsfaktoren" oder „Bereinigungsfaktoren" zu nutzen, ist nicht in jedem Fall von Vorteil. Der Einfluss (positiv oder negativ) eines jeden Parameters ist zu kontrollieren.

Im vorliegenden Fall sind rechtwinklige Ecken vermessen, das heißt die Ecken müssen rechtwinklig bleiben! Das Konstruktionsziel sollte über den Detailierungsgrad des DGMs entscheiden (Verwendung von Eigenschaften und deren Parameter).

In der Praxis sollten alle optionalen Einstellungen erlernt und verstanden sein, um von Anwendungsfall zu Anwendungsfall zu entscheiden, welche Parameter zu verwenden oder zu negieren sind.

Optional stehen Befehle zur Verfügung, um solche fehlerhaft ausgeführten Dreiecke (hier durch die falsche Verwendung von Ergänzungsfaktoren), auch nachträglich manuell zu bearbeiten.

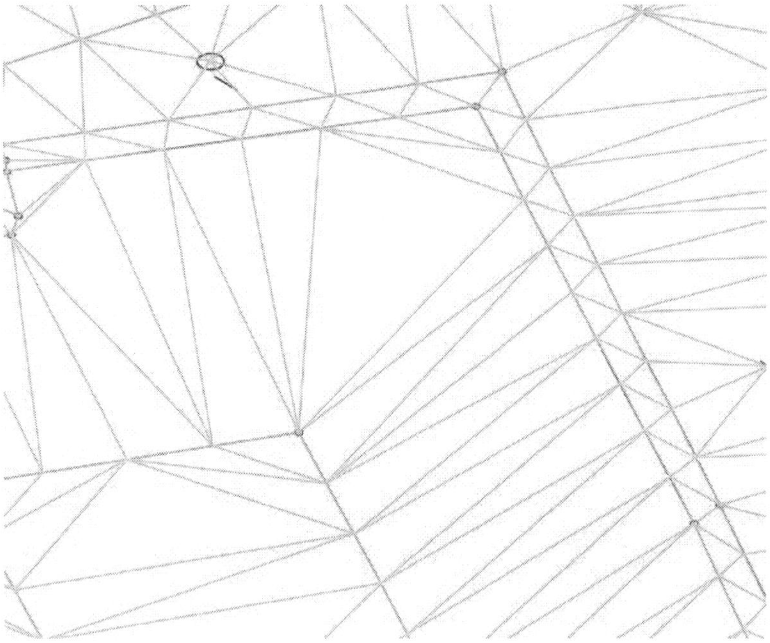

3D Darstellung:

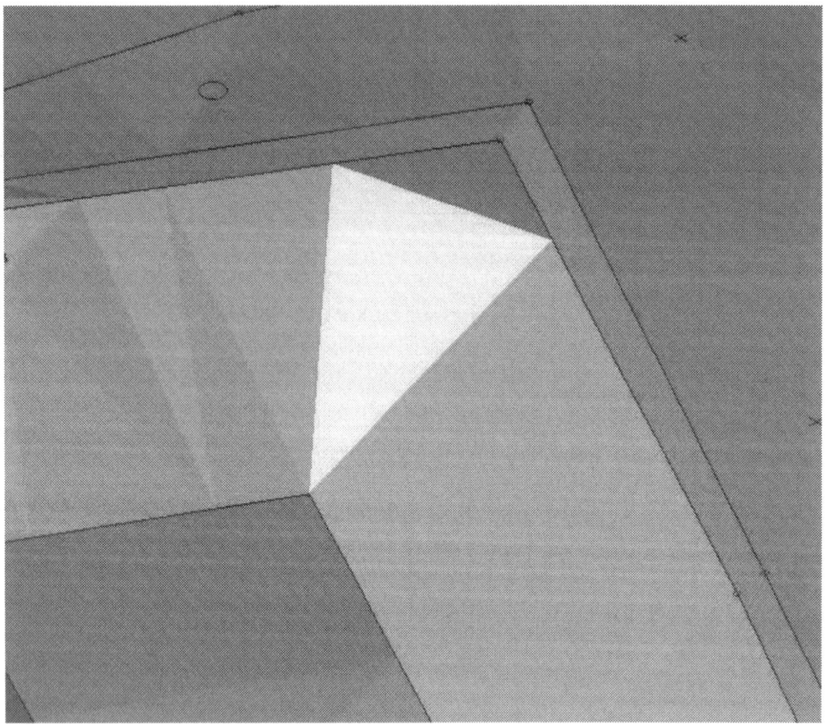

Im Bereich „Bearbeitungen" kann mit dem Befehl „Kante umdrehen" eine Korrektur durchgeführt werden.

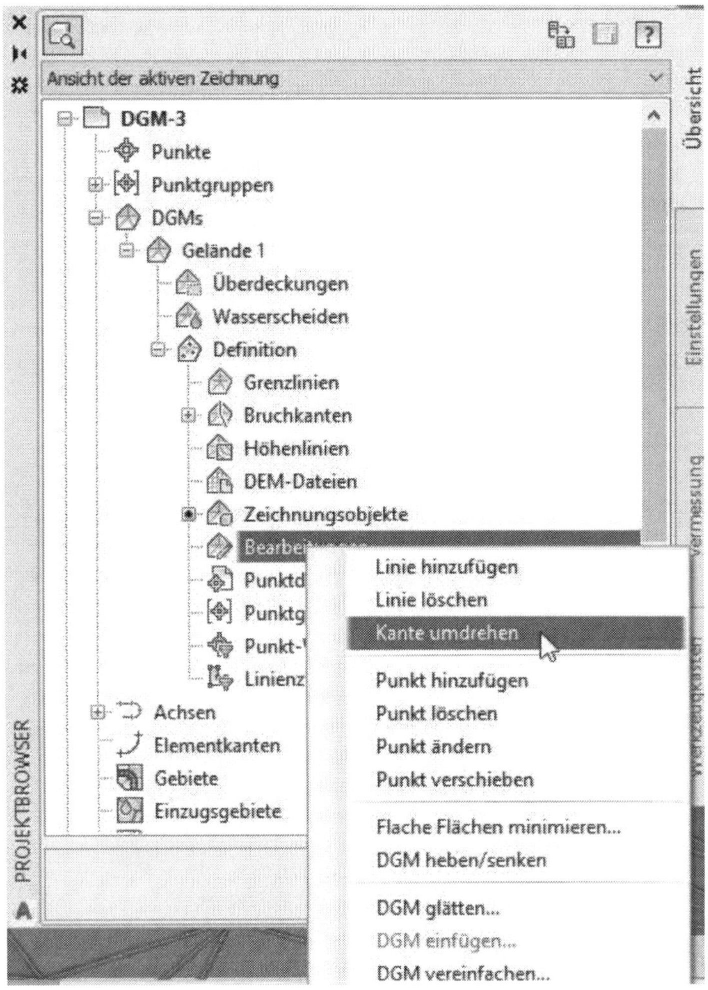

Diese Korrektur ist in diesem Beispiel bei Verwendung der Ergänzungsfaktoren an allen Ecken auszuführen.

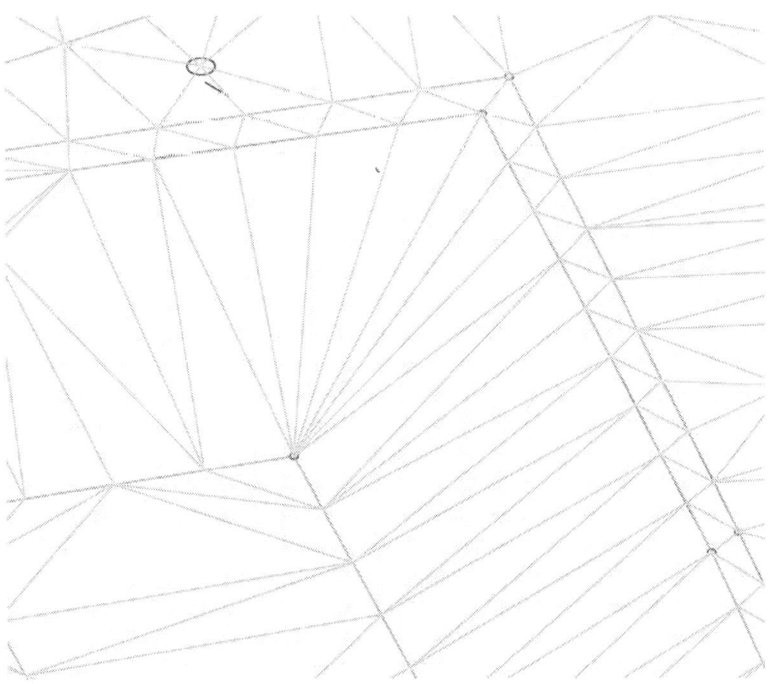

Hinweis:

Optional kann das DGM auch ohne Ergänzugsfaktoren (Bruchkanteneinstellung) nochmals erstellt werden. In der nachfolgenden Beschreibung sind die Ergänzungsfaktoren entfernt bzw. dem DGM sind die „Linien" nochmals als „Bruchkanten" ohne Ergänzungsfaktoren zugewiesen.

4.3.1 Liste von Bearbeitungs-Funktionen für ein DGM

Die Bearbeitung des Übungs-DGM wird im folgenden Abschnitt „4.3.2 Eventuelle Fehlermeldungen" fortgesetzt.

Nachfolgend sind die Funktionen des DGM aufgelistet und erläutert, weil der größere Teil der Funktionen nicht Bestandteil der Übung ist.

Funktionen des DGM:

- Überdeckung
- Wasserscheiden
- Definition
  - Grenzlinien
  - Bruchkanten
  - Höhenlinien
  - DEM-Dateien
  - Zeichnungsobjekte
  - Bearbeitungen
  - Punktdateien
  - Punktgruppen
  - Punkt-Vermessungsabfragen
  - Linienzug-Vermessungsabfragen

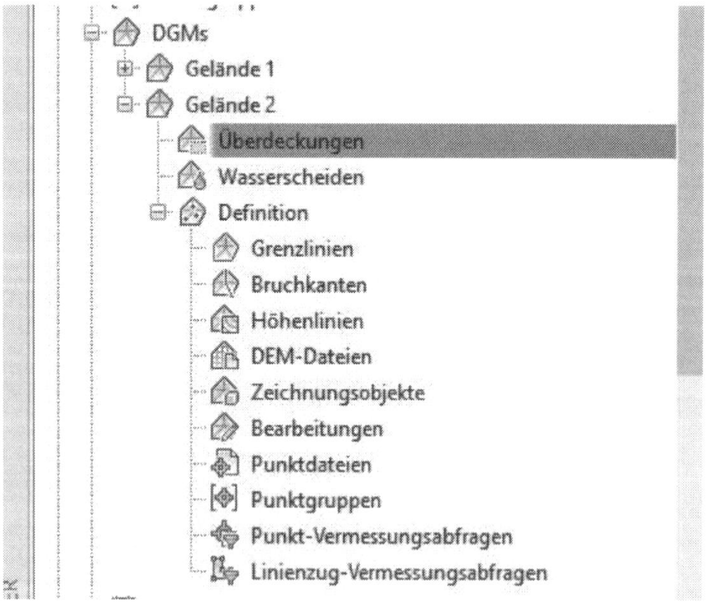

Überdeckung

Dieser Bereich bezieht sich auf bereits fertiggestellte DGMs. Ist ein DGM erstellt, so kann es mit der Funktion „Überdeckung" in verschiedenen Bereichen mit Rendermaterial belegt werden, ohne das DGM zusätzlich einzugrenzen- oder in einzelne Unter-Bereiche zu zerlegen.

Hinweis:

Es können mehrere äußere „Überdeckungen" verwendet werden, aber es kann nur eine innen liegende „Überdeckung" geben.

Beispiel:

Auf ein einfaches DGM, mit zugewiesenem Rendermaterial und Darstellungsstil „Dreiecke und Umring DUNKELGRÜN" werden zwei „Polylinien" gezeichnet und anschließend die Eigenschaft „Überdeckung" zugewiesen.

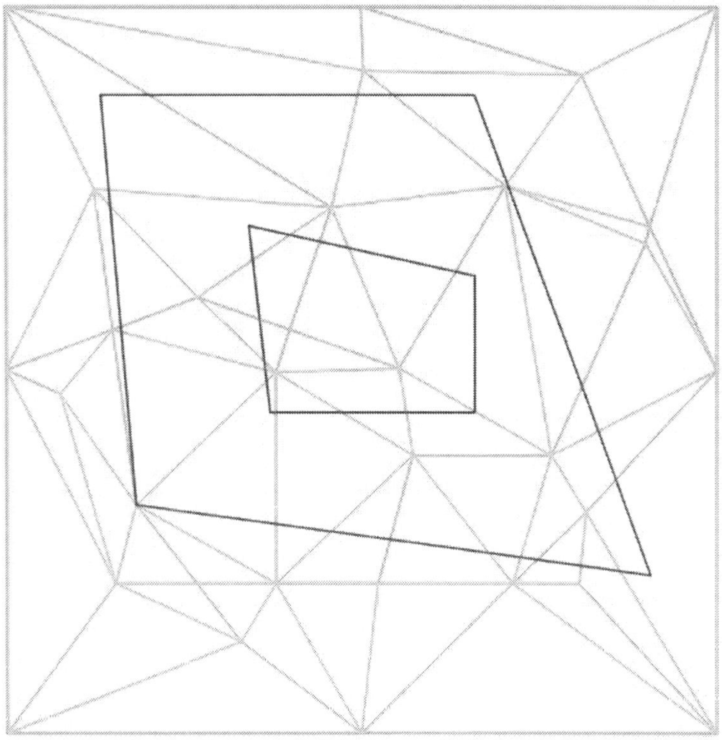

Es werden „Überdeckungen" erstellt. Überdeckung kann auch erklärt werden als Bereich mit extra zugewiesenem „Rendermaterial".

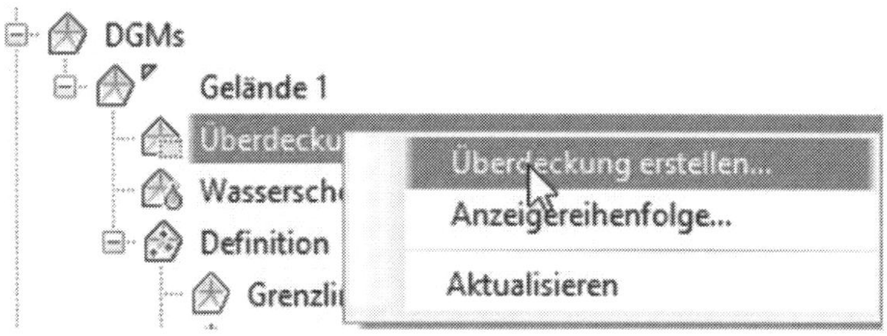

Hinweis:

Das Rendermaterial ist nur im Darstellungsstil „Realistisch“ (AutoCAD-Funktion) zu sehen.

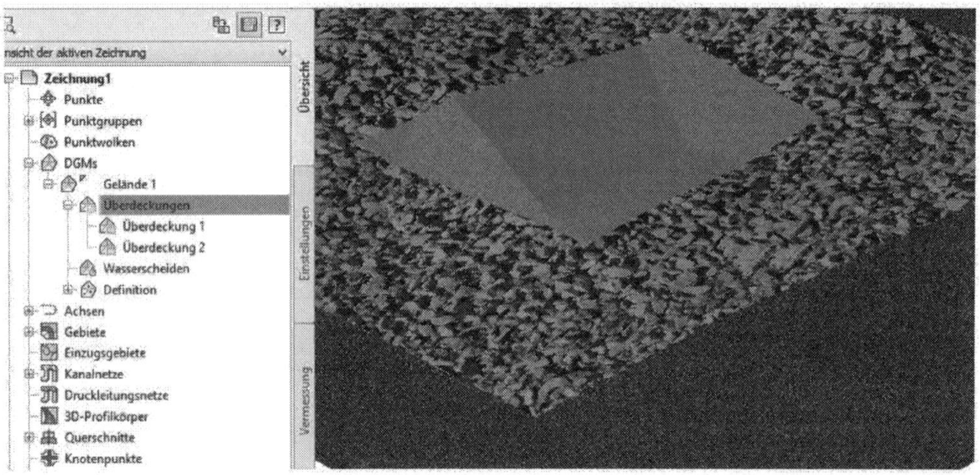

Resultat: Die Bereiche besitzen in Stufen abgesetztes Material, obwohl es sich nur um ein DGM handelt.

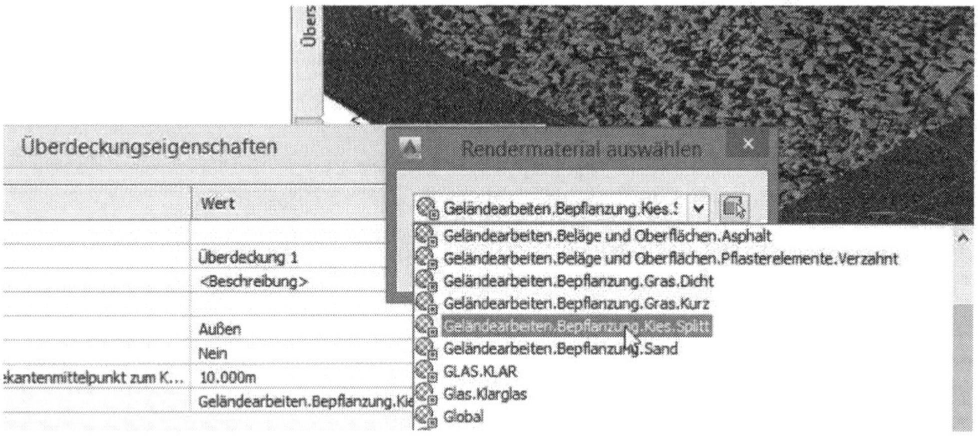

Wasserscheiden

Die Funktion setzt ebenfalls ein fertiggestelltes DGM voraus.

Wasserscheiden werden im Darstellungsstil eingeschalten (DGM-Eigenschaft) und über die Analyse-Funktion errechnet (eine Erläuterung der „Analyse-Funktion erfolgt in den folgenden Abschnitten). Die Wasserscheidenfunktion wird hier nur vorgestellt.

Zugang zu den Eigenschaften des Darstellungsstils:

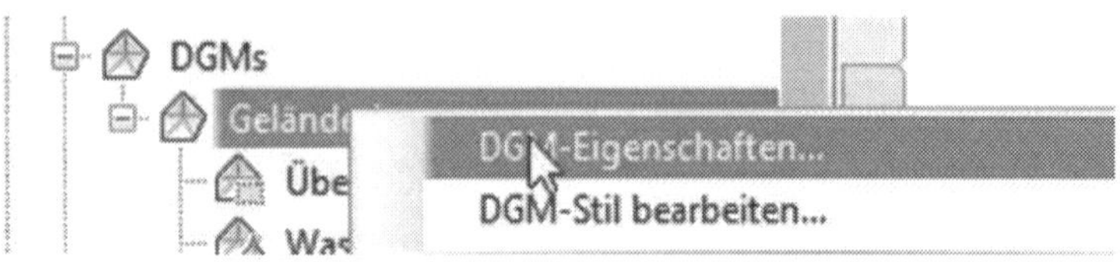

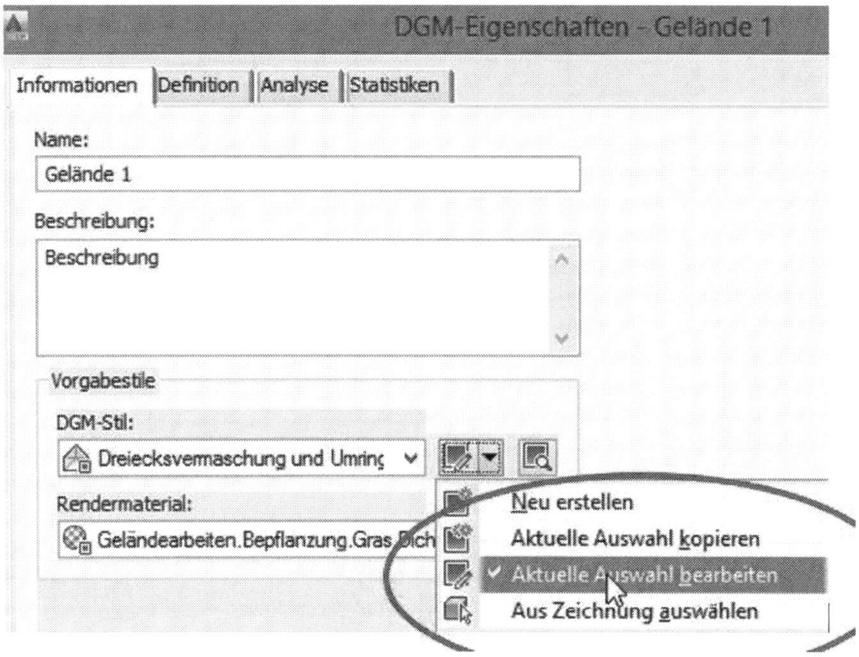

Die „Wasserscheiden-Funktion" ist in der Karte Anzeige einzuschalten.

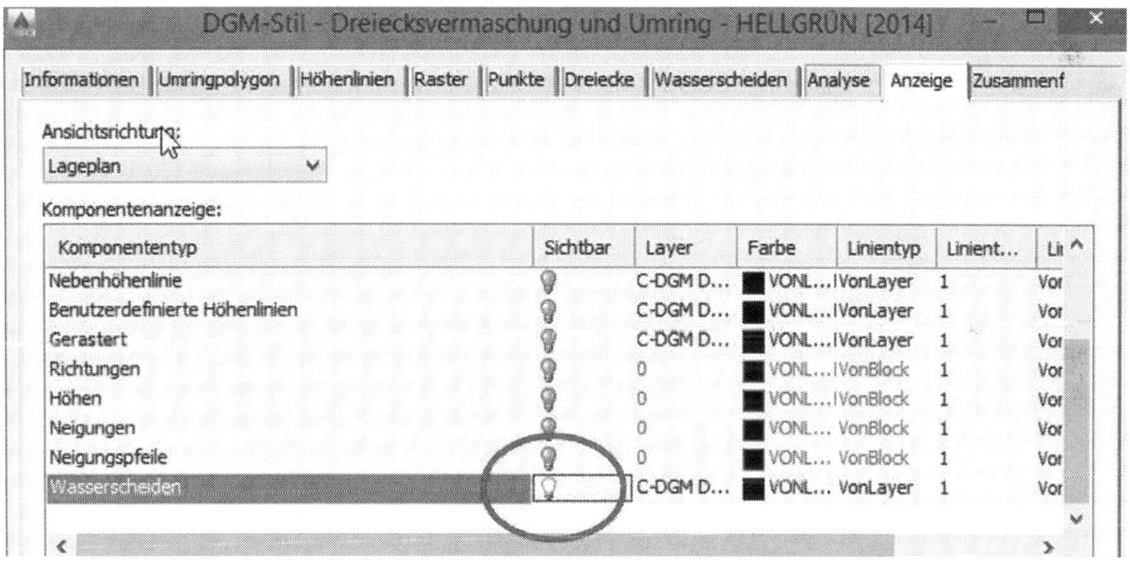

Der Wasserscheidenberechnung ist eine umfangreiche Voreinstellung hinterlegt. Diese wird hier nur informativ dargestellt. Die Liste der Einstellungen und Funktionen ist am unteren Bereich des Bildes unterbrochen.

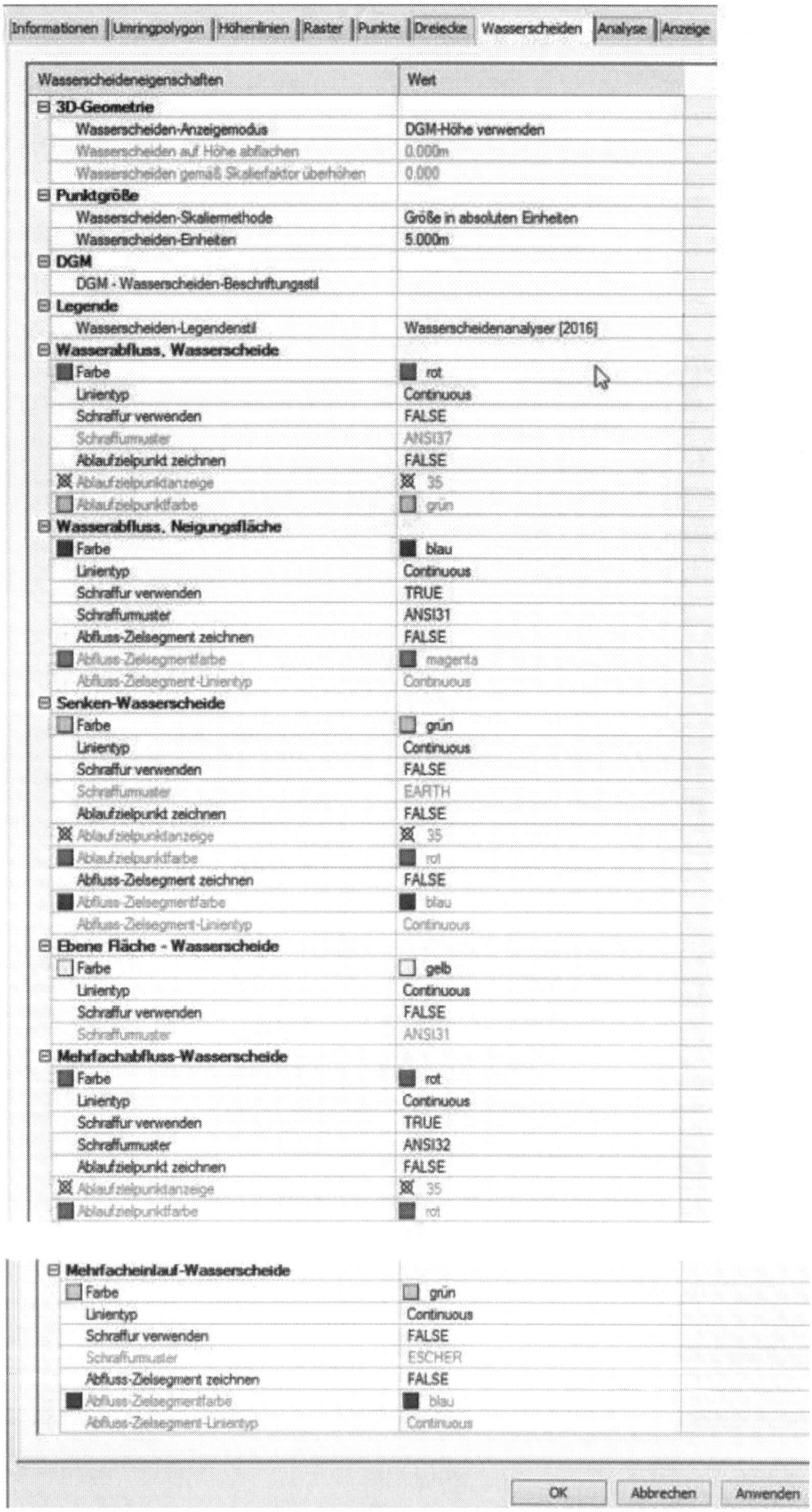
Informationen
Umringpolygon
Höhenlinien
Raster
Punkte
Dreiecke
Wasserscheiden
Analyse
Anzeige
Wasserscheideneigenschaften
Wert
3D-Geometrie
Wasserscheiden-Anzeigemodus
DGM-Höhe verwenden
Wasserscheiden auf Höhe abflachen
0.000m
Wasserscheiden gemäß Skalierfaktor überhöhen
0.000
Punktgröße
Wasserscheiden-Skaliermethode
Größe in absoluten Einheiten
Wasserscheiden-Einheiten
5.000m
DGM
DGM - Wasserscheiden-Beschriftungsstil
Legende
Wasserscheiden-Legendenstil
Wasserscheidenanalyser [2016]
Wasserabfluss, Wasserscheide
Farbe
rot
Linientyp
Continuous
Schraffur verwenden
FALSE
Schraffurmuster
ANSI37
Ablaufzielpunkt zeichnen
FALSE
Ablaufzielpunktanzeige
35
Ablaufzielpunktfarbe
grün
Wasserabfluss, Neigungsfläche
Farbe
blau
Linientyp
Continuous
Schraffur verwenden
TRUE
Schraffurmuster
ANSI31
Abfluss-Zielsegment zeichnen
FALSE
Abfluss-Zielsegmentfarbe
magenta
Abfluss-Zielsegment-Linientyp
Continuous
Senken-Wasserscheide
Farbe
grün
Linientyp
Continuous
Schraffur verwenden
FALSE
Schraffurmuster
EARTH
Ablaufzielpunkt zeichnen
FALSE
Ablaufzielpunktanzeige
35
Ablaufzielpunktfarbe
rot
Abfluss-Zielsegment zeichnen
FALSE
Abfluss-Zielsegmentfarbe
blau
Abfluss-Zielsegment-Linientyp
Continuous
Ebene Fläche - Wasserscheide
Farbe
gelb
Linientyp
Continuous
Schraffur verwenden
FALSE
Schraffurmuster
ANSI31
Mehrfachabfluss-Wasserscheide
Farbe
rot
Linientyp
Continuous
Schraffur verwenden
TRUE
Schraffurmuster
ANSI32
Ablaufzielpunkt zeichnen
FALSE
Ablaufzielpunktanzeige
35
Ablaufzielpunktfarbe
rot
Mehrfacheinlauf-Wasserscheide
Farbe
grün
Linientyp
Continuous
Schraffur verwenden
FALSE
Schraffurmuster
ESCHER
Abfluss-Zielsegment zeichnen
FALSE
Abfluss-Zielsegmentfarbe
blau
Abfluss-Zielsegment-Linientyp
Continuous
OK
Abbrechen
Anwenden

In der Darstellung werden für eine Straße Einzugsflächen (Typ=Senke) und die Positionen der Einläufe mit Hilfe der Funktion „Wasserscheiden" bestimmt. Diese „Senken" werden durch mehrere Faktoren beeinflusst, Querneigung der Straße, Hoch- und Tiefpunkte.

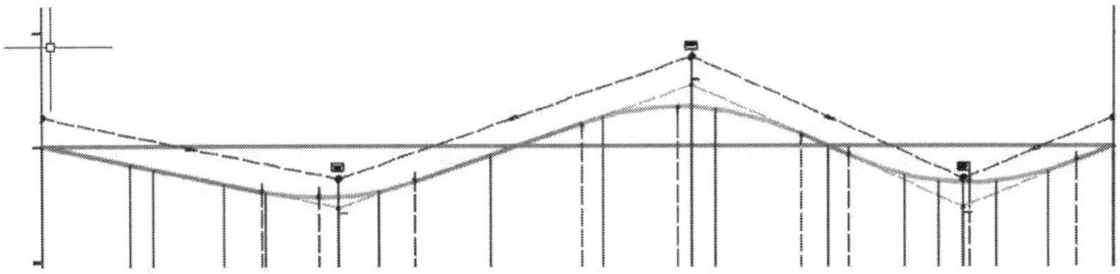

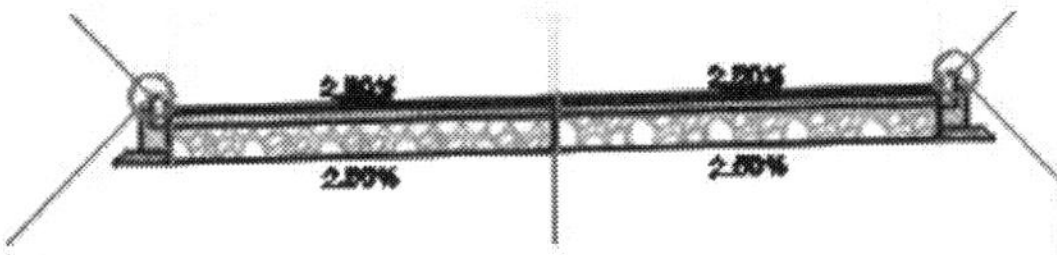

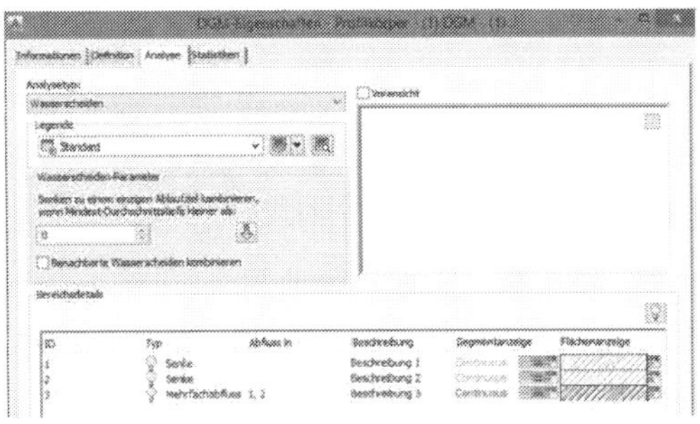

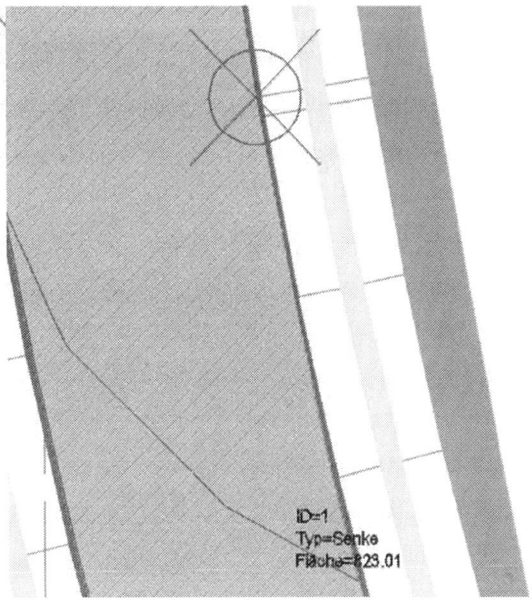

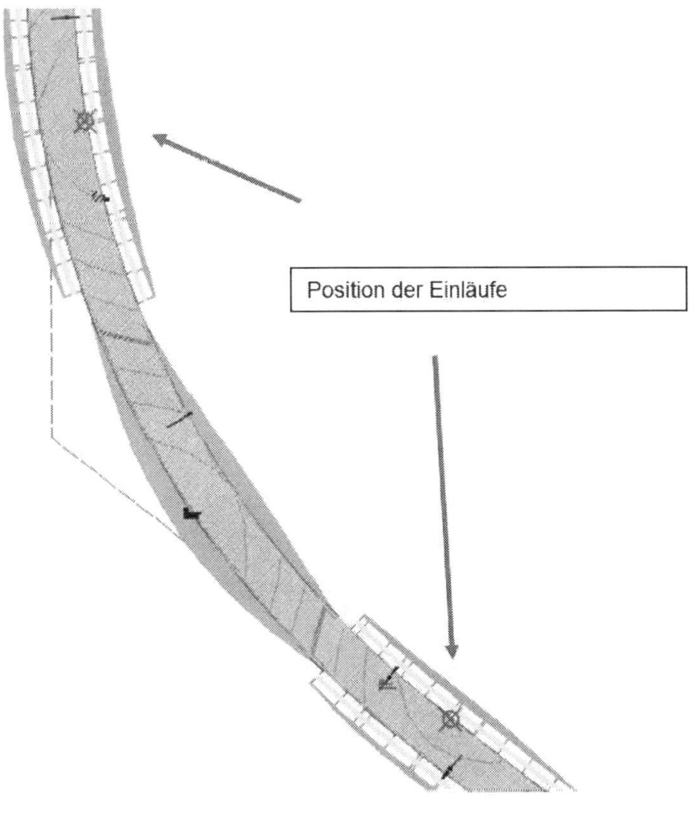

Definition

1. Grenzlinien

Als DGM-Eingrenzung können alle geschlossenen Polylinien, - 2D-Polylinien, - 3D-Polylinien und - Elementkaten (verbesserte, erweiterte 3D-Polylinie, Beschreibung im 5. Kapitel) zur Eingrenzung des DGM verwendet werden.

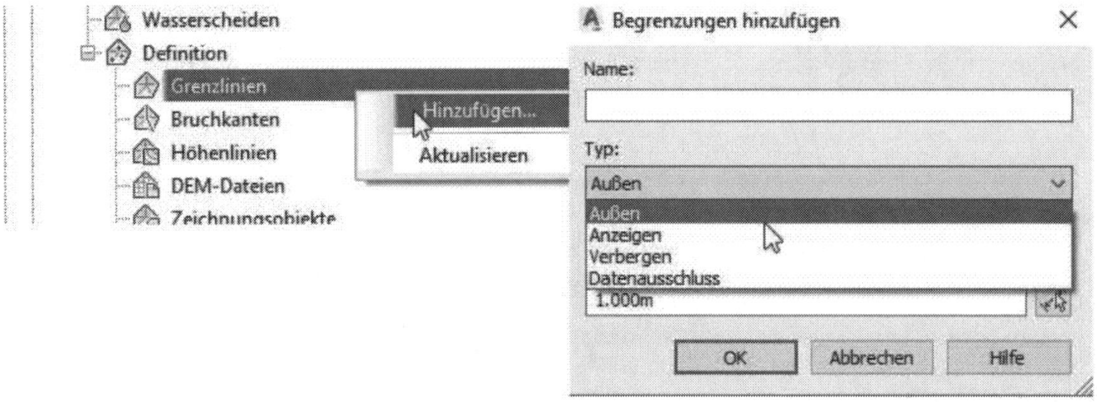

Grenzlinien-Typen:

- „Außen" - außen liegende Grenze (Es ist nur eine zugelassen oder gültig.)
- „Anzeigen" - Erstellt eine Inselbegrenzung (Verbergen mit Darstellung der Dreiecke). Inselbegrenzungen werden verwendet, um eine Fläche innerhalb einer Innenbegrenzung anzuzeigen
- „Verbergen" - innen liegende Grenzen (Inselbegrenzung mit Ausblenden der Dreiecke, Es sind mehrere zugelassen.)
- „Datenausschluss" - Grenzliniendefinition vor Einlesen der Daten (Option bei großen Datenmengen, Punktemenge größer 500.000)

Hinweis:

Grenzlinien können „Bögen" beinhalten. Die Dreieckskanten-Länge am Bogen wird über den Sekanten-Abstand zum Bogen gesteuert. Der Wert, der für Randlinien Verwendung findet, sollte immer genauso groß oder klein sein wie bei den Bruchkanten und im „cm" Bereich liegen (0.03 - 0.01).

- Wert: kürzester Abstand vom Sekanten-Mittelpunkt zum Kreisbogen

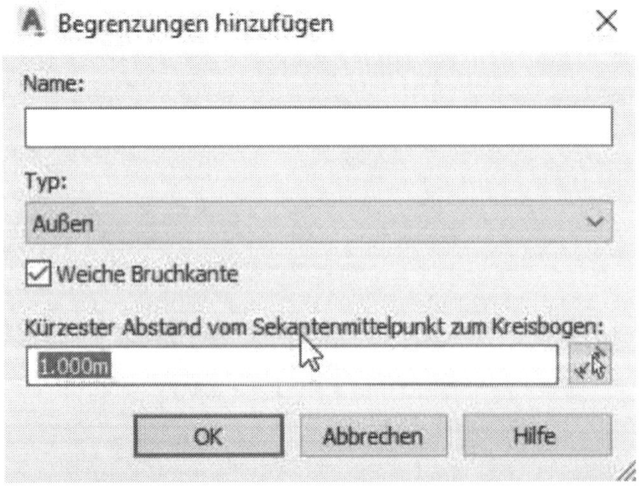

Hinweis:

Auf das Feld „Name" (ist Bestandteil mehrerer in diesem Abschnitt genannter Funktionen) wird in dieser Beschreibung nicht eingegangen. Es wird vorgeschlagen die Bezeichnung des Layers, der den Elementen (im AutoCAD) zugwiesen ist, einzutragen. Der „Name" kann einen wichtigen Hinweis auf die Art der Grenzlinie (oder Bruchkante) beinhalten. Er wird im Projektbrowser gezeigt und hilft bei einer eventuellen Fehlersuche.

Im Bereich „Analysieren, Mengenberechnung, Variante 2" wird eine zweite Möglichkeit der DGM Eingrenzung aufgezeigt. Die Eingrenzung über gezeichnete Polylinien ist im CIVIL 3D nur eine Variante von insgesamt drei Möglichkeiten zur Begrenzung von DGMs.

- Eingrenzung, Variante 2 – DGM Eigenschaften, Karte: Definition
- Eingrenzung, Variante 3 – Datenextraktion: Rand-Linie und anschließende Polylinien-Bearbeitung

2. Bruchkanten

Die Datenzuweisung (Höhen-Zuweisung) beginnt mit dem Bereich Definition ab „Bruchkanten". Bruchkanten sind in der Regel „Linien mit Höhe" und eher als Vermessungs-Information zu verstehen (Vermessungs-Punkt mit DGM-Steuerungs-Funktion).

- Typ, Bruchkanten-Varianten:
  - „Standard" – ohne technische Einschränkung
  - „Ohne Punktverbindung" – ohne Stützpunkt-Berücksichtigung
  - „An steilen Flächen" – senkrechte Kante (Beispiel: Kante, die eine senkrechte Mauer beschreibt, 90°" Winkel, das heißt bis zum absoluten Rechten-Winkel)
  - „Aus Datei" – *.flt-Datei, spezielles Autodesk Linien-ASCII-Format
  - „Weich" – Bruchkante bricht die Dreiecks-Masche im Schnittpunkt, ändert jedoch nicht die Höhe (Die Funktion wird benötigt zum Teilen von Dreiecken, um diese eventuell zu löschen)

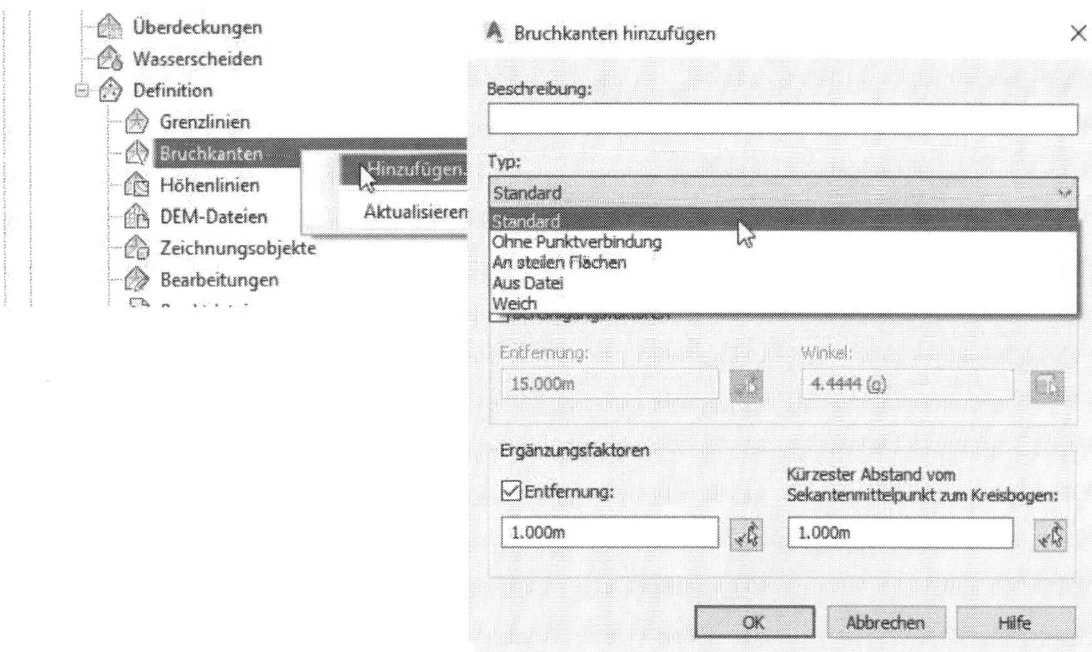

Hinweis:

Für alle „linienhaften Elemente" (mit 3D-Eigenschaften) wird die Zuweisung zum DGM über die Funktion Bruchkante, als Favorit empfohlen.

- Linien
- Polylinien (mit Erhebung)
- 2D-Polylinien (mit Erhebung)
- 3D-Polylinien (mit Höhen im Stützpunkt)
- Elementkanten

Hinweis:

Bruchkanten können „Bögen" beinhalten (2D-Polylinien mit Erhebung, Elementkanten 5.Kapitel). Die Dreieckskanten-Länge am Bogen wird über den Sekanten-Abstand zum Bogen gesteuert. Der Wert, der für Bruchkanten und Randlinien Verwendung findet, sollte immer gleich groß sein und im „cm" Bereich liegen (0.03 - 0.01).

- Wert: kürzester Abstand vom Sekanten-Mittelpunkt zum Kreisbogen

3. Höhenlinien

Mit der Funktion „Höhenlinien" werden ausschließlich Polylinien oder 2D-Polylinien mit Erhebung zugewiesen.

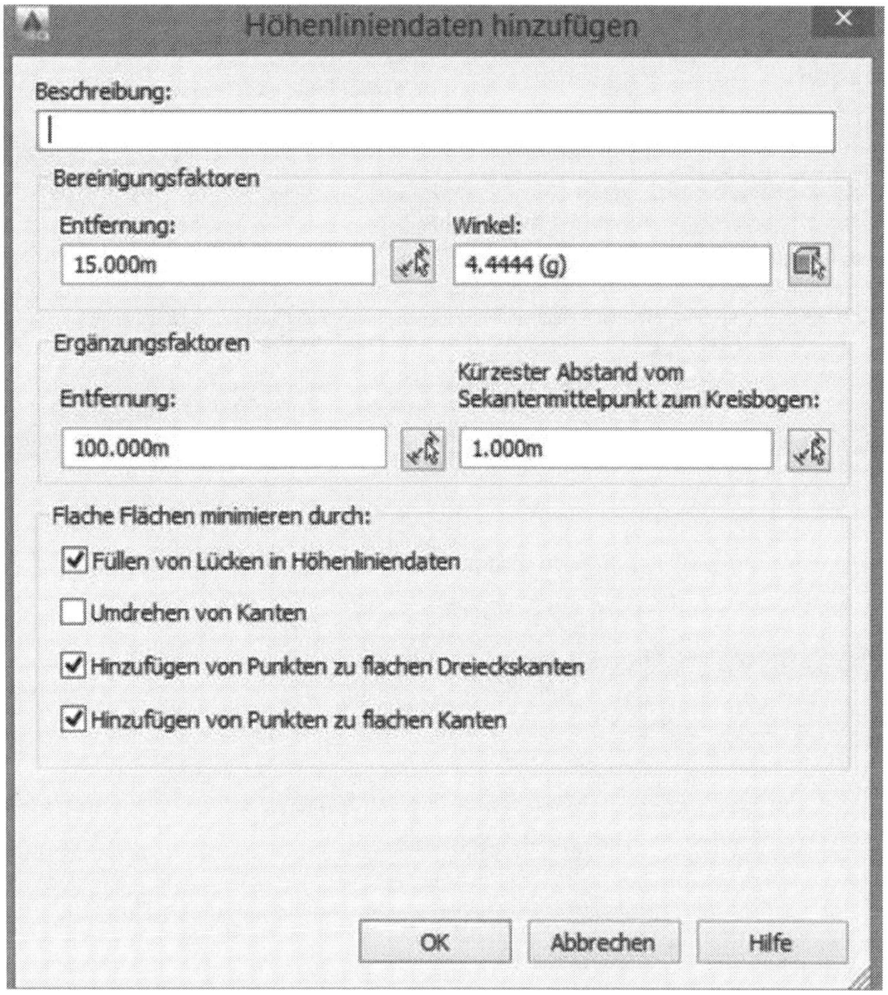

Hinweis:

Da die Funktion „Bereinigungsfaktoren" (Abschalten von Linien-Stützpunkten = Reduzierung der Dreiecke) und „Ergänzungsfaktoren" (lineare Interpolation für zusätzlich Dreiecke) nicht abschaltbar sind, empfehle ich diese Funktion nur in Sonderfällen. Ein solcher Sonderfall liegt im Beispiel nicht vor.

4. DEM-Dateien

Im Autodesk-Umfeld ist der Begriff „DEM" ein Sammelbegriff für Dateiformate, die nicht auf den einzelnen Punkt orientiert sind (x-, y-, z-Wert in einem Datensatz). Diese Dateien beschreiben einen Ausgangspunkt oder Basis-Koordinaten und ordnen diesen ausschließlich mit einer Zeilen-, Reihen- oder Abstandsdefinitionen einen Z-Wert zu.

Auszug aus einer Autodesk MAP-Beispieldatei.

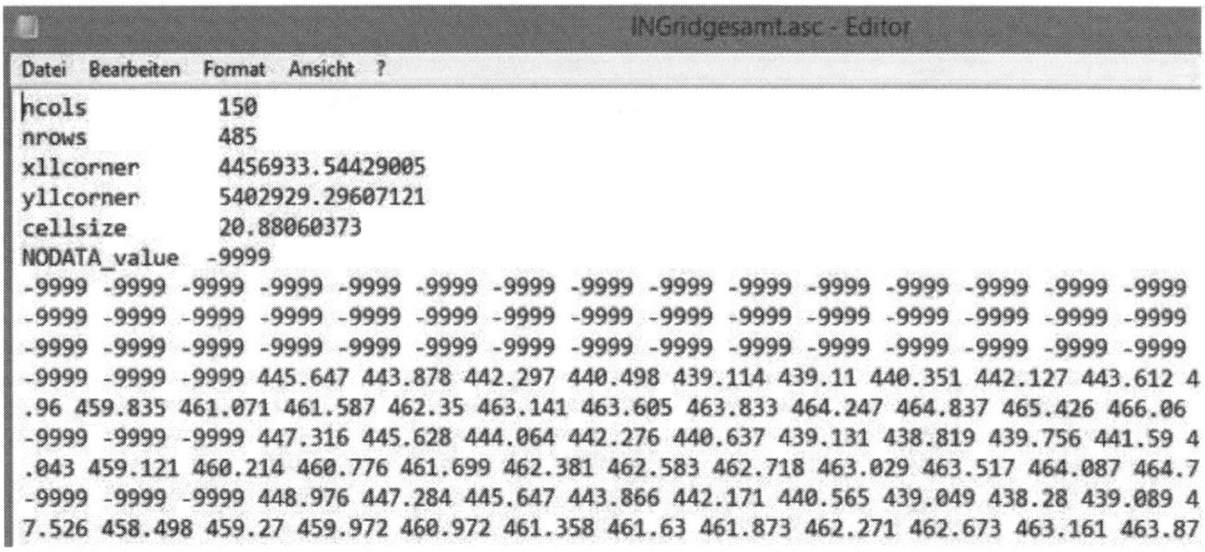
INGridgesamt.asc - Editor
Datei Bearbeiten Format Ansicht ?

```
ncols         150
nrows         485
xllcorner     4456933.54429005
yllcorner     5402929.29607121
cellsize      20.88060373
NODATA_value  -9999
-9999 -9999 -9999 -9999 -9999 -9999 -9999 -9999 -9999 -9999 -9999 -9999 -9999 -9999 -9999
-9999 -9999 -9999 -9999 -9999 -9999 -9999 -9999 -9999 -9999 -9999 -9999 -9999 -9999 -9999
-9999 -9999 -9999 -9999 -9999 -9999 -9999 -9999 -9999 -9999 -9999 -9999 -9999 -9999 -9999
-9999 -9999 -9999 445.647 443.878 442.297 440.498 439.114 439.11 440.351 442.127 443.612 4
.96 459.835 461.071 461.587 462.35 463.141 463.605 463.833 464.247 464.837 465.426 466.06
-9999 -9999 -9999 447.316 445.628 444.064 442.276 440.637 439.131 438.819 439.756 441.59 4
.043 459.121 460.214 460.776 461.699 462.381 462.583 462.718 463.029 463.517 464.087 464.7
-9999 -9999 -9999 448.976 447.284 445.647 443.866 442.171 440.565 439.049 438.28 439.089 4
7.526 458.498 459.27 459.972 460.972 461.358 461.63 461.873 462.271 462.673 463.161 463.87
```

Hinweis:

Andere Software-Hersteller bezeichnen dieses Datei-Format auch als "Raster", „GEO-tiff" oder „GRID". Die Formatbezeichnung muss nicht unbedingt *.DEM lauten!

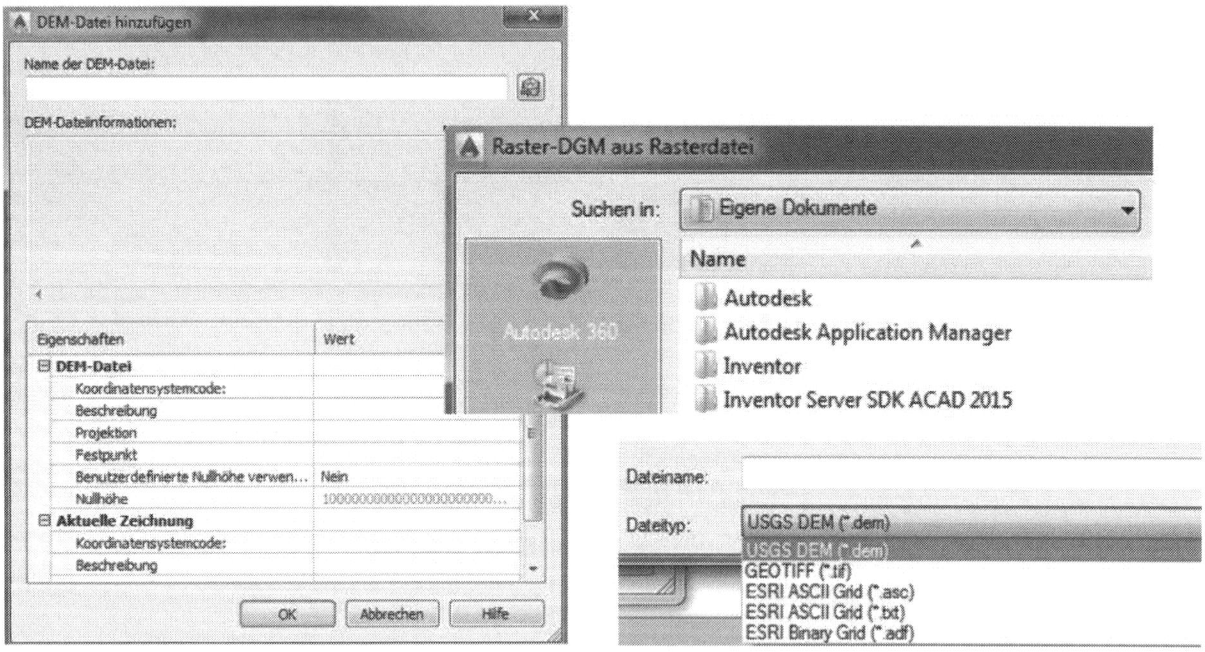

5. Zeichnungsobjekte

Die Zeichnungsobjekt-Funktion dient der Zuweisung aller Zeichnungs-Elemente, die Autodesk mit 3D-Eigenschaften anbietet und die in klassischen *.dwg- oder *.dxf-Zeichnungen vorkommen. In der Praxis sind das fast ausschließlich die Zeichnungselemente die mit „Auswählen/Filtern, Kopieren und Einfügen" in eine leere Vorlage („... Deutschland.dwt") eingefügt werden können.

Hinweis:

Mit der Funktion „Punkt" ist hier der „AutoCAD-Punkt" gemeint! Die Funktion „Kanten von Objekt beibehalten" aktiviert eine „Bruchkanten-Option" bei linienhaften Elementen.

Beispiel: 3D-Flächen

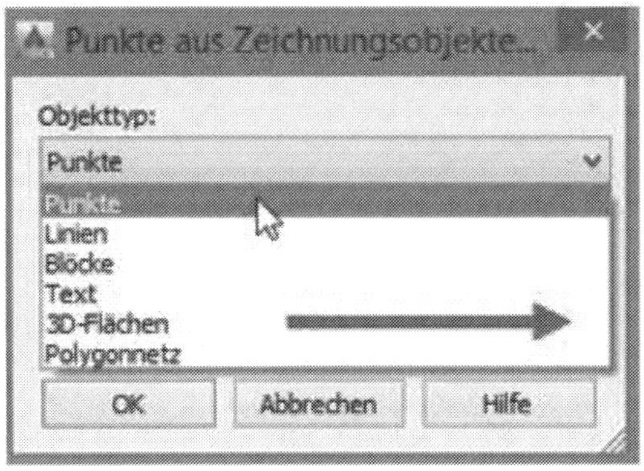

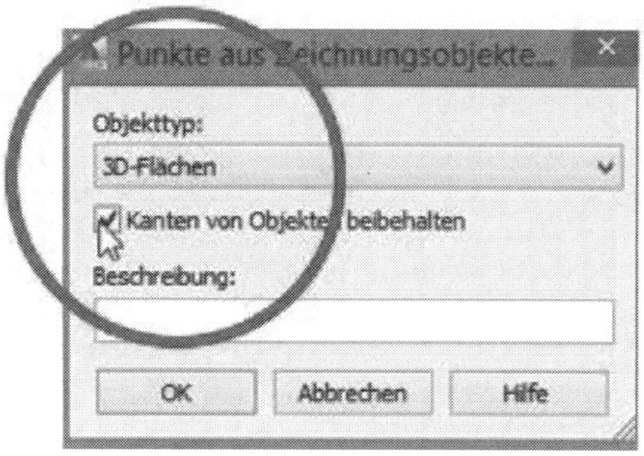

6. Bearbeitungen

Die Funktion „Bearbeitungen" dient der eventuellen manuellen Korrektur der DGM-Dreiecke, die automatisch als Bestandteil des DGM, erstellt werden. Nicht jeder Parameter kann so vorgegeben werden, dass genau die Lage für das DGM entsteht, die für das Projekt richtig ist. Der Funktionsumfang sollte nur für einzelne eng begrenzte Korrekturen benutzt werden.

Hinweis:

Die Lage und Ausrichting der einzelnen Dreiecke entscheidet über die Richtigkeit einer späteren Volumenberechnung (Massenberechnung).

Mit dem Begriff „Linien" oder „Kante" sind Dreiecke gemeint. Mit dem Begriff „Punkte" sind hier spezielle „DGM-Punkte" gemeint. Diese DGM-Punkte sind in allen Darstellungs-Stilen abgeschalten und daher vor einer Bearbeitung im Darstellungs-Stil zu aktivieren (Bestandteil von: DGM-Eigenschaften, Karte Anzeige)!

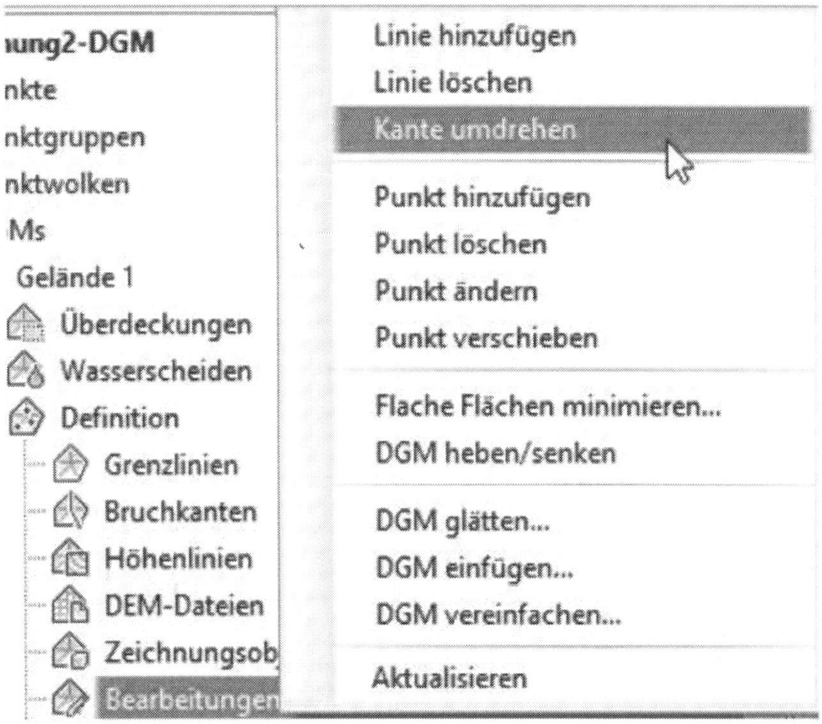

Hinweis:

- Flache Flächen minimieren
- DGM heben/senken
- DGM glätten
- DGM einfügen
- DGM vereinfachen
- Aktualisieren

Diese Funktionen gehen über die Stufe Grund-Kenntnisse hinaus. DGM heben/senken könnte mit einfachen Mittel die Situation „Mutterbodenabtrag" beschreiben.

Ein „Konstruktions-DGM" in ein Basis-DGM (Urgelände, Oberfläche) einfügen, ist ein häufig vorkommendes Praxis-Beispiel.

1. Kranstellfläche für Windkraftanlagen und anschließende Konstruktion der Zufahrt vom „Gelände" auf die Kranstellfläche,

2. Es ist ein Hochwasserschutzdamm zu entwerfen und anschließend eine Straßenkonstruktion vom Gelände, über den Damm zu führen.

7. Punktdateien
8. Punktgruppen

Eine Beschreibung der Funktionen Punktdateien und Punktgruppen ist Bestandteil des 3. Kapitel „DGM aus Punktdatei".

9. Punkt-Vermessungsabfragen
10. Linienzug-Vermessungsabfragen

Eine Beschreibung dieser Funktionen gehört nicht zu den Civil 3D Grundlagen und ist damit nicht Bestandteil dieses Buches.

4.3.2 Eventuelle Fehlermeldung, empfohlene Vorgehensweise

In der originalen Zeichnung gibt es kreuzende Linien auf unterschiedlicher Höhe.

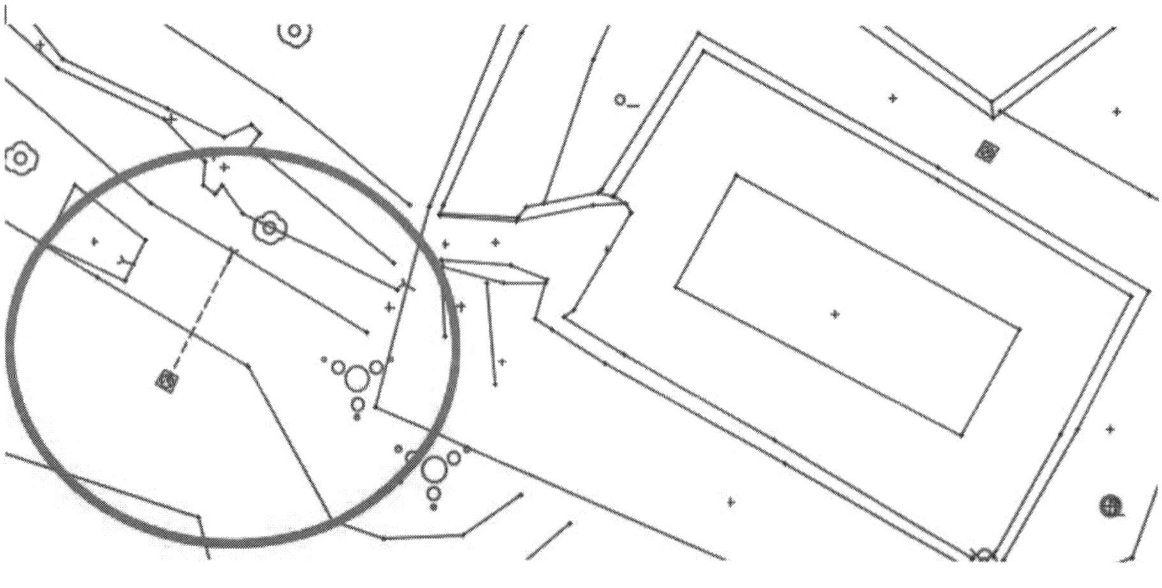

Werden diese nicht erkannt, so führt diese Situation zu nachfolgenden Meldungen im „Panorama-Fenster“ (Karte - Ereignisse, Fehler).

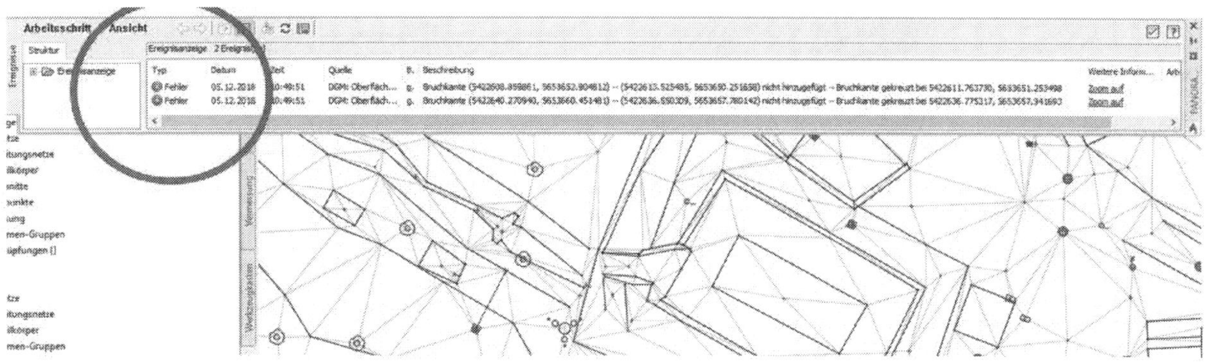

Folgende Vorgehensweise wird empfohlen:

Fehler - 1. Vorgehensweise:

Funktion „Zoom auf“ beachten und benutzen.

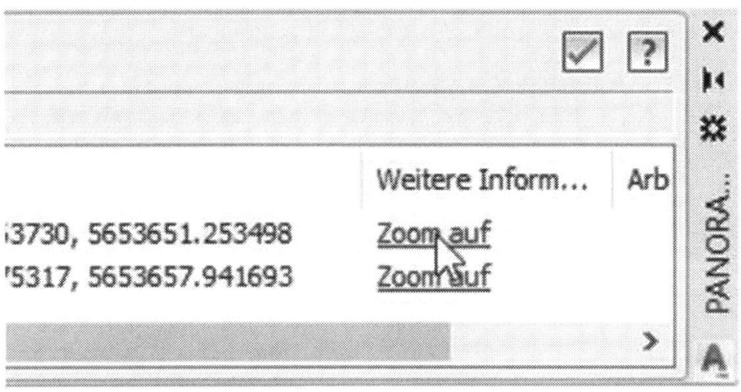

Der Fehler liegt in der Mitte der Zeichnungsoberflache. Zum genauen Erkennen jetzt „Vergrößern“ als Bestandteil der AutoCAD-Funktion benutzen („Karte: Ansicht“ oder Navigationsleiste).

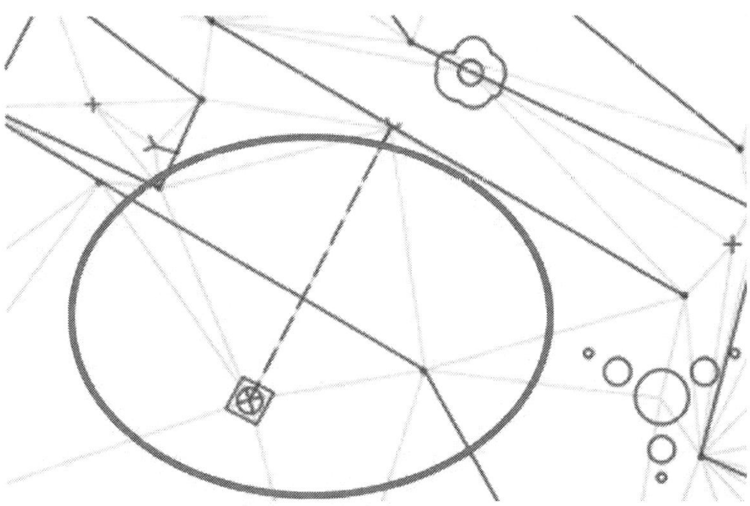

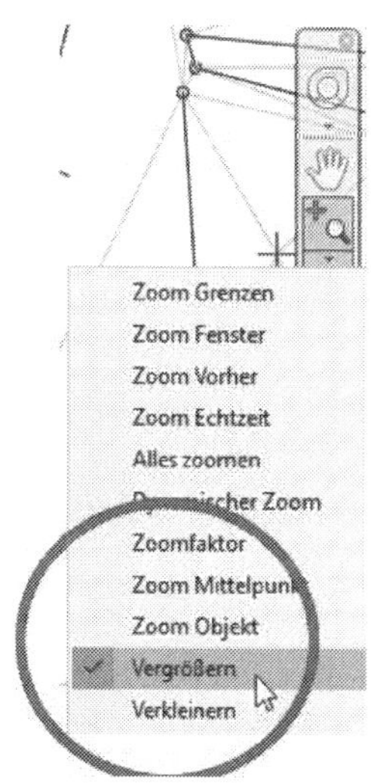

Durch mehrfaches „Vergrößern“ erscheint das Problem genau in der Zeichnungs-Mitte“. Die Identifizierte „falsche Linie“ wird mit dem AutoCAD-Befehl „Löschen“ gelöscht.

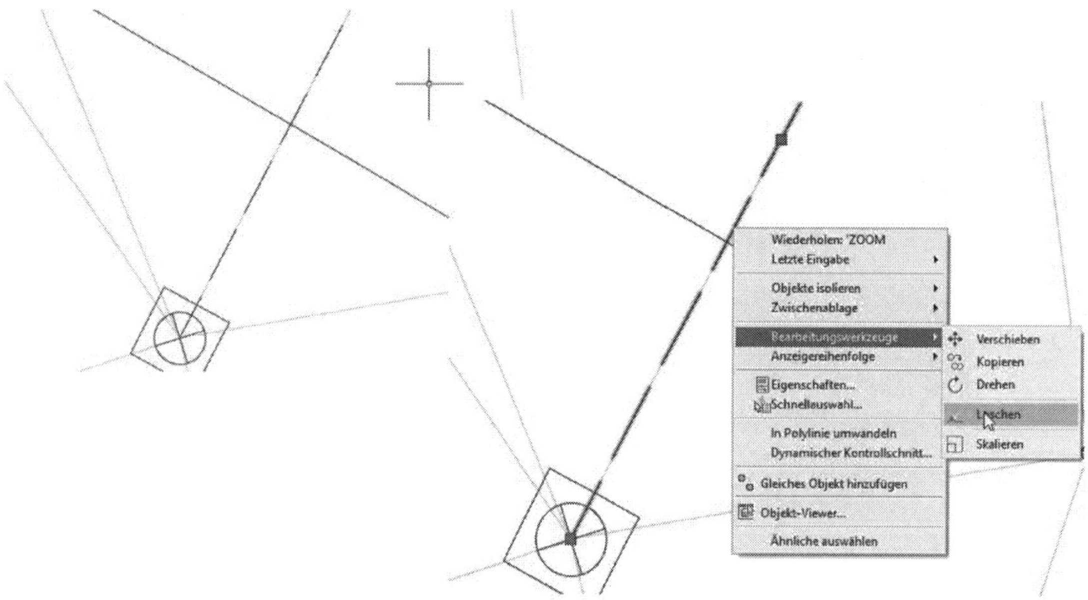

Das DGM-Objekt zeigt die Änderung an, ist jedoch noch nicht „aktuell". Ein manuelles (Neu erstellen) - oder automatisches Neuerstellen (Neuerstellung – Automatisch) sind möglich.

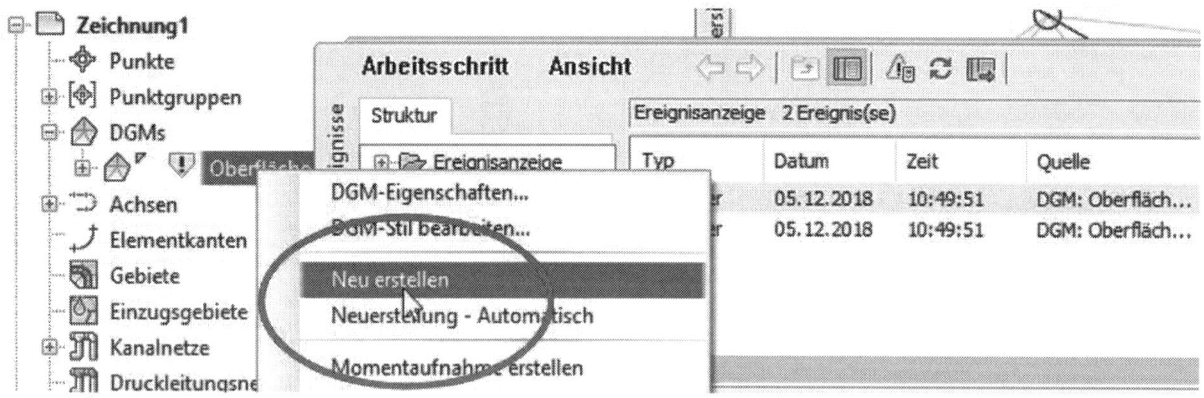

Die Änderung ist realisiert. Das DGM ist „Neu erstellt". Es gibt jetzt jedoch 3 Fehlermeldungen? Achtung: Uhrzeit beachten!

Eventuell sind vor einem „Neu erstellen" alle bisherigen Fehlermeldungen zu löschen, um nur noch aktuelle zu sehen!

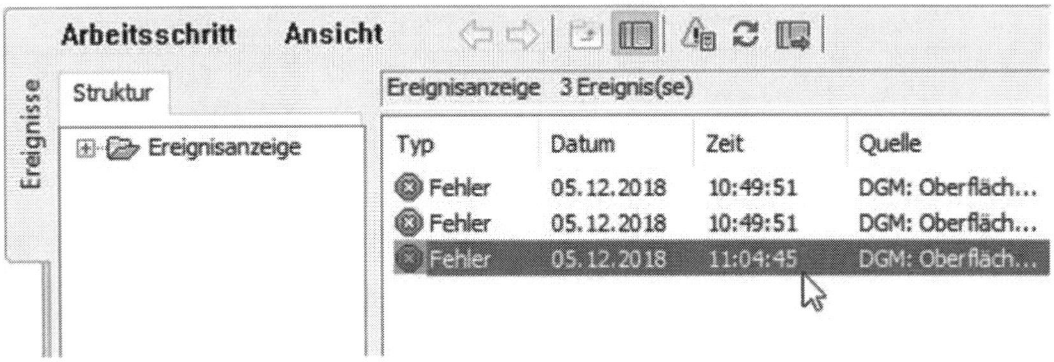

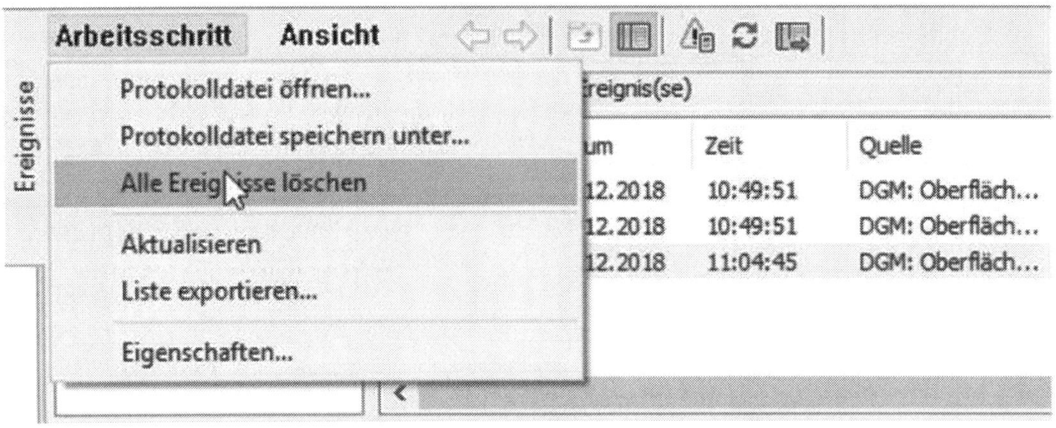

Hinweis:

Innerhalb einer Sitzung werden Fehlermeldungen, Hinweise, Warnungen NICHT automatisch gelöscht.

Fehler – 2. Vorgehensweise:

Funktion „Zoom auf" beachten und benutzen.

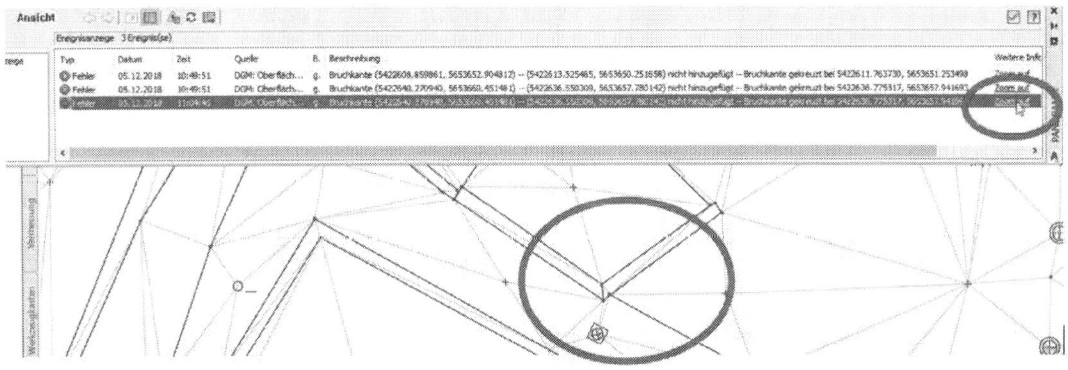

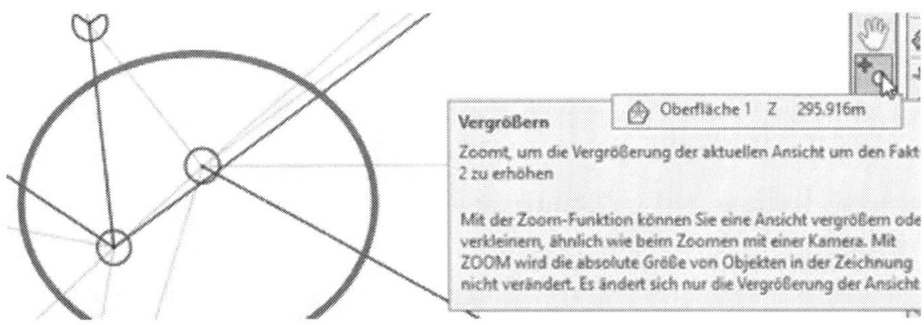

Neben dem „AutoCAD-Löschen" ist auch „AutoCAD-Brechen" möglich. Es wird der Befehl „Bruch zwischen zwei Punkten" gewählt.

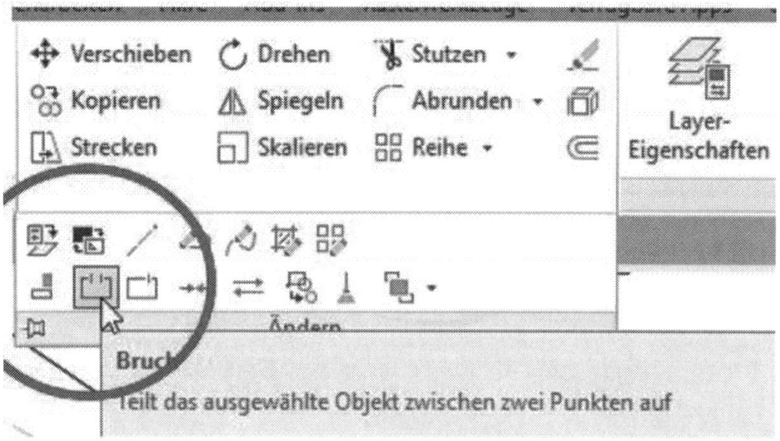

Die Linien-Enden werden mit Objektfang „End" auf den gemeinsamen Vermessungspunkt (Block) geschoben. Parallel zur Funktion ist der passende Objektfang einzustellen. Mit dem Ändern der Linien-Position sollte die Line auch die Höhe des Blockes lesen. Eventuell ist die neue Linien-Eigenschaft (Höhe) in der Eigenschaftenpalette zu kontrollieren.

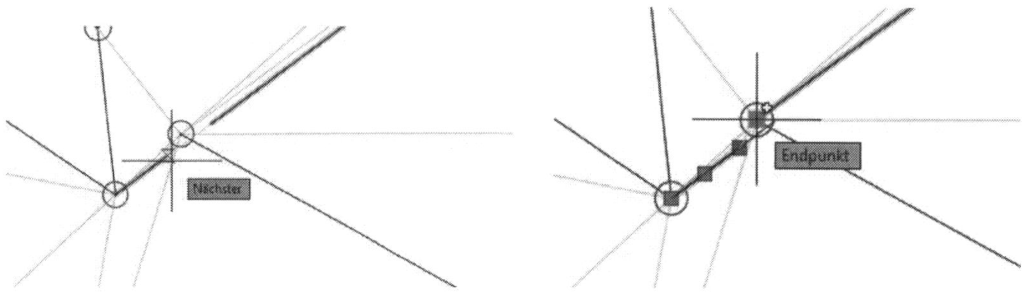

Das DGM zeigt die Änderung der Daten an. Wird vor der Funktion „Neu erstellen" das Fehlerprotokoll gelöscht, so kommen keine neuen Fehler dazu. Die Fehler sind beseitigt.

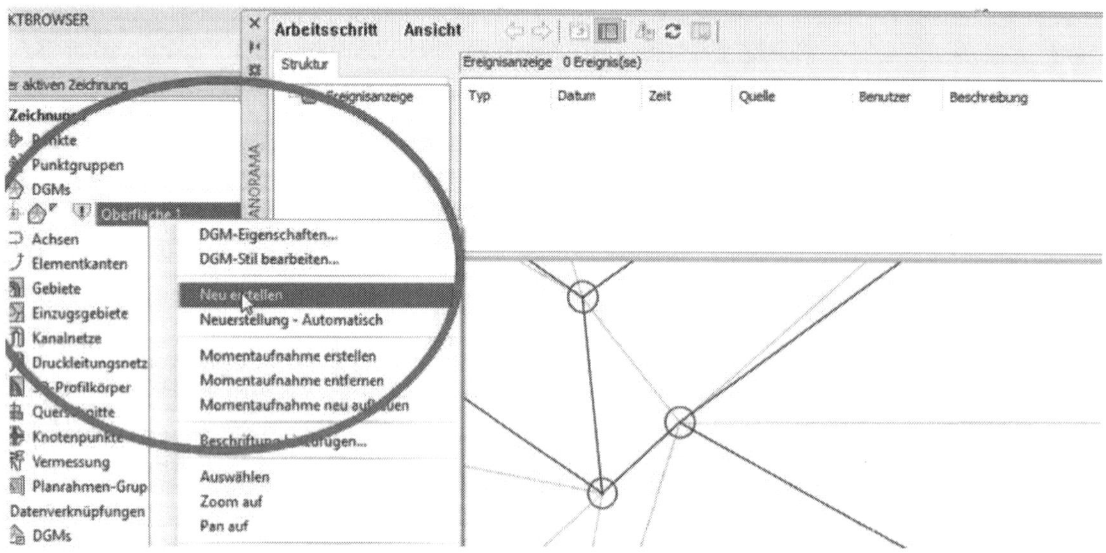

Hinweis:

Die Hauptaufgabe des Projektes ist es, das Wasservolumen innerhalb des Wasserbeckens zu berechnen. Wird mit Ausführung der Funktion „Zoom auf" festgestellt, dass keiner der DGM-Fehler innerhalb des Wasserbeckens oder am unmittelbaren Rand liegt, so kann auch auf eine Fehlerbearbeitung verzichtet werden.

Keiner der Fehler beeinflusst im Bereich des Wasserbeckens das DGM, also beeinflusst keiner der Fehler das Wasservolumen!

4.3.3 DGM Eigenschaften (unabhängig von der Erstellungsvariante)

Nachfolgend werden DGM-Eigenschaften erläutert.

Die DGM-Eigenschaften zu verstehen sind wichtig, um optionale Praxis-Funktionen des DGMs zu erkennen. Die Bestimmung einer Wasserspiegel-Höhe ist nur eine von vielen Funktionen, die aus der Kenntnis der DGM-Eigenschaften heraus bestimmt werden kann.

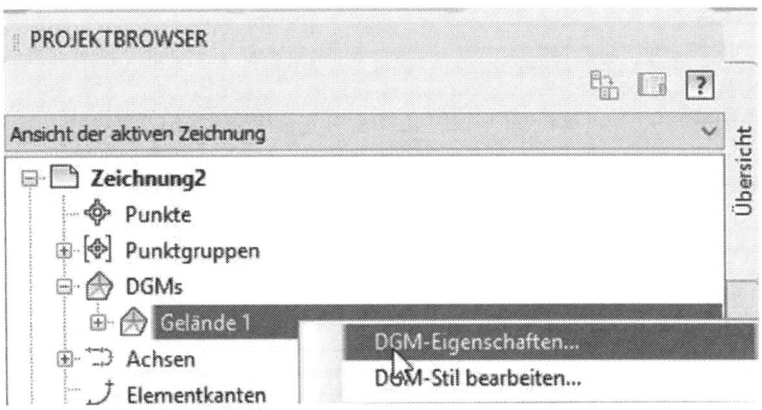

Die Registerkarte „DGM-Eigenschaften" gliedert sich in drei Bereiche.

- Definition
- Analyse
- Statistiken

Im Buch werden an dieser Stelle nur die wichtigen Eigenschaften erläutert. Die Eigenschaften, die für Neueinsteiger unbedingt zu beachten sind. Die hier genannten Eigenschaften gehören zu den Grundlagen.

Definition

Die wichtigste Funktion im Bereich „**Definition**" ist die 2. optionale Eingrenzung des DGMs über DGM-Parameter.

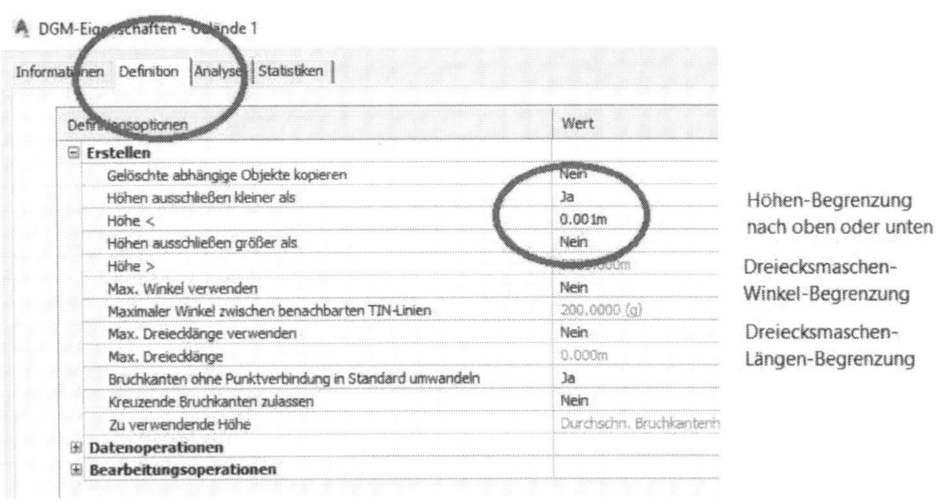

Hinweis:

In der „_AutoCAD Civil 3D 20xx Deutschland.dwt“ ist ab der Version 2016 die Option „Höhe ausschließen kleiner als“ mit dem Wert „0.001“ aktiviert.

Das heißt, wenn Vermessungspunkte, Bruchkanten, usw. mit der Höhe „Null“ oder „MINUS“ Verwendung finden sollen (Holland: -4.5 Meter unter null!), so werden diese Höhen im DGM bei dieser Einstellung nicht einbezogen!

In allen küsten-nahen Bundesländern Deutschlands sind Vermessungspunkte mit negativen Höhen ganz normale Vermessungspunkte! In diesen Bundesländern ist die „_AutoCAD Civil 3D 20xx Deutschland.dwt“ eventuell zu ändern (Höhe kleiner als auf „NEIN“ setzen)!

Bild-Beispiel: DGM OHNE Nutzung der Funktionen „Definition“:

> (1) „Höhen ausschließen kleiner als“
> (1) „Maximaler Winkel verwenden“
> (1) Maximale Dreieckslänge verwenden“

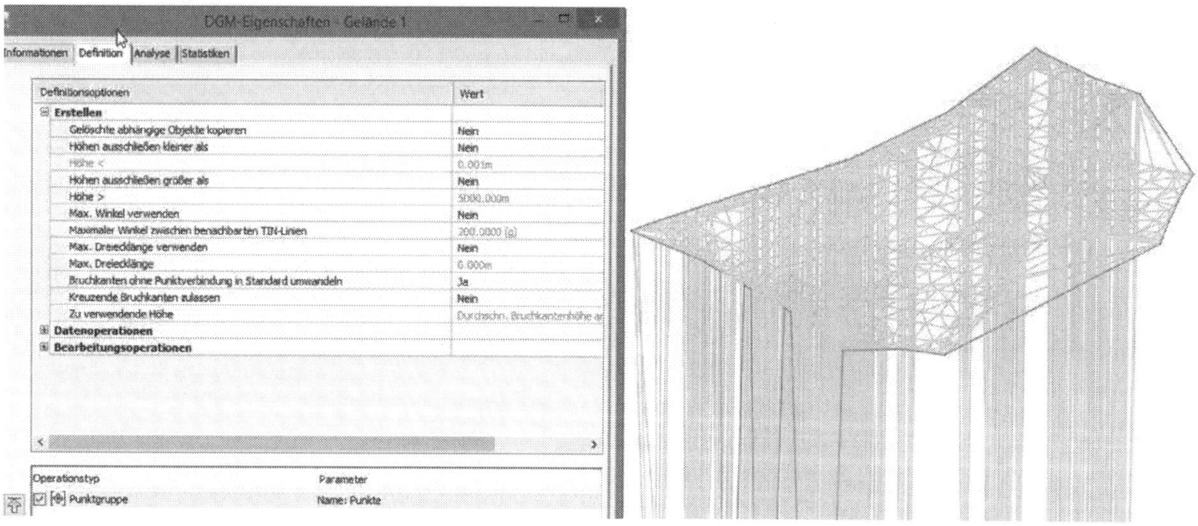

Bild-Beispiel: geschickte Nutzung der Funktionen „Definition“ zur Eingrenzung des gleichen DGMs (oben).

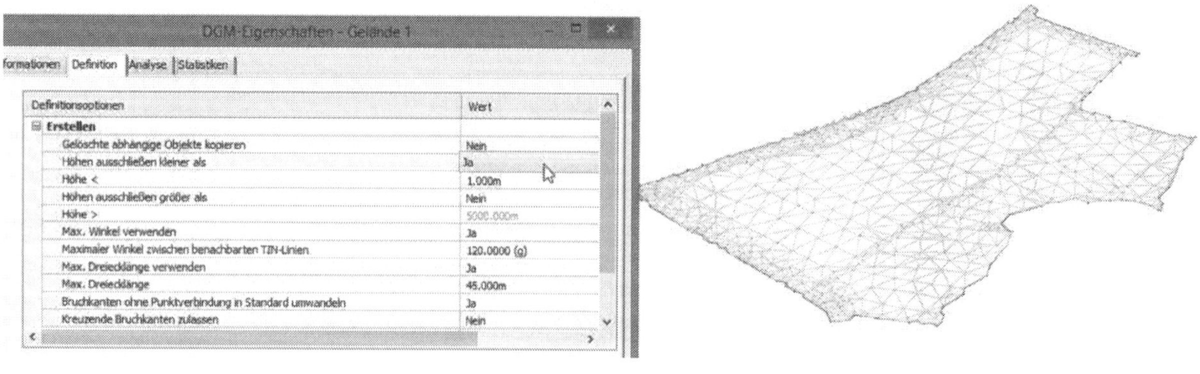

Analyse

Im Bereich Analyse können alle Parameter des DGMs farblich so bearbeitet werden, dass zielgerichtet Projektinformationen entstehen.

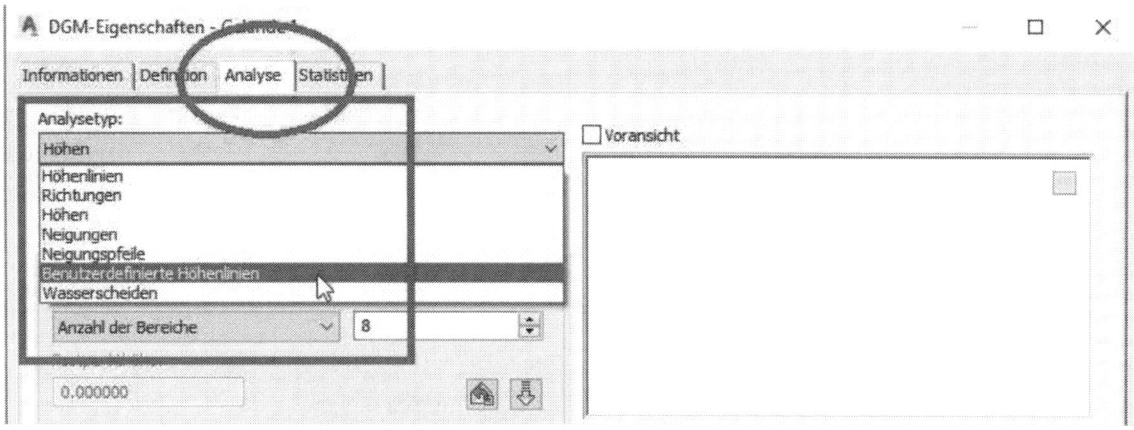

Das Beispiel geht nur auf die Funktion „Benutzerdefinierte Höhenlinien" ein. Benutzerdefinierte Höhenlinien können bei einem Wasserbecken die räumlichen Wasserstandinformationen darstellen.

- Minimale Wasserstand
- Mitterer Wasserstand
- Maximaler Wasserstand

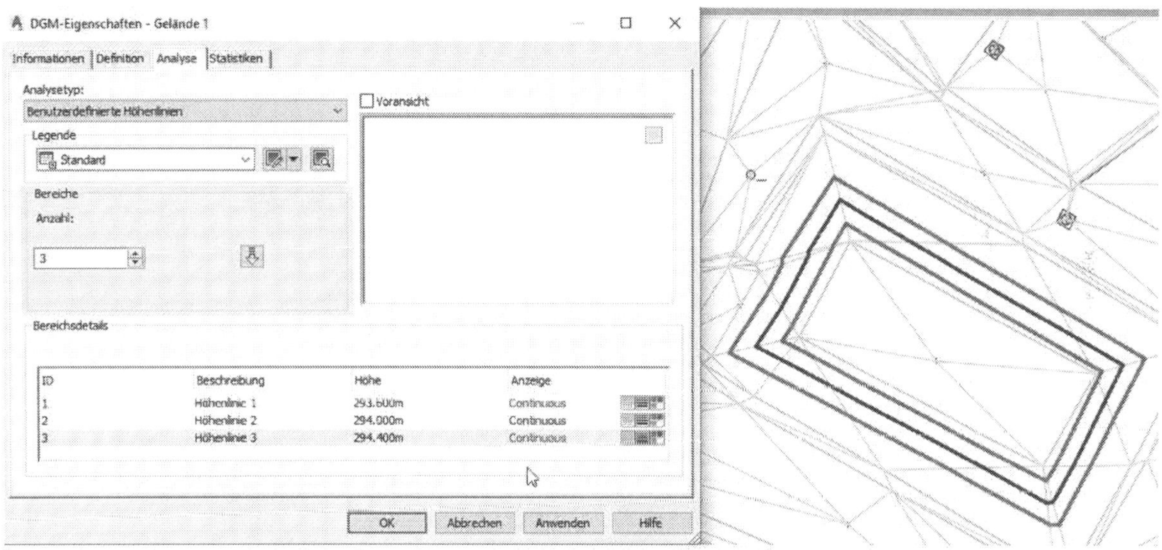

Benutzerdefinierte Höhenlinientabelle			
Nummer	Beschreibung	Höhe	
1	min. Wasserstand	293.600	
2	mitl. Wassersatnd	294.000	
3	max. Wasserstand	294.400	

Statistiken

In der Karte „**Statistiken**" werden permanent Informationen zum DGM geführt. Hier ist der wichtigste Bereich der Bereich „Erweitert". Zu einem DGM werden hier unter anderem die 2D- und die 3D-Fläche geführt.

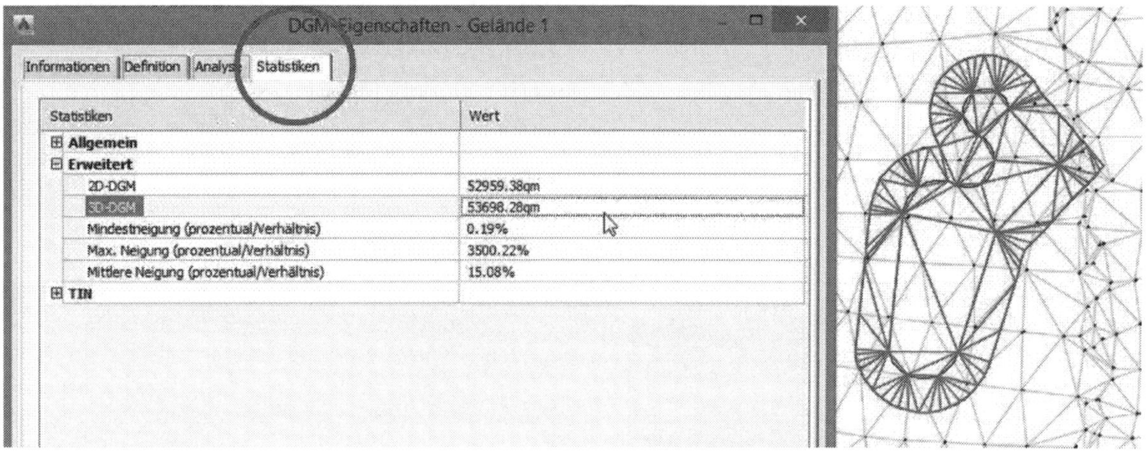

In einem DGM (Geländeoberfläche, Bild oben, 3D Fläche 53698.28qm) wird ein Wasserbecken geplant. Für eine Leistungsbeschreibung, für einen Farbanstrich, interessiert die 3D-Wasserbecken-Fläche, (rote Dreiecke) und die restliche Geländefläche für die Grasansaht (grüne Dreiecke).

Durch das Einfügen einer Grenzlinie Typ „Verbergen" wird der Wasserbecken-Bereich vom Oberflächen DGM ausgeschnitten. Als DGM-Oberfläche (grüne Dreiecke) verbleiben ca. 49.097,76 m² 3D-Fläche.

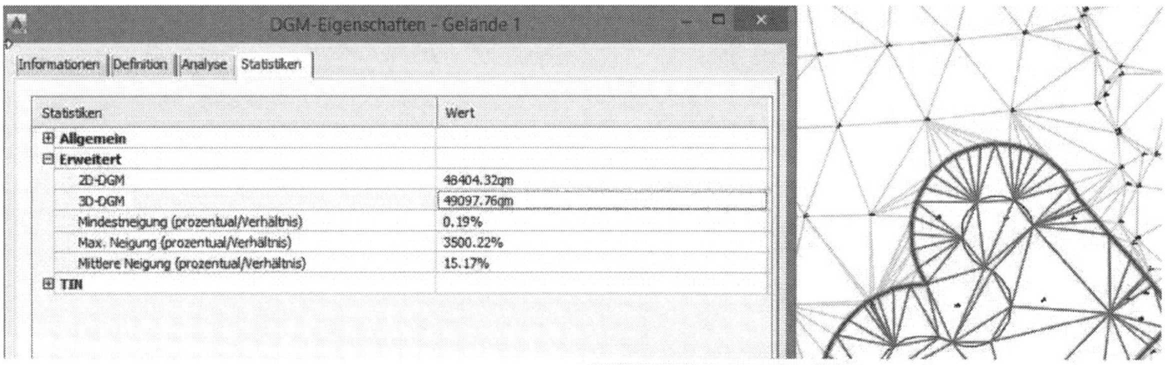

Das Wasserbecken (rote Dreiecke) hat eine 3D-Fläche von 5451,46 m² (nicht als Bild).

Hinweis:

Eine AutoCAD-Polylinie würde eine Fläche von 4555,06 m² ausweisen (2D-Fläche).

4.3.4 Stilbearbeitung, benutzerdefinierte Höhenschichtlinien (unabhängig von der Erstellungsvariante)

Das DGM bildet eine virtuelle Oberfläche, die in der Form „grüne Dreiecke" zu erkennen sind. Die Dreiecke sind im Bild (AutoCAD, Visueller Stil „Schattierung mit Kanten) zu sehen. Die dazwischen geschlossenen Flächen übernehmen die Farbe des Layer (Render: byLayer)

Diese Darstellung lässt sich zur Lösung, der verschiedensten fachlichen Aufgaben, ändern (auch für 2D-Ansichten und 3D- unabhängig).

Funktion: DGM-Eigenschaften

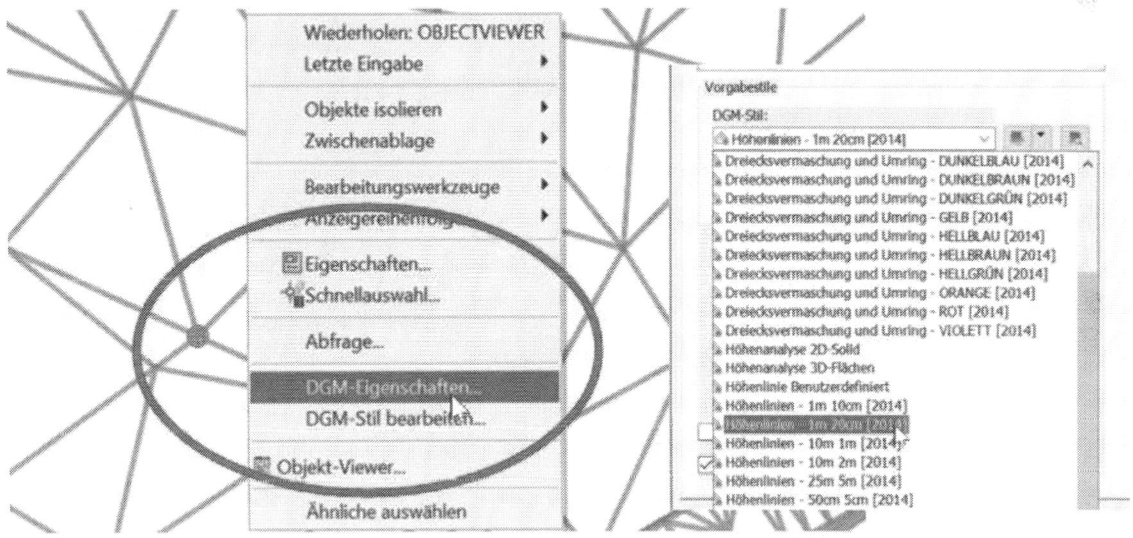

Civil 3D bietet neben der Darstellung von Höhenschichtlinien (mit änderbarem Linien-Abstand) auch das Erzeugen von Höhenlinien an definierten Höhen (Benutzerdefinierte Höhenlinien), als Bestandteil der Analyse-Funktion.

Im nächsten Schritt wird eine „Benutzerdefinierte Höhenlinie" in der Höhe erzeugt, in der der Überlauf am Wasserbecken zu erwarten ist.

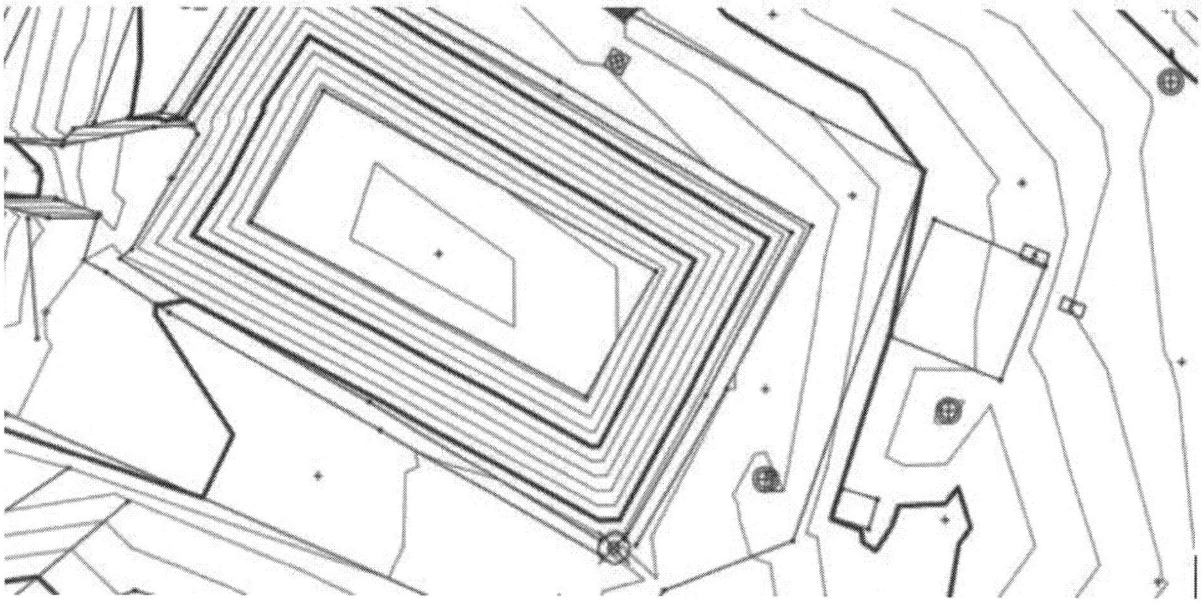

Zur Orientierung kann die Maus in den Bereich des Überlaufes geführt werden. Civil 3D gibt mit einer kurzen Verzögerung (ca.1s) die Höhe des DGMs zurück (Funktion: Tool-Tipps, gilt für alle Civil 3D-Objekte).

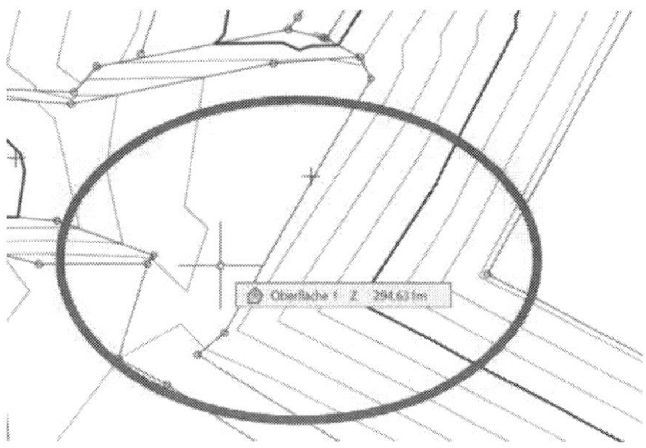

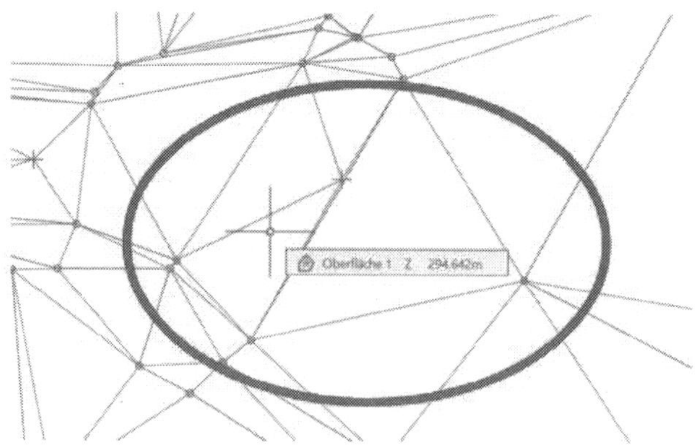

Für die Funktion „Tool-Tipps" ist es ohne Bedeutung, welcher Darstellungs-Stil eingestellt ist.

Im nächsten Arbeitsschritt wird im Wasserbecken der maximale Wasserstand ermittelt. Das erfolgt mit der Funktion „Analyse" und „Benutzerdefinierte Höhenlinien".

Als Voraussetzung für diesen Schritt wird empfohlen den verwendeten DGM-Stil (Dreiecksvermaschung und Umring DUNKELGRÜN) zu kopieren und als Bestandteil des Namens den Begriff „benutzerdefinierte Höhenlinien" zu ergänzen. Der Zugang zur Funktion (DGM-Eigenschaften) kann vom Projektbrowser aus, oder von der Zeichnungsoberfläche gewählt werden (Rechts-Klick). Optional ist nach Anpicken des DGMs und der Zugang über die Multifunktionsleiste möglich.

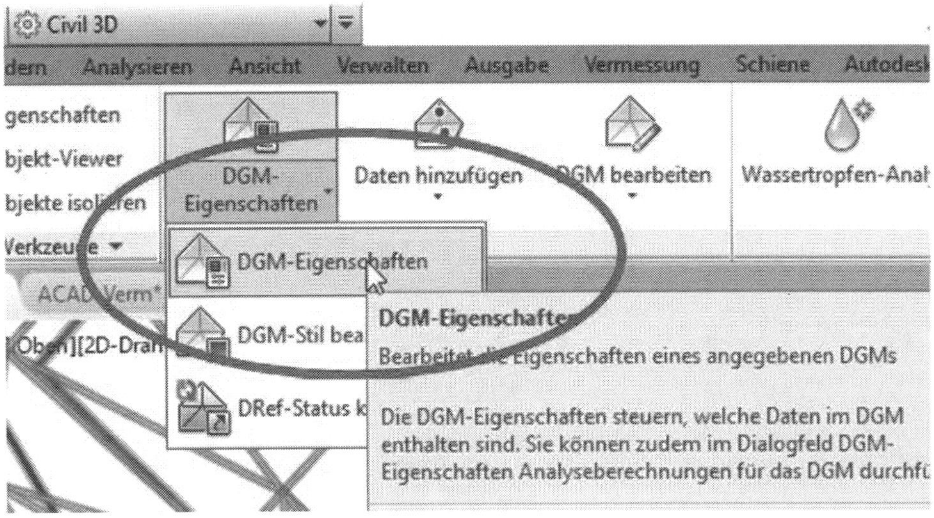

In allen Fällen ist die zugewiesene Darstellungseigenschaft als Bestandteil der Karte „Information“ (DGM-Eigenschaften) zu erkennen.

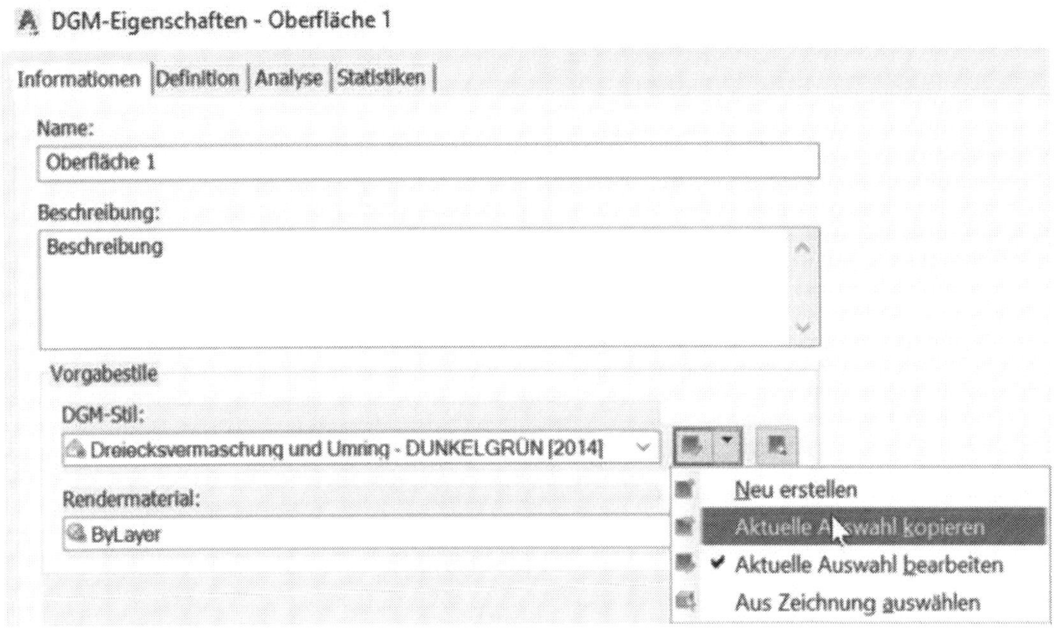

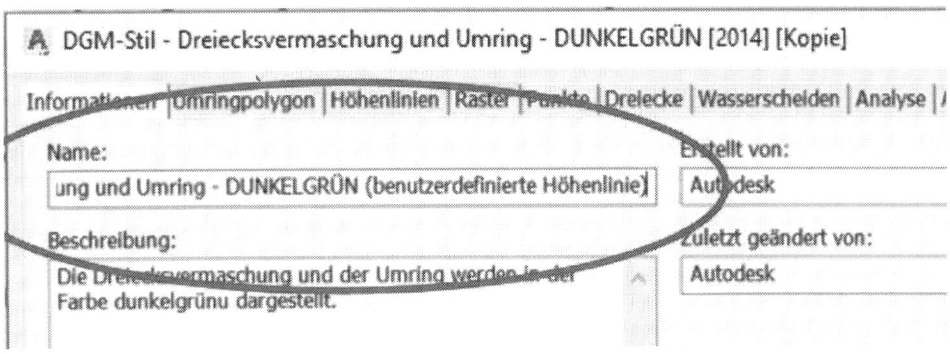

Hinweis:

Stile mit Namen (ZB: „Dreiecksvermaschung und Umring DUNKELGRÜN“) sollten nicht derart bearbeitet werden, das Stil-Name und Stil-Darstellung abweichen. Es wird empfohlen immer eine Kopie zu erstellen, dieser Kopie einen eigenen Namen zu geben und danach den Stil zu bearbeiten.

Anschließend wird zur Karte „Anzeige" gewechselt. Hier wird die Komponente „Benutzerdefinierte Höhenlinien" aktiviert („Sichtbar" geschaltet).

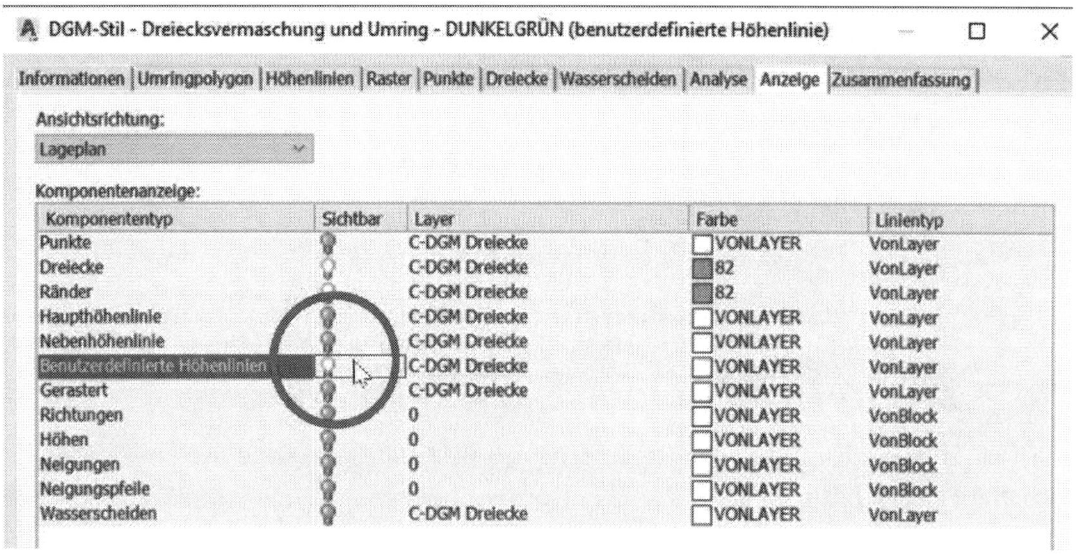

Nach dem Schließen der Maske wird die Karte „Analyse" aktiviert und der Analysetyp „Benutzerdefinierte Höhenlinien" ausgewählt.

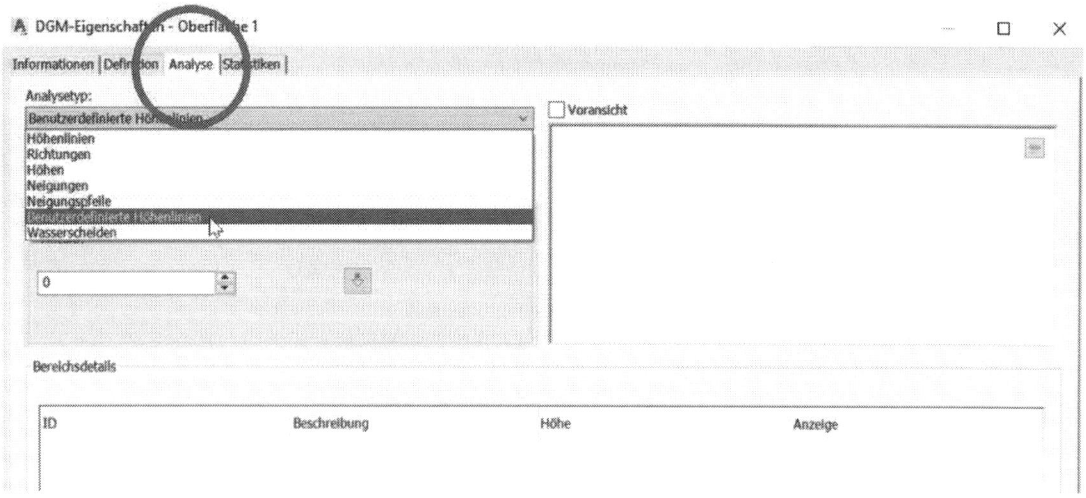

Im Feld „Nummer" wird eine „1" eingetragen und auf den „Pfeil" (Analyse ausführen) gedrückt.

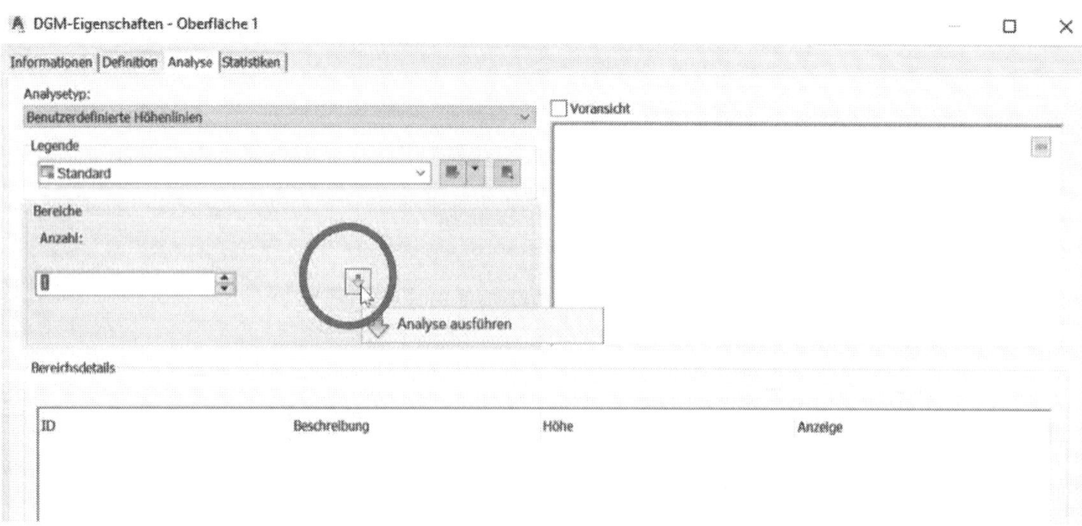

In der Spalte „Höhe" wird der angegebene Wert mit der Vorgabe überschrieben (Information der Tool-Tipps). Optional sind die Linien-Eigenschaften änderbar.

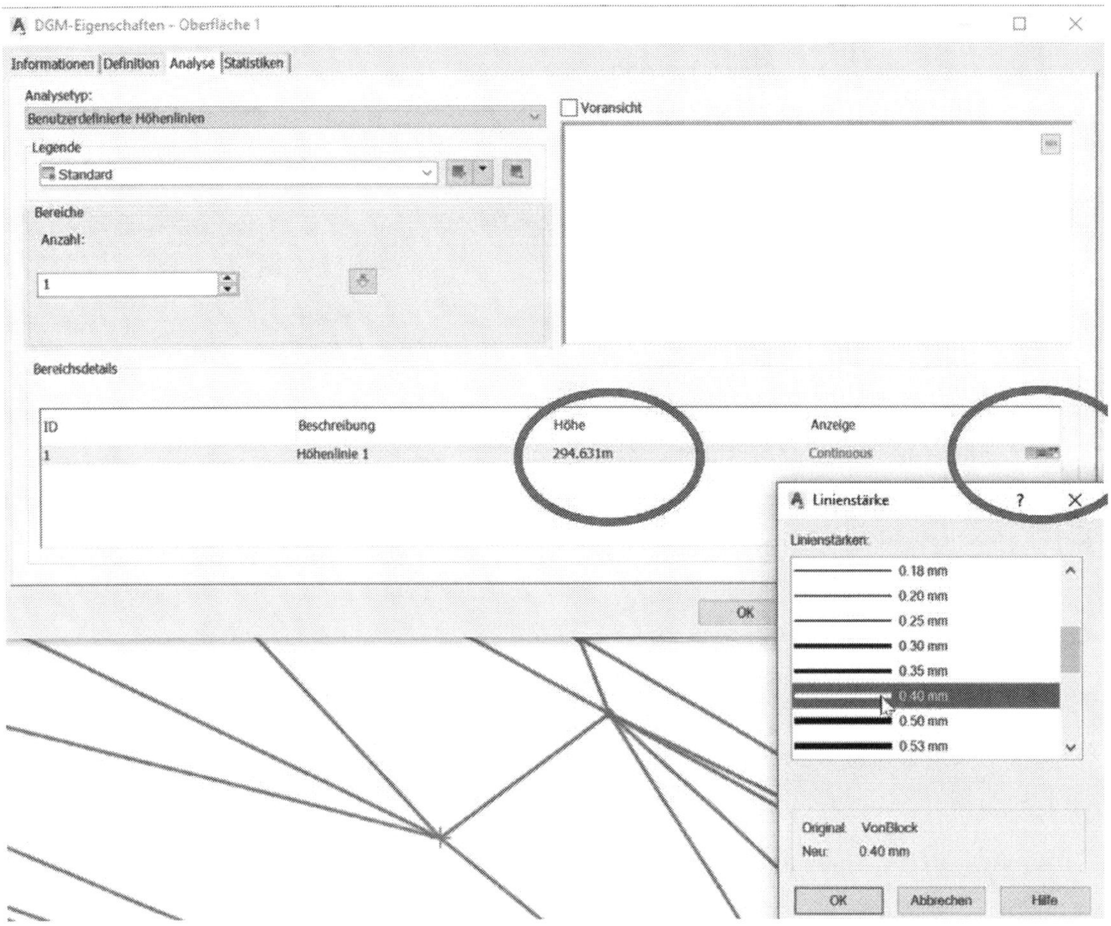

Die Eingabe wird mit „OK" bestätigt.

In der Zeichnung ist eine Höhenlinie eingetragen auf der Höhe 294.631. Die Linie ist innerhalb des Wasserbeckens geschlossen. Das zeigt, der maximal mögliche Wasserstand ist noch nicht erreicht.

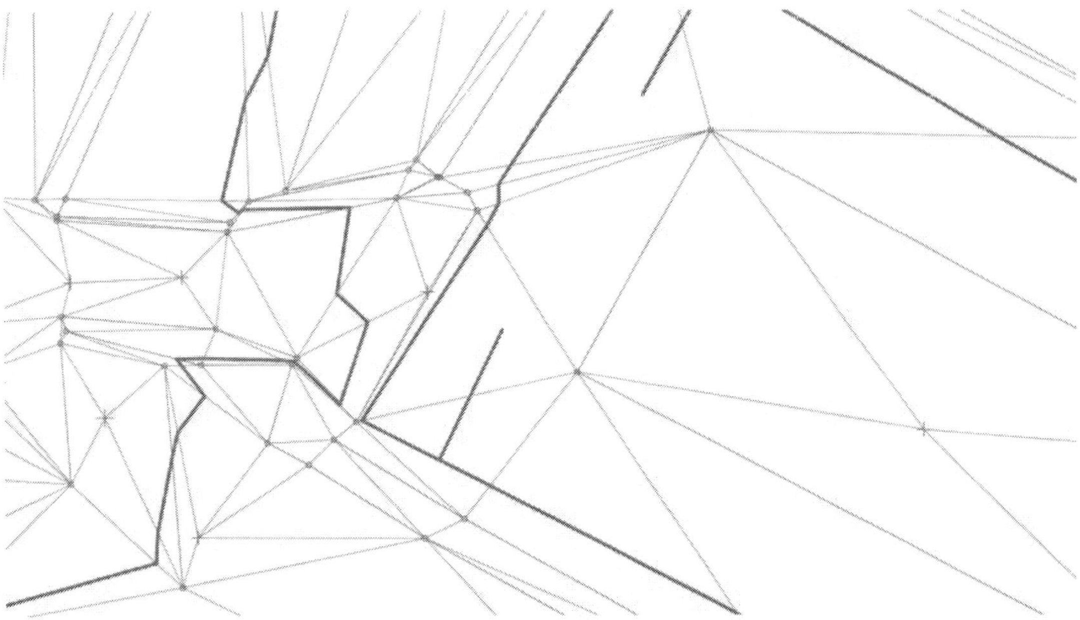

Hinweis:

Die senkrechten Linien (an der geschlossenen Höhenschichtlinie) markieren eine Senke (englisch/amerikanischer Standard, der auch in der deutschen Version nicht ab geschalten ist!). Diese Darstellung kann optional im Stil deaktiviert werden.

Zur besseren Identifikation werden die Höhenschichtlinien beschriftet.

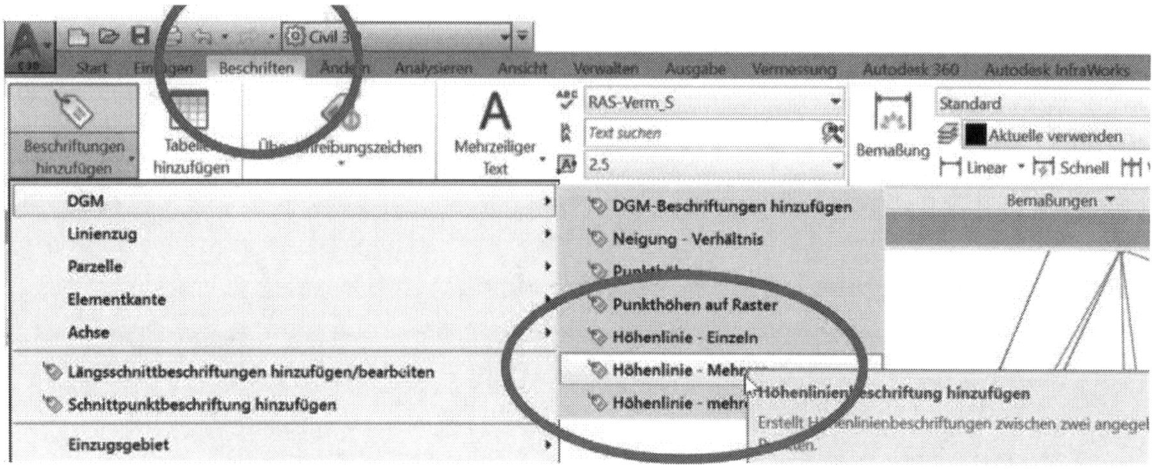

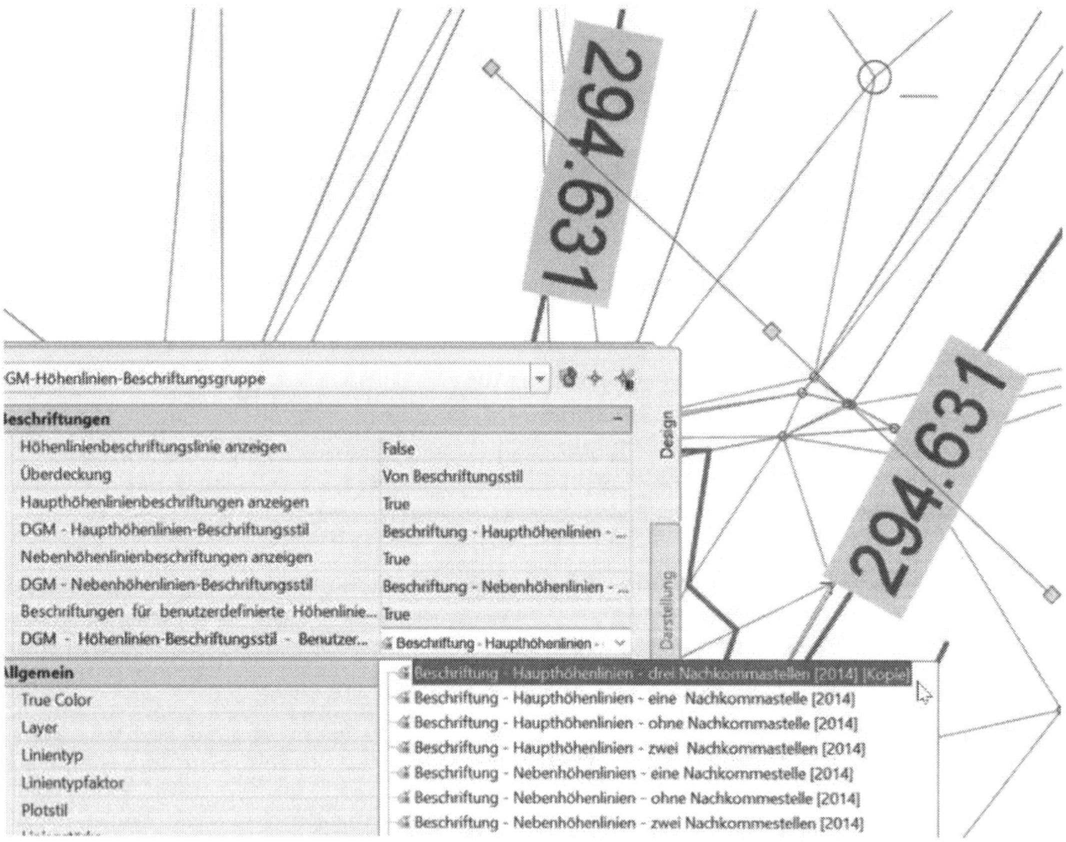

In der Karte „Analyse“ bleibt die beschriftete „benutzerdefinierte Höhenlinie“ änderbar. Die Änderung erfolgt derart, dass der Wert gesucht wird, bei dem die „benutzerdefinierte Höhenlinie“ noch geschlossen bleibt (höchster Wasserstand) oder sich öffnet (beginnendes Überlaufen).

Höhe 294.68 – Linie offen, Wasser läuft ab

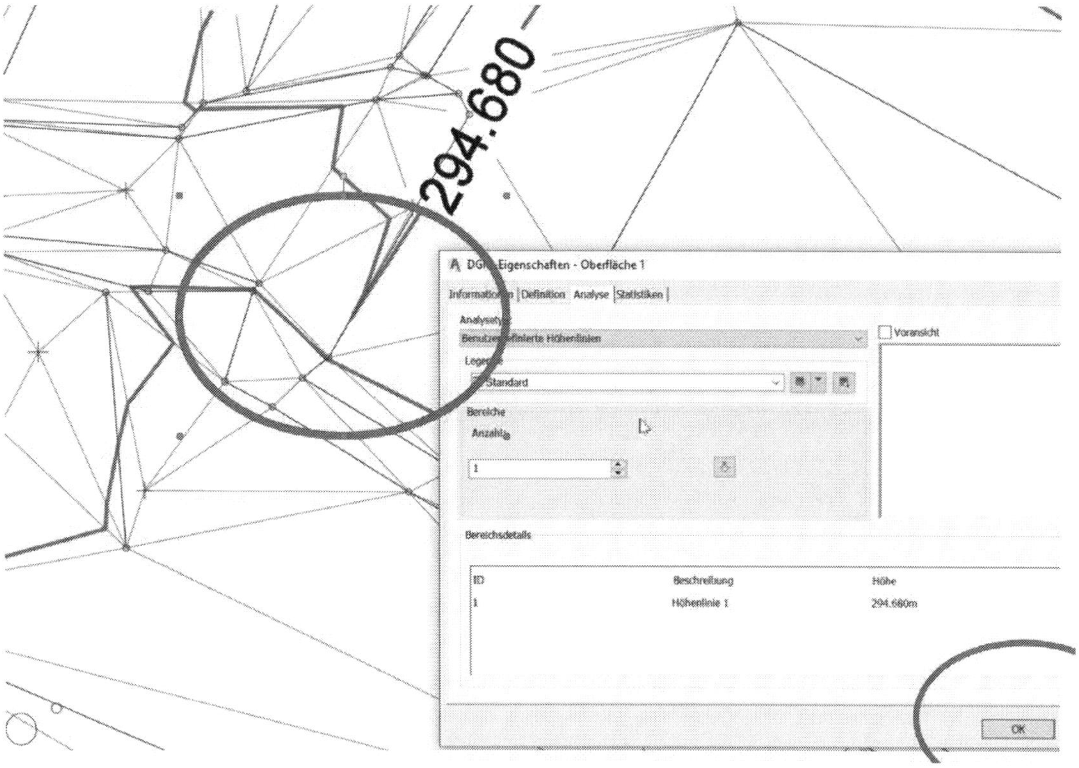

Höhe 294.66 – Linie geschlossen, Wasser läuft nicht ab

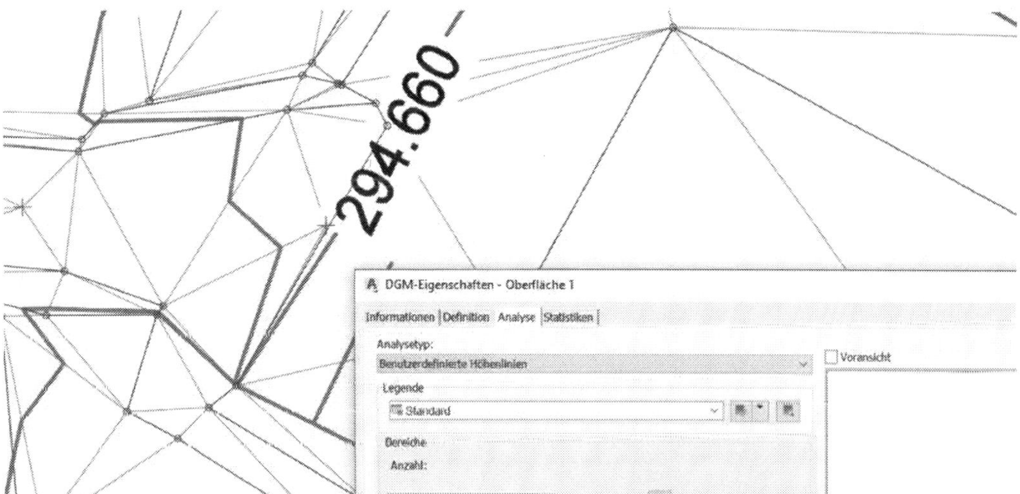

Detail:

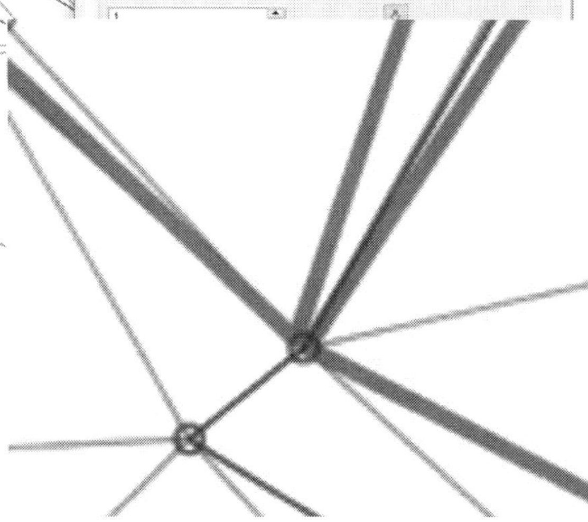

Das heißt der höchste Wasserstand ist im Becken bei einer Höhe von 294.66 erreicht. Im nächsten Schritt wird die Wasservolumenberechnung vorgestellt.

4.4 Berechnung Wasservolumen

Zur Berechnung des Wasservolumens sind im Civil 3D zwei Wege nutzbar. Beide Berechnungen basieren auf unterschiedlichen Berechnungsverfahren und werden deshalb verschiedene Ergebnisse ausweisen.

- Analysieren, Wasserspeicher (Variante 1)

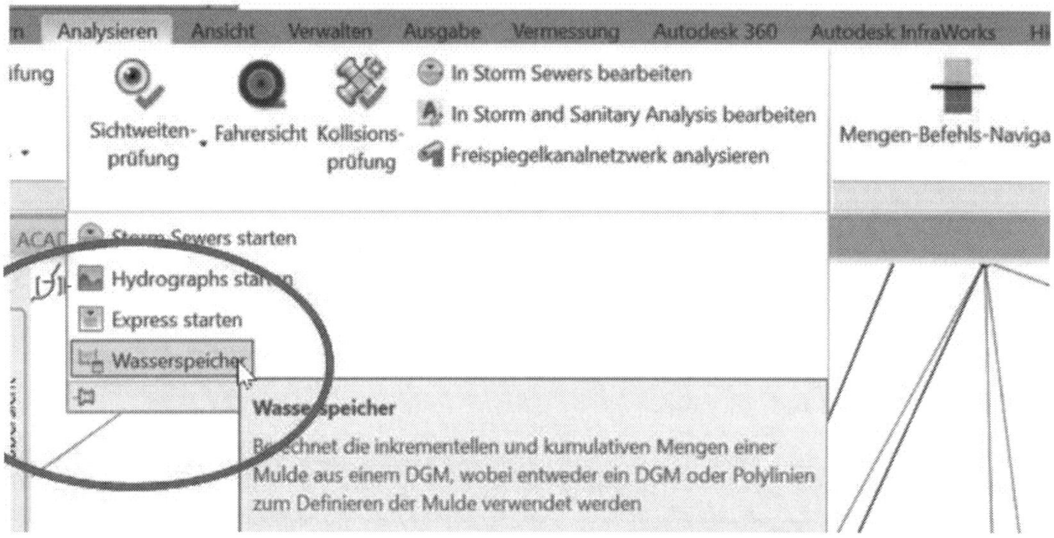

- Analysieren, Mengenbefehlsnavigator (Variante 2)

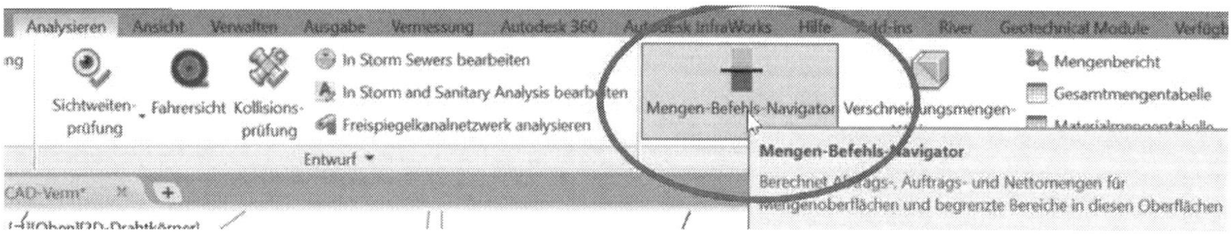

Die Variante 1 „Wasserspeicher" ist eine Variante, die fast ausschließlich für Wasserspeicher verwendbar ist. Die Variante berechnet die Flächen von Höhenlinien bei einem konstanten Abstand der Höhenlinien zueinander.

Die Variante 2 „Mengenbefehlsnavigator" ist immer verwendbar, wenn zwei DGMs ein gemeinsames Volumen einschließen, unabhängig davon, ob diese sich im Raum berühren oder nicht. Berühren sich diese DGMs nicht, so rechnet diese Variante vertikal nach oben, innerhalb der gemeinsamen Fläche.

Für beide Berechnungsvarianten wird die „Benutzerdefinierte Höhenline" als Polylinie als benutzbares Linien-Element ausgegeben, extrahiert. Das ist eine technische Voraussetzung für beide Berechnungsvarianten.

4.4.1 Polylinie aus DGM extrahieren (DGM-Begrenzung, Voraussetzung für beide Varianten)

Mit der Funktion Objekte extrahieren können aus dem DGM heraus Zeichnungselemente erzeugt werden, die für weitere Funktionen unterschiedlichster Art nutzbar sind.

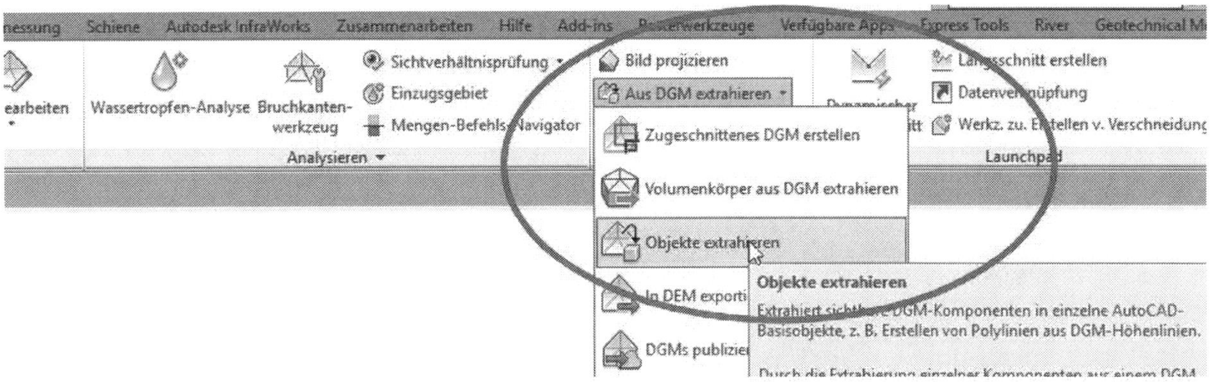

Mit der Funktion werden Objekte aus dem DGM herauslöst, ohne das DGM zu zerstören.

Die Funktion bietet zum Extrahieren, die Elemente an, die im Darstellungsstil angezeigt werden. Es wird die „Benutzerdefinierten Höhenlinien" ausgewählt.

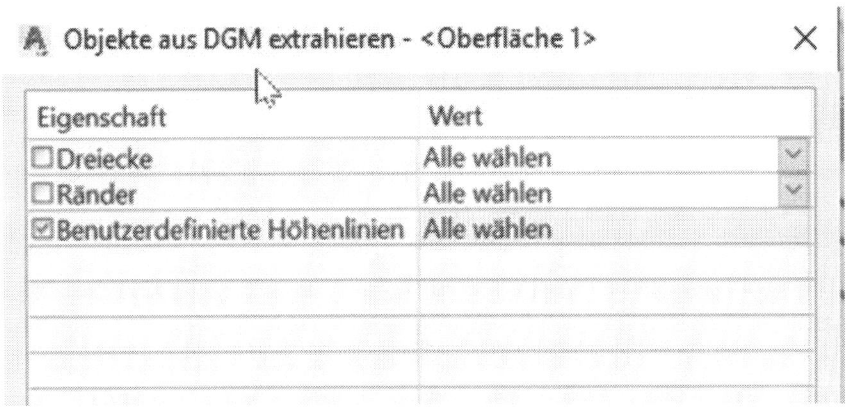

Die Vorgabe ist mit „OK" zu bestätigen.

Hinweis:

Aus der „Benutzerdefinierten Höhenlinie" ist eine Polylinie erstellt, an exakt der gleichen Stelle, in der gleichen Farbe, auf dem gleichen Layer liegt. Zum Test, ob die Funktion ausgeführt ist, wird auf die Position der „benutzerdefinierten Höhenlinie" gepickt.

Die Software zeigt eine Polylinie an, mit der Eigenschaft Erhebung „Wert 294.66", Höhe der „Benutzerdefinierten Höhenlinie". Die Berechnung des Wasservolumens kann erfolgen.

Die Zeichnung sollte in dieser Situation gespeichert werden (DGM_extrahierte_Polylinie.dwg). Mit dieser Ausgangssituation wird die zweite Berechnungsvariante gestartet.

4.5 Analysieren, Wasserspeicher (Variante 1)

Für diese Variante der Berechnung des Wasservolumens ist im Civil 3D die zuvor erstellte „Polylinie" erforderlich. Damit erfolgt die Eingrenzung des Oberflächen-DGMs auf den Bereich des Wasserbeckens.

Das eingegrenzte DGM (Wasserbecken) wird im nächsten Schritt auf den Darstellungs-Stil „Höhenlinien" umgestellt. Alles zusammen ist die Voraussetzung für die Funktion „Wasserspeicher".

Die neue Polylinie wird dem DGM als „Grenzlinie" (DGM „Oberfläche1") hinzugefügt.

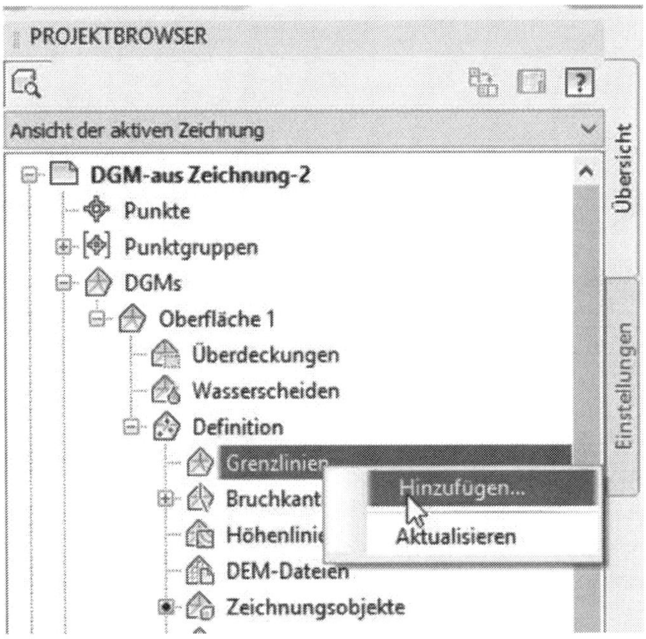

Das DGM wird nur noch innerhalb der eingrenzenden Polylinie dargestellt.

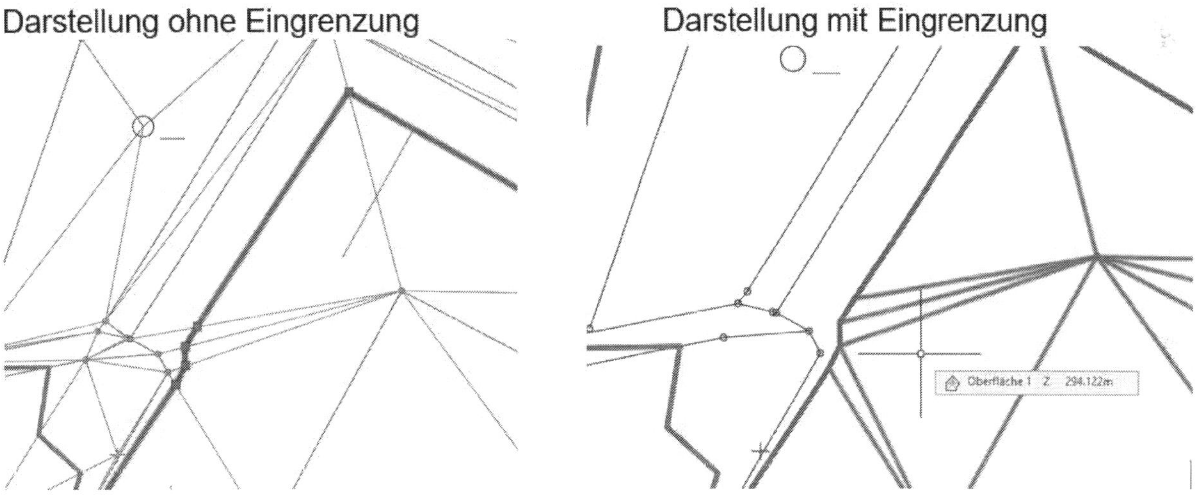

Für die Funktion „Wasserspeicher" ist der Darstellungsstil des DGMs „Oberfläche1" auf einen geeigneten Höhenlinien-Stil, um zu stellen.

Für die erste Berechnung wähle ich „Höhenlinien – 50cm 10cm [2014]“ (DGM-Eigenschaften).

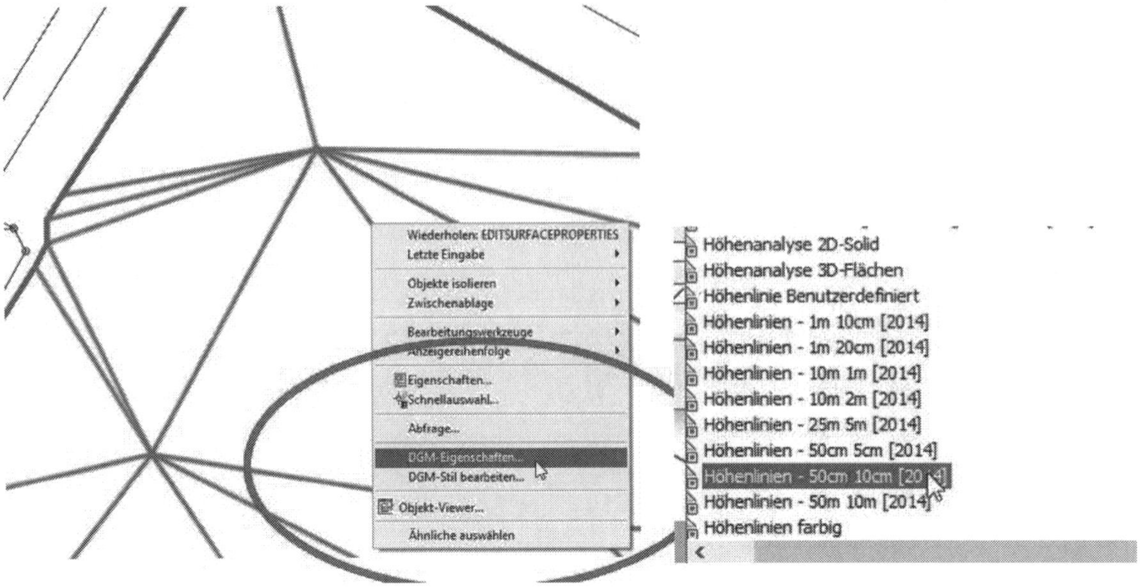

Hinweis1:

Je geringer der Höhenlinien-Abstand, umso genauer das Berechnungsergebnis. Das Verfahren bestimmt die Fläche einer Höhenlinie und multipliziert diese mit dem Höhenlinie-Abstand.

Hinweis2:

Höhenlinien-Stile sind von Autodesk mit einem „Ausrundungsfaktor“ voreingestellt. Diese „Ausrundung“ ist im vorliegenden Fall kontraproduktiv. Im rechtwinkligen Wasserbecken entstehen aufgrund dieser Eigenschaft „runde Ecken“.

Diese Voreinstellung ist korrigierbar (DGM-Eigenschaften). Der Stil ist auszuwählen und „Aktuelle Auswahl bearbeiten“ auszuführen.

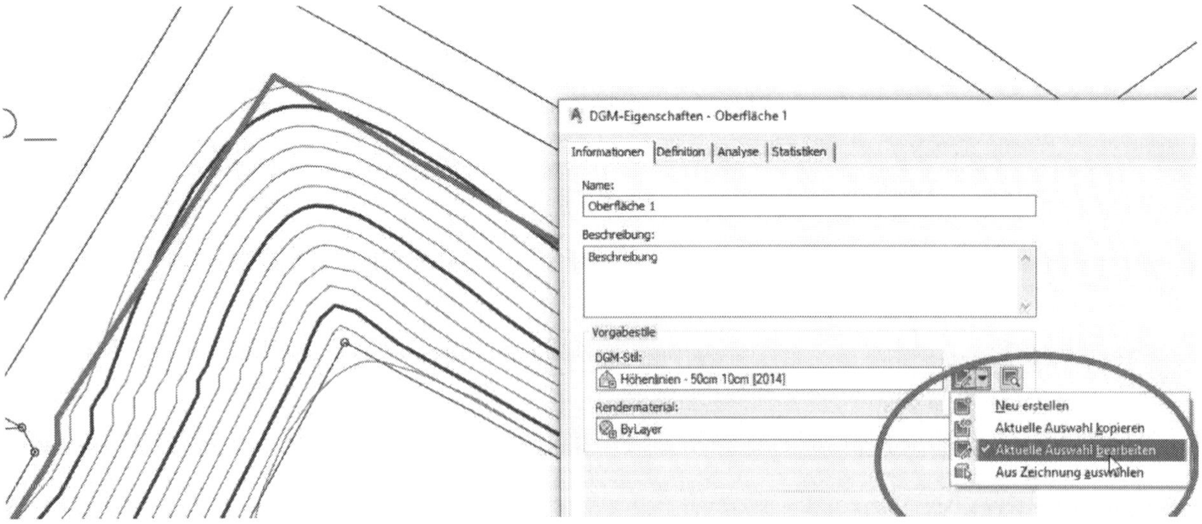

Karte: Höhenlinien, Höhenlinienglättung deaktivieren, „False" auswählen

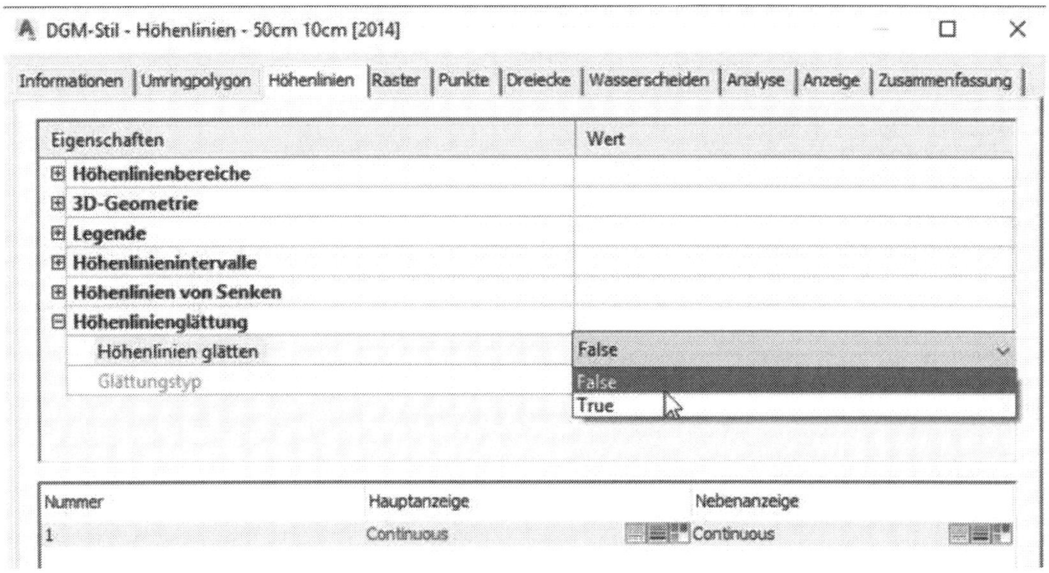

Die Höhenlinienglättung ist deaktiviert.

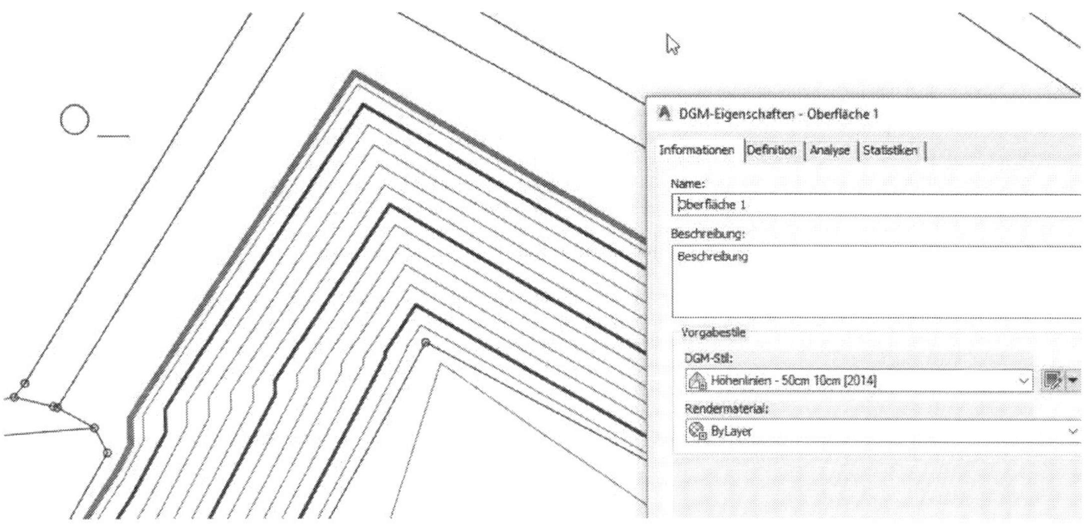

Im nächsten Schritt wird die Wassermenge berechnet.

Die Funktion „Wasserspeicher" ist Bestandteil der Karte „Analysieren".

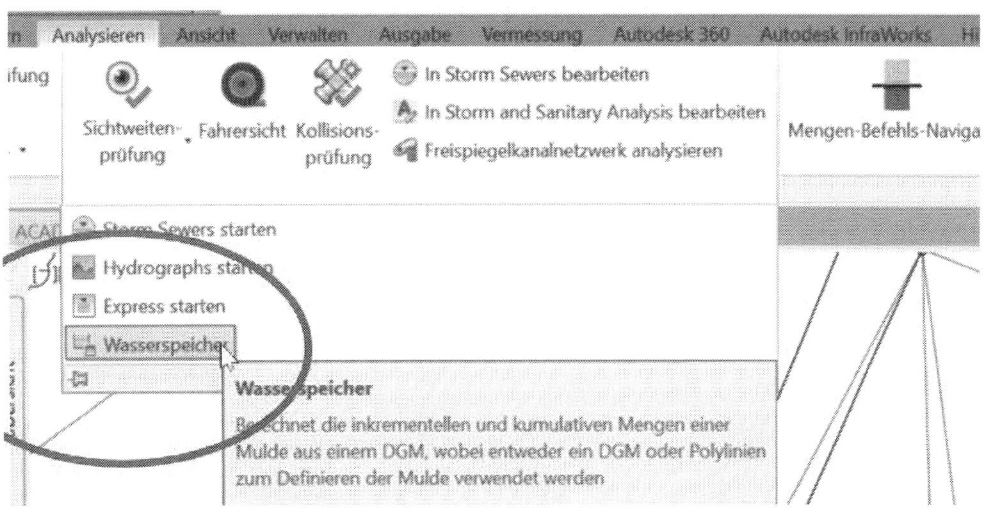

Es wird die Berechnung nach zwei Verfahren (Both) gewählte (durchschnittliche Fläche und konisch zulaufende Fläche).

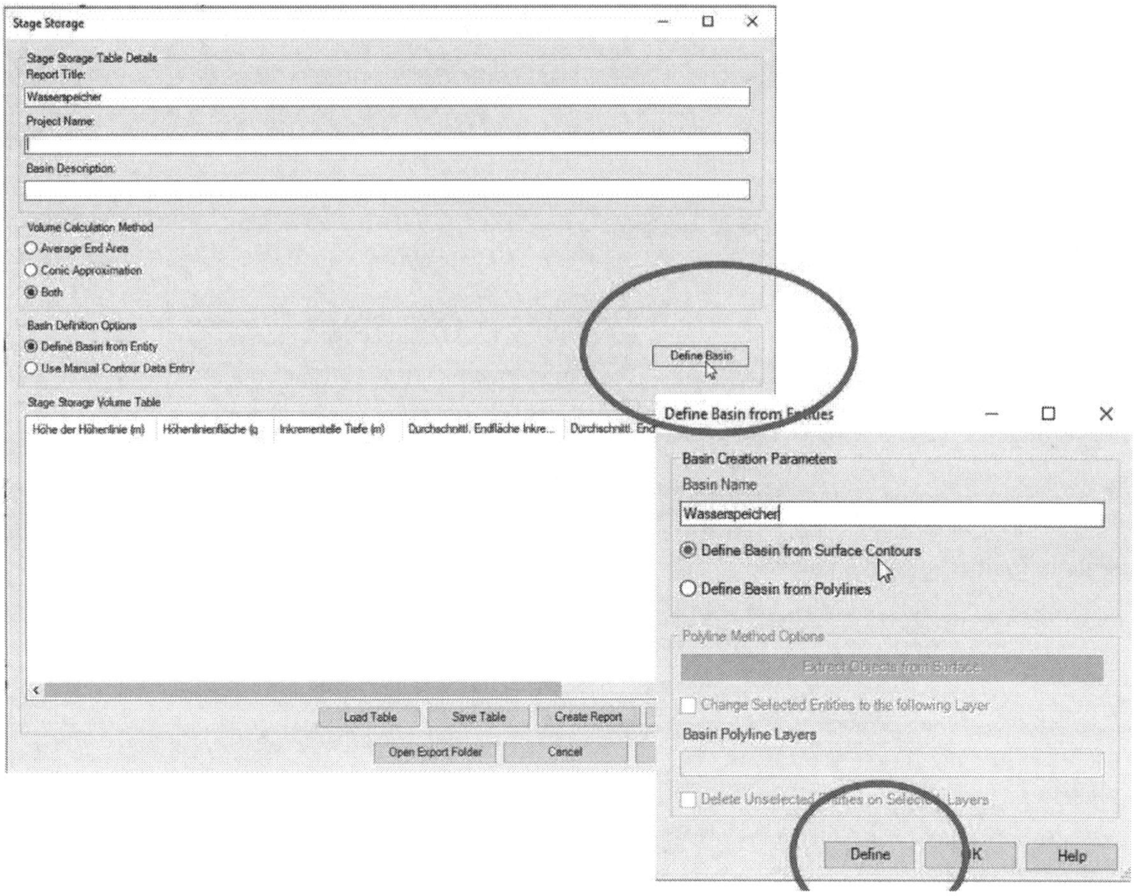

Die Option „Surface Contours" (DGM Höhenlinien) verlangt den eingestellten Stil, das heißt das DGM ist in der Zeichnungsoberfläche zu picken (Define).

Als Ergebnis werden 88.83 m^3 für die durchschnittliche Höhenlinien-Fläche, und 87.66m^3 für die konische Höhenlinien-Fläche berechnet.

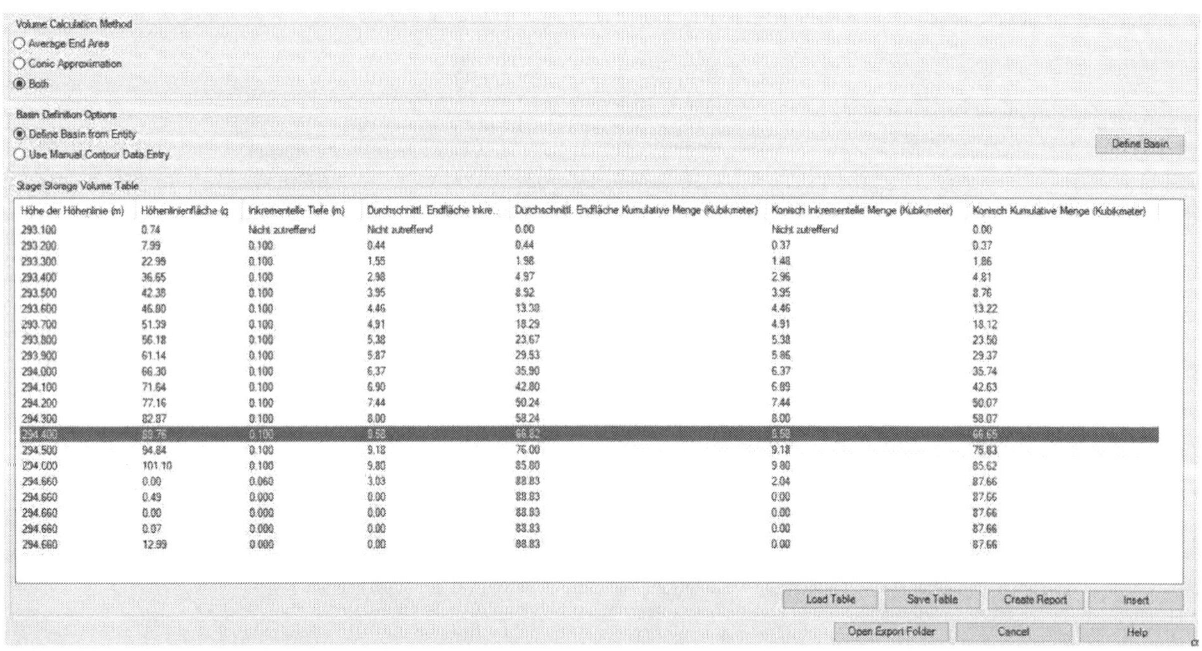

Höhe der Höhenlinie (m)	Höhenlinienfläche (q	Inkrementelle Tiefe (m)	Durchschnittl. Endfläche Inkre...	Durchschnittl. Endfläche Kumulative Menge (Kubikmeter)	Konisch Inkrementelle Menge (Kubikmeter)	Konisch Kumulative Menge (Kubikmeter)
293.100	0.74	Nicht zutreffend	Nicht zutreffend	0.00	Nicht zutreffend	0.00
293.200	7.99	0.100	0.44	0.44	0.37	0.37
293.300	22.98	0.100	1.55	1.98	1.48	1.86
293.400	36.65	0.100	2.98	4.97	2.96	4.81
293.500	42.38	0.100	3.95	8.92	3.95	8.76
293.600	46.80	0.100	4.46	13.38	4.46	13.22
293.700	51.39	0.100	4.91	18.29	4.91	18.12
293.800	56.18	0.100	5.38	23.67	5.38	23.50
293.900	61.14	0.100	5.87	29.53	5.86	29.37
294.000	66.30	0.100	6.37	35.90	6.37	35.74
294.100	71.64	0.100	6.90	42.80	6.89	42.63
294.200	77.16	0.100	7.44	50.24	7.44	50.07
294.300	82.87	0.100	8.00	58.24	8.00	58.07
294.400	88.76	0.100	8.58	66.82	8.58	66.65
294.500	94.84	0.100	9.18	76.00	9.18	75.83
294.000	101.10	0.100	9.80	85.80	9.80	85.62
294.660	0.00	0.060	3.03	88.83	2.04	87.66
294.660	0.49	0.000	0.00	88.83	0.00	87.66
294.660	0.00	0.000	0.00	88.83	0.00	87.66
294.660	0.07	0.000	0.00	88.83	0.00	87.66
294.660	12.99	0.000	0.00	88.83	0.00	87.66

Verschiedene Ausgaben sind möglich.

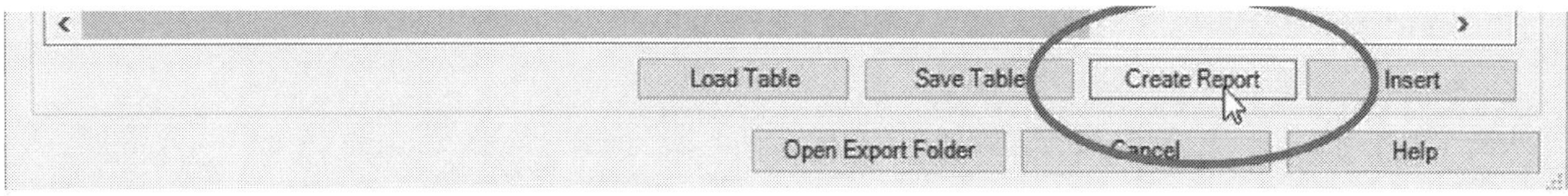

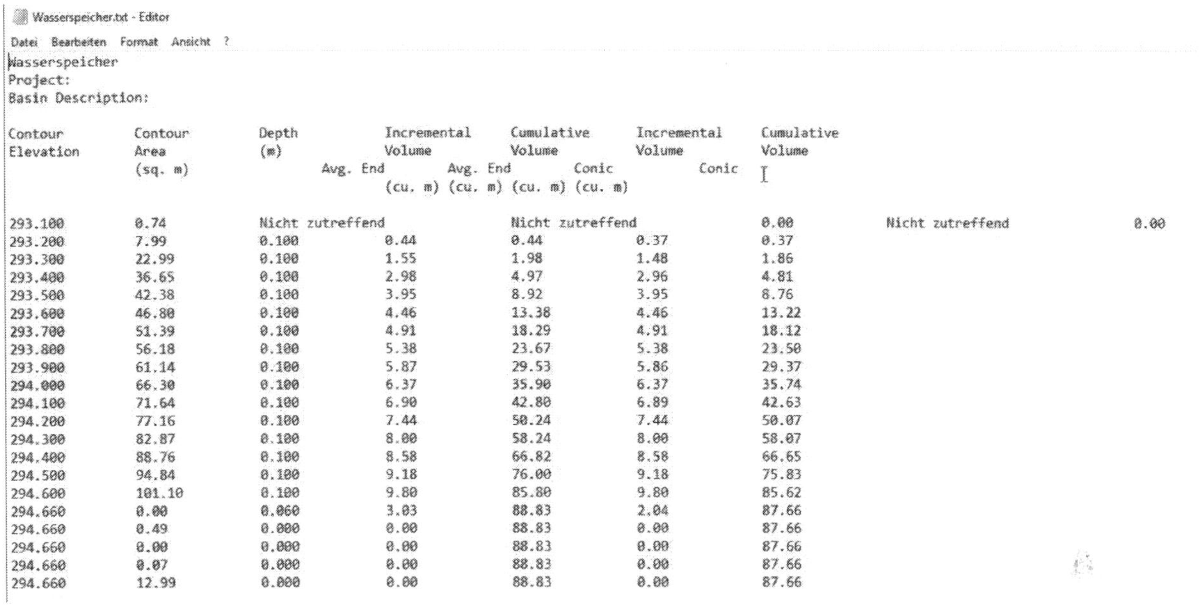
Wasserspeicher.txt - Editor
Datei Bearbeiten Format Ansicht ?
Wasserspeicher
Project:
Basin Description:

Contour Elevation	Contour Area (sq. m)	Depth (m)	Incremental Volume Avg. End (cu. m)	Cumulative Volume Avg. End (cu. m)	Incremental Volume Conic (cu. m)	Cumulative Volume Conic (cu. m)		
293.100	0.74	Nicht zutreffend		Nicht zutreffend		0.00	Nicht zutreffend	0.00
293.200	7.99	0.100	0.44	0.44	0.37	0.37		
293.300	22.99	0.100	1.55	1.98	1.48	1.86		
293.400	36.65	0.100	2.98	4.97	2.96	4.81		
293.500	42.38	0.100	3.95	8.92	3.95	8.76		
293.600	46.80	0.100	4.46	13.38	4.46	13.22		
293.700	51.39	0.100	4.91	18.29	4.91	18.12		
293.800	56.18	0.100	5.38	23.67	5.38	23.50		
293.900	61.14	0.100	5.87	29.53	5.86	29.37		
294.000	66.30	0.100	6.37	35.90	6.37	35.74		
294.100	71.64	0.100	6.90	42.80	6.89	42.63		
294.200	77.16	0.100	7.44	50.24	7.44	50.07		
294.300	82.87	0.100	8.00	58.24	8.00	58.07		
294.400	88.76	0.100	8.58	66.82	8.58	66.65		
294.500	94.84	0.100	9.18	76.00	9.18	75.83		
294.600	101.10	0.100	9.80	85.80	9.80	85.62		
294.660	0.00	0.060	3.03	88.83	2.04	87.66		
294.660	0.49	0.000	0.00	88.83	0.00	87.66		
294.660	0.00	0.000	0.00	88.83	0.00	87.66		
294.660	0.07	0.000	0.00	88.83	0.00	87.66		
294.660	12.99	0.000	0.00	88.83	0.00	87.66		

Wird das Höhenlinien-Intervall verringert (Intervall 1cm, größere Anzahl von Höhenlinien, größere Anzahl von Einzel-Flächen), so errechnet sich ein anderes, größeres Volumen.

Jeder beliebige Höhenlinienabstand ist einstellbar.

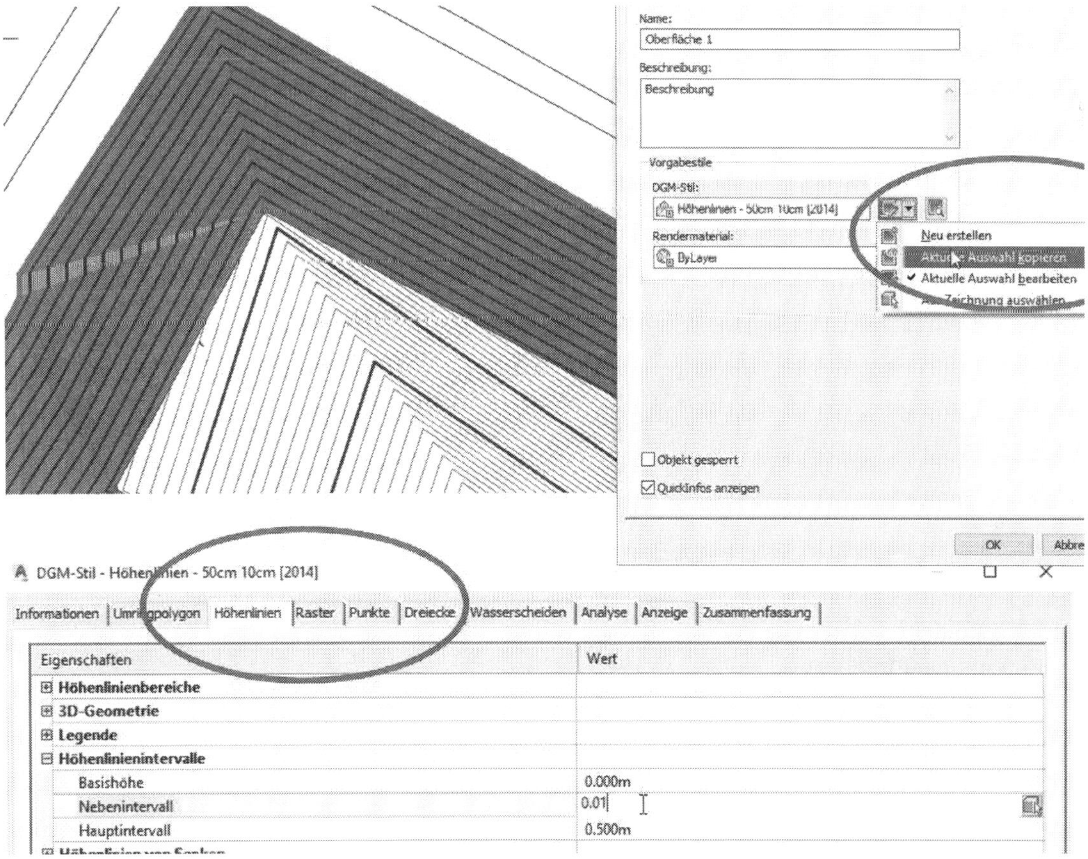

Als Ergebnis werden in diesem Fall 91.48 m³ für die durchschnittliche Endfläche und 91.31 m³ für die konische Fläche berechnet. Das Berechnungsergebnis stimmt mit der nachfolgenden Variante 2 nicht exakt überein.

Die Variante 2 halte ich jedoch für das genauere Ergebnis, da dieses Berechnungs-Verfahren direkt zwischen den Dreiecken berechnet, also kein Zwischen-Schritt (Höhenlinie) erforderlich ist.

4.6 Analysieren, Mengenbefehlsnavigator (Variante 2)

Zu dieser Variante der Berechnung des Wasservolumens ist im Civil 3D an der Position des maximalen Wasserstands ein DGM zu erstellen, das in einem zweiten Schritt zur Mengenberechnung benutzt wird.

Für diese Variante wird davon ausgegangen, dass der max. Wasserstand bereits bestimmt ist (Stilbearbeitung, benutzerdefinierte Höhenlinie) und diese „Benutzerdefinierte Höhenline" als Polylinie extrahiert vorliegt (4.4.1 Polylinie aus DGM extrahieren). Für diese Variante ist die zuvor gespeicherte Zeichnung „DGM_extrahierte_Polylinie.dwg" erneut zu öffnen.

4.6.1 Erstellen eines WSP-DGM

Im DGM ist eine Polylinie mit Erhebung (294.66) eingefügt.

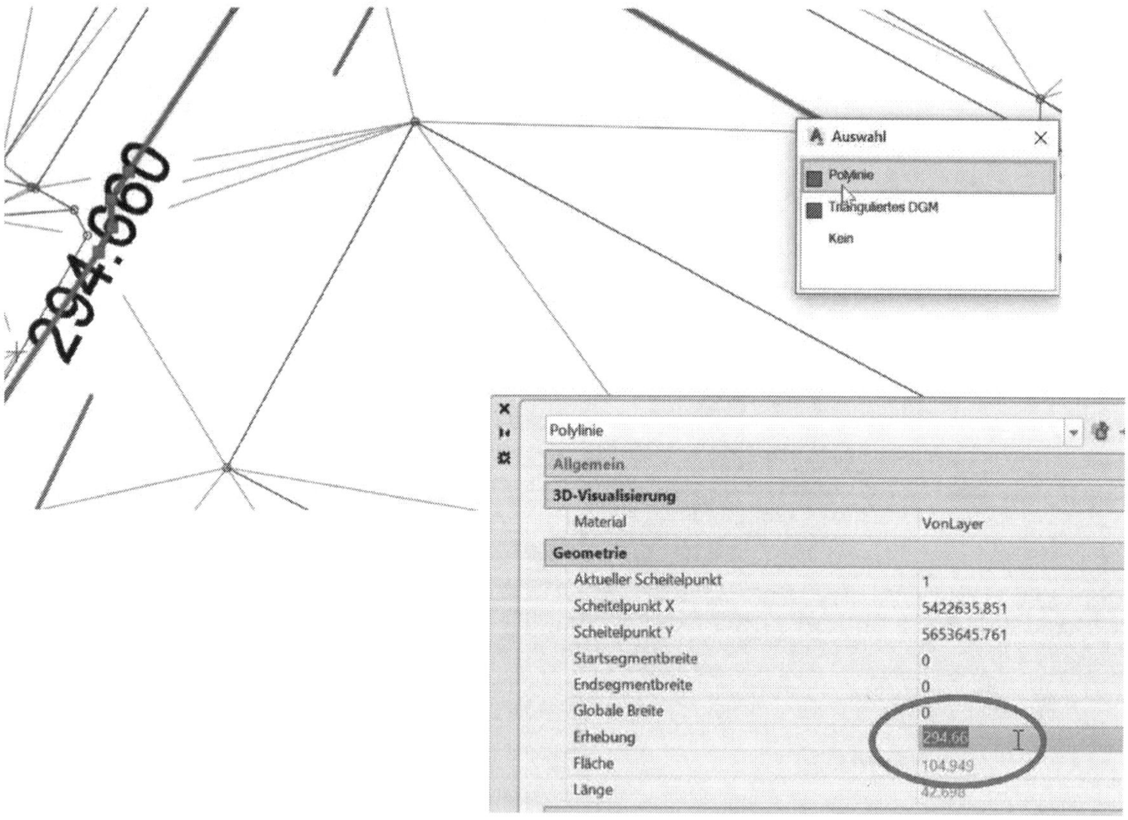

Diese Polylinie kann direkt als Datengrundlage (Vermessungsinformation) für ein neues Wasserspiegel-DGM (WSP 294.66) genutzt werden.

Es wird ein neues DGM, „WSP 294.66", auf dem gleichen Weg, wie das erste DGM (Oberflächen-DGM) erstellt.

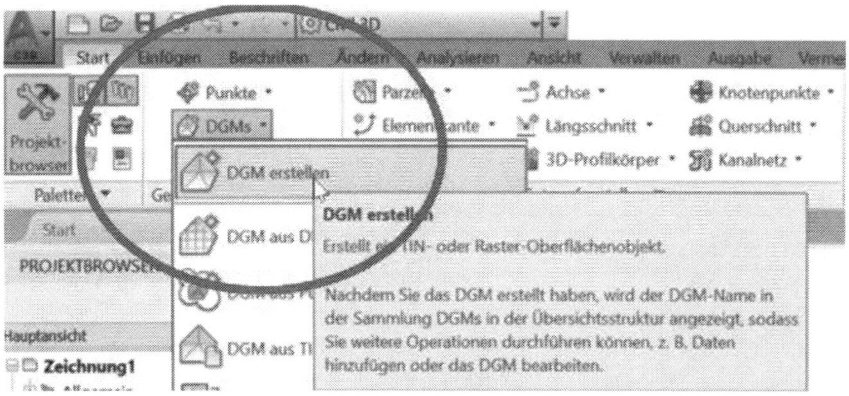

Zur besseren Unterscheidung des neuen DGMs, vom erstellten Oberflächen-DGM (grüne Dreiecke), wird der DGM-Stil „Dreiecksvermaschung und Umring DUNKELBLAU" gewählt.

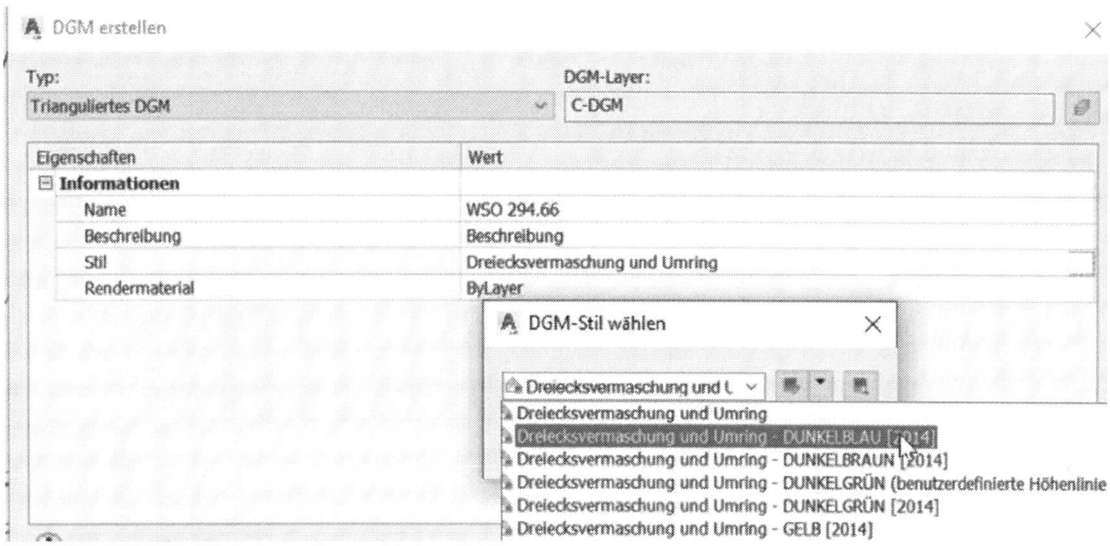

Die Polylinie (Wasserspiegel-Linie, mit Erhebung) wird als Bruchkante dem DGM zugeordnet. Keine der Optionen (Bereinigungsfaktoren, Ergänzungsfaktoren) ist erforderlich. Es bleibt bei den Voreinstellungen.

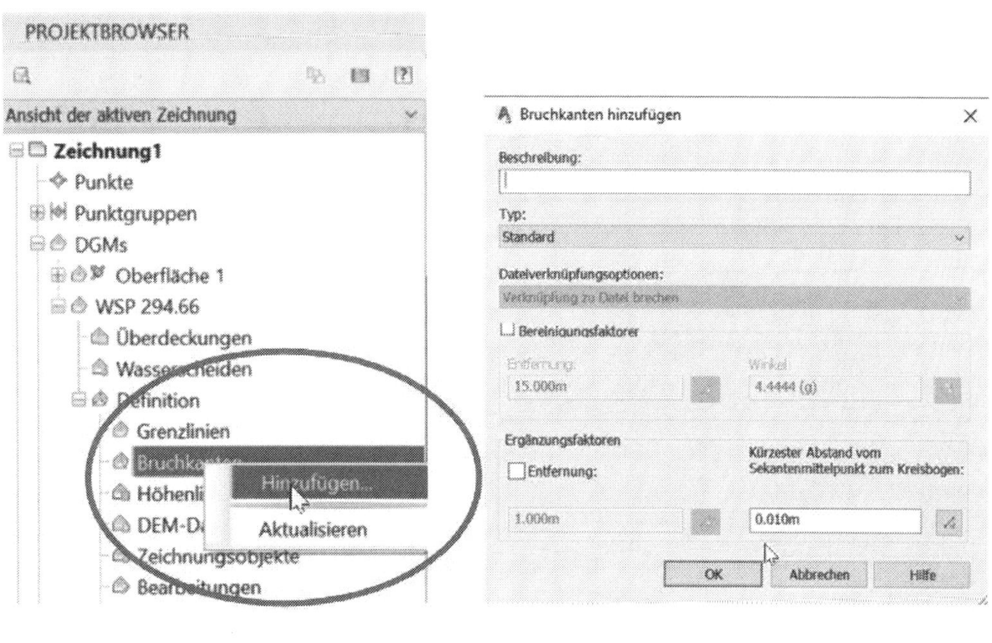

Das DGM ist erstellt.

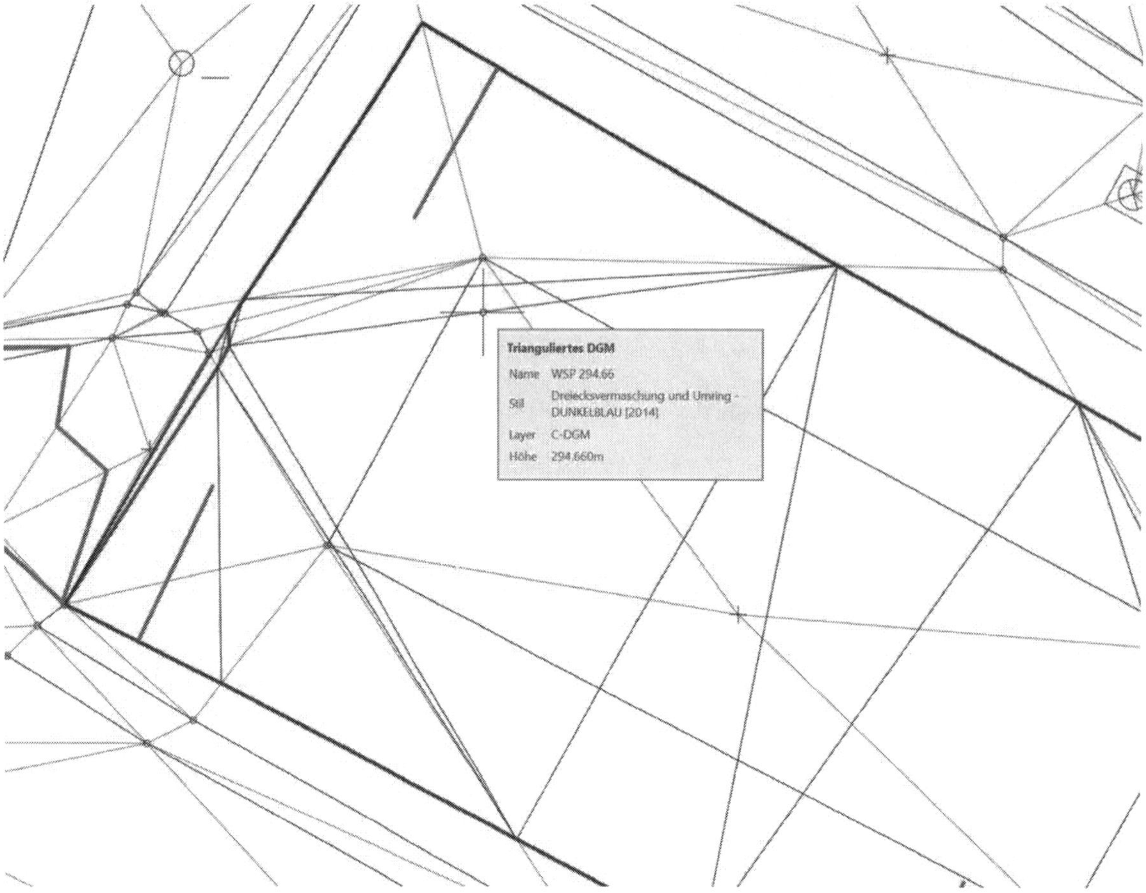

Die Polylinie kann auch gleichzeitig Grenzlinie sein, so wird die Dreiecksbildung eingeschränkt oder zielgerichtet gesteuert.

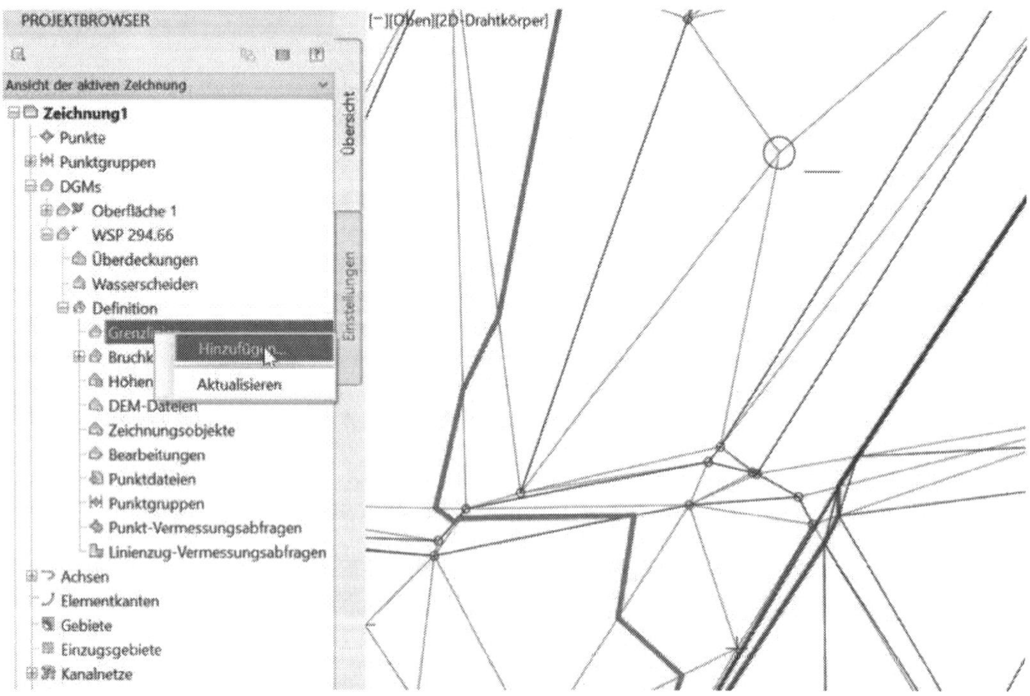

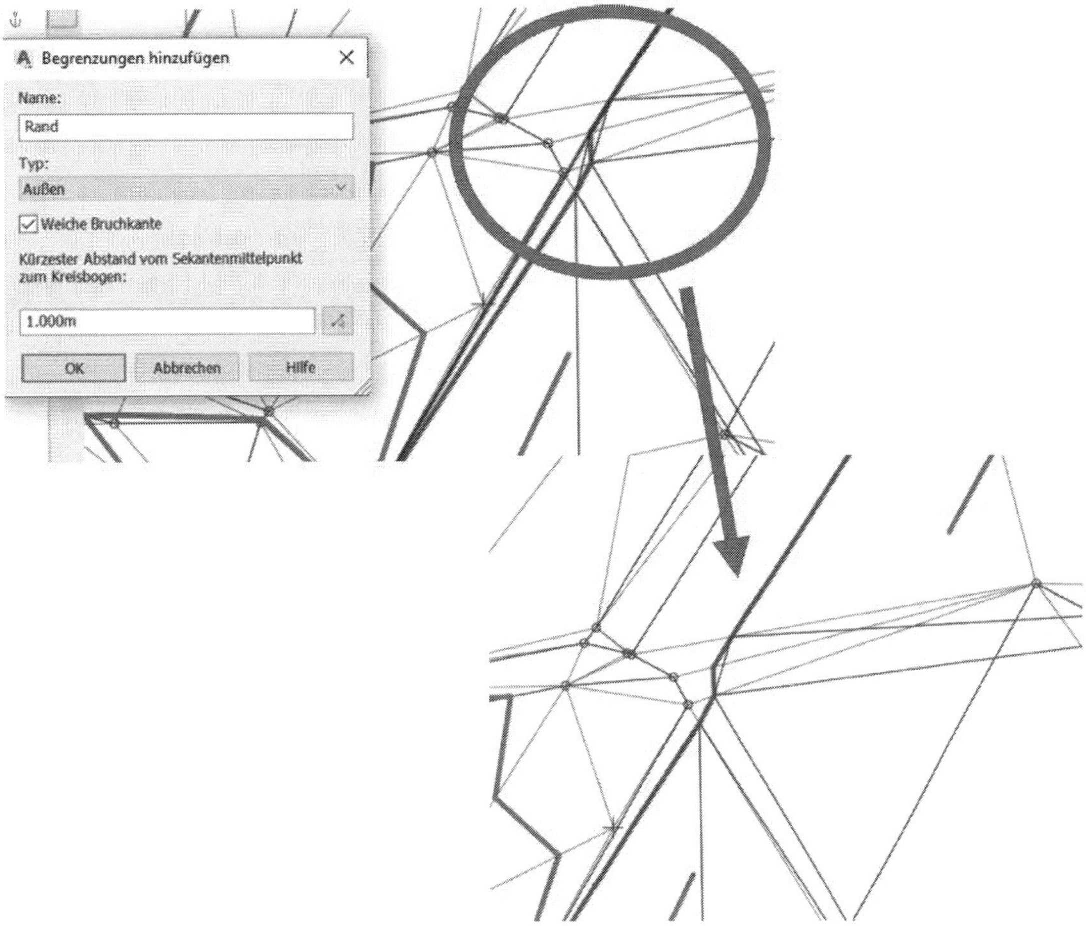

Hinweis:

Bei konkaven- und konvexen Rändern können außerhalb des Randes liegende Dreiecksflächen zu irritierenden Mengenangaben oder zu falschen Mengen führen.

4.6.2 Mengenberechnung

Mit dem erstellten, zweiten DGM kann die Menge (Volumen in m^3) ermittelt werden. Die Funktion ist im Bereich „Analysieren" auszuwählen.

Hinweis:

Ab der Version 2013 lautet der Funktions-Aufruf „Mengen-Befehls-Navigator".

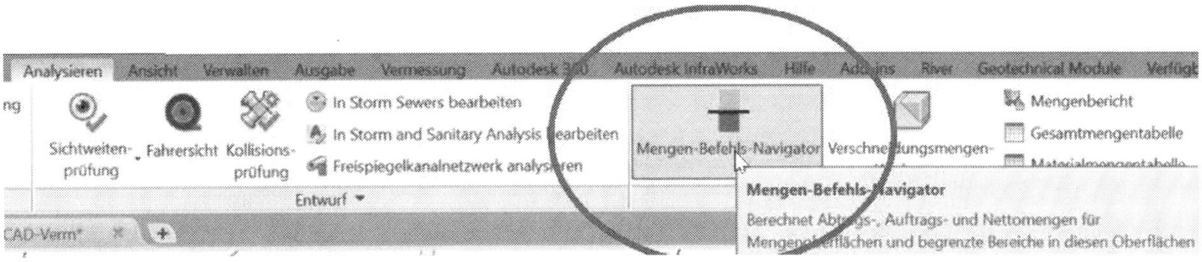

Mit dem Auslösen der Funktion wird die Palette „Panorama" geöffnet. Hier ist die Funktion „Neue Mengenoberfläche erstellen" zu wählen.

Hinweis:

Das gleiche Fenster diente auch zur Anzeige der „DGM-Fehler". Das Fenster kann mehrere Karten haben (im Bild ist nur eine dargestellt, „Mengen-Befehls-N ...", linker Rand). Eventuell sind die Karten zu wechseln.

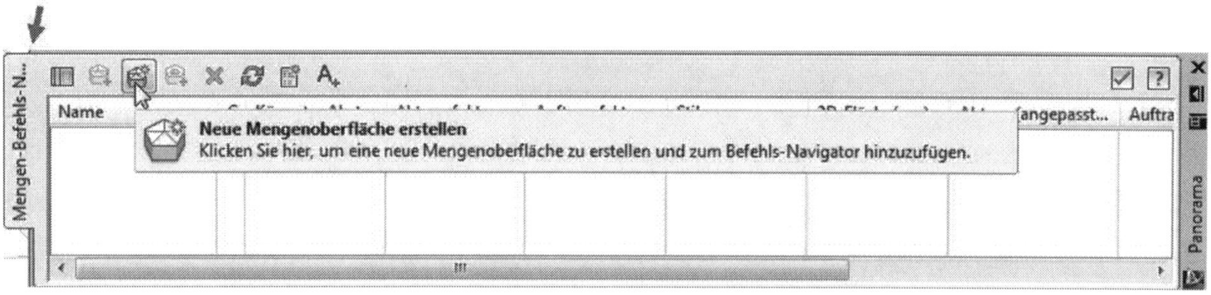

Es wird mit der Funktion „Neue Mengenoberfläche erstellen" ein Mengenmodell erstellt.

Hinweis:

Dieses Mengenmodell ist kein Volumenkörper. Mengenmodelle haben im Civil 3D **zwei Aufgaben**:

- Mengenberechnung
- Farbliche Darstellung von Auftrag und Abtrag, Höhenbeschriftung der Auf- und Abtrags-Mächtigkeit (3. Kapitel)

Aufgrund der Darstellungsoptionen ist das Mengenmodell eine um die Höhe „NULL" pendelnde Fläche (DGM- „Mengenmodell")

Aufgrund der Besonderheit dieses Mengenmodells empfehle ich für dieses neue DGM einen deutlich erkennbaren, speziellen Namen, „Mengenmodell" zu vergeben und dieses Mengenmodell mit dem Stil „Umring" darzustellen.

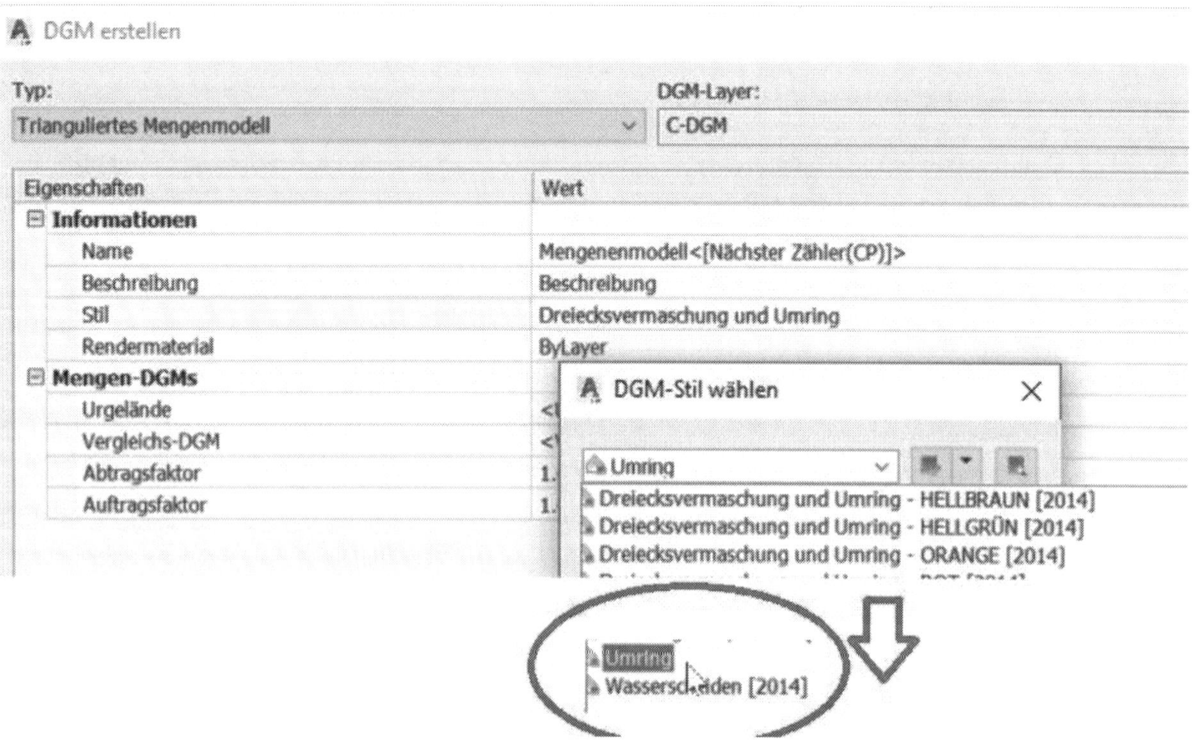

Das „Mengenmodell" wird aus den beiden vorhandenen DGMs erzeugt.

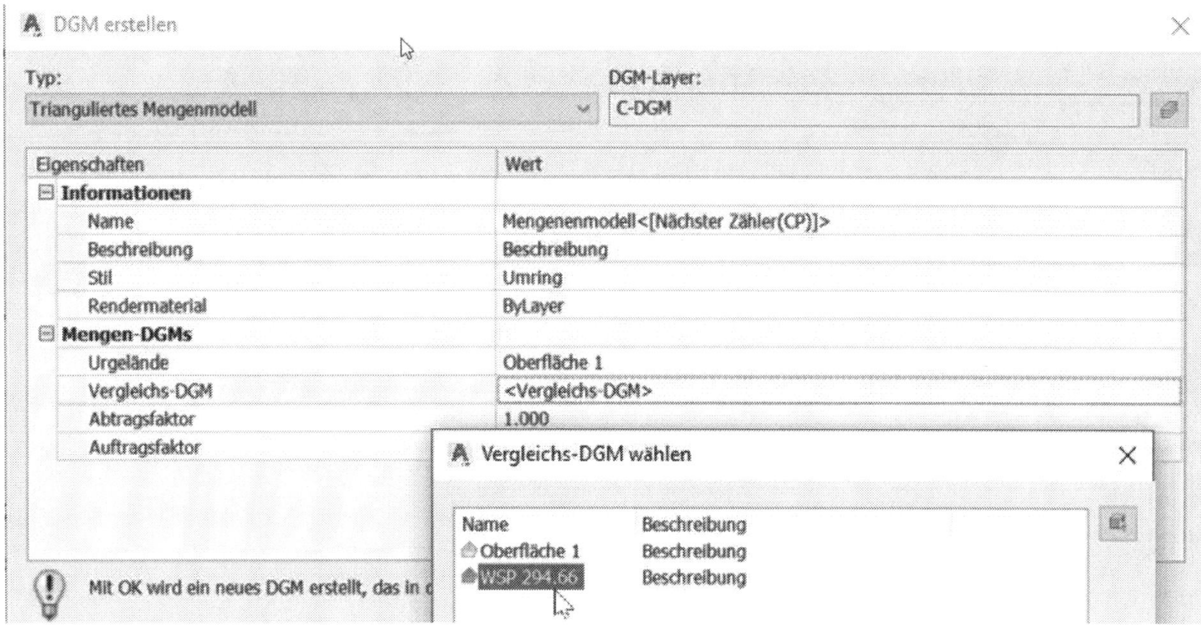

Hinweis:

Mengenmodelle sollten niemals als Längsschnitte oder Profile innerhalb von Höhen- oder Querprofilplänen aufgerufen werden! Die Höhe des „Triangulierten Mengenmodells" ist nahe NULL und damit irritierend. Eine Zuordnung oder ein Aufruf ist jedoch technisch möglich!

Das Wasserbecken enthält bei einem Wasserstand von 294,66 mü.NN 92,00 m³.

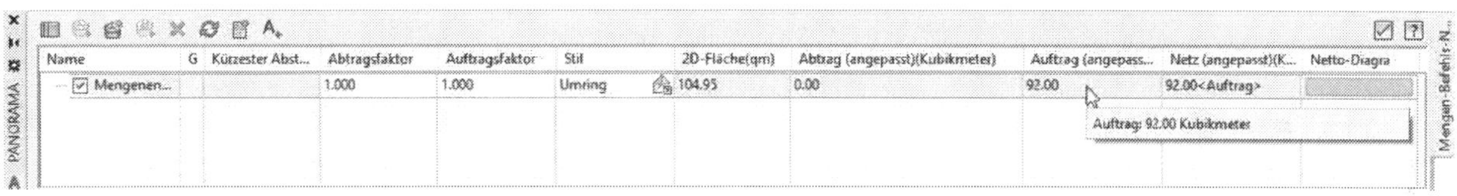

Mit der Funktion „Abtrags- und Auftragsbericht" generieren, kann das Ergebnis ausgegeben werden.

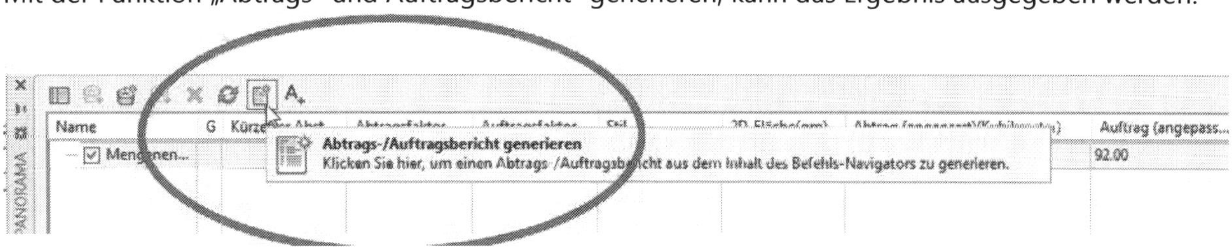

Die Übergabe erfolgt an den „Microsoft Internet Explorer".

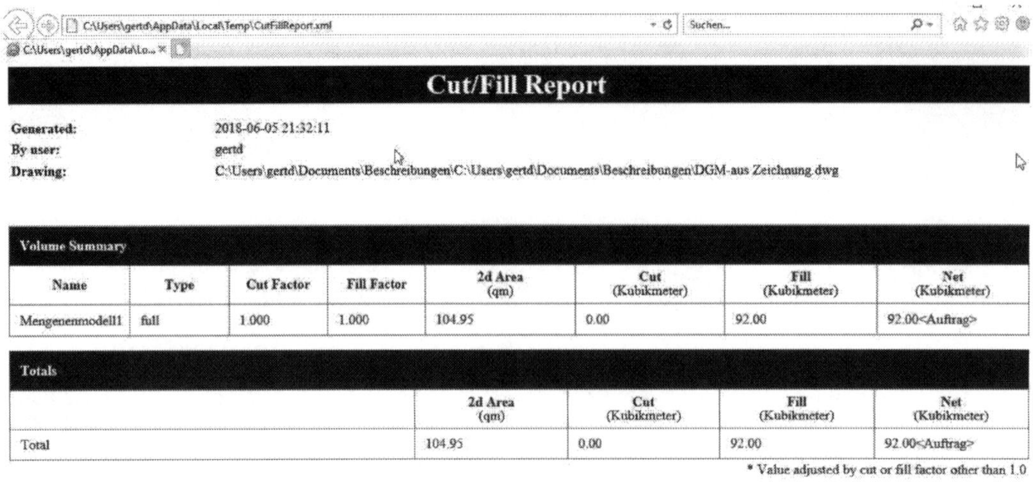

Cut/Fill Report

Generated: 2018-06-05 21:32:11
By user: gertd
Drawing: C:\Users\gertd\Documents\Beschreibungen\C:\Users\gertd\Documents\Beschreibungen\DGM-aus Zeichnung.dwg

Volume Summary

Name	Type	Cut Factor	Fill Factor	2d Area (qm)	Cut (Kubikmeter)	Fill (Kubikmeter)	Net (Kubikmeter)
Mengenenmodell1	full	1.000	1.000	104.95	0.00	92.00	92.00<Auftrag>

Totals

	2d Area (qm)	Cut (Kubikmeter)	Fill (Kubikmeter)	Net (Kubikmeter)
Total	104.95	0.00	92.00	92.00<Auftrag>

* Value adjusted by cut or fill factor other than 1.0

Hinweis1:

Der Microsoft-Internetexplorer (neu Edge) sollte bei der Verwendung von Autodesk CIVIL 3D auf dem Arbeitsplatz vorhanden sein also „nicht deinstallieren". Der Microsoft-Internetexplorer muss jedoch nicht mehr (ab Version 2014) als Standard-Browser voreingestellt werden.

Hinweis2:

Für mich ist es gängige Praxis das Berechnungsergebnis in die „Zwischenablage" zu kopieren und später aus der Zwischenablage innerhalb anderer Software einzufügen, die eine Nachbearbeitung zulässt.

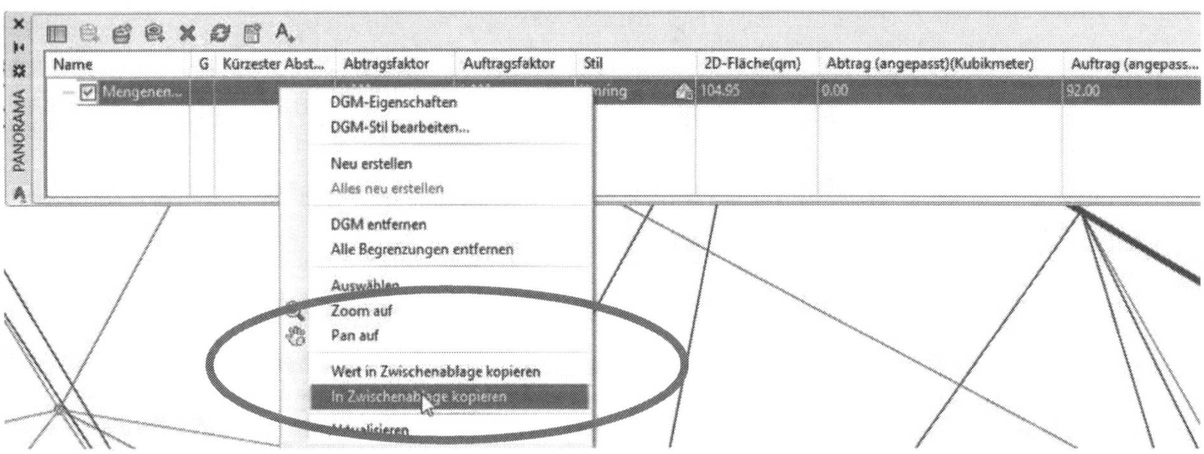

Die Funktion „A+" fügt das Berechnungsergebnis als Text in die Zeichnung ein.

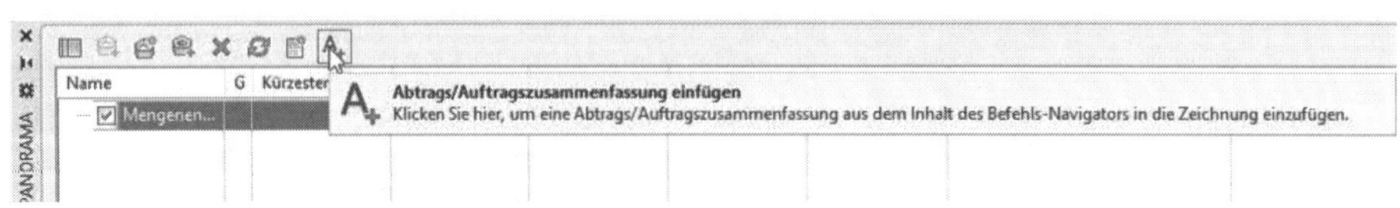

3D-Darstellung, Wasserbecken mit Wasser und Baum (Visueller Stil „Schattiert mit Kanten")

5 Kapitel, Konstruktion „unregelmäßige Baukörper" (Elementkante, Verschneidung)

5.1 Vorwort

Die Funktionalität von Civil 3D beruht auf einer Vorlage, die eventuell mit einer Datenbank vergleichbar ist. Diese Vorlage wird beim Start geladen. Das heißt, ohne definierte Vorlage, ohne Voreinstellungen ist die Funktionalität von Civil 3D nur eingeschränkt gegeben. In Deutschland, bei Projekten für Deutschland sollte es die „_AutoCAD Civil 3D 20xx Deutschland.dwt" sein.

Der Ablage-Ort und damit die Verwendung wird durch das County Kit Deutschland, das in die Installation einzubeziehen ist, gewährleistet. Eine eventuelle nachträgliche Installation des „Country Kit-Deutschland" (das diese Vorlage beinhaltet) und die Kontrolle der erfolgreichen Installation sind im 3. Kapitel „Punktdatei-Import und DGM, Voraussetzung für Deutschland" dargelegt. Sollte die Funktionalität, wie dort beschrieben nicht vorliegen, so fehlt höchstwahrscheinlich das „Country Kit-Deutschland". Fehlt das Country Kit Deutschland, so stehen die in diesem Kapitel beschriebenen Eigenschaften, nicht in vollem Umfang zur Verfügung.

5.2 Voraussetzung der Konstruktion

Basis einer Konstruktion in Civil 3D ist das DGM. Ein DGM ist die Rekonstruktion der realen Gelände-Oberfläche am Computer im Bereich der Planung.

Basis für das DGM können Vermessungspunkte (3. Kapitel) Zeichnungen (4.Kapitel) oder Laser-Scan-Daten sein. Für alle folgenden Kapitel wird als Basis ebenfalls ein DGM benötigt (deutsch: Urgelände, Oberfläche, Basis-DGM, englisch: Surface). Dieses DGM wird eine große und geeignete Fläche für die folgenden Kapitel beschreiben. Ohne dieses DGM sind die folgenden Kapitel weniger gut bearbeitbar.

Das hier erstellte DGM wird mit den Daten der Konstruktion, des hier beschriebenen Kapitels, weiterverwendet. Das heißt, in diesem 5. Kapitel werden Daten erstellt (Konstruktionen), die im 6. und 7. Kapitel ein wichtiger Bestandteil sein werden.

In diesem Kapitel wird eine einfache Vorgehensweise zum Erstellen des DGMs beschrieben. Dieses Vorgehen entspricht weitgehend dem, das für Kommunen zu empfehlen ist. Kommunen, Stadtverwaltungen und Ämter haben Zugriff auf Geodatenserver der Bundesländer. Hier werden unter dem Begriff „DGM-1", „DGM-5", „DGM-10", usw. Koordinatendateien angeboten mit einem Punktabstand von 1m, 5m oder 10m.

Es handelt sich also bei den bereitgestellten Daten (Dateien) nicht um ein DGM (im Sinne von Civil 3D), sondern um Daten, aus denen ein DGM erstellt werden kann! Die „Zahl" hinter dem DGM-Begriff beschreibt den Raster-Abstand (Punkt-Abstand in X- und Y-Richtung). Der Raster-Abstand ist mit der Dreiecks-Kantenlänge gleich zu setzen.

Für diese Übung wird eine Koordinatendatei zur Verfügung gestellt, die einen unregelmäßigen Rasterabstand hat, die Vorgehensweise zum Erstellen des DGMs ist jedoch vergleichbar.

5.2.1 Kontrolle der Koordinatendatei

Jede Koordinaten-Datei ist vor dem Import mit einem einfachen Editor zu kontrollieren.

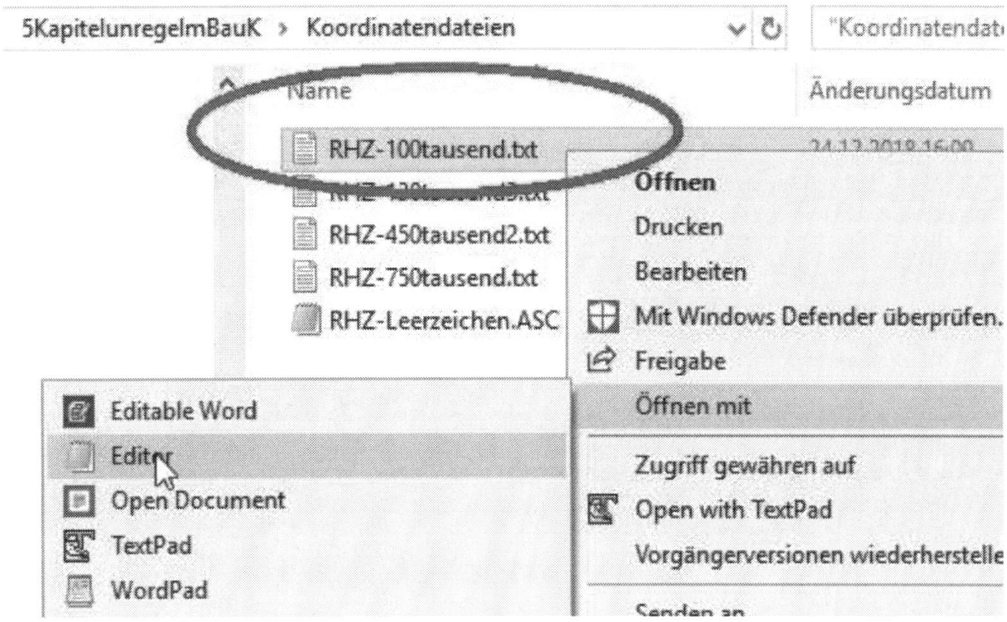

Es liegen „Rechtswert“, „Hochwert“ und „Höhe“ vor also nur Koordinaten, ohne Punktnummer. Alle Daten sind mit Leerzeichen voneinander getrennt.

Das Dezimal-Trennzeichen ist „Punkt“.

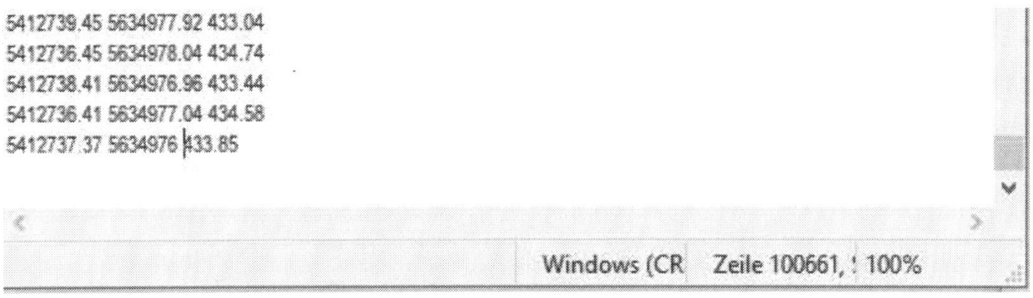

Es sind 100.661 Datensätze (Punkte) im Format „RHZ (Leerzeichentrennung). Zu empfehlen ist die Funktion „DGM direkt erstellen“ (Kapitel 3.5.3), weil die Punktmenge größer als 50.000 ist.

Das DGM wird als Objekt erstellt.

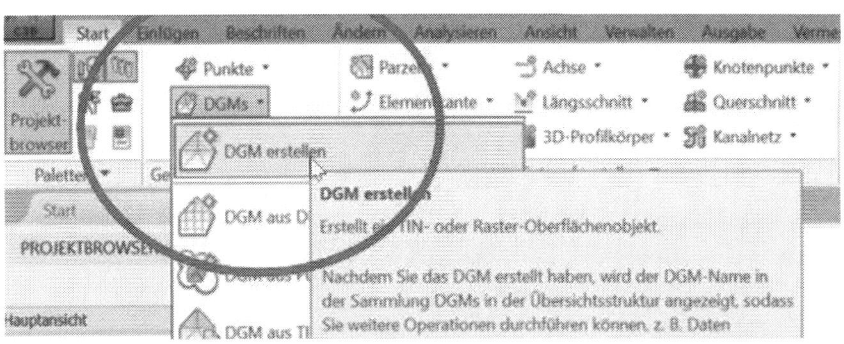

Es wird der DGM-Name „Oberfläche 2“ vergeben und der Höhenlinien-Stil (Höhenlinien 10m – 2m) gewählt. Eine DGM-Kontrolle oder -Bearbeitung ist in diesem Fall „Übungs-DGM“ nicht erforderlich, deshalb wird auf den Darstellungsstil „Dreiecksvermaschung und Umring DUNKELGRÜN“ verzichtet.

Es wird der Darstellungsstil „Höhenlinien 10m – 2m" gewählt. Alle weiteren Einstellungen dieser Maske werden nicht geändert.

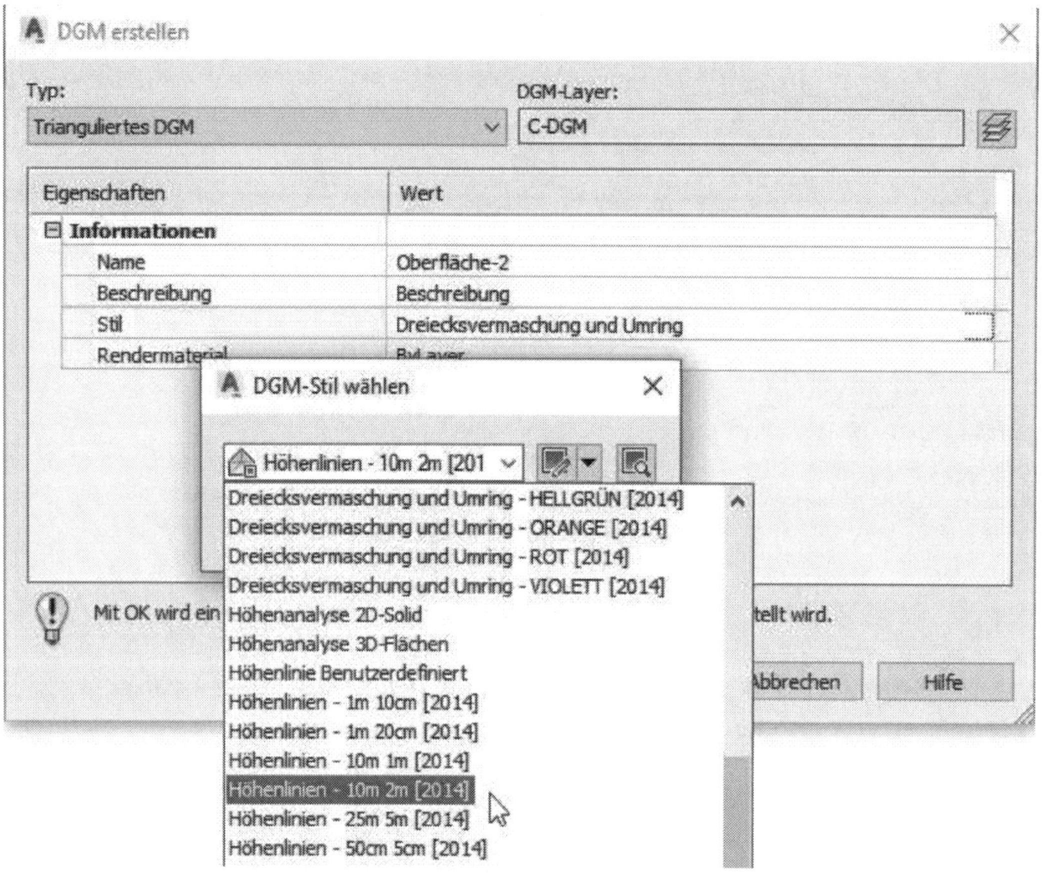

Die Datenzuweisung erfolgt mit der Option Punktdateien. Hier ist auf das Importformat „RHZ Leerzeichentrennung" zu beachten.

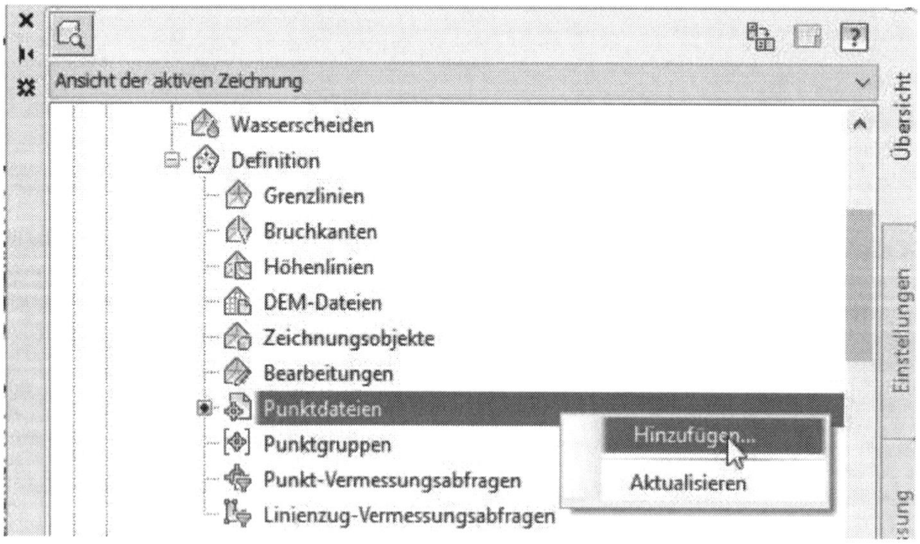

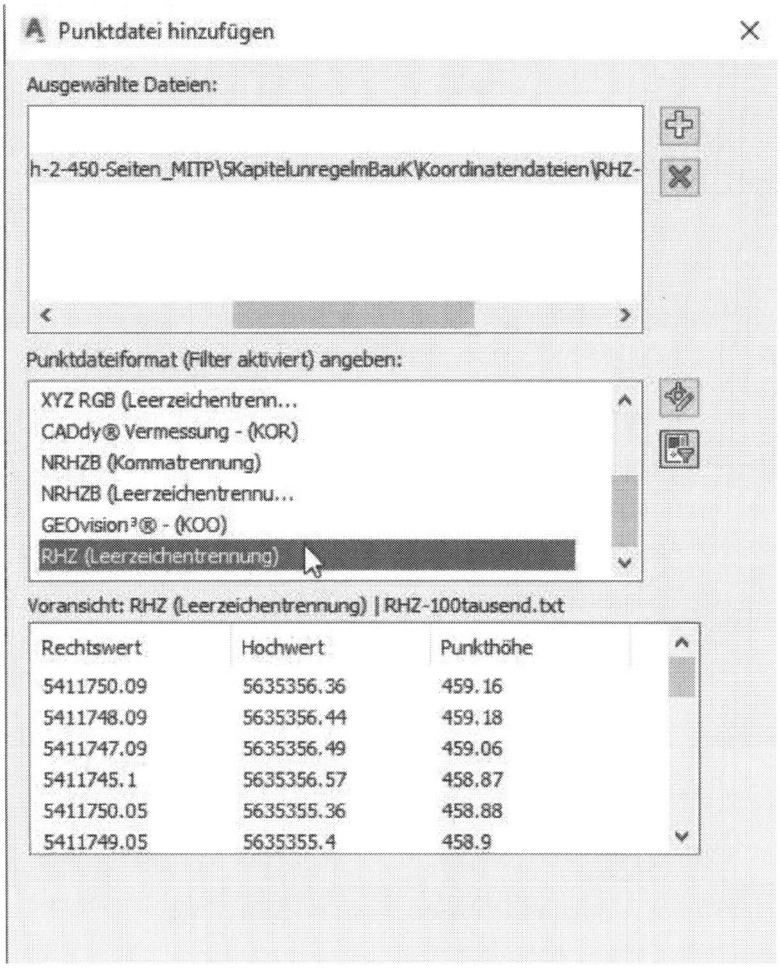

Resultat: „2D Ansicht" (Höhenlinien, Abstand 2m)

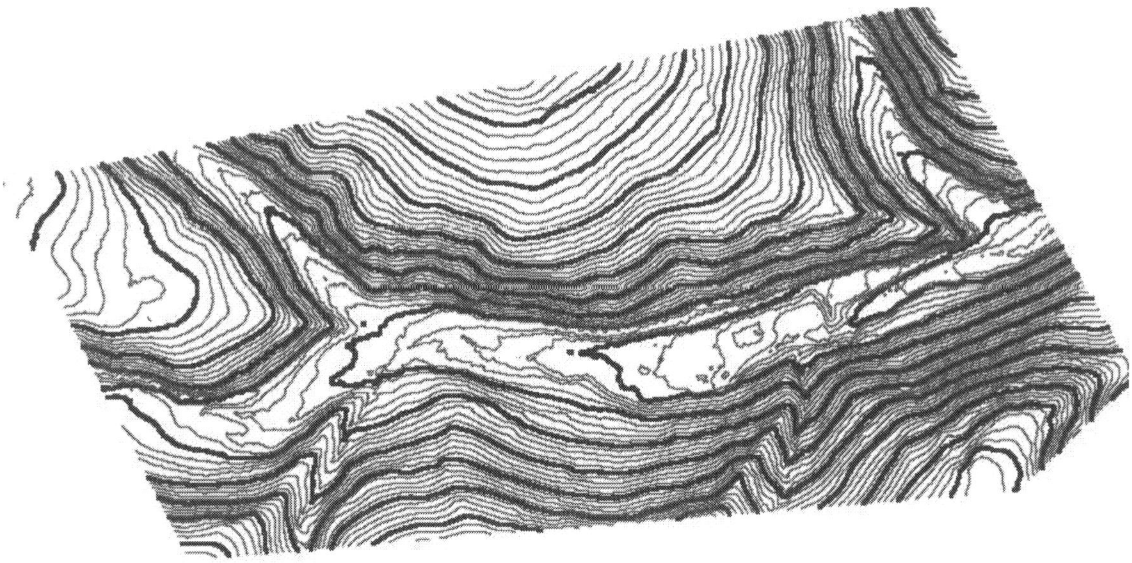

Die 2D-Ansicht wird als DGM-1.dwg in einem eigenen Projektpfad „Civil 3D Übung" abgespeichert.

„3D-Ansicht“ (Höhenlinien, Abstand 2m)

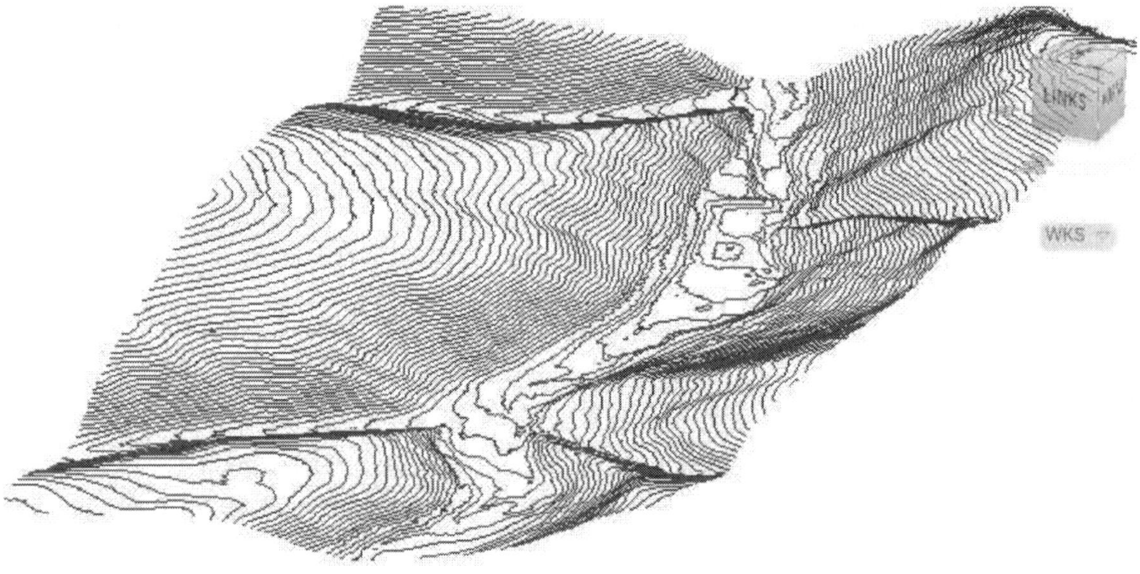

5.3 Ziel: Erläuterung „unregelmäßige Baukörper“ (Elementkante, Verschneidung)

Ziel der Übung ist es die Konstruktionselemente „Elementkante“ und „Verschneidung“ zu verstehen. Deshalb wird folgenden Konstruktionsauftrag angenommen.

In dem DGM (Oberfläche-2) ist eine Materiallagerfläche zu entwerfen. Die Fläche ist der Lage und in der Höhe variabel gestaltbar. Es liegt lediglich für die Grundfläche ein Entwurf vor. Die Böschungskonstruktion soll in Abhängigkeit von Auftrag und Abtrag gestaltet sein. Im Fall Abtrag soll die Böschungsneigung 1:1 betragen. Das betrifft den Teil der Fläche, der unterhalb von „Oberfläche-2“ liegt (es wird verfestigter Boden, Fels angenommen). Im Fall Auftrag soll die Böschungsneigung 1:3 betragen. Das betrifft den Teil der Fläche, der oberhalb von „Oberfläche-2“ liegt. Im Fall angeschütteter Boden, soll die Böschung begehbar sein. Der Schwerpunkt der Konstruktion ist die Mengenbewegung. Die Fläche soll in der Höhe so gestaltet sein, dass kein Material geliefert oder abtransportiert werden soll (Auftrag = Abtrag). Anschließend müssen Absteck-Punkte für den Baubetrieb exportiert werden. Die Höhe und die Lage der horizontalen Fläche soll in Punkten (Koordinaten-Datei, PRHZ-Leerzeichentrennung) ausgegeben werden.

Ein solches Projekt oder eine solche Problemstellung empfehle ich als „unregelmäßigen Baukörper“ zu verstehen und mit den Funktionen oder Befehlen „Elementkante“ und „Verschneidung“ zu konstruieren.

Die hier zu entwerfende „Materiallagerfläche“ ist in den Eigenschaften sehr einfach vorgegeben. Es geht darum die Grundfunktionen kennenzulernen und zu verstehen. Es wird der Zusammenhang zwischen Elementkante, Verschneidung und „Gebiet“ vermittelt. Anschließend werden noch weitere, für die Praxis wichtige Eigenschaften, von Elementkante und Verschneidung angesprochen.

Die Verschneidung selbst kann bereits die Menge (Auf- und Abtrag) ausweisen, unabhängig von den Funktionen der Karte „Analysieren“ (3. und 4. Kapitel). Es werden Besonderheiten beim Erstellen und der Ausgabe von Absteck-Punkten aufgezeigt.

Die Grundflächen für das Übungsbeispiel ist in der Zeichnung „Freifläche.dwg“ abgelegt und wird in die Zeichnung „DGM-1.dwg“ übernommen (kopiert).

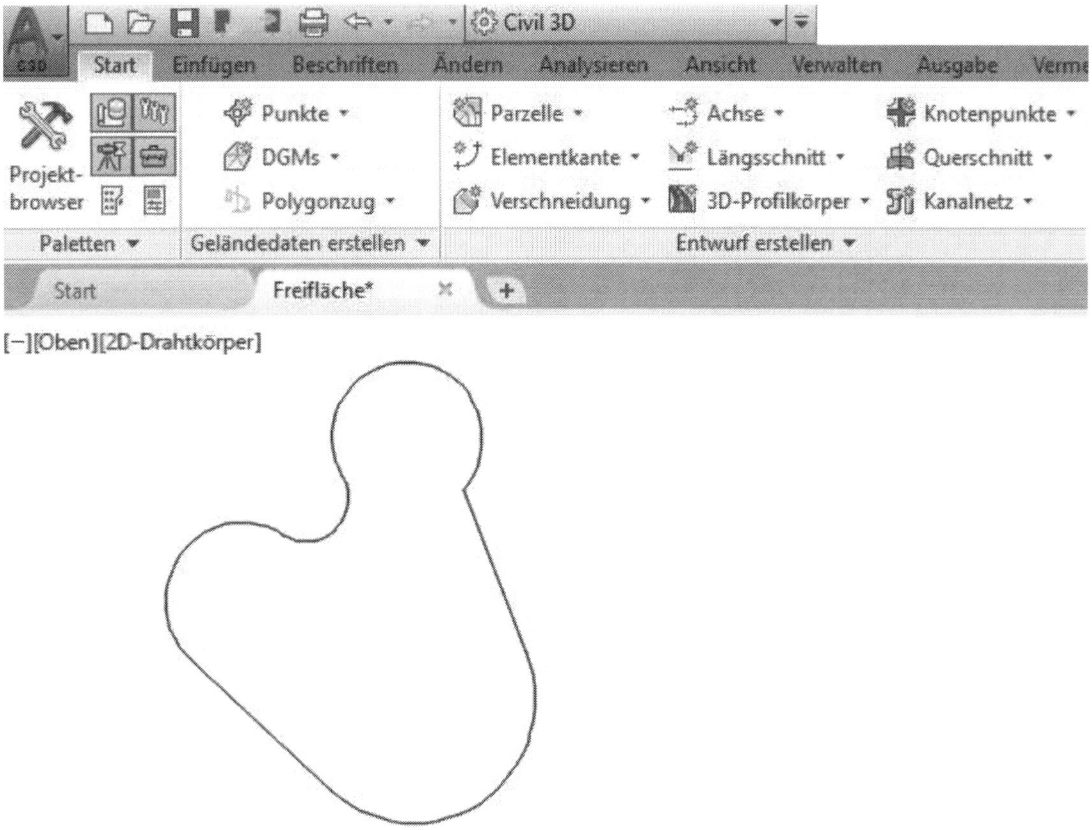

5.3.1 Unterschied „unregelmäßige Baukörper“, „langgestreckte Baukörper“

Wie kommt das Buch auf eine Trennung der Konstruktion nach „Unregelmäßige Baukörper“ (Beispiel: Materiallagerfläche“ oder „Baugrund für Gebäude“) und „Langestreckte Baukörper“ (Beispiel: 6. Kapitel, Straße)?

Was ist das Besondere bei einer Baugrube (Baugrund für Gebäude oder Industrieanlage, Wasserbecken, Deponie, Freiflachen, Parkplatz, Spielplatz Materiallagerfläche,) im Gegensatz zu einer Straße, Damm, Flusslauf (Bach, offenes Fließgewässer, Hochwasserschutz-Damm)?

- **Unregelmäßige Baukörper**
  - Runde -, quadratischen oder auch nicht-quadratische-, nicht-rechteckige-, oder absolut unregelmäßige Grundform
  - Grundfläche: waagerecht oder gering geneigte Fläche
  - Böschungen nach allen Seiten, durchaus auch mit unterschiedlichen Neigungen, auch mehrfach Böschungen sind möglich (Sicherheits-Bermen, Stufen)
  - Mengenberechnung aus 2 DGMs (deutsch: Mengenberechnung aus Oberflächen, alternative Berechnung: Verschneidung, Verschneidungsmengen-Werkzeuge)
  - Civil 3D-Funktionen, Konstruktions-Befehle: Elementkante und Verschneidung
  - Ziel: Es wird eine Verschneidung erstellt (3D-Konstruktion), ein Verschneidungs-DGM abgeleitet, Mengenberechnung ist möglich und Absteck-Punkte können erstellt werden.

2D-Darstellung:

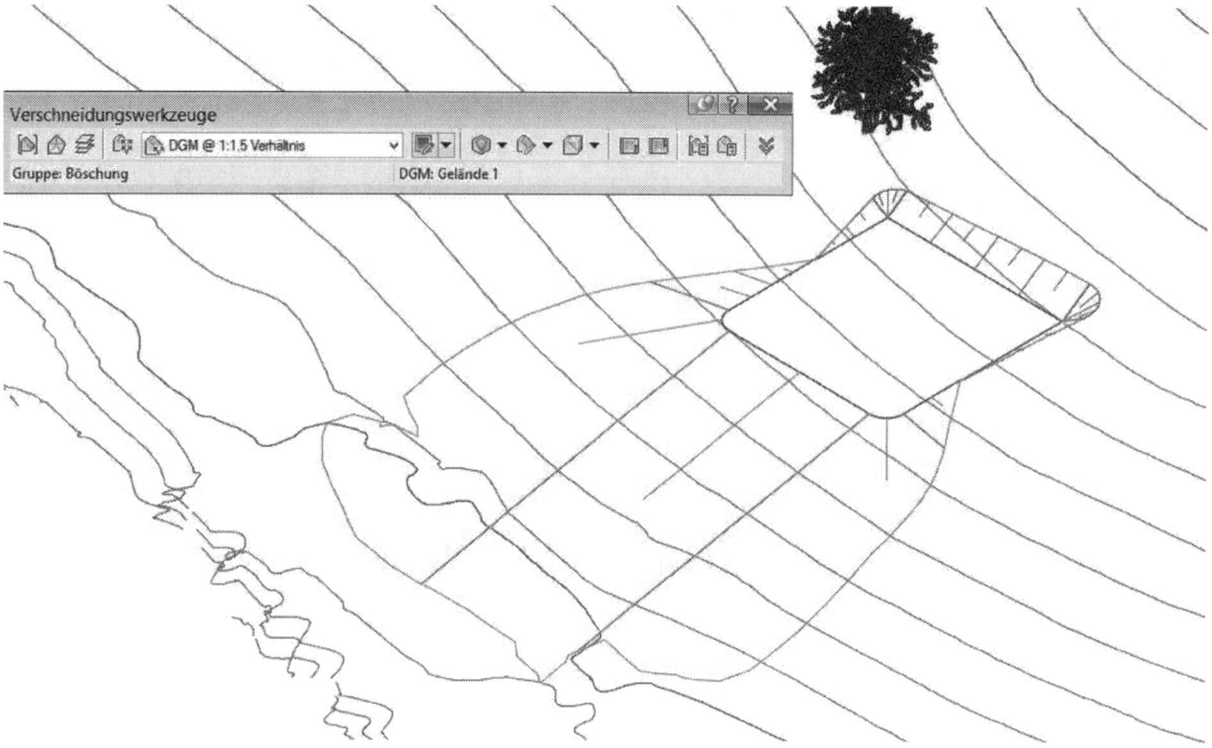

3D-Darstellung:

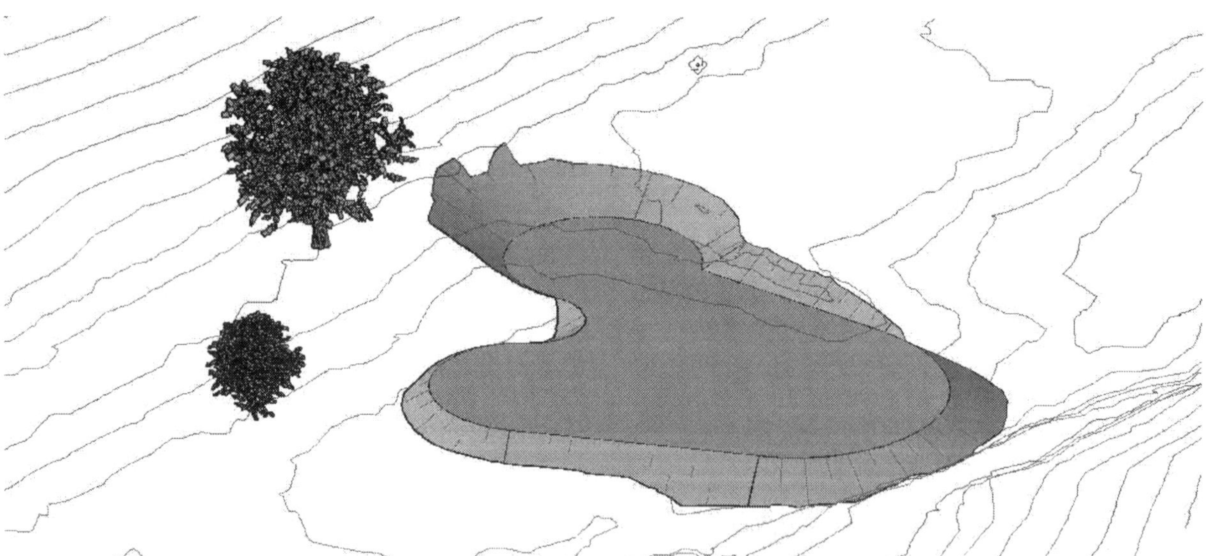

- **Langgestreckte Baukörper**
  - Die Länge des zu konstruierenden Objektes ist mehrfach größer, als die Breite
  - Die Konstruktion wird durch einen Querschnitt bestimmt (Regelquerschnitt)
  - Das Bauwerk wird am Anfang und am Ende eingebunden. Eine „Vor-Kopf-Böschung" ist praktisch nicht vorhanden oder unbedeutend.
  - Das Bauwerk kann sehr gut durch Querprofilpläne beschrieben werden.
  - Alternativ ist eine zweite Mengenberechnung, Mengenberechnung aus Querprofilen möglich (Querschnitts-Fläche x Stationsabstand)

- Ziel: Es sind die Konstruktions-Befehle Achse, Gradiente und Querschnitt anzuwenden. Es wird ein 3D-Profilkörper erstellt (3D-Konstruktion) und daraus werden ein 3D-Profilkörper-DGM, Querprofilpläne und Absteck-Punkte abgeleitet (Mengenberechnung und Vorgaben für den Baubetrieb)

2D-Darstellung:

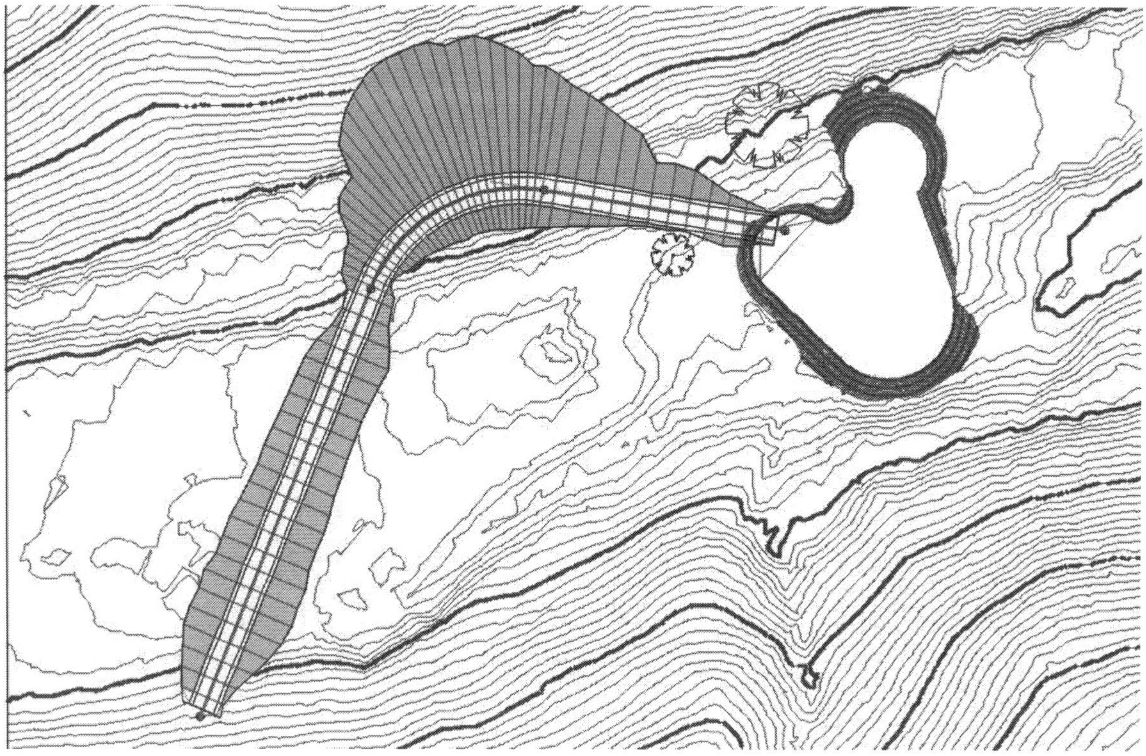

3D-Darstellung:

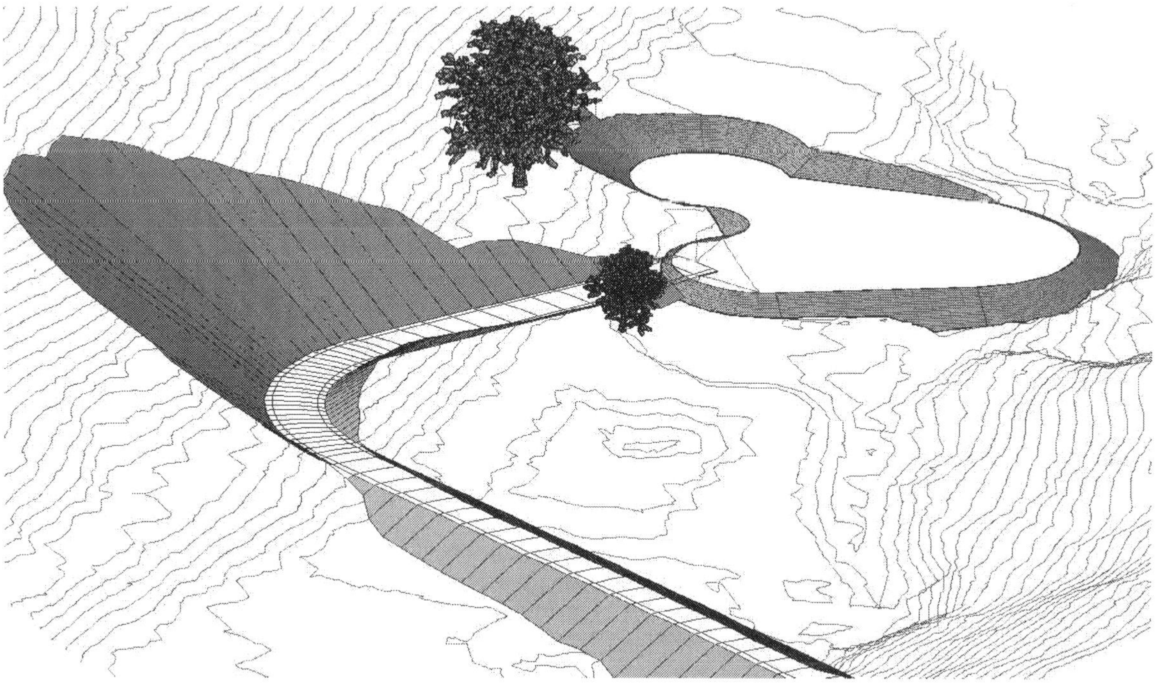

Querprofilplan:

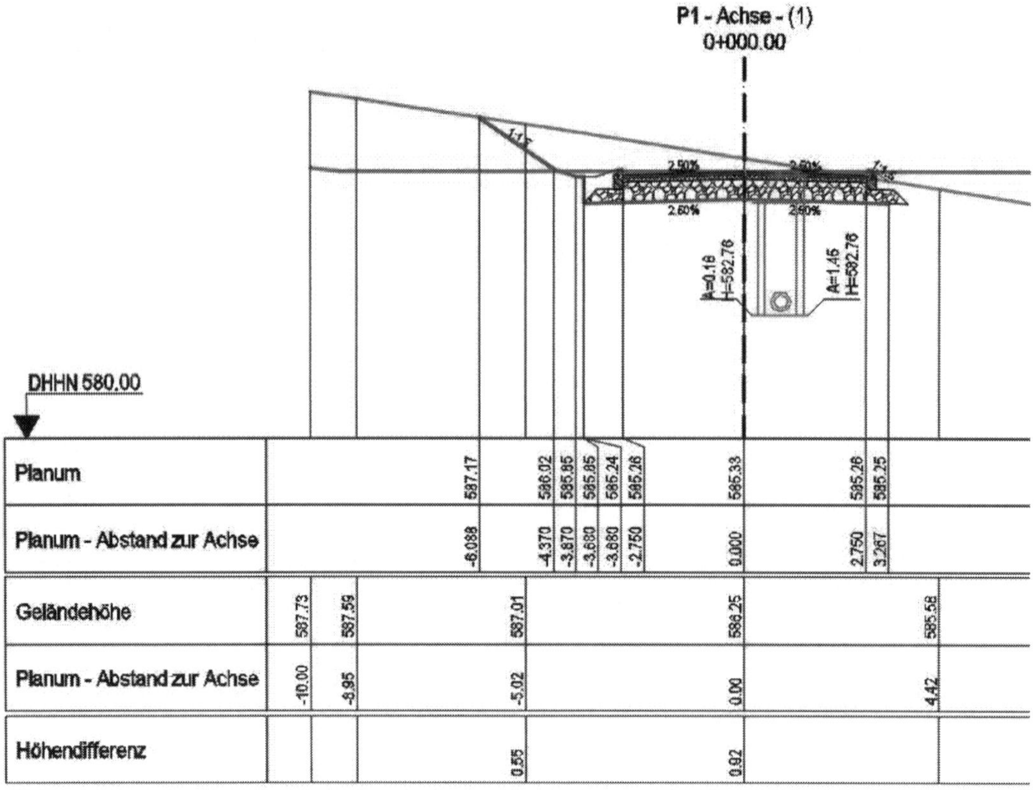

Im 6. Kapitel wird die Zufahrts-Straße („Langgestreckte Baukörper“) zur Flächen-Konstruktion erstellt („Unregelmäßige Baukörper“, Materiallagerfläche).

5.3.2 Elementkante, Basis für eine Verschneidung

Die vorgegebene Materiallagerfläche „Freifläche.dwg“ ist in die Zeichnung DGM-1, mit dem bereits erstelltem DGM „Oberfläche-2“ hinein zu kopieren.

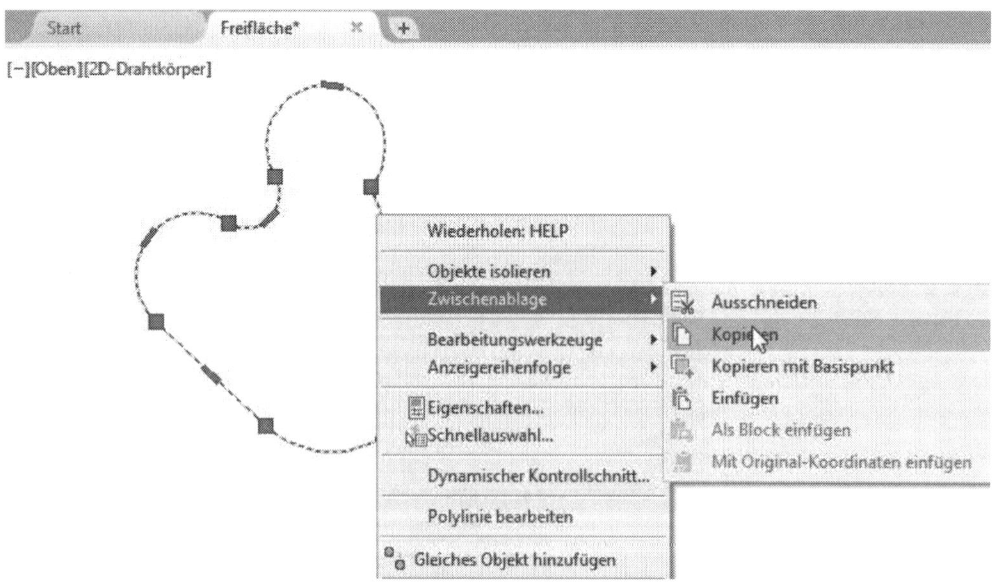

Die Funktionen „Kopieren“ und „Einfügen mit Originalkoordinaten“ sind klassische AutoCAD-Funktionen und werden deshalb hier nicht näher erläutert.

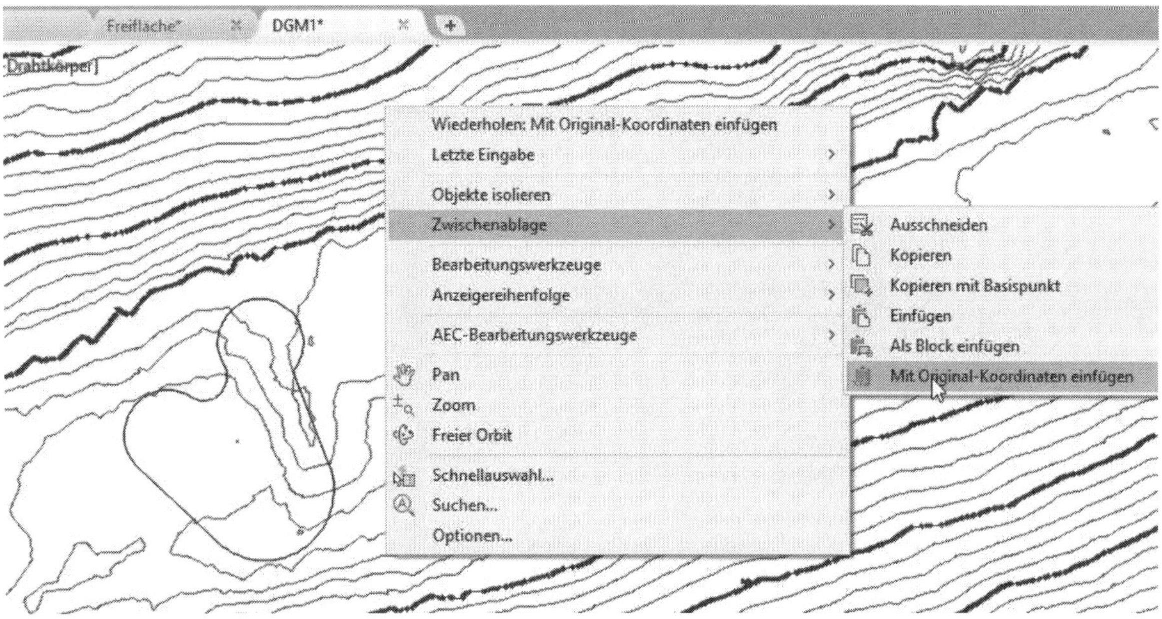

Die Polylinie stellt die Grund-Fläche der „Materiallagerfläche“ dar. An der Kante wird sich die Böschung (1:1 und 1:3) zum DGM hin entwickeln. Die Tool-Tipps zeigen im Bereich der Freifläche eine Höhe von ca. 385m an.

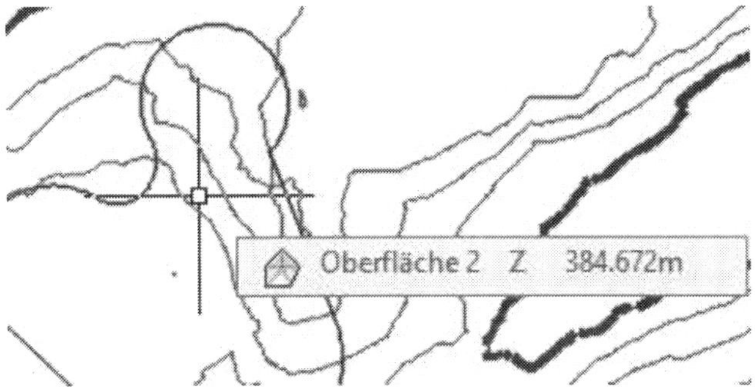

Die Höhe von 385m wird als vorläufige Ausgangssituation angenommen.

Die Kante der Fläche liegt noch als „Polylinie“ vor. Eine „Polylinie“ ist in diesem Funktionsumfang nicht verwendbar. Die Umgrenzung muss als „Elementkante“ vorliegen. Die Funktion „Verschneidung („Böschungskonstruktion“) braucht als Basis-Linien-Typ eine „Elementkante“.

Die vorliegende Polylinie kann mit dem Befehl „Elementkante aus Objekt erstellen“ in eine Elementkante umgewandelt werden. Der Befehl „Elementkante aus Objekt erstellen“ wird ausgeführt. Es öffnet sich die Maske „Elementkante erstellen“.

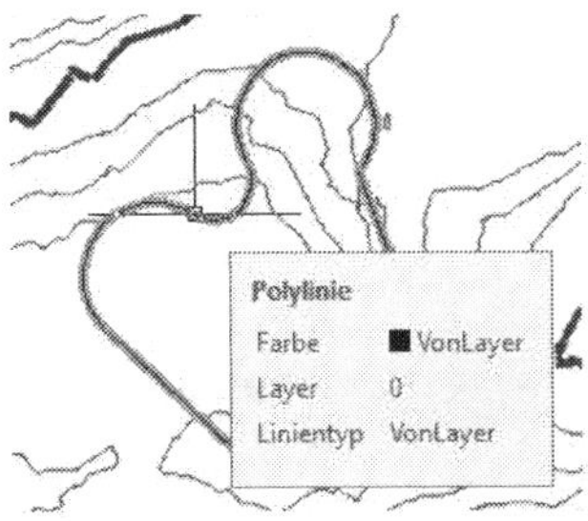

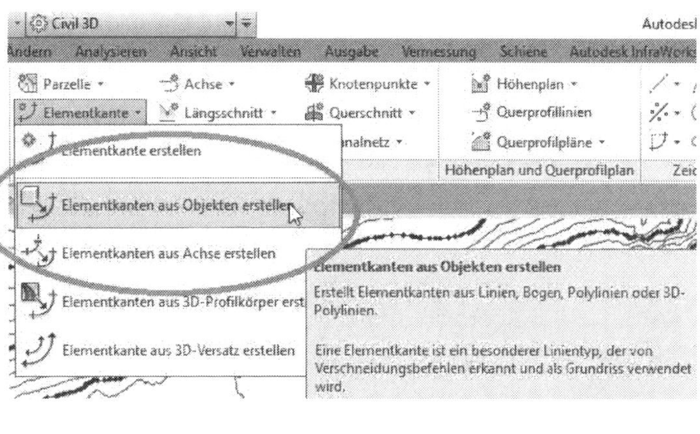

Hinweis:

Viele Elementkanten-Befehle oder Funktionen werden in diesem Kapitel und in den Bildern gezeigt, jedoch nicht näher erläutert.

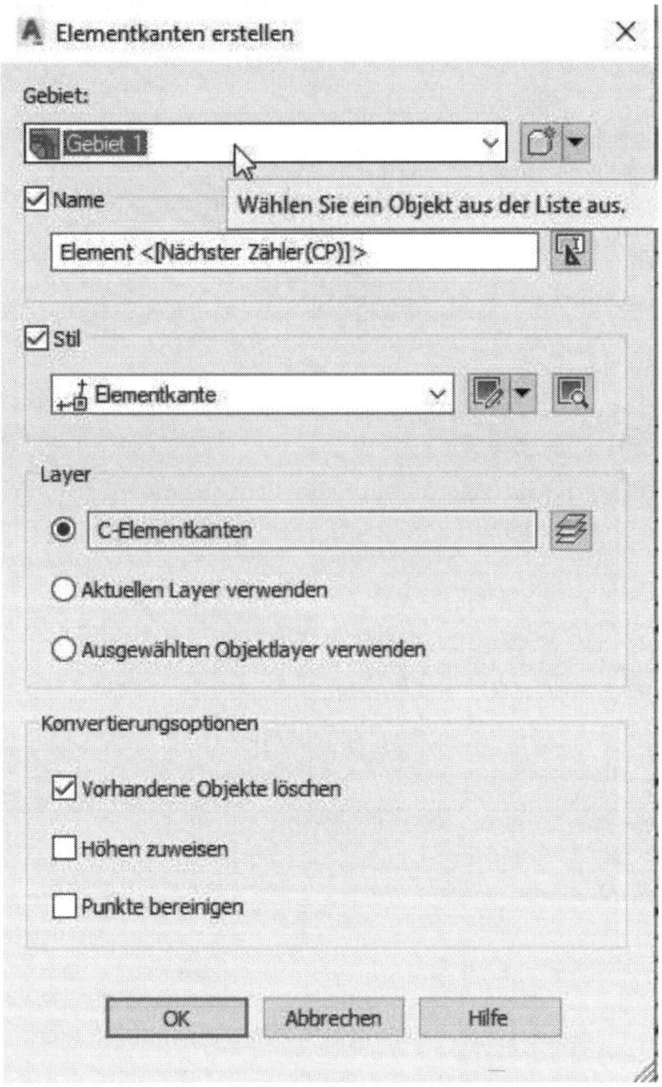

Eine Erläuterung folgt in einem der späteren Abschnitte dieses Kapitels „Eigenschaften von Elementkanten“.

- Gebiet: „Gebiet1“
  - Die Gebiets-Zuordnung ist für den folgenden Arbeitsschritt (Verschneidung erstellen) eine wichtige Funktion. Die „Elementkante“ (Umgrenzung der Fläche) und die anschließende „Verschneidung“ müssen zu ein und demselben Gebiet gehören!
- Name: Der vorgegebene Name „Element <[Nächster Zähler}> bleibt. Das bedeutet, die Elementkante bekommt den Namen „Element 1“ solange diese als einzige im Gebiet 1 liegt. Jede weitere Elementkante wird fortlaufend gezählt.
- Stil (Darstellungs-Stil): Für das Beispiel empfehle ich auf den Stil „Böschungsfuß“ zu wechseln. Der Stil Böschungsfuß hat die Farbe „30“. Das heißt der „Farbwechsel“ (schwarz/weiß auf „30“) wird den Zeitpunkt anzeigen, ab dem aus der Polylinie eine Elementkante entstanden ist.

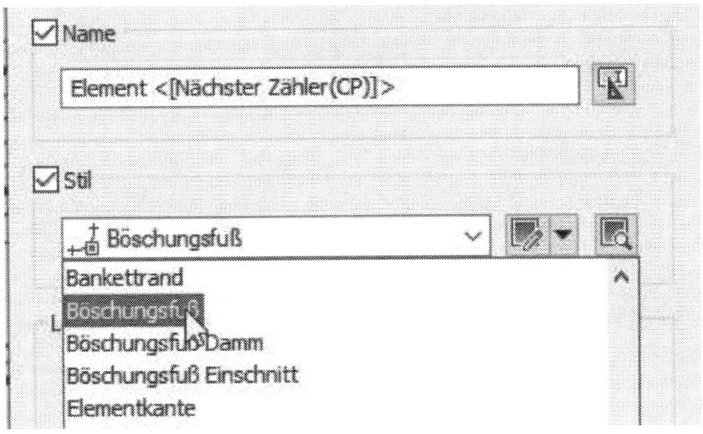

Hinweis:

Der folgende Hinweis soll nur die Farbe „30“ des Elementkanten-Stils „Böschungsfuß“ zeigen.

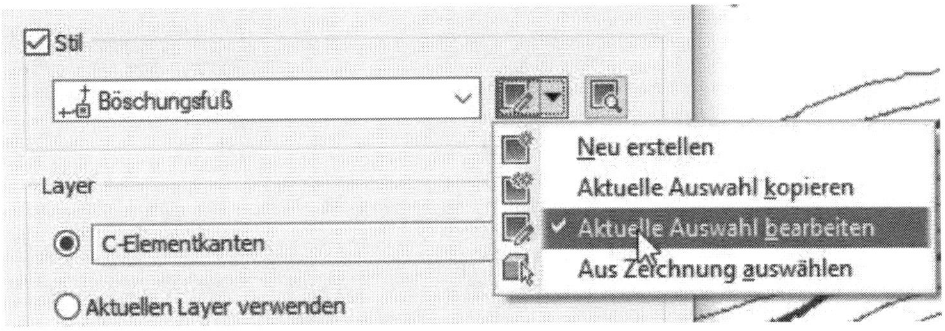

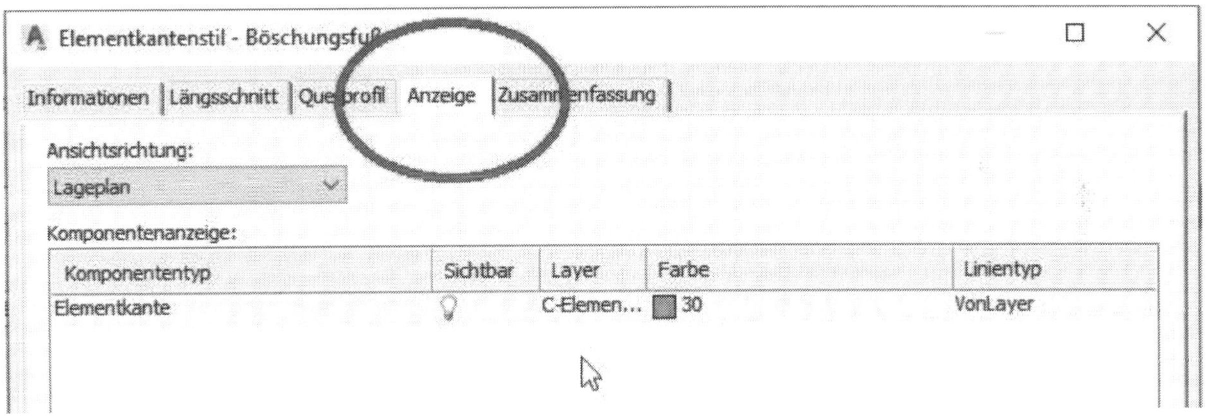

- Layer: Der Layer bleibt wie vorgegeben (entspricht der Objekt-Layer-Vorgabe, 2.Kapitel).
- Konvertierungsoptionen:
  - Als Bestandteil der Übung empfehle ich die Option „Vorhandene Objekte Löschen“ aktiviert zu lassen. Das heißt mit der erstellten Elementkante ist die Polylinie gelöscht. Optional könnte die Polylinie Bestandteil des Projektes bleiben.
  - Die Konstruktion soll vorerst an der Höhe 385m erfolgen. Mit dem Aktivieren der Option „Höhen zuweisen“ wird anschließend automatisch eine Maske geöffnet, die den Höheneintrag zulässt. Für den Eintrag der Höhen werden mehrere Optionen angeboten. Die Höhen-Vorgabe, und die späteren Bearbeitungsoption für Höhen, sind die wichtigsten Funktionen einer Elementkante (Abschnitt: „Eigenschaften von Elementkanten“).

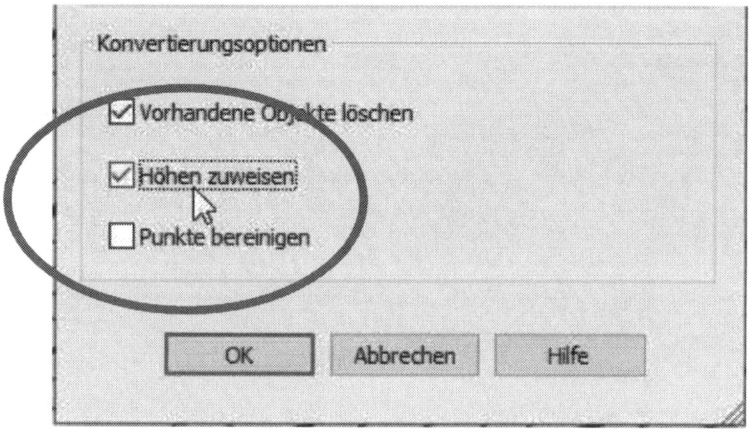

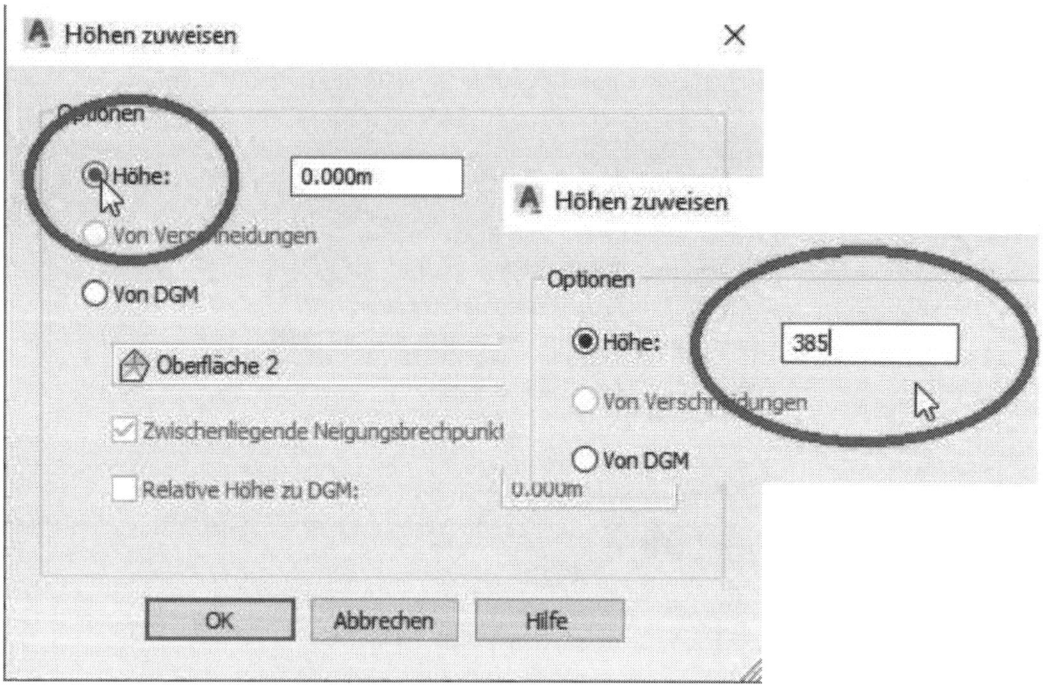

Die Elementkante als Basis der nächsten Funktion „Verschneidung“ ist erstellt. Der Farbwechsel zeigt an, es gibt keine Polylinie mehr, sondern eine Elementkante!

Wird die Elementkante angepickt, so bietet Autodesk ein umfangreiches Kontext-Menü. Besonders wichtig bei Elementkanten, Elementkanten haben „Stützpunkte“, „Höhenpunkte“ und den „Höheneditor“ (Abschnitt: Eigenschaften von Elementkanten). Im Höheneditor sind alle Höhen der Elementkante dokumentiert und bearbeitbar.

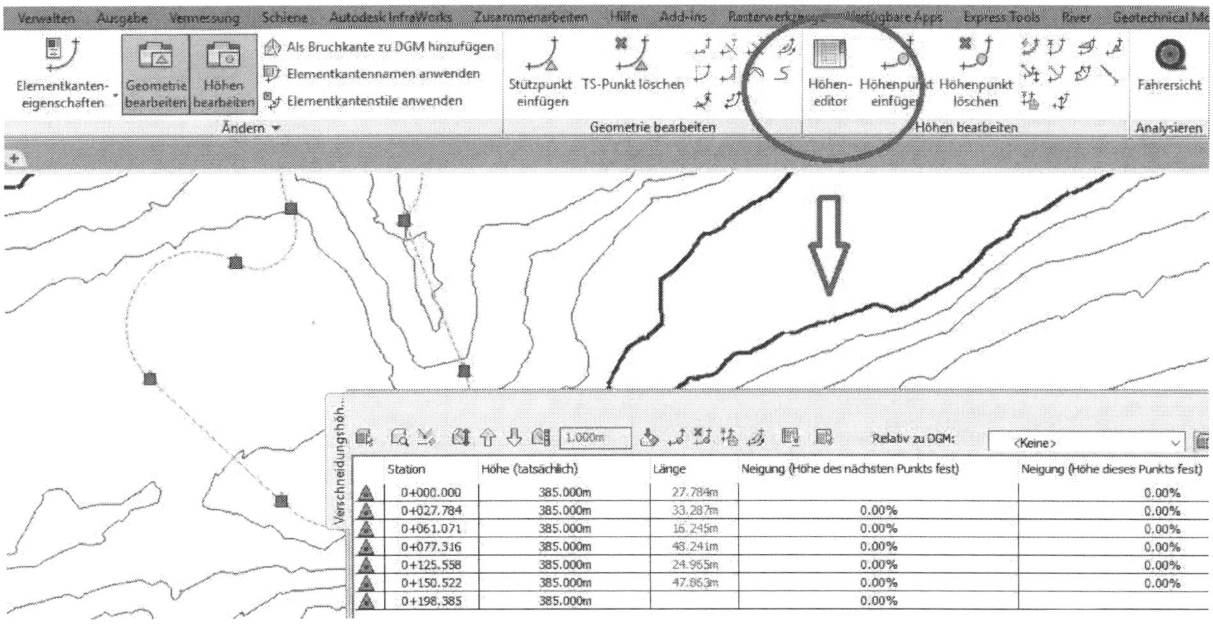

Die Elementkante ist die Ausgangssituation für die Verschneidung (Böschungskonstruktion).

5.3.3 Verschneidung

Die Funktion „Werkzeuge zum Erstellen von Verschneidungen“ wird gestartet.

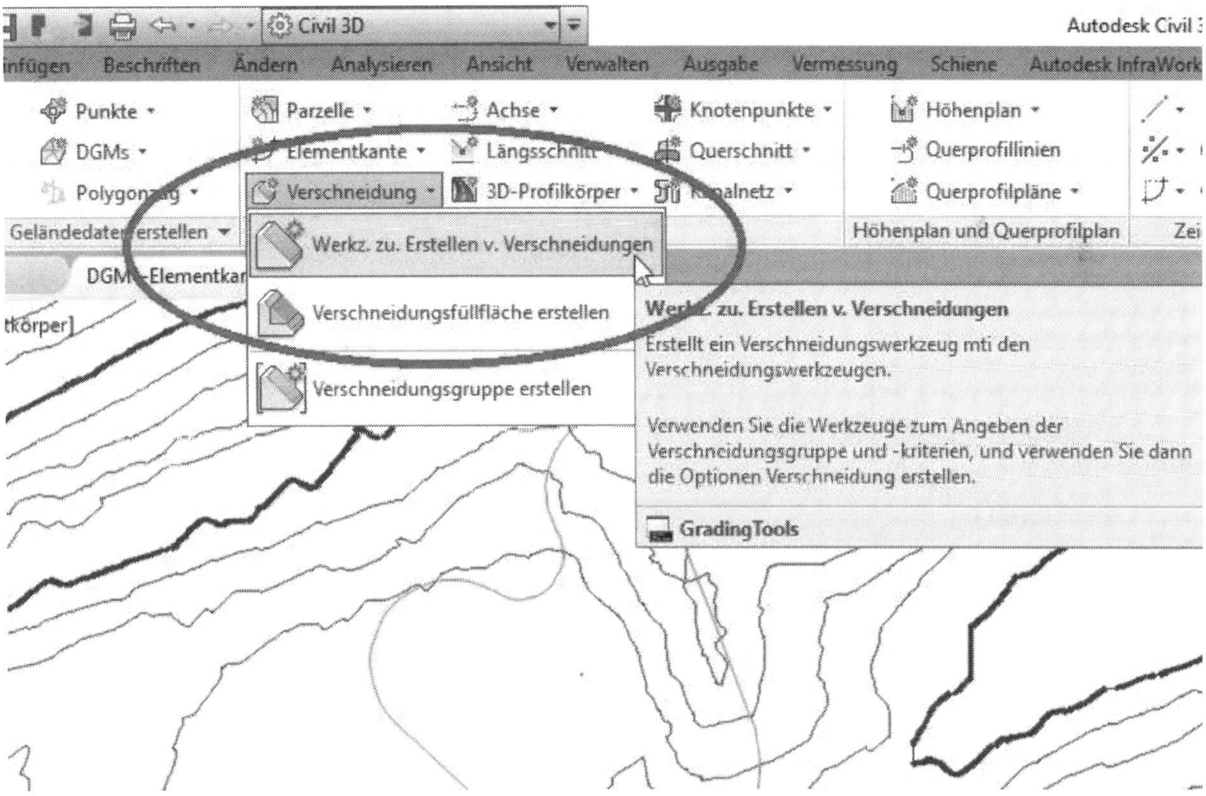

Hinweis:

Für diese Funktion oder den Begriff würde sich auch die Bezeichnung „Böschungskonstruktion“ anbieten. Die hier vorgestellte Funktion „Verschneidung“ ist eine Böschungs-Flächen-Funktion, oder -Konstruktion. In der Übung wir nur eine Böschung (Verschneidung) zum DGM „Oberfläche-2“ erstellt. Für die Praxis stehen weitere Befehle zur Verfügung. Es können Verschneidungen (Böschungen) konstruiert werden auf vorgegebene „Höhen-Differenz“, „absolute Höhe“ (mü.NN), Böschungs-Konstruktion mit „Breite und Neigung“ oder Böschung- zum DGM. Resultat der Funktion „Verschneidung“ ist immer eine 3D-Fläche im Raum jedoch noch kein DGM!

In einem der nachfolgenden Abschnitte dieses Kapitels („Eigenschaften von Verschneidungen“) werden die Verschneidungs-Befehle und Befehls-Optionen näher beschrieben.

Zweiter Schritt der Funktion ist das Einrichten der Verschneidungsgruppe.

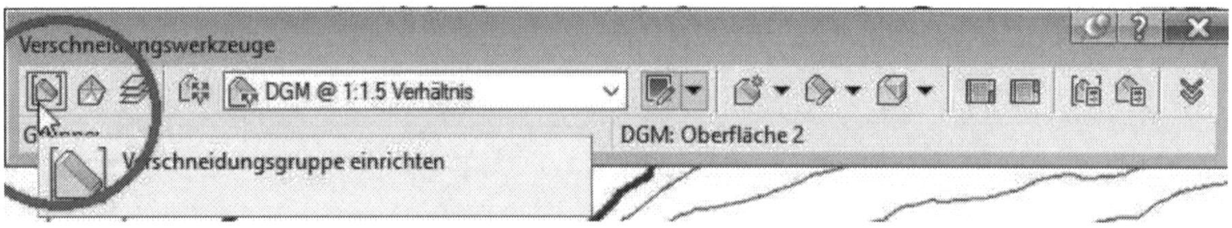

Als Verschneidungs-Gruppen-Name wird der Name „Böschung“ empfohlen. Optional kann aus der Verschneidung sofort ein DGM abgeleitet sein. Diese Option wird im Beispiel gewählt. Im Bild werden Einstellungs-Optionen von ein- der derselben Maske gezeigt.

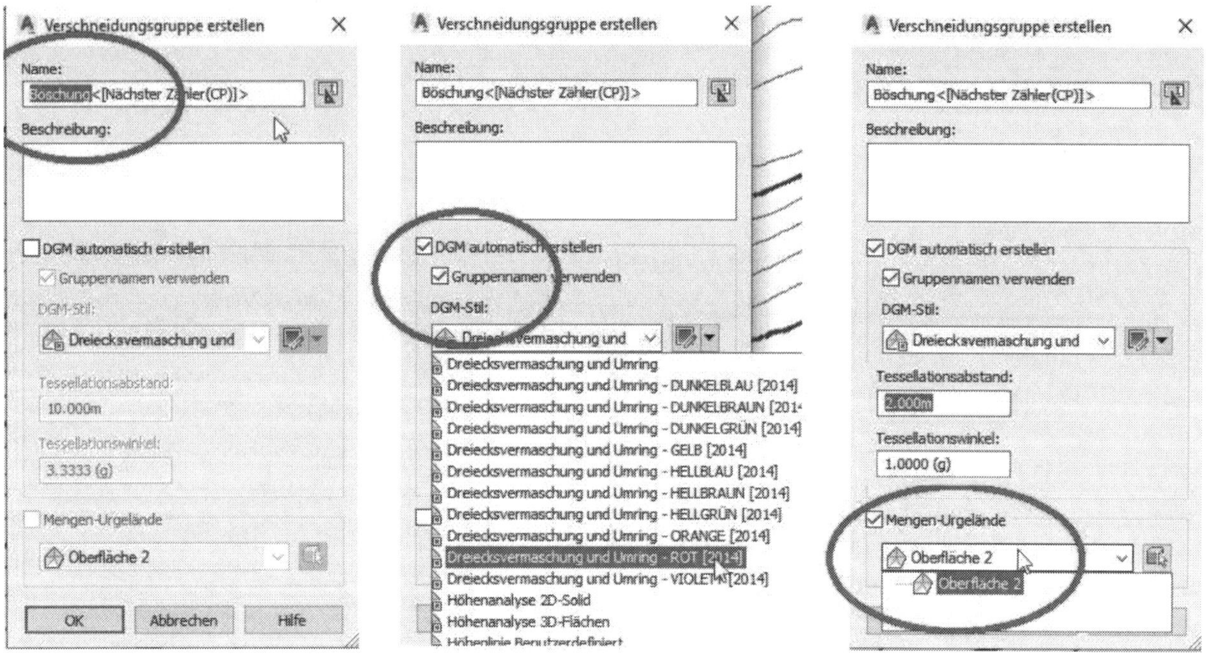

„Tesselationsabstand“ und „Tesselationswinkel“ sind Parameter, die für die Berechnung bzw. Genauigkeit des später aus der Verschneidung resultierenden DGMs verantwortlich sind. Für das Beispiel werden die Werte „2“ (Abstand) und „1“ (Winkel) empfohlen.

Für die Verschneidungsberechnung (Böschungsberechnung) ist ein „Ziel-DGM“ anzugeben. Mit dem Aktivieren der Funktion DGM automatisch erstellen, wird nach dem Einrichten der Verschneidungsgruppe eine weitere Maske geöffnet, die auffordert einen Namen für das aus der Verschneidung resultierende DGM zu vergeben.

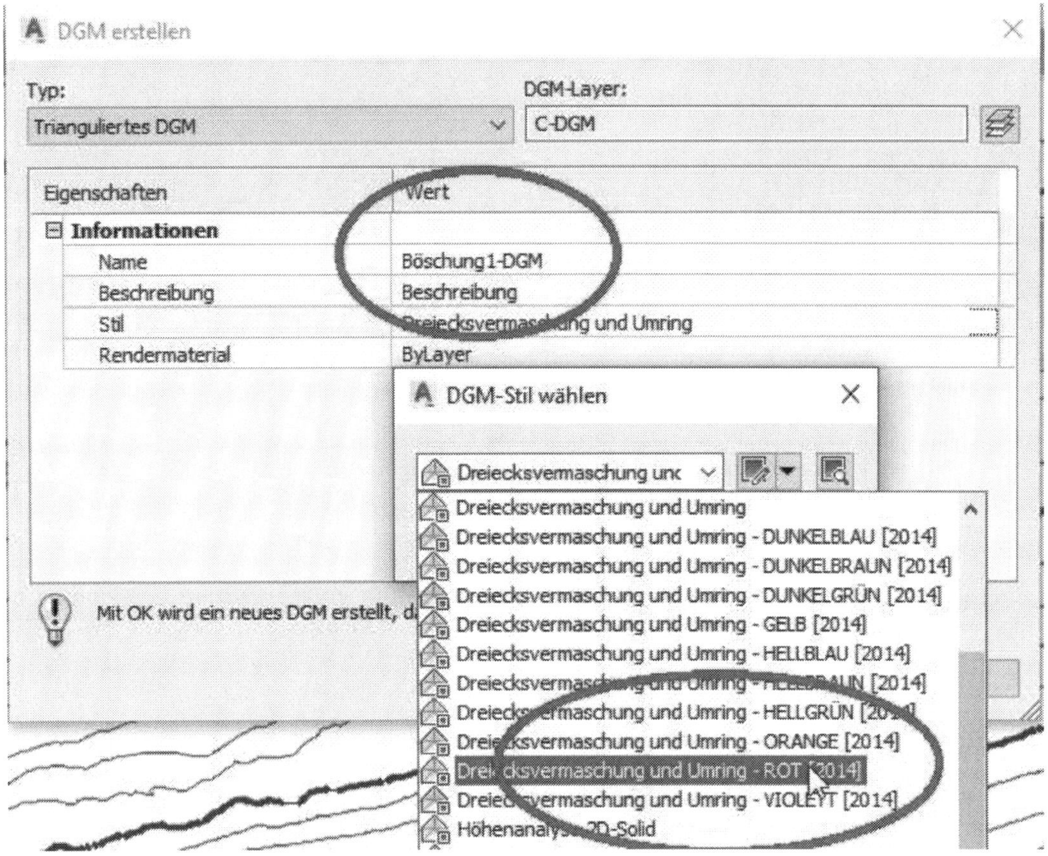

Als Name wird vorgeschlagen, den Verschneidungsgruppen-Namen „Böschung 1" um den Begriff „-DGM" zu erweitern. Damit wird später im Projektbrowser verständlicher, wo die Verschneidung – und wo das Verschneidung-DGM im Projektbrowser zu sehen ist, um eventuell Eigenschaften zielgerichtet zu ändern.

Die Darstellungseigenschaft (Stil) für das Verschneidungs-DGM wird auf „Dreiecksvermaschung und Umring ROT" gestellt. So ist Verschneidung mit der voreigestellten grünen - und braunen Böschungsschraffur (Auf- und Abtrag) deutlich vom Verschneidungs-DGM zu unterscheiden.

5.3.4 Verschneidungs-Befehle

Nach der Verschneidungs-Gruppendefinition wird der Verschneidungs-Befehl gewählt. Die Befehle DGM@1:3 – und DGM@1:1 Verhaltnis sind bereits vorhanden und werden nacheinander als Bestandteil der folgenden Funktionen gewählt.

Hinweis:

Befehle die „Zahlen" beinhalten haben durch Autodesk gesetzte Einstellungen oder Optionen, die nicht unbedingt logisch zu erklären sind. Diese Optionen sind änderbar. Nähere Erläuterungen bietet der Abschnitt „Eigenschaften von Verschneidungen".

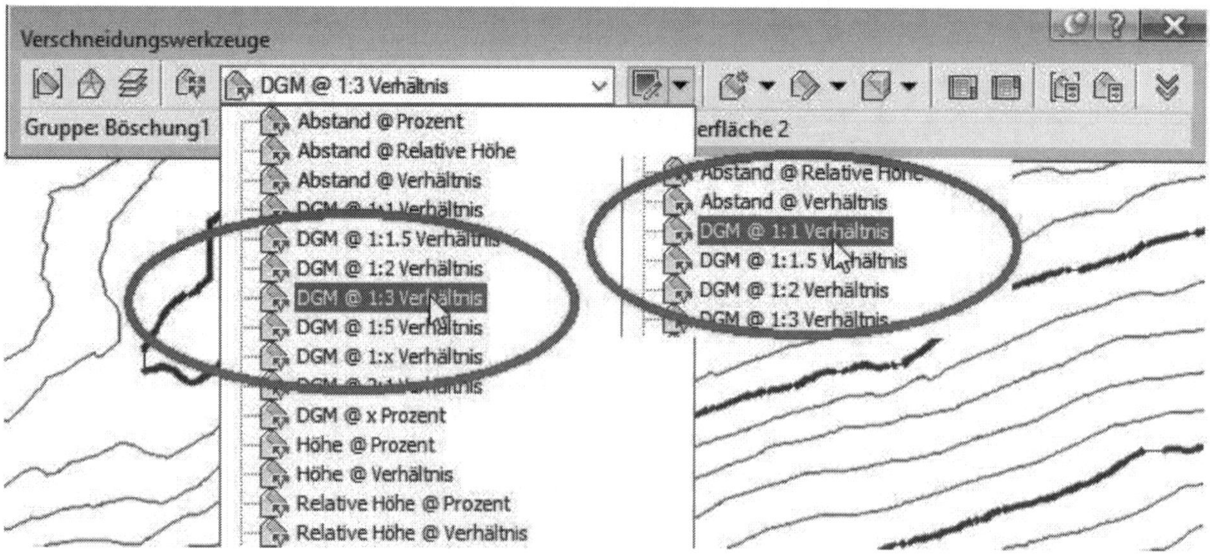

Zuerst wird der Befehl „DGM 1:3 Verschneidung“ gewählt und der Befehl „Verschneidung erstellen“ gestartet.

Der Befehl „Verschneidung erstellen“ verlangt das „Picken“ der erstellten Elementkante.

Das ist die Basis-Linie für die Verschneidung oder Böschung.

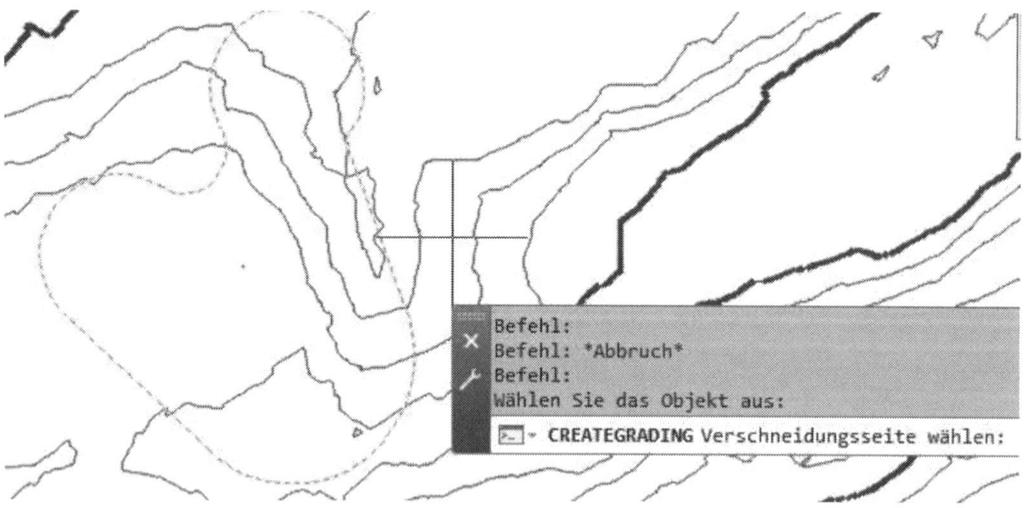

Anschließend ist die Seite zu wählen, auf der die Böschung (Verschneidung) zu erstellen ist. In unserem Fall ist das „außerhalb“ der Materiallagerfläche oder Elementkante.

Die Funktion bietet an, die Verschneidung (Böschung) auf der gesamten Länge- oder nur in einzelnen Bereichen zu erstellen.

Da im Beispiel für Auf- und Abtrag unterschiedliche Neigungen zu verwenden sind, wird die Option „Nein" gewählt.

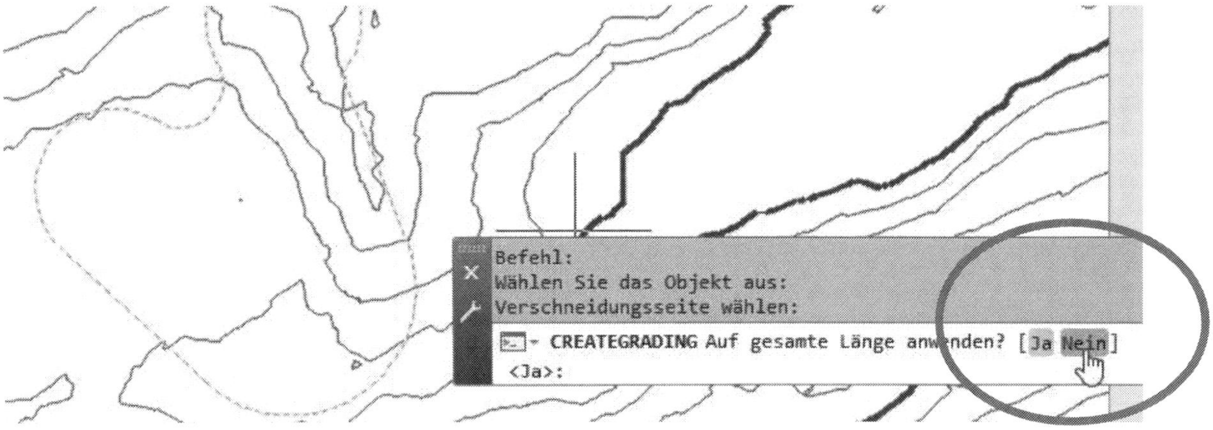

Die Bereiche für Auftrag und später Abtrag werden zuerst eng begrenzt gepickt (eng begrenzt festgelegt). Die Bereiche werden später manuell verändert, um so die vorliegende Situation zu erkennen. Um zu erkennen, wo Auftrag in Abtrag wechselt und umgekehrt.

Anfang „Auftrag":

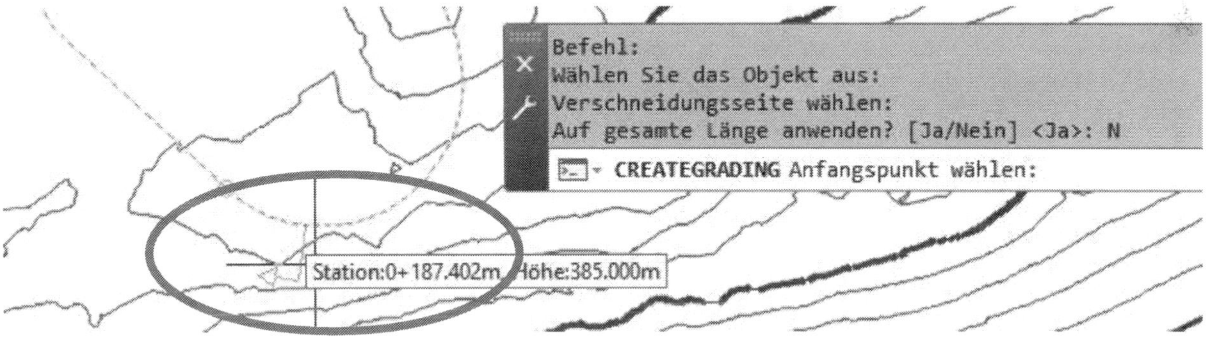

Bestätigung der Station (Enter):

Ende Auftrag:

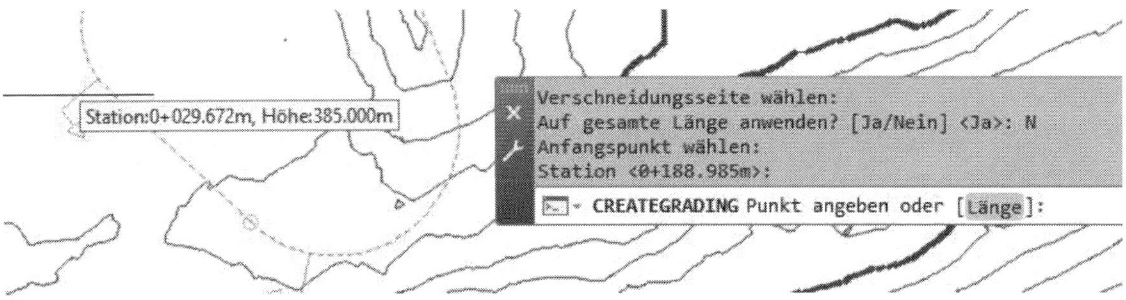

Bestätigung der Station (Enter):

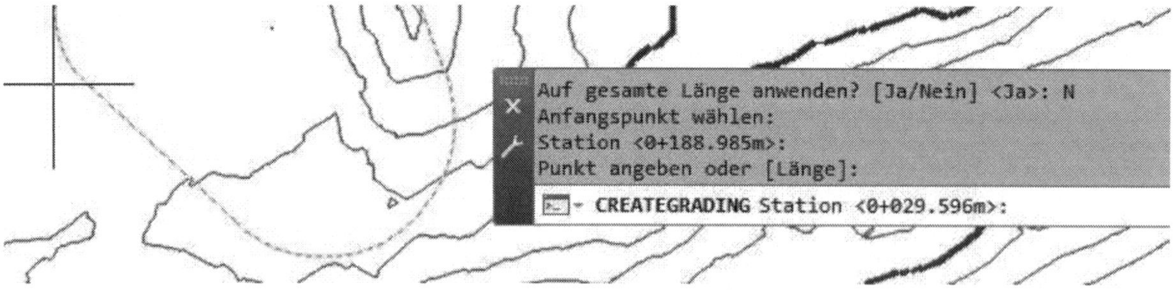

Die Auftrags-Verschneidung (Böschung) ist erstellt (grüne Böschungsschraffur).

Gleichzeitig ist aus der Verschneidung ein Verschneidungs-DGM abgeleitet worden (rote Dreiecke).

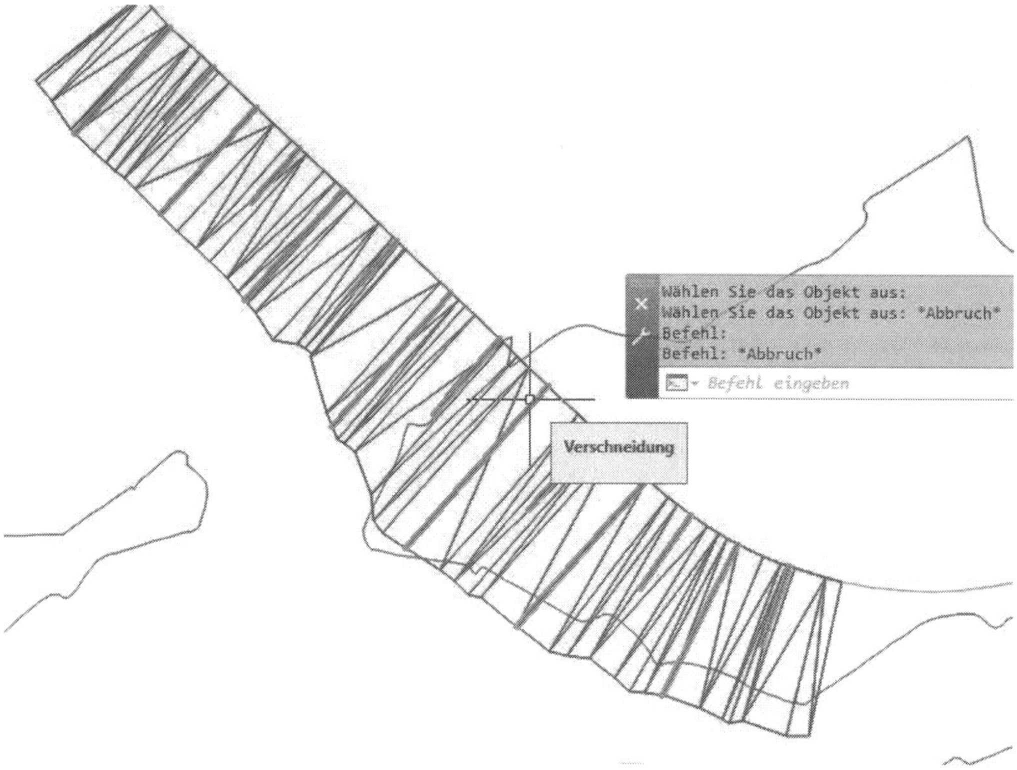

Es wird für den Abtrags Bereich der Verschneidungs-Parameter gewählt (DGM@1:1 Verhältnis) und erneut die Funktion „Verschneidung erstellen“ gestartet.

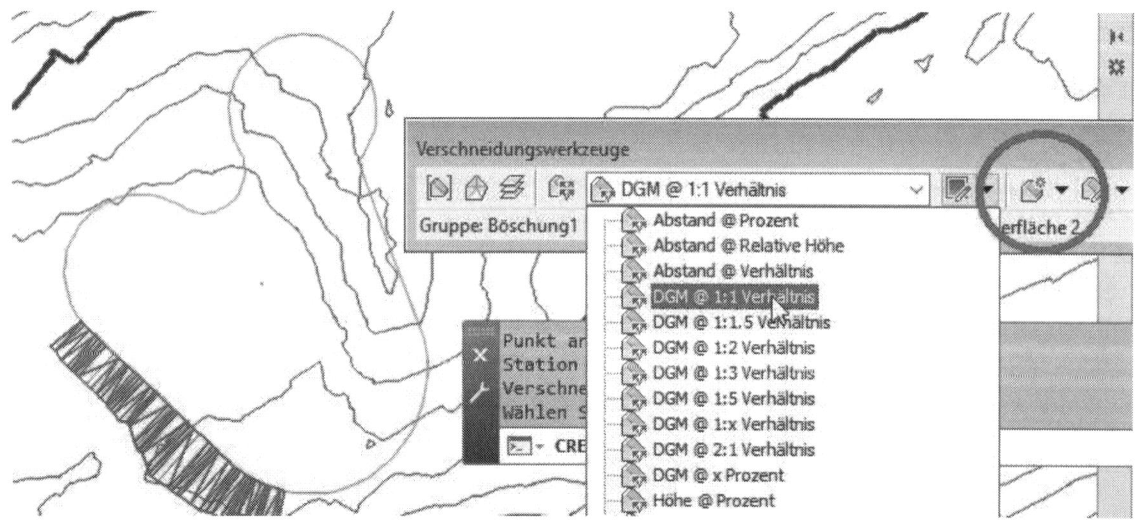

Innerhalb der Materiallagerfläche (Elementkante) wird in dem Bereich, in dem mit Sicherheit eine Abtrags Böschung zu erwarten ist, die Verschneidungsseite, Anfang und Ende der Böschung gepickt (festgelegt).

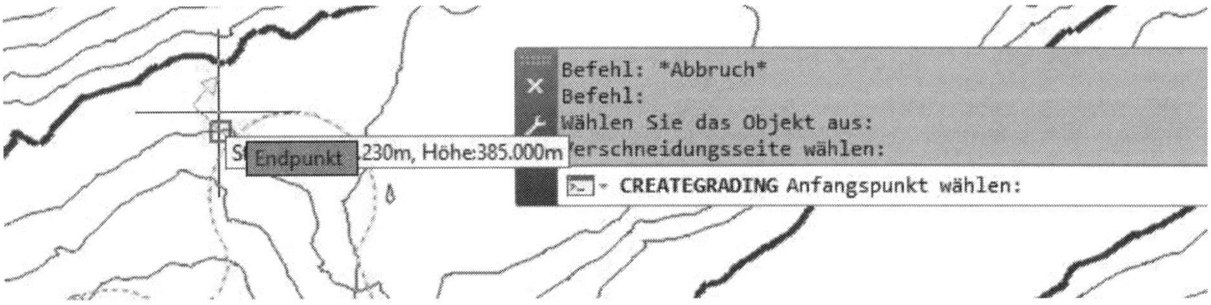

Jeweils nach dem „Picken“ ist mit „Enter“ der Stationswert zu bestätigen.

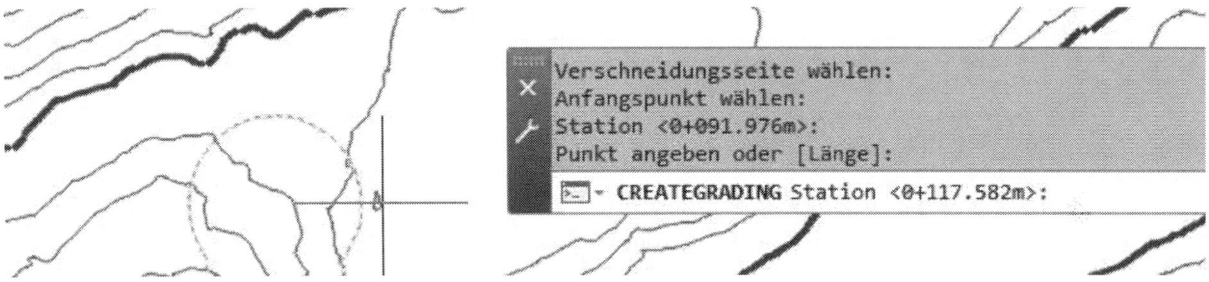

Die Abtrags-Böschung (Verschneidung) ist erstellt.

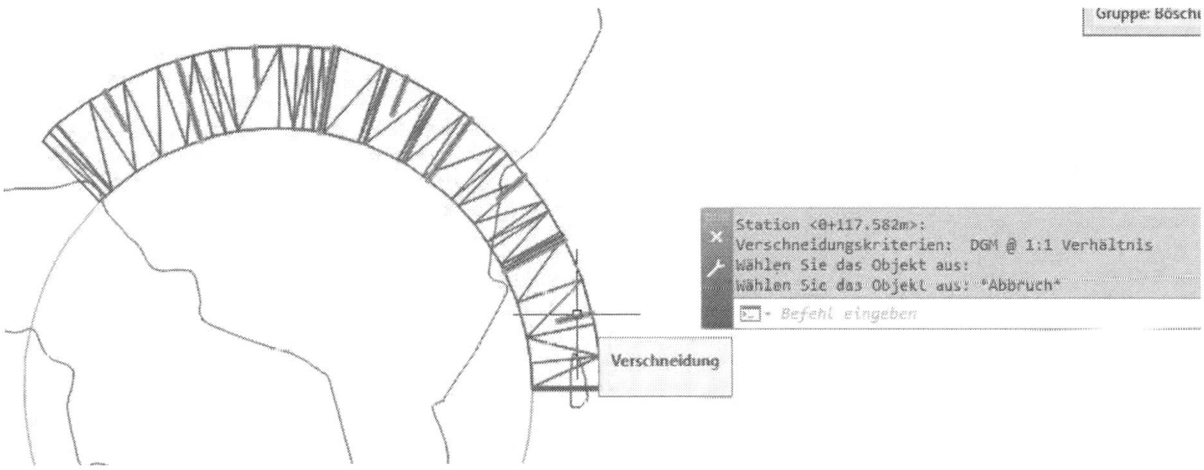

Für die folgenden Arbeitsschritte ist es gut die Verschneidung deutlicher zu erkennen (Böschungs-Schraffur). Aus diesem Grund wird das aus der Verschneidung resultierende DGM in den „DGM-Eigenschaften“ auf den Darstellungs-Stil „Umring“ gesetzt.

Jetzt ist deutlich erkennbar, dass die jeweilige Böschung am Rand (Ende) eine bearbeitbare Linie besitzt (blauer „Raute-Gripp“). Diese End-Linie (neue Elementkante) ist „an fassbar“ und kann an eine neue Position verschoben werden.

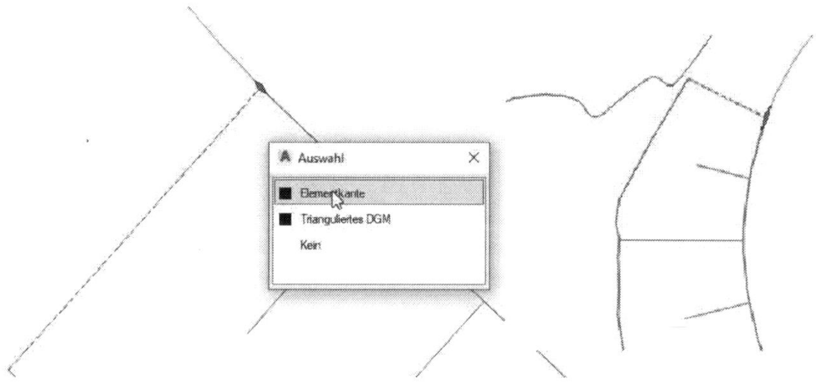

Verschneidung-Rand („Raute-Gripp“) oder Basis-Elementkante („Quadrat-Gripp“) alle Bereiche der Konstruktion sind bearbeitbar.

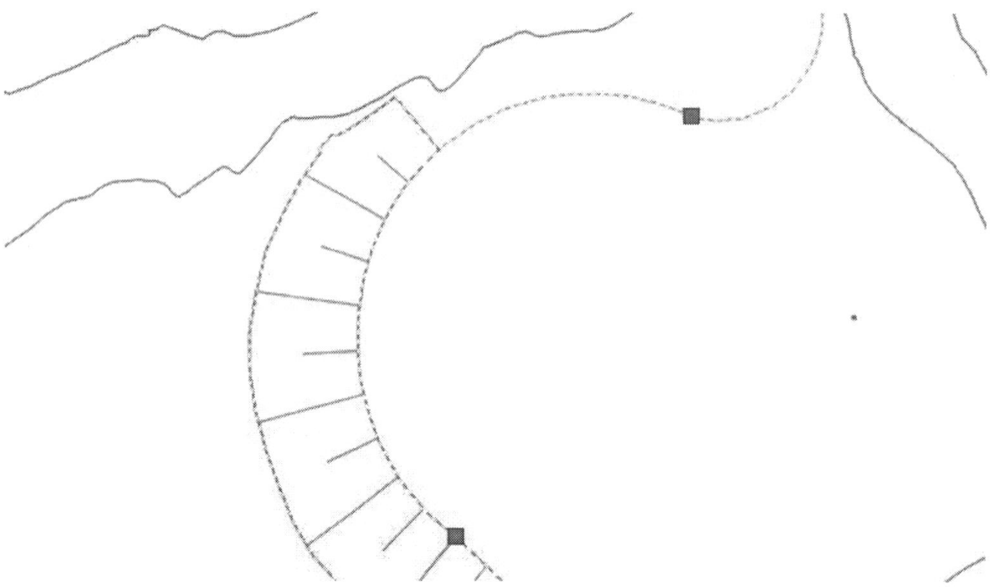

Die Verschneidung wird, manuell Schritt für Schritt, in Richtung Übergang Auftrag-Abtrag geschoben (blauer „Raute-Gripp") aber nicht geschlossen. Der Übergang zwischen den unterschiedlichen Neigungen 1:1 und 1:3 muss berechnet werden. Dafür gibt es den Befehl „Übergang erstellen".

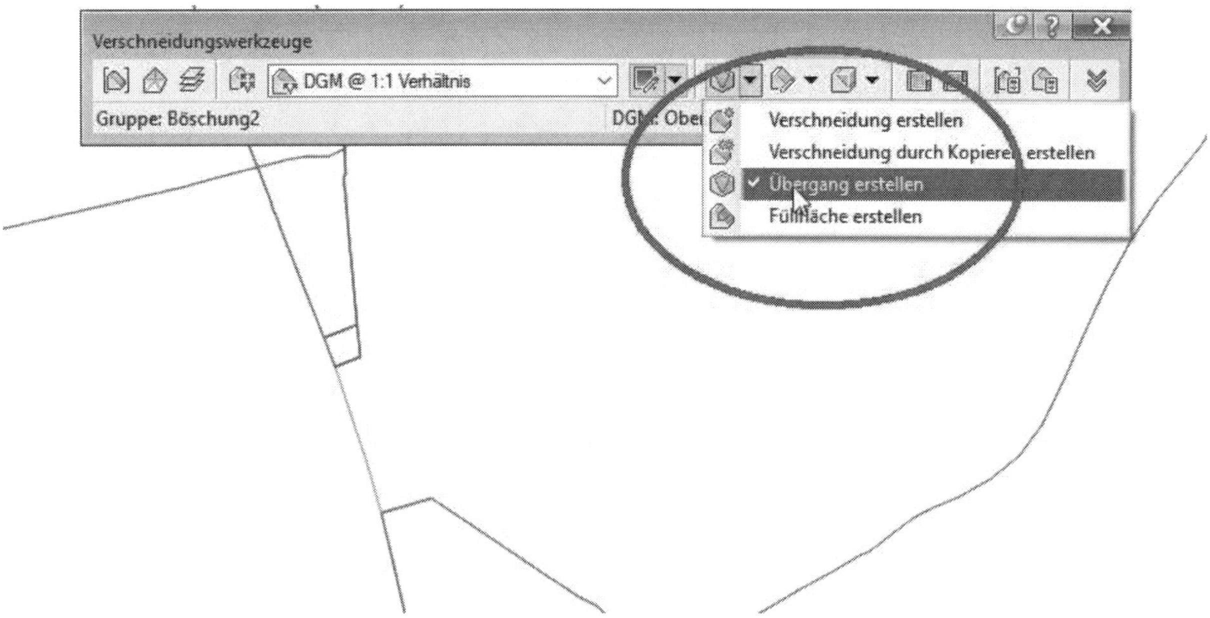

Dieser Befehl verlangt den noch freien Bereich der Basis-Elementkante auszuwählen und anschießend in den freien Bereich, in dem die Übergangs-Böschung zu erstellen ist, zu wählen.

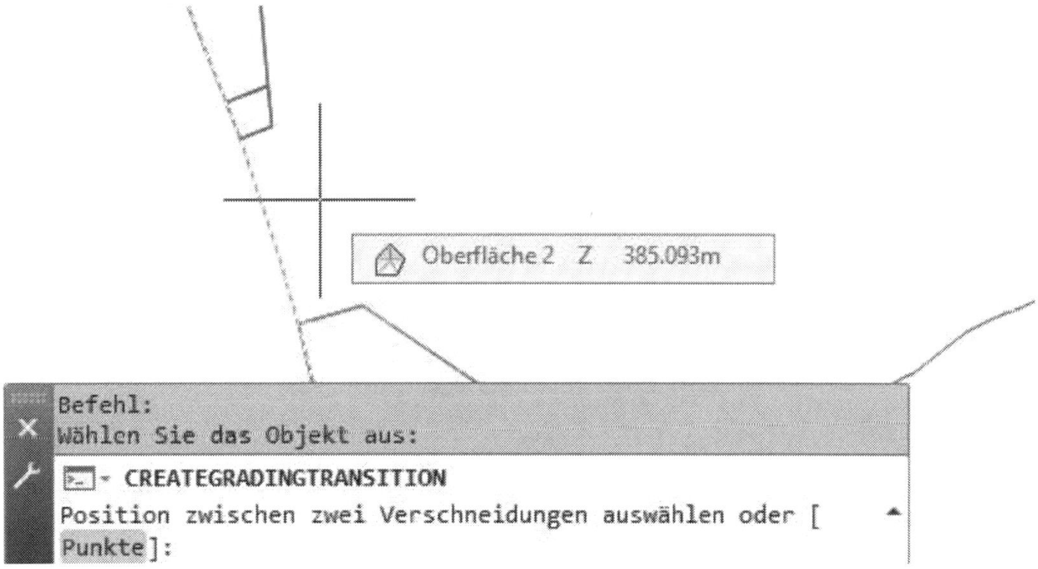

Die Übergangs-Böschung ist erstellt.

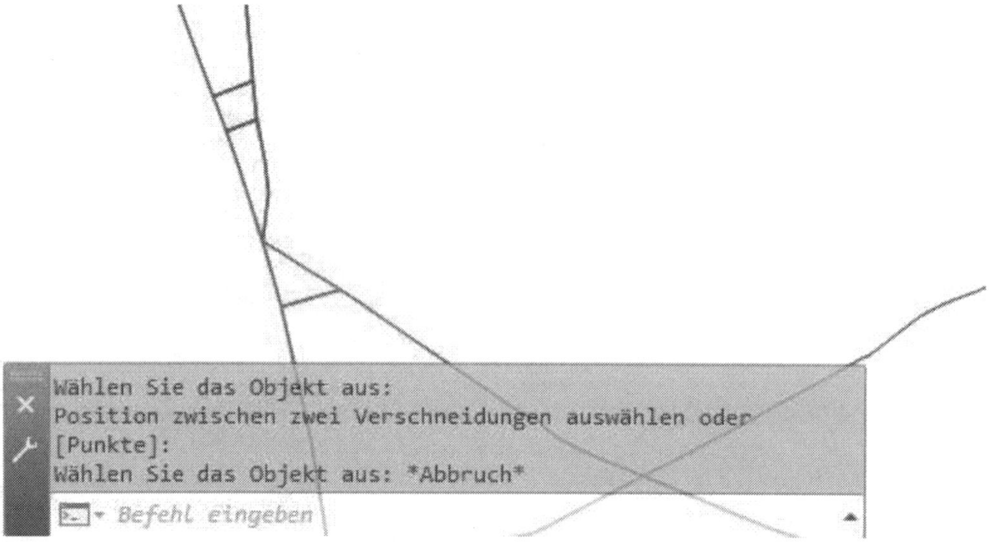

Da parallel zur Verschneidung (Böschungskonstruktion) ein Verschneidungs-DGM mitgeführt wurde (Darstellungsstil: „Umring“, im Moment im Bild nicht sichtbar) kann ein dynamischer Kontrollschnitt zur Kontrolle (3.Kapitel, DGM Kontrolle) mitgeführt sein.

Der Schnitt zeigt nur die Böschungen an?

Kontrollschnitt:

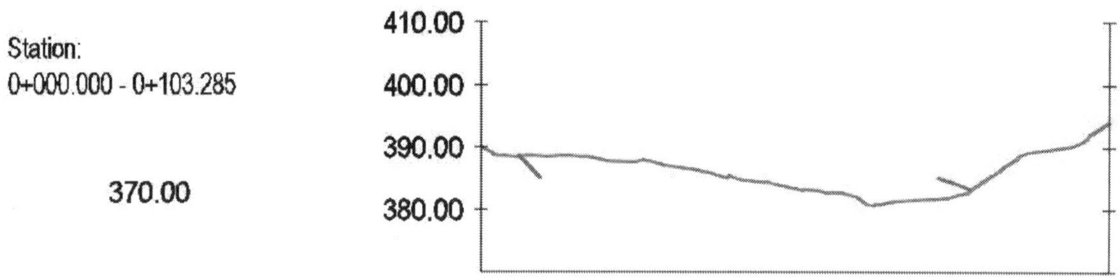

Bisher wurden mit den Verschneidungsbefehlen nur die „Böschung“ erstellt. Horizontale- oder nahezu horizontale Flächen sind mit dem Befehl „Füllflächen“ erstellen“ zu schließen.

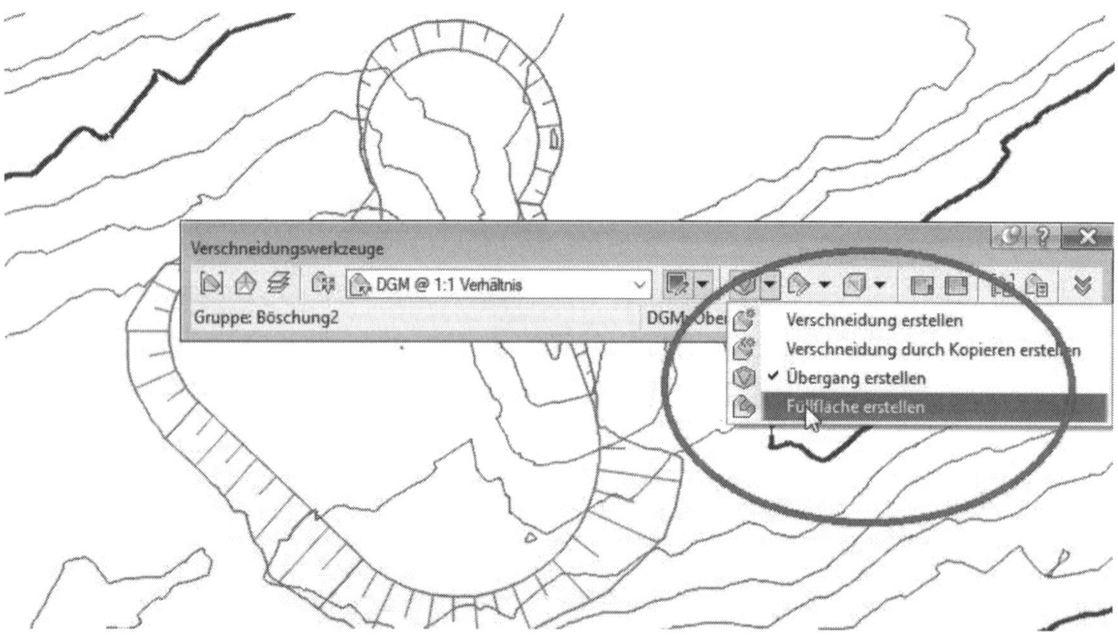

Wenn die Fläche geschlossen ist, liegt ein komplettes DGM vor.

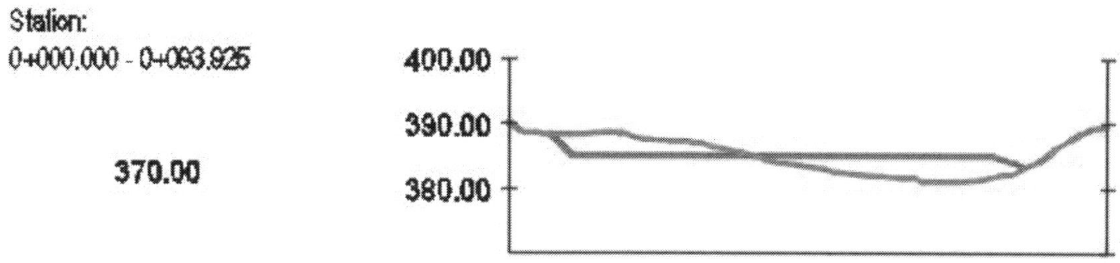

3D-Ansicht der bisherigen Konstruktion:

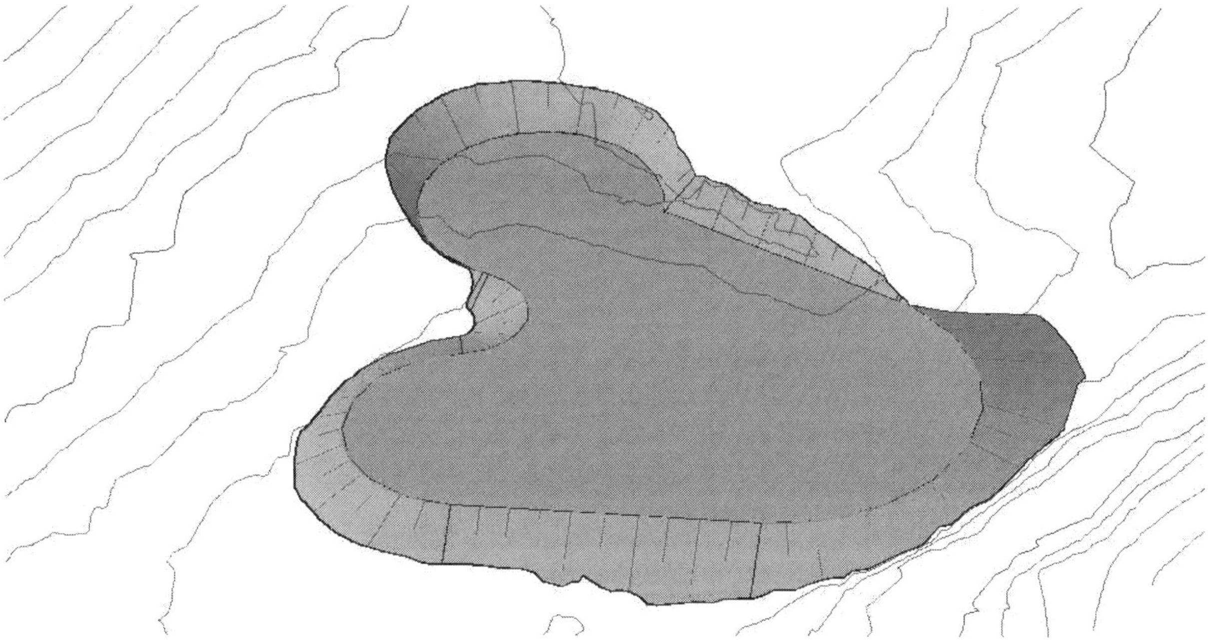

5.3.5 Verschneidungsmengen-Werkzeuge

In dieser Situation ist eine Mengenbestimmung möglich und sinnvoll (Massen in m^3). die Verschneidung kann unabhängig von den Funktionen der Karte Analyse eine Menge errechnen und parallel mitführen.

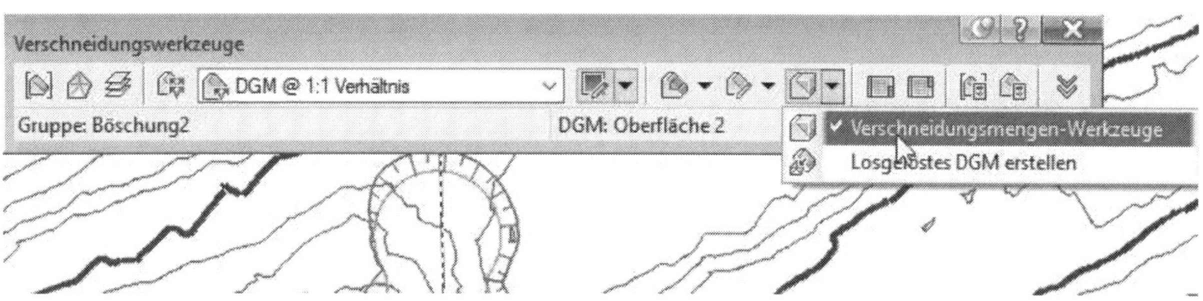

Auf- und Abtrag sind nicht ausgeglichen. Die Verschneidungsgruppe kann in Intervallen angehoben und abgesenkt werden (Funktionen in der Mitte).

Die Funktion am rechten Rand „Mengenausgleich“ kann die Höhe der Basis-Elementkante so variieren, dass Mengenausgleich entsteht.

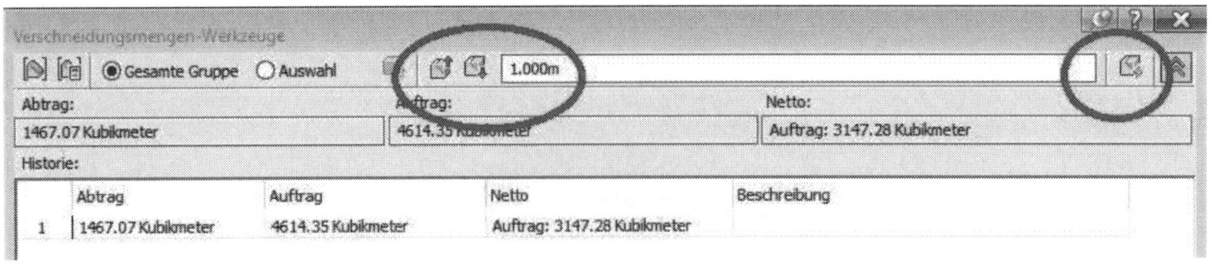

Hier ist wichtig zu wissen, es sollte der vorgegebene Wert „Null" nicht übernommen werden. Der Wert „Null" ist nicht empfehlenswert (Berechnung gegen unendlich).

Ich empfehle, in min. 3 Schritten, sich dem Mengenausgleich anzunähern. Die Annäherung erfolgt solange, bis der Wert der Höhenänderung unter 0.01 liegt (Spalte Beschreibung, kleiner als 1cm,)

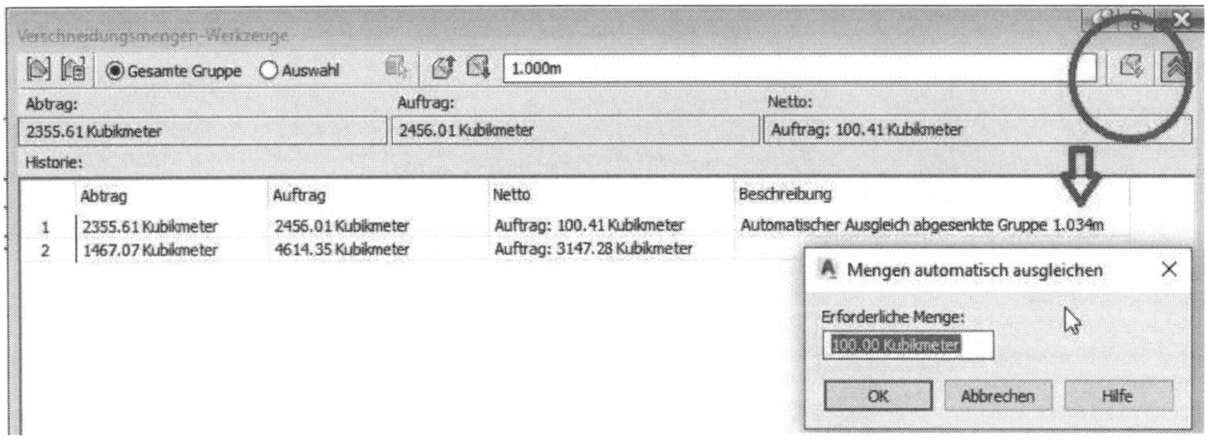

Die ausgeglichene Menge für Auftrag und für Abtrag beträgt ca. 2390m³.

Das heißt für die Materiallagerfläche sind insgesamt ca. 2390 m³ zu bewegen. Es ist aber kein Material abzufahren oder zusätzlich bereit zu stellen. In der Liste, Spalte „Beschreibungen" Bestandteil der „Verschneidungsmengen-Werkzeuge" sind die Höhenänderungen an der Basis-Elementkante dokumentiert.

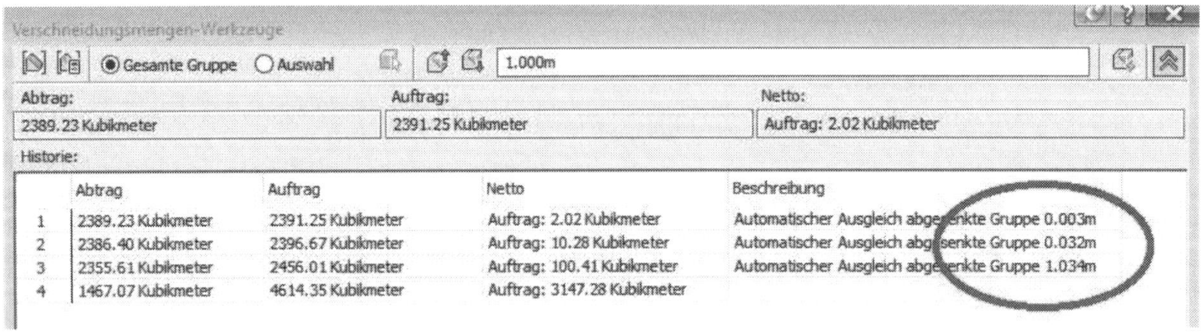

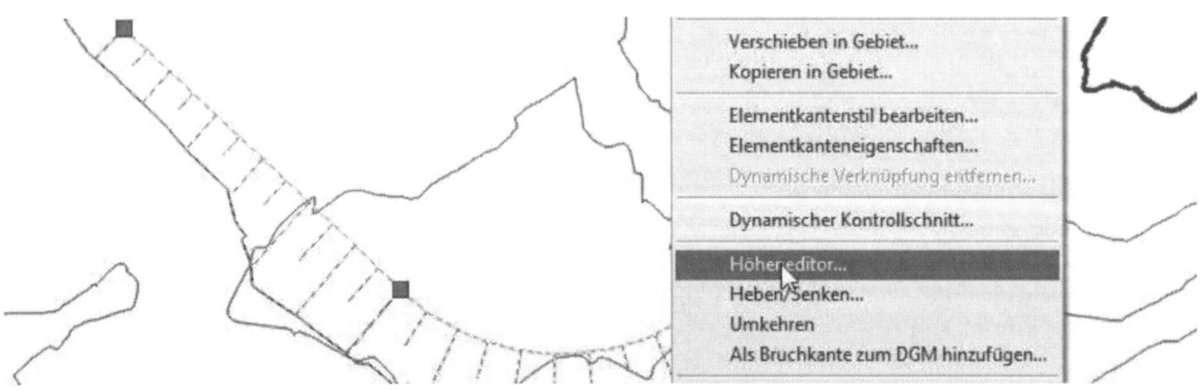

Zur Kontrolle kann der Höheneditor die resultierende, geänderte Höhe an der Basis-Elementkante ebenfalls zeigen.

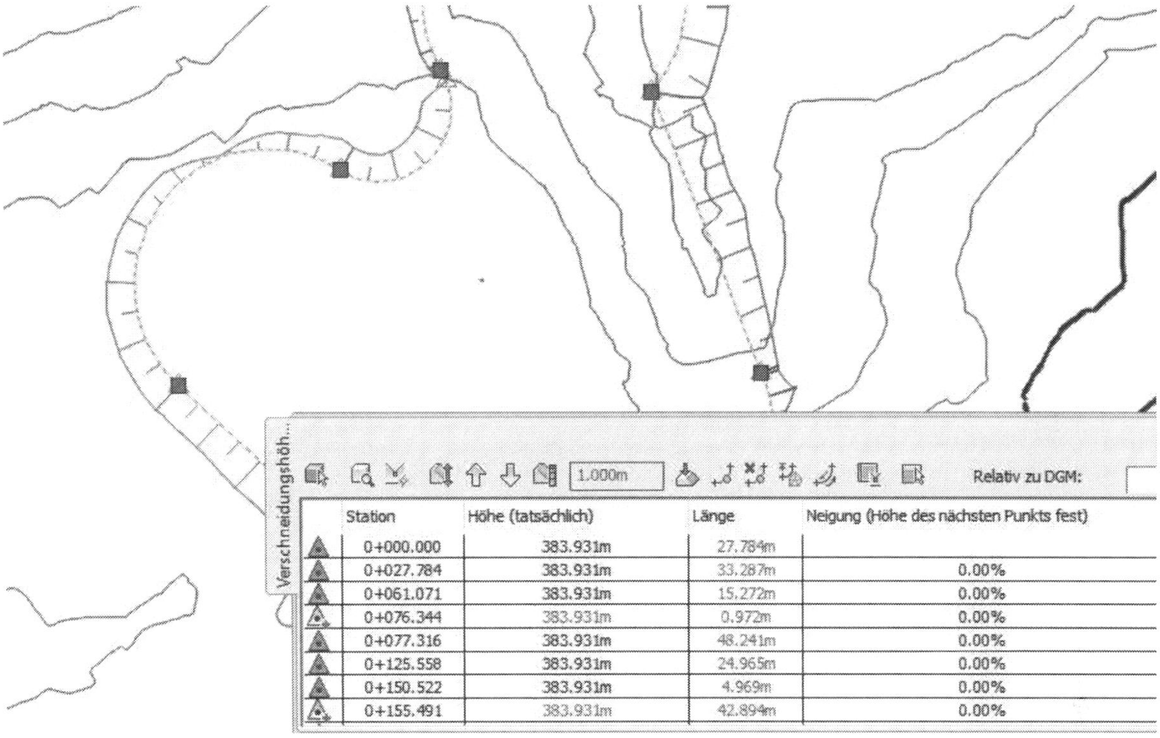

	Station	Höhe (tatsächlich)	Länge	Neigung (Höhe des nächsten Punkts fest)
	0+000.000	383.931m	27.784m	
	0+027.784	383.931m	33.287m	0.00%
	0+061.071	383.931m	15.272m	0.00%
	0+076.344	383.931m	0.972m	0.00%
	0+077.316	383.931m	48.241m	0.00%
	0+125.558	383.931m	24.965m	0.00%
	0+150.522	383.931m	4.969m	0.00%
	0+155.491	383.931m	42.894m	0.00%

Die Änderung der Basis-Elementkante (Rand der Materiallagerfläche) kann in Lage und Höhe als „Absteck-Punkte" an den Baubetrieb oder Vermesser ausgegeben werden.

Die Zeichnung bitte an dieser Stelle speichern „**DGM-Kapitel6.dwg**". Diese Zeichnung wird als Voraussetzung für des 6.Kapitel benötigt.

5.3.6 Absteck-Punkte

Das Resultat einer jeden Konstruktion im Bauingenieurwesen sind Absteck-Punkte oder Daten, die einen Vermesser dazu befähigen, Lage und Höhen vom Bauobjekt im Raum für den Baubetrieb vorzugeben.

Im klassischen Fall sind das „Absteck-Punkte". Moderne Vermessungsgeräte können auch 3D-Polylinien oder die hier erstellten Elementkanten übernehmen und errechnen sich selbst daraus eigene Absteck-Punkte. Mehr und mehr wird es sogar zum Standard das Baumaschinen selbst nach GPS-Daten arbeiten. Die Basis dafür würde das Verschneidungs-DGM darstellen. Die vorliegende Beschreibung geht eher auf klassische Arbeitsweisen und Methoden ein.

Die Funktion Absteck-Punkte erzeugen, ist unter „Punkte" und „Punkterstellungswerkzeuge" aufzurufen (3. Kapitel).

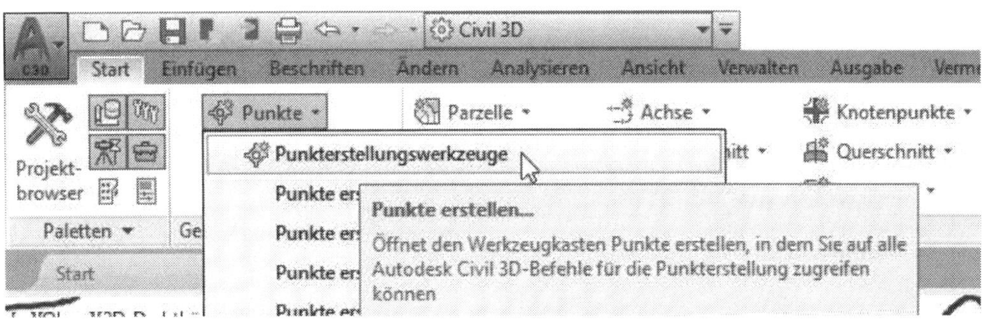

Jedes der Symbole (Werkzeugkasten „Punkterstellungswerkzeuge“) enthält Funktionen zum Erstellen von Civil 3D Punkten. Für das Erstellen von Absteck-Punkten entlang einer Elementkante ist das erste Symbol zu nutzen.

Mit dem Begriff „Objekt“ sind Elementkanten gemeint. Mit dem Befehl „Objekt messen“ werden auf einer Elementkante in einem einstellbaren Abstand Civil 3D-Punkte gesetzt.

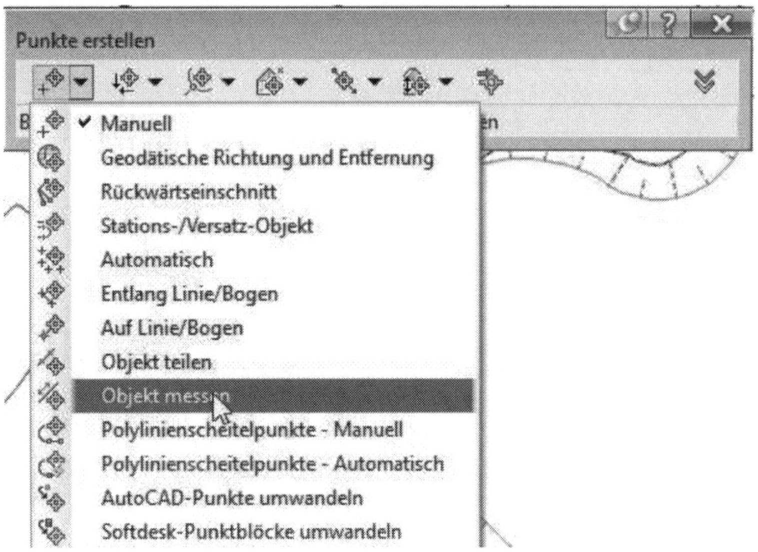

Hinweis:

Diese Funktion sollte nicht sofort gestartet werden. Für den späteren Export der Punkte ist es sinnvoll die Möglichkeit zu haben (Option), eine Punktgruppe zu bilden! Die Absteck-Punkte sollten sich, durch eine Eigenschaft von eventuell weiteren Civil 3D-Punkten in der Zeichnung, unterscheiden können. Für die Absteck-Punkte wird die einfachste Option, das Erzeugen einer besonderen Punkt-Nummer gewählt. Diese Einstellung (Vorgabe) ist Bestandteil des Werkzeugkastens „Punkte erstellen“.

Es wird unter „Punktidentität“ die Punktnummer 1000 vorgegeben. Das heißt die Absteck-Punkte werden mit der Punktnummer ab 1000 versehen oder erstellt.

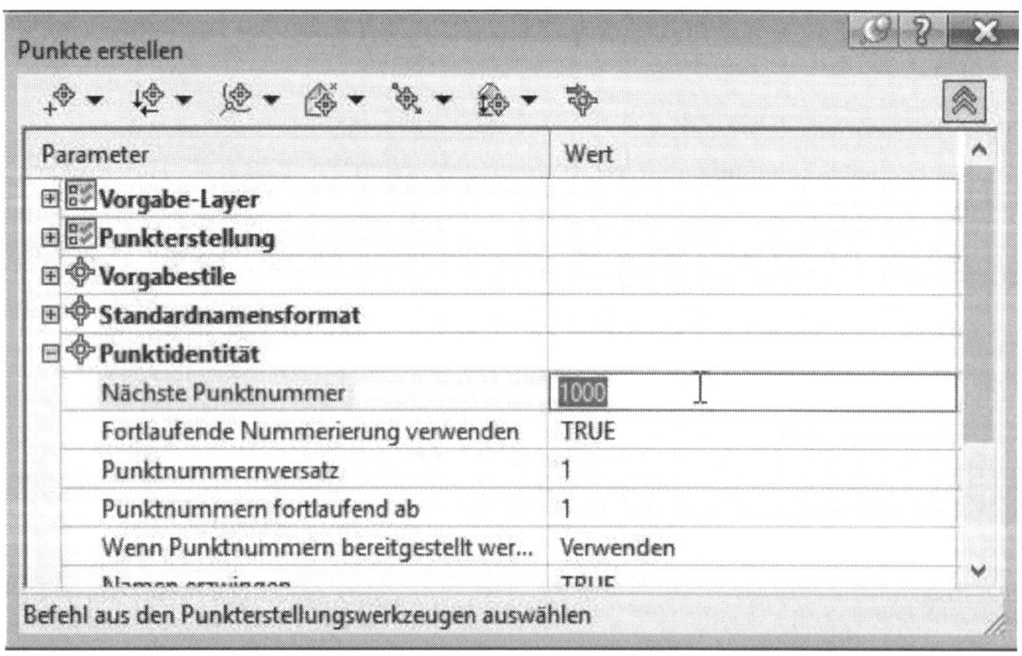

Jetzt wird die Funktion Objekte messen gestartet.

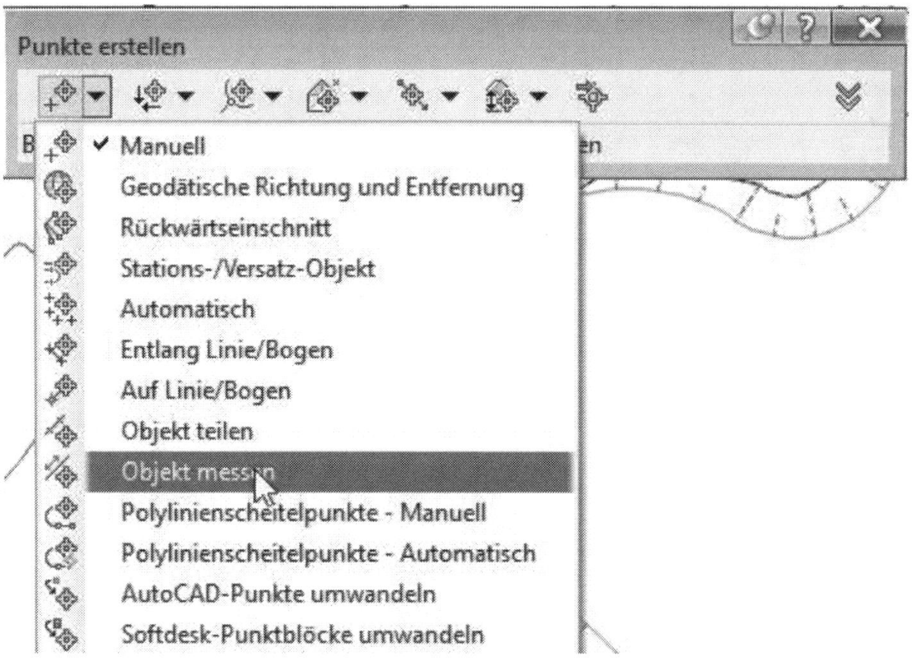

Die Funktion verlangt das „Picken“ der Elementkante. Mit der Auswahl der Elementkante (Materiallagerflächen-Rand) werden Anfangs-Station und Endstation mit „Enter“ bestätigt. Das heißt die Absteck-Punkte werden auf der gesamten Länge der Elementkante erstellt.

Im nächsten Schritt fragt das Programm nach einem „Versatz“ Als Versatz kann ein rechtwinkliger Abstand zur Elementkante eingerechnet werden (Option). Im Beispiel wird „0.00“ mit „Enter“ bestätigt. Das heißt die Absteck-Punkte liegen direkt auf der Elementkante (Es wird kein Abstand vergeben).

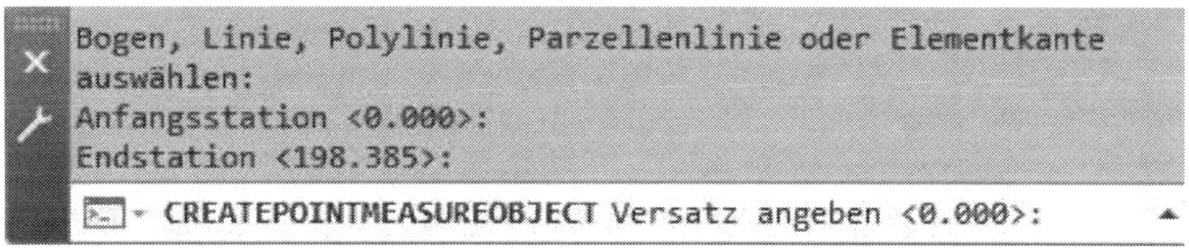

Die Funktion fragt nach dem Abstand der Absteck-Punkte zueinander. Es wird der Wert 10 eingegeben.

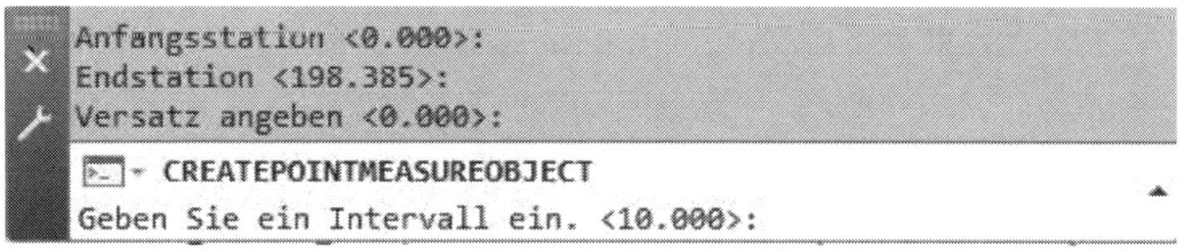

Auf die Elementkanten werden im Abstand von 10m Punkte automatisch gesetzt. Die Funktion ist mit „Esc“ zu beenden.

Die Punkte sind, im Moment ohne Beschriftung, in der Zeichnung auf der Elementkante gesetzt. Da es noch keine eigene Punktgruppe gibt, sind die Punkte entsprechend der Voreinstellung in der „...Deutschland.dwt“ Bestandteil der Punktgruppe „Alle Punkte“. Diese Punktgruppe hat voreingestellt das Punkt-Symbol „Kreuz“ und „keine Beschriftung“.

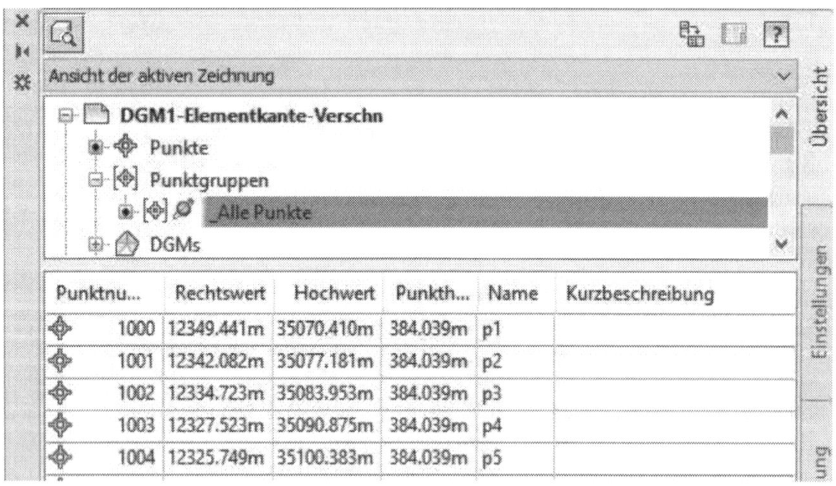

Um die Absteck-Punkte zu beschriften, mit einem gesonderten Symbol zu versehen oder die Punkte gezielt zu exportieren, ist es sinnvoll eine Punktgruppe anzulegen. Das wird erreicht indem man eine Punkteigenschaft filtert, die die Absteck-Punkte als besonderes Merkmal besitzen (Punktnummer ab 1000).

Es wird eine neue Punktgruppe angelegt. Diese neue Punktgruppe bekommt den Namen „Absteck-Punkte“.

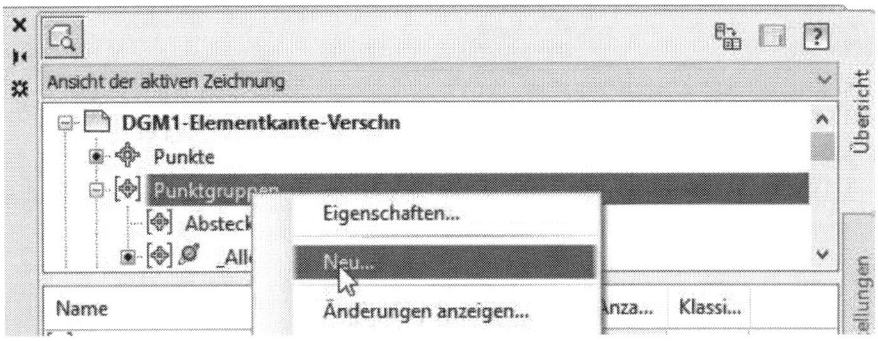

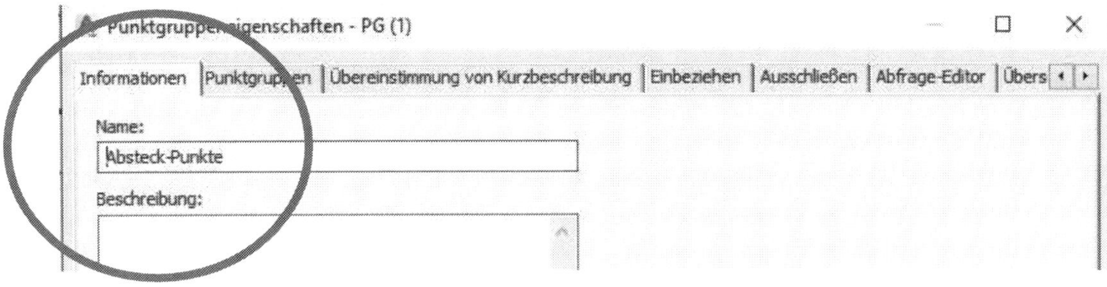

Die Punktgruppe bekommt die Punktnummern-Eigenschaft „Mit übereinstimmenden Nummern“ 1000 bis 1200.

Die Punktgruppe ist gefüllt, die Punkte sind entsprechend der Gruppen- Eigenschaft beschriftet (Maßstab geändert auf 1:500, Statusleiste).

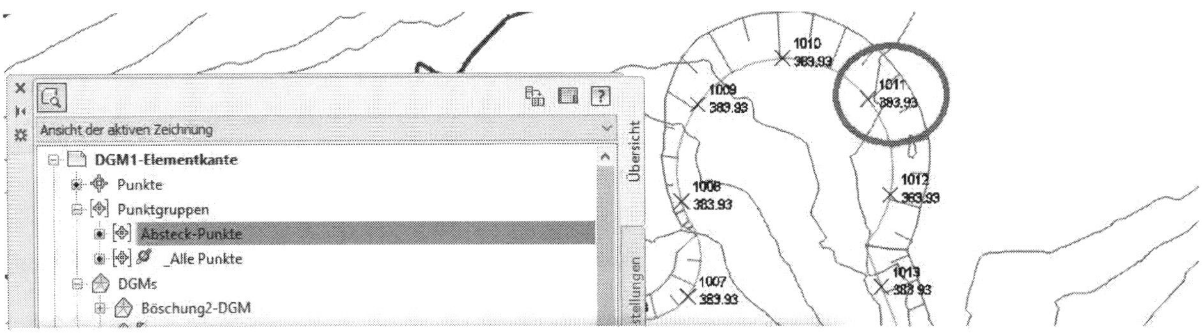

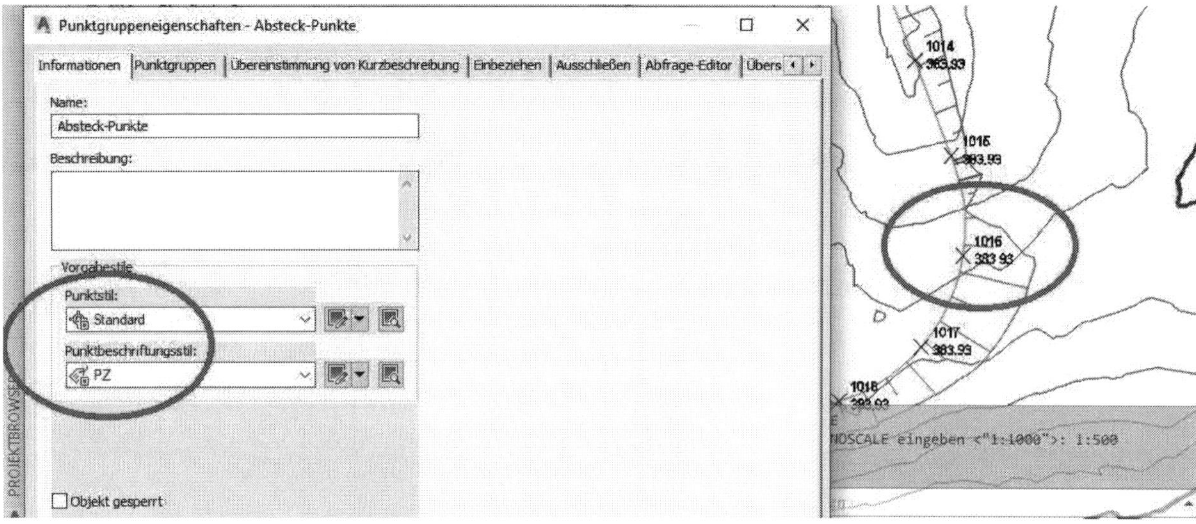

Die Punkte werden im nächsten Schritt exportiert.

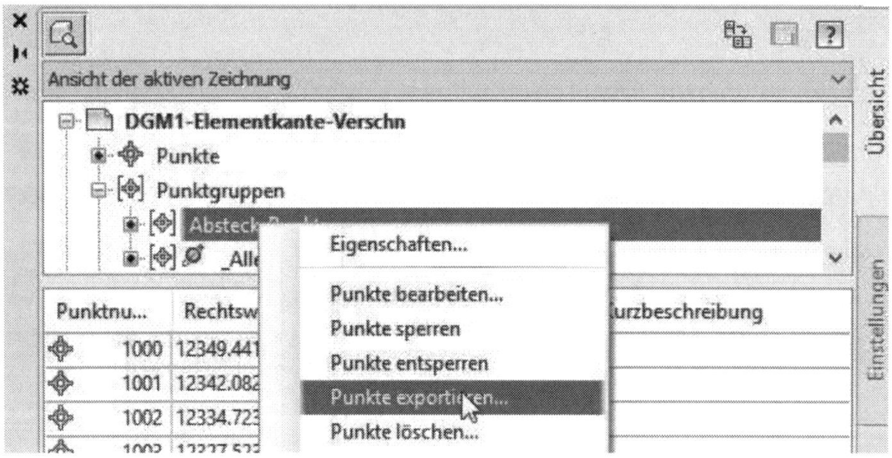

Die Liste der Export-Formate entspricht der Liste der Import-Formate (3.Kapitel). es wird das Format PRHZ (Leerzeichentrennung) gewählt.

Für die Punkte wird eine Datei „Absteck-Punkte.txt“ angelegt und bewusst der Pfad zum Speichern ausgewählt. Die Ausgabe ist auf die Punktgruppe „Absteck-Punkte“ begrenzt.

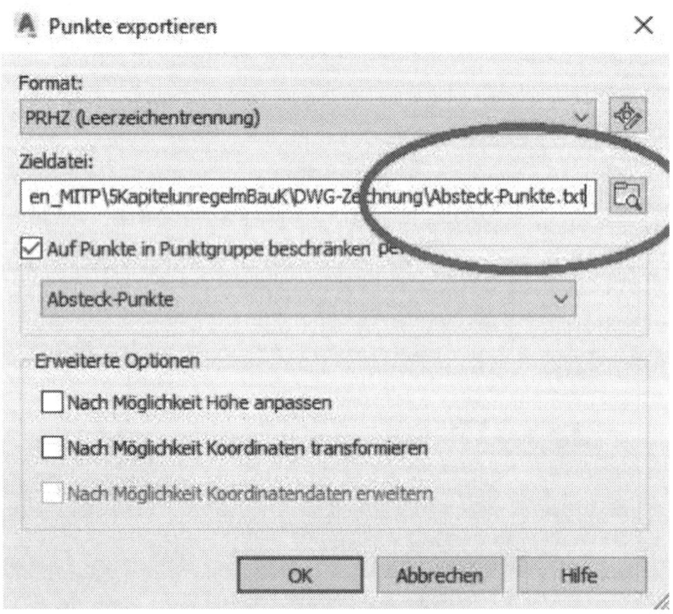

Die ausgegebene Datei enthält die vorgegebenen Werte.

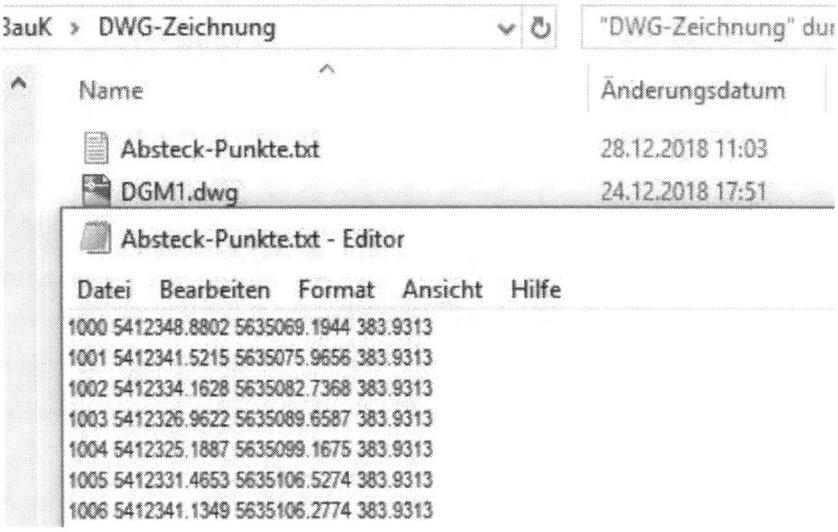

5.4 Eigenschaften von Elementkanten

Im AutoCAD gibt es mehrere Linien-Arten, mit jeweils eigenen besonderen Eigenschaften. Jede Linien-Art hat seine eignen Besonderheiten.

- **Linien:** Start „Z“, Ende „Z“ nur zwei Stützpunkte, kein Bogen, 3D-Eigenschaften, „Befehl: Versetzen“ möglich
- **Polylinie, 2D-Polylinie:** Bogen, „Erhebung“ (Immer nur waagerecht im 3D-Raum), „Befehl: Versetzen“ möglich
- **Bogen:** nur Mittelpunkt „Z“ entspricht der Polylinie, 2D-Polylinie
- **3D-Polylinie:** abweichende Höhe in jedem Stützpunkt möglich, kein Befehl „Versetzen“-, kein Radius möglich
- **Spline (Spline „KS“):** kein definierter Radius möglich, Ausgleichs-Linie zwischen Punkten

Jede der Linien-Arten kann etwas. Jede Linien-Art hat Vorteile aber auch Nachteile.

Die im Civil 3D verfügbare neue Linienart „**Elementkante**“ besitzt alle wichtigen technischen Eigenschaften von „Linie“, „2D-Polylinie“, „Bogen“, „3D-Polylinie“ und kann zusätzlich 3D im Raum „versetzt“ werden (mit Neigung oder Höhendifferenz). Obwohl die Elementkante eigene Beschriftungs-Funktionen hat sind auch AutoCAD-Beschriftungen oder -Bemaßungen anwendbar.

Beispiel: Eine Elementkante besteht aus Gerade-Bogen-Gerade und hat die Höhe „5m“.

2D-Darstellung

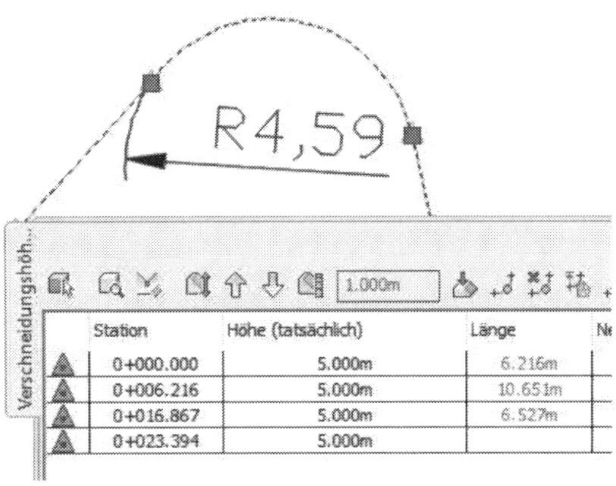

3D-Darstellung

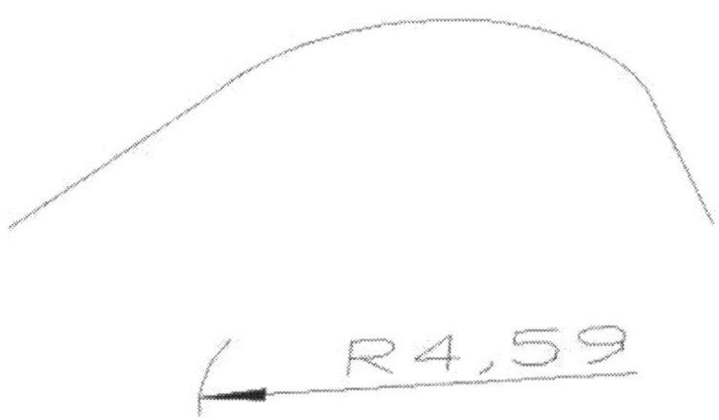

Eine Elementkante kann problemlos auch „schräg im Raum liegen (Höhe von „0“ bis "10m"), eine Elementkante kann sogar einen „Knick im Radius haben. Im Lageplan bleibt trotzdem der Radius beschriftet. Im Lageplan bleibt der Radius ein Radius, obwohl die 3D-Darstellung sehr weit davon abweicht!

2D-Darstellung 3D-Darstellung

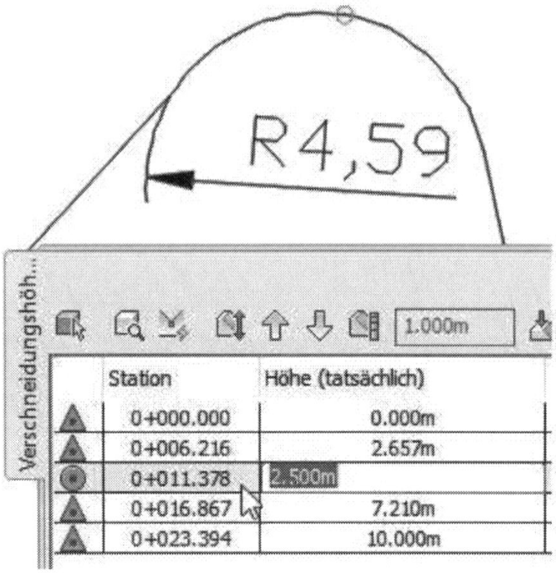

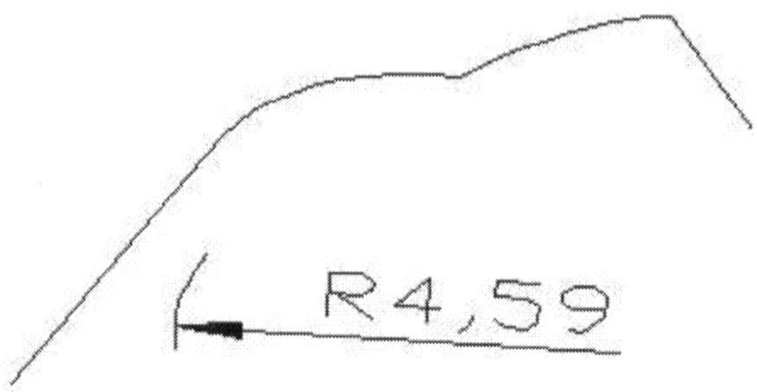

Mit allen Besonderheiten ist die Elementkante immer noch „Versetzt-bar“. Für die Elementkante ist ein „3D-Versetzen“ entwickelt worden.

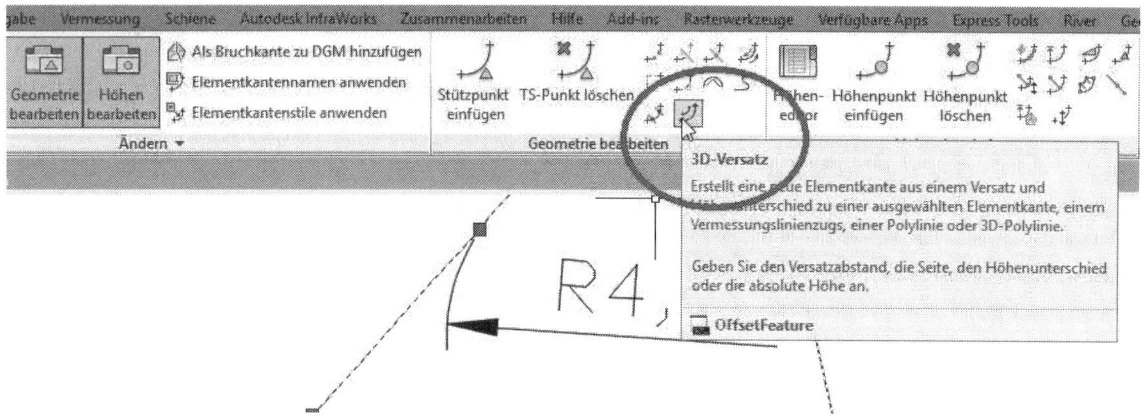

Hinweis:

Der 3D-Versatz für Elementkanten ist im Civil 3D auch auf 3D-Polylinien anwendbar.

Im Beispiel wird als Versatz-Abstand 1m vorgegeben. Die Eingabe der Neigung kann als Höhenunterschied, Neigung im Verhältnis (1:x), absolute Höhe oder als variabler Wert (Picken der Höhenposition) eingegeben werden. Im Beispiel wird „Neigung (prozentual)“ gewählt.

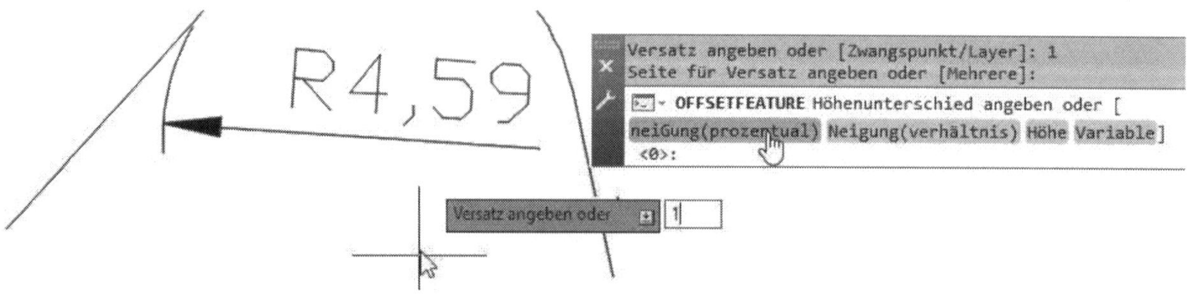

Als Wert wird -2% vorgegeben. Die neue Elementkante hat einen durchgehenden Höhenunterschied von 2cm zur ersten Elementkante und behält den Radius.

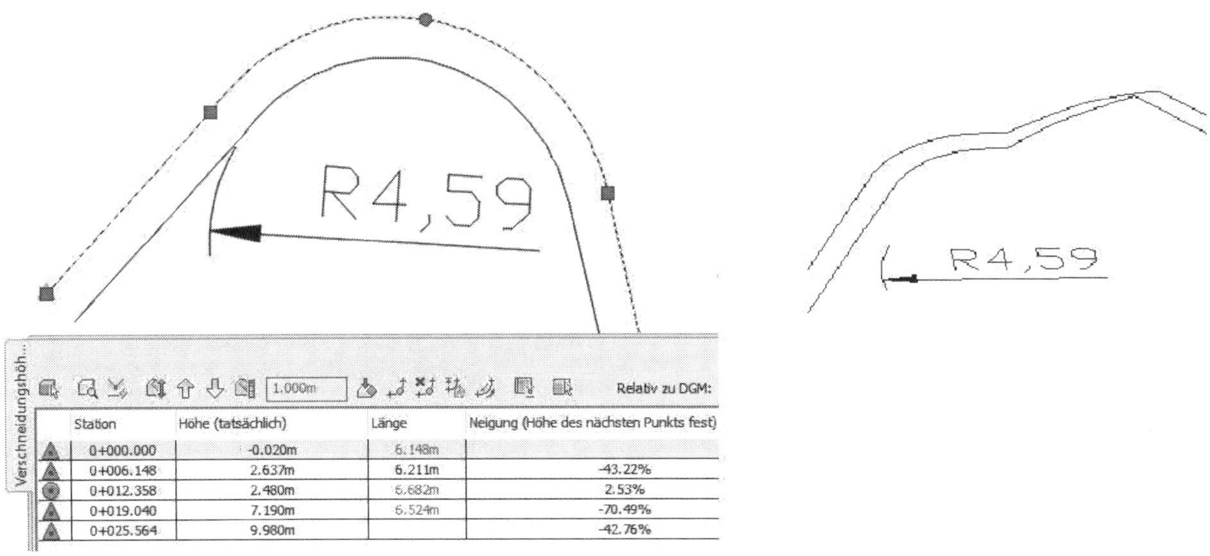

Eine Elementkante ist, einfach gesagt, eine neue verbesserte 3D-Polylinie. Civil 3D hat einen neuen Linien-Typ die „**Elementkante**“.

5.4.1 Besonderheit: „Gebietszuordnung“

Die Elementkante hat eine Besonderheit, die unbedingt zu beachten ist. Diese Besonderheit kommt im gesamte AutoCAD-Bereich nirgendwo vor und ist deshalb für reine AutoCAD-Anwender schwer verständlich. Diese Besonderheit hängt mit der Zuordnung zum „Gebiet“ zusammen.

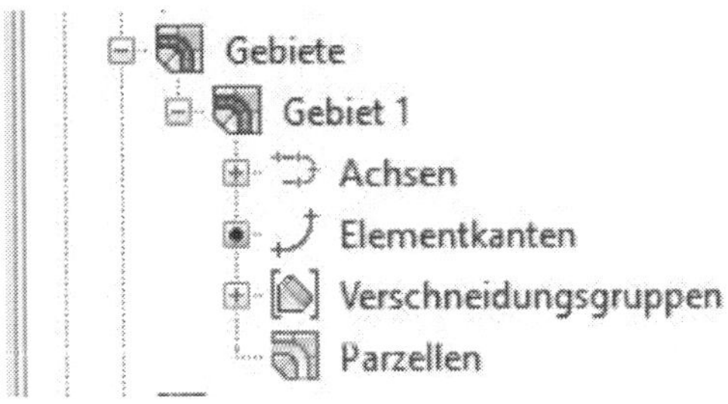

Unter dem Begriff „Gebiet“ sollte man nicht unbedingt die Vorstellung von „Fläche“ oder „Raum“ haben (Wasserschutz-Gebiet). Den Begriff „Gebiet“ kann man im Civil 3D auch als „Ordner“ (Windows-Dateien-Ordner) als Civil 3D-Zeichnungselemente-Ordner verstehen.

Die Besonderheit vom Civil 3D „Gebiet“ besteht darin, dass Zeichnungselemente, die einem "Gebiet“ zugeordnet sind und sich kreuzen oder berühren in Abhängigkeit zu einander kommen. Diese Abhängigkeiten können zwischen Parzellen, Achse, Elementkaten und Verschneidungen bestehen oder hergestellt werden. In diesem Abschnitt werden nur die Besonderheiten beschrieben, die entstehen, wenn sich Elementkanten in ein und demselben „Gebiet“ kreuzen oder berühren.

In eine leere Zeichnung (erstellt mit der ...Deutschland.dwt) wird eine Polylinie gezeichnet bestehend aus 3 Stützpunkten (dynamische Eingabe aktivieren und Stützpunktabstand ca. 50m wählen.

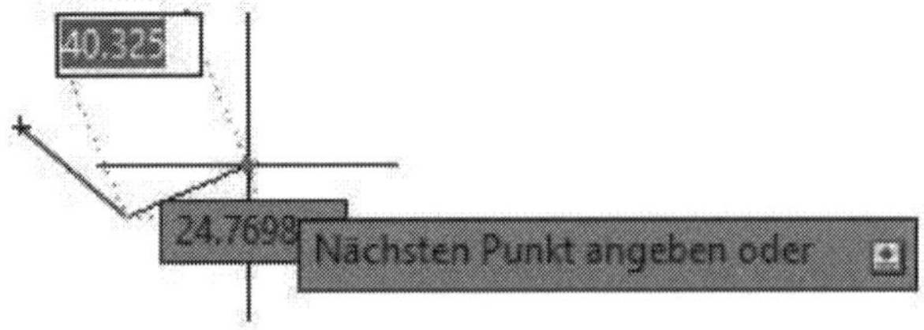

Aus der Polylinie wird mit dem Befehl „Elementkante aus Objekt erstellen“ eine Elementkante erstellt.

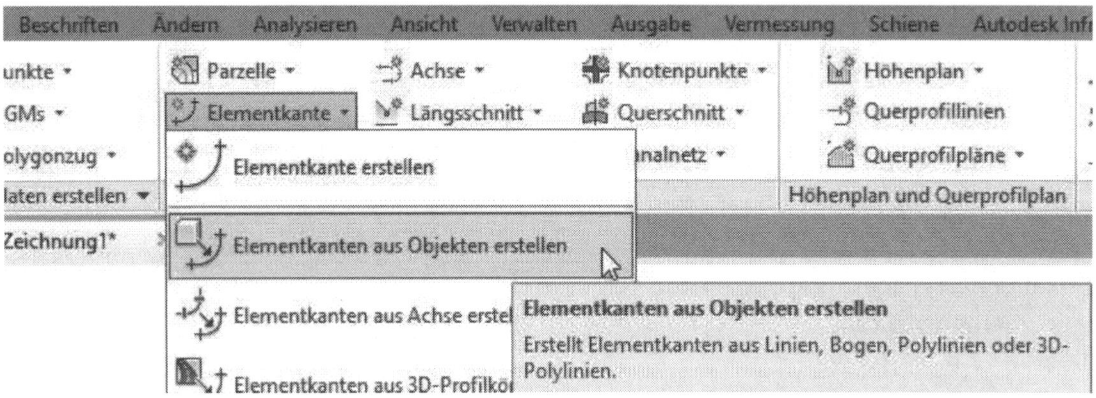

Alle Voreinstellungen werden registriert aber nicht geändert. Die Funktion „Höhe zuweisen“ wird aktiviert und der Höhenwert „100“ eingetragen.

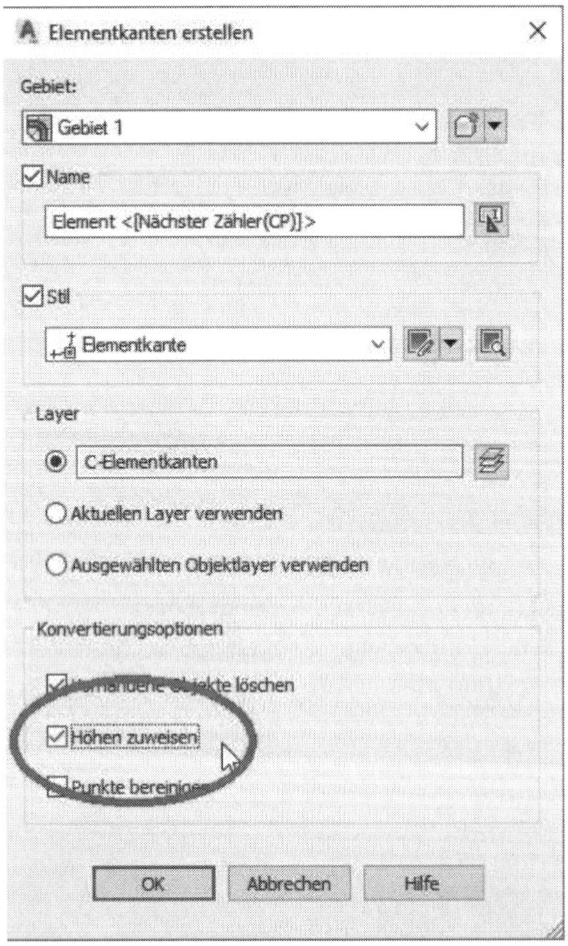

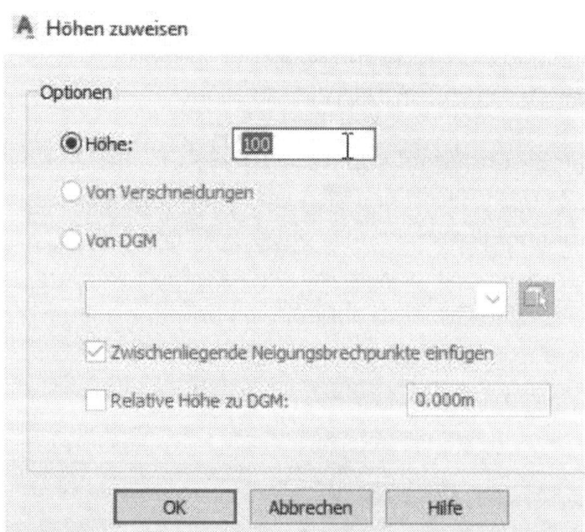

Kontrolle:

Der Höheneditor zeigt, dass alle drei Stützpunkte eine Höhe von „100“ haben.

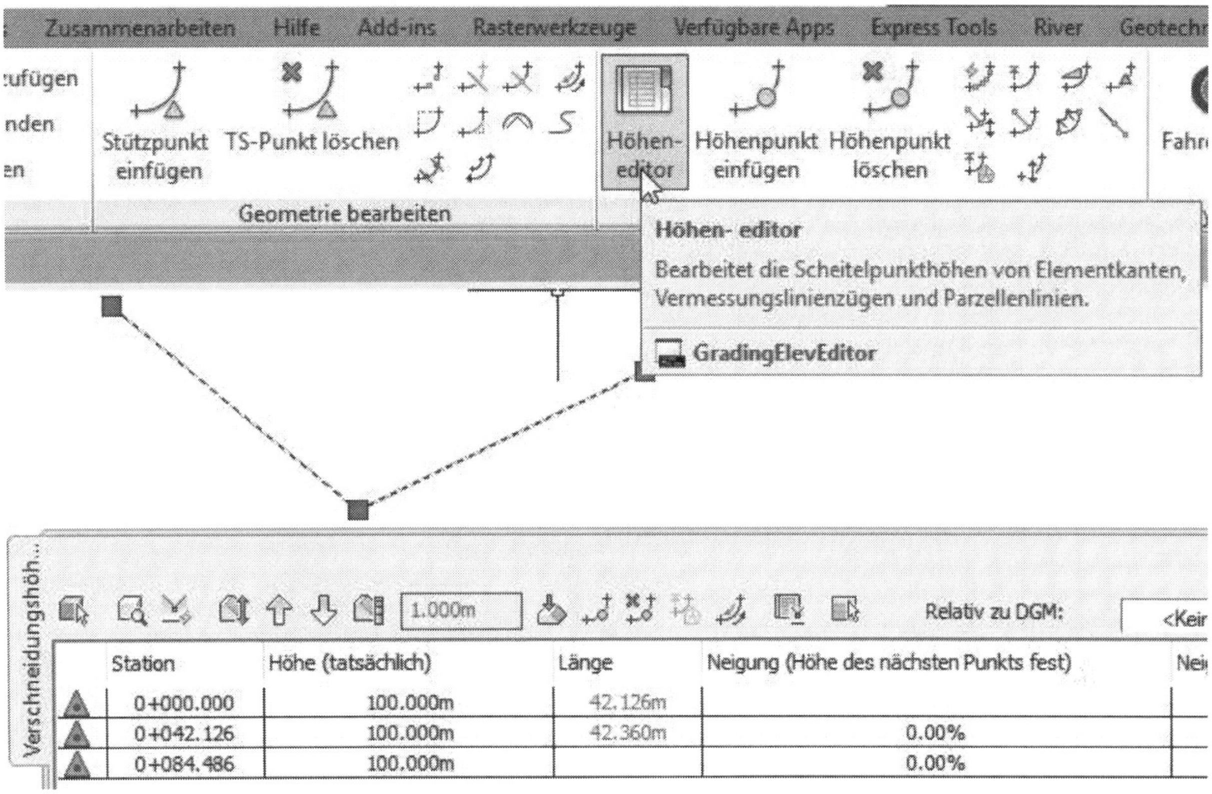

Eine zweite Elementkante wird erstellt. Diesmal mit dem Befehl „Elementkante erstellen“ (Elementkante zeichnen). Die Art der Erstellung der Elementkanten ist ohne Bedeutung, wichtig für die Erläuterung der Besonderheit ist, dass sich die Elementkanten kreuzen.

Die Einstellungen der nachfolgenden Box sind wahrzunehmen, jedoch nicht zu ändern. Die zweite Elementkante wird im gleichen Gebiet erstellt „Gebiet1“.

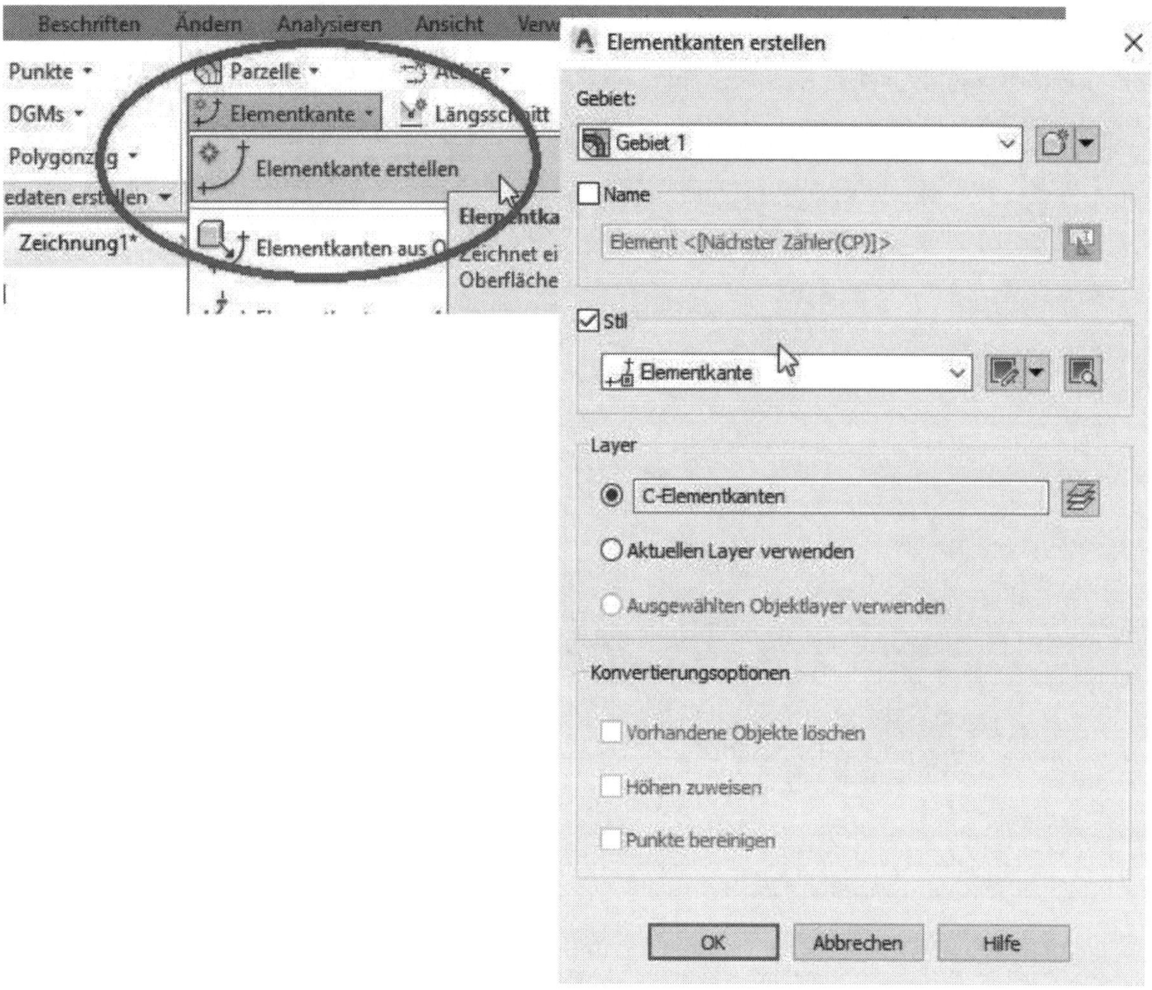

Das „Elementkante zeichnen ist dadurch gekennzeichnet, dass bei jedem Stützpunkt eine Höhe eingegeben werden muss oder die zuvor eingegebene Höhe zu bestätigen ist.

Das Zeichnen einer Elementkante verlangt in jedem Stützpunkt eine Höhenangabe!

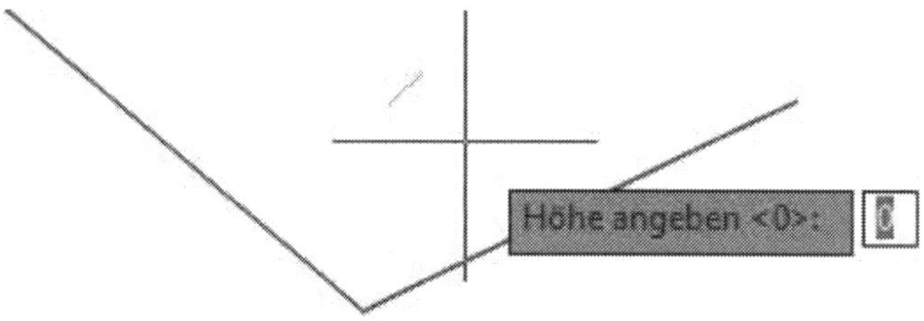

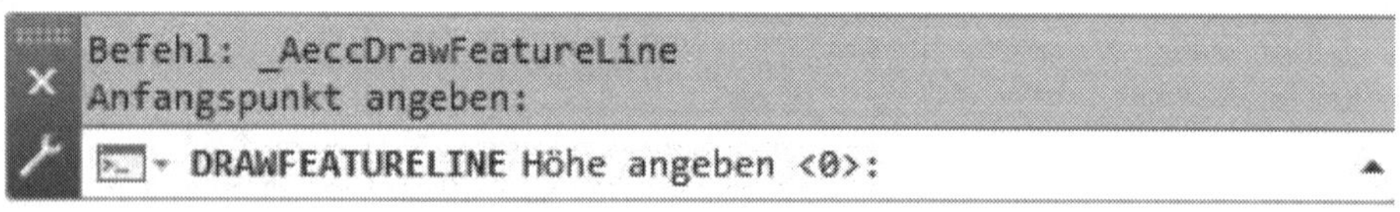

Die zweite Elementkante wird auf die Höhe „50“ gezeichnet.

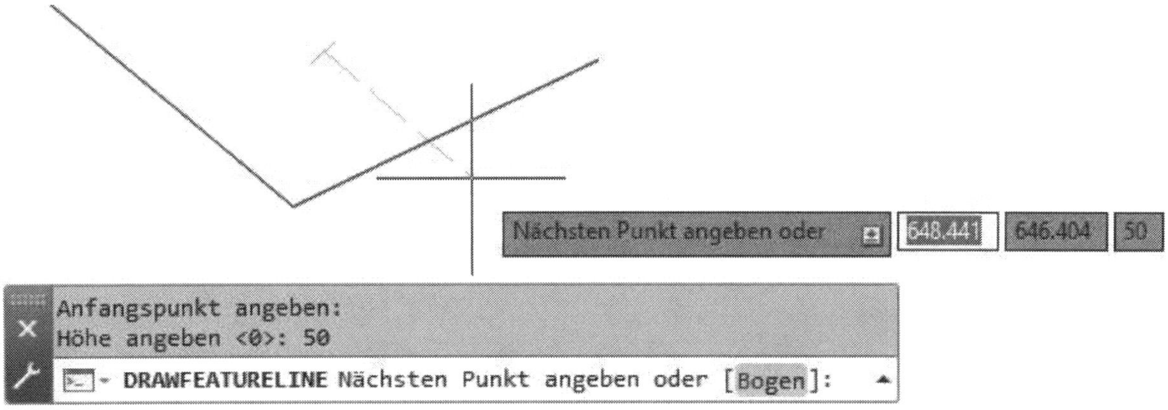

Die Höhe „50“ wird auch für den zweiten Stützpunkt beibehalten.

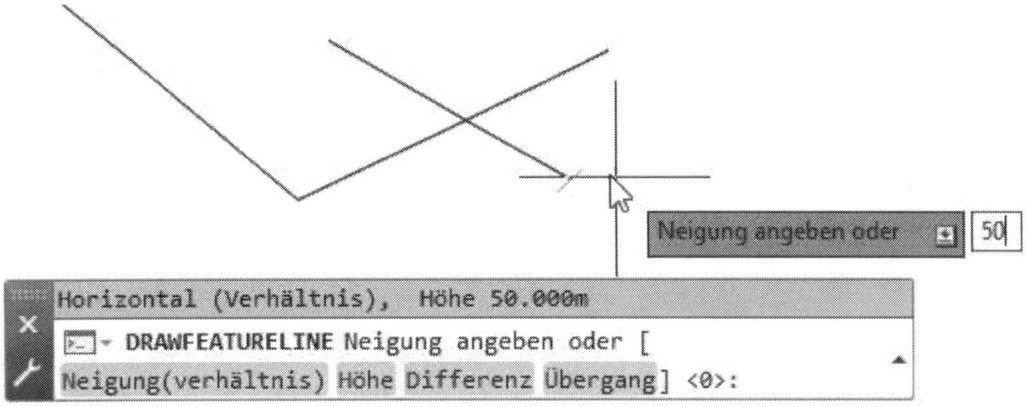

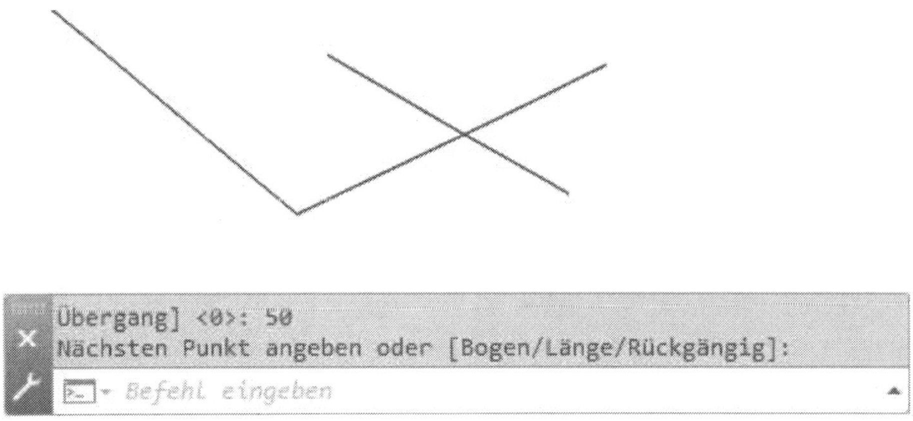

Wird in dieser Situation nochmals die erste Elementkante kontrolliert, so hat diese jetzt 4 Stützpunkte. Davon ist ein Stützpunkt „grau“ und nicht bearbeitbar mit der Höhe „50“? Unerfahrene Civil 3D Benutzer vermuten hier meist einen Software-Fehler. Etwas Ähnliches ist weder aus AutoCAD noch aus MAP bekannt. Nein es ist kein Software-Fehler!

Die Funktion ist so gewollt.

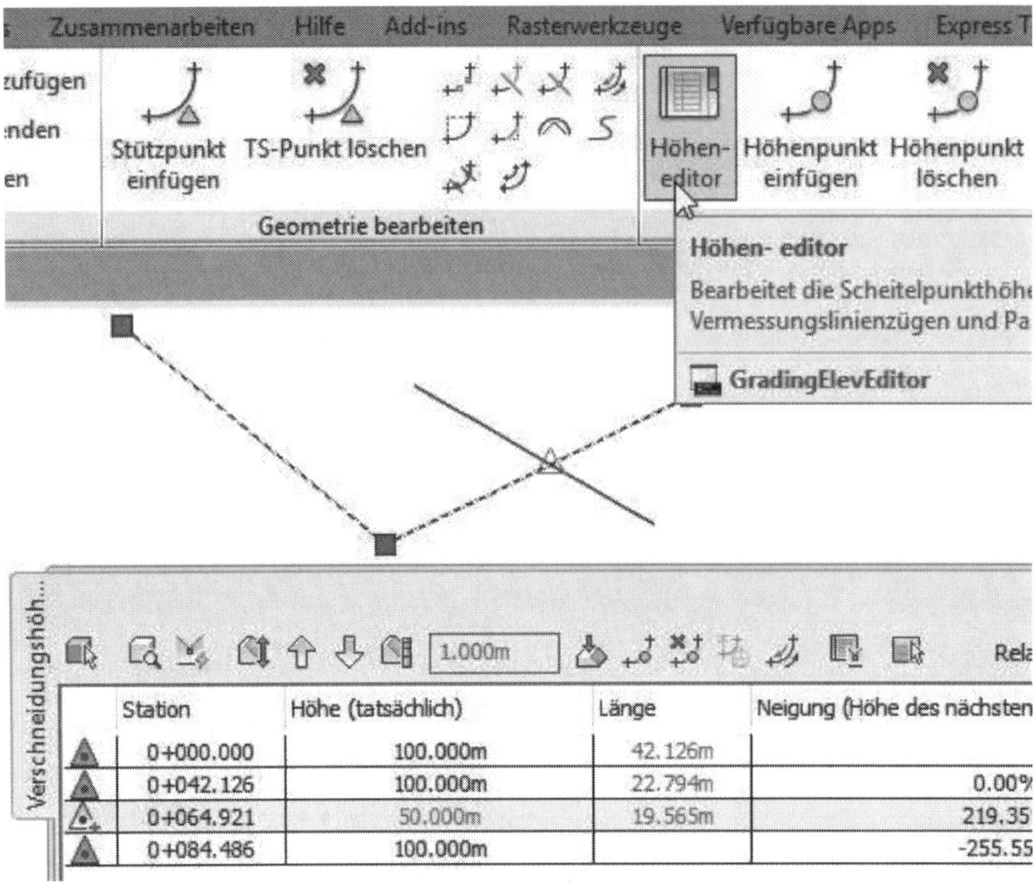

Die Funktion hat seine Berechtigung. Eine Verschneidung (Böschungskonstruktion) hat eine Böschungsoberkante und eine Böschungsunterkante.

Beim Wechsel von Auftrag in Abtrag ist die Böschungs-Länge „Null“. Im Schnittpunkt muss die gleiche Höhe vorliegen! Und es muss die gleiche Höhe bleiben auch nach einer Bearbeitung!

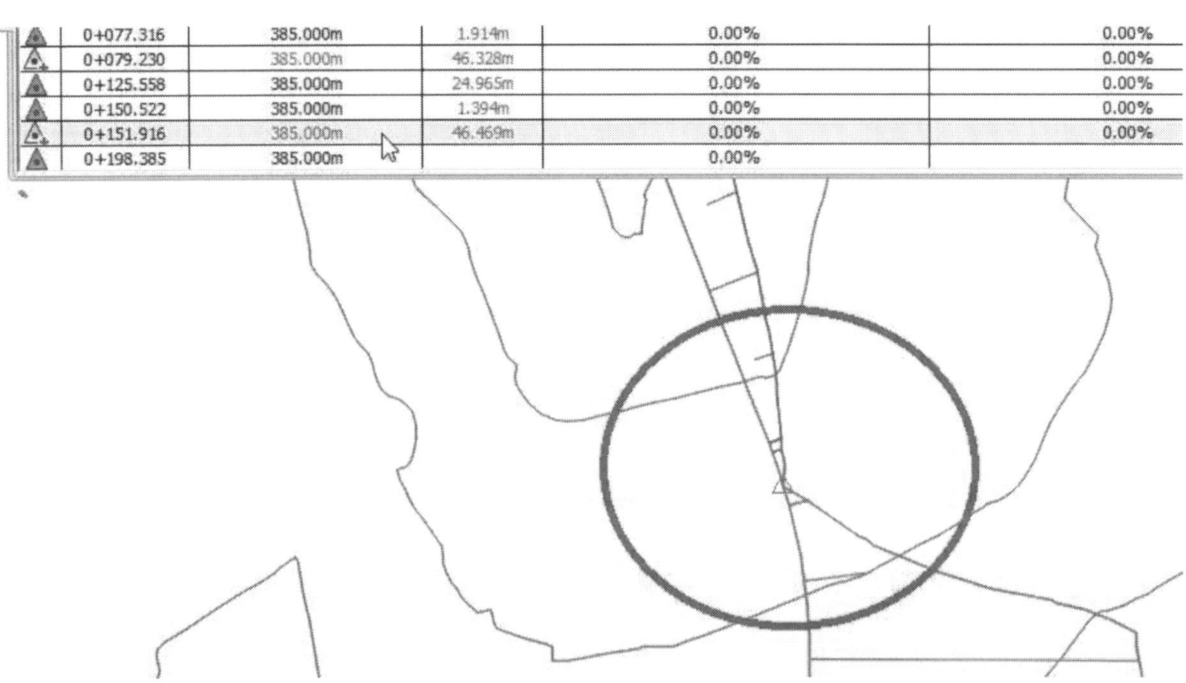

Wie lässt sich die Situation ändern, wenn die Elementkanten unbeabsichtigt in ein- und demselben Gebiet erstellt wurden?

Bereits erstellte Elementkaten sind bearbeitbar. In einem solchen Fall ist „Verschieben in Gebiet" zu wählen. Die nachfolgende Funktion ermöglicht das Anlegen eines neuen Gebietes. Es wird der Name „Übung" eingegeben.

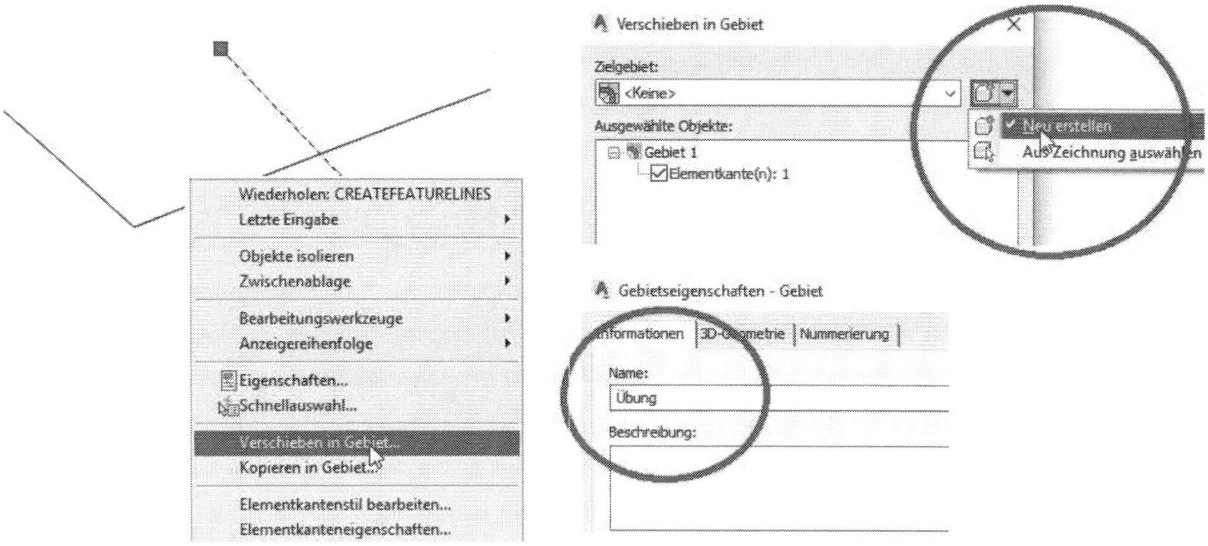

Kontrolle:

Nach erfolgreichem Ausführen der Funktion hat die erste Elementkante wieder drei Stützpunkte und alle Stützpunkte habe die Höhe „100".

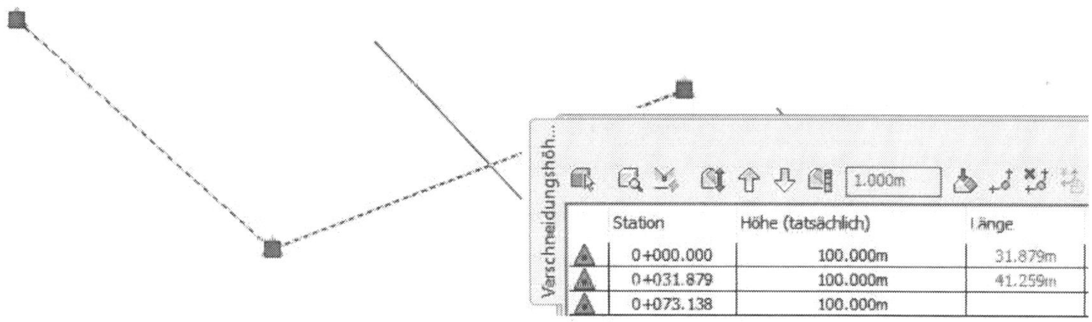

Hinweis:

Optional können Elementkanten auch „ohne Gebiet" (gebietsfrei) erstellt sein. In diesem Fall gibt es keinen gemeinsamen, nicht bearbeitbaren „grauen" Schnittpunkt (Stützpunkt).

Elementkanten "ohne Gebiet" (gebietsfrei)

In diesem Fall kann jedoch auch keine Verschneidung erstellt werden! Elementkante und Verschneidung verlangen ein gemeinsames Gebiet. Elementkante und Verschneidung müssen in Abhängigkeit zueinander erstellt sein!

5.4.2 Funktionen der Elementkante und des Höheneditors

Um Eigenschaften und Funktionen besser zu erklären, werden in der Zeichnung, in der die Verschneidung (Materiallagerfläche) erstellt wurde, links außerhalb der Verschneidung zwei Polylinien gezeichnet.

Es ist von Vorteil, wenn hierzu den Layer „C-Hilfslinien“ gesetzt ist (aktuell).

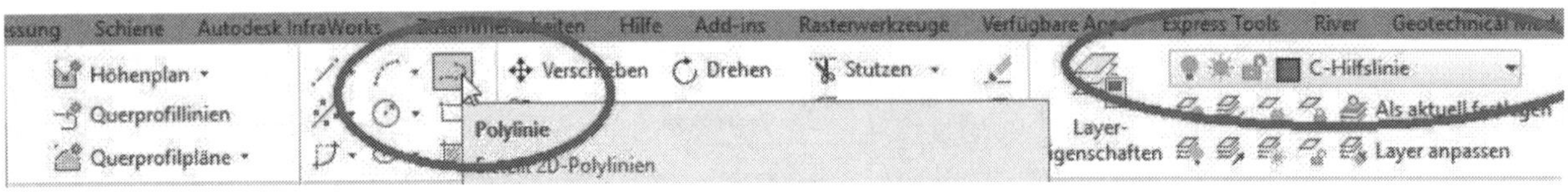

Es werden gezeichnet:

- 1x eine Polylinie 6 Stützpunkte und geschlossen
- 1x eine Polylinie 4 Stützpunkte nicht geschlossen

Die Polylinien sind im nächsten Bild extra ausgewählt, um diese hervor zu heben. Vor dem nächsten Schritt ist die Auswahl aufzuheben (Esc).

Umwandlung der 1. Polylinie in eine Elementkante

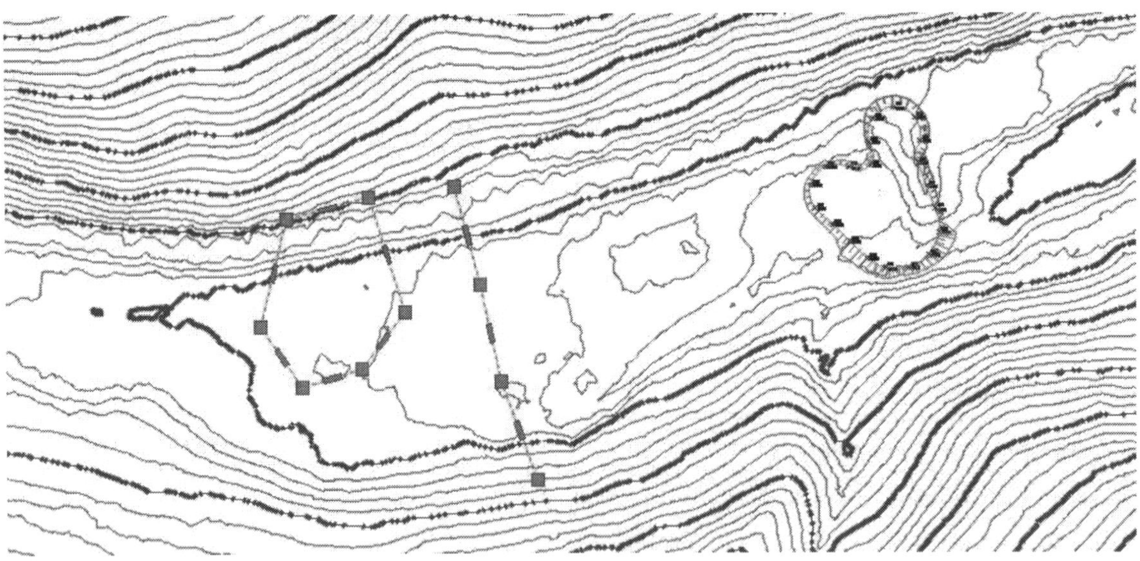

Es wird der Befehl Elementkante aus Objekt erstellen gewählt.

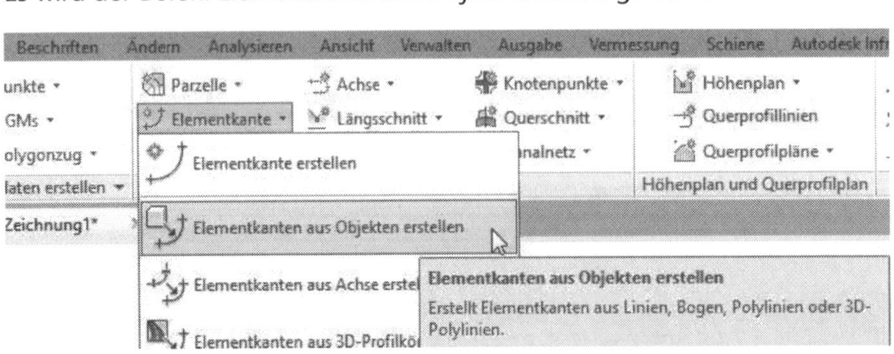

Die erste Elementkante wird ausgewählt (geschlossenen Polylinie, 6 Stützpunkte).

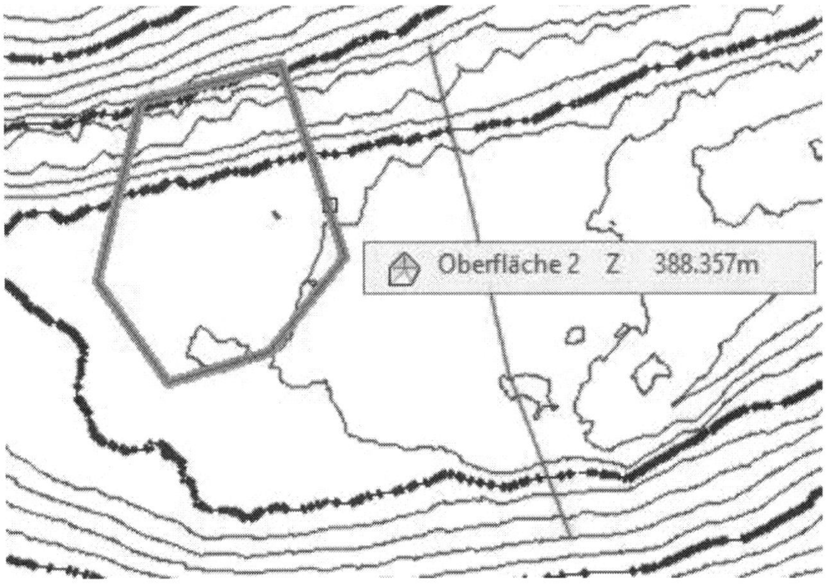

Es wird ein neues „Gebiet“ angelegt, Name „Übung“. In den „Konvertierungseinstellungen“ bleibt „Vorhandene Objekte löschen“ und „Höhen zuweisen“ aktiviert.

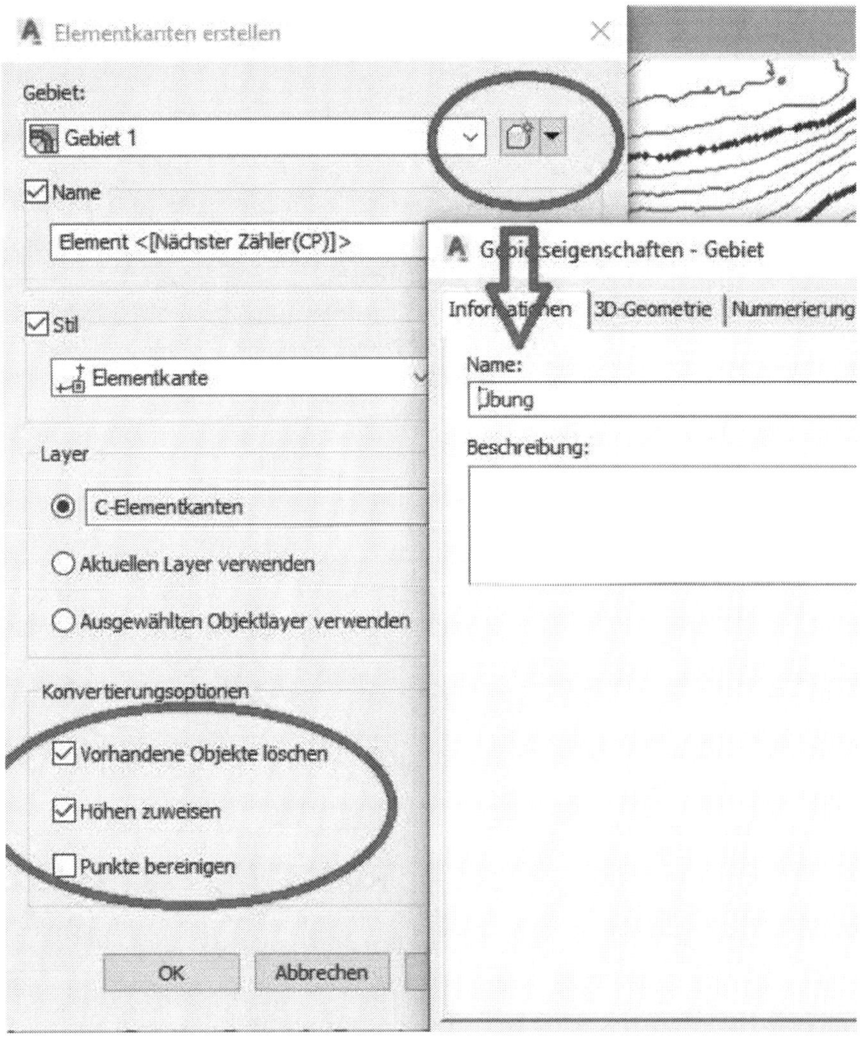

Als Höhen-Option wird diesmal „von DGM“ gewählt und das DGM „Oberfläche 2“ aufgerufen.

Die Option „Zwischenliegende Neigungsbrechpunkte wird ab geschalten.

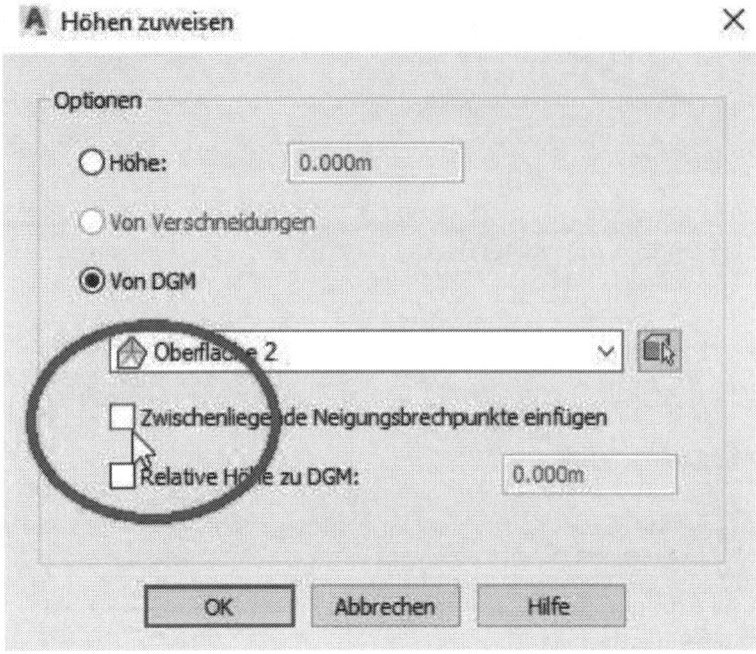

Als Resultat ist eine Elementkante erstellt, die in jedem Stützpunkt die Höhe des DGMs (Oberfläche 2) übernimmt. Im dazwischen liegenden Bereich ist die Höhenänderung linear.

Der Höheneditor zeigt zusätzlich die Neigung des Polyliniensegmentes im Prozent an.

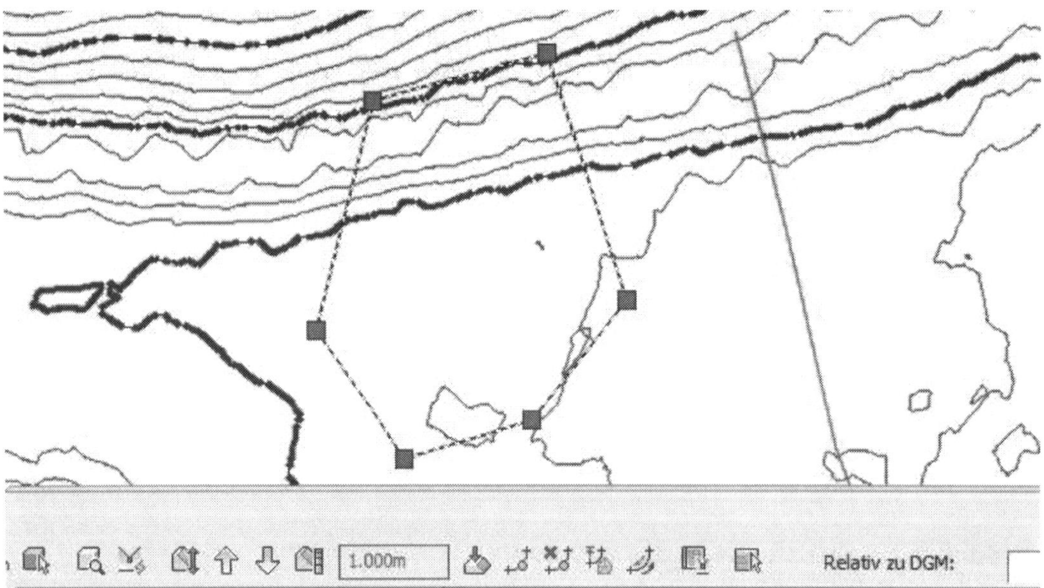

	Station	Höhe (tatsächlich)	Länge	Neigung (Höhe des nächsten Punkts fest)
	0+000.000	389.086m	30.248m	
	0+030.248	389.073m	45.087m	0.04%
	0+075.335	401.208m	35.912m	-26.91%
	0+111.248	400.630m	49.462m	1.61%
	0+160.709	387.534m	29.946m	26.48%
	0+190.655	388.159m	26.346m	-2.09%
	0+217.001	389.086m		-3.52%

Bearbeitung der 1. Elementkante

Eine Elementkante hat Stützpunkte (blaue quadratische Gripps) Diese Punkte werden aus der Polylinie übernommen. Dazu gehört die Funktionalität „Geometrie bearbeiten" („gelbe" Funktionen). Zu den Funktionen gehören auch „Fahrersicht" oder „Dynamische Kontrollschnitt", welche auch mit einer Elementkante als Ausgangs-Linie durchführbar ist.

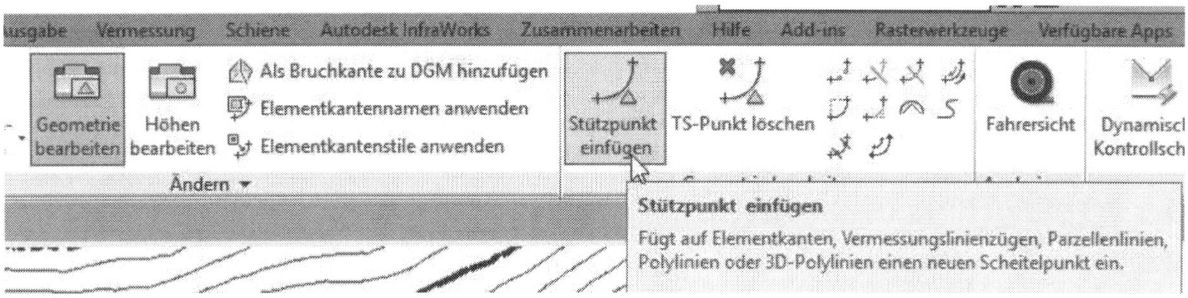

Im Buch wird nur die Funktion „Stützpunkt einfügen" gezeigt.

Ein Stützpunkt ist ein Punkt, in dem die Linien-Richtung und die Linien-Höhe geändert sein können.

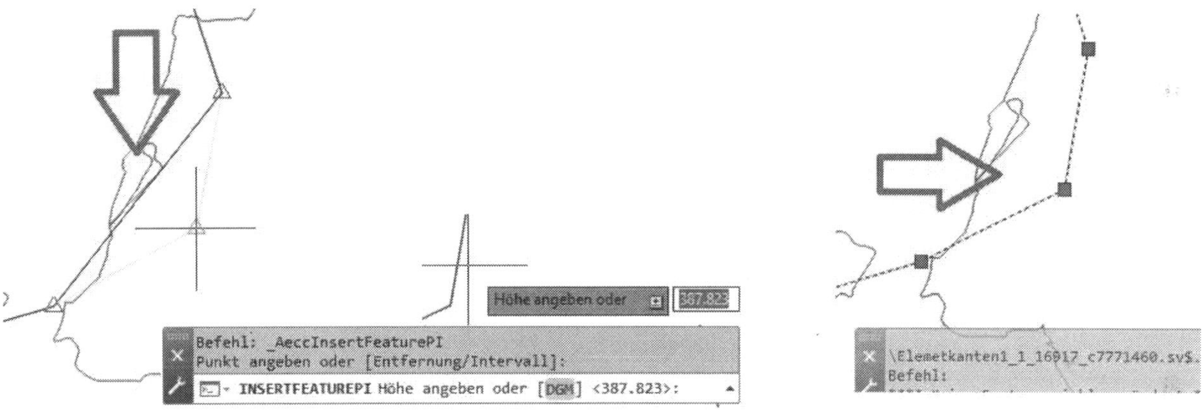

Zusätzlich kann eine Elementkante Höhenpunkte haben (runde blaue Gripps). Höhenpunkte sind Stützpunkte, die ausschließlich durch Civil 3D-Funktionen gesetzt werden. Die Funktionen „Höhen bearbeiten" sind an den grün unterlegten Kreisen erkennbar (grüne Funktionen).

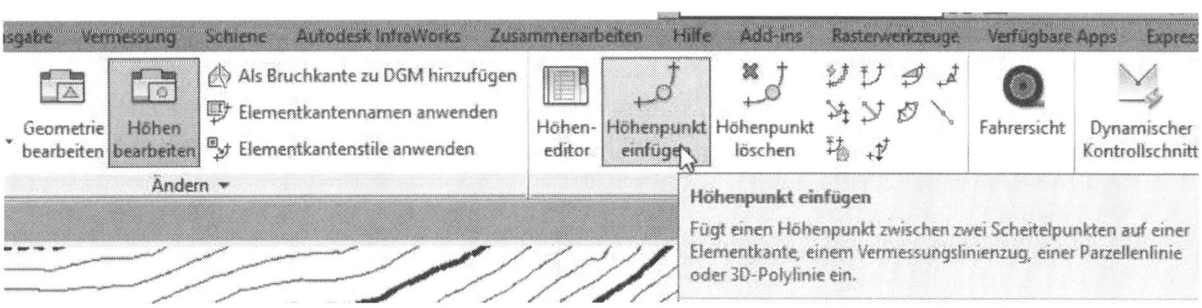

Im Buch wird nur die Funktion Höhenpunkt einfügen gezeigt.

Ein Höhenpunkt ist ein Punkt, der keine Änderung der Linien-Richtung zulässt oder beinhaltet, aber die Linien-Höhe ändern kann.

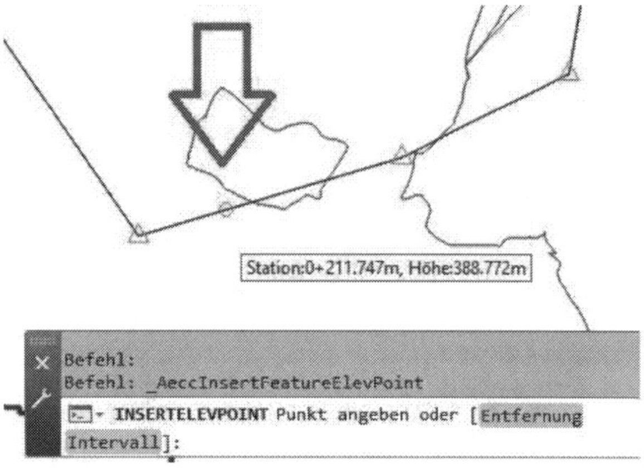

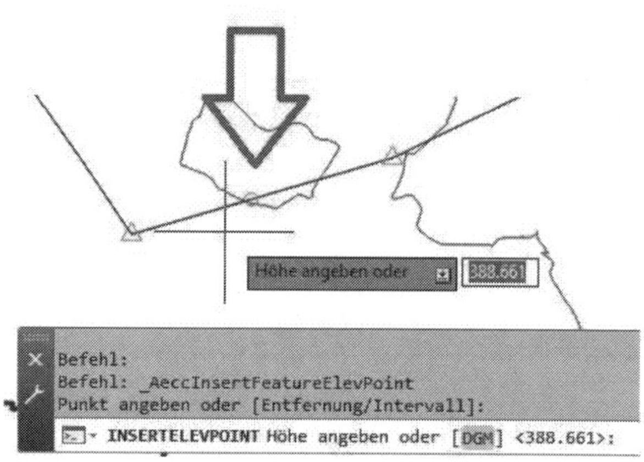

In die Ausganssituation (Elementkante) ist jetzt ein Stützpunkt und ein Höhenpunkt zusätzlich eingefügt.

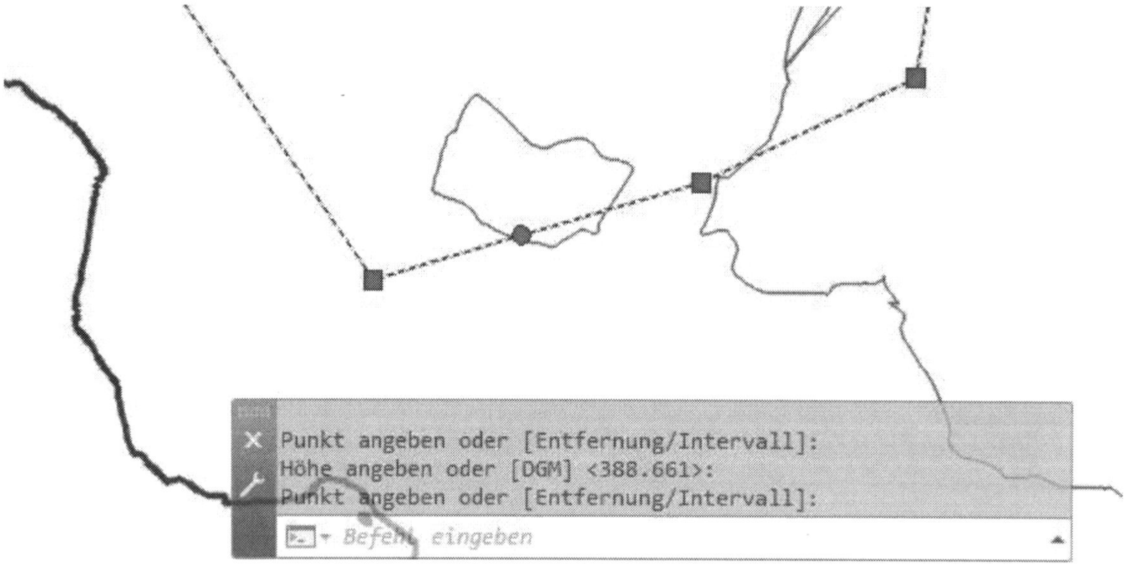

Bearbeitungsoptionen im Höheneditor

Der Höheneditor zeigt von der Elementkante den Stationswert, Höhe, Länge (Entfernung) und Neigung zum nächsten Stützpunkt-Punkt (grüne Dreiecke) oder Höhen-Punkt (grüne Kreise) an. Wird der Höheneditor zu Elementkante geöffnet, dann zeigt jedes Auswählen einer Zeile im Höheneditor, die Position des Punktes in der Zeichnung an.

Eventuell ist zuvor „Esc" zu drücken, zum Aufheben der Elementkanten-Auswahl in der Zeichnung.

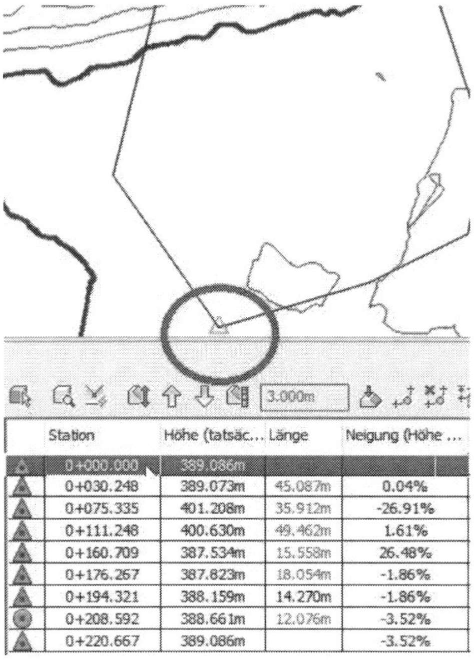

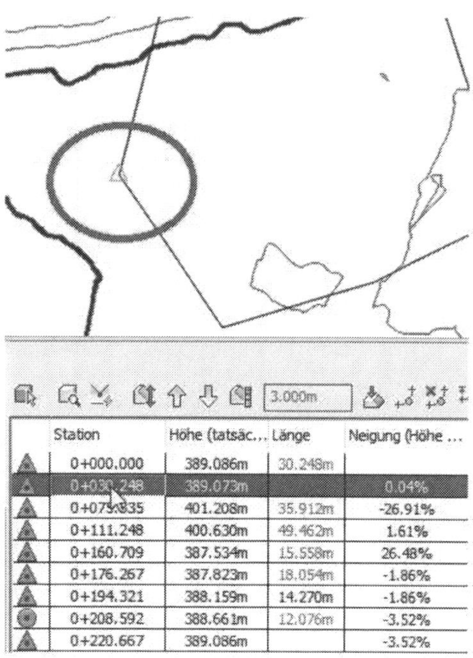

Um einige Bearbeitungsoptionen zu erläutern, wird angenommen, die Elementkante ist die Grundflächen eines Wasserbeckens. Ein Wasserbecken sollte in der Grundfläche nicht waagerecht angelegt sein. Am tiefsten Punkt (Station 0+160.709. Höhe 387.534) soll es einen Auslauf geben. Die Grundfläche soll vom gegenüberliegenden Rand zum Auslauf eine Neigung von 2 – 5% haben. Bei wenig Wasser im Becken soll das Wasser am Auslauf zusammenfließen.

Es sind für eine Bearbeitung gleichzeitig mehrere Stütz-Punkte auswählbar und es ist die Höhenvorgabe über die Neigung mehrerer Punkte oder über einen einzelnen Punkt möglich.

Zeilenauswahl, einzelne Zeile:

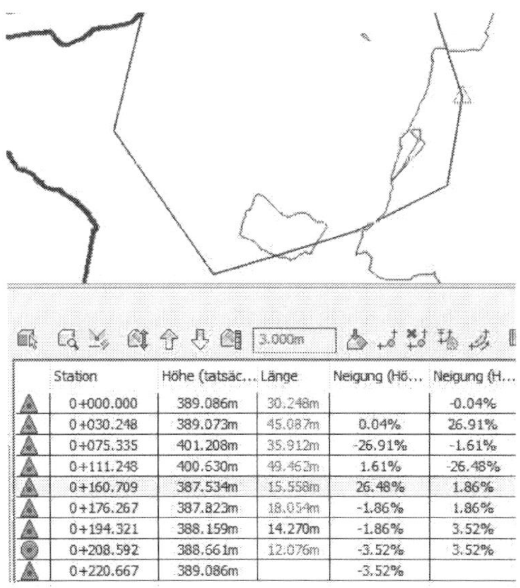

Wertänderung, mehrere Zeilen:

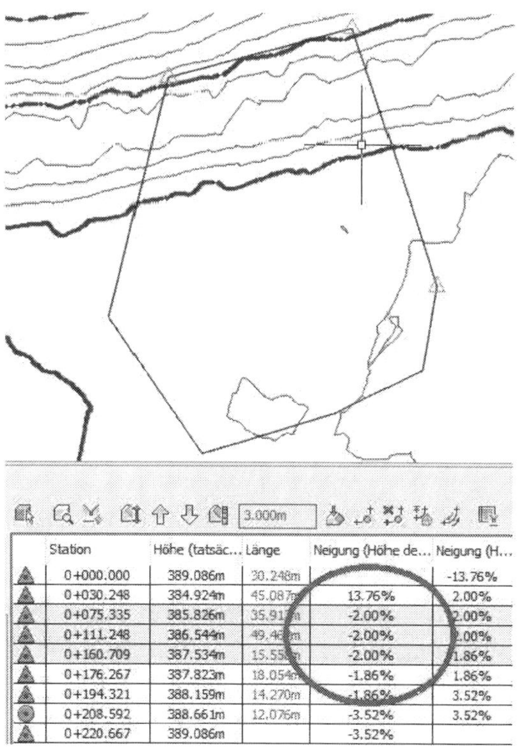

Einzelne Höhen können überschrieben, kopiert und eingefügt sein.

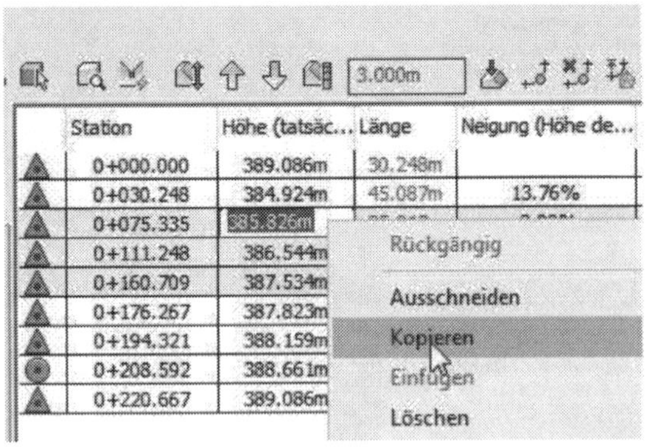

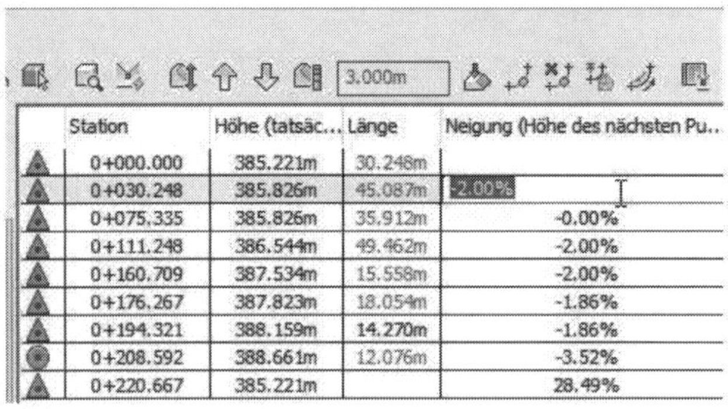

Die Höhenberechnung kann auch über Interpolation („Abflachen") erfolgen.

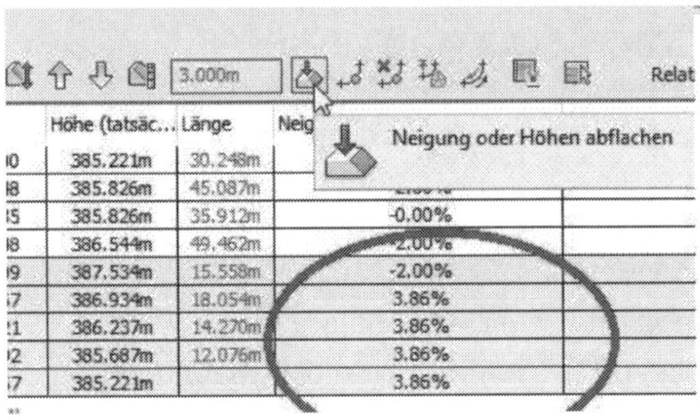

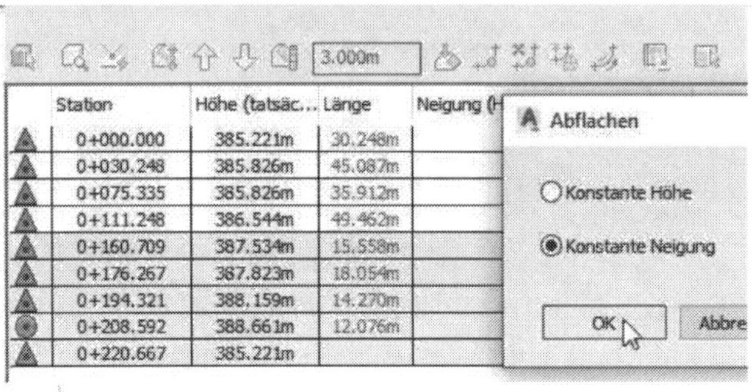

Zum Nachweis der Neigung in der Grundfläche (angenommene Wasserbecken-Fläche) wurde ein DGM erstellt (Darstellungs-Stil „Höhenlinien 1m – 20cm"). Die Elementkante wird dem DGM als Bruchkante zugewiesen und das DGM beschriftet (Beschriftung, DGM, Neigung-Verhältnis, 2 Punkte).

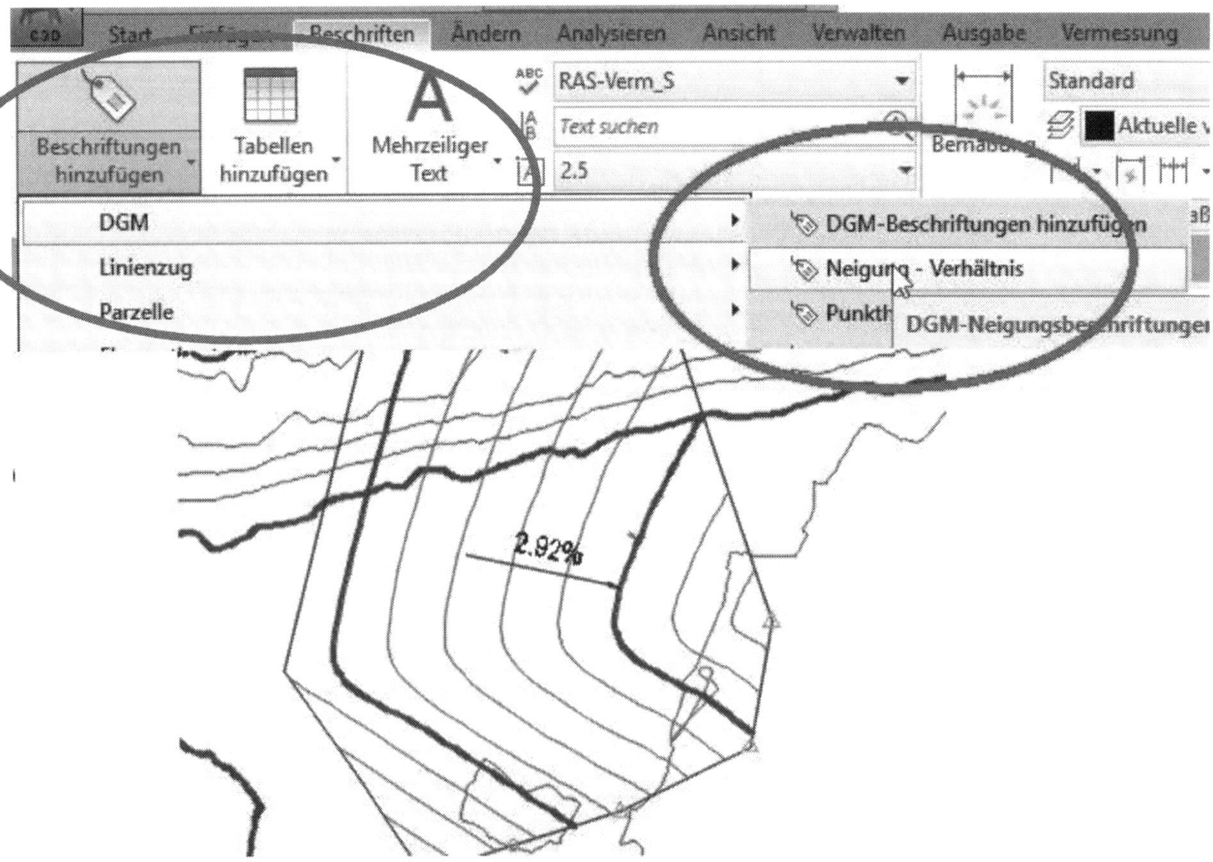

Umwandlung der 2. Polylinie in eine Elementkante

Für die 2. Polylinie wird zur Umwandlung in eine Elementkante ein in Details anderer Weg genutzt. Neben „Höhen zuweisen“ wird die Option „Punkte bereinigen“ aktiviert.

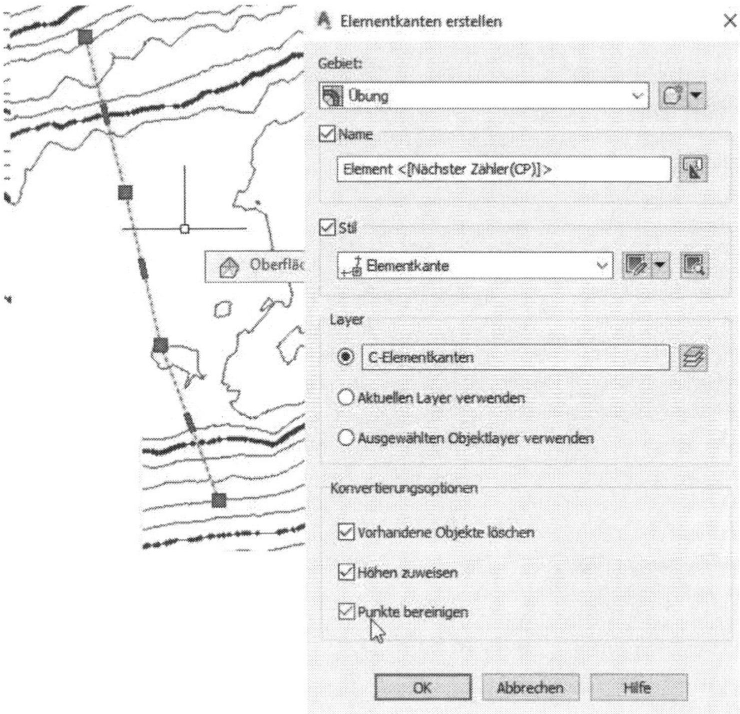

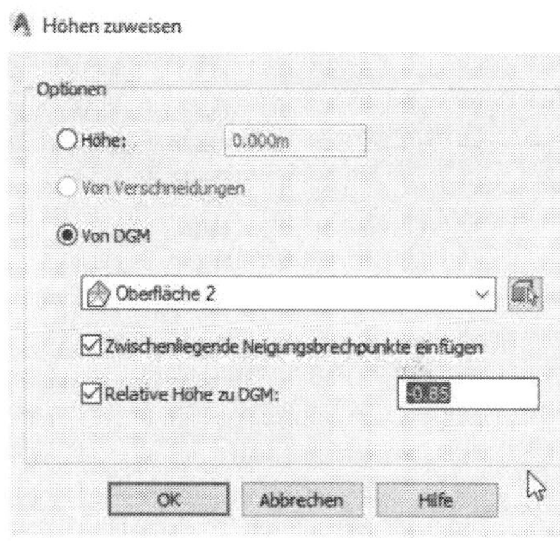

Die Höhe wird vom DGM gelesen, mit dem Zusatz „Zwischenliegende Neigungsbrechpunkte einfügen“ und „Relative Höhe zu DGM“ (Wert -0.85).

Mit der Bestätigung der Eingabe „OK“ öffnet sich ein Feld „Scheitelpunkte bereinigen“. Dieses Feld ist das Resultat der aktivierten Funktion „Punkte bereinigen“.

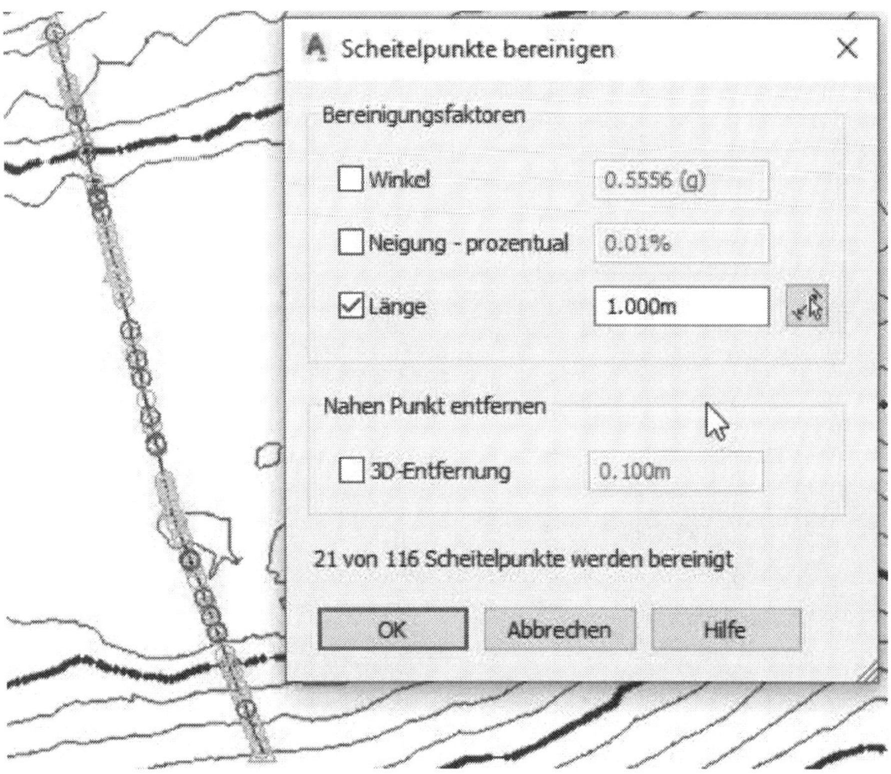

Die Elementkante hat neben den Stützpunkten (jetzt grüne Dreiecke) zusätzliche „Höhenpunkte" (jetzt grüne Kreise). Diese Punkte sind Resultat der Funktion „Zwischenliegende Neigungsbrechpunkte einfügen".

Die aktivierte Funktion „Länge" (Wert 1m) bereinigt die Höhenpunkte mit einem Abstand unter 1m (rote Kreise).

Die Neigungsbrechpunkte sind „Knicke, die an jeder einzelnen Dreiecksmasche errechnet werden. Die Dichte der Neigungsbrechpunkte richtet sich nach dem Detailierungsgrad des DGMs.

2D-Darstellung

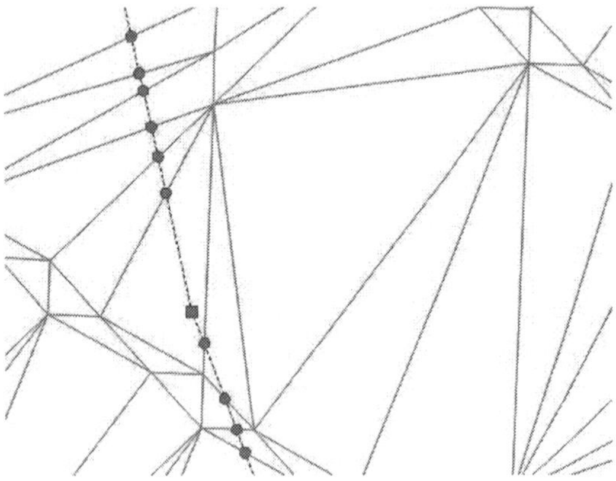

3D-Darstellung

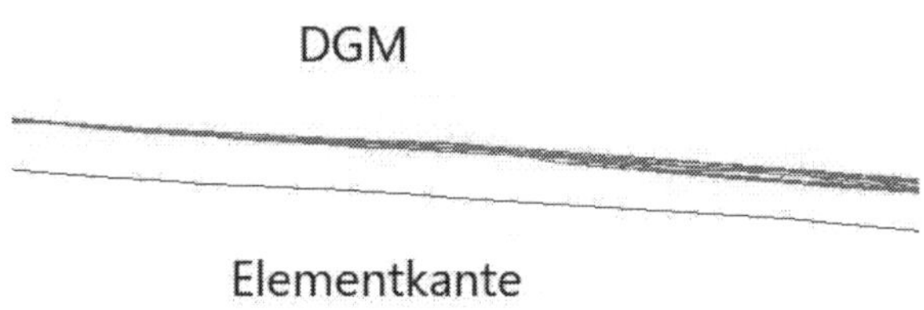

Resultat:

Diese Elementkante ist die klassische Ausgangssituation für eine Gas- oder Trinkwasserleitung (Berücksichtigung der Frosteinwirkzone, - des Sicherheitsabstands zur Oberfläche, der Abstand zum DGM ist frei einstellbar). Bestandteil der Funktionen Kanalnetz (Rohre/Leitungen) sind die Befehle „... **aus Objekt erstellen**". Als Ausgangs-Objekt für diesen Befehl sind auch Elementkanten verwendbar.

Kanalwerkzeuge:

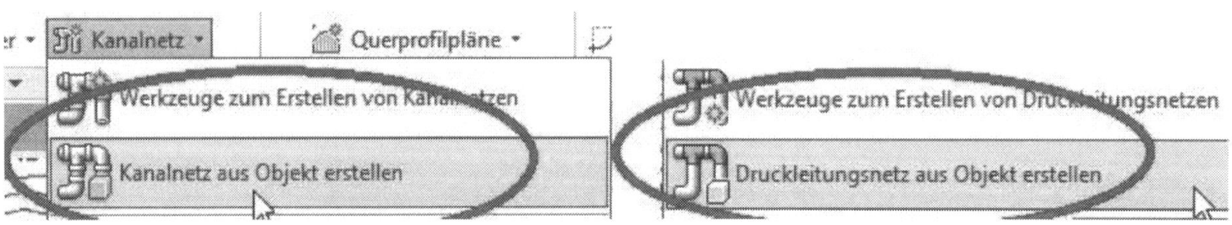

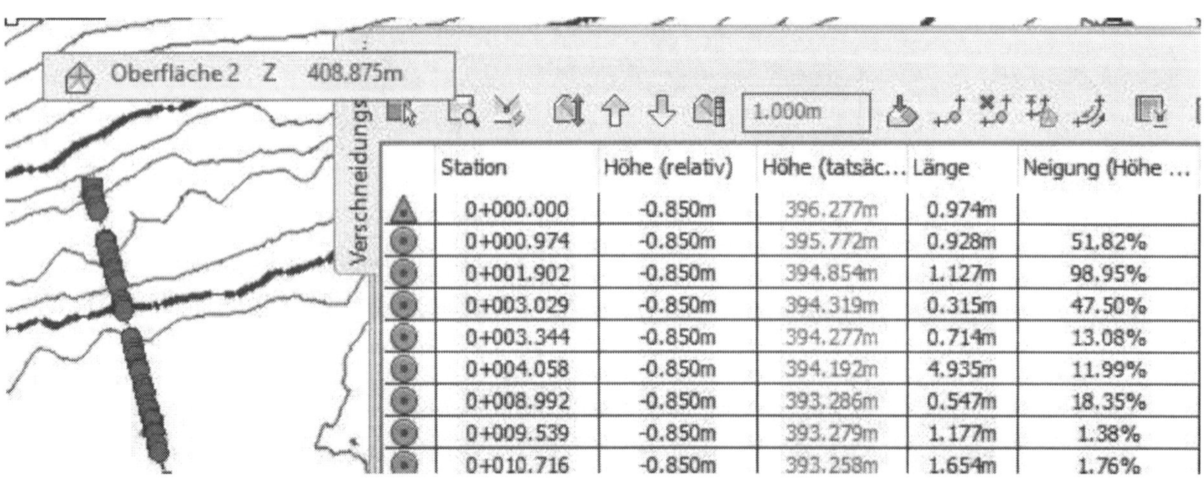

Station	Höhe (relativ)	Höhe (tatsäc...	Länge	Neigung (Höhe ...
0+000.000	-0.850m	396.277m	0.974m	
0+000.974	-0.850m	395.772m	0.928m	51.82%
0+001.902	-0.850m	394.854m	1.127m	98.95%
0+003.029	-0.850m	394.319m	0.315m	47.50%
0+003.344	-0.850m	394.277m	0.714m	13.08%
0+004.058	-0.850m	394.192m	4.935m	11.99%
0+008.992	-0.850m	393.286m	0.547m	18.35%
0+009.539	-0.850m	393.279m	1.177m	1.38%
0+010.716	-0.850m	393.258m	1.654m	1.76%

Bearbeitung der 2. Elementkante

Alle Bearbeitungsoptionen Höheneditor stehen auch für die 2.Elementkante uneingeschränkt zur Verfügung. Zusätzlich kann die Abhängigkeit zum DGM gewechselt - oder ab geschalten werden.

Abhängigkeit vom DGM:

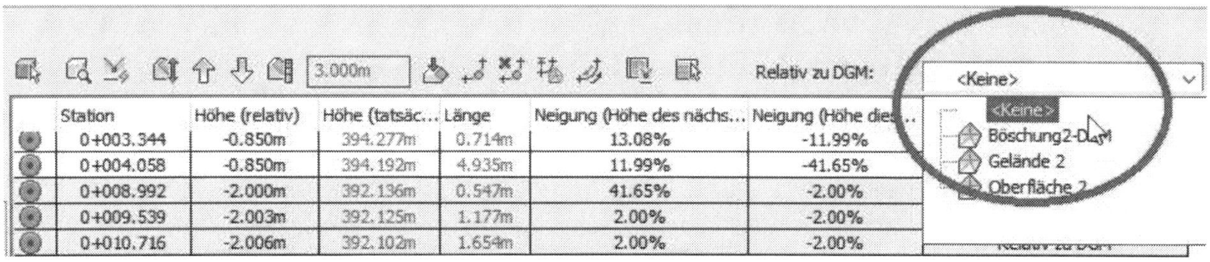

Station	Höhe (relativ)	Höhe (tatsäc...	Länge	Neigung (Höhe des nächs...	Neigung (Höhe dies...
0+003.344	-0.850m	394.277m	0.714m	13.08%	-11.99%
0+004.058	-0.850m	394.192m	4.935m	11.99%	-41.65%
0+008.992	-2.000m	392.136m	0.547m	41.65%	-2.00%
0+009.539	-2.003m	392.125m	1.177m	2.00%	-2.00%
0+010.716	-2.006m	392.102m	1.654m	2.00%	-2.00%

Höhen-Bearbeitungsoption sind für alle Höhen - auch für einzelne Höhen oder Höhenbereiche möglich. Die Höhenbearbeitung kann auch durch Eingabe in der Spalte Neigung erfolgen. Die Höhe errechnet sich dann aus der vorgegebenen Neigung.

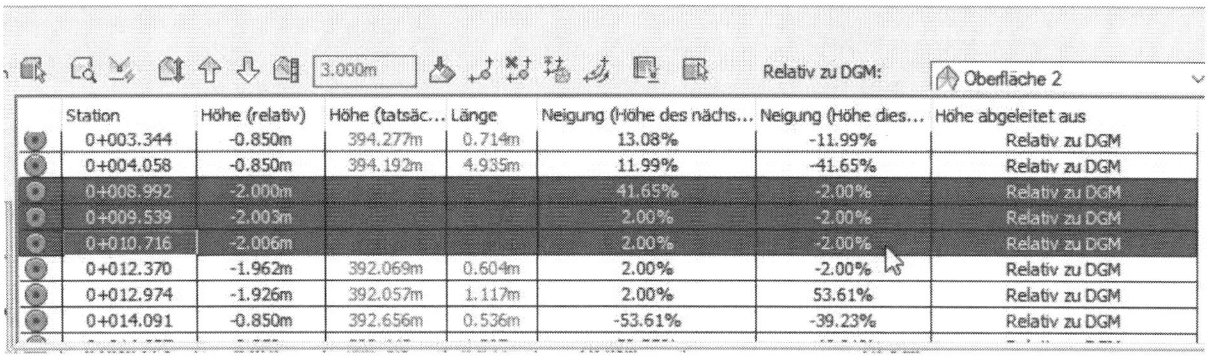

Station	Höhe (relativ)	Höhe (tatsäc...	Länge	Neigung (Höhe des nächs...	Neigung (Höhe dies...	Höhe abgeleitet aus
0+003.344	-0.850m	394.277m	0.714m	13.08%	-11.99%	Relativ zu DGM
0+004.058	-0.850m	394.192m	4.935m	11.99%	-41.65%	Relativ zu DGM
0+008.992	-2.000m			41.65%	-2.00%	Relativ zu DGM
0+009.539	-2.003m			2.00%	-2.00%	Relativ zu DGM
0+010.716	-2.006m			2.00%	-2.00%	Relativ zu DGM
0+012.370	-1.962m	392.069m	0.604m	2.00%	-2.00%	Relativ zu DGM
0+012.974	-1.926m	392.057m	1.117m	2.00%	53.61%	Relativ zu DGM
0+014.091	-0.850m	392.656m	0.536m	-53.61%	-39.23%	Relativ zu DGM

Alle Funktion, die zur Erstellung der Elementkante ausgewählt wurden, lassen sich nachttäglich nochmals starten, um der Elementkante andere, wiederum neue Eigenschaften zu geben. Beispielhaft werden hier nur die zwei Funktionen gezeigt, die bereits Bestandteil der Erstellung waren.

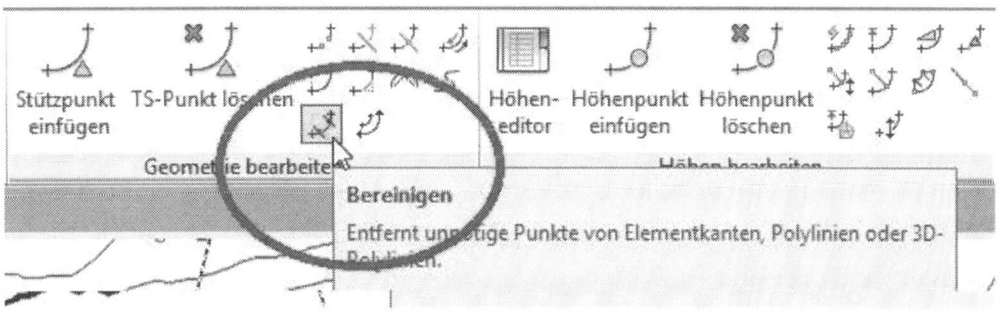

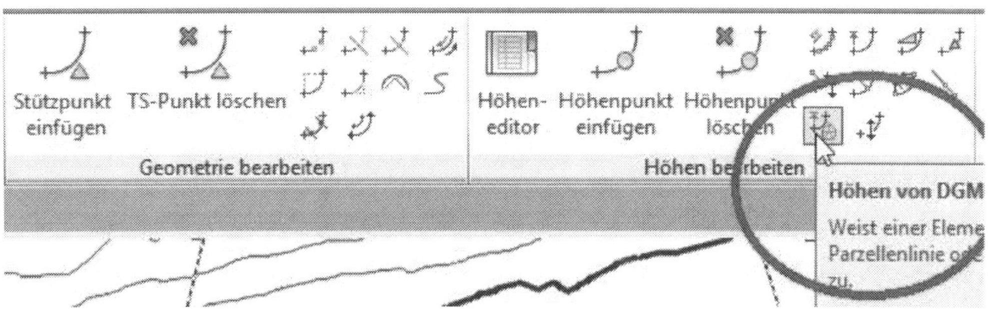

5.4.3 Verwendung von Elementkanten

Im ersten Teil des Kapitel 5 wurde eine Elementkante als Flächenbegrenzung einer angenommenen Materiallagerfläche verwendet. Das ist nicht der einzige Anwendungsfall. Folgende weiter Anwendungsfälle sind möglich:

- Wasserbecken, geneigte Grundfläche, Verschneidung nach außen
- Deponie, Deponie-Krone, Verschneidung nach außen
- Baugrube, Liegenschaftsgrenze, Verschneidung nach innen-unten
- Deponie, Deponiekörper-Grenze, Verschneidung nach innen-oben
- Rohrleitung, Regenwasser, Schmutzwasser, Vorgabe der Rohrleitungsneigungs-Neigung (7. Kapitel)
- Rohrleitung, Trinkwasser, Gasleitung, Sicherheitsabstand (Frosteinwirkzone) zum DGM (7. Kapitel)
- Basislinie des 3D-Prfilkörpers, Verkehrsinseln, begrünte Bereiche auf Straßen oder Parkplätzen (6. Kapitel)
- Bestandteile des 3D-Profilkörpers, 3D-Profilkörper-Kanten (6. Kapitel)
- Bruchkaten eines DGM, Vorgabe der Neigung oder Fließrichtung des Wassers (4. Kapitel, „Zeichnungselemente")
- Elementkanten können in Höhen- und Querprofilplänen mit der Höhe abgebildet sein und lassen sich im Höhenplan bearbeiten. Die Höhenänderung ist dynamisch mit dem Lageplan verknüpft.

Die Verwendung von Elementkaten reichen über alle Bereiche des Civil 3D, von DGM über die Konstruktion von „Unregelmäßige Baukörper", „Langgestreckte Baukörper" bis „Rohr/Leitungen".

5.4.4 Linientypen (Darstellungs-Stil)

Bestandteil der Elementkanten-Eigenschaft und damit des Elementkanten-Stils ist nicht nur eine Farbe, sondern auch ein Linientyp, ähnlich dem Linientyp bei Polylinien im AutoCAD. Es sind sogar die gleichen *.lin Dateien in Verwendung.

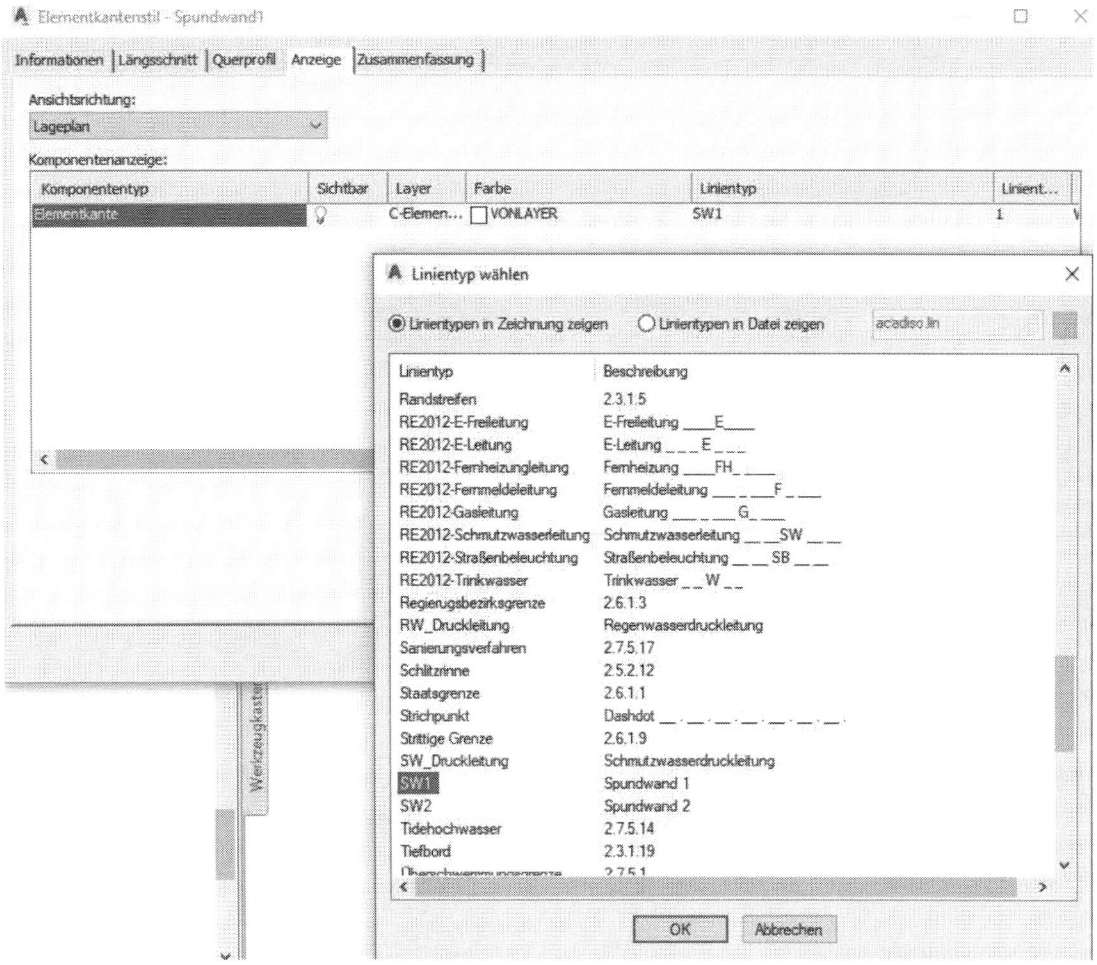

Der 2. Elementkante wurde der Darstellungs-Stil „Stützwand“ zugewiesen. Obwohl die Elementkante schräg im Raum liegt (-085m relativer Abstand zum DGM) bleibt der Linien-Typ ohne Einschränkung dargestellt.

2D Darstellung

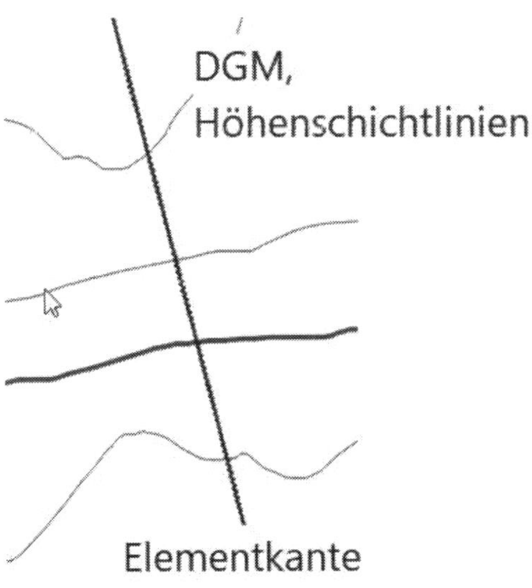

3D-Darstellung

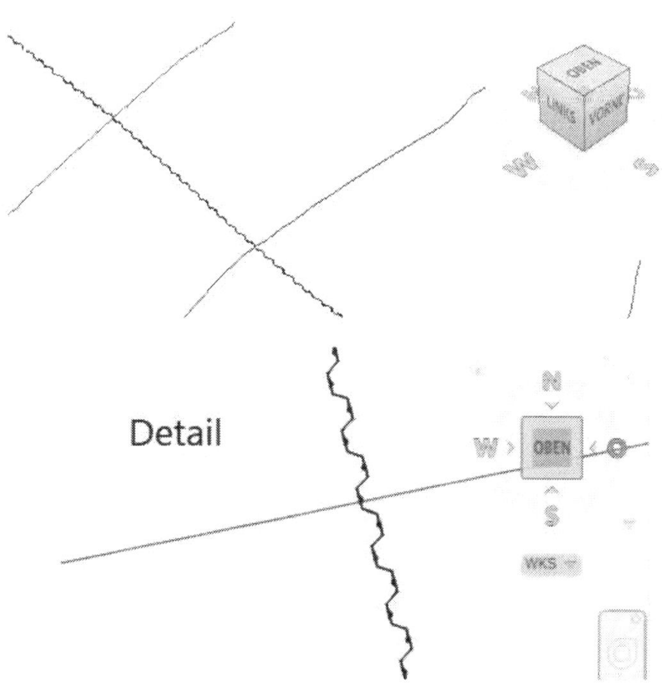

5.4.5 Löschen von Elementkanten

Für die meisten Civil 3D Objekte gibt es den Befehl „Löschen“ im Projektbrowser. Der Befehl steht in Abhängigkeit davon zu Verfügung (eingeblendet oder ausgeblendet), ob ein Objekt verwendet wird, oder ob es Unterobjekt anderer Konstruktionen ist.

Die Elementkante ist eine Ausnahme. Elementkanten sind nur über den Projektbrowser auswählbar, ein Löschen ist mit Hilfe des Projektbrowser nicht möglich.

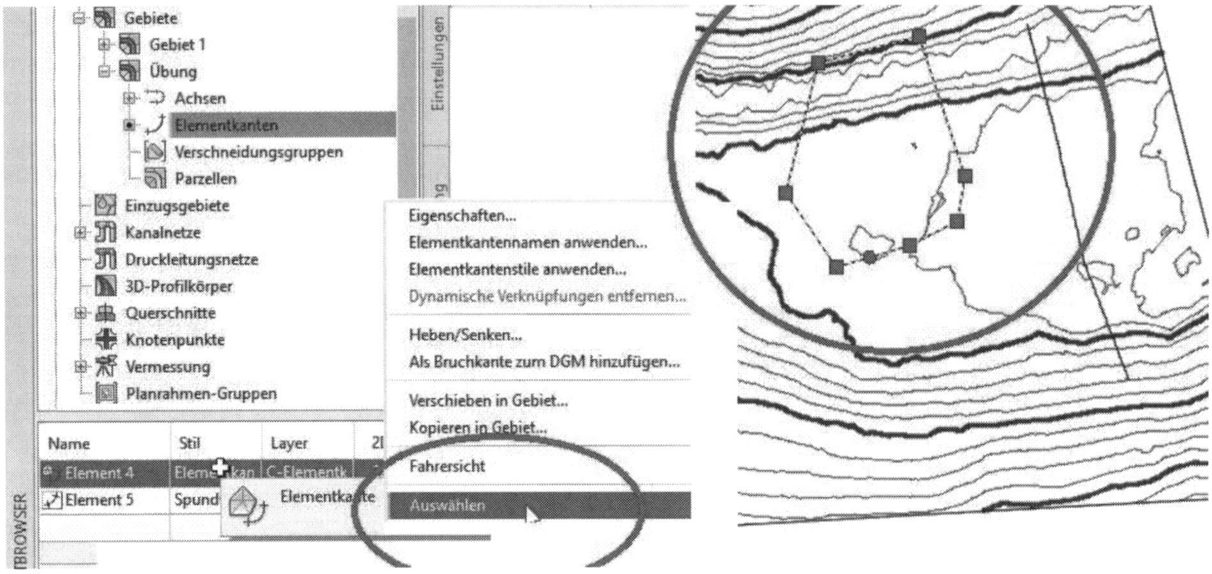

Für das Löschen von Elementkanten ist die AutoCAD-Funktion „Löschen“ zu nutzen.

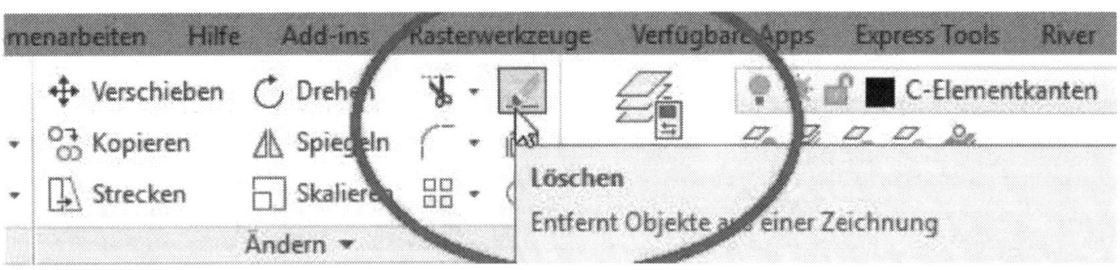

Beide Elementkanten werden mit AutoCAD-Löschen gelöscht. Für das nächste Kapitel sollen nur DGM „Oberfläche 2“, Verschneidung und Verschneidungs-DGM (Böschung2, Böschung2-DGM) in der Zeichnung bleiben.

5.5 Autodesk „Verschneidung“, Eigenschaften von Verschneidungen

5.5.1 Schraffur-Voreinstellung und -Optionen

In diesem Kapitel wurde eine „Materiallagerfläche“ mit Hilfe einer Elementkante (Vorgabe von Höhen) und einer Verschneidung erstellt (Böschungskonstruktion zum DGM „Oberfläche 2“).

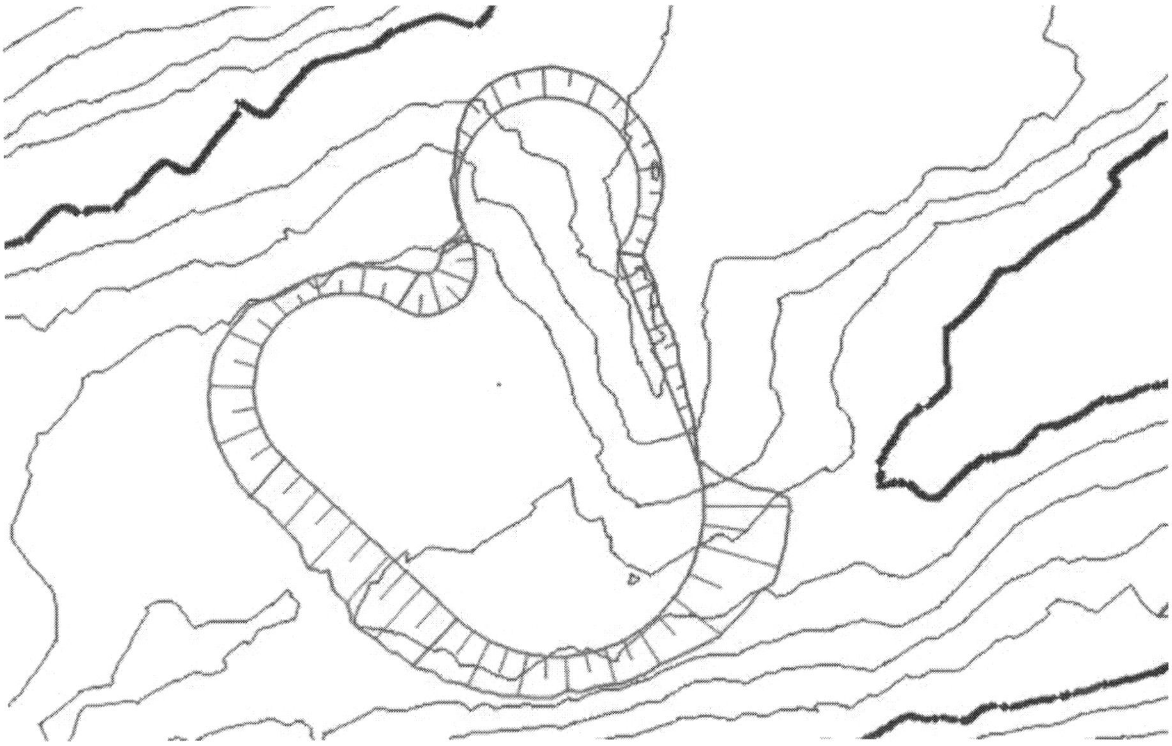

Dieser Böschungskonstruktion ist automatisch eine Schraffur zugewiesen (Auftrag – „grün“, Abtrag – „braun“). Diese Schraffur ist wie alle Darstellungs-Stile eine zugängliche und änderbare Eigenschaft.

Der Zugang erfolgt über die „Verschneidungswerkzeuge“.

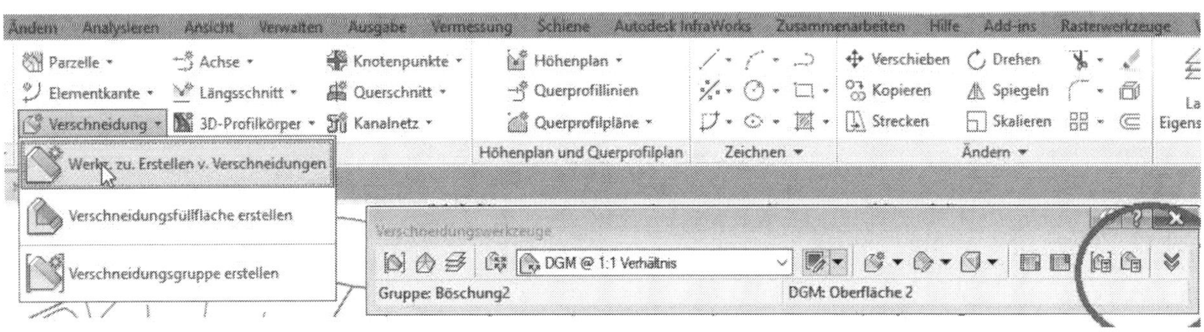

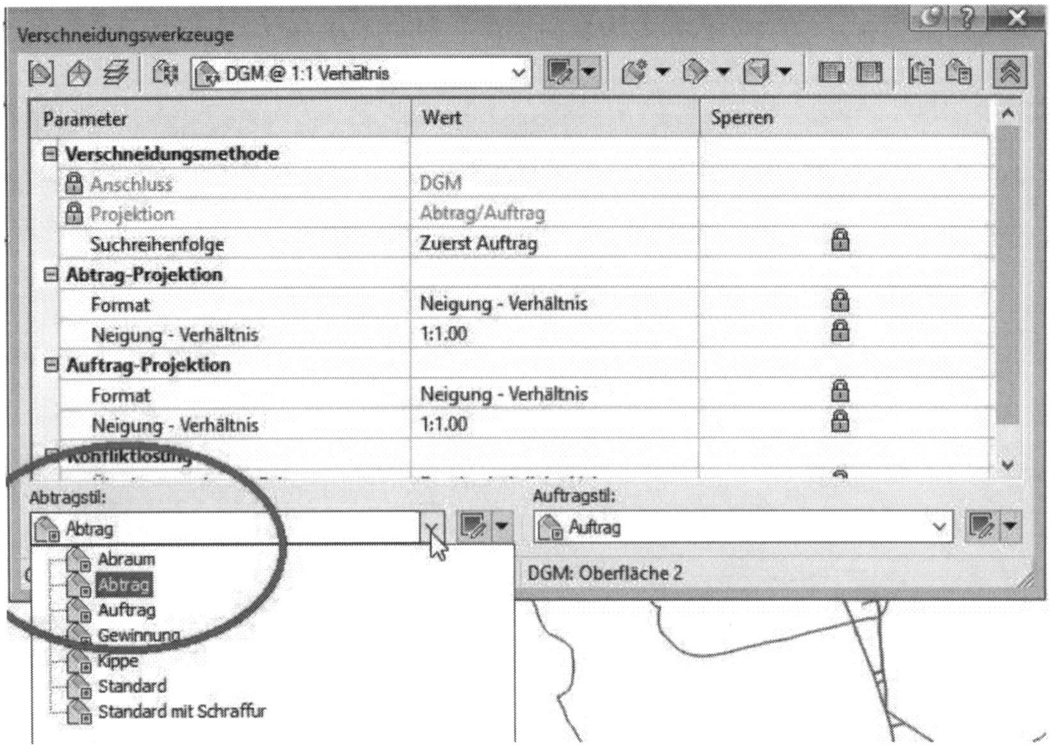

Für jeden Befehl ist die Art der Schraffur vorgegeben. Auch die Schraffuren selbst können bearbeitet werden, so dass für jeden Anwendungsfall normgerechte Darstellungen vorliegen können.

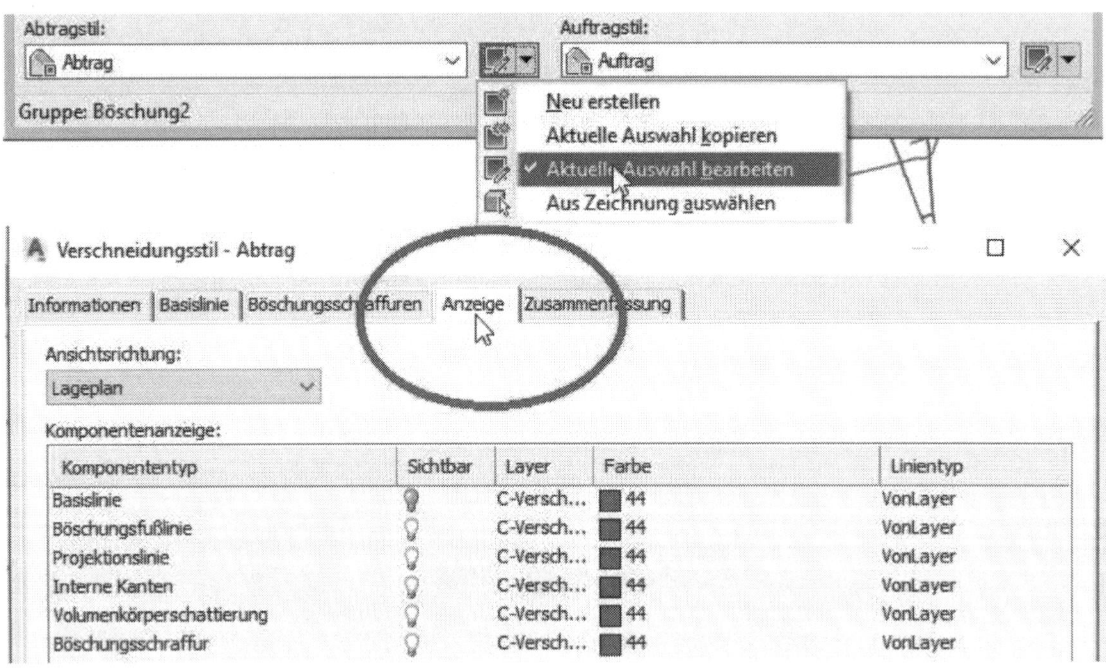

Hinweis:

Einigen Befehlen ist der Darstellungs-Stil „Standard" zugewiesen (voreingestellt). Der Darstellungs-Stil „Standard" ist hier eher als „keine Schraffur" zu verstehen. Das heißt mit zugewiesenem Darstellungs-Stil „Standard" wird die Verschneidung ausgeführt (Böschungskonstruktion) es wird jedoch keine Böschungs-Schraffur erzeugt.

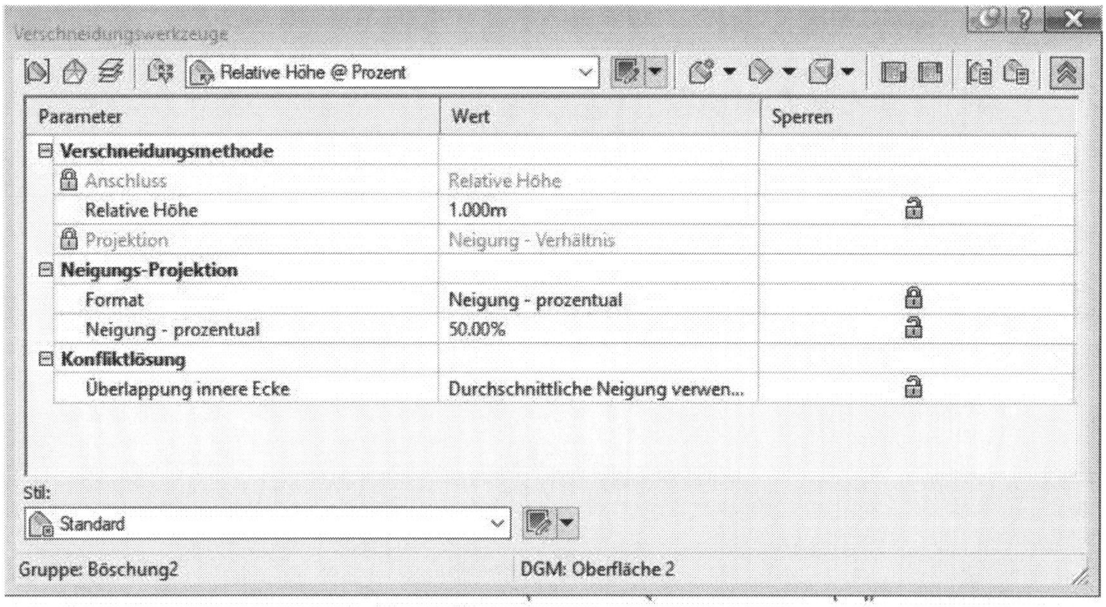

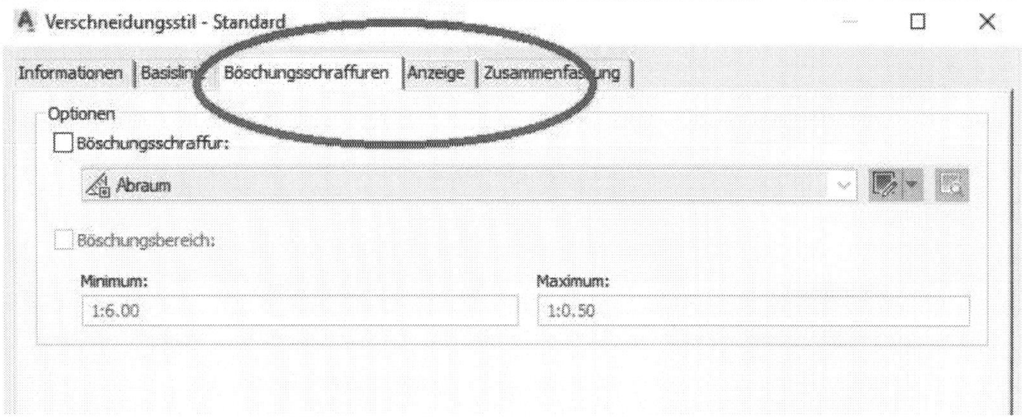

5.5.2 Befehls-Voreinstellungen, Sperren, Öffnen und Änderungsoptionen

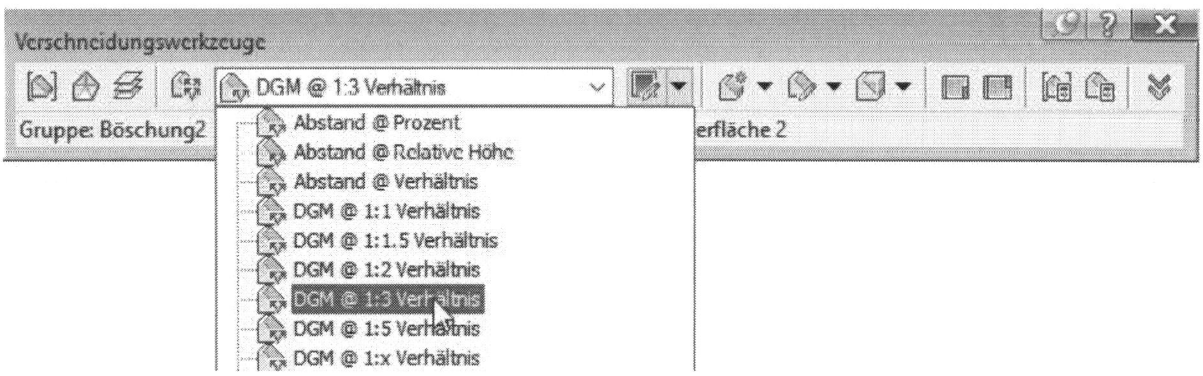

In der Liste der voreingestellten Verschneidungsbefehle (Verschneidungs-Kriterien-Sätze) ist unbedingt wahrzunehmen, dass einige Befehle Einstellungen haben, bei denen in der Spalte „Sperren“ ein geschlossenes „Schloss“ eingetragen ist und bei einigen an dieser Stelle ein offenes „Schloss“ zu sehen ist.

Befehl: DGM@1:1 Verhältnis

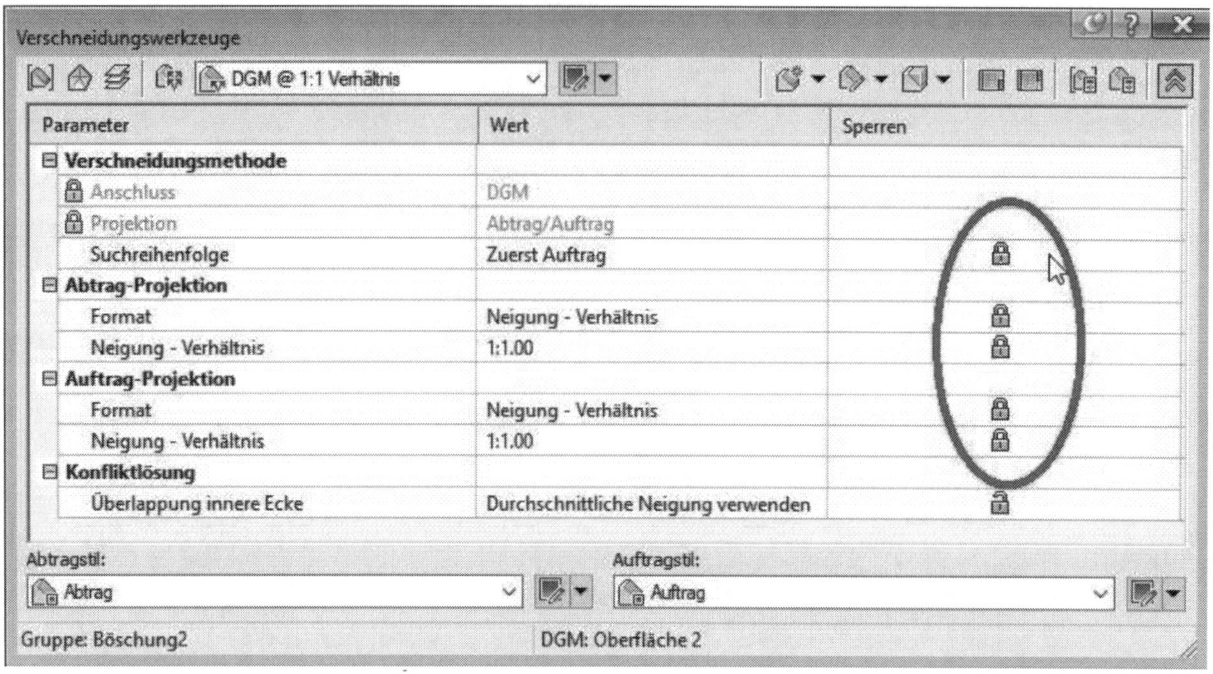

Der Unterschied ist folgender, Befehle bei denen in der Spalte „Sperren“ das „Schloss zu“ eingetragen ist, nehmen den eingetragenen Wert (Spalte Wert) als absolut an. Innerhalb des Befehls oder später in der Zeichnung ist ein Ändern der erstellten Verschneidung nicht möglich.

Im Fall „Schlösser“ ZU ist der Befehl „Verschneidung bearbeiten“ nicht anwendbar!

Befehl: DGM@xProzent

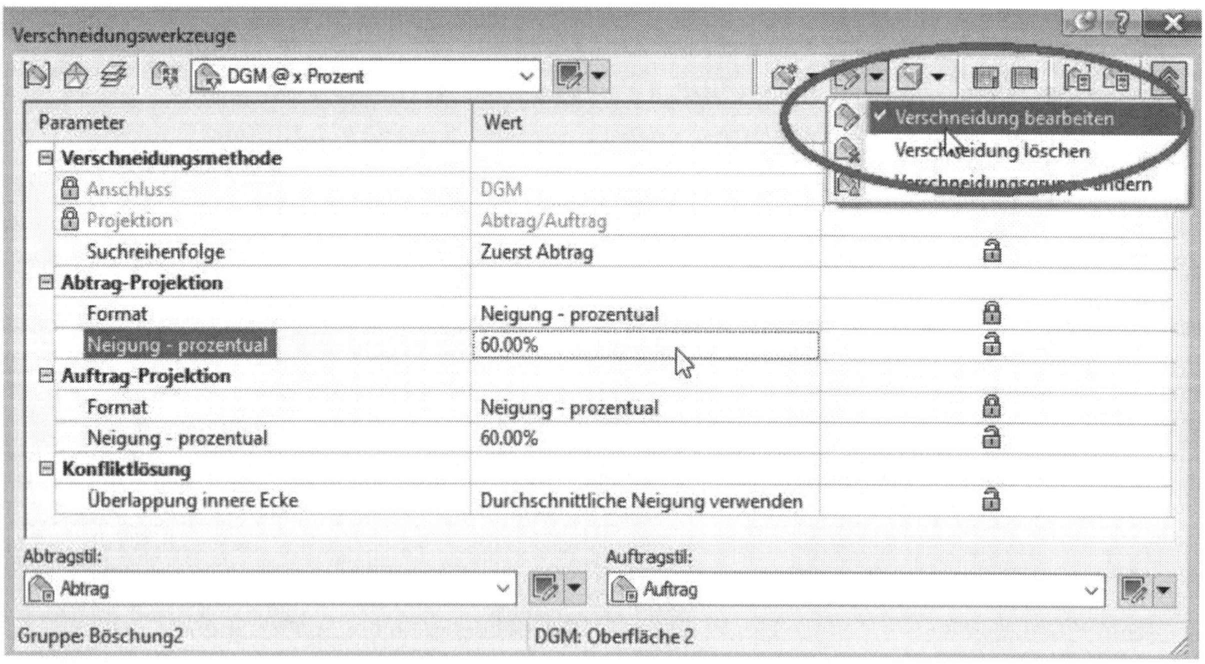

Im Befehl „DGM@xProzent“ ist zum Beispiel der Wert 60% nur ein optionaler Wert. Bei jeder Anwendung des Befehls wird der Wert 60% nur vorgeschlagen. Ist später die Verschneidung erstellt (auch bei bereits erstelltem Verschneidungs-DGM) bleibt der Wert änderbar. Er kann mit der Funktion „Verschneidung bearbeiten“ neu festgelegt werden.

Eine Änderung dieser Befehlsvoreinstellungen (geschlossene Schlösser öffnen) ist ebenfalls möglich. Alle Befehle (Verschneidungs-Kriterien-Sätze) werden mit den Voreinstellungen im Projektbrowser, Karte Einstellungen geführt.

Verschneidung, „Verschneidungskriteriensätze“

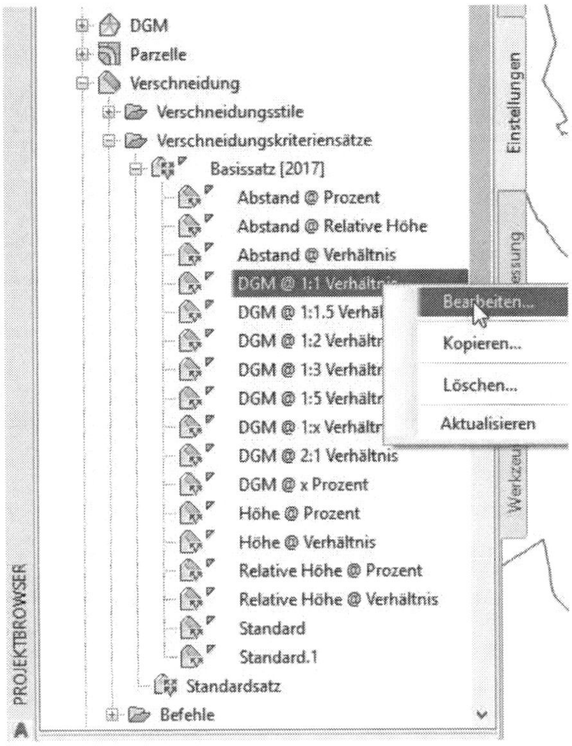

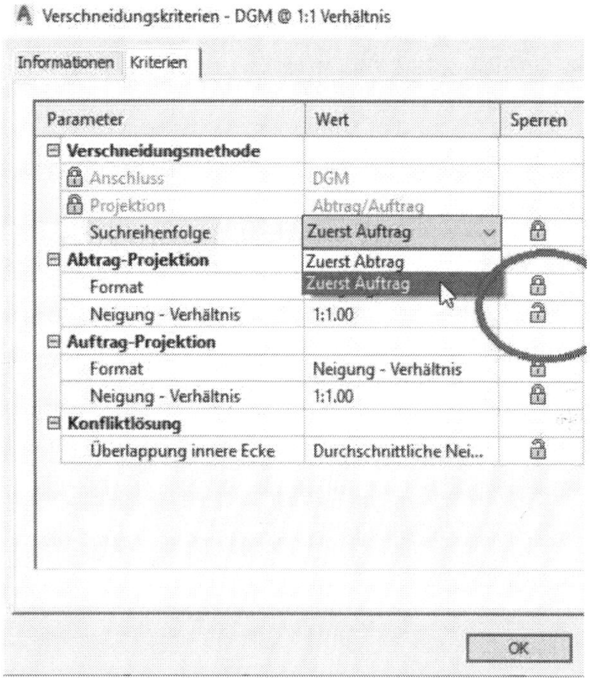

Die einzelnen Befehle oder der „Basissatz“ ist als eine „Idee“, von Autodesk vorgegeben, zu verstehen. Alle Befehle sind anpassbar oder es können komplett eigene Befehle angelegt sein, die den firmen- oder projektspezifischen Anforderungen eventuell besser gerecht werden.

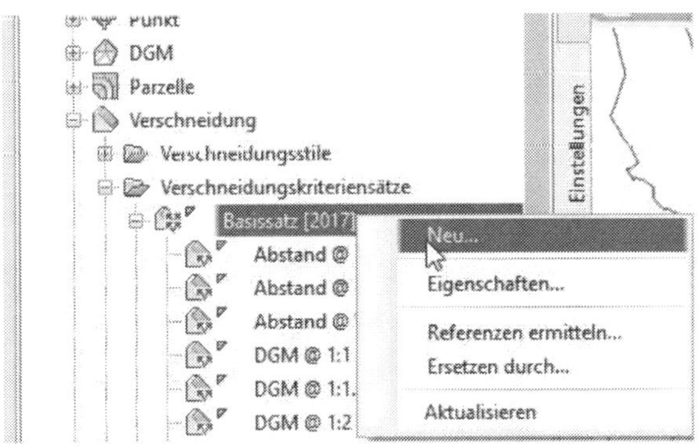

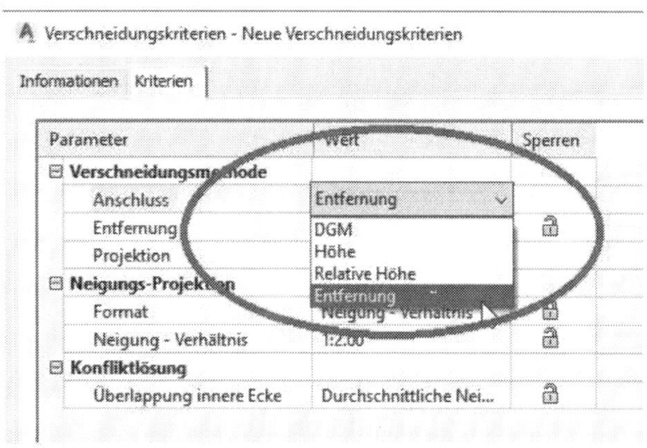

5.6 Weiterführende Themen

Zur Praxis bei solchen Projekten gehört es auch beschriftete Schnitte oder Profile (deutsch: Längsschnitt, Querprofil, „Civil3D“: Höhenplan, Querprofilplan) anzubieten oder darzustellen. Das ist natürlich auch im Civil 3D möglich.

Zu diesem Thema muss sich der Leser mit dem 6. Kapitel auseinandersetzen und eine „Achse“ erstellen (Schnittlinie, Profillinie), dann die Funktionen Längsschnitt erstellen ausführen (Verbindung von Achse und DGM) und anschließend diesen erzeugten Längsschnitt (Geländelinie) in einen Höhenplan eintragen (deutsch: Längsschnitt, Profil).

Leider kommt hier das Thema Darstellungs-Stil und Beschriftungs-Stil zu kurz. Es ist möglich die Beschriftung und die Darstellung an jede in Deutschland übliche Norm oder jeden Kundenwusch anzupassen. In den nachfolgenden Bildern werden hier lediglich optional mögliche Darstellungen und Beschriftungen gezeigt, die innerhalb der „...Deutschland.dwt“ vorbereitet sind. Das 6. Kapitel geht auf dieses Thema etwas näher ein.

Das Thema Anpassung und Bearbeitung von Darstellungs- und Beschriftungs-Stilen ist in diesem Buch nicht geplant Das Buch beschreibt lediglich Grundfunktionen, die im Civil 3D innerhalb des „Country Kit Deutschland“ vorbereitet zu Auswahl angeboten werden.

Längsschnitt und Höhenplan im Bereich der Materiallagerfläche:

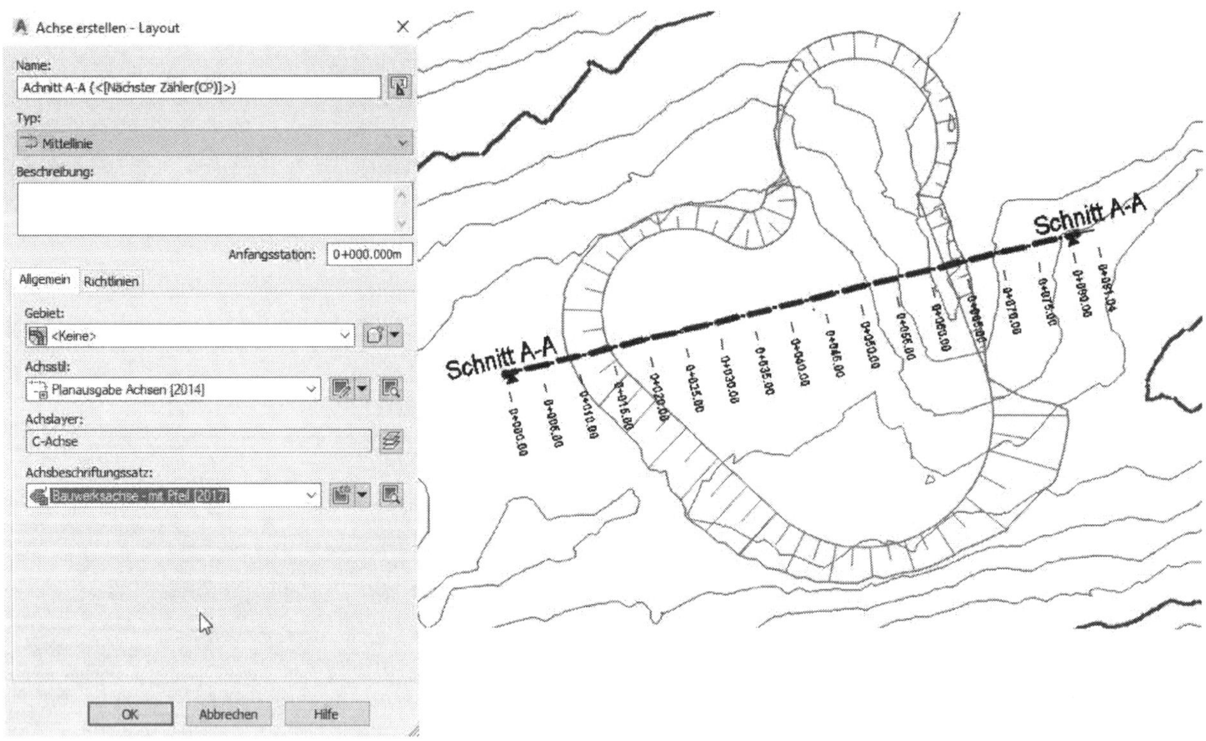

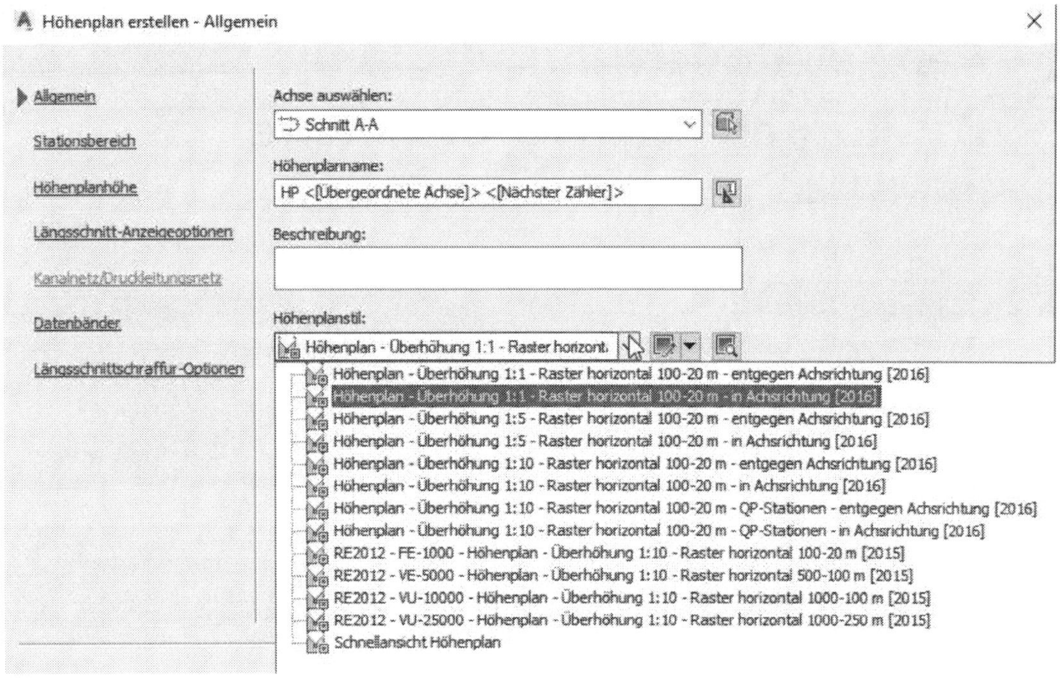

Höhenplan-Beschriftung Variante 1 (Raster):

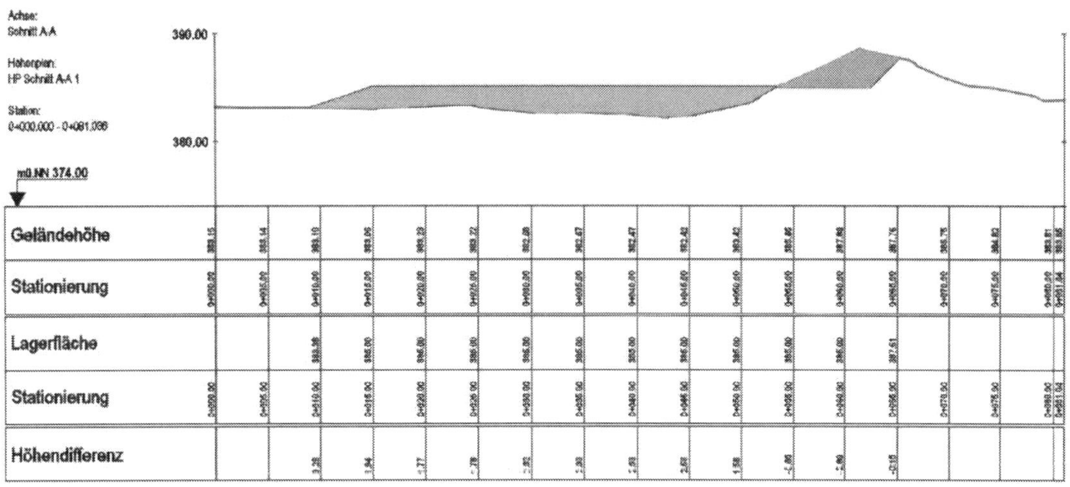

Höhenplan-Beschriftung Variante 2 (Neigungsbrechpunkte, Knick-Punkte):

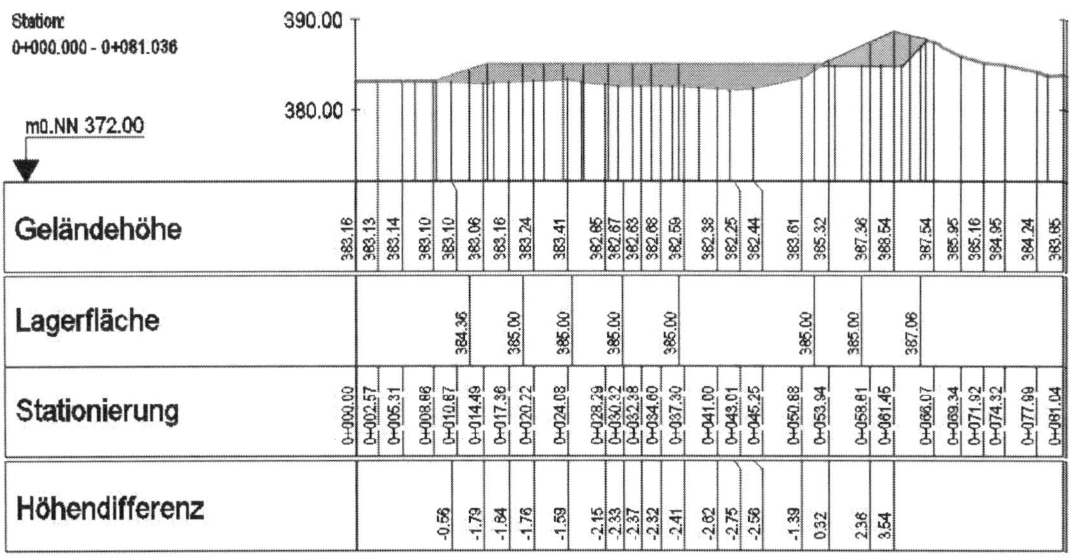

6 Kapitel, Konstruktion „lanngestreckte Baukörper“ (Achse, Gradiente, Querschnitt, 3D-Profilkörper)

6.1 Vorwort

Das 6. Kapitel greift auf eine Zeichnung des 5. Kapitel zurück. In der Zeichnung sollte ein DGM (Digitales Geländemodell) „Oberfläche 2“ und ein DGM „Böschung2-DGM“ enthalten sein. Diese Zeichnung ist im 5. Kapitel auf der Basis der „_AutoCAD Civil 3D 20xx Deutschland.dwt“ erstellt worden.

- **„DGM-Kapitel6.dwg“**

Basis einer Konstruktion in Civil 3D ist das DGM. Ein DGM ist die Rekonstruktion des realen Geländes oder der Oberfläche am Computer im Bereich der Planung (deutsch: Urgelände, Oberfläche, Basis-DGM, englisch: Surface). Basis für das DGM können Vermessungspunkte (3. Kapitel) Zeichnungen (4.Kapitel) oder Laser-Scan-Daten sein. Für alle folgenden Kapitel wird als Basis ein DGM benötigt, dass für die nachfolgenden Erläuterungen bereits im 5.Kapitel erstellt wurde.

6.2 Voraussetzung in Deutschland

Ein wesentlicher Teil der Beschreibung wird die Erläuterung des Code-Stil-Satzes sein. Die Beschreibung wird in erster Linie auf den Code-Stil-Satz „RStO12 Tafel1 Zeile 3 Entwurfsquerschnitt [2016]“ zurückgreifen. Das Bild zeigt den Aufruf im Projektbrowser, Einstellungen, Allgemein, Mehrzweckstile, Codestilsatz. Die Begrifflichkeit sollte in den Bereichen „Verknüpfungen“, „Punkt“ und „Profilart“ wie gezeigt in Deutsch vorliegen.

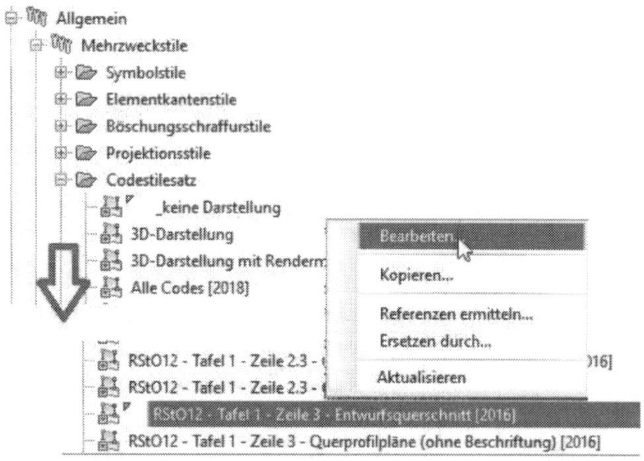

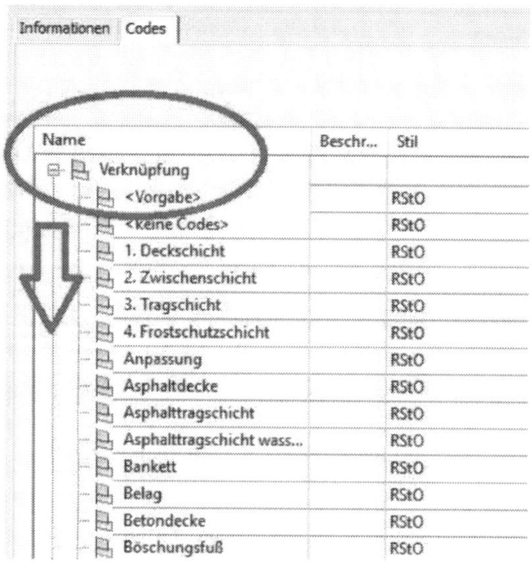

Ist das nicht der Fall, so liegt ein Fehler bei der Installation des „Country Kit Deutschland vor“.

6.3 Voraussetzung der Konstruktion

Die weitere Beschreibung geht davon aus, der Leser hat die Zeichnung „**DGM-Kapitel6.dwg**“ geöffnet. Eventuell besitzt das DGM „Böschung2-DGM“ noch den Darstellungsstil „Umring“.

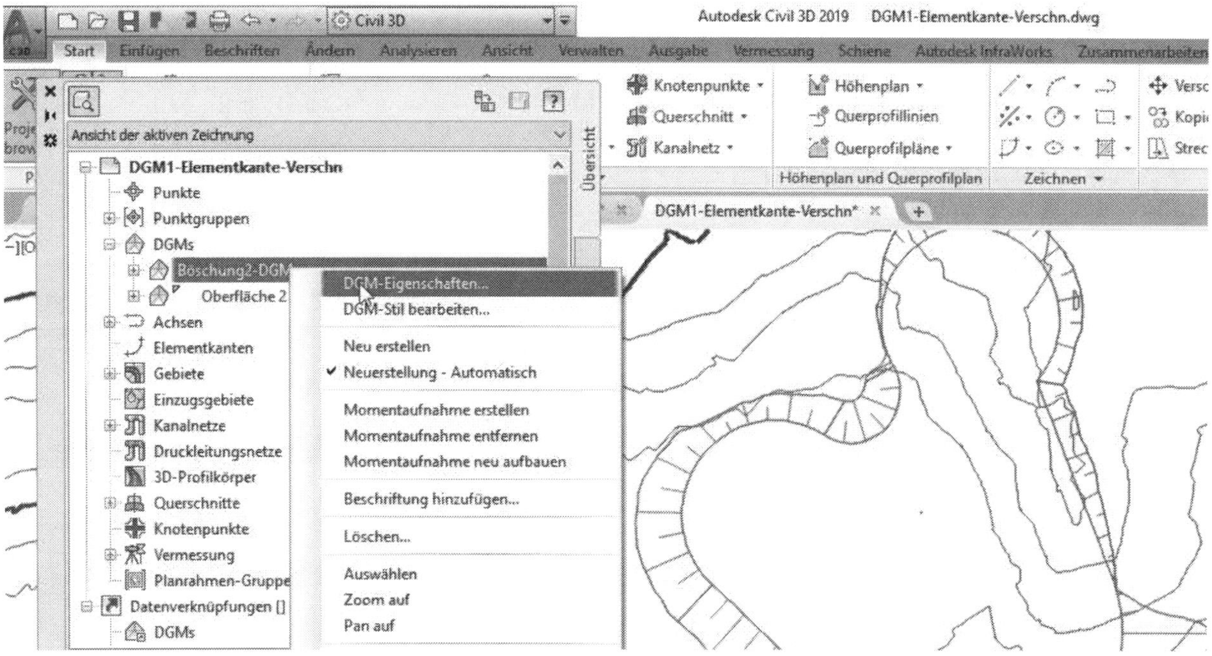

Der Stil kann auf den Darstellungsstil „Dreiecksvermaschung und Umring ROT" gesetzt werden. Das macht das Verschneidungs-DGM für die nachfolgenden Funktionen anschaulicher. Das Wechseln des Darstellungsstils ist jedoch keine technische Voraussetzung für das folgende Kapitel!

Die vorliegende Beschreibung erläutert an einem einfachen Beispiel die Konstruktionsvariante „langgestreckte Baukörper". Diese Konstruktionsvariante ist verwendbar für Straßen, Dämme, offene Fließgewässer (Fluss, Bach, offener Kanal). Als Übungs-Beispiel wird ein Zufahrtsweg zu der bereits erstellten Materiallagerfläche (Verschneidung) angenommen,, die im 5. Kapitel erstellt wurde.

Die Zufahrt (Straße, Weg) wird mit folgenden Parametern entworfen:

- 6,0m Gesamtbreite (3,0m pro Fahrbahn)
- Pult-Profil, einseitige Neigung
- drei Material-Schichten (Aufbau, eventuell BK 0.3), 54 cm Gesamtstärke
- Fahrbahn rechts, ein Bordsteiein 15x30,
- Fahrbahn links, ohne Bord, mit Bankett
- auf ein vorzubereitendes Rohlanum wird die Fahrbahn aufgebaut
- ein Mutterboden-Abtrag wird (noch) nicht betrachtet

Weitere Konstruktionsvorgaben wie Banktett, min. Längs- und Querneigung oder Straßengraben spielen in dieser Beschreibung eher eine untergeordnete Rolle. Es werden Standard-Werte für

Deutschland angenommen (Bankett 1m, Böschungsneigung 1:1.5, min. Querneigung 2.5%, Straßengraben-Breite 1,5m). Die Konstruktion dient ausschießlich dem Zweck, allgemeine Funktionen und Besonderheiten des Civil 3D zu erläutern und nicht dem Zweck eine fachlich richtige Straße zu bauen!

Der Arbeitsablauf gliedert sich in sieben Schritte.

- **Achskonstruktion**
    - Werkzeuge zum Erstellen von Achsen (freie Achskonstruktion)
    - Achsinterpolation oder -Berechnung aus Vermessungsinformationen (Liegenschaftsgrenzen, Linien oder Punkte)
    - Umwandlung einer vorgegebenen Konstruktion in eine Civil 3D- Achse
    - Achsparallele erstellen, Verbundene Achsen
    - Gleisachse
- **Längsschnitt, Höhenplan, Gradienten-Konstruktion**
- **Querschnitt** (Eigenschaften)
- **3D-Profilkörper**
- **Ausgaben, Ergebnisse**
    - 3D-Profilkörper im Lageplan
    - Querprofillinien (Querprofilstationen), Querprofilpläne
    - Mengen, Mengenberechnung aus Querprofilplänen, Stück-Listen
    - Absteck-Punkte
- **Querneigung**, Querneigungsberechnung
- **Fahrbahn-Breiten-Steuerung**, Fahrbahnrand

Diese sieben Schritte entsprechen den folgenden Unterpunkten „6.5" bis „6.11".

6.4 Objektdefinition „Achse", Achs-Typen, Besonderheiten

Die Achse ist ein wichtiges Ausgangsobjekt für alle nachfolgenden Schritte des 6.- und einige des 7. Kapitels. Im 5. Kapitel wurde das Thema Achse nicht angesprochen, um nicht vorzugreifen. Das Thema Achse hätte jedoch auch in diesem Kapitel seine Daseinsberechtigung, weil in der Praxis für solche Konstruktionen, wie die Materiallagerfläche, auch eine Darstellung in „Schnitten" oder „Profilen" wichtig ist (Civil 3D: „Höhenpläne", „Querprofilpläne").

Prinzipiell ist es so, ohne eine „Achse", gibt es im Civil 3D keinen Höhenplan und keine Querprofilpläne! (deutsche Begrifflichkeit: „Schnitte" oder „Profile"

Der Leser wird in den folgenden Kapiteln den Eindruck bekommen, dass eventuell das Thema „Achse" mit „Straße" gleichzusetzen ist. Das ist absolut nicht der Fall. Der Begriff „Achse" (Englisch: „Alignment") ist eher als „Linienführung" zu begreifen. Nur im Sonderfall kann es auch eine „Linienführung" sein, die für ein Straßen-Fahrzeug (eventuell mit Entwurfsgeschwindigkeit) oder ein Schienenfahrzeug (Gleis, eventuell mit Entwurfsgeschwindigkeit) vorgesehen ist. Generell ist die Achse die Voraussetzung für den deutschen „Schnitt" oder das „Profil" (Civil 3D: „Höhenplan", „Querprofilpläne").

Im 7. Kapitel (Rohre/Leitungen) wird für den Kanal-Längsschnitt (Höhenplan) auch eine Achse benötigt. Diese Achse wird dann mit einer Sonderfunktion, als Hilfestellung, erstellt. Technisch ist es jedoch auch dort die gleiche Achse, mit den gleichen Funktionen, wie hier im 6. Kapitel vorgestellt. Eine Bearbeitung oder Nachbearbeitung kann genauso, auch an dieser Achse, wie hier beschrieben erfolgen.

Zu jeder Achs-Erstellungsvariante gehört absolut unabhängig die „Objekt-Definition". Wichtigste Bestandteile der Objektdefinition „Achse" sind der Achsnamen, der Darstellungsstil und der Beschriftungssatz. Der Achsnamen kann frei vergeben werden, es sollte jedoch ein Projektbezug hergestellt sein. Prägnante Namen helfen bei einer eventuellen Fehlersuche. Im Beispiel wird „Zufahrt" verwendet.

Als Darstellungsstil empfehle ich im „Entwurf" den Stil „Achskonstruktion Hauptachsen [2014]" zu wählen. Ist die Achse entwickelt, so ist später (zum Beispiel zum Drucken) auf den Darstellungs-Stil „Planausgabe Achsen [2014]" zu wechseln.

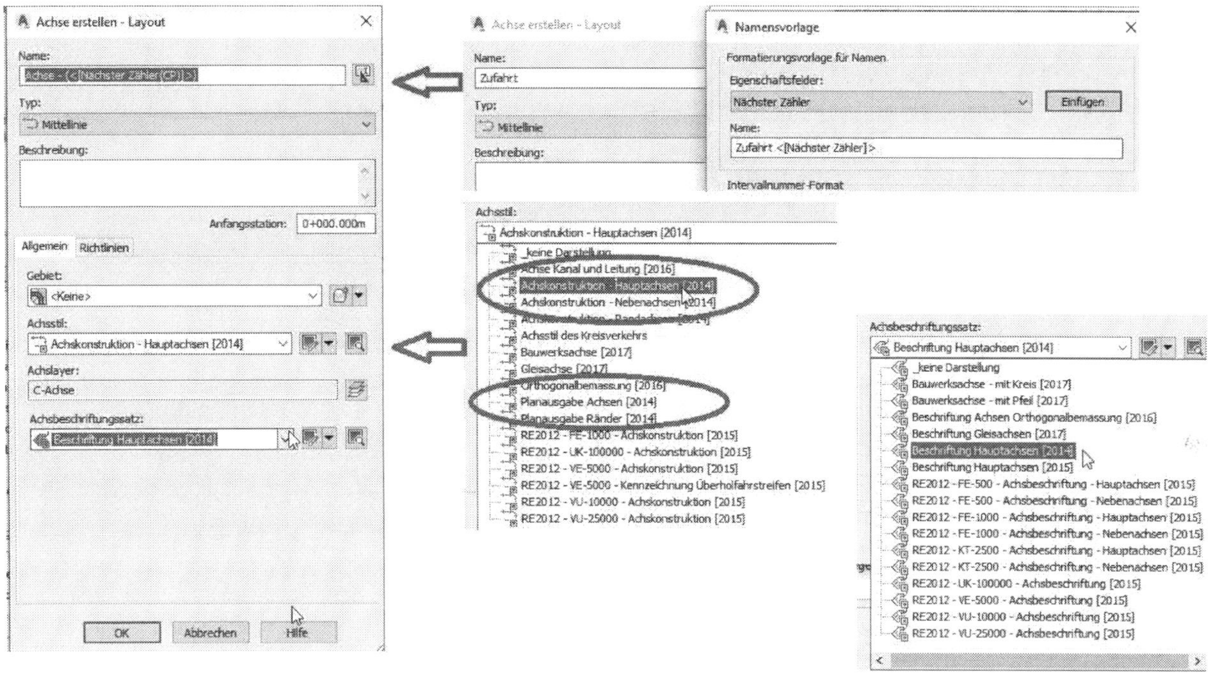

Ein eventueller Wechsel des Darstellungs-Stils ist auch hier Bestandteil der Objekt-Eigenschaften (Achseigenschaften). Im folgenden Text (nach dem Bild) wird der Unterschied zwischen beiden Darstellungs-Stilen in wesentlichen Teilen erläutert.

Als Beschriftungssatz wird Einsteigern empfohlen „Beschriftung Hauptachsen [2014]" zu benutzen. In diesem Beschriftungssatz sind nur die Texte Maßstabs-Abhängig. Die Linien (Striche) sind maßstabsfrei. Vor der Benutzung anderer Beschriftungssätze empfehle ich, sich mit „Civil 3D- Beschriftungen" tiefer auseinander zu setzen, weil diese absolut nicht mit AutoCAD Text, oder -M-Text vergleichbar sind. Eine Civil 3D Beschriftung ist vergleichbar mit einer maßstabsabhängen Datenbank-Verknüpfung zum jeweiligen Objekt. Alle Beschriftungen sind dynamisch mit dem jeweiligen Objekt verbunden. Bei einer Änderung des Objektes ändert sich sofort und parallel die Beschriftung.

Es folgt eine Erläuterung der Unterschiede und Besonderheiten folgender Stile und Eigenschaften:

- Darstellungs-Stil
  - Achskonstruktion Hauptachsen [2014]
  - Planausgabe Achsen [2014]
- Beschriftungssatz
  - Achsbeschriftung Hauptachsen [2014]
  - Achsbeschriftung Hauptachsen [2015]
- Achs-Typ
- Richtlinie

Achskonstruktion Hauptachsen [2014]

Alle Achselemente sind farbig und voneinander zu unterscheiden. Ein Pfeil zeigt die Richtung der Achse an und das Warnsymbol ist aktiviert (sichtbar!).

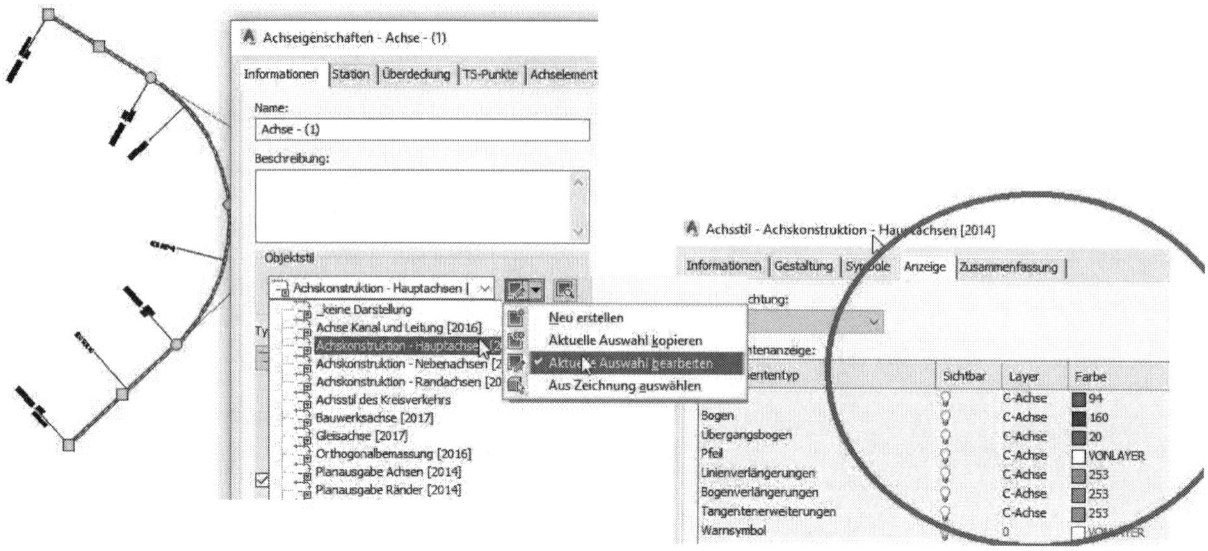

Das Warnsymbol kann, vorausgesetzt die jeweilige Unterfunktion ist aktiviert, einerseits die „Verletzung der Tangentialität“ zwischen Gerade, Bogen oder Übergangsbogen (Klothoide) symbolisieren und andererseits, bei zugewiesener Richtlinien-Datei, die „Verletzung der Entwurfs-Richtlinie“ anzeigen.

Hinweis:

Es gibt an der Achse ein Symbol für zwei unterschiedliche Fehler (gelbes Dreieck mit Ausrufezeichen)!

- Richtlinien-Verletzung
- Verletzung der Tangentialität

Planausgabe Achsen [2014]

Alle Achselemente sind Schwarz/Weiß (abhängig vom Zeichnungshintergrund).

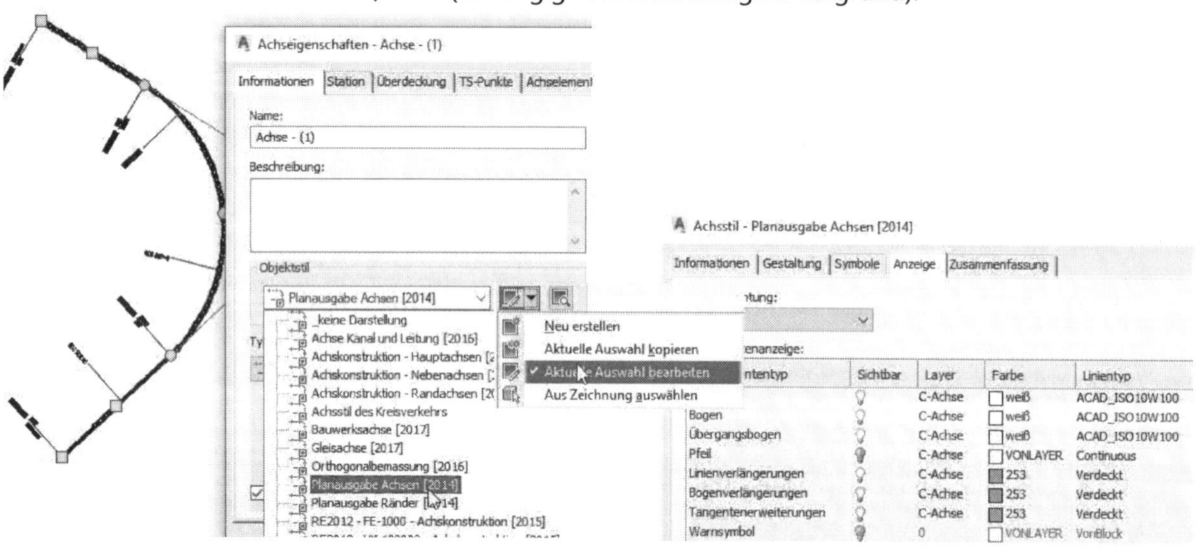

Der Richtungs-Pfeil und das Warnsymbol sind an der Achse vorhanden doch am Darstellungs-Stil deaktiviert! Das bedeutet die Achsrichtung ist in der Zeichnung nur an der Beschriftung erkennbar und es wird kein Fehler an der Achse angezeigt, auch wenn Fehler vorhanden sind!

Hinweis:

Mögliche Fehler können folgende sein, „Verletzung der Tangentialität“ zwischen Gerade, Bogen oder Übergangsbogen (Klothoide) und Verletzung der zugeordneten „Entwurfs-Richtlinie“. Aus diesem Grund wird der Darstellungs-Stil „Planausgabe Achsen [2014]“ nur zum Plotten empfohlen!

Es folgt eine Erläuterung der Unterschiede im Beschriftungssatz.

Achsbeschriftung Hauptachsen [2014]

In dem ältesten Beschriftungssatz (hier 2014) sind nur die Texte maßstäblich, Linien und Symbole haben einen festen Größen-Parameter.

Die Linienlänge, hier 30mm, ist absolut unabhängig und bei jedem Maßstab, bezogen auf den Maßstab gleich lang.

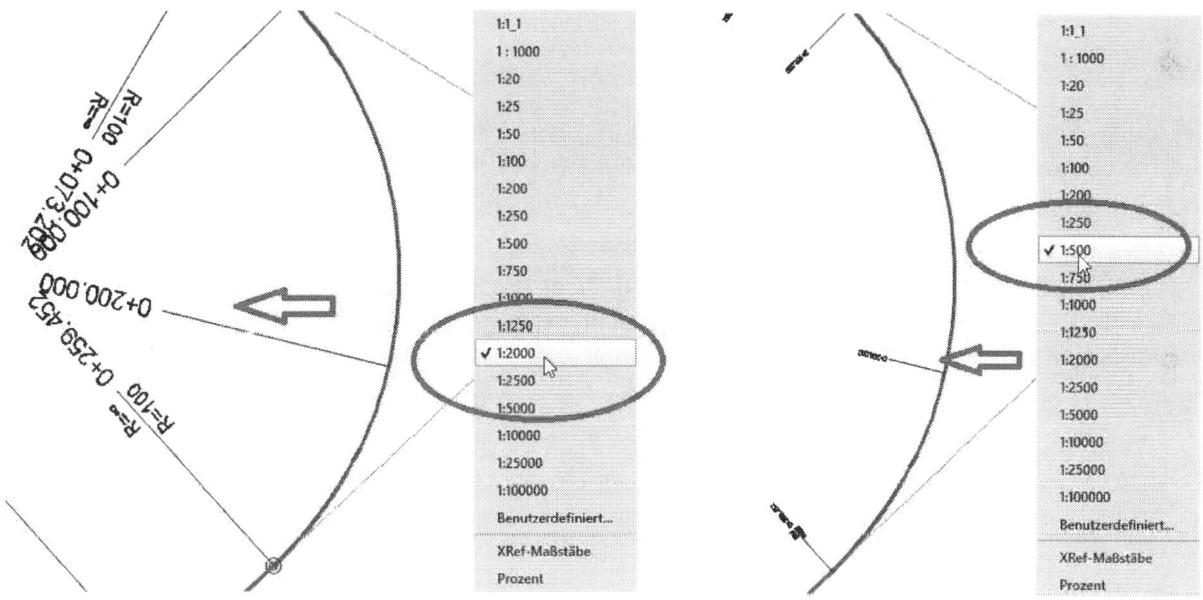

Achsbeschriftung Hauptachsen [2015]

Im Beschriftungssatz (2015) sind Texte und Linien maßstäblich. Dadurch entsteht im Modellbereich der optische Eindruck, als ob der Text an einem Punkt verharrt und nur seine Größe ändert.

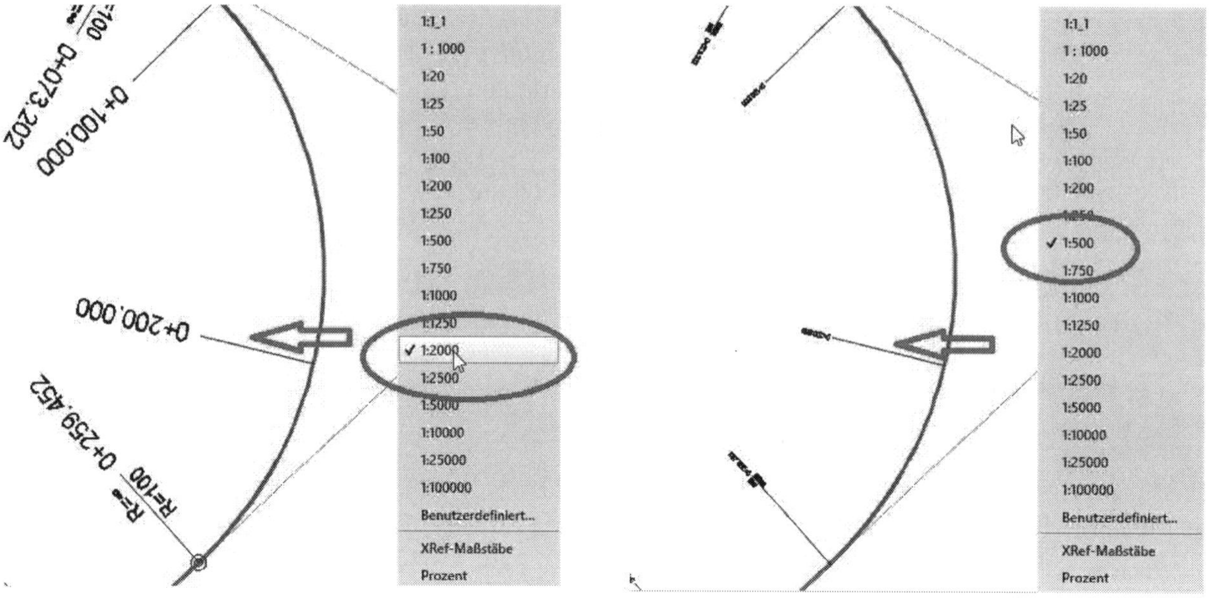

Hinweis:

- Viele Beschriftungssätze sind auf Anforderungen im Straßenbau abgestimmt, auf die Planungsphasen und die dort üblichen Maßstäbe. Der Bezug zum Maßstab entspricht der „Zahl" im Namen.
- Die konsequente Abhängigkeit vom Maßstab im Modellbereich dient der Abschätzung, ob ein umfangreiches Projekt mit Punkt-Beschriftung, DGM-Beschriftung, Achs-Beschriftung und weiteren beschrifteten Objekten, im jeweiligen Maßstab überhaupt zu plotten geht. Die maßstabsabhängige Ansicht entspricht exakt der Layout-Ansicht bei gleichem Maßstab.
- Für die Beschriftung gibt es Sonderfunktionen zur nachträglichen Bearbeitung. Wenn die Beschriftung „ausgewählt" wird (Anklicken) bietet das Menü u.a. „Beschriftung umdrehen". Eine weitere Sonderfunktion ist „Auswählen" mit gedrückter [Strg]-Taste. Diese Funktion wird im Buch nicht näher erläutert).

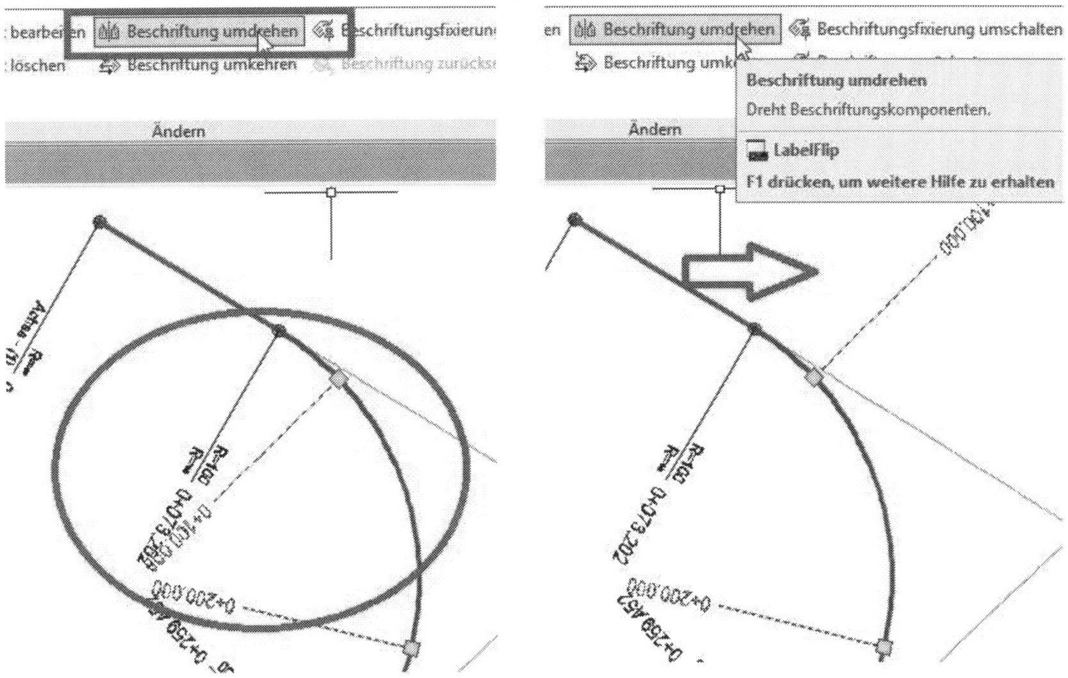

- Alle Beschriftungen können am Verbindungspunkt „angefasst“ und verschoben werden. Ob eine Verbindungs-Linie gezeigt wird oder ausgeblendet ist, ist Teil der Beschriftungs-Eigenschaft. Diese Option gilt für alle Beschriftungen, vom Punkt über Achse bis Rohre/Leitungen.

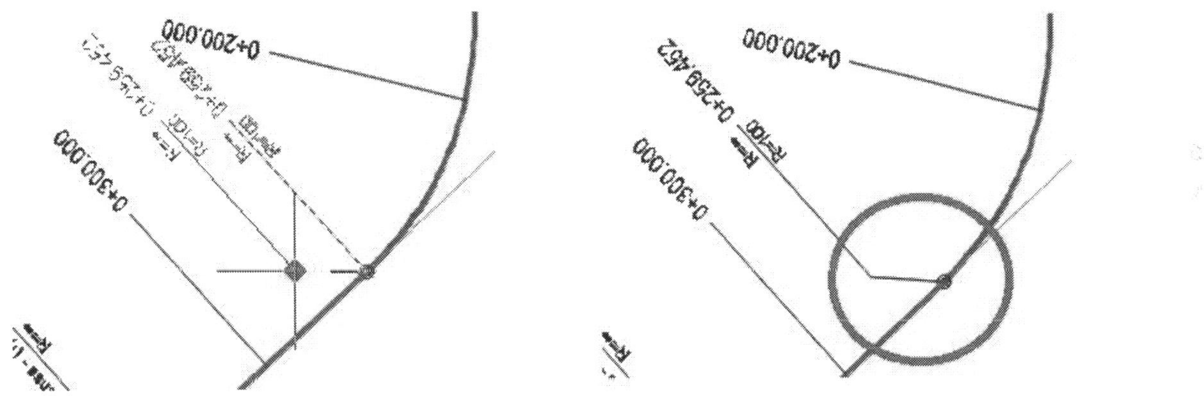

Nachfolgend werden einige Aspekte zum Achs-Typ (Typ) und zur Verwendung der Richtlinie erläutert. Diese Beschreibung kann zu diesen Themen nur Hinweise liefern. Diese Beschreibung ist sicher nicht umfassend und es gibt Besonderheiten, die nur für die Praxis Relevanz haben. Alle Aspekte sind für Civil 3D- Neuanfänger als Orientierung gedacht. Für die später zu konstruierende Achse „Zufahrt“, bleibt der Achs-Typ auf „Mittellinie“

eingestellt und es wird keine Richtlinie aufgerufen.

Das „Gebiet“ (Gebietszuordnung) bleibt auf „keine“. Eine Gebietszuordnung ist hier nicht erforderlich und gehört nicht zu den Themen dieses Buches. Über eine Gebietszuordnung lassen sich Abhängigkeiten zu anderen Objekten erstellen. Das können die Civil3D-Objekte „Parzellen“ sein.

Achs-Typ, (Typ)

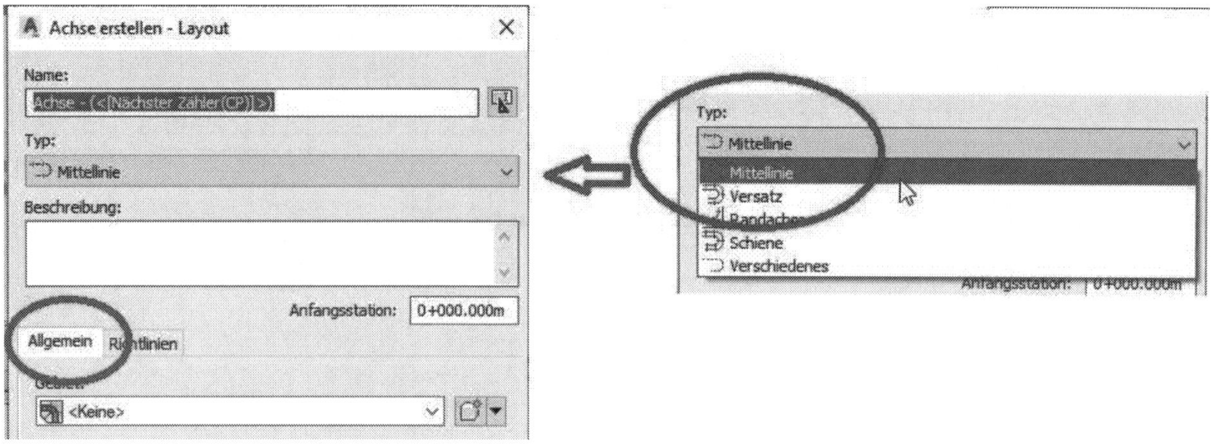

Gebiet

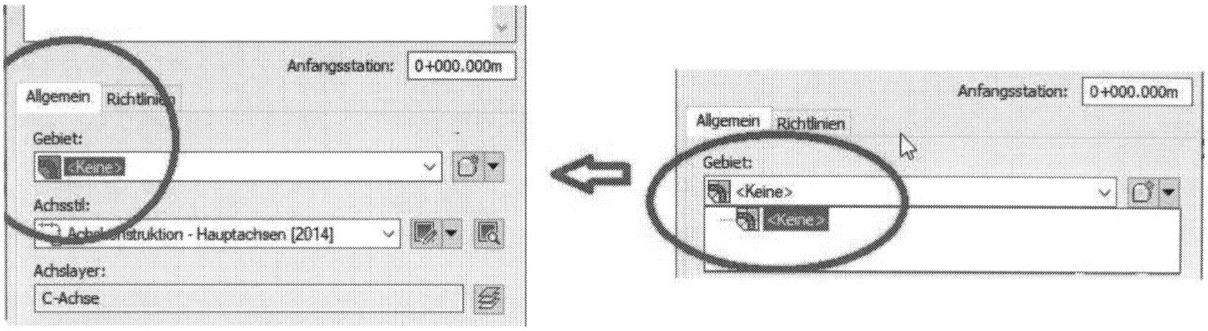

Richtlinie

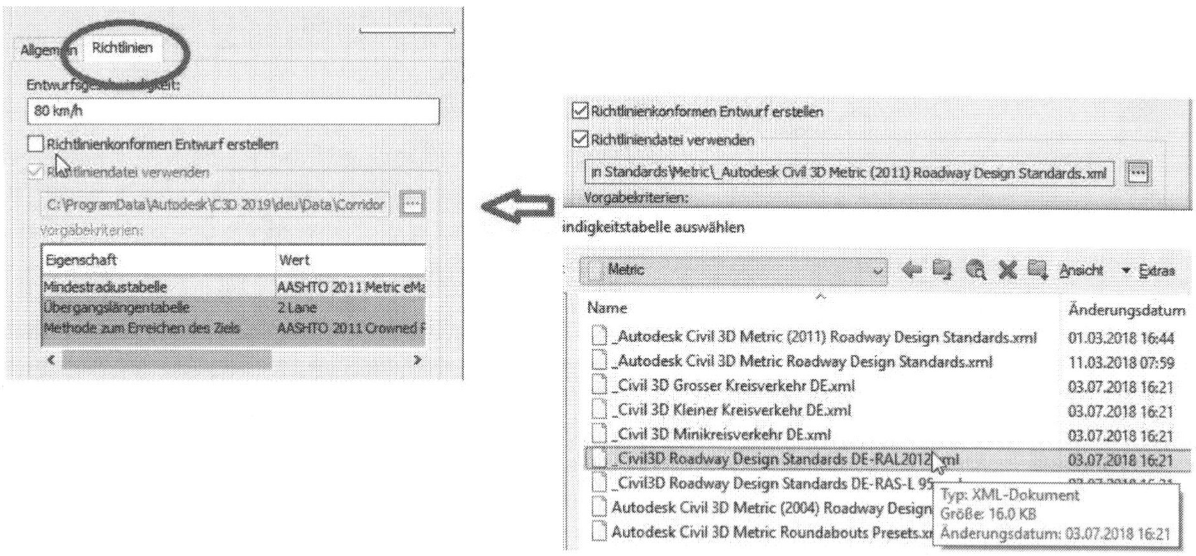

Achs-Typ, (Typ)

Unabhängig vom Menü- oder vom Konstruktions-Befehl, über den eine Achse erstellt wird, gibt es verschiedenen „Typen“ von Achsen, die als Bestandteil der Objekt-Definition festgelegt werden. Der Achs-Typ (Typ) steuert eine Datenbank, die der Achse hinterlegt ist und endscheidet damit über die Eigenschaften oder technischen Besonderheiten (Straße – Querneigung oder Gleis – Überhöhung), die sich mit der Achse verknüpfen.

Beispiel1 - Querneigung:

Straßenachse (Typ: Mittellinienachsen)   Gleisachse (Typ: Gleisachse)

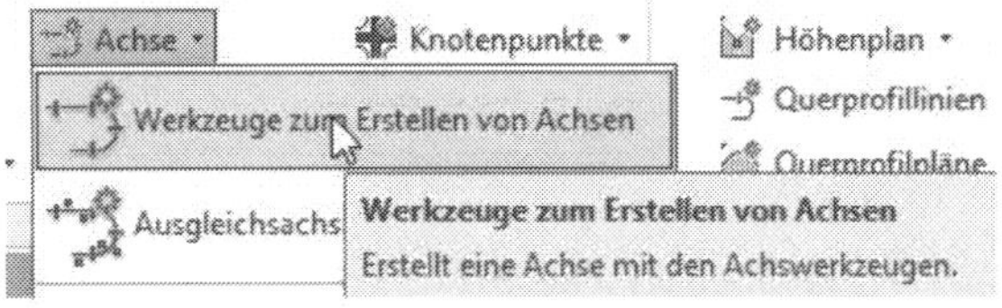

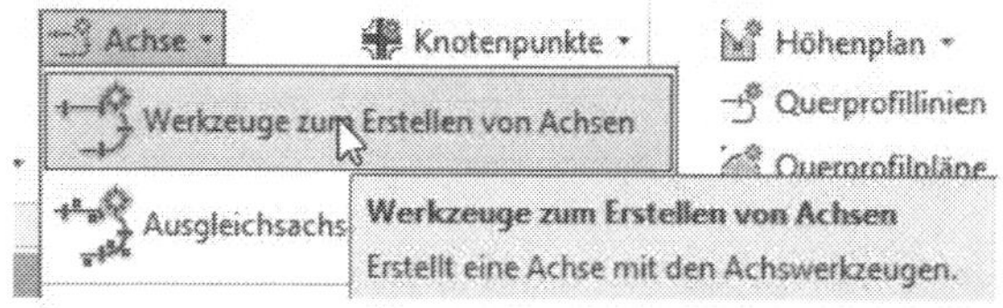

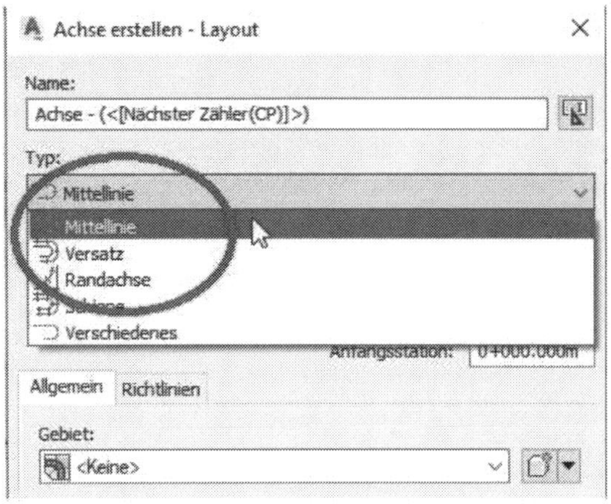

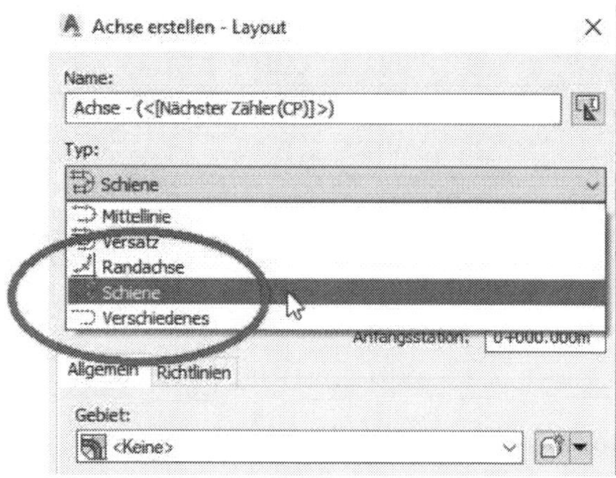

Resultat:

Achseigenschaft, Querneigung   Achseigenschaft, Überhöhung

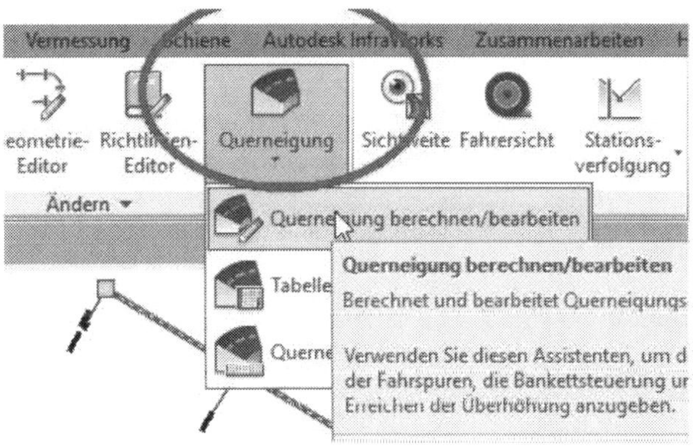

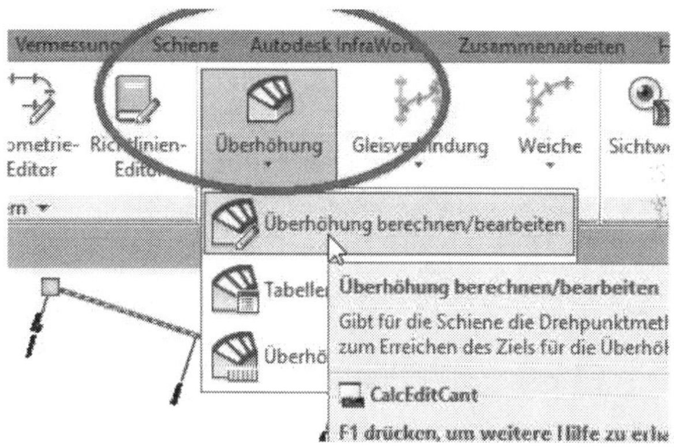

Beispiel2 - Richtlinien:

Straßenachse (Typ: Mittellinienachsen, Auswahl-Option für die Berechnungsvorschrift „Querneigung")

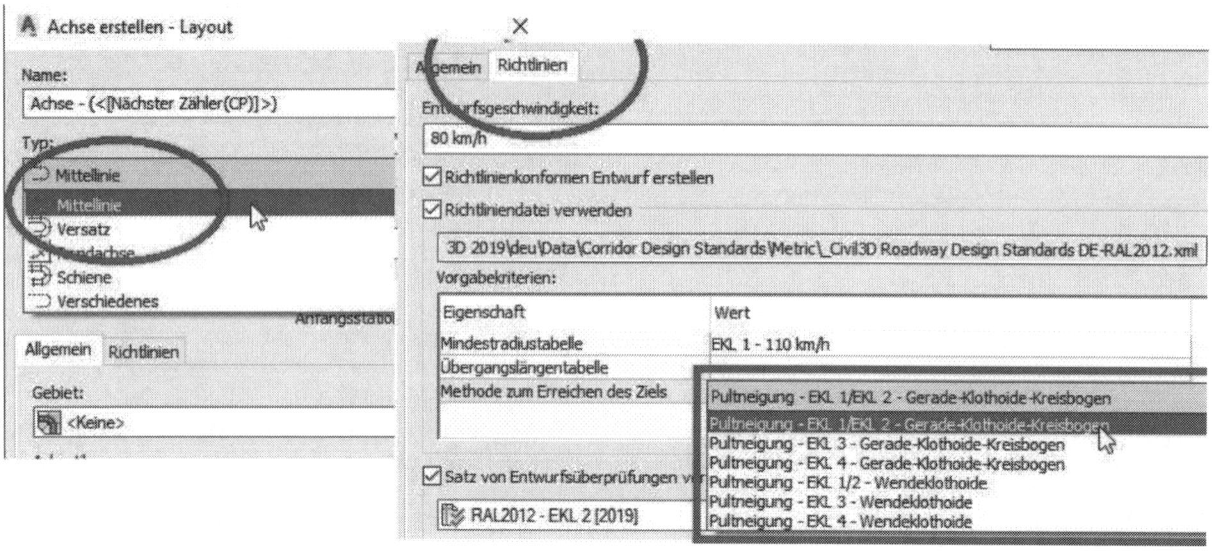

Gleisachse (Typ: Gleisachse, Auswahl-Option für die Berechnungsvorschrift „Überhöhung")

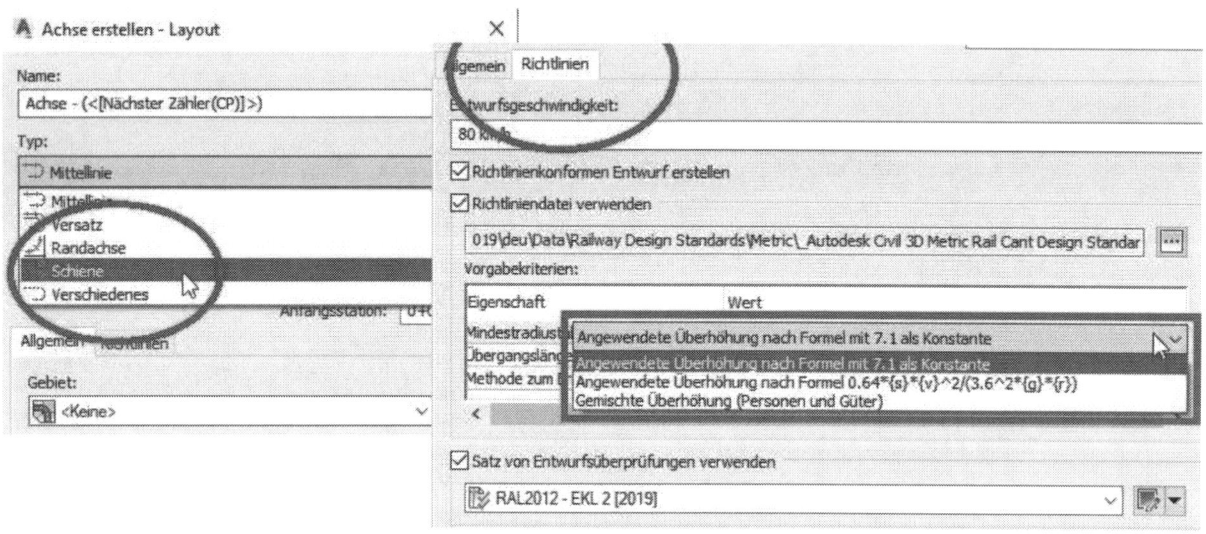

Richtlinie

Im Buch wird empfohlen als Bestandteil der Objekt-Definition einer Achse keine Richtlinie auszuwählen. Die Zuweisung einer Richtlinie ist auch später noch zu jedem Zeitpunkt möglich. Die Zuordnung einer Richtlinie ist Bestandteil der Achseigenschaft (Objekt-Eigenschaft). Hier ist zusätzlich eine stationsabhängige Eingabe oder - Änderung der Entwurfsgeschwindigkeit realisierbar. Außerdem ist hier auch die Einstellung zur Überprüfung der Tangentialität zu finden.

Zuerst sollte immer eine Achse erstellt werden, die während der Konstruktion auf Tangentialität geprüft wird. Der Wert ist „Auf Tangentialität zwischen Elementen prüfen", automatisch voreigestellt. Nach erfolgter Konstruktion wird empfohlen die Prüfung auf „Richtlinie" als Bestandteil der Achseigenschaft zu aktivieren und mit einer

Variation der Entwurfsgeschwindigkeit, zu prüfen.

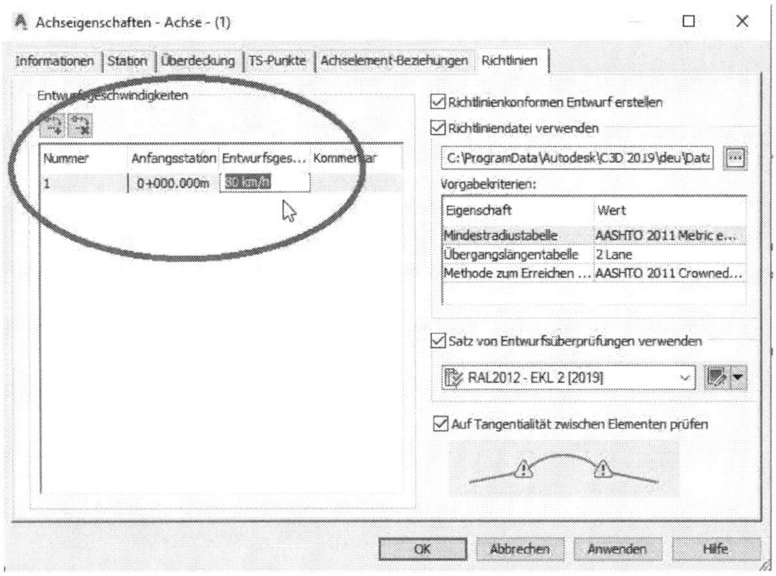

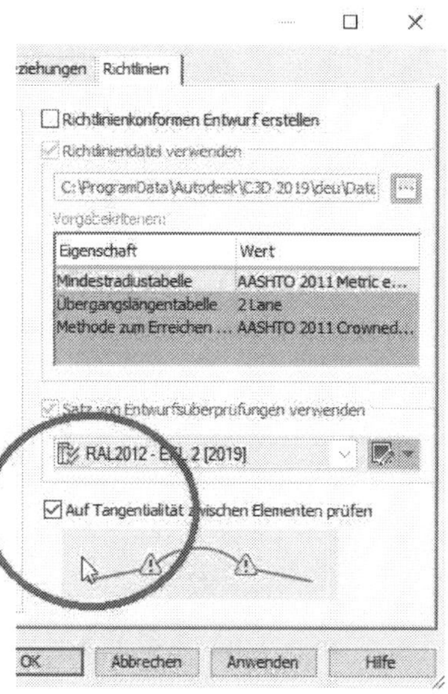

Hinweis1:

Für die Verletzung der „Tangentialität" und der „Richtlinie" gibt es nur ein Symbol (gelbes Dreieck mit Ausrufezeichen). Das Symbol für die Verletzung der Tangentialität liegt immer auf dem Achshauptpunkt, auf dem Übergang von „Gerade" zu „Bogen" oder „Gerade-Klothoide-Bogen" und umgekehrt (im Bild: Übergang „grün-Gerade" zu „blau-Bogen"). Die Verletzung der Richtlinie wird immer auf der Achs-Element-Mitte angezeigt (Im Bild: „blau-Bogen-Mitte").

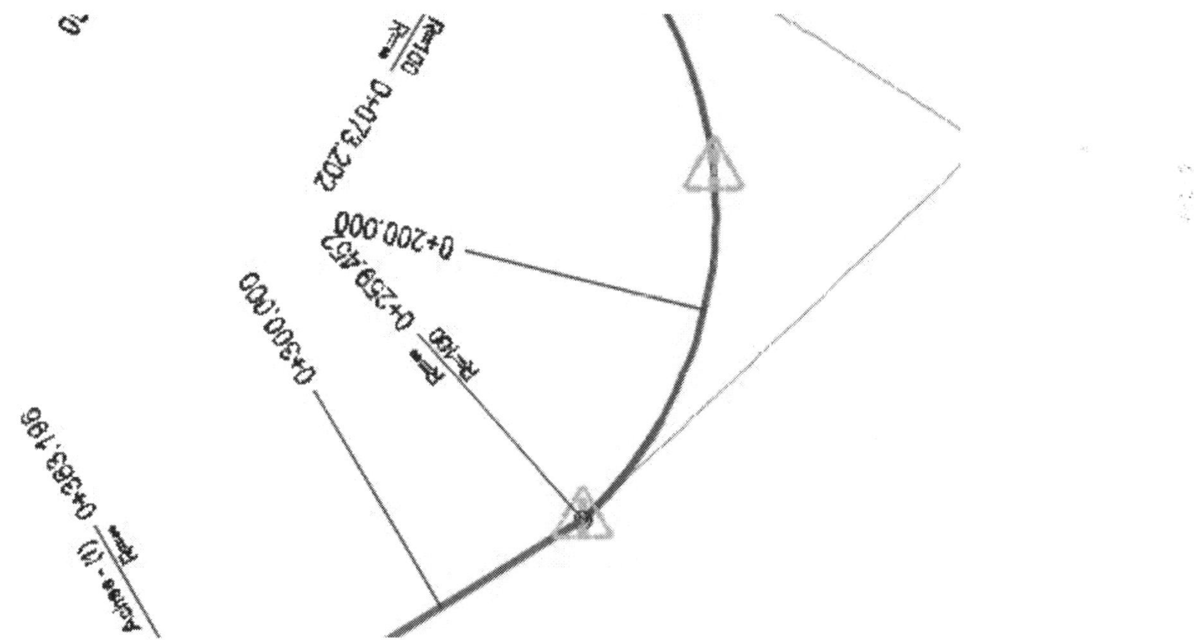

Hinweis2:

Fortgeschrittene Civil 3D Anwender können eigene Richtlinien entwickeln. Der Zugang zur Bearbeitung ist offen bzw. die Kategorien der Richtlinien- Überprüfung ist ein Stil.

Es erschein durchaus vorstellbar, im Fall, es gibt regionale Besonderheiten, die vorhandenen Richtlinien hier anzupassen.

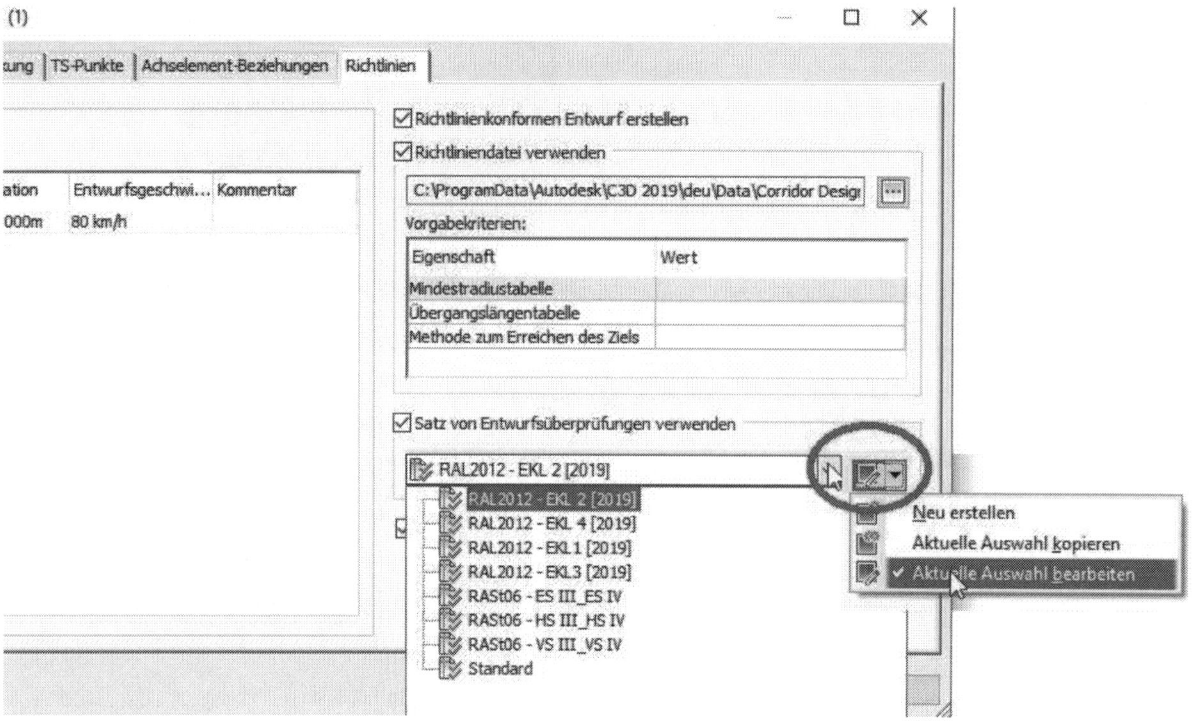
TS-Punkte
Achselement-Beziehungen
Richtlinien
Richtlinienkonformen Entwurf erstellen
Richtliniendatei verwenden
Entwurfsgeschwi...
Kommentar
80 km/h
C:\ProgramData\Autodesk\C3D 2019\deu\Data\Corridor Desig
Vorgabekriterien:
Eigenschaft
Wert
Mindestradiustabelle
Übergangslängentabelle
Methode zum Erreichen des Ziels
Satz von Entwurfsüberprüfungen verwenden
RAL2012 - EKL 2 [2019]
RAL2012 - EKL 2 [2019]
RAL2012 - EKL 4 [2019]
RAL2012 - EKL 1 [2019]
RAL2012 - EKL3 [2019]
RASt06 - ES III_ES IV
RASt06 - HS III_HS IV
RASt06 - VS III_VS IV
Standard
Neu erstellen
Aktuelle Auswahl kopieren
Aktuelle Auswahl bearbeiten

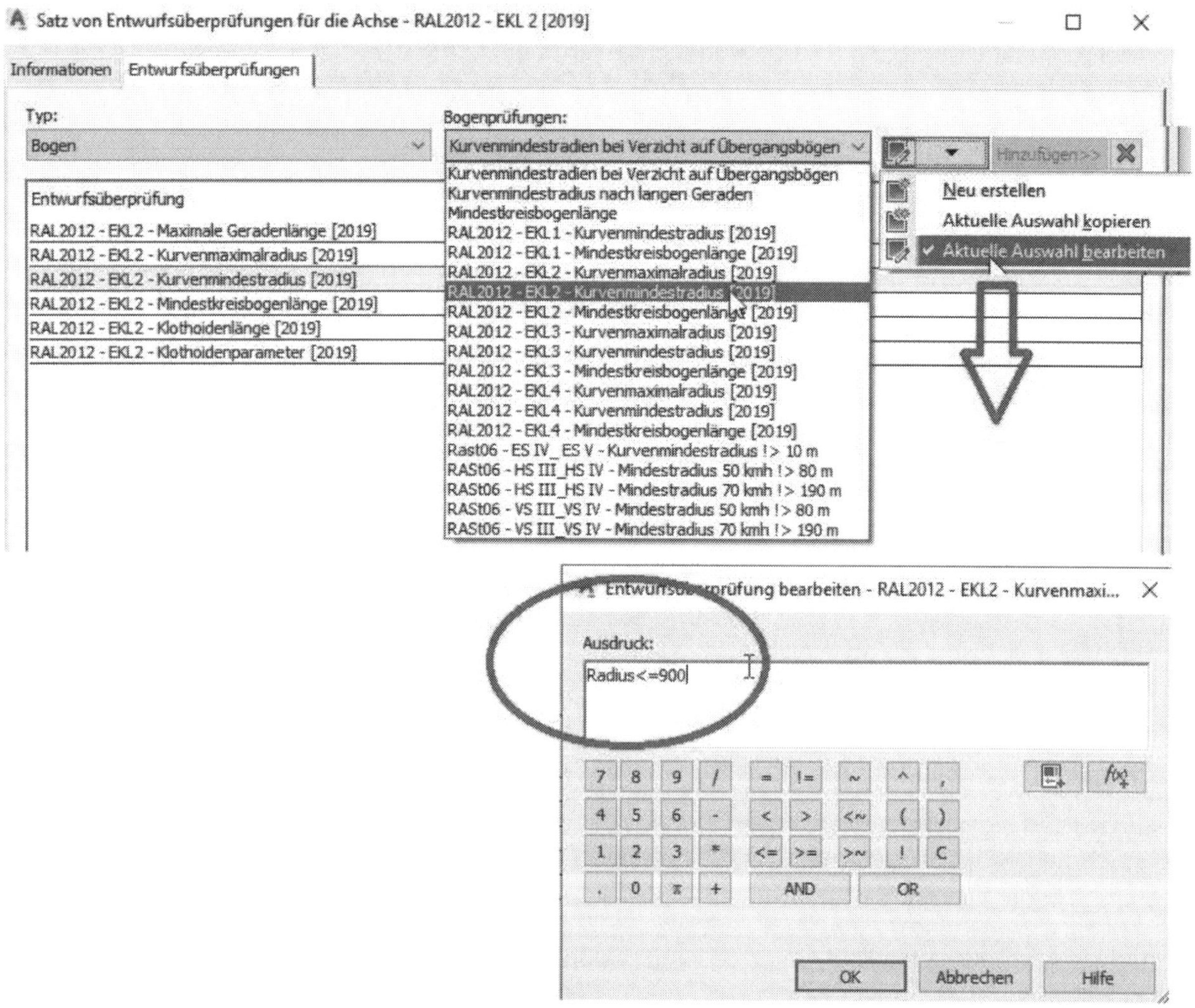
Satz von Entwurfsüberprüfungen für die Achse - RAL2012 - EKL 2 [2019]
Informationen
Entwurfsüberprüfungen
Typ:
Bogen
Bogenprüfungen:
Kurvenmindestradien bei Verzicht auf Übergangsbögen
Hinzufügen>>
Entwurfsüberprüfung
RAL2012 - EKL2 - Maximale Geradenlänge [2019]
RAL2012 - EKL2 - Kurvenmaximalradius [2019]
RAL2012 - EKL2 - Kurvenmindestradius [2019]
RAL2012 - EKL2 - Mindestkreisbogenlänge [2019]
RAL2012 - EKL2 - Klothoidenlänge [2019]
RAL2012 - EKL2 - Klothoidenparameter [2019]
Kurvenmindestradien bei Verzicht auf Übergangsbögen
Kurvenmindestradius nach langen Geraden
Mindestkreisbogenlänge
RAL2012 - EKL1 - Kurvenmindestradius [2019]
RAL2012 - EKL1 - Mindestkreisbogenlänge [2019]
RAL2012 - EKL2 - Kurvenmaximalradius [2019]
RAL2012 - EKL2 - Kurvenmindestradius [2019]
RAL2012 - EKL2 - Mindestkreisbogenlänge [2019]
RAL2012 - EKL3 - Kurvenmaximalradius [2019]
RAL2012 - EKL3 - Kurvenmindestradius [2019]
RAL2012 - EKL3 - Mindestkreisbogenlänge [2019]
RAL2012 - EKL4 - Kurvenmaximalradius [2019]
RAL2012 - EKL4 - Kurvenmindestradius [2019]
RAL2012 - EKL4 - Mindestkreisbogenlänge [2019]
Rast06 - ES IV_ES V - Kurvenmindestradius !> 10 m
RASt06 - HS III_HS IV - Mindestradius 50 kmh !> 80 m
RASt06 - HS III_HS IV - Mindestradius 70 kmh !> 190 m
RASt06 - VS III_VS IV - Mindestradius 50 kmh !> 80 m
RASt06 - VS III_VS IV - Mindestradius 70 kmh !> 190 m
Neu erstellen
Aktuelle Auswahl kopieren
Aktuelle Auswahl bearbeiten
Entwurfsüberprüfung bearbeiten - RAL2012 - EKL2 - Kurvenmaxi...
Ausdruck:
Radius<=900
AND
OR
OK
Abbrechen
Hilfe

Hinweis3:

Das Menü „Achse“ korrespondiert nicht unbedingt mit den Kategorien des Projektbrowsers „Achse“. Der Einsteiger sollte unbedingt registrieren welche Achse erstellt wurde (Typ), welcher Menü-Befehl ausgewählt war, und welcher Kategorie die Achse im Projektbrowser zugeordnet wird (entspricht dem Achs-Typ). Während die Funktionen „Werkzeuge zum Erstellen von Achsen“ (Freie Achskonstruktion), „Achsinterpolation oder -Berechnung ...“ und „Achse aus Objekt erstellen“ Mittellinienachsen erstellt, erzeugt die Funktion „Verbundene Achsen erstellen“ Randachsen. Die Funktion zum Erstellen von „Gleisachsen“ ist wiederum eine Eigenschaft der Objekt-Definition.

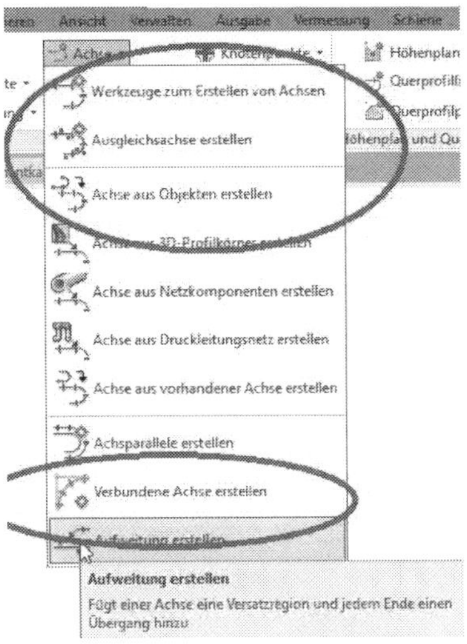

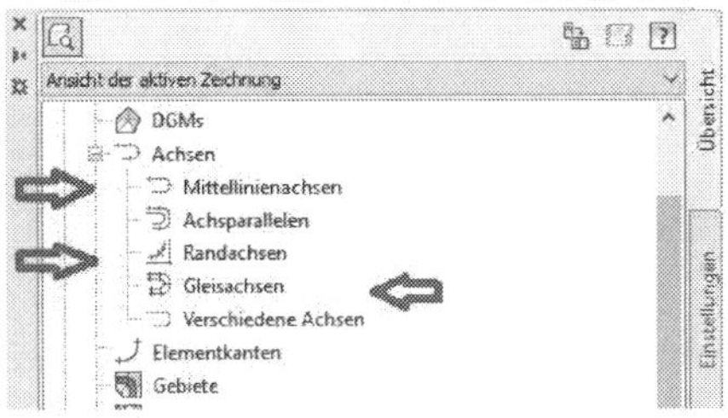

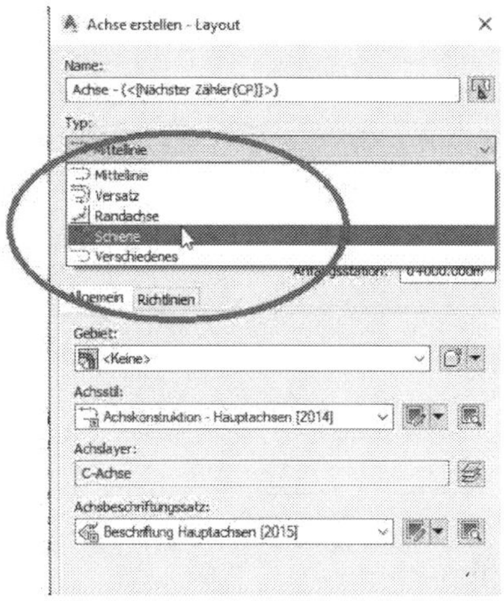

6.5 Achskonstruktion, -Erstellung

Das Buch versucht in erster Linie allgemeine Grundlagen für die Achskonstruktion im Civil 3D zu vermitteln. Alle Einstellungen werden entsprechend den Empfehlungen des vorherigen Kapitels vergeben.

6.5.1 Werkzeuge zum Erstellen von Achsen (Freie Achskonstruktion)

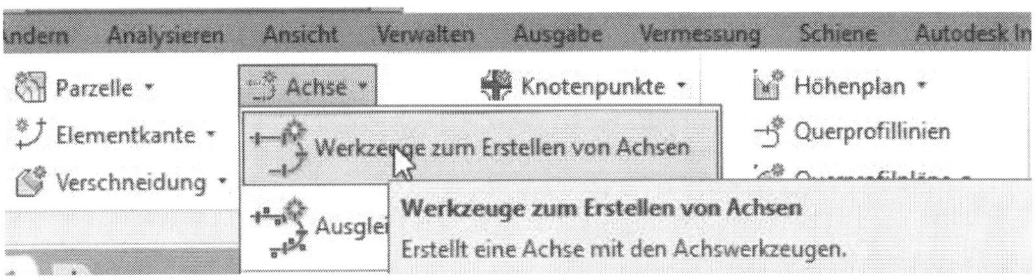

Die erste Achse wird innerhalb der Zeichnung „DGM-Kapitel6.dwg“ (innerhalb der DGMs) erstellt. Der Achs Name ist „Zufahrt (Nächster Zähler)“. Alle weiteren Einstellungen entsprechen den empfohlenen Vorgaben. Nach der Objektdefinition erscheint der Werkzeugkasten „Achswerkzeuge – Zufahrt (1)“

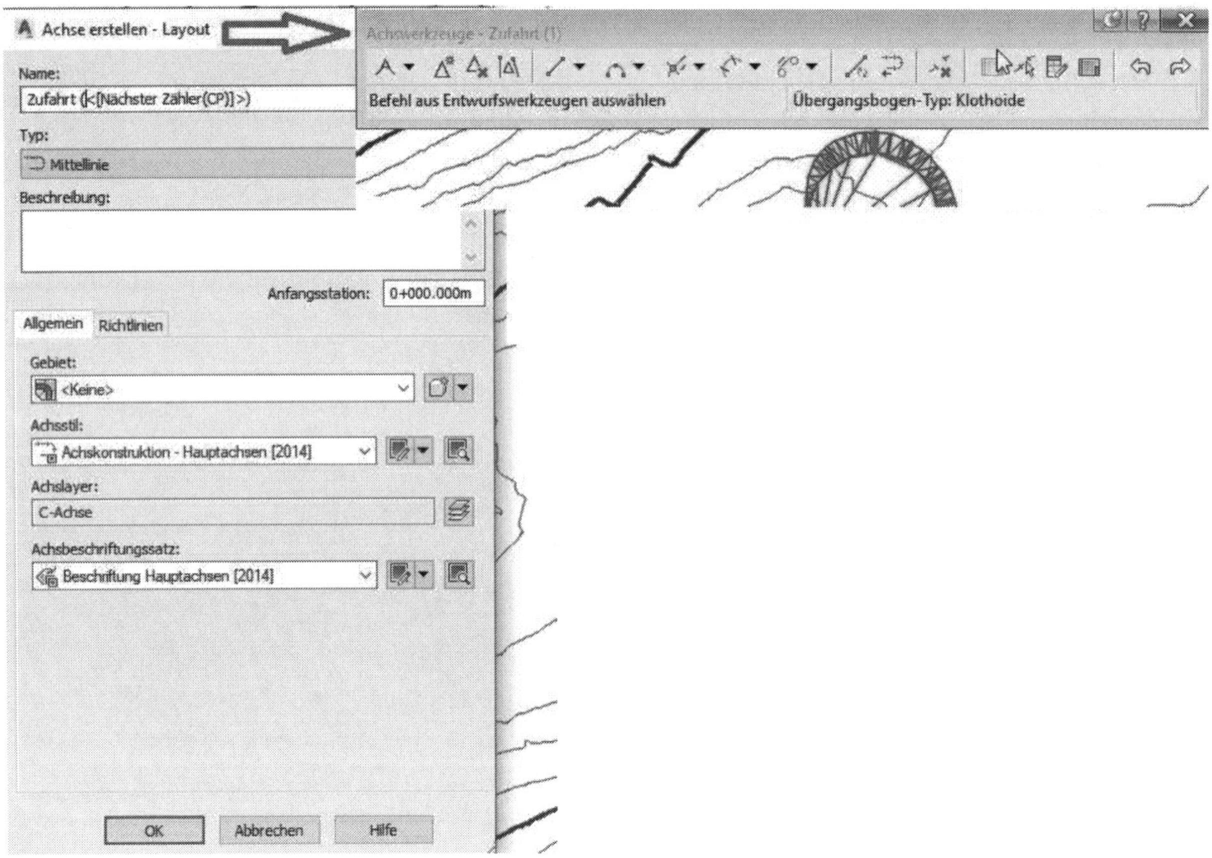

Hinweis1:

Die Achswerkzeuge sind ausschließlich an das Achs-Objekt gekoppelt. Die Bearbeitung einer anderen Achse ist mit diesem Werkzeugkasten nicht möglich!

Hinweis 2:

Obwohl keine Gleisachse erstellt wird (Typ: Mittellinie), stellt in der folgenden Maske, die Einstellung „Typ" Klothoiden-Berechnungs-Varianten zur Verfügung, welche eher dem Gleisbau zu zuordnen sind. Vor der Achskonstruktion sollte die Einstellung für Bögen und Klothoiden geprüft werden. Der Zugang erfolgt mit der Funktion „Einstellung für Bogen und Übergangsbogen...".

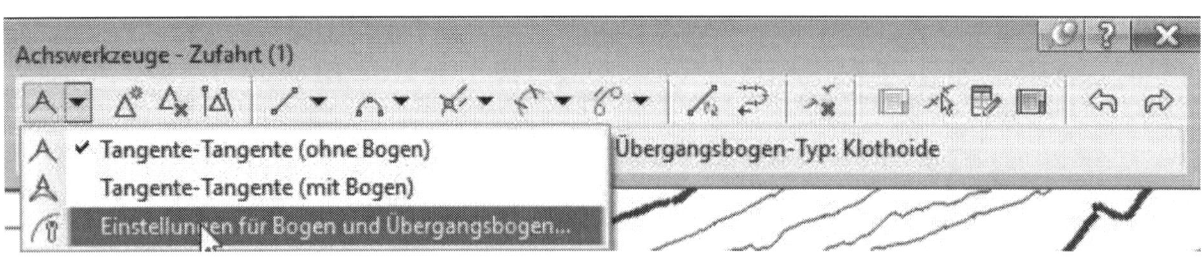

Hier ist unbedingt „Typ" Klothoide beizubehalten, auch wenn keine Klothoide benötigt wird. Werden Klothoiden benötigt, so können diese nach „Länge" oder nach „Parameter" vorgegeben werden.

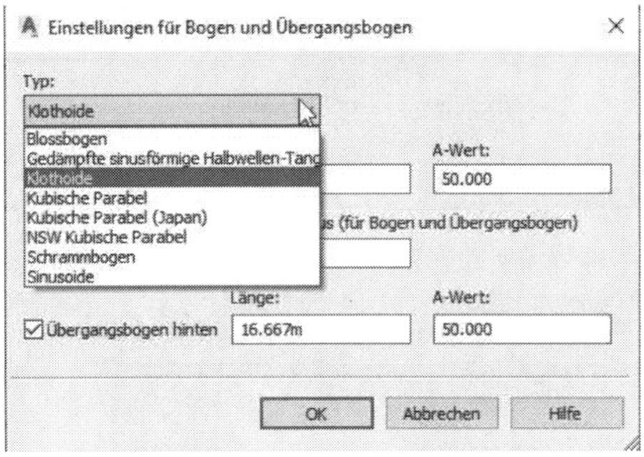

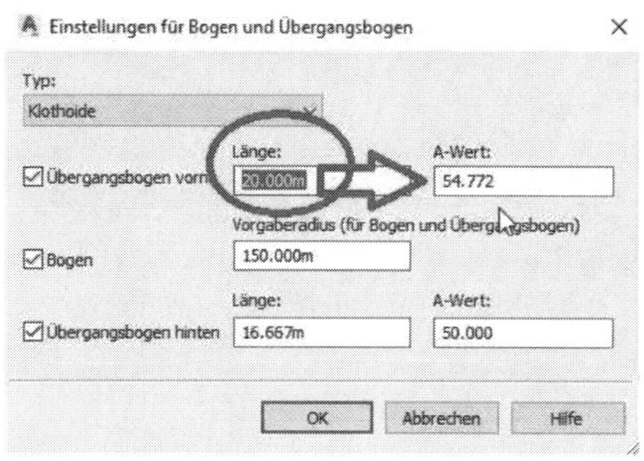

Der ergänzenden Werte berechnet sich Civil 3D anschließend selbst (Bild1). Im Fall es wird aufgrund der Entwurfsgeschwindigkeit keine Klothoide benötigt, so wird die Option ab geschalten, aber nicht der „Typ" gewechselt (Bild 2).

Bild 1:

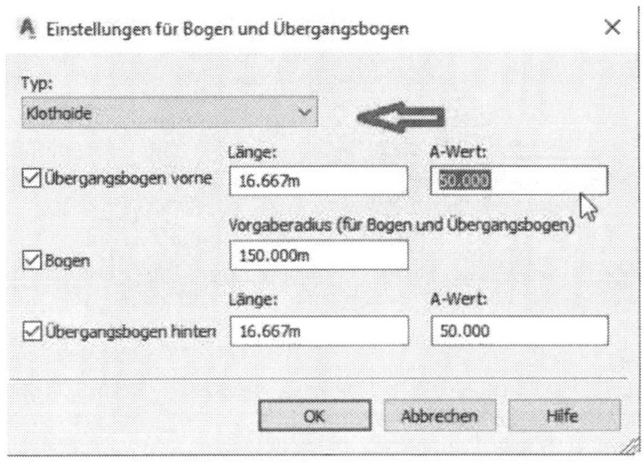

Bild 2:

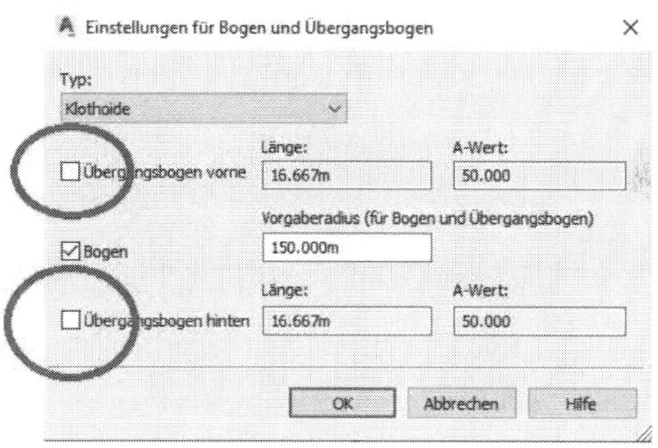

Für die Achse „Zufahrt" wird zuerst folgende Einstellung gewählt. Die Klothoiden werden aktiviert und der Radius auf den Wert „100m" gesetzt. Während der Bearbeitung wird die Einstellung nochmals aufgerufen und die Klothoiden werden deaktiviert. Aktivierte Klothoiden-Funktion und deaktivierte Klothoiden-Funktion haben Auswirkungen auf die Konstruktion.

Anschließend ist der Befehl „Tangente Tangente (mit Bogen)" zu nutzen.

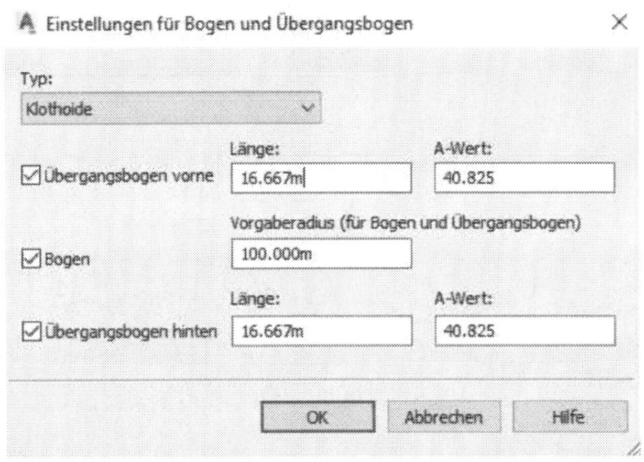

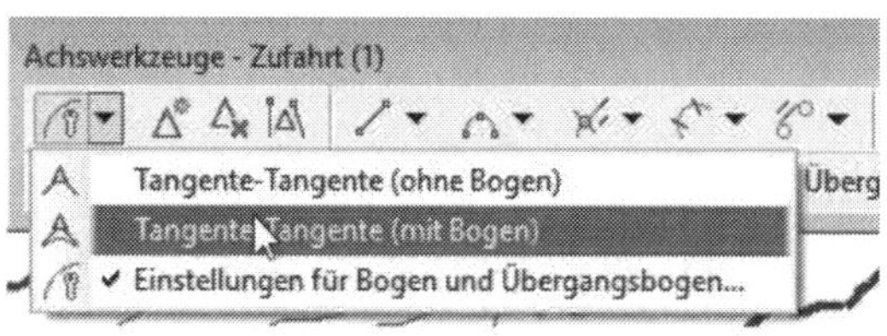

Der erste Punkt wird innerhalb der „Materiallagerfläche" gepickt und der zweite Punkt links oberhalb auf der Böschung.

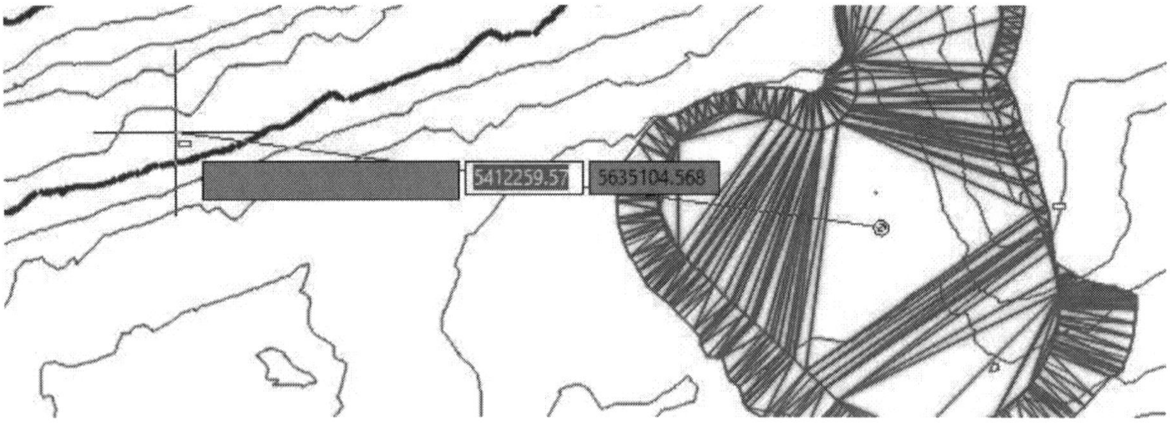

Eine Besonderheit bei aktivierter Klothoiden-Verwendung ist folgender, wenn die Geraden zu kurz sind und der vorgegebene Radius mit Klothoiden nicht in den Winkel passen kann, so werden die Radien mit Klothoiden nicht gezeichnet!

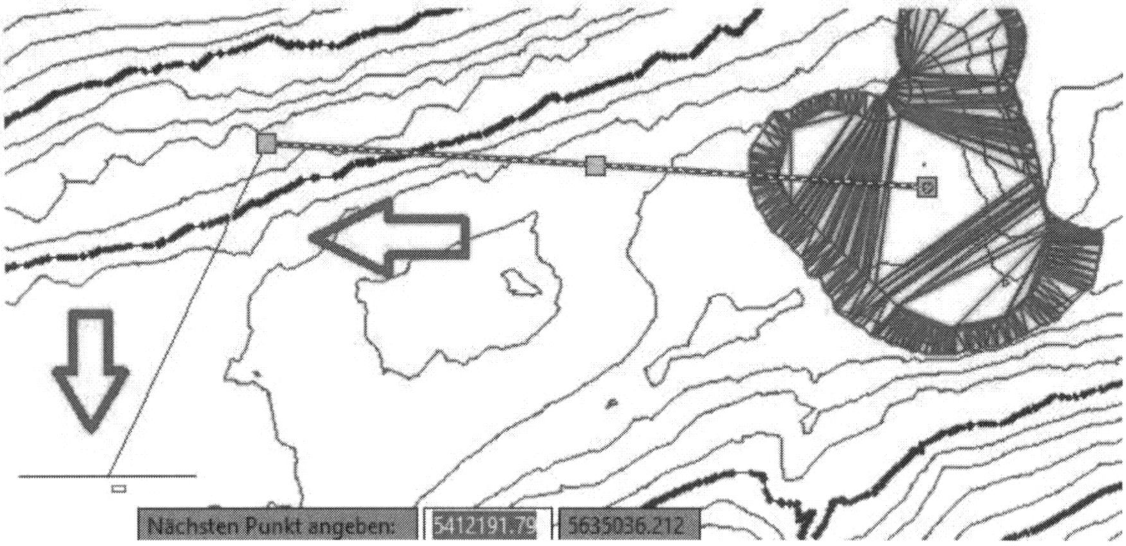

Erst wenn die Gerade lang genug ist, erscheinen der definierte Radius und auch die Klothoiden.

Innerhalb der Konstruktion ist ein Wechsel zurück zur Einstellung möglich und die Parameter oder die Verwendung der Klothoiden können ab- oder an geschalten werden.

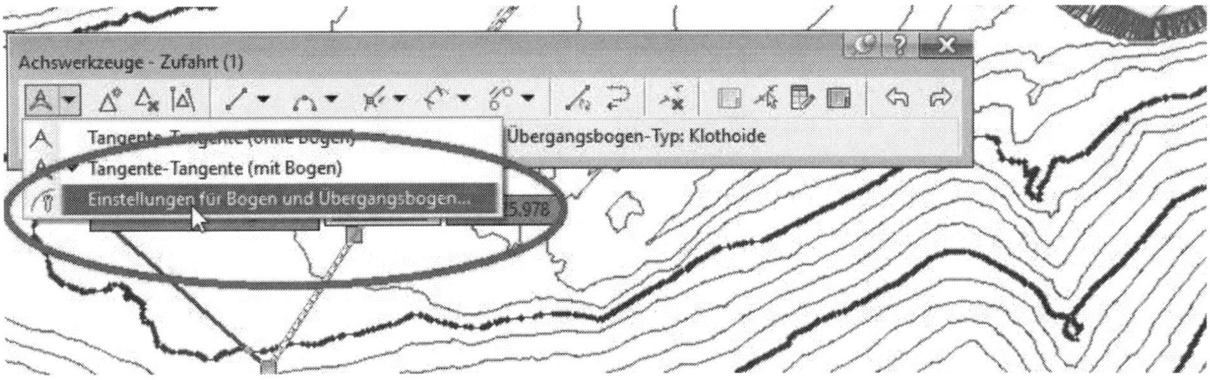

Sind die Klothoiden ab geschalten und nur der Radius aktiv, so wird der Radius immer gezeichnet. Bei zu kurzen Geraden wird der Radus automatisch verkleinert auf den Parameter, der passt. Bei Geraden mit ausreichender Länge ist der vorgegebene Radius aus der Einstellung der maximal erreichbare.

Nach der Änderung des Parameters ist der Befehl „Tangente – Tangente (mit Bogen)" erneut aufzunehmen. Für das Weiterzeichnen ist der Objekt-Fang „End" zu nutzen. AutoCAD-Befehle wie „Verbinden" sind nicht erforderlich.

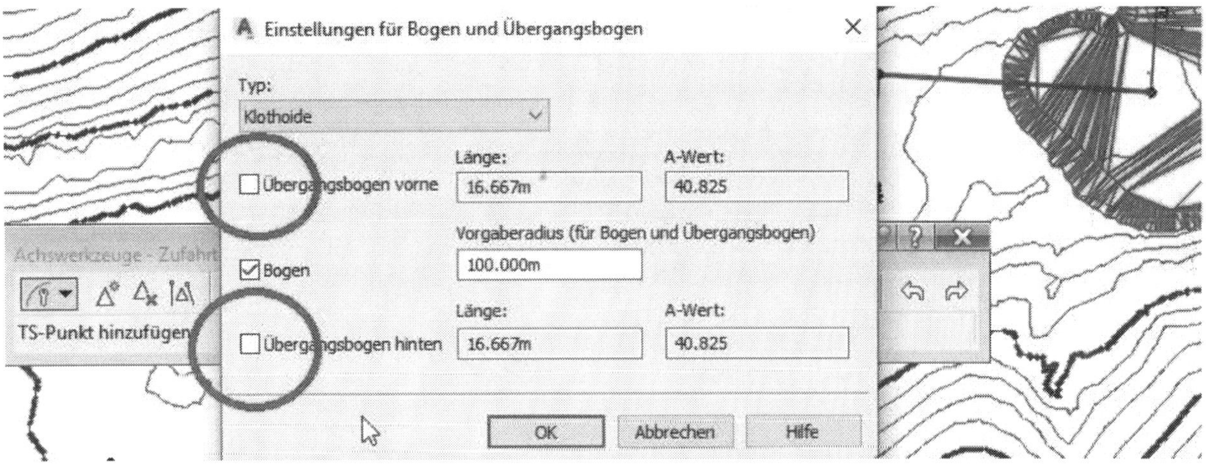

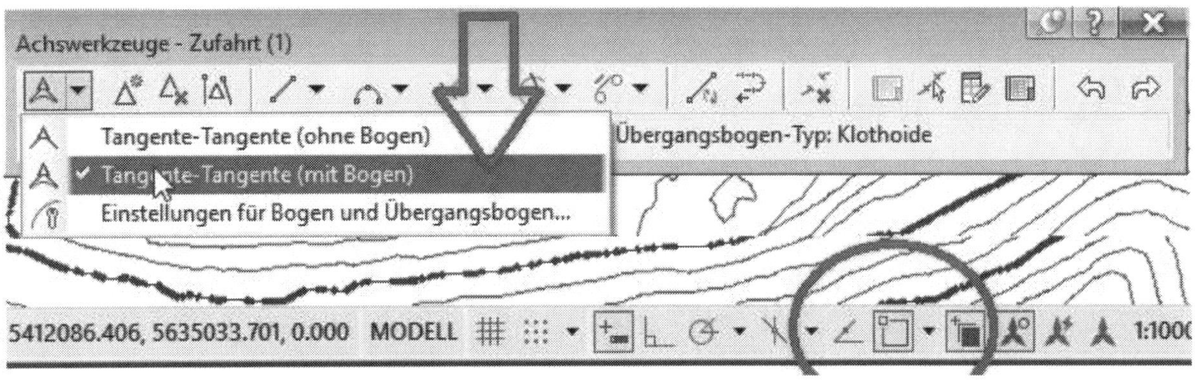

Die Achse „Zufahrt" ist technisch richtig erstellt, wenn bei der Verwendung des Darstellungs-Stils „Achskonstruktion - Hauptachsen [2014] keine Warnmeldungen zu sehen sind und wenn die Achsbeschriftung bis zum letzten Element ausgeführt ist.

Wird die Achse nach erfolgter Konstruktion angepickt, so zeigt die Achse Cyan-Gripps (Griffe) mit unterschiedlicher Form. Es gibt quadratische-, dreieckige – (Spitze oben) und runde Gripps. Quadratische Gripps sind jeweils an der Geraden-Mitte oder am Geraden-Ende zu finden, dreieckige Gripps jeweils im Schnittpunkt zweier Geraden (Tangentenschnittpunkt).

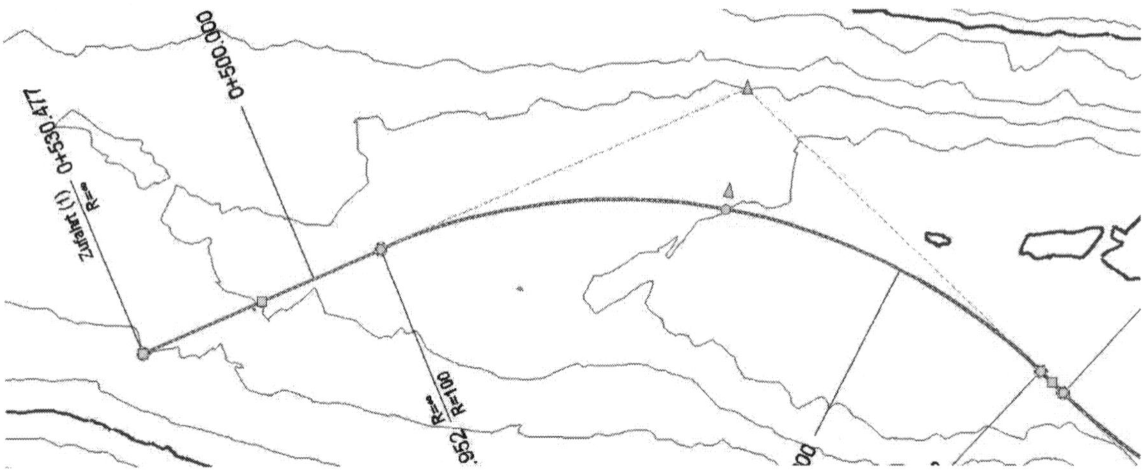

Runde Gripps beschreiben jeweils Bogen-Anfang, - Mitte und -Ende. Zuerst werden die Bearbeitungs-Optionen an quadratischen – und dreieckigen Gripps gezeigt.

Längen- oder Winkeländerung der Geraden (Tangente) am Ende

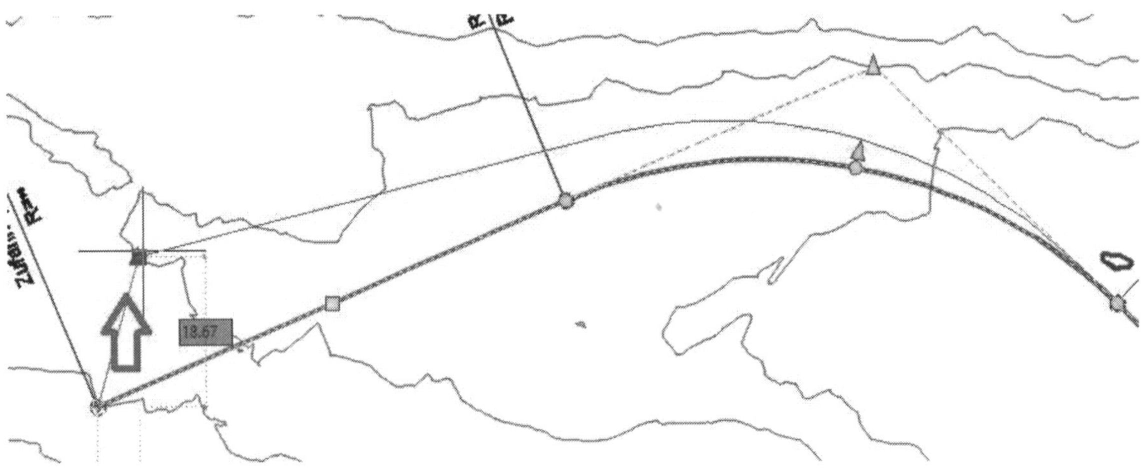

Paralleles verschieben einer Geraden (Tangente)

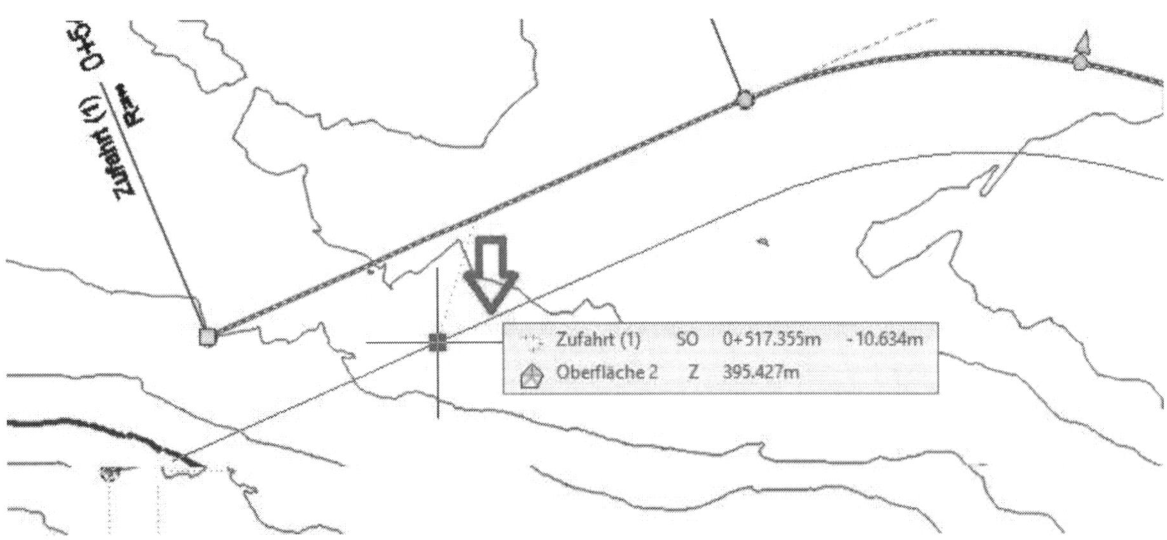

Änderung des Tangentenschnittpunktes (Schnittpunkt zweier Geraden)

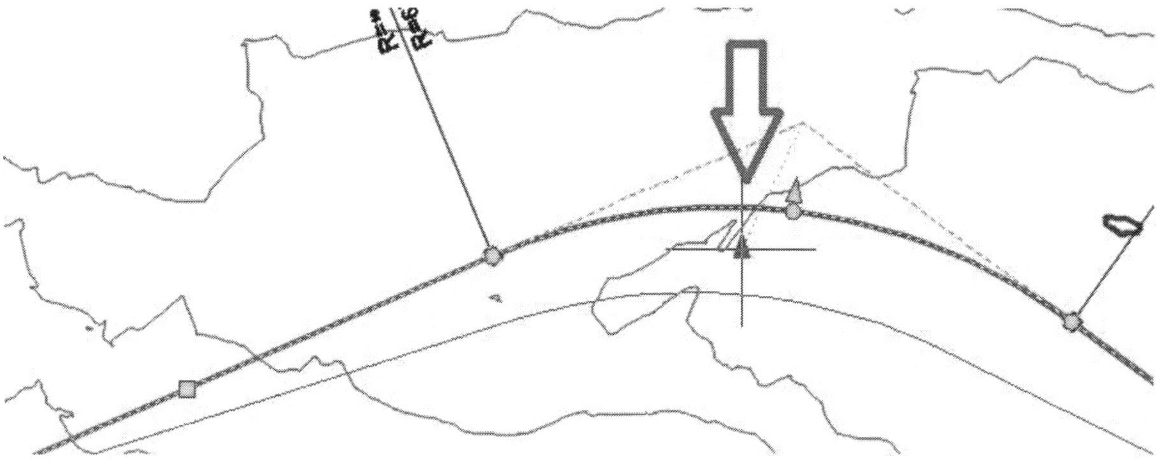

Hinweis:

Wird ein Element angefasst und wird versucht eine Position zu erreichen, die technisch nicht erreichbar ist, weil die Bögen zu groß sind, die Bögen aneinanderstoßen oder weitere Parameter diese Position nicht zulassen, so wird die Achse an der Maus ausgeblendet oder nicht wie in den Bildern gezeigt. Diese Position ist dann technisch nicht möglich!

Die Bearbeitungs-Optionen an runden Gripps werden im Zusammenhang mit einer weiteren Besonderheit gezeigt. Für den Fall, zur Konstruktion werden „nur Bögen“ oder „Bögen mit Klothoiden“ benutzt, ist folgendes zu beachten.

Bögen oder „nur Bögen“ können in der Zeichnung angepickt werden („anfassen“) und sind direkt bearbeitbar, an allen drei cyan- und runden Gripps.

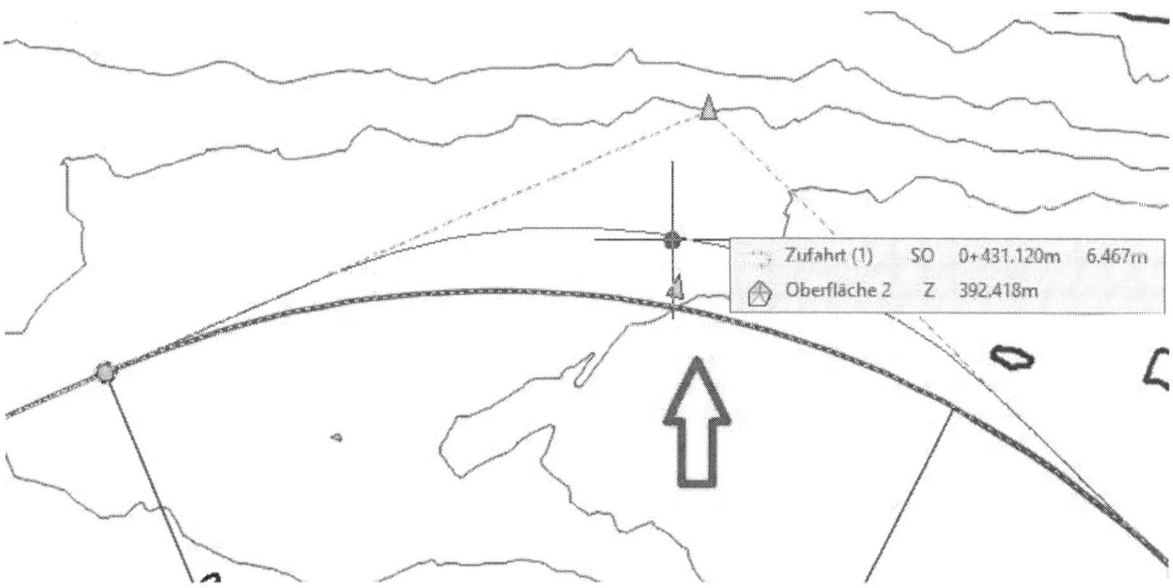

In den Bildern wird nur eine optionale Bearbeitung über den mittleren Gripp (Griff) gezeigt. Der Gripp kann über den Tangentenschnittpunkt hinweg gezogen werden, so dass die Geraden einander kreuzen. Das bedeutet „Winkel größer 180°“. Eine solche Option ist für Straßen, Parkhäuser, Radwege oder auch Gleisanlagen (Eisenbahnlinie um die Stadt „Rendsburg“ bei Kiel) in Ausnahmefällen erforderlich und im Civil 3D technisch möglich.

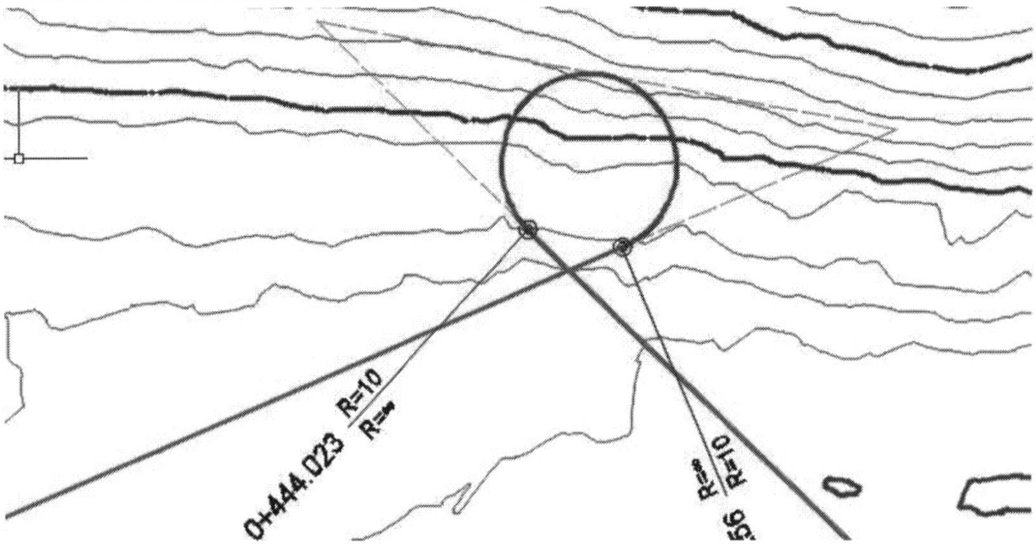

Anschließend bleibt der Bogen „bearbeitbar“ und wird auf die Seite „Winkel kleiner 180°“ (Innenseite) zurückgezogen. Der Radius muss nicht erneut 100m betragen.

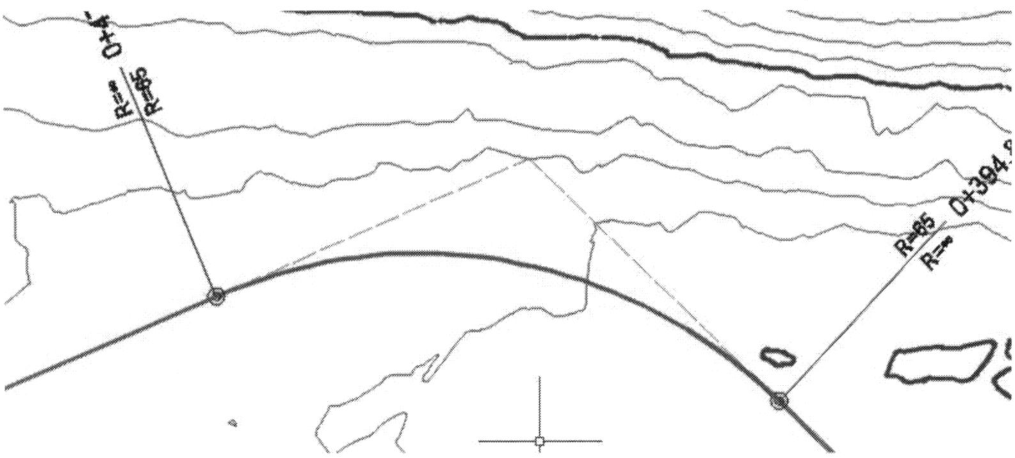

„Bögen mit Klothoiden“ (Gerade-Klothoide-Bogen-Konstruktionen) haben in der Zeichnung keine direkte Bearbeitungsmöglichkeit (nach dem „Anpicken“). Es wird kein Gripp am Bogen oder an der Klothoide angeboten.

In einem solchen Fall ist die Achse auszuwählen und es sind die Achswerkzeuge zu öffnen.

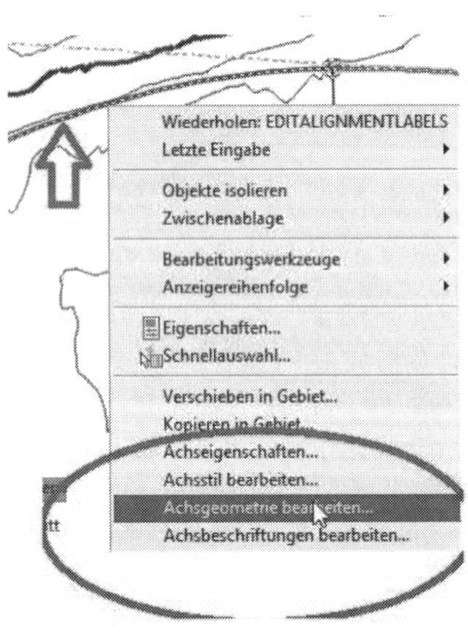

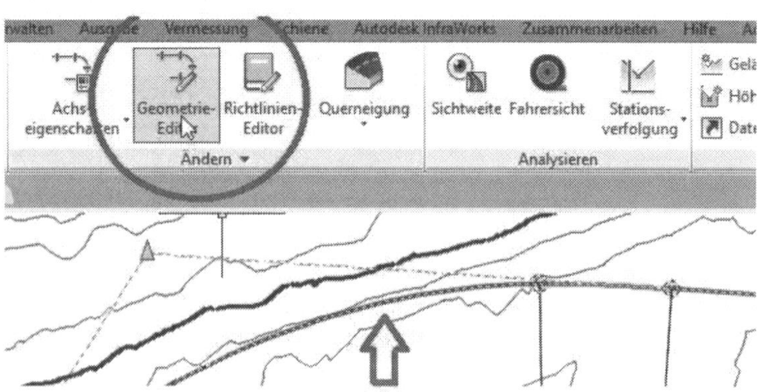

Die Funktion kann mit „Rechtsklick“ (Kontext-Menü) oder über die Multifunktionsleiste (Menü oberhalb) ausgeführt werden. „Achswerkzeuge bearbeiten“ oder „Geometrie-Editor“ sind die gleiche Funktion.

Der sich anschließend öffnende Werkzeugkasten bietet ganz rechts mit der Funktion „Achseditor“ eine Bearbeitungsoption aller Parameter der Achse. Das umfasst auch den Radius mit Klothoiden.

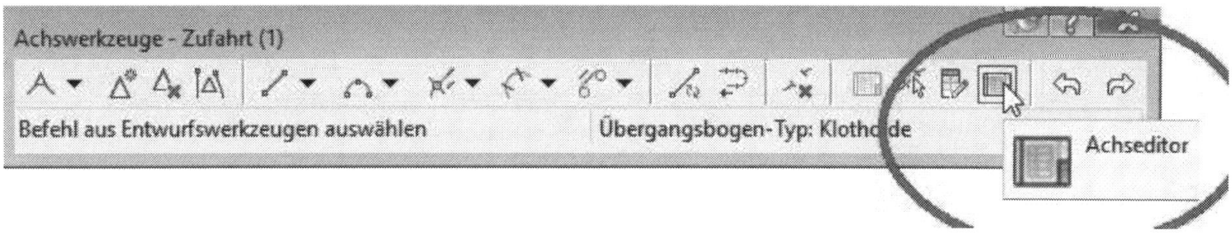

Es öffnet sich das Panoramafenster, das alle Parameter der Achse zeigt.

Wird ein Wert (Radius 100m) ausgewählt, so wechselt die Farbe des Elementes in der Zeichnung auf Rot.

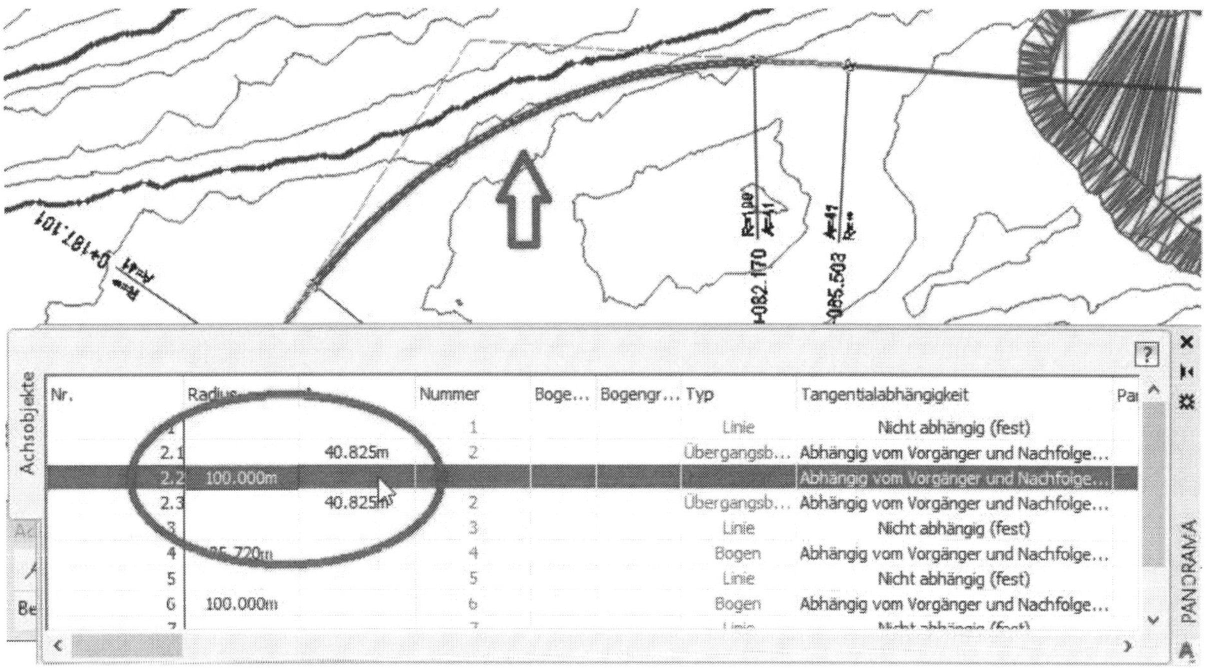

Für den Radius wird neu 50m eingegeben, mit „Enter“ als Bestätigung sollte der Wert in der Zeichnung übernommen sein.

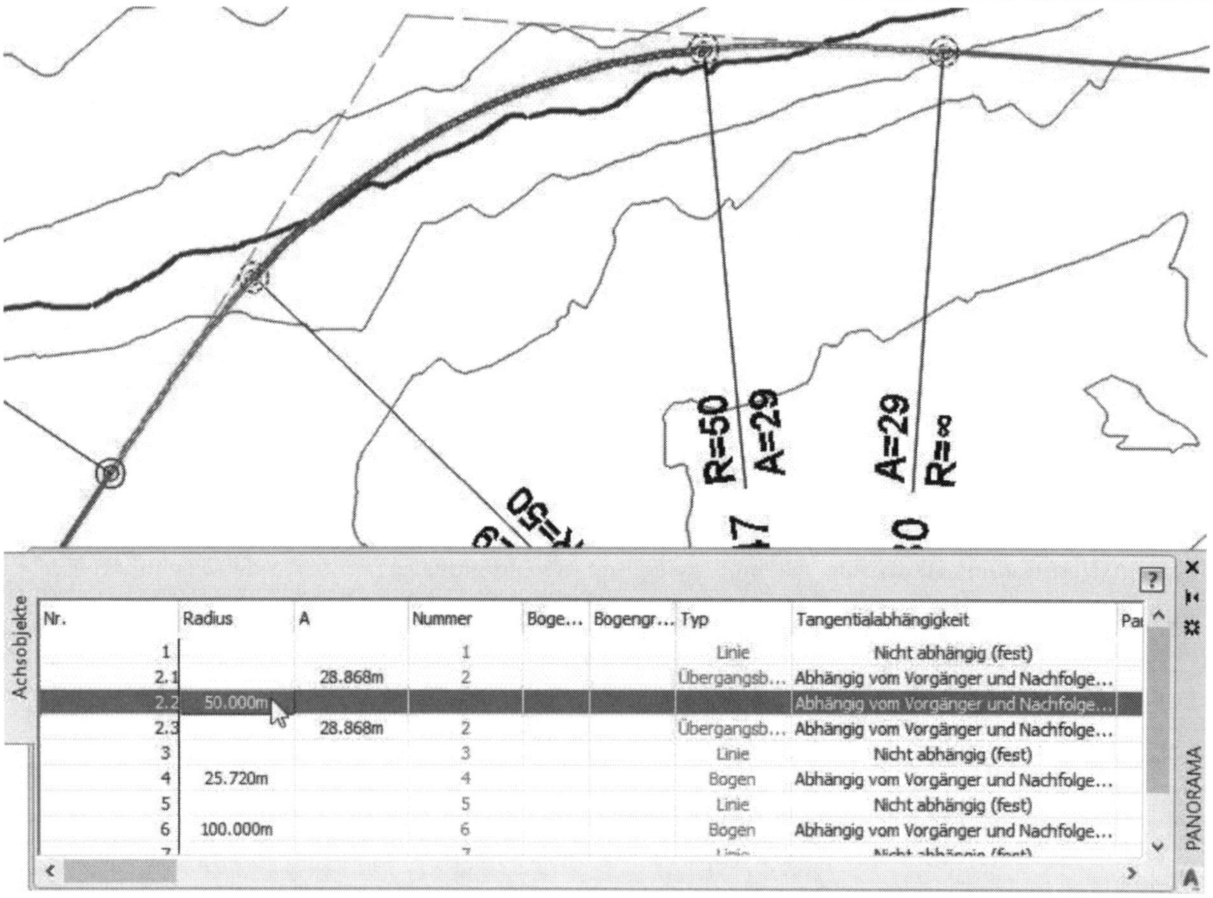

Neben der Änderung ist auch das Löschen einzelner oder mehrerer Konstruktions-Elemente möglich. Für das Löschen stellt der „Achseditor" die eigene Funktion zur Verfügung.

In der Übung wird nur der „Bogen mit Klothoiden" gelöscht und durch einen „nur Bogen" ersetzt.

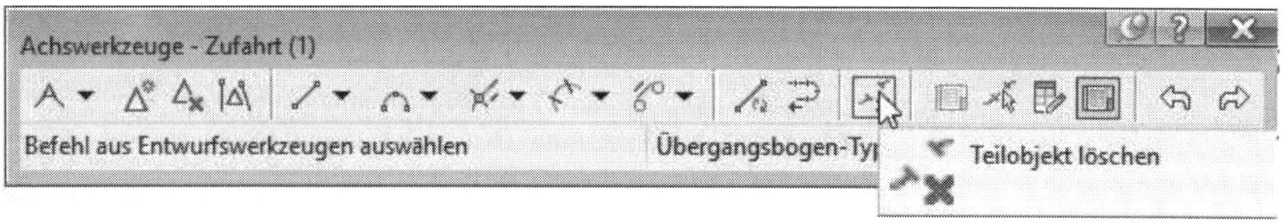

Die Funktion „Teilobjekte löschen" löscht nur „Teilobjekte" der Achse „Zufahrt (1)". Der neue Bogen wird mit der Funktion „Pufferelement Bogen (Radius)" eingefügt. In jeder Straßenbau-CAD-Software sind die Begriffe „**Festelement**", „**Koppelelement**" und „**Pufferelement**" so oder ähnlich gebräuchlich und wichtig. Diese Begriffe beschreiben das Verhalten der einzelnen Konstruktions-Elemente in Bezug auf den tangentialen Anschluss zum Vorgänger- oder Nachfolger-Element.

- Ein **Festelement** hat keinen tangentialen Anschluss weder zum Vorgänger noch zum Nachfolger (wird oft als Anfangs-Element der Achse verwendet)
- Ein **Koppelelement** hat nur einen tangentialen Anschluss entweder zum Vorgänger oder zum Nachfolger (wird oft als letztes Element der Achse verwendet)
- Ein **Pufferelement** hat immer einen tangentialen Anschluss zum Vorgänger und zum Nachfolger (Elemente in der Mitte der Achse)

Weil im Beispiel der neue Bogen an zwei Geraden anzulegen ist (Vorgänger und Nachfolger) ist eine „Puffer-Element"-Funktion zu nutzen. Es gibt mehrere Unteroptionen, durch die der Bogen-Radius bestimmt werden kann. Die Funktion „Pufferelement Bogen (Radius)“ lässt eine manuelle Eingabe eines Wertes für den Radius zu.

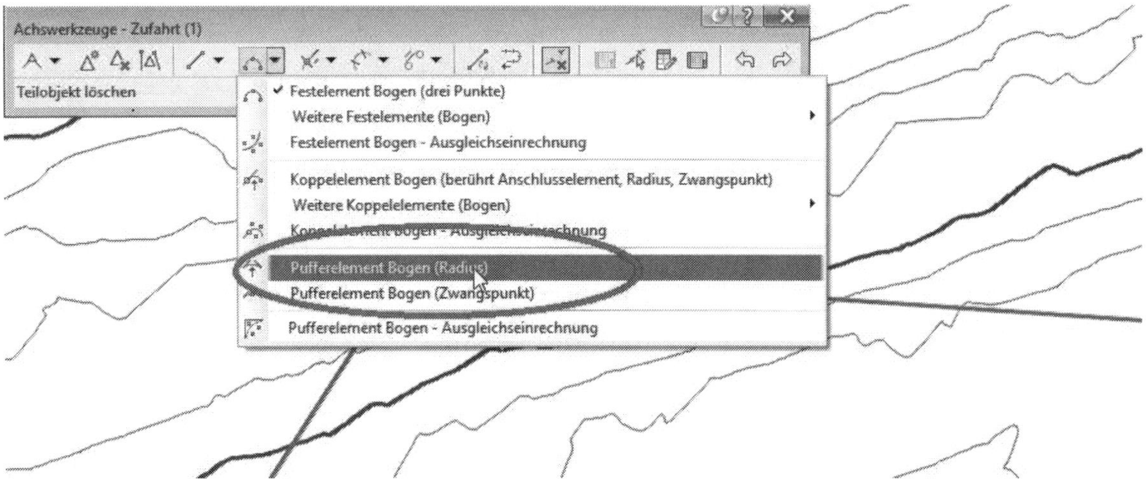

Die Funktion verlangt das Auswählen von Vorgänger und Nachfolger, das ist in Achsrichtung die Tangente vor dem Knick und nach dem Knick.

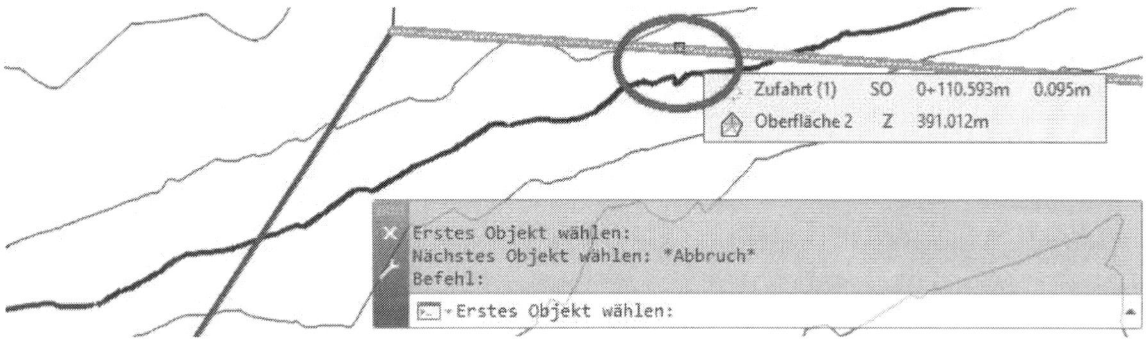

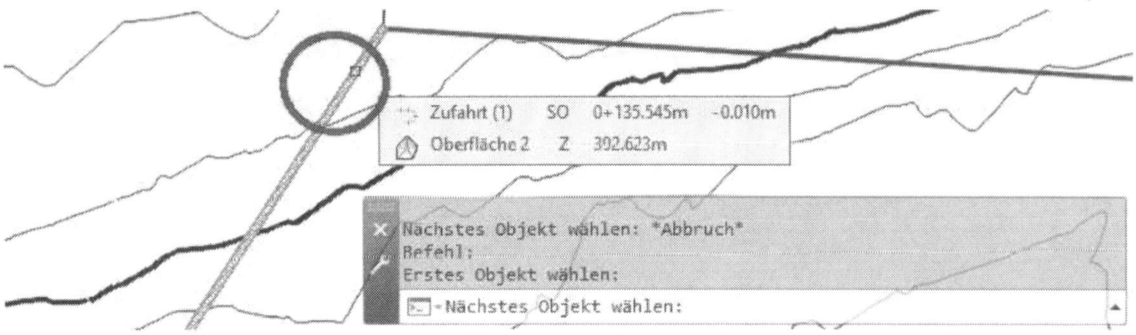

Der nächste Schritt verlangt die Festlegung der Seite, auf der der Radius eingefügt sein soll. Es wird „kleiner 180°“ gewählt (Innenseite).

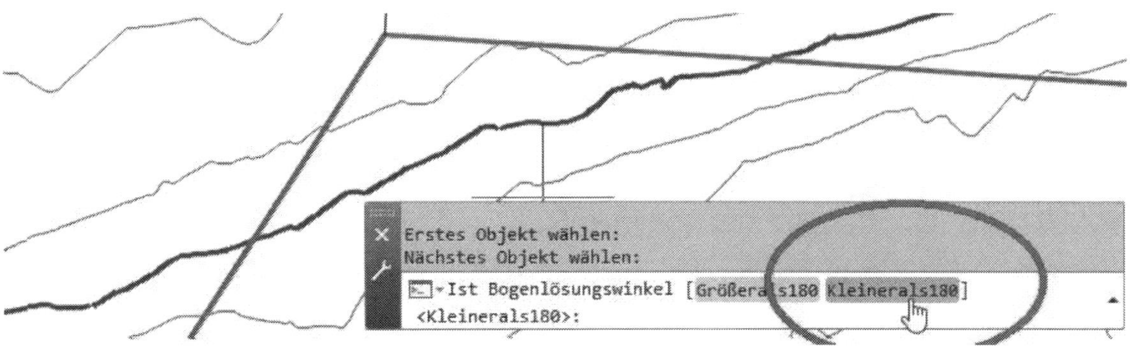

Der Radius-Parameter „100m" ist aus der Einstellungs-Maske vorgegeben. Er könnte mit jedem beliebigen Wert überschrieben werden. Mit „Enter" wird der Wert „100m" bestätigt.

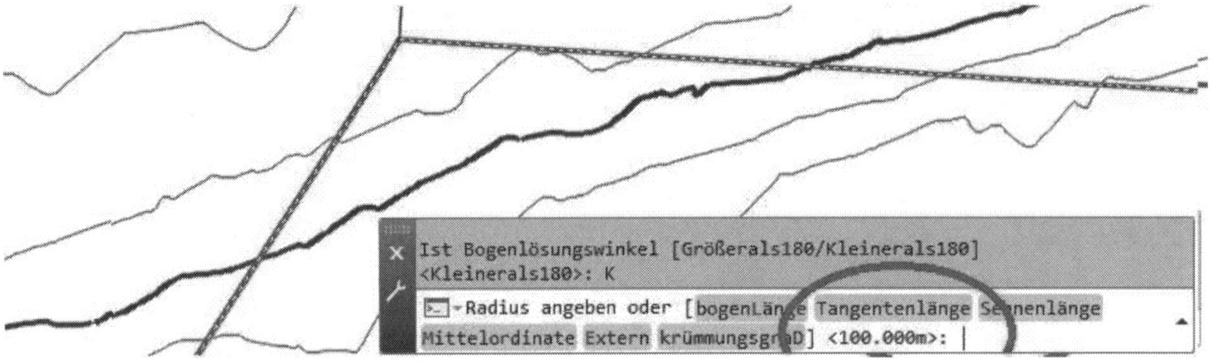

Der neue Radius ist eingefügt und sofort neu beschriftet.

Die Geraden werden automatisch soweit erforderlich verlängert (nach dem Löschen der Ausgangssituation) oder verkürzt (nach dem Einfügen des neuen Radius).

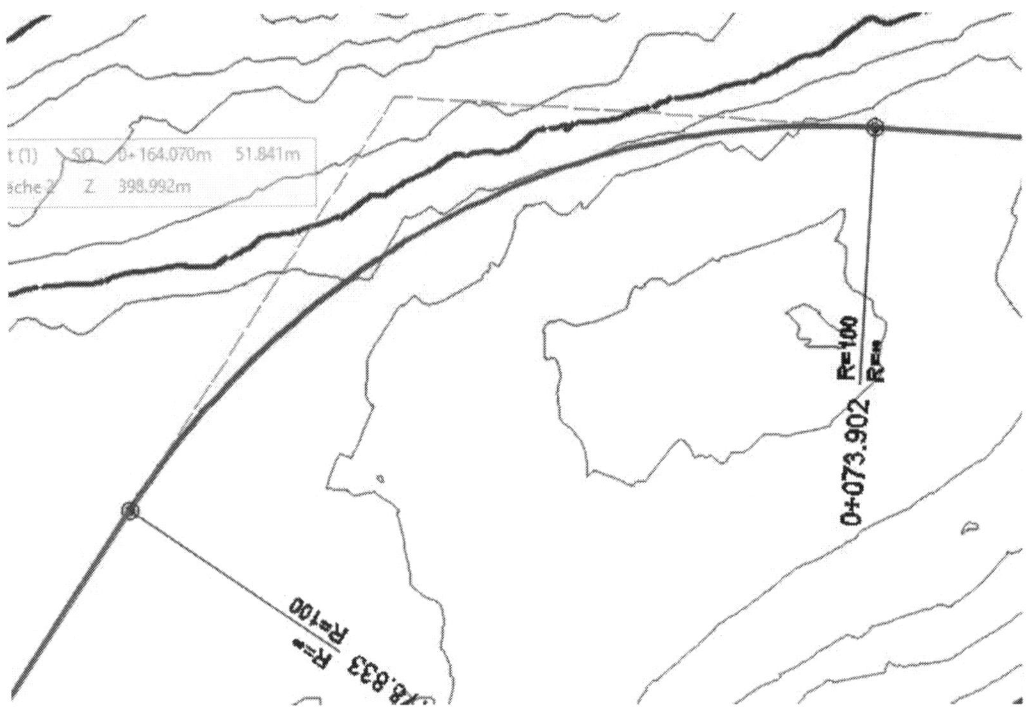

Hinweis:

Die Radien-Beschriftung zeigt immer ganzzahlige Werte? Ein manuelles Editieren führt immer zu Radien mit ganzzahligen Werten? Civil 3D hat für die Beschriftung der Achshauptpunkte (Radien und Klothoiden) einen Rundungs-Parameter eingeführt, der für die zwanghaft ganzzahligen Werte verantwortlich ist. Dieser Rundungs-Parameter lässt sich entfernen oder auf eine frei wählbare Anzahl von Nachkommastellen begrenzen. Diese Option wird hier nur angesprochen aber nicht näher erläutert. Im Bild wird gezeigt, dass der Radius durchaus einen Wert mit Nachkomma-Stellen haben kann, obwohl die Beschriftung „R=100" oder „R=101" angibt.

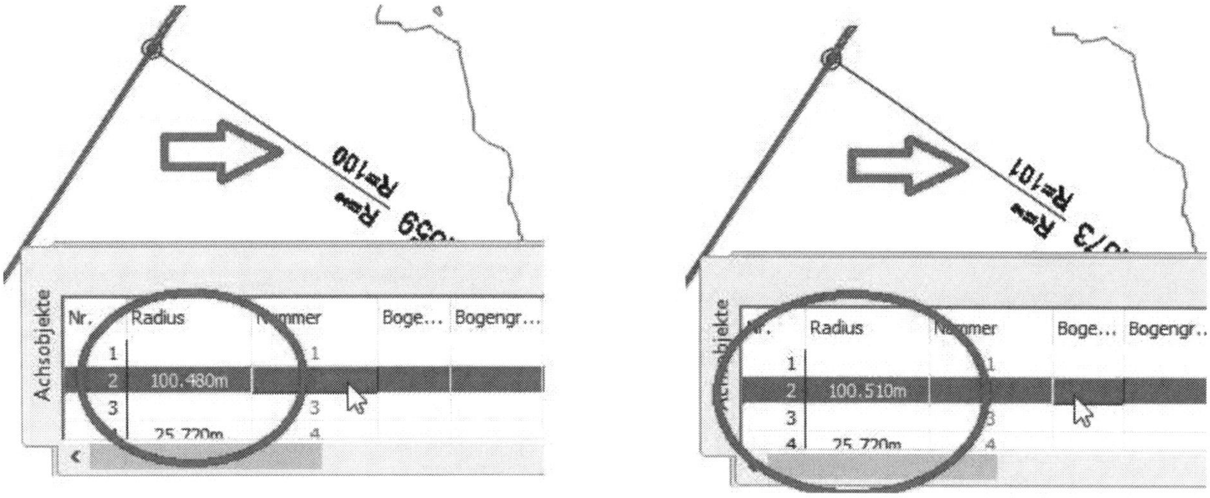

Die Zeichnung sollte mit der erstellten Achse und in der bisherigen Form unter dem Namen „**DGM-Kapitel6-Achse.dwg**" gespeichert werden. Im Abschnitt „Längsschnitt, Höhenplan, Gradienten-Konstruktion" dieses Kapitels wird darauf zurückgegriffen.

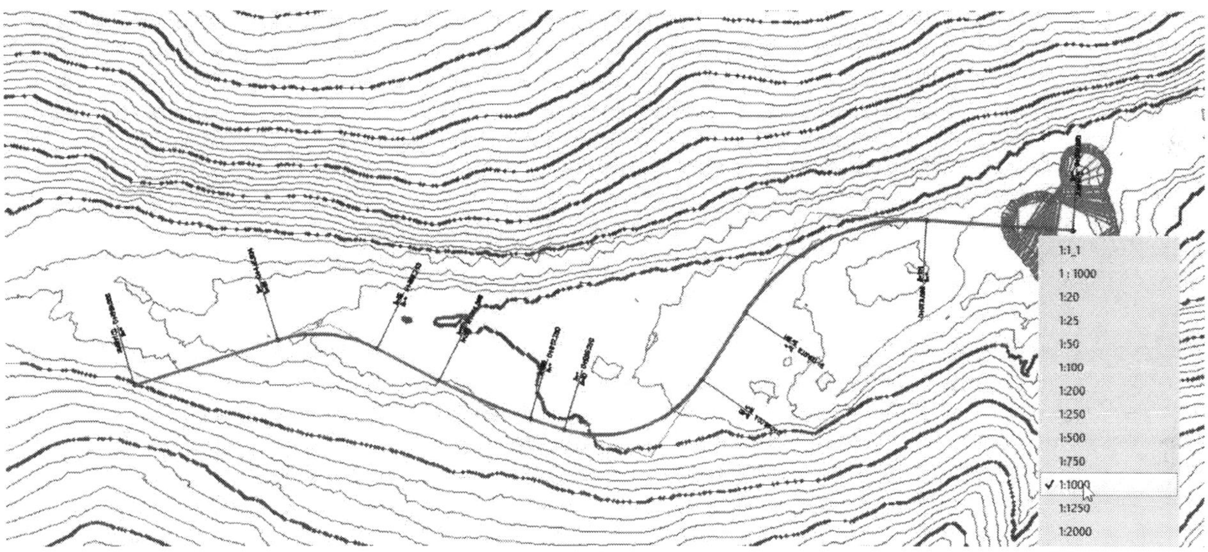

Für die folgenden Kapitel ist eine neue Zeichnung auf Basis der „...Deutschland.dwt" zu öffnen.

Für alle folgenden Achs-Konstruktionen spielt die Objekt-Definition eine untergeordnete Rolle. Es werden in erster Linie die Civil 3D-Voreinstellungen übernommen.

6.5.2 Achsinterpolation oder -Berechnung aus Vermessungsinformationen

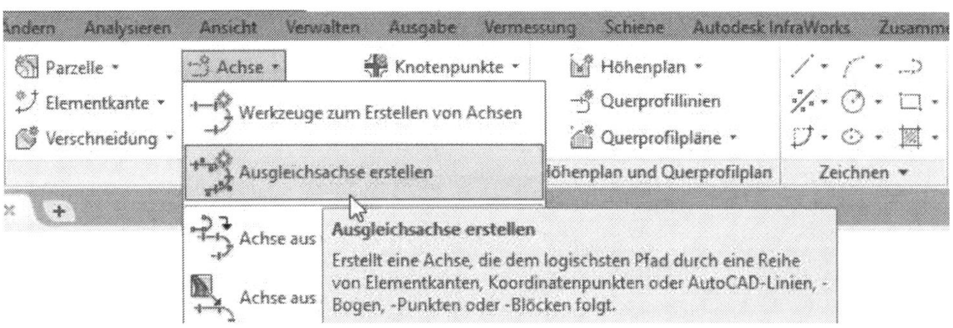

Als Ausgangs-Fall einer solchen Achskonstruktion können Vermessungspunkte, ausgeführte Vorplanungen, Skizzen oder wie für die Übung vorbereitet, eine Liegenschaftskarte sein.

- Liegenschaften-Plan.dwg

Im rot markierten Bereich ist eine Achse zu entwerfen. Die Entwurfs-Geschwindigkeit ist nicht vorgegeben der min. Bogen-Radius soll 100m betragen.

Hinweis:

Es wird empfohlen die Zeichnung „Liegenschaft-Plan.dwg" als „Externe Referenz" einzufügen. Das heißt die Civil 3D-Konstruktion und die informativen Daten (Liegeschafts-Karte) beeinflussen sich nicht, alle erforderlichen Funktionen können ohne Einschränkungen ausgeführt werden. Nach erfolgter Konstruktion kann die „externe Referenz" einfach „abgehangen" oder „ausgeschalten" sein (Funktion „Entfernen").

Einfügen der externen Referenz

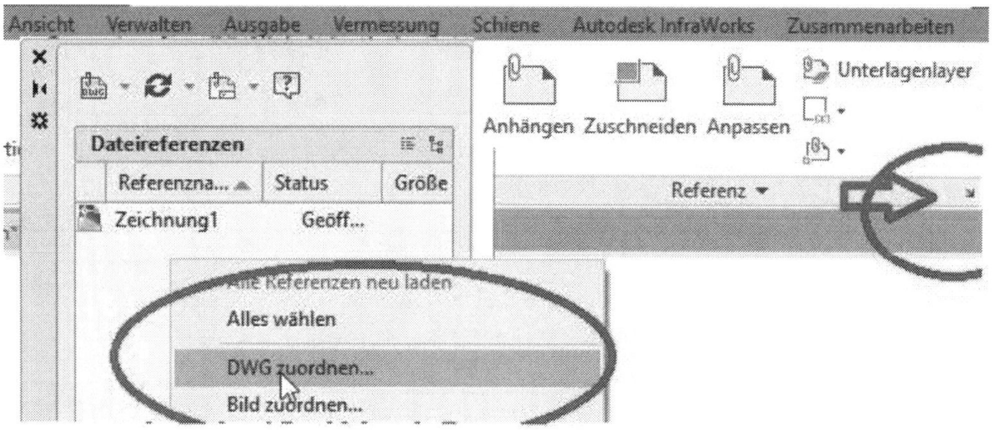

Beim Einfügen der externen Referenz ist zu beachten, dass die „Blockeinheit“ (Einfüge-Einheit) Meter anzeigt. Ist das nicht der Fall, so ist in der zugeordneten Zeichnung die „Civil 3D Einheit“ zu überprüfen (2. Kapitel, Projektbrowser, Zeichnungseigenschaften). Alle optionalen Eingaben (Skalierung, Einfüge-Punkt) sind zu deaktivieren. Liegenschaftskarten besitzen Daten, die auf ein Koordinatensystem bezogen sind. Das heißt die Daten haben einen räumlichen Bezug. Wird die Achse auf dieser Basis erzeugt, so kann der Vermesser die Achse problemlos für Absteck-Punkte übernehmen. Die Achse hat dann den gleichen räumlichen Bezug!

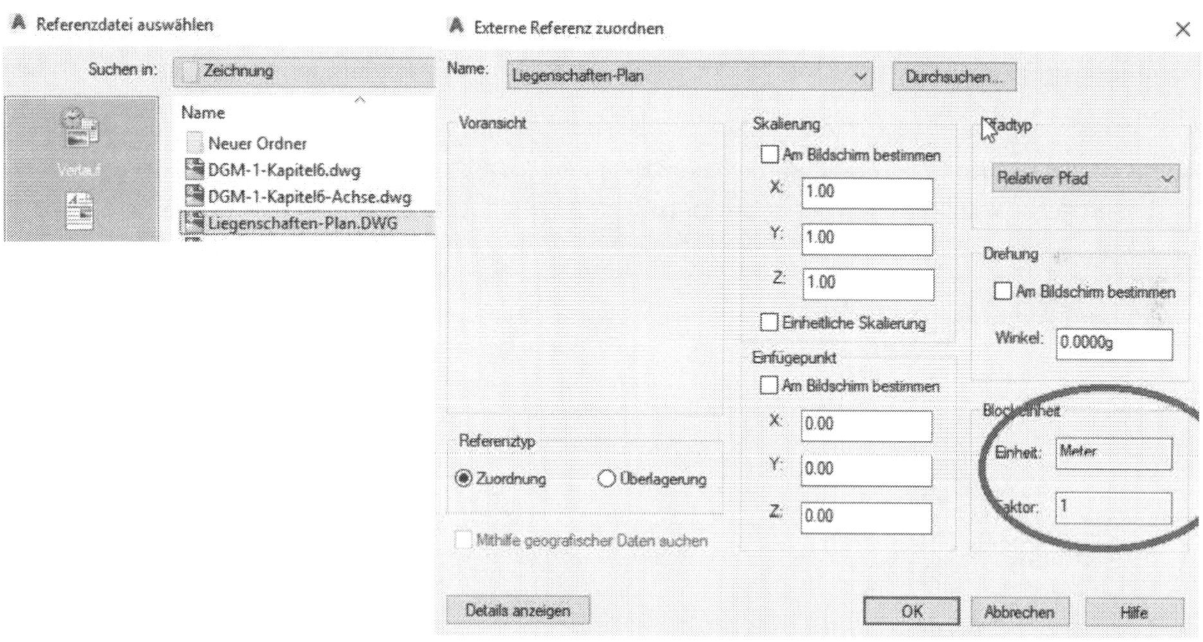

Eventuell X-Ref-Fading und Zoom auf die Grenzen benutzen. Das sind AutoCAD-Funktionen, die sich anschließen, hier aber nicht näher erläutert werden. Als nächste Funktion ist das Zeichnen von Linien oder Polylinien auszuführen. Deshalb wird vorher das Setzen des Layers „C-Hilfslinien“ auf „Aktuell“ empfohlen.

Die Polylinien werden auf den rechten- und linken Rand der Liegenschafts-Grenze gezeichnet.

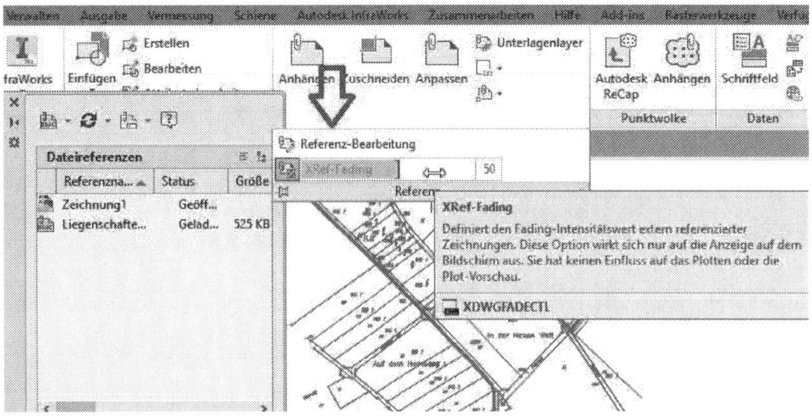

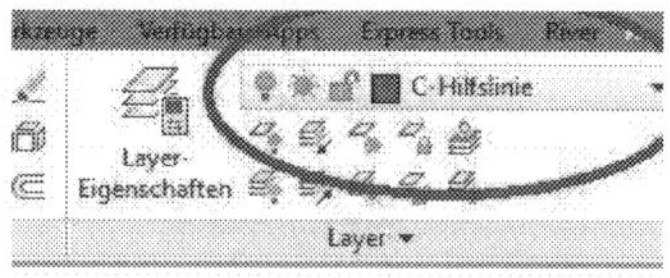

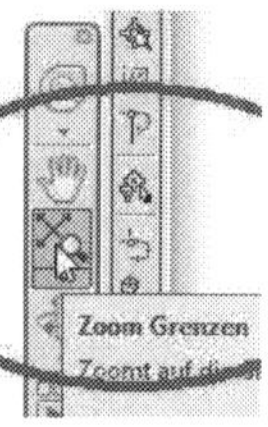

Die Polylinien werden auf den rechten- und linken Rand der Liegenschafts-Grenze gezeichnet. Diese Polylinien bilden eine Grenze innerhalb der die Achse berechnet wird.

Hinweis:

Theoretisch wäre es auch möglich, die Zeichnungselemente (Grenzlinien) der Liegenschaftskarte direkt für die Berechnung der Achse zu verwenden. In der Praxis ist das eher nicht zu empfehlen, weil es hier doppelte Linien geben kann. In den Ecken der Liegenschaftsflächen stellen Kreise (Grenzsteine) den Grenzpunkt frei (keine Verbindung zwischen den Linien). In solchen „fremden Zeichnungen“ ist die Fehlerquote bei den Linienelementen zu hoch, so dass eventuell die Funktionen eine fehlerhafte - oder gar keine Achse berechnet.

Die begrenzenden Polylinien werden mit einem geeigneten Objektfang auf dem aktuellen Layer (C-Hilfslinien) gezeichnet. Die Polylinie ist das bevorzugte Zeichnungselement, weil sie gut nachbearbeitet werden kann.

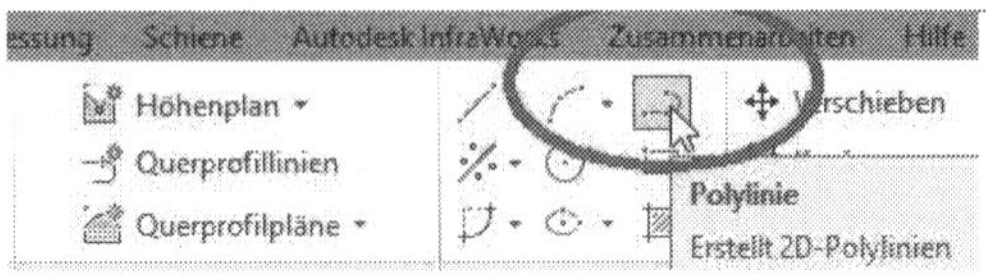

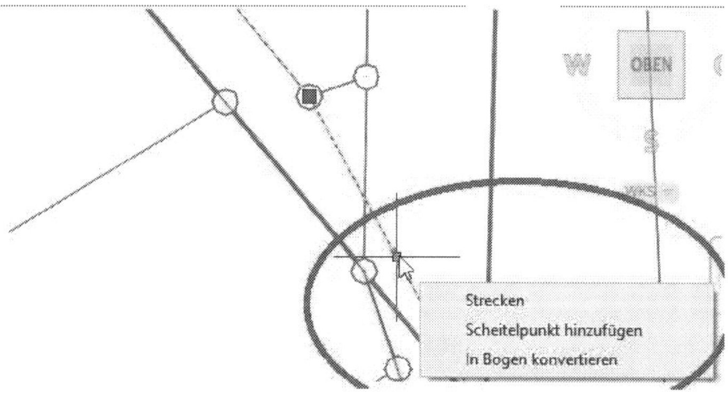

Die begrenzenden Polylinien sind gezeichnet. Die Funktion „Ausgleichsachse erstellen“ kann gestartet werden.

Als Begrenzung werden innerhalb der Funktion „AutoCAD-Blöcke“, „AutoCAD-Objekte“ (Polylinien, 2D-Polylinien) AutoCAD-Punkte, COGO-Punkte (Civil 3D-Punkte) oder Elementkanten (5.Kapitel) angeboten. Im Beispiel wurden Polylinien gezeichnet, entsprechend wird „AutoCAD-Objekte“ ausgewählt.

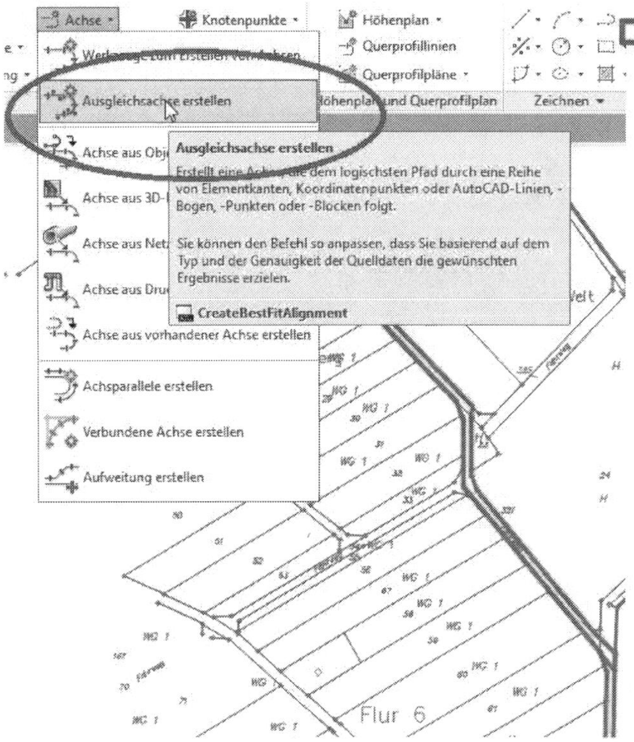

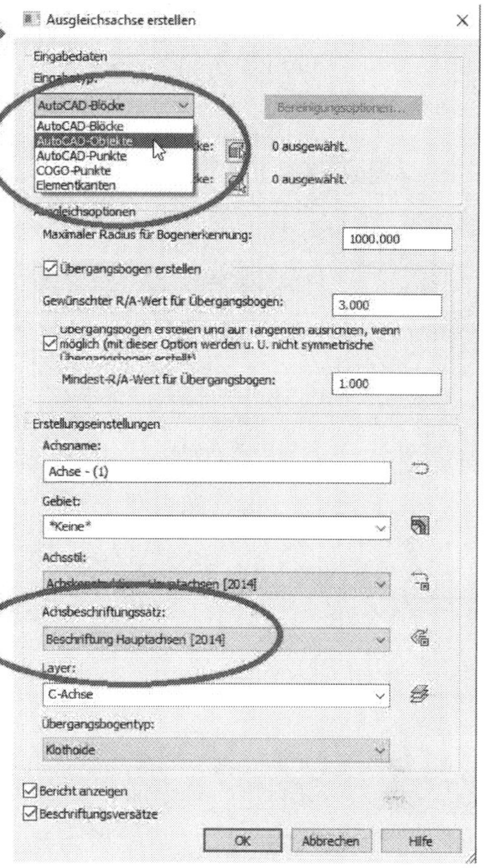

Da die Polylinien durchgehend gezeichnet wurden, braucht nur die rechte - und linke Polylinie ausgewählt werden. Die Auswahl von „Rechts“ und „Links“ entscheidet auch über die Richtung der Achse. Mit der Funktion „Bericht anzeigen“ wird ein Protokoll der Umwandlung geöffnet.

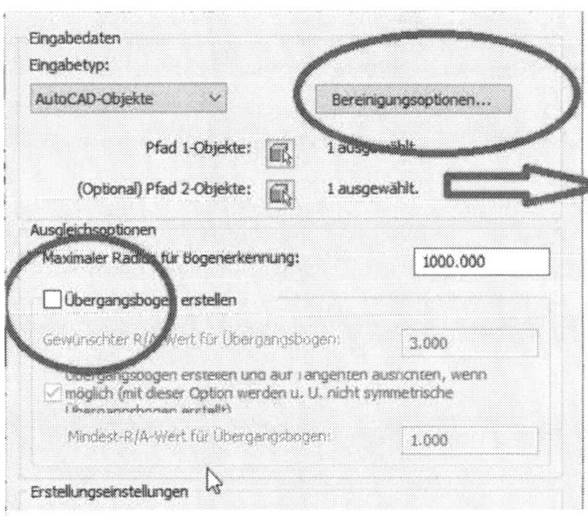

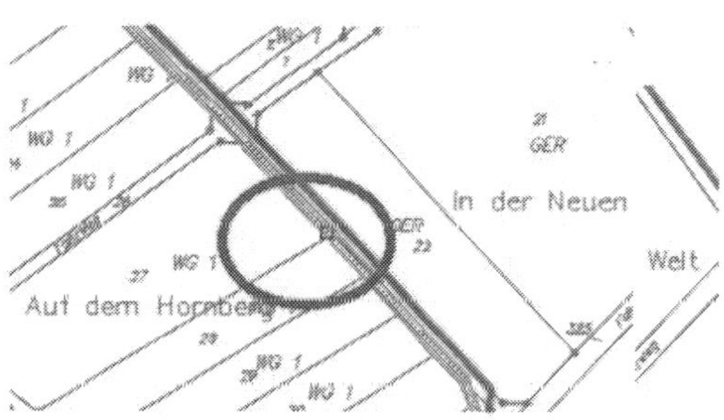

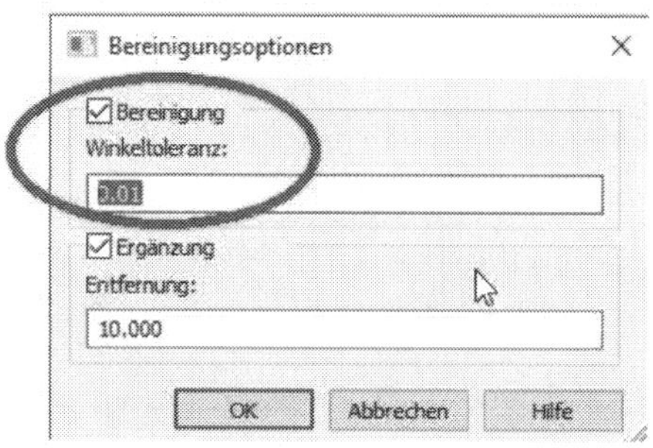

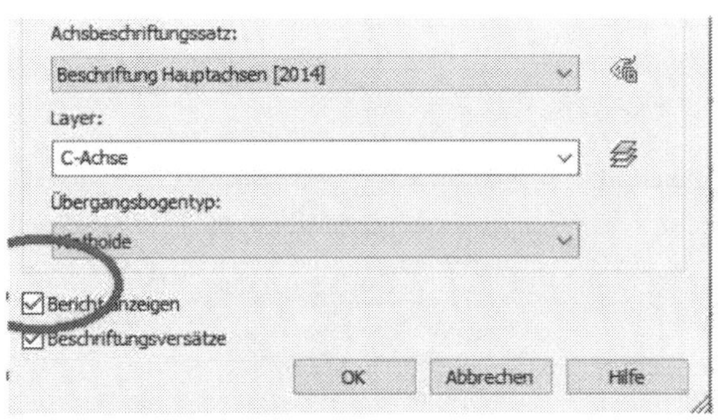

Im Protokoll der Umwandlung gibt es keine Bearbeitungsmöglichkeit. Ab der Version 2019 sind die hier angegebenen Abweichungen der neuen Achse aus der Mitte, stationsabhängig auch an der neuen Achse angeschrieben.

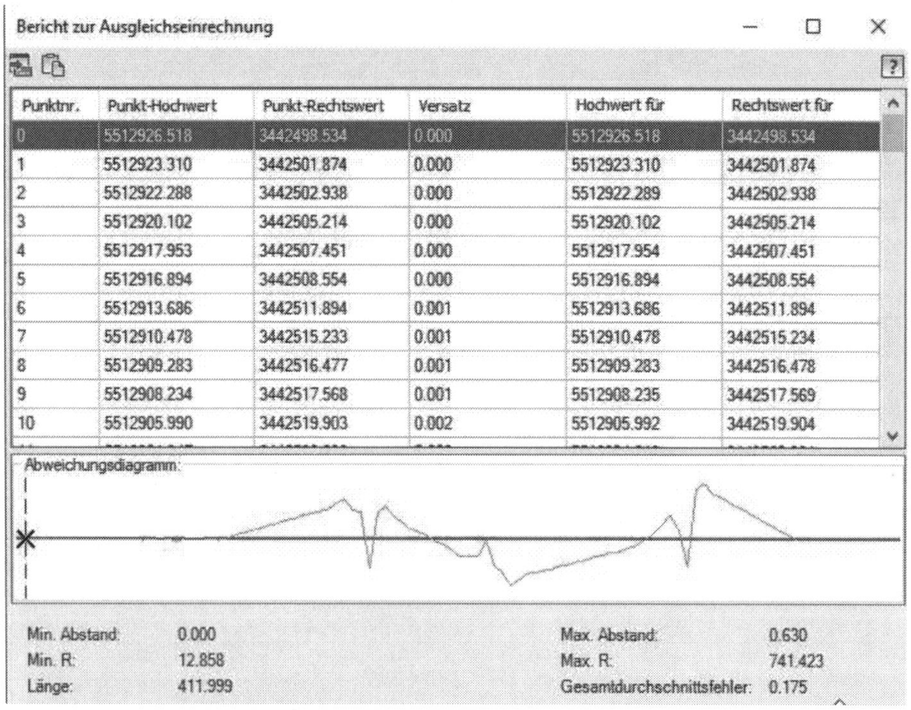

Punktnr.	Punkt-Hochwert	Punkt-Rechtswert	Versatz	Hochwert für	Rechtswert für
0	5512926.518	3442498.534	0.000	5512926.518	3442498.534
1	5512923.310	3442501.874	0.000	5512923.310	3442501.874
2	5512922.288	3442502.938	0.000	5512922.289	3442502.938
3	5512920.102	3442505.214	0.000	5512920.102	3442505.214
4	5512917.953	3442507.451	0.000	5512917.954	3442507.451
5	5512916.894	3442508.554	0.000	5512916.894	3442508.554
6	5512913.686	3442511.894	0.001	5512913.686	3442511.894
7	5512910.478	3442515.233	0.001	5512910.478	3442515.234
8	5512909.283	3442516.477	0.001	5512909.283	3442516.478
9	5512908.234	3442517.568	0.001	5512908.235	3442517.569
10	5512905.990	3442519.903	0.002	5512905.992	3442519.904

Um die Achse und deren Beschriftungseigenschaften besser im Bild anzuzeigen, wurde die externe Referenz vorübergehend ausgeblendet (Entfernen).

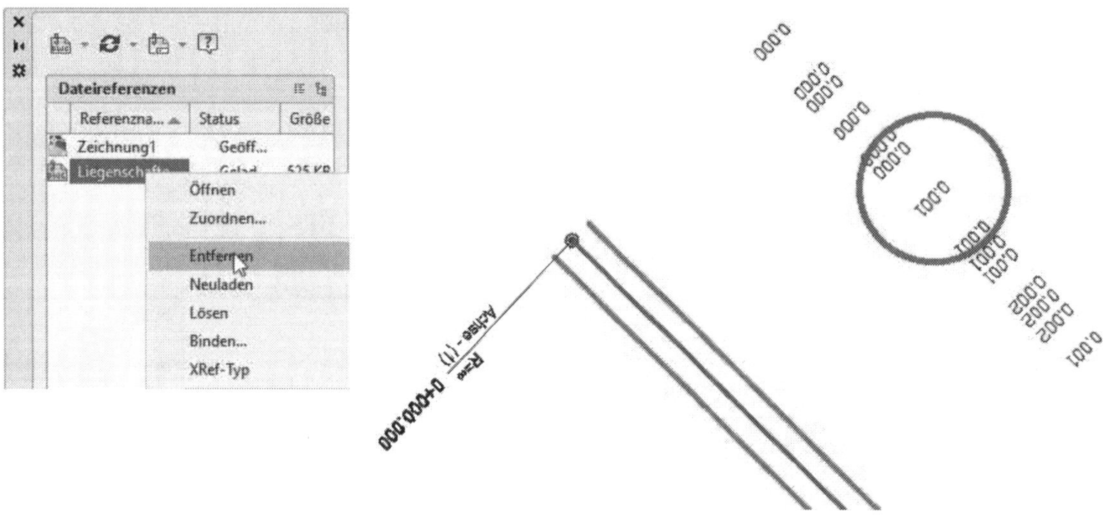

In den folgenden Bildern werden beispielhaft einige Bearbeitungs-Optionen gezeigt, die ausführbar sind, um die technischen Vorgaben zu erreichen (Radius 100m). Diese Bearbeitungs-Optionen entsprechen dem vorherigen Abschnitt und sollen zeigen, dass die unterschiedlichen Erstellungsvarianten immer zu dem technisch gleichen Achs-Objekt führen.

Die Bearbeitungs-Option wird mit der Funktion „Geometrie-Editor“ gestartet und öffnet den Werkzeugkasten „Achswerkzeuge“ zum Objekt „Achse-(1)“. Im dargestellten Bereich, Station 0+300.00m, werden beide Radien und eine Gerade gelöscht. Damit besteht überhaupt die Möglichkeit einen 100m Radius einzufügen, das heißt hier „puffern“.

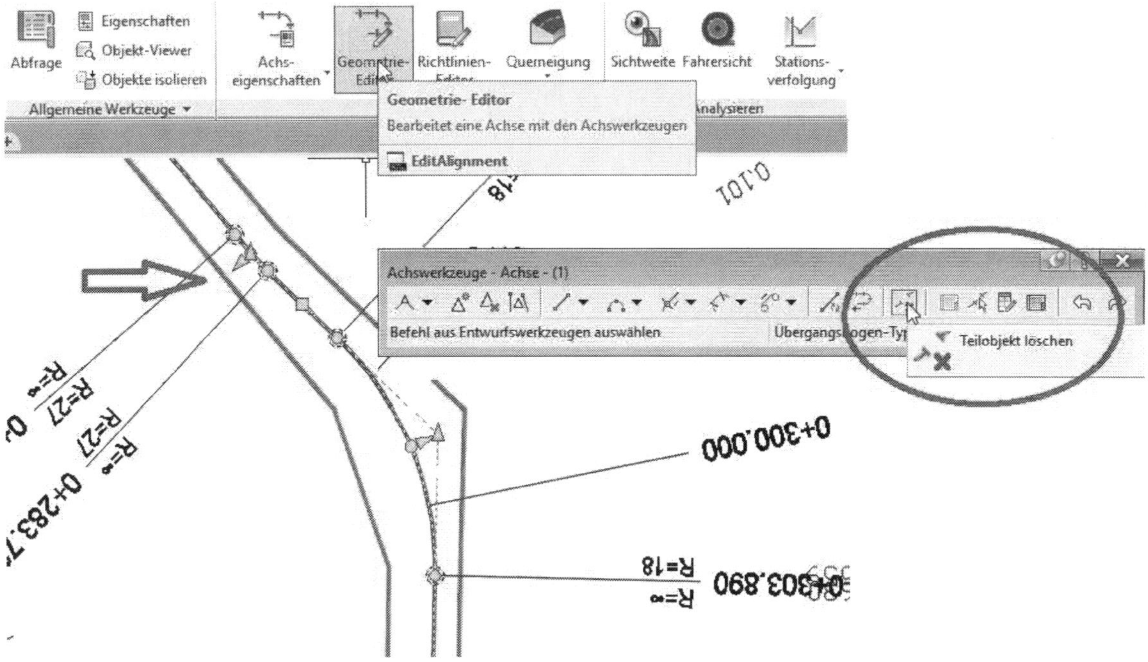

Die Funktion „Pufferelement Bogen (Radius)"kann ausgeführt werden unabhängig davon, ob sich die Geraden berühren oder nicht.

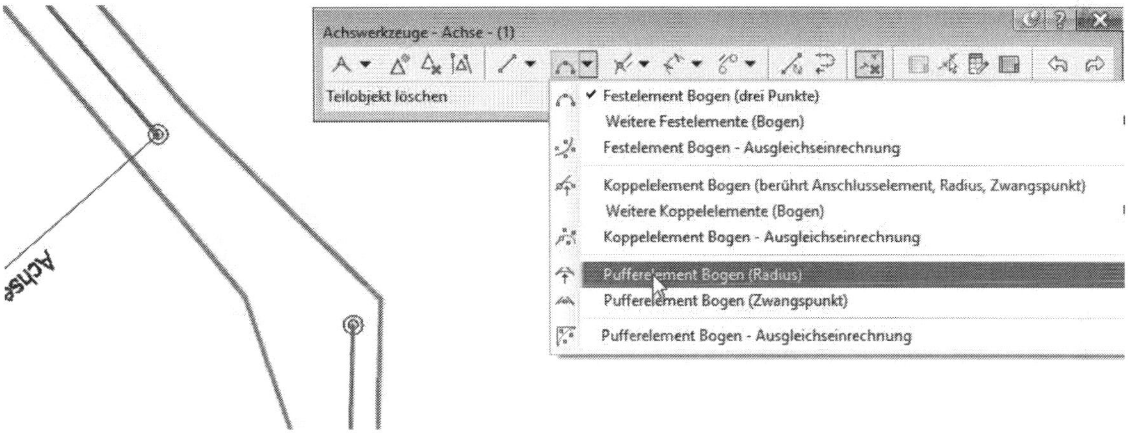

Nach der Funktion (erneutes Verbinden der Achselemente) setzt die Beschriftung wieder ein. Anschließend erfolgt die Bearbeitung der Radien im Bereich Stat. 0+150.00m – 0+200.00m.

Hier sind alle Parameter durch eine Eingabe der Werte änderbar. Erscheint die Meldung „Auflösung nicht möglich", so passt der vorgegeben Radius infolge der Elemente davor oder danach nicht hinein!

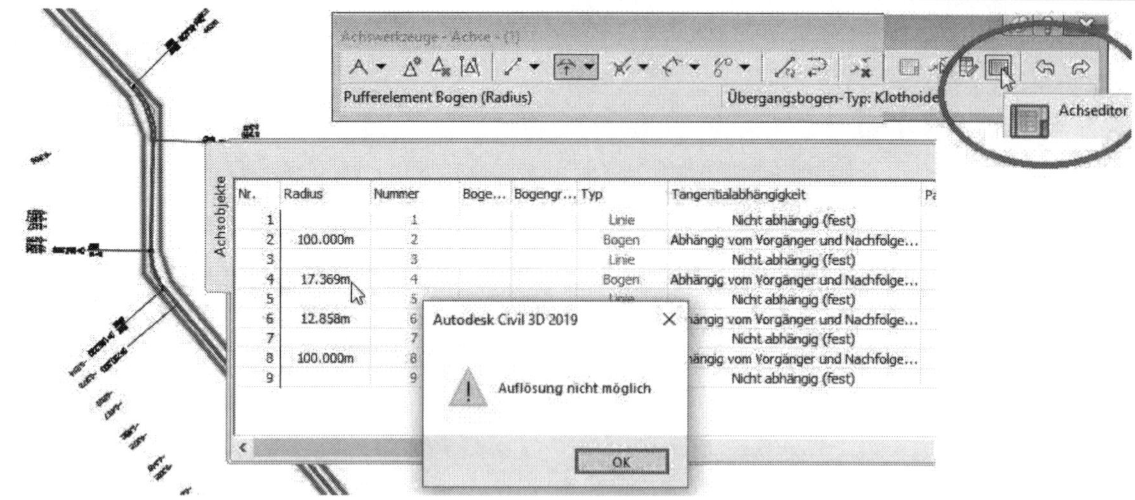

Im Beispiel stellt sich heraus, dass der Radius im „S"-Bogen maximal 46m sein kann. Sollte in der Praxis dieser Radius inakzeptabel sein, so ist eine generell andere Lage der Achse in diesem Bereich zu diskutieren.

Hinweis:

Civil 3D lässt auch „S"-Bögen ohne „Zwischen-Gerade" zu.

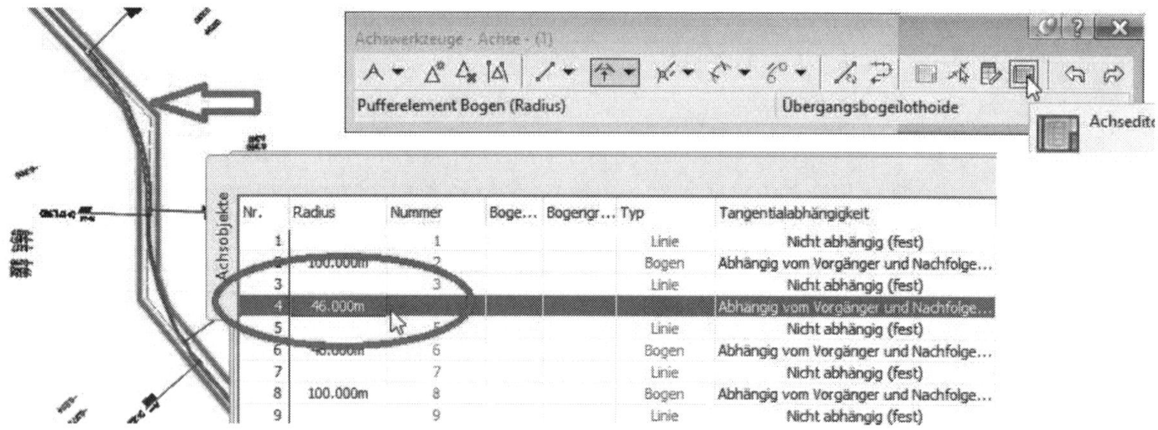

Die Themen im folgenden Abschnitt werden in der gleichen, in der noch geöffneten Zeichnung diskutiert. Die in diesem Abschnitt erstellte Achse wird nicht gelöscht. Es wird für den folgenden Abschnitt nur außerhalb der Liegenschaftskarte gezoomt.

6.5.3 Umwandlung einer vorgegebenen Polylinie in eine Civil 3D-Achse

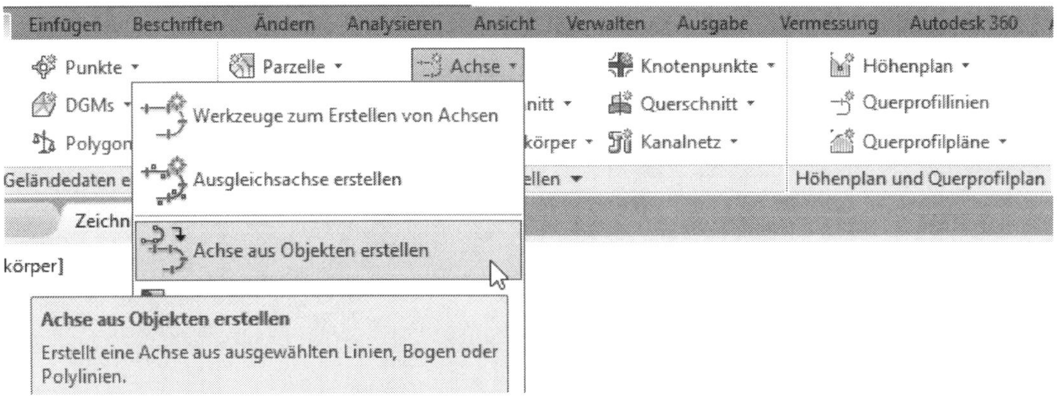

Zur Erstellung eine Achse kann auch eine bereits gezeichnete Polylinie dienen. Eine 3D-Polylinie ist nicht verwendbar. Ein Spline (auch nach Umwandlung in eine Polylinie) ist nicht empfehlenswert, als Achse zu verwenden (zu viele Stützpunkte).

Für die Übung wird folgendes Praxis-Beispiel entwickelt. Es wird angenommen, in einer *.dxf-Zeichnung wurde ein Achsenwurf übergeben. In solchen Zeichnungen zeigt sich meist, dass die in der *.dxf-Zeichnung entwickelte „Achse“ aus einzelnen Linien (Geraden), Bögen (Radius) und Klothoiden (mehrfachgeknickte Polylinien) bestehen (AutoCAD-Zeichnungselemente). Alle Bestandteile der Achse sind meist einzelne voneinander getrennte Zeichnungselemente auf einem Layer. Teilweise ist zwischen den einzelnen Zeichnungselementen ein Abstand in X- und Y-Richtung von bis zu 1cm.

Diese Situation wird zeichnerisch mit den Elementen Linie und Bogen nachgestellt. Für die nachfolgende Übung werden „Linien“ mit dem Befehl Linie erstellt. Diese Linien sollten nicht länger sein als ca. 100m sein. Der „Bogen“ wird mit „Bogen 3Punkte“gezeichnet. Als Besonderheit werden die Enden der Linien NICHT mit einem O-Fang gefangen. Es bleibt eine Lücke. In dieser Form findet man oft Achskonstruktionen in *.dxf-Zeichnungen.

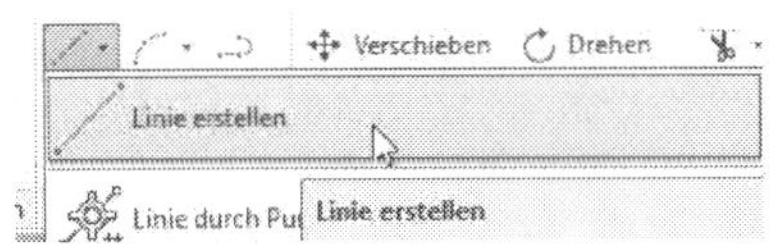

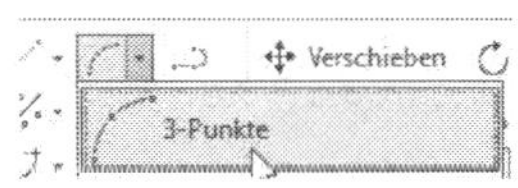

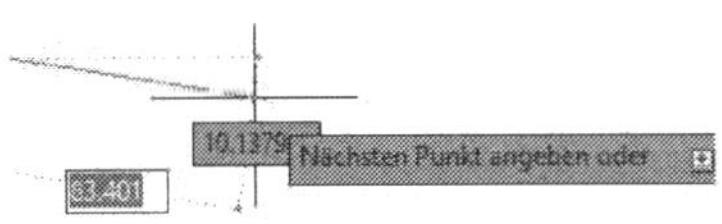

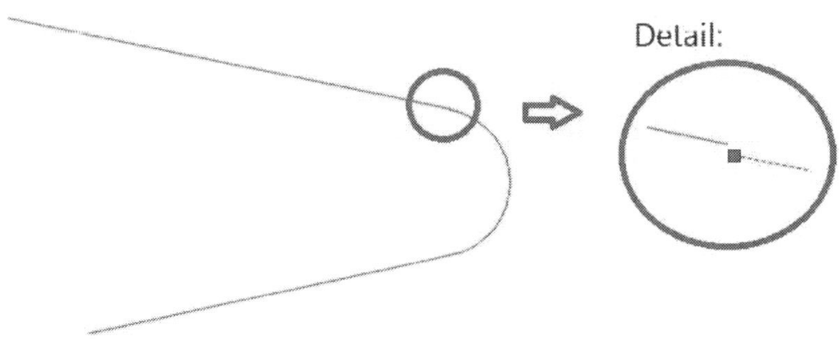

Hinweis:

Die Situation „vorhandene Klothoide“ (mehrfachgeknickte Polylinie) ist auch umsetzbar. Gerade und Bogen werden als „Festelement“ übernommen und die Klothoiden werden anschließend „gepuffert“. Ein solches Beispiel wird hier nicht näher besprochen.

Der einzige Weg aus diesen einzelnem Achs-Zeichnungs-Elementen eine Civil 3D-Achse zu erstellen, bedeutet die einzelnen Elemente übereinander zu schieben (mit O-Fang „End“) und mit dem AutoCAD

Befehl „Verbinden“ die Elemente zu einer Polylinie zusammen zu führen. Jetzt ist der Befehl „Achselemente aus Objekt erstellen“ anwendbar. Es wird der Befehl „Achselemente aus Objekt erstellen“ gestartet.

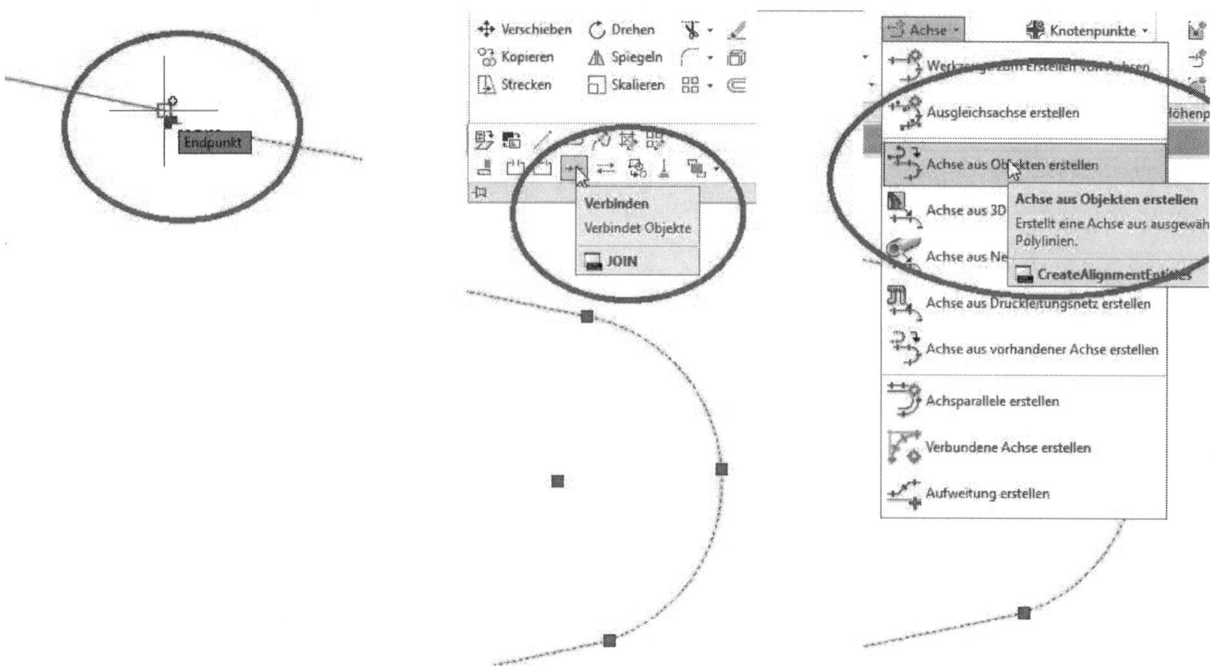

Die Funktion fragt nach der Richtung der Achse und öffnet anschließend die Maske zur Objektdefinition. Die Basiseinstellungen werden übernommen, ohne die Option „Bogen zwischen Tangenten einfügen“. Diese Option wird ab geschalten. Diese Option würde dazu führen, dass an den Stellen, wo später Fehlermeldungen auftauchen (gelbes Dreieck mit Ausrufezeichen), Radien mit 200m zusätzlich eingefügt wären. Das ist bei der Übernahme von Achselementen einer bestehenden Konstruktion nicht zu empfehlen.

Weil der Bogen von Hand editiert wurde (Verschieben der Bogenenden auf die Endpunkte der Linien), ist der Radius geändert (er hat einen anderen -, einen neuen Wert!) und der Übergang zur Geraden (Tangente) ist nicht tangential!

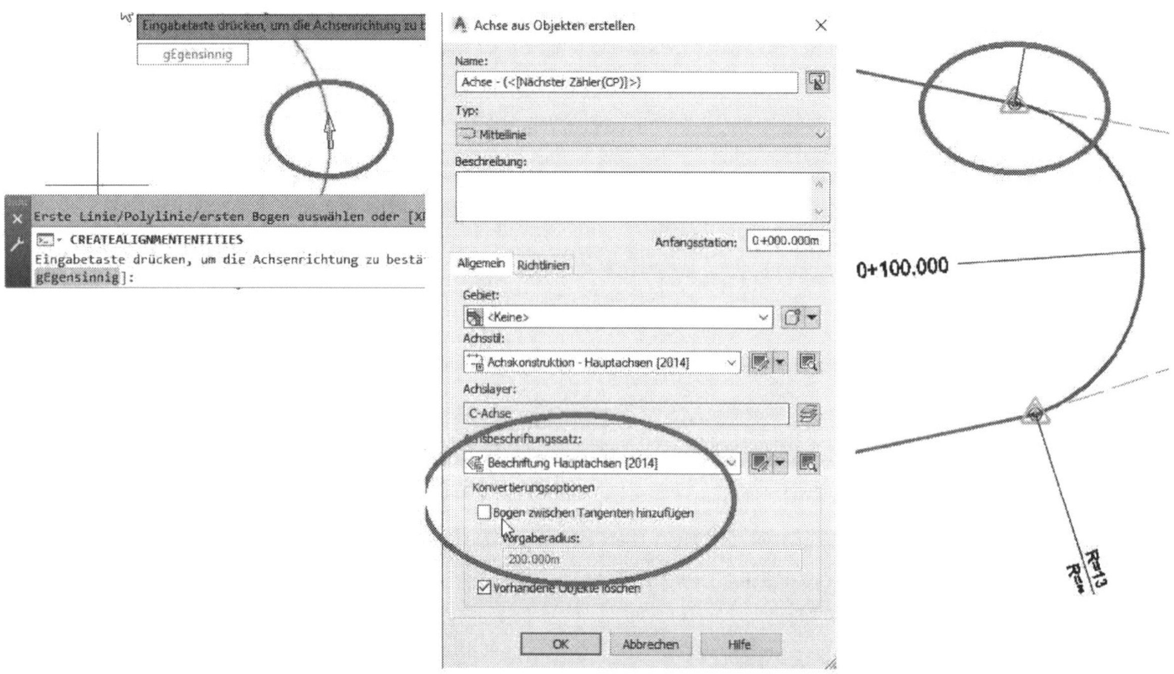

Die Fehlermeldung zeigt die nicht mehr vorhandene Tangentialität! Dieser Fehler lässt sich im Civil 3D einfach korrigieren. Es werden die „Achswerkzeuge“ gestartet, und mit dem Achseditor die Parameter der Achse im Parameter-Fenster geöffnet. Hier kann der Radius, der im Moment noch als „Festelement“ übernommen ist, in ein „Pufferelement“ um geschalten werden.

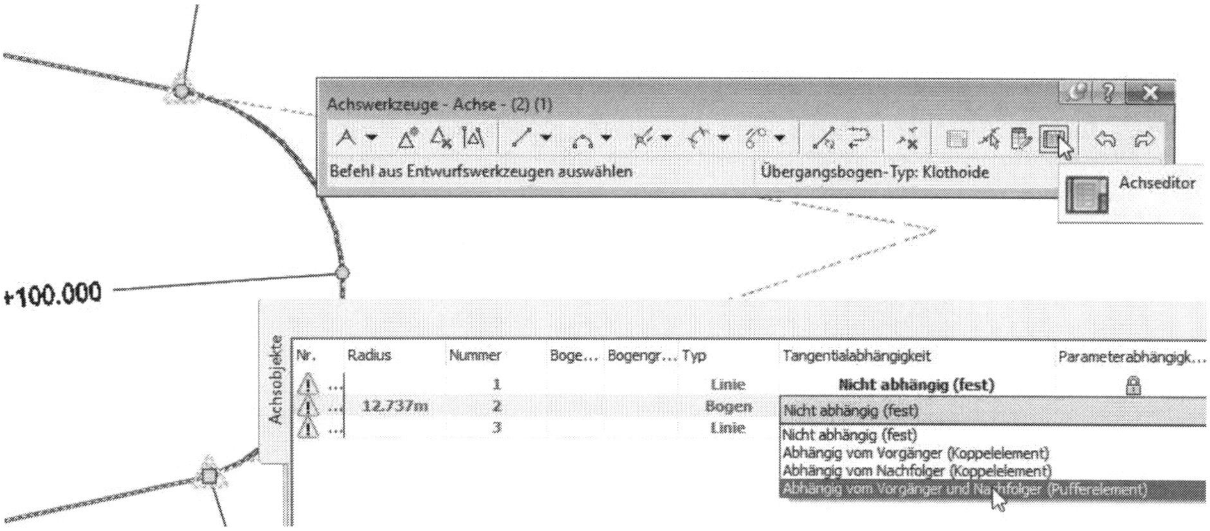

Die Warnmeldungen sind anschließend verschwunden.

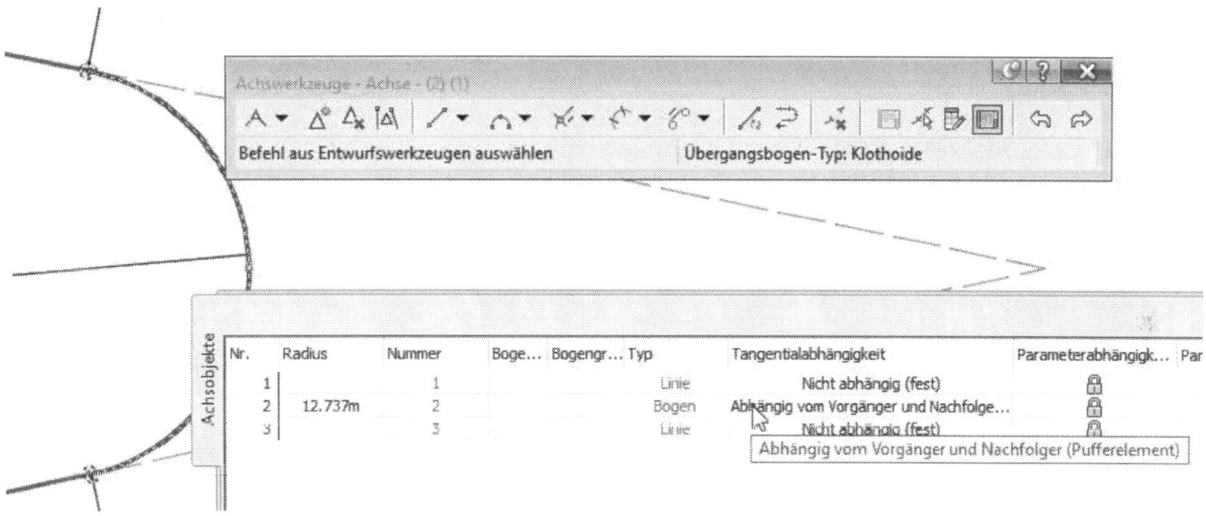

Die Tangentialität ist hergestellt. Es wird empfohlen in solchen Fällen immer vom Bogen aus beginnend, die „Tangentenabhängigkeit“ von „Nichtabhängig (fest)“ auf „Abhängig von Vorgänger und Nachfolger (Pufferelement)“ umzuschalten.

Hinweis1:

Die Tangentialität lässt sich bereits vor der Umwandlung in die Achse, an der Polylinie herstellen. Civil 3D beinhaltet ein komplettes AutoCAD und damit auch die Funktionen der Karte „Parametrisch“ mit dem Befehl „Tangente“ (Bild 1).

Hinweis 2:

Dadurch, weil der Bogen auf die Gerade manuell geschoben wurde, ist der Bogenradius immer geringfügig geändert bezogen auf die übergebenen Daten aus der *.dxf-Datei (Bild 2).

Bild 1:

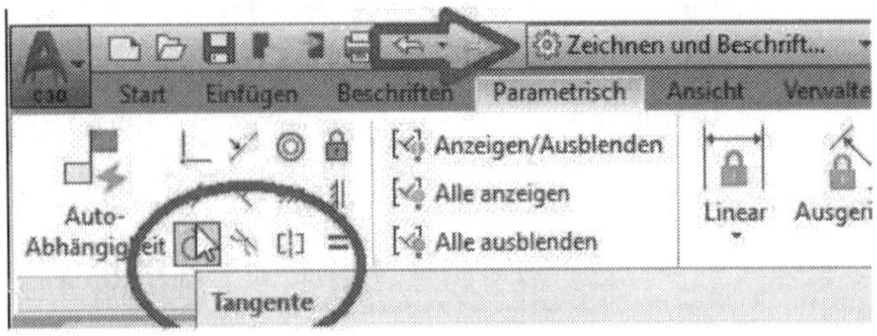

Bild 2:

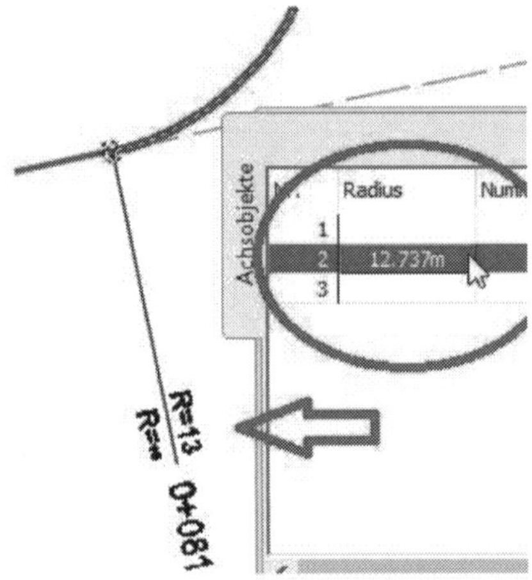

Hinweis3:

Für einen eventuellen Datenaustausch in Deutschland ist das *.dxf-Format nicht die erste Wahl. Im Straßenbau ist es in Deutschland durchaus üblich Achsen im Format „IBM Kartenart 040“ oder in der deutschen „Daten Art 50“ auszutauschen (Format der REB, Richtlinie für elektronische Bauabrechnung). Civil 3D bietet unter dem Begriff „Productivity Tools“ kostenlos Werkzeuge für den Export und Import von Daten nach diesen Standards an. Bestandteil der „Productivity Tools“ ist die „DACH-Extension“ und der ISYBAU-Translator“. In der DACH-Extension sind unteranderem die Austauschformate für Achsen zu finden.

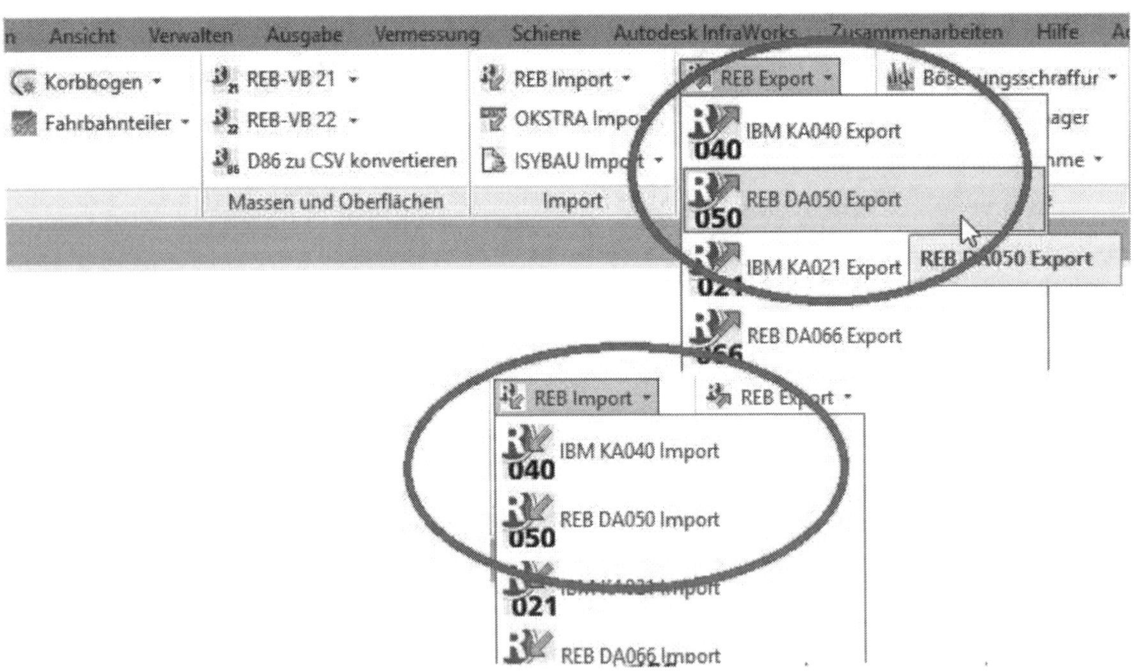

Ob eine Datei für den Import als „KA040“ oder „DA050“ geeignet ist, erkennt man nicht unbedingt an der Format-Kennung. Eine Datei in diesen Formaten erkennt man in erster Linie an der Zahlenfolge, die als erste Zeichnen den Datensätzen vorangestellt sind.

Zahlenfolge 040, Kennzeichen für die „KA 040“. Die Ziffernfolge „10“ bezeichnet den Namen der Achse.

Datei Bearbeiten Format Ansicht Hilfe

04010	0000	0000	00000	0000	1487182079	3442498534	5512926518
04010	47408	47408	1000000	0000	1487182079	3442532725	5512893678
04010	51009	3601	00000	0000	1510107341	3442535276	5512891137
04010	135601	84592	300000	0000	1510107341	3442594135	5512830379

Zahlenfolge 50, Kennzeichen für die „DA 50“. Die Ziffernfolge „10“ bezeichnet den Namen der Achse.

Datei Bearbeiten Format Ansicht Hilfe

5010	0000	47408	0000	000034424985345512926518148718207 9
5010	47408	51009	100000	0000344253272555128936781487182079
5010	51009	135601	0000	0000344253527655128911371510107341
5010	135601	168290	30000	0000344259413555128303791510107341

6.5.4 Achsparallele erstellen, Verbundene Achsen

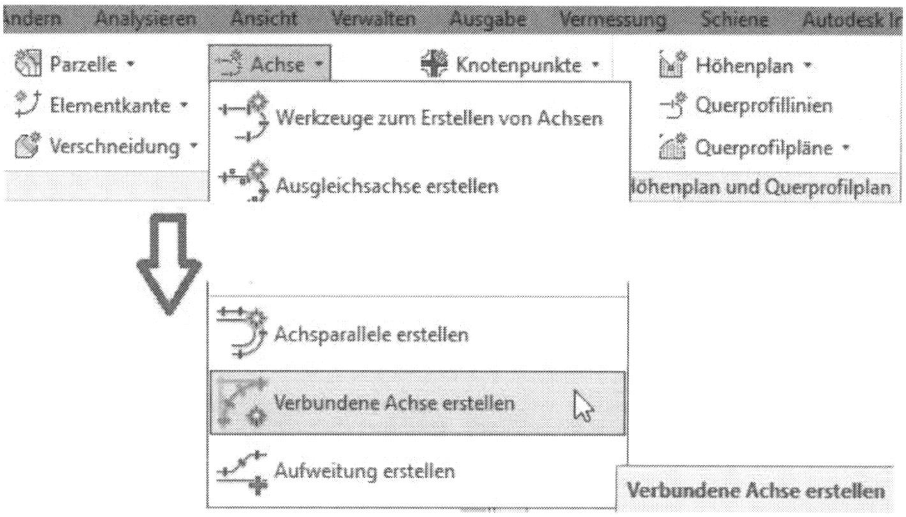

Das Buch geht nicht auf alle Details der Civil 3D-Funktionen ein. Es werden nur die wichtigsten Funktionen, die ein Neueinsteiger zur Orientierung benötigen, beschrieben.

Die Funktionen Erstellen von „Achsparallelen“ und „Verbundene Achsen sind aus meiner ganz persönlichen Sicht Funktionen, die über das hinausgehen, was klassische deutsche Straßenbau-Software bietet.

Für diese Funktionen wechselt die Ansicht zurück zur Achse, die innerhalb der Liegenschaftskarte erstellt wurde. Hier gibt es einen Bereich, der einen „S“-Bogen beschreibt. Die Bögen haben den Radius von 46m.

Für das nachfolgende Bild wurde die Ansicht um 180° gedreht, und die Bögen auf den Radius von 30m verringert. Diese Einstellung führt zu einen Geradenlänge zwischen den Bögen von ca. 12m.

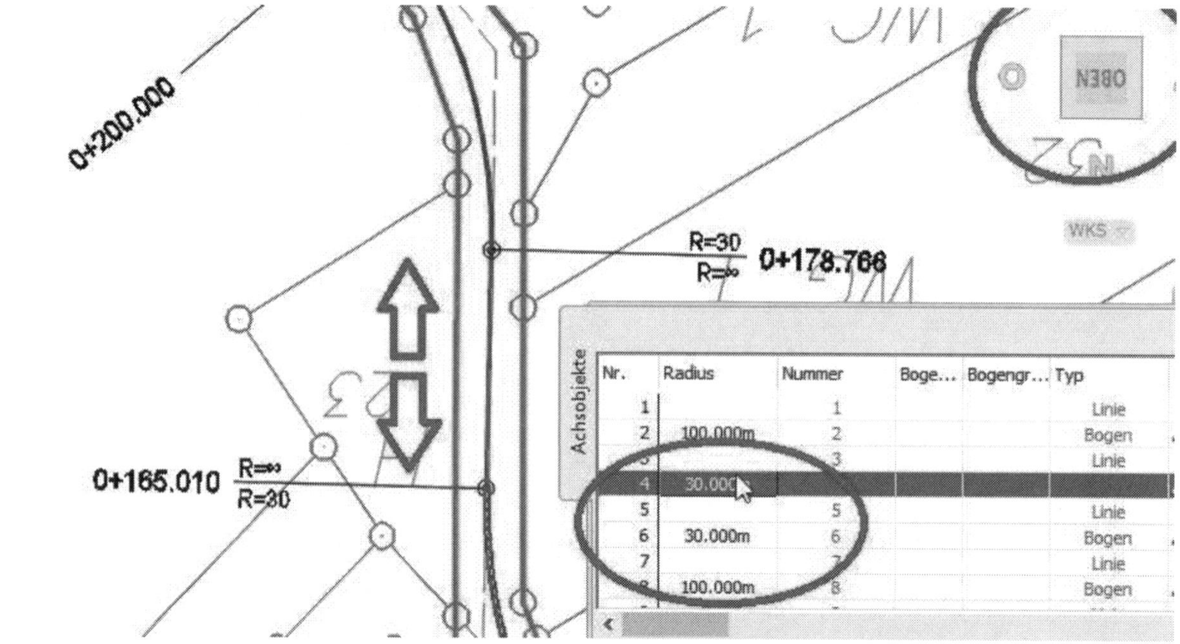

Dieser Bereich wird weiter betrachtet. Hier soll eine Fahrbahnerweiterung erfolgen (Fahrbahnrand-Verbreiterung), die nicht typisch ist für den deutschen Straßenbau. Hier wird eine Verbreiterung gezeigt, die eher im Alpenraum (Österreich, Süd-Tirol) Verwendung findet oder Planer von Windkraftanlagen zu berücksichtigen haben, für den Entwurf einer Zufahrt zur Montage. In beiden Fällen wird eine beidseitige Fahrbahnerweiterung benötigt.

Bei Windkraftanlagen (Transportweg für Bauteil-Transporte) sind es sogar mehrere Aspekte die zu betrachten sind. Einmal der Fahrweg für die Fahrzeuge und zum Zweiten die überstrichene Fläche für die Rotor-Blätter (Flügel).

Ein solcher Windkraftanlagen-Fall wird angenommen. In der Kurve soll der Fahrweg von 5m (2x 2.5m) um einen Meter auf 2x 3,5m erweitert werden. Die Fahrbahnverbreiterung von 2,5m auf 3,5m soll auf einer Länge von 5m innerhalb der Geraden erfolgen.

Mit dem Start der Funktion „Achsparallele erstellen" ist die „Mittellinien-Achse" zu picken.

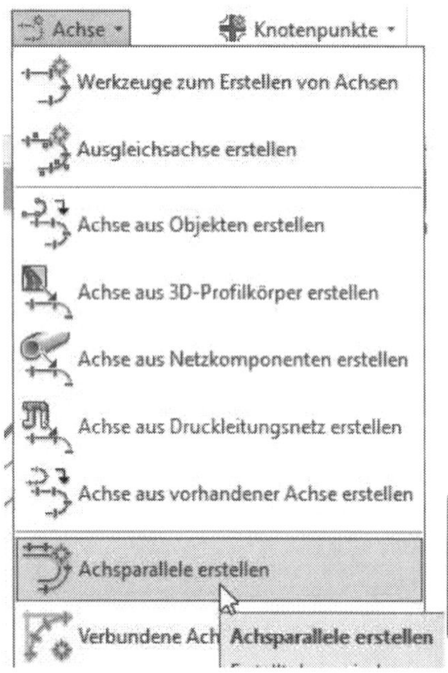

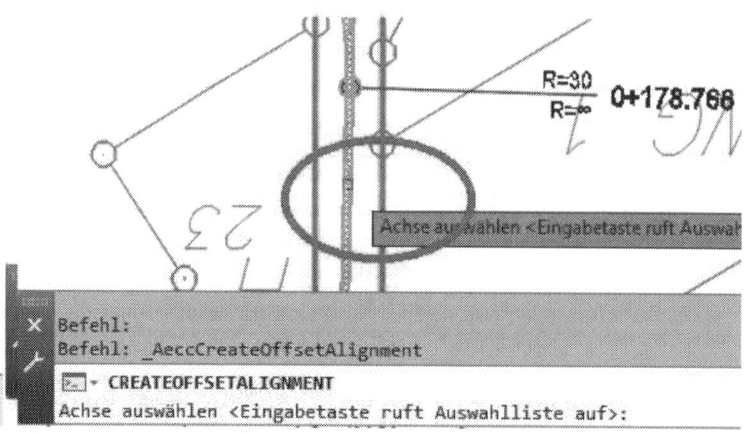

Die Objekt-Definition der „Achsparallelen“ besitzt drei Bereiche, drei Parameter-Karten.

- Allgemein
- Aufweitungskriterien
- Parallelenlängsschnitt erstellen

Alle drei Karten werden nachfolgend erläutert.

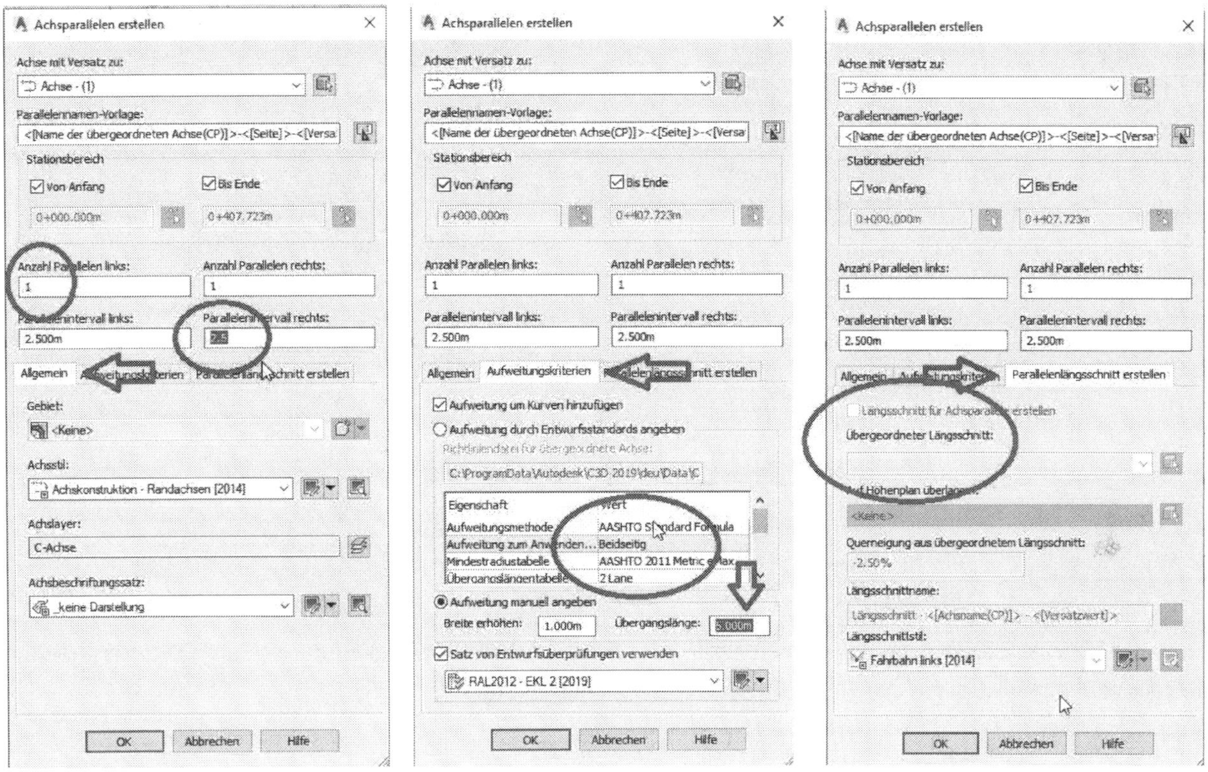

Allgemein

In der Karte Allgemein kann die Anzahl der parallelen Fahrbahnränder Rechts und Links vorgegeben sein. Das Civil3D Konzept ist für mehrspurige Straßen ausgelegt. Für das Beispiel wird nur ein Rand Rechts und - Links mit einer Breite von 2,5m benötigt. Nachfolgend können Darstellungs- und Beschriftungs-Stil eingestellt werden. Die Voreinstellungen werden nicht geändert. Der Stil „Achskonstruktion- Randachsen [2014]“ ist farbig (bunt) und entspricht dem Stil „Achskonstruktion Hauptachsen [2014]“.

Aufweitungskriterien

Die Karte Aufweitungs-Kriterien ist hier die wichtigste Karte. Es wird die Option „Aufweitung in Kurven hinzufügen“ gewählt. Es wird jedoch kein Berechnungs-Standard aufgerufen, sondern es wird die Funktion „Aufweitung manuell angeben“ aktiviert. Die Verbreiterung in Kurven soll 1m betragen und dieser Wert soll auf einer Länge von 5m vor - und hinter der Kurve die Fahrbahn-Breite schrittweise von 2,5m auf 3,5m vergrößern und wieder reduzieren. Die Option ist an Kurven (Bögen) nur „Innen“, nur „Außen“ oder „Beidseitig“ wählbar. Für das Beispiel wird „Beidseitig“ gewählt.

Parallelenlängsschnitt erstellen

In der Karte Parallelenlängsschnitt erstellen sind (noch) keine Einstellungen möglich, weil ein „Übergeordneter Längsschnitt“ fehlt. Die Funktionen dieser Karte gehen auch über das Ziel dieses Buches, Grundkenntnisse vermitteln, hinaus.

Mit der Bestätigung der Eingaben werden die parallelen Fahrbahnränder erstellt. Die Bemaßung im Bild zeigt die Erweiterung des Fahrbahnrandes um 1m auf einer Länge von 5m.

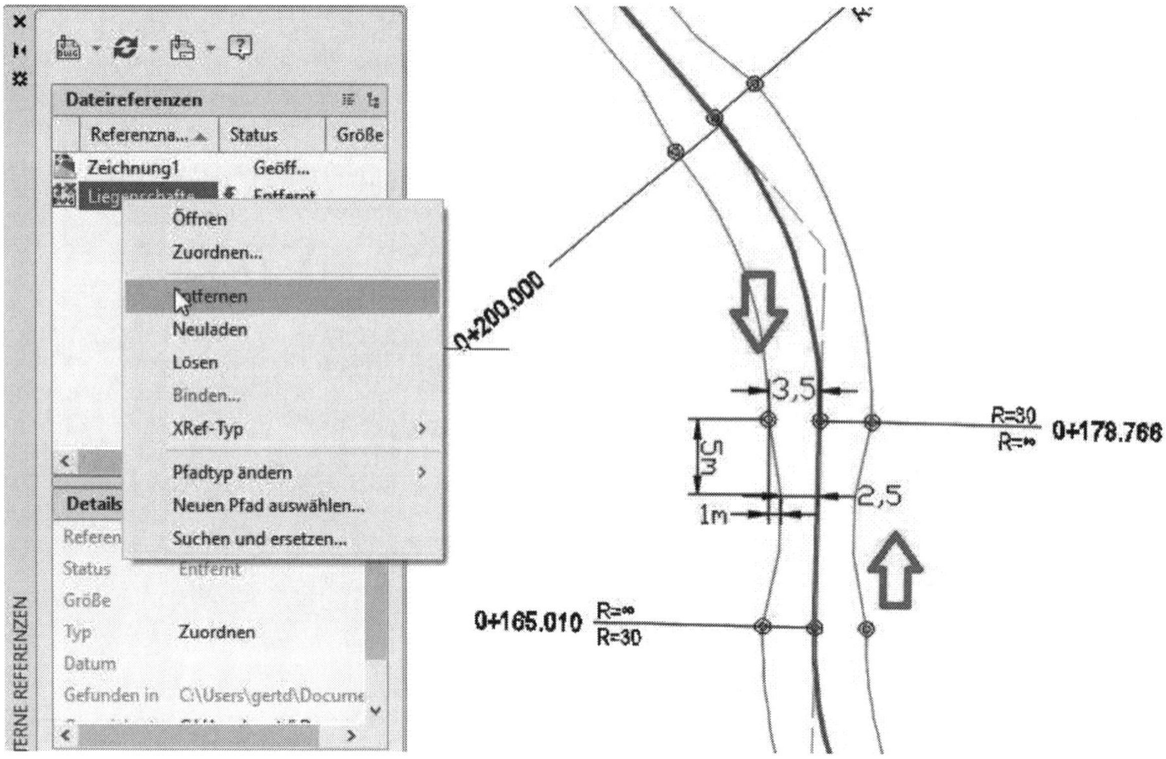

Auch die Fahrbahnränder sind dynamisch mit der Mittellinien-Achse verknüpft. Im Fall „Editieren" der Mittellinien-Achse werden die Fahrbahnränder dynamisch mitgeführt.

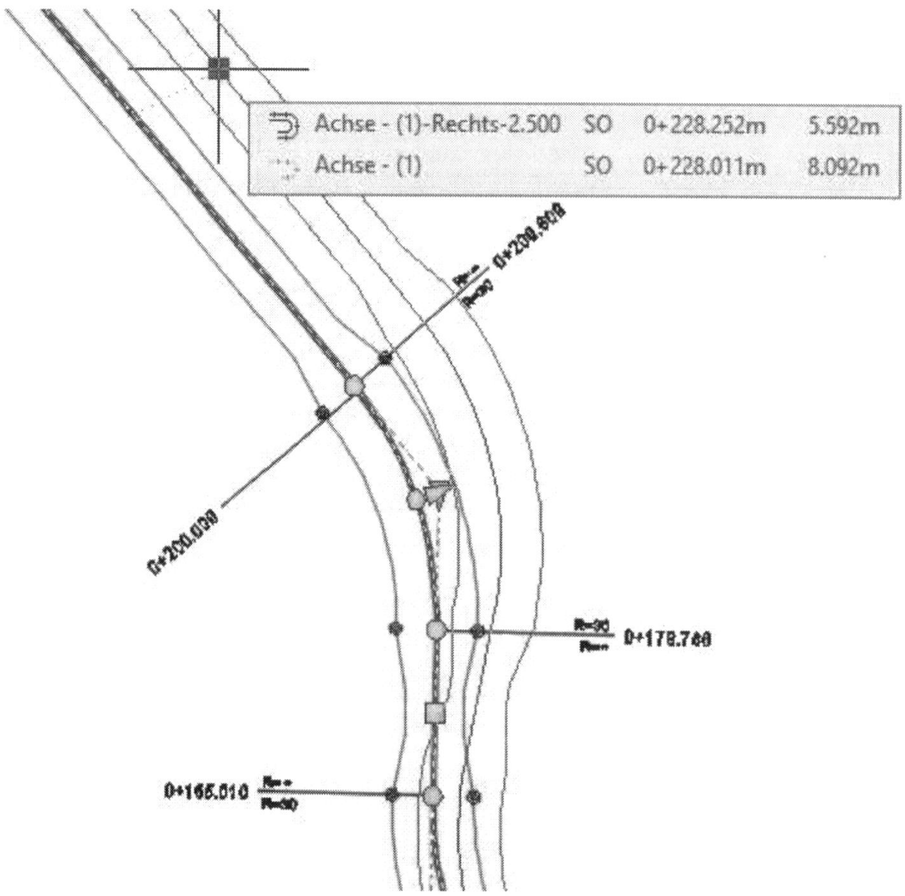

Diese vorher erstellte Konstruktion wird benutzt, um die Funktion „Verbundene Achsen“ zu erläutern. Die Funktion „Verbundene Achsen“ kann auch als Bogen-Führung-Fahrbahnrand innerhalb von Kreuzungen verstanden werden. Mit der Funktion werden dynamisch verknüpfte Bögen für Kreuzungen erstellt.

Als Voraussetzung dazu braucht es eine „Nebenstraßen-Achse“ mit dynamisch verknüpften Fahrbahn-Rändern, Rechts und Links 2,5m. Von Vorteil ist es in der Mitte der Nebenstraße eine Hilfslinie zu zeichnen. Die Hilfslinie kann die dynamischen Änderungen vereinfachen. In den folgenden Bildern ist die Hilfslinie auch gleichzeitig eine Orientierung, um die Funktionen zu zeigen.

Hilfslinie

Mit den AutoCAD-Funktionen „Linie“, O-Fang „Mitte zwischen 2 Punkten“ wird eine Linie auf dem Layer „C-Hilfslinie“ gezeichnet. Mit dem Befehl „Länge“ wird die Linie über die erste Achse hinaus verlängert.

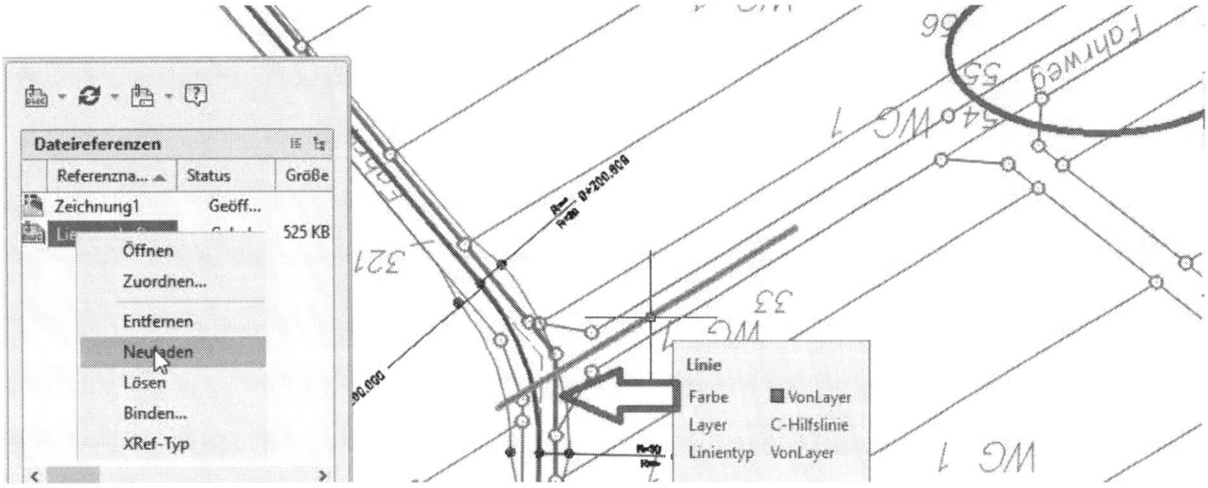

Werkzeuge zum Erstellen von Achsen und Achsparallele erstellen

Beide Befehle werden nacheinander ausgeführt. Zuerst wird die „Mittellinien-Achse“ gezeichnet. Es wird der Befehl „Festelement Gerade (zwei Punkte)“ benutzt.

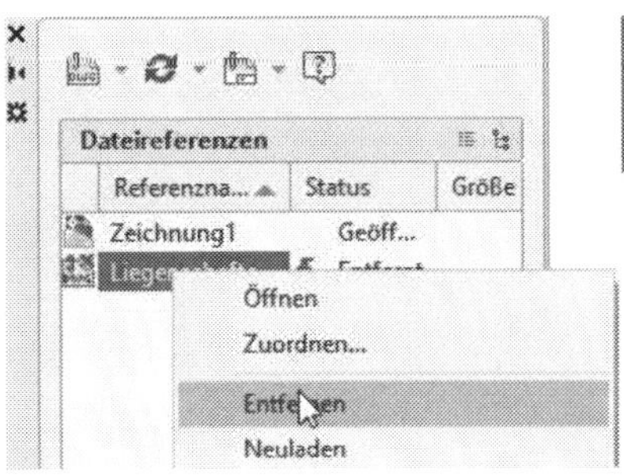

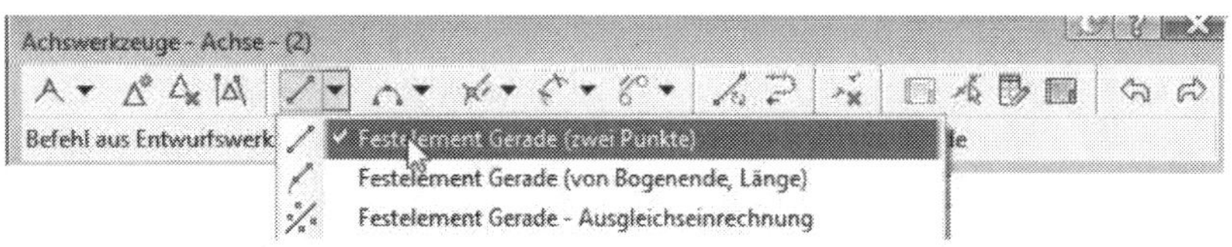

Danach werden die Fahrbahnränder (Achsparallele erstellen) angehangen. Alle Objekte werden mit den Standard-Einstellungen erstellt. Auch die Nebenstraßen-Achse ist, wie alle Objekte, frei editierbar.

Wir sehen die Ausgangssituation für die Funktion „Verbundene Achse erstellen“.

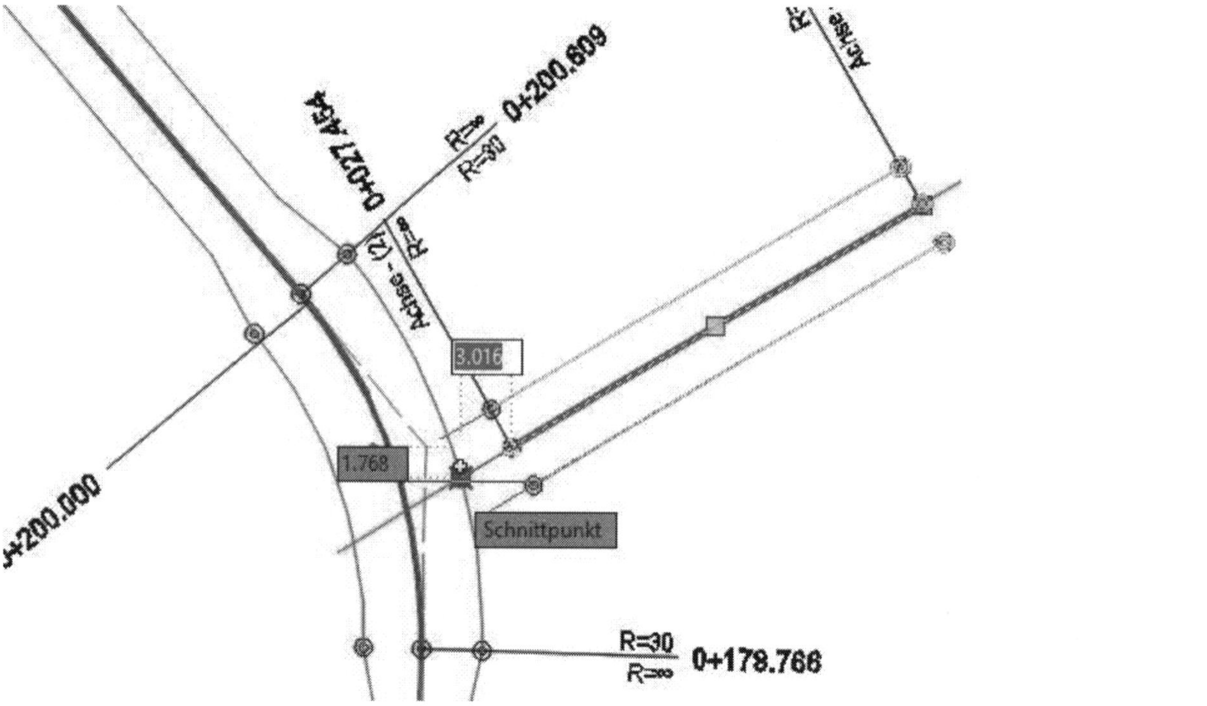

Mit dem Start der Funktion wird man aufgefordert, die zu verbindenden Achsen nacheinander zu picken.

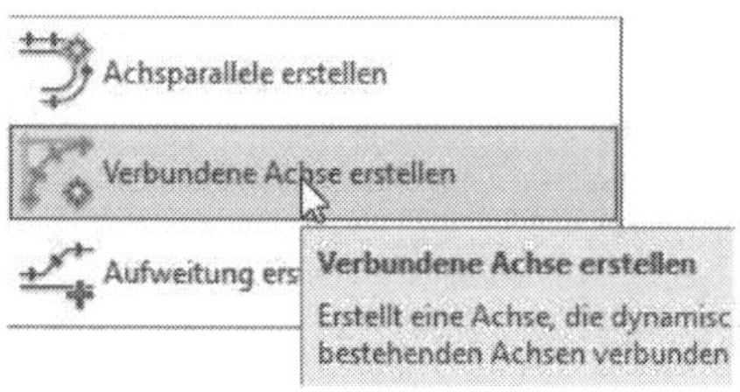

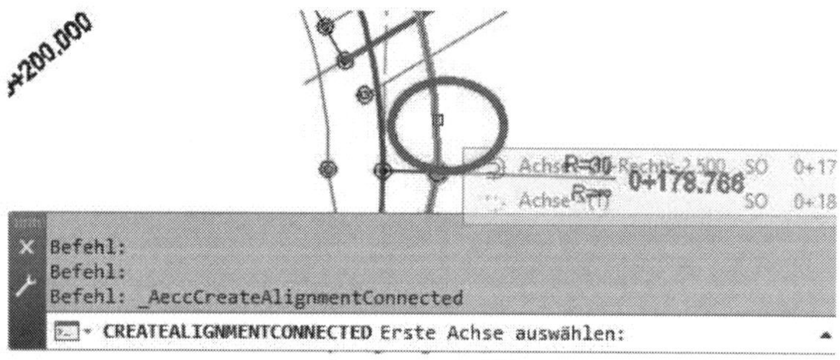

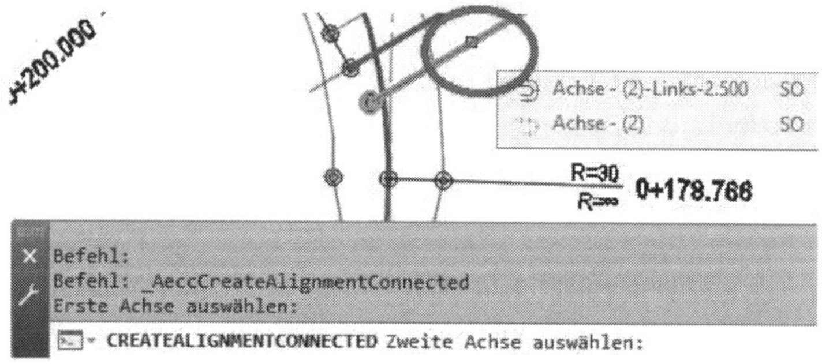

Anschließend ist die Position für den Radius festzulegen. Es reicht ein „Picken in den freien Bereich (Position des roten Pfeils). Ist die Position festgelegt öffnet sich eine Maske, die den Radius-Parameter und die vor und hinter dem Radius benötigte Überlappungs-Länge festlegt. Für die Übung wird als Beschriftungs-Stil „keine Darstellung gewählt, damit das anschließende Bild überschaubar bleibt. Civil 3D bietet für die Beschriftung viele auch alternative Funktionen, die hier nicht vorgestellt werden.

Hinweis:

Auch AutoCAD-Beschriftungen sind verwendbar, diese sind jedoch nicht dynamisch mit den Objekten verknüpft.

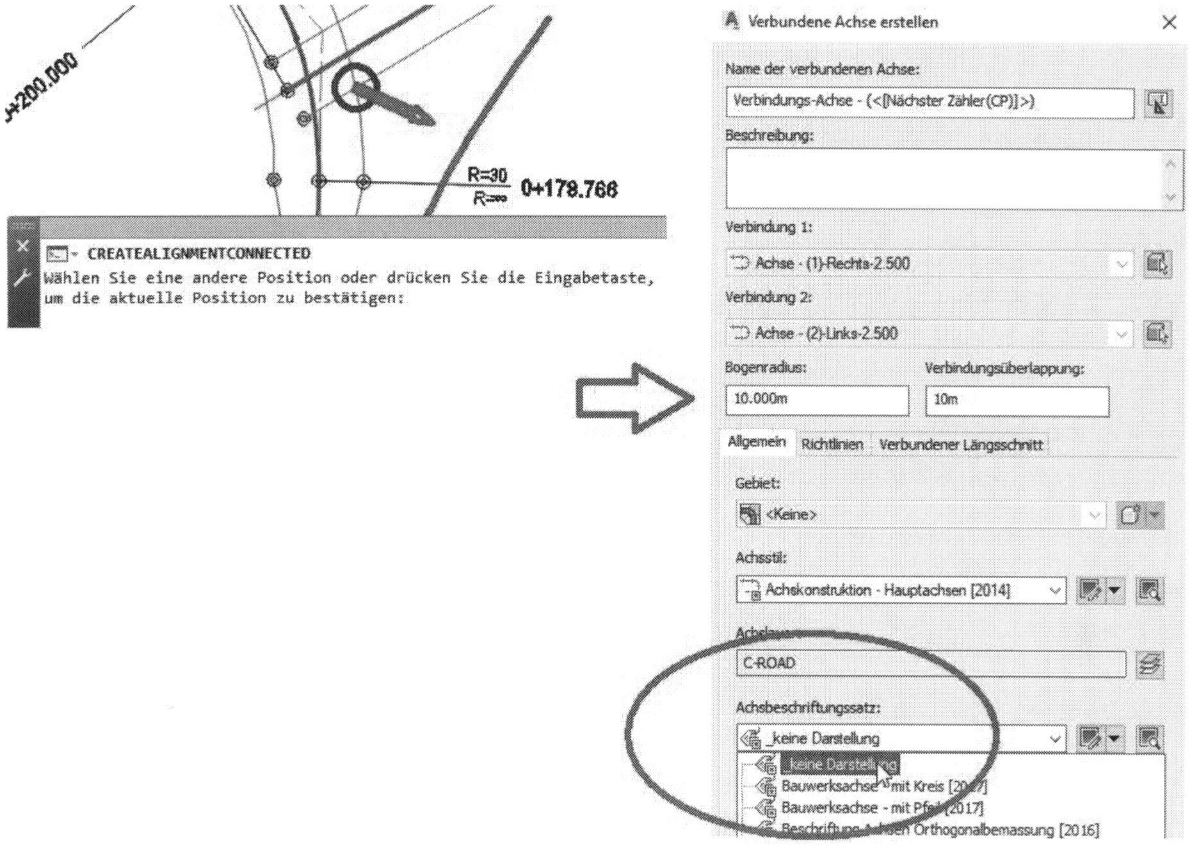

Innerhalb dieses Buches wird nur die Karte „Allgemein“ benutzt. Die Karten „Richtlinie“ und „Verbundener Längsschnitt“ sind Einstellungen für Fortgeschrittene Anwender, die neben der richtlinien-konformen Konstruktion den Übergang auch in der Höhe anpassen müssen (Längsschnitt), um daraus einen 3D-Profilkörper zu entwickeln (3D-Darstellung der Kreuzung) oder Absteck-Punkte zum Bauen ausgeben.

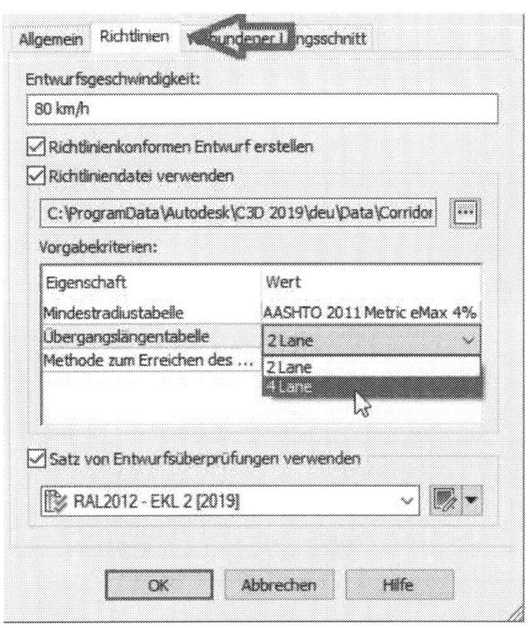

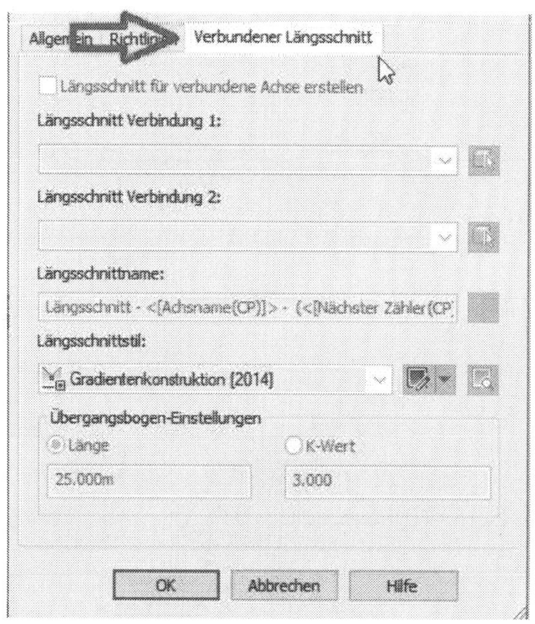

Im Bild1 ist der erste Radius der Kreuzung erstellt. Mit der gleichen Funktion und den gleichen Einstellungen wird der zweite Radius hinzugefügt (Bild2).

Bild 1:

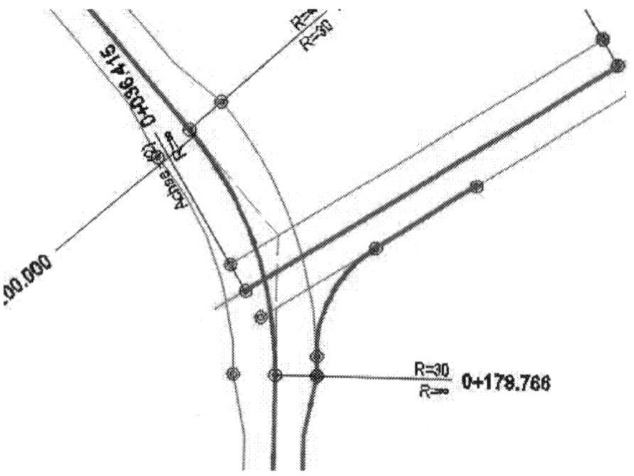

Bild 2:

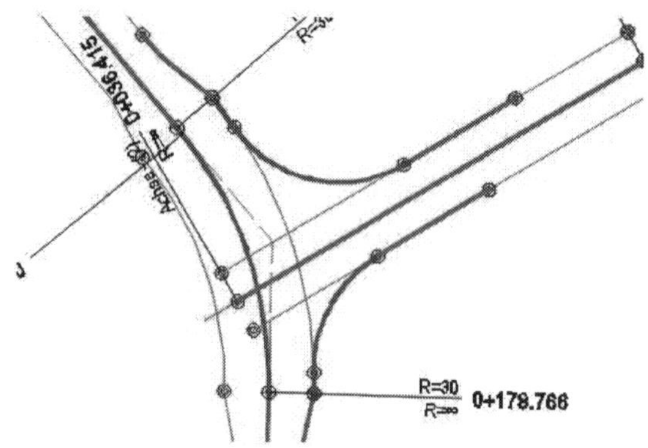

Alle erstellten Achs-Objekte sind wieder dynamisch miteinander verknüpft.

Änderung der Nebenstraße:

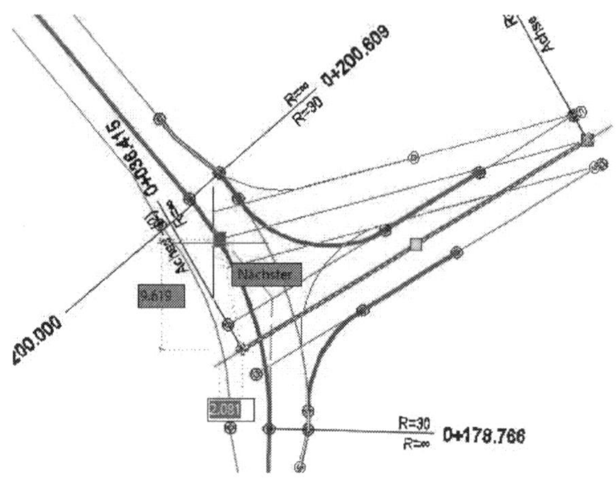

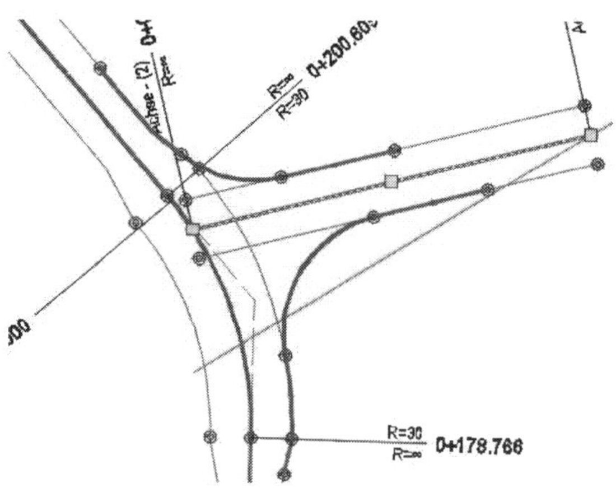

Änderung der Hauptstraße:

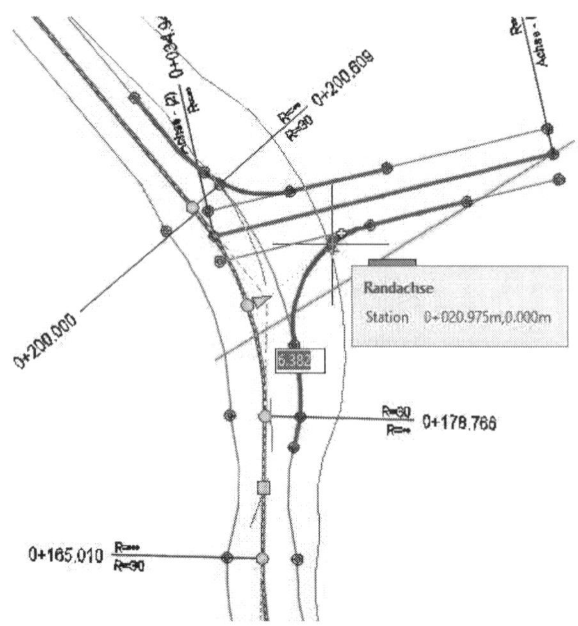

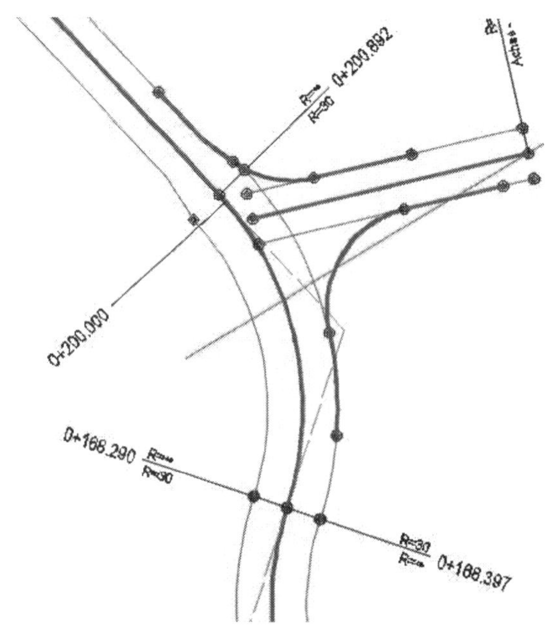

Die dynamische Verknüpfung eröffnet neue Möglichkeiten in der Planung. Es wird interessant mit dem Auftraggeber Online, Probleme zu diskutieren. Der Weg mehrere Varianten zu einem Problem zu plotten, könnte eventuell in Zukunft nicht mehr zeitgemäß sein.

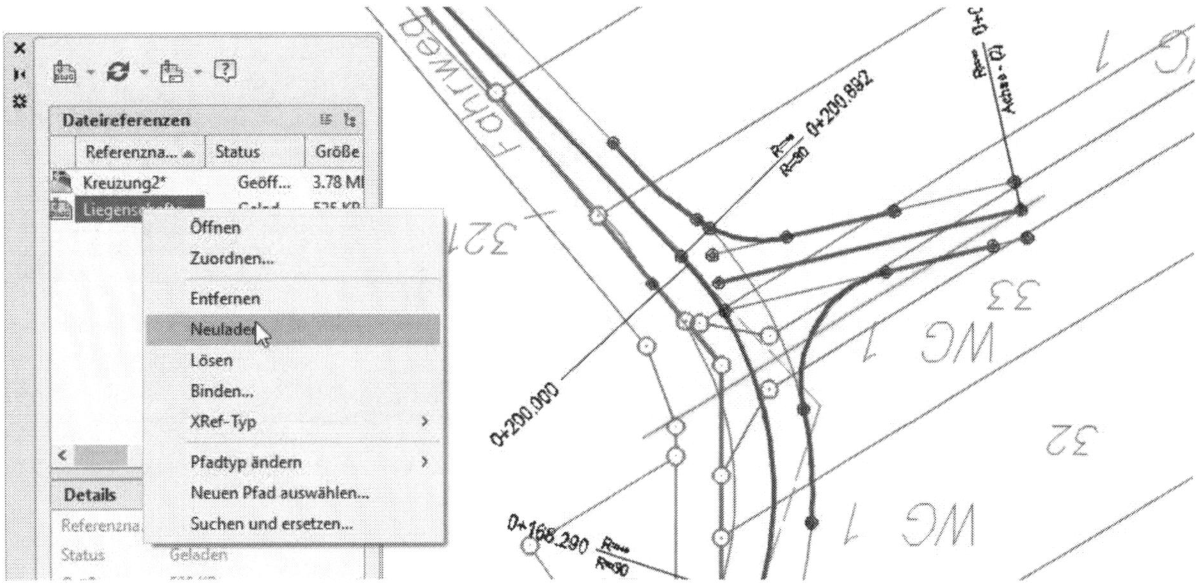

Durch Civil 3D werden nicht die Konstruktions-Objekte an sich geändert oder neu definiert. Die dynamische Verknüpfung ist die neue Dimension, die mit 64bit möglich wird.

6.5.5 Gleisachse

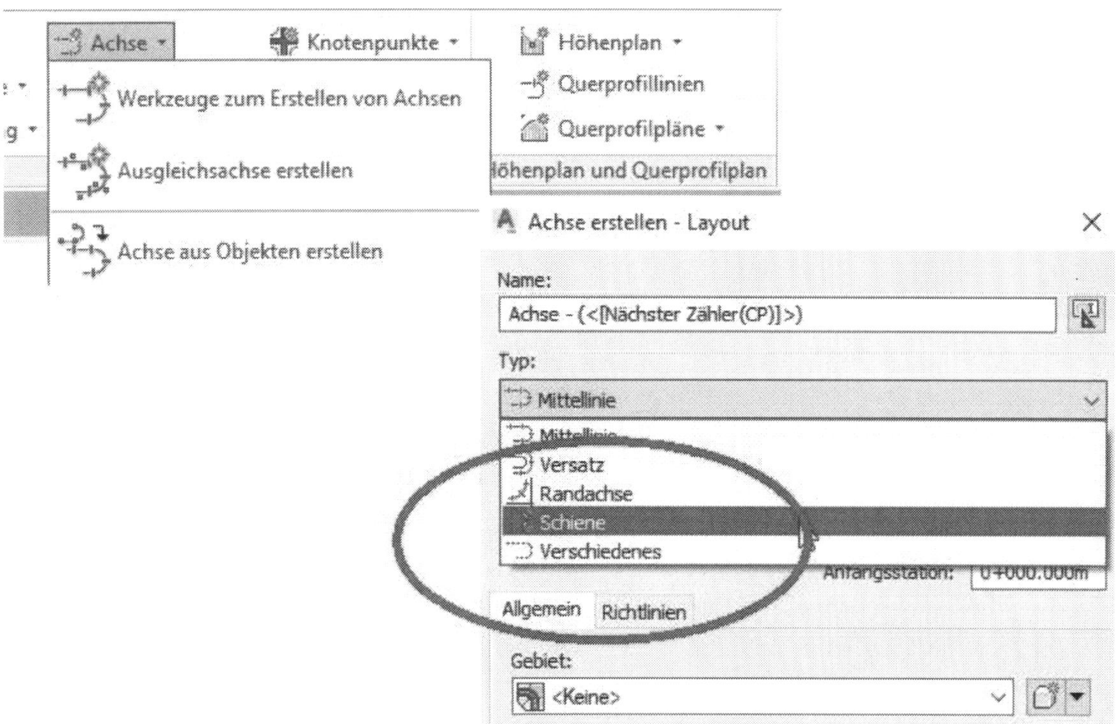

Um das Thema Gleisachse zu erläutern wird wieder in einen leeren Bereich, außerhalb der Liegenschaftskarte gezoomt.

Die Gleisachse wird mit der Funktion „Werkzeuge zum Erstellen von Achsen" erstellt und bekommt anschließend, innerhalb der Objekt-Definition, den Typ „Schiene".

Civil 3D bietet für Gleisachsen eigene Darstellungs- und Beschriftungs-Stile an.

Diese werden aufgerufen.

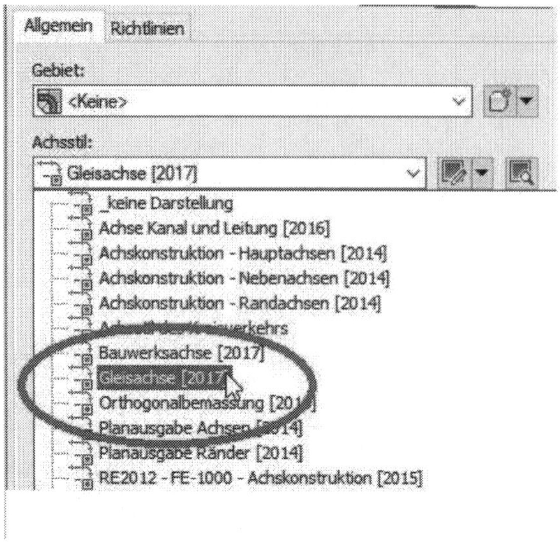

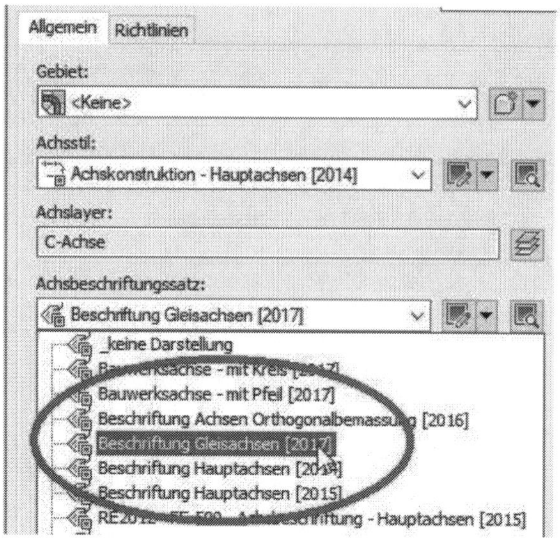

Vor der Konstruktion werden immer die „Einstellungen für Bogen und Übergangsbogen gestartet, um den eingestellten Bogen-Typ auszuwählen oder zu überprüfen. Für die Übung wird „Blossbogen“ gewählt. Anschließend wird die Konstruktion mit der Funktion „Tangente-Tangente (mit Bogen)“ gestartet.

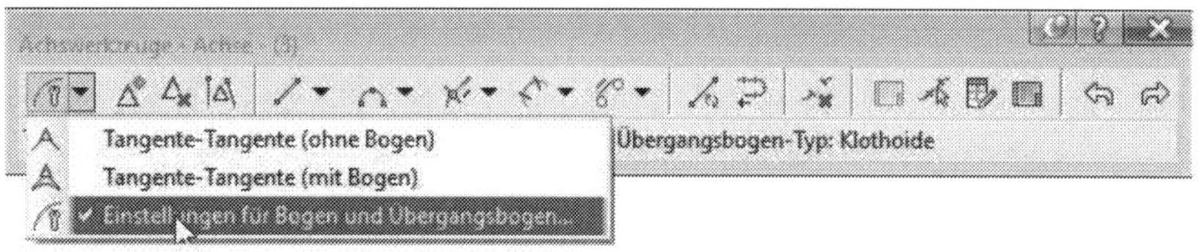

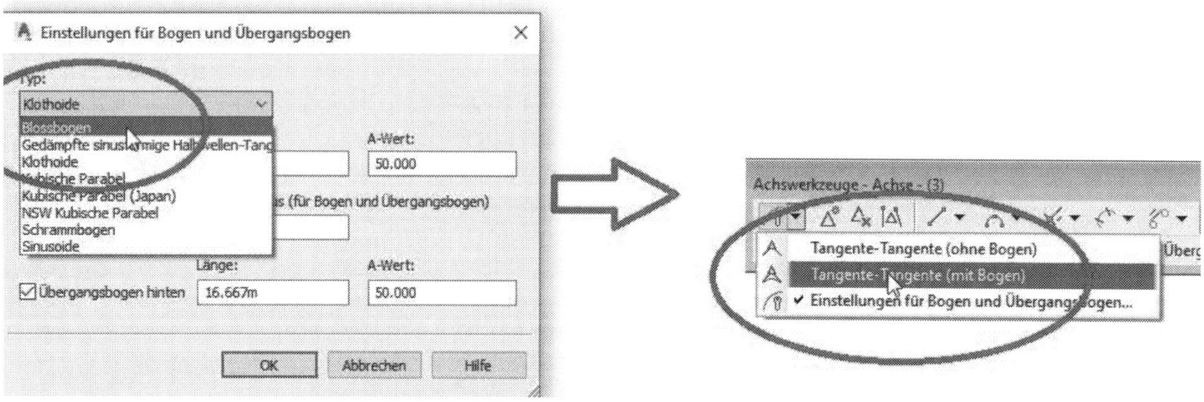

Die Konstruktion folgt den gleichen Hinweisen wie im Abschnitt 6.5.1. Ist die Geradenlänge zu kurz, so wird das Bogenelement nicht gezeichnet. Sobald die Konstruktion abgeschlossen ist wird die Achse mit dem vorgegebenen Beschriftungssatz beschriftet.

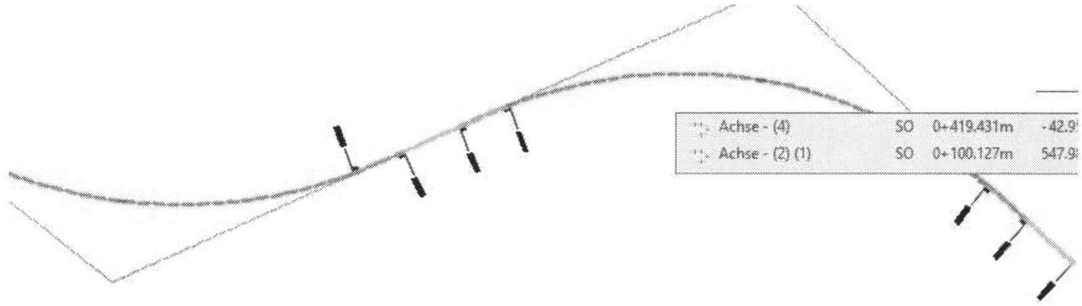

Beschriftung der Achse:

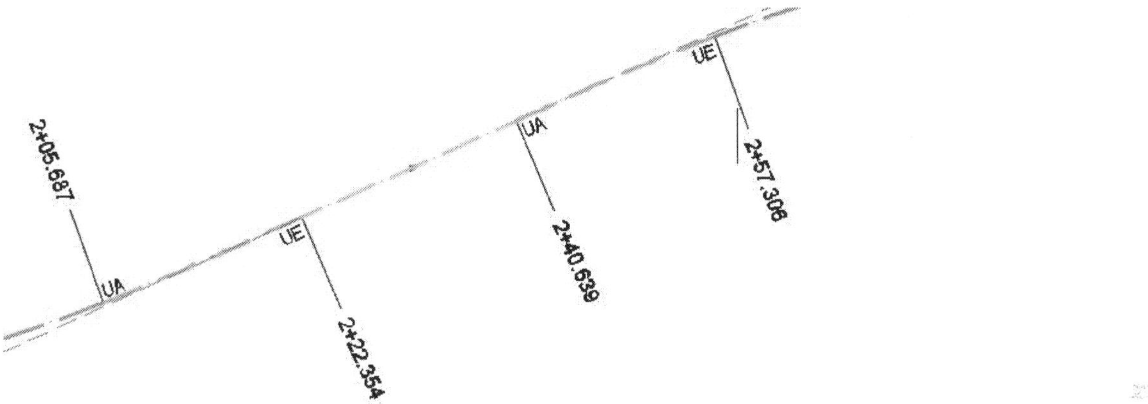

Mit der Auswahl der Achse gibt es im Menü eigene Funktionen. Im nachfolgenden Text werden einige Aspekte zur „Überhöhung“ erläutert und eine „Weiche“ eingefügt.

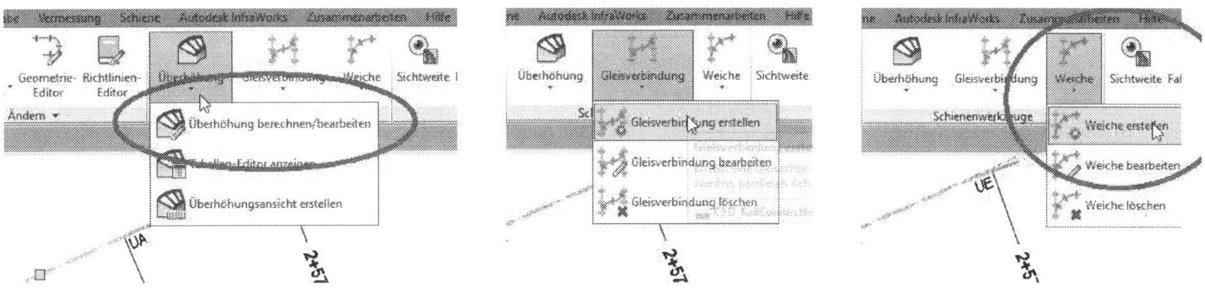

+

Überhöhung

Die Überhöhungsberechnung zeigt aufgrund des Achs-Typs „Schiene“ nur Eigenschaften und Berechnungen an, die dem Gleisbau zu zuordnen sind.

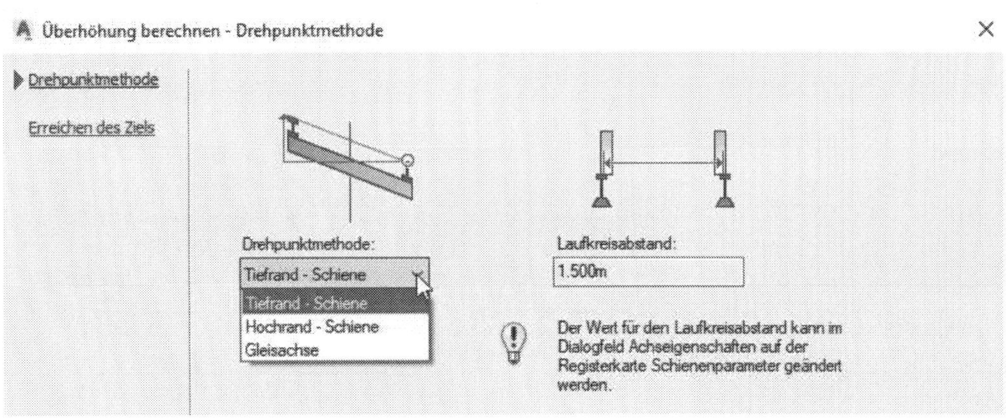

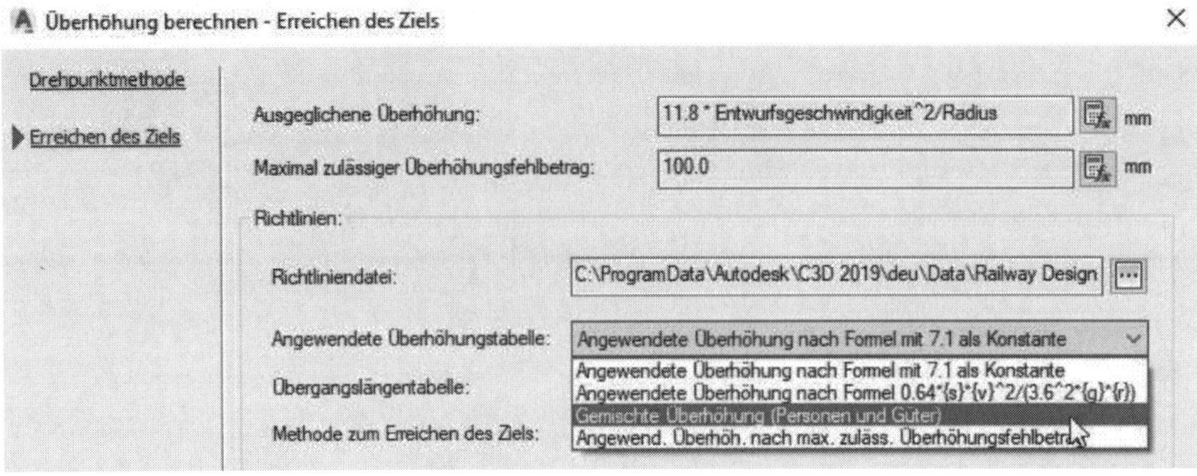

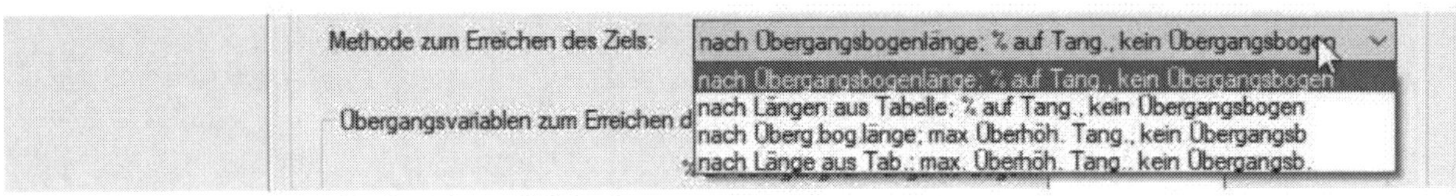

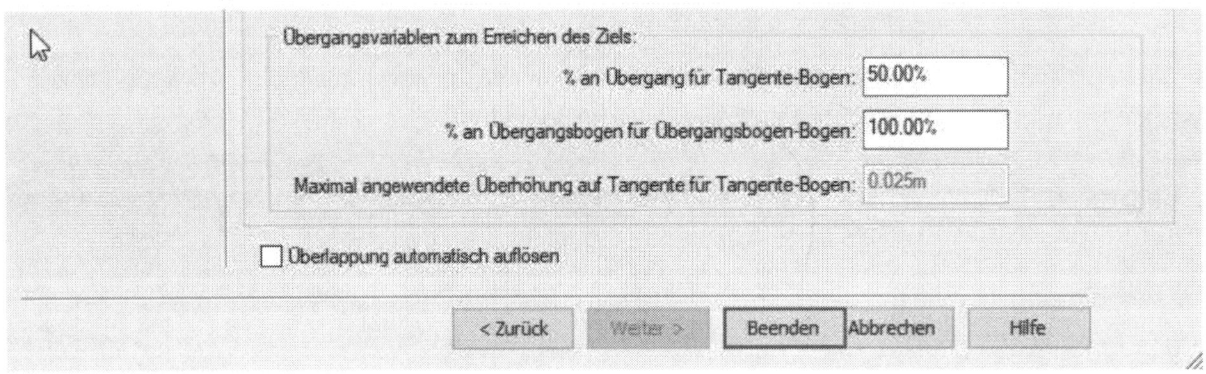

Folgende Parameter werden berechnet.

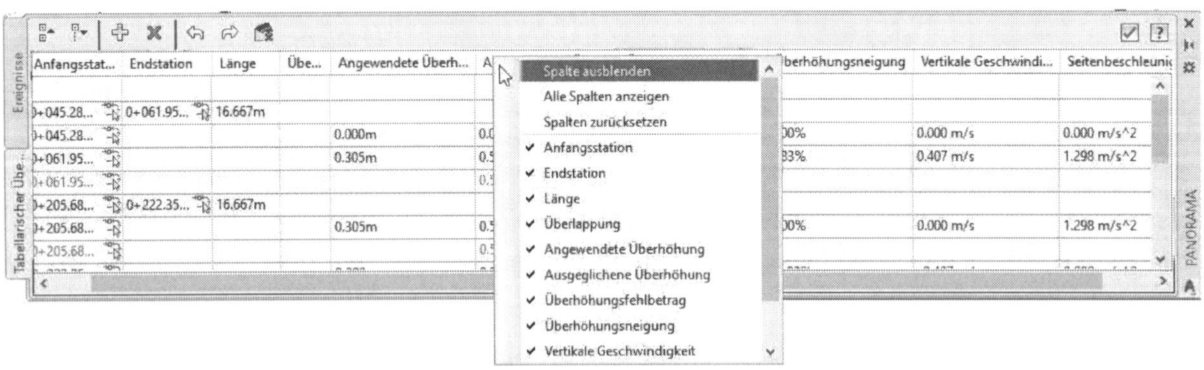

Auch die erstellte „Überhöhungsansicht“ ist mit der Achse dynamisch verknüpft und würde bei einer Änderung der Überhöhung, den geänderten Wert an das Gleis, das heißt in dem Fall den 3D-Profilkörper weitergeben.

Überhöhungsansicht (Ausschnitt)

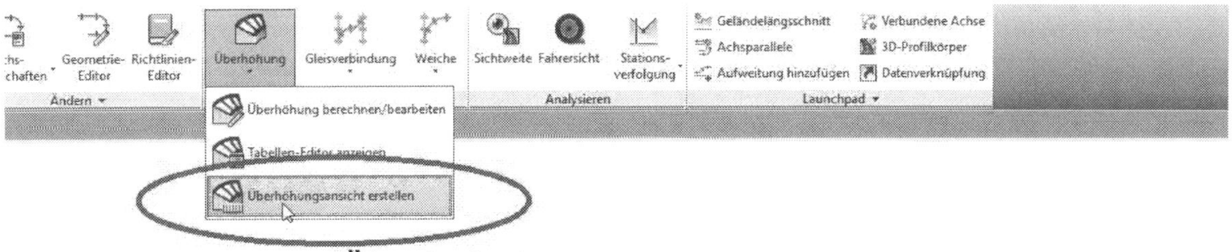

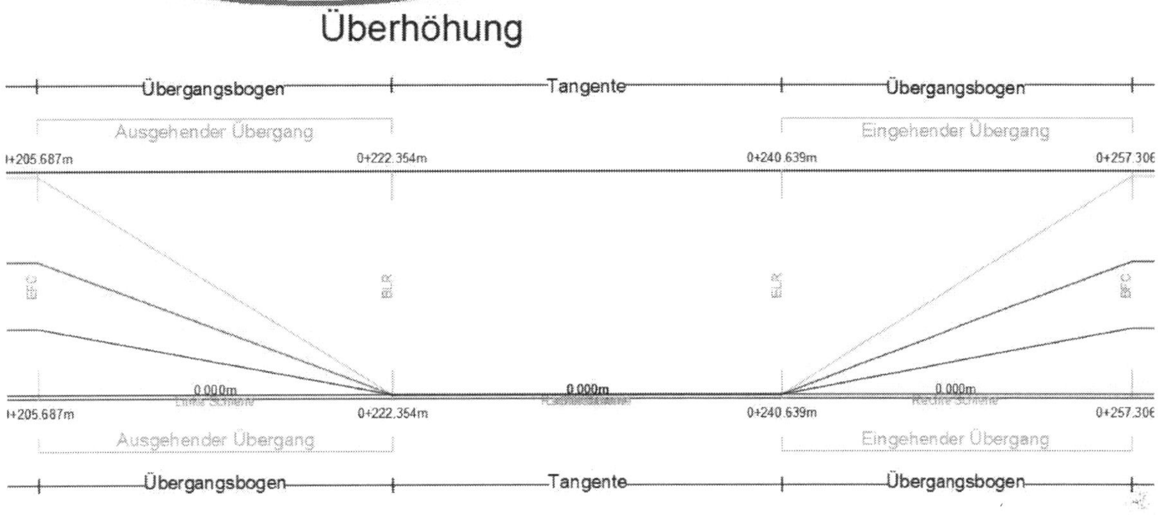

Einfügen einer Weiche

Eine Weiche ist eine angesetzte Achse mit zusätzlicher technischer „Weichendarstellung“.

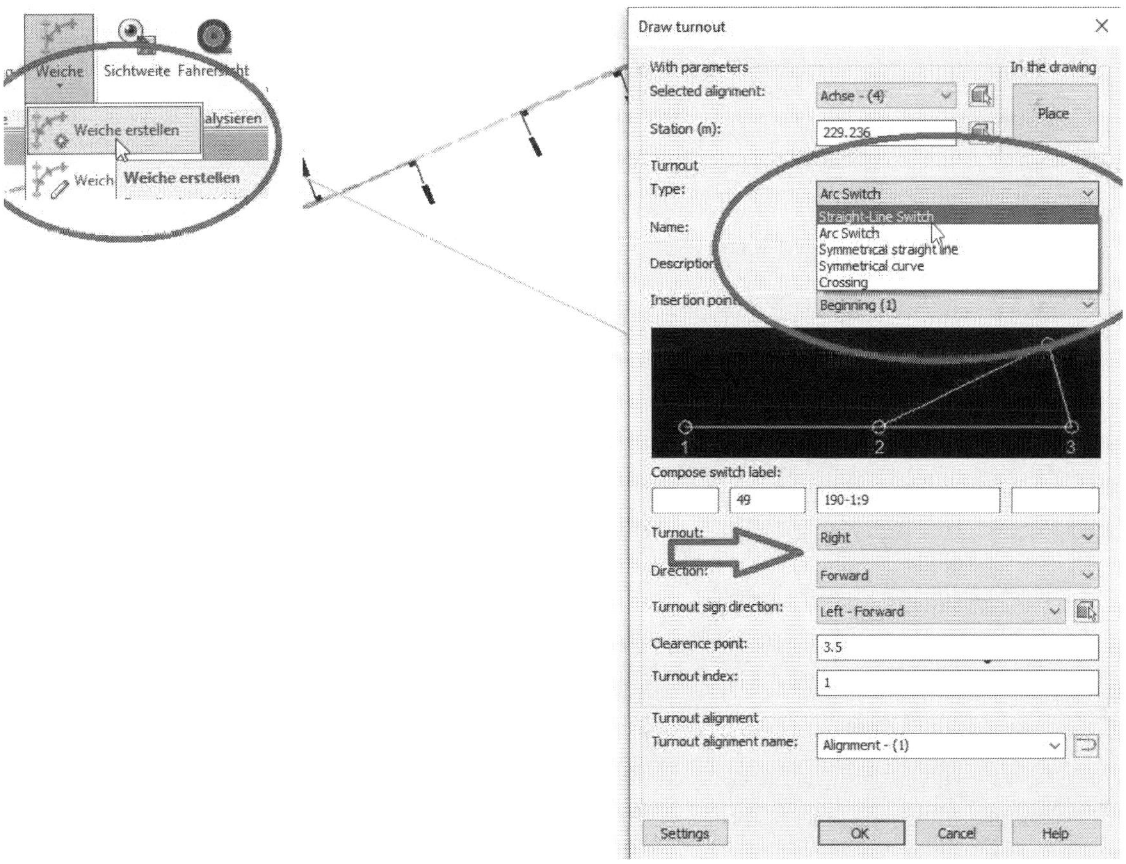

Hier ist unbedingt zu beachten, dass nicht alle Bereiche des Civil 3D übersetzt sind.

Wir befinden uns in der deutschen Version des Civil 3D mit „Country Kit Deutschland" und finden hin und wieder englische Texte.

Die Weiche ist eingefügt. Die abbiegende Achse ist wieder eine Civil 3D-Achse und ist mit allen Bearbeitungsmöglichkeiten ausgestattet, wie bisher besprochen.

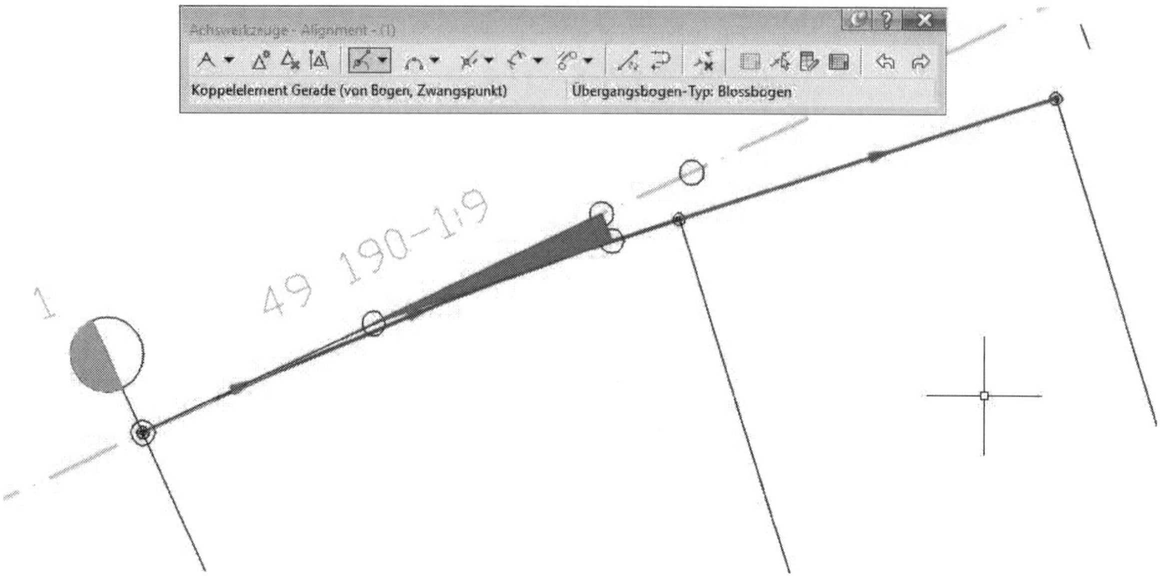

Die Zeichnung kann geschlossen werden, ohne zu speichern. Für das nächste Kapitel sollte die Zeichnung „**DGM-Kapitel6-Achse.dwg**" wieder geöffnet sein und für die nachfolgenden Arbeitsschritte zur Verfügung stehen.

6.6 Längsschnitt, Höhenplan, Gradienten-Konstruktion

Für das folgende Kapitel ist erneut die Zeichnung „**DGM-Kapitel6-Achse.dwg**" zu öffnen. Entlang der Achse wird die Geländesituation und damit die Geländehöhe ermittelt (Funktion: Geländelängsschnitt erstellen, Objekt: Längsschnitt). Diese Geländesituation wird in einen Höhenplan eingetragen (Funktion: Höhenplan). Anschließend kann die Gradienten-Konstruktion gestartet werden (Funktion: Werkzeuge zum Erstellen von Längsschnitten, Objekt: Längsschnitt).

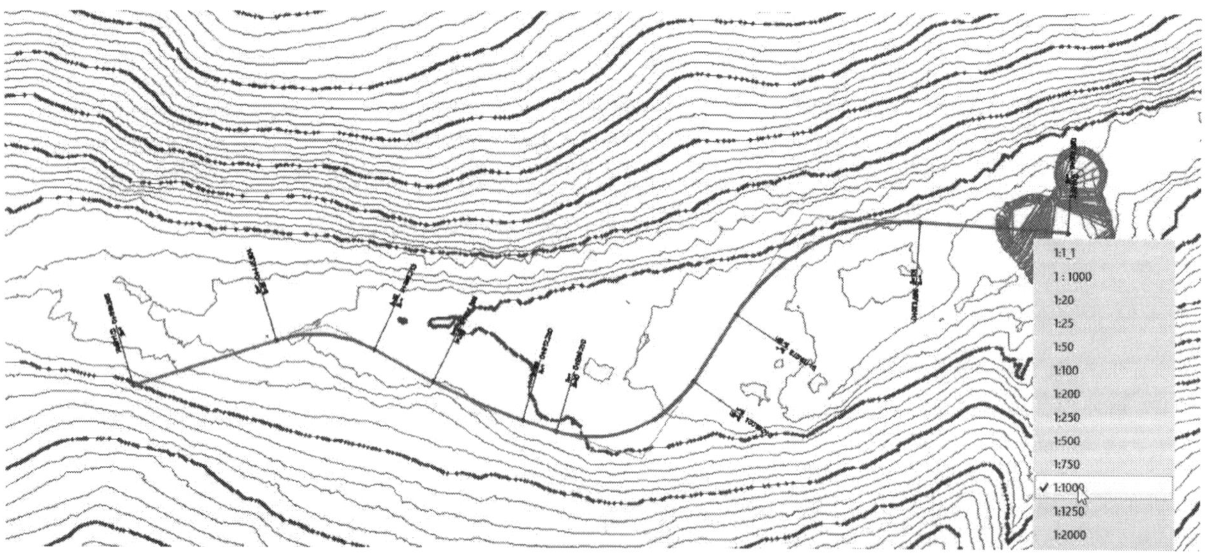

6.6.1 Längsschnitt (Geländelängsschnitt erstellen)

Der Weg zur Gradienten-Konstruktion beginnt mit der Funktion „Geländelängsschnitt erstellen“.

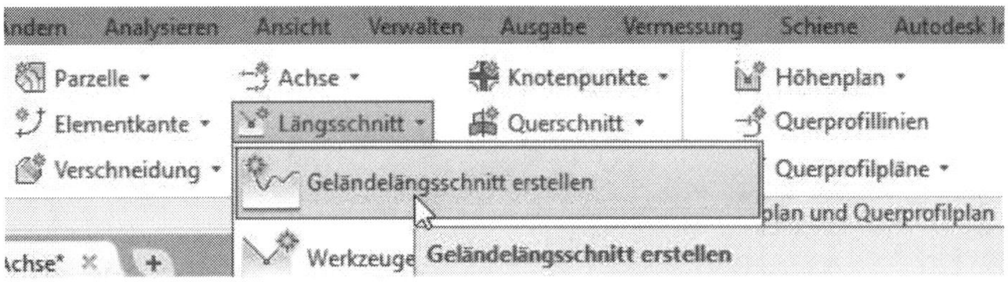

Die Funktion verknüpft dynamisch die Achse mit beliebig vielen DGMs. Diese DGMs werden zu Geländelinien (Längsschnitte) im Höhenplan. Anschließend ist die Funktion „In Höhenplan zeichnen“ zu wählen.

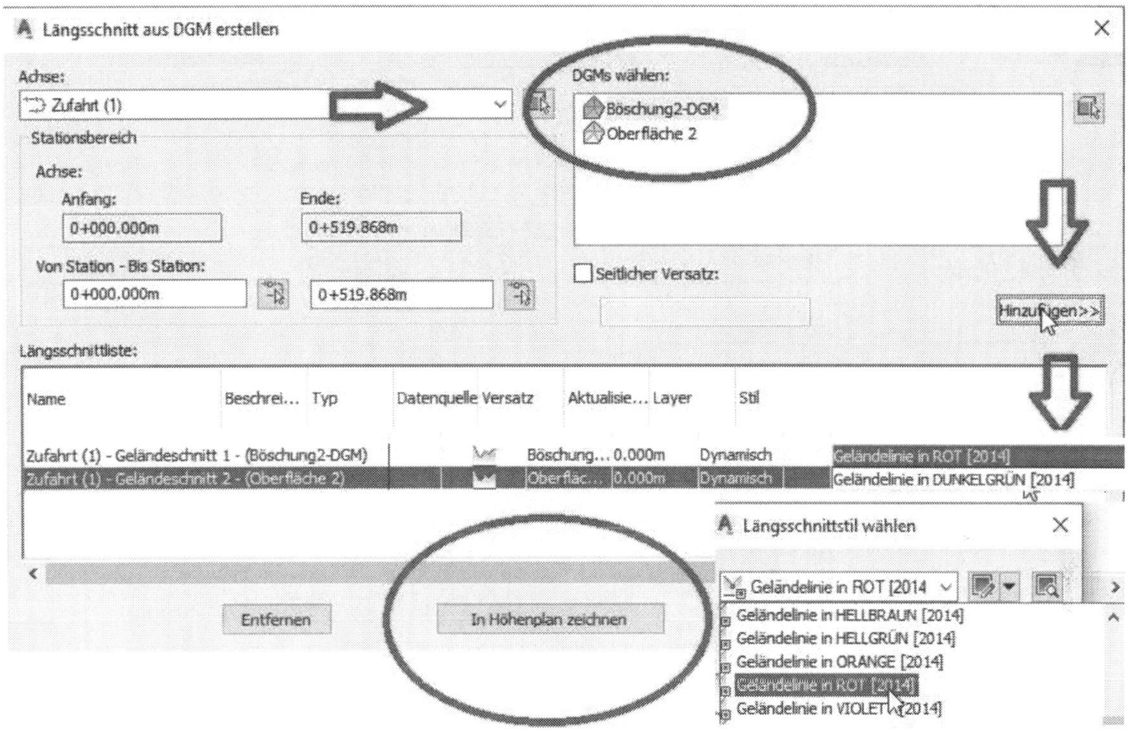

Alternativ kann auch mit „OK“ diese Maske geschlossen sein. Mit der Funktion des Menüs „Höhenplan erstellen“, kann beliebig oft, mit beliebig vielen Längsschnitt-Daten, ein Höhenplan erstellt werden.

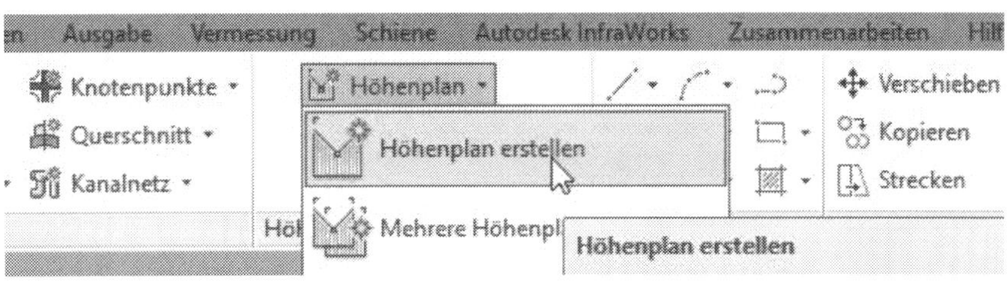

6.6.2 Höhenplan

Die Höhenplan-Funktion startet mit der Objekt-Definition Höhenplan. Bestandteil der Funktion ist die Auswahl der Achse, die Festlegung des Höhenplan-Namens (Empfehlung: vorgegebenen Höhenplan-Namen unverändert übernehmen) und mit dem Aufruf vom Höhenplan-Stil.

Für den Höhenplan-Stil sind mehrere Überhöhungs-Maßstäbe vorbereitet und können frei ausgewählt werden. Die Auswahl muss nicht auf diese Stiele begrenzt bleiben. Jeder Stil ist bearbeitbar, so können auch andere Überhöhungen oder Darstellungen erstellt - und zur Auswahl angeboten sein.

Es wird „Höhenplan Überhöhung 1:10- Raster horizontal 100 – 20m – in Achsrichtung [2016]" gewählt. In der Praxis ist es wichtig, alle Einstellungen, die Bestandteil des Namens sind, zu verstehen.

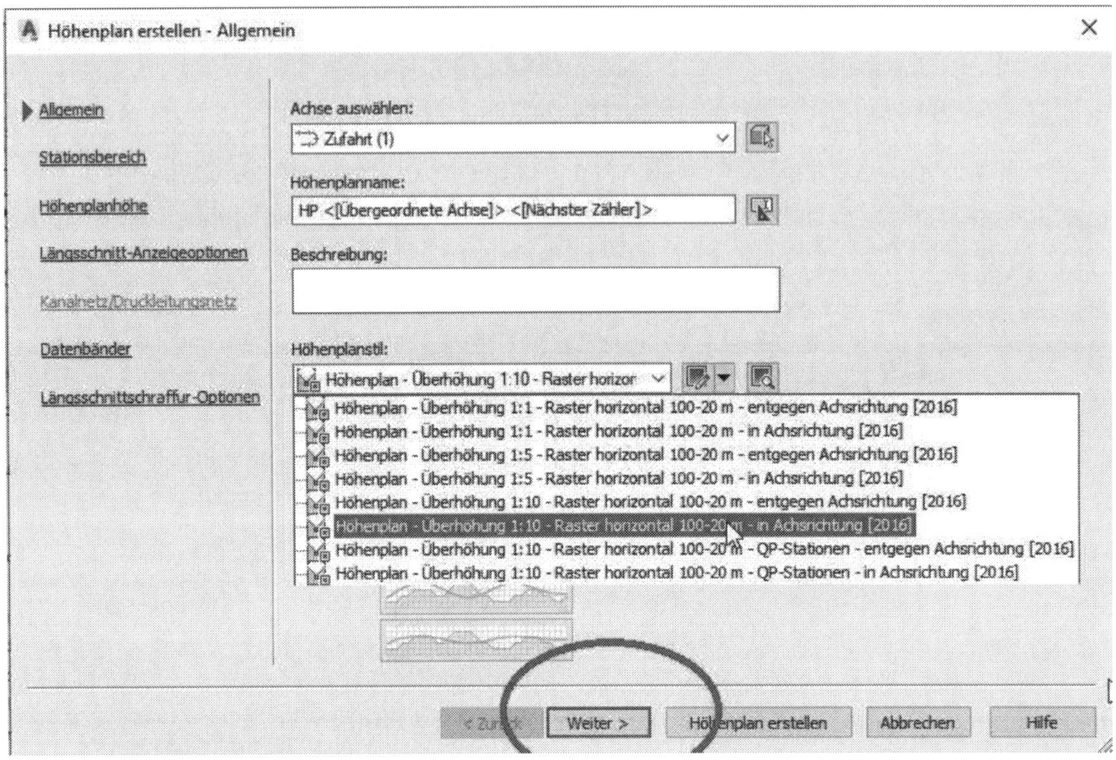

Es wird empfohlen alle Einstellungen die von Civil 3D mit „Automatisch" gesetzt sind, auf dieser Einstellung zu lassen.

Alle Einstellungen, die hier in den Masken angeboten werden, sind später Eigenschaften des Höhenplans und können beliebig oft, auch nachträglich, geändert werden.

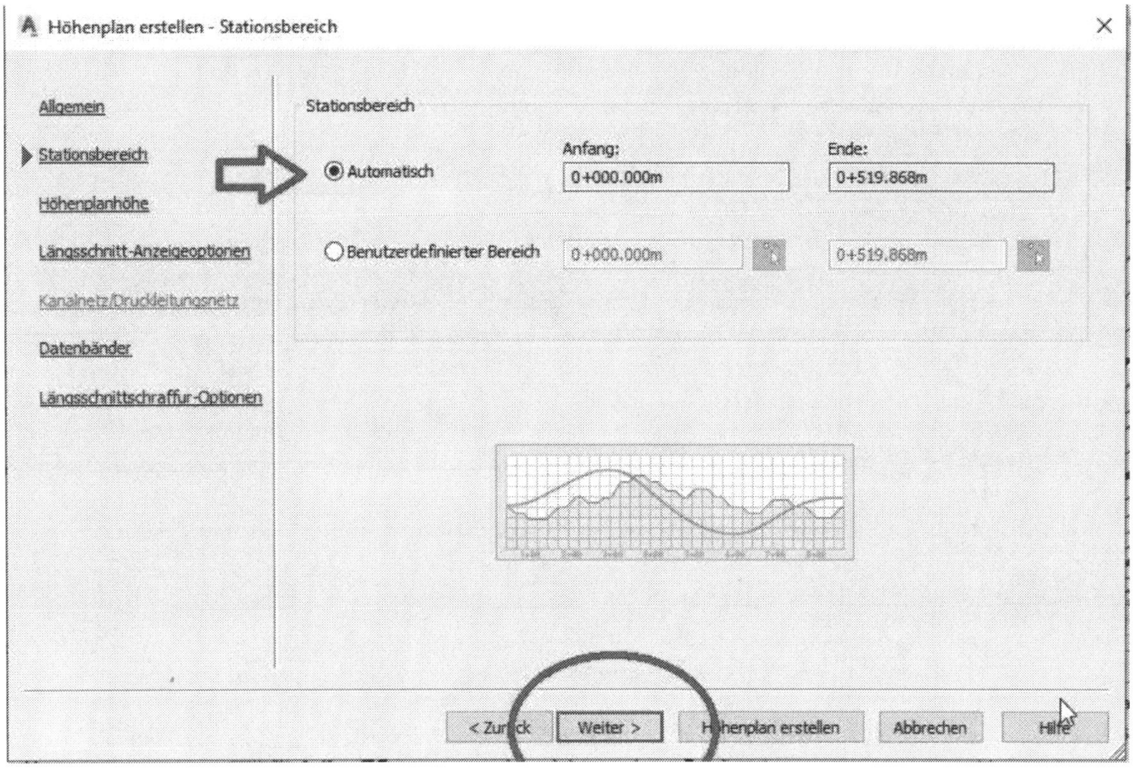

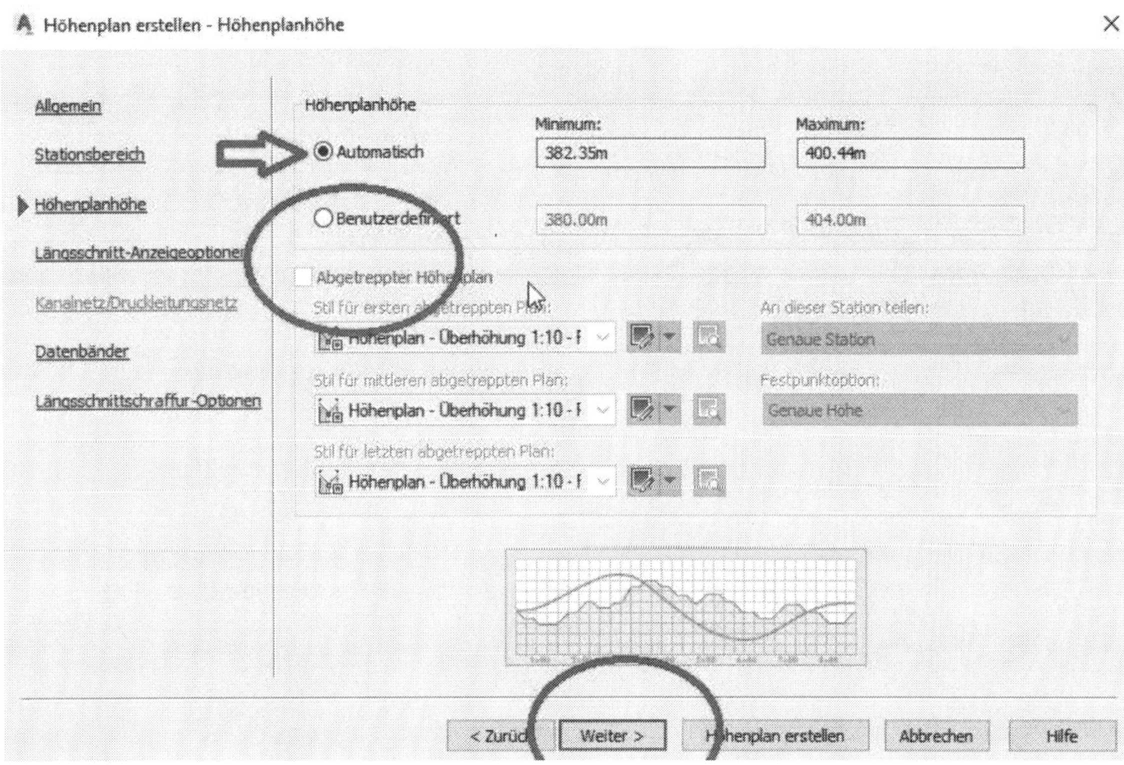

In der Maske „Längsschnitt-Anzeigeoptionen" wird der Längsschnittname und dessen Verknüpfung zum DGM gezeigt. Zu beachten ist die Spalte Beschriftungen. Die hier gezeigte Stil-Zuordnung „keine Darstellung" ist für ein DGM meist richtig. Die später erstellte Gradiente wird hier als zweite Zeile zu sehen sein und eine Beschriftungs-Zuordnung haben!

Die nachfolgende Einstellung oder der nachfolgende Arbeitsschritt „Kanalnetz/Druckleitungsnetz" ist ausgeraut. Das heißt die Option ist nur ausgeblendet, weil es noch keine Rohre oder Leitungen in dieser Zeichnung gibt! Der Anwender sollte wissen, es gibt im Civil 3D keinen speziellen Gelände-,

Straßenbau- oder Kanal-Längsschnitt. Alle Höhenpläne (Längsschnitte) sind auf technischen Anwendungen erweiterbar und werden mit nur einer, nur dieser Funktion erstellt.

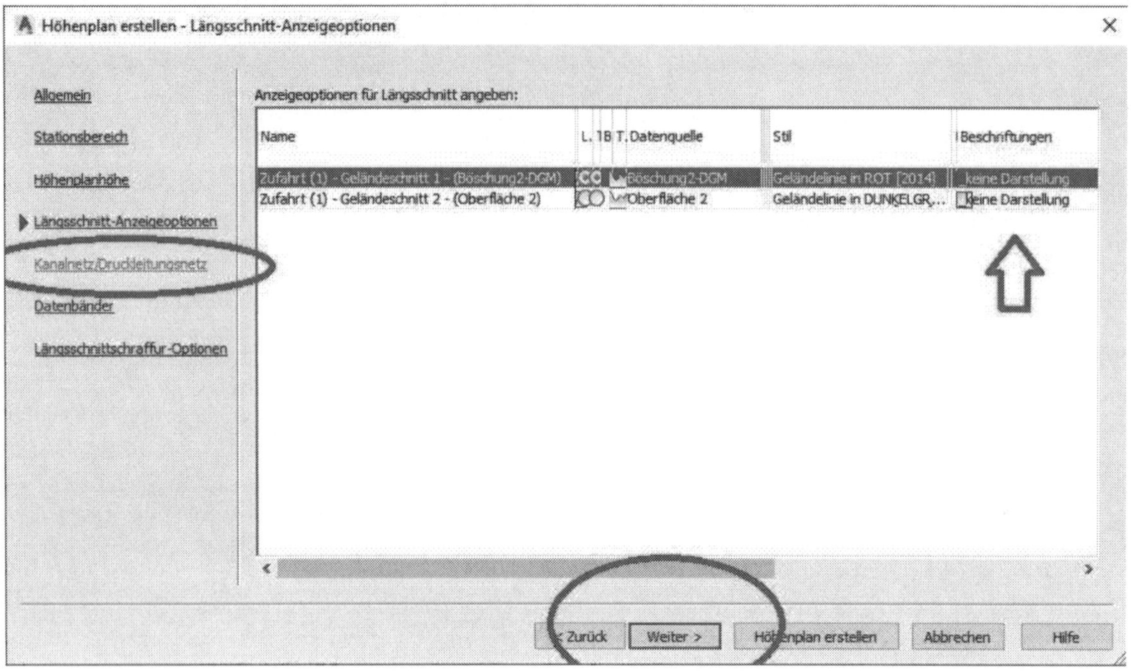

Die jeweiligen technischen Besonderheiten werden durch Zuordnung unterschiedlicher Darstellungs-Stile, Beschriftungs-Stile, Objektzuordnung oder Bandsätze gesteuert.

Die zur Auswahl stehenden Bandsätze in der folgenden Maske bieten auch Beschriftungs-Möglichkeiten für Rohre und Leitungen (im folgenden Bild rechts).

Weiterhin zu beachten ist, dass der Bandsatz- Straßenplanung zwei Zeilen für die Gradiente aufruft, aber in der Übung noch keine Gradiente konstruiert ist. In diesen Zeilen (Band) ist später die Gradiente nachträglich aufzurufen und das kann erst nach der Gradienten-Konstruktion erfolgen.

Wichtig zu erkennen ist auch, dass in der Spalte „Längsschnitt1" mit „Zufahrt (1) Geländeschnitt 1-(Böschung2-DGM)" das DGM der Materiallagerfläche aufgerufen ist. Hier ist eventuell in allen Zeilen auf „Zufahrt (1) Geländeschnitt 1- (Oberfläche 2)", auf das „Oberflächen DGM zu wechseln. Auf das Thema geht der nächste Abschnitt nochmals ein.

Optional ist es möglich Bänder zur Beschriftung „Oberhalb" und „Unterhalb" des Höhenplans einzufügen. Technisch ist im Civil 3D an alle Besonderheiten gedacht, die es weltweit gibt!

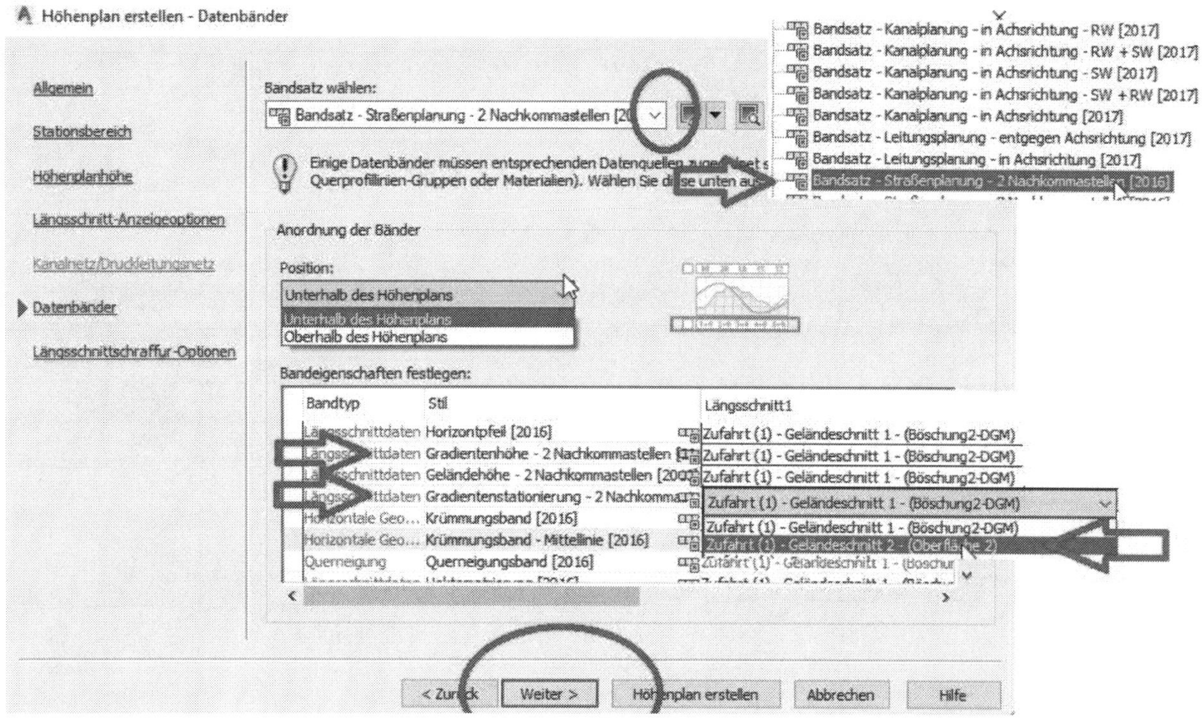

Die Karte „Längsschnittschraffur-Optionen“ bietet die Möglichkeit zwischen zwei Längsschnitten (Zum Beispiel zwischen Geländelängsschnitt und Gradiente) eine dynamische Schraffur zu führen, die farblich „Auftrag“ und „Abtrag“ angezeigt. Voreingestellt ist hier eine Solid-Schraffur in Grün und -Braun. Diese Option kann auch erst mit der konstruierten Gradiente nachgeholt werden.

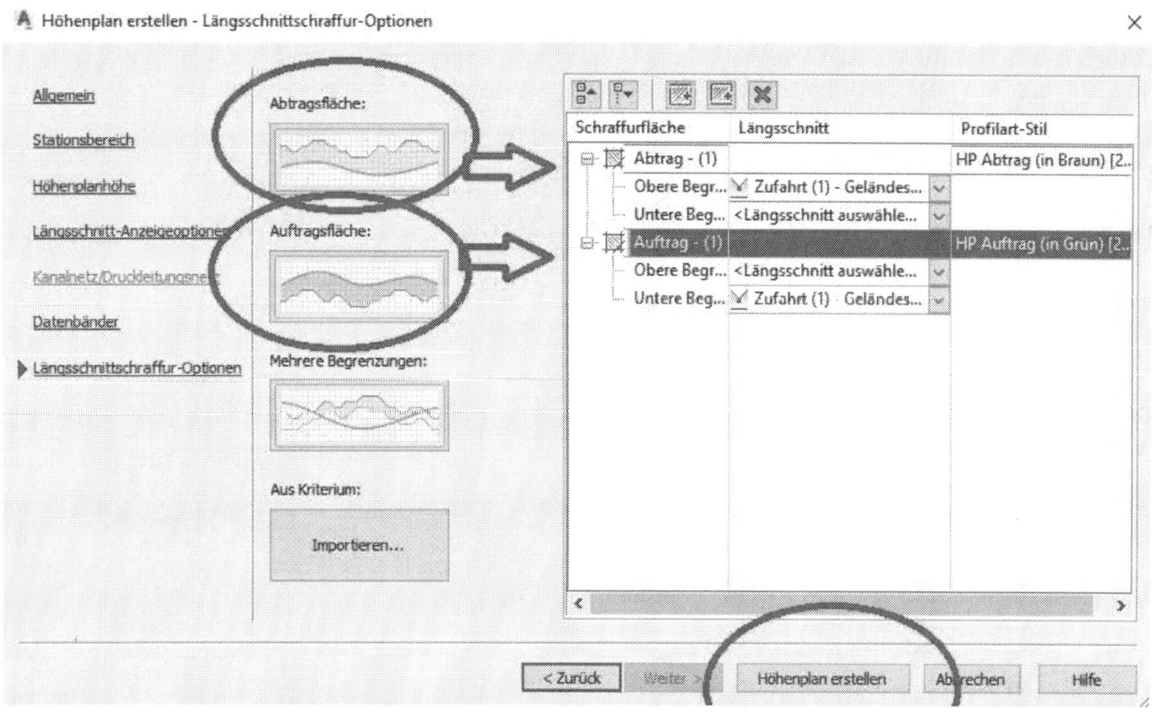

Der Höhenplan wird erstellt. Die Beschriftung ist im Moment noch kurios oder nicht erklärbar, weil die Gradienten-Zuordnung im Band fehlt. Der Höhenbezug bzw. das Höhenbezugssystem wird mit „DHHN“ beschriftet, weil dieses Höhenbezugssystem, als Teil der Zeichnungseinstellungen, bereits gesetzt ist (2.Kapitel, Projektbrowser, Zeichnungseigenschaften).

Im Krümmungs-Band werden die Radien der Achse gezeigt. Das Querneigungsband ist noch leer, weil es, als Bestandteil der Achse, noch keine Querneigung gibt. Dieser offene Punkt wird im Abschnitt „Querneigung, Querneigungsberechnung“ erläutert.

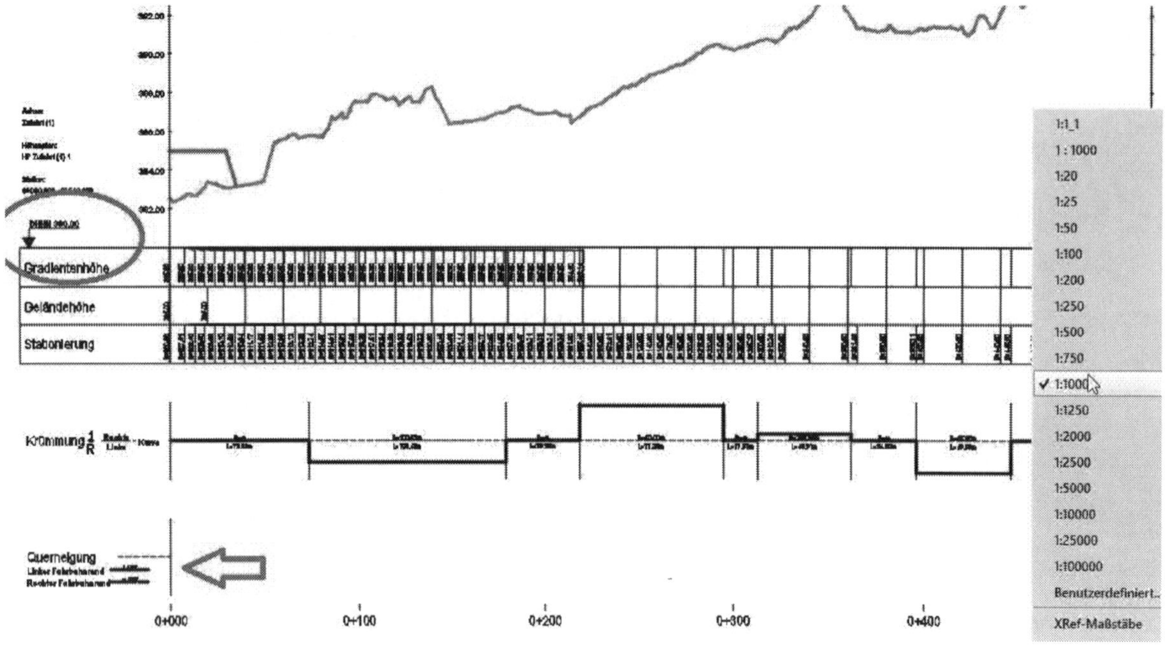

Höhenbezugssystem-Änderung

Das Höhenbezugssystem kann auch noch nachträglich geändert werden. Hierzu ist das Attribut des Blockes „Höhenbezug für HP“ zu ändern (AutoCAD-Blockeditor). Diese nachträgliche Änderung sollte die Ausnahme sein. Es wird empfohlen bereits in der Vorlage („... Deutschland.dwt) das gültigen Höhenbezugssystem gesetzt zu haben. Das Höhenbezugssystem gilt für alle Höhen- und Querprofilpläne der Zeichnung (Querprofilpläne werden später erstellt).

In den nachfolgenden Bildern werden der Blockaufruf (Block der das Höhenbezugssystem als Attribut besitzt), die Bearbeitung im Blockeditor und der Wechsel auf das neue Höhenbezugssystem am Höhenplan gezeigt.

Der Block, der das Höhenbezugssystem definiert heißt „Höhenbezug für HP".

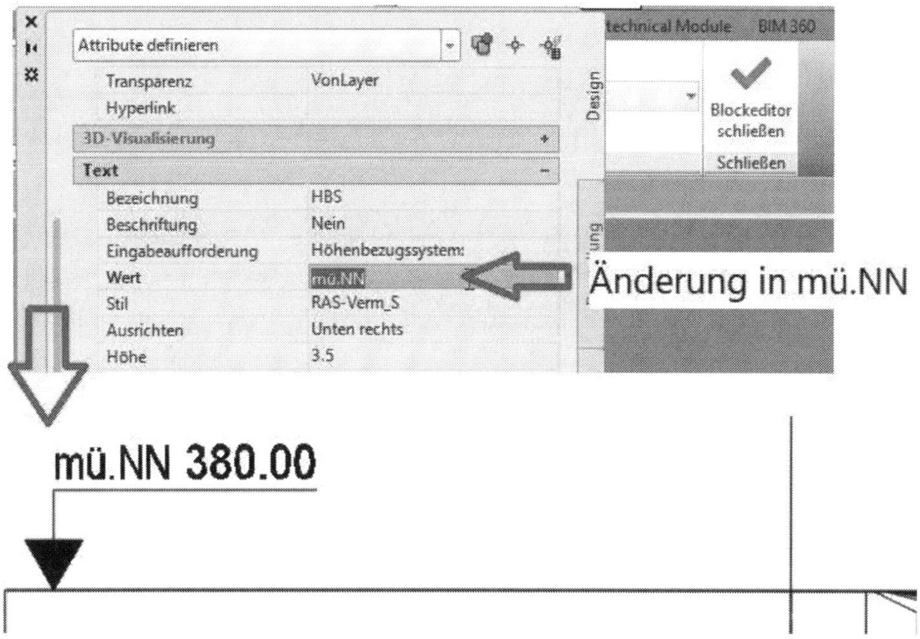

6.6.3 Gradienten-Konstruktion (Werkzeuge zum Erstellen von Längsschnitten)

Der Höhenplan ist erstellt. Es folgt die Gradienten-Konstruktion. Im Civil 3D ist die Gradiente ein „konstruierter Längsschnitt". Civil 3D unterscheidet zwischen „aus dem DGM abgeleiteten Längsschnitten" (besitzen eine dynamische Verknüpfung von Achse und DGM) und „konstruierten Längsschnitten" (sind ab der Version 2016 teilweise mit der Achse verknüpft, - bleiben jedoch frei editierbar). Mit dem Start der Funktion „Werkzeuge zum Konstruieren von Längsschnitten" ist der Höhenplan zu picken.

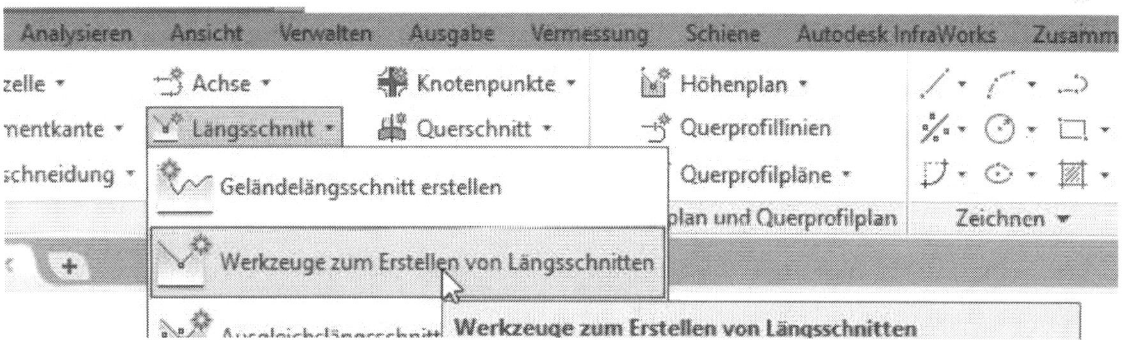

Die Zuordnung zum Höhenplan realisiert die Zuordnung des „konstruierten Längsschnittes" zur Achse. Gleichzeitig wird die Überhöhung des Höhenplans gelesen, um die Höhen richtig zu interpretieren.

Es folgt die Objekt-Definition für die Gradiente. Das nächste Bild zeigt die Zuordnung zur Achse und die Objekt-Definition. Civil 3D hat für die Gradiente eine Namenskonvention gesetzt. Es wird empfohlen im Feld „Name" die Namenskonvention nicht zu ändern, sondern wie voreingestellt zu übernehmen. Der eingetragene Name sollte jedoch unbedingt wahrgenommen werden (<Achsname> - Gradiente <Nächster Zähler>), denn diese Gradiente (konstruierter Längsschnitt) ist anhand dieses Namens später zu erkennen und mehrfach auszuwählen.

Als Bestandteil der Objekt-Definition gibt es die Karten „Allgemein“ und „Richtlinie“. Hier gibt es sehr viele Parallelen zur Achse.

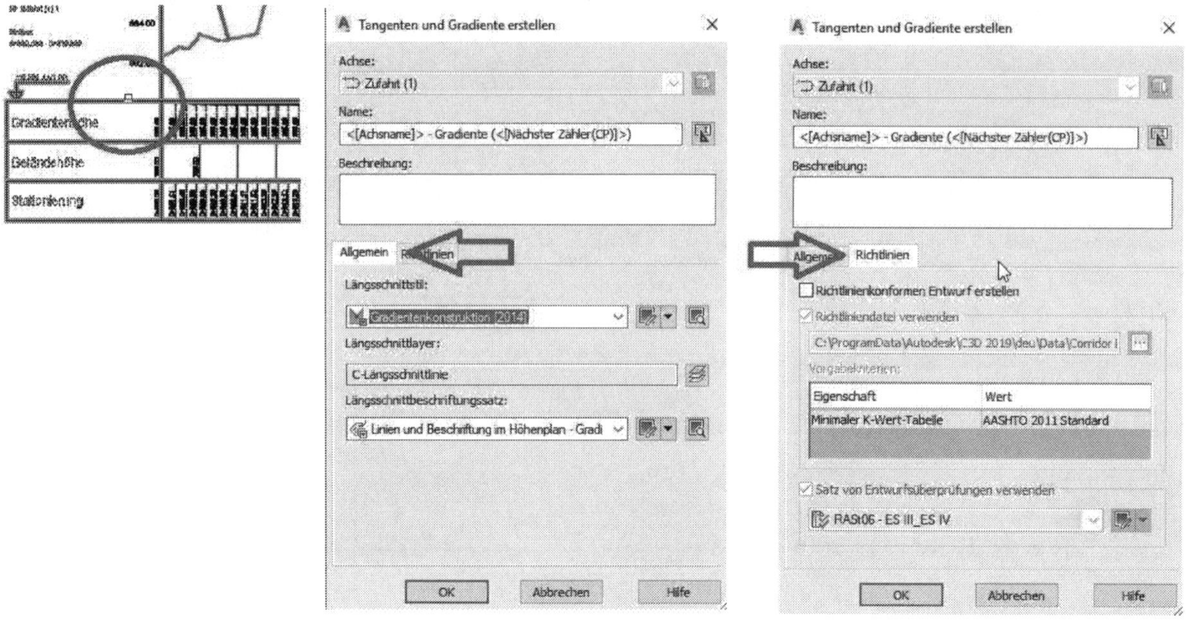

Karte Allgemein

Für die Darstellung wird „Gradientenkonstruktion [2014]“ gewählt. Dieser Darstellungs-Stil ist bunt (Geraden – „Rot“, Bögen- „Blau“). Als Alternative ist der Darstellungs-Stil „Planausgabe – Gradiente [2014]“ zu beachten. Dieser Stil ist Schwarz/Weiß eingestellt und vorzugsweise nur zum Plotten zu verwenden. Alle anderen Darstellungs-Stile sind eher fortgeschrittenen Nutzern zu empfehlen. Als Beschriftungssatz wird „Linien und Beschriftung im Höhenplan – Gradienten [2014]“ ausgewählt. Hier gilt die gleiche Aussage wie zur Achse. Am ältesten Stil sind nur die Texte maßstäblich und damit für Neueinsteiger eher verständlich, als die jüngeren, komplexeren Stile.

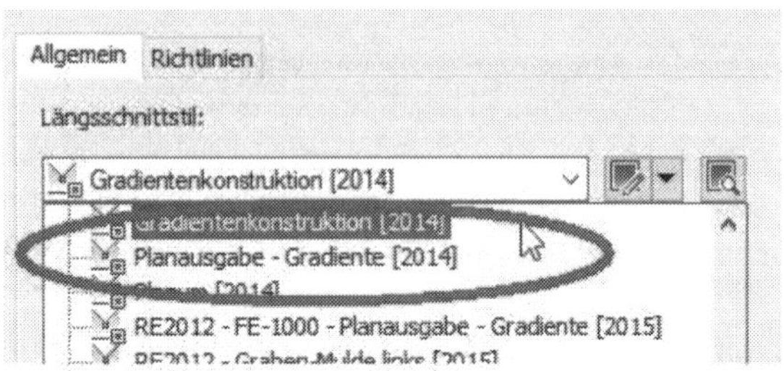

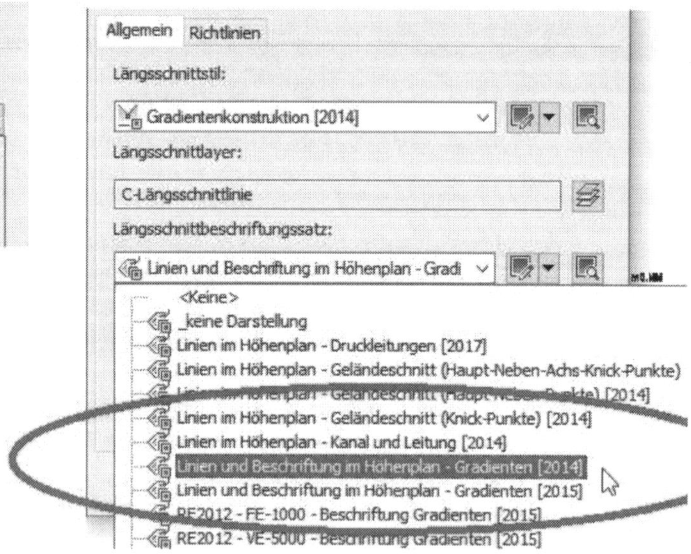

Karte Richtlinie

Zum Thema „Richtlinie“ gilt die gleiche Aussage, wie zur Achse. Es wird empfohlen, diese eher nach erfolgter Konstruktion, im Bereich Längsschnitt-Eigenschaft, zu zuweisen. Bei einer frühen Zuweisung sind zu viele Aspekte gleichzeitig zu beachten.

Hinweis:

Es wird der nachträgliche Aufruf der Gradienten-Eigenschaften gezeigt (nach erfolgter Gradienten-Konstruktion, „Rechtsklick“ Längsschnitteigenschaften...). Es wird der Zugangsbereich zur Richtlinie dargestellt.

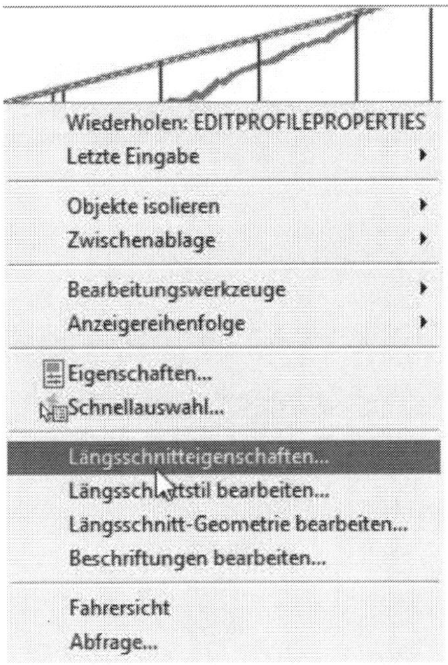

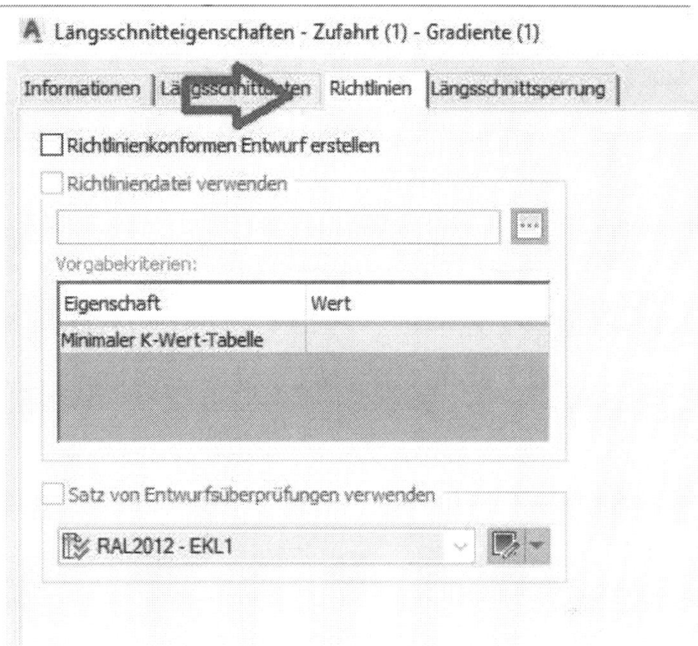

Mit der Bestätigung der Einstellungen für die Objekt-Definition wird der Werkzeugkasten „Entwurfswerkzeuge (Längsschnitt)- Zufahrt – Gradiente (1)“ geöffnet. Der Werkzeugkasten ist auch nur für diese eine Gradiente gültig. Andere Gradienten können mit ihm nicht bearbeitet werden!

Wie bei der Achse sind auch hier zuerst die „Ausrundungseinstellungen“ zu überprüfen.

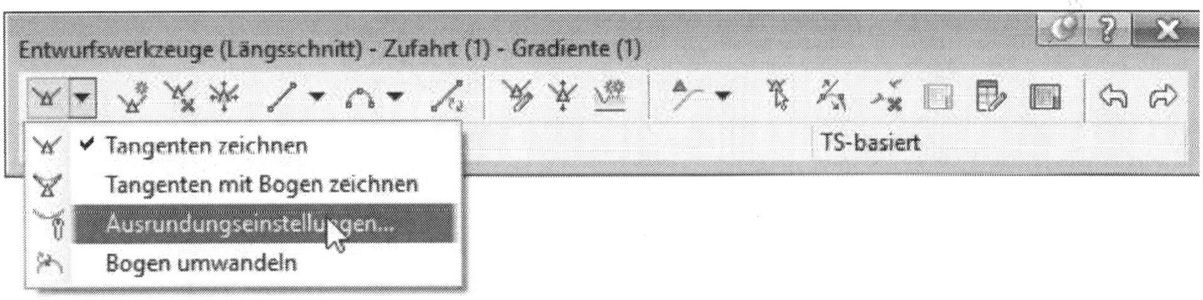

Die Gradienten-Konstruktion hat für Bögen auch verschiedene Einstellungen („Ausrundungstyp auswählen“), die für Gleiskonstruktionen anwendbar sind. Abschließend bleibt es bei der Einstellung „Kreisrund“ (Bild1). Die Ausrundung der Gradiente (Berg – „Kuppe“ und Talsohle – „Wannen“) werden klassisch mit Radien vorgegeben. Alternativ ist es möglich auch eine Bogenlänge zu definieren (Bild 2). Bei Wahl der Einstellung „Asymmetrisch“ wird die Länge in „Länge1 „und „Länge2“ geteilt. Es wird auf „Vorgaberadius“ zurückgesetzt und es werden die vorgegebenen Werte übernommen.

Bild 1:

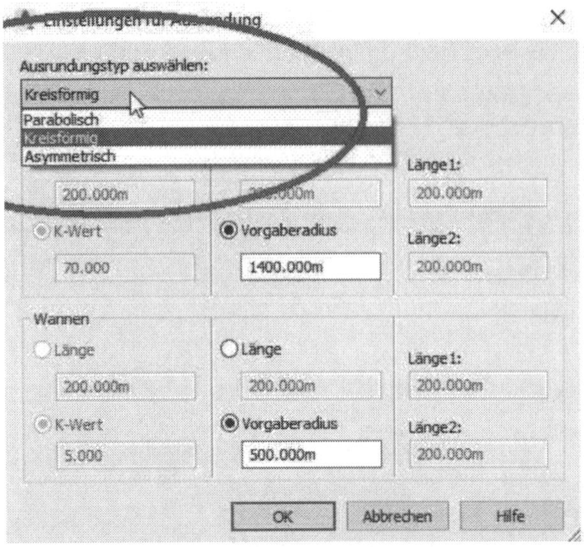

Bild 2:

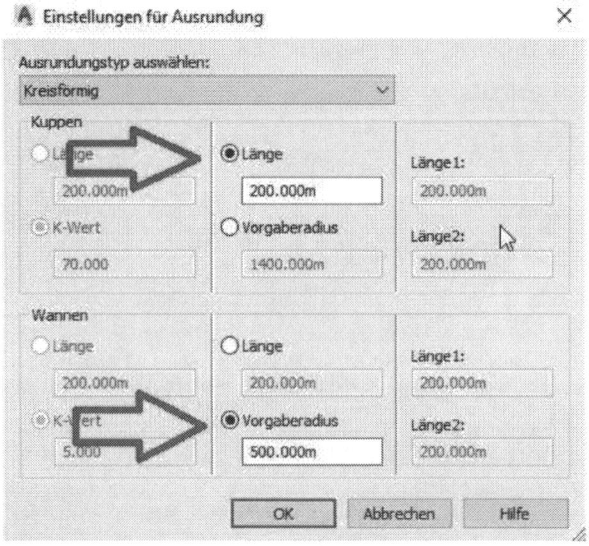

Es folgt die Konstruktion. Für die Konstruktion sollte am „Anfang" (erster Punkt) und ganz am Ende (letzten Punkt) konsequent der Objekt-Fang genutzt werden (O-Fang „Nächster Punkt" oder „Endpunkt").

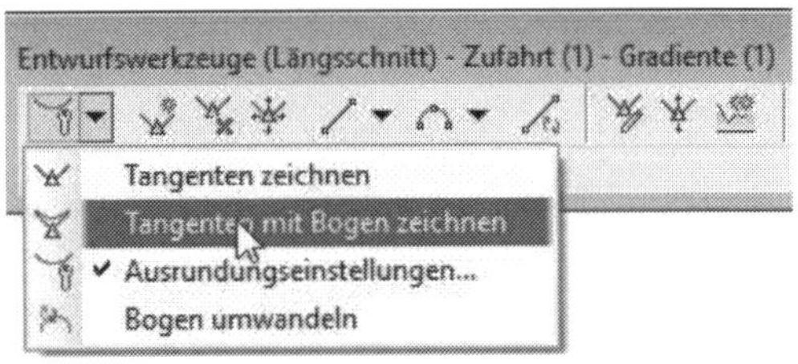

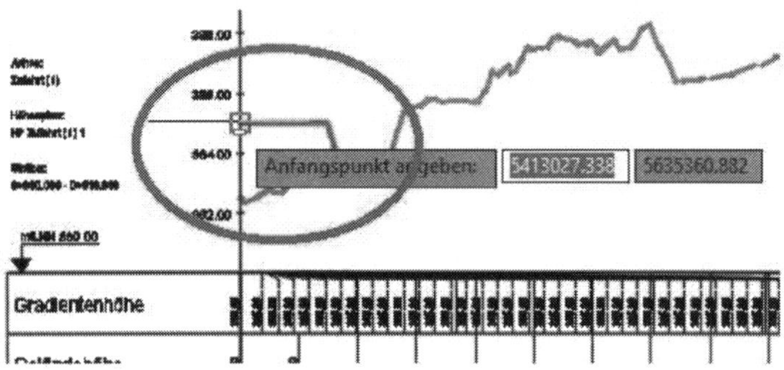

Die Gradiente sollte immer möglichst exakt so lang sein, wie der Höhenplan, dann ist die Gradiente auch so lang wie die Achse. Oftmals wird die Gradiente versehentlich kürzer gezeichnet. Es ist technisch auch möglich, eine längere Gradiente als der Höhenplan zu haben. Beide Sachverhalte führen zu Besonderheiten im Civil 3D, die ein Neueinsteger schwer versteht, weil es im bisherigen CAD kaum derartig dynamisch verknüpfte Objekte gab. An dieser Stelle zu den Besonderheiten ein Tipp:

- Gradiente zu kurz: eventuell Besonderheiten am 3D-Profilkörper (Fehlermeldungen)
- Gradiente zu lang: eventuell Besonderheiten bei der Gradienten-Beschriftung mit den deutschen Beschriftungs-Sätzen („Linien und Beschriftung im Höhenplan – Gradienten [2014]", „...[2015])

Die Gradiente ist so zu entwerfen, dass die Zufahrt auf der „Materiallagerfläche" beginnt und an Ende des Höhenplans im Gelände endet. Die Lage der Gradiente ist so gewählt, dass diese teilweise unterhalb - und teilweise oberhalb des Geländes liegt. Damit wird es bei der Mengenberechnung, als Bestandteil der 3D-Profilkörper-Konstruktion, Auf- und Abtrag geben (Damm und Einschnitt).

Mit dem Abschluss der Konstruktion setzt die Beschriftung ein.

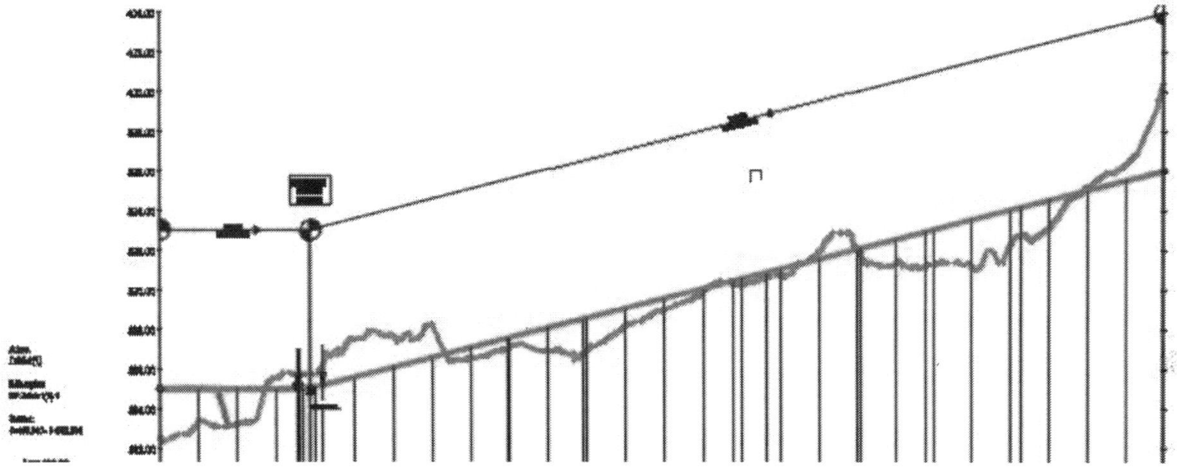

Die Beschriftung an der Gradiente ist im Plan sichtbar. Die Beschriftung endet jedoch am ersten Band (Zeile) „Gradientenhöhe“. Gleichzeitig zeigen die Bänder (Zeilen) „Gradientenhöhe“ und „Geländehöhe“ am ersten Stationspunkt die gleiche Höhe an? Mit der abgeschlossenen „Gradenten-Konstruktion“ ist der Höhenplan hinsichtlich seiner Objekt-Eigenschaften zu überprüfen.

Die Zuweisung der Objekte zu den Beschriftungs-Bändern ist eventuell zu korrigieren.

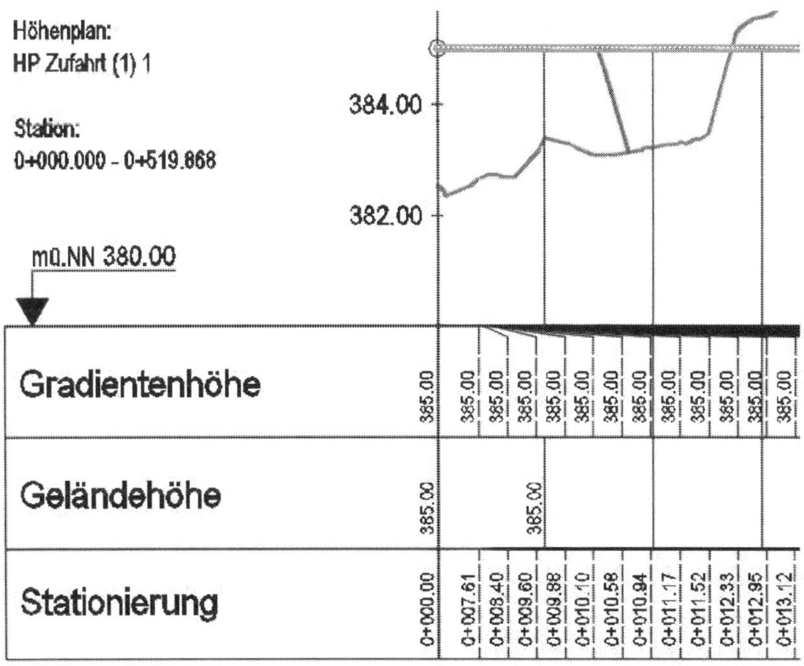

6.6.4 Änderung der Höhenplan-Eigenschaften

Für den Aufruf der Funktion „Höhenplan-Eigenschaften“ ist der Höhenplan anzupicken und Civil 3D ändert die Multifunktionsleiste (Menü, im Bild) oder es ist die rechte Maustaste zu wählen.

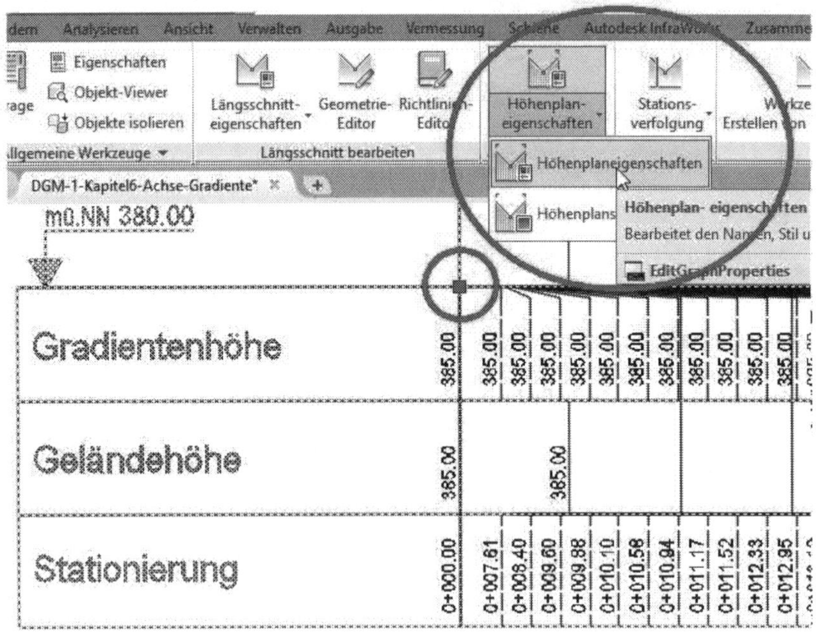

Karte Bänder

Auf der Karte Bänder, als Bestandteil des Höhenplans, sind die Zeilen (Bänder) „Gradientenhöhe“ und „Gradientenstationierung“ zu suchen (Links, Spalte „Stil“). In diesen Zeilen ist im Moment noch das falsche Objekt zugewiesen (Rechts, Spalten „Längsschnitt1“ und „Längsschnitt 2“).

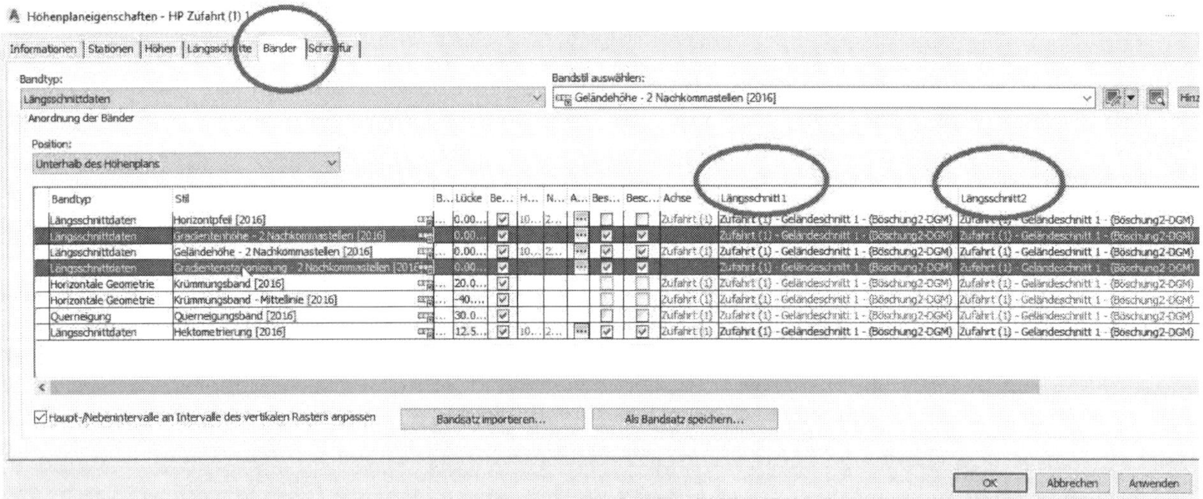

Auf die zugewiesenen Daten ist zu picken, es öffnet sich eine Auswahlliste der bereitgestellten Längsschnitte. Hier ist die Gradienten-Konstruktion „Zufahrt (1) – Gradiente (1)“ auszuwählen. Die Auswahl sollte für beide Zeilen (Gradientenhöhe und Gradientenstationierung) und beide Spalten (Längsschnitt 1 und Längsschnitt 2) also in 4 Feldern erfolgen.

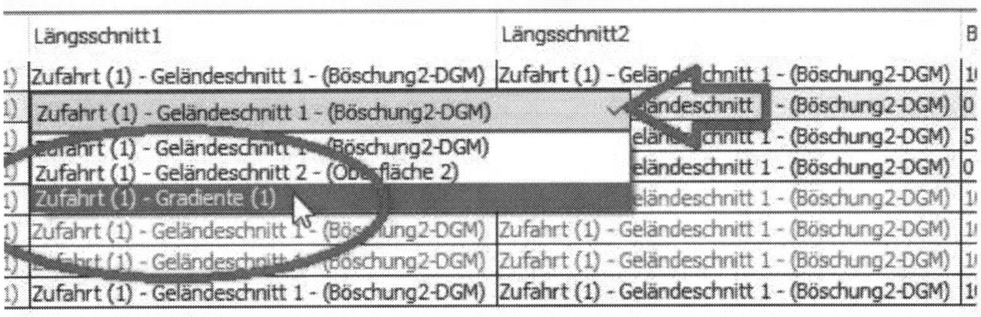

Ganz wichtig zu verstehen ist, eine Bandzeile wie zum Beispiel „Gradientenhöhe – 2 Nachkommastellen [2016]“ oder „Geländehöhe 2 Nachkommastellen [2016]“ verknüpfen sich nicht automatisch mit dem richtigen Objekt (DGM oder Gradiente) die Zuweisung zur Bandzeile muss manuell kontrolliert werden. Es muss kontrolliert werden, ob in der entsprechenden Band-Zeile in den Spalten „Längsschnitt1“ und Längsschnitt2“ das richtige Objekt zugewiesen ist!

Im folgenden Bild wird gezeigt, das auch in der Zeile „Geländehöhe – 2 Nachkommastellen [2016]“ eventuell nicht das richtige DGM zugewiesen ist. Der vorhandene Eintrag wird gegen „Zufahrt (1) – Geländeschnitt 2 – (Oberfläche 2)“ ausgetauscht. Damit wird nicht die Materiallagerfläche, sondern das Basis-DGM „Oberfläche 2“, beschriftet.

Hinweis:

Civil 3D kann beliebig viele DGMs beschriften. In einem Höhenplan können beliebig viele Bänder (Beschriftungs-Zeilen) geladen sein. Mit der ausgewählten Vorlage „... Deutschland.dwt) sind viele Bandtypen geladen und zu jedem Band Typ gibt es mehrere Band-Stile. Alle zur Verfügung gestellten Optionen sind zu umfangreich, um alle in diesem Buch zu beschreiben.

Es stellt sich die Frage, „Warum gibt es zwei Spalten „Längsschnitt1“ und Längsschnitt2“? Warum reicht hier nicht eine Spalte aus“? Der Grund dafür ist der Band Typ „Längsschnittdaten“ mit dem Band Stil „Höhendifferenz“.

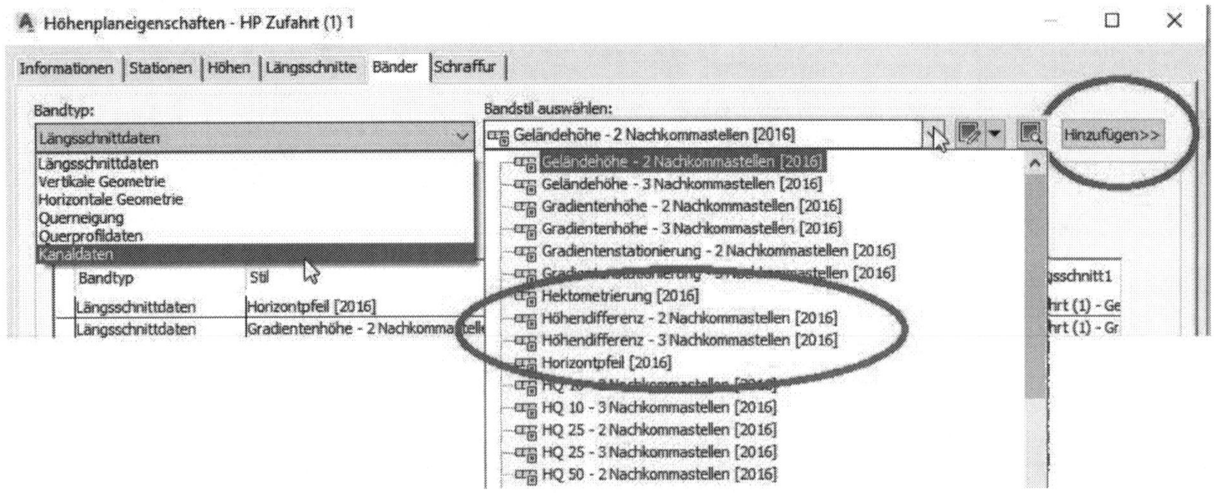

Civil 3D bietet mit diesem Band an, auch eine Höhendifferenz zu beschriften. Eigentlich nur für diesen Fall werden die Zeilen „Längsschnitt1“ und Längsschnitt2“ gebraucht. Diese Option wird hier nur im Bild zum besseren Verständnis gezeigt aber nicht im Detail erläutert. Der Nutzer sollte alle diese Einstellungen langfristig verstehen. Eine weitere Civil 3D- Besonderheit ist der Unterschied zwischen Beschriftung im „Raster“ (entspricht auch dem Begriff „Haupt-Neben-Punkte“) und Beschriftung der „Neigungsbrechpunkte“ (entspricht auch dem Begriff „Knick-Punkte“)

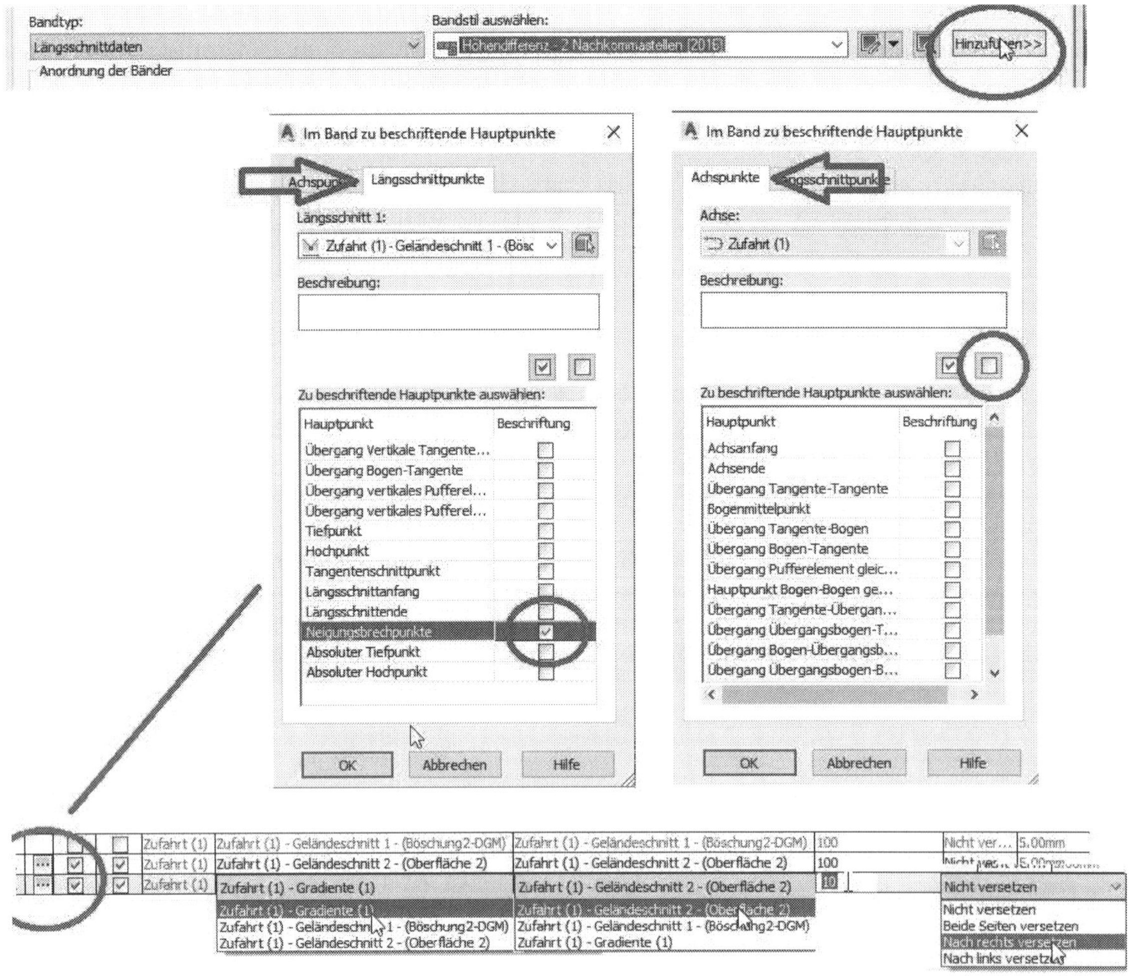

- Raster: vorgegebenes, festes Intervall, Bestandteil des Höhenplans, klassische amerikanische Beschriftung

- Neigungsbrechpunkte: Beschriftung der Dreieckskanten des DGMs, klassische deutsche Beschriftung

Das folgende Bild zeigt eine beschriftete Höhendifferenz zwischen Gelände-Linien (Geländelängsschnitt) und Gradiente (konstruierter Längsschnitt) mit der Bandzeile „Höhendifferenz - 2 Nachkommastellen [2016]“.

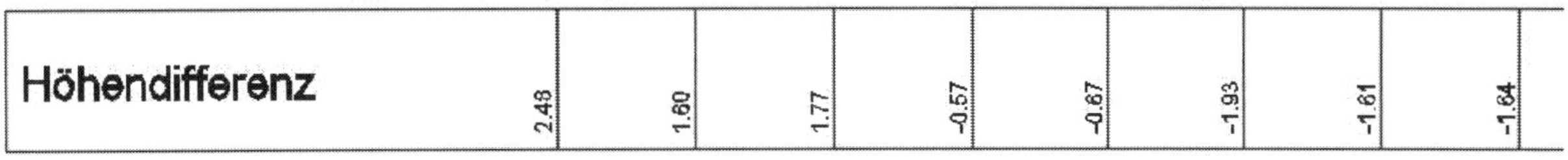

Karte Schraffur

Rechts neben der Karte „Bänder“ gibt es als Bestandteil der Höhenplan-Eigenschaften die Karte „Schraffur“. Nach erfolgter Gradienten-Konstruktion kann hier die Gradiente zum Aufruf gebracht werden, um eine dynamische Auf- und Abtrags-Schraffur zu erzeugen.

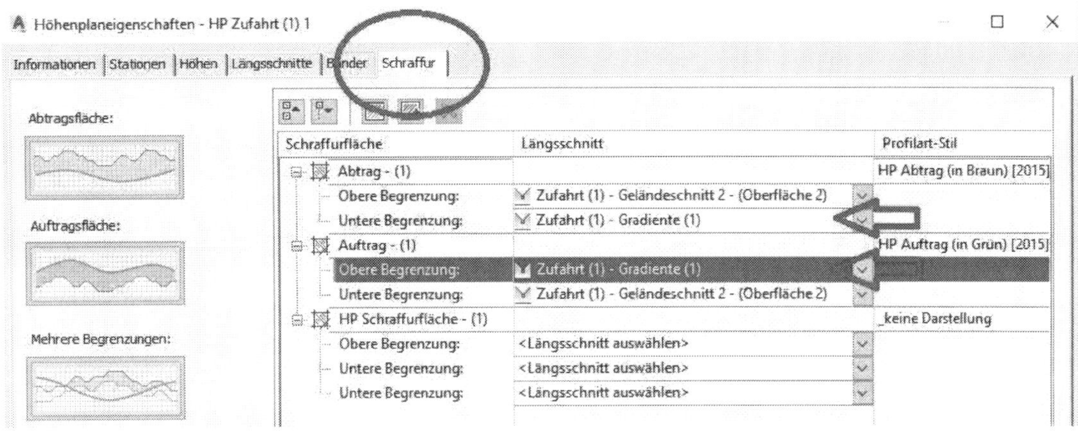

Damit wird die Schraffur im Höhenplan zwischen Geländelinie (DGM „Oberfläche2“) und Gradiente nachgeholt. Diese Schraffur ist dynamisch, das heißt, mit einer Änderung der Gradiente wird die Schraffur permanent nachgeführt.

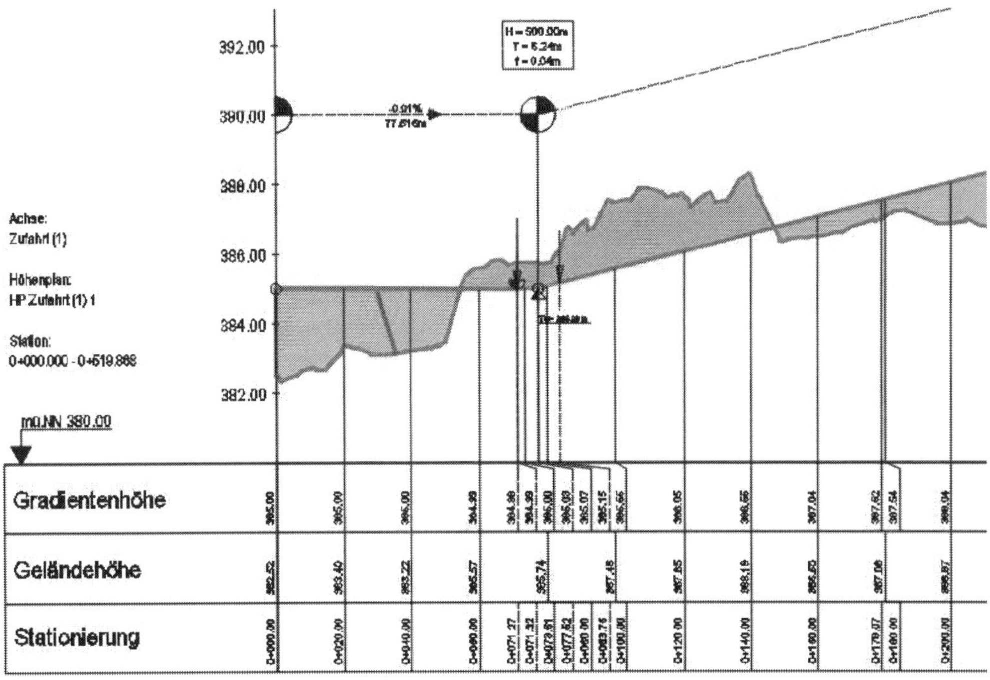

6.6.5 Bearbeitung der Gradiente

Wird die Gradiente angepickt, so gibt es genau wie an der Achse quadratische, dreieckige und runde Gripps (Griffe). Die Gripps haben an der Gradiente die gleiche Bedeutung zum Neupositionieren, wie zuvor an der Achse beschrieben.

Der einzige wichtige Unterschied zur Achse sind die am Tangentenschnittpunkt (senkrechtes Dreieck) rechts und links liegenden, dreieckigen Gripps. Diese Gripps zeigen die Neigung der gegenüberliegenden Tangente an.

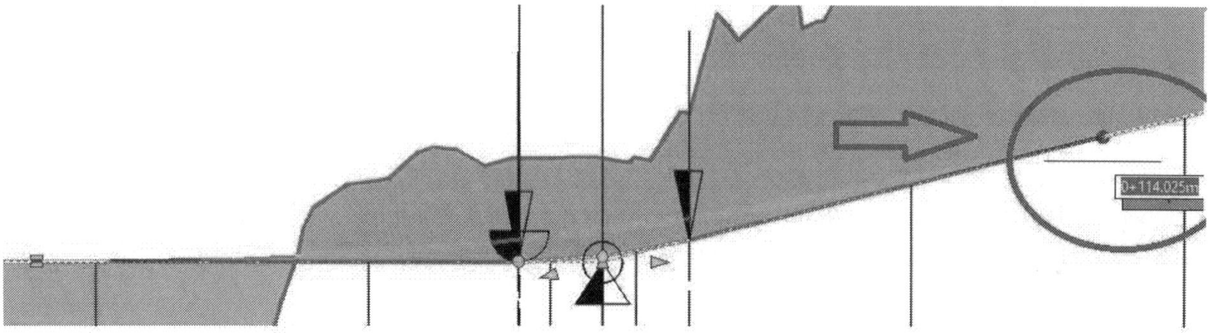

Das Bild zeigt die Änderung eines Bogens, einer „Wanne“.

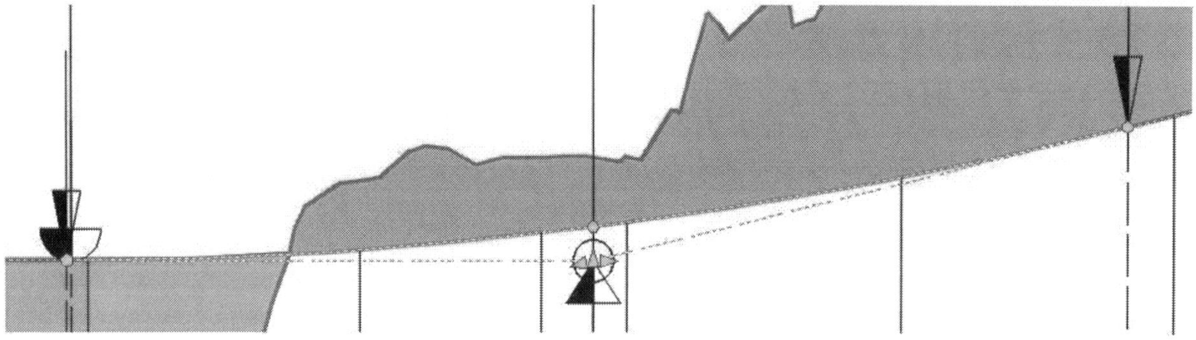

Werden diese Gripps angefasst, so wird die gegenüberliegende Tangente verlängert oder verkürzt, ohne deren Neigung zu beeinflussen. Im Bild ist eine Änderung der Länge der linken Tangente mit dem rechten Gripp zu sehen.

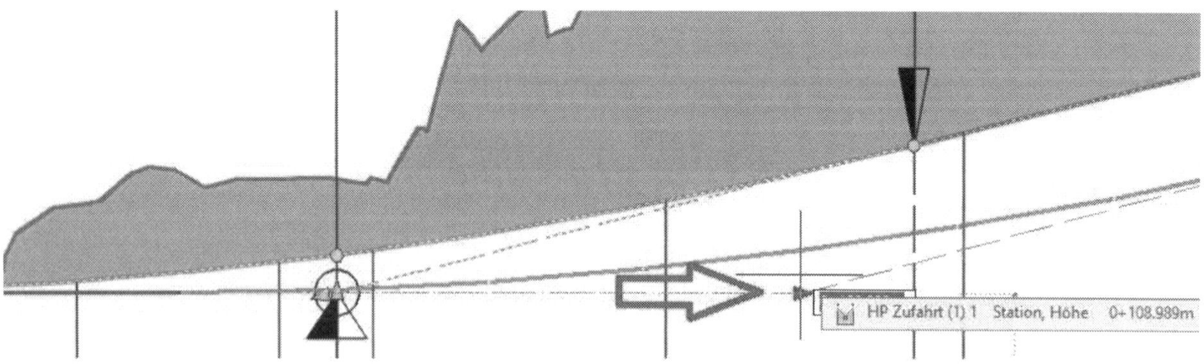

Nachfolgend wird die Gradiente selbst bearbeitet. Es wird ein neuer „Knick“-Punkte gesetzt (Stützpunkt) und ein Bogen hinzugefügt, eine „Kuppe gepuffert“.

Auch die Bedeutung von „Festelement“, „Koppelelement“ und „Pufferelement ist die Gleiche, wie bei er Achse. Der Bogen (die Kuppe) wird als Pufferelement gesetzt, weil es wichtig ist, dass sich der Bogen an beide Tangenten tangential anlegt. Mit der Funktion „Geometrieeditor" wird der Werkzeugkasten zur Gradiente geöffnet.

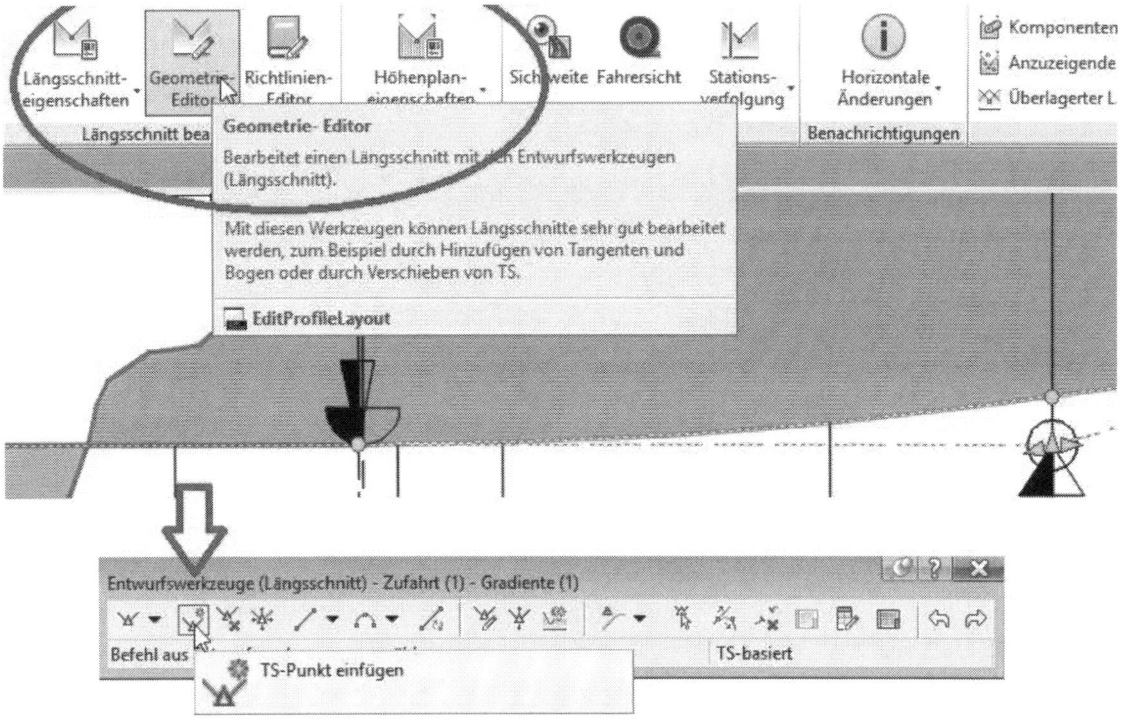

Es wird ein neuer TS-Punkt eingefügt und editiert, das heißt hier, in der Position verschoben.

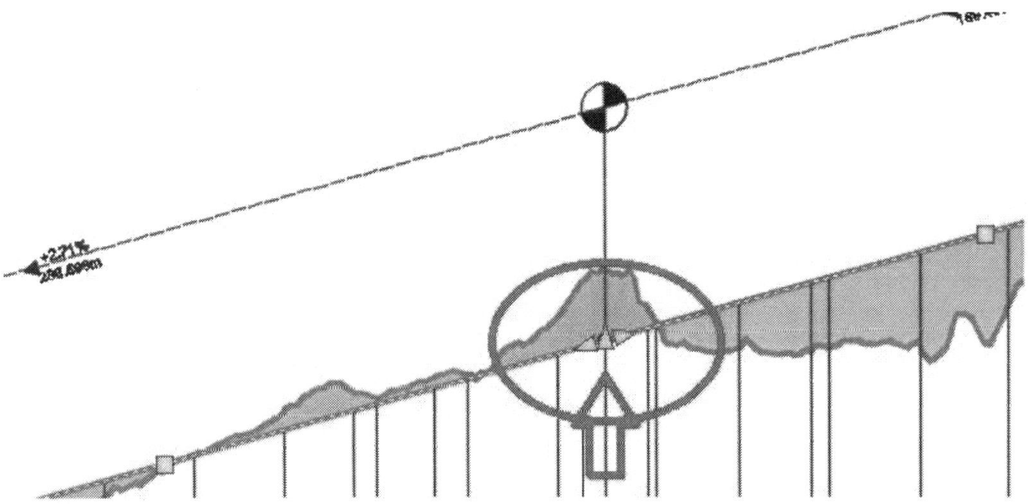

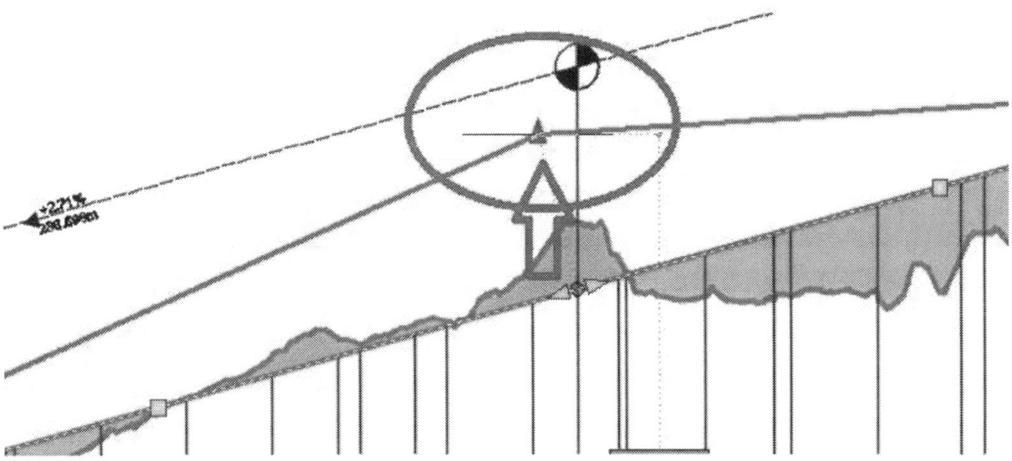

Die Schraffur ist dynamisch und wird mit jeder Änderung mitgeführt.

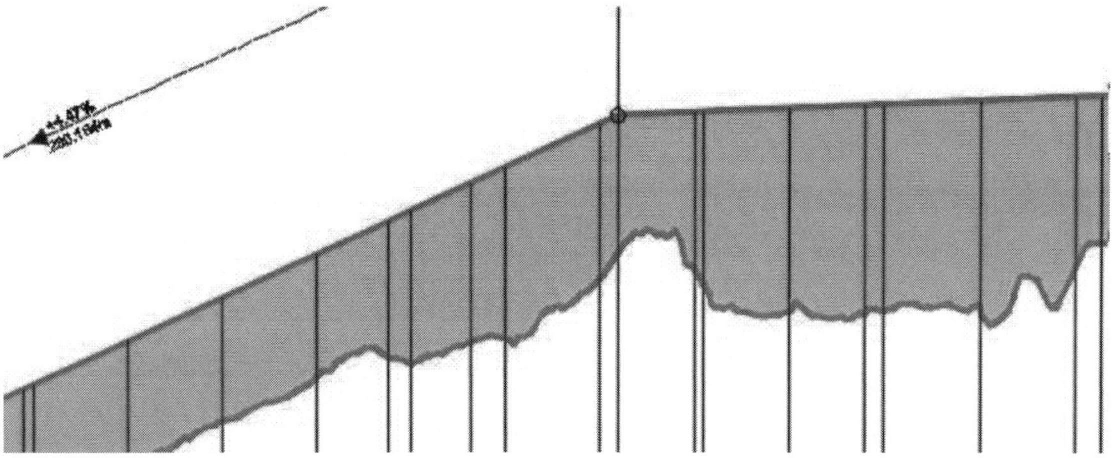

Beide Tangenten enden in einem „Knick“. Ein solcher „Knick“ ist durch ein Fahrzeug nicht befahrbar und muss tangential durch eine „Kuppe“ (Radius“) ausgerundet werden, deshalb wird der Befehl „Pufferelement Ausrundung (Kreisförmig) gewählt. Der durch die Funktion vorgeschlagene Wert für den Radius beträgt „1400m“, weil er in den Einstellungen in dieser Größenordnung vorgegeben ist. Der Wert kann überschrieben werden.

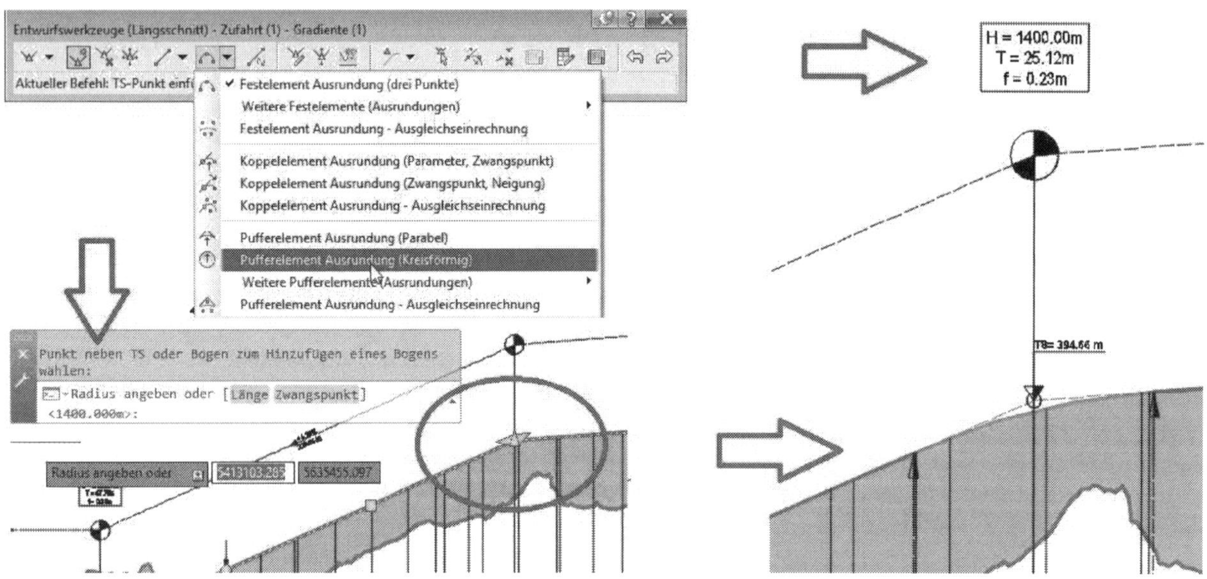

Der Wert wird bestätigt und ist jetzt Bestandteil der Gradiente.

Die Parameter der Gradienten bleiben jederzeit bearbeitbar, einerseits über die Gripps, andererseits auch über die Tabelle „Längsschnitteditor,“ die am rechten Rand des Gradienten-Editors „Entwurfswerkzeuge (Längsschnitt) - Zufahrt (1) – Gradiente (1)“ zu finden sind.

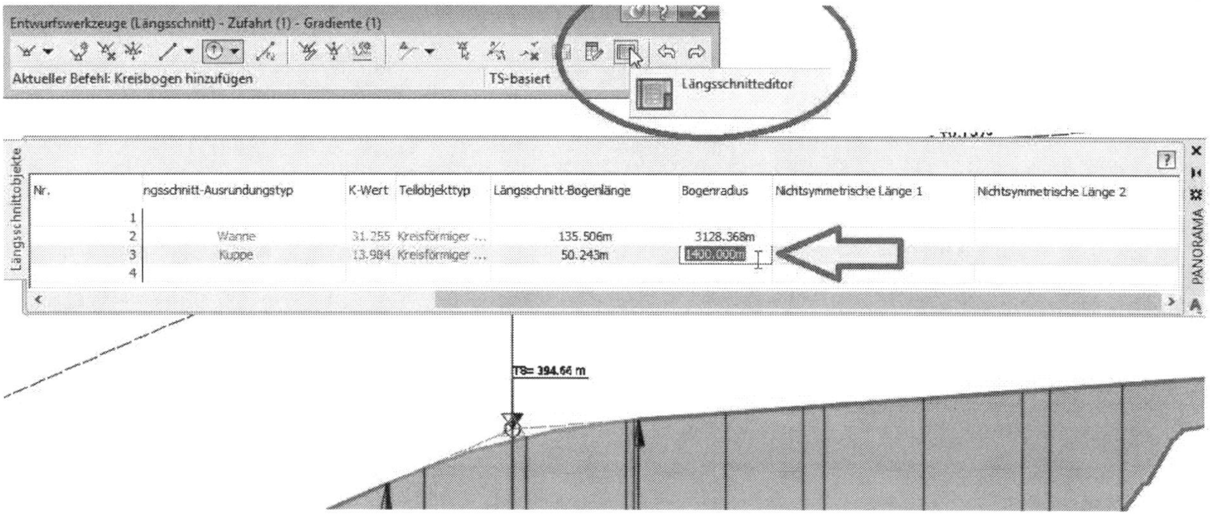

Im nächsten Schritt wird der Querschnitt erstellt. Der Querschnitt ist ein weiteres zentrales Element mit dem zielgerichtet Konstruktionseigenschaften für den 3D-Profilkörper vorgegeben werden. Der bisherige Arbeitsstand wird unter dem Datei-Namen „**DGM-Kapitel6-Achse-Gradiente.dwg**“ gespeichert.

6.6.6 Hinweis: Gradientenbeschriftung im Lageplan

Civil 3D bietet wie alle klassischen Straßenbau-Progaramme, auch eine Übernahme oder Darstellung der die Gradienten-Eigenschaften in den Lageplan. Die aufgerufene Achsbeschriftung hat bereits Stile geladen, die den Aufruf der Gradiente zulassen. Diese Felder sind noch leer, weil es zum Zeitpunkt der Achskonstruktion noch keine Gardiente gab.

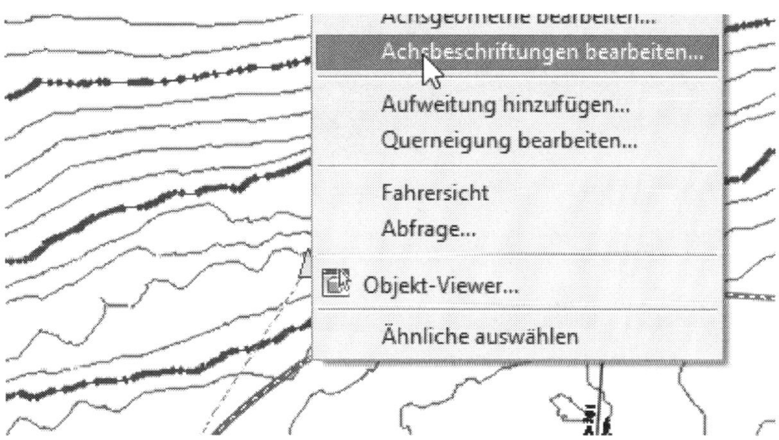

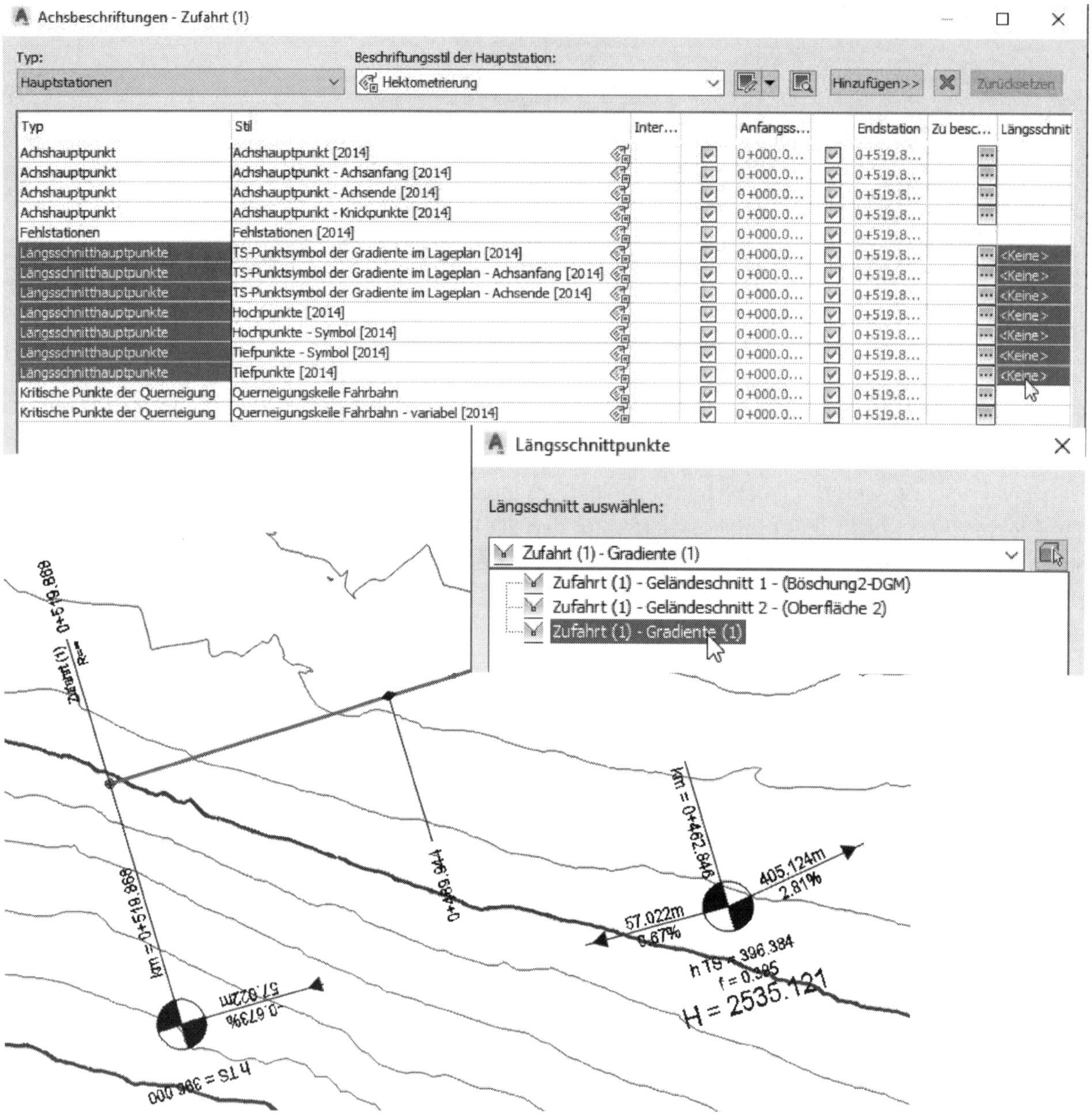

Sobald der Aufruf der Gradiente innerhalb der Achsbeschriftung abgeschlossen ist, sind die Gradienten-Parameter angeschrieben. Die Beschriftung ist dynamisch. Bei jeder Änderung der Gradiente wird die Beschriftung sofort nachgeführt.

6.7 Querschnitt (Eigenschaften)

Der Querschnitt ist das dritte zentrale Element für den 3D-Profilkörper. Der Querschnitt wird in der Zeichnung des vorangegangenen Abschnittes erstellt (DGM-1-Kapitel6-Achse-Gradiente.dwg).

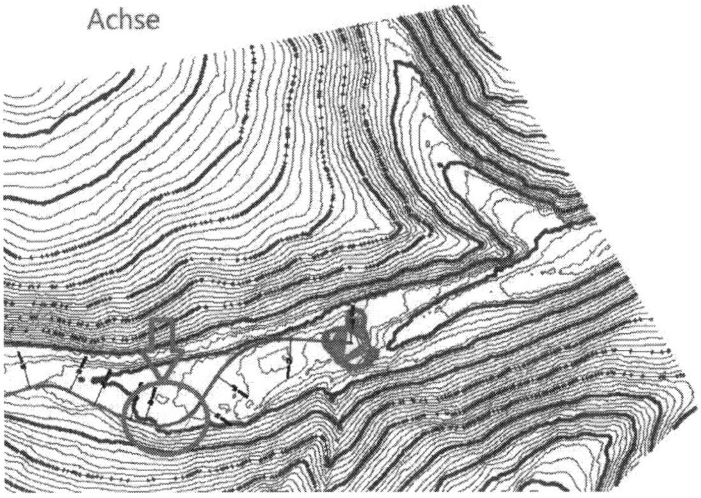

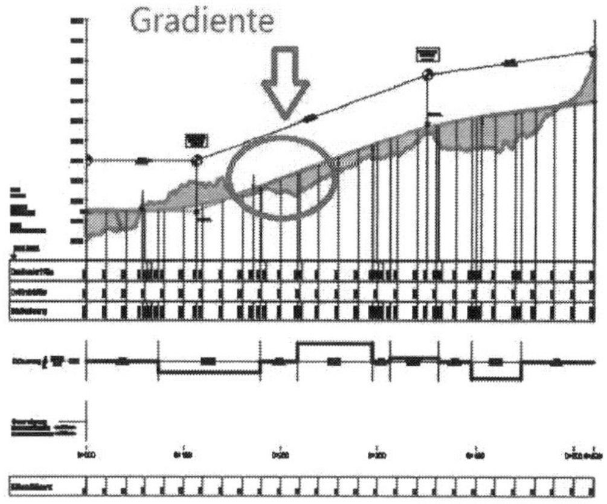

Die Achse definiert die Lage des 3D-Profilkörpers von oben, im Lageplan oder in X- und Y-Richtung. Die Gardiente (konstruierter Längsschnitt) definiert die zentrale Höhe des 3D-Profilkörpers (eventuell die Mitte der Straße und in Z-Richtung). Der Querschnitt bestimmt alle noch fehlenden Bestandteile. Das kann die Breite einer Straße sein, die Dimension des Straßengrabens und die Dimension der Böschungen oder auch die Breite einer Dammkrone eines Hochwasserschutzdammes und deren Böschungen. Es kann aber auch die Flusssohle eines Baches und dessen Ausbildung sein, bis hin zur Uferböschung eventuell auch mit Bermen oder Vorland.

Der Querschnitt wird innerhalb der Zeichnung definiert. Für den Straßenbau bietet Civil 3D bereits vorbereitete Querschnitte in der Werkzeugpalette an. Bei Software-Präsentationen werden diese Querschnitte einfach wie folgt in die Zeichnung per „drag&drop“ importiert.

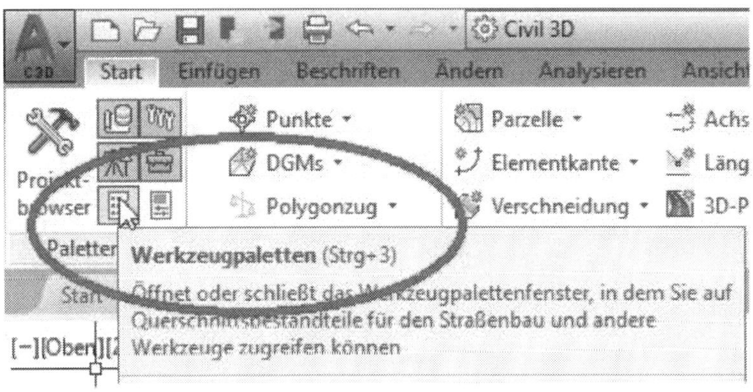

Die Beschreibung konzentriert sich auf „Civil 3D Metrische Querschnittsbestandteile“. In diesem Bereich der Werkzeug-Palette wird der Bereich „Querschnitte Metrisch“ geöffnet.

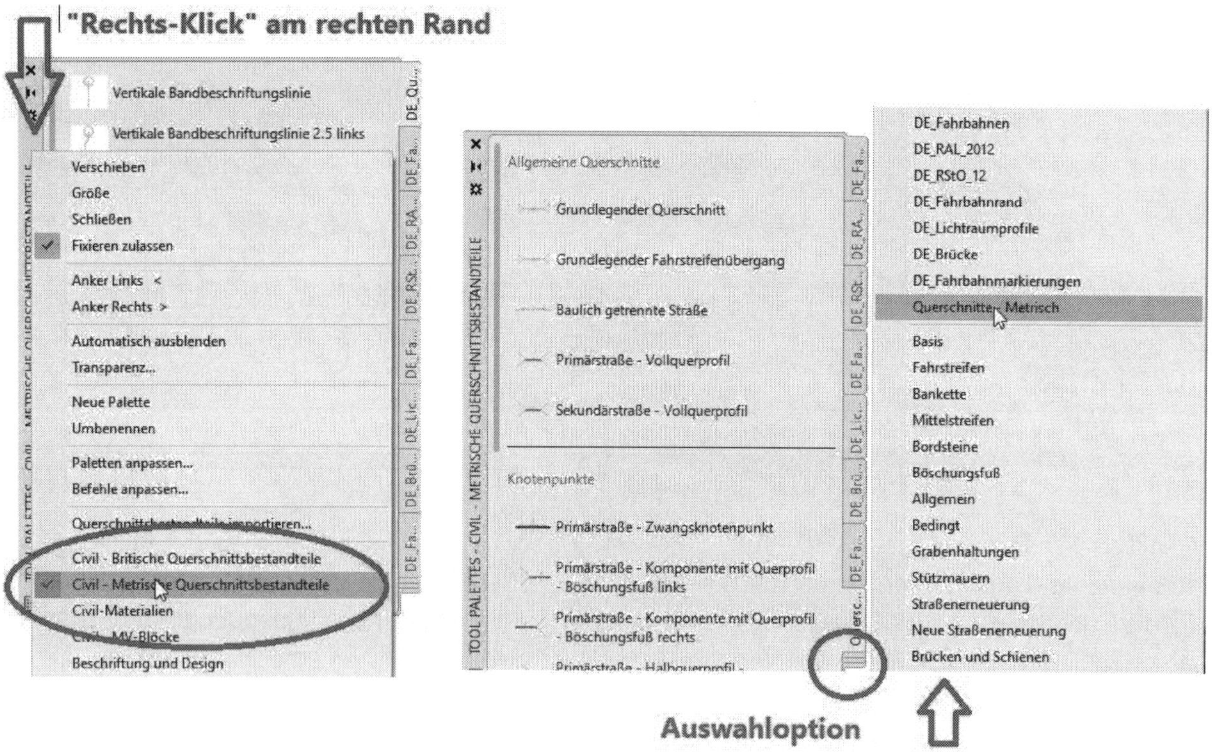

Aus dieser Palette wird der Querschnitt „Grundlegender Querschnitt“ ausgewählt, mit der linken Maustaste „angefasst“ und in die Zeichnung, links neben den Höhenplan hineingezogen. Die Position links neben den Höhenplan wird empfohlen, weil der Querschnitt sehr klein ist und ohne eine bewusst ausgewählte Position eventuell nicht mehr gefunden wird.

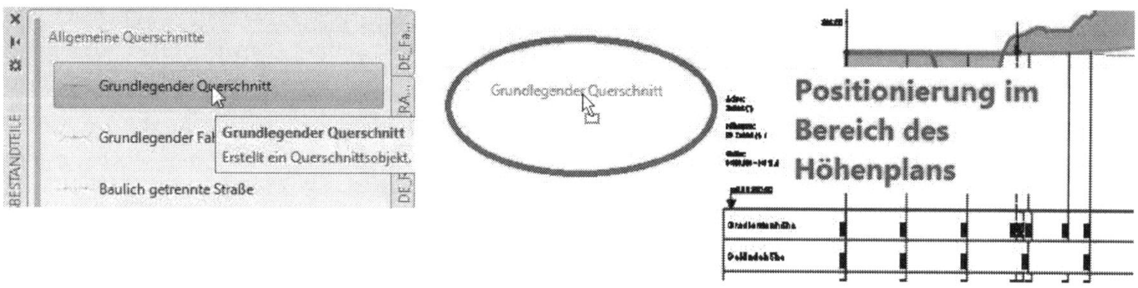

Um dem Querschnitt zu betrachten. sollte im Modellbereich der Maßstab geändert werden. Im Bild wird 1:200 gewählt.

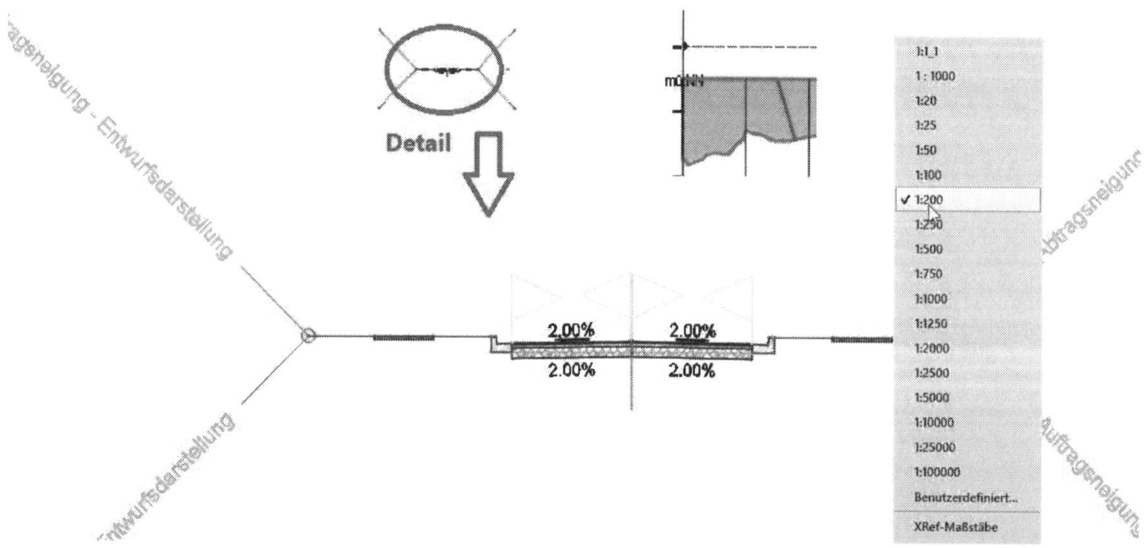

Hinweis:

Während alle Lageplan- und Höhenplan-Beschriftungen eher für 1:1000 oder 1:500 programmiert sind, ist die Beschriftungen der Querschnitte und die Beschriftungen der später erstellten Querprofilpläne eher für den Maßstab 1:100 gedacht. Der Neueinsteiger muss es erlernen, auch im Modellbereich den Maßstab öfter, eventuell je nach Objekt zu wechseln.

Der Import des Querschnittes wäre ausreichend, um einen 3D-Profilkörper zu erstellen. Bedauerlicherweise können diese vorbereiteten Querschnitte nicht allen Anforderungen, die Ing.-Büros zu bearbeiten haben, abdecken.

Das Buch stellt sich eher die Aufgabe diese Querschnitte und Eigenschaften einiger weniger Querschnittsbestandteile näher zu erläutern, um zu zeigen, dass sehr vielfältige Problemstellungen bearbeitet werden können. Die Möglichkeiten, die dieses System bietet, sind nahezu unbegrenzt und sollten unbedingt auch in seiner Komplexität verstanden sein. Aus diesem Grund wird nachfolgend zur Demonstration, ein eigener Querschnitt erstellt und es werden wichtige Funktionen beschrieben.

6.7.1 Querschnitt erstellen

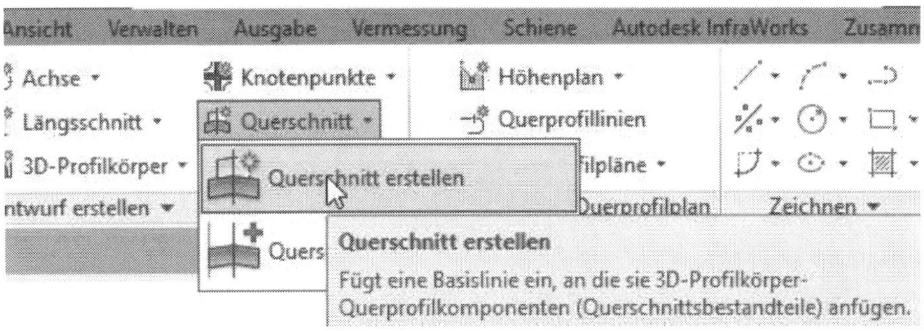

Die Funktion beginnt mit „Querschnitt erstellen". Es folgt die Objekt-Definition. Zuerst wird ein Objekt-Namen vergeben. Es wird der Name „RQ 6m" vorgeschlagen, weil die Straße zwei Fahrbahnen haben soll, mit jeweils 3m Fahrbahnbreite. Für die Querschnitte ist die Auswahl mehrerer Querschnitts-Typen möglich. Dem Neueinsteiger ist unbedingt zu raten, den Typ „Sonstiges" beizubehalten. Alle weiteren Querschnitts-Typen werden nicht erläutert.

Die Auswahl des Querschnitt-Stils bleibt auf „Querschnitt" eingestellt. Diese Auswahl ist technisch unbedeutend. Der Querschnitt wird mit dieser Auswahl als „roter Strich mit Kreis" dargestellt sein. Dieser Strich mit Kreis wird nur am Querschnitt zu sehen sein. Am 3D-Profilkörper selbst und am späteren Querprofilplan ist er ausgeblendet.

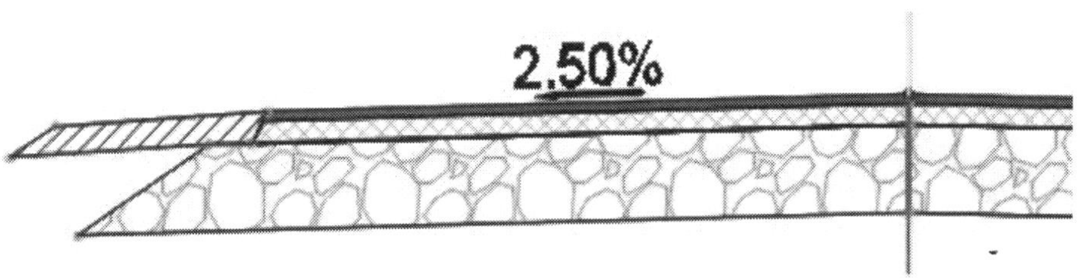

Die absolut wichtigste Einstellung oder Auswahl ist der „Codes-Stil-Satz". Die hier getroffene Auswahl entscheidet über die Darstellung der Querschnittselemente (Linien-Farbe und Schraffur der Querschnittsfläche), die Beschriftung (eventuell Querneigung), die Übergabe der Querschnitts-Flächen an die Mengenberechnung und an die Berechnung der Absteck-Punkte.

Die optionale Auswahl an Code-Stil-Sätzen ist so groß, so dass eine Darstellung in Bildern als Bestandteil dieses Buches unmöglich ist. Im folgenden Bild ist nur ein kleiner Ausschnitt (rechts) zu sehen. Für den neuen Querschnitt wird der Code-Stil-Satz „RStO12 – Tafel 1-Zeile 3-Entwurfsquerschnitt [2016] gewählt.

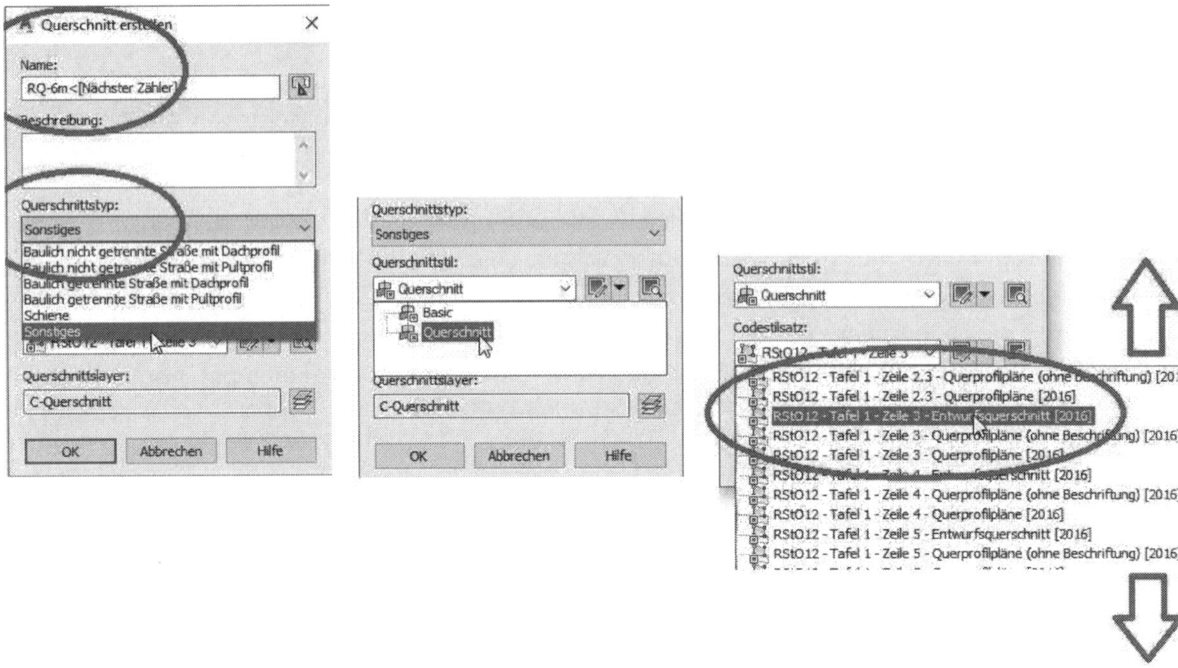

Der neue Querschnitt ist eingefügt und zeigt sich als kleiner „rote Strich" vor dem Höhenplan.

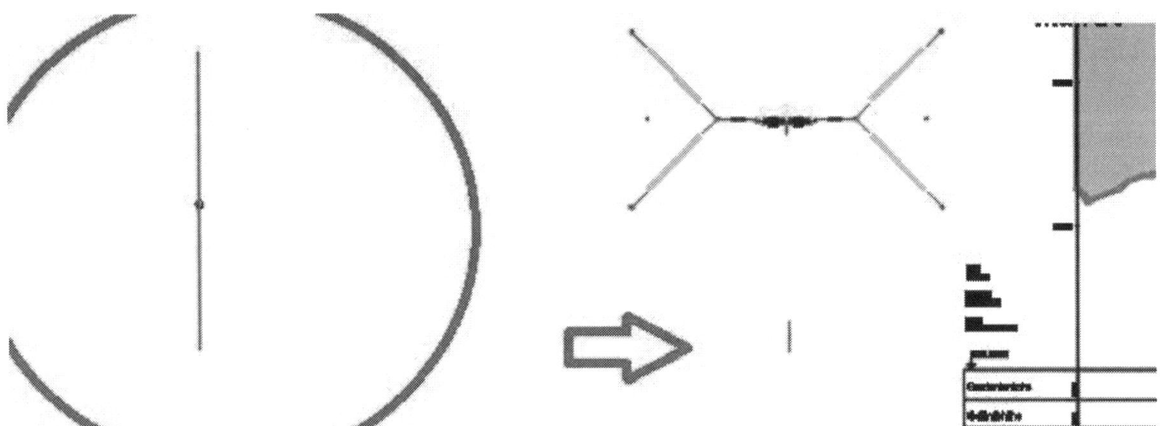

Nachfolgend wird der „Code-Stil-Satz" erläutert, bevor der eingefügte Querschnitt durch Querschnittsbestandteile (6.7.3) vervollständigt wird.

6.7.2 Code-Stil-Satz, Eigenschaften

Ein Projekt „langgestreckte Baukörper" (Straße, Damm, Bach) braucht eventuell bis zu drei Code-Stil-Sätze. Das Buch wird vorranging folgende drei Code-Stil-Sätze verwenden (Bild). Der erste Code-Stil-Satz wird dem Entwurfs-Querschnitt zugeordnet. Den zweiten Code-Stil-Satz werden wir am 3D-Profilkörper wiederfinden und der dritte Code-Stil-Satz wird alternativ bei den Querprofilplänen aufgerufen.

- Grundlegender Querschnitt, „Entwurf" (RStO-Tafel1-Zeile3-Entwurfsquerschnitt [2016])
- 3D-Profilköruper (Darstellung Lageplan)

- Querprofilpläne, eventuell abweichende Darstellungsoption für Querprofile (RStO-Tafel1-Zeile3-Querprofilpläne [2016])

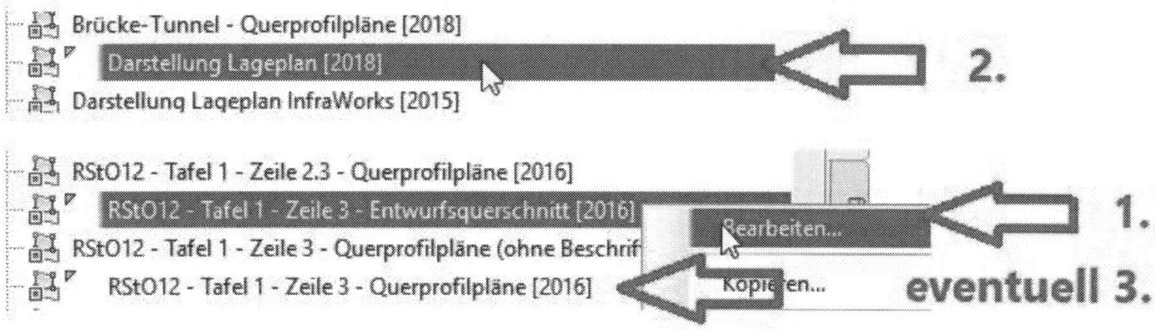

Hinweis:

Code-Stil-Sätze können, wie alle anderen Stile auch, am Objekt ausgetauscht werden. Dieser Austausch ändert lediglich die Darstellungs oder Beschriftungs-Eigenschaften, nicht das Objekt selbst.

Was ist das Besondere am Code-Stil-Satz?

Die Namensgebung bei den Code-Stil-Sätzen „RStO-Tafel1-Zeile1-...“ bis „RStO-Tafel6-Zeile2-...“ vermittelt uns, es handelt sich hier vorrangig um Belastungsklassen im Straßenbau. Wasserbau-Querschnitte oder ganz neutrale Querschnitte wären eventuell nicht umsetzbar? Diese Einschätzung ist nicht richtig.

Richtig ist, die Querschnitte sind von Civil 3D in erster Linie für den Straßenbau voreingestellt und mit Eigenschaften verknüpft, die dem Straßenbau und hier den aktuellen Belastungsklassen entsprechen. In Wahrheit handelt es sich bei den Code-Stil-Sätzen um eine freie Eigenschaften-Zuordnung.

Ein Querschnitts-Bestandteil besteht aus Zeichnungs-Elementen. Zeichnungs-Elementen das sind „Linien“, die auch eine Fläche umschließenden können und „Punkte“, die als Bestandteil des Querschnittes automatisch auf die Endpunkte oder Ecken (Gripps) gesetzt werden. Die eventuell das Querschnittselement umschließende Fläche, kann als drittes eine Schraffur haben. Civil 3D, oder optional auch der Benutzer, kann diesen drei Bestandteilen (Linien, Punkte und Flächen) Namen geben (Civil 3D: „Codes“). Der Code-Stil-Satz (Namen-Eigenschaften-Definition) ordnet dann diesen Linien , Punkt- und Flächen-Namen (Codes) Eigenschaften zu (Darstellungs- oder Beschriftungs-Stile). Das können Linien-Farben, Neigungsbeschriftungen und Flächen-Schraffuren sein. Beispielhaft wird das an folgendem einfachen Querschnittsbestandteil gezeigt „Allgemeiner Fahrstreifen Aufbau“, ohne das Bestandteil näher zu erläutern. Gleichzeitig wird dem Querschnitt ein neuer, komplett leerer Codes-Stil-Satz zugewiesen.

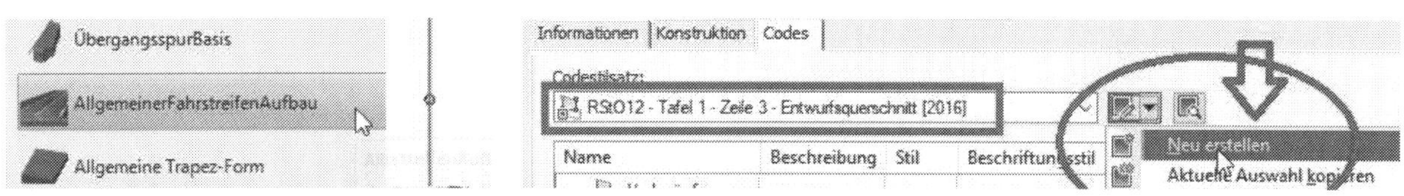

Zum Einfügen des Querschnittbestandteils öffnet Civil 3D die Eigenschaften-Palette. Wir sehen die technischen Eigenschaften und die optional zu vergebenden Codes.

- Verknüpfungscodes – Linien-Name
- Punktcodes – Punkt-Name
- Profilartcodes – Flächen-Name

Voreingestellt ist der Wert „None" (Nichts) in allen Feldern in denen Codes eingetragen werden können. Werden keine (neuen) Namen vergeben, so ist das Element komplett schwarz (Civil 3D Voreinstellung) und hat keine Beschriftung.

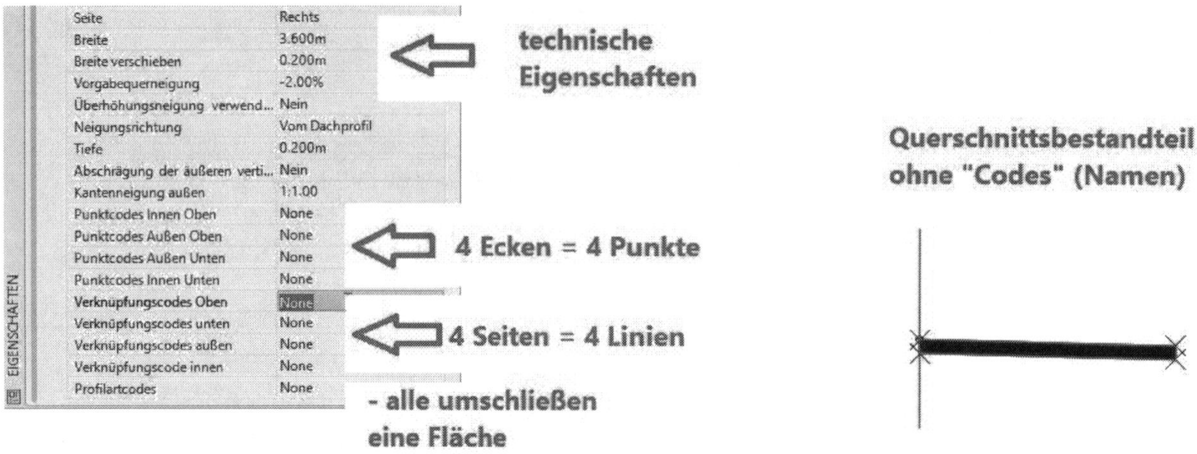

Optional wird in der Zeile „Profilartcodes" (Flächen-Name) ein Begriff eingetragen. Wir nehmen „Schotter". Diesem Begriff wird im Code-Stil-Satz eine Eigenschaft zugewiesen. Wir nehmen die Schraffur-Eigenschaft einer „Frostschutzschicht" (QP-Frostschutzschicht).

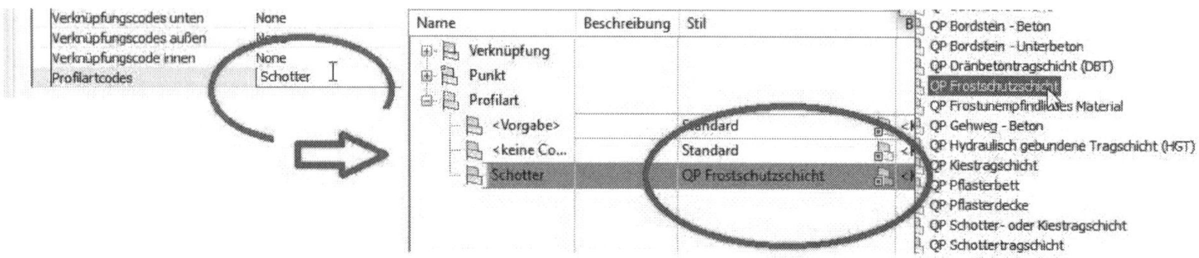

Das Querschnittsbestandteil zeigt eine Schraffur.

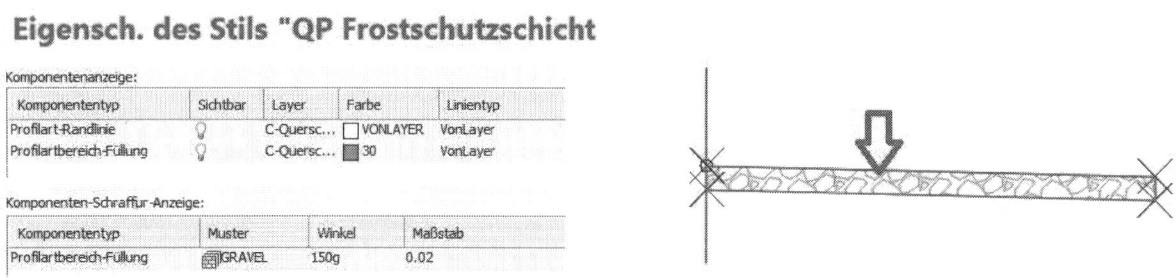

Hinweis:

Die Schraffur-Eigenschaften, die diesem Stil hinterlegt sind, sind AutoCAD Schraffuren, die alle auch frei änderbar oder zuordenbar sind. Die Schraffuren basieren auf der im AutoCAD geladenen *.pat Datei.

Ein ähnliches Vorgehen ist genauso für die Punkte und Linien möglich. Mit der Vergabe eines Verknüpfungs-Codes (Linien-Namen) und der Zuordnung des Beschriftungs-Stils erscheint eine Beschriftung in „Prozent". Am Punkt wird der Darstellungsstil von „Standard" auf „Querschnittspunkt" gewechselt. Die Darstellung wechselt von „Kreuz" auf Kreis (orange).

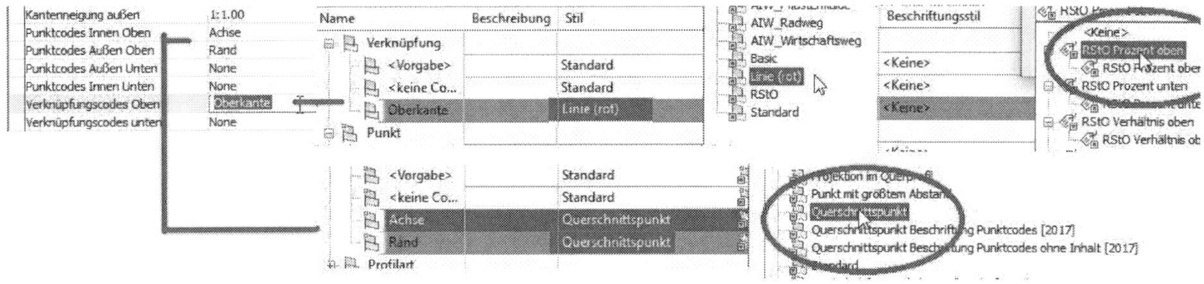

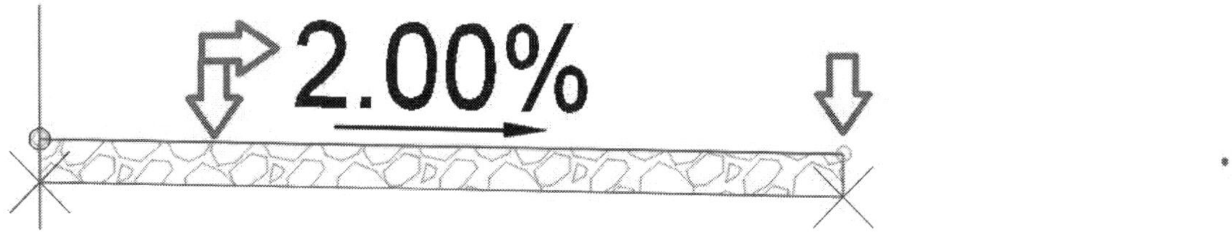

Warum sind alle diese Eigenschaften nicht fest eingestellt? Warum ist diese Vielfalt von Einstellungen möglich oder vorgesehen? Im Nächsten Abschnitt „3D-Profilkörper" wird aus der „Achse" der „Gradiente" und dem in diesem Abschnitt erstellten „Querschnitt" ein „3D-Objekt" zusammengestellt, der 3D-Profilkörper.

Ein Hauptbestandteil dieses 3D-Profilkörpers ist wiederum ein Code-Stil-Satz. Der 3D-Profilkörper wird zuerst von „Oben" zu sehen sein.

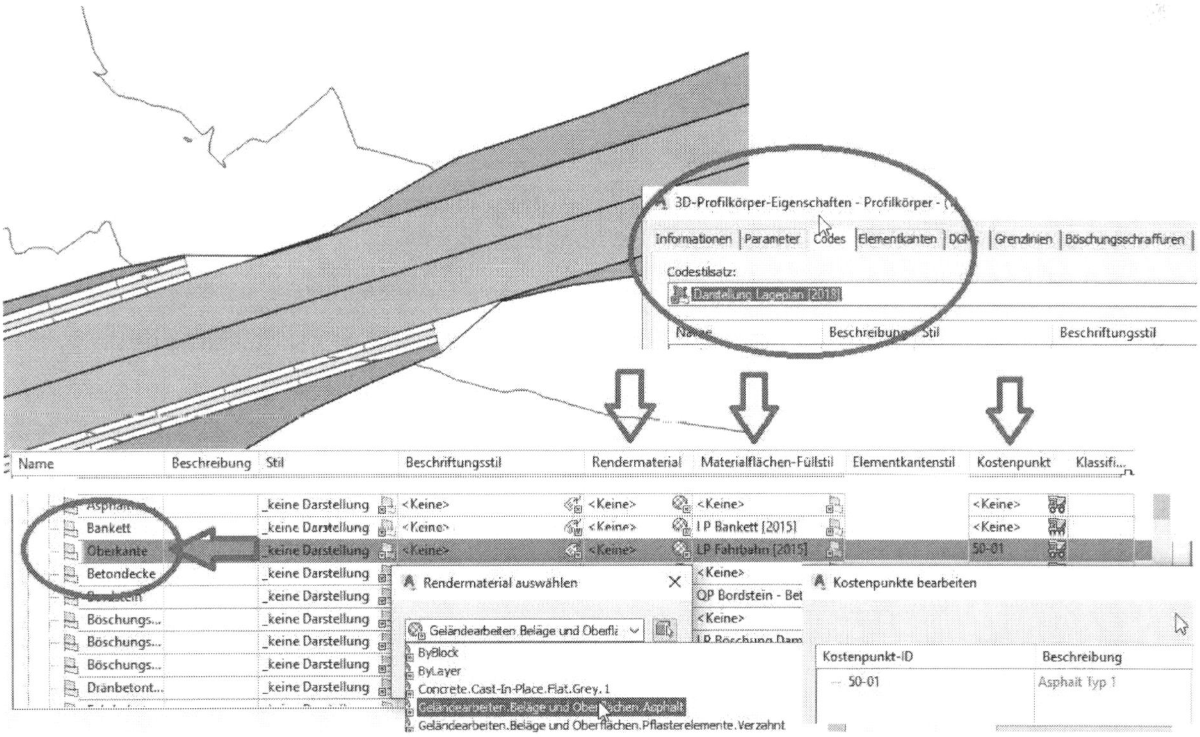

Von „Oben" sind alle „Schraffur-Eigenschaften" der einzelnen Schichten eher uninteressant. Von „Oben" sollte die Fahrbahn wie eine Fahrbahn zu sehen sein (grau) und alle weiteren Konstruktionselemente Auf- und Abtrag symbolisieren (Damm und Einschnitt).

Diese Umstellung der Darstellungs-Eigenschaften für die aus dem Querschnitt übernommenen Codes (Namen) macht der Code-Stil-Satz des 3D-Profilkörpers (hier „Darstellung Lageplan")! Den gleichen Begriffen, denen im „Querschnitt" eine sinnvolle Schraffur, Linienfarbe und Beschriftungseigenschaft zugeordnet ist, wird im Lageplan eine andere Eigenschaft zugeordnet. Es wird eine Eigenschaft zugeordnet, die für den Lageplan und alle weitere, die Planung des Objektes betreffende Sachverhalte, normgerecht oder einfach nur anschaulich ist.

Diese Eigenschaften können von einer einfachen Schraffur Farbe (von Oben), Böschungsschraffur, Rendermaterial bis zur Flächenbestimmung in m² (Kostenpunkt) reichen. Die technischen Anforderungen für den Lageplan sind durchaus andere als für den Querschnitt!

Die „Kostenpunkt-Auswertung“ kann auch als Mengenbestimmung hier Flächenberechnung benutzt werden.

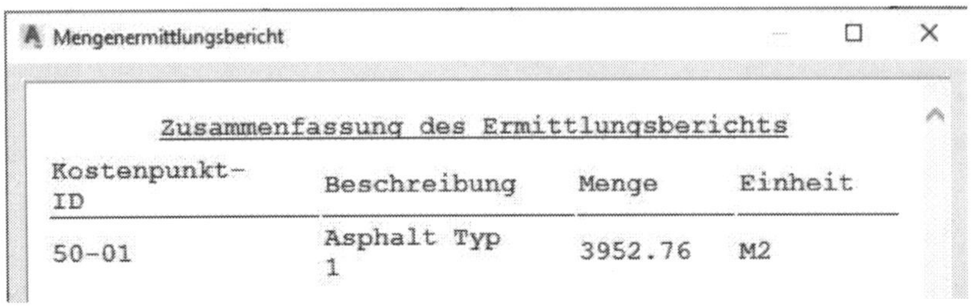

Das Objekt selbst (der 3D-Profilkörper) bleibt trotzdem immer dynamisch mit seinen Hauptbestandteilen (Achse, Gradiente, Querschnitt) verbunden.

Wichtig zu verstehen ist, die Civil 3D-Querschnitte haben Namen (Codes). Es gibt Linien-(Verknüpfungs-), Punkt- (Punkt-) und Profilart-Codes (Schraffur- oder Flächen-Namen). Wenn diese Codes richtig und projektbezogen bereitgestellt sind, können alle Funktionen des 3D-Profilkörpers ausgeführt werden. Fehlen Codes, so setzen Funktionen aus.

Diesen Codes ordnet der Code-Stil-Satz Eigenschaften zu. Diese Eigenschaften sind in der „... Deutschland.dwt“ stark auf den Straßenbau orientiert. Diese Eigenschaften und damit die Code-Stil-Sätze lassen sich jedoch auf jede fachliche Besonderheit oder Anforderung ändern und anpassen. Es sind alle technischen Anforderungen, die unter den Begriff „langgestreckte Baukörper fallen (Straßen, Hochwasserschutzdamm, Rohrgraben, Flusslauf oder offener Kanal) umsetzbar.

Nachfolgend wird der Querschnitt (roter Stich mit Kreis) mit Querschnittsbestandteilen bestückt.

6.7.3 Querschnittsbestandteile

Die Zuordnung der Querschnittsbestandteile am Querschnitt erfolgt auf der Basis des zugeordneten Code-Stil-Satzes. In unserem Fall ist es der „RStO12 Tafel1-Zeile 3 Entwurfsquerschnitt“. Die hier bereits festgelegten Eigenschaften sind unbedingt wahrzunehmen. Auf dieser Basis sind die Entscheidungen für die Querschnittselemente zu treffen.

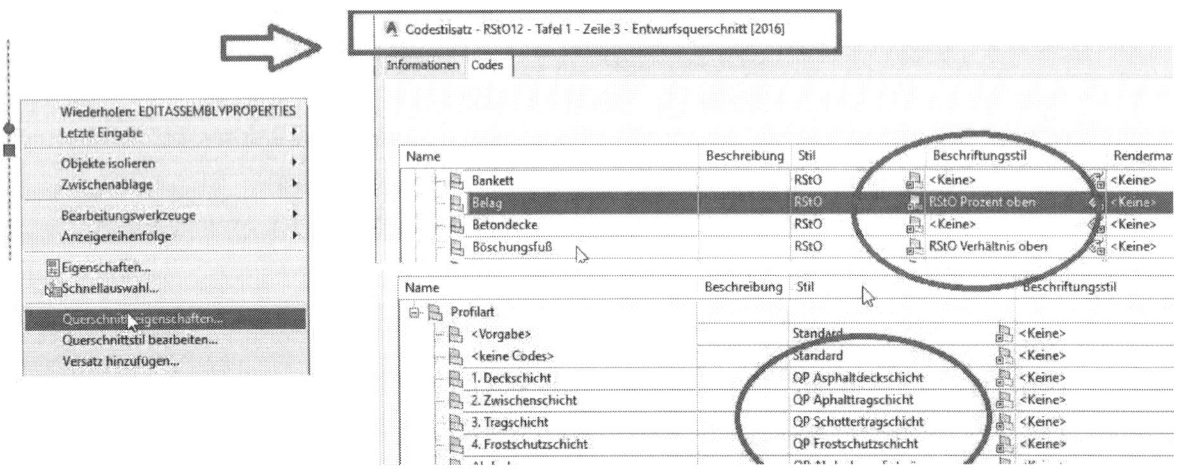

Es werden Querschnittselemente ausgewählt, die folgende technischen Parameter umsetzen können.

- drei Material-Schichten (Aufbau, eventuell BK 0,3), Gesamtstärke 54 cm
- ein Bordstein 15x30 (Fahrbahn rechts),
- ohne Bord (Fahrbahn links) Frostschutz „vorgezogen“
- Böschungselement mit - oder ohne Straßengraben (abhängig vom DGM)

Das erstes Querschnittselement wird von der Palette „Fahrstreifen“ gewählt. Es ist das Element „FahrspurÜberhöhungAußenoderInnen“. Zuerst wird auf das Element mit der „rechten Maustaste“ geklickt und die Hilfe aufgerufen. Die Hilfe bringt Informationen zu folgenden drei wichtigen Aspekten.

1. Skizze: Die Skizze zeigt die Eigenschaften des Elementes. Die Skizze, eine seitliche Abstufung der Schichten ist nicht möglich. Das Element hat außen einen senkrechen Abschluss. Es kann nur mit einem Bordstein verwendet werden oder an ein Bauwerk anschließen.

2. Anschluss: In der Mitte der Hilfe werden optionale „Anschluss“-Möglichkeiten beschrieben. Sind Busbuchten, Ausweichstellen oder Abbiegespuren als Bestandteil der Straße (Zufahrt) zu berücksichtigen, so sollten solche Anschlüsse möglich sein. Ein Anschluss überschreibt den vorgegebenen festen Wert, zum Beispiel die Fahrbahn-Breite.

3. Codierung: Es gibt fest codierte Querschnittselemente und es gibt frei zu codierende Querschnittselemente. Es ist unbedingt zu prüfen, welche Codes eingetragen sind und ob daraus abgeleitet das Querschnittselement zum bereits aufgerufenen Code-Stil-Satz passt!

- Optional ist auch ein Code-Import möglich (Namen-Import in den Code-Stil-Satz). Diese Variante ist nicht Bestandteil der Beschreibung.

Erstes Fahrbahnelement, Rechts

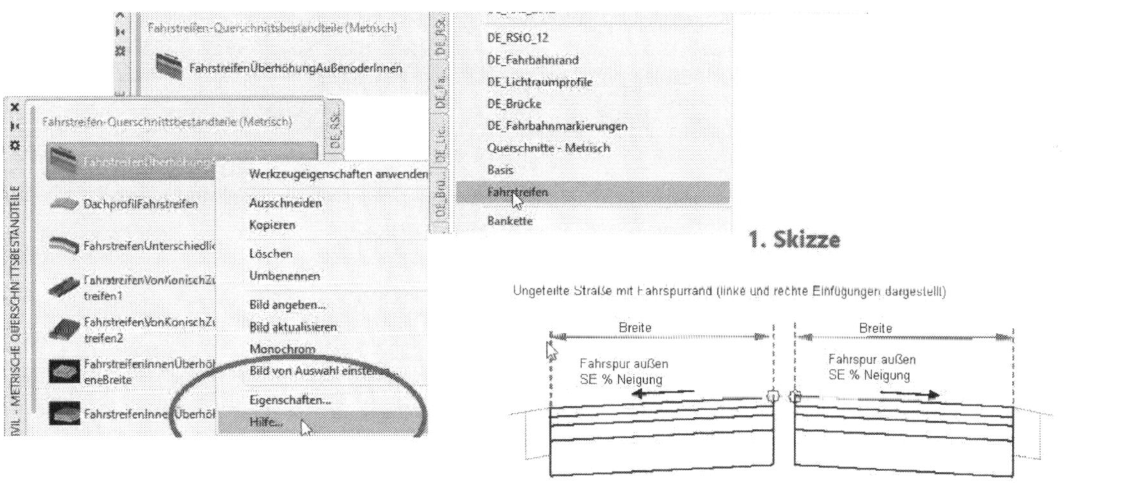

Parameter	Beschreibung	Status
Fahrspurbreite	Kann verwendet werden, um den festen Wert für Fahrspur Breite zu überschreiben und die Fahrspurkante an eine Achsparallele zu binden Folgende Objekttypen können beim Festlegen der Breite als Ziele verwendet werden: Achsen, Polylinien, Elementkanten oder Vermessungslinienzüge.	Optional

3. Codierung (Namen)

Punkt, Verknüpfung oder Profil	Code	Beschreibung
P1	Fahrspurrand_Innen	Dachprofilpunkt auf Deckschicht (optional)
P2	Fahrspurrand_Außen	Innenkante der Fahrspur auf Deckschicht
L1	Planung, Belag	Deckschichtoberfläche
L2	Deckschicht	Deckschicht-DGM
L3	Zwischenschicht	Zwischenschicht-DGM
L4	Tragschicht	Urgelände
L5	Untere Tragschicht Planum	DGM von unterer Tragschicht

Code-Diagramm

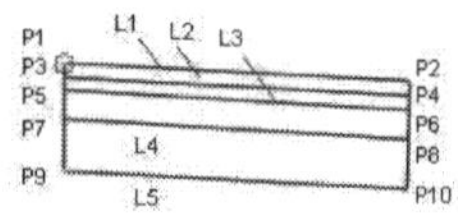

Hinweis:

In einigen Civil 3D-Versionen ist die Hilfe bedauerlicherweise unvollständig übersetzt. Im Bild (oben) ist ein Ausschnitt aus der Hilfe der Version 2017 dargestellt.

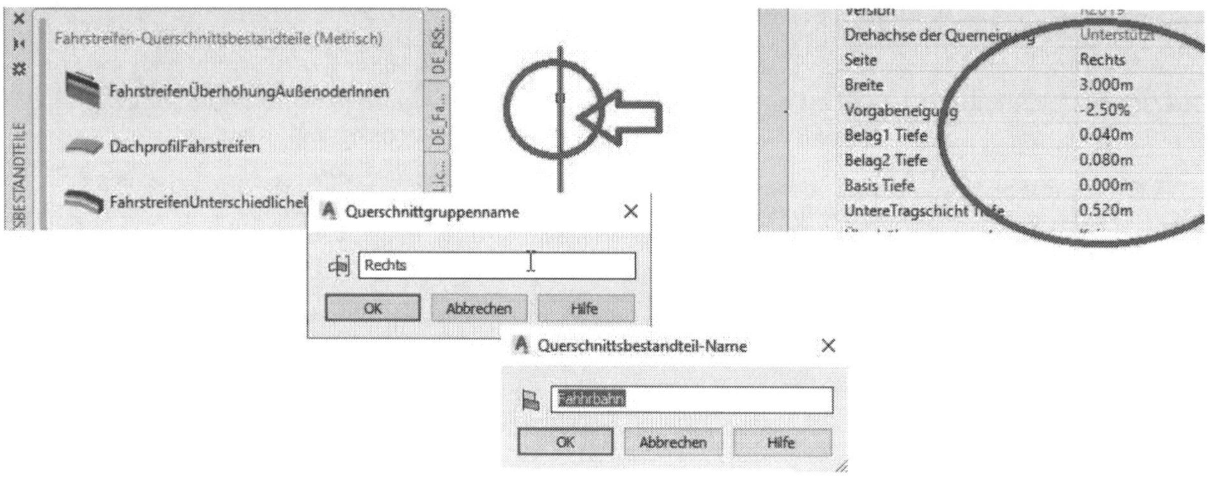

Das Element wird mit der linken Maustaste angeklickt. Es sind die technischen Parameter in der Eigenschaften-Palette eingetragen. Die Eigenschaften werden hinsichtlich der Vorgabe geändert und der „rote Strich" angepickt (Querschnitt).

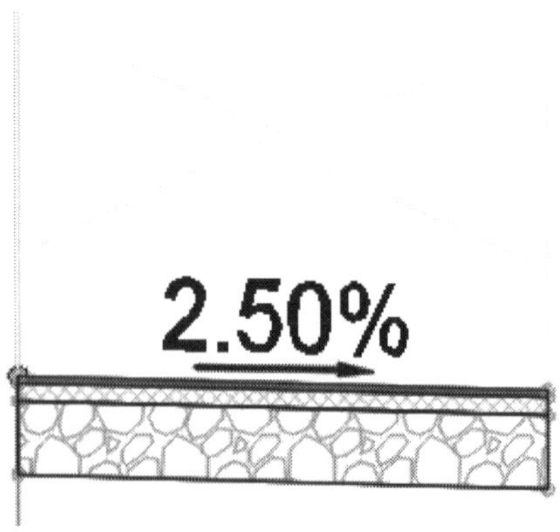

Es wird vorgeschlagen in dieser Reihenfolge alle Querschnittselemente zuerst in der Hilfe zu prüfen (1. Skizze, wenn erforderlich 2. Anschlussoptionen und 3. Codierung).

Das zweite Querschnittselement wird von der Palette DE_RStO_12 geladen. Die hier bereitgestellten Querschnitte sind nach den in der RStO 12 definierten Bauklassen entwickelt. Hier gibt es optional eine äußere- und eine innere Abschrägung und es ist eine versetzte Frostschutzschicht möglich. Die Codierung liegt passend zum Code-Stil-Satz vor.

Zweites Fahrbahnelement, Links

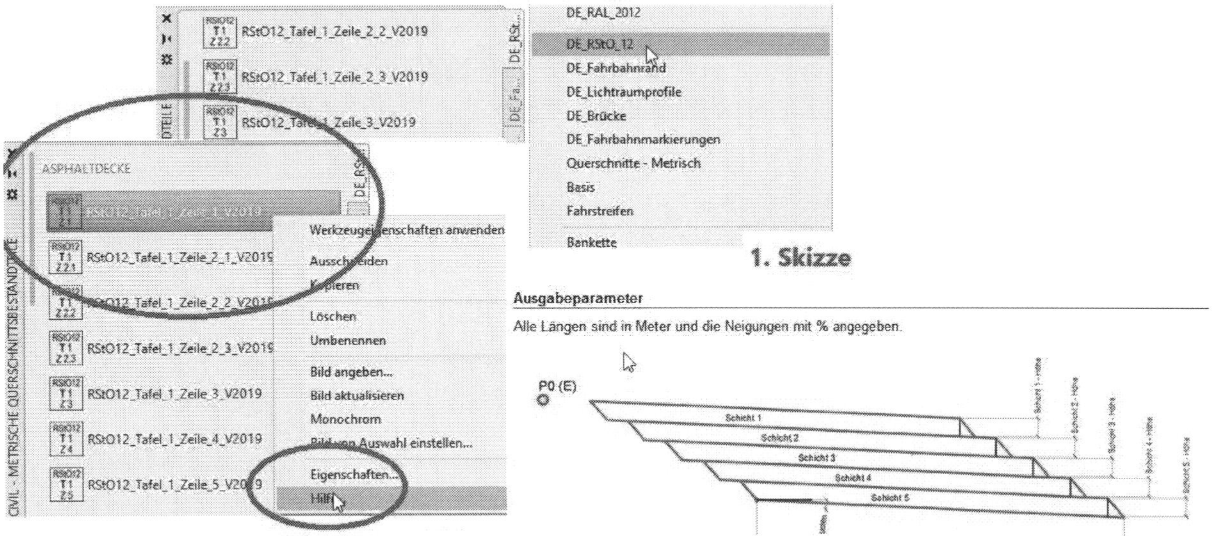

2. Anschluss

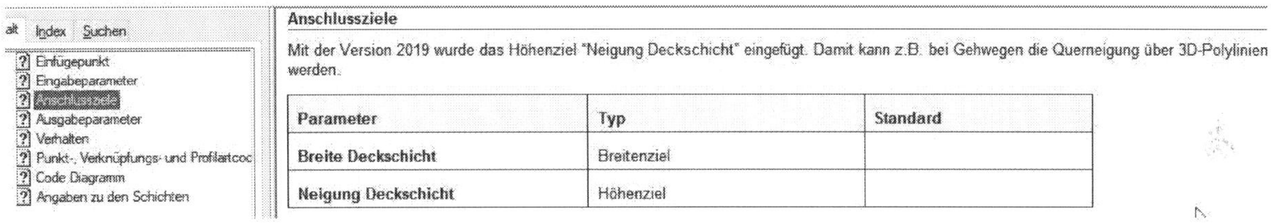

3. Codierung (Namen)

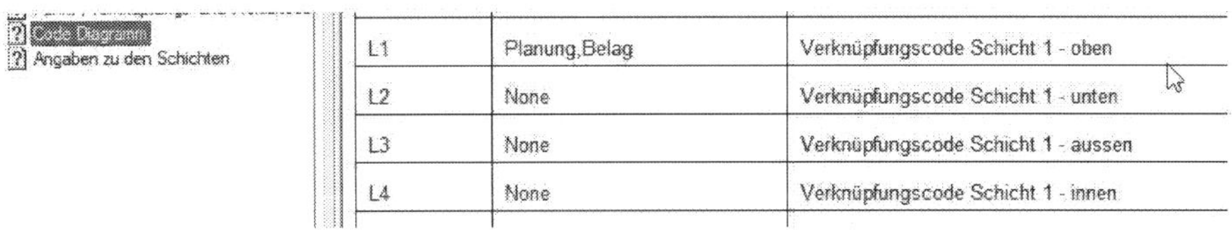

Das zweite Element ist auf der linken Seite eingefügt. Unabhängig vom Element und vom Einfüge-Zeitpunkt können alle Elemente nachträglich bearbeitet oder geändert werden. Eine Bearbeitung ist auch möglich, wenn der 3D-Profilkörper bereits erstellt ist.

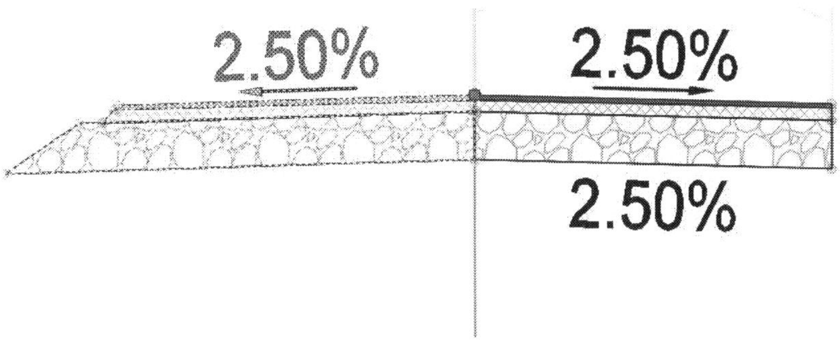

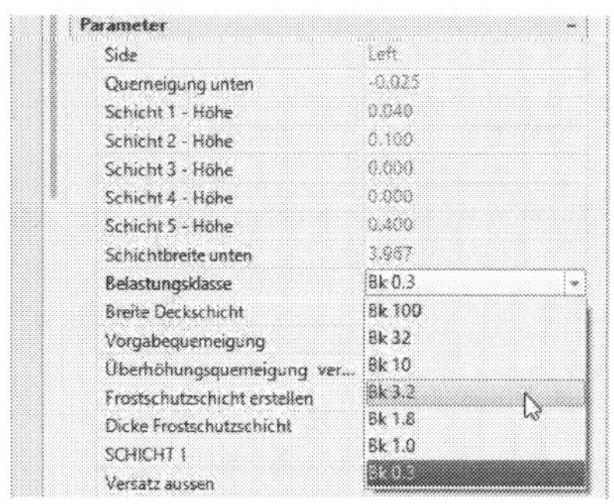

Zu beachten ist, dass als Bestandteil der Codierung an der 5. Schicht „unten“ der Begriff „Planum“ einzutragen ist. Der 3D-Profilkörper benötigt zu einem späteren Zeitpunkt diesen Begriff an dieser Stelle. Innerhalb des Buches wird auf diesen Code nochmals hingewiesen.

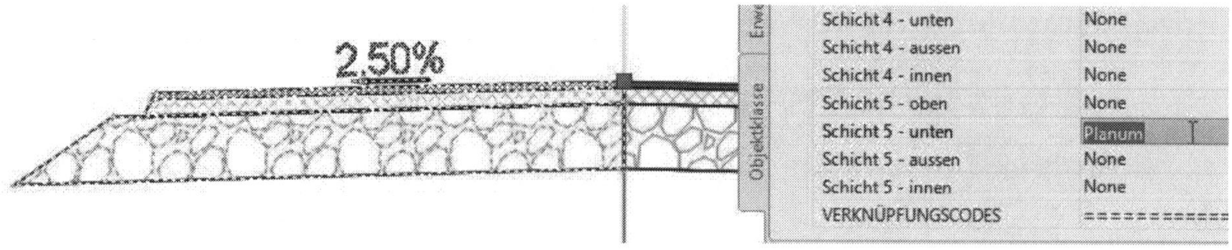

Der Bordstein, der auf der rechten Seite einzufügen ist, wird zuerst auch über die Hilfe ausgewählt (Skizze und Codierung). Bordsteine sind Bestandteil der Registerkarte „DE_Fahrbahnrand“.

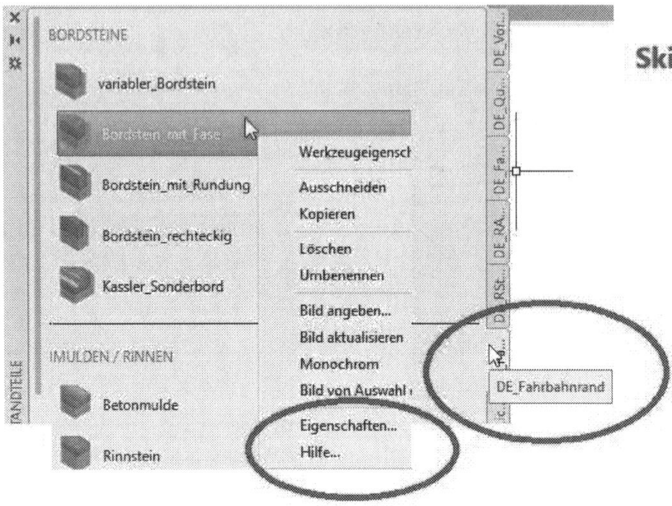

Skizze

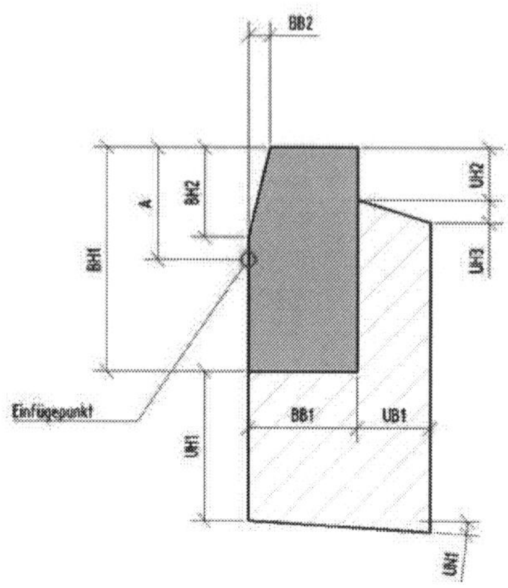

Codierung

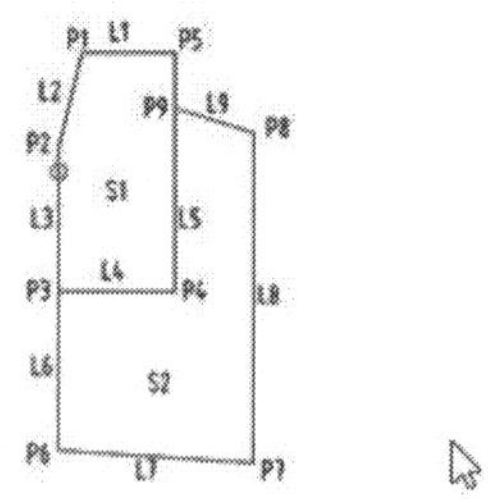

Kennzeichen Anzeige im Dialog	Beschreibung	Typ	Vorgabe
L1 Verknüpfungscode_Bord oben	Oberkante des Bordsteins	Verknüpfung	OK_Bordstein, Planung
L2 Verknüpfungscode _Fase am Bord	Fase des Bordsteins	Verknüpfung	OK_Bordstein, Planung
L3 Verknüpfungscode _Bord vorn	Vorderseite des Bordsteins	Verknüpfung	NONE
L4 Verknüpfungscode _Bord unten	Unterkante des Bordsteins	Verknüpfung	NONE
L5 Verknüpfungscode _Bord hinten	Rückseite des Bordsteins	Verknüpfung	NONE

Ist der richtige Bord ausgewählt, so wird dieser am rechten äußeren Punkt der Fahrbahn (Punktsymbol picken) gesetzt. In diesem Beispiel wird der Unterbeton nachträglich auf die Gesamtschichtstärke der Fahrbahn angepasst. Es stehen auch „Füllelemente“ zur Verfügung, um die Differenz im Aufbau eventuell mit Frostschutzmaterial zu füllen.

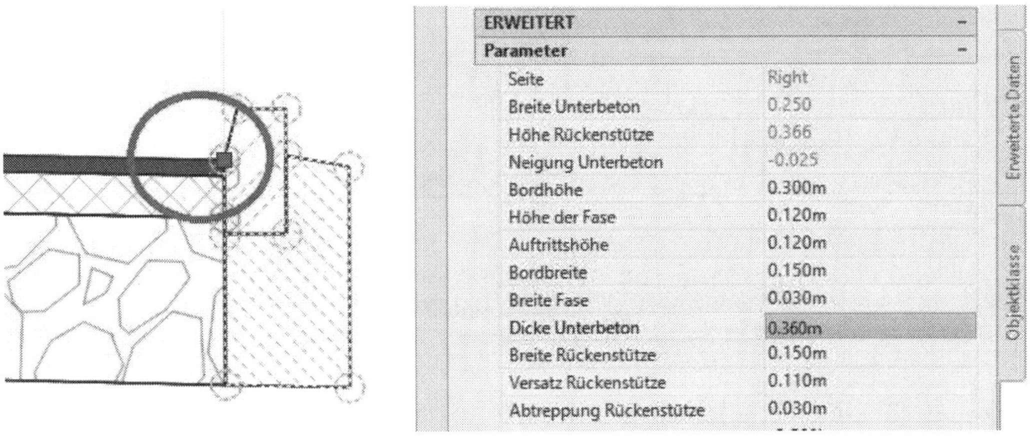

Zu beachten ist, dass als Bestandteil der Codierung In der Zeile „Verknüpfungscode_Unterbeton_unten“ der Begriff „Planum“ und in der Zeile „Punktcode_Bord_oben_innen“ der Begriff „Bordstein_Innen_Oben“ einzutragen ist. Die Beschreibung benötigt zu einem späteren Zeitpunkt diese Begriffe an dieser Position.

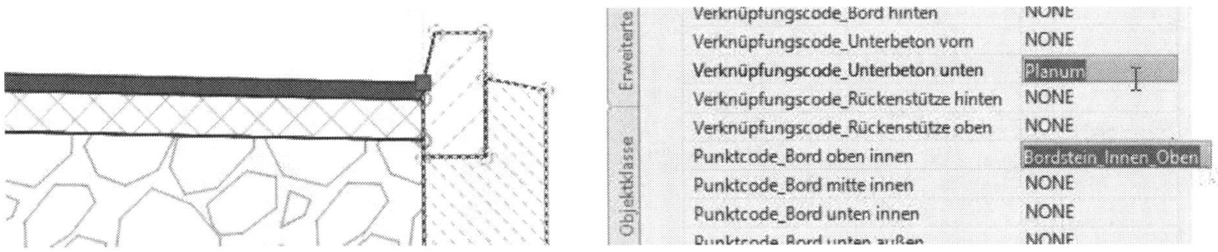

Auf der linken Seite wird ein Bankett benötigt, das klassisch den Zwischenraum zwischen Fahrbahn und Böschung schließt. Nur um eine weitere Option zu zeigen, wird hier kein Bankettelement der Werkzeugpalette benutzt. Solche Elemente stehen auch auf einer eigenen Palette zur Verfügung. In den folgenden Bildern wird das Zeichnen des Querschnittes als Polylinie und die deren Umwandlung in ein Querschnitts-Element gezeigt.

Aus diesem gezeichneten Querschnittselement werden sich weitere Besonderheiten entwickeln, die der Benutzer unbedingt beim Erstellen eigener Querschnitte berücksichtigen sollte.

- Es wird eine Polylinie gezeichnet, die eine Fläche umschließt.

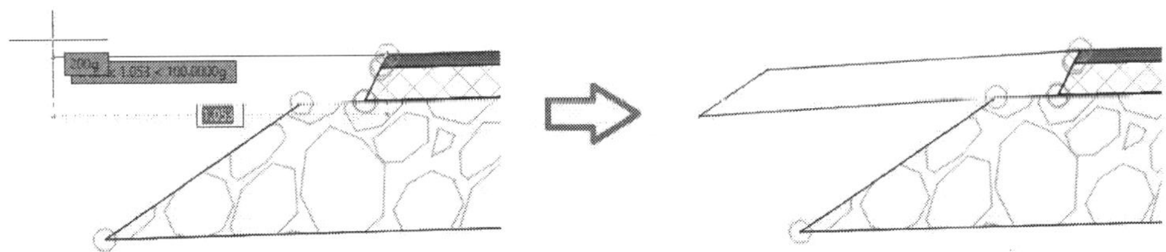

- Die gezeichnete Polylinie wird ein wenig verschoben (abgerückt). Alle Bestandteile (Linien-Segmente) sollte auswählbar sein. Die Polylinie wird in ein Querschnittselement umgewandelt.

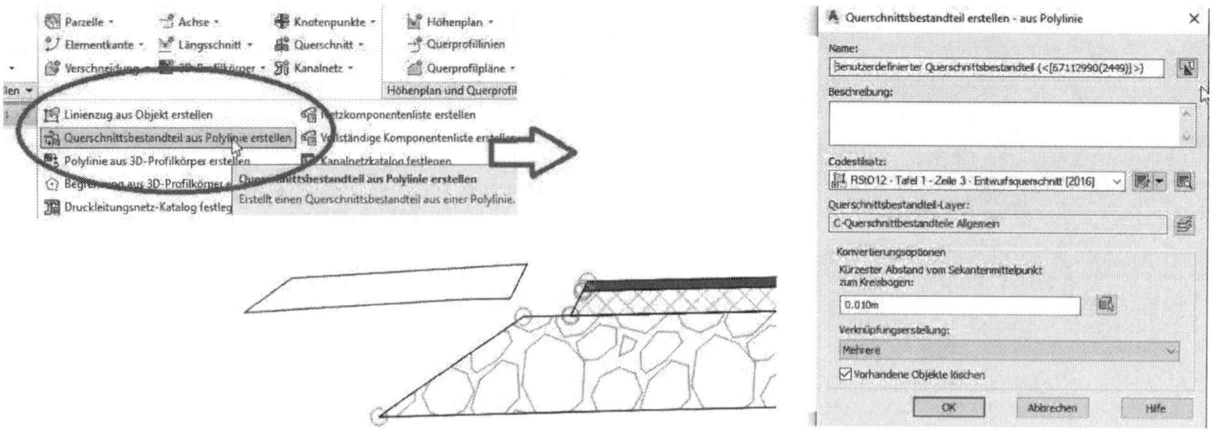

- Ist das Querschnitts-Element erstellt, bietet Civil 3D nach dem „Anklicken“ das Codieren der Linien-, Punkt- und Flächenbestandteile an. Anschließend ist es dem Querschnitt hinzuzufügen. Als Zuordnungs-Punkt wird die Asphaltschicht „links-oben“ gewählt.

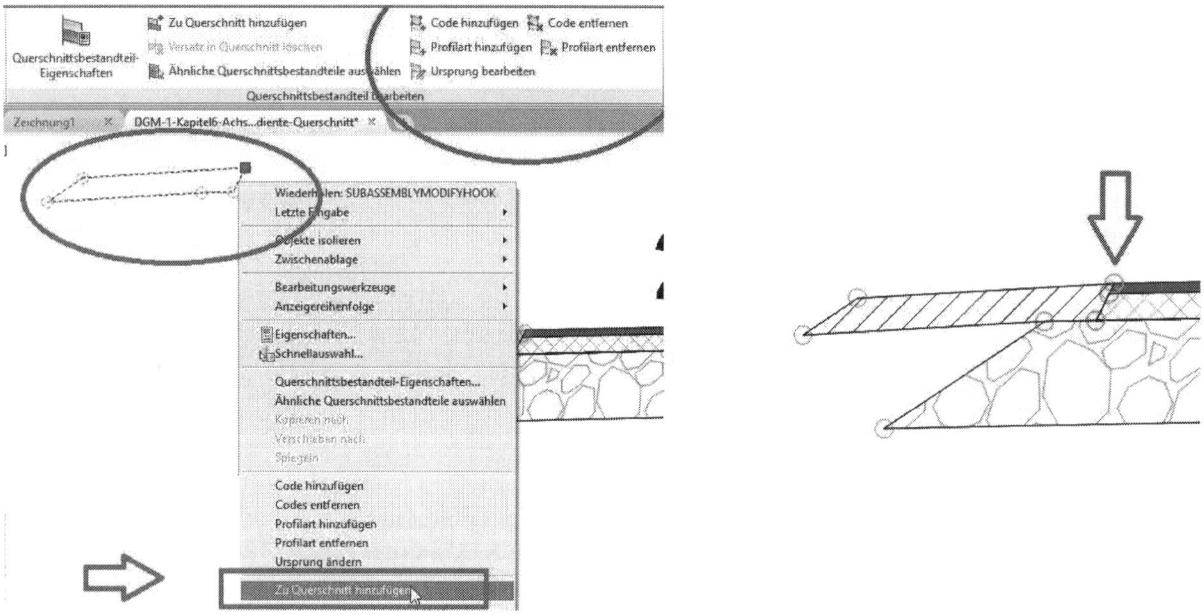

Dem Querschnitt werden abschließen Böschungselemente auf der rechten und linken Seite hinzugefügt. Das einfachste Element befindet sich in der Karte „Basis“ mit dem Namen „BöschungEinschnittGrabenBasis“. Das Element kann entsprechend seiner Lage, „über dem DGM“ (Auftragssituation) oder „unter dem DGM“ (Abtrags-Situation) über die anschließende Konstruktion entscheiden. Bei einer Auftragssituation wird nur eine Böschung in vorzugebender Neigung zum DGM gezeichnet. Im Fall Abtrags-Situation wird ein Straßengraben aus drei Linien-Bestandteilen -, mit einer anschließenden Böschung eingefügt.

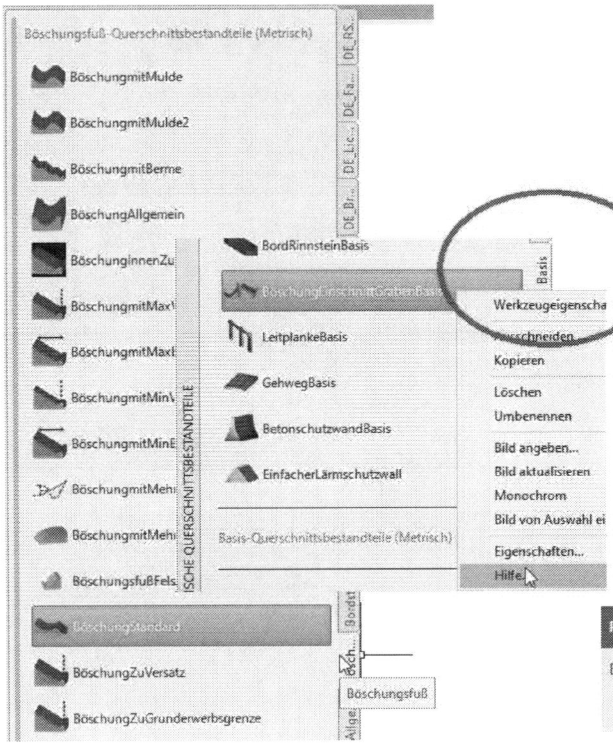

1. Skizze

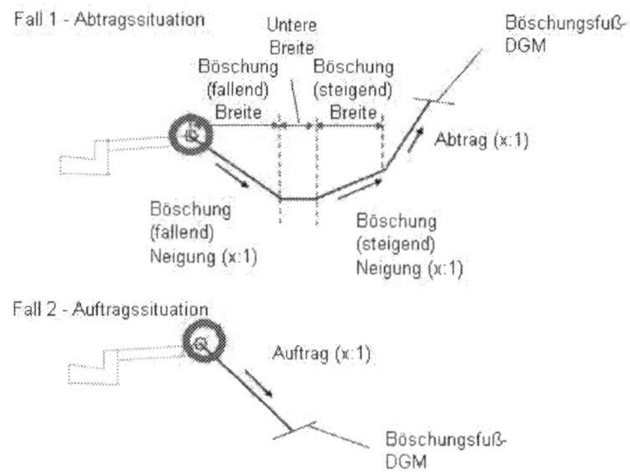

2. Anschluss

Parameter	Beschreibung
Böschungsfuß DGM	Name des DGMs für den Böschungsfuß. Folgende Objekttypen können beim Festlegen des DGMs als Ziele verwendet werden: DGMs.

Die Codierung des Elementes ist zu beachten. Diese passt zum verwendeten Code-Stil-Satz.

3. Codierung

Punkt, Verknüpfung oder Profil	Codes	Beschreibung
P1	Anschlusspunkt Anschlusspunkt_Auftrag	Nur bei Auftrag; Anschlusspunkt für Auftrags-Böschungsfußverknüpfung
P2	Graben_Innen Böschungsfuß Böschungsfuß_Damm	Nur bei Abtrag; Innenrand des Grabens Nur bei Auftrag; Böschungsfußpunkt
L1 - L4	Planung Planum	Unbefestigte Deckschicht
L1	Planung Planum Böschungsfuß Böschungsfuß_Damm	Böschungsfuß im Auftrag
L4	Planung Planum Böschungsfuß Böschungsfuß_Einschnitt	Böschungsfuß im Abtrag

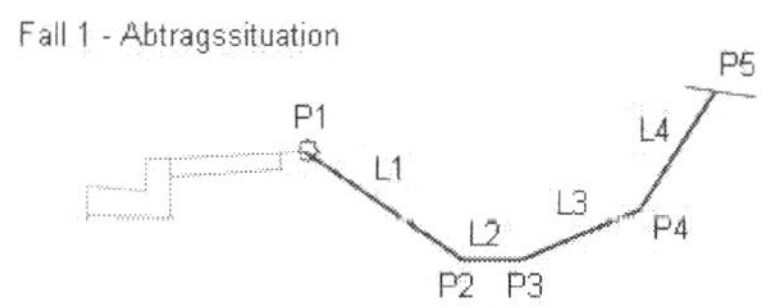

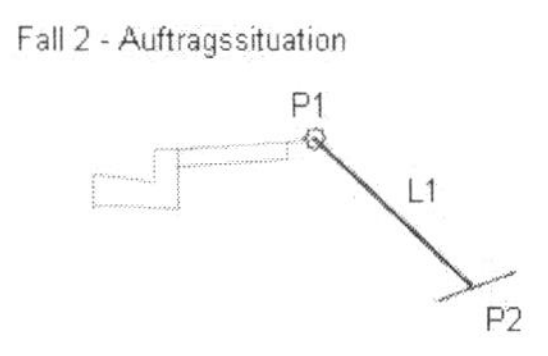

Die Parameter werden so eingegeben, dass die anschließende Auftrags- und Abtrags Böschung eine Neigung von 1:1.5 bekommt (ein klassischer deutscher Wert) und ein 1,5m breiter Straßengraben entsteht (Böschungs- und Grabenbreite 0,5m, Neigung 1:3).

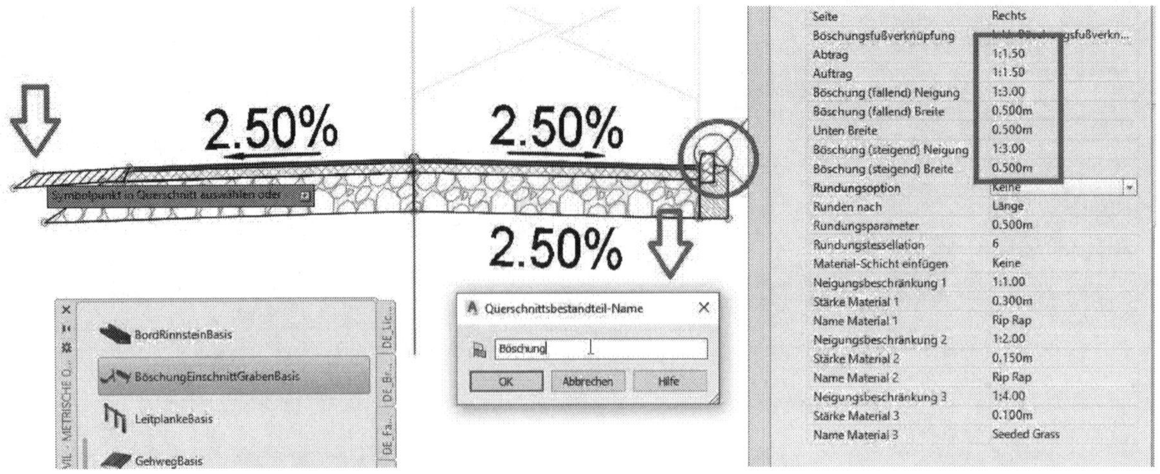

Der Querschnitt ist erstellt. Er zeigt rechts und links die Böschungselemente. Die Darstellung der Böschungselemente entspricht eher einer Symbolik. Anhand der Darstellung ist die Konstruktion nicht erkennbar.

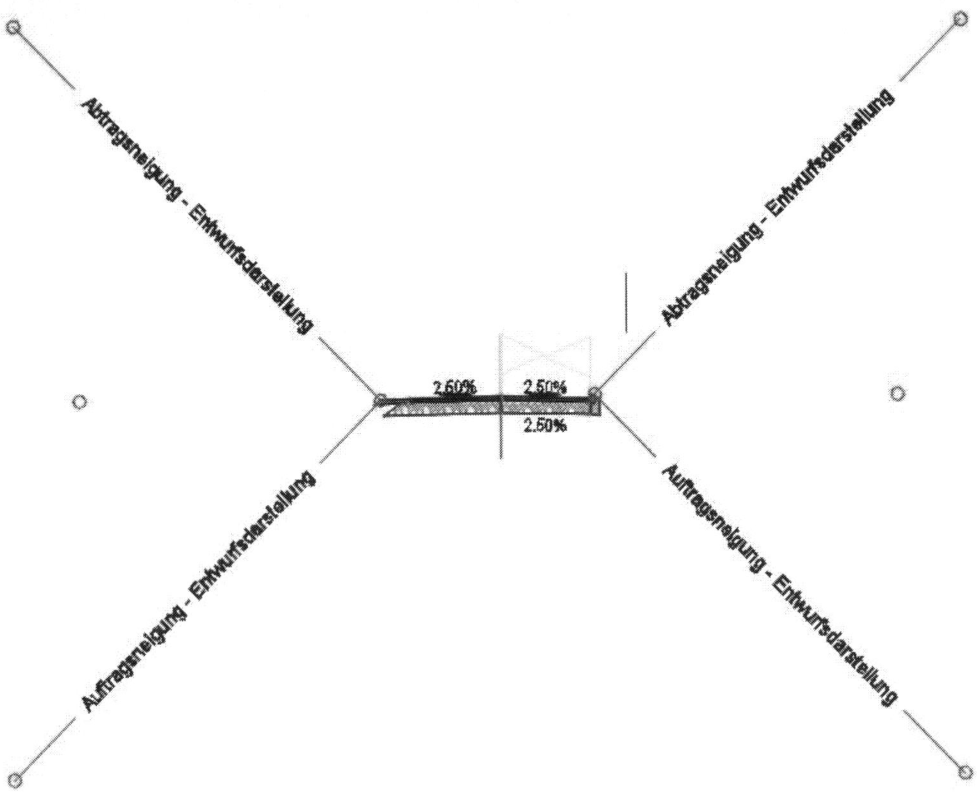

Hinweis:

Ein solcher Querschnitt wird in der Regel nur einmal erarbeitet und kann per „copy&paste" in andere Zeichnungen übergeben werden, oder er wird in der Werkzeugpalette abgelegt. Das Ablegen in die Werkzeugpalette funktioniert mit „drag&drop". Als Voraussetzung sollte eine eigene Werkzeugpalette angelegt sein.

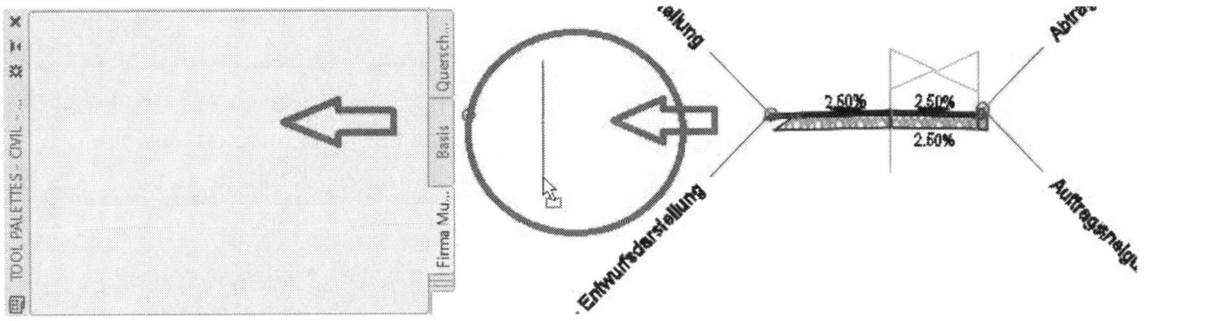

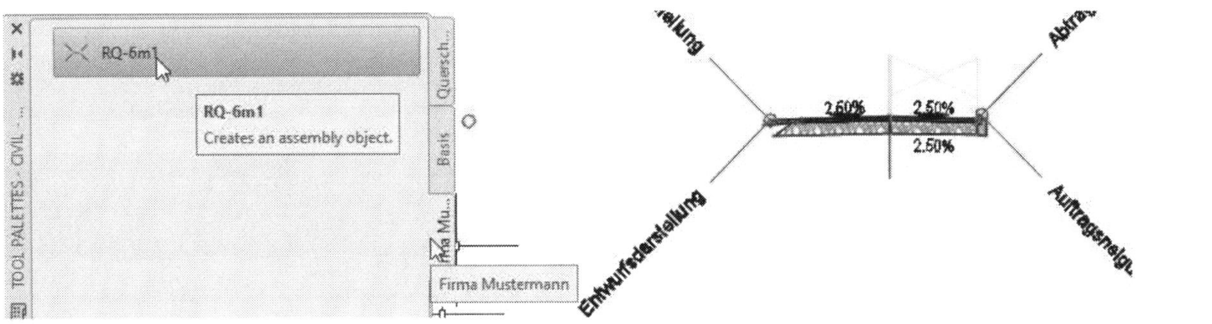

Hinweis:

Sollte es beim einfügen des Querschnittes in die Werkzeugpalette Probleme geben, so ist die Systemvariable „PROXYGRAPHICS“ umzustellen.

Diese Palette kann zusätzlich mit den Querschnitts-Bestandteilen gefüllt werden, die für ein Projekt erforderlich sind. Damit könnte die Auswahl, der für eine Region oder bestimmte Projekt-Anforderungen verwendbaren Querschnittselemente erleichtert werden.

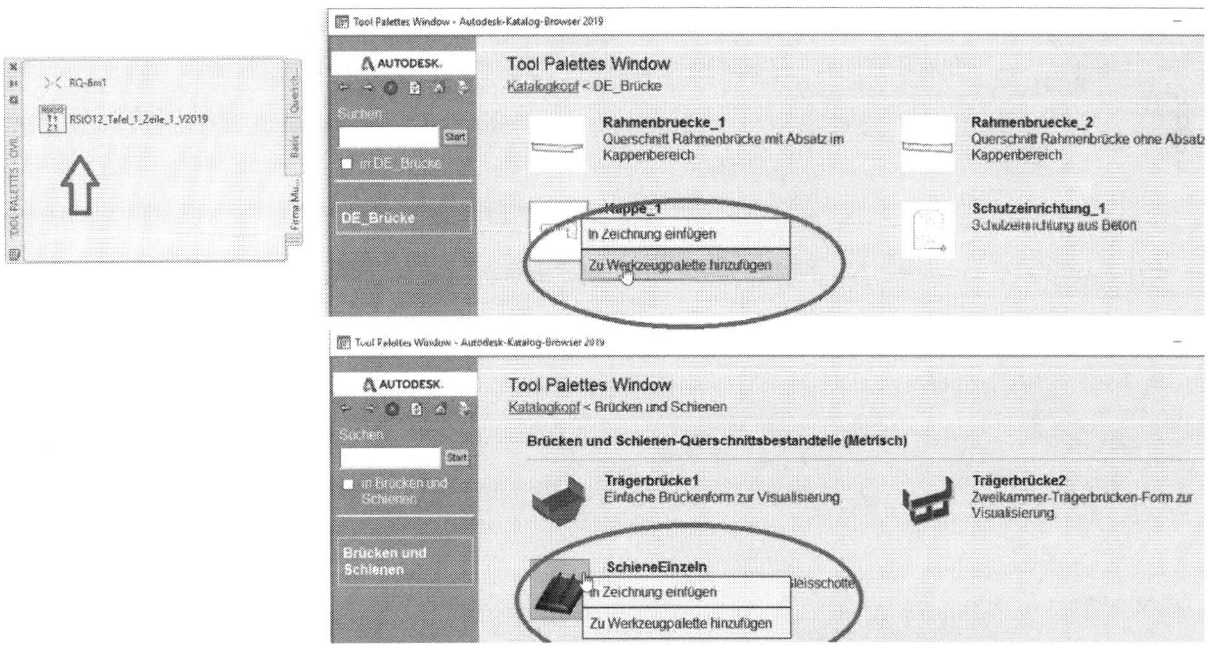

Das heißt in einem Büro muss nicht jeder Mitarbeiter exakt über Querschnittsbestandteile, Codierung und Code-Stil-Satz informiert sein. Einige wenige Mitarbeiter können für das gesamte Büro und jeden Arbeitsplatz die erforderlichen Querschnitte oder Querschnittsbestandteile erarbeiten.

Der bisherige Arbeitsstand wird unter dem Datei-Namen „**DGM-Kapitel6-Achse-Gradiente-Querschnitt.dwg**“ gespeichert.

6.8 3D-Profilkörper

In diesem Abschnitt werden die drei Bestandteile „Achse“, „Gradiente“ und „Querschnitt“ zu einem 3D-Profilkörper zusammengesetzt. Es wird die „Zufahrt“ zur Materiallagerfläche, in unserem Fall eine „Straße“ zusammengesetzt. Für diesen Arbeitsschritt ist die Zeichnung „DGM-Kapitel6-Achse-Gradiente-Querschnitt.dwg“ zu nutzen. Der Befehl lautet „3D-Profilkörper“.

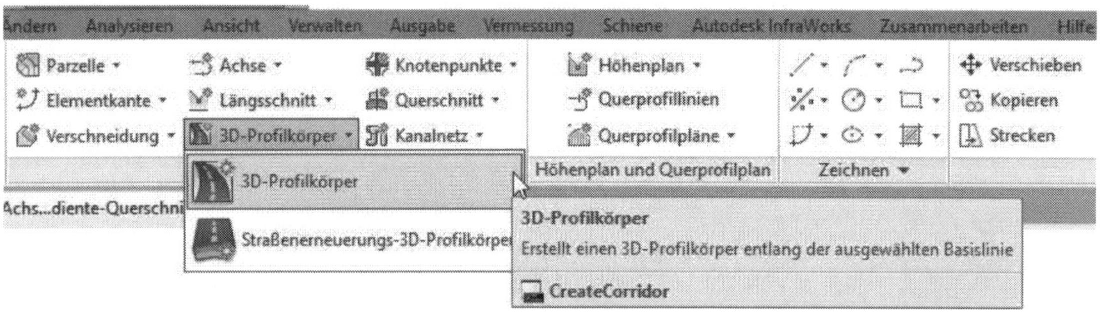

In der nachfolgenden Maske werden die zukünftigen Bestandteile des 3D-Profilkörpers ausgewählt.

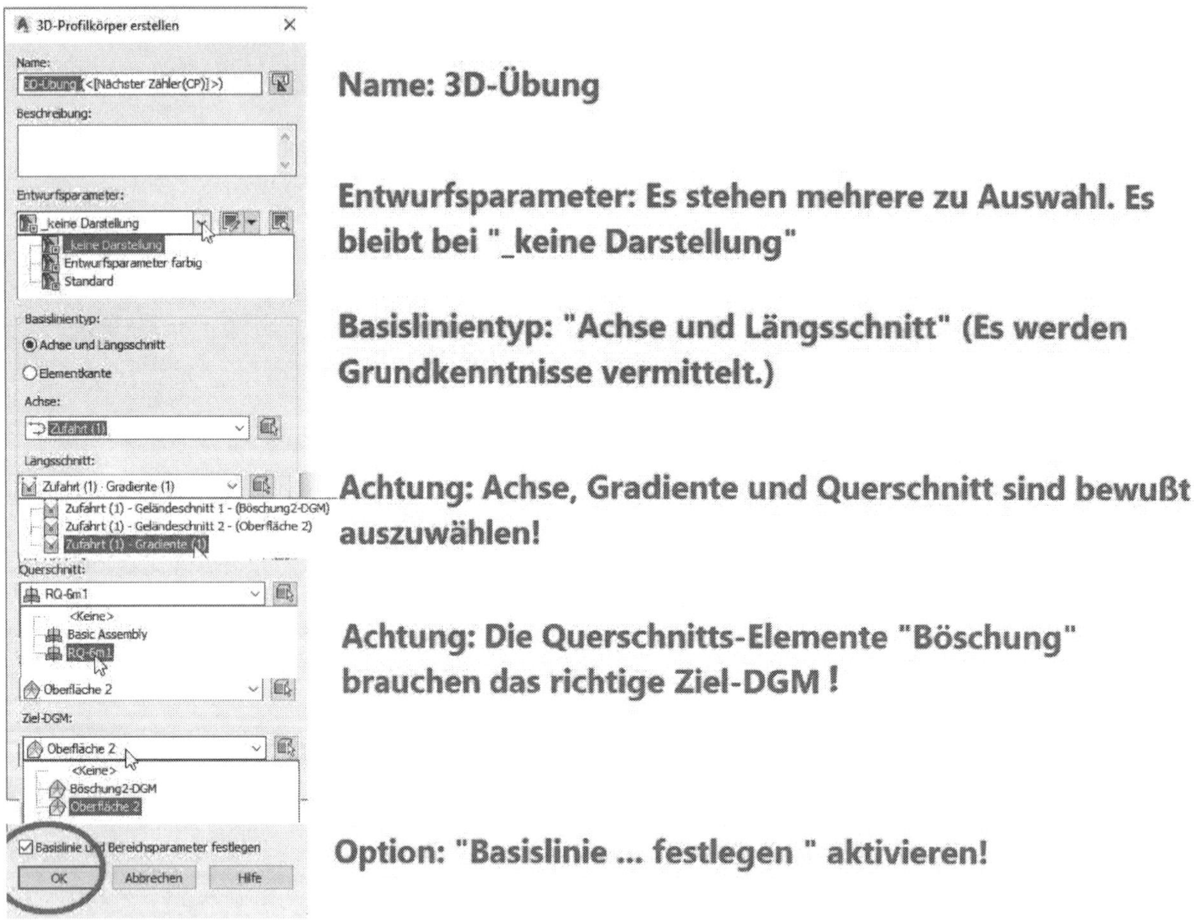

Die Auswahl des Stils „_keine Darstellung“ im Feld „Entwurfsparameter“ ist bewusst wahrzunehmen. Der 3D-Profilkörper wird trotz dieser Auswahl farbig zu sehen sein. Der 3D-Profilkörper hat vielfältige Eigenschaften. Die Besonderheit „Entwurfsparameter“ wird später näher erläutert.

Ein 3D-Profilkörper mit Basislinientyp „Elementkante“ sind Sonderfälle, die bei Verkehrsinseln mit Bordstein oder Grünflächen innerhalb von Parkplätzen mit Bord zur Anwendung kommen.

Innerhalb der Box bleibt die Funktion „Basislinie und Bereichsparameter festlegen“ aktiviert (unten). Das führt nach dem Bestätigen der Auswahl zu folgendem Fenster.

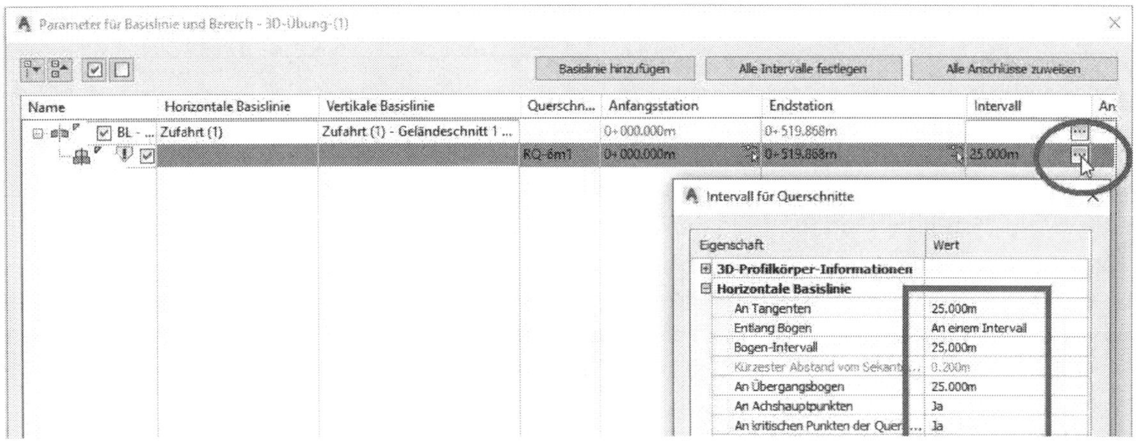

Hier ist rechts in der Spalte „Intervall“ ein Berechnungsintervall von 25m für fast alle Bestandteile der zugeordneten Achse festgelegt. Diese Einstellung wird als Bestandteil der Vorlage „...Deutschland.dwt“ geladen.

Hinweis:

Der 3D-Profilkörper wird nicht kontinuierlich entlang der Achse berechnet. Die 3D-Lage im Raum wird anhand eines vorgegebene Berechnungsintervalls (Intervall) bestimmt. Die vorgegebenen Werte des Intervalls sind jederzeit änderbar. Die vorgegebenen Werte werden mit „Ok“ vorerst bestätigt. Der 3D-Profilkörper ist erstellt.

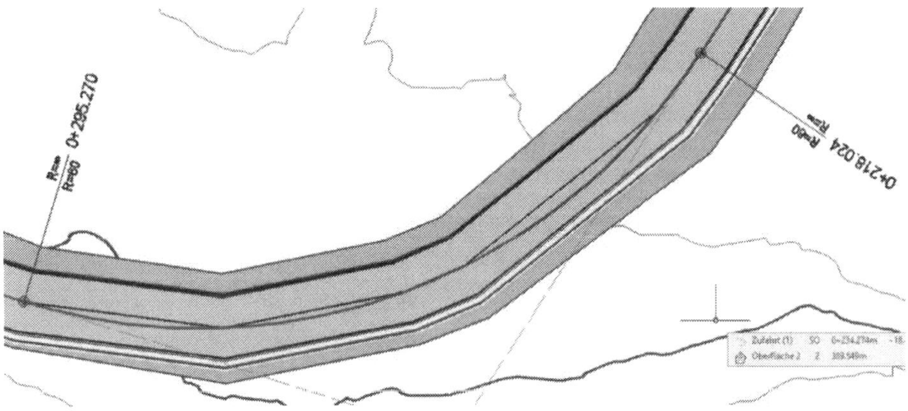

An kleinen Radien (hier R=80) zeigt sich der negative Effekt des Intervalls von 25m, das bezogen auf das hier vorliegenden Übungsprojekt zu klein gewählt ist.

Wird mit „OK“ die Eingabe bestätigt, erscheint immer folgender Hinweis (Bild). Natürlich ist der 3D-Profikörper neu zu erstellen. Diesen Hinweis gibt es für große umfangreiche 3D-Profilkörper, die eventuell viel Rechenzeit benötigen. Wären weitere Änderungen an Gradiente oder Querschnitt erforderlich, so könnte man das „Neuerstellen“ bis zum Ende der Bearbeitung hinauszögern („3D-Profilkörper als nicht mehr aktuell markieren“).

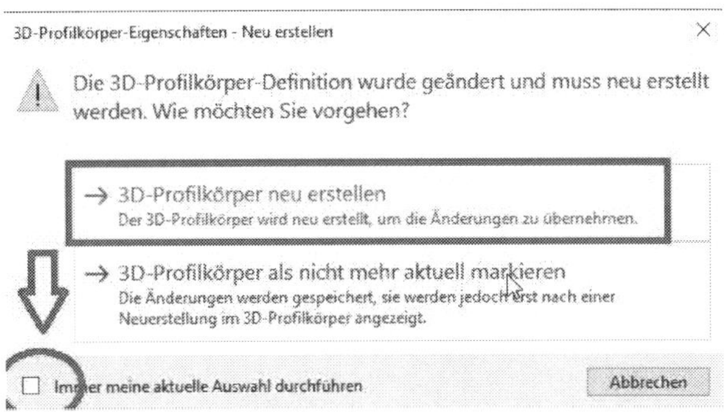

In den nachfolgenden Abschnitten werden 3D-Profilkörper-Eigenschaften beschrieben, in Bezug auf projektrelevante Arbeitsschritte oder Ausgaben. Die 3D-Profilkörper-Eigenschaften sind sehr vielfältig. Der Projektbearbeiter muss alle Eigenschaften projektbezogen variiert können. Der 3D-Profilkörper dient in erster Linie zum Erzeugen weiterer Daten, die eine zuständige Behörde davon überzeugt das das Projekt sinnvoll, technisch richtig und im Rahmen des vorgegebenen Budgets umsetzbar ist. Gleichzeitig gibt es Ausgabe-Optionen, die den Baubetrieb befähigt das Objekt zu bauen. Der 3D-Profilkörper allein ist nicht das Ergebnis der Arbeit!

Im Rahmen dieses Buches werden sicher viele Aspekt offenbleiben. Die Beschreibung versucht folgende Themen näher anzusprechen:

- 3D-Profilkörper-Darstellung im Lageplan
- Querprofillinien (Querprofilstationen), Querprofilpläne
- Mengen, Mengenberechnung aus Querprofilplänen, Stück-Listen
- Absteck-Punkte

6.9 Ausgaben, Ergebnisse

6.9.1 3D-Profilkörper-Darstellung im Lageplan

Wie zuvor festgestellt, wird der 3D-Profilkörper anhand eines Berechnungsintervalls erstellt (Voreinstellung: 25m). In Abhängigkeit der gewählten Parameter der Achse kann diese Darstellung unschön wirken.

Das Berechnungsintervall ist jederzeit zugänglich und Bestandteil der 3D-Profilkörper-Eigenschaften. Mit „Anpicken“ des 3D-Profilkörpers öffnet sich das Kontextmenü. Es werden die 3D-Profilkörper-Eigenschaften geöffnet.

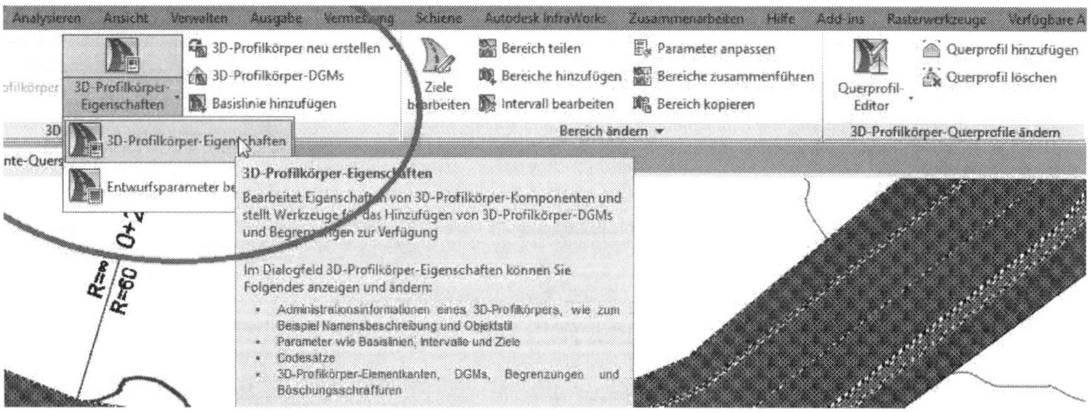

Karte „Parameter“

Die Karte „Parameter“ enthält alle Basisdaten des 3D-Profilkörpers. Alle Eigenschaften angefangen mit der Zuweisung der Achse (Horizontale Basislinie), des Längsschnittes (Vertikale Basislinie), des Querschnittes, Stationswert (Anfang u. Ende) Intervall, Anschluss und Überschreibungen sind zugänglich und jederzeit änderbar.

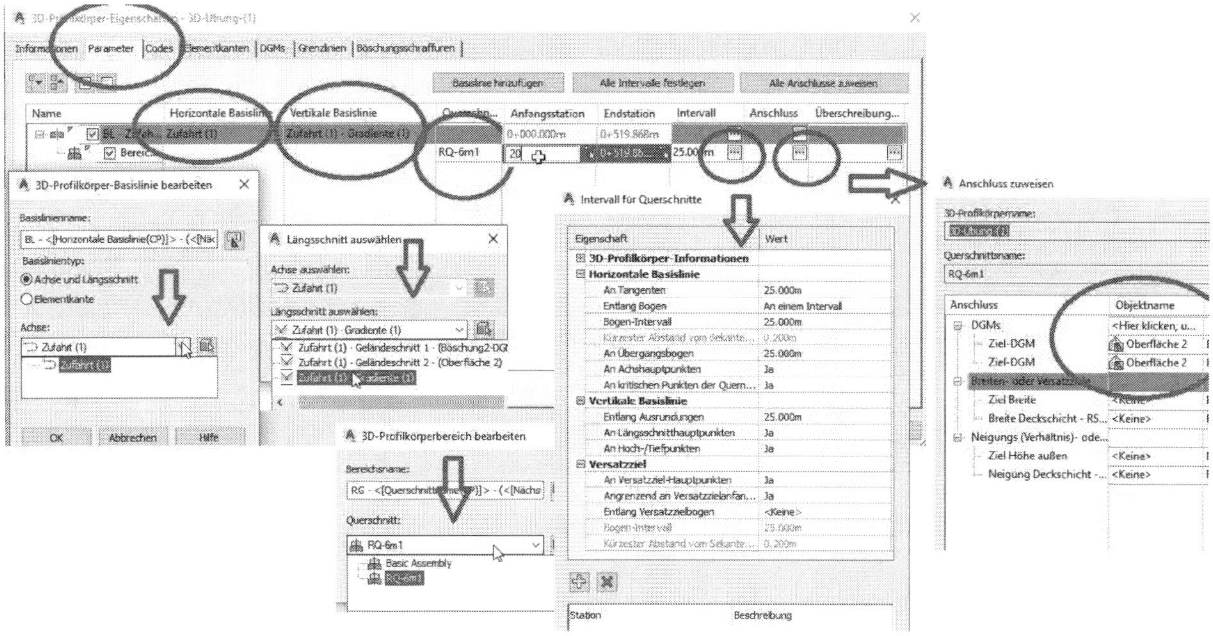

Intervall

In der Spalte Intervall werden die vorgegebenen Werte für Geraden und Bögen geändert. Für Geraden wird der Wert „10“ eingetragen und für Bögen „5“. Der 3D-Profilkörper wird jetzt dichter berechnet und damit im Bogen besser dargestellt.

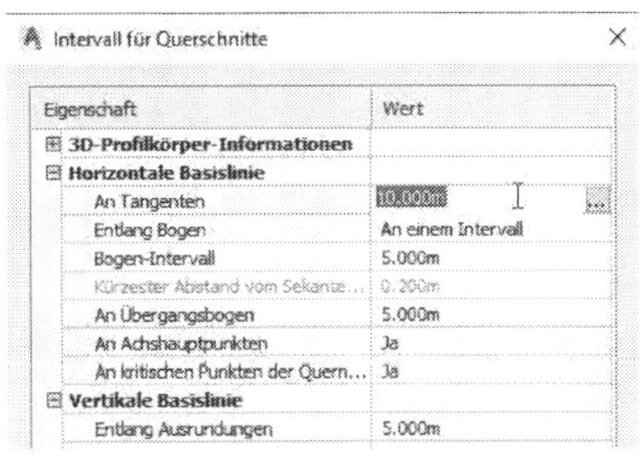

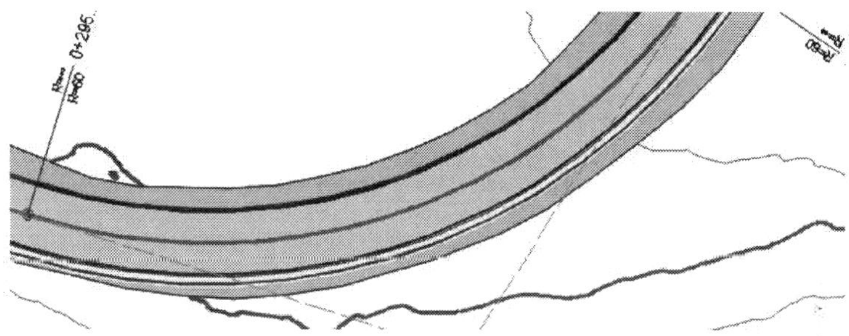

Die Angabe eines solchen regelmäßigen Intervalls wird nicht in jedem Fall jeder Besonderheit ausreichend gerecht. Das betrifft zum Beispiel den Übergang zwischen Auftrag und Abtrag. Für solche Besonderheiten gibt es die Möglichkein einen manuellen Stationswert in die Berechnung einzubeziehen (weißes Feld unterhalb der Maske).

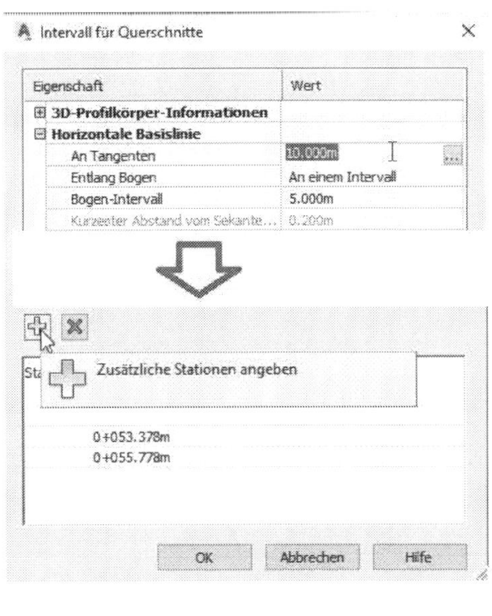

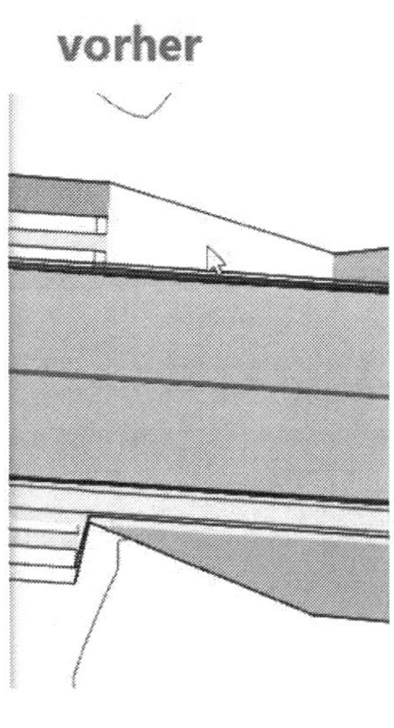

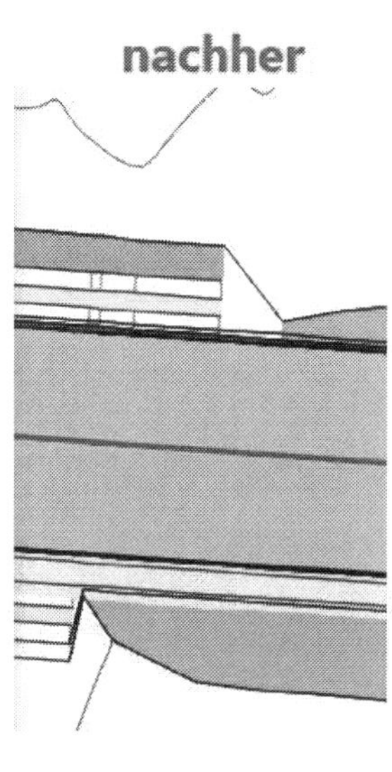

Anschluss

Um die Funktion „Anschluss“ zu erläutern wird ein Werkzeug für den 3D-Profilkörper vorgestellt, dass im Projektbrowser „3D-Profilkörper-Querprofil-Editor“ – und in der Multifunktionsleiste "Querprofil-Editor" bezeichnet wird.

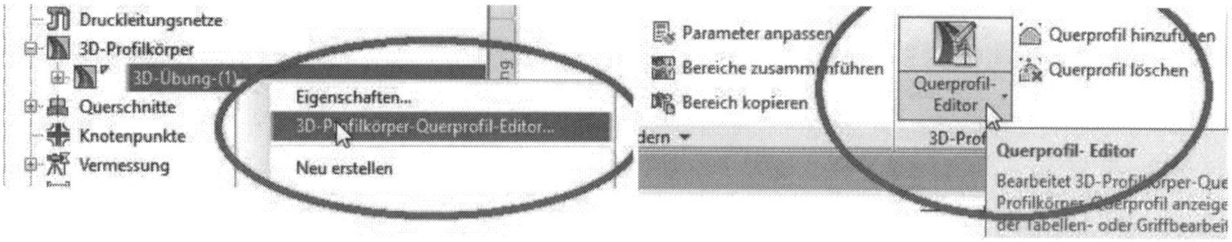

Es handelt sich jedoch um die gleiche Funktion. Der „Querprofil-Editor“ zeigt den 3D-Profilkörrper in 4 Ansichten (Version 2019).

- Profil
- Lageplan
- Höhenplan (Gradiente und Längsschnitt)
- Gültiger Querschnitt

An der Station „0+030.00“ (im Bild) zielen die Böschungselemente auf das „Basis-DGM“ (Oberfläche 2, grün) obwohl bereits die Materiallagerfläche beginnt. Hier muss es eine Änderung geben. Die Böschungselemente müssen mit dem „Böschung 2 DGM“ verknüpft werden, mit dem DGM der Materiallagerfläche. Das heißt es muss einen neuen „Anschluss“ geben.

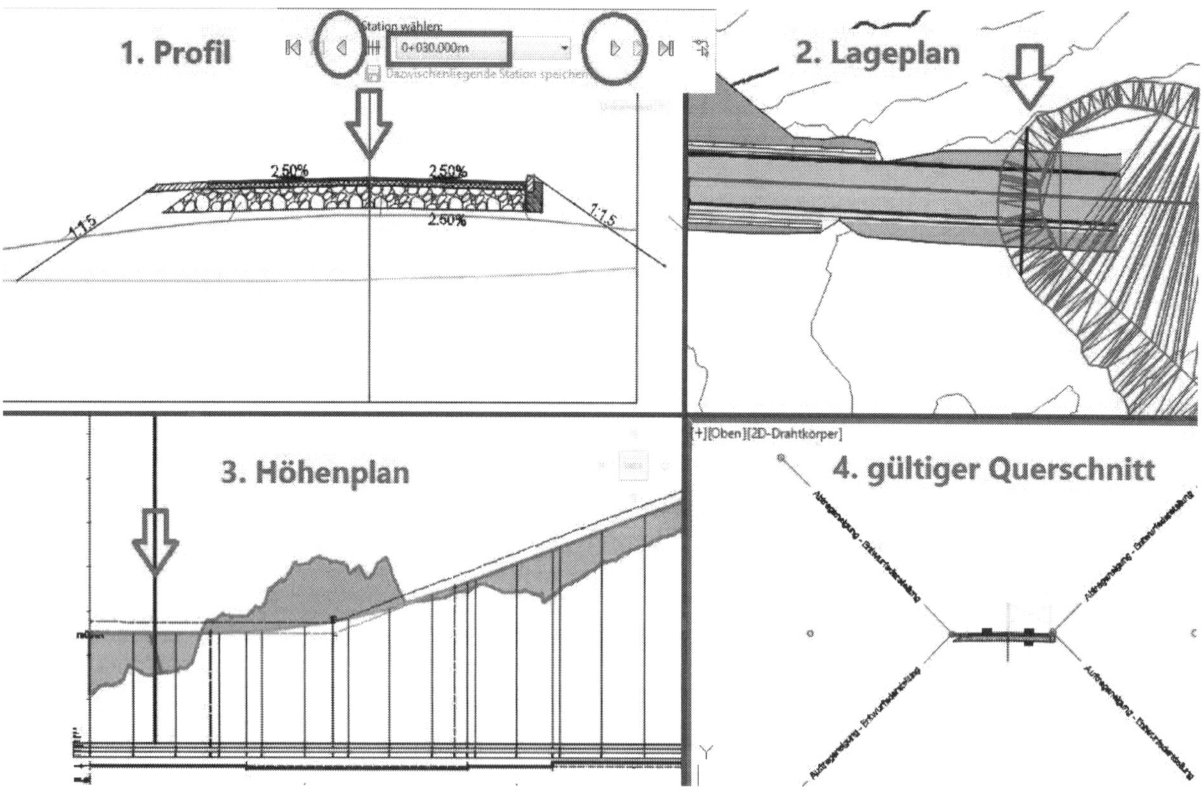

Um diese Änderung zu erreichen sind die 3D-Profilkörpereigenschaften zu bearbeiten. Der 3D-Profilkörper braucht den Querschnitt „zweimal“. Im Bereich Materiallagerfläche-Böschungsanfang bis Böschungsende ist der „Anschluss“ der Querschnittselemente das Materiallagerflächen-DGM

(Böschung 2 DGM). Ab Böschungsende ist der „Anschluss“ der Querschnittselemente das DGM „Oberfläche 2“.

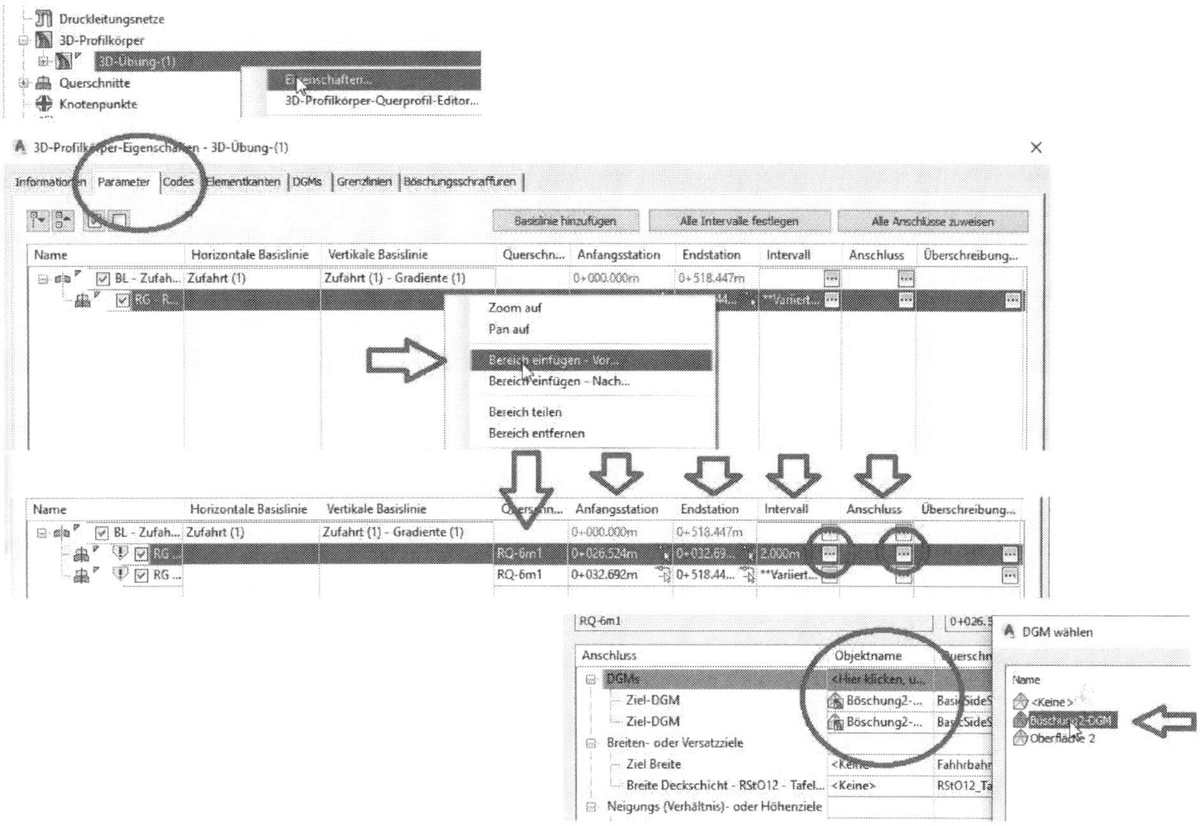

Als Resultat der Bearbeitung sind an der Station 0+030.00.00 die Böschungselemente an das DGM der Materiallagerflächen „angeschlossen“.

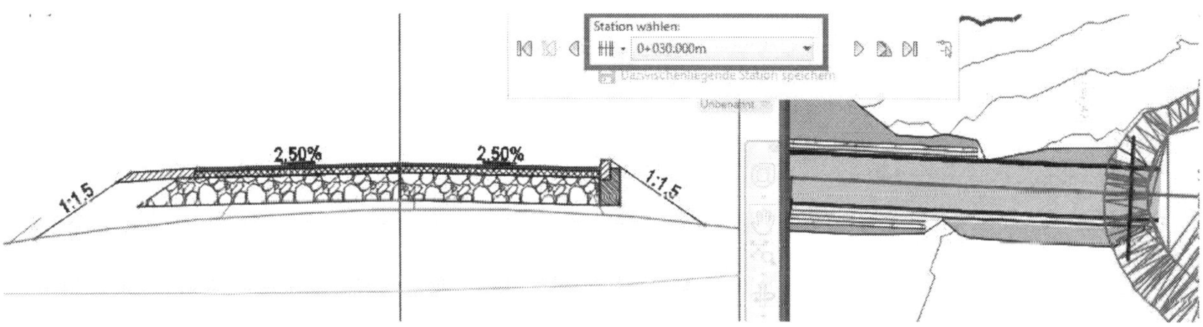

Ab der Station 0+040.00 verbinden sich die Böschungselemente mit dem DGM „Oberfläche 2“.

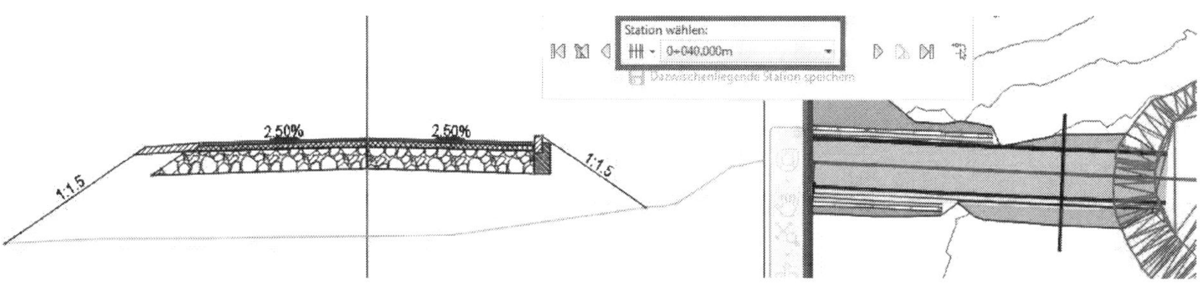

Karte Codes

Die Schraffur-Farbe im Lageplan ist Bestandteil des aufgerufenen Code-Stil-Satzes. Der voreingestellte Code-Stil-Satz „Darstellung Lageplan“ verknüpft die im Querschnitt zugeordneten Codes (Namen der Linien und Punkte) mit neuen Eigenschaften. Das sind natürlich anderen Eigenschaften als im

Querschnitt. Die Querschnittsflächen finden hier keine Berücksichtigung, weil diese von oben nicht sichtbar sind. Die Linie „Belag“ bekommt hier die graue „Fahrbahnfarbe“.

Auch hier sind alle diese Eigenschaft frei zugänglich und jederzeit änderbar.

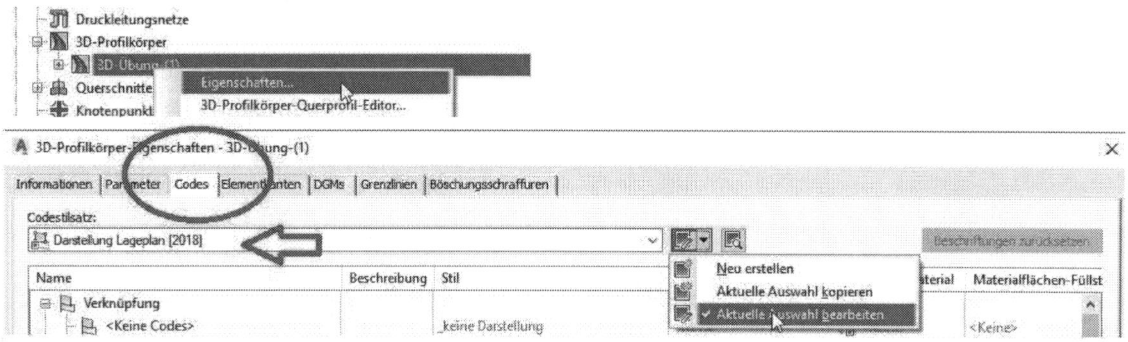

Im Bild werden die Eigenschaften des Schraffur-Stils „LP Fahrbahn [2015]“ gezeigt.

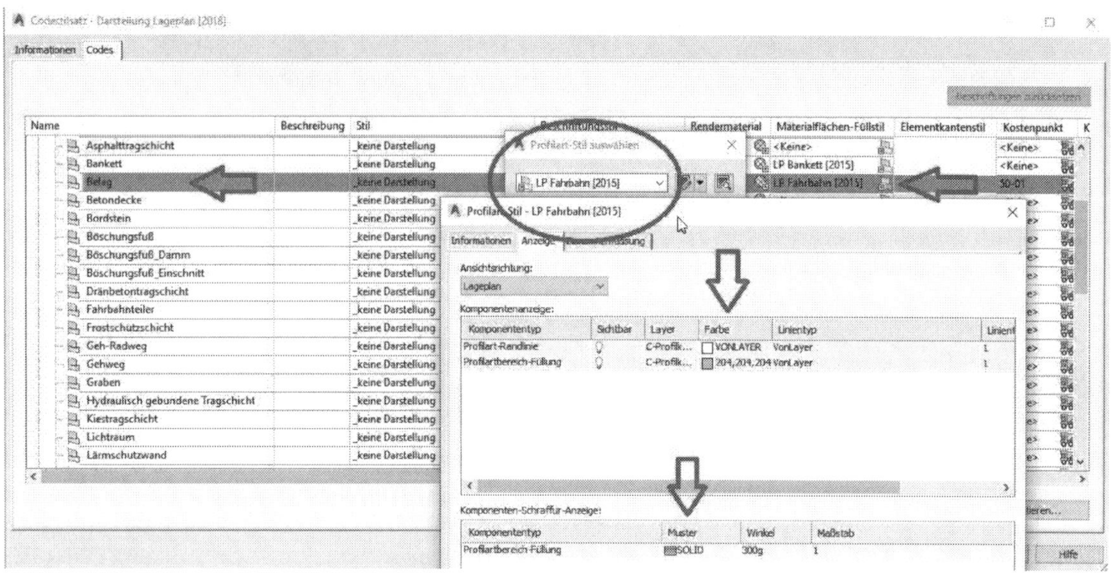

Die zugeordneten Farben am 3D-Profilkörper lassen sich mit Hilfe eines Wechsels beim aufgerufenen Darstellungs-Stil verändern. Optional ist auch ein „temporäres Ausschalten“ der gesamte 3D-Profilkörper-LageplanSchraffur möglich. Der Stil „_keine Darstellung“ schaltet alle Schraffuren aus.

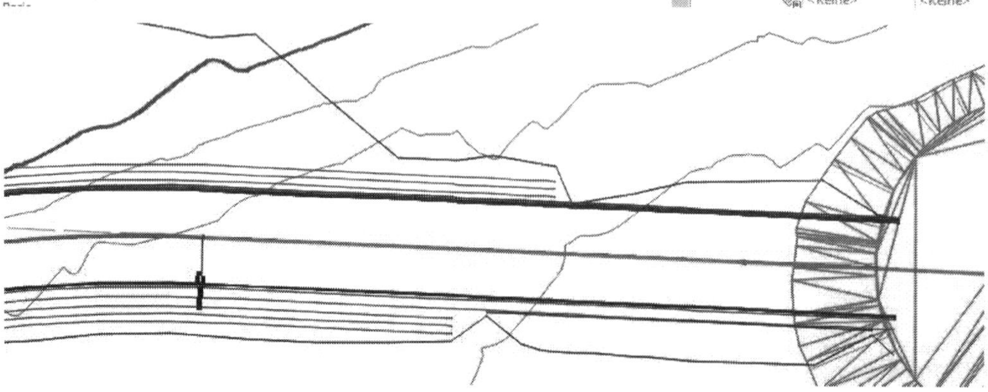

Karte Elementkanten

Die verbliebenen Linien und deren Darstellungs-Eigenschaften werden auf der Karte Elementkanten festgelegt. Diese Linien entstehen durch das Verbinden gleicher „Punkt-Codes“, die durch den 3D-Profilkörper im Querschnitt gelesen werden.

Jedem Punkt-Code kann hier ein spezielle Elementkanten-Stil zugewiesen sein. Damit können diese Linien bestimmte Darstellungsaufgaben übernehmen. Im Beispiel wurde dem letzten Böschungspunkt (Code: Böschungsfuß) der Elementkanten-Stil „Zaun“ zugewiesen. Damit entsteht am Böschungs-Ende im Lageplan eine „Zaun-Signatur“.

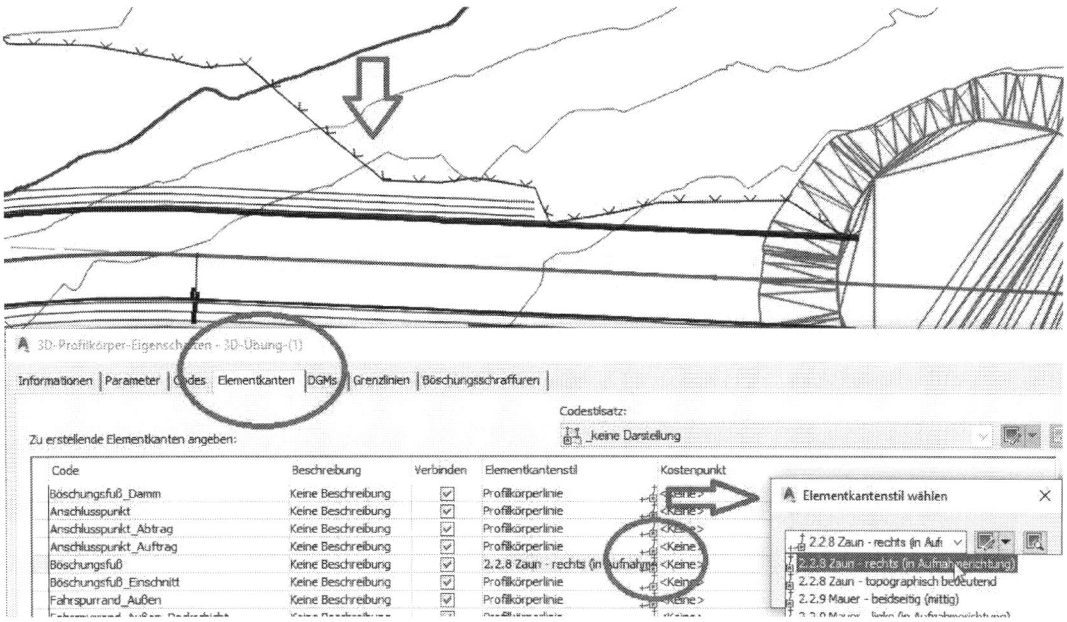

Karte Böschungsschraffuren

Zwischen den 3D-Profilkörper-Kanten (Elementkanten) können dynamische Böschungsschraffuren erstellt sein. Um diese Funktion zu nutzen, sind die 3D-Profilkörper-Kanten (Elementkanten) auszuwählen.

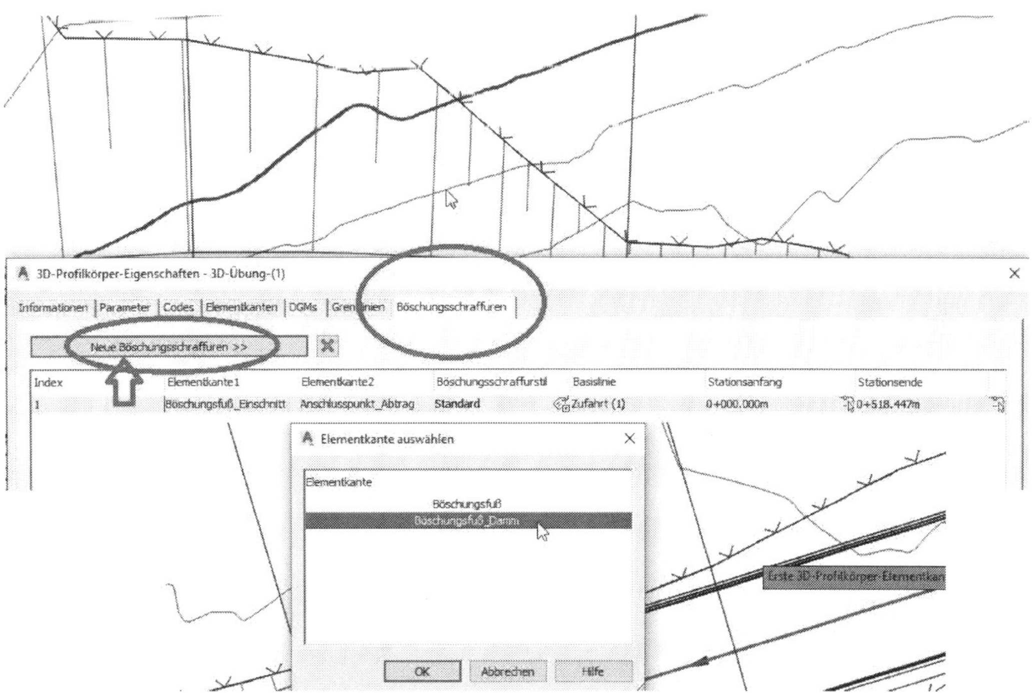

Hinweis:

Elementkanten werden als Bestandteil des 3D-Profilkörper automatisch erstellt, wenn Punkt-Codes am Querschnitt vergeben sind! Sind keine Punkt-Codes vergeben, bleibt die Karte „Elementkanten“ leer. Es werden keine Elementkanten gezeichnet und damit sind auch keine „Böschungsschraffuren“ möglich.

Die Darstellungs-Eigenschaften „Code“ (Darstellung Lageplan), Elementkanten und Böschungsschraffuren können auch gleichzeitig ausgeführt sein.

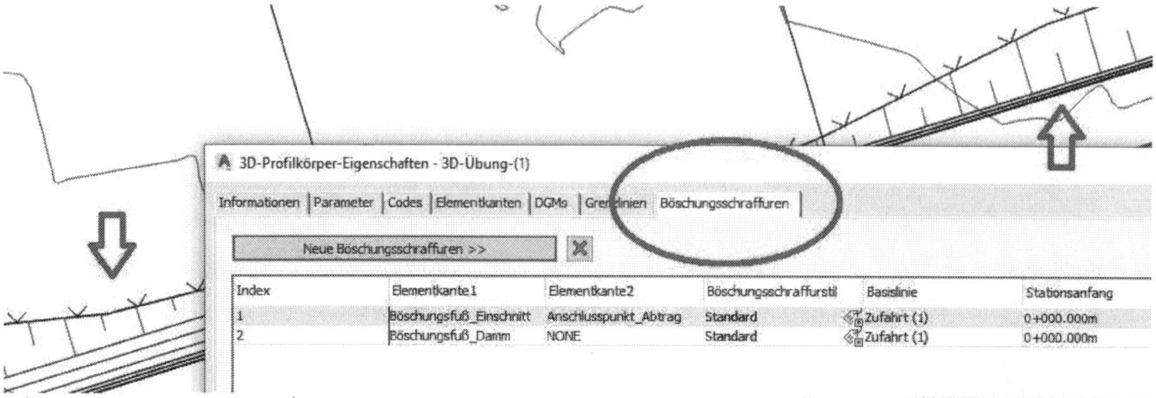

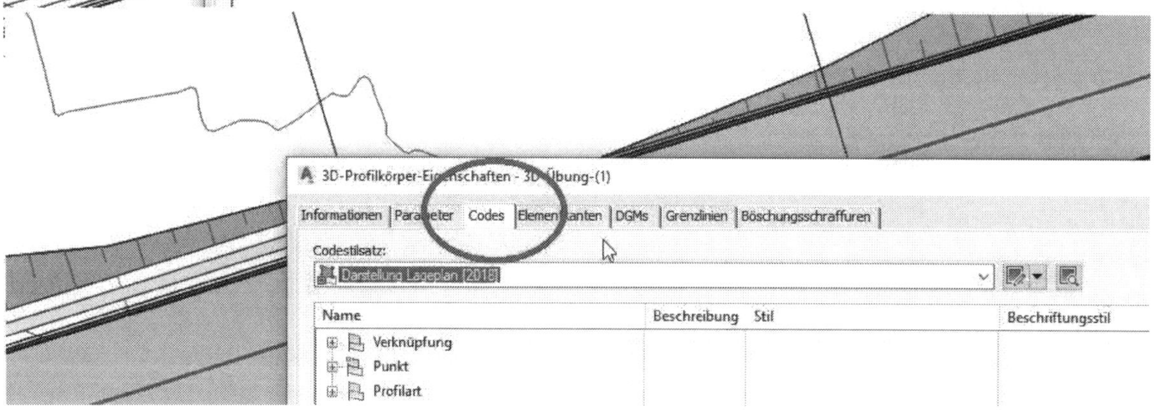

Die Karten „**Information**“, „**DGM**“ und „**Grenzlinien**“ führen zu technischen Darstellungen, die als Bestandteile des 3D-Profilkörper ebenfalls wichtig sind. Für die Lageplan-Darstellung sind diese Funktionen aber eher kontraproduktiv. Diese Karten werden in den nächsten Kapiteln näher beschrieben, weil diese Funktionen in den dort beschriebenen Zusammenhängen benötigt werden.

Die Themen „**Querneigung**“, „**Querneigungsbeschriftung**“ und „**Fahrbahnbreite**“, gehören funktional auch zum Lageplan. Dal es jedoch zu diesen Themen weitere Aspekte gibt, werden dazu eigene Kapitel erstellt.

Bestandteil des Civil 3D sind auch Layout-Funktionen, die bezogen auf die Lage der Achse, Layouts erstellen können.

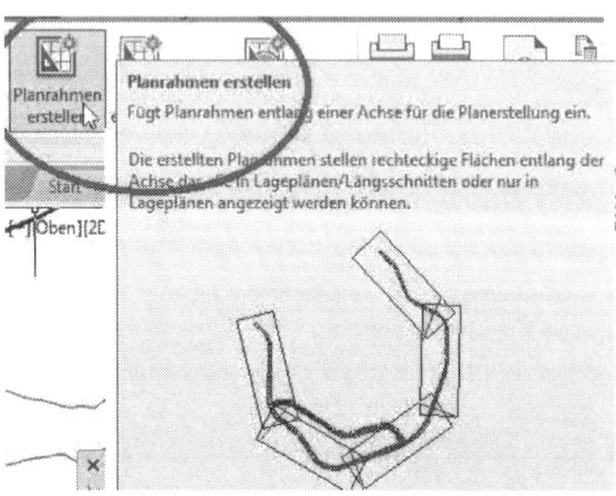

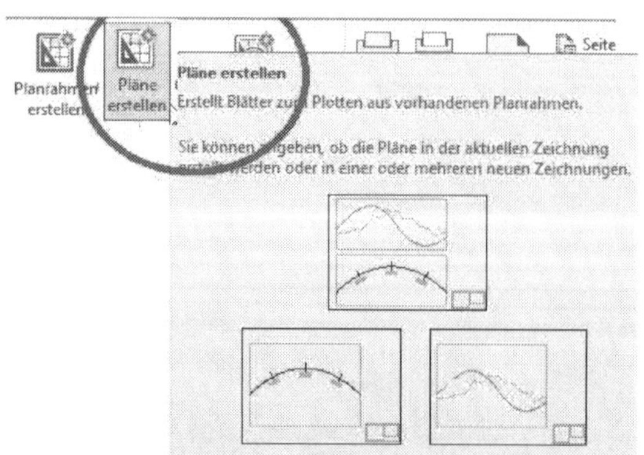

Optional kann sogar das Lageplan-Layout mit dem Höhenplan-Abschnitt gekoppelt sein. Diese Funktion ist nicht Bestandteil dieses Buches.

6.9.2 Querprofillinien (Querprofilstationen), Querprofilpläne

Im vorherigen Abschnitt wurde die Funktion „Querprofil-Editor“ angesprochen. Der Querprofil-Editor liefert Querprofilansichten. Das kann innerhalb der Projektbearbeitung hilfreich sein. Als Bestandteil eines klassischen Straßenbau-Projektes, sind jedoch öfter beschriftete Querprofilpläne auf Papier ausgedruckt, zu liefern. In einigen Fällen werden Straßen sogar ausschließlich nach den Angaben der Querprofilpläne gebaut.

Voraussetzung für Querprofilpläne ist die Funktion Querprofillinien. Diese Funktion setzt entlang der Achse „Querprofillinien“. Der Stationswert markiert die Position, an der es einen Querprofilplan geben wird. Die Länge der Querprofillinie rechts - und links der Achse bestimmt die Breite des Querprofilplans rechts - und links. Alle Parameter sind auch hier dynamisch, das heißt auch jederzeit änderbar.

Querprofillinien

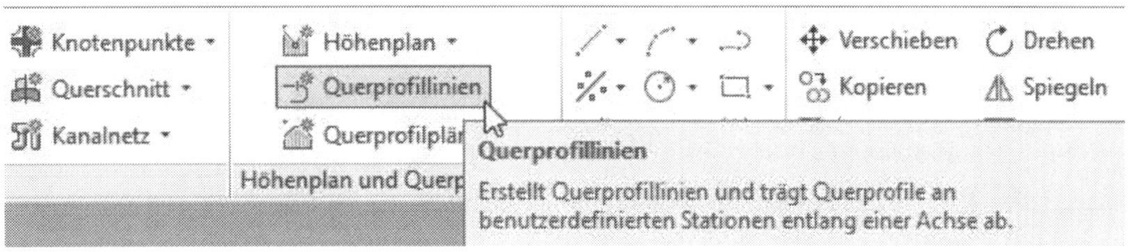

Mit dem Start der Funktion wird der Benutzer aufgefordert die Achse zu picken. Die Auswahl der Achse ist gleichzeitig die Zuordnung der Querprofillinien (QP-Linien) zur Achse. Die nachfolgende Maske ist die Objekt-Definition für die Querprofillinien.

Zur Definition gehören zwei Schritte. Zuerst werden die Eigenschaften der QP-Linie festgelegt.

Für den Namen der Querprofil-Linien-Gruppe (QPG) schlägt Civil 3D „QPG <[Nächster Zähler]>“ vor. Der Name kann übernommen werden, meist gibt es pro Achse nur eine Querprofil-Linien-Gruppe. Der Querprofillinien-Stil entspricht der Querprofillinien-Farbe mit der Auswahl des Stils „Querprofillinie“ wird die Farbe „Schwarz/Weiß“ sein (je nach Bildschirmhintergrund). Als „Querprofillinien-Beschriftungsstil“ wird der Stil „Profilnummer Stationierung [2014]“ empfohlen. Bei diesem Stil sind nur die Texte abhängig vom Maßstab. Für Civil 3D Anfänger sind die Reaktion dieses Stils praktikabler oder besser zu verstehen.

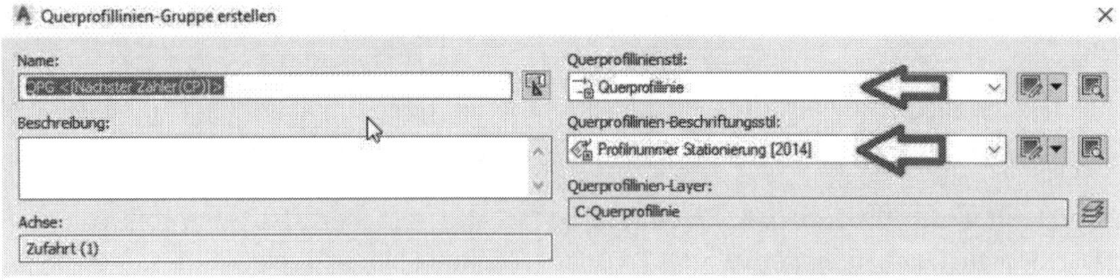

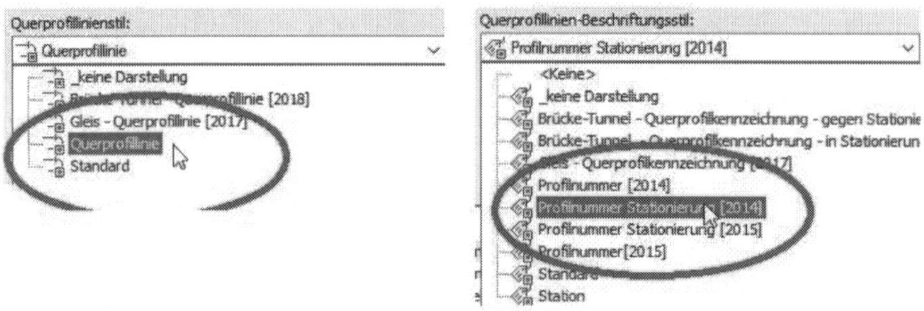

Der zweite Schritt ist die Zuordnung von Darstellungs-Stilen für die geschnittenen, in der Querprofilplänen abzubildenden Objekte (DGMs und 3D-Profilkörper). Hier sollten alle Stile bewusst ausgewählt sein. Es sollte eine optische Zuordnung der „Querprofile“ (DGM- und 3D-Profilkörper-Darstellung im Querprofilplan) zur Darstellung im Lageplan oder Entwurf gegeben sein.

(1) **„Oberfläche 2“** - ursprünglicher Stil „Dreiecke u. Umring DUNKELGRÜN“ – deshalb im Querprofilplan „Geländelinie DUNKELGRÜN“

(1) **„Böschung2-DGM“** – Darstellungs-Stil „Dreiecke u. Umring ROT“ – deshalb im Querprofilplan „Geländelinie ROT“

(1) **3D-Übung** (3D-Profilkörper) – Querschnitt (Code-Stil-Satz) RStO12-Tafel1-Zeile3-Entwurfsquerschnitt- deshalb im Querprofilplan „RStO12-Tafel1-Zeile3-Entwurfsquerschnitt“

Mit der Bestätigung der Eingaben (OK) erscheint ein Werkzeugkasten mit dessen Hilfe die Positionen der Querprofillinien festzulegen sind.

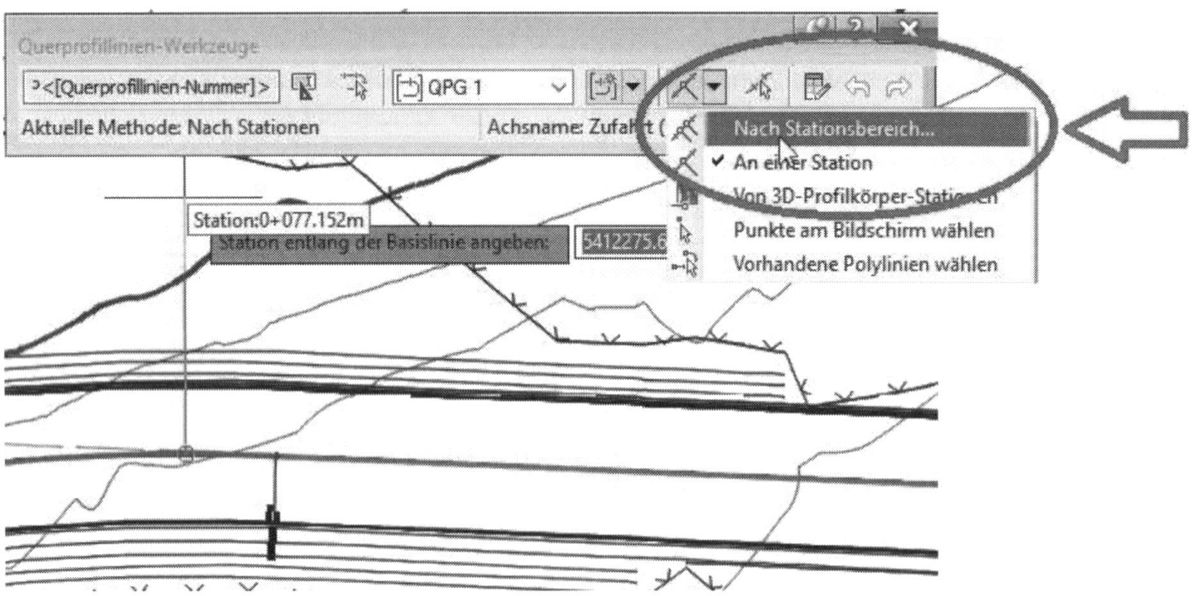

Civil 3D hat in der „...Deutschland.dwt“ eine Funktion aktiviert, in der Annahme der Benutzer setzt die Stationswerte manuell. Das ist im Straßenbau eher nicht der Fall. Es wird geraten, diese Funktion zu ignorieren und die Funktion „Nach Stationsbereich...“ zu aktivieren.

Die Funktion öffnet eine Maske, in der Basiseistellungen für eine regelmäßige Verteilung der QP-Linien vorgenommen werden kann.

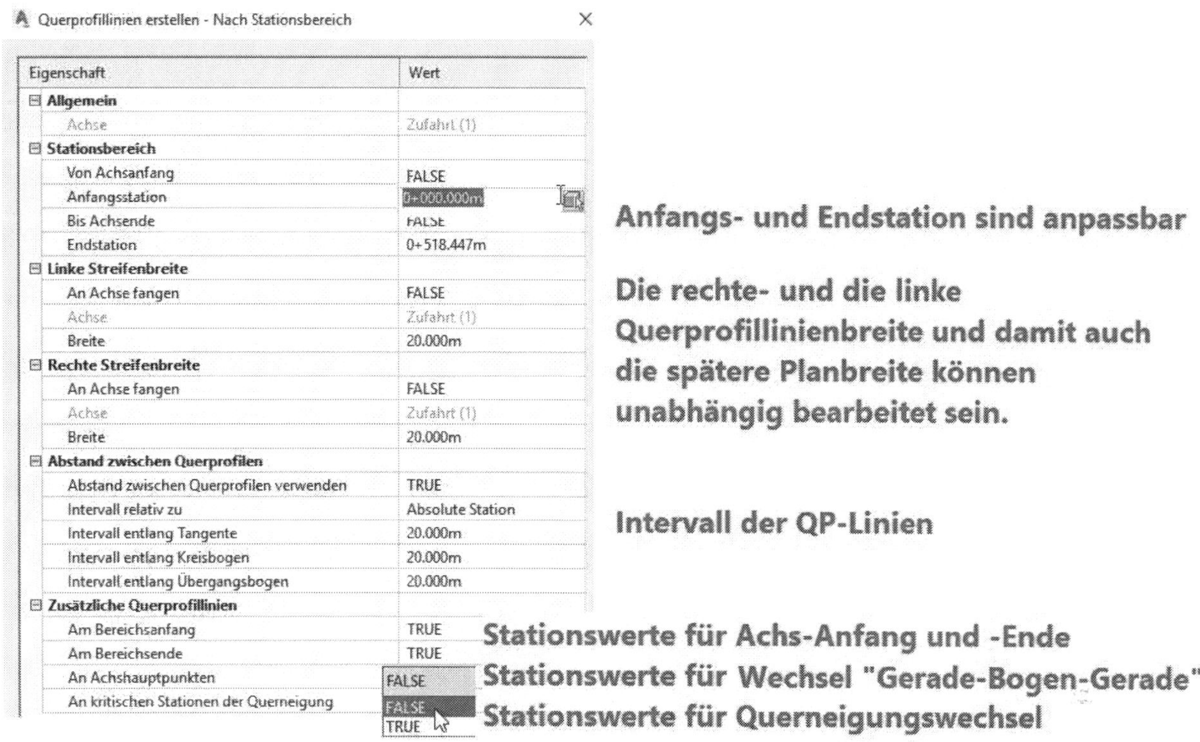

Anschließend ist die Funktion „An einer Station" noch aktiv. Nach der Vorgabe eines regelmäßigen Intervalls für die Verteilung der QP-Linien, können jetzt an Sonder-Stationen (Zum Beispiel kreuzende Rohre/Leitungen) noch einzelne zusätzliche QP-Linien gesetzt werden. Diese Option wird in diesem Beispiel nicht genutzt.

Mit „Enter" wird das Setzen der QP-Linien beendet.

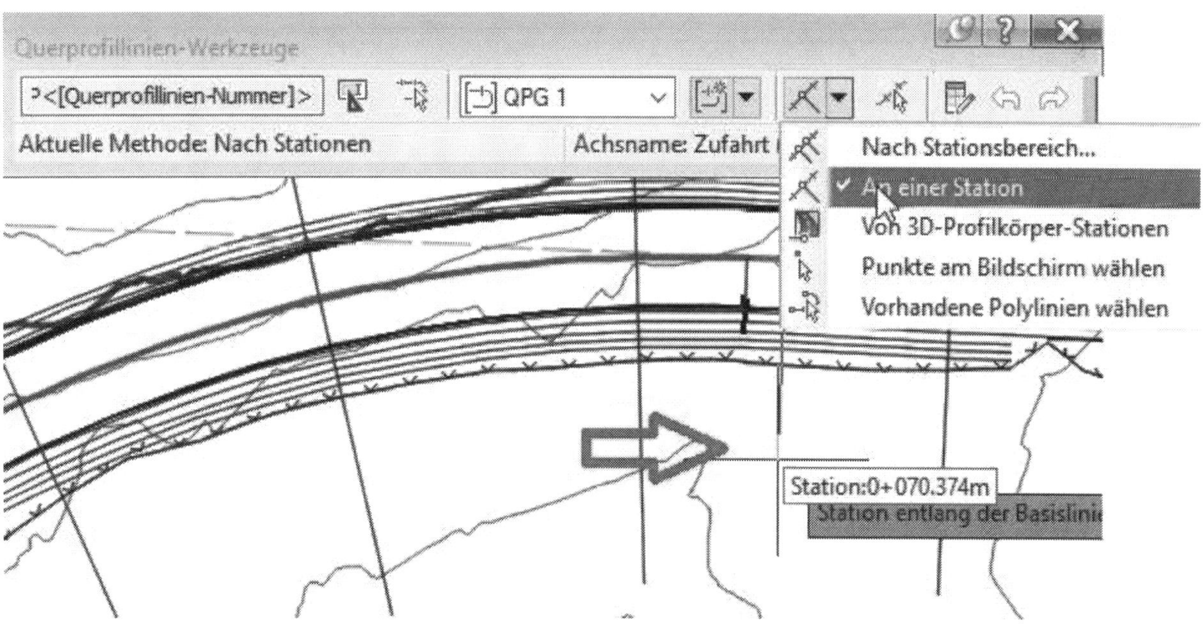

Hinweis:

Mit „Enter“ ist das Setzen der QP-Linien abgeschlossen und die Beschriftung ist sichtbar. QP-Linien lassen sich nachträglich in der Breite, der Ausrichtung und dem Stationswert editieren, auch wenn bereits Querprofil-Pläne gezeichnet sind.

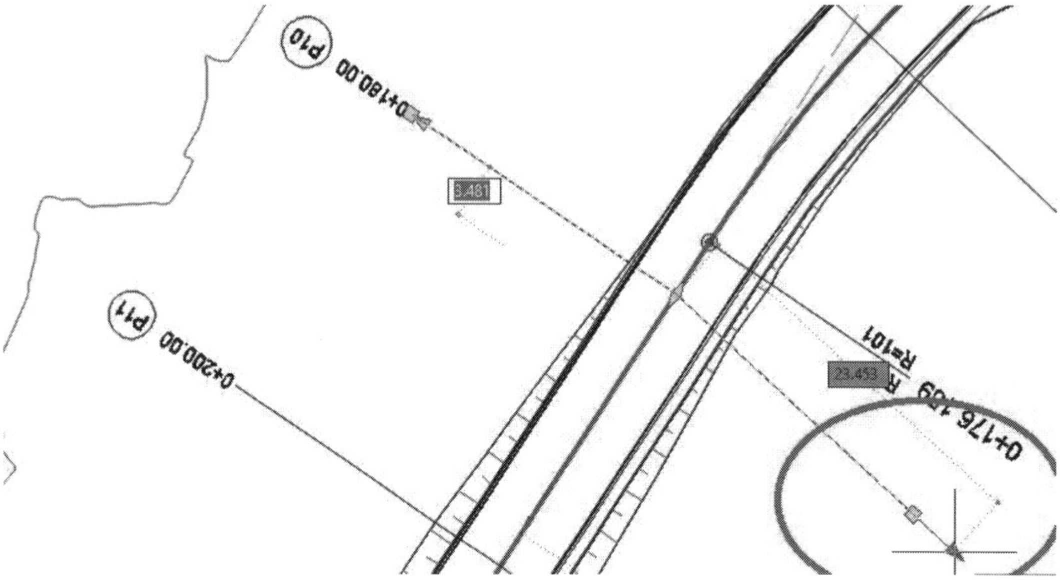

Eine einzelne QP-Linie lässt sich sogar über eine andre, im Bild über die davor liegende QP-Linie, hinweg schieben. Die deutsche QP-Linien-Nummer berechnet sich dann neu! Die ehemalige QP-Linie „10“ wird jetzt zur Linie „11“!

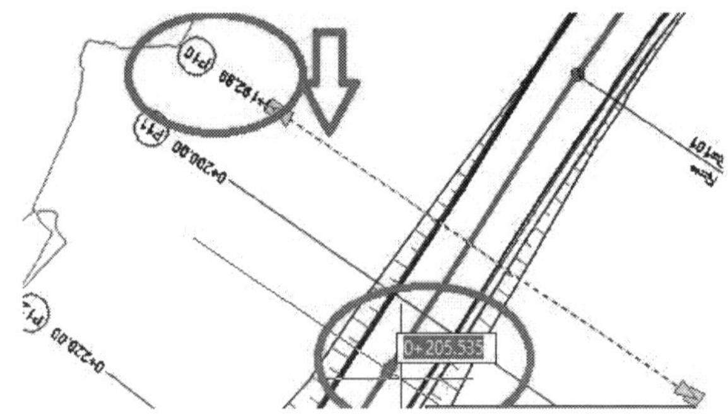

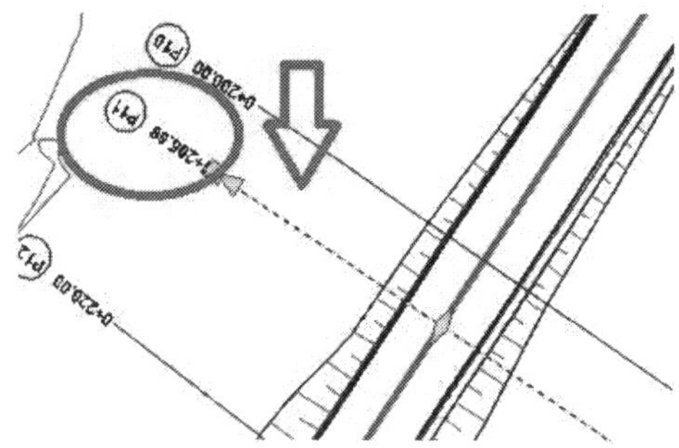

Hinweis:

Die interne Civil 3D-Datenbank-Bezeichnung der QP-Linien (Civil 3D: Name) bleibt jedoch gleich! Die QP-Linie hat zwei unabhängige Bezeichnungen!

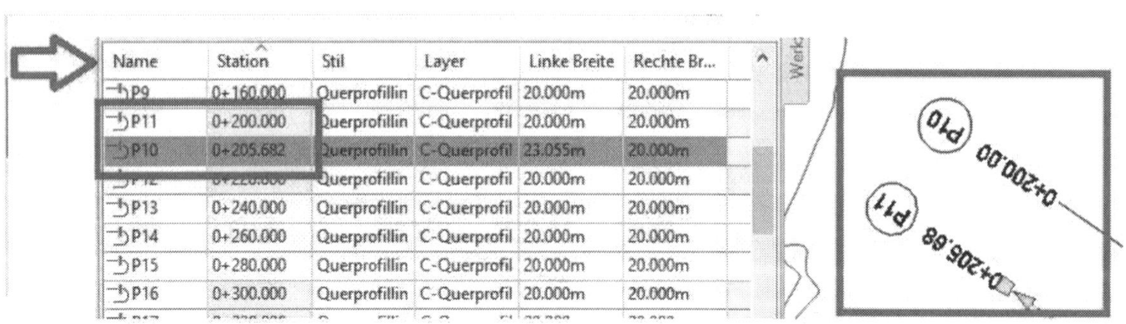

Name	Station	Stil	Layer	Linke Breite	Rechte Br...
P9	0+160.000	Querprofillin	C-Querprofil	20.000m	20.000m
P11	0+200.000	Querprofillin	C-Querprofil	20.000m	20.000m
P10	0+205.682	Querprofillin	C-Querprofil	23.055m	20.000m
[illegible]	[illegible]	Querprofillin	C-Querprofil	20.000m	20.000m
P13	0+240.000	Querprofillin	C-Querprofil	20.000m	20.000m
P14	0+260.000	Querprofillin	C-Querprofil	20.000m	20.000m
P15	0+280.000	Querprofillin	C-Querprofil	20.000m	20.000m
P16	0+300.000	Querprofillin	C-Querprofil	20.000m	20.000m

Es gibt eine QP-Linien-Nummer, die sich in der deutschen Version anhand der QP-Linien-Position selbst neu berechnet und eine Datenbank-Bezeichnung „Name“. Beide sind absolut getrennt voneinander zu betrachten, werden aber aufgrund des vorangestellten Buchstaben „P“ oft verwechselt.

Querprofilpläne

Sobald die QP-Linien gesetzt sind, können Querprofil-Pläne (QP-Pläne) gezeichnet werden. Im Buch wird nur die Funktion „mehrere Querprofilpläne zeichnen“ vorgestellt.

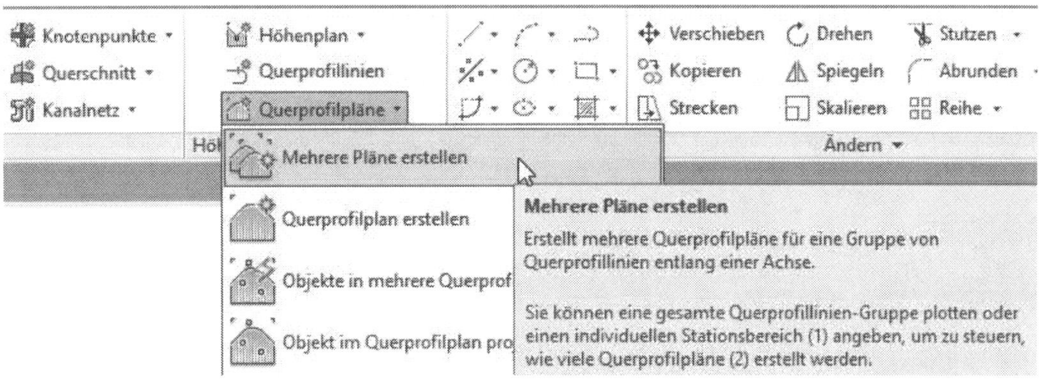

Mit dem Start der Funktion öffnet sich eine Maske, in der die Objektdefinition für die Darstellung der QP-Pläne auszuführen ist. Die Auswahl von „Achse“ und „Querprofil-Linien-Gruppe“ ist unbedingt zu beachten. Achsen, denen keine QP-Linien-Gruppe zugewiesen ist, werden an dieser Stelle nicht angeboten. Der Querprofilplanname ist unbedeutend und bleibt auf der Civil 3D-Voreinstellung. Das Fenster für den „Querprofilplan-Stil“ wird geöffnet. Die Vorauswahl wird nicht geändert. Es ist jedoch unbedingt zu registrieren, wie die Bezeichnung der Vorauswahl lautet „Querprofilplan-Überhöhung 1:1 Raster horizontal 5-1m [2016]“.

Hinweis:

- Im Civil 3D können QP-Pläne eine Überhöhung haben! Jeder beliebige Wert ist möglich!
- QP-Pläne können wie Höhenpläne im „Raster“ oder nach „Neigungsbrechpunkte“ beschriftet sein.
- Für Raster und Neigungsbrechpunkte gibt es zwei Bezeichnungen „Raster = Haupt-Neben-Punkte“, „Neigungsbrechpunkte = Knick-Punkte“
- Für QP-Pläne steht eine dritte Beschriftungsvariante zur Verfügung, Beschriftung über „Punkt-Codes“

Jeweils mit dem Knopf „Weiter“ wird zur nächsten Eingabe-Maske gewechselt.

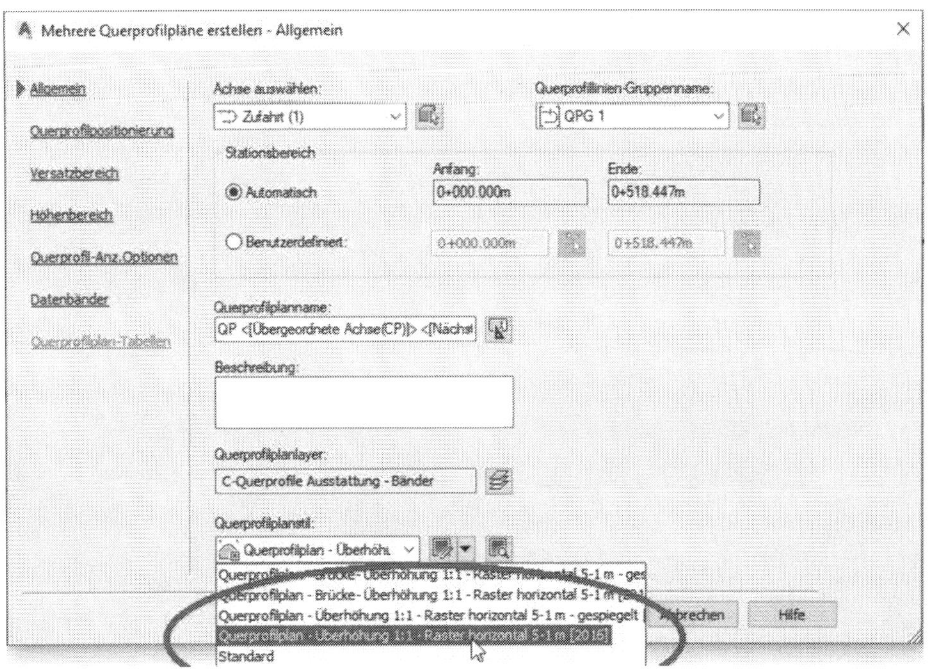

In der nächsten Maske empfehle ich die Funktion „Entwurf- Querprofilpläne in einem Raster im Modelbereich positionieren“.

Den Hinweis „Mit dieser Option können keine Pläne erstellt werden.“ sehe ich als fehlerhaft an. Mit dieser Funktion werden QP-Pläne erstellt. Diese QP-Pläne werden in den Modellbereich gezeichnet und können später nur manuell einem Layout zugeordnet werden. Es ist lediglich die „automatische“ Layout-Zuordnung nicht Bestandteil der Funktion.

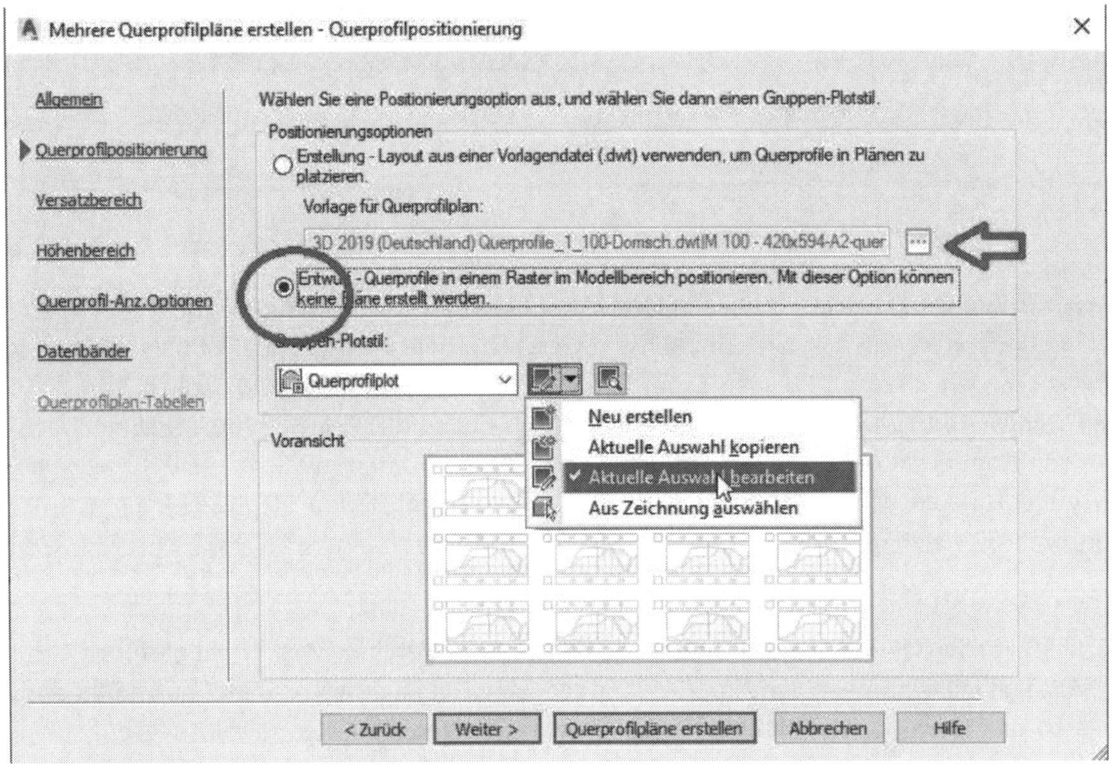

Für die automatische Layout-Zuordnung ist eine Vorlage, eine *.dwt aufzurufen. Bestandteil dieser *.dwt können Firmen-Logo, Planköpfe und Plan-Rahmen sein. Bei erfolgter Zuordnung lassen sich dann, mit einer Funktion des Menüs „Ausgabe“, Layouts automatisch erstellen.

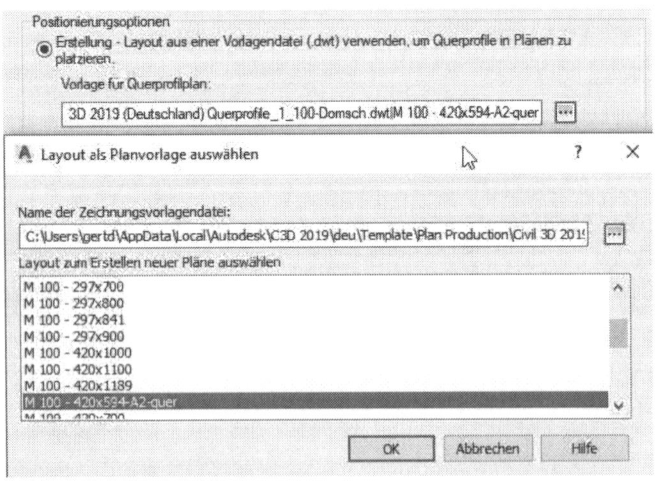

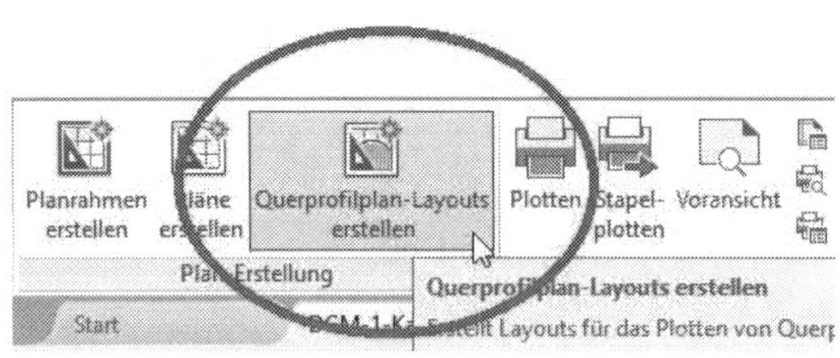

Hinweis:

Passen QP-Plan-Größe (Breite) und Layout-Format (Ansichtsfenster-Größe) nicht zusammen, kommt es zu eigenartigen Darstellungen. Alle QP-Pläne sind in einem einzigen Layout übereinander gezeichnet! Eine Korrektur ist über die Einstellungen der „Querprofilplan-Gruppeneigenschaften“ möglich.

Der Gruppen-Plotstil „Querprofilplot" ist unbedingt zu beachten, eventuell zu bearbeiten. Die Funktion „mehrere Querprofilpläne zeichnen" erstellt für jede QP-Linie einen QP-Plan. In unserem Beispiel werden es 27 Pläne sein. Der Gruppen-Plotstil steuert die Anordnung der QP-Pläne untereinander, um eine Lesbarkeit zu garantieren. Civil 3D setzt den ersten QP-Plan „Unten links" und gelesen wird nach oben rechts?

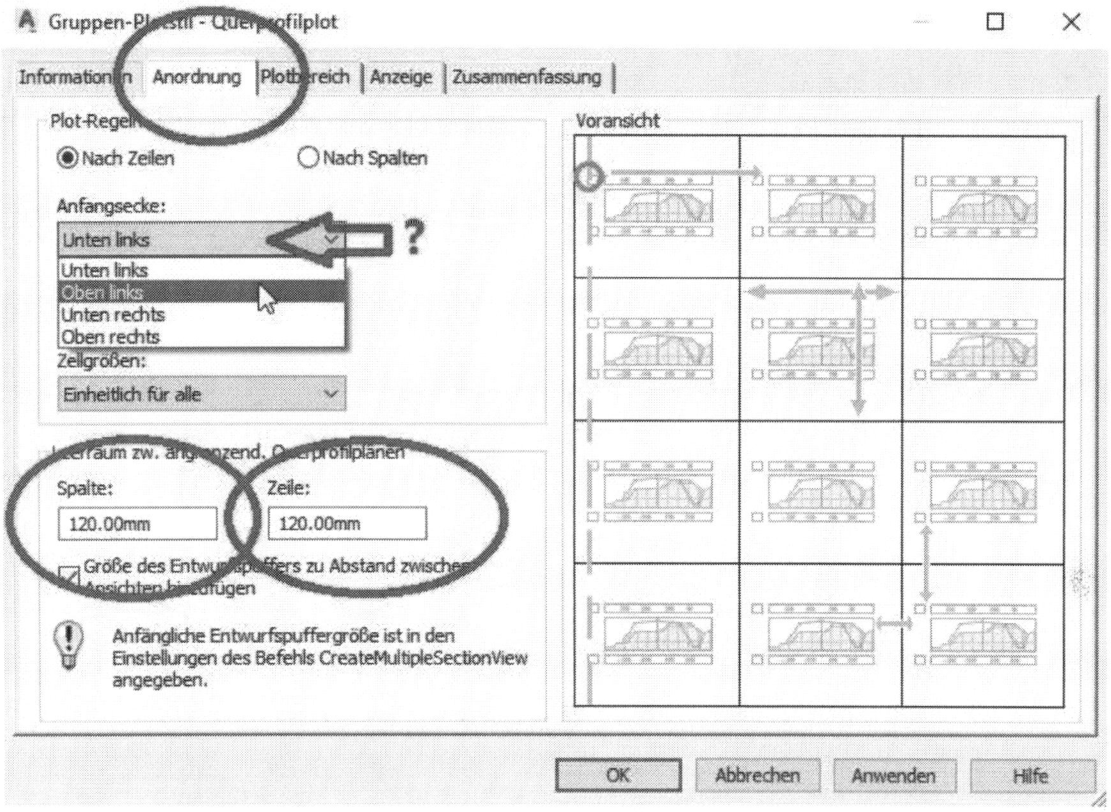

Die Abstände der QP-Pläne in Zeile und Spalte sind mit 120mm etwas groß?

Ich empfehle diese Einstellung zu korrigieren. Der erste QP-Plan sollte Oben-links gezeichnet sein und der Abstand für Zeilen und Spalten maximal 50mm betragen.

Auf der Karte „Plotbereich" wird die Ausrichtung im Ansichtsfenster gesteuert, wenn die Layout-Funktion gewählt wäre.

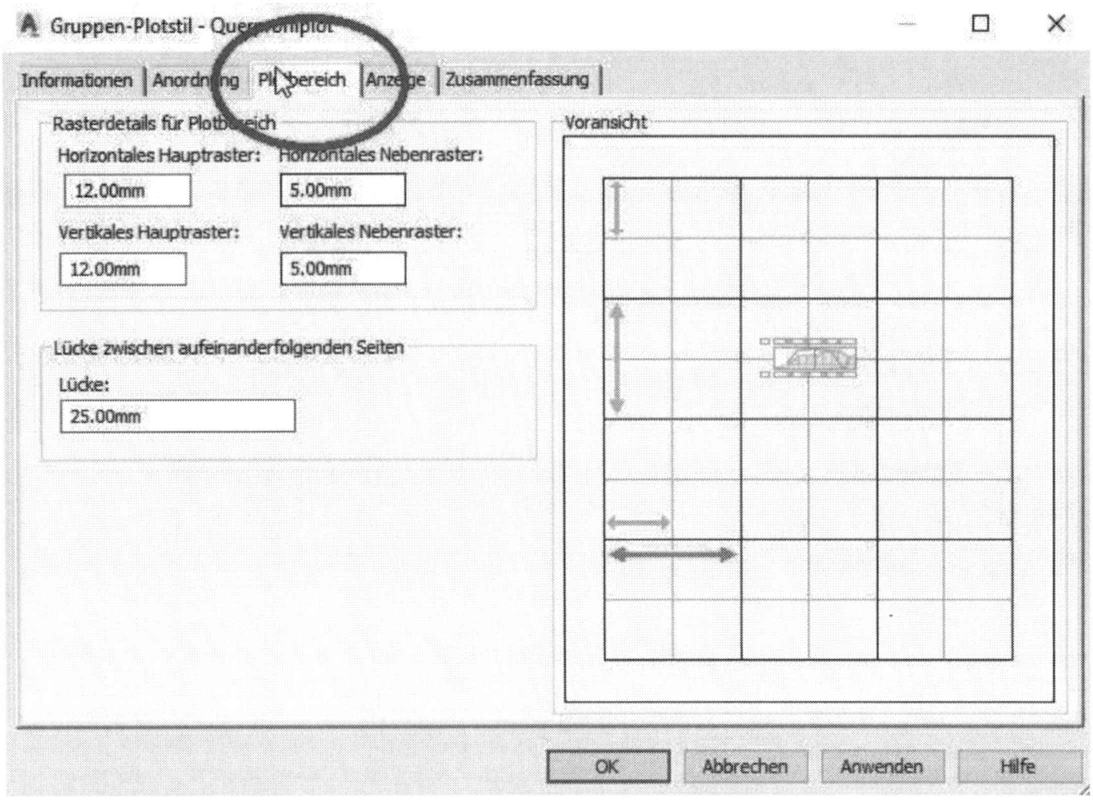

Alle Funktionen, die von Civil 3D auf „Automatisch" voreingestellt sind empfehle ich auf „Automatisch" zu lassen.

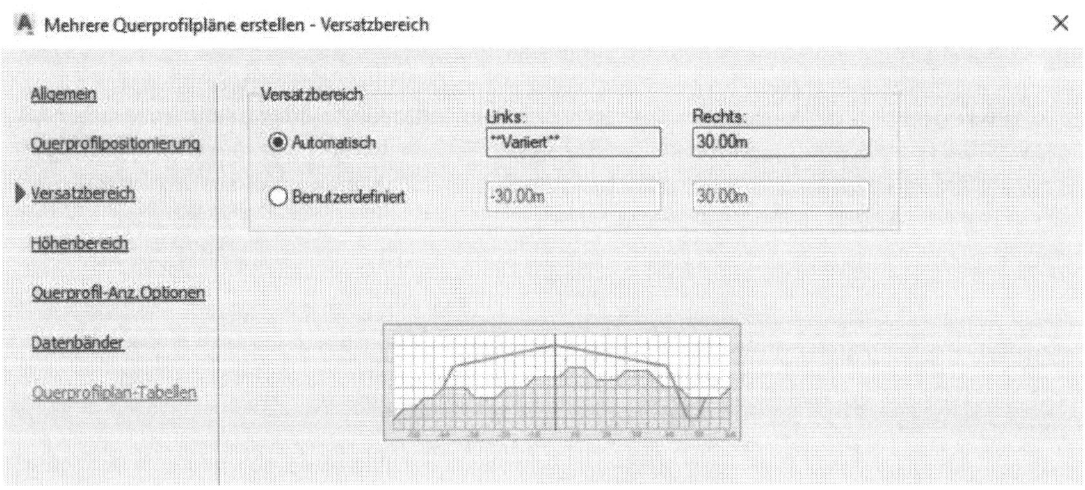

Hinweis:

Civil 3D addiert zur QP-Linien-Breite (im Beispiel 20m) nochmals 10m rechts und links zur QP-Plan-Breite. Persönlich bin ich der Meinung, das ist zu breit. Langfristig ist es jedoch wichtiger zu wissen, wo man diese Werte, später mit erstellten QP-Plänen ändern kann, als unbedingt bei der Erstellung der Objekte sofort den richtigen Wert zu treffen. Alle Details werden jedoch nicht als Bestandteil dieses Buches erläutert.

Der nachfolgende Wert steuert den Höhenbezug des QP-Plans. Mit dieser Einstellung wird der QP-Plan immer gleich hoch sein. (gleich groß), weil der Höhenbezug variiert.

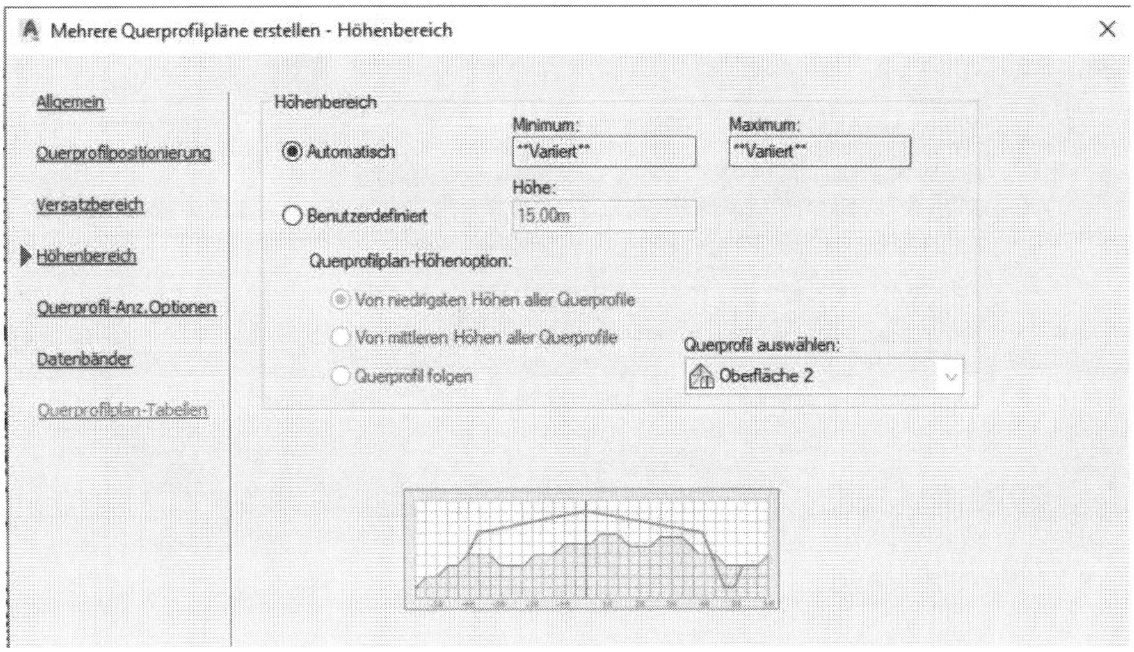

Die Beschriftung der QP-Pläne wird aus zwei Bestandteilen erstellt. Das wird einmal die Höhe und der Abstand zur Achse (QP-Mitte) sein. Diese Beschriftung erfolgt im später aufzurufenden Band (Beschriftungs-Zeilen unterhalb des QP-Plans). Zweitens kann optional eine Verbindungslinie zwischen Band und Geländelinie die Beschriftung unterstützen. Im Bild sehen wir den Stil der Verbindungslinie zwischen Band und Geländelinie dieser Stil ist auf „Linien im Querprofilplan-Geländeschnitt (Haupt-Neben-Punkte) [2014]“ voreingestellt. Diese Einstellung passt zum QP-Plan-Stil (...Raster horizontal 5-1m...) Die Einstellung wird nicht geändert. Optional wäre „...(Knick-Punkte) [2014]“ möglich.

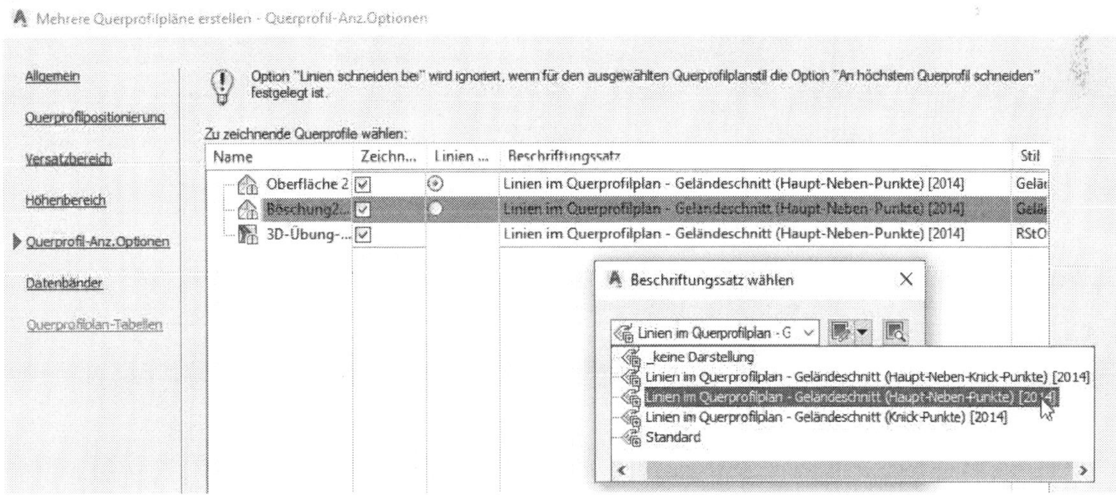

Die letzte Funktion in der Liste ist die Zuordnung der Querprofilplan-Bänder (QP-Bänder), Beschriftungs-Zeilen, Beschriftungs-Bänder). Voreingestellt ist der QP-Bandsatz „Bandsatz-Straßenplanung-3 Nachkommastellen [2016]. Diese Voreinstellung wird nicht geändert. Das ist eine Beschriftung des QP-Plans im Raster.

Für die im nächsten Abschnitt auszuführende Mengenberechnung ist ein 3D-Profilkörper DGM zu erstellen. Mit eingefügtem 3D-Profilkörper-DGM in die QP-Pläne ist alternativ auch der Band-Satz

„Bandsatz-Geländeschnitt mit zwei Horizonten-2 Nachkommastellen [2016]" verwendbar. Unter dem Begriff „Horizont" ist hier DGM oder Geländelinie zu verstehen.

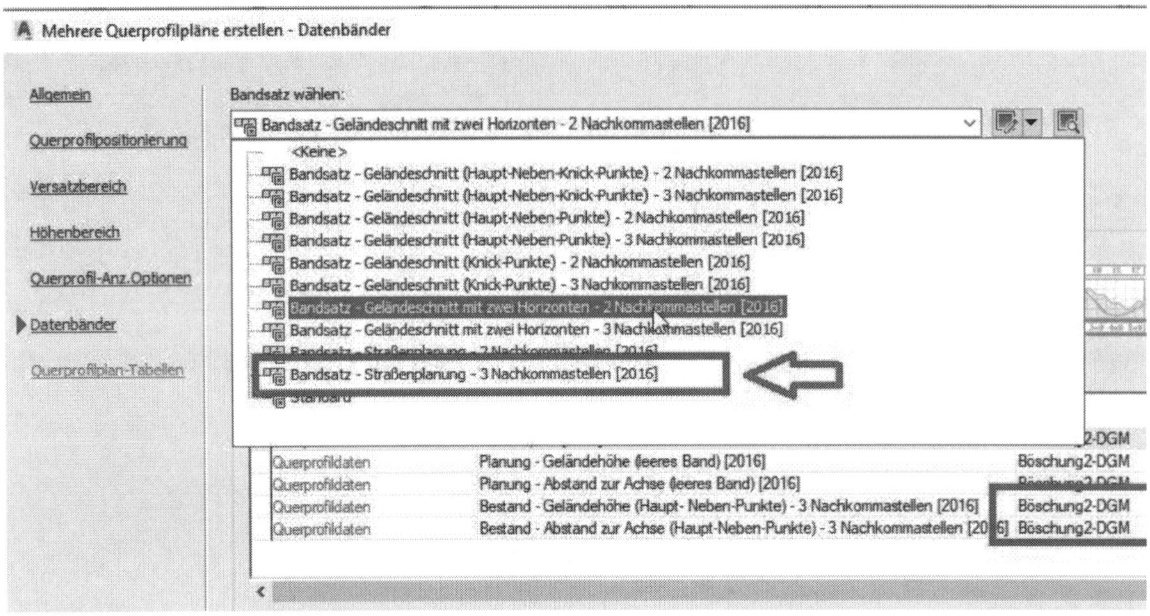

Im Band „Bestand-Geländehöhe ..." und „Bestand Abstand zu Achse..." ist durch Civil 3D automatisch das DGM der Materiallagerfläche (Böschung2-DGM) zugeordnet. Das DGM ist auszutauschen gegen „Oberfläche2". Der Eintrag „Oberfläche2" ist hier, wie im Höhenplan, in beiden Spalten (hier DGM 1 und DGM2) auszutauschen. Es gibt auch hier die Option, mit Hilfe einer speziellen Band-Zeile („Höhendifferenz"), eine Höhendifferenz anzuschreiben und nur deshalb sehen wir hier 2 Spalten (DGM 1 und DGM2).

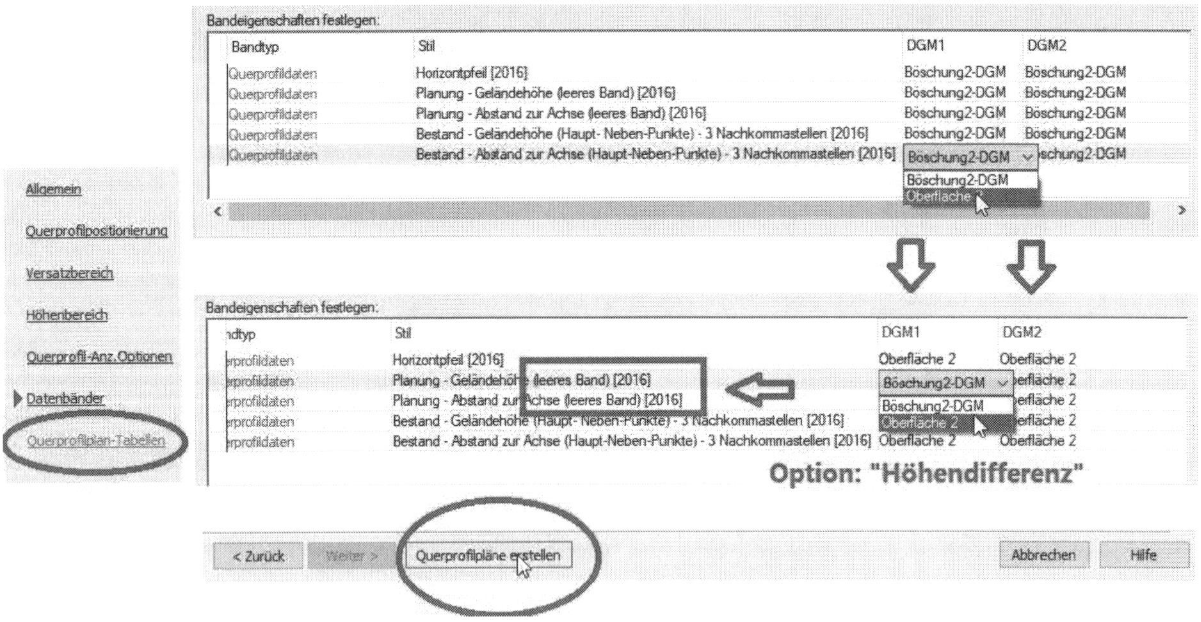

Hinweis:

Der 3D-Profilkörper kann in den Spalten DGM1 oder DGM2 nicht aufgerufen werden. Der Aufruf ist nur für DGMs, das heißt für Geländelinien, die aus DGMs abgeleitet werden, möglich.

Die Querprofilpläne werden erstellt, indem eine Position in der Zeichnung gepickt wird, die dafür geeignet ist. Die geeignete Position richtet sich nach der Einstellung im „Querprofilplot"-Stil. Wir haben „Oben links" eingestellt, das heißt die QP-Pläne werden nach unten und rechts gezeichnet.

Sollte die Darstellung der QP-Pläne kurios mit überlagerter Beschriftung sein, so ist der eingestellte Maßstab im Modellbereich zu prüfen.

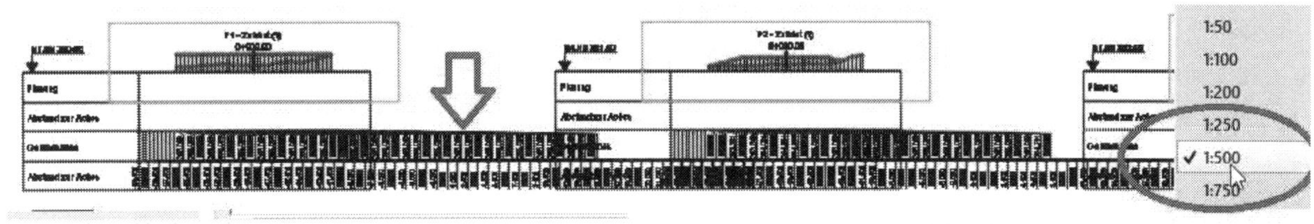

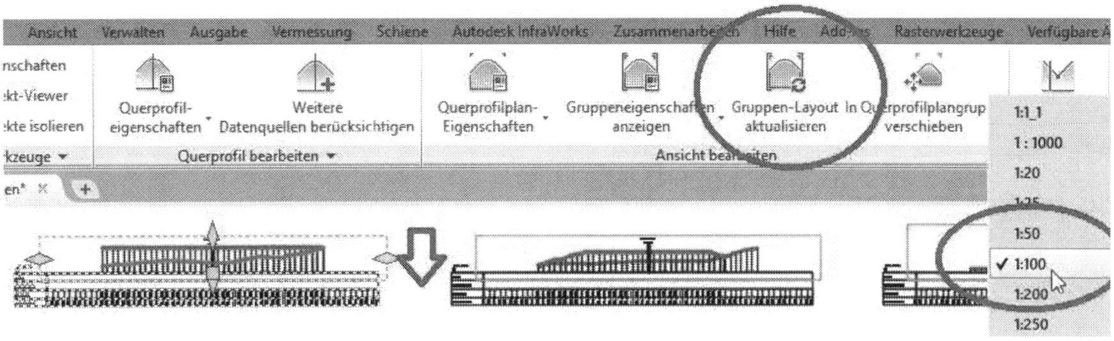

Querschnitte und QP-Pläne sind für den Maßstab 1:100 programmiert. Nach umgestelltem Maßstab ist das „QP-Plan-Gruppenlayout" immer mit der Funktion „Gruppen-Layout aktualisieren" zu aktualisieren (Funktion im Kontext-Menü).

Die QP-Pläne sind in den unteren beiden Zeilen im Raster beschriftet (Raster-Abstand von QP-Plan-Stil „Querprofilplan-Überhöhung 1:1 Raster horizontal 5-1m [2016]") Die oberen beiden Zeilen sind leer?

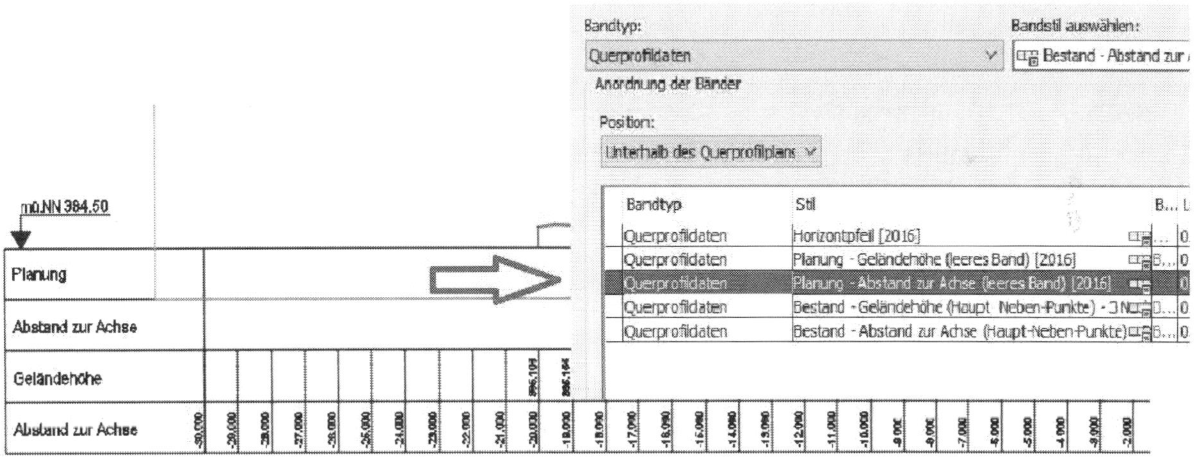

Im Band gibt es extra zwei Zeilen „Planung -Geländehöhe (leeres Band) ...", „Planung-Abstand zur Achse (leeres Band) ..."? Warum werden zwei Zeilen eingefügt, die dann doch nur leer sind? Es gibt eine Funktion im Zusammenhang mit dem Querschnitt und besonderen Querschnitts-Elementen, für die dieses „leere Band" gedacht ist. Diese Besonderheit wird hier nur in wenigen Bildern gezeigt, damit der Leser den Sinn der „leeren" Zeilen erkennt.

QP-Plan-Beschriftungsbänder können nur DGMs auswerten und beschriften. Für eine Massenberechnung (Auf- und Abtrag) wird ebenfalls ein DGM benötigt. Das 3D-Profilkörper-DGM hat für einen „langgestreckten Baukörper zwei Aufgaben, erstens Massenberechnung und zweitens QP-Plan-Beschriftung. Es gibt jedoch auch die einfachen Projekte, die keine Massenberechnung erfordern, das heißt es wird auch kein 3D-Profilkörper-DGM benötigt. Wie kann man in einem solchen Fall einen 3D-Profilkörper im QP-Plan beschriften?

Wir zoomen, zurück zum Querschnitt und öffnen erneut die Werkzeugpalette mit den Querschnittselementen.

Für den Querschnitt werden auf der Palette „DE-Querprofilplan-Bandbeschriftung“ spezielle Beschriftungselemente angeboten, die an den Punkten (Ecken) der Querschnittselemente gesetzt werden können, die zu beschriften sind. Für das Beispiel wird die Oberkante der Fahrbahn von unserem Querschnitt „RQ-6m (1)“ gewählt.

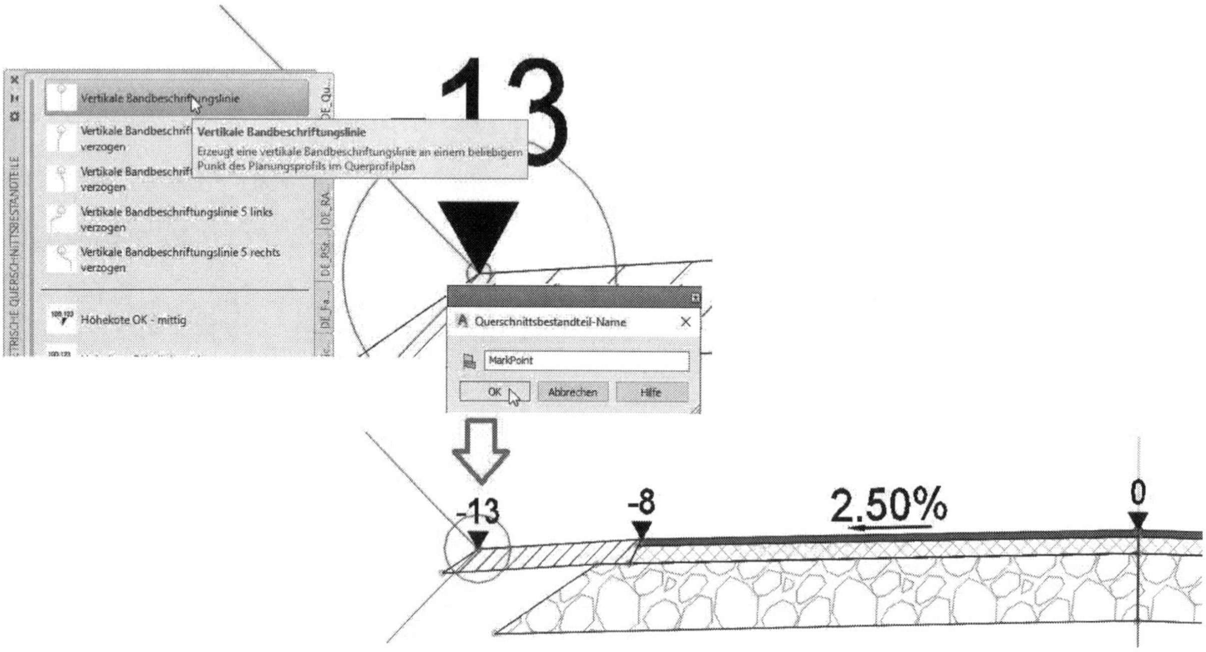

Hinweis:

Die Beschriftungs-Elemente stellen sich, später im Band vom QP-Plan, nicht selbst frei. Ist zu erwarten, dass der Beschriftungs-Text, der zu beschriftenden Punkte übereinander liegt, so ist die Alternative mit „... links verzogen“ oder „... rechts verzogen“ zu wählen.

Sind die Beschriftungselemente gesetzt, so ist drauf zu achten, dass der 3D-Profilkörper aktuell ist. Das heißt erst wenn der 3D-Profilkörper „neu erstellt“ ist, hat er die Änderung oder Ergänzung am Querschnitt gelesen.

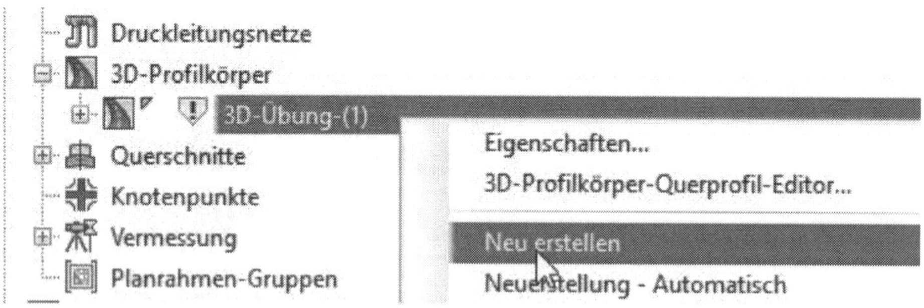

Am QP-Plan selbst wird die Beschriftung nur gezeigt, wenn die QP-Plan-Gruppe wie folgt eingestellt ist.

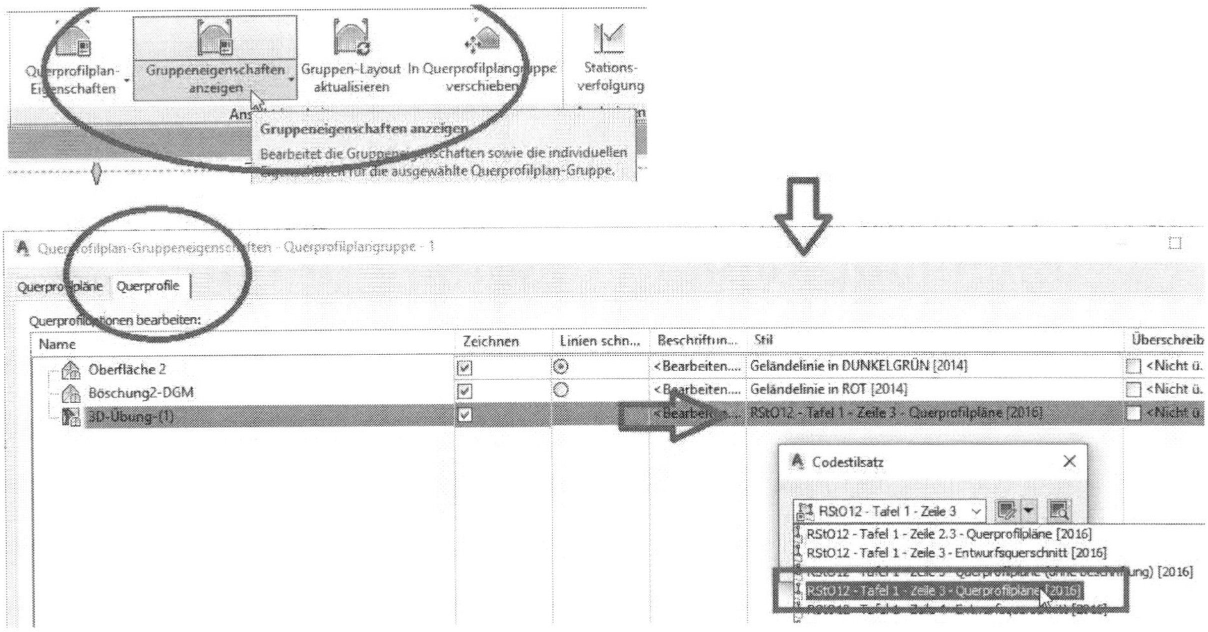

In den Querprofilplan-Gruppeneigenschaften muss auf der Karte „Querprofile" der Code-Stil Satz „RSto12-Tafel1-Zeile3-Querprofilpläne [2016]" zugewiesen sein. Dieser Codes-Stil-Satz erzeugt die Beschriftung, die dann in die Zeile „... leeres Band..." hineinfällt.

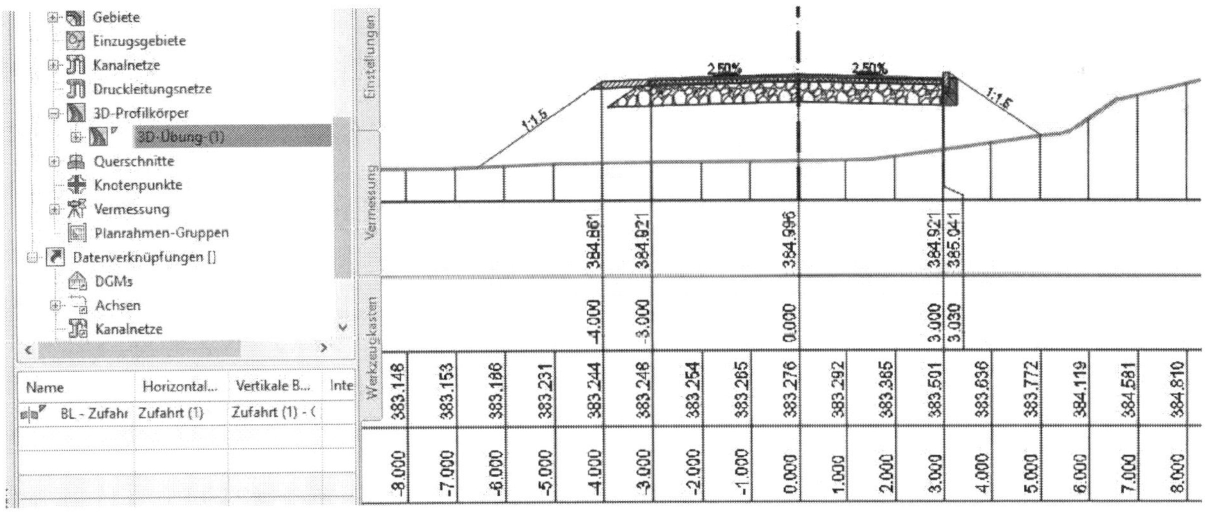

Hinweis:

Nachträglich können auch, wenn erforderlich, zusätzliche einzelne QP-Linien auf die Achse gesetzt - und von diesen neuen QP-Linien einzelne QP-Pläne gezeichnet werden. Ab der Version 2018 können diese einzelnen QP-Pläne auch nachträglich, positionsgenau in die bereits erstellte QP-Plangruppe, automatisch eingeordnet werden. Um diese Option praxisgerecht zu machen, ist neu ab der Version 2018 der „Entwurfspuffer" entwickelt worden (grünes Quadrat innerhalb eines jeden QP-Plans).

Der Layer und die Farbe des Entwurfspuffers sind Bestandteil des QP-Plan-Stils und sind änderbar.

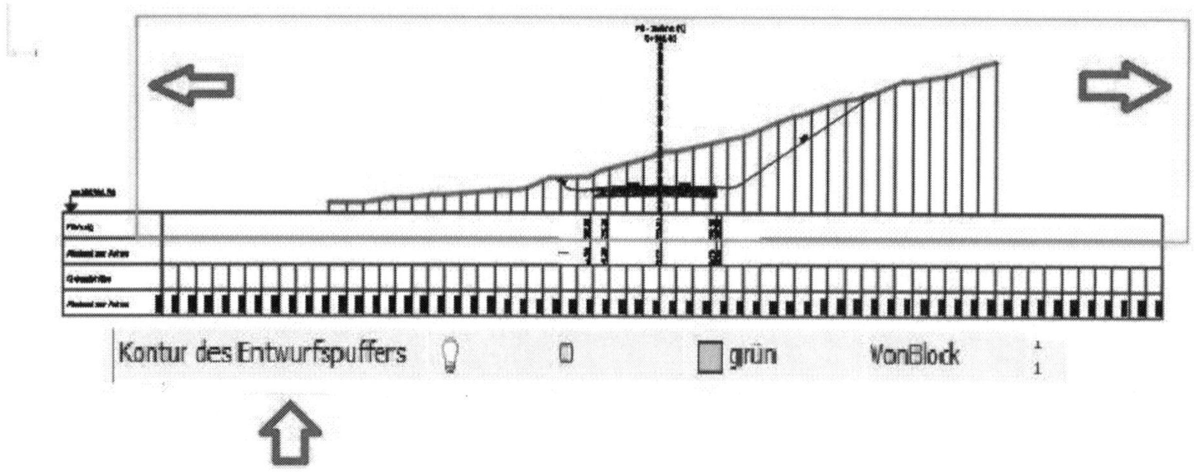

Der Entwurfspuffer bewirkt folgendes, im Fall in die vorhandenen QP-Pläne wurde als Ergänzung etwas gezeichnet und diese Zeichnungselemente liegen innerhalb der Entwurfspuffers, dann werden diese Zeichnungselemente bei der Neuanordnung der QP-Plan-Gruppe berücksichtigt.

Zeichnungselemente, die innerhalb des „Entwurfspuffers“ liegen, sind dem QP-Plan zugeordnet.

6.9.3 Mengen, Mengenberechnung aus Querprofilplänen, Stück-Listen

Die Mengenberechnung aus Querprofilen verlangt für Auf- und Abtrag ein 3D-Profilkörper DGM. Nur ein solches DGM kann die Querschnitts-Fläche zwischen Bestand „Oberfläche2-DGM“, Böschung, Straßengraben und Frostschutz-Unterkante beschreiben. Civil 3D multipliziert dann die einzelnen Querschnittsflächen pro QP-Plan und Stationsabstand zu einem Volumen „Auf- und Abtrag“. Das 3D-Profilkörper DGM ist eine Funktion der 3D-Profilkörper-Eigenschaften, Karte DGM.

Karte DGMs

Auf der „Karte DGMs“ (3D-Profilkörper-Eigenschaften) ist mit dem ersten Knopf ein neues Objekt „DGM“ zu definieren. Zuerst wird der Name festgelegt. Hier wird vorgeschlagen den Begriff „Unterkante“ nur ergänzend einzutragen. Im 7. Kapitel wird ein zweites 3D-Profilkörper-DGM erstellt, dieses wird die 3D-Profilkörper-Oberkante beschreiben und eine entsprechende Namensergänzung bekommen. Damit sind beide DGMs bereits am Namen erkennbar.

Als Darstellungs-Stil wird empfohlen die Voreinstellung „Dreiecksvermaschung Profilkörper“ beizubehalten. Die Besonderheit dieses Stils ist eine Farbe. Die Dreiecke habe den Farb-Wert „21“ und damit ist das 3D-Profilkörper-DGM deutlich erkennbar.

Jeder andere DGM-Stil wäre auch verwendbar.

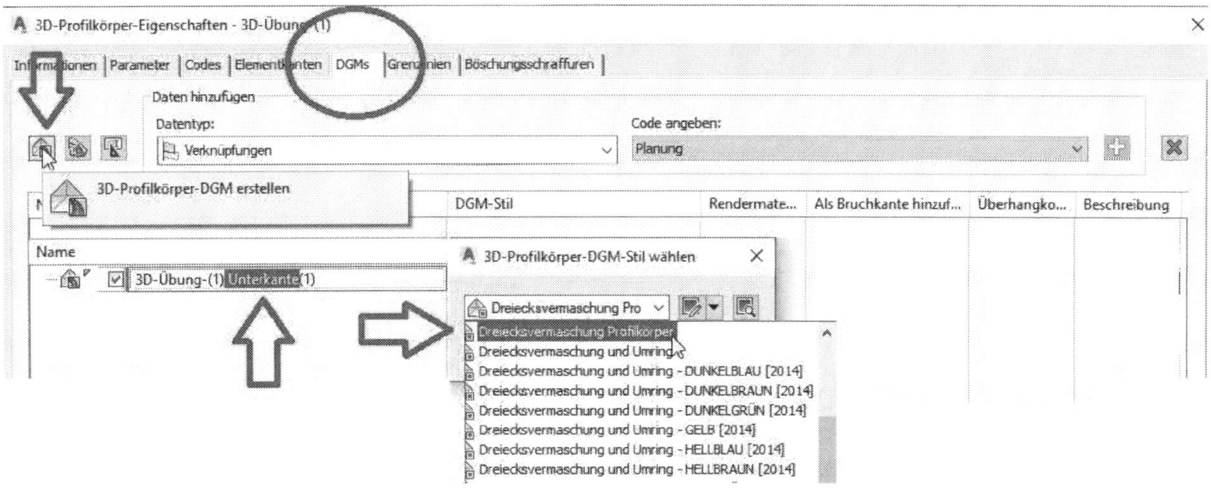

Nach der Erstellung des DGMs erfolgt die Datenzuweisung. Als Daten stehen optional die 3D-Profilkörperkanten zur Verfügung („Elementkanten"), die als parallele Linien zur Achse aus den Punkt-Codes des Querschnittes entstehen. Im Beispiel wird jedoch die Option „Verknüpfungen" gewählt. Verknüpfungen sind die Verknüpfungs-Codes des Querschnittes (Linien-Codes).

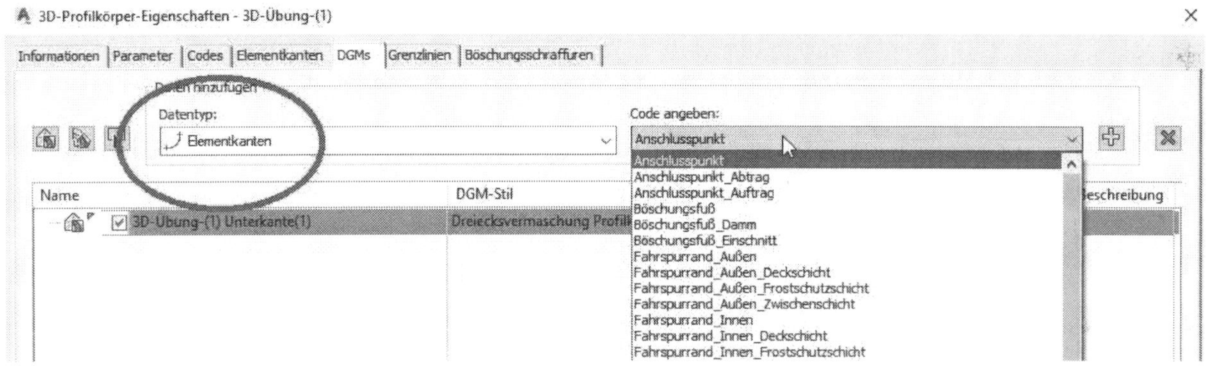

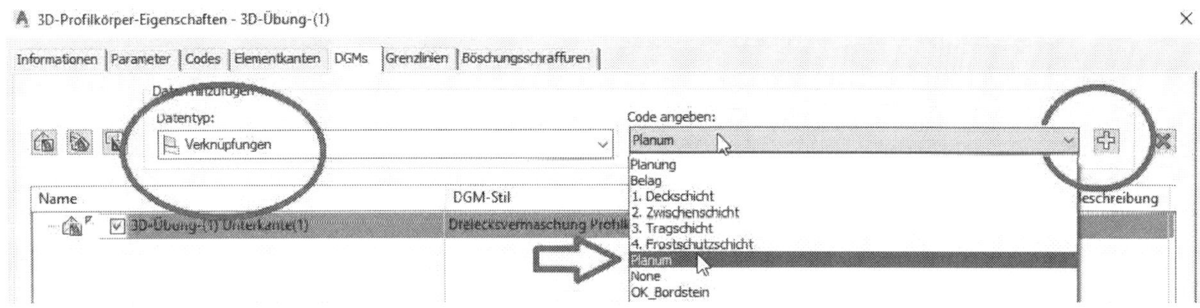

Der Begriff „Planum" wird ausgewählt. Der Begriff Planum bezeichnet bei den Civil 3D-Querschnittselementen immer die absolute Unterkante. Der Begriff Planung steht für absolut „oben", Planum für absolut „unten". Das heißt mit der Auswahl dieses Begriffes wird Civil 3D an jedem Element die jeweils unterste Linie suchen.

Hinweis:

In diesem Zusammenhang wird vorausgesetzt, dass auch das gezeichnete Querschnittselement (Querschnittsbestandteil aus Polylinie ...) codiert ist mit dem Begriff „Planum".

Die Querschnittselemente „RStO12-Tafel1-Zeile1-V2019“ und „Bordstein mit Fase“ sind zu überprüfen, ob das unterste Element (Schicht 5 unten und Unterbeton unten) den Begriff „Planum“ eingetragen haben.

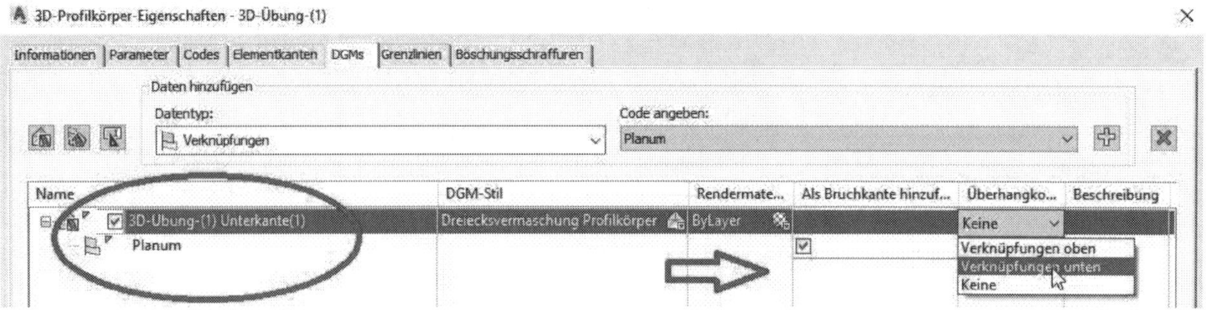

Gleichzeitig wird in der Spalte „Überhangkorrektur“ die Einstellung „Verknüpfung unten“ ausgewählt. Die codierten Linien „Planum“ überschneiden sich zum Teil (linke Seite, Bankett und Frostschutz). Diese Überschneidung der „Verknüpfungen“ (Linien) könnte der Rechner falsch auswerten. Mit der Einstellung „Überhangkorrektur“, „Verknüpfung unten“ wird von allen gleich codierten Elementen das absolute Unterste gewählt.

Das DGM ist erstellt. Es berücksichtigt jedoch nicht in jedem Fall den letzten Böschungspunkt als „Begrenzung“. Dieser Fehler ist unbedingt zu korrigieren, weil sonst die Mengenberechnung (Auf- und Abtrag) falsch wäre. Der Fehler wird in der Karte „Grenzlinien“ korrigiert.

Karte Grenzlinien

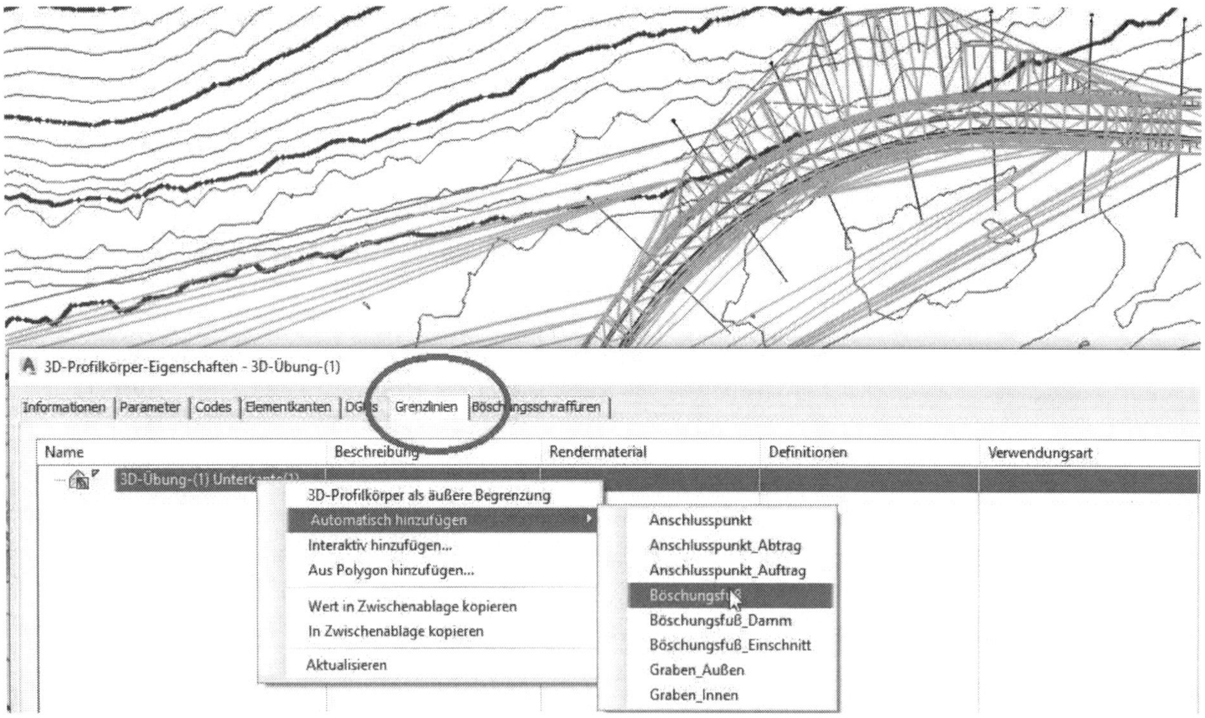

Als Begrenzung ist die Auswahl des 3D-Profilkörpers möglich. Im Beispiel wird der Punkt-Code „Böschungsfuß“ verwendet, der am Böschungselement (Querschnitt) als letzter codiert ist. Das 3D-Profilkörper-DGM wird anschließend im Querprofilplan aufgerufen.

Wird ein QP-Plan angepickt, bietet Civil 3D im Kontextmenü die Funktion „Weitere Datenquellenberücksichtigen“ an.

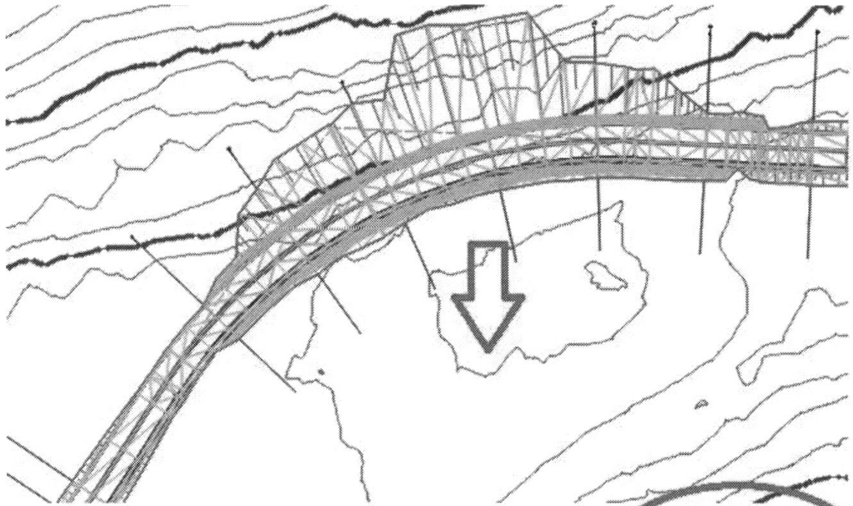

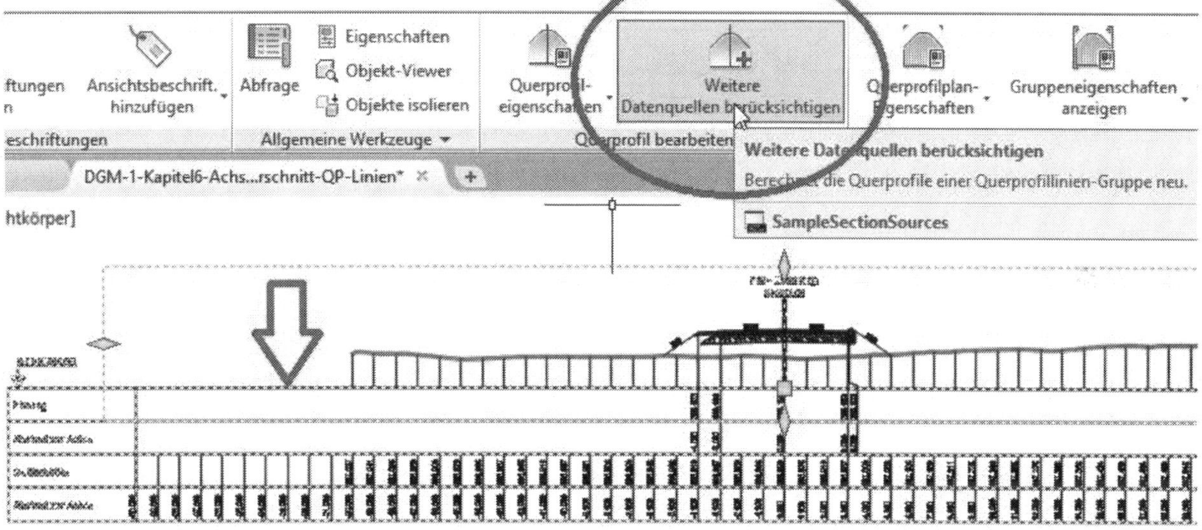

Das 3D-Profilkörper-DGM ist eine solche „Datenquelle“. Mit dem Knopf „Hinzu»“ wird das Objekt übernommen. Der Darstellungs-Stil ist unbedingt wahrzunehmen, um das neue Objekt kontrollieren zu können.

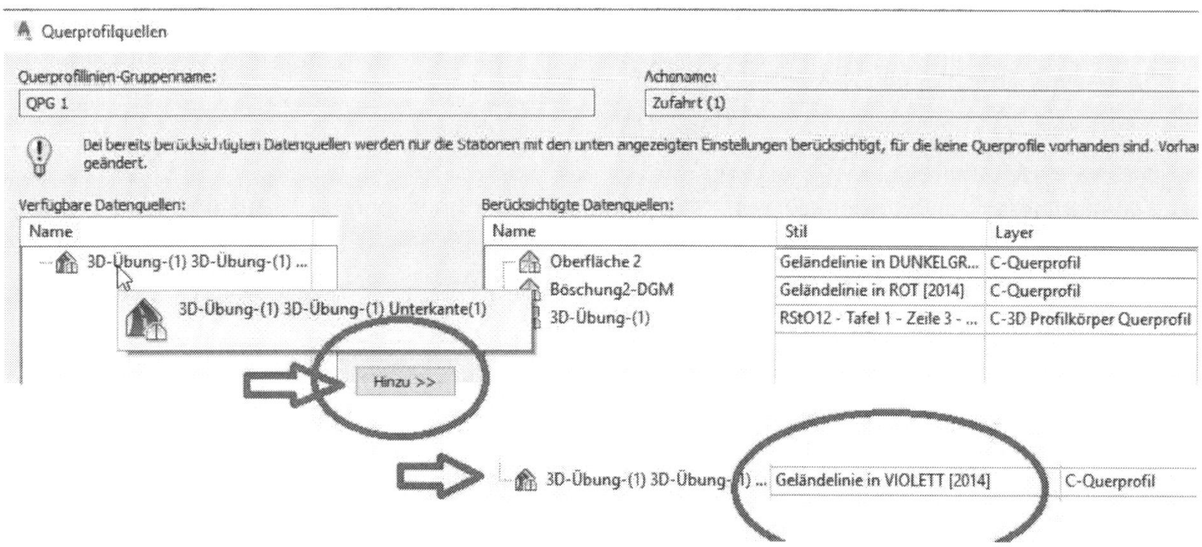

Hinweis: Civil 3D DGMs können maximal senkrechte Kanten haben, unabhängig auf welchem Weg diese DGMs erstellt sind.

Ein „Zurückspringen“ der Gelände-Linie (DGM-) ist nicht möglich. Außer „senkrecht“ kann es in einer Position niemals zwei Höhen geben. Das bedeutet zu Beispiel, das auf der linken Seite zwischen Bankett und Frostschutzschicht ein „Dreieck“ offenbleibt. Diese Besonderheit ist bei künftigen Konstruktionen zu berücksichtigen. Bereits bei der Konstruktion des Querschnittes sind hier „Füllflächen“ vorzusehen.

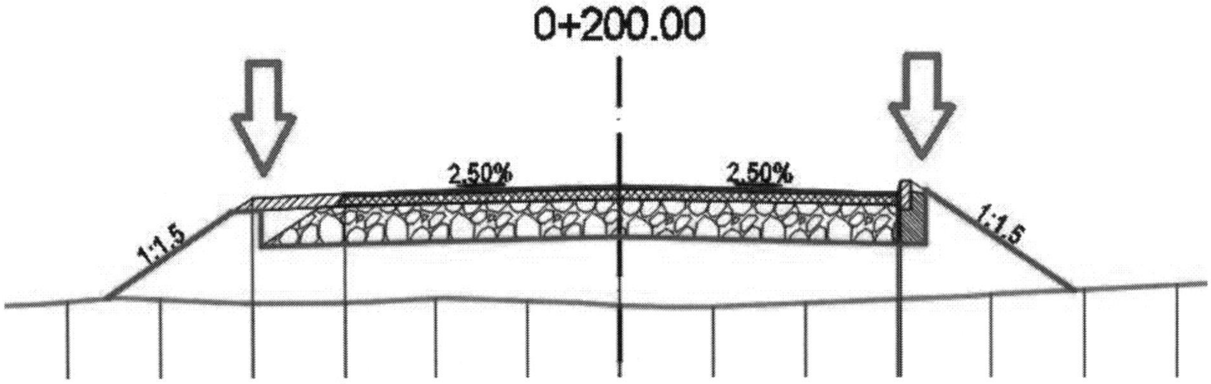

Mit eingefügtem 3D-Profilkörper-Unterkanten-DGM ist die Voraussetzung für eine Mengenberechnung (Auf- und Abtrag, zwischen DGM-Linien) aus Querprofilen gegeben.

Hinweis:

Exakt gesagt sind die DGM-Linien nur für die Ermittlung der Querschnittsfläche von Auf- und Abtrag endscheidend. Die Querschnittsflächen von Frostschutzschicht, Tragschicht, Bankett, Unterbeton, usw. würden optional auch ohne DGM in der Mengenberechnung berücksichtigt.

Mengenberechnung (m³, Massen)

In der Civil 3D Multifunktionsleiste ist diese Funktion Bestandteil der Karte Analyse und lautet „Materialien berechnen“.

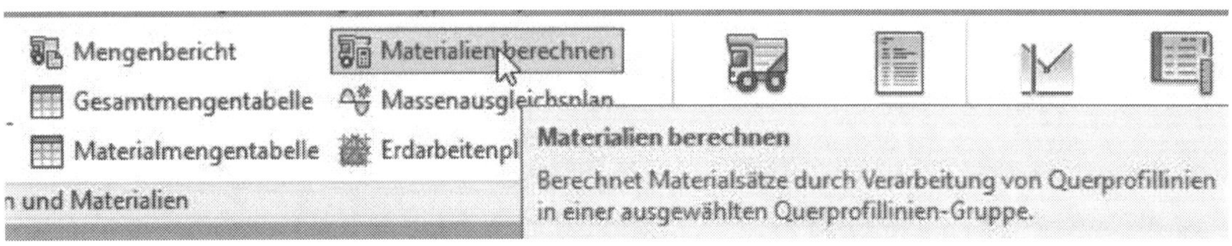

Die Funktion geht nur auszuführen, wenn der gewählten Achse eine Querprofil-Linien-Gruppe zugeordnet ist.

In der nächsten Maske ist ein „Mengenermittlungskriterium“ auszuwählen. Der Begriff „Mengenermittlungskriterium“ ist als Darstellungs-Stil zu verstehen. Die Mengenermittlung kann mit Hilfe des Mengenermittlungskriteriums den berechneten Querschnitts-Flächen optional Farb-Schraffuren zuordnen.

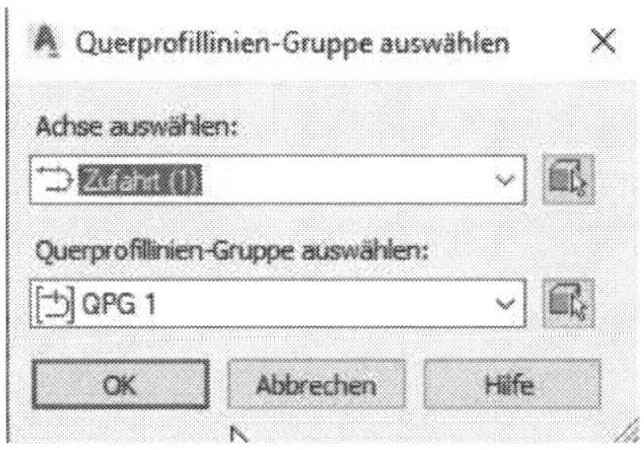

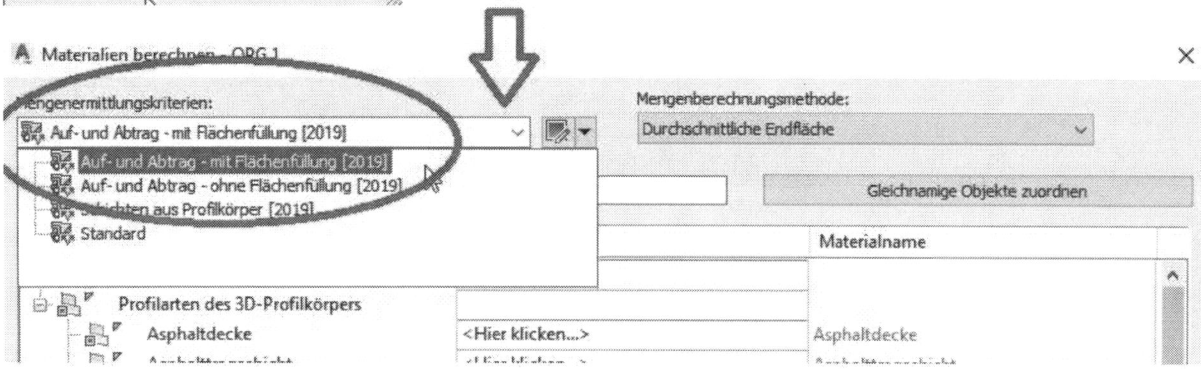

Damit ist erstens im Querprofilplan zu erkennen, welche Mengenpositionen in welchem QP-Plan vorhanden sind. Zweitens wird sichtbar, wann die Funktion beendet ist. Die Funktion ist abgeschlossen, wenn die Flächen schraffiert sind. Die Einzelflächen werden maßstäblich schraffiert und können im Sonderfall auch manuell nachgemessen werden (Zeichnen einer Polylinienfläche).

Civil 3D hat für diese Berechnungs-Methodik mehrere „Mengenberechnungsmethoden" vorgesehen.

- „**Durchschnittliche Endfläche**": Es wird die Querschnittsfläche ermittelt und diese mit dem Abstand multipliziert (Stationsabstand-Achs-Mitte)
- „**Prismoid**": Es werden die Dreiecksflächen („Oberfläche2"-DGM und 3D-Profilkörper-DGM) ermittelt, die sich zwischen den QP-Linien befinden und das Volumen zwischen den DGMs ermittelt (der Autor).
- „**Mengen nach Prismenmethode**": Sind die Dreiecke der DGMs lang und überdecken die QP-Linien, dann werden die Dreiecke zusätzlich gebrochen (der Autor).

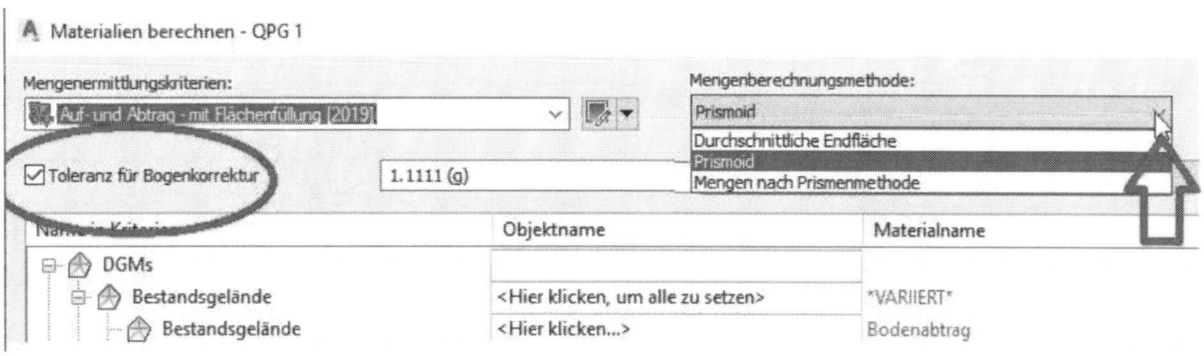

Für die Übung bleibt „Durchschnittliche Endfläche" ausgewählt.

Hinweis:

Der QP-Linien-Stationsabstand und das Berechnungsintervall des 3D-Profilkörpers

(Intervall) sollten gleich sein, oder dass „Intervall" des 3D-Profilkörpers sollte ein Mehrfaches des „QP-Linien-Stationsabstandes" betragen. Bei Nicht-Übereinstimmung von 3D-Profilkörper-Intervall und QP-Linien-Station können unschöne Effekte entstehen. Zum Beispiel sind, bei nicht Übereinstimmung der

Werte, in den QP-Plänen das 3D-Profilkörper-DGM und der 3D-Profilkörper nicht exakt deckungsgleich dargestellt.

Um die Mengenberechnung nicht nur auf die Mengenposition „Auf- und Abtrag“ zu beschränken, sondern auch die Querschnittsflächen des 3D-Profilkörpers in die Ausgabe einzubeziehen, wird eine Kopie des Mengenermittlungs-Kriteriums erstellt und dieses Kriterium bearbeitet.

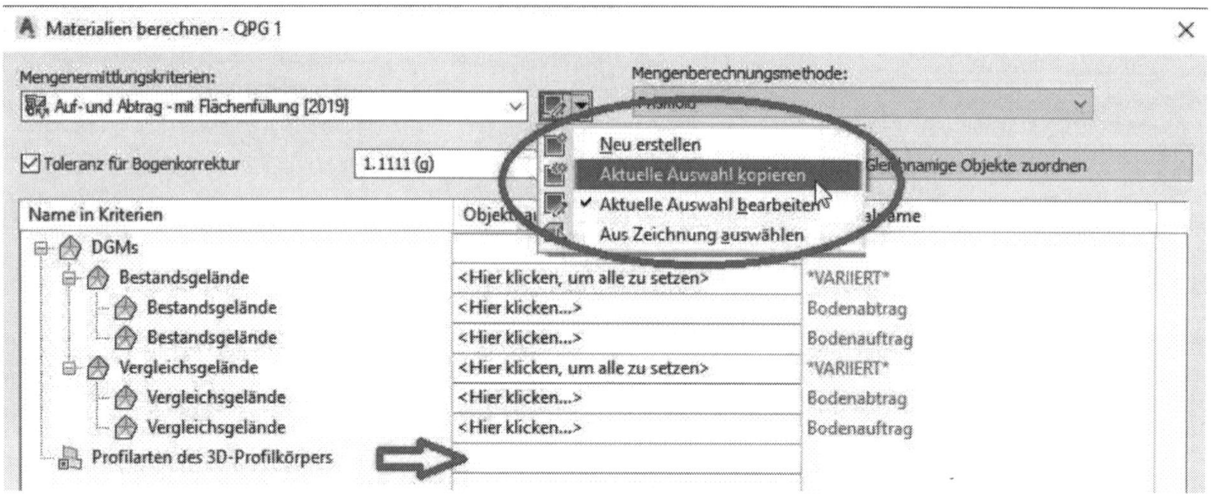

Es werden einige der Querschnittsflächen des 3D-Profilkörpers in die Berechnung einbezogen. Mit der Funktion „Neues Material hinzufügen“ wird eine neue Mengenposition erstellt. Für diese Position ist ein geeigneter Name zu wählen, es wird „Frostschutz“ eingetragen. Es ist der Mengentyp auszuwählen. Für 3D-Profilköper-Querschnitteelemente gilt „Schächte/Bauwerk“.

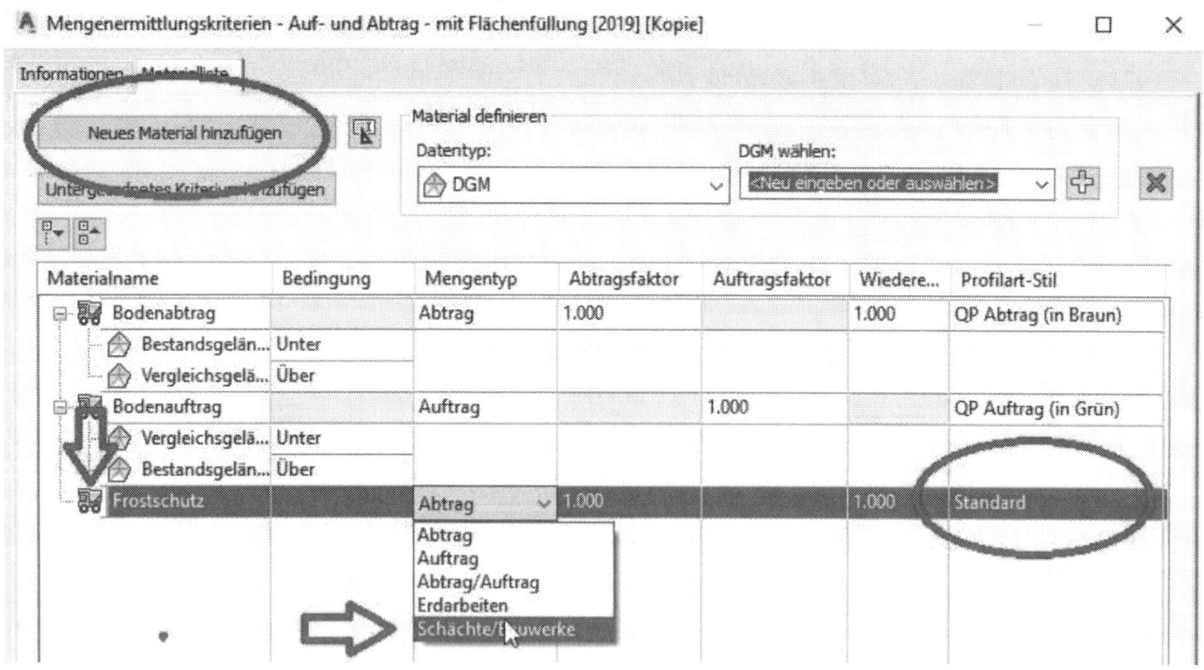

Der Begriff ist schwer zu verstehen und wurde eventuell unglücklich aus dem

Englischen übersetzt. Man sollte hier eher die Vorstellung von Bauwerk oder Bauwerksbestandteil haben. In der Spalte „Profilart-Stil kann dieser Mengenposition eine zusätzliche Flächen -Schraffur zugeordnet sein.

Diese Option wird nur für die erste Position genutzt. Es wird ein neuer Schraffur-Stil erstellt „ANSI 31 (ROT). Was ist der Sinn einer solchen Option?

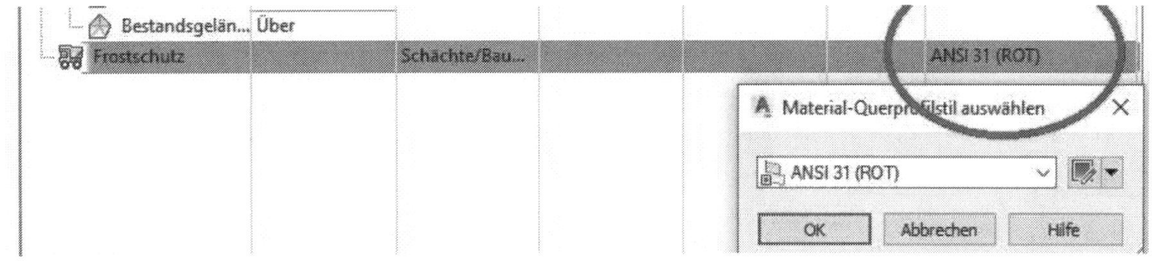

Es gibt Bauwerke (zum Beispiel Straßen) mit angeschlossenem Gehweg/Radweg und Straßen, wo Gehweg/Radweg durch einen Grünstreifen getrennt parallel zur Straße verlaufen. Straße und Gehweg/Radweg haben einen unterschiedlichen Aufbau (Straße „Asphalt“ und Gehweg/Radweg „Pflaster“). Beide haben aber eventuell die gleiche „Frostschutz-Material-Position“. Durch die überlagerte Schraffur ist nachweißbar, dass beide räumlich getrennte Flächen zu einer Mengenposition gehören oder gehören können.

Das Bild zeigt Optionen der Schraffurmuster-Bearbeitung.

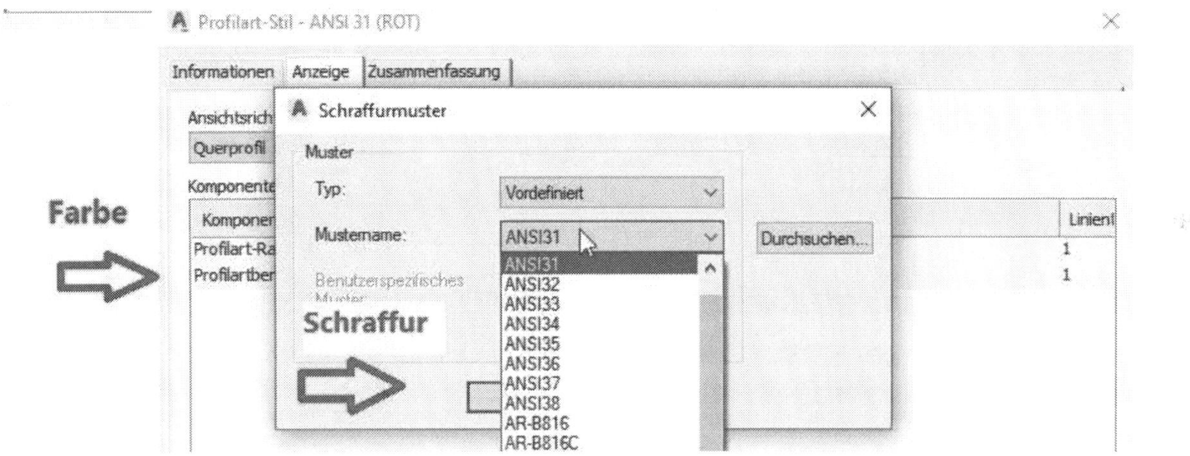

Dem neu eingefügten Material werden anschließend Querschnitte des 3D-Profilkörpers zugewiesen. Als Datentyp ist „Profilart des 3D-Profilkörpers“ auszuwählen. Unter „3D-Profilkörperart wählen“ sehen wir „Profilcodes“ (Flächen-Namen) der Querschnittselemente. Civil 3D verwendet durchaus in den Querschnittselementen für die gleiche Material-Arten (Flächen) unterschiedliche Namen. Im rechten Fahrbahn-Querschnitt ist Frostschutz mit dem Namen „4. Frostschutzschicht“ eingetragen. Im Linken Element steht als Name „Frostschutzschicht“. Für die Software ist das nicht das Gleiche! Beide Namen werden mit dem „+“ dem Material zugeordnet.

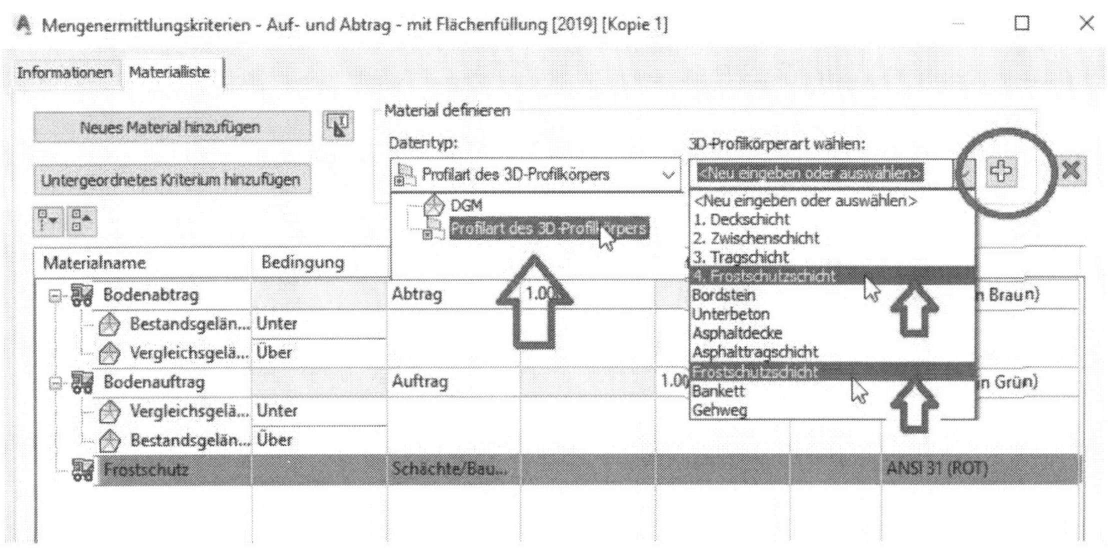

Hinweis:

Neu eingefügte Mengenpositionen sollten entweder eine bewusst ausgewählte Schraffur bekommen oder den Darstellungs-Stil „_keine Darstellung" haben. Der Stil „Standard" ist auf „Solid-Schwarz" eingestellt und ist deshalb nicht zu empfehlen!

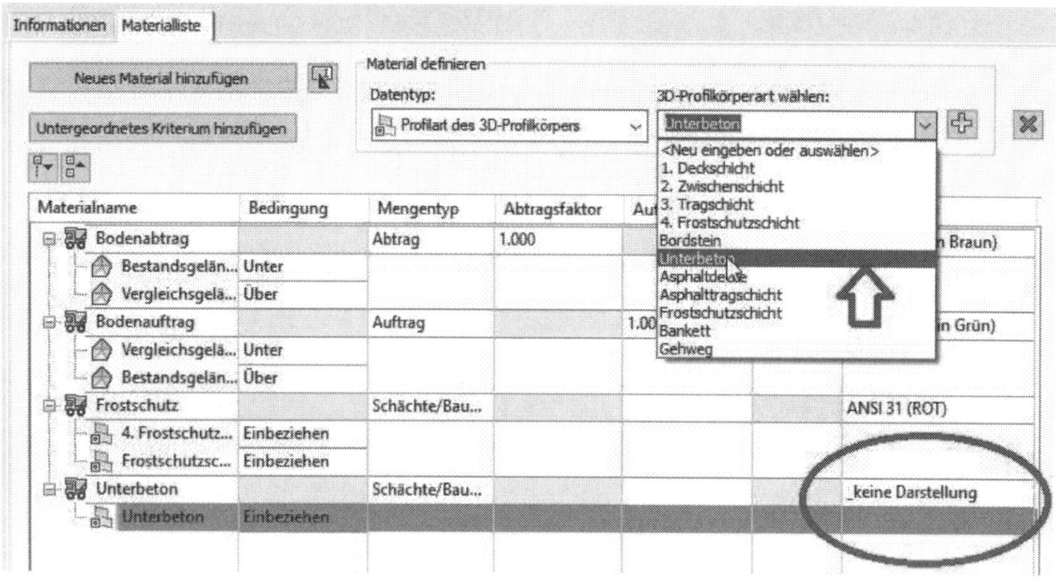

Für die Übung wird nur ein weiteres Material hinzugefügt („Neues Material hinzufügen"). Jede codierte Querschnittsfläche ist verwendbar, um das zu zeigen wird „Unterbeton" gewählt. In der Spalte „Profilart-Stil" wird „_keine Darstellung gewählt. Die Eingaben werden mit „OK" bestätigt. Es bleibt die Maske „Materialien berechnen – QPG1" zu sehen, die das neue Mengenermittlungskriterium ausgewählt hat.

Hinweis:

Die Erstellung eines solchen „Kriteriums" erfolgt in der Regel nur einmal und sollte bereits mit der „Vorlage" (... Deutschland.dwt) geladen sein.

Es erfolgt die Objekt-Zuweisung von DGM bis 3D-Profilkörper-Querschnitts-Fläche.

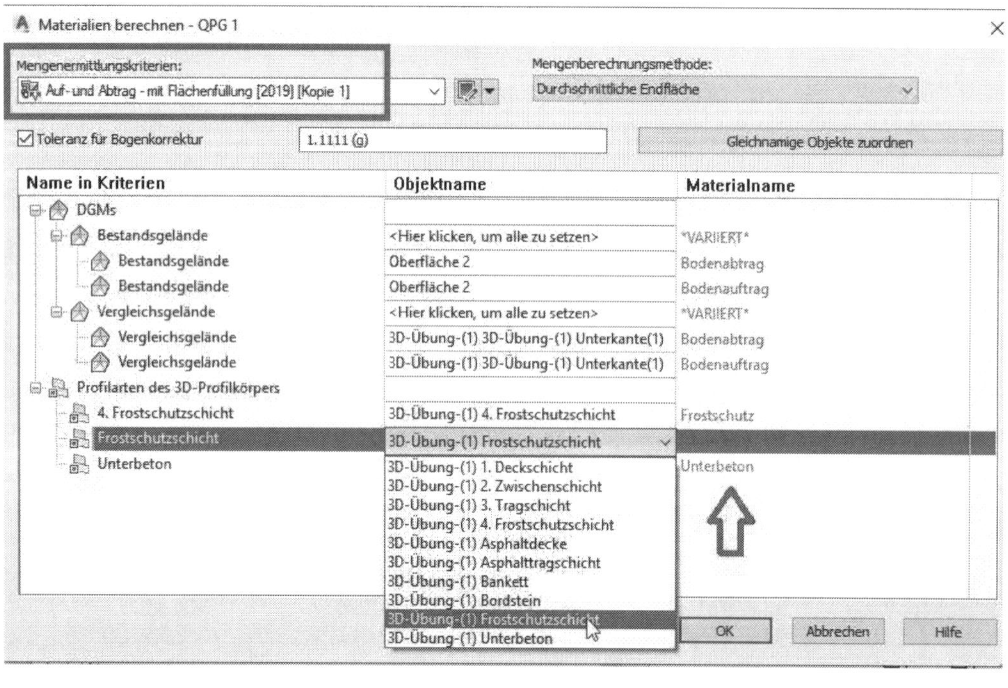

Mit „OK" erfolgt die Berechnung und die Schraffuren werden erzeugt, soweit diese vereinbart sind.

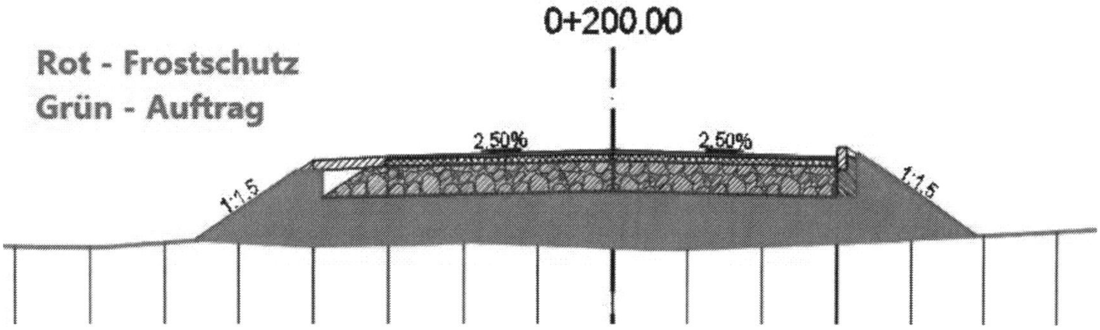

Die Menge als Wert oder als Ausgabeprotokoll, kann auf drei Wegen erfolgen.

- Mengentabelle, jeweils einer Mengenposition, frei in die Zeichnung eingefügt
- Mengentabelle als Bestandteil des QP-Plans, verknüpft mit der Station
- Mengentabelle als separates Dokument

Im Bild wird nur die Ausgabe als Dokument gezeigt. Der Funktions-Start lautet „Mengenbericht". Für den Dokumenten-Stil (Anordnung der Zeilen und Spalten in der Tabelle) stehen nochmals drei Optionen zur Verfügung.

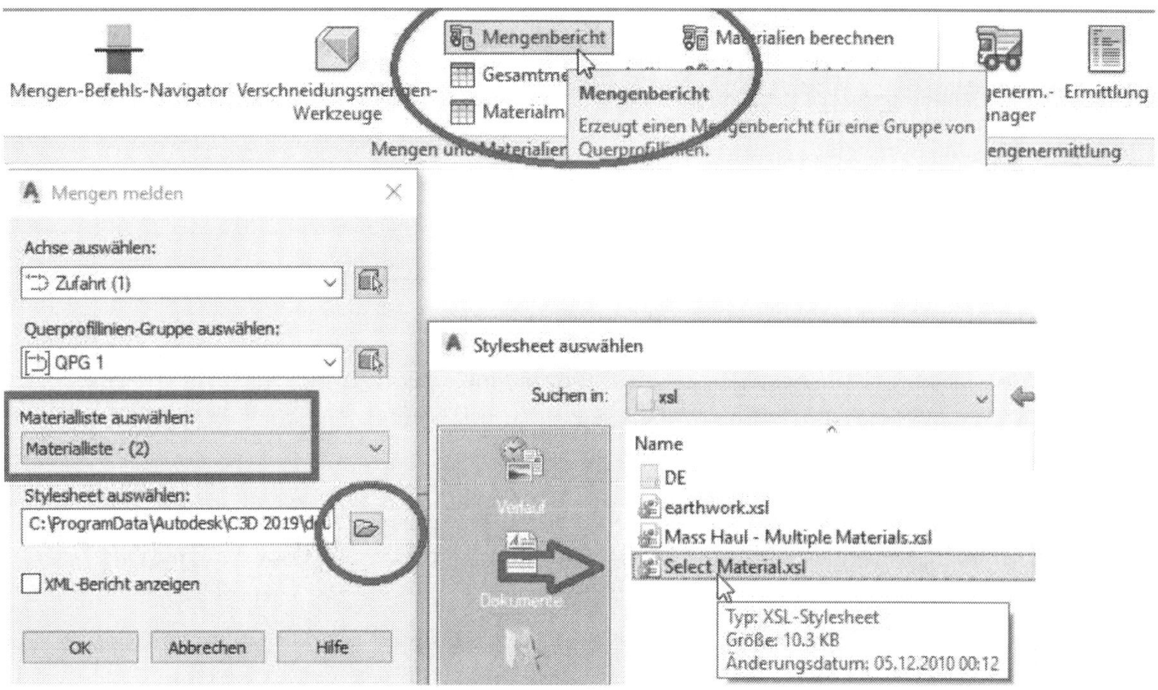

In Deutschland wird meist die Auswahl „Select Materials.xsl" gewählt. Für die Ausgabe sollte der Microsoft-Internetexplorer installiert sein. An einen anderen Internetexplorer oder ein anderes Schreib-Programm erfolgt keine Übergabe.

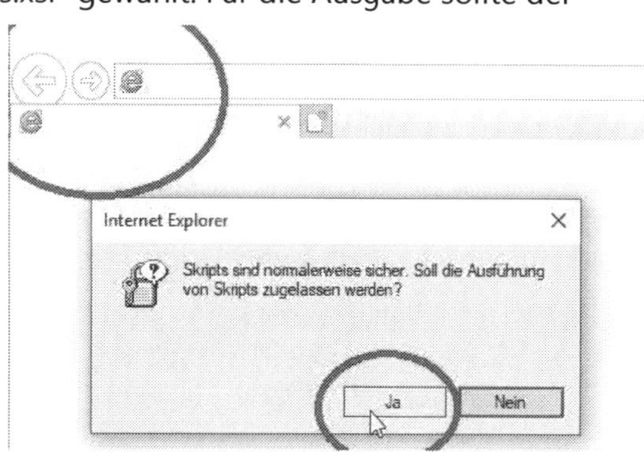

Im Protokoll sind Stationsweise die Flächen, Mengen und die Mengen-Summe aufgelistet (Kumul. Menge). Das heißt an der letzten Station wird die Gesamt-Menge ablesbar sein. Das Protokoll kann von hier gedruckt werden oder die Zahlen lassen sich auch kopieren und in andere Dokumente einfügen.

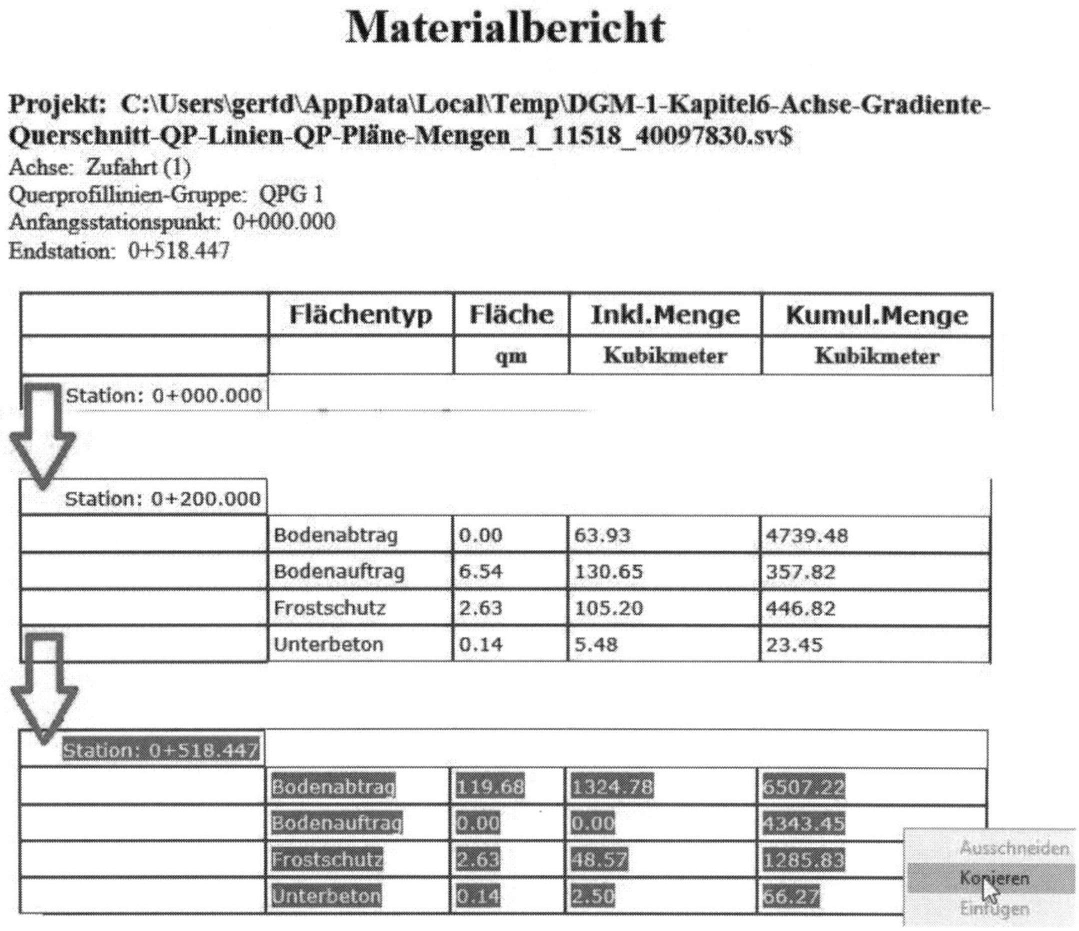

Materialbericht

Projekt: C:\Users\gertd\AppData\Local\Temp\DGM-1-Kapitel6-Achse-Gradiente-Querschnitt-QP-Linien-QP-Pläne-Mengen_1_11518_40097830.sv$
Achse: Zufahrt (1)
Querprofillinien-Gruppe: QPG 1
Anfangsstationspunkt: 0+000.000
Endstation: 0+518.447

	Flächentyp	Fläche	Inkl.Menge	Kumul.Menge
		qm	Kubikmeter	Kubikmeter
Station: 0+000.000				
Station: 0+200.000				
	Bodenabtrag	0.00	63.93	4739.48
	Bodenauftrag	6.54	130.65	357.82
	Frostschutz	2.63	105.20	446.82
	Unterbeton	0.14	5.48	23.45
Station: 0+518.447				
	Bodenabtrag	119.68	1324.78	6507.22
	Bodenauftrag	0.00	0.00	4343.45
	Frostschutz	2.63	48.57	1285.83
	Unterbeton	0.14	2.50	66.27

Mengenberechnung (m², m, Stücklisten)

Nicht jede Menge wird in „m³“ ausgeschrieben oder abgerechnet. Zum Beispiel wird Asphalt-Einbau in „m²“ angegeben. Eine Mengenberechnung oder -Ausgabe in „m²“, „m“ oder „Stück“ ist ebenfalls möglich.

Die Voraussetzung zu einer solchen Liste ist im 3D-Profilkörper zu setzen (3D-Profilkörper-Eigenschaften). In der Karte „Codes“, jeweils in der ersten Spalte (Name oder Codes) zeigt Civil 3D die im Querschnitt vergebenen Verknüpfungs-Codes (Linien-Namen) und auf der Karte „Elementkanten“ die Punkt-Codes (Punkt-Namen). Aus den Verknüpfungs-Codes ermittelt Civil 3D Linien-Längen, die mit dem Stationsabstand multipliziert eine Fläche ergeben. Aus den Punkt-Codes entstehen Elementkanten, die automatisch über die 3D-Profilkörper-Länge einen Längen-Wert haben.

Gesteuert wird die Berechnung mit Hilfe eines Eintrages in der Spalte „Kostenpunkt“ passend zum jeweiligen Code. Eventuell ist in der jeweiligen Zeile kein Eintrag vorhanden. Eventuell sind alle Felder „Kostenpunkt“ leer und ein Eintrag ist nicht möglich?

Um Einträge nachzureichen, ist der aufgerufene Code-Stil-Satz zu bearbeiten oder es ist ein bearbeiteter, bereits vorbereiteter Code-Stil-Satz – aufzurufen. Für das Beispiel wird der Code-Stil-Satz „Darstellung Lageplan und Kostenermittlung [2014]“ aufgerufen. Für den Verknüpfungs-Code „Belag“ ist jetzt der Kostenpunkt 50-01 eingetragen.

Was besagt diese Nummer? Wo kommt diese Nummer her? Kann ich diese Nummer ändern oder eigene Nummern-Kreise verwenden?

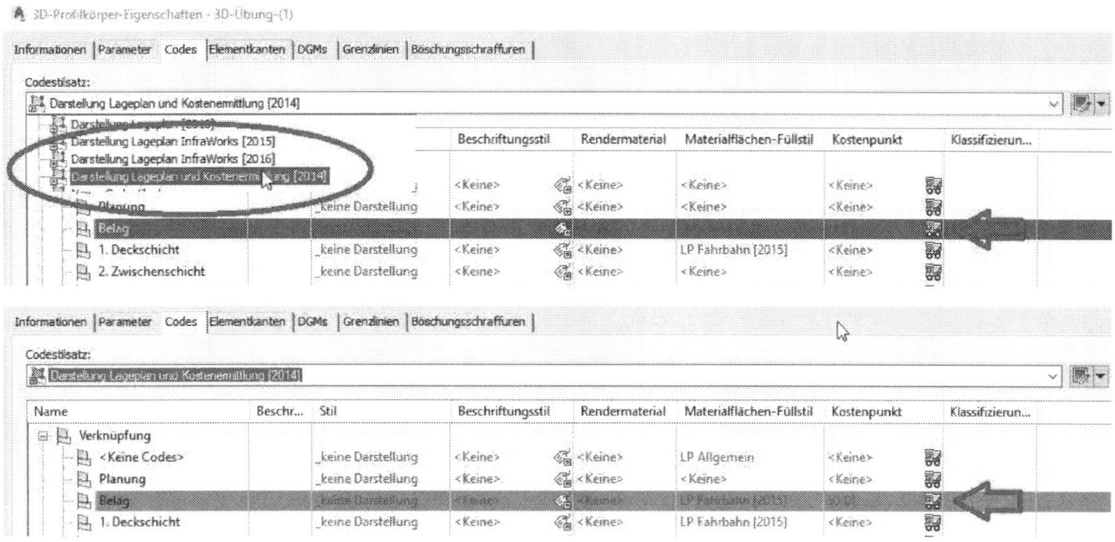

Im Menü ist auf die Karte Analyse zu wechseln. Hier gibt es die Funktion „Mengenerm.-Manager". Diese Funktion hält die Verbindung zu der Liste, die von Civil 3D vorgegebenen, Kostenpunkte enthält. Das heißt hier kommt diese Nummer „50-01" her.

Genauer gesagt hier kann eine bearbeitbare *.csv Datei aufgerufen werden, in der die Nummern frei vergeben sein können.

Zuerst muss erläutert werden, wie der Begriff „Kostenpunkte" zu verstehen ist. Bei dem Begriff sich handelt es sich erst um „KOSTEN-Punkte" („Kosten-Positionen"), wenn in der Spalte „Formel" des „Mengenerm.-Manager" die Mengenposition mit einem Preis multipliziert wird. Solange in der Spate „Formel" kein Preis eigetragen ist, kann die als „Kostenpunkt" berechnete Zahl, als Mengen-Position oder Ausschreibungs-Position verstanden sein. Das heißt, die Ziffernfolge, die als Nummer der Funktion „Kostenpunkt" hinterlegt ist, kann auch die Leistungs-Nummer oder Leistungs-Position einer

Ausschreibung sein. Die im Civil3D vorgegebenen Nummern-Kreise sind frei editierbar und alle vorhandenen Einträge können frei mit Bezeichnungen eines eigenen Leistungsverzeichnisses überschrieben sein.

Das Bild zeigt die Ergänzung der Liste „Kostenpunkt“ mit einer eigenen Nummer für die Leistungsposition „Bankett“ in m².

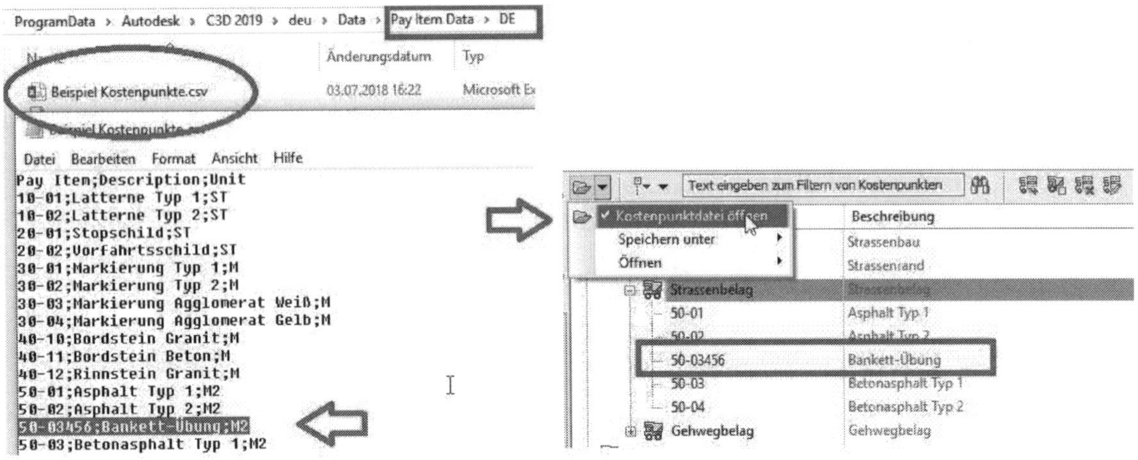

Alle hier zur Verfügung gestellten Nummern können für die Zuweisung zu Zeichnungsobjekten genutzt werden.

Es ist eine manuelle Zuweisung von Blöcken oder Zeichnungselementen möglich. Das Bild zeigt die Zuweisung eines einzelnen Baums zum Kostenpunkt „Eiche“.

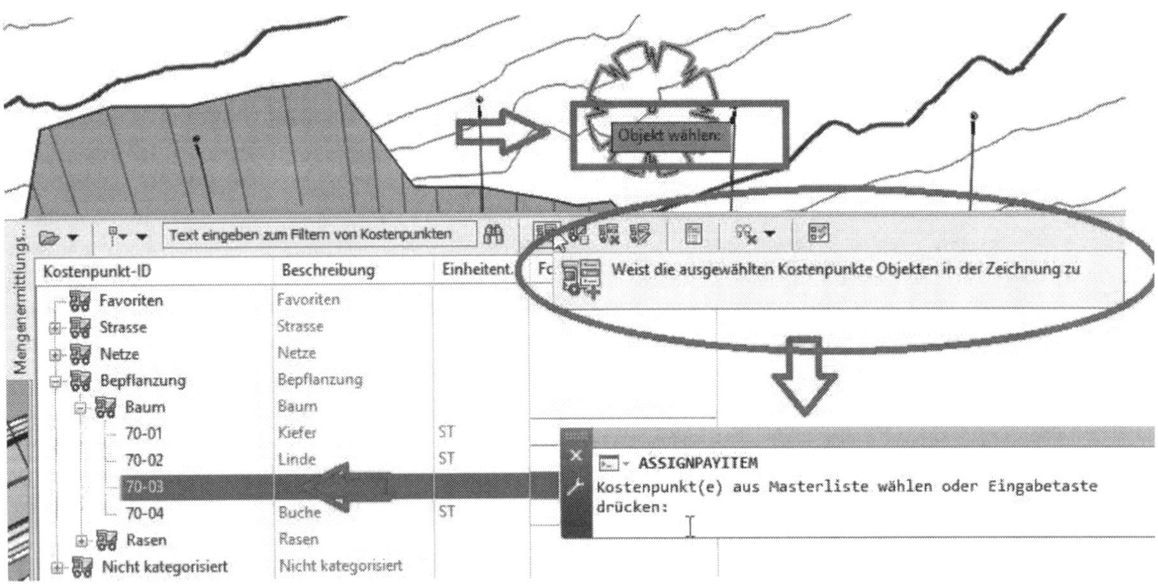

Innerhalb der 3D-Profilkörper-Eigenschaften können den 3D-Profilkörperkanten (Elementkanten) Kostenpunkte zugewiesen sein.

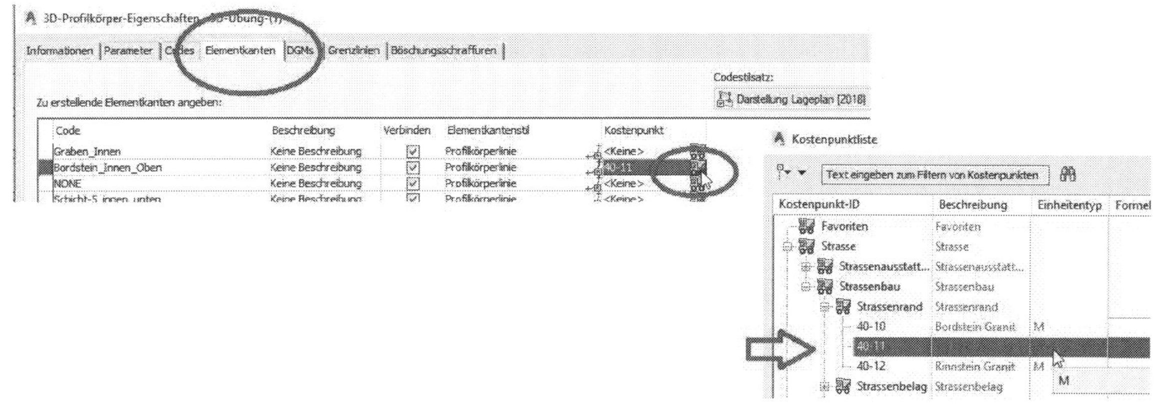

Innerhalb der Karte Codes kann der zugewiesenen Code-Stil-Satz bearbeitet werden, um die neuen Kostenpunkte zu verknüpfen.

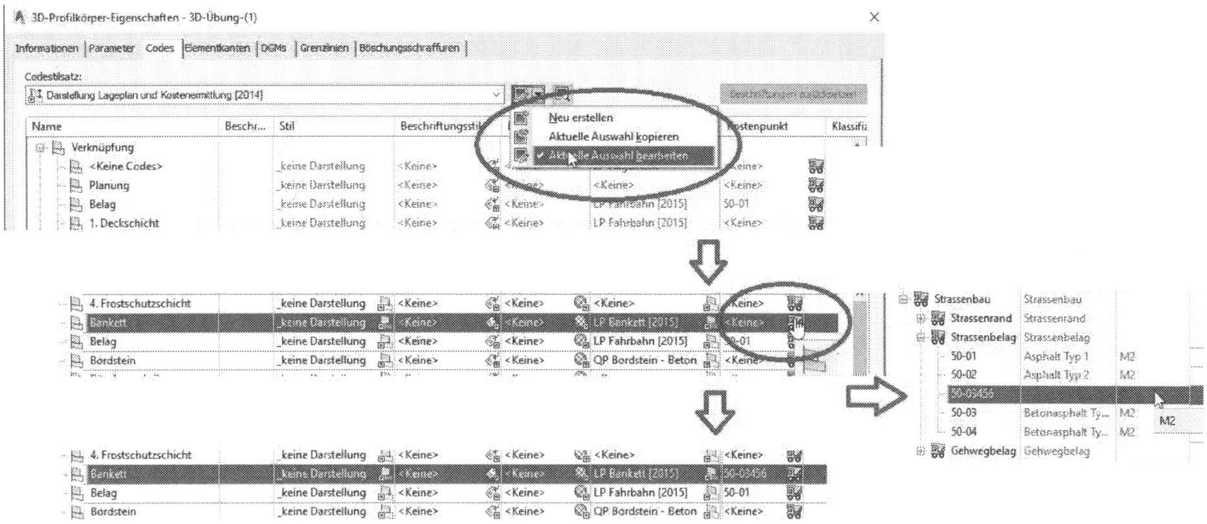

Die Auswertung aller zugewiesenen Kostenpunkte erfolgt mit der Funktion „Ermittlung“ (Bestandteil der Karte „Analyse“).

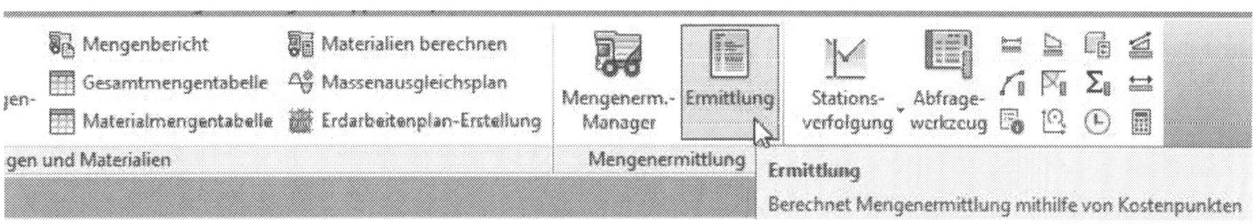

Die Funktion fragt, ob nur Teile der Zeichnung oder die gesamte Zeichnung ausgewertet werden soll.

Innerhalb der Übung wird die gesamte Zeichnung ausgewertet.

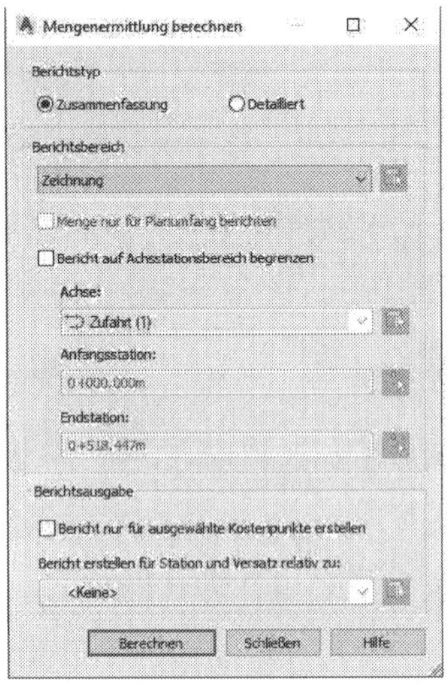

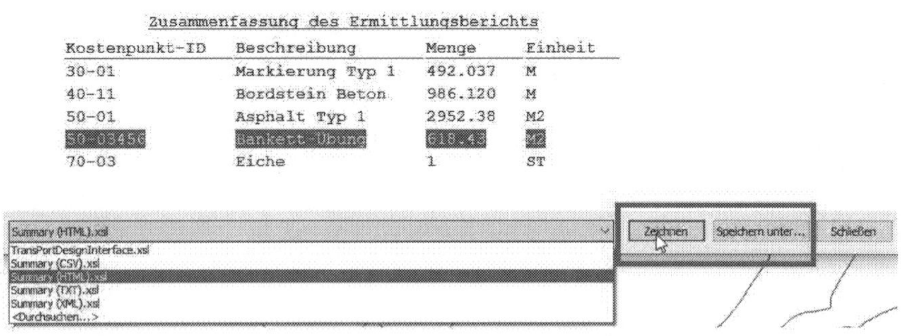

Zusammenfassung des Ermittlungsberichts

Kostenpunkt-ID	Beschreibung	Menge	Einheit
30-01	Markierung Typ 1	492.037	M
40-11	Bordstein Beton	986.120	M
50-01	Asphalt Typ 1	2952.38	M2
50-03456	Bankett-Übung	618.43	M2
70-03	Eiche	1	ST

Alle Mengen-Berechnungen, -Auswertungen sind dynamisch mit den Objekten verknüpft.

6.9.4 Absteck-Punkte

Mengen-Angaben sind nur ein Bestandteil der Ausgaben. Eine besonders wichtige Ausgabe sind Absteck-Punkte. Absteck-Punkte benötigt der Vermesser, um die Position der Straße im Gelände für den Baubetrieb vorzugeben.

Die klassischen Absteck-Punkte werden schrittweise durch neue Technologien abgelöst. Baumaschinen können komplette DGMs lesen und danach GPS gesteuert arbeiten. Vermesser können in die Vermessungsgeräte 3D-Linien importieren und dann eigene Absteck-Punkte berechnen. Alle diese Varianten unterstützt auch Civil 3D. In der Beschreibung wird nur näher auf die klassischen Absteck-Punkte eigegangen.

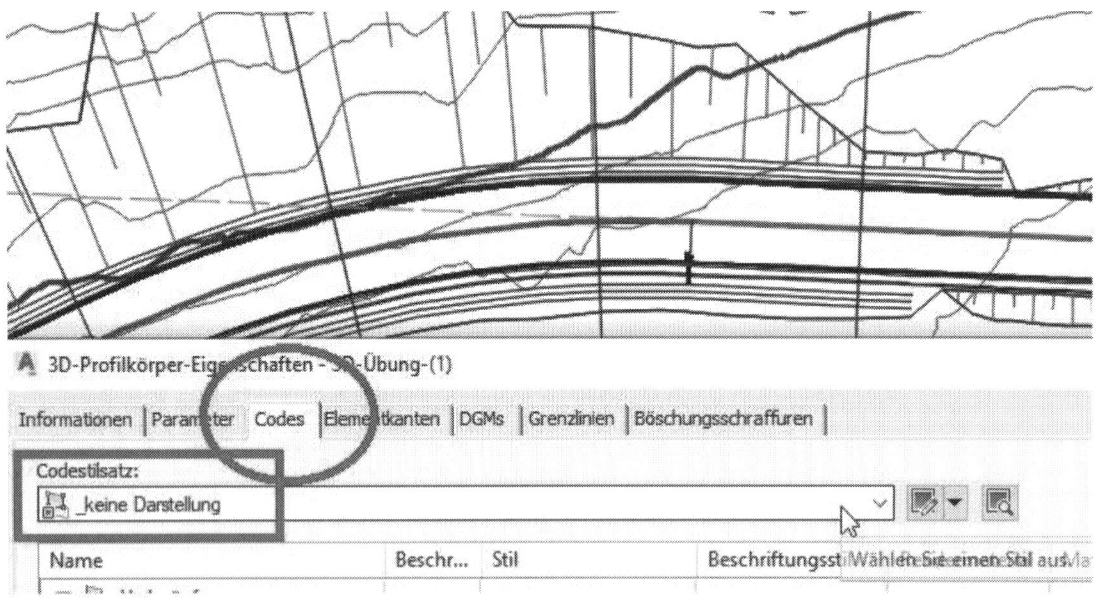

Vor dem Start der Funktion muss nochmals auf die 3D-Profilköper-Eigenschaften verwiesen werden. Um die Funktion „Absteck-Punkte" im Civil 3D zu verstehen und in den Bildern der Beschreibung deutlicher darzustellen, wird auf der Karte „Codes" der Darstellungs-Stil „_Keine Darstellung" gewählt sein. Mit dieser Einstellung wird die Solid-Flächenschraffur ab geschalten.

Auf der Karte Böschungsschraffuren alle sind alle Böschungsschraffuren zu löschen.

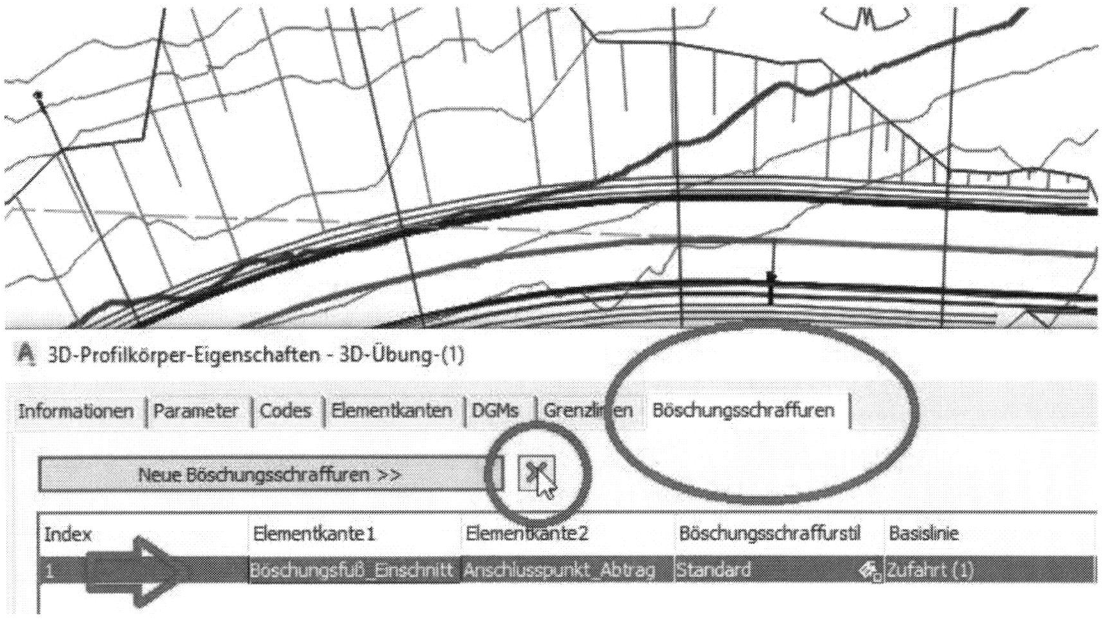

Jetzt zeigt der 3D_Profilkörper nur noch die Elementkanten, die dargestellten schwarzen Linien.

In dieser Situation wird auf der Karte „Information" der dort noch vorhandene Objekt-Stil „_keine Darstellung" auf „_Entwurfsparameter farbig" neu gesetzt. Mit dieser Einstellung werden rote Linien senkrecht zu Achse dargestellt. Diese roten Linien zeigen von der Karte „Parameter" das „Intervall" an (Berechnungs-Intervall). Jetzt ausschließlich das Berechnungs-Intervall zu sehen und zu verstehen ist wichtig für die Funktion Absteck-Punkte.

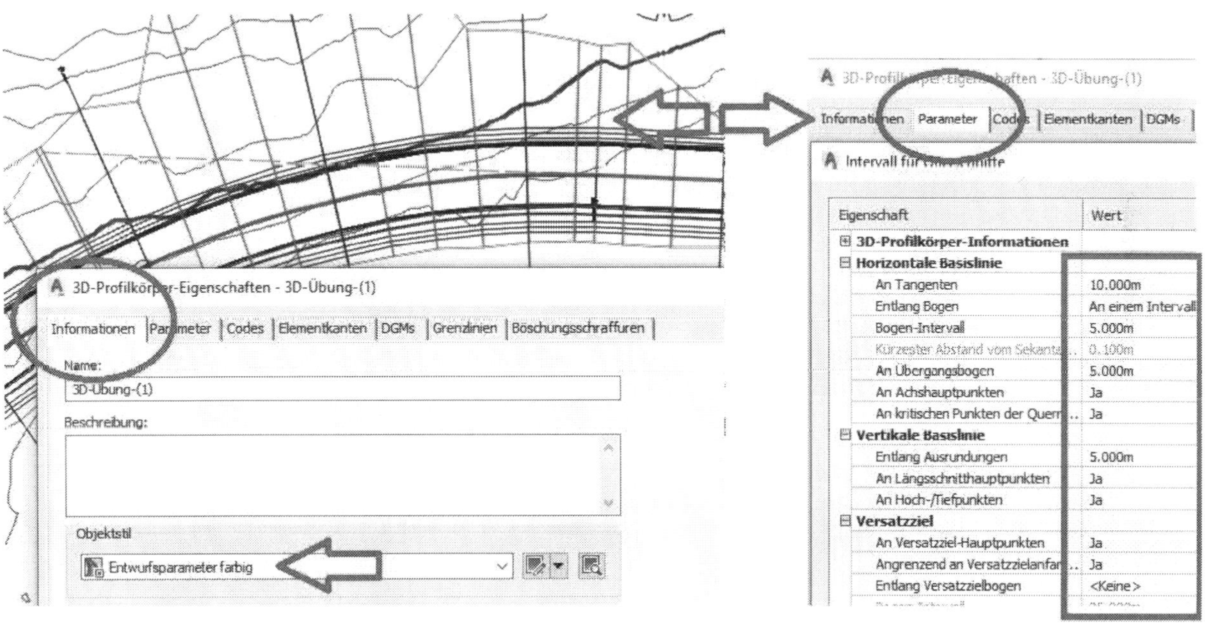

Mit dem Anpicken des 3D-Profilkörpers zeigt das Menü ganz rechts außen die Auswahl „Launchpad". Wird die Auswahl nach unten geöffnet, so ist die Funktion „Punkte aus 3D-Profilkörper" zu sehen.

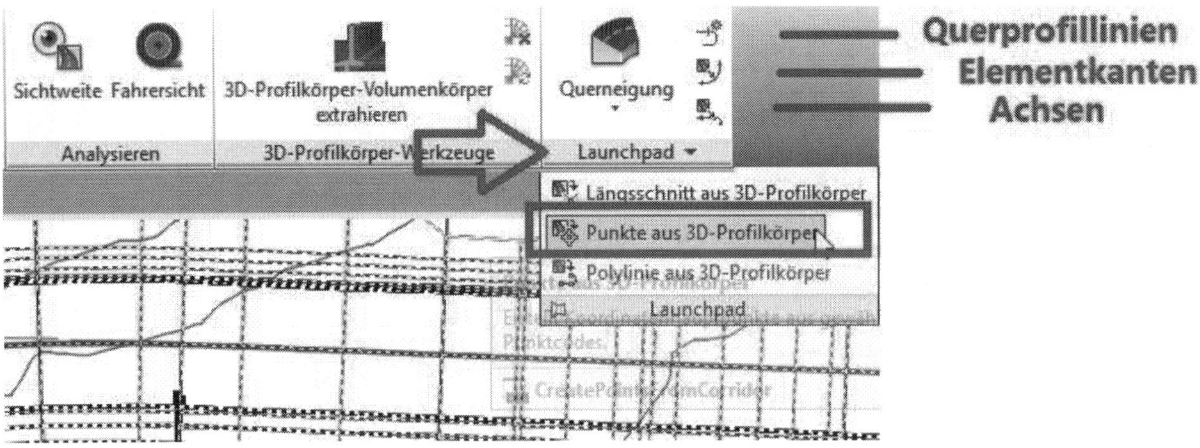

Wird die Funktion gestartet, öffnet sich eine Maske, die alle Punkt-Codes des gesamten Querschnittes zeigt.

Hinweis:

Es gibt keine Angabe zur Punktdichte, zum Punkt-Intervall?

Die Position, auf die die Punkte gesetzt werden (entlang der Achse), wird durch das Berechnungs-Intervall (Intervall) der Karte „Parameter" bestimmt. Dieses Intervall wurde sichtbar gemacht mit dem Objekt-Stil „_Entwurfsparameter farbig" auf der Karte Information.

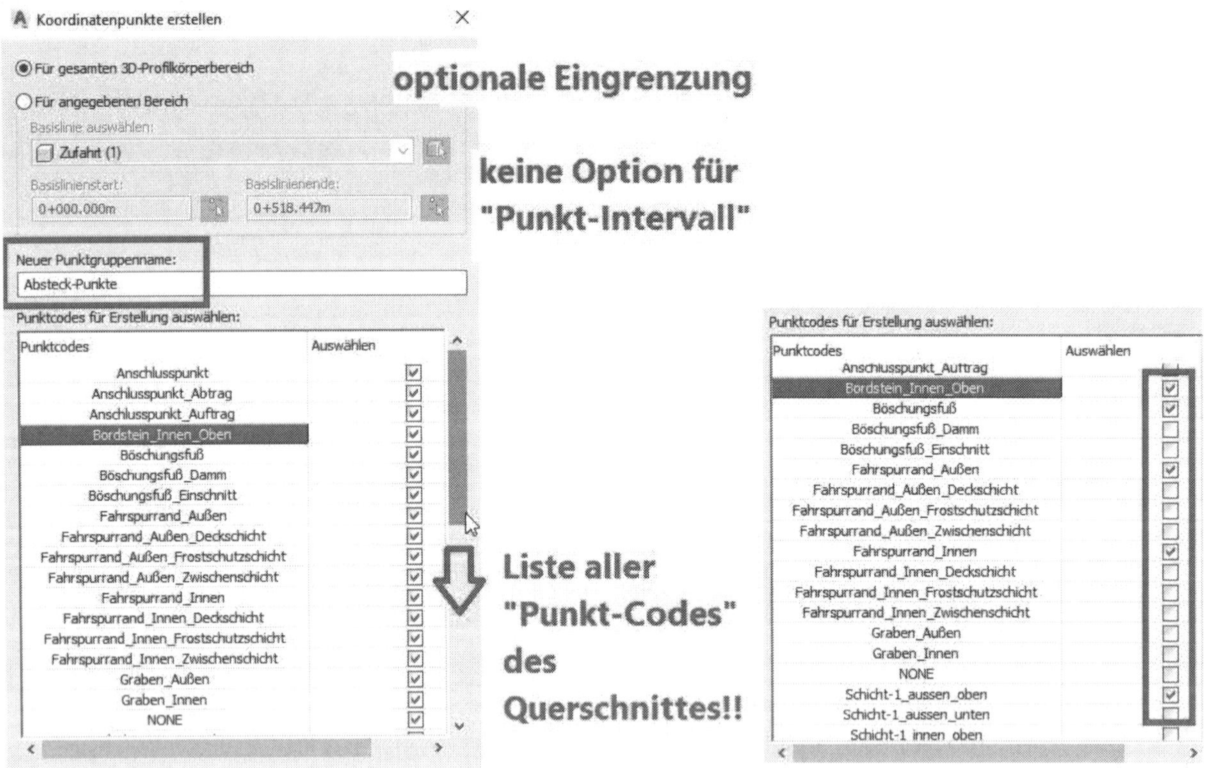

Innerhalb der Funktion „Koordinatenpunkte erstellen" kann der Stationsbereich angegeben werden, in dem die Ausgabe erfolgen soll. Für die Übung werden keine Einschränkungen vorgegeben. Es wird der Punktgruppenname festgelegt, in der die Punkte abzulegen sind und es werden die „Punkt-Codes" angegeben, die auszugeben sind.

Hinweis:

Einige Querschnittbestandteile haben vorbereitet Punktcodes, an jeder Linie, an jedem Knick. Einige Querschnittselemente haben keine oder nur teilweise Codes eingetragen. Ein Beispiel war der Bordstein. Hier wurde am Punkt Bordstein-innen-oben der Code „Bordstein_Innen_Oben" nachgetragen. Wäre das nicht gemacht worden, so wäre die Absteck-Punktausgabe, für den Bord, in der Position nicht möglich!

Das Bild1 zeigt einen Ausschnitt am Fahrbahnrand. Die Punkte „Fahrbahn-Rand" und „Bordstein-innen-oben" liegen natürlich dicht beieinander. Der Maßstab, in dem die Beschriftung zu sehen ist, ist 1:100. Die Punktbeschriftung lässt sich anpicken und freistellen (oberer quadratischer Gripp, Bild 1).

Die Punkte werden im Projektbrowser in der Punktgruppe „Absteck-Punkte" geführt (Bild 2). Zur Punktgruppen-Eigenschaft gehören alle Darstellungseigenschaften wie Punkt-Symbol und Punktbeschriftung. Alle Eigenschaften sind jederzeit und variabel änderbar. Zusätzlich wurde hier die „Text-Hintergrund-Überdeckung" eingeschalten.

Bild 1

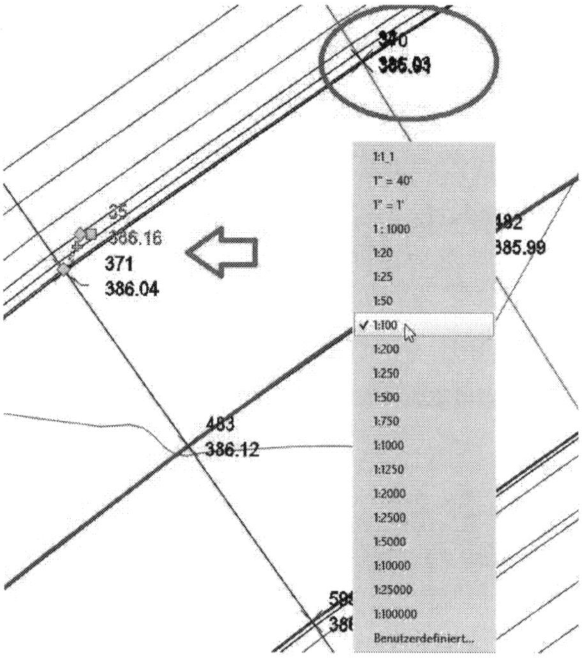

Bild 2

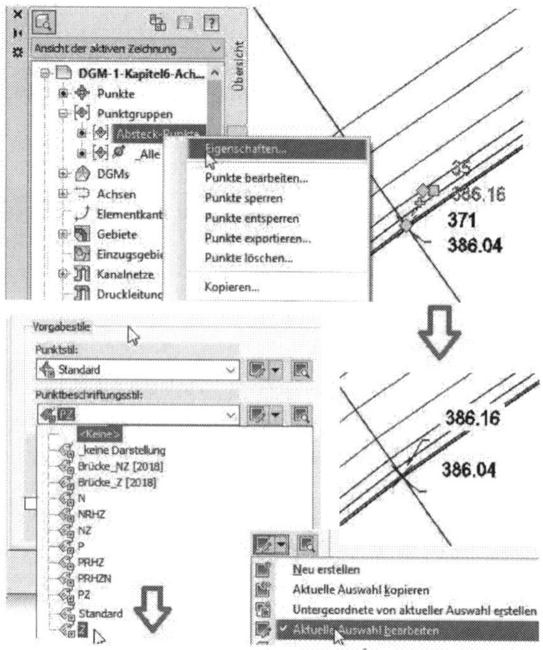

Hinweis 1:

Die angeschriebenen Absteck-Punkte sind in der Form NICHT dynamisch mit dem 3D-Profilkörper verknüpft. Unter bestimmten Voraussetzungen kann eine Verknüpfung erreicht werden. Diese Besonderheit wird in dem Buch nicht vorgestellt. Bei einer Änderung von Achse, Gradiente oder Querschnitt wird empfohlen diese Punkte zu löschen und neu zu erstellen (Projektbrowser, Punktgruppe, Punkte löschen). Hier ist zuerst die Funktion „Punkte löschen" zu wählen und danach die Punktgruppe mit „Löschen" zu löschen.

Hinweis 2:

Besonders zu beachten ist, alle Funktionen des „Launchpad" sind als NICHT DYNAMISCH anzusehen. Außer die Elementkante, diese kann optional dynamisch mit dem 3D-Profilkörper verknüpft, eingestellt sein.

Aus der Punktgruppe heraus kann der Export, die Ausgabe der Punkte in eine Datei, erfolgen. Die wählbaren Ausgabe-Formate entsprechen dem Import (3.Kapitel). Es wird das Format „PRHZB (Leerzechentrennung)" gewählt. Für die Ausgabe-Datei sollten bewusst der Name und der Ausgabe-Ordner (das Projektverzeichnis) ausgewählt werden. Die Funktionen im Bereich „Erweiterte Optionen" werden nicht benutzt. Diese Funktionen gehören zum Bereich Transformation (2. Kapitel, Projektbrowser, Zeichnungseigenschaften) und sind in der gewählten Vorlage (... Deutschland.dwt) nicht aktiviert. Es ist kein Transformationsparameter eingetragen.

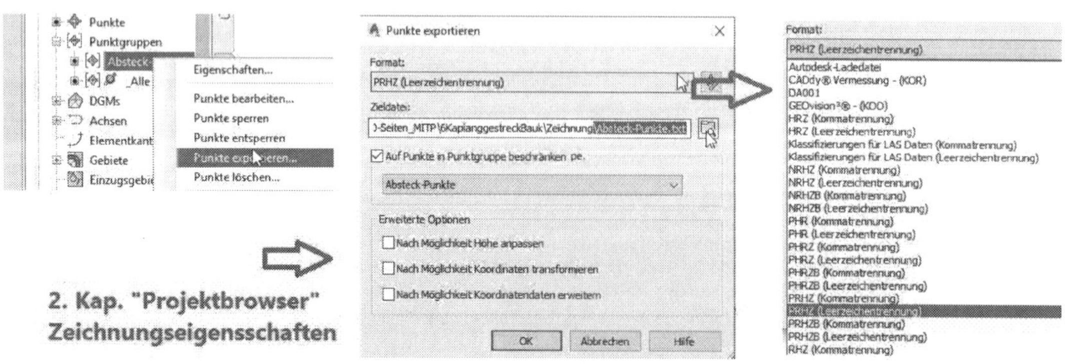

Ansicht der ausgegebenen Datei (Ausschnitt):

```
Absteck-Punkte.txt - Editor
Datei  Bearbeiten  Format  Ansicht  Hilfe
109 5411916.1830 5635028.4519 395.6407 "Bordstein_Innen_Oben"
110 5411906.6182 5635025.5339 395.7828 "Bordstein_Innen_Oben"
111 5411897.0534 5635022.6158 395.9249 "Bordstein_Innen_Oben"
112 5411888.9741 5635020.1510 396.0450 "Bordstein_Innen_Oben"
113 5412326.3841 5635099.3869 385.0000 "Böschungsfuß"
114 5412324.9181 5635099.6646 384.8562 "Böschungsfuß"
115 5412322.9678 5635100.8820 384.1001 "Böschungsfuß"
116 5412321.3383 5635101.8991 383.4684 "Böschungsfuß"
```

Hinweis:

Der Punkt-Code wird weitergegeben als „Kurzbeschreibung" bis zum Export der Punkte.

Innerhalb des Standard-Civil 3D-Punkt-Exports kann der Stationswert der Achse nicht berücksichtigt werden. Für viele Vermesser oder Baubetriebe ist der Stationswert als Bestandteil der Ausgabe ein wichtiger Aspekt.

Civil 3D bietet mit der DACH-Extension kostenlos ein Werkzeug an, das eine solche Ergänzung bietet. Ist die DACH-Extension installiert, kann im Bereich Berichte mit der Funktion „Absteck-Punkt mit Achsstation" die Punktliste mit Bezug zur Achsstation und Abstand zur Achse ausgegeben werden.

Die Auswahl der Achse und der zugehörigen Punktgruppe sind zu beachten.

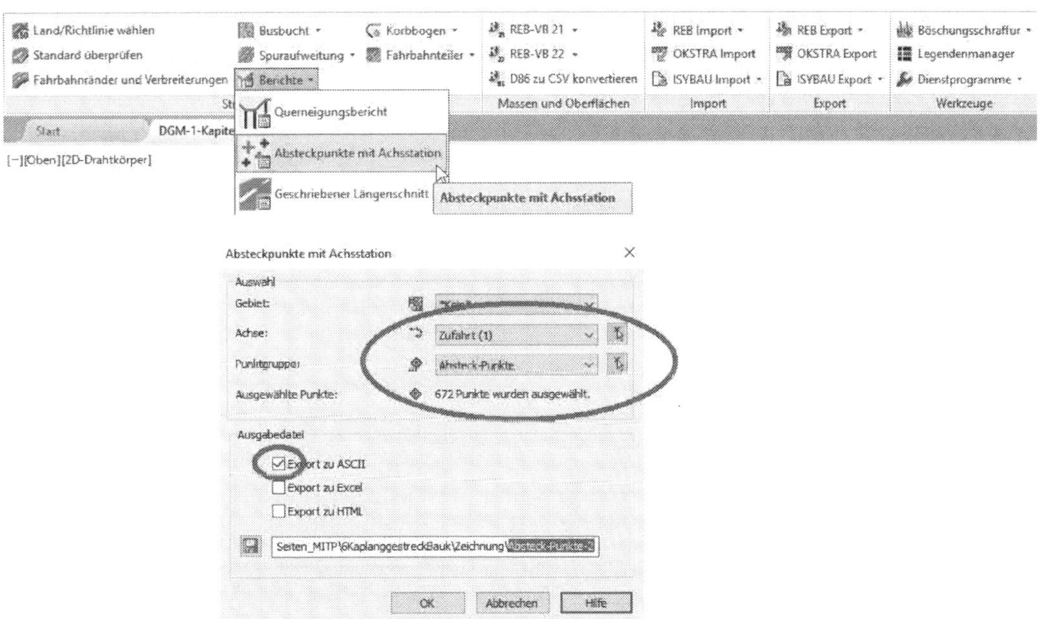

Das Bild zeigt die Werte der ausgegebenen Datei (Ausschnitt):

```
*******************************************************
* Absteckpunkte mit Achsstation
* AutoCAD Civil 3D 23.0
* Datei  : C:\Users\gertd\Documents\Beschreibung\Buch-2-450-Seiten_MITP\6KaplanggestreckBauk\Zeichnung\Absteck-Punkte-2.txt
* Datum  : 17.01.2019
* Zeit   : 20:55:49
*******************************************************

Numer Rechtswert  Hochwert   Punkthöhe  Kurzbeschreibung      Beschreibung          Referenzachse  Achsstation   Abstand
    1 5412326.376 5635099.204 385.042  Bordstein_Innen_Oben  Bordstein_Innen_Oben   Zufahrt (1)    0+026.524     3.030
  113 5412326.384 5635099.387 385.000         Böschungsfuß          Böschungsfuß   Zufahrt (1)    0+026.524     3.213
  225 5412325.999 5635090.279 384.844         Böschungsfuß          Böschungsfuß   Zufahrt (1)    0+026.524    -5.903
  337 5412326.375 5635099.174 384.922  Fahrspurrand_Außen    Fahrspurrand_Außen     Zufahrt (1)    0+026.524     3.000
  449 5412326.248 5635096.176 384.997  Fahrspurrand_Innen    Fahrspurrand_Innen     Zufahrt (1)    0+026.524     0.000
```

6.10 Querneigung, Querneigungsberechnung

Im klassischen Straßenbau wird einer Straße die Querneigung selten als fester Wert, wie hier im Querschnitt mit 2.5%, vorgegeben. Die Querneigung wird, auch wenn keine oder eine geringe Entwurfsgeschwindigkeit vorgegeben ist, abhängig von den Kurven berechnet. Die Berechnung dient dazu eine bestimmte Geradenlänge für den schrittweisen Anstieg, den Neigungsabfall und die richtige Neigungsrichtung in der Kurve zu nutzen. Eine solche Berechnung gibt es auch im Civil 3D.

Zuerst zoomen wir zum Höhenplan. Dem Höhenplan (im Bild) ist der Bandsatz „Bandsatz – Straßenplanung ..." zugewiesen. Dieser Bandsatz besitzt in der Zeile Querneigung keine Daten. Die hier fehlenden Daten werden im Civil 3D über die Achse mit Hilfe der Funktion „Querneigungs-Berechnung" bereitgestellt. Der Höhenplan ist dynamisch mit der Achse verknüpft. Sobald die Achse Querneigungsdaten hat, werden diese auch im Höhenplan wiedergegeben.

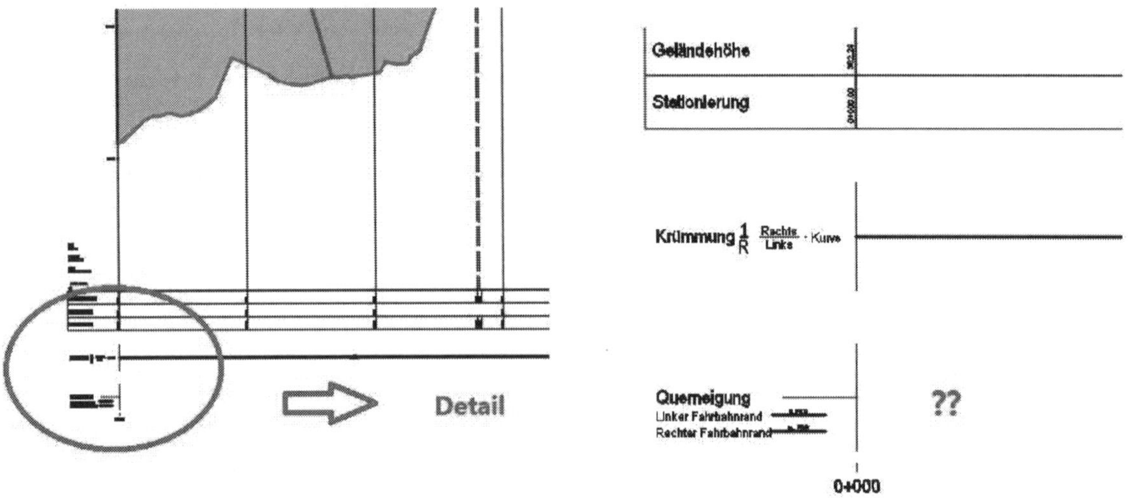

Mit der Auswahl der Achse (Anpicken) zeigt die Multifunktionsleiste die Funktion „Querneigung berechnen/bearbeiten". Es wird nachfolgend „Querneigung jetzt berechnen" gewählt.

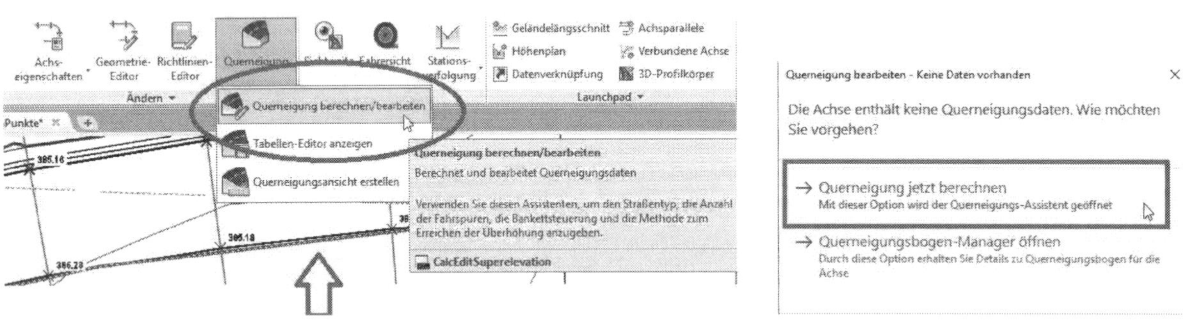

Hinweis:

Optional besteht im Civil 3D auch die Möglichkeit Querneigungen in einer Tabelle einzutragen und zu bearbeiten. Das wird nicht empfohlen. Civil 3D ist für eine 4-spurige Straße mit Mittelstreifen voreingestellt. Mit der Berechnung wird diese Voreinstellung auf eine 2-spurige Straße mit Bankett zurückgesetzt. Damit wird auch die Tabelle auf eine 2-spurige Straße umgestellt und überschaubarer.

Die Berechnung gliedert sich in mehrere Schritte. Die Begrifflichkeit ist hier teilweise nicht in jedem Fall konform mit der deutschen Straßenbau-Begriffs-Welt. Hier wird durchaus empfohlen zu testen und später in der „Querneigungsansicht“ zu editieren. Leider können nicht alle Einstellungen eindeutig beschrieben werden (Der Autor).

- Es wird die Anzahl der Fahrbahnen und Art der Neigung festgelegt. Für die Übung wird „Baulich nicht getrennt Pultprofil“ gewählt. Der Begriff „Gleisachse“ ist als Mittellinie zu verstehen und wird deshalb ausgewählt. Der Begriff „Nivellierung“ ist nicht eindeutig zu klären. Die Aussage ist eventuell so zu bewerten, dass es eine Position geben wird, mit rechts und links 0% Querneigung!

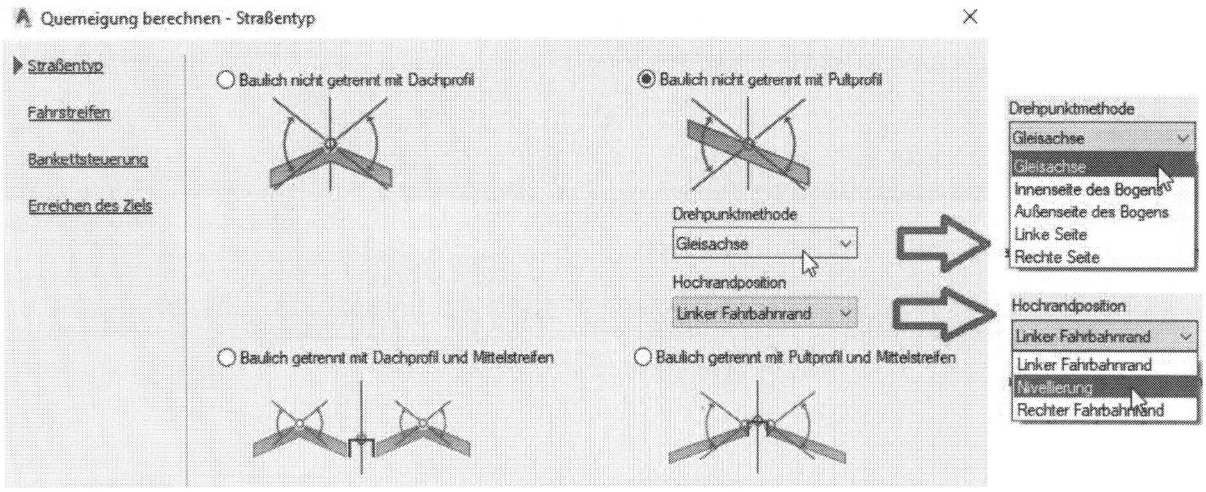

- In dieser Maske ist die Breite der Fahrbahn "3m" einzugeben. Mit dieser Breitenangabe wird der „Neigungs-Keil“ gezeichnet (Beschriftung der Neigung auf der Fahrbahn). Der Neigungs-Keil (Neigungs-Symbol) und die Fahrbahn-Breite werden unabhängig voneinander gesteuert.

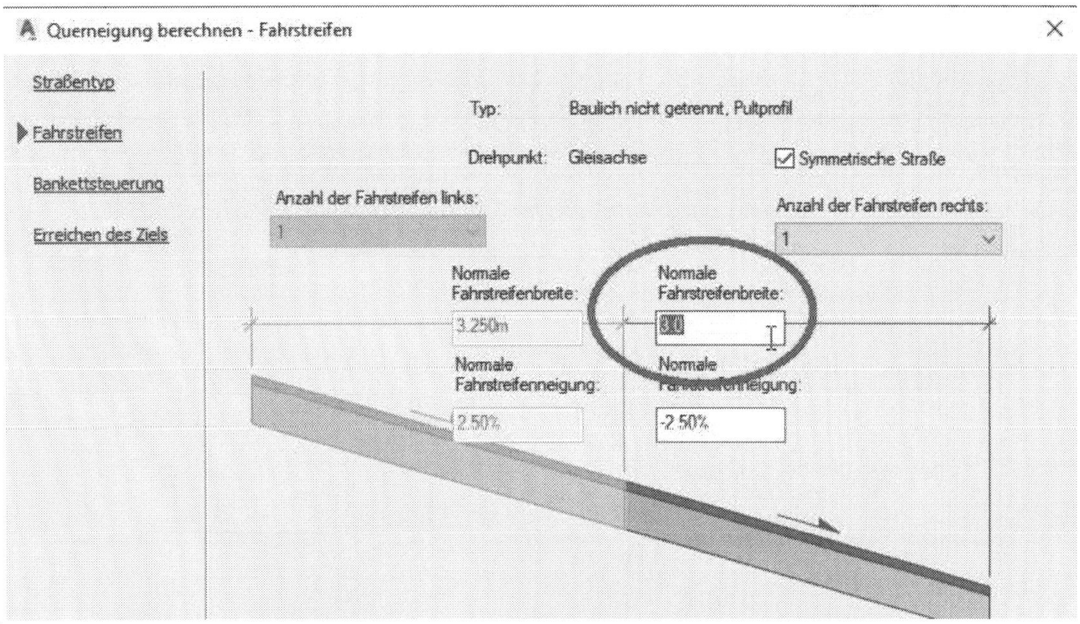

- Im Fall Bankett-Breite und -Neigung ist die Begrifflichkeit unklar. Wäre im Schritt „1“ die Option „Baulich getrennt mit Dachprofil“ gewählt gewesen, so ergeben sich andere Unteroptionen.

Baulich getrennt mit Pultprofil: Baulich getrennt mit Dachprofil:

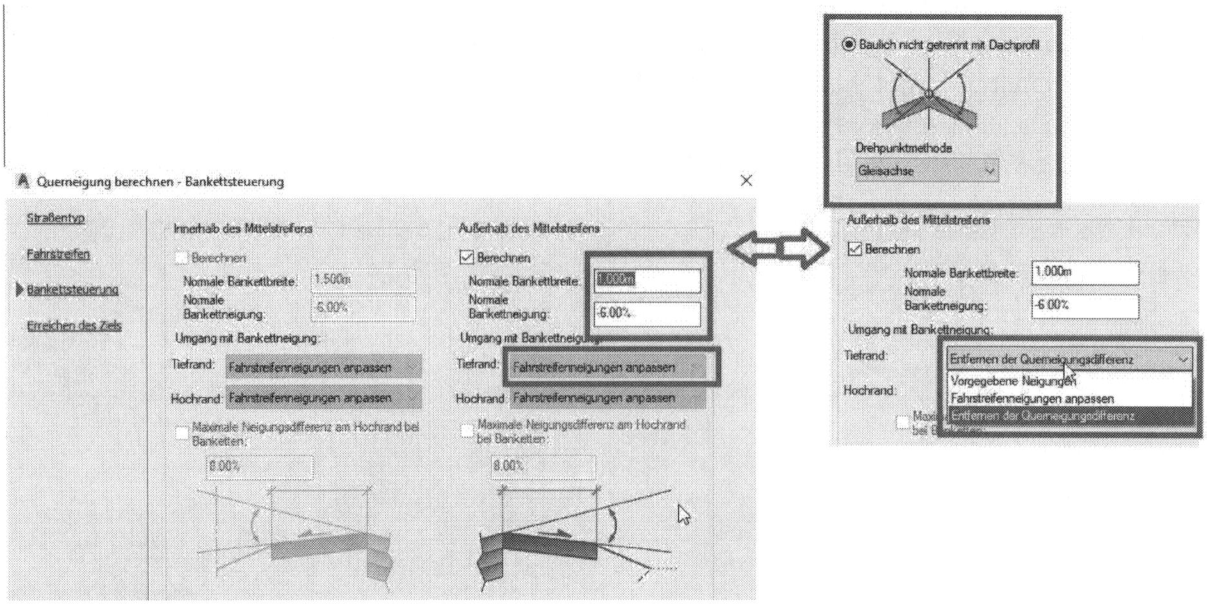

- Die Auswahl der Berechnungsrichtlinie entscheidet über die Berechnungsmethode. Deutsche Richtlinien stehen zur Verfügung. Bediener, die keine Kenntnis von den Besonderheiten des Straßenbaus haben, ist durchaus zu empfehlen, den amerikanischen Standard beizubehalten. Der amerikanische Standard kann die maximale Neigung unabhängig vom Radius begrenzen (hier eingestellt max. 4%). Der Standard kann die Berechnung mit Klothoiden und auch ohne Klothoiden ausführen. Im Fall Klothoiden (...**Übergansbogen-Bogen**) wird die Klothoiden-Länge zu 100% für den Querneigungs-Anstieg und -Abfall vor und hinter der Kurve benutzt. Im Fall keine Klothoiden (...**Tangente-Bogen**) wird der Bogenparameter genutzt, um die Übergangs-Länge zu berechnen, die auf der Geraden vor und hinter dem Bogen verwendet wird, um den Querneigungs-Anstieg und -Abfall zu berechnen. Es wird der Wert von 50% vorgeschlagen.
- In Amerika rundet man Querneigungswechsel am Fahrbahnrand optional aus „**Bogenglättung anwenden**" Diese Funktion wird in Deutschland nicht verwendet. Die Funktion ist zu deaktivieren.
- Die Funktion „**Überlappung automatisch auflösen**" sollte aktiviert sein. Im Fall die Geradenlänge ist zu kurz, für die Berechnung des Querneigungsüberganges, so wird die Überlappung der Übergänge aufgelöst.

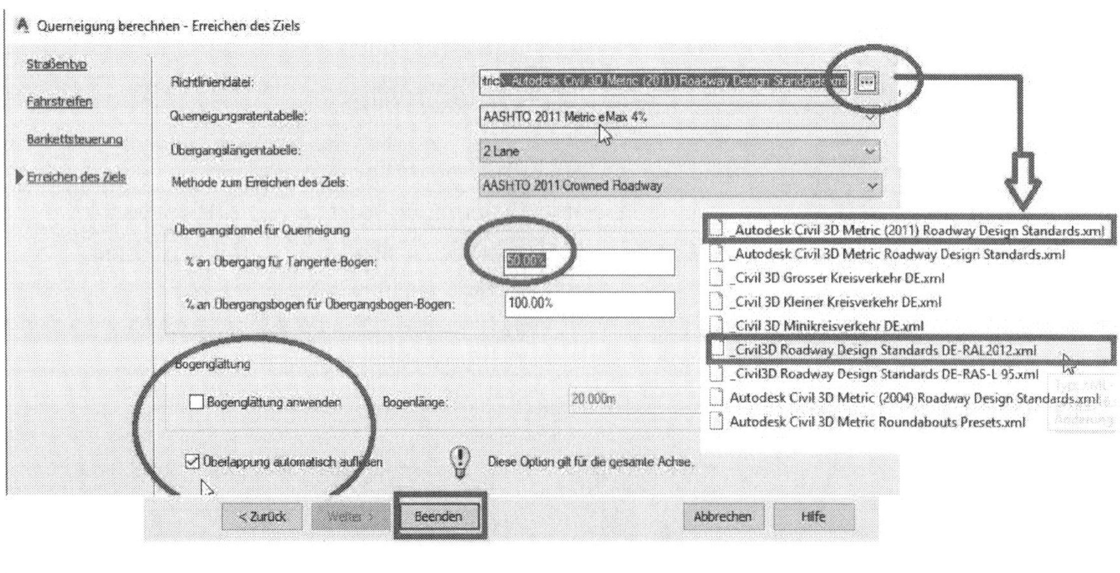

Mit dem Knopf „Beenden" wird die Querneigungsberechnung ausgeführt und im Fall der Achs-Beschriftungs-Satz „Achskonstruktion-Hauptachsen [2014]" ist zugewiesen, wird die Querneigung auch sofort an der Achse dargestellt. Eventuell wird gleichzeitig der Tabellen-Editor geöffnet.

Wird in der Tabelle ein Datensatz ausgewählt, so werden der Radius (rot hervorgehoben) und die Position des Querneigungskeils markiert (blauer Strich). Ein Editieren wäre in der Tabelle möglich. Das wird jedoch nicht empfohlen.

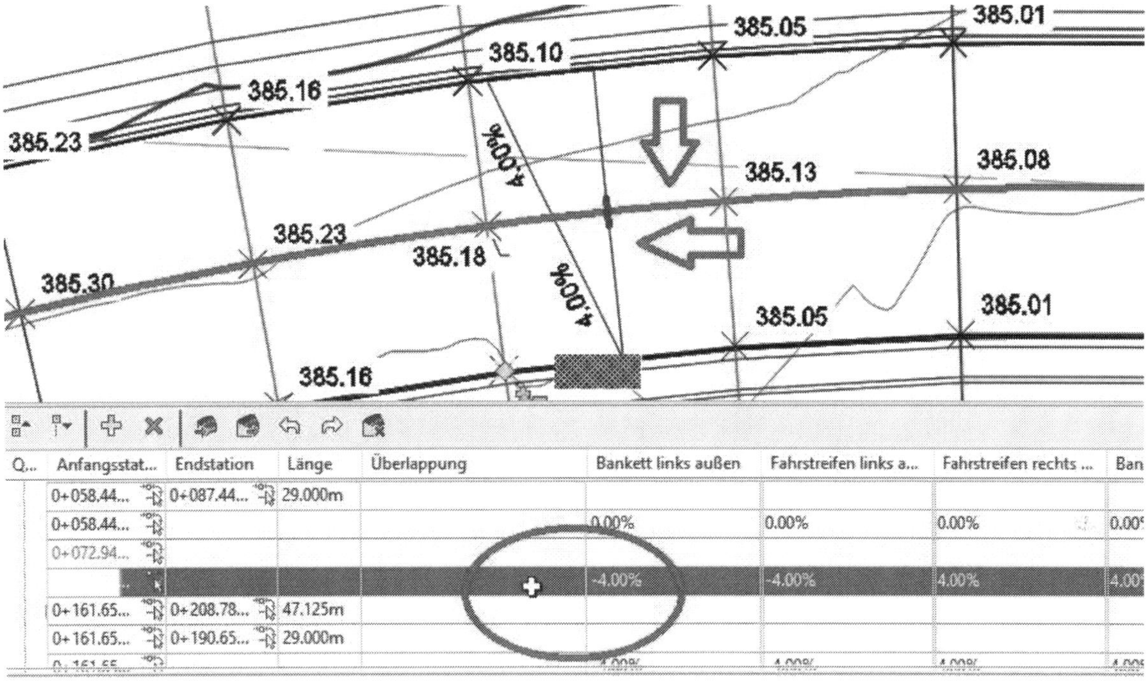

Hinweis 1:

Mit der Berechneten Querneigung ist gleichzeitig die Bandzeile „Querneigung" im Höhenplan mit Daten gefüllt.

Hinweis 2:

Die Achsbeschriftung bietet auch eine Neigungs-Beschriftung für das Bankett. Diese Beschriftungs-Funktion ist zusätzlich zu laden.

Für die folgenden Bilder wurde, zur besseren Darstellung der Querneigung im Bild, die Absteck-Punkt-Darstellung und die Beschriftung der Absteck-Punkte auf „_keine Darstellung" gesetzt.

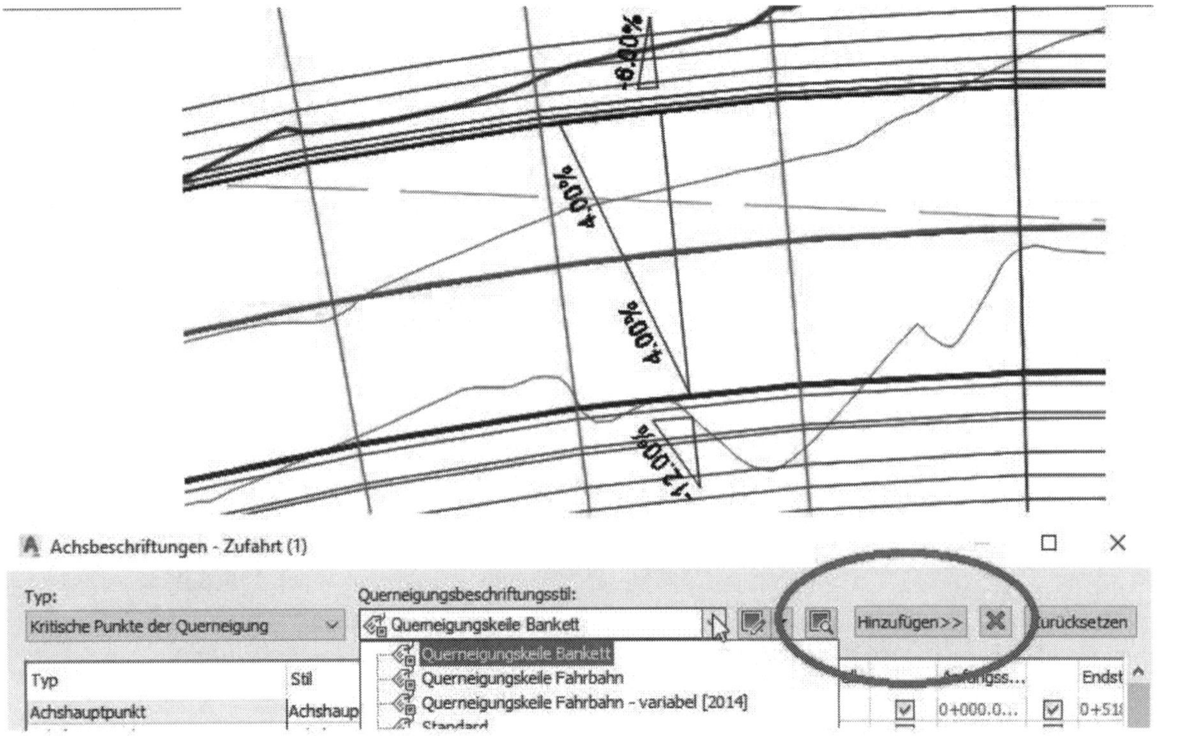

Querneigungsansicht

Zusätzlich zur klassischen Querneigungs-Tabelle bietet Civil 3D ein neues Werkzeug zum Editieren der Querneigung, die „Querneigungsansicht“. Die Funktion „Querneigungsansicht“ kann man auch als Querneigungs-Zeichnung oder Querneigungs-Band verstehen.

Die Funktion zum Erstellen heißt „Querneigungsansicht erstellen“.

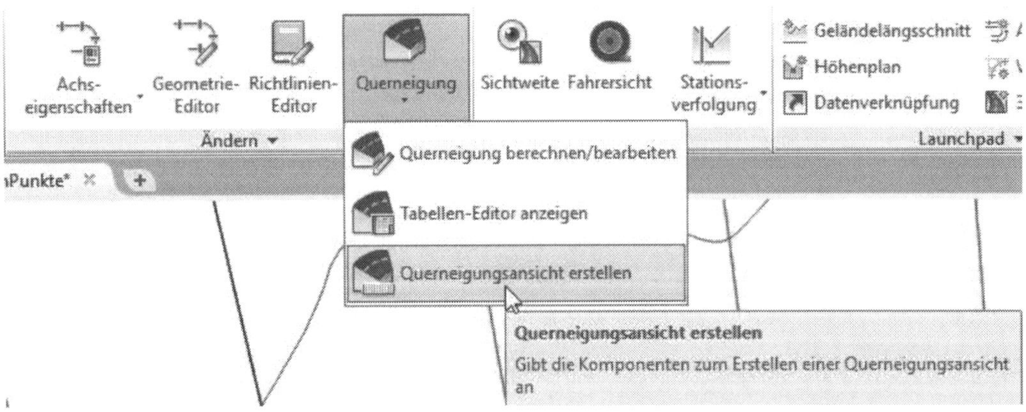

Für jedes neue Civil 3D-Objekt gibt es eine Objektdefinition. Die Objektdefinition schlägt auch hier einen Objekt-Namen vor, der hier nicht geändert werden muss. Eine Achse braucht in der Regel nur eine Querneigungsansicht. Die Zuordnung der richtigen Achse ist zu beachten. Bestandteil des Querneigungs-Ansichtsstil ist eine Überhöhung, diese ist voreingestellt auf 1:5.

Wichtigster Bestandteil in diesem Bereich ist die Einstellung „Optionen für die Querneigungsanzeige angeben“. Hier können die Bereiche Fahrbahn oder Bankett sichtbar oder unsichtbar geschalten und den Bereichen Farben zugeordnet sein. Damit wird ein Erkennen der Querneigung und ein zielgerichtetes Editieren erleichtert.

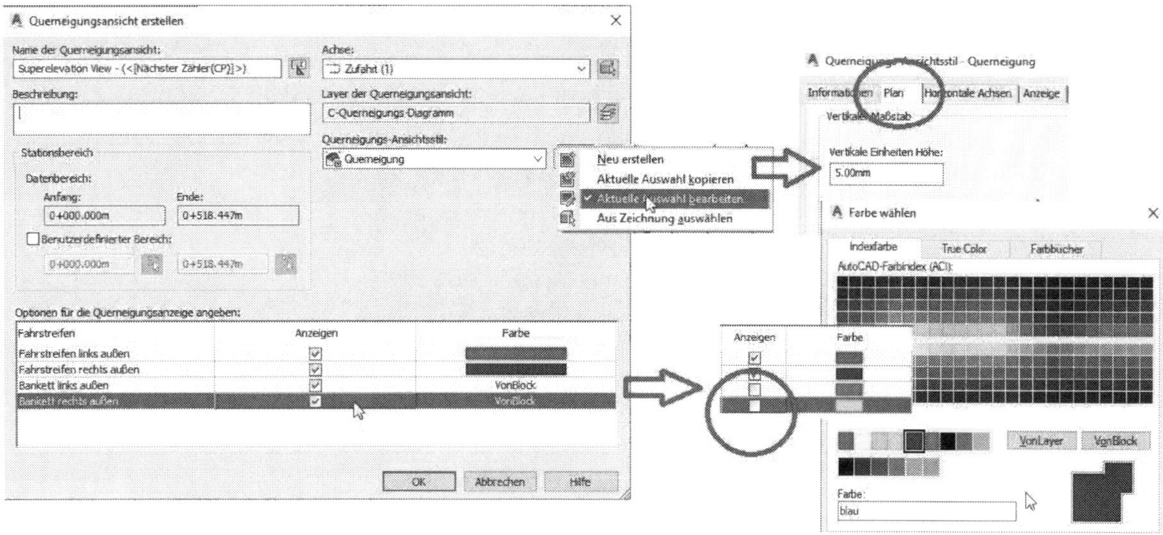

Als Position für die Querneigungsansicht wird ein Punkt unterhalb des Höhenplans empfohlen, der eine Beziehung zur Gradiente und zum Krümmungsband zulässt. Die Sichtbarkeit und die Farben der Elemente der Querneigungsansicht bleiben jederzeit bearbeitbar.

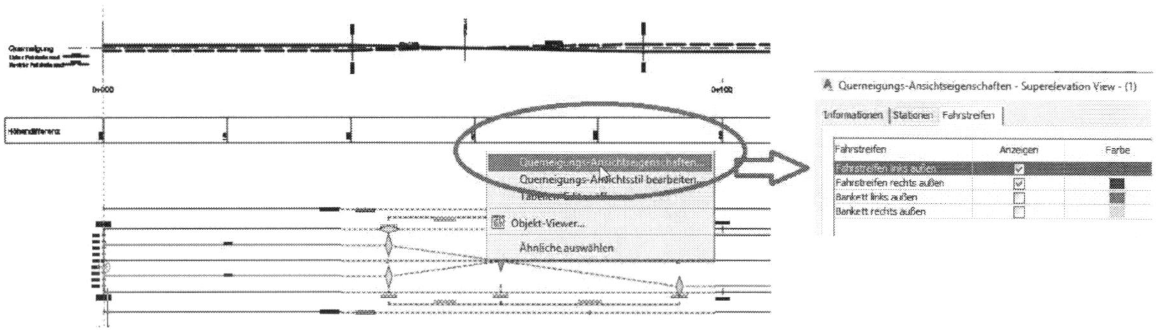

Wird die Querneigungsansicht ausgewählt, so zeigt die Querneigungsansicht Gripps (Griffe), an denen die Querneigung bearbeitet werden kann. Ist gleichzeitig die dynamische Eingabe aktiviert (AutoCAD), so können Werte, wie Neigung oder Station auch numerisch eingegeben werden.

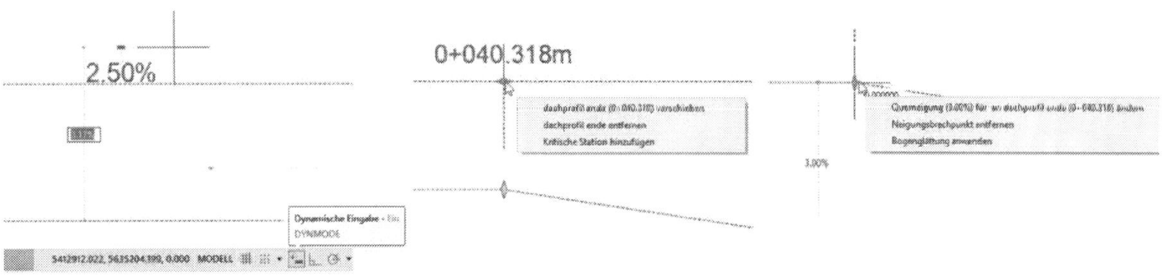

Wird eine Änderung in der Querneigungsansicht ausgeführt, so ist zu beachten, dass die Daten parallel an die Achse und an den Höhenplan übergeben werden. Alle verknüpften Objekte ändern sich parallel mit.

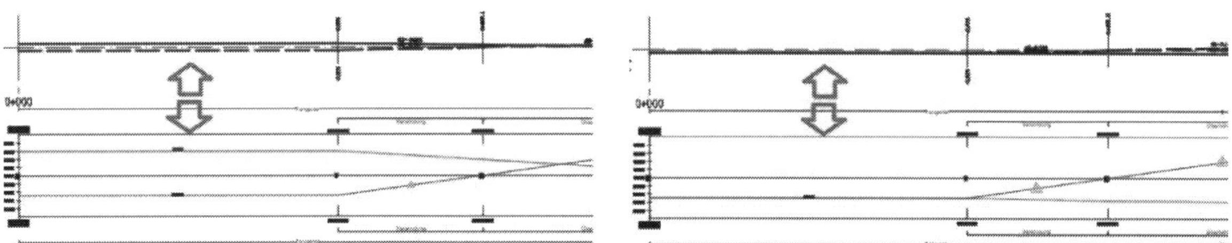

Hinweis:

Die Querneigung wird bearbeitet, rechts -3%, links 3% gültig von Station 0+000.00 bis Station 0+050.00. Obwohl der 3D-Profilkörper aktuell ist („Neu erstellen“), zeigen die Querprofile in dem Bereich die Änderung der Querneigung nicht an? Wo ist das Problem zu suchen?

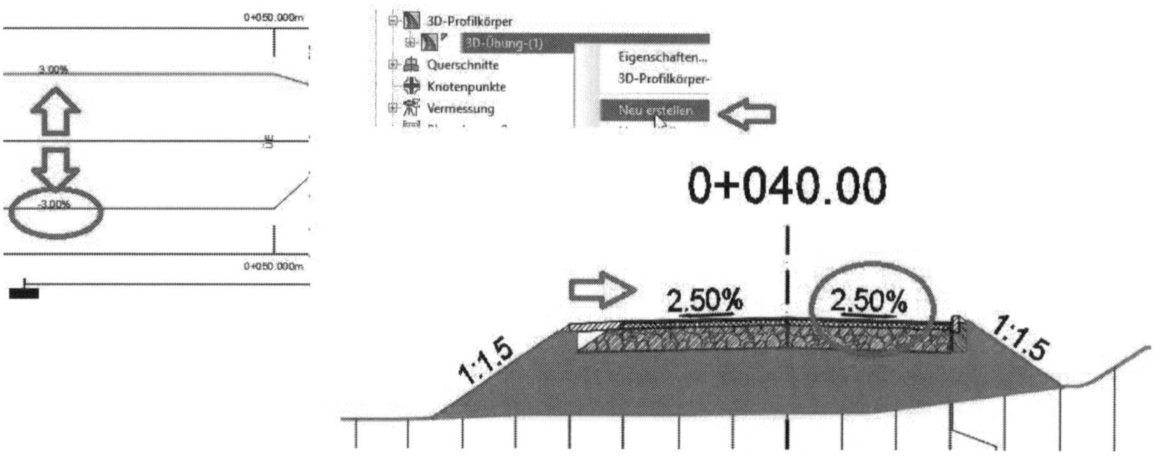

Die verwendeten Querschnittselemente haben für die Verwendung der Querneigung eine Grundeistellung und diese steht voreingestellt auf „Keine“. Das Lesen der Querneigung ist nicht nur einzuschalten, es ist auch zu beachten, dass die meisten Querschnittselemente für eine vier-spurige Straße vorgesehen sind. Bei einer zwei-spurigen Straße ist „Rechter“– und „Linker Außenfahrstreifen“ zu wählen.

Hinweis:

Bei dem Querschnittselement „RStO12_Tafel_1_Zeile_1_V2019“ sind die Bezeichnungen englisch. Für die Übung ist „Right“- und „Left Outside Lane Slope“ zu wählen!

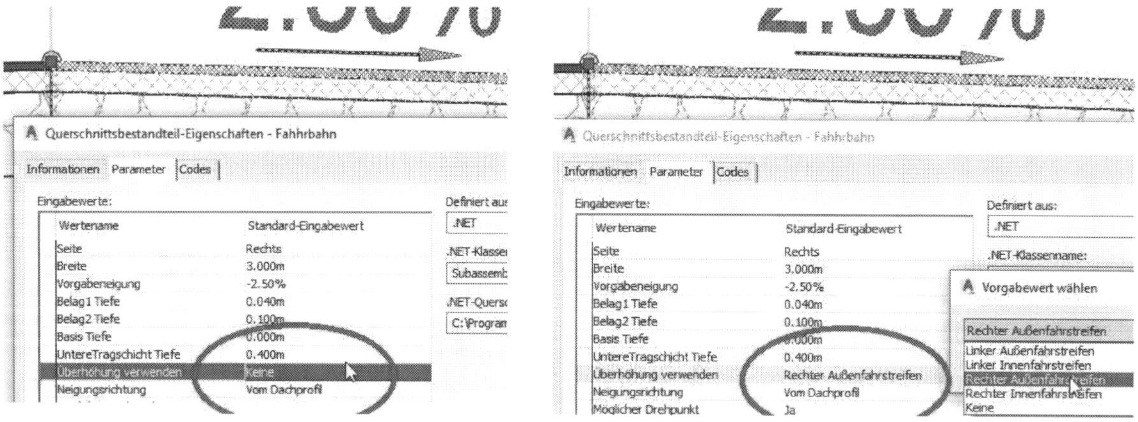

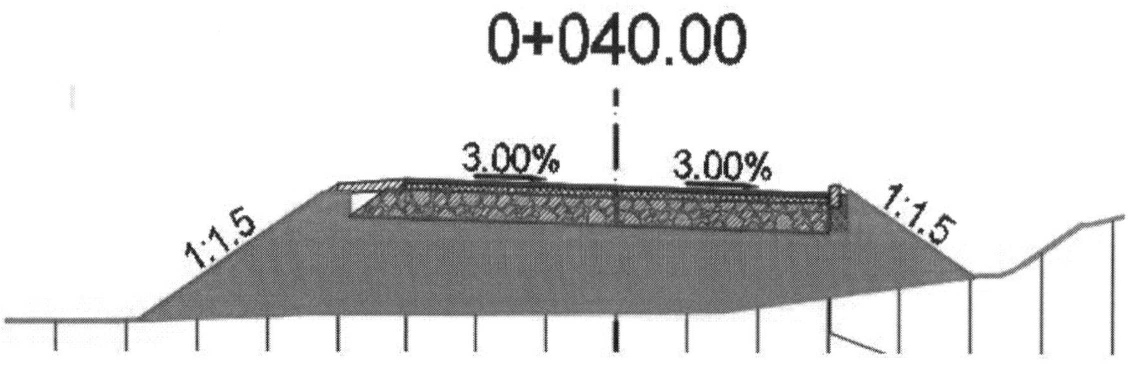

6.11 Fahrbahn-Breiten-Steuerung, Fahrbahnrand

Als Teil der Beschreibung der Achse wurde bereits das Erzeugen paralleler Achsen vorgestellt, die eine normgerechte Verbreiterung auf der Innenseite aber auch auf der Außenseite haben können. In der Praxis ist das nicht das einzige Problem, vor dem ein Planungsbüro gestellt wird. Für die Sanierung von Straßen in Ortschaften sind Grundstücksgrenzen oder Gebäudegrenzen zu beachten. Es gibt auch Fahrbahnbreiten-Reduzierungen, um eine Geschwindigkeitsbegrenzung zu erzwingen.

Civil 3D bietet im 3D-Profilkörper-Konzept für jede der Fragestellungen Funktionen, um diese Probleme umzusetzen. Die anschließende Möglichkeit zur Fahrbahnerweiterung bzw. Einschränkung ist eine Option für alle Querschnittselemente, die einen „Anschluss“ zulassen. Die Option gilt für vier-spurige Straßen mit Grünstreifen am Außen- oder Innenrand genauso, wie für Geh- und Radwege oder an die Fahrbahn angrenzende Parkflächen.

In den folgenden Bildern ist die 3D-Profilkörper-Eigenschaft „Codes“ auf den Dartstellungstil „Darstellung Lageplan [2018]“ zurückgesetzt und die Ansicht ein wenig gedreht, damit die anschließenden Bilder, einen Teil der „Zufahrt“ waagerecht zeigen.

Für die Beschreibung wird folgendes Konstruktions-Beispiel entwickelt. Am Fahrbahnrand steht ein Baum. Um den Baum zu schützen wird vom Auftraggeber gefordert die Fahrbahn nur bis auf 2,5m an die angenommene Baum-Mitte heran zu führen. Eine grundsätzlich andere Lage der Fahrbahn ist nicht möglich, weil auf der gegenüberliegenden Seite ein Naturschutzgebiet beginnt.

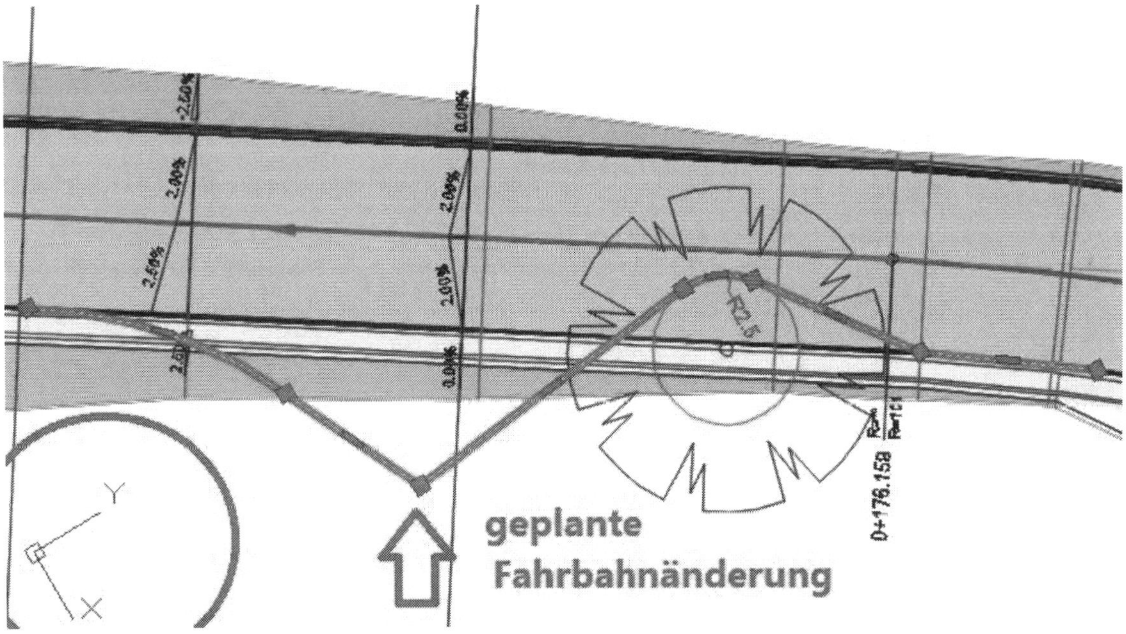

Vor dem Baum in Fahrtrichtung ist eine Fahrbahnerweiterung vorzusehen, die eine Abfahrt für eine künftige Baumaßnahme vorzubereiten ist. Es sind insgesamt in der Fahrbahnausbildung Absprachen und Vereinbarungen zu berücksichtigen, die keiner Norm entsprechen.

Die gezeichnete Polylinie kann direkt und ohne Umwege als Steuerungselement für die Fahrbahn genutzt werden.

Die 3D-Profilkörper-Eigenschaften werden geöffnet. Auf der Karte Parameter, Spalte Anschluss befindet sich die Option zum Aufruf der Polylinie. Im Bereich „Breiten- und Versatzziele ist die Spalte Querschnittsbestandteil zu beachten.

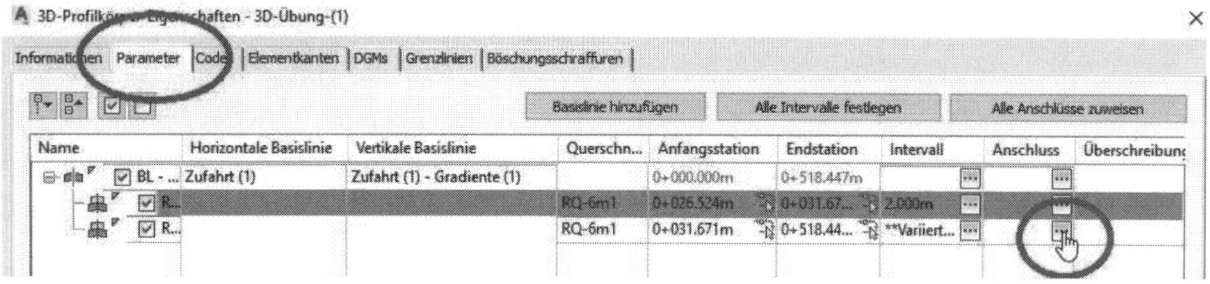

Hier erkennen wir das Querschnittsbestandteil „RStO12_Tafel_1_Zeile_1_V2019" als linke Fahrbahn. In der Spalte „Objektname" ist die Polylinie zu zuordnen. Die Zuordnungsoption „Ziel-Objekttyp auswählen" zeigt an, dass als Ziel-Objekte Achsen (Bus Bucht oder Abbiegespur vorgegebenen Radien), Elementkanten (Park- oder Freiflächen), Vermessungslinienzüge und Polylinien (freie Vereinbarungen, Absprachen) als steuerndes Element zugelassen sind.

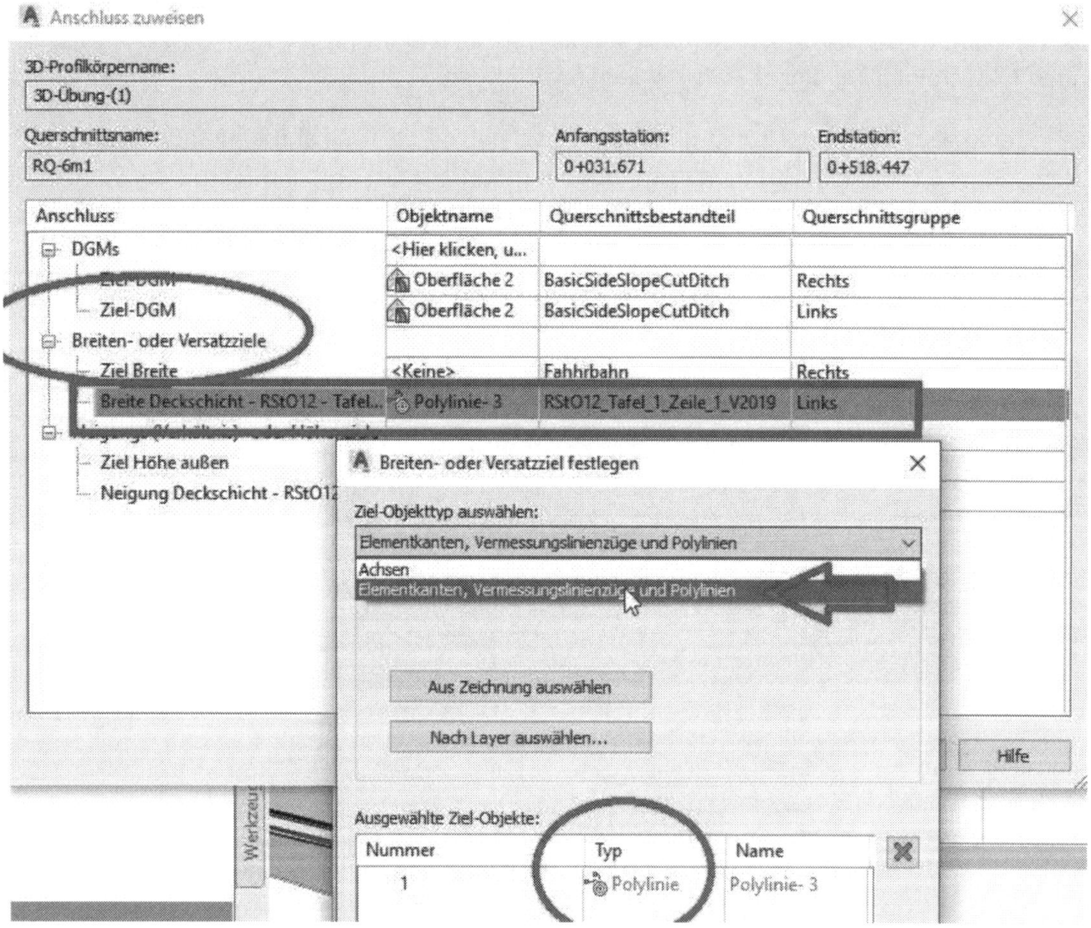

Die Masken werden mit OK geschlossen.

Hinweis:

An der Stelle (Anschluss) kann auch die Zuordnung von Längsschnitten erfolgen, die die Höhensteuerung von Fahrbahnrändern übernehmen können. Das ist in der Praxis wichtig, um die Höhe für Grundstücks-Einfahrten oder Fahrbahnübergänge an Kreuzungen vorzugeben.

Die Karte „Anschuss" zu verstehen, ist die Voraussetzung, um Kreuzungen und Kreisverkehre zu entwerfen. Die Funktion „**Knotenpunkte**" ist ein geführtes Zusammensetzen von 3D-Profilkörpern mit diversen „Anschlüssen". Eine Kreuzung oder Kreisverkehr kann man auch als „zusammengesetzten 3D-Profilkörper" aus vielen Achsen, Gradienten und Querschnitten verstehen.

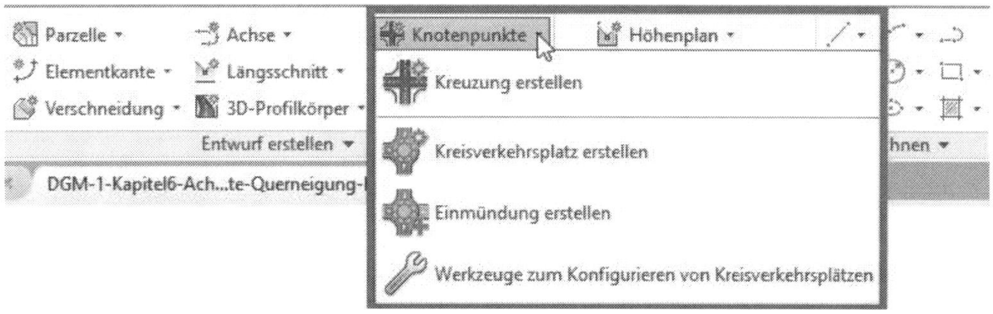

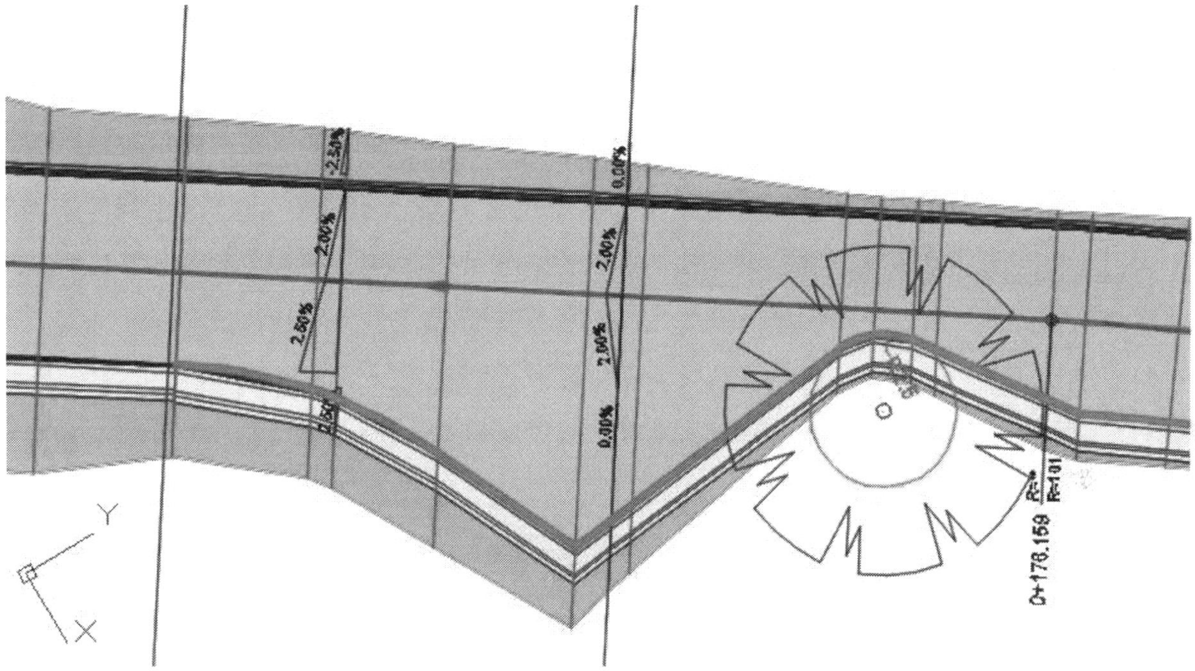

Die Polylinie ist in die Fahrbahn-Breiten-Konstruktion eingebunden. Gleichzeitig ist die 3D-Ansicht verfügbar.

Das nächste Kapitel „7. Kapitel Rohre/Leitungen" wird in dieser Zeichnung weitergearbeitet.

Vor dem Speichern wird empfohlen die Querneigungsansicht und die Materialliste zu löschen. Der Querneigungsansicht ist eine Entwurfsrichtlinie zugeordnet und die frei editierten Querneigungen entsprechen sicher nicht dieser Richtlinie also werden Richtlinienverletzungen gemeldet (gelbes Dreieck mit Ausrufezeichen).

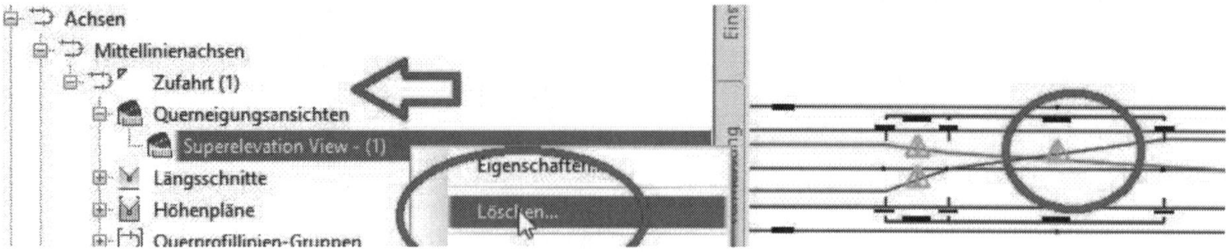

Diese Warnmeldungen sind abhängig von der Zoom-Stufe in der Darstellungsgröße.

Die im 7. Kapitel konstruierten Schächte und Rohre können auch im QP-Plan abgebildet sein, für diese Funktion stört eventuell die Flächenschraffur der Mengenberechnung.

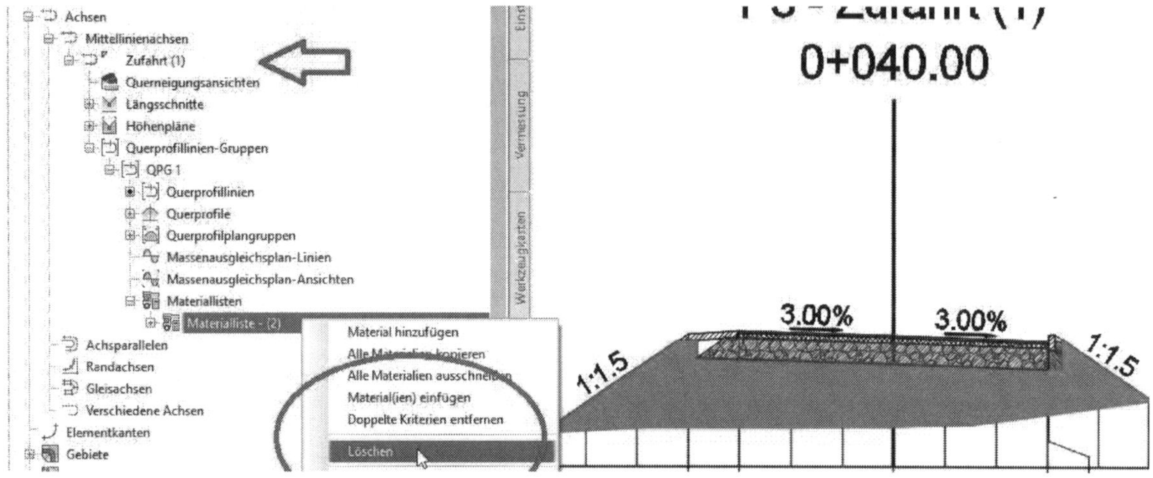

Als Option könnte das DGM der Materiallagerfläche (Böschung2-DGM) einen Höhenlinien-Stil bekommen (Höhenlinien- 1m 20cm [2014]) und der 3D-Profilkörper ohne Schraffur dargestellt sein (3D-Profilkörper-Eigenschaften, Codes, Stil „_keine Darstellung")

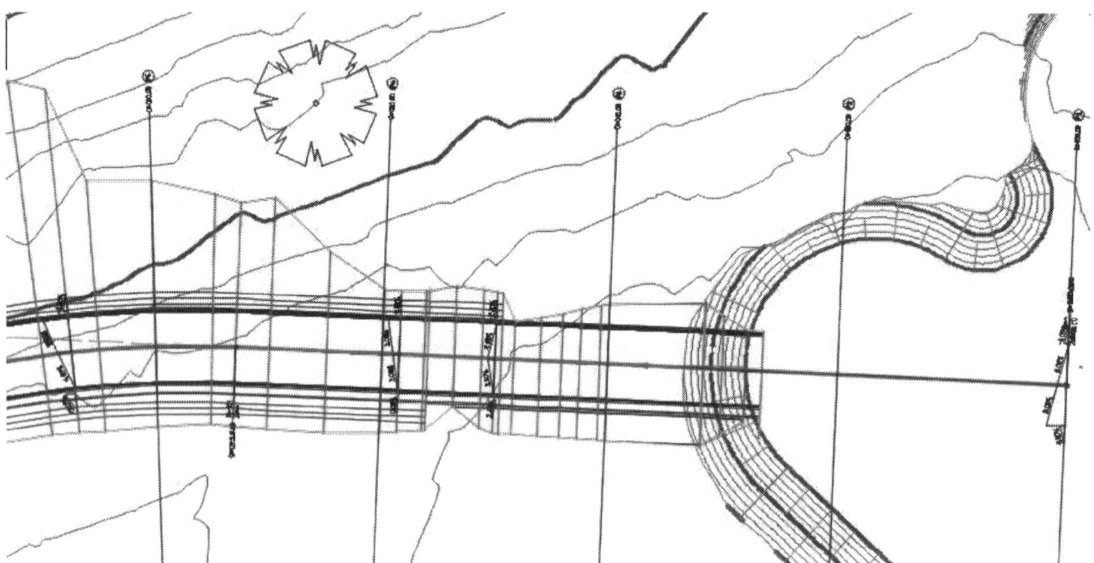

In dieser Form werden die Rohre und Schächte mit ihrer Beschriftung besser zu erkennen sein. Die Zeichnung wird unter dem Namen „**3D-Profilkörper.dwg**" gespeichert. Das nächste Kapitel startet mit dieser Zeichnung.

7 Kapitel, Konstruktion „Rohre/Leitungen" Basisfunktionen

7.1 Vorwort

Am Anfang aller bisherigen Kapitel wurde sehr viel zur Bedeutung des „Country Kit Deutschland" und zu der damit verbundenen Vorlage „...Deutschland.dwt" gesagt.

In den vorherigen Kapiteln ist eine „Materiallagerfläche" (Verschneidung) und eine Zufahrt zu dieser Fläche (3D-Profilkörper) konstruiert worden. Um diese Konstruktionen anschaulich auszuführen, wurde sehr oft auf vorbereitete Darstellungs- und Beschriftungs-Stile zurückgegriffen. Nur in seltenen Fällen wurden diese Stile bearbeitet.

Diese Art und Weise der Konstruktion setzt sich im 7. Kapitel „Rohre/Leitungen" fort. Obwohl wir mit der Zeichnung „3D-Profilkörper.dwg" des 6. Kapitels starten, sind hier auch nahezu alle Voraussetzungen für das 7. Kapitel geladen, weil die vorherigen Konstruktionen auf der Basis der „...Deutschland.dwt" erstellt wurden.

7.2 Voraussetzung für Deutschland

Auf eine Besonderheit speziell zum „Kanalnetz" muss extra hingewiesen werden. Die Installation des „Country Kit Deutschland" liefert sehr viele Eigenschaften. Für die anschließende Konstruktion ist jedoch eine Funktion manuell zu kontrollieren und eventuell zu korrigieren.

Fehlen die im folgenden Bild gezeigten Katalog-Bestandteile oder sind diese nicht aufgerufen, dann ist die nachfolgend gezeigte „Kanalnetz-Konstruktion" („Werkzeuge zum Erstellen von Kanalnetzen") nicht ausführbar,

- „DACH Kanalkatalog (Metrisch)"
- „DACH Schacht-/Bauwerkkatalog (Metrisch)"

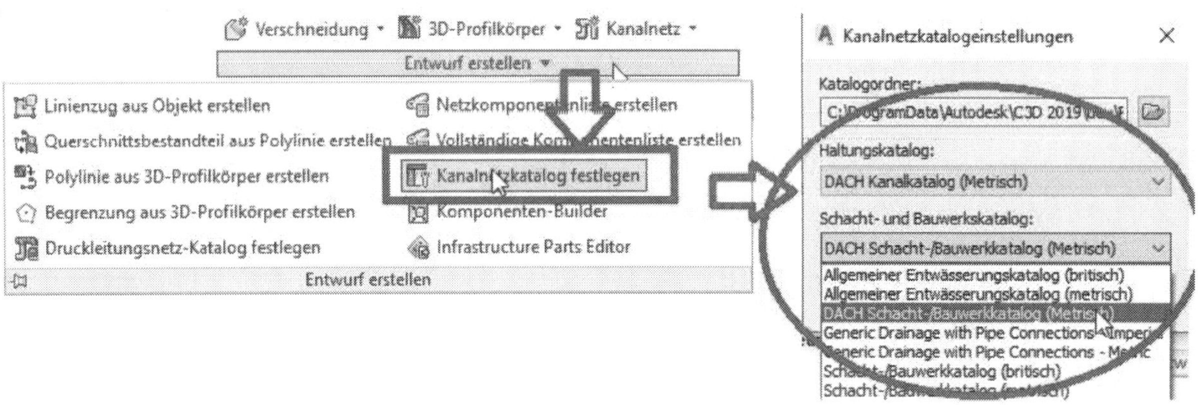

Der Begriff „DACH" steht für „Deutschland, Österreich, Schweiz". Sind die Kataloge nicht auswählbar, so liegt ein Fehler bei der Installation des „Country Kit Deutschland vor".

7.3 Voraussetzung für die Konstruktion

Basis einer jeden Konstruktion im Civil 3D ist ein DGM. Ein DGM ist auch Basis für die Konstruktion von Rohren und Leitungen. Warum ist das so?

1. Schächte: Der Deckel des Schachtes sollte bündig mit der Straßen-Fahrbahn, der Gehweg/Radweg-Fläche oder allgemein bündig mit der Oberfläche sein. Trotzdem sollte der Schacht oder das Rohr dabei immer frei zu positionieren bleiben. Der Schacht sollte den Zugang zum Kanal gewährleisten aber kein Hindernis auf der zu positionierenden Fläche darstellen. Der Höhenwert wird vom zugeordneten DGM übernommen.
2. Rohre: Rohre brauchen eine minimale Überdeckung aber aus Kostengründen eine maximale Tiefe. Die Berechnung der optimalen Lage erfolgt im Zusammenhang mit der Auswertung der Höhendifferenz zum DGM.
3. Bestimmte Leitungen wie Trinkwasser-Leitungen werden in Abhängigkeit zur Frosteinwirkzone verlegt. Die gesamte Geländesituation und die Frostgrenze bestimmen Hoch- und Tiefpunkte für Entwässerung und Entlüftung der Leitung.
4. Gas, Elektro-Kabel, Kabeltrassen: Weitere Leitungsthemen brauchen neben der Frosteinwirkzone Sicherheitsabstände oder Grundwasser-Freie-Bereiche. Alle diese Parameter können mit Hilfe des DGMs, die Lage der Leitung im Raum bestimmen.

Es wird die Zeichnung „**3D-Profilkörper.dwg**“ geöffnet. Zuerst gilt es zu prüfen, ob die Voraussetzung für die Konstruktion gegeben ist.

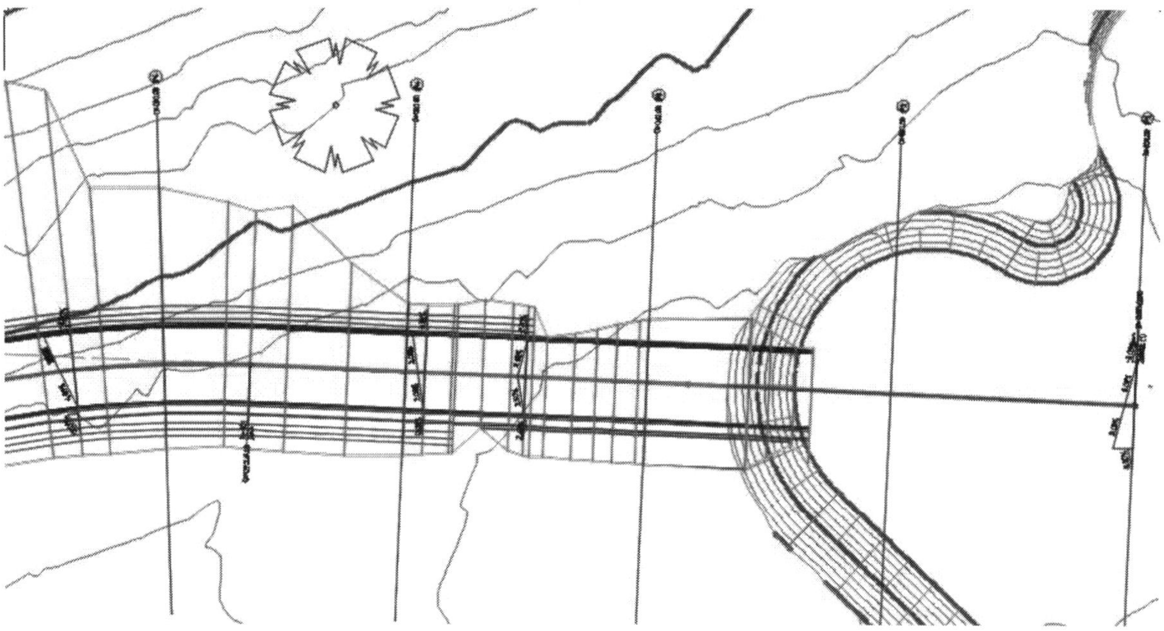

Der 3D-Profilkörper beschreibt eine Fläche (Fahrbahn, Graben und Böschungen). Das anfallende Wasser auf dieser Fläche gilt es zu fassen. Diese Fläche wird durch Verknüpfungs-Codes beschrieben (Linien-Namen). Diese Linien beschreiben jedoch noch keine geschlossene Fläche. An der „absoluten“ Oberfläche des 3D-Profilkörpers gibt es noch kein, für die Bestandteile der Kanal-Konstruktion, auswertbares DGM.

Aus den Konstruktionsbestandteilen des 3D-Profilkörpers wurde bereits ein DGM erstellt. Dieses DGM beschreibt jedoch die bauliche Unterkante, das sogenannte „Roh-Planum“. Es beschreibt den Zustand bevor Frostschutz und weitere Schichten aufgetragen werden. Dieses DGM diente der Mengenberechnung für Auf- und Abtrag.

Für eine jederzeit freie Positionierung von Rohren und Schächten und eine jederzeit dynamische Bestimmung der Anschlusshöhen oder Überdeckung für die Haltungen und Schächte, ist ein zweites DGM erforderlich. Dass zweite DGM sollte in allen Bereichen den relevanten Berechnungs-Horizont für die Kanal-Bestandteile darstellen. Das zweite DGM wird die absolute Höhe, die absolute Oberkante der geplanten Zufahrt beschreiben.

Hinweis:

In diesem einfachen Übungsbeispiel ist der Fahrbahnaufbau mit 54cm konstant. Theoretisch könnte man annehmen, dass auch eine konstante Höhen-Differenz die Höhe, der Schacht-Deckel, beschreiben könnte. Für die Praxis ist das jedoch keine Lösung, weil es Fahrbahnaufbauten mit 4% Gegenneigung im Planum gibt (bei besonderen Bodenverhältnissen). Schächte können auch im Bankett oder in der Böschung platziert sein und dort gibt es mit dem Bankett-Aufbau oder dem Mutterboden eine ganz andere Situation.

Um ein solches neues DGM zu erhalten, sind die 3D-Profilkörper-Eigenschaften zu öffnen und auf der Karte „DGM" ist ein zweites DGM zu erstellen.

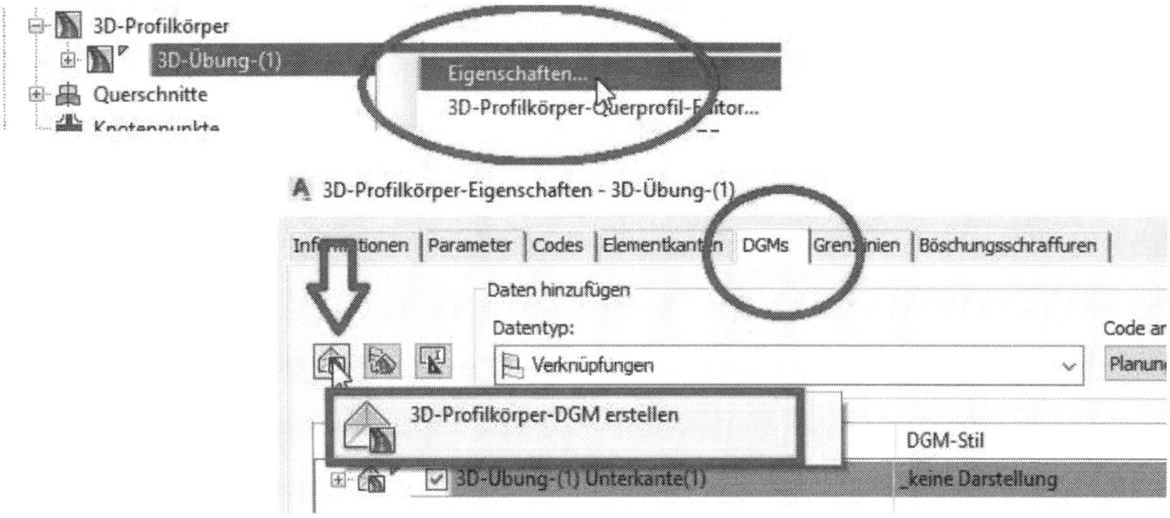

Das DGM wird angelegt und es wird ein prägnanter Name vergeben. In der Übung wird der Begriff „Rohre-Leitungen" nur ergänzend zum vorgegebenen Namen eingetragen.

Für die Darstellung wird ein Stil gewählt, der das neue DGM deutlich hervorhebt. Es wird „Dreiecksvermaschung und Umring-ROT [2014]" gewählt.

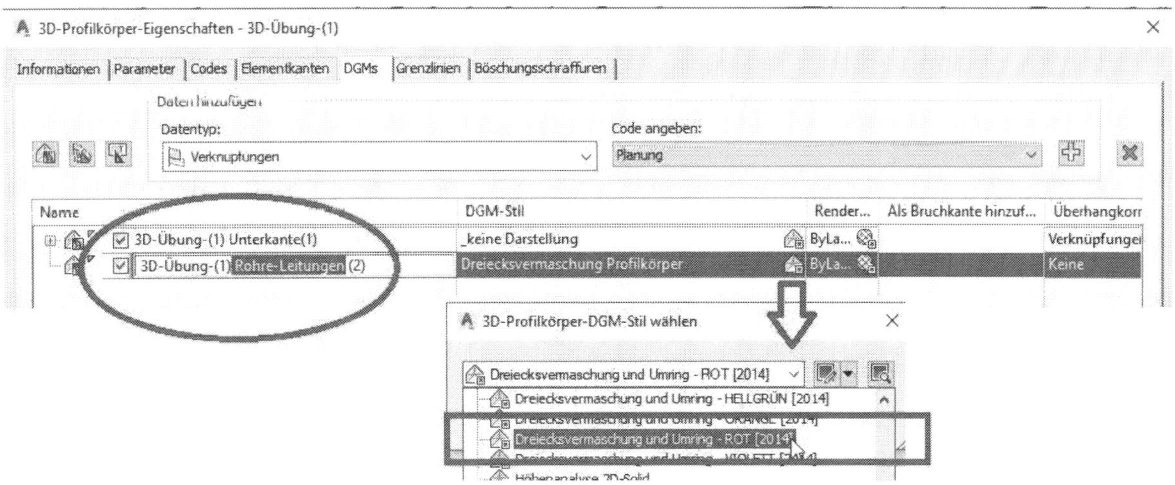

Mit dieser Funktion ist das zweite 3D-Profilkörper-DGM definiert. Jetzt sind die Daten zu zuweisen. Civil 3D bietet als Bestandteil der Querschnitt-Codierung einen Begriff an, der bei allen Standard-Codierten-Bauteilen einheitlich die absolut oberste Linie beschreibt. Dieser Begriff lautet „Planung". Der Begriff „Planung" gehört zu den „Verknüpfungen".

Der Begriff wird mit dem „+“ hinzugefügt. Als „Bruchkante hinzufügen“ wird aktiviert und der Schalter „Überhangkorrektur“ auf „Verknüpfung oben“ gesetzt. Der Schalter verhindert, wenn gleichnamige Linien übereinander liegen, dass es zu Unkorrektheiten beim neuen DGM kommt.

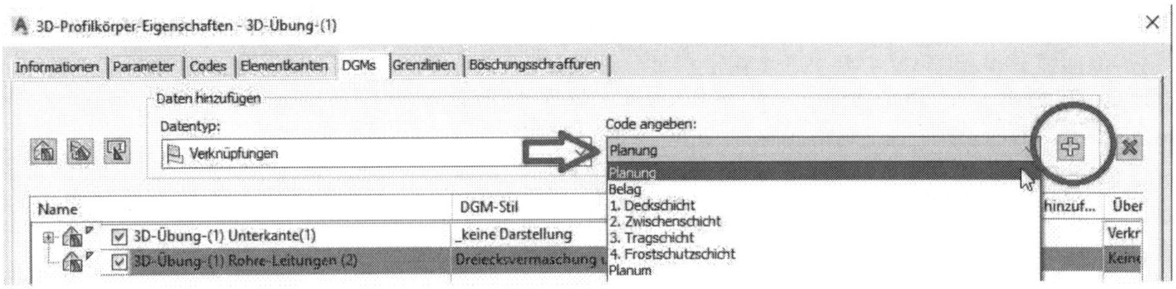

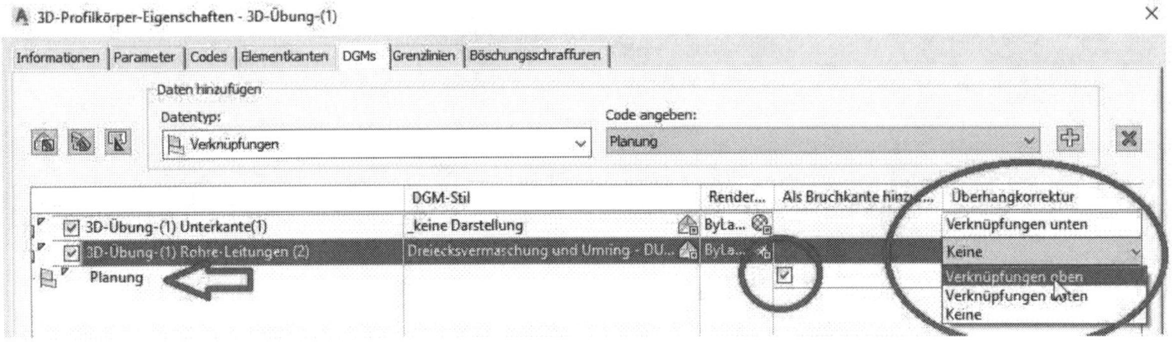

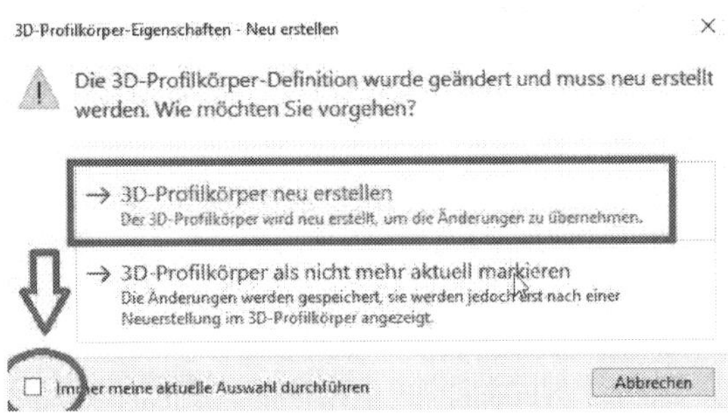

Mit „OK“ wird die Eingabe bestätigt und der nachfolgende Hinweis ist mit „3D-Profilkörper neu erstellen“ zu bestätigen.

Es zeigt sich, dass der 3D-Profilkörper nicht korrekt eingegrenzt ist. Eine automatisierte Eingrenzung gehört auch zu den 3D-Profilkörper-Eigenschaften“. Auf der Karte Grenzlinien wird der Wert „3D-Profilkörper als äußere Begrenzung“ gewählt.

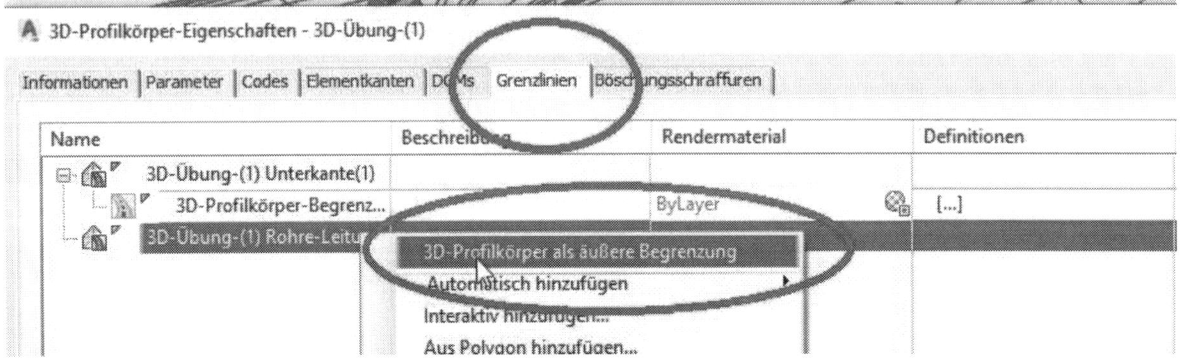

Nach erfolgter „Eingrenzung“ ist die Lage des neuen 3D-Profilkörper-DGMs immer zu prüfen. Die Prüfung erfolgt entweder mit dem „Querprofil-Editor“ (6.Kapitel) oder an QP-Plänen. In den folgenden Bildern wird das Einfügen des „3D-Profilkörper-DGM-Rohre-Leitungen“ in die QP-Pläne gezeigt.

Mit der Funktion weitere „Datenquellen berücksichtigen“ erfolgt die Zuweisung zu den QP-Plänen.

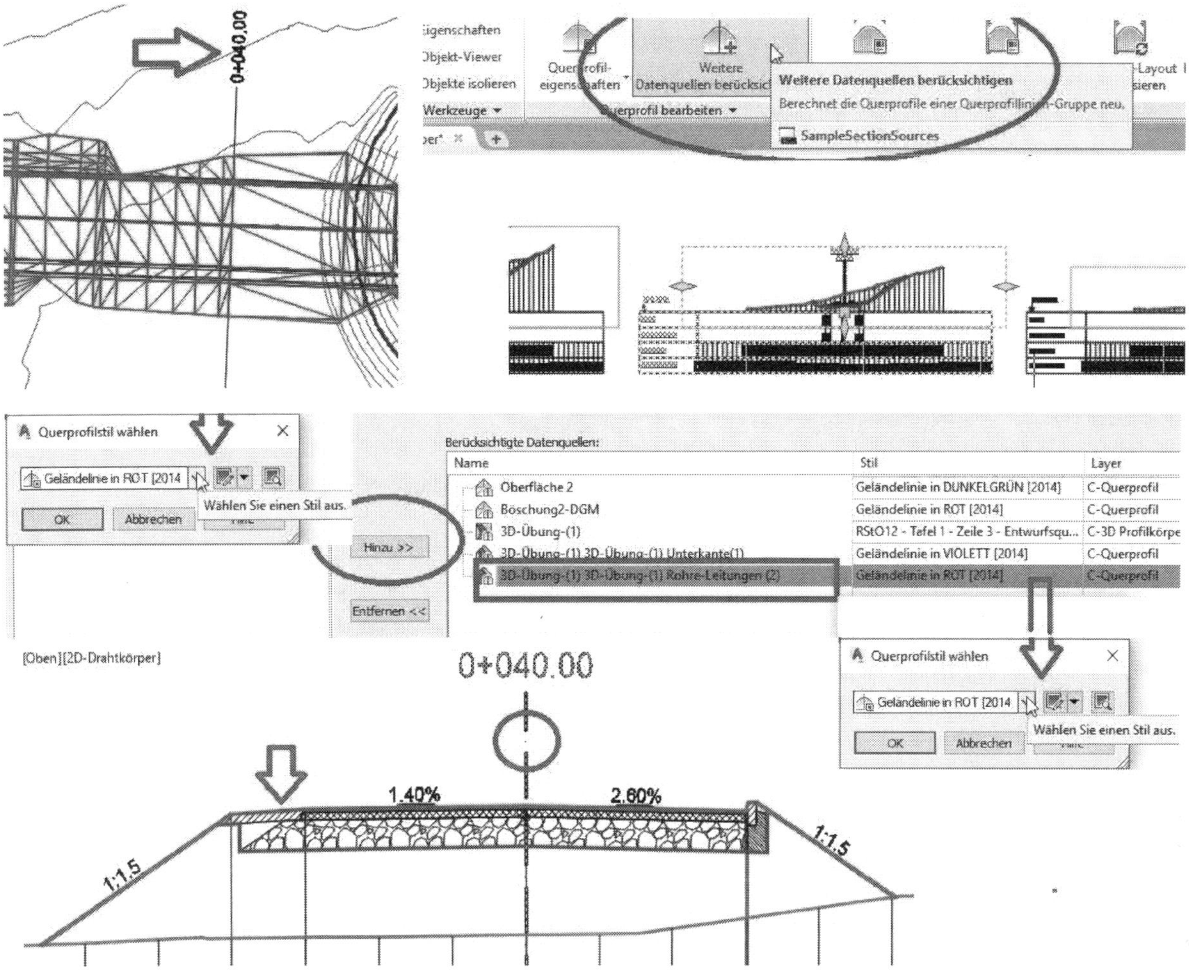

Für das Übungsbeispiel wurde als Voraussetzung der Kanal-Konstruktion (Rohre/Leitungen) ein 3D-Profilkörper-DGM-Rohre-Leitungen erstellt. Diese Vorgehensweise gilt natürlich für Straßen (langgestreckte Baukörper).

Gleichberechtigt für die Kanal-Konstruktionen sind auch alle anderen DGMs als Bezugsbasis verwendbar (3.Kapitel „DGM aus Punktdateien“ 4.Kapitel „DGM aus Zeichnungselementen“ oder 5.Kapitel „Verschneidung“). Um geeignete DGMs zu erstellen, stehen im Civil 3D noch weitere Funktionen zur Verfügung, die nicht Bestandteil dieses Buches sind.

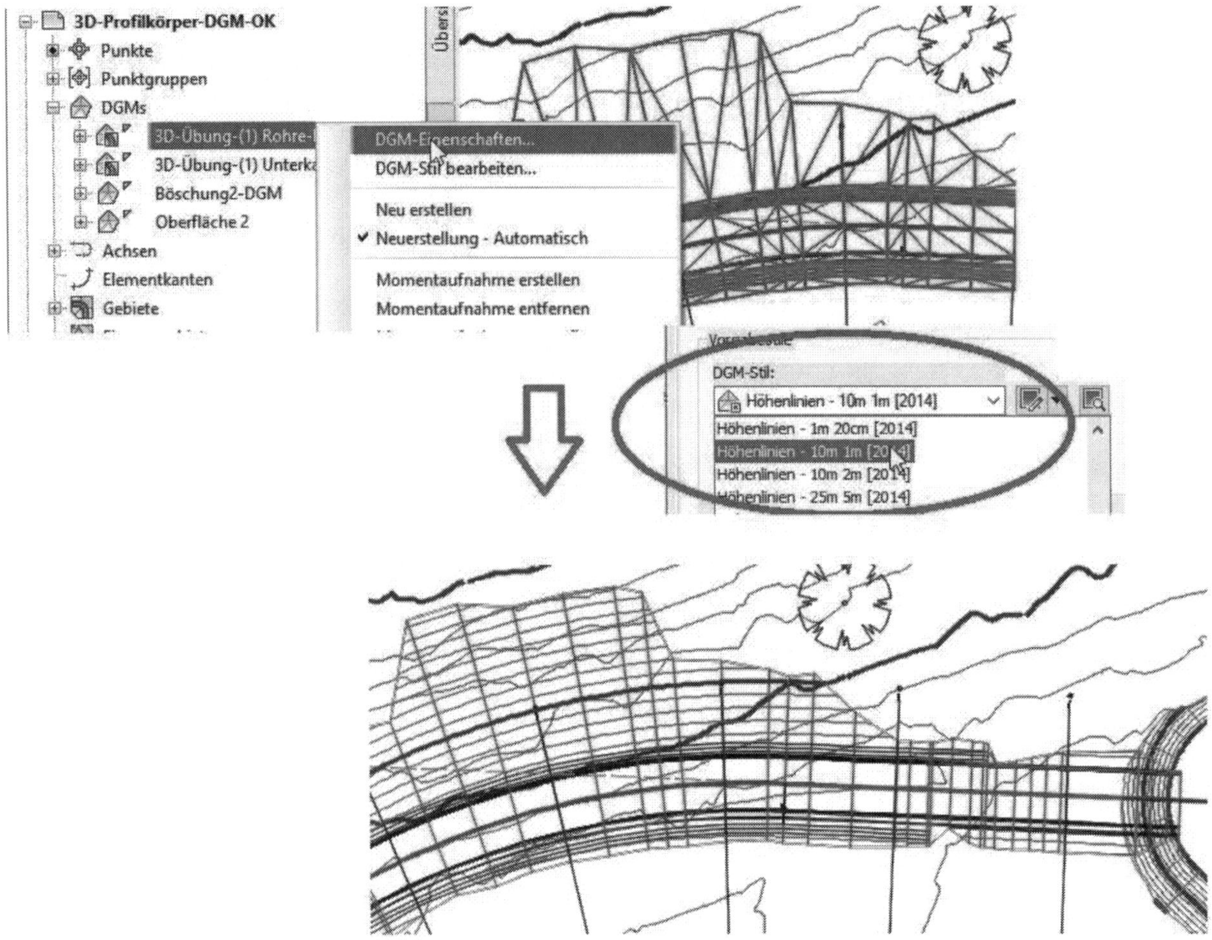

Unter Anderem lassen sich auch aus einzelnen DGM-Konstruktionen großflächige DGMs „zusammensetzen“. Auf diesem Weg erhält man einen durchgehenden Bezugshorizont über mehrere Teilkonstruktionen hinweg.

Abschießend wird das erstellte 3D-Profilkörper-DGM „Rohre-Leitungen“ auf einen geeigneten Darstellungs-Stil im Lageplan zurückgesetzt. Im Bild ist der Stil „Höhenlinien- 10m 1m [2014]“ gewählt. Der Zugang kann über die Liste der DGMs oder über die 3D-Profilkörper-Eigenschaften erfolgen.

7.4 Funktionsumfang „Kanalnetz“, Besonderheiten

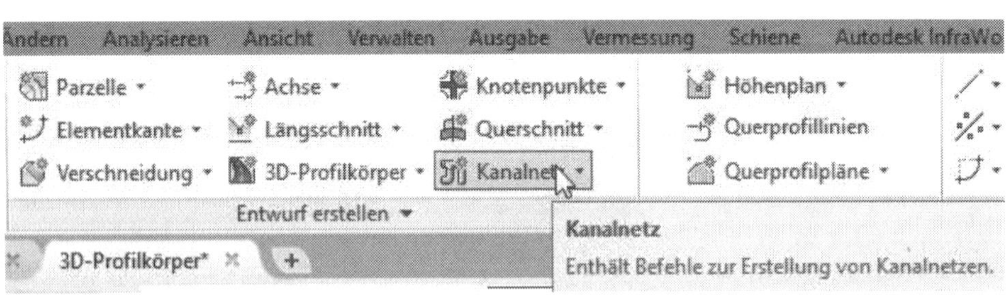

Im Menü von Civil 3D ist nur die Funktion „Kanalnetz“ zu sehen. Leider wird unter dem Begriff „Kanal-“ auch ein Gewässer (Schifffahrt-Kanal, Wasserstraße oder „Mittellandkanal“) verstanden. Das ist leider nicht richtig. Der Begriff „Kanal“ ist hier als „Kanalisation“ (Rohrleitung), Abwasser- oder Regenwasser-Ableitung mit freiem Gefälle, auch Freispiegel-Leitung zu verstehen. Den Begriff „Netz“ gibt es in Deutschland, im Zusammenhang „Kanalisation“, eher nicht. In Deutschland wird in diesem Zusammenhang eher der Begriff „Strang“ verwendet (der Autor).

Den Begriff „Netz" führt Civil 3D ein, um zu zeigen, dass es hier auch Verzweigungen geben kann. Es können mit der Funktion ganze Bebauungsgebiete oder Stadtgebiete erfasst werden. Der Begriff Strang bezieht sich in Deutschland eher nur auf eine Straße (Kanalisation einer Straße).

Mit der Funktion „Kanalnetz" können Rohrleitungs-Stränge, Leitungs-Netze im allgemeinen Sinne, in 3D mit 3D-Bauteilen konstruiert werden.

Der Begriff „Kanalnetz" (Kanalisation) führt teilweise auch zu dem Eindruck, bei der Funktion könnte es sich nur um „Kanalisation" handelt. In dünn besiedelten Regionen kommt auch eine Abwasser-Kanalisation kaum ohne Druckleitung aus. Es kommt gar nicht so selten vor, dass auch Abwasser bis zur Reinigung in einer Kläranlage, über eine Druckleitung, zu pumpen ist. Das Thema „Druckleitungen" gehört auch zum Funktionsumfang und mehrere Funktionen stehen dafür zur Verfügung.

Wird die Funktion „Kanalnetz" angeklickt, so ergeben sich fünf Unterfunktionen. Die Unterfunktionen und deren Unterschiede sind im folgenden Bild näher erläutert.

Diese fünf Funktionen greifen auf zwei unterschiedliche Datenbanken zurück, die hier Kataloge genannt werden. Für die Funktionen des „Kanal" ist das der Kanalnetz-Katalog. Für die Funktionen der „Druckleitung" ist das der „Druckleitungsnetz-Katalog".

Der Zugriff auf die Kataloge erfolgt nicht permanent und unmittelbar.

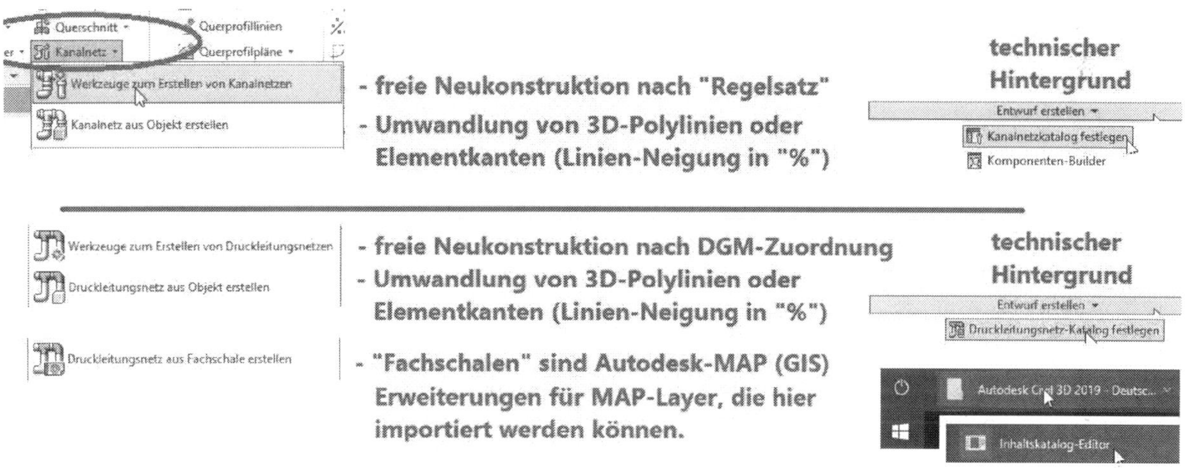

Für die eigentliche Konstruktion (unabhängig mit welcher der fünf Funktionen) sollte eine eigene, regional spezifische Bauteilliste zusammengestellt sein, diese nennte sich „Komponentenliste" (Netzkomponentenliste).

In dem Buch wird in erster Linie auf die Funktion „Werkzeuge zum Erstellen von Kanalnetzen" eingegangen. Der Schwerpunkt liegt hier auf dem zentralen Element, auf der „Komponentenliste". Die Komponentenliste beinhaltet, die Kanal-Bestandteile einer Region oder Stadt, die für einen bestimmten Abwasser-Typ Verwendung finden. In Deutschland sind die regionalen Unterschiede stark ausgeprägt!

In der Komponentenliste sind die Bauteile und Materialeigenschaften (von Rohren und Schächten), der vereinbarte Darstellungs-Stil, der Regelsatz, das Rendermaterial und die Kostenpunkt-Zuordnung vereinbart. Man könnte die „Komponentenliste" (Netzkomponentenliste) auch als „Bauteil-Liste" bezeichnen. Diese Komponentenliste gilt es zu verstehen!

Die Komponentenliste wird optional mit Bestandteilen des „Kanalnetzkatalogs" bestückt, der wiederum im „Komponenten-Builder" bearbeitet werden kann. Der Komponenten-Builder wird als Bestandteil des Menüs gestartet, um eventuell Ergänzungen oder Änderungen vorzunehmen. Ab der Version 2018 gibt es hier ein neues zusätzliches Werkzeug, dass Bauteile oder Baugruppen aus dem Autodesk INVENTOR importieren kann (Infrastructure Parts Editor, IPE).

Die weiteren vier Funktionen von „Kanalnetz" sind nicht Bestandteil des Buches. In der Praxis sind das jedoch auch wesentliche Bestandteile eines Planungsprojektes. Deshalb werden diese Funktionen und deren Besonderheiten hier im Text zumindest vorgestellt.

■ Kanalnetz aus Objekt erstellen

Die Funktion kann mit 3D-Polylinien oder Elementkante verwendet werden.

- 3D-Polylinien

> Der Vermesser erfasst Schächte im Bestand mit Höhen-Angaben zur Schachtsohle.
>
> Mit der AutoCAD Funktion „3D-Polylinien" können die Schachtsohlen gepickt und damit die Schachtsohlen-Höhe gelesen werden. Die Civil 3D Funktion kann aus diesen 3D-Polylinien „Rohre" und aus den Stützpunkt-Höhen „Schächte" entwickeln. Dabei kann der Anwender festlegen, ob die Höhenangabe Rohr-Außen-Oben, Rohr-Scheitel, -Mitte, -Sohle oder -Außen -Unten ist.

- Elementkanten

> Die Verwendung von Elementkante ist aus zwei Aspekte sinnvoll. Der erste Aspekt ist die Übernahme von Leitungsdaten aus dem Bestand.
>
> Trinkwasser-, Gas oder Telekomleitungen werden im Bestand häufig nur mit der Lage-Position vermessen (X- und Y-Koordinaten) und mit einer „Linie" sowie angeschriebenem „Text" im Lageplan eingetragen. Der angeschriebene Text verweist auf die Art der Leitung und deren Tiefe im Bezug zum Gelände (Beispiel: TW DN150 - 0,85m) Zum Funktionsumfang der Elementkante gehört es die Höhe von einem DGM zu lesen und wenn erforderlich zusätzlich geknickt zu werden. Liegt ein DGM im Planungsbereich vor, so kann eine Elementkante die „Text-Höhendifferenz-Angaben" umsetzen und zur Voraussetzung für die Funktion „Kanalnetzaus Objekt erstellen" werden. Dabei kann der Anwender auch hier festlegen, ob die Höhenangabe Rohr-Außen-Oben, Rohr-Scheitel, - Mitte, -Sohle oder -Außen-Unten ist.
>
> Der zweite Aspekt ist die Neukonstruktion von Kanalnetzen. Elementkanten haben Eigenschaften wie AutoCAD-Polylinien oder -2D-Polylinien. Elementkanten können Bögen einschließen und Elementkanten haben Stützpunkte. Ma kann Stützpunkte hinzufügen oder löschen. Zusätzlich hat die Elementkante 3D-Eigenschaften, die sich im „Höheneditor" bearbeiten lassen. Die Höhen können einzeln oder in Bereichen nach Höhe oder Neigung (in „%") bearbeitet werden. Das heißt die Elementkanten können auch als Entwurf für ein Kanalnetz dienen. Dabei kann der Anwender wiederum festlegen, ob die Höhenangabe Rohr-Außen-Oben, Rohr-Scheitel, - Mitte, -Sohle oder - Außen-Unten ist.

Hinweis:

Sonderoption „**Nullschacht**"

Absolut unabhängig von den Konstruktions-Varianten („Werkzeuge zum Erstellen von Kanalnetzen" oder „Kanalnetz aus Objekt Erstellen") ist der „Nullschacht". Der Nullschacht ist in jeder Komponentenliste geladen (Kanalnetz) und Bestandteil der Bauteilauswahl „Schächte".

„Nullschacht" bedeutet, bei einem Rohr-Knick muss nicht zwangsläufig ein sichtbarer Schacht eingefügt sein. Der Nullschacht kann einen Rohr-Knick oder einen Anschluss einer untergeordneten Leitung an eine Hauptleitung beschreiben (fiktiver Schacht)! Das heißt für die Praxis, mit der Funktion „Werkzeuge zum Erstellen von Kanalnetzen" oder „Kanalnetz aus Objekt erstellen" können auch Leitungen entworfen werden, die den Charakter einer Trinkwasser-, Gas- oder Druckleitung haben. Solche Rohrleitungen haben keine oder wenig Schächte. Wenn eine Druckleitung bereits mit dem Funktionsumfang „Kanal", unter Beachtung des Objektes „Nullschacht" zu erstellen sind, warum gibt es dann die Funktionen der Druckleitung?

Der Funktionsumfang „Druckleitung" ist technisch anders aufgebaut. Die Basis ist hier keine Komponentenliste, sondern eine SQL-Datenbank. Aus diesem Grund wird für den Funktionsumfang „Druckleitung" auch ein anderer Katalog geladen, der „Druckleitungsnetz-Katalog". Aus dem Menü heraus kann dieser Katalog nicht geöffnet oder bearbeitet werden. Hierzu ist außerhalb vom Civil 3D, als Bestandteil von Windows, ein separates Programm zu starten.

Was ist das Besondere am Druckleitungs-Konzept? Warum braucht es eine eigene Datenbank?

■ Werkzeuge zum Erstellen von Druckleitungsnetzen

Bestandteil des Entwurfs von Druckleitungen ist eine wesentlich größere Auswahl von Bauteilen neben Rohren, Schächten und Muffen gibt es auch Reduzierstücke, T-Stücke, Kreuzungen, Schieber, Hydranten und vieles mehr. Die Konstruktion besitzt neben der Verknüpfung zum DGM auch eine Winkel-Vorgabe zur Einhaltung der Bauteil abhängig vorgegebenen Verbindungs-Knicke (Winkel).

Es wird jedoch die Muffe mit „Winkel" (Beispiel: 45°) wird nicht absolut horizontal verbaut. Die Muffe kann nochmals 45° gedreht zur horizontalen aufgesteckt sein. Die Berücksichtigung der Winkeländerung bei dieser Einbauvariante ist derzeit noch offen (der Autor).

■ Druckleitungsnetze aus Objekt erstellen

Die Funktion kann auch hier mit 3D-Polylinien oder Elementkante verwendet werden und es ergeben sich die gleichen Optionen wie bereits unter „Kanalnetz aus Objekt erstellen" beschrieben.

■ Druckleitungsnetze aus Fachschale erstellen

Der Begriff „Fachschale" ist ein Begriff aus dem Programm-Umfeld „Autodesk MAP 3D" (MAP). Das Programm Autodesk MAP 3D ist in vielen Aspekten zu vergleichen mit ESRI „ArcGIS". Der Begriff Fachschale kann als Datenbank-Erweiterung eines MAP-Layers oder als GIS-Datenbank bezeichnet werden. In der Praxis bedeutet das, mit dieser Funktion können GIS-Daten in 3D-Leitungsobjekte umgewandelt werden. Das setzt natürlich eine abgestimmte Datenbank-Struktur voraus.

7.5 „Werkzeuge zum erstellen von Kanalnetzen", Komponentenliste (Netzkomponentenliste, Bauteil-Liste)

Um die Bedeutung der „Komponentenliste" zu erläutern, wird mit der Funktion „Werkzeuge zum Erstellen von Kanalnetzen" ein ganz einfaches (simples) „Netz" (Strang) gezeichnet, kontrolliert und bearbeitet. Diese Vorgehensweise soll die Bedeutung der Komponentenlisten erläutern. Hier werden sich einige Fragestellungen ergeben, die zeigen, dass in der Praxis eigene überarbeitete

Komponentenlisten zu empfehlen sind. Abschließend wird schrittweise eine neue Komponentenliste erstellt.

Als Übungsthema wird angenommen, das von links beginnend ein Regenwasser-Kanal (Strang, Leitung) zur Erfassung des im Einschnitt-Bereich anfallenden Wassers vorzusehen ist. Das abgeleitete Wasser kann frei auf der rechten Seite der Materiallagerfläche ausfließen.

Folgende Bauteile sind für den Entwurf vorgesehen.

- Schacht DN 1000 (Beton DIN EN 1917)
- DN 400 Stahlbeton (Sb)
- Zulauf, Sinkkasten
- Auslaufbauwerk

7.5.1 Objektdefinition

Die Funktion „Werkzeuge zum Erstellen von Kanalnetzen" wird gestartet.

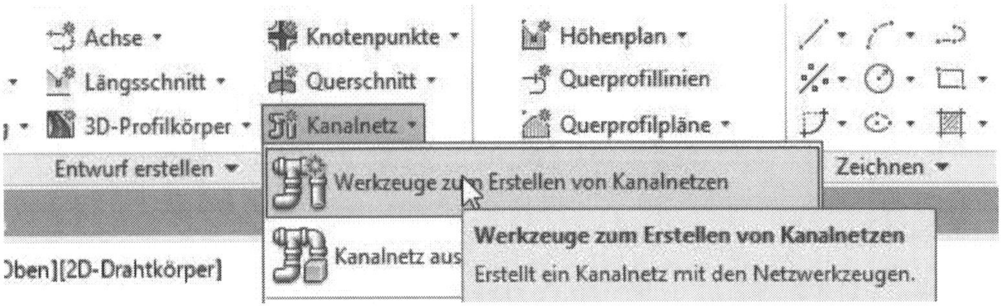

Die Konstruktion beginnt mit der Objektdefinition für das Kanalnetz.

1. Objektname: Es wird Regenwasser vorgeschlagen.
2. Netzkomponentenliste (Komponentenliste, Bauteil-Liste): Hier wird „**RW geplant [2014]**" ausgewählt (Regenwasser geplant). In einem der nächsten Bilder werden die Bestandteile der Netzkomponentenliste näher erläutert.
3. Zuweisung des DGM: Die Konstruktion soll auf der Straße beginnen, das heißt wir wählen das DGM der Zufahrt-Oberkante (3D-Übung-(1) Rohre-Leitungen (2))

Bild 1:

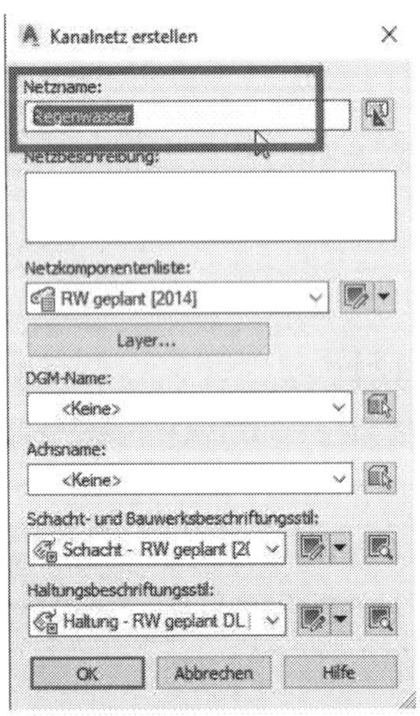

Bild 2:

Bild 3:

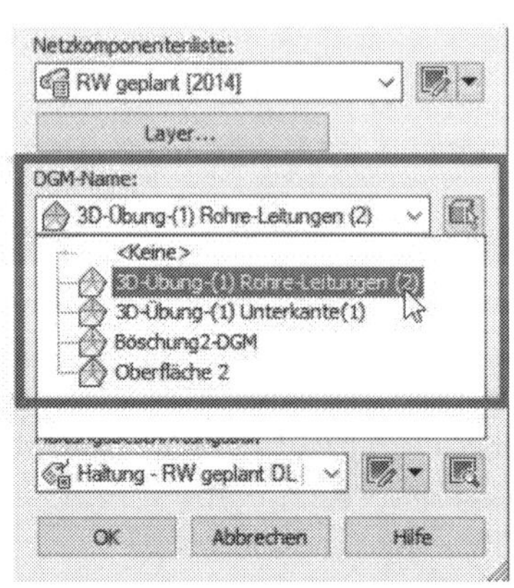

4. Zuweisung der Achse: Es wird die Achse „Zufahrt“ ausgewählt.
5. Auswahl der Beschriftung des Schachtes: Es wird die Beschriftung „Schacht-RW geplant [2017]“ ausgewählt.
6. Auswahl der Beschriftung der Haltung: Es wird für Haltungen „Haltung-RW geplant DL [2014]“ ausgewählt. Hier gibt es die optionale Auswahl der Bezeichnung „DL“, „VL“ und „VL nur DN“.

Bild 4:

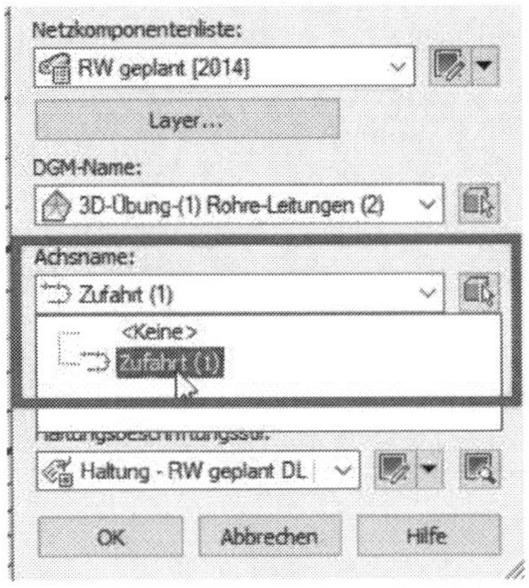

Bild 5:

Bild 6:

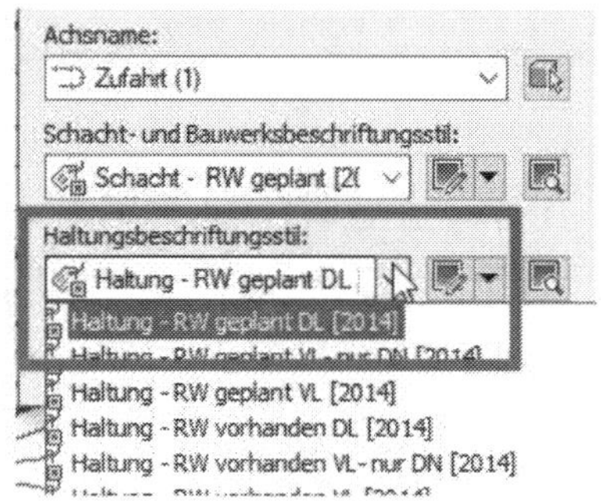

Diese Abkürzungen „DL“, „VL“ und „VL nur DN“ bedeuten folgendes:

- „DL“- „Doppellinie“ - bedeutet, die Beschriftung wird an die maßstäbliche dargestellte Rohraußenwand geschrieben (Bestandteil des Objektes)
- „VL“ – Volllinie - bedeutet, die Beschriftung wird an die Rohrmittellinie „Volllinie“ geschrieben (Bestandteil des Objektes)
- „VL nur DN“- bedeutet, Rohrmittellinien-Beschriftung mit nur Durchmesserangabe der Rohrleitung

Nachfolgend wird die Komponentenliste (Netzkomponentenliste) mit den Einstellungen und Eigenschaften erläutert.

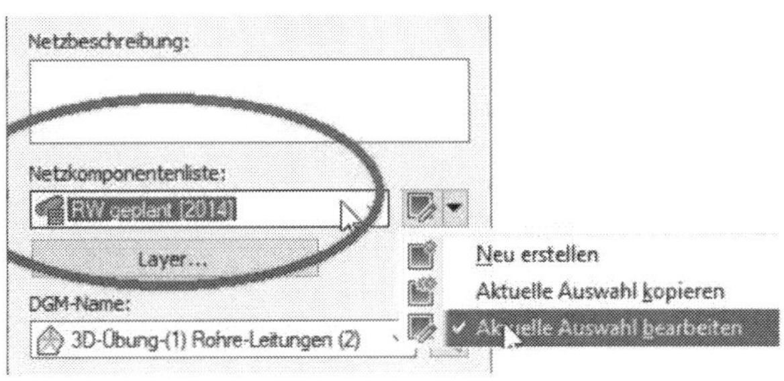

In der Komponentenliste sind Haltungen und Schachte geladen. Es gibt zu jeder Kategorie fünf Spalten (Schächte und Haltungen).

- Name
- Stil
- Regeln
- Rendermaterial
- Kostenpunkt

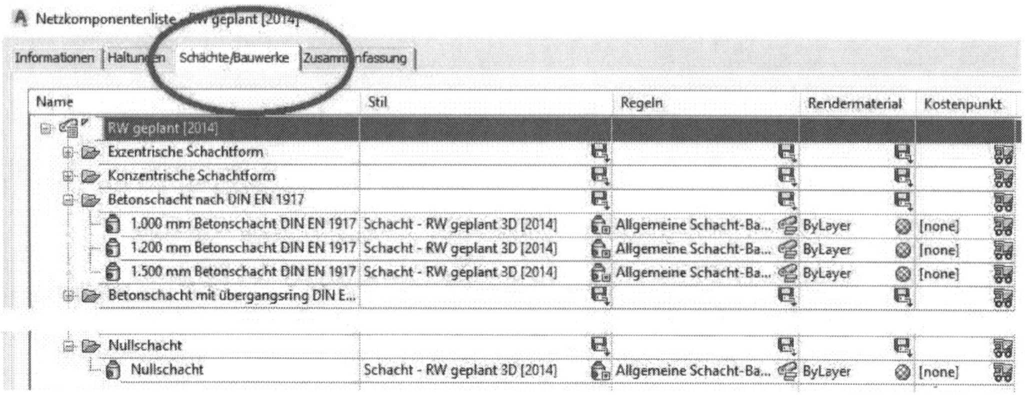

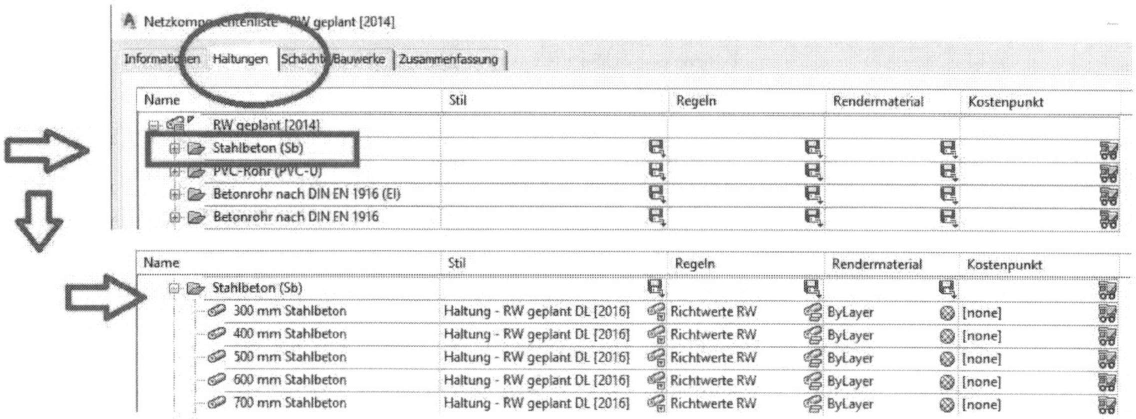

Die Bestandteile dieser 5 Spalten werden nachfolgend erläutert.

Name

Haltungen und Schächte sind entsprechend nach Material und Bauweise sortiert. Jede Materialart und Bauform hat zugeordnet Bauteile mit unterschiedlichen Größenparametern. In der Praxis heißt das, jeder Schacht und jedes Rohr wird mit allen 3D-Parametern geladen und wird entsprechend der Parameter 1:1 (in der realen Größenordnung) 3D im Raum als Schacht- oder Rohr-Volumen-Körper angezeigt.

In den folgenden Bildern sind variable Parameter (weißes Auswahlfeld) des Schachtes „Betonschacht nach DIN EN 1917“ dargestellt (Bild 1) und variable Parameter (weißes Auswahlfeld) eines Rohres abgebildet „Beton-Eiförmiger -Durchlass (Rohr- Querschnitt, Bild2).

Bild 1

1.200 mm Betonschacht DIN EN 1917

Eigenschaft	Wert	Quelle
Wall Thickness	120.000000	Liste
Floor Thickness	150.000000	Liste
Frame Diameter	625.000000	Liste
Frame Height	160.000000	Liste
Cone Height	600.000000	Liste
Inner Structure Diameter	1200.000000	Liste
Schacht-/Bauwerksprofilart	BoundingShape_Cylinder	Konstante
Vertical Pipe Clearance	1360.000000	Berechnung
Rim to Sump Height	1000.000000	Bereich
Material	B	Konstante
Barrel Pipe Clearance	600.000000	Konstante
Schacht-/Bauwerkshöhe	1150.000000	Berechnung
Schacht-/Bauwerksdurchmesser	1240.000000	Berechnung
Komponententyp	Struct_Junction	Konstante
Komponentenuntertyp	Eccentric	Konstante
Komponentenbeschreibung	Betonschacht nach DIN EN 1917	Konstante
Komponentengrößenname	1,000 mm Betonschacht DIN EN	Berechnung
Eccentric Offset Distance	187.500000	Berechnung
Frame Cylinder Height	160.000000	Berechnung
Barrel Cylinder Height	390.000000	Berechnung
Workplane Offset 1	160.000000	Berechnung
Workplane Offset 2	760.000000	Berechnung
Rahmen	Standard	Optionale Eigenschaft
Gitter	Standard	Optionale Eigenschaft
Überdeckung	Standard	Optionale Eigenschaft

Bild 2

400 x 600 mm Beton Eiförmiger Durchlass

Eigenschaft	Wert	Quelle
Wandstärke	50.000000	Tabelle
Innerer Kanal Breite	400.000000	Tabelle
Innerer Kanal Höhe	600.000000	Tabelle
Querschnittsprofilart	SweptShape_EggShaped	Konstante
Komponententyp	Pipe	Konstante
Komponentenuntertyp	Undefined	Konstante
Komponentenbeschreibung	Beton Eiförmiger Durchlass SI	Konstante
Komponentengrößenname	400 x 600 mm Beton Eiförmiger D	Berechnung
Linearer Mittellinienversatz	300.000000	Berechnung
2D-Entfernung 2	100.000000	Berechnung
Material	Stahlbeton	Optionale Eigenschaft
Min. Bogenradius	0.000000	Optionale Eigenschaft
Manning-Koeffizient	0.000000	Optionale Eigenschaft
Hazen-Williams-Koeffizient	0.000000	Optionale Eigenschaft
Darcy-Weisbach-Faktor	0.000000	Optionale Eigenschaft

Das heißt auch gleichzeitig, Civil 3D (Autodesk) hat diese Parameter als wichtig und notwendig erklärt und das Bauteil so erstellt, dass nur diese Parameter variabel sind!

Jeder Civil 3D Nutzer kann die Kataloge mit eigenen Bauteilen komplettieren und variable Parameter nach eigenem Ermessen erstellen! Diese Funktionen stehen im Komponenten-Builder zur Verfügung.

Stil

Die Spalte „Stil" bedeutet Darstellungs-Stil. Über den Darstellungs-Stil erfolgt die Entscheidung, welche der Bauteileigenschaften zu sehen sind. Bei einem Rohr kann das zum Beispiel die Außenwand, die Innenwand, die Mittellinie oder eine alles überdeckende Schraffur sein. Zusätzlich kann die Darstellung mit allen Eigenschaften für den Lageplan den Höhenplan und den QP-Plan extra gesteuert werden.

Hinweis:

Für den Lageplan wird empfohlen ein Rohr nur mit der Außenwand darzustellen. Das ist ausreichend. Für die Darstellung im Höhenplan sollte jedoch die Rohrinnenwand zusätzlich eingeschalten sein, um den Nachweis für, zum Beispiel, „sohlgleiches Konstruieren" abzubilden. Kreuzende Rohre (Rohrquerschnitte) sollten Innen- und Außenwand anzeigen, um eventuelle Kollisionen besser sichtbar zu machen. QP-Pläne sollten auch die Innen- und Außenwand anzeigen (Hinweis des Autors).

Es wird empfohlen für Schächte und Haltungen einen Stil zum Plotten und einen Stil zum Bearbeiten bereitzustellen (7.6. Erstellen einer eigenen Komponentenliste).

Regeln

Die Regeln, sind eine absolute Civil 3D Besonderheit. Während der Konstruktion wird der Mitarbeiter weder nach „Absturz" noch nach „Rohrneigung" gefragt. Der Bediener braucht nur die Schachtposition zu picken und die Konstruktion erfolgt anhand der Geländesituation und anhand der festgelegten „Regeln" automatisch (Konstruktions-Regeln)!

Hinweis:

Die hier vorgegebenen Regeln (Konstruktions-Regeln) sind unbedingt zu prüfen und eventuell anzupassen. Die bereits eingetragen Regeln sind sehr großzügig.

Zwei Gründe für eine unbedingte Prüfung ist folgendes Beispiel. In Deutschland werden minimale Neigungen abhängig vom Rohrdurchmesser und eventuell den Reibungseigenschaften vorgegeben. Darüber hinaus gibt es regionale Besonderheiten. Zum Beispiel hat die Stadtverwaltung von Bochum aufgrund der Bodensenkungen, verursacht durch den Steinkohle-Bergbau, eigene wesentlich größere Werte für die minimale Neigung unabhängig vom Rohrdurchmesser festgelegt. Beide Grenzwerte sind nicht- oder können nicht Bestandteil der Civil 3D „Kanal-Regeln“ sein!

Rendermaterial

Die Rendermaterial-Einstellung kann auf „ByLayer“ eingestellt bleiben. Die Layer-Vergabe für Haltungen und Schächte sind im Bereich Objektlayer (2. Kapitel, Zeichnungseinstellungen) bunt (farbig) vorgegeben. Das bedeutet die 3D-Darstellung wird ebenfalls farbig sein. Das erleichtert die Orientierung im 3D-Raum (der Autor).

Kostenpunkt

In der Spalte „Kostenpunkte“ (Mengenbestimmung) sind keine Werte eingetragen. Mit dem Eintrag einer Mengenposition (Kostenpunkt) wäre Civil 3D in der Lage das Kanalnetz auszuwerten und die geplanten „Rohr-Meter“ und die „Schachtanzahl“ oder „Schacht-Meter“ als Summe auszugeben. Diese Option sollte genutzt werden (7.6. Erstellen einer eigenen Komponentenliste)!

7.5.2 Netz-Konstruktion

Für die folgende Konstruktion wird, die im vorherigen Abschnitt aufgerufene und beschriebene Komponentenliste „**RW geplant [2014]**“genutzt. Die Nutzung dieser Komponentenliste wird die angesprochenen Eigenschaften zum Thema „Stil“ und „Regel“ zum Teil erläutern. Die Bilder sollen neben der Konstruktion zeigen, in wie vielen Details die Festlegungen in der Komponentenliste, die Konstruktion des Regenwasser-Netztes beeinflusst.

Nach der Objektdefinition (Kanalnetz) ist der Werkzeugkasten „Kanalnetzwerkzeuge -Regenwasser“ auf der Oberfläche zu sehen. Dieser Werkzeugkasten ist nur mit dem Kanalnetz „Regenwasser“ verknüpft. Andere Kanalnetze lassen sich damit nicht bearbeiten!

Folgende Funktionen der „Kanalnetzwerkzeuge“ sind zu beachten.

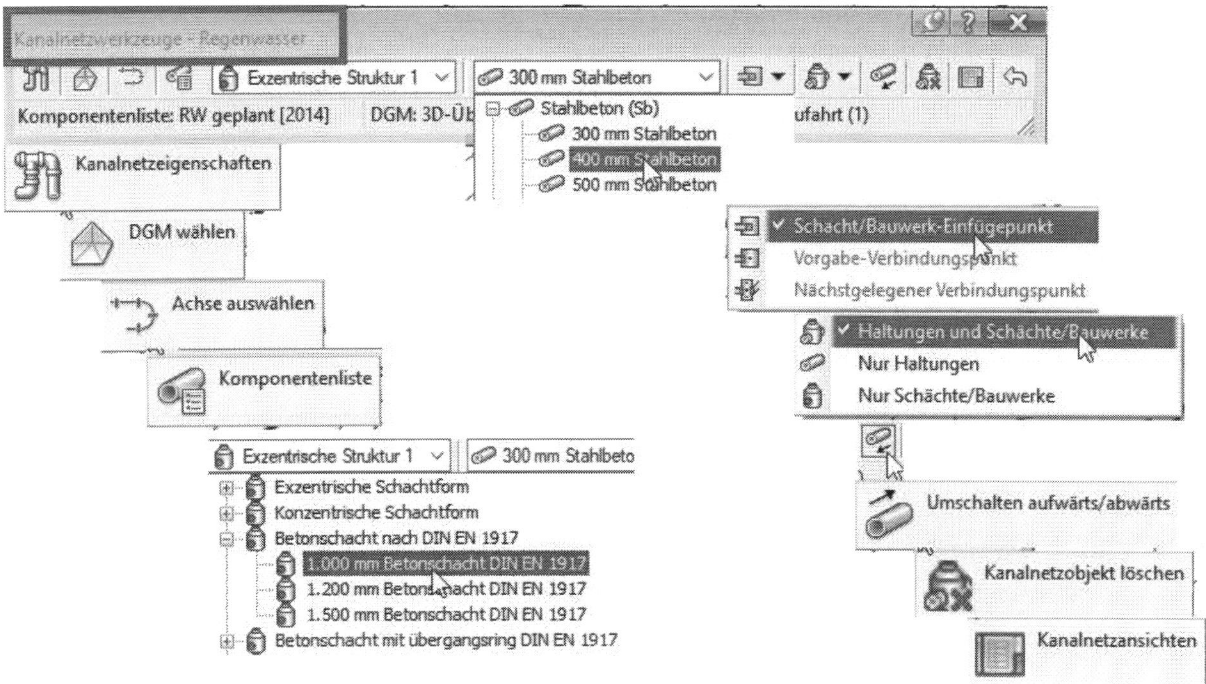

- Kanalnetzeigenschaften

  Die Kanalnetzeigenschaften beinhalten eine Vielzahl von Einstellungen und Optionen, die hier nicht alle erklärt werden können. Die zu beachtende Karte ist die Karte „Lageplan“ und der Bereich „Namensvorlagen. Haltungen und Schächten können hier spezielle Bezeichnungen und Nummernkreise zugewiesen sein.

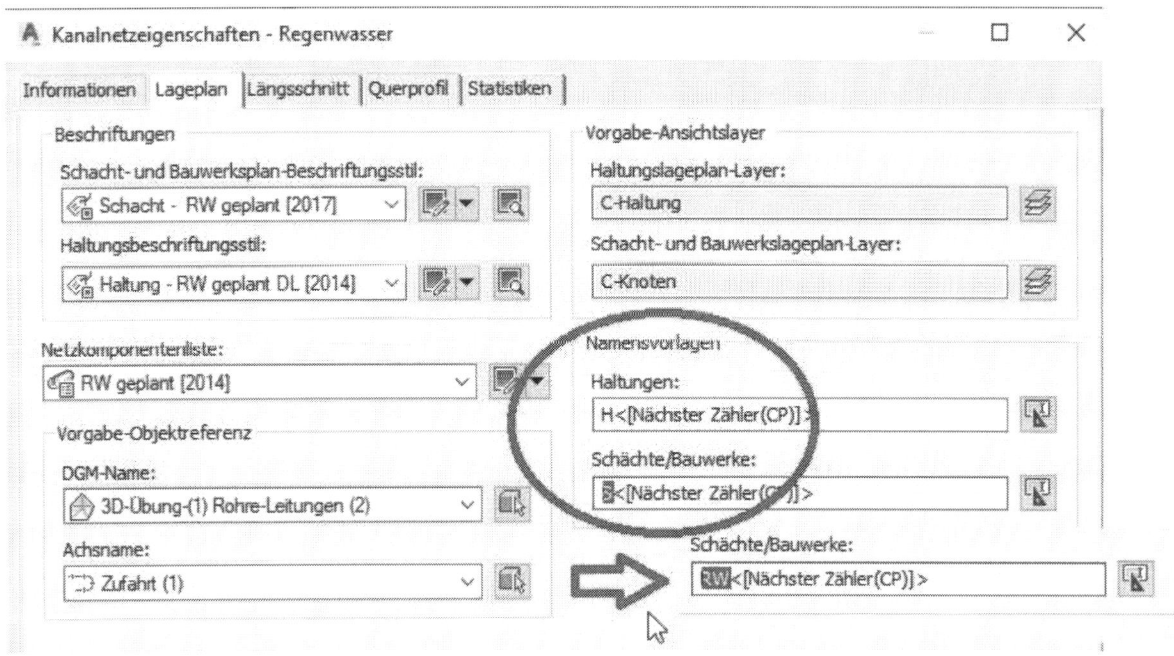

- DGM wählen

  Für die Konstruktion kann hier der DGM-Aufruf nachgeholt werden.

- Achse auswählen

  Für die Konstruktion kann hier der Achse-Aufruf nachgeholt werden.

- Komponentenliste

Die ausgewählte Komponentenliste entscheidet über die rechts vom Feld zur Auswahl bereitgestellten Schächte und Haltungen. Nicht in der Komponentenliste geladene Schächte und Haltungen sind rechts in den Feldern nicht auswählbar!

- Schachtauswahl

  Die Schachtauswahl kann nur auf Basis der geladenen Komponentenliste erfolgen!

  Hinweis:

  Bleiben die Felder „Schachtauswahl" und „Haltungsauswahl" weitgehend leer (außer Nullschacht) so ist der falsche „Kanalnetzkatalog" zugewiesen (7.2 Voraussetzung für Deutschland).

- Haltungsauswahl (Rohr)

  Die Haltungsauswahl kann nur auf der Basis der geladenen Komponentenliste erfolgen!

- Schacht/Bauwerk-Endpunkt

  Diese Funktion ist für Komponentenlisten der „...Deutschland.dwt" gegenwärtig nicht gültig. Diese Funktion ist vorbereitet für Schächte mit außermittigem Rohranschluss (Schachtkonstruktionen über INVENTOR und anschließendem IPE-Import)

- Konstruktionsfestlegungen

  Es können Schächte und Haltungen, „Nur Schächte" oder „Nur Haltungen" konstruiert werden.

- Konstruktionsrichtung

  Es kann vom Bebauungsgebebiet zum Klärwerk „abwärts" oder auch vom Abwassersammler zum Gewerbegebiet „aufwärts" konstruiert werden. Hier ist unbedingt die Lage des DGM zu beachten!

- Kanalnetzobjekt löschen

  Löschfunktion für, innerhalb des Netztes, konstruierte Bestandteile.

- Kanalnetzansichten

  Die Funktion öffnet das Panorama-Fenster und zeigt eine Liste der konstruierten Schächte und Rohre (Liste der im Kanalnetz verwendeten Schächte und Rohre) einschließlich aller Eigenschaften. Viele der Eigenschaften sind in der Liste editierbar.

Für die Konstruktion selbst wird empfohlen den Objekt-Fang auszuschalten, damit ein freies Positionieren möglich ist.

Die vereinbarten Bestandteile Schacht „**DN 1000 (Beton DIN EN 1917)**" und Haltung „**DN 400 Stahlbeton (Sb)**" werden aufgerufen. Die Konstruktionsrichtung ist „**abwärts**" und es werden „**Haltungen und Schächte/Bauwerke**" konstruiert.

Der erste Schacht wird gesetzt. Hier ist zu beachten, die Deckelhöhe sollte einen logischen Wert anzeigen. Die Schachtsohle ist exakt 1m tiefer? Obwohl während der Konstruktion keine Werte abgefragt werden, hat die erste Haltung eine Neigung?

Hinweis:

Die erste Haltung ist mit dem Setzen des zweiten Schachtes beschriftet.

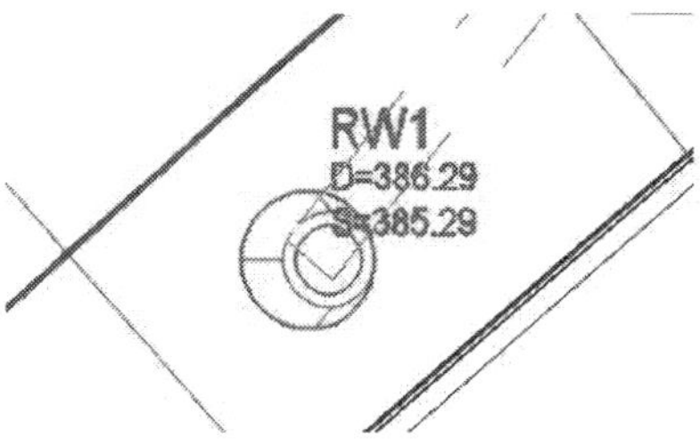

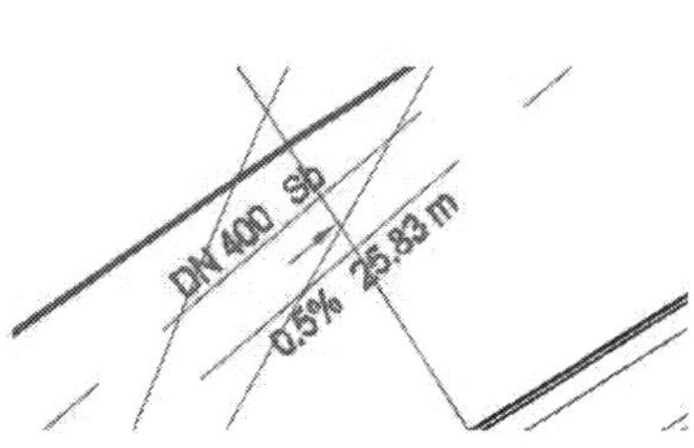

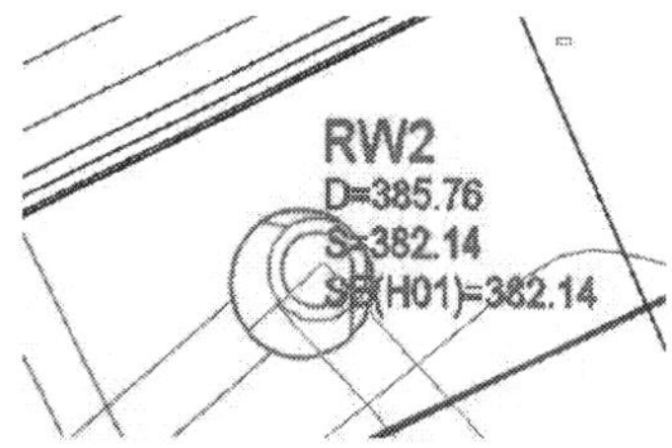

Innerhalb der Konstruktion kann auf die Option „Bogen“ um geschalten werden. Die Option wird in der Befehlszeile angeboten.

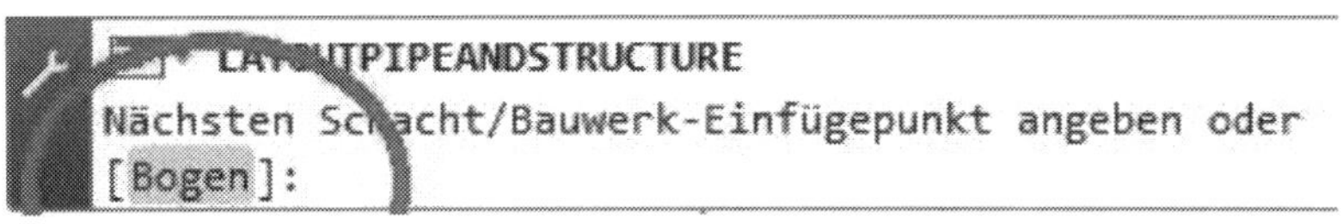

Teilweise gibt es einen Hinweis in der Befehlszeile für die Option „Längeneingabe“. Vor dem Picken der nächsten Schachtposition kann mit der Maus eine Richtung (ohne Picken) vorgegeben werden und es wird einfach eine Längenangabe per Tastatur geschrieben. Im Beispiel wird „30“ getippt. Die nächste Haltung wird mit 30m Länge gezeichnet.

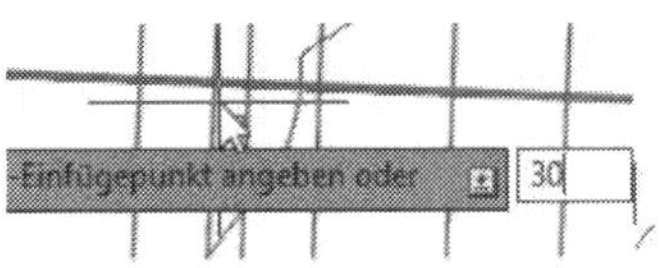

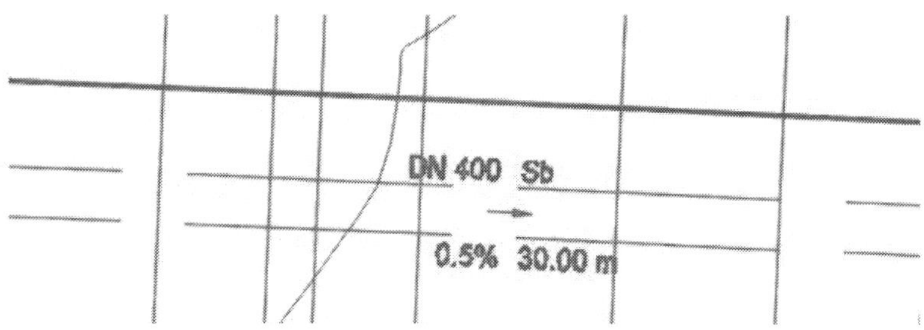

Im Beispiel verlasse ich das 3D-Profilkörper-DGM-Rohre-Leitungen und erreiche die Materiallagerfläche mit dem DGM „Böschnug2-DGM“. Die Kanalwerkzeuge bieten einen Wechsel des DGM an.

Hinweis:

Leider funktioniert der Wechsel des DGM nicht immer. Die richtige DGM -Zuweisung ist nachträglich zu kontrollieren!

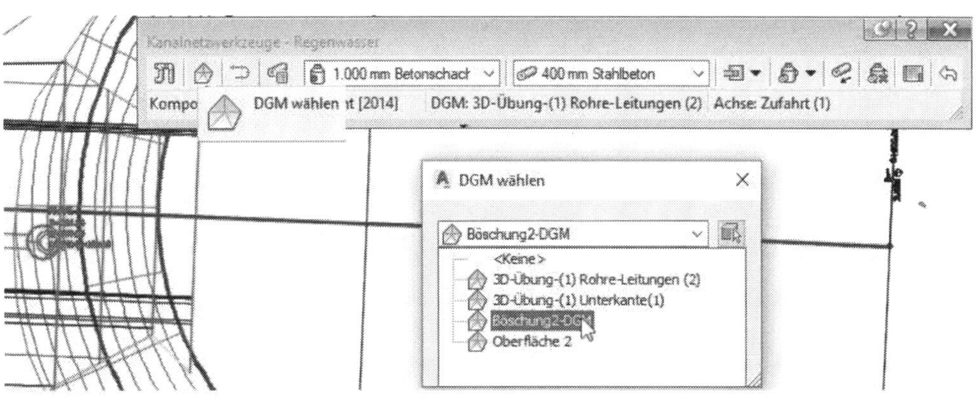

Muss die Konstruktion unterbrochen werden, so ist das jederzeit möglich. Soll später weitergezeichnet werden, so ist für einen korrekten Anschuss an bestehende Schächte, auf das Anschlusssymbol „kleiner Stern mit Kreis“ zu achten.

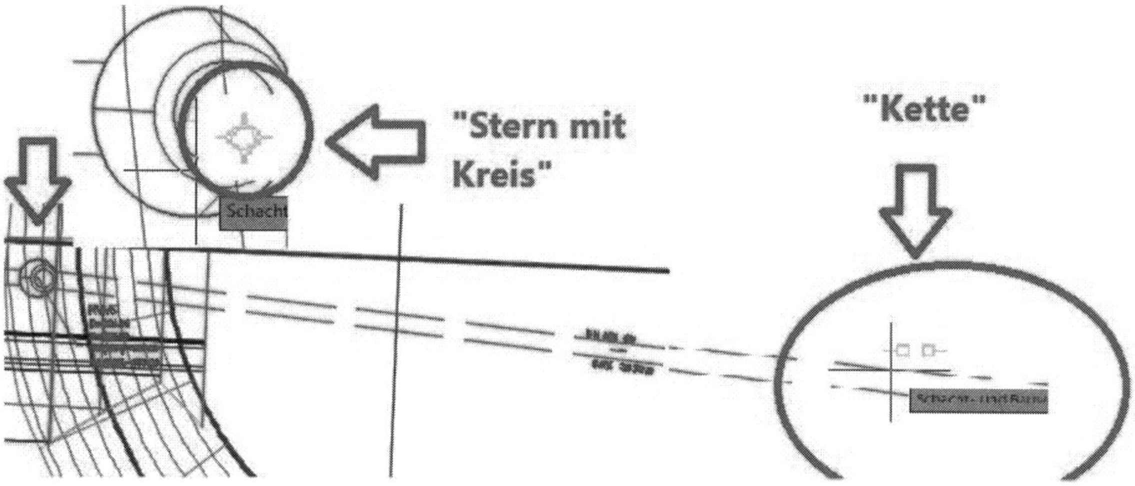

Auch ein direkter Anschluss an eine Haltung wird angeboten. Das Verbindungs-Symbol ähnelt hier einer „Kette“.

Sobald die Konstruktion abgeschlossen ist, wird das „Netz“ automatsch anhand der, in der Komponentenliste vereinbarten Regeln, überrechnet. Am ersten Schacht ist die Differenz Deckel-Sohle geändert. Die Neigung der ersten Haltung ist neu bestimmt.

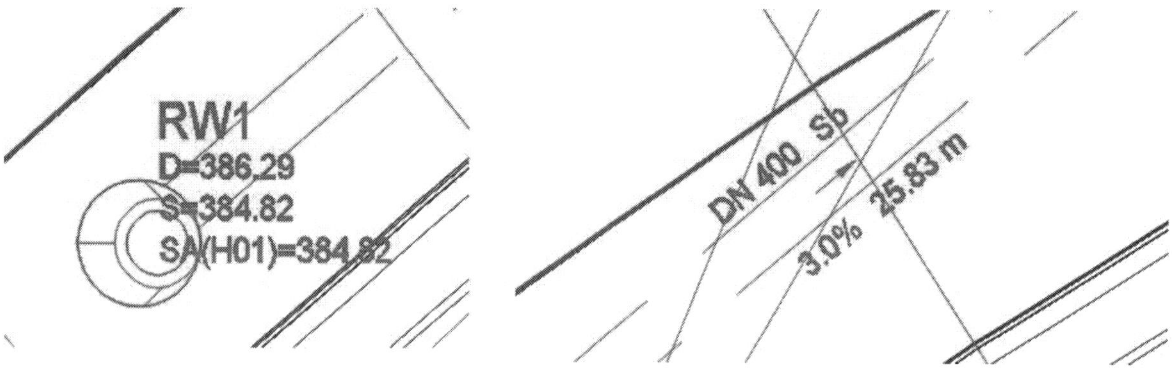

Hinweis:

Alle Beschriftungen sind maßstäblich und reagieren auf die gleichen Bearbeitungsfunktionen, wie in den Kapiteln zuvor beschrieben. Auch das „Anpicken“ und Neupositionieren einer Beschriftung ist möglich.

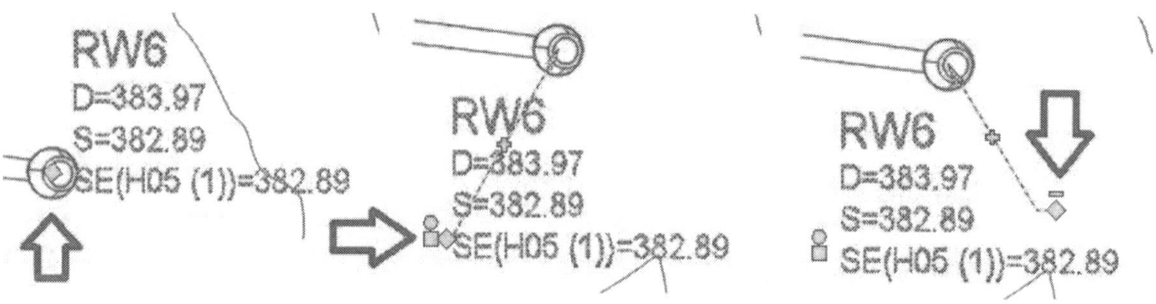

Im folgenden Bild ist der gleiche Bereich 2D und 3D innerhalb der Zufahrt dargestellt.

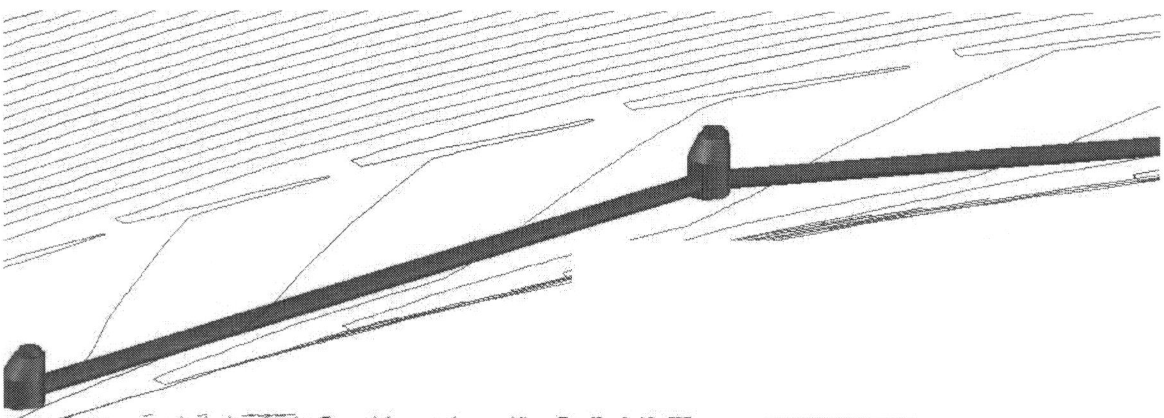

7.5.3 Kontrolle der Konstruktion

Im Civil 3D betrachte ich es für sehr sinnvoll unmittelbar nach der Konstruktion alle Bestandteile des Kanalnetzes entweder in einen bestehenden Höhenplan (HP) einzutragen oder einen neuen Höhenplan zu erstellen. Zusätzlich kann das Kanalnetz auch Bestandteil der Querprofilpläne (QP) werden. Erst danach macht es Sinn das Kanalnetz zu bearbeiten, eventuelle Besonderheiten einzuarbeiten oder das Kanalnetz zu optimieren.

Eintrag in den bestehenden Höhenplan

Wird der Höhenplan angepickt, so zeigt das Menü den Befehl „Komponenten in Höhenplan zeichnen“.

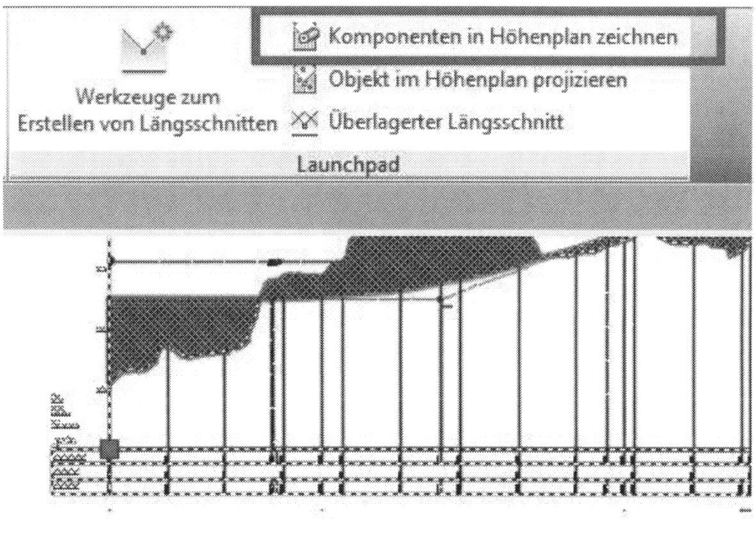

Dieser Befehl fordert den Anwender auf, das Kanalnetz im Lageplan auszuwählen.

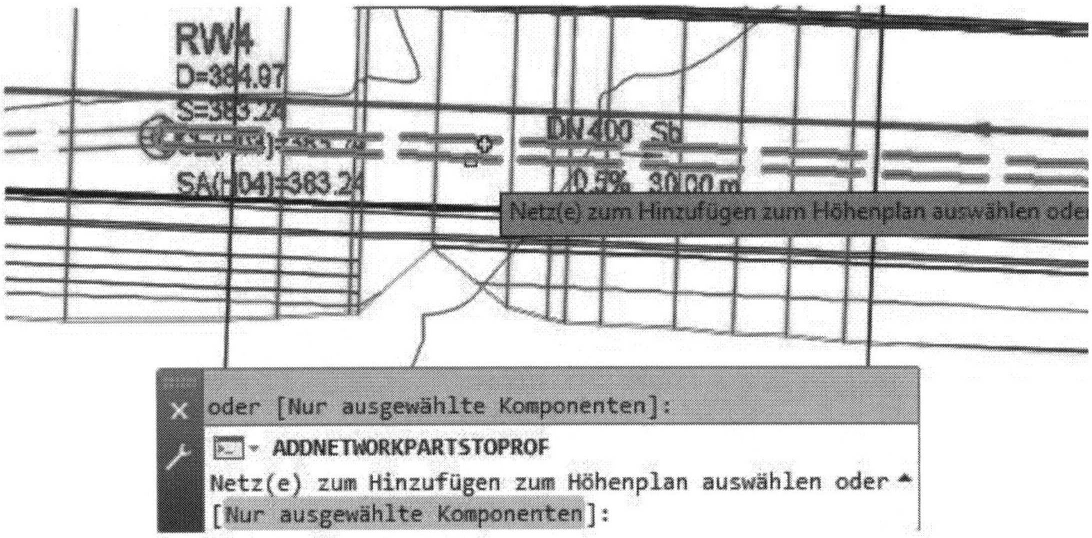

Mit der Auswahl steht die Option zur Verfügung „Nur ausgewählte Komponente“ (Befehlszeile) oder „Enter“ drücken, das heißt das gesamte Netz wird ausgewählt.

In der Übung wird „Enter“ gedrückt. Die Befehlszeile fordert nochmals auf den Höhenplan auszuwählen, um das Kanalnetz zu übertragen.

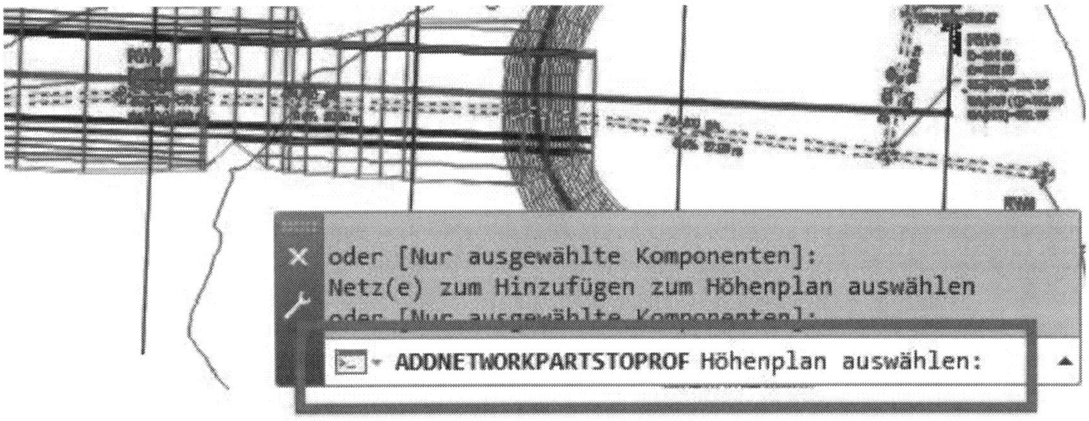

Das Netzt ist in den Höhenplan eingetragen.

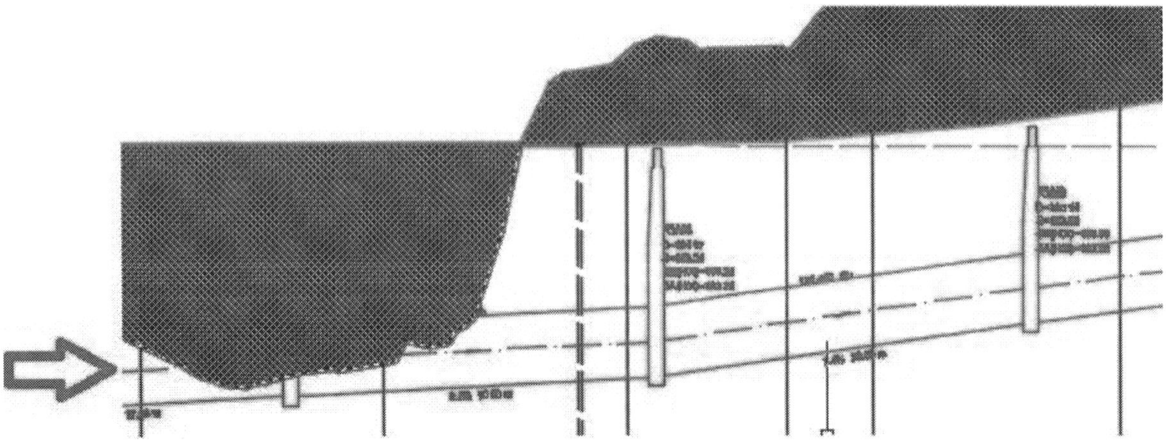

Wurde dieser Weg gewählt, so sind folgende zwei Besonderheiten zu beachten.

- Die Schacht-Oberkante (der Deckel) erreicht nicht in jedem Fall die Gradiente oder geht darüber hinaus und die Rohrlänge (AutoCAD Bemaßung) stimmt nicht in jedem Fall mit dem angeschriebenen Wert überein.

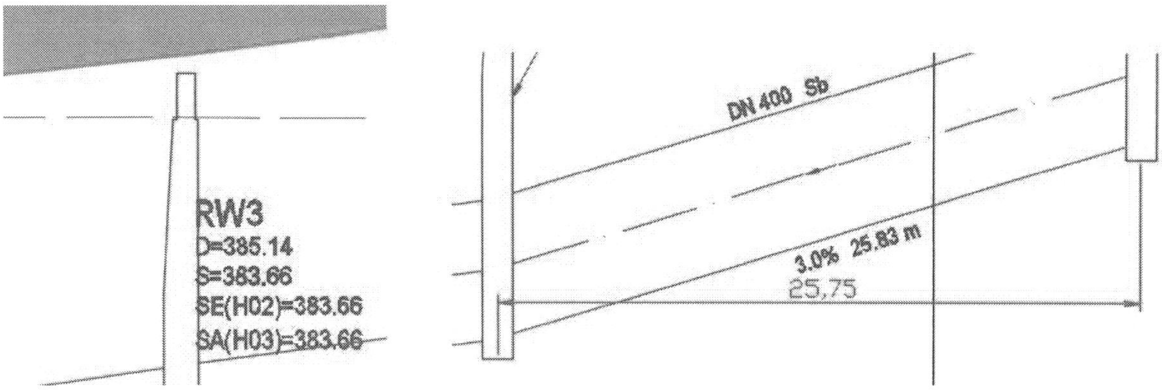

Das Kanalnetzt wird mit der Funktion „Komponenten in Höhenplan zeichnen“ bezogen auf die Achsstation projiziert. Je nach Achsabstand des Schachtes und Querneigung der Fahrbahnoberfläche „Zufahrt“, muss der Schacht-Deckel höher oder tiefer liegen als die Gradiente, die die Fahrbahn-Mitte beschreibt. Ähnlich verhält es sich mit der Haltung (dem Rohr). Je nach Ausrichtung und Winkel zwischen Achse und Haltung wird die abgebildete Länge der richtigen Länge entsprechen oder abweichen.

Hinweis 1:

Für die Beschriftung der Haltungslänge stehen „zwei mal zwei“ Optionen zur Verfügung.

- Bemaßung von „Schacht-Mitte“ bis „Schacht-Mitte“ oder von „Schacht-Innenwand“ bis „Schacht-Innenwand“
- Bemaßung der „2D“ – oder „3D-Länge“

Im vorliegenden Fall ist als Civil 3D-Beschriftungseigenschaft „Schacht-Mitte bis Schacht-Mitte“ und „2D“ eingetragen.

Hinweis 2:

Die Funktion: „Komponenten in Höhenplan zeichnen“ ist als Projektion der gezeichneten Schächte und Haltungen in den Höhenplan zu verstehen. Unterhalb der Funktion gibt es einen Befehl, der „Objekte in Höhenplan projizieren“ lautet.

Was macht dann dieser Befehl?

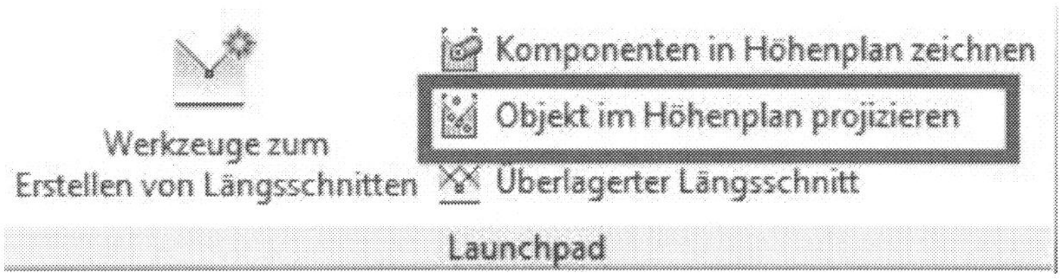

Der Unterschied zwischen beiden ist folgender:

- „Komponenten in Höhenplan zeichnen“ gilt nur für die fünf Funktionen der Kategorie „Kanalnetz“. Das heißt es werden damit nur Rohre und Schächte in den Höhenplan übertragen oder projiziert.

- „Objekte in Höhenplan projizieren" gilt für alle anderen Objekte die 3D-Eigenschaften haben, aber nicht „Rohr oder Schacht" sind. In erster Linie betrifft das 3D-Blöcke, Volumenkörper oder Elementkanten.

Hinweis 3:

Die Projektion von Kanalnetzen (Funktion: „Komponenten in Höhenplan zeichnen") gilt nicht nur für Kanalnetze, die die Achse begleiten (weitgehend parallel verlaufen), sondern auch für Kanalnetze (einzelne Rohre), die die Achse kreuzen.

In den folgenden Bildern wird gezeigt, wie eine Bestandsinformation einer kreuzenden Gasleitung, abgebildet im Höhenplan, aussehen kann (Bild 1).

Mit der Funktion „Elementkante" aus Objekt erstellen" wird aus einer 2D-Polylinie eine Elementkante erstellt (Bild 2), die die Höhe eines beliebigen DGMs (Oberfläche) übernimmt. Das ist die Voraussetzung für ein 3D-Rohr. Dieses Rohr wird dann mit der „Funktion „Kanalnetz aus Objekt erstellen" erzeugt (Bild 3).

Bild 1

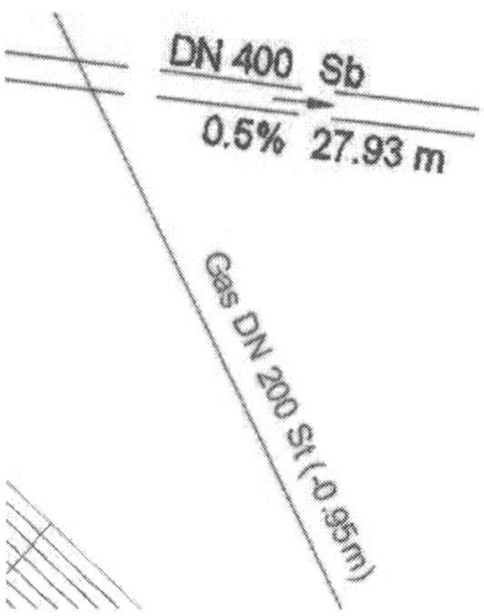

Bild 2

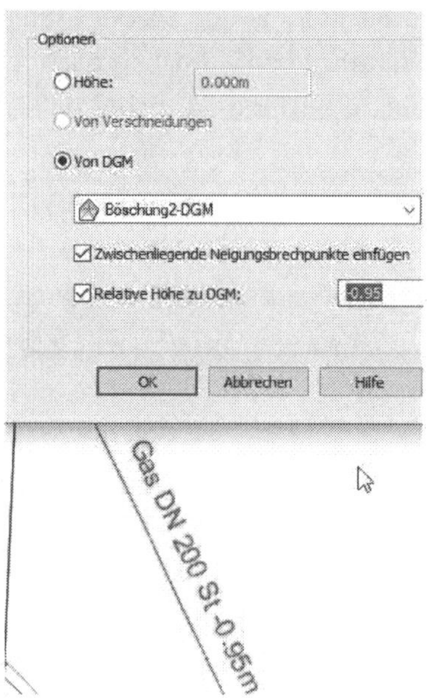

Bild 3

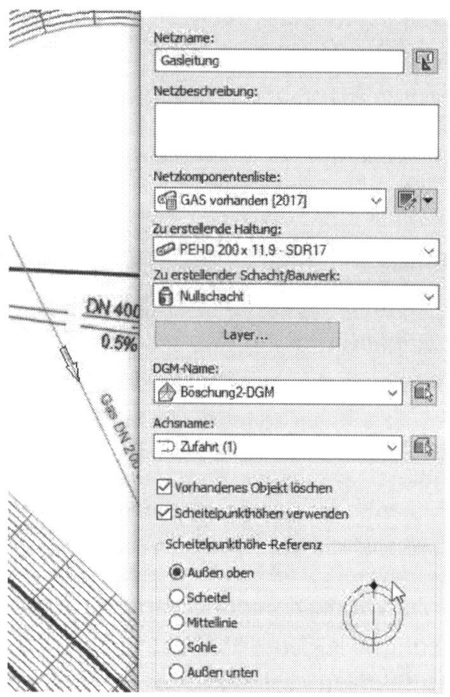

Dieses Rohr zeigt im voreingestellten Stil nur die Mittellinie (Bild 4). Selbstverständlich ist auch hier ein komplettes Rohr darstellbar. Es sind im Stil die Bestandteile einzuschalten, die im Standard- Stil ab geschalten sind. (Bild 5 und 6).

Bild 4

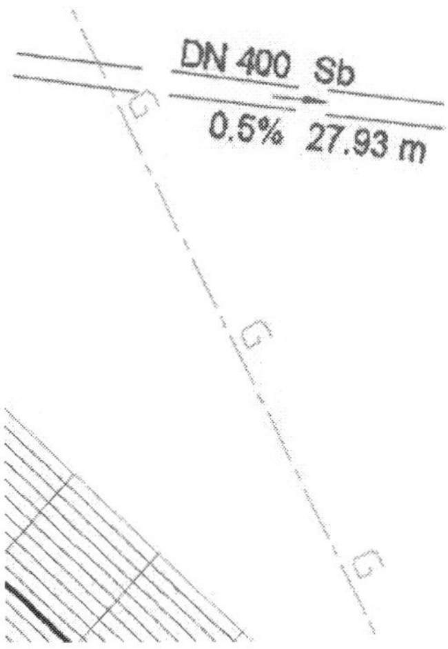

Bild 5

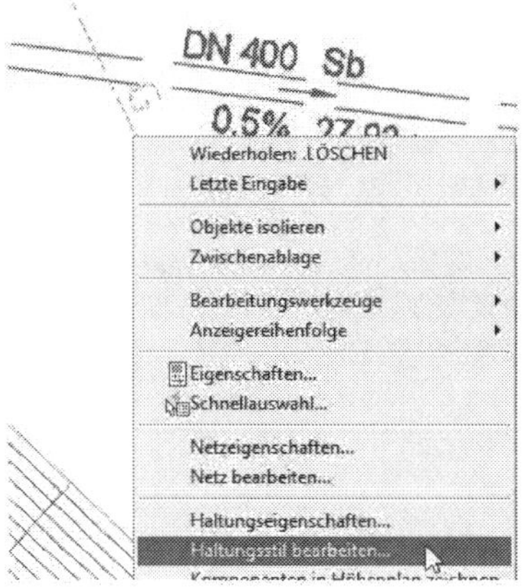

Bild 6

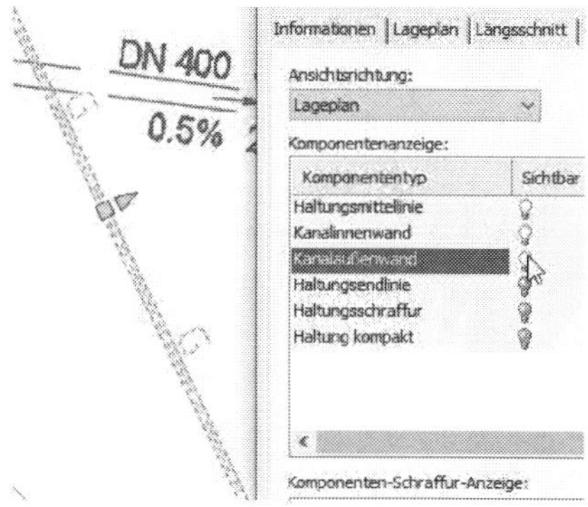

Diese Gasleitung kreuzt das Regenwasserrohr.

Diese kreuzende Leitung ist auch im Höhenplan darstellbar. Die Funktion, die Leitung in den Höhenplan zu übertragen, lautet auch hier „Komponenten in Höhenplan zeichnen“.

Das Rohr wird wieder projiziert abgebildet (Bild 7). Die Projektion kann ja nach Darstellungswunsch als Bestandteil der Höhenplan-Eigenschaften, Karte „Kanalnetze“, Spalte „Stilüberschreibung“ im Darstellungsstil gewechselt werden (Bild 8). Es wird der Stil „kreuzende Haltung – GAS vorhanden [2014]“ gewählt.

Bild 7

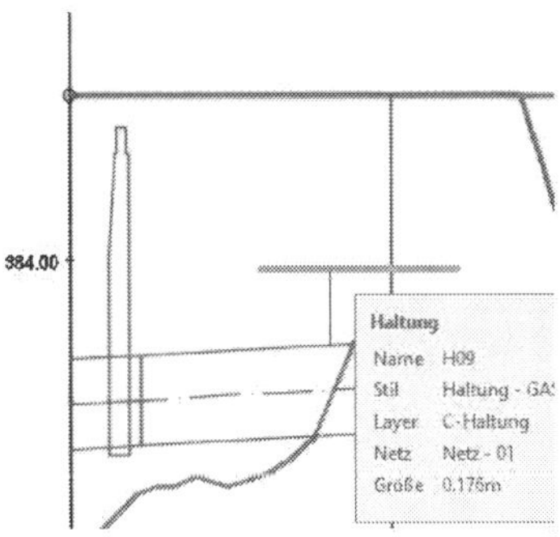

Bild 8

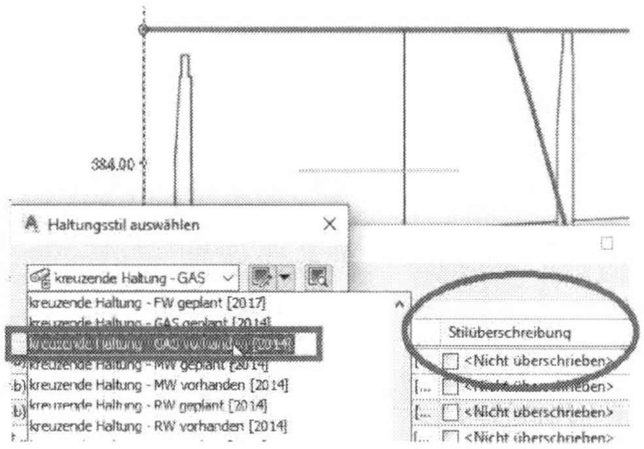

Bild 9

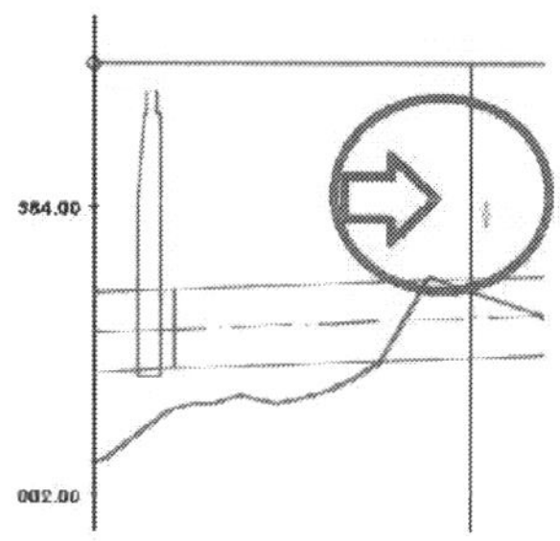

Das Rohr ist mit der optionalen Darstellung „kreuzende Haltung...“ eingefügt. Obwohl es rund ist wird es oval angezeigt (Bild 9). Der Hintergrund dafür ist der Überhöhungsmaßstab von 1:10, der auch jederzeit änderbar ist.

Der Stil ist Bestandteil der Höhenplan-Eigenschaften (Bild 10).

Hinweis (Bild 11):

Alle Darstellungsstile „kreuzende Haltung...“ zeigen voreingestellt nur die Innenwand des Rohres. Ich empfehle die Außenwand ebenfalls einzuschalten. Ohne sichtbare Außenwand wird der Abstand zwischen kreuzenden Rohren durchaus falsch eingeschätzt.

Bild 9

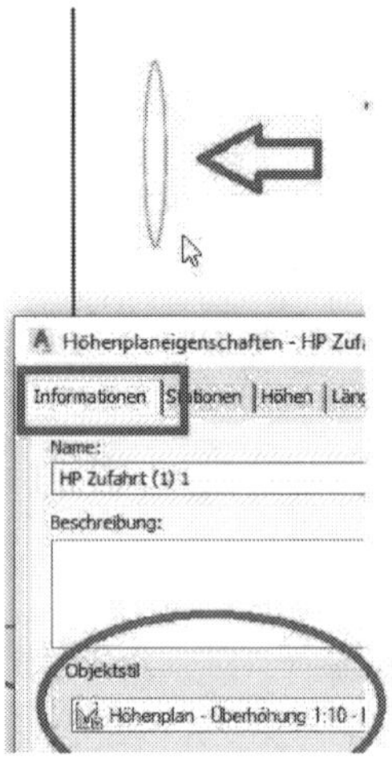

Bild 10

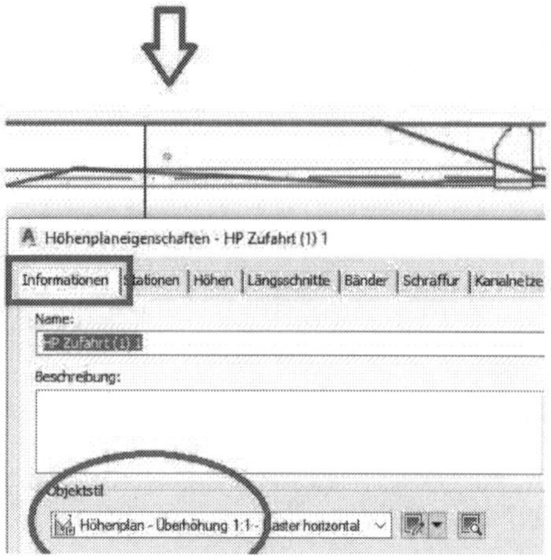

Bild 11

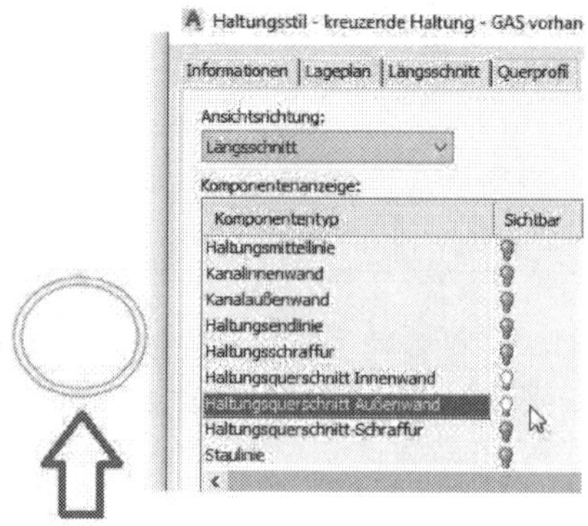

Hinweis 4:

Es ist problemlos möglich die Straßenbau Beschriftung (Bänder) durch Zeilen mit Kanalnetz-Parametern zu ergänzen oder die Solid-Schraffur für Auf- und Abtrag ab- und wieder anzuschalten. Das eingeblendete Kanalnetz kann den Höhenplan mit den bereits dargestellten Straßenbau-Besonderheiten überfrachten. Vielfach ist es wesentlich informativer einen eigenen Kanal-Netz-Höhenplan zu erstellen (nächster Abschnitt).

Eintrag in die QP-Pläne

Das erstellte Kanalnetz kann auch in die QP-Pläne eingetragen sein. Hierzu ist ein QP-Plan auszuwählen und das Menü bietet die Zuordnung des Kanalnetzes zu den QP-Plänen mit der Funktion „Weitere Datenquellen berücksichtigen“.

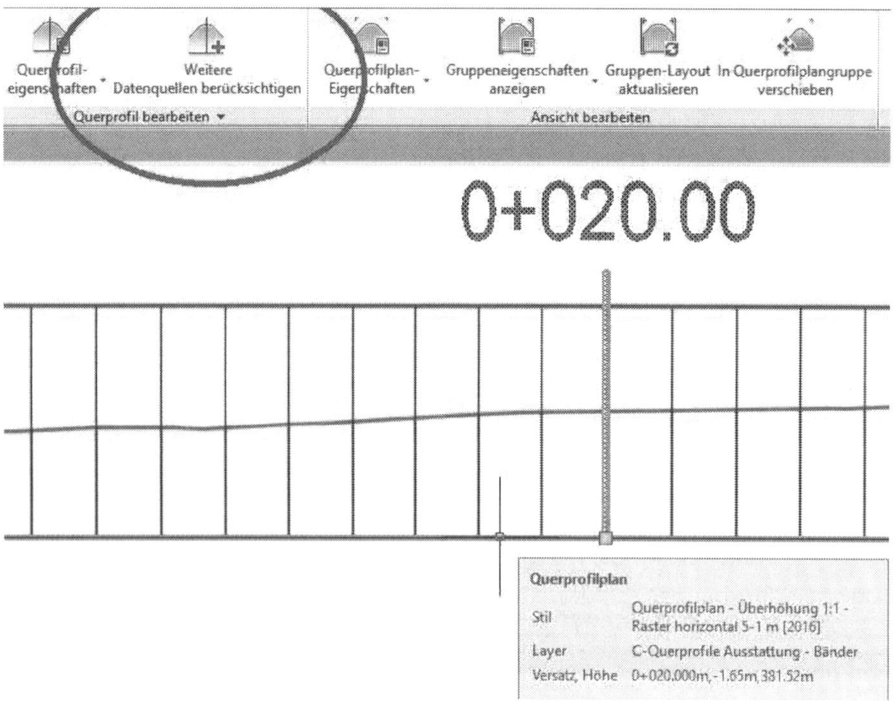

Unabhängig vom ausgewählten QP-Plan, der angepickt wurde, um an die Funktion zu gelangen, wird das Kanalnetze der gesamten QP-Plangruppe zugewiesen. Bei der Zuordnung ist zu beachten, dass es keine Stilzuweisung oder Stilüberschreibung gibt.

Das bedeutet die Darstellung der Rohre und Schächte im QP-Plan richtet sich nach der Stil-Einstellung für QP-Pläne als Bestandteil des Haltungs- oder Schacht-Darstellungs-Stils.

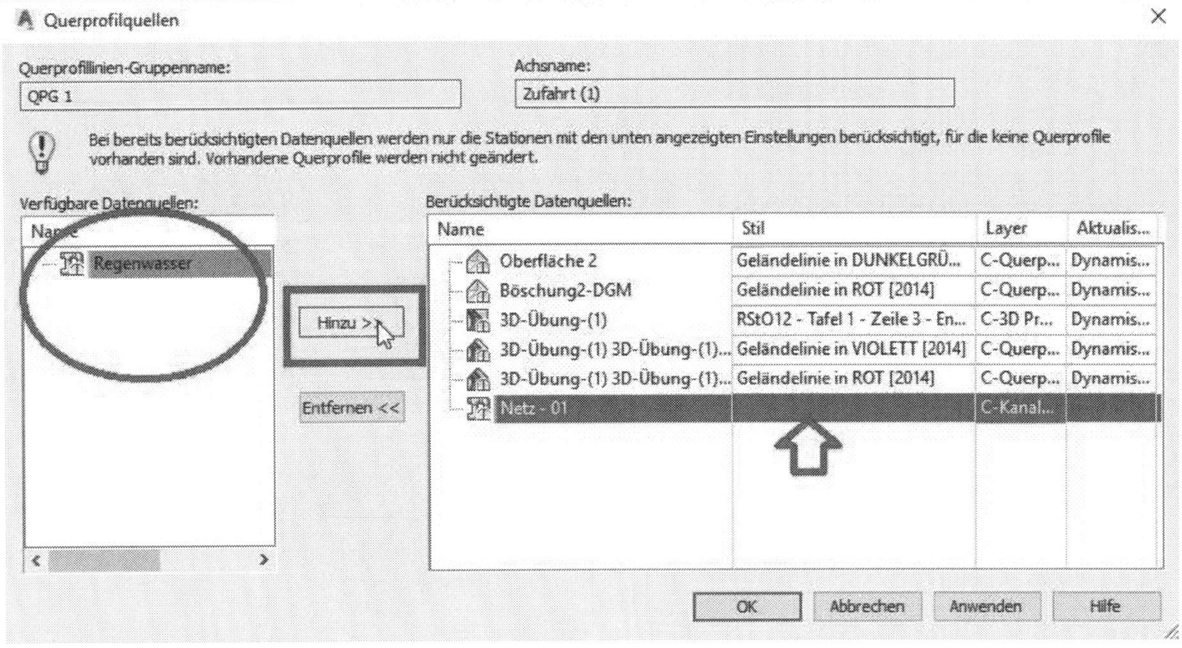

Der QP-Plan zeigt die Situation aus dem Lageplan ist 1:1 in Abstand und Rohr-Querschnittsfläche an.

Lageplan: Abstand zur Achse

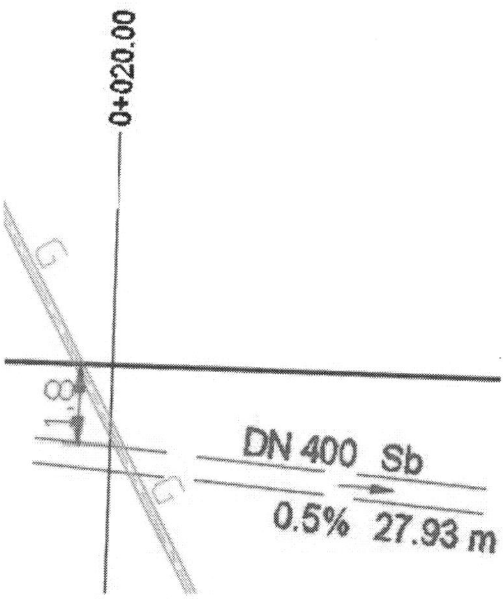

QP-Plan: Abstand zur Achse

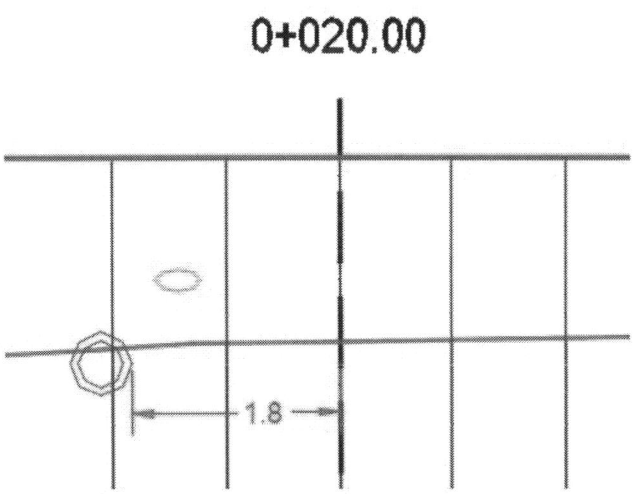

Die QP-Linien, die im Lageplan die Positionen beschreiben, an denen ein QP-Plan gezeichnet wird, können in der Position zu jedem Zeitpunkt verschoben werden. Wird die QP-Linie neu positioniert, so zeigt der QP-Plan diese Situation sofort an.

Zur Beschriftung der QP-Pläne stehen Sonderfunktionen zur Verfügung. Diese Funktionen sind nicht Bestandteil der Beschreibung.

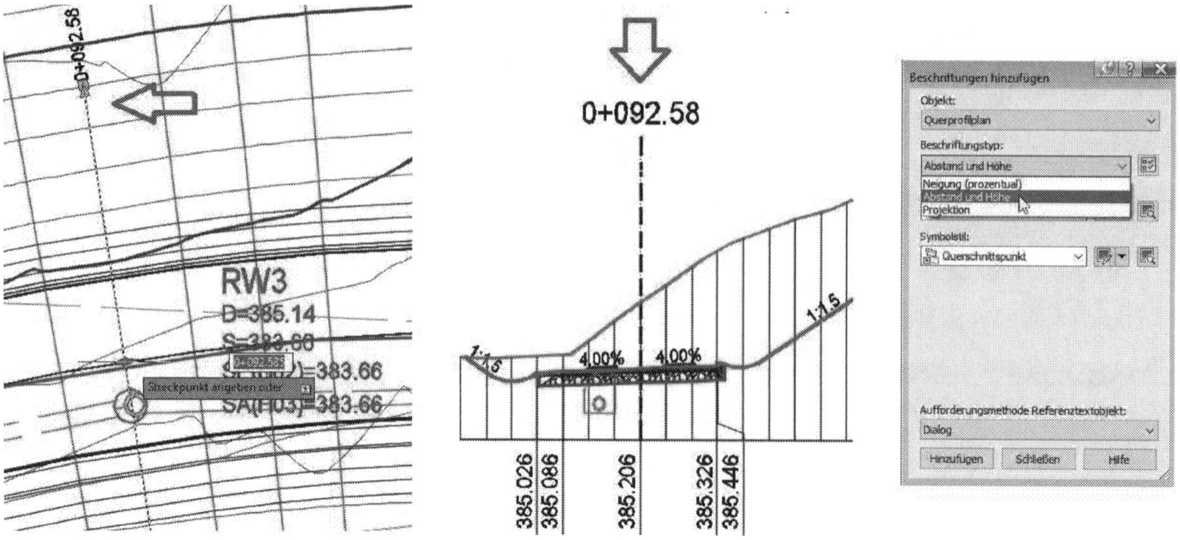

Erstellen eines eigenen, neuen Höhenplans

Im vorherigen Abschnitt wurde das Kanalnetz in einen bestehenden Höhenplan eingetragen. Dabei wird das Kanalnetz auf die Achse projiziert. Das kann zu verzerrten Darstellungen führen. Für planungstechnische Anforderungen ist das nicht immer zielführend.

Für eine ausschließliche Planung von Kanalnetzen wird ein reiner Kanal-Höhenplan benötigt. Civil 3D unterstützt diese Anforderung mit der Funktion „Achse aus Netz" erstellen. Um diese Funktion ausführen zu können, ist bevorzugt der erste Schacht im Kanalnetz anzupicken und es öffnet sich das Menü, das den Befehl rechts außen im Bereich „Launchpad" anbietet.

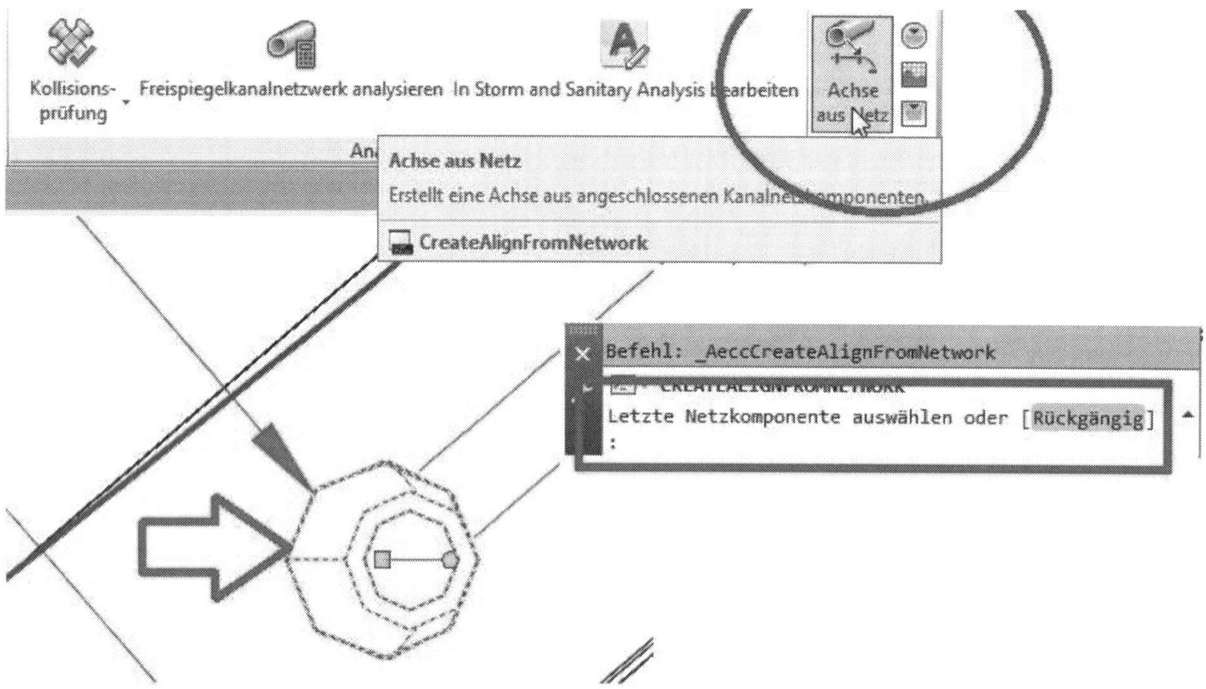

Der Befehl wird den Anwender sofort auffordern den letzten Schacht in der Abfolge für den späteren Höhenplan zu picken.

Die Schachtreihenfolge, die durch den gepickten Anfangsschacht und Endschacht entsteht, entspricht der Schacht- und Haltungsreihenfolge im späteren Höhenplan.

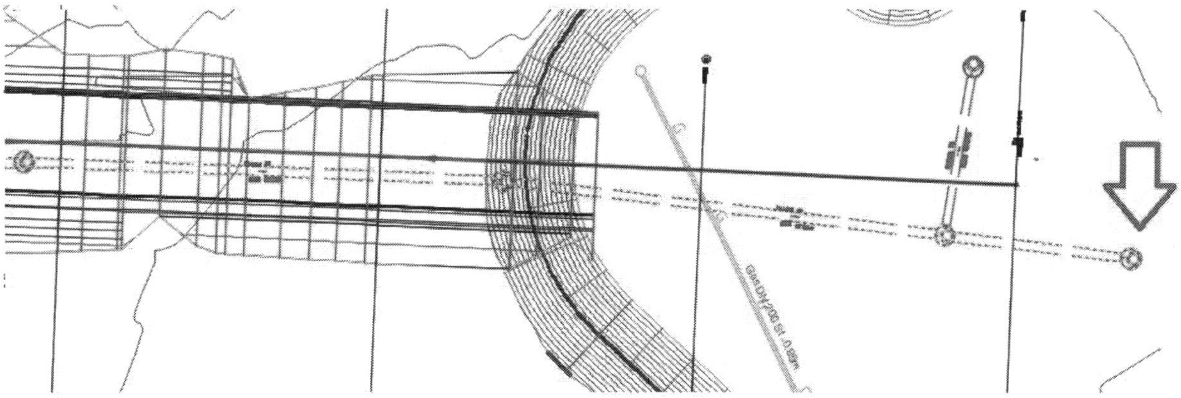

Mit der Auswahl der Schachtreihenfolge und mit der Bestätigung durch „Enter“ öffnet sich die Objektdefinition für die Achse.

Für den Namen der Achse bietet Civil 3D einen Vorgabe-Namen an. Der Name ist bereits mit der Bezeichnung „Achse- <“Namen des Netzes“>“ gut vorgegeben (Bild 1). Die Achse wird in der Kategorie „Verschiedenes“ angelegt.

Als Darstellungsstil wird der Stil „Planausgabe Achsen [2014]“ empfohlen. Der Stil „Achse Kanal und Leitungen [2016] kann nicht uneingeschränkt empfohlen werden. Der Stil ist mit der Farbe „205, 205, 205“ fast weiß. Auf weißen Hintergrund ist die Achse damit eventuell nicht erkennbar. Als Beschriftungs-Stil wird keine Darstellung empfohlen (Bild 2). Die Option Längsschnitt und Höhenplan erstellen sollte aktiviert sein (Bild 3).

Bild 1:

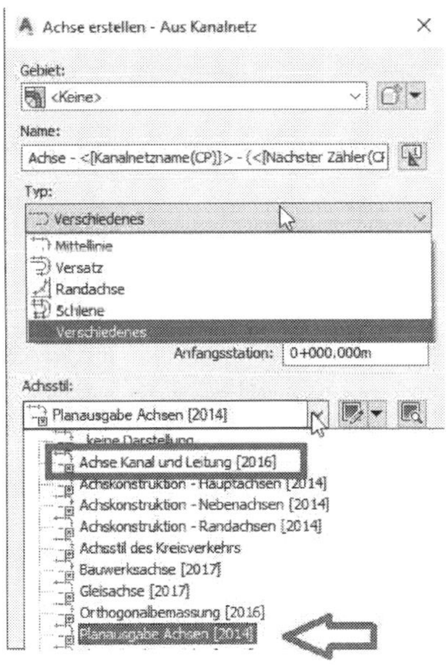

Bild 2:

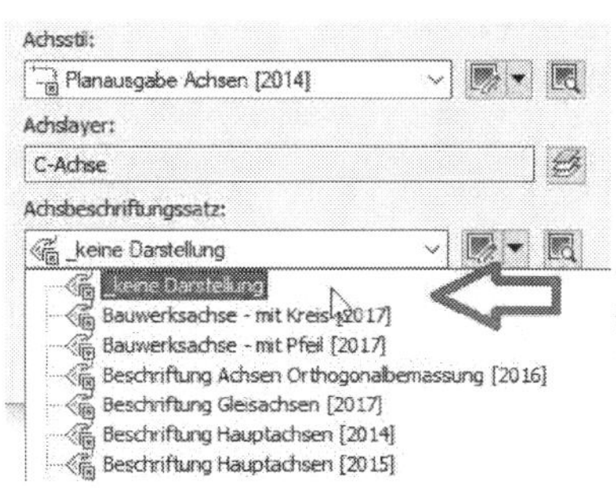

Bild 3:

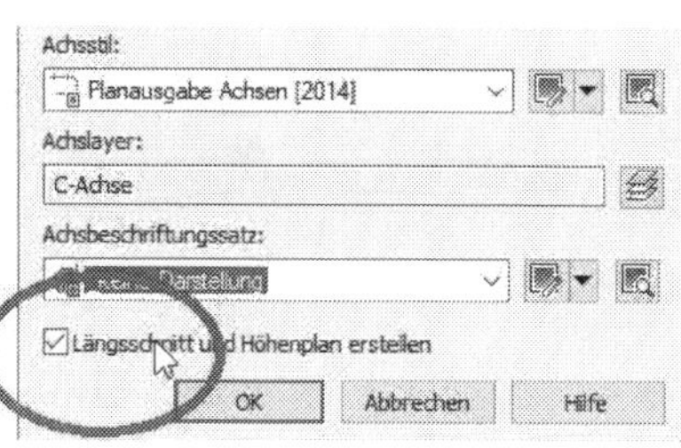

Mit der Bestätigung der Einstellungen („OK") wird die Maske zur Erstellung der Längsschnitte gezeigt.

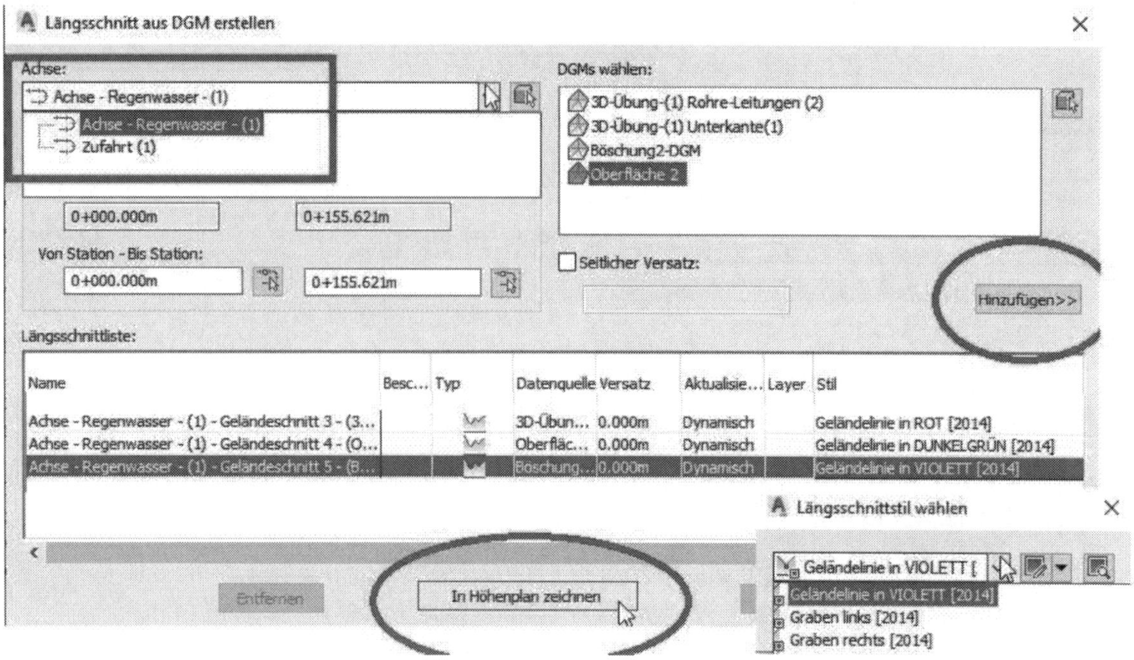

Hier wird die Achse ausgewählt und mit den technisch erforderlichen DGMs verknüpft („Hinzufügen"). Dabei ist es sinnvoll die Farben (Längsschnitt-Stile) bewusst so auszuwählen, dass ein Wiedererkennungs-Effekt da ist.

Der Höhenplan-Stil wird gewählt. Alle folgenden Einstellungen, die automatisch vorgegeben sind, sollten auf „automatisch" eingestellt bleiben.

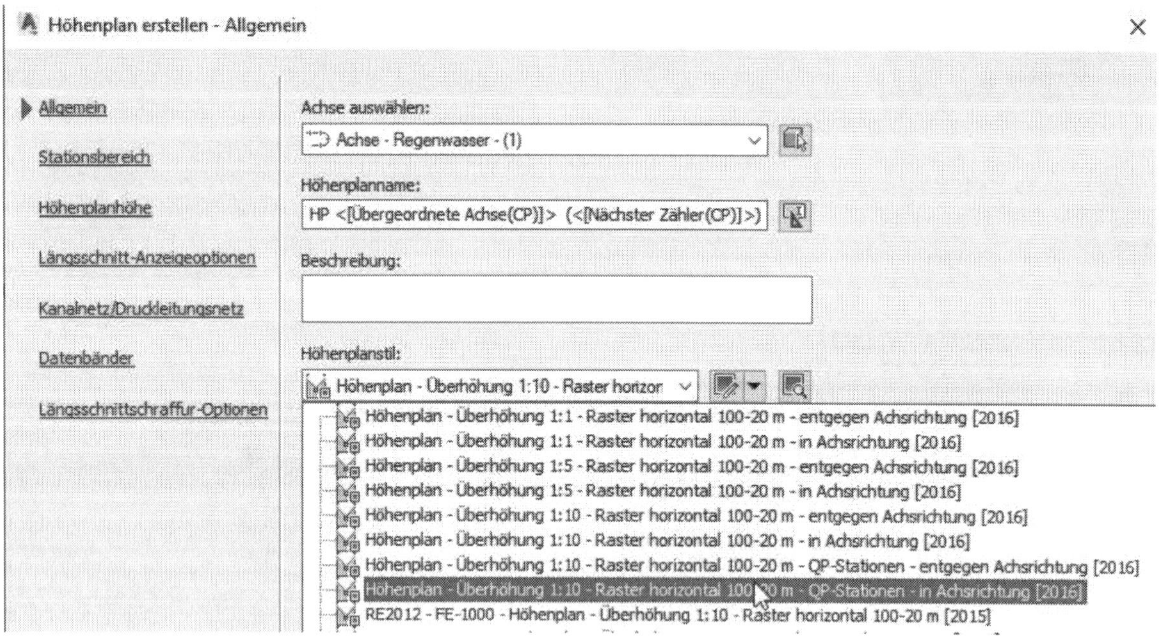

Das Leitungs-Netz kann komplett oder in Teilen ausgewählt sein.

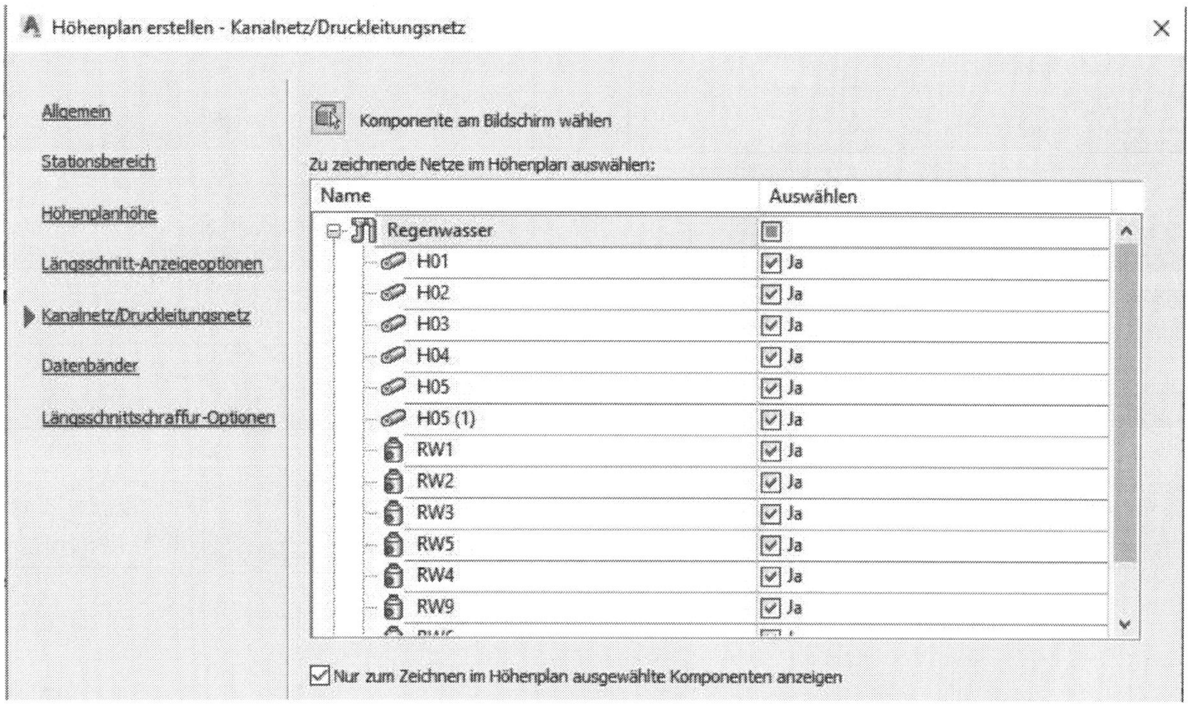

Die Beschriftungs-Bänder (Band-Satz) werden passend zum Netz ausgewählt.

Ist der Band-Satz ausgewählt, so ist immer in der Spalte „Datenquelle" zu prüfen, ob das richtige Netz zugeordnet ist.

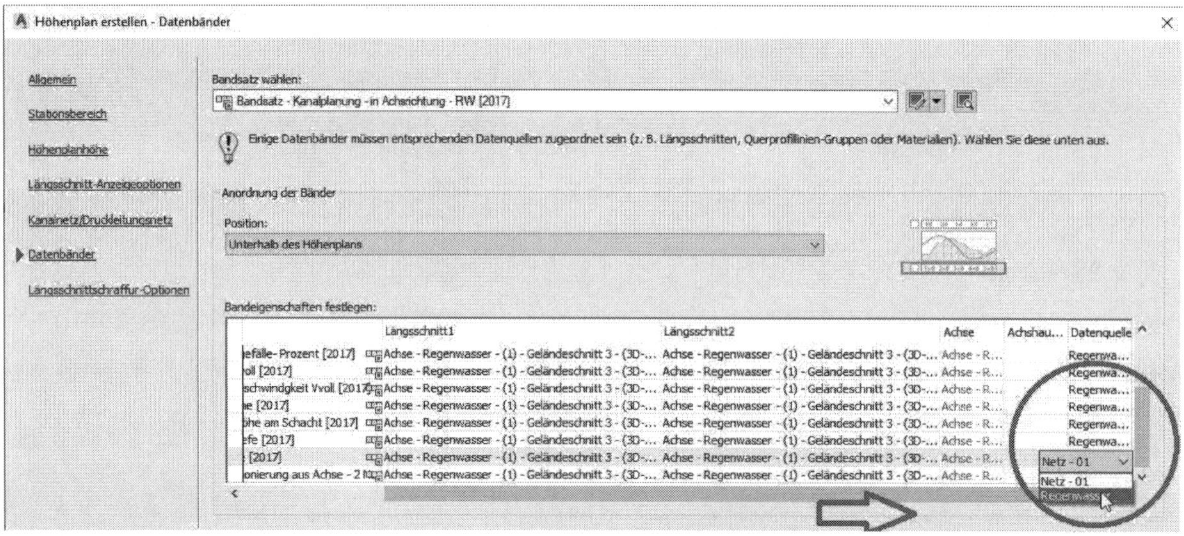

Auf eine Schraffur wird verzichtet. Der Höhenplan wird erstellt, das heißt der „Einfüge-Punkt" in die Zeichnung wird gepickt.

Im Bild ist der Höhenplan 1:5 überhöht- und es ist nur ein Ausschnitt dargestellt.

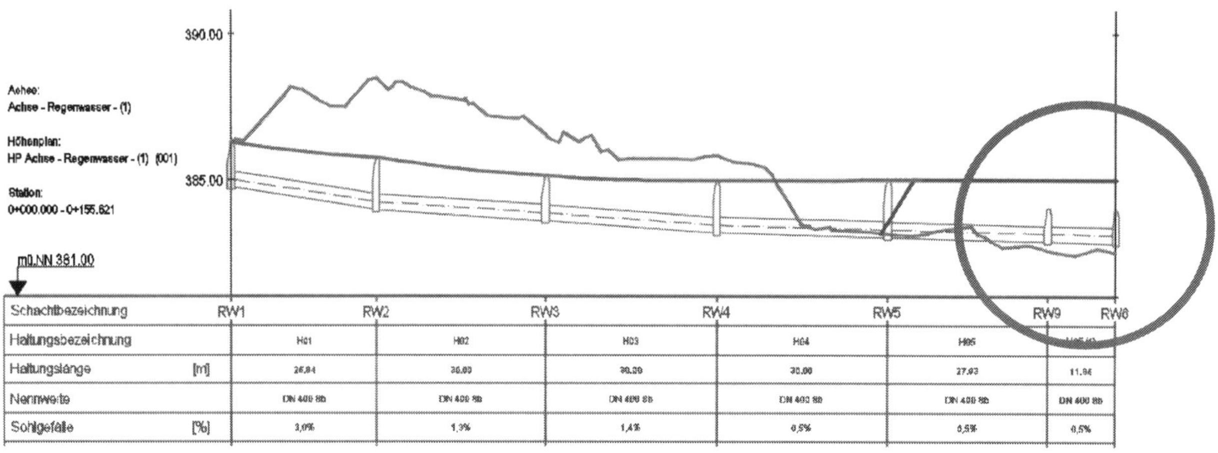

Alle Bestandteile des neuen „Kanal-Höhenplan sind bearbeitbar. Die Achse wird in der Länge (Endstation) verändert. Es ändert sich die Länge (Endstation) des Höhenplans.

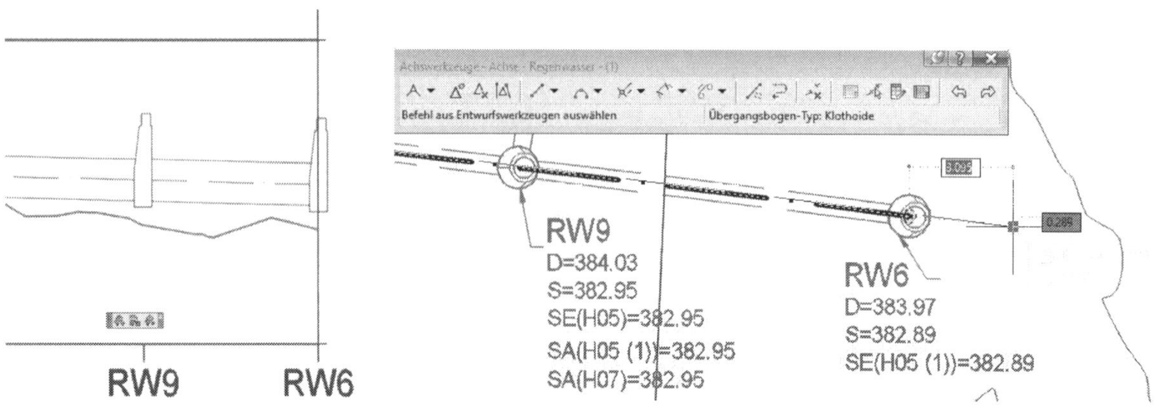

Die DGM-Zuordnung der letzten beiden Schächte wird geändert. Die Schacht-Deckel schließen am DGM der Material-Flächen an (Böschung 2-DGM).

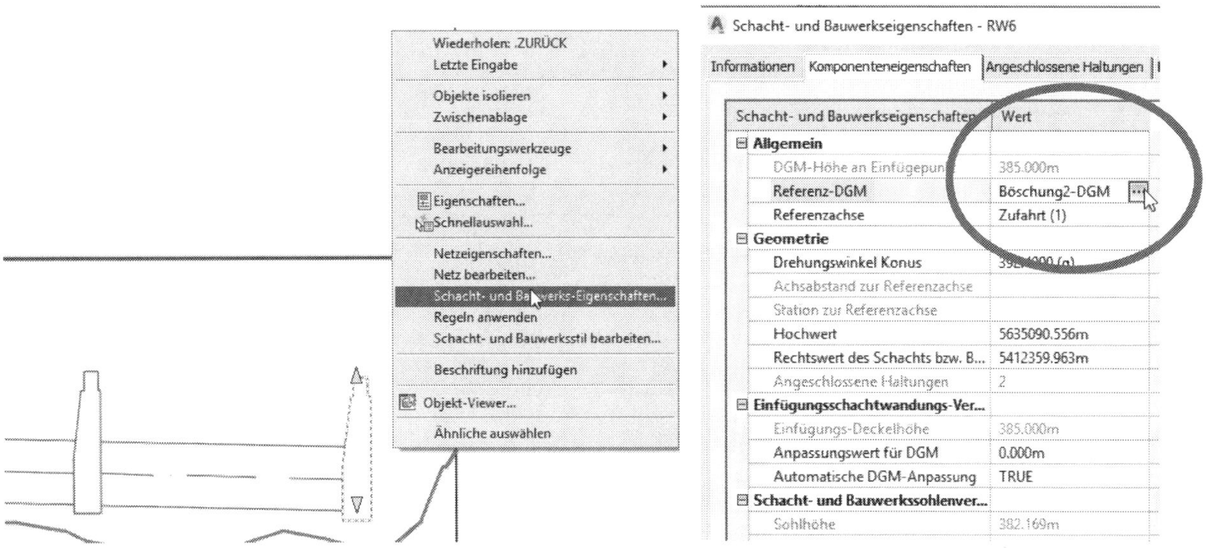

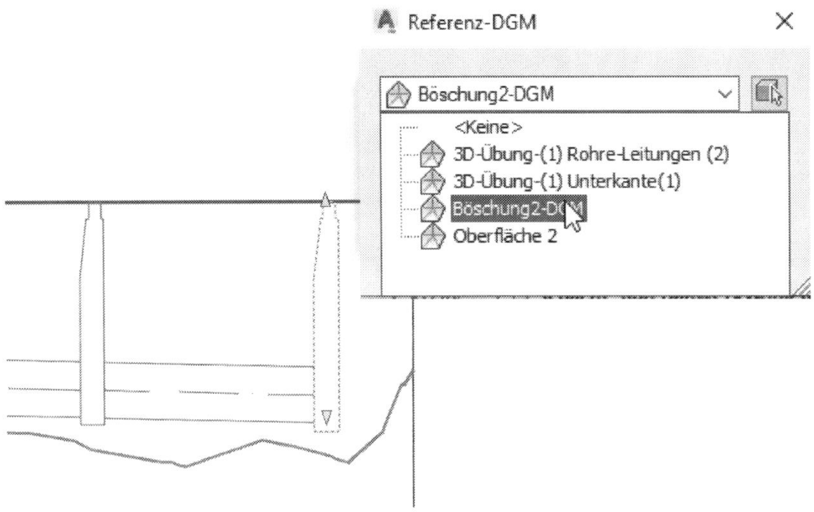

Hinweis:

Die Rohrleitungen besitzen Gripps, die im Schacht enden und keinen visuellen Bezug zum Rohr erkennen lassen?

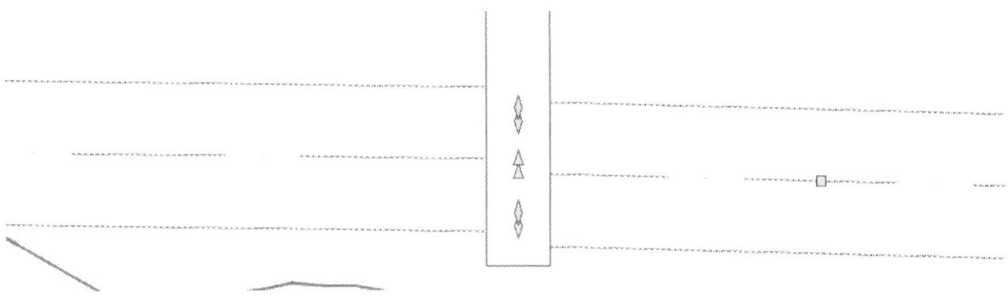

Für das Plotten und die Bearbeitung von Kanal-Netzen werden zwei unterschiedliche Darstellungs-Stile vorgeschlagen.

Ein Stil soll eine verständliche Bearbeitung zulassen und ein zweiter Stil ein sauberes oder „schönes" Drucken ermöglichen.

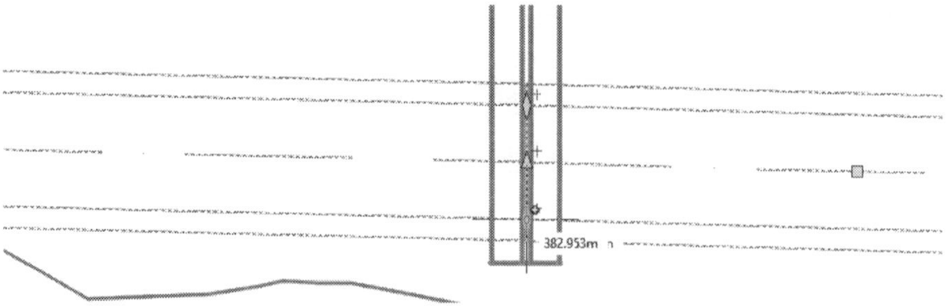

Jede Bearbeitung wird immer und parallel alle Haltungen und Schächte in allen Ansichten aktualisieren.

7.5.4 Komplettierung des Kanalnetzes

Das Netz ist jederzeit änderbar die Kanalnetzbestandteile lassen sich verschieben und ergänzen. Bestandteile der Konstruktion können durch geladene Bauteile gegen Andere aus der Komponentenliste ausgetauscht werden. In den folgenden Bildern wird ein Schacht ausgetauscht, der als Bestandteil der Komponenten-Liste bereits geladen ist.

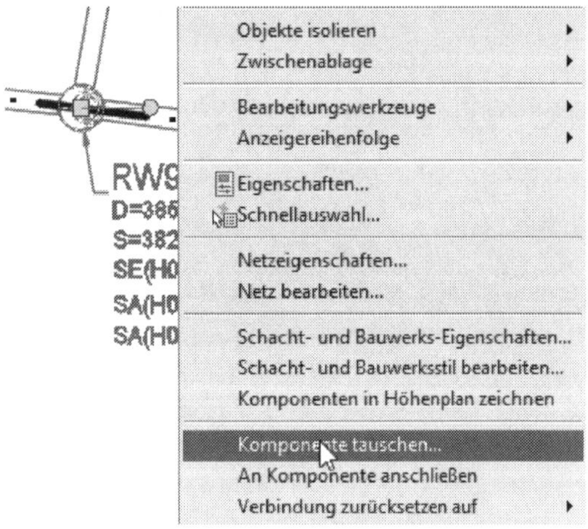

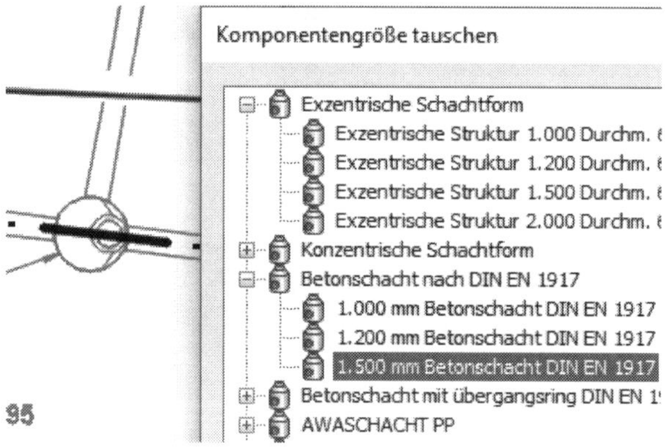

In den folgenden Bildern wird eine Haltung ausgetauscht durch eine Haltung, die als Bestandteil der Komponenten-Liste bereits geladen ist.

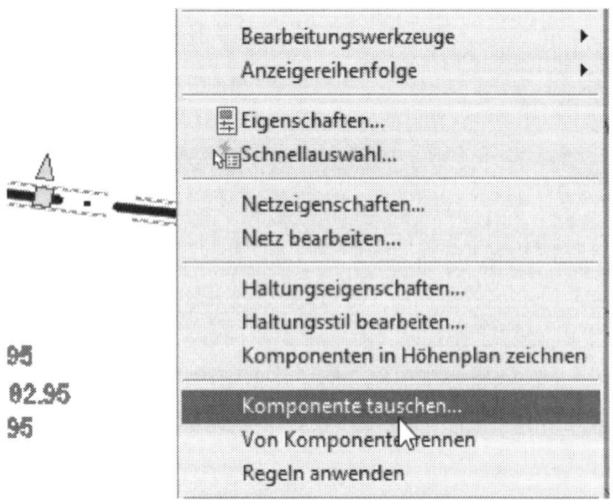

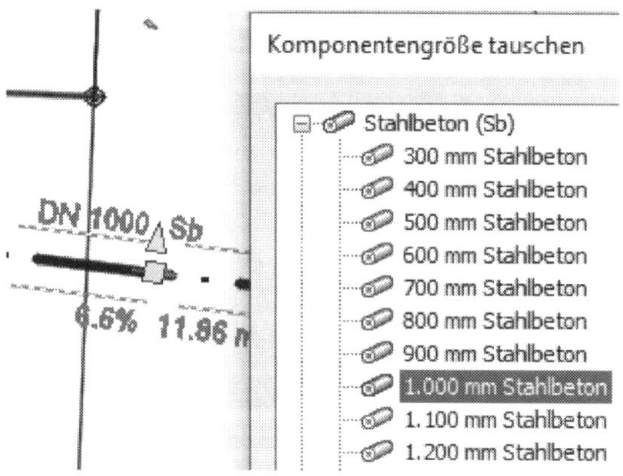

In der Anforderung für das Kanalnetz war ein Auslaufbauwerk angeben. Das gesammelte Regenwasser soll am Rand der Materiallagerfläche frei ausfließen.

Innerhalb der Komponenten-Liste ist jedoch kein Auslaufbauwerk vorhanden.

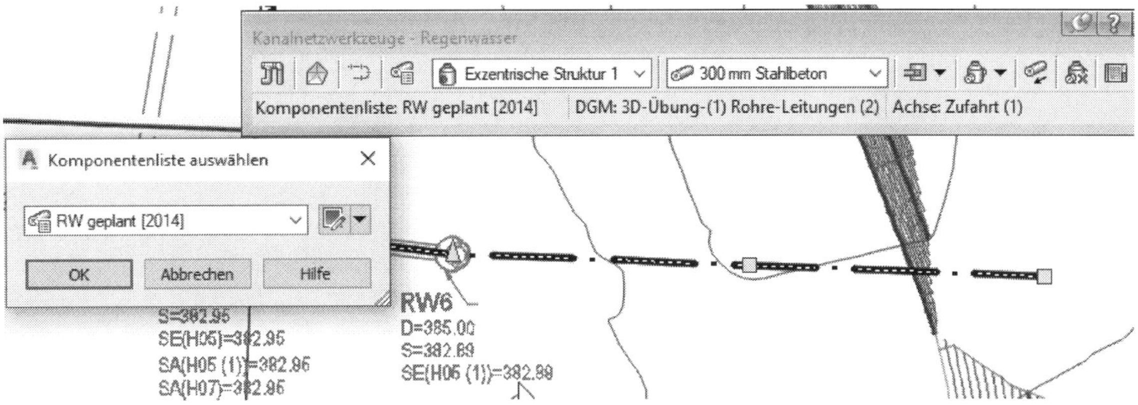

In den folgenden Bildern wird das Hinzufügen eines Auslauf-Bauwerkes gezeigt. Das Hinzufügen eines Bauteils ist eine Bearbeitung der Netzkomponentenliste.

Es wird zuerst das Objekt, die Bauweise geladen.

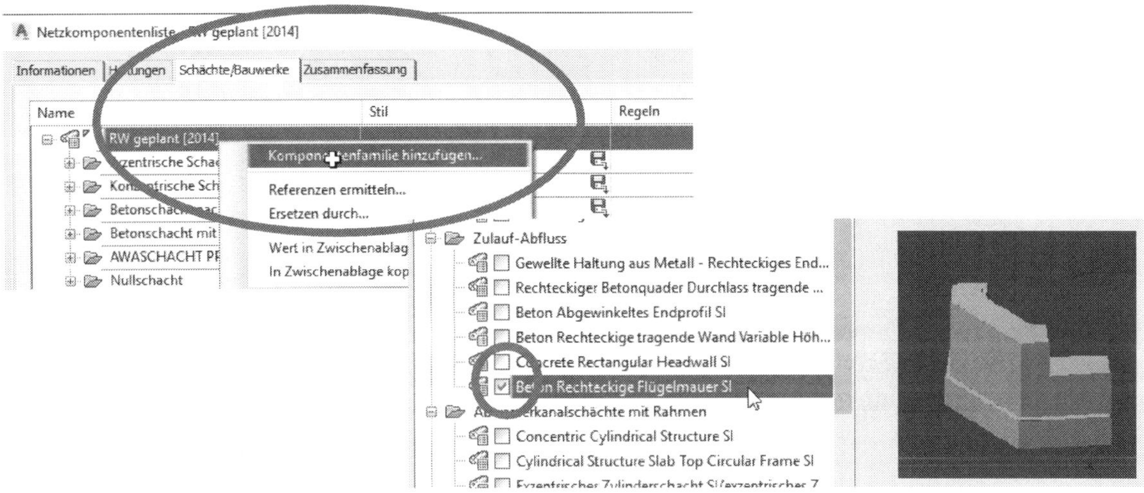

Im zweiten Schritt wird die Bauteilgröße gewählt.

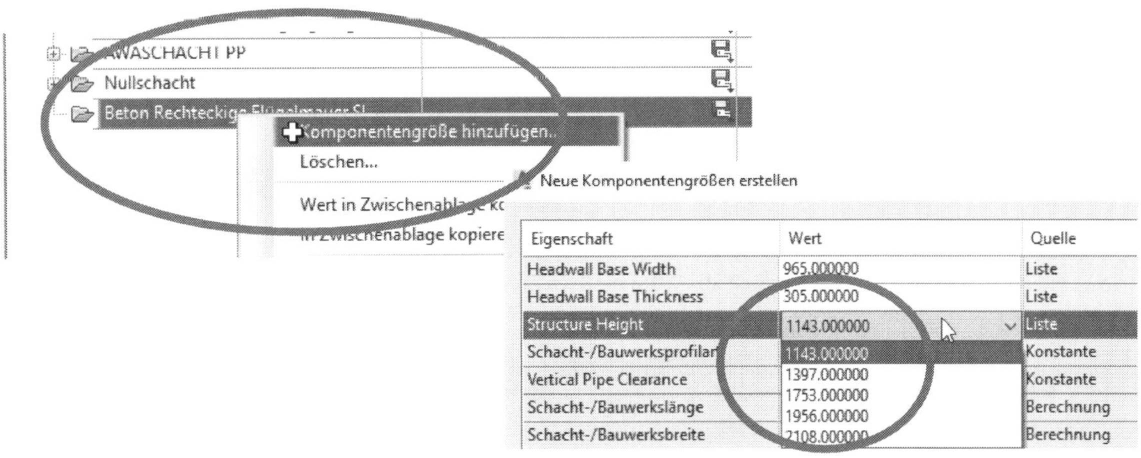

Sobald dieses Bauwerk Bestandteil der Komponenten-Liste ist, kann es als Teil der Konstruktion verwendet werden.

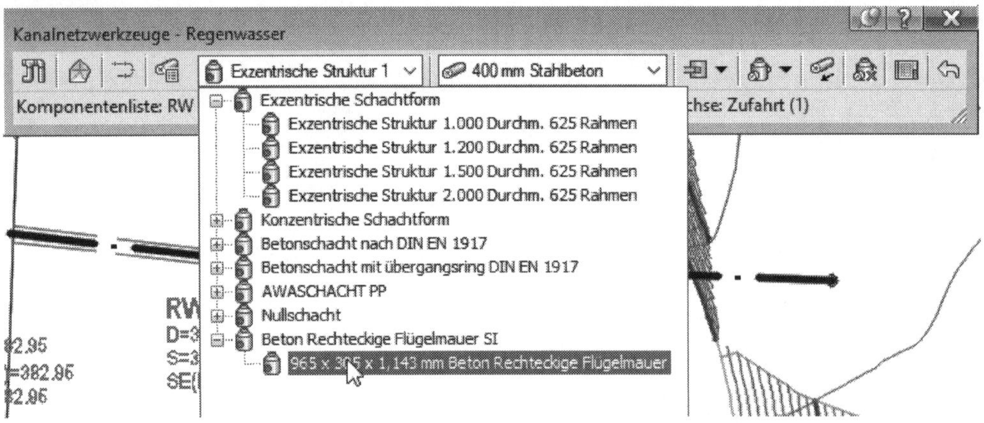

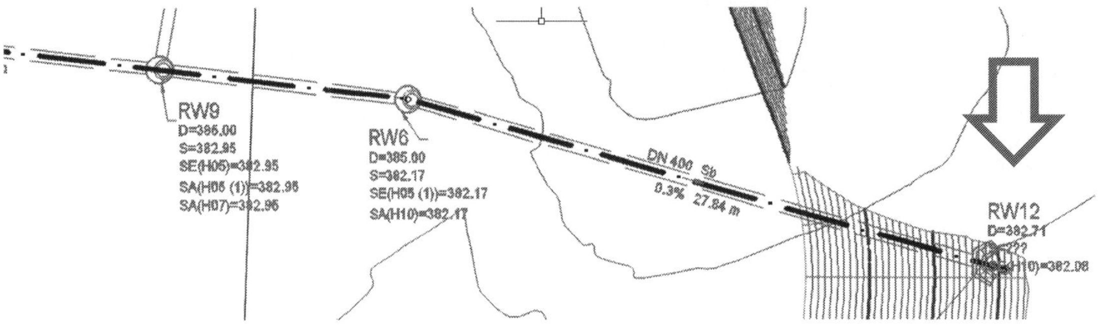

Da Achse, Längsschnitt, Höhenplan und Kanalnetz miteinander dynamisch verknüpft sind, kann das Ändern der Achs-Position und das Einfügen des Auslaufbauwerks einer Positionssuche entsprechen. Diese Positionssuche ist in den Bildern des Buches nicht dargestellt.

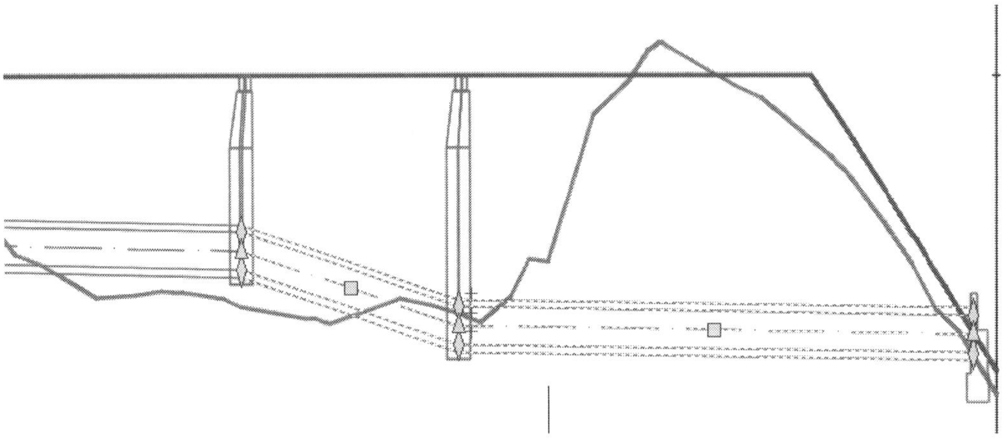

Die Bilder dieses Kapitels haben das Austauschen von Bauteilen oder das zusätzliche Laden von Bauteilen gezeigt.

Das war möglich, weil die Bestandteile zum Inhalt der aufgerufenen Netzkomponentenliste gehören.

Was ist jedoch, wenn eine Schachtgröße fehlt, wenn der Haltungsquerschnitt DN 450 für Stahlbeton benötigt wird? In der Liste (Kanalnetzkatalog) werden diese Bauteile nicht zur Verfügung gestellt.

Der viel öfter vorkommenden Fall ist der, es gibt Änderungen in der DIN oder aufgrund der Projektanforderungen werden Haltungen mit einer anderen Wandungsstärke benötigt, die nicht Bestandteil des Kataloges sind. Diese Art der Änderung ist auch möglich. Diese Änderungen müssen jedoch im Kanalnetzkatalog erfolgen.

Hinweis:

Der Kanalnetzkatalog ich ein Ordner im Verzeichnis „ProgamData", der hier lokal auf „C:\" abgelegt ist.

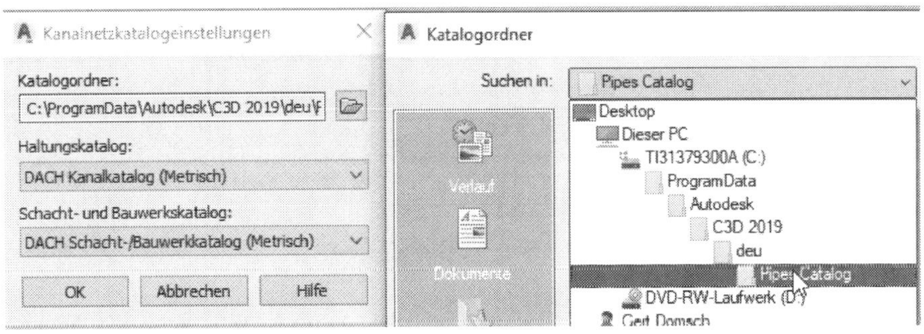

Wird Civil 3D in einem Büro auf mehreren Arbeitsplätzen genutzt, so sollte der Katalog zentral verwaltet sein, damit die Bauteil-Ergänzungen und Bauteil-Änderungen auf allen Arbeitsplätzen gleichzeitig gültig sind.

Kanalnetzkatalog bearbeiten (Komponenten-Builder)

Der Zugang zum Kanalnetzkatalog erfolgt über die Funktionen „Komponenten -Builder".

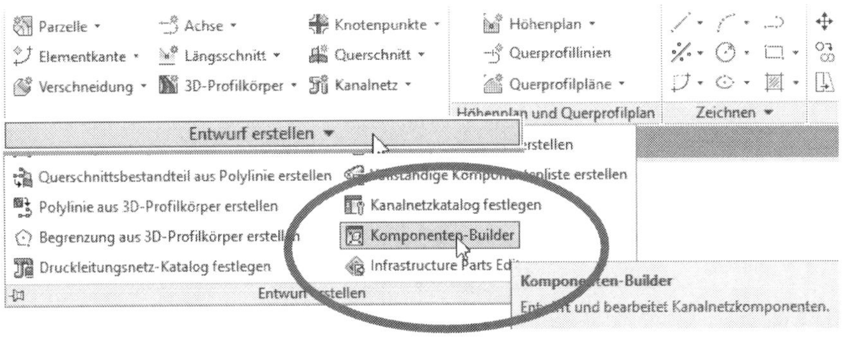

Ergänzen eines Haltungsquerschnittes

Haltung und Schächte sind getrennte Katalog-Bestandteile. Diese erste Trennung ist zu beachten. Anschließend sind die Katalogbestandteile nach Materialart und Bauform weiter unterteilt.

In den folgenden Ordnern muss exakt klar sein, welche der Listen zu ergänzen oder zu ändern ist.

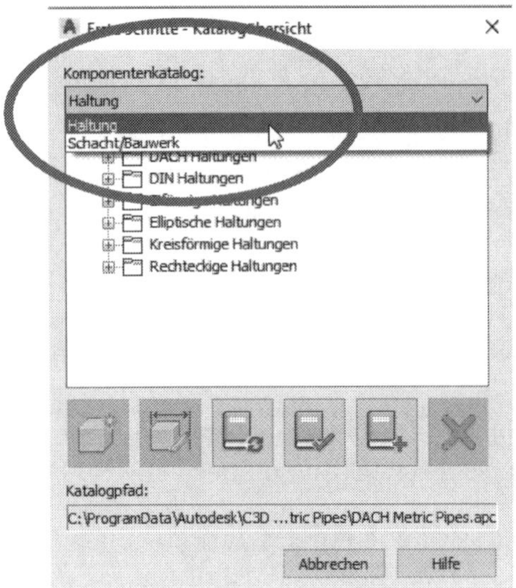

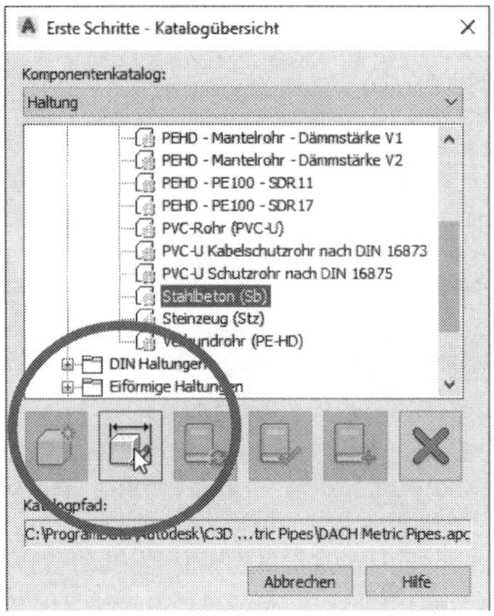

Mit der Funktion „Komponentengrößen ändern“ erfolgt der Zugang zum Katalogbestandteil. Das Listenbestandteil „Größenparameter“ beinhaltet alle Werte und bietet den Zugang zur Tabelle, Funktion „Werte bearbeiten“.

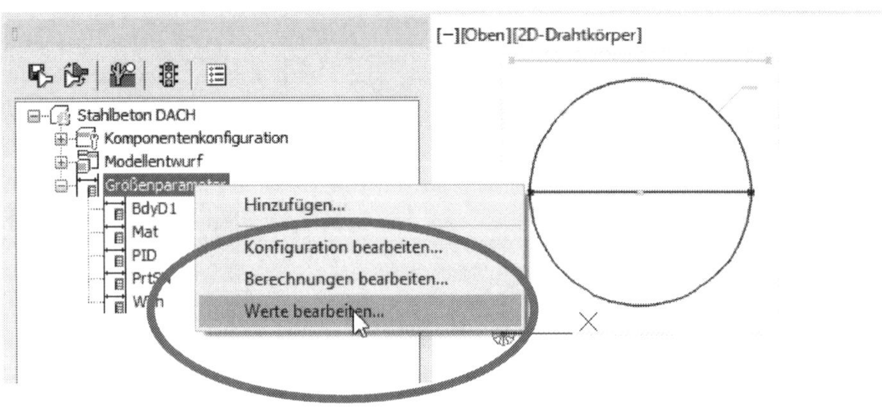

In der Tabelle sind alle Werte bearbeitbar. Es wird in der Übung ein neuer Querschnitt angelegt.

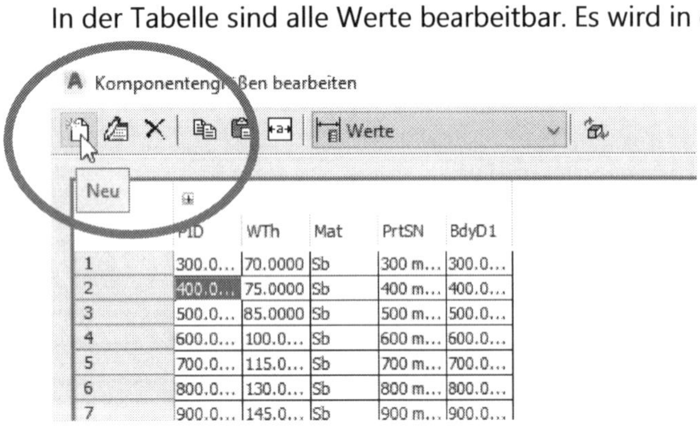

	PID	WTh	Mat	PrtSN	BdyD1
1	300.0...	70.0000	Sb	300 m...	300.0...
2	400.0...	75.0000	Sb	400 m...	400.0...
3	500.0...	85.0000	Sb	500 m...	500.0...
4	600.0...	100.0...	Sb	600 m...	600.0...
5	700.0...	115.0...	Sb	700 m...	700.0...
6	800.0...	130.0...	Sb	800 m...	800.0...
7	900.0...	145.0...	Sb	900 m...	900.0...

Hinweis:

Der neue Wert ist ganz unten eingefügt! Die Tabelle kann nicht neu sortiert werden.

Der neue Wert bleibt unten in der Tabelle.

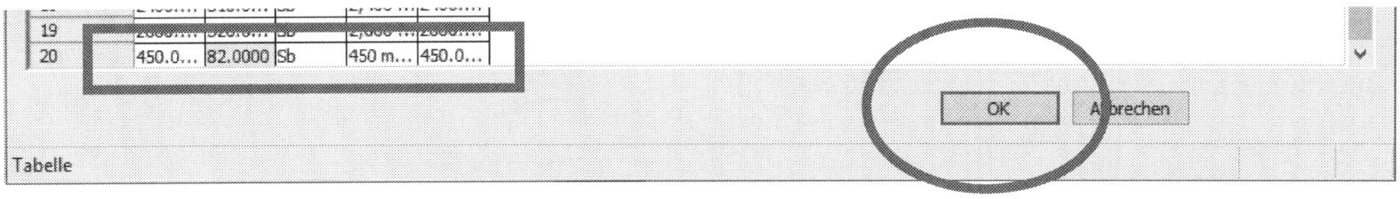

Die Komponenten-Familie ist zu speichern. Die Funktion wird mit dem Schließen der Palette beendet. Der neue Wert ist damit Bestandteil des Kataloges.

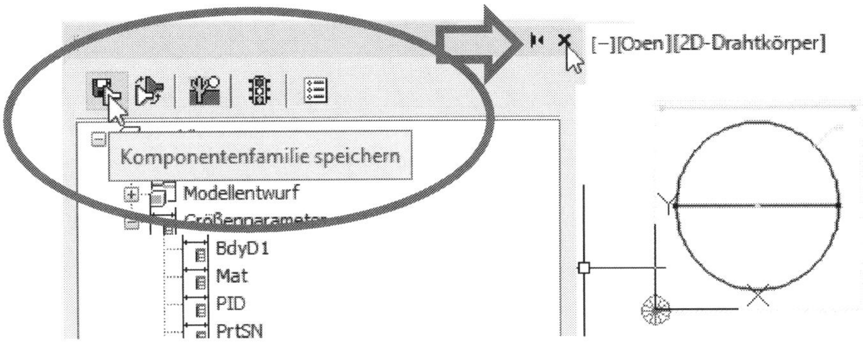

Ergänzen einer Schachtbauform

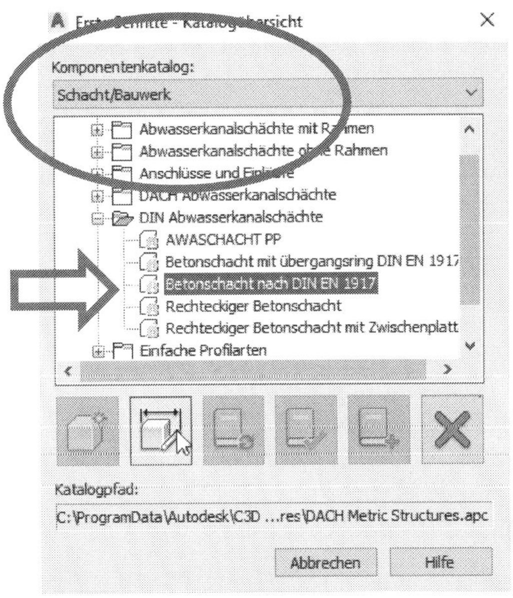

Während runde Haltungen als Hauptparameter nur einen Durchmesser und eine Wandstärke haben, besitzen Schächte wesentlich mehr Parameter. Schächte besitzen standardisierte Bauteile mit fester Größe, wie zum Beispiel den Deckel.

Der Zylinder ist in bestimmten Grenzen variabel und der Konus gleicht den Übergang aus.

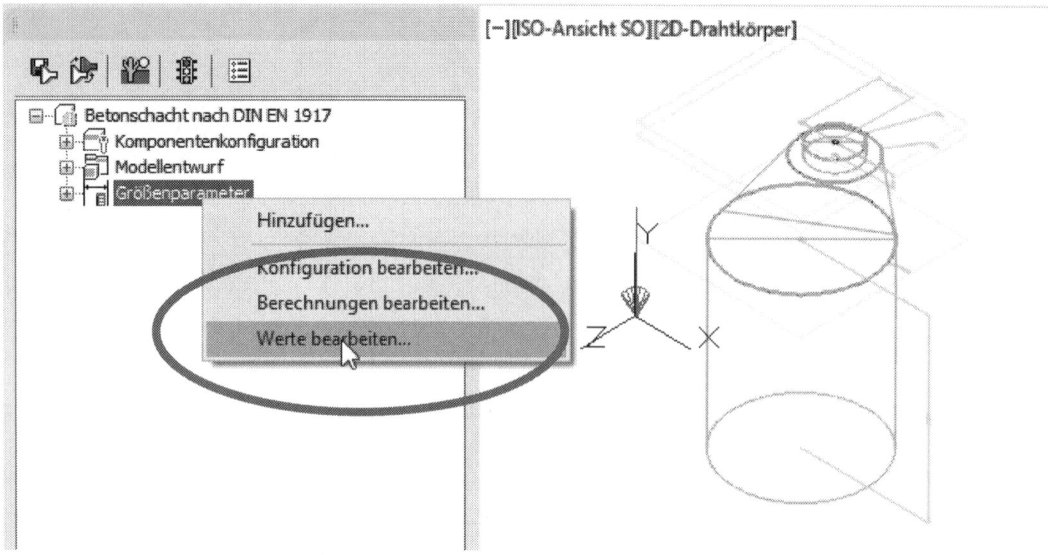

Das heißt die Schachtparameter sind in keiner einfache Tabelle abgelegt, sondern eine Sammlung von Werten (in einzelnen Listen), die eventuell zu ergänzen sind und kombiniert werden können.

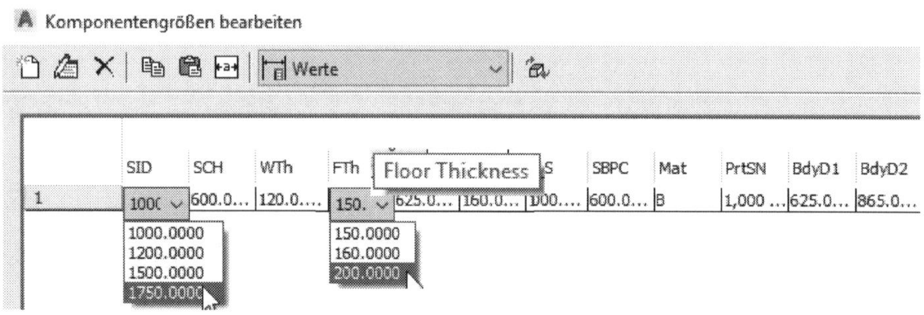

Von diesen Werten werden in den folgenden Bildern nur ausgewählte Listen gezeigt und es wird nur der Wert „Inner Structure Diameter" (innerer Zylinder-Durchmesser) ergänzt mit dem Wert „1.75m".

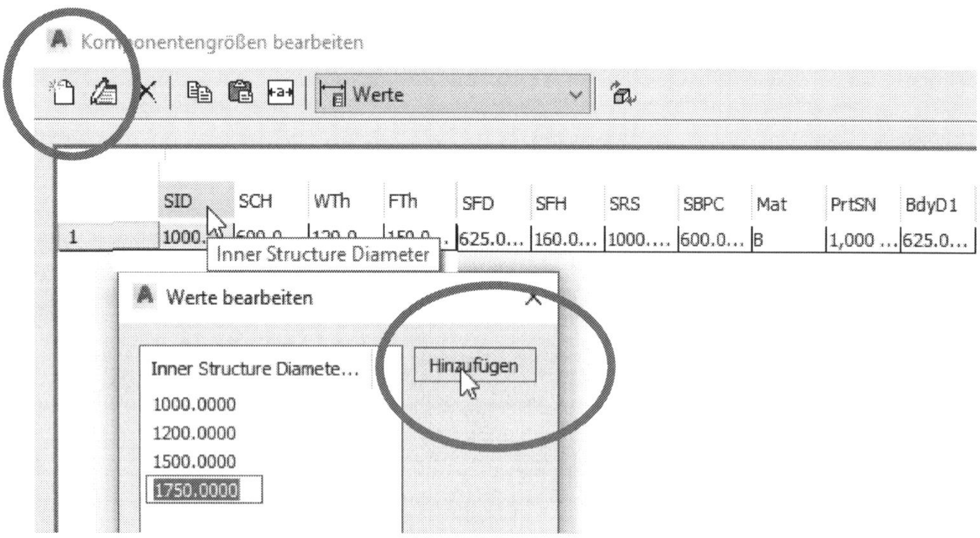

Der neu eingetragene Wert ist wiederum zu speichern und die Bearbeitung ist mit dem Schließen der Palette zu beenden.

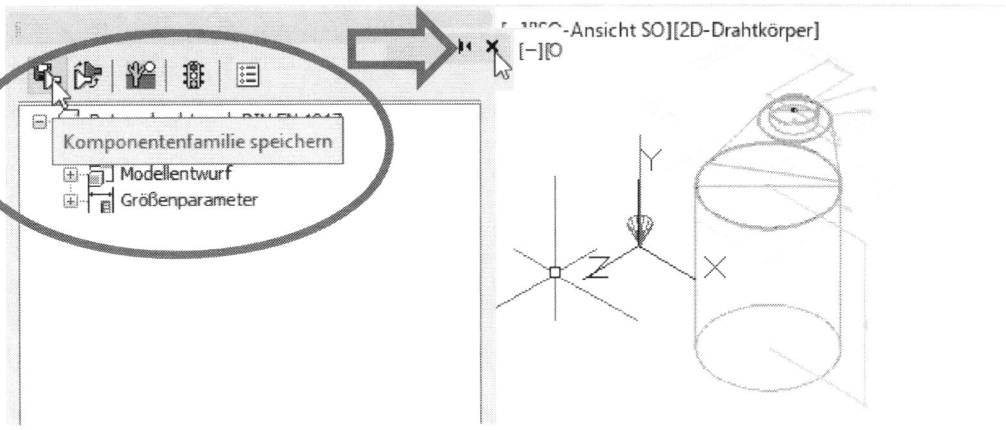

Mit dem Eintrag der neuen Bauteile im Kanalnetz-Katalog steht der neue Haltungs-Querschnitt und der neue Schacht noch nicht zur unmittelbaren Verwendung in der Zeichnung zur Verfügung.

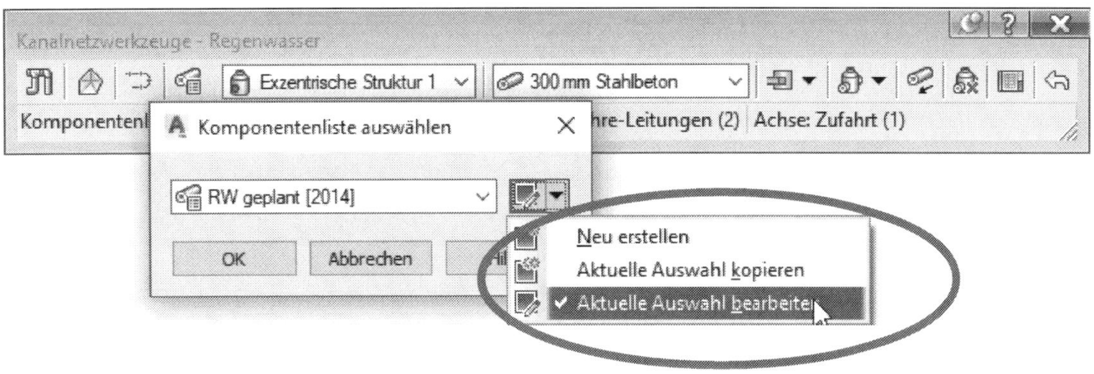

Die neuen Bauteilen müssen zuerst in der Komponetenliste geladen sein.

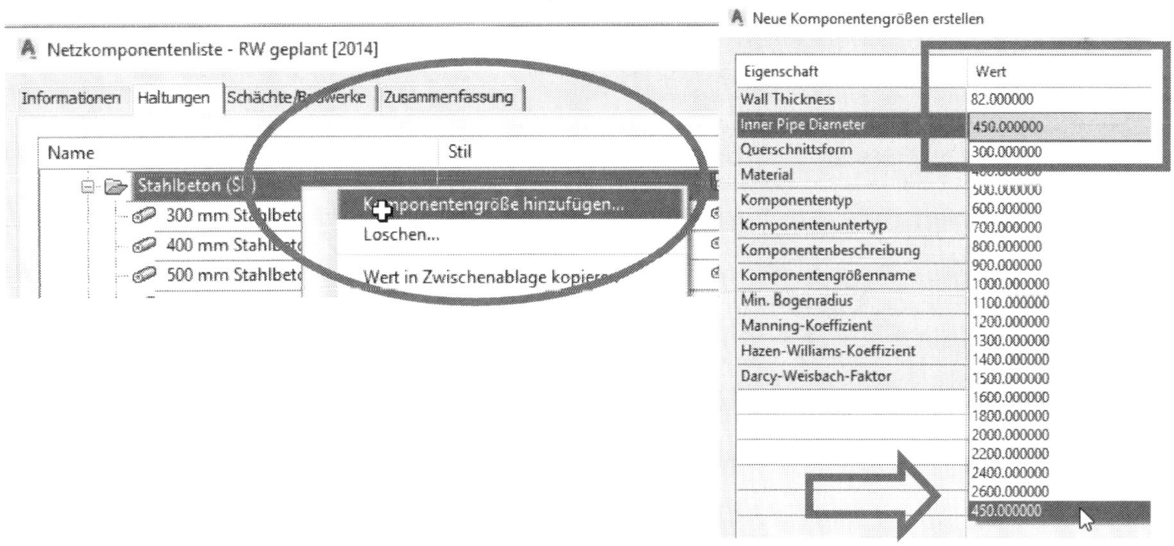

Verwenden der neuen Haltung und des neuen Schachtes

Hinweis:

Der neue Wert ist in der Liste der Haltungen auch nicht sortiert. Der neue Wert bleibt ganz unten eingetragen.

Mit der Zuordnung des Wertes zur Komponenten-Liste steht der Rohr-Querschnitt zur Auswahl zur Verfügung.

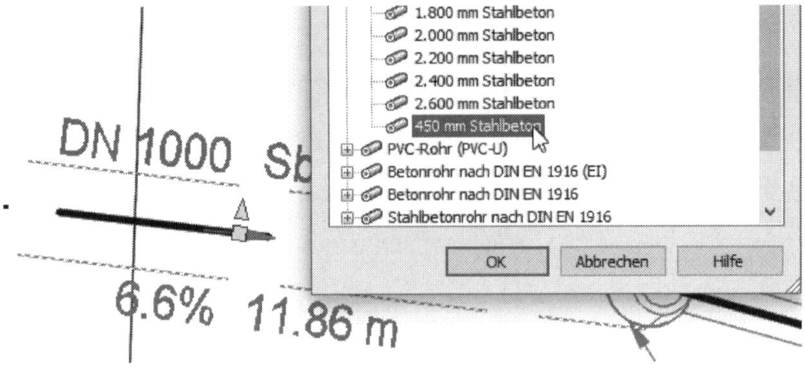

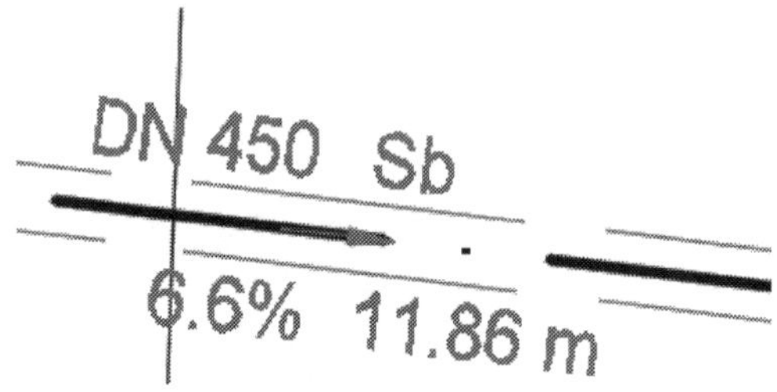

Beim Hinzufügen von Schächten zur Komponentenliste gibt es einen Unterschied zu beachten. Die Parameter der Schächte werden in einzelnen Listen geführt.

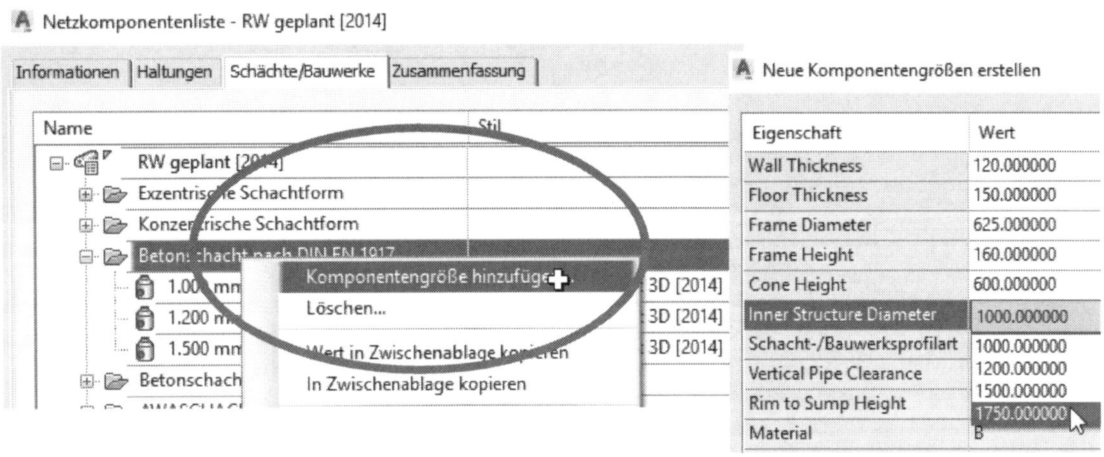

Nach dem Hinzufügen des Schachtes mit dem neuen Zylinderdurchmesser ist dieser Schacht eventuell nachträglich zu bearbeiten, um eventuell die richtige Wandstärke oder Boden-Dicke auszuwählen.

Die Bearbeitung lässt damit eine nachträgliche Anpassung einzelner Parameter zu.

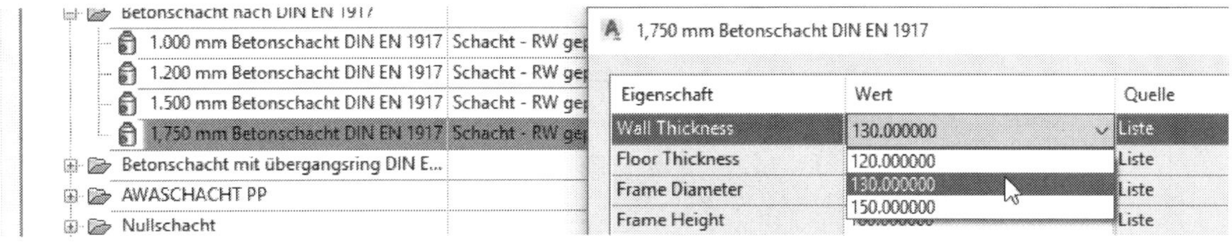

Sobald der Schacht in der Komponenten-Liste geladen ist, kann er in der Zeichnung verwendet werden.

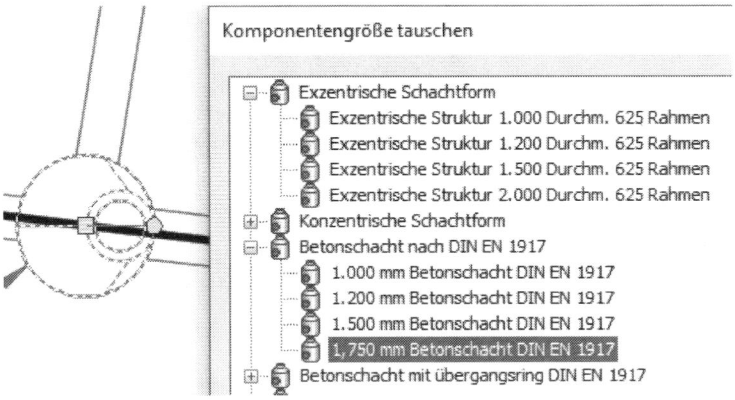

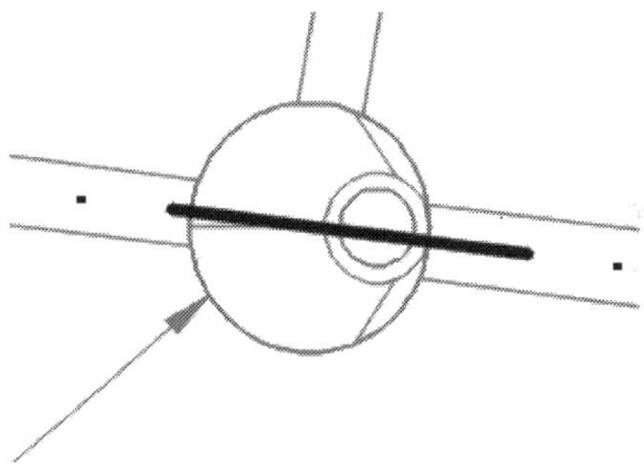

7.5.5 Kollisionsprüfung

Um die Bedeutung der Kollisionsprüfung verständlich zu erläutern, werden Schächte und Haltungen so verschoben, dass im Lageplan, im Höhenplan und im QP-Plan alle Bauteile einander nahekommen aber augenscheinlich sich nicht berühren.

Endgültige Klarheit kann nur eine „Kollisionsprüfung“ bringen.

Darstellung „Lageplan“

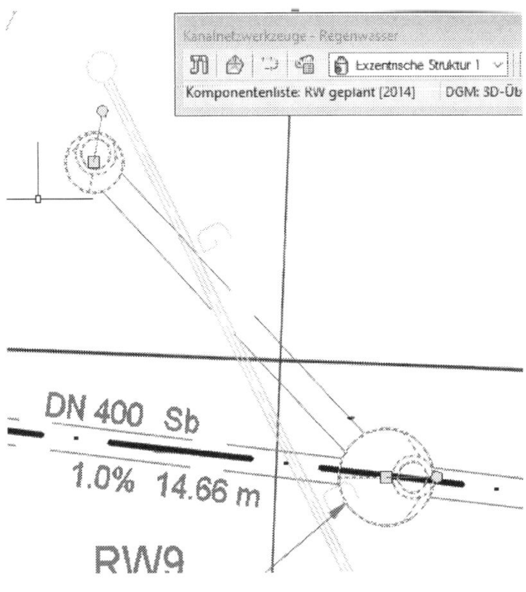

Ausschnitt „Höhenplan“

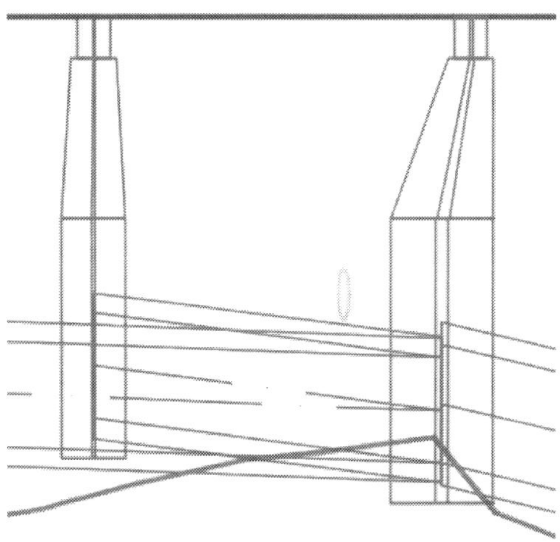

3D-Darstellung ohne DGM

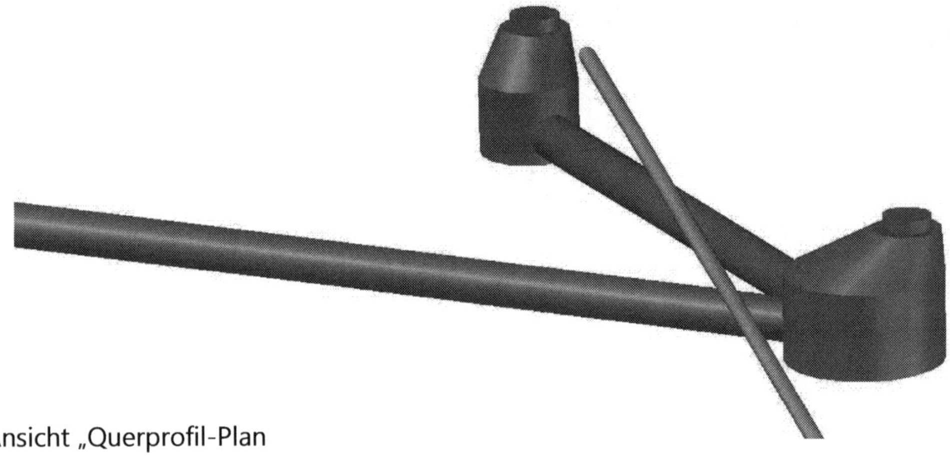

Ansicht „Querprofil-Plan

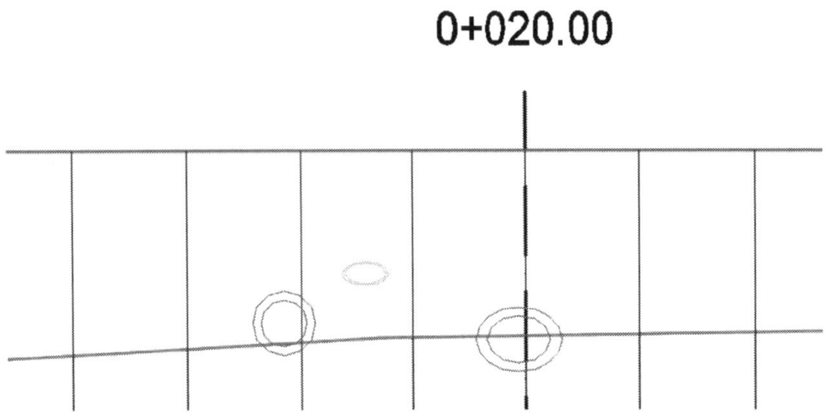

Ein Netz wird ausgewählt und das Menü bietet die Kollisionsprüfung an.

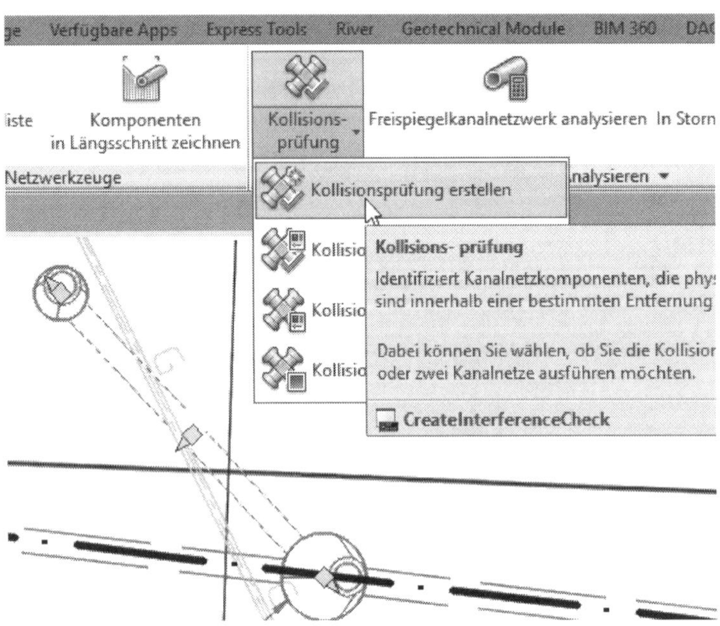

Der Start der Funktion verlangt ein zweites Netz. Es ist auch eine Prüfung des Kanalnetzes gegen sich selbst möglich. Es folgt die Objektdefinition für die Kollisionsprüfung.

Name:

Es wird eine Kombination aus den Namen der Netze vorgeschlagen.

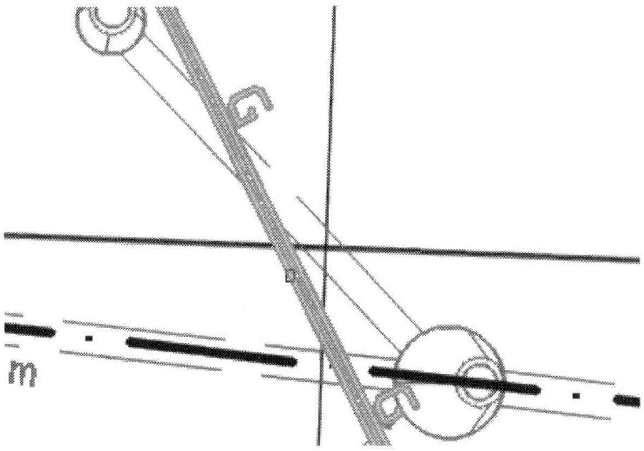

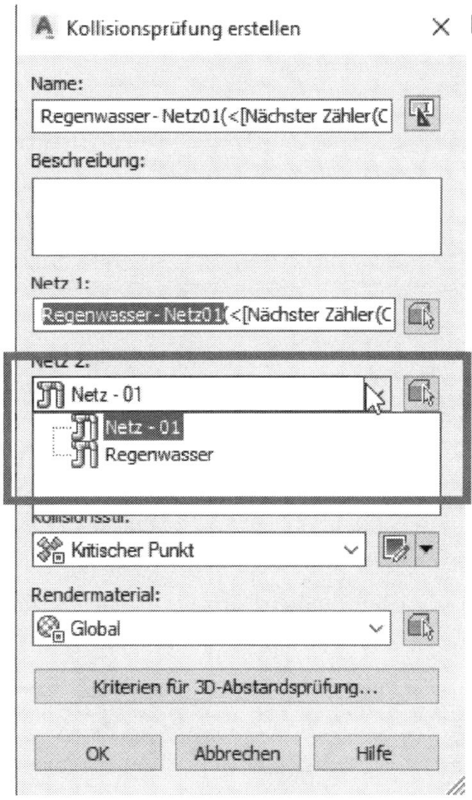

.

Der Kollisionsstil, die Art der Darstellung einer eventuellen Kollision, sollte unbedingt bekannt sein. Den Kollisionsstil empfehle ich zu bearbeiten, um die Art der Darstellung bewusst zu wählen.

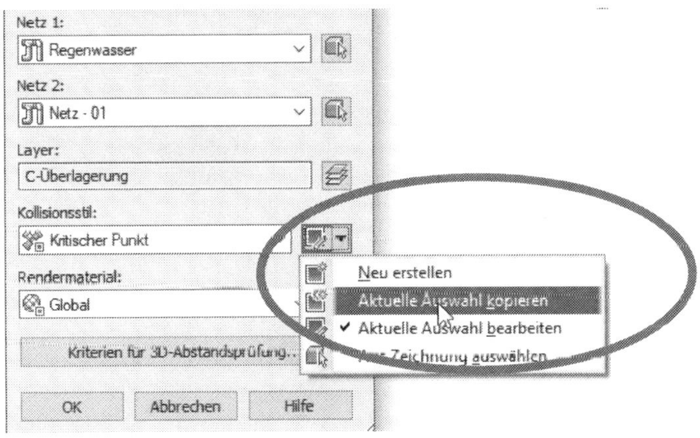

Als Objektname wird „Volumenkörper (Blau)“ vorgeschlagen. Die farbliche Darstellung als Volumenkörper wird das Erkennen und die Entscheidung für eine Änderung erleichtern und die Farbe „Blau“ ist kontrastreich zu den vorhandenen Netzen (Grün und Rot).

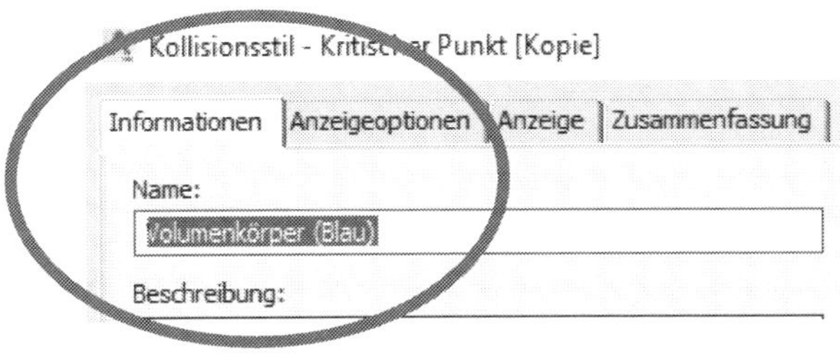

Auf der Karte „Anzeigeoptionen“ wird „Kollisions-Volumenkörper anzeigen“ aktiviert.

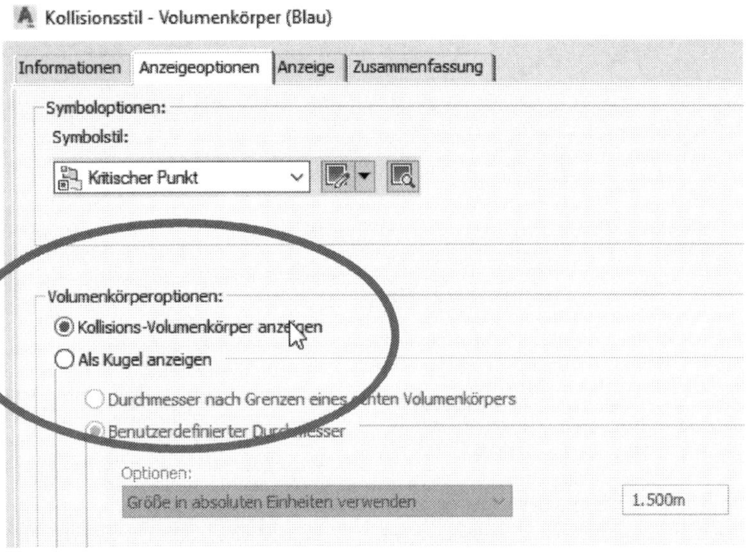

Für alle drei Ansichten wird der „Volumenkörper“ eingeschalten und die Farbe Blau gewählt.

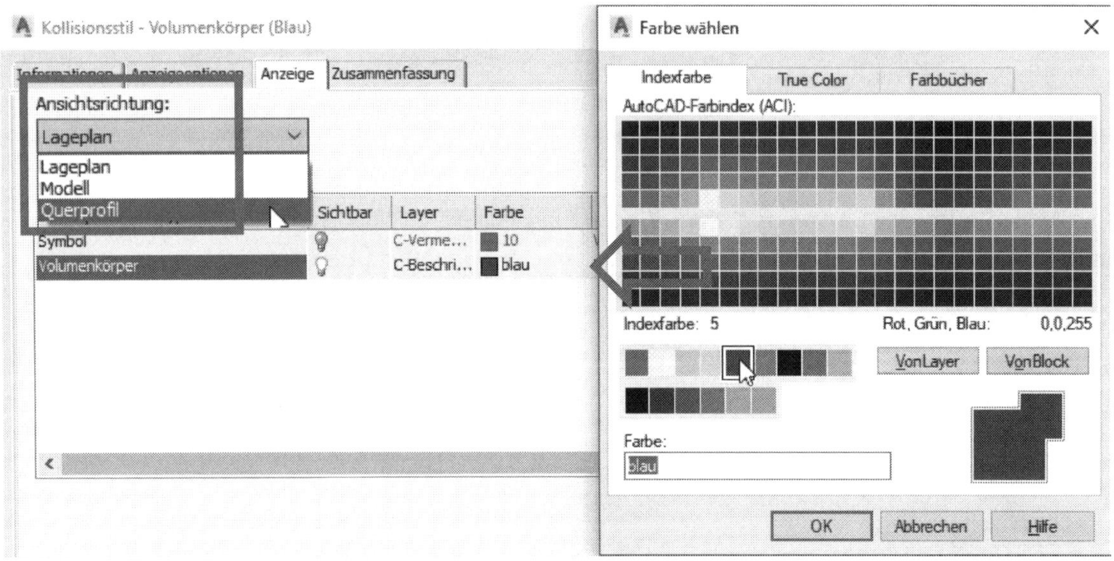

Die Funktion „Kriterien für 3D-Abstandsprüfung...“ lässt eine Prüfung auf „Abstand“ zu. In der Übung wird die Kollisionsprüfung mehrfach ausgeführt. Zuerst wird auf „Kollision“ geprüft und später auf „Annäherung“.

Das bedeutet zuerst wird der Schalter „3D-Abstandsprüfung anwenden“ nicht aktiviert. Die Kollisionsprüfung wird auch ein Objekt innerhalb des Projektbrowsers und kann wiederholt aufgerufen - und bearbeitet werden. Der hier festgelegte Wert ist beliebig oft änderbar.

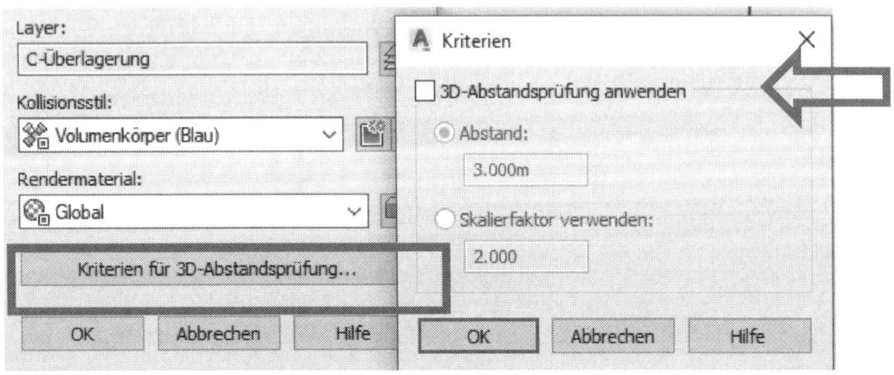

Mit der Bestätigung der Eingaben wird die Kollisionsprüfung ausgeführt.

Das Programm meldet in dieser Form eine Kollision.

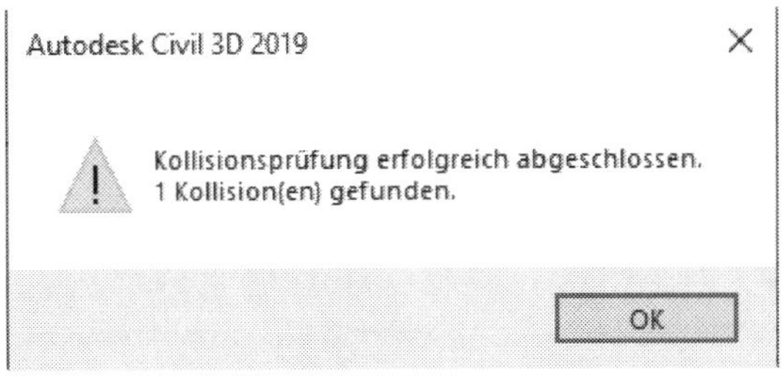

Der Kollisionsprüfung ist als Objekt im Projektbrowser zu finden. Die Kollisionsprüfung gehört zum Bereich Kanalnetze. Hier steht die Funktion „Zoom auf“ zur Verfügung.

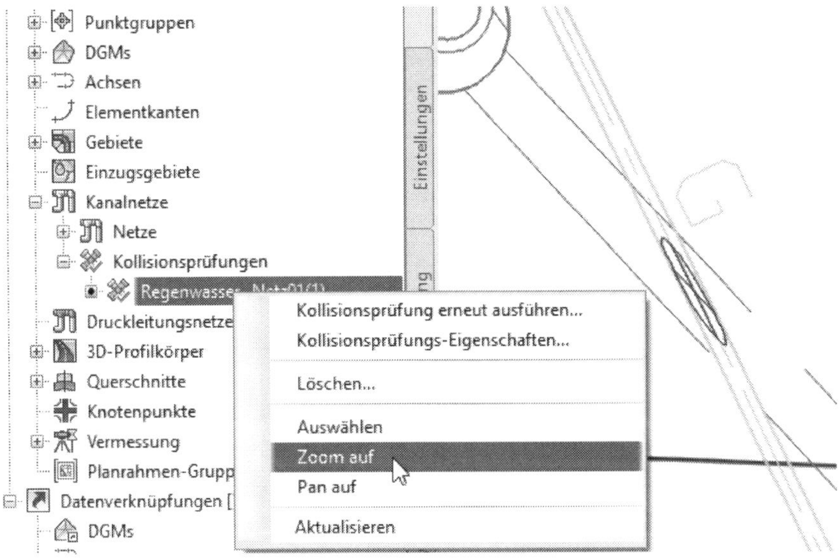

Durch die Festlegung des Kollisionsstils auf „Volumenkörper (Blau) (in allen Ansichten) ist die Kollision in allen Ansichten einheitlich zu erkennen.

3D-Ansicht:

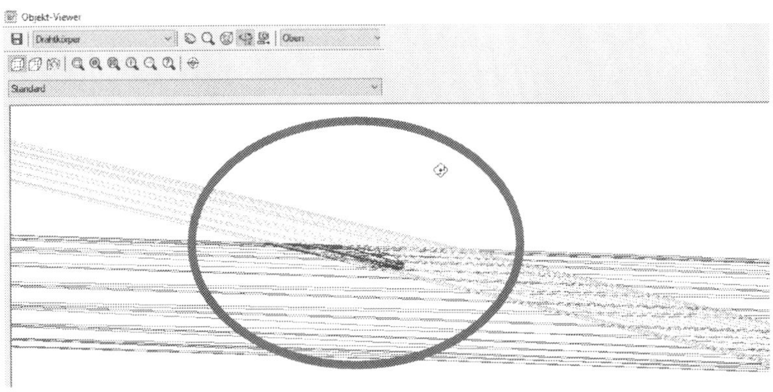

Die Lage des Kanalnetzes zur Gas-Leitung wird im Höhenplan bearbeitet.

Der Abstand wird vergrößert.

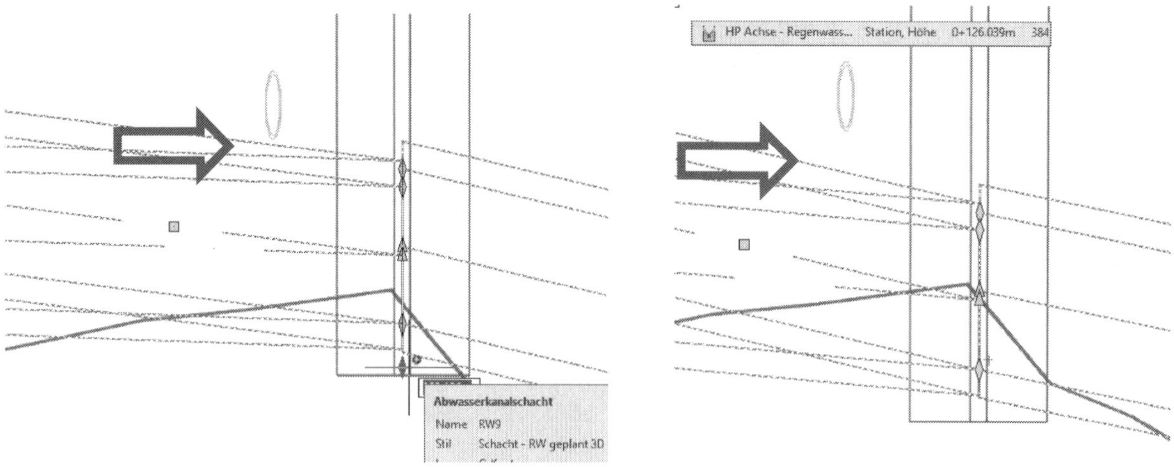

Mit der Bearbeitung der Haltungen oder Schächte meldet der Kollisionsstil die Änderung, und eine Prüfung kann erneut ausgeführt werden.

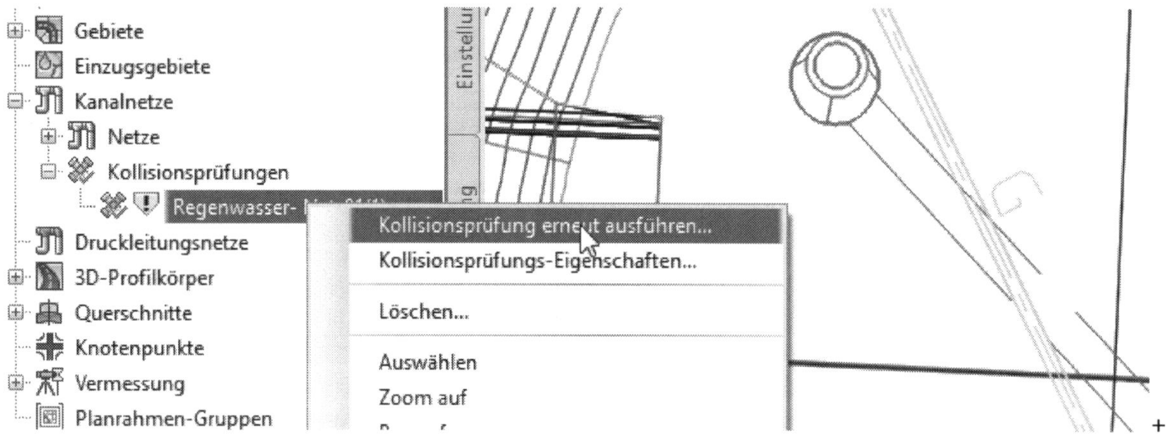

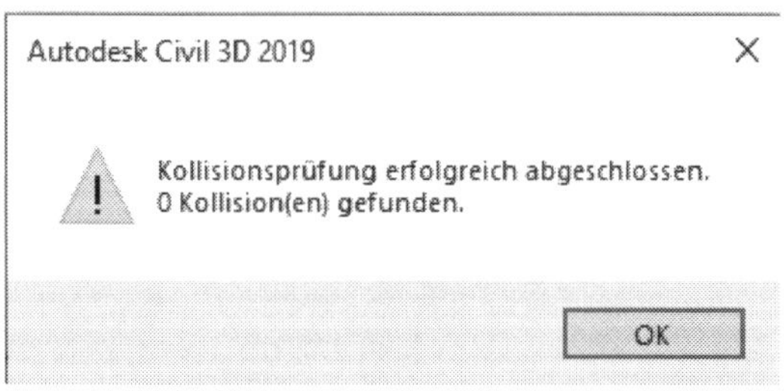

Wenn die Kollision keine Berührung meldet, so kann auf Annäherung geprüft werden. Eine Prüfung auf Annäherung macht Sinn, weil es einen Verbau, eventuelle Schweißarbeiten oder ein Sicherheitsabstand zu Bestands-Leitungen zu berücksichtigen gilt.

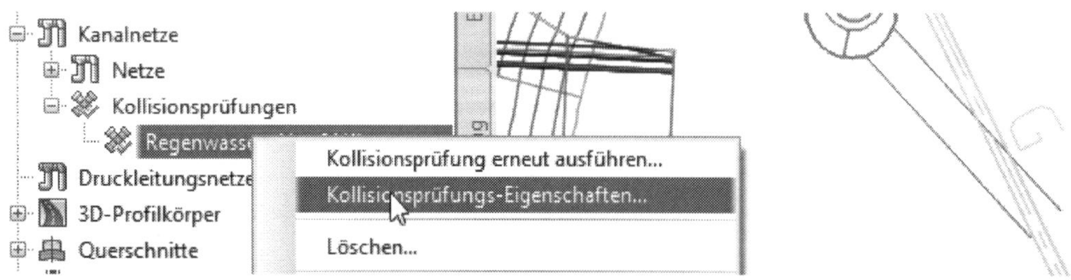

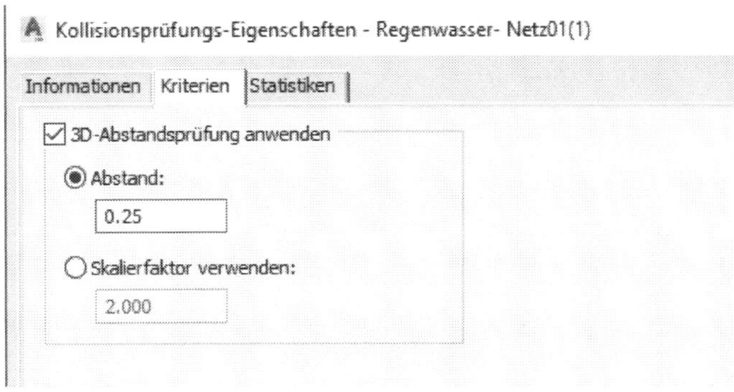

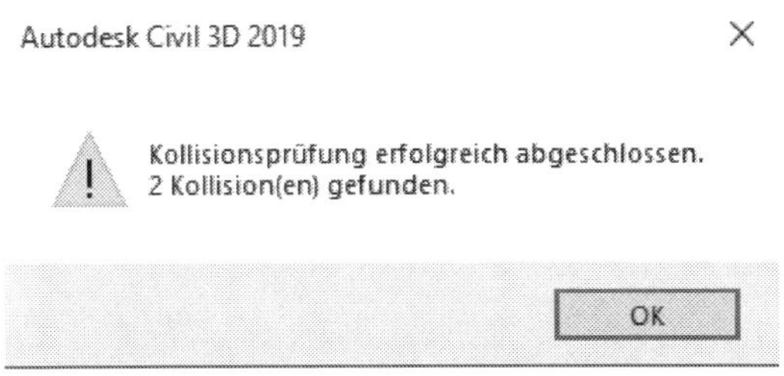

Eine Prüfung auf Annäherung von 25cm meldet zwei Kollisionen. Das heißt die Bauteile berühren sich nicht. Der Abstand zueinander ist jedoch kleiner als 25cm.

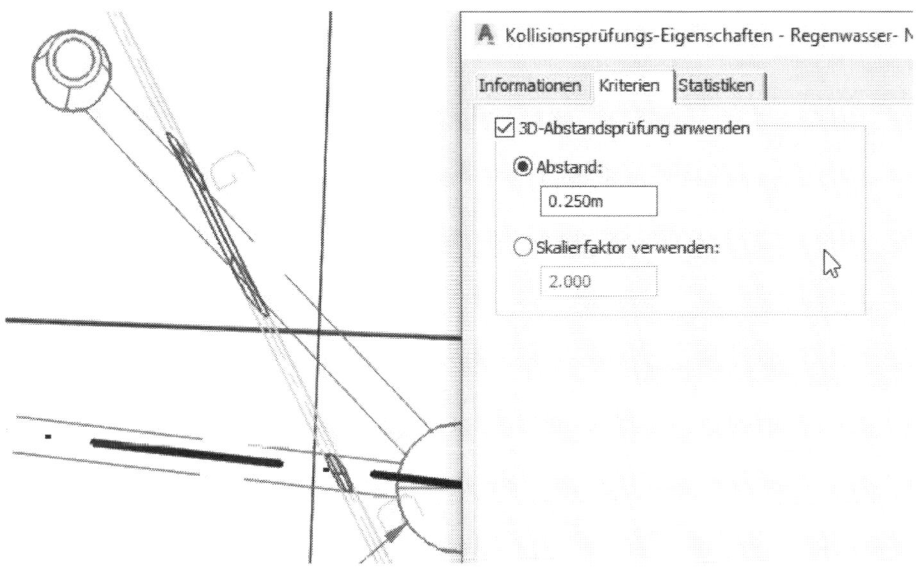

7.6 Erstellen einer neuen Komponenten-Liste

Die als Bestandteil der „...Deutschland.dwt“ angebotenen Komponenten-Listen sind ein Mix aus vielen Komponenten, die nicht jedes Projekt oder jede Kommune braucht. Die Darstellungsstile eventuell auch die Beschriftungsstile sind nicht unbedingt an die Anforderungen eines jeden Projektes angepasst. Damit soll auf keinen Fall gesagt sein, das Civil 3D oder Autodesk eine wenig brauchbare Unterlage zum Thema „Kanal“ liefert, damit soll lediglich gesagt sein, dass Civil 3D nicht in der Lage sein kann, alle Besonderheiten von Garmisch-Partenkirchen bis Flensburg oder Aachen bis Görlitz zu berücksichtigen. Es wird empfohlen sich konsequent mit den Besonderheiten und Möglichkeiten der Komponentenliste auseinander zu setzen und eigene Komponentenlisten zu erstellen.

Mit einer eigenen Komponentenliste wird das Potential der Funktion erst richtig ausgeschöpft.

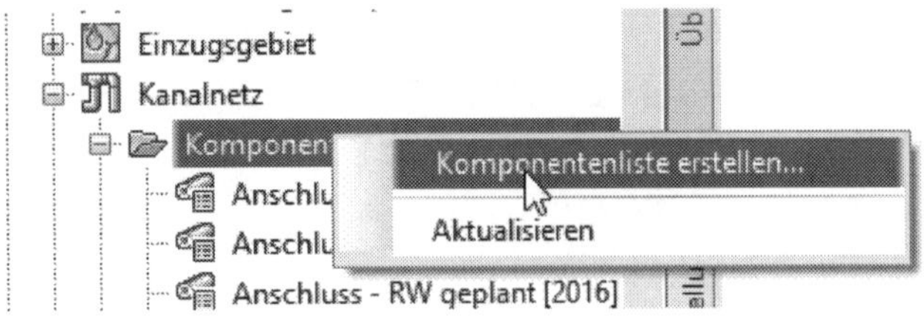

Name

Das Erstellen einer Komponentenliste beginnt mit der Vergabe des Namens. Der Name sollte die Verwendung wiederspiegeln.

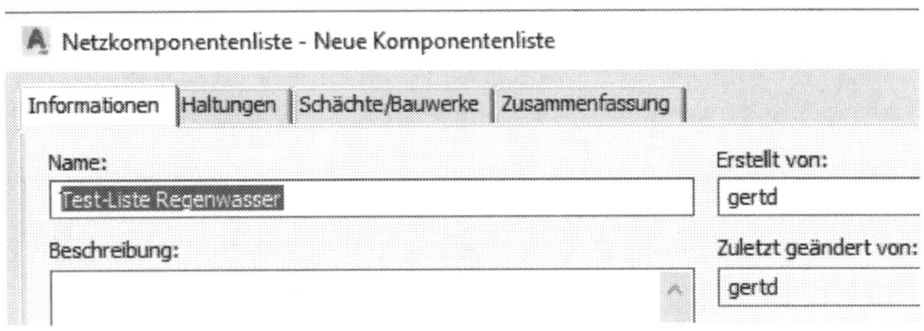

Haltungen „Komponentenfamilie“ (Material)

Zuerst wird das Material ausgewählt. Es sollten nur die Materialien ausgewählt werden, die wirklich innerhalb der Projekte zur Anwendung kommen sollen.

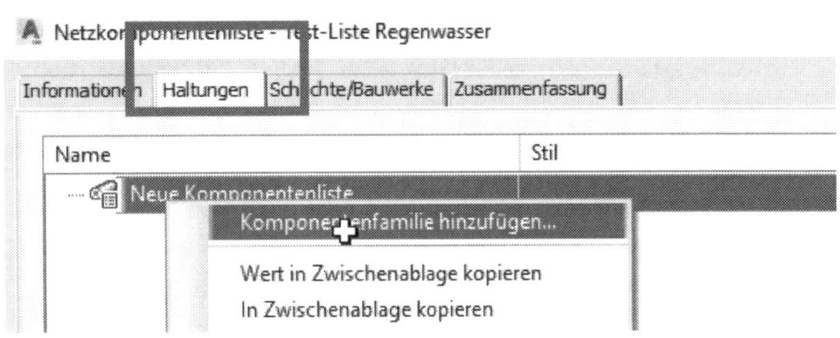

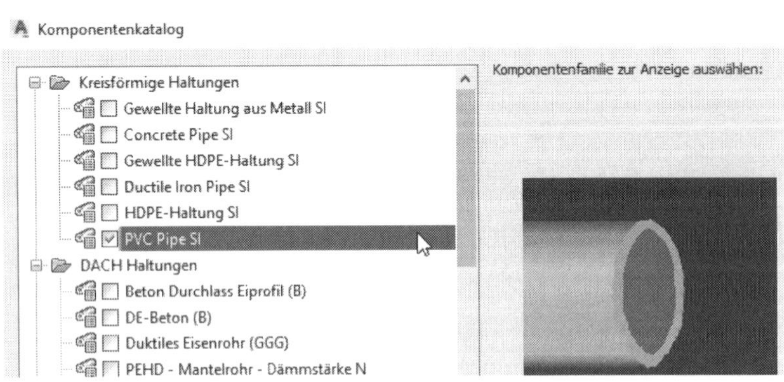

Schacht „Komponentenfamilie“ (Material)

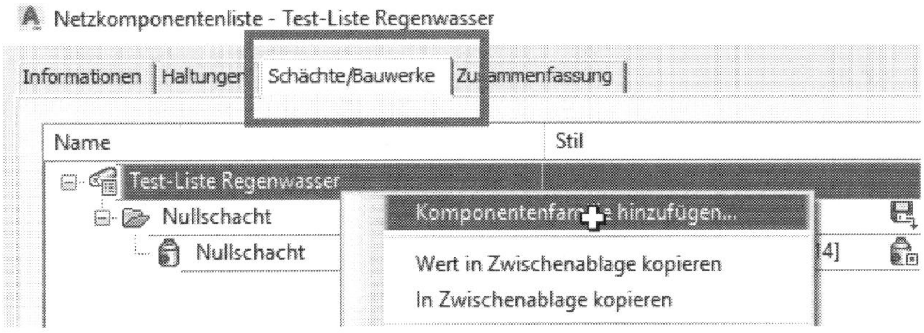

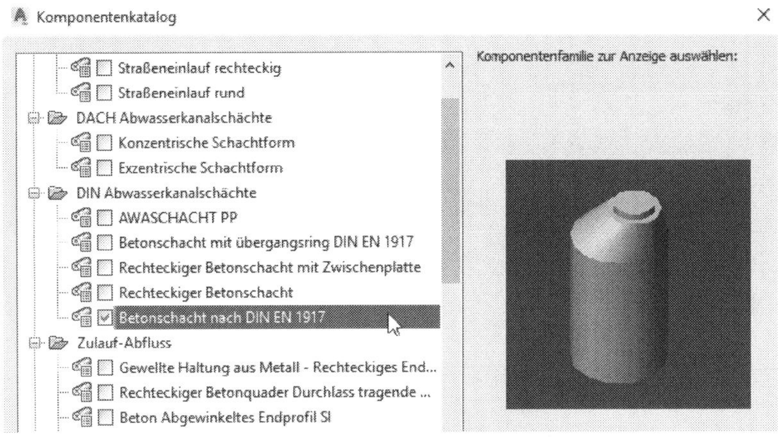

Haltungs-Querschnitt (DN)

Es werden nur die Durchmesser oder Querschnitte aufgerufen, die vorgesehen sind.

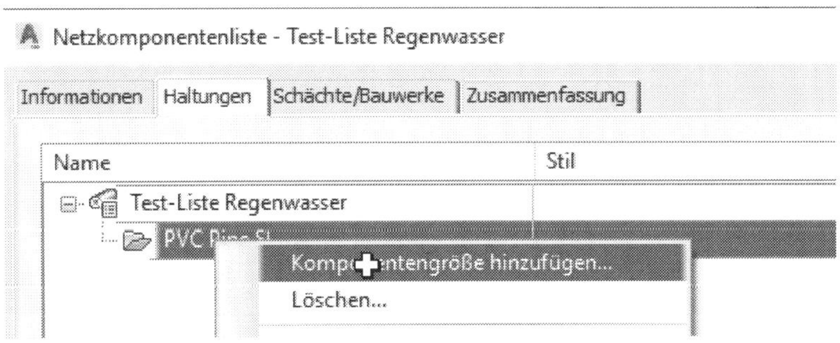

Hinweis:

Bisher noch nicht angesprochen wurde die integrierte Berechnung, - Rohr-Querschnitt-Dimensionierung (zum Beispiel „Storm Sewer“). Als Bestandteil des Civil 3D werden 3 Varianten (Programme) für eine optionale Berechnung oder Rohrdimensionierung geliefert.

- Freispiegelkanalnetzwerk analysieren
- Storm Sewer
- Storm and Sanitary Analysis

Diese Berechnung kann Querschnitte vorschlagen, die das anfallende Wasser fassen. Die neuen vorgeschlagenen Rohrquerschnitte, Im Fall Berechnung durch „Storm Sewer“, müssen Bestandteil der Komponentenliste sein, bevor der Import der Berechnungsergebnisse erfolgt. Der Import der berechneten Rohr-Querschnitte ist praktisch ein Austauschen der bestehenden Rohre gegen die neuen Querschnitte. Das heißt, die als Bestandteil der Berechnung vorgeschlagenen Querschnitte müssen noch vor dem Import Bestandteil der Komponentenliste sein oder es werden bewusst nur Querschnitte zugelassen, die bereits Bestandteil der Komponentenliste sind. Innerhalb des „Storm Sewer“ ist eine manuelle Festlegung der zur Verwendung vorgesehenen Rohr-Querschnitte möglich.

Unabhängig von dem Weg oder von der Vorgehensweise, die gewählt wird, ist es wichtig, zu wissen welche Rohr-Querschnitte und welche Schachtbauwerke als Bestandteil der Komponentenliste geladen sind!

Mit dem Hinzufügen der Rohr-Dimension sollte die zugeordnete Wandungsstärke kontrolliert sein. Es wird auf dem Markt Entwicklungen geben (neue Rohrmaterialien, oder Fertigungsmethoden), die hier nicht berücksichtigt sein können!

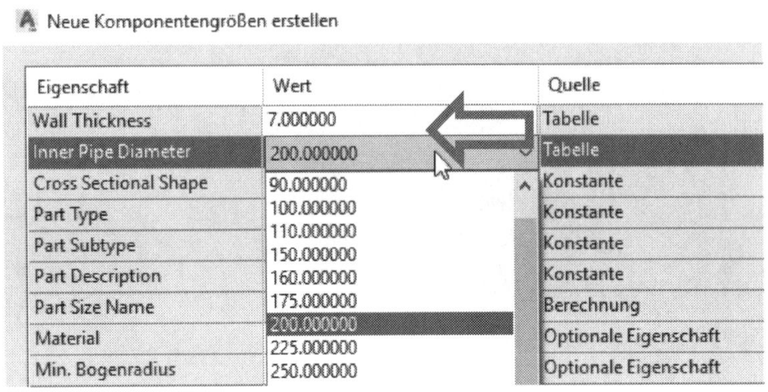

Schacht-Parameter (Schacht-Durchmesser)

Es sollten nur die Schacht-Parameter in der Komponentenliste aufgerufen sein, die benötigt werden.

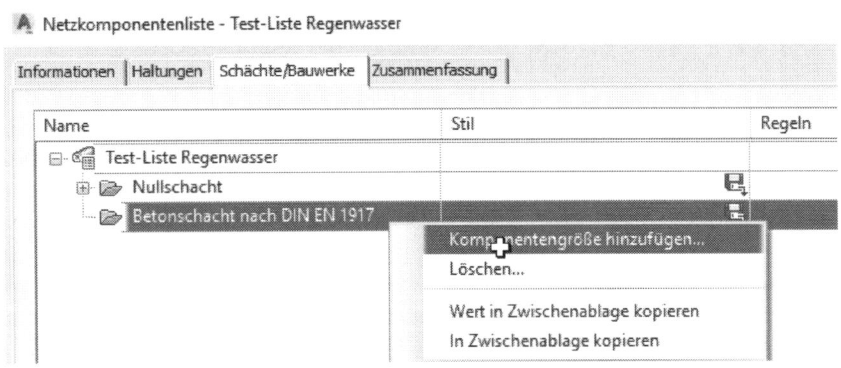

Hier ist als Besonderheit zu beachten, dass bestimmte Zylinder-Durchmesser, bestimmte Bodenstärken und bestimmte Wandstärken erfordern. Diese Bestandteile können oder müssen in den Listen eingetragen sein. Hier ist eventuell der Katalog nachzubearbeiten.

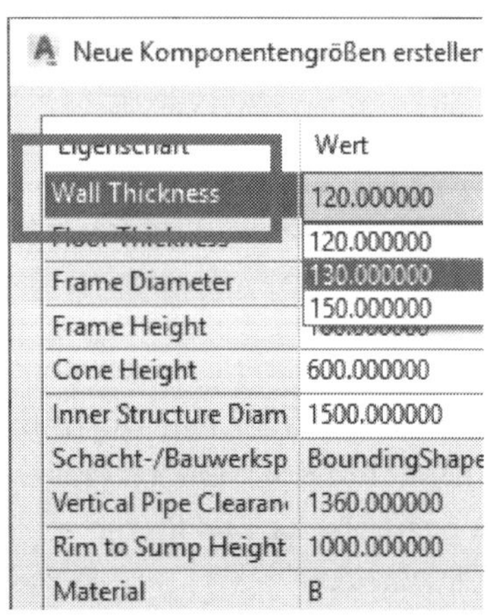

Hinweis:

Im Fall einer Berechnung (Storm Sewer) ist auch bei den Schächten eine Besonderheit zu beachten. Soll mit Hilfe des „Storm Sewer“ die Berechnung eines Regenwassernetzes erfolgen so ist als Bestandteil der Karte „Schächte/Bauwerke“ ein „Auslaufbauwerk“ zu laden.

In der Kategorie „Zulauf/Ablauf“ werden verschiedene Bauformen angeboten.

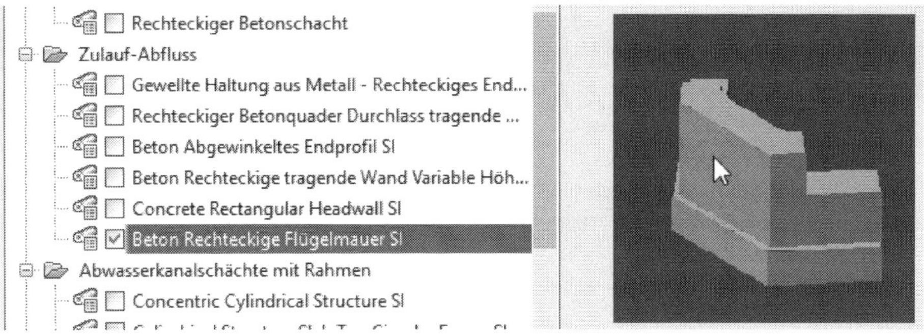

Stil (Darstellungs-Stil) „Haltungen“

Für die Darstellung der Rohre wird empfohlen zwei Darstellungs-Stile zu führen. Ein auf die Konstruktion ausgerichteter Stil zeigt die Innenwand. Damit wird sichtbar, ob die Rohre nach der Rohrsohle, Rohrachse oder Rohrscheitel ausgerichtet sind.

Die Sichtbaren Bestandteile können unabhängig voneinander für den Lageplan, die 3D-Darstellung, den Höhenplan und den QP-Plan gesteuert sein.

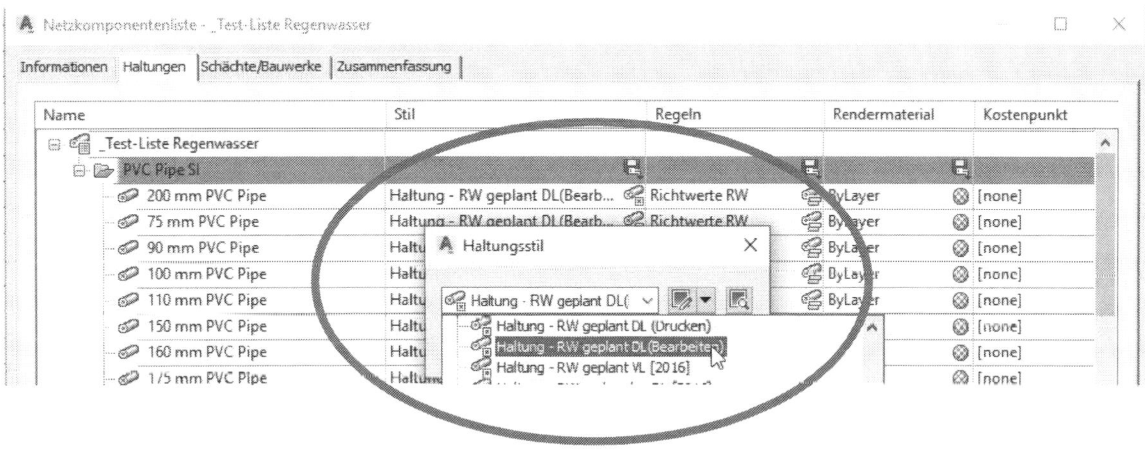

Die „Sichtbarkeit“ oder „Nicht-Sichtbarkeit“ ist projektabhängig und kann von Civil 3D nicht zentral für ganz Deutschland gültig vorgegeben sein!

Es werden die Einstellungs-Optionen für Haltungen in Abhängigkeit von der Ansicht gezeigt.

Lageplan:

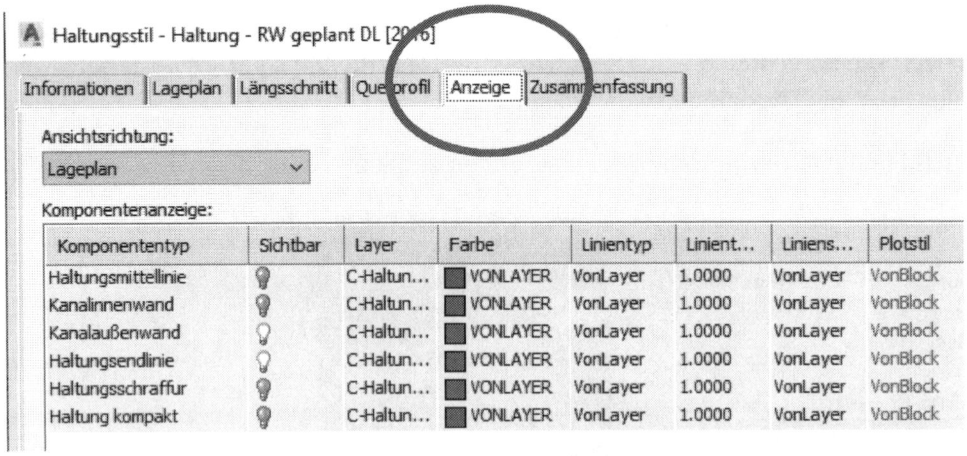

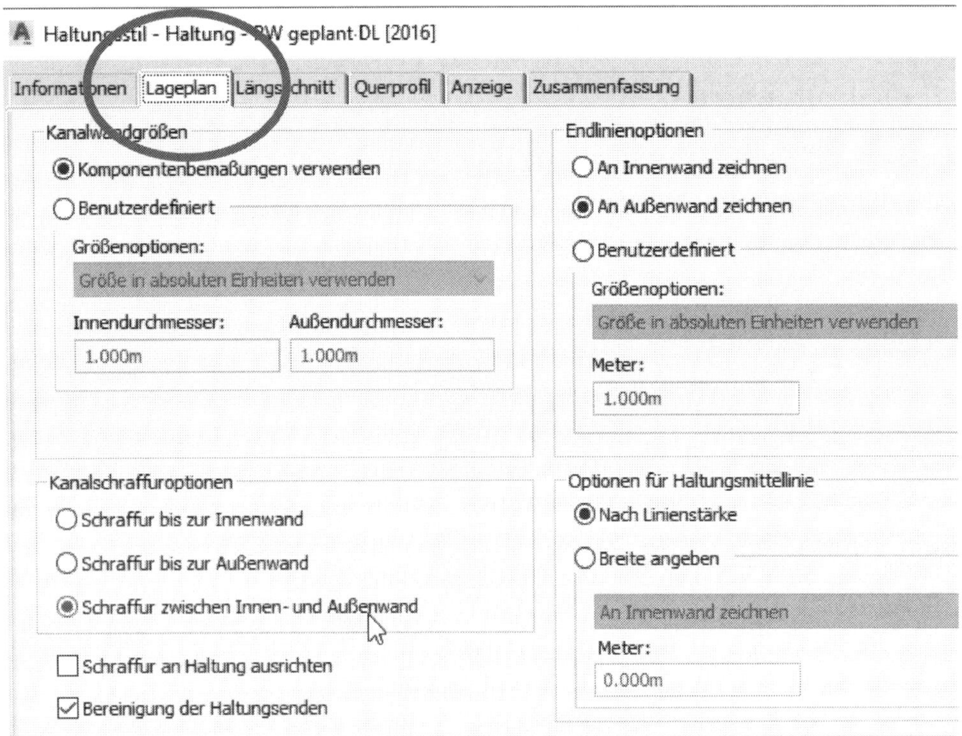

3D-Darstellung

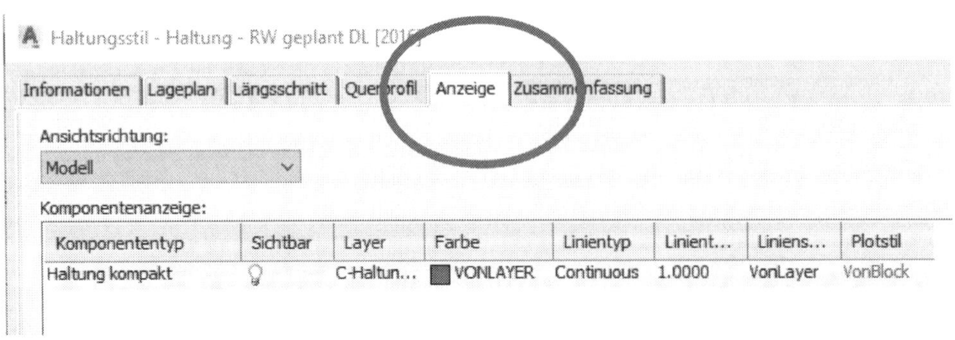

Höhenplan

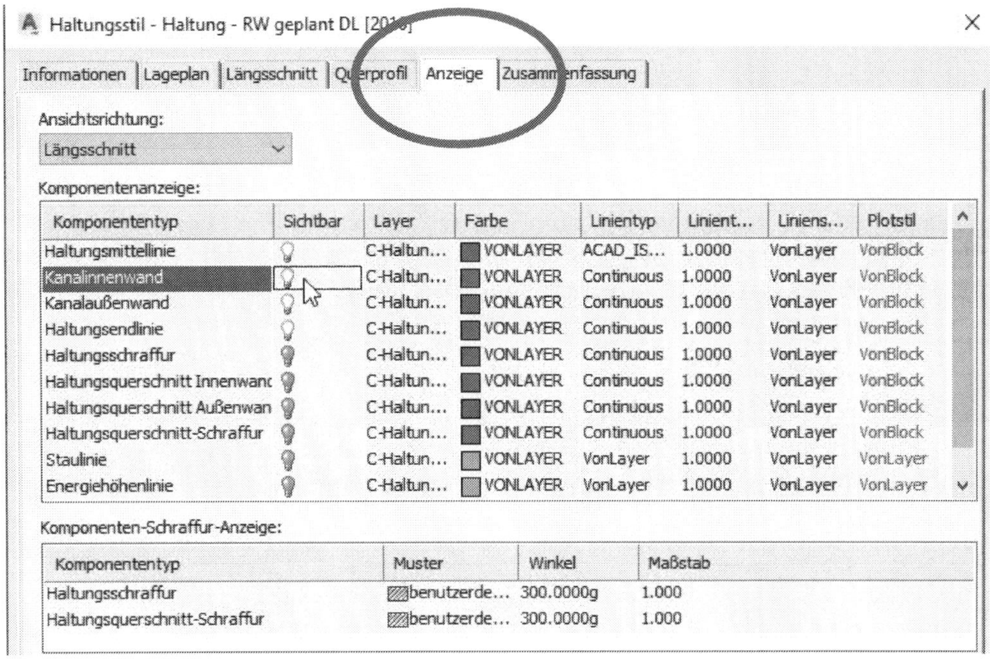
Haltungsstil - Haltung - RW geplant DL [2016]
Informationen
Lageplan
Längsschnitt
Querprofil
Anzeige
Zusammenfassung
Ansichtsrichtung:
Längsschnitt
Komponentenanzeige:
Komponententyp
Sichtbar
Layer
Farbe
Linientyp
Linient...
Liniens...
Plotstil
Haltungsmittellinie
Kanalinnenwand
Kanalaußenwand
Haltungsendlinie
Haltungsschraffur
Haltungsquerschnitt Innenwanc
Haltungsquerschnitt Außenwan
Haltungsquerschnitt-Schraffur
Staulinie
Energiehöhenlinie
C-Haltun...
VONLAYER
ACAD_IS...
Continuous
VonLayer
1.0000
VonBlock
Komponenten-Schraffur-Anzeige:
Komponententyp
Muster
Winkel
Maßstab
Haltungsschraffur
Haltungsquerschnitt-Schraffur
benutzerde...
300.0000g
1.000

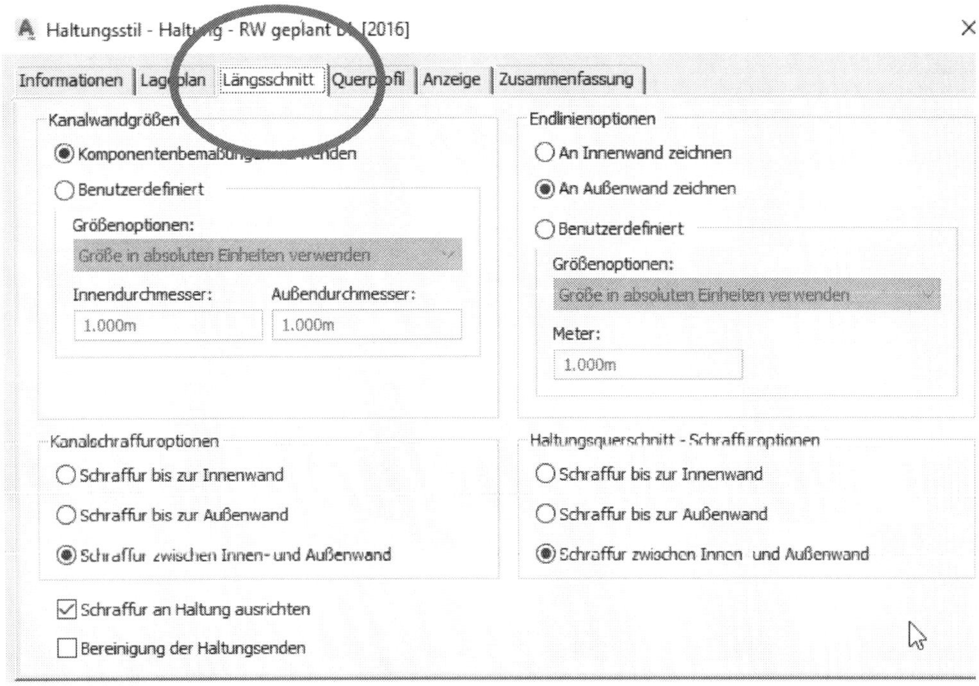
Haltungsstil - Haltung - RW geplant DL [2016]
Informationen
Lageplan
Längsschnitt
Querprofil
Anzeige
Zusammenfassung
Kanalwandgrößen
Komponentenbemaßungen verwenden
Benutzerdefiniert
Größenoptionen:
Größe in absoluten Einheiten verwenden
Innendurchmesser:
Außendurchmesser:
1.000m
Endlinienoptionen
An Innenwand zeichnen
An Außenwand zeichnen
Benutzerdefiniert
Größenoptionen:
Größe in absoluten Einheiten verwenden
Meter:
1.000m
Kanalschraffuroptionen
Schraffur bis zur Innenwand
Schraffur bis zur Außenwand
Schraffur zwischen Innen- und Außenwand
Haltungsquerschnitt - Schraffuroptionen
Schraffur bis zur Innenwand
Schraffur bis zur Außenwand
Schraffur zwischen Innen- und Außenwand
Schraffur an Haltung ausrichten
Bereinigung der Haltungsenden

Querprofil-Plan

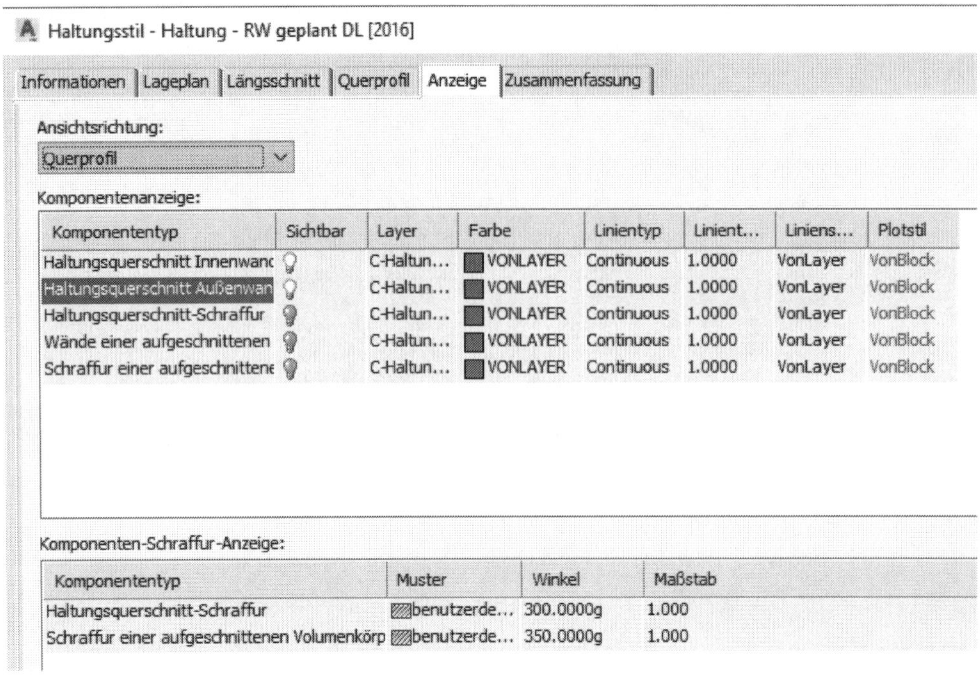

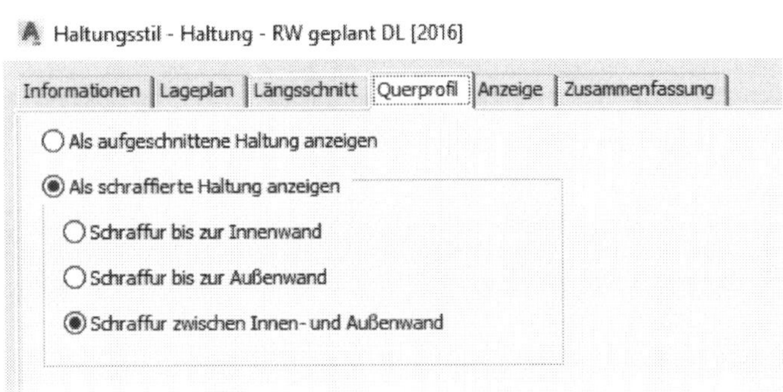

Stil (Darstellungs-Stil) „Schächte"

Für die Darstellung der Schächte wird auch empfohlen zwei Darstellungs-Stile zu führen. Ein auf die Konstruktion ausgerichteter Stil der die Rohre innerhalb des Schachtes zeigt. Damit wird sichtbar, ob die Rohre nach der Rohrsohle, Rohrachse oder Rohrscheitel ausgerichtet sind. Das heißt der Schacht ist in diesem Fall transparent dargestellt.

Im Fall „Plotten" kann eine übersichtlichere Darstellung gewählt sein.

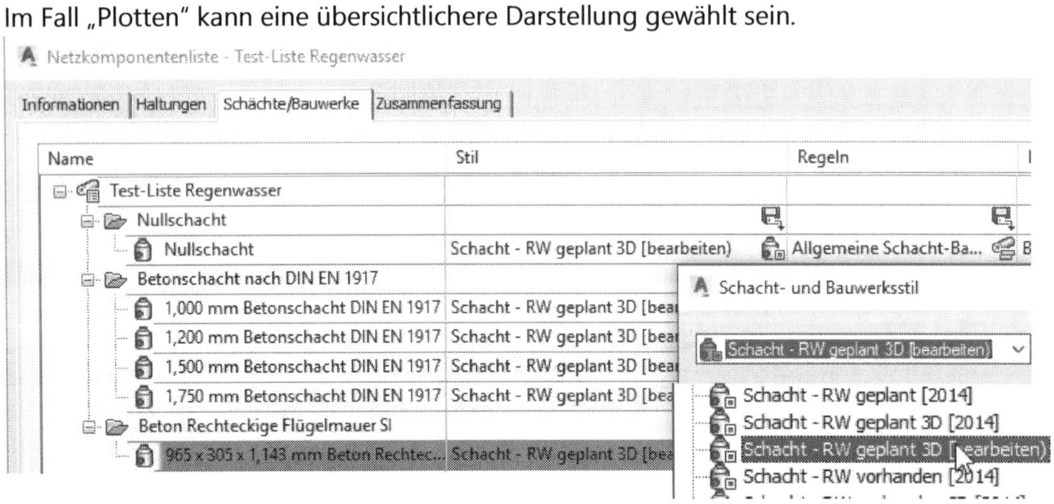

Die „Sichtbarkeit" oder „Nicht-Sichtbarkeit" ist projektabhängig und kann von Civil 3D nicht zentral für ganz Deutschland gültig vorgegeben sein!

Es werden die Einstellungs-Optionen für Haltungen in Abhängigkeit von der Ansicht gezeigt.

Lageplan

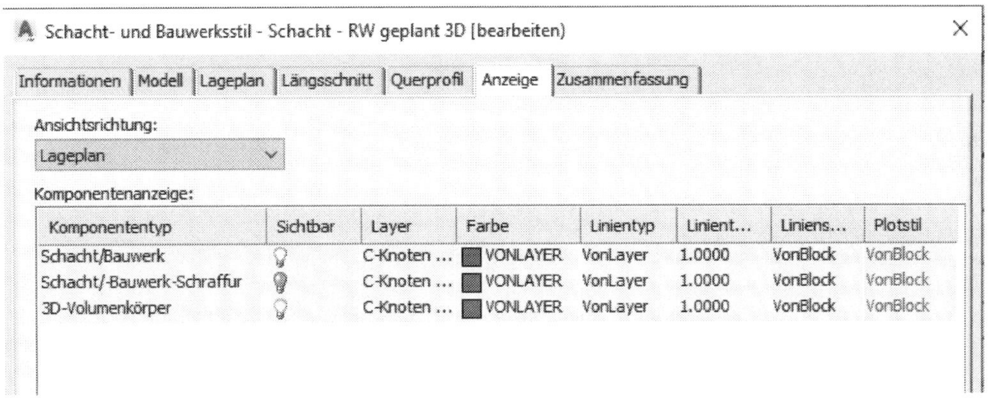

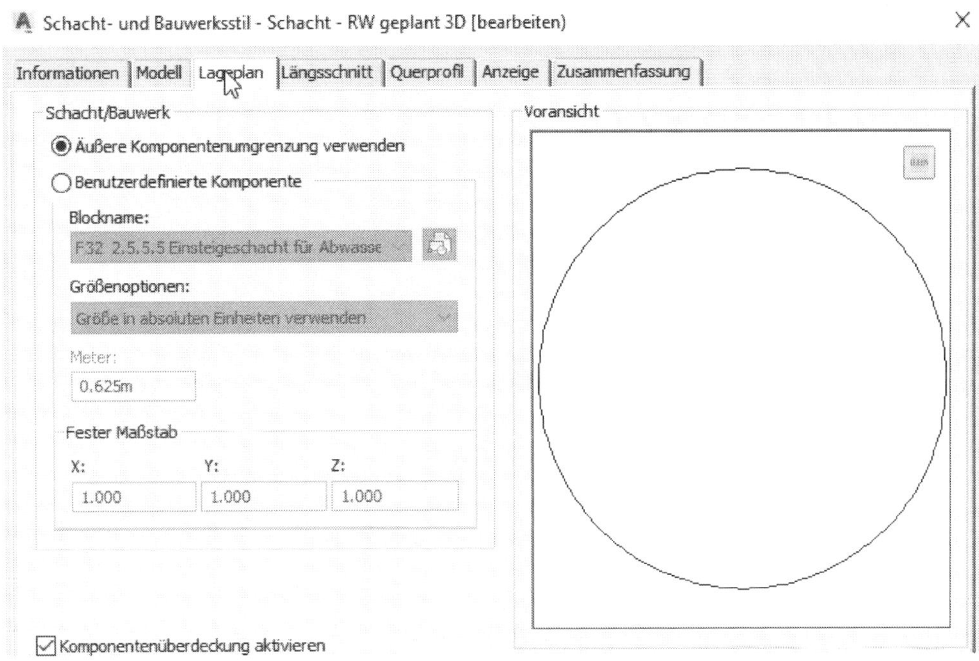

3D-Darstellung

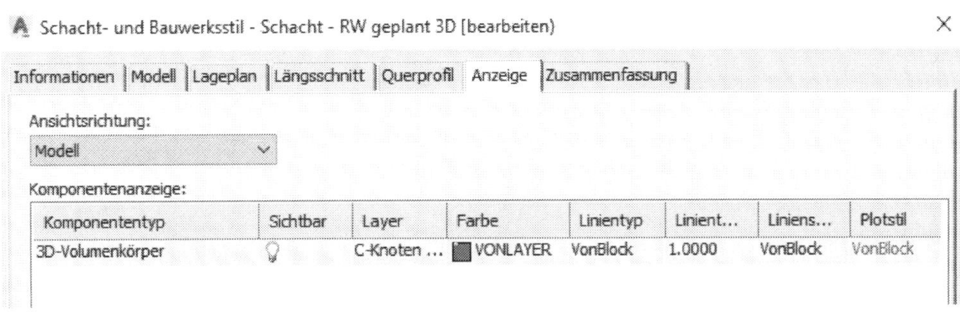

Höhenplan

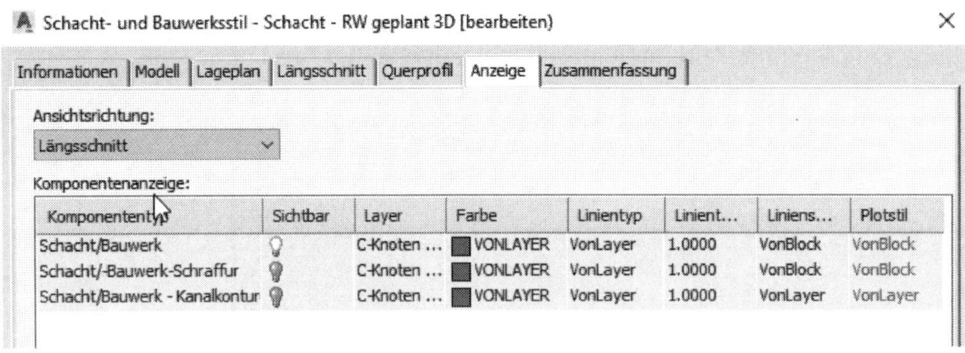

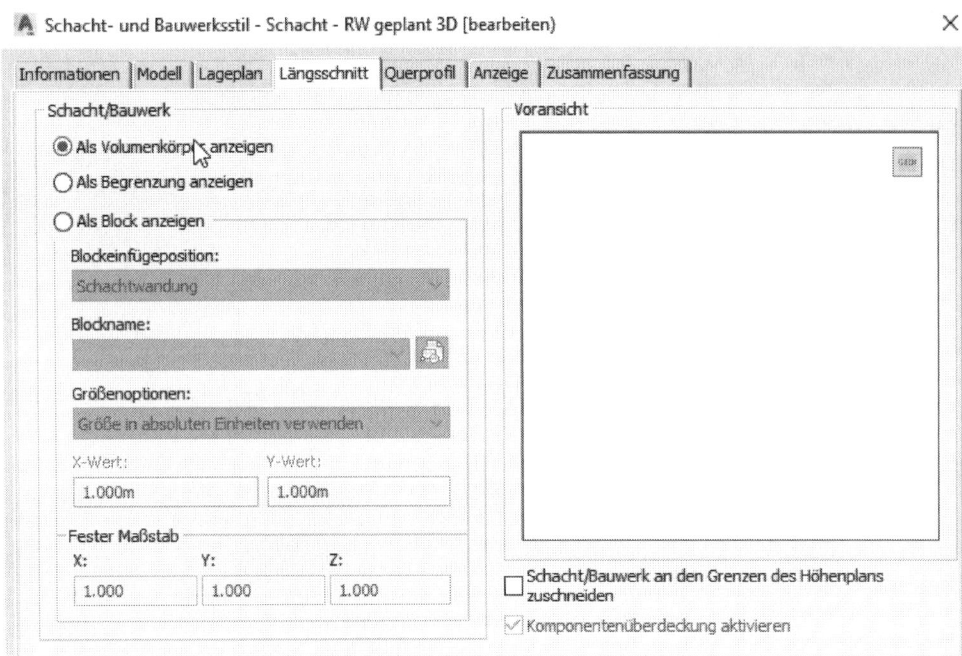

QP-Plan

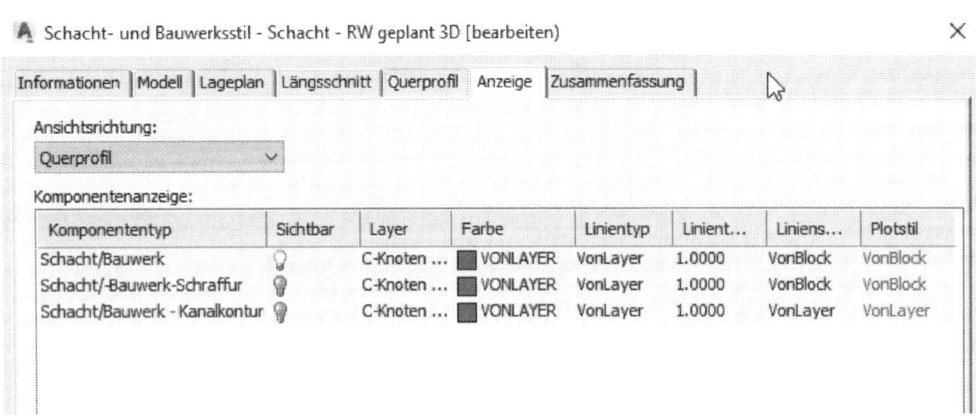

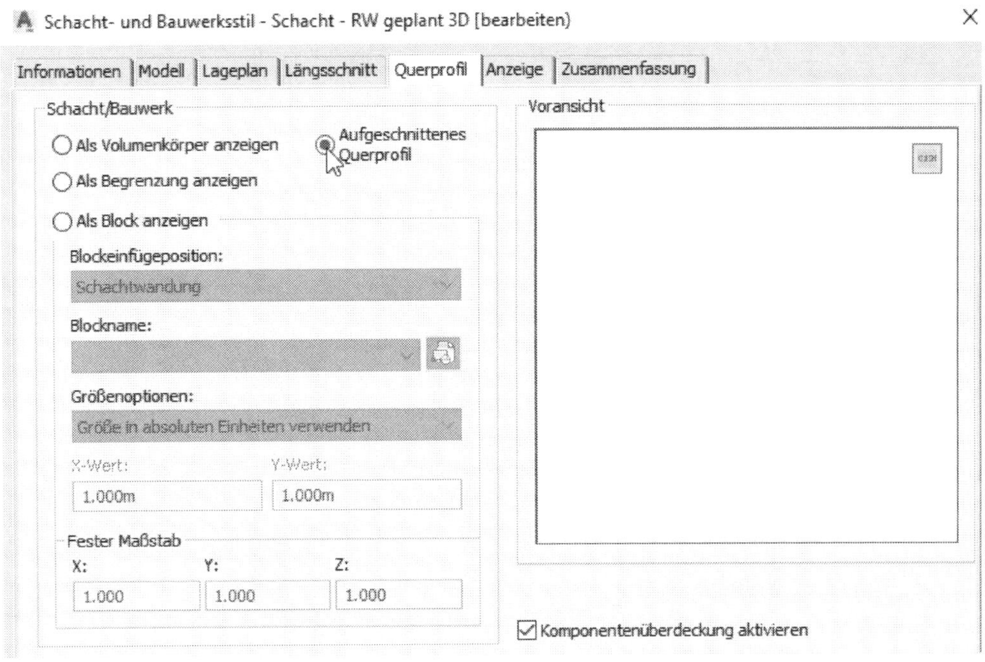

Regeln „Haltung“

Im Civil 3D wird der Bearbeiter oder Zeichner während dem Zeichnen nicht nach Konstruktionsdetails von Schächten und Haltungen gefragt (Haltungsneigung, Schachtabsturz) Der Zeichner oder die Zeichnerin bestimmen nur die Position im Raum und die Software errechnet aus den zugewiesenen „Regeln“, die 3D-Lage.

Das bedeutet die zugewiesenen Regeln müssen unbedingt bekannt sein, denn die standard-voreingestellten Regel können dem Konstruktions-Wunsch wiedersprechen!

Auf alle Fälle muss man wissen Civil 3D besitzt als Bestandteil der Komponentenliste Rohr-Querschnitt abhängigen Regeln. Es ist allen Rohren einer Komponentenliste nur eine einheitliche Regel zugewiesen. Es wird empfohlen konsequent eigene Regeln zu erstellen. Vorhandenen Regel bearbeiten führt teilweise nicht zum Erfolg. Der beste Weg ist absolut „Neue Regeln“ zu erstellen. Diese, eigenen Regeln sollten abhängig von Rohr-Querschnitt einzeln für jedes Rohr erstellt sein.

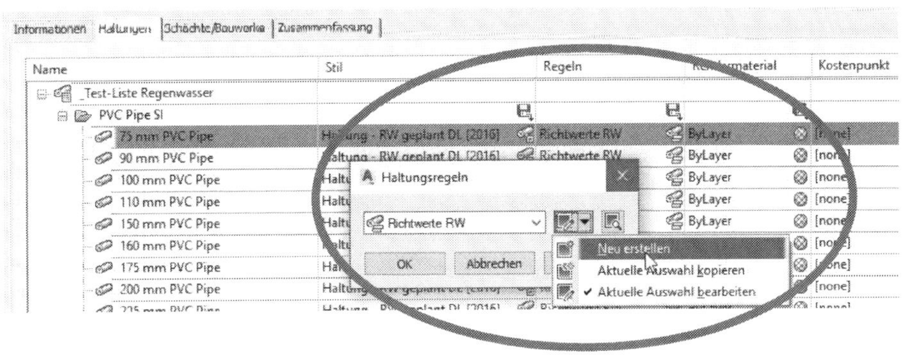

Eine Vielzahl von Konstruktionsregeln wird angeboten. Meiner Erfahrung nach können sich mehrere Regeln behindern oder aufheben.

Ich empfehle nur eine Regel aufzurufen, entweder „nur Überdeckung“ oder „Überdeckung und Neigung“.

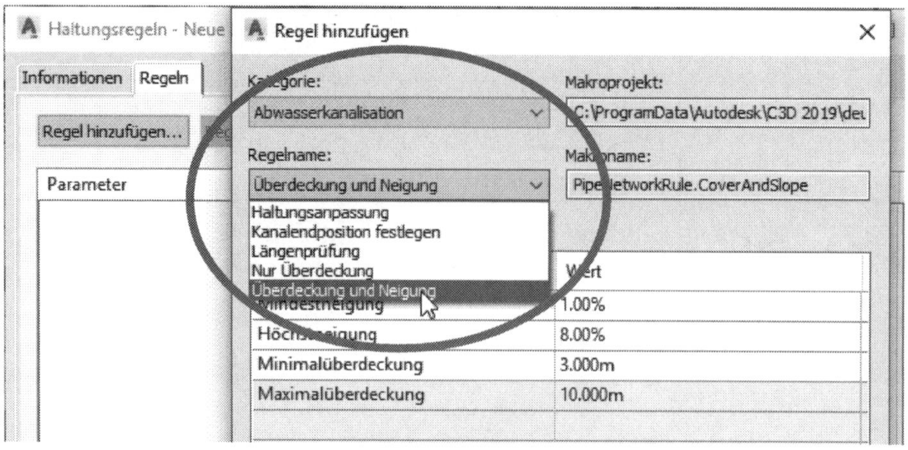

Mit dem Aufruf der Regel ist die Regel bearbeitbar.

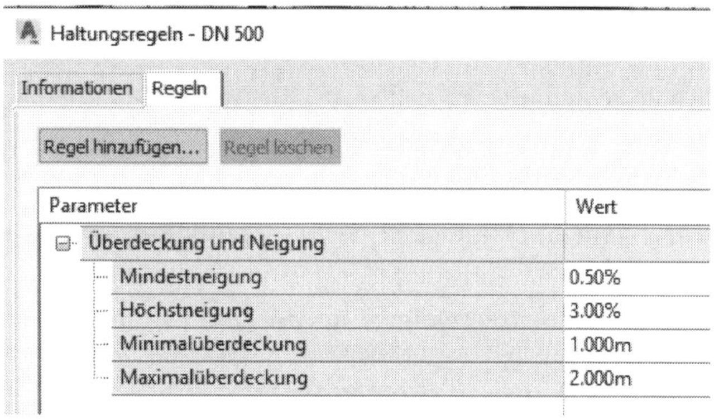

Regeln „Schacht“

Wie bereits erklärt, bestimmt der Zeichner oder die Zeichnerin nur die Position des Kanals im Raum und die Software errechnet aus den zugewiesenen „Regeln“, die 3D-Lage.

Hier gibt es eine Besonderheit beim Schacht als Bestandteil des Kanals. Der Schachtdeckel orientiert sich am zugewiesenen DGM und die Schachtsohle an der Haltungssohle der angeschlossenen Haltungen. Das heißt der Schacht braucht maximal eine Regel und das betrifft in Deutschland den eigentlich nicht verwendeten „Sumpf“.

Auch für den Schacht wird empfohlen konsequent eigene Regeln zu erstellen. Vorhandene Regel bearbeiten, führt teilweise nicht zum Erfolg. Der beste Weg ist absolut „Neue Regeln“ zu erstellen.

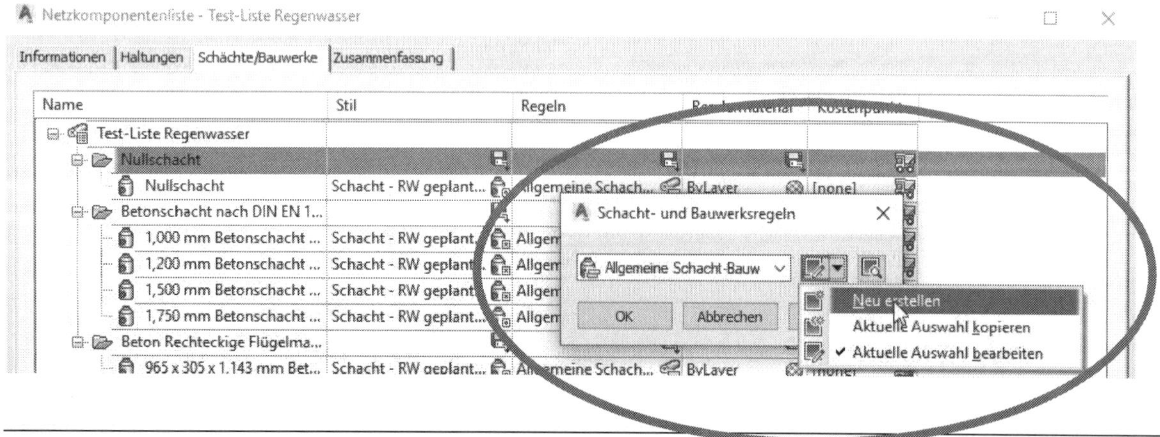

Auch hier werden mehrere Konstruktionsregeln angeboten. Meiner Erfahrung nach können sich mehrere Regeln behindern. Ich empfehle nur eine Regel aufzurufen, „Sumpftiefe festlegen“.

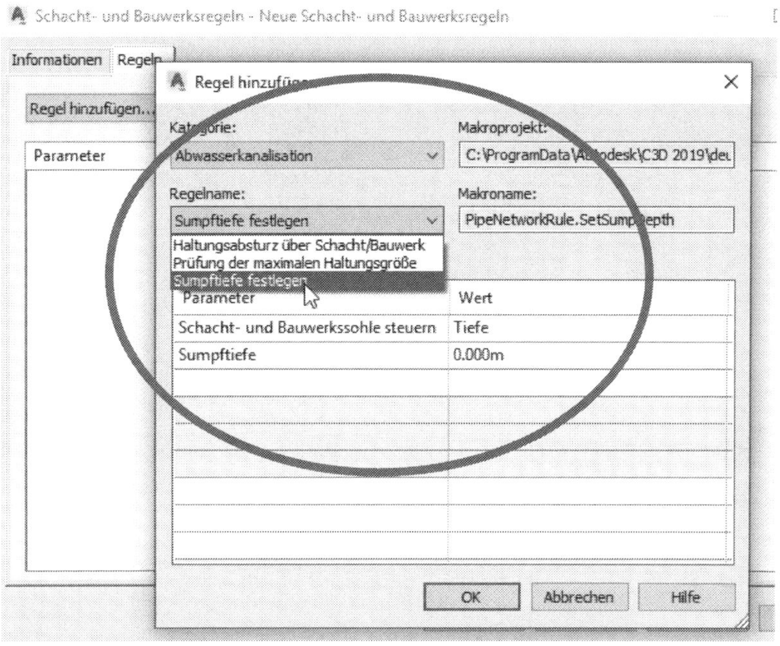

Mit dem Aufruf der Regel ist die Regel bearbeitbar. Für den Schacht ist jedoch kein anderer Wert als „0.00“ erforderlich.

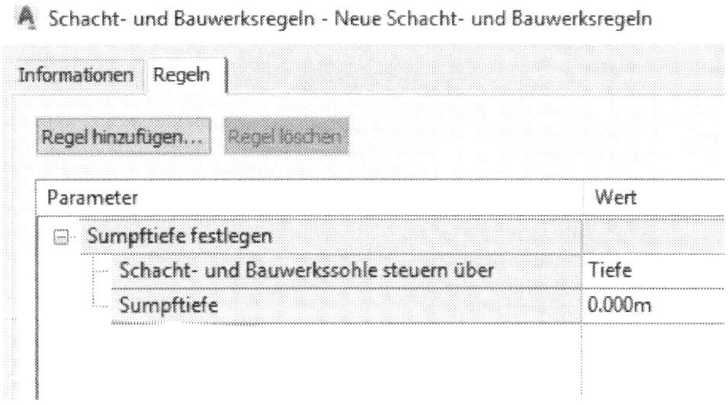

Rendermaterial (Schacht und Haltung)

Die „Render-Einstellung“ kann durchaus auf der Voreinstellung „ByLayer“ (von Layer) bleiben. Rohre sind damit in 3D abhängig von Layer farblich dargestellt und damit besser zu unterscheiden. Optional ist auch eine Materialzuordnung möglich. Das wird jedoch nicht empfohlen

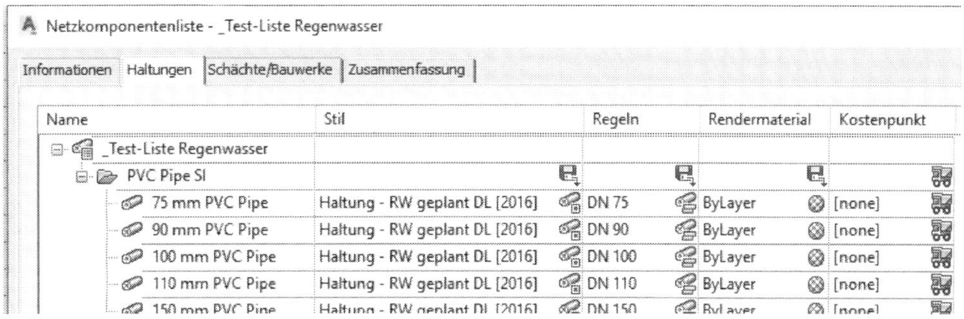

Render: „ByLayer"

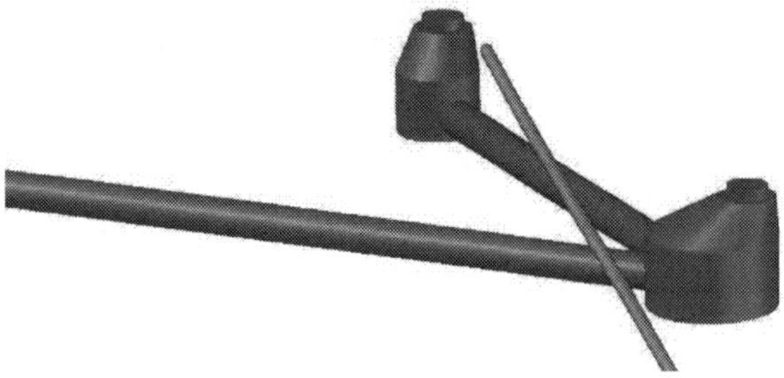

Render: Fertigbeton

Kostenpunkt (Haltung und Schacht)

In den Civil 3D Komponentenlisten, die als Bestandteil der „...Deutschland.dwt" geladen werden, sind kaum oder keine Kostenpunkte zugewiesen.

Das heißt eine Ausgabe die verwendeten Bauteile in der Zeichnung ist möglich ja, jedoch nur als Tabelle mit einzelnen Werten, als Liste (Stückliste) über den Werkzeugkasten (Berichte).

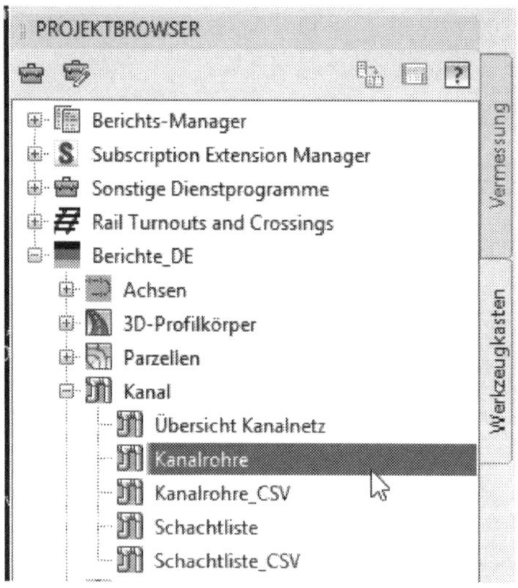

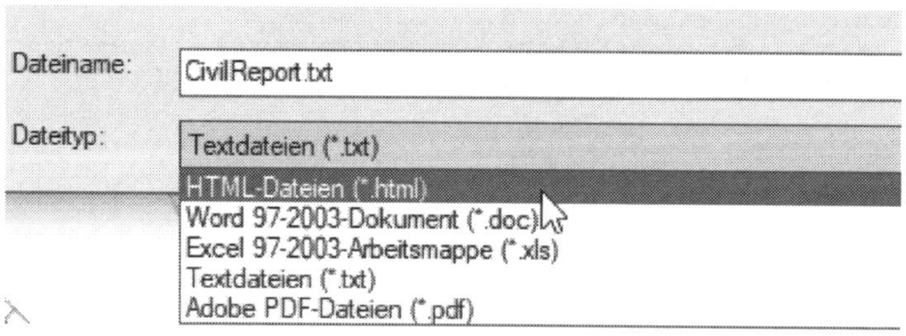

Kanalnetz: Regenwasser

Haltungsnr.	Profil	Groesse (mm)	Material	Anfangsschacht	Endschacht	Einlaufhöhe (m)	Auslaufhöhe (m)	2D Länge (m) Haltung Gesamtrohr	% Gefälle
H01 (Regenwasser)	Circular	D 400.00	Sb	RW1 (Regenwasser)	RW2 (Regenwasser)	384.82	384.04	25.83 24.83	3.01
H02 (Regenwasser)	Circular	D:400.00	Sb	RW2 (Regenwasser)	RW3 (Regenwasser)	384.04	383.66	30.00 29.00	1.26
H03 (Regenwasser)	Circular	D:400.00	Sb	RW3 (Regenwasser)	RW4 (Regenwasser)	383.66	383.56	30.00 29.00	0.33
H04 (Regenwasser)	Circular	D:400.00	Sb	RW4 (Regenwasser)	RW5 (Regenwasser)	383.56	383.42	30.00 29.00	0.49

Wenn man bereit ist die Tabelle „Pay Item Data" (DE) zu ergänzen und diese „Kostenpunkte als Bestandteil der Komponentenliste zuordnet, dann kann das Civil 3D das gesamte Projekt auswerten (3D-Profilkörper und Kanal).

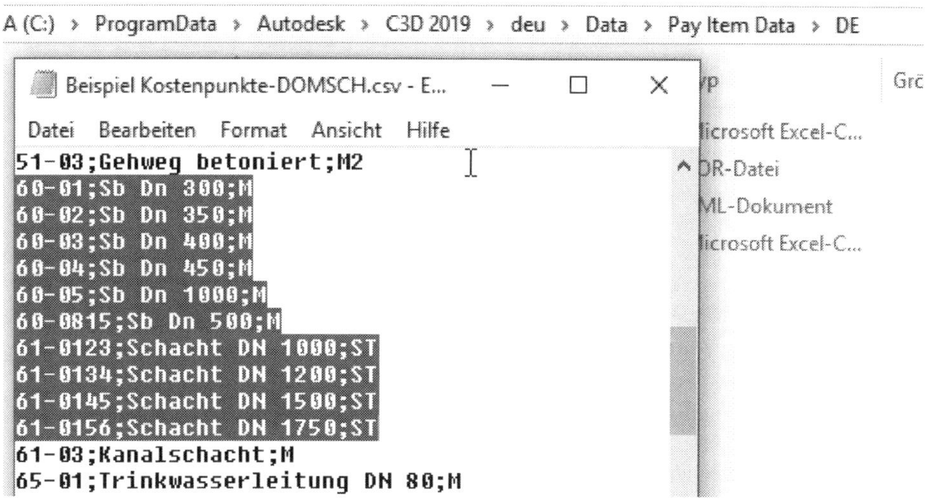

Wenn die Kostenpunktdatei ergänzt ist, so wird diese Datei innerhalb des „Mengenermittlungs-Manager“ aufgerufen.

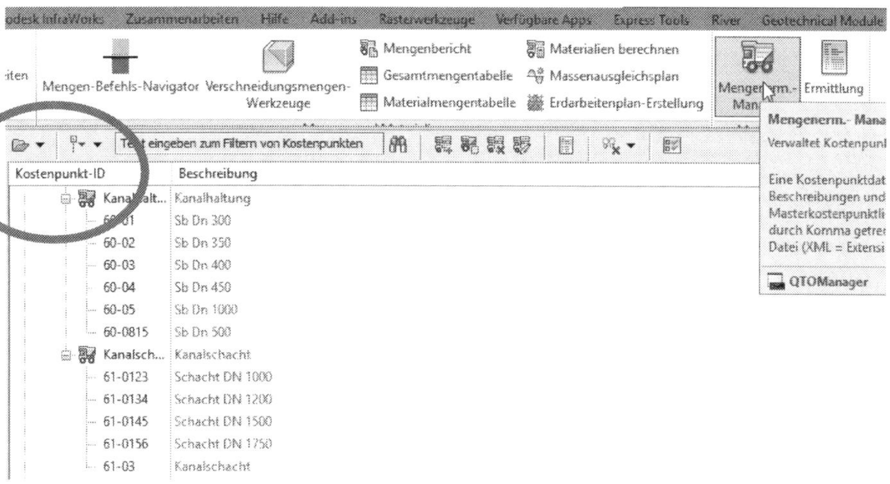

Die Positionen werden den Rohr-Querschnitte zugewiesen.

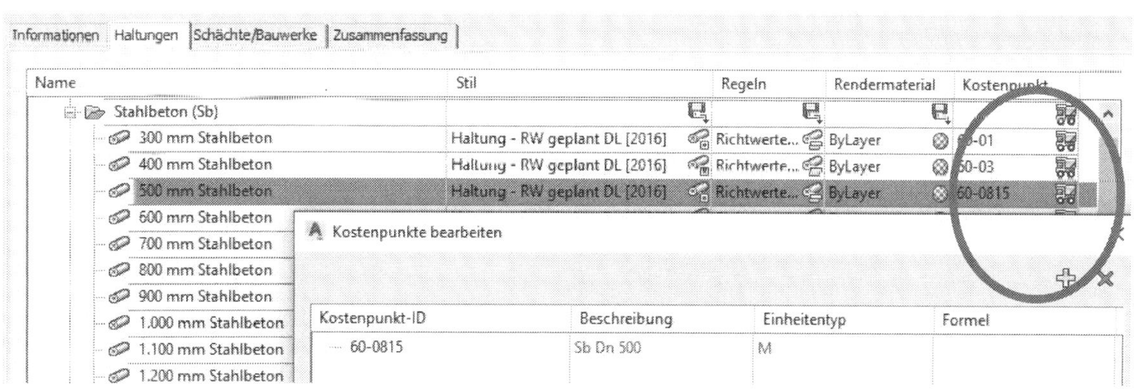

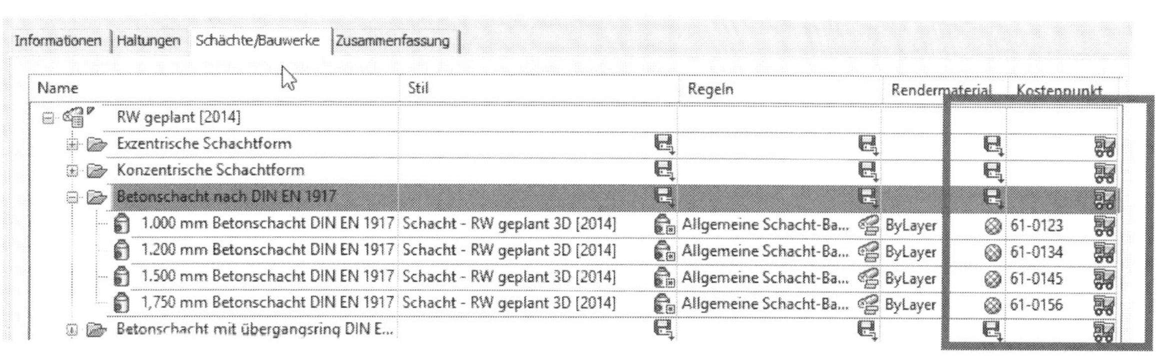

Mit der Funktion „Ermittlung“ erfolgt die Berechnung.

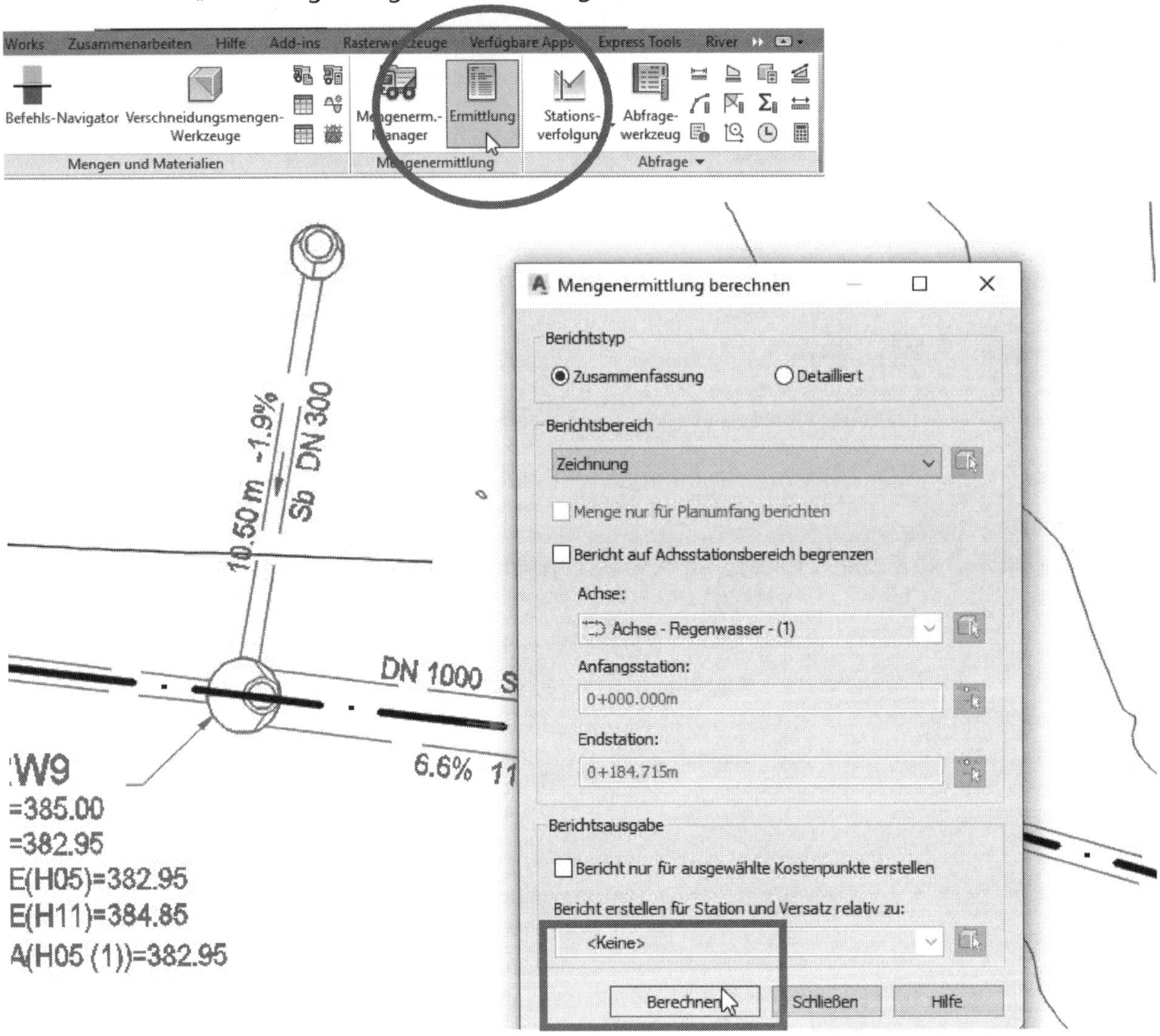

Die Ausgabe kann in verschiedenen Formaten erfolgen, so dass eine direkte Übergabe an Ausschreibungsprogramme denkbar ist.

CSV-Format:

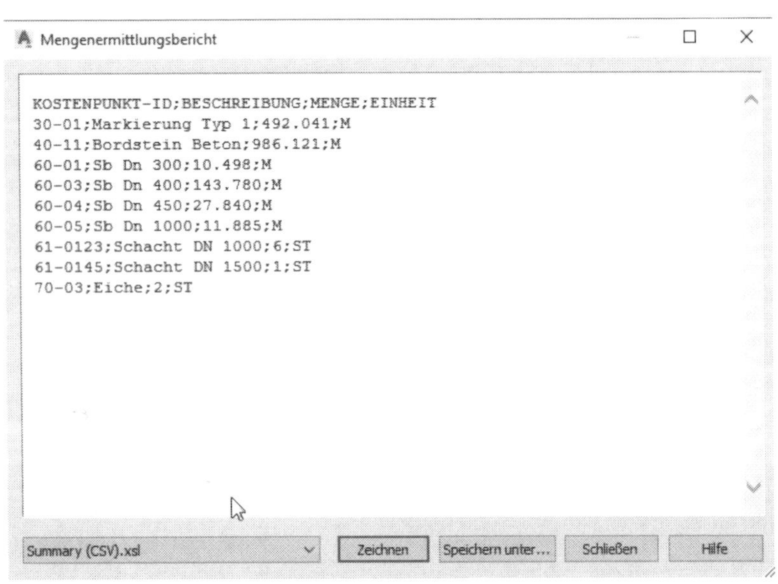

XML-Format:

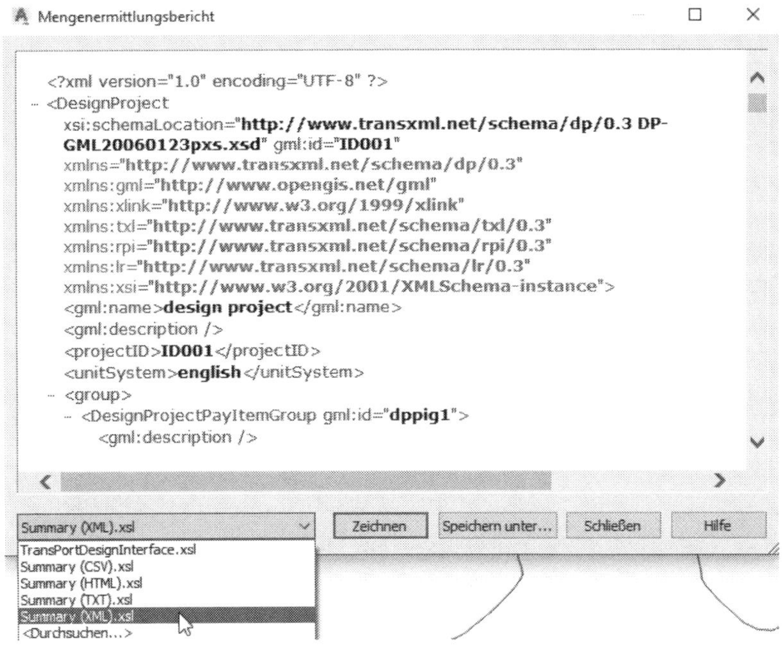

TXT-Format:

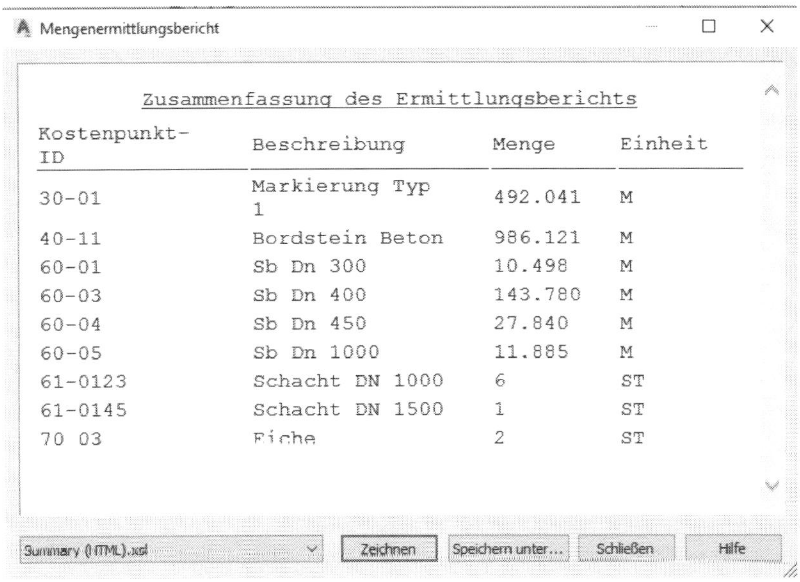

Kostenpunkt-ID	Beschreibung	Menge	Einheit
30-01	Markierung Typ 1	492.041	M
40-11	Bordstein Beton	986.121	M
60-01	Sb Dn 300	10.498	M
60-03	Sb Dn 400	143.780	M
60-04	Sb Dn 450	27.840	M
60-05	Sb Dn 1000	11.885	M
61-0123	Schacht DN 1000	6	ST
61-0145	Schacht DN 1500	1	ST
70 03	Fiche	2	ST

7.7 Ende und offene Themen

Das Thema Einzugsgebiete und sie Berechnung oder Rohrdimensionierung bleiben noch offene oder nachzureichende Themen. Bei der Berechnung habe ich noch keinen Nachweis gefunden oder führen können, in wieweit die Berechnung nach deutschem Regelwerk gültig ist.

- Maßgebende Regelwerke sind das Arbeitsblatt A118 und DIN-EN 752

Gleichzeitig ist auch kein KOSTRA-Katalog für Regenmengen in der „Basis-Version“ Civil 3D (2019) verfügbar.

8 CIVIL 3D Begriffe, Begriffsdefinition, Begriffserklärung

8.1 Vorwort

In meinen bisherigen Schulungen habe ich wiederholt festgestellt, dass im CIVIL 3D Begriffe verwendet werden (in der deutschen Übersetzung), die so nicht unbedingt in Deutschland, im deutschen Bauingenieurwesen und den zugeordneten Berufszweigen, Verwendung finden, oder in Deutschland sogar anders gedeutet werden.

Syntax und Semantik passen nicht in jedem Fall zusammen.

Vielfach ist eine zweite erklärende Beschreibung erforderlich, um die Funktion oder die Funktionalität zu erläutern. Diese Zusammenstellung ist nicht von Autodesk autorisiert oder kommentiert. Die hier dargelegten Begriffserläuterungen entsprechen meiner ganz persönlichen Einschätzung und basieren auf meinen persönlichen Erfahrungen.

8.2 CIVIL 3D Punkt (COGO-Punkte, S.66)

8.2.1 Der CIVIL 3D Punkt (S.66)

Der CIVIL 3D Punkt (intern auch COGO- Punkt) ist ein Datenbank-Punkt. Alle Eigenschaften zu diesem Punkt sind in einer Datenbank abgelegt, die Datenbank ist erweiterbar und alle Eigenschaften können zur Darstellung (Punktsymbol) oder zur Beschriftung benutzt werden.

Achtung: Der CIVIL 3D Punkt ist NICHT zu verwechseln mit

- AutoCAD Punkt
- BLOCK
- DGM-Punkt
- Punkte von Punktwolken

Der CIVIL 3D Punkt ist ein technisch anderes „Objekt"!

8.2.2 Kurzbeschreibung (S.91)

Kurzbeschreibung (Code-Nummer z.B. 045) - Vermessungs-Code

8.2.3 Beschreibung (S.92)

Beschreibung (Ausführliche Beschreibung) - kompletter Wortlaut, Erläuterung des Vermessungs-Codes, alphanumerischer Vermessungscode – 045, „045" beschreibt „Laterne".

8.2.4 Beschreibungsschlüsselsatz (S.94)

Beschreibungsschlüsselsatz - Code-Symbol-Zuordnung
In älteren Programmen (AutoCAD-Applikationen) wäre das die Symbol-Tabelle oder Symbol-Zuordnungsdatei.
Der „Beschreibungsschlüsselsatz" ordnet dem Vermessungscode das Symbol, die Beschriftung, den Layer und vieles mehr zu. Die Zuordnungs-Optionen sind umfangreicher als in bisherigen AutoCAD-Applikationen.

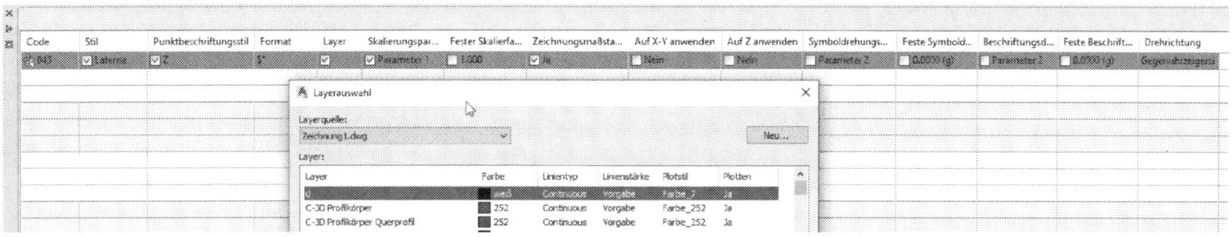

8.3 DGMs (S.73, 76, 107, 116)

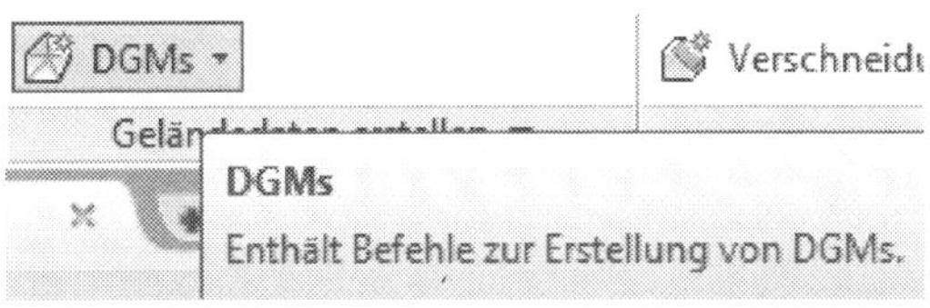

Der Begriff DGM steht in Deutschland für „digitales Geländemodell". Ein DGM ist gekennzeichnet durch eine geschlossene Fläche (unabhängig davon, ob man es sieht oder nicht!) Diese Flächen können „Dreiecke" (TIN) oder Quadrate (Raster) sein. Ein DGM kann mit Farbe oder „Material" belegt oder dargestellt werden.

8.3.1 Flächen

In einigen Versionen fehlt der Menü-Punkt „DGMs". An der Stelle steht „Flächen". Das ist ein Übersetzungs-Fehler. Der englische Begriff „Surface" bedeutet eigentlich „Flächen". In Deutschland wird jedoch der Begriff „DGMs" verwendet.

8.4 Achse (S.229)

Die Achse hat nur 2D-Eigenschaften. Die Achse ist in erster Linie Basis des Längsschnittes und damit Basis des späteren Höhenplans. Die Achse ist damit auch die Basis der Querprofilstationen, der Querprofile und Querprofilpläne.

Die Achse ist das zentrale Element für einen Längsschnitt und einen damit verbundenen Höhenplan, ohne Achse kein Längsschnitt und kein Höhenplan, ohne Achse keine Querprofilstationen, damit keine Querprofile und auch keine Querprofilpläne.

Im Sonderfall „Straßenkonstruktion" oder „Schiene (Gleis)" kann die Achse zusätzliche Konstruktions-Eigenschaften haben, die die Achse befähigen Bestandteil einer Straßen- oder Gleis-Linienführung zu sein. Die Achseigenschaften lassen sich um Konstruktionsparameter erweitern.

8.4.1 Ausrichtung

In einigen Versionen fehlt der Menü-Punkt „Achse". An der Stelle steht „Ausrichtung". Das ist ein Übersetzungs-Fehler. Der englische Begriff „Alignment" bedeutet eigentlich „Ausrichtung". In Deutschland wird jedoch der Begriff „Achse" verwendet.

8.5 Längsschnitt / Höhenplan / Gradiente (S.279)

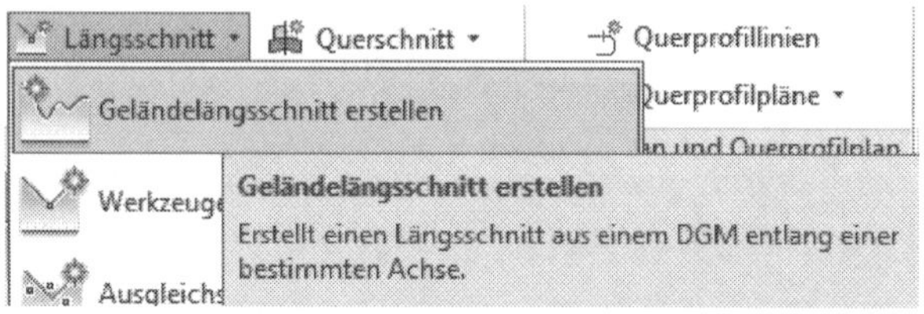

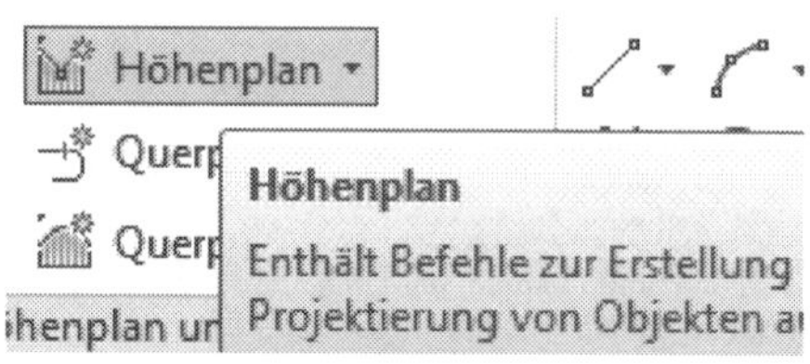

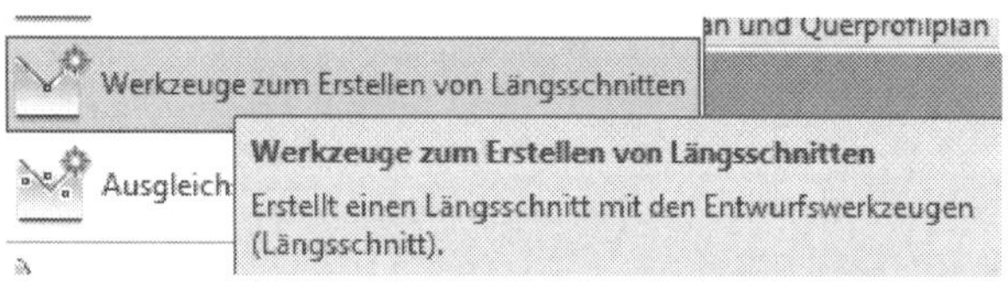

8.6 Längsschnitt (S.280)

- Geländelinie, Geländeverlauf, vom DGM abgeleitete Schnitt-Linie (3D-Schnittpunkte von Achse und 3D-Flächen des DGMs)

8.6.1 Höhenplan (S.28080)

Der Höhenplan ist eine definierte und beschriftete 2D-Ansicht (Seitenansicht) von Geländelinie, Geländeverlauf und eventuell Gradiente. Optional können Rohrleitungen und viele weitere Objekte maßstäblich abgebildet sein.

- Beschriftung, Darstellung, Höhenbezugssystem, Überhöhung und vieles mehr sind frei einstellbar

8.6.2 Werkzeuge zum Erstellen von Längsschnitten (S.286)

- konstruierter Längsschnitt, die Konstruktionsregeln oder Parameter sind definierbar, entspricht der deutschen „Gradiente"

Achtung: Längsschnitt und Gradiente sind technisch gleichwertige Objekte und können bei der Zuordnung zum 3D-Profilkörper verwechselt werden.

Hinweis: Achse, Längsschnitt (Gelände-Längsschnitt und Gradiente) und Höhenplan sind dynamisch miteinander verbunden. Wird die Achse geändert, so ändert sich sofort Geländelinie, Gradiente und Höhenplan.

Ab der Version 2016 meldet die Gradiente mit „Hinweis-Marken" eine Änderung von Achs-Bestandteilen.

8.7 Querschnitt (S.299)

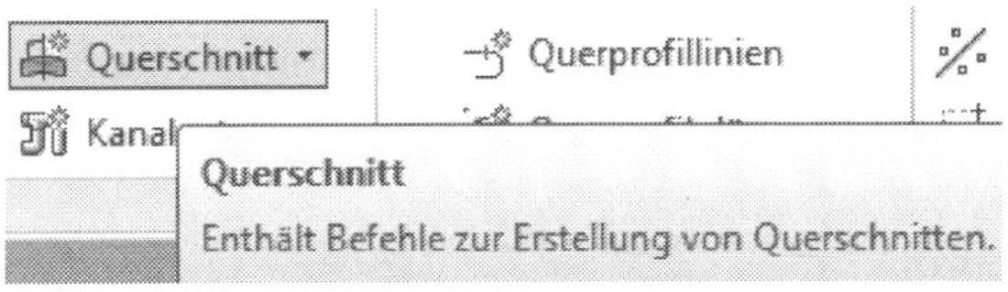

Der Querschnitt entspricht dem deutschen „Regelquerschnitt". Pauschal gesagt, gibt es im CIVIL 3D keine einzelne Funktion für Fahrbahnbreite, Bordstein, Gehweg/Radweg, Querneigung, Bankett, Straßengaben, Böschung und so weiter.

Einem Querschnitt werden einzelne Querschnittselemente zugeordnet, die die oben genannten Funktionen interaktiv oder fest übernehmen. Der Querschnitt kann optional Achseigenschaften und Längsschnitteigenschaften lesen.

Wechselt entlang einer Straße (Achse) die Situation (innerorts, Außerorts, Brücke, Tunnel) so wird der Querschnitt gewechselt. In einem Projekt können unendlich viele Querschnitte verwendet werden.

8.8 Code-Stil-Satz (S.303)

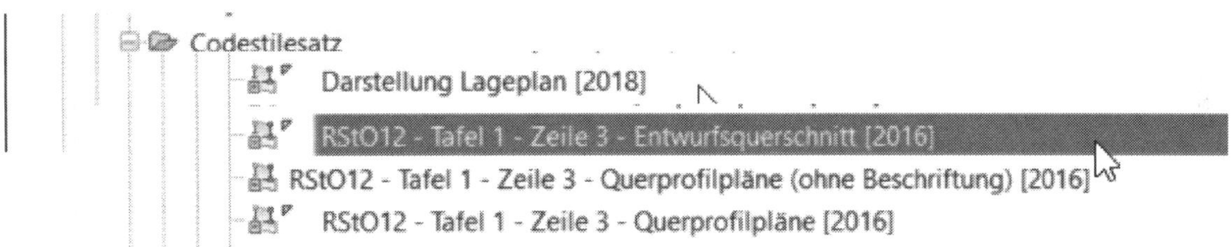

Innerhalb eines Projektes (zum Beispiel Straßen-Planung, 3D-Profilkörper) werden 2 bis 3 Code-Stil-Sätze Verwendung finden. Der Code-Stil-Satz ordnet den Querschnitts-Elementen (Linien, Punkte, Flächen) Eigenschaften zu. Nur durch die zugeordneten Eigenschaften kann der 3D-Profilkörper die Konstruktionsdetails weitergeben. Ohne definierte „Codes" ist eine Ausgabe von Absteck-Punkten nicht möglich, die farbliche Darstellung des 3D-Profilörper im Lageplan nicht steuerbar, es ist kein 3D-Profilkörper DGM erstellbar und damit die Massenberechnung nicht möglich. Code und Code-Stil-satz steuern alle Funktionen, die für eine Ausführungsplanung erforderlich sind.

- Verknüpfungs-Code, - Linien-Name (Bezeichnung)

- Punkt-Code, - Punkt-Name (Bezeichnung)

- Profilart-Code, - Flächen-Name (Bezeichnung)

8.9 3D-Profilkörper (S.319)

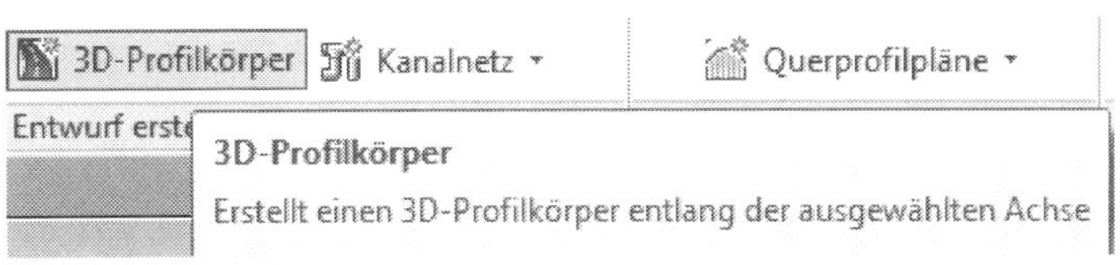

Der 3D-Profilkörper verbindet Achsen (Anzahl – nicht begrenzt) Längsschnitte (Anzahl – nicht begrenzt) und Querschnitte (Anzahl – nicht begrenzt) und DGMs zu einer 3D-Konstruktion im Raum.

Der 3D-Profilkörper ist die Voraussetzung für:

- Absteck-Punkte
- Profilkörper-DGM an Oberkante oder Unterkante (Oberfläche für Schachtdeckel oder Mengenberechnung)
- Flächenschraffur im Lageplan (Fahrbahn, Böschungen)
- Darstellung und Beschriftung im Querprofil

Beispiel: Straße, Hochwasserschutzdamm, Kreuzung,

8.10 Querprofillinie / Querprofil / Querprofilplan (S.326,327,330)

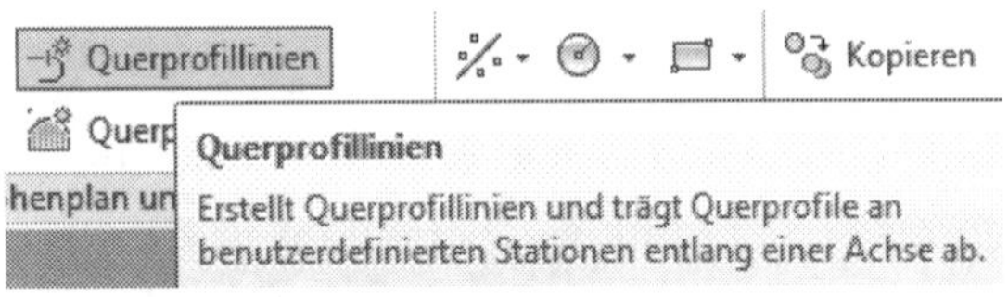

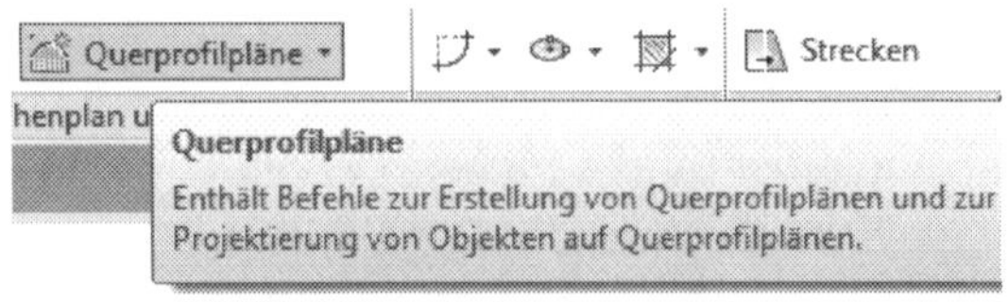

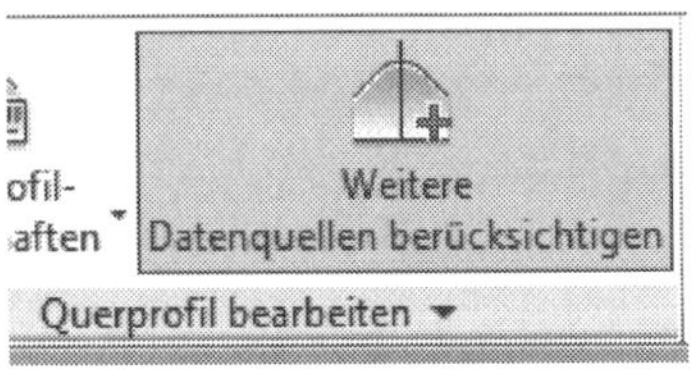

8.10.1 Querprofillinie (S.326)

- Die Querprofillinie beschreibt und zeigt die Lage eines Querprofilplans (Nummer, Station, Breite) im Lageplan entlang einer Achse an.
- Die Querprofillinie ist mit der Achse verknüpft.

8.10.2 Querprofil (S.327)

- Das Querprofil ist meist eine linienhafte Darstellung eines DGMs im Querprofilplan (Geländelinie, 3D-Profilörper)
- Ein Querprofil kann auch ein Rohr ein Schacht oder ein projizierter Block im Querprofilplan sein
- Querprofile sind alle Bestands- oder Planungsobjekte im Querprofilplan

8.10.3 Querprofilplan (S.330)

Der Querprofilplan ist eine definierte und beschriftetet 2D-Ansicht (rechtwinklig, entlang der Achse) von Geländelinie, Geländeverlauf, 3D-Profilkörper und eventuell alle durch die Querprofillinie geschnittenen Objekte

- Beschriftung, Darstellung, Höhenbezugssystem, Überhöhung und vieles mehr sind frei einstellbar

8.11 Elementkante (S.177)

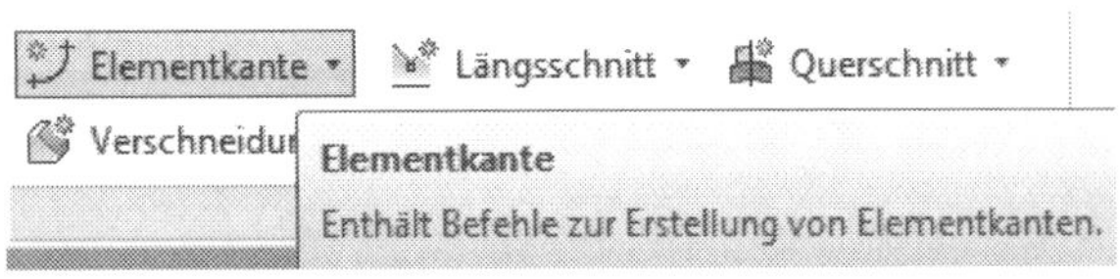

Die Elementkante ist eine verbesserte 3D-Polylinie und kann durch die Verknüpfung mit Linientypen (hier Linien-Stil) in allen Eigenschaften einer „Linie“, „2D-Polylinie“ oder „3D-Polylinie“ entsprechen.

Drüber hinaus kann eine Elementkante schräge Bögen oder Bögen mit „Knicken“ haben. Eine Elementkannte kann nicht nur „versetzt“ werden eine Elementkante kann mit Neigung, Höhendifferenz, auf Höhe oder auf einem DGM abgelegt werden (mit optionalen Brechen über den DGM-Dreiecks-Kannten und mit dem Einfügen weiterer Stützpunkte).

Für Elementkanten gibt es alle bisher bekannten Bearbeitungsfunktionen ähnlich wie bei Polylinien. Für die 3D-Höhen-Bearbeitung gibt es eine eigne komfortable Bearbeitungsumgebung, den „Höheneditor“. Elementkanten können in Höhenplänen abgebildet sein und können in den Höhenplänen bearbeitet werden.

Beispiel: Abgestufter Baugrubenrand, Neigungswechsel eines Parkplatzes

8.12 Verschneidung (S.182)

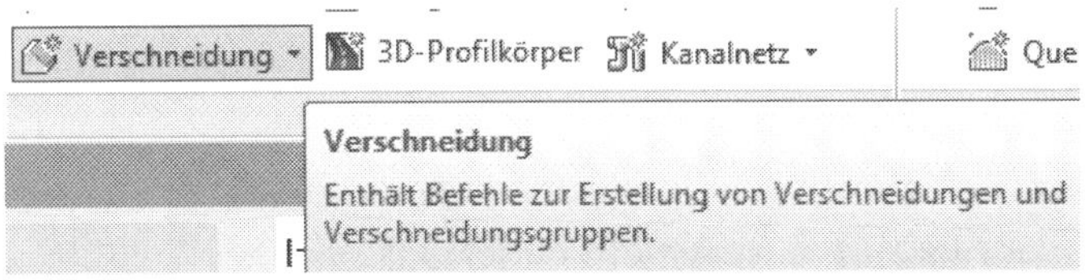

Im CIVIL 3D ist die Funktionalität, die viele unter „Verschneidung“ suchen (DGMs in Beziehung zueinander bringen), unter dem Begriff „Mengenmodell“ zu finden (nächster Punkt).

Den Begriff oder die Funktion „Verschneidung“ (im Civil 3D) erläutere ich gern mit „Böschungskonstruktion“.

Die Verschneidung beginnt mit einer Elementkante und definiert eine Fläche mit konstanter Neigung aber variabler Länge. Die Fläche kann durch Neigung, Höhenunterschied, Höhe, Breite, oder durch ein DGM begrenzt sein.

Die Verschneidung ist die Voraussetzung für ein Verschneidungs-DGM und die daraus folgende Mengenberechnung. Es können mehrere unterschiedliche „Verschneidungen“ aufeinander folgen.

Beispiel: Komplexe Böschungskonstruktion eines Wasserbeckens oder einer Baugrube.

8.13 Kanal (S.369,374,377)

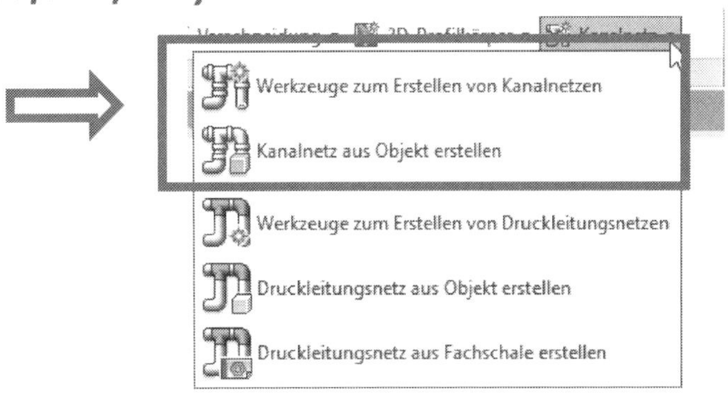

Die gesamte Konstruktion ist stark auf Regen-, Schmutz- oder Mischwasser ausgerichtet.

Innerhalb der Konstruktion ist auch ein „Nullschacht" verwendbar (Rohrleitungs-Knick ohne unmittelbar sichtbaren Schacht). Durch die Option „Nullschacht" können mit den Funktionen auch Rohrleitungen ohne sichtbaren Schacht (Trinkwasser oder Gasleitungen) konstruiert oder dargestellt werden.

Vorteil:

- Eine Konstruktionsart für alle Rohre und Leitungen (Neukonstruktion und Übernahme von Leitungen aus dem Bestand)
- Es gibt eine Kollisionsprüfung, nicht nur auf „Berührung", auch auf „Annäherung".
- Es sind auch Leitungen mit rechteckigem Querschnitt möglich!

Nachteil:

Ein Trinkwasser- oder Gasleitungs-Netz, das eine Druckberechnung oder Drucksimulation im Feuerlöschfall verlangt, ist mit dieser Konstruktionsvariante technisch kaum erstellbar.

8.13.1 Strukturen (S.404)

Der Begriff Strukturen hat oftmals die Bedeutung von Schacht oder Bauwerk. In der CIVIL 3D Datenbank für Schächte werden auch Einlauf- oder Auslaufbauwerke von Regenwasserkanälen geführt (Auslaubauwerke und Sinkkästen). Diese Datenbanken sind also keine reinen „Schacht-Datenbanken", sondern eher „Bauwerks-Datenbanken" (Strukturen, jede Art von Kanal-Bauwerk).

8.13.2 Kanalnetze (S.374)

Der Begriff „Kanal" verbindet die Funktionen stark mit den Begriffen „Regen"-, „Schmutz"- oder Mischwasser. Die Funktion lässt Verzweigungen und Vereinigungen zu.

Alle hier entworfenen Leitungen können im Höhenplan und Querprofilplan maßstäblich abgebildet werden.

8.13.3 Kollisionsprüfung (S.410)

Die Funktion „Kollisionsprüfung" prüft ob Rohre/Leitungen, die ausschließlich mit dem Funktionsumfang „Kanal" erstellt wurden, sich berühren oder annähern. Das heißt die Funktion kann mit einem optionalen 3D-Abstand auch prüfen, ob ein zu berücksichtigender Abstand für einen eventuellen Verbau oder eine Arbeitsfreiheit, eingehalten ist.

Hinweis:

Rohrleitungen, die mit dem Funktionsumfang „Kanal" konstruiert sind, können noch nicht gegen Rohre aus dem Funktionsumfang „Druckleitungen" geprüft werden (Version 2019, 01.04.2019).

8.13.4 Komponentenliste (Kanal-Komponentenliste S.415)

Mit der Komponentenliste wird die Verbindung zwischen Zeichnung sowie Schacht- Bauwerks- und Rohrleitungs-Datenbank hergestellt. Die Komponentenliste hat nur Bauteil-Namen gelistet (Datenbankadressen). Die Konstruktionsfunktion importiert dann das entsprechende 3D-Objekt (Bauteil) in die Zeichnung.

Achtung: Die Komponentenlisten der „..Deutschland.dwt" passen nur zur Datenbank von „Pipes-Catalog, DACH-Kanalkatalog (Metrisch) und DACH-Schacht- / Bauwerkskatalog (Metrisch)"

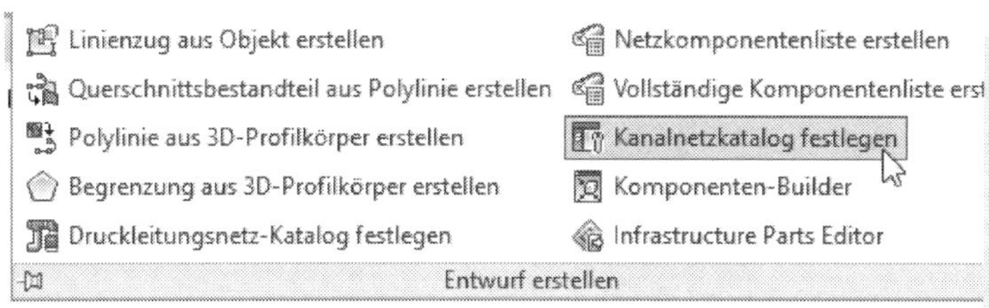

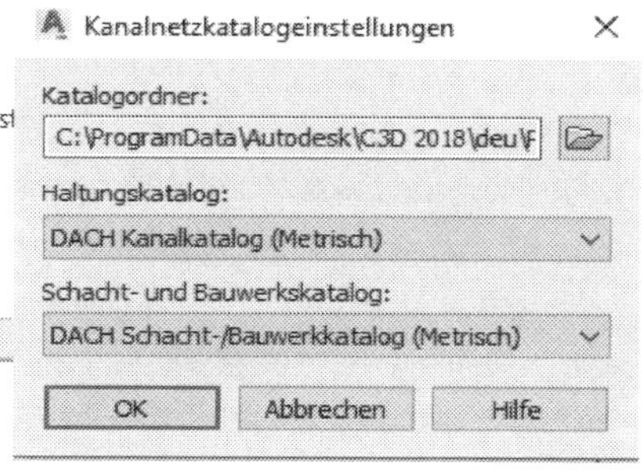

8.13.5 Komponenten-Builder (S.404)

Fehlen einzelne Rohr-DN oder Schacht-DN (eventuell auch komplett Bauteile oder Bauteilgruppen), so können diese mit dem „Komponenten-Builder" nachträglich erstellt - und in der Datenbank abgelegt werden.

Hinweis: Aus der Datenbank sind diese noch in die Komponentenliste zu importieren, erst dann stehen diese für die Konstruktion zur Verfügung.

8.14 Druckleitungsnetzte (S.377)

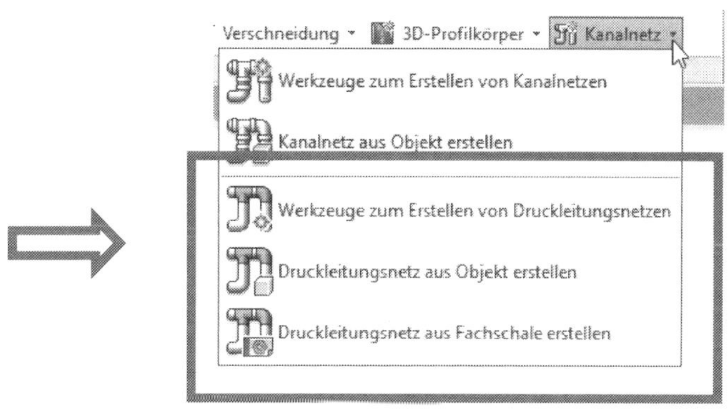

Die gesamte Konstruktion (Druckleitungsnetze) ist in der Version 2019 stark auf Trinkwasserleitungen ausgerichtet.

Vorteil:

- Vorgabe einer einheitlichen Überdeckung
- 3D-Muffen und Schieber und Hydranten sind Bestandteil der Bauteilliste
- Abzweige mit T-Stücken und Kreuzungen

Nachteil: Kanal-Netze und Druckleitungs-Netzte können (noch) nicht gegeneinander auf Kollision geprüft werden.

8.14.1 Komponentenliste (Druckleitungs-Komponentenliste)

Mit der Komponentenliste wird die Verbindung zwischen Zeichnung und Rohrleitungs-, Bauteil- und Ausrüstungsbestandteil-Datenbank hergestellt. Die Komponentenliste hat nur Bauteil-Namen gelistet (Datenbankadressen). Die Konstruktionsfunktion importiert dann das entsprechende 3D-Objekt (Bauteil) in die Zeichnung.

Achtung: Die Komponentenlisten der „..Deutschland.dwt" passen nur zur Datenbank von „Druckleitungsnetz-Katalog.

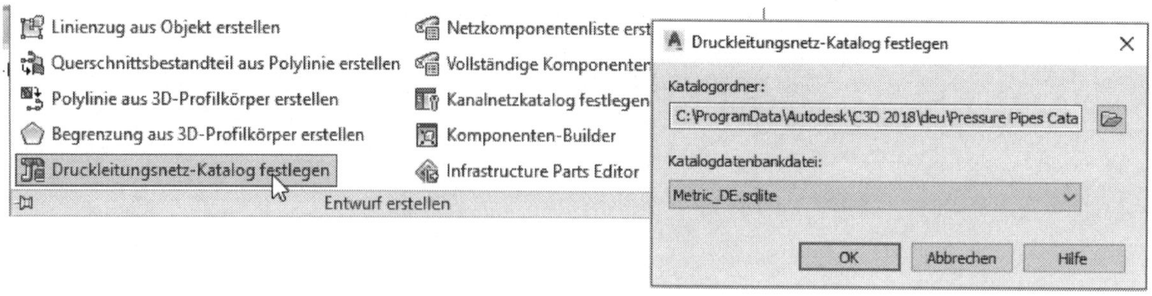

8.14.2 Inhaltskatalog-Editor

Fehlen einzelne Rohr-DN oder Ausrüstungsbestandteile (eventuell auch komplett Bauteile oder Bauteilgruppen), so können diese mit dem „Inhaltskatalog-Editor" nachträglich erstellt - und in der Datenbank abgelegt werden.

Hinweis: Aus der Datenbank sind diese noch in die Komponentenliste zu importieren, erst dann stehen diese für die Konstruktion zur Verfügung.

8.15 Mengenmodell (S.81,161)

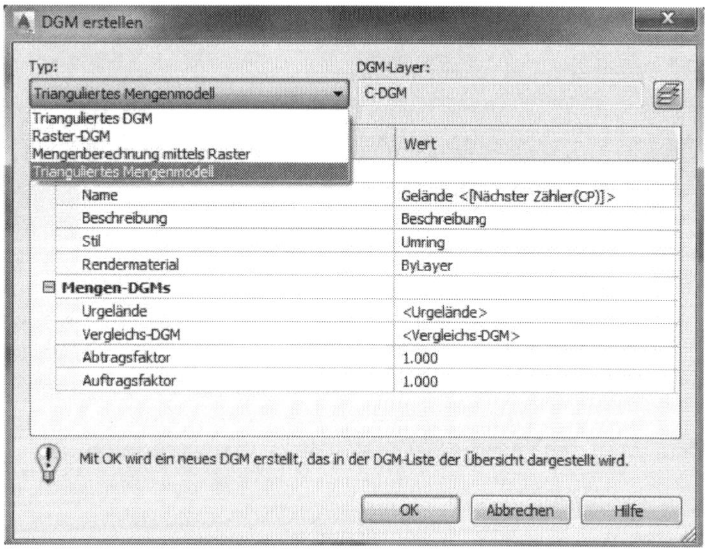

Der Begriff „Mengenmodell" entspricht dem, was in Deutschland oftmals unter dem Begriff „Verschneidung" gemeint wird.

Das Mengenmodell ist die Vereinigung (Verschneidung) zweier DGMs und es kann die DGMs-Verschneidung „Null-Linie", Auftrags- und Abtrags-Bereiche (Farb-Schraffur) oder die Schicht-Dicke (Mächtigkeit) der eingeschlossenen Volumina ausweisen.

Hinweis: Ein Mengenmodell ist kein „Volumenkörper"! Mengenmodelle sind eher nicht in Höhenplänen oder Querprofilplänen aufzurufen!

8.16 Mengen-Befehls-Navigator (Mengen aus DGM, S. 81)

Es handelt sich um ein Werkzeug zur Mengenberechnung zwischen DGMs unabhängig von Verschneidung oder 3D-Profilkörper. Die Art der Mengenberechnung entspricht der deutschen Berechnung: „Mengen aus Oberflächen REB 22.013" (Mengen aus Oberflächen).

Werden die entsprechenden Protokolle benötigt (Berechnungs-Protokolle nach deutscher Norm), so ist die DACH-Extension (auch Autodesk AutoCAD C3D-Productivity-Pack) aus dem Subscription-Bereich von Autodesk zu installieren (beinhaltet die entsprechenden Export- oder Protokoll-Funktionen)

8.17 Materialien berechnen, Mengenbericht (Mengen aus Querschnitts-Flächen, Querprofilen, S.339, 348)

Beide Funktionen zusammen entsprechen der deutschen „Mengenberechnung aus Querprofilen" (REB 21.013) oder Mengenberechnung aus Querschittflächen (REB 21.003) jedoch ohne „K-Faktor" (Faktor für Flächenschwerpunkt, Ausgleich in Kurven bei unsymmetrischen Querschnitten)

Werden die entsprechenden Protokolle benötigt, so ist die DACH-Extension (auch Autodesk AutoCAD C3D-Productivity-Pack) aus dem Subscription-Bereich von Autodesk zu installieren (beinhaltet die entsprechende Export- oder Protokoll-Funktionen)

8.17.1 Materialien berechnen (S.343)

Diese Funktion ist zuerst auszuführen. Diese Funktion ermittelt die Querschnittsflächen im Querprofil, ähnlich der DA 54 bei deutschen Programmen (deutscher Standard nach REB 21.003).

8.17.2 Auf- und Abtrag + einzelne Schichten (mit Füllung, S.344)

Dieses Mengenermittlungs-Kriterium schraffiert die entsprechenden Auftrags- und Abtrags Bereiche. Das heißt die Mengenberechnung wir kontrollierbar und nachvollziehbar.

8.17.3 Schächte und Bauwerke (S.345)

Im Zusammenhang „Mengenberechnung aus Querprofilen" ist der Begriff „Schächte/Bauwerke" missverständlich.

Aus meiner Sicht ist hier „RStO-Einbau-Position", Mengen-Position" gemeint (Beispiel: Frostschutzschicht, Tragschicht, Asphalt)

8.17.4 Mengenbericht (S.343)

Die Funktion erstellt die Menge in „m³". Die Querschnittsfläche wird mit dem Stationsabstand multipliziert und in drei verschiedene -, frei wählbare Protokolle eingetragen.

Hinweis: Der Microsoft Internet Explorer muss installiert sein. Die Ausgabe erfolgt in den Microsoft Internet Explorer (Script bestätigen mit „OK")

8.18 Ermittlung, Mengenermittlungsmanager (S.349)

Die Funktion ist nicht mit Massenermittlung (aus DGM oder Querprofilen) zu verwechseln.

Die Funktion ist eher als „Ausschreibungsmengen-Position" im Sinne DA 86 nach REB zu verstehen.

Das heißt, es können in einem Projekt, das eine Straßenplanung und Straßenentwässerung enthält, alle Maßnahmen mit Ausschreibungs-Positionsnummern verknüpft werden. Dazu sind, erstens, im 3D-Profilkörper (Code-Stil-Satz) und zweitens, in der Komponentenliste (Kanal, Leitungen) Kostenpositionen zu zuweisen.

3D-Profilkörper:

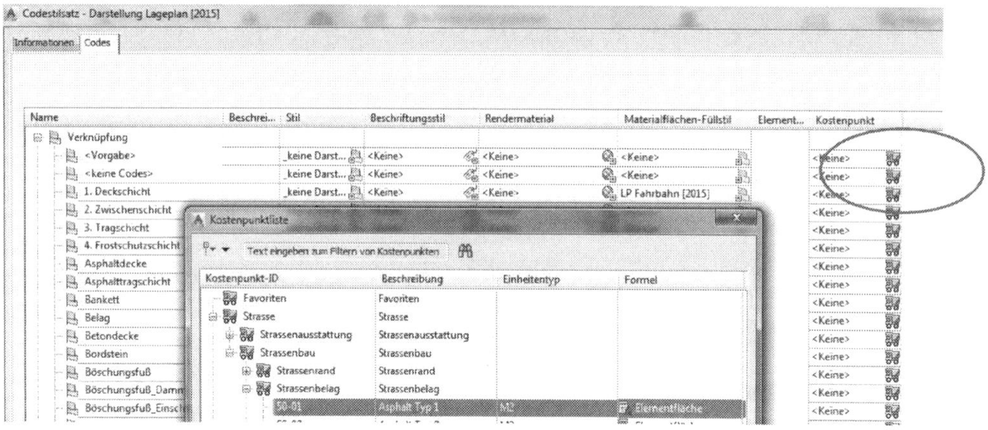

Kanalnetz-Komponentenliste

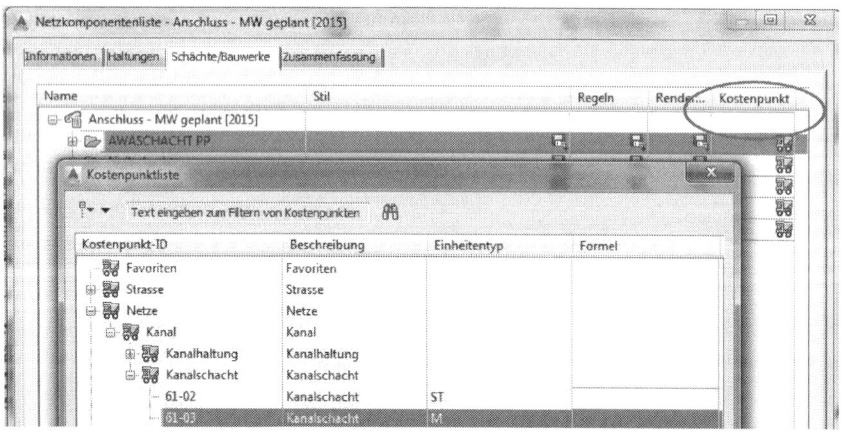

8.18.1 Kostenposition (S.349)

Kostenpositionen sind damit eher als Ausschreibungspositionen zu verstehen.

Eine Verknüpfung mit Preisen ist denkbar, so dass hier auch ein Projektpreis berechnet werden könnte. Voraussetzung ist die Vergabe von Kostenpunkten. In der Standardeinstellung sind vielfach keine Kostenpunkte eingetragen und damit die Funktion deaktiviert.

Ende, Schlussbemerkung

Es besteht die Absicht zum Thema Civil 3D und dessen Besonderheiten und Unterschiede zum AutoCAD weitere Bücher zu schreiben. Die nächsten Bücher sollen folgende Themen behandeln:

- Civil 3D, Darstellungsstile und Beschriftungsstile

- Civil 3D, manuelles konstruieren von Kreuzungen

- Civil 3D, und AutoCAD 3D (3D-Modelling) und MAP (Planung&Analyse)

- Civil 3D und Inventor (IPE)

-Civil 3D und deutsche „Datenarten", Schnittstellen für deutsche Software (DACH-Extension, ISYBAU Translator)

Obwohl große Unterschiede zwischen AutoCAD, MAP (Planung & Analyse) und Civil 3D bestehen, sind diese drei „Software-Pakete" als eine Einheit für die Infrastruktur-Planung zu verstehen.

Eventuell kann der Leser eine Rückmeldung (unabhängig ob positiv oder negativ) unter www.gert-domsch.de abgeben.